Hans Walter Striebel

Anästhesie
Intensivmedizin
Notfallmedizin

7. Auflage

Hans Walter Striebel

Anästhesie Intensivmedizin Notfallmedizin

Für Studium und Ausbildung

Mit einem Geleitwort von
Klaus Eyrich

7., aktualisierte
und erweiterte Auflage

Mit 239 Abbildungen
und 69 Tabellen

Schattauer Stuttgart New York

Prof. Dr. med. Hans Walter Striebel, D. E. A. A.
Chefarzt des Instituts für Anästhesiologie,
Intensiv- und Notfallmedizin
Städtische Kliniken Frankfurt am Main-Höchst
Gotenstraße 6–8
65929 Frankfurt am Main

Die Zeichnungen und Fotografien wurden vom Autor selbst erstellt.

Bibliografische Information der Deutschen Nationalbibliothek
Die Deutsche Nationalbibliothek verzeichnet diese Publikation in der Deutschen Nationalbibliografie; detaillierte bibliografische Daten sind im Internet über http://dnb.d-nb.de abrufbar.

Besonderer Hinweis:
Die Medizin unterliegt einem fortwährenden Entwicklungsprozess, sodass alle Angaben, insbesondere zu diagnostischen und therapeutischen Verfahren, immer nur dem Wissensstand zum Zeitpunkt der Drucklegung des Buches entsprechen können. Hinsichtlich der angegebenen Empfehlungen zur Therapie und der Auswahl sowie Dosierung von Medikamenten wurde die größtmögliche Sorgfalt beachtet. Gleichwohl werden die Benutzer aufgefordert, die Beipackzettel und Fachinformationen der Hersteller zur Kontrolle heranzuziehen und im Zweifelsfall einen Spezialisten zu konsultieren. Fragliche Unstimmigkeiten sollten bitte im allgemeinen Interesse dem Verlag mitgeteilt werden. Der Benutzer selbst bleibt verantwortlich für jede diagnostische oder therapeutische Applikation, Medikation und Dosierung.
In diesem Buch sind eingetragene Warenzeichen (geschützte Warennamen) nicht immer besonders kenntlich gemacht. Es kann also aus dem Fehlen eines entsprechenden Hinweises nicht geschlossen werden, dass es sich um einen freien Warennamen handelt.

E-Mail: info@schattauer.de
Internet: http://www.schattauer.de
Printed in Germany

Lektorat: Dipl.-Chem. Claudia Ganter
Umschlagabbildung: Prof. Dr. med. Hans Walter Striebel
Satz: am-productions GmbH,
In den Weinäckern 12, 69168 Wiesloch
Druck und Einband: Mayr Miesbach GmbH,
Druck · Medien · Verlag, Am Windfeld 15,
83714 Miesbach

ISBN 978-3-7945-2635-2

Meiner Frau Ursula
und unseren beiden Kindern Julia und Matthias
gewidmet

Geleitwort

Anästhesiologen, die die Entwicklung der Anästhesiologie aus der Ära der Chlorethyl-Ethernarkose zur heutigen hoch spezifizierten Narkosetechnik miterlebt haben, erinnern sich noch sehr wohl der Zeiten, in denen Routinenarkosen von überaus erfahrenen Schwestern durchgeführt wurden, während die komplizierteren Narkosen dem jeweils jüngsten Assistenten eines betroffenen operativen Faches übertragen wurden, der sich mehr oder weniger geschickt der häufig ungeliebten Aufgabe unterzog, einen Patienten zu narkotisieren. Die ihn dabei unterstützenden Schwestern und Pfleger hatten meist mehr Erfahrung als er selbst, und er war für deren selbstlose Hilfe zumeist tief dankbar.
Inzwischen hat sich das Bild gewandelt. Die Anästhesiologie ist ein eigener, hoch spezialisierter Beruf. Nicht nur die Medikamente haben sich geändert, auch die Überwachungsmöglichkeiten haben sich dank der von vielen merkwürdigerweise negativ gesehenen sog. Apparatemedizin erweitert. Die Entwicklung der operativen Medizin zur heutigen Breite wäre nicht möglich gewesen, wenn nicht die Mitarbeiter dieses Faches gewährleisten würden, dass auch Patienten extremer Altersstufen mit komplizierten Begleiterkrankungen selbst großen operativen Eingriffen unterzogen werden können.
Mein ehemaliger Mitarbeiter Prof. Dr. Hans Walter Striebel erteilt seit langem Unterricht im Rahmen der Aus- und Weiterbildung von Pflegekräften, Studenten und Ärzten in den Fächern Anästhesie, Intensiv- und Notfallmedizin. Er hat – einem oft geäußerten Wunsch folgend – seine Unterrichtsmanuskripte überarbeitet und ergänzt. Das Ergebnis ist dieses, aus der Unterrichtspraxis heraus gewachsene Buch. Dieses Werk soll eine breite Wissensbasis für alle jene sein, die sich der Anästhesie, Intensiv- und Notfallmedizin widmen wollen und sich hierfür das notwendige Wissen aneignen möchten, seien es Schwestern oder Pfleger, angehende oder fertige Fachkräfte, Studenten im Praktischen Jahr oder Berufsanfänger.
Relativ kurze Zeit nach Erscheinen der letzten Auflage ist nun schon wieder eine Neuauflage notwendig geworden. Dies spricht für sich allein und ich kann meinem hervorragenden ehemaligen Mitarbeiter Hans Walter Striebel nur wärmsten zu diesem Erfolg gratulieren. Ich bin überzeugt, dass auch diese neueste, überarbeitete und erweiterte Auflage eine breite Leserschaft finden wird. Möge dieses Buch weiterhin unseren Patienten zugutekommen sowie denjenigen dienen, die sich auf ein Examen vorbereiten müssen. Außerdem ist dieses Werk bestens als Nachschlagewerk für jene geeignet, die Wissenslücken schließen möchten.

Univ.-Prof. em. Dr. med. Klaus Eyrich
ehem. Leiter der Klinik für Anästhesiologie
und Operative Intensivmedizin
des jetzigen Campus Benjamin Franklin
der Charité, Berlin

Vorwort

Grundlage für dieses Buch sind die Manuskripte zahlreicher Fortbildungsveranstaltungen, die von mir am jetzigen Campus Benjamin Franklin der Charité in Berlin sowie an den Städtischen Kliniken Frankfurt am Main-Höchst sowohl für Studenten des Praktischen Jahres als auch für das Anästhesie-Pflegepersonal – insbesondere für Teilnehmer des Weiterbildungskurses zur Fachkrankenschwester bzw. zum Fachkrankenpfleger für Anästhesie und Intensivmedizin – gehalten wurden.
Für diese 7. Auflage wurde das Manuskript der Vorauflage wiederum grundlegend überarbeitet und aktualisiert. Beispielsweise wurden die Reanimationsrichtlinien (des European Resuscitation Council) auf den neuesten Stand gebracht und das Propofolinfusionssyndrom, die Fast-Track-Prinzipien in der Kolonchirurgie sowie moderne balancierte Infusionslösungen genauso ergänzt wie die Durchführung von Plexusanästhesien oder zentralvenösen Punktionen unter Ultraschallkontrolle.
Das Buch ist als Nachschlagewerk für in der Anästhesie und Intensivmedizin arbeitenden Studenten, Absolventen des Praktischen Jahres und junge Anästhesisten gedacht. Außerdem soll es ein Lehrbuch für die Absolventen des Weiterbildungskurses zur Fachkrankenschwester bzw. zum Fachkrankenpfleger für Anästhesie und Intensivmedizin sein. Daneben kann es für Dozenten und Fortbildungslehrkräfte als Leitfaden für den Studentenunterricht bzw. Fachweiterbildungskurs Anästhesie und Intensivmedizin dienen, aber auch für alle anderen an der Anästhesie, Intensiv- und Notfallmedizin interessierten Leser soll es eine Verständnishilfe darstellen.
Um den Lesefluss nicht unnötig zu stören, wurde z. B. bei Berufsbezeichnungen und bei Patienten nur die männliche Form verwendet (der Arzt, der Patient). Selbstverständlich sind hierbei stets Männer und (!) Frauen gemeint.
An dieser Stelle darf ich mich sehr herzlich bei Dr. med. Tino Bastiani und Dr. med. Katrin Reichau (tätig am Institut für Anästhesiologie, Intensiv- und Notfallmedizin der Städtischen Kliniken Frankfurt am Main-Höchst) bedanken, die das Manuskript überarbeitet und konstruktive Ergänzungen, Anmerkungen und Korrekturen vorgenommen haben.
Herrn Dipl.-Psych. Dr. med. Wulf Bertram und Frau Dipl.-Chem. Claudia Ganter vom Schattauer Verlag möchte ich für ihre Unterstützung und die sehr gute Zusammenarbeit danken.
Der größte Dank gilt meiner Familie. Da das Buch ausschließlich nach dem oft anstrengenden Klinikalltag verfasst wurde, bedeutete dies zwangsläufig eine Einschränkung des Familienlebens. Ohne die verständnisvolle Nachsicht und Geduld meiner Frau und unserer beiden Kinder wäre dies nicht möglich gewesen.

Frankfurt am Main-Höchst,
im Dezember 2008
Hans Walter Striebel

Inhalt

1 Anästhesie – allgemeiner Teil

1.1 Allgemeine Bemerkungen

✓ Anästhesie bedeutet Empfindungslosigkeit, also das Fehlen sämtlicher Wahrnehmungen. Anstatt von Anästhesie wird oft auch von Narkose gesprochen. Narkose leitet sich von dem altgriechischen Begriff nárkosi (= In-Schlaf-Versetzen) ab.

Die Kunst der Anästhesie ist nicht alt. Bis ins 18. Jahrhundert gab es noch keine Medikamente zur Narkose. Wer damals das Pech hatte, sich einer Operation unterziehen zu müssen, wurde evtl. in einen Alkoholrausch versetzt, in dem dann beispielsweise die Amputation eines Beines vorgenommen wurde. Der vor Schmerzen brüllende Patient wurde während der Operation festgehalten. Häufig wurde er ohnmächtig vor Schmerzen. Die Operationszeit musste so kurz wie möglich gehalten werden. Operiert wurde nur bei lebensbedrohlicher Indikation. Die Letalität war hoch.

! Das Ziel jeder Allgemeinanästhesie (= Vollnarkose) muss es sein, den Patienten vorübergehend in einen Zustand zu versetzen, in dem eine Operation sowohl für den Patienten als auch für den Operateur optimal durchgeführt werden kann.

Optimale Bedingungen für den Patienten bedeuten:

- Bewusstlosigkeit (Hypnose)
- Schmerzfreiheit (Analgesie)
- Dämpfung vegetativer Reflexe

Optimale Bedingungen für den Operateur bedeuten bei vielen Operationen (z. B. im Bauchraum):

- gute Muskelerschlaffung (Relaxation) und damit
- guter Zugang zum Operationsgebiet

Im Jahre 1846 wurde erstmals Ether erfolgreich für eine Operation eingesetzt. In der Folgezeit kam es zu einem stürmischen Fortschritt in der Narkosetechnik. Die Apparaturen zur Etherverabreichung wurden verbessert und sicherer gemacht. Neue Narkosemedikamente und neue Narkosetechniken wurden entdeckt. Erst die Möglichkeit zur Narkose erlaubte die Ausweitung der Chirurgie. Heute können Operationen von fast unbegrenzter Dauer durchgeführt werden. Operationszeiten von bis zu 15 Stunden und mehr sind keine Seltenheit mehr. Ein Patient, der sich heute einer Operation in Vollnarkose unterziehen muss, kann sicher sein, dass er während der Operation „schläft" und völlig schmerzfrei ist.

1.2 Teilgebiete

Die Anästhesiologie umfasst 4 Teilgebiete:

- Anästhesie
- Intensivmedizin
- Notfallmedizin
- Schmerztherapie

Im vorliegenden Buch werden die Teilgebiete Anästhesiologie, Intensiv- und Notfallmedizin abgehandelt. Bezüglich des Teilgebietes Schmerztherapie wird auf das Buch „Therapie chronischer Schmerzen – Ein praktischer Leitfaden" (H.W. Striebel; Schattauer Verlag; 4. Aufl.) verwiesen.

1.3 Aufgaben des Anästhesisten und des Anästhesiepflegepersonals

Die ursprünglichste und wichtigste Aufgabe des Anästhesisten ist die Schaffung eines schmerzfreien Zustandes, in dem z. B. Operationen sowie diagnostische oder therapeutische Maßnahmen vorgenommen werden können.
Dies kann mithilfe einer Vollnarkose (Allgemeinanästhesie) oder – in geeigneten Fällen – mithilfe einer Lokal- oder Regionalanästhesie erreicht werden. Der Anästhesist ist für die Durchführung dieser **Anästhesien** sowie deren Überwachung verantwortlich.
Diesen Anforderungen kann der Anästhesist nur dank der Mithilfe einer Anästhesieschwester oder eines Anästhesiepflegers gerecht werden.
Zu den wichtigsten Aufgaben der Anästhesiepflegekraft gehören:

- Assistenz bei den oben genannten ärztlichen Tätigkeiten
- Bereitlegen der dazu notwendigen Medikamente
- Herrichten der dazu benötigten Anästhesiegeräte
- Wartung und Reinigung der Anästhesiegeräte sowie deren Überprüfung auf Funktionstüchtigkeit
- Übernahme ärztlicher Tätigkeiten, wenn diese ausdrücklich an die Anästhesiepflegekraft delegiert wurden. Voraussetzung hierzu ist neben einer entsprechenden Erfahrung der Anästhesiepflegekraft eine genaue Handlungsanweisung sowie eine Überwachung durch den verantwortlichen Anästhesisten.
- Durchführung pflegerischer Maßnahmen wie Einbringen von Augensalbe (oder zusätzliches Zukleben und Abpolstern der Augen bei z. B. geplanter Knie-Ellenbogen-Lage) sobald der Patient in Narkose versetzt wurde und Durchführung von wärmekonservierenden Maßnahmen. Außerdem soll die Pflegekraft auf Ängste und Sorgen des Patienten während der Narkosevorbereitungen eingehen.

Auch die postoperative Weiterbetreuung von schwerkranken Patienten auf einer operativen **Intensivstation** untersteht zumeist der Anästhesieabteilung. Eine weitere Aufgabe des Anästhesisten ist die **Notfallmedizin**, das heißt die Wiederbelebung und Stabilisierung vor allem des Herz-Kreislauf-Systems und der Atmung. Diese Aufgabe wird vom Anästhesisten nicht nur bei einem „Narkosezwischenfall" wahrgenommen, sondern vielerorts auch im Notarztwagen, bei der Aufnahme schwerverletzter Patienten in die Erste-Hilfe-Station eines Krankenhauses, auf operativen Intensivstationen sowie auf den Krankenstationen und auch bei der Wiederbelebung von Neugeborenen im Kreissaal. Ein weiterer Betätigungsbereich des Anästhesisten ist die **Schmerztherapie** bei chronischen Schmerzzuständen wie z. B. Karzinomschmerzen. In vielen großen Kliniken wurden hierzu inzwischen Schmerzambulanzen errichtet, die zumeist der Anästhesieabteilung unterstehen.

1.4 Präoperative Visite

Normalerweise liegt bereits am Nachmittag der Operationsplan für den folgenden Tag vor. Der Anästhesist sowie die Anästhesieschwester können daraus ersehen, welche Patienten sie am nächsten Tag zu betreuen haben. In Tabelle 1-1 ist ein Beispiel für einen OP-Plan aus der täglichen Praxis dargestellt.
Es ist anzustreben, dass derjenige Anästhesist, der der Narkose zugeteilt ist, „seine" Patienten am Abend zuvor aufsucht und die sog. präoperative Visite durchführt.

1.4.1 Ziele

- Überprüfung der vorliegenden Akten (z. B. EKG, Röntgen- und Laborbefunde)
- Untersuchung des Patienten

Tab. 1-1 Operationsplan

Patient	Alter	Station	Diagnose	Operation	Operateur	OP-Saal	Anästhesist
Müller A.	17 J.	12A	Abort	Curettage	Mai./Lut.	7	Ham. (Larynxmaske)
Maier H.	54 J.	14A	Cholezystolithiasis	laparoskopische Cholezystektomie	Kre./Weg. Dil./Stud.	4	Ham. (Intubationsnarkose)
Hinz C.	78 J.	02	Magenkarzinom	Magenresektion	Kre./Wag. Dil./Stud.	4	Ham. (Intubationsnarkose, thorakale Periduralanästhesie, ZVK)
Kunz D.	81 J.	10	Niereninsuffizienz	Shunt-Revision	Har./Bad.	1	Ham. (Plexusanästhesie)

- Einschätzung des Gesundheitszustandes des Patienten und damit Abschätzung des Narkoserisikos
- Entscheidung über das Narkoseverfahren
- Aufklärung des Patienten sowie Eingehen auf seine Fragen und Ängste bezüglich der Narkose
- Verordnen einer Prämedikation (→ S. 6)

1.4.2 Ablauf

Der Anästhesist besorgt sich auf der Station die gesamten Unterlagen des zu operierenden Patienten. Die Akte des Patienten muss umfassen:

- anamnestische Angaben
- Untersuchungsbefunde
- aktuelle Medikation
- Laborwerte
- evtl. Blutgruppe

Sämtliche vorhandenen Unterlagen sind zu sichten. Außerdem sind eine anästhesierelevante Anamnese und körperliche Untersuchung vorzunehmen. Bei jungen, anamnestisch und klinisch unauffälligen Patienten sind keine weiteren laborchemischen und apparativ-technischen Untersuchungen notwendig.
Unter folgenden Bedingungen sind zusätzliche Untersuchungsbefunde notwendig:

- Laboruntersuchungen bei allen Patienten über 40 Jahre (für Routineeingriffe: Hämoglobinwert [Hb], Hämatokritwert [Hkt], Natrium-[Na-], Kalium-[K-]Konzentration, Quick- bzw. INR-Wert [vgl. S. 161]), nur bei begründetem Verdacht auch bei jüngeren Patienten
- Röntgenaufnahme des Thorax bei allen Patienten über 60 Jahre, nur bei begründetem Verdacht auch bei jüngeren Patienten
- EKG bei allen Patienten über 40 Jahre, nur bei begründetem Verdacht auch bei jüngeren Patienten
- evtl. zusätzliche Untersuchungsergebnisse wie z. B. ein internistisches Konsil

Nachdem sich der Anästhesist durch das Studium der vorliegenden Unterlagen einen Überblick über die aktuelle Krankheit und über den allgemeinen Gesundheitszustand des Patienten verschafft hat, sucht er den Patienten auf, stellt sich vor und wird eine kurze Anamnese mit anästhesiologisch relevanten Fragen erheben. Von besonderem Interesse sind Vorerkrankungen, die evtl. zu Narkoseproblemen führen könnten. Dies sind insbesondere:

- Herz-Kreislauf-Probleme wie Bluthochdruck, Koronar- oder Zerebralsklerose, Angina pectoris, Herzinfarkt(e) oder Herzinsuffizienz
- Lungenerkrankungen wie Asthma bronchiale, Bronchitis, Lungenentzündungen
- Lebererkrankungen wie Leberzirrhose, Hepatitis

- Nierenprobleme, insbesondere eine Niereninsuffizienz
- sonstige Erkrankungen (wie z. B. Diabetes mellitus)
- Konsumgewohnheiten wie Alkohol-, Nicotin- oder Medikamentenabusus

Gezielt gefragt werden muss immer:
- nach evtl. Problemen bei früheren Narkosen sowie nach Narkoseproblemen bei Familienangehörigen
- ob Allergien auf Medikamente bekannt sind und wenn ja, auf welche
- ob Zahnprothesen oder lockere Zähne vorhanden sind
- ob bei einer Frau im gebärfähigen Alter im Moment eine Schwangerschaft vorliegt

Eine anschließende kurze körperliche Untersuchung muss zumindest die Auskultation der Lunge und des Herzens umfassen.
Abschließend sollte dem Patienten der Ablauf der Narkose erklärt werden. Bei einer voraussichtlich unkomplizierten Vollnarkose sollte ihm beispielsweise Folgendes erzählt werden: „Für heute nacht verordne ich Ihnen eine Schlaftablette. Ab 24.00 Uhr heute nacht dürfen Sie dann bis zur Operation nichts mehr essen. Bereits am Nachmittag/Abend vor der Operation sollten Sie das Rauchen einstellen (→ S. 209). Bitte auch keinen Kaugummi kauen und keine Bonbons lutschen. Bei Bedarf dürfen Sie noch klare (!) Flüssigkeit bis Morgen früh um ca. 5.00 Uhr trinken. – Morgen früh bekommen Sie ca. 45 Minuten vor Narkosebeginn von einer Schwester der Station eine Beruhigungstablette. Diese bitte nur mit einem kleinen Schluck Wasser hinunterspülen. Kurz danach werden Sie in den OP-Bereich gefahren. Wichtig ist, dass Sie Ihren Schmuck, Ihre Uhr sowie Ihre Zahnprothese und Brille hier im Zimmer lassen oder der Schwester zur Aufbewahrung geben. – In einem Vorbereitungsraum werden Sie dann von der Narkoseschwester auf die Narkose vorbereitet. Die Narkoseschwester wird den Blutdruck messen, eine EKG-Ableitung zur Herzüberwachung anbringen und einen Sensor auf den Finger aufsetzen, mit dem gemessen werden kann, ob Sie genügend Sauerstoff im Blut haben. Außerdem muss am Handrücken eine ‚Nadel' gelegt werden, an die eine Tropfinfusion angeschlossen wird. Vor dem Legen der ‚Nadel' kann eine örtliche Betäubung vorgenommen werden, sodass es nicht schmerzhaft sein wird. Über diese ‚Nadel' wird dann später auch das Schlafmittel gespritzt. Wenn Sie das Schlafmittel bekommen haben, schlafen Sie innerhalb von 20–30 Sekunden ein. Wenn Sie aufwachen, wird die Operation bereits vorbei sein. Sie werden dann noch vorübergehend in einem sog. ‚Aufwachraum' einige Zeit überwacht werden. Sobald Sie wieder völlig wach sind, werden Sie wieder auf Ihr Zimmer zurückgebracht."
Falls für die geplante Operation sowohl eine Vollnarkose als auch eine Lokal- oder Regionalanästhesie in Frage kommen, sollten dem Patienten der Ablauf sowie die Vor- und Nachteile der einzelnen Verfahren erläutert werden. Wenn der Patient ein bestimmtes Verfahren wünscht, sollte dies, falls es medizinisch vertretbar ist, berücksichtigt werden. Außerdem sollte kurz auf spezielle Komplikationsmöglichkeiten der geplanten Narkose eingegangen werden. Die besprochenen Risiken bzw. Besonderheiten sollten vom Anästhesisten auf dem Aufklärungs- und Anamnesebogen vermerkt werden. (Es empfiehlt sich, hierfür einen offiziellen, d. h. juristisch abgesicherten Aufklärungs- und Anamnesebogen zu verwenden. Dieser sollte dem Patienten schon vor der präoperativen Visite des Anästhesisten zum Durchlesen und Beantworten der darin gestellten Fragen gegeben werden. In diesen offiziellen Bögen werden die verschiedenen Narkoseverfahren sowie deren Vor- und Nachteile und deren Risiken erklärt. Außerdem werden vom Patienten noch die anästhesiologisch wichtigen anamnestischen Daten abgefragt.) – Falls der Patient nun keine weiteren Fragen mehr hat, muss er noch die „**Einwilligungserklärung in die Narkose**" auf dem Aufklärungs- und Anamnesebogen in Ruhe durchlesen und unterschreiben. Sollten bei dieser präoperativen Visite Probleme aufgetaucht sein, so müssen ggf. noch Zusatzuntersuchungen wie eine Lungenfunktionsprüfung,

eine arterielle Blutgasanalyse oder ein internistisches Konsil angefordert werden. Unter Umständen muss, nach Rücksprache mit dem Operateur, ein Wahleingriff noch um einige Tage verschoben werden, um den Patienten besser auf die Operation vorzubereiten. Öfter muss z. B. ein Diabetes mellitus, ein Hypertonus oder eine Herzinsuffizienz besser „eingestellt" werden oder es muss gewartet werden, bis ein akuter Infekt der oberen Luftwege abgeklungen ist. Abschließend wird dem Patienten eine geeignete Schlafmedikation zur Nacht und eine Prämedikation verschrieben (→ unten).
Eine evtl. Dauermedikation, die der Patient einnimmt, sollte vor allem dann perioperativ weiterführt werden, falls durch ein plötzliches Absetzen Probleme auftreten könnten. Perioperativ weiterzuführen (d. h. auch am Morgen des OP-Tages zu verabreichen) sind daher normalerweise vor allem:

- antiasthmatische Therapie
- antihypertensive Therapie (Ausnahme: Angiotensin-Converting-Enzym-Hemmer [= ACE-Hemmer; z. B. Ramipril, Delix®] und Angiotensin-II-Rezeptor-Typ-I-Blocker [= AT_1-Rezeptor-Antagonisten; z. B. Valsartan, Diovan®] sollten am OP-Tag präoperativ nicht [!] verabreicht werden, da sonst während der Narkose deutliche Blutdruckabfälle begünstigt werden)
- antipektanginöse Therapie (β-Rezeptoren-Blocker, Calciumkanalblocker)
- antiarrhythmische Therapie
- antikonvulsive Therapie
- antidepressive Therapie
- Parkinson-Therapeutika
- Schizophrenietherapeutika
- Diuretika

Während es lange Zeit als zwingend angesehen wurde, dass ein Erwachsener zumindest für 6 Stunden vor der Anästhesieeinleitung nichts essen und trinken darf, wird inzwischen die Gabe kleiner Mengen (1–2 Gläser oder Tassen) klarer Flüssigkeiten (die kein Fett, keinen Alkohol enthalten; z. B. Wasser, Tee, Limonade) bis ca. 2 Stunden vor der Narkoseeinleitung erlaubt, da dies keinen negativen Einfluss auf Menge und pH-Wert des Magensekrets bei Narkosebeginn hat (→ S. 145, 209, 238). Für partikelhaltige Flüssigkeiten (z. B. Milch, Saft mit Fruchtfleisch) und für feste Nahrung gilt eine 6-stündige **Nüchternheitsdauer**.
In den meisten Narkoseprotokollen muss der körperliche Status (nicht das Narkoserisiko!) des Patienten noch anhand einer Skala eingestuft werden. Hierfür hat sich am besten die Klassifikation der **American Society of Anesthesiologists (= ASA)** bewährt (vgl. Tab. 1-2).

Tab. 1-2 ASA-Klassifikation. Muss ein Patient notfallmäßig operiert werden, dann wird hinter die ASA-Klasse noch ein „E" angehä ngt, das für Notfall (= emergency) steht.

ASA 1	gesunder Patient
ASA 2	Patient mit leichter Systemerkrankung (z.B. eingestellter Hypertonus)
ASA 3	Patient mit schwerer Systemerkrankung und Leistungseinschränkung (z.B. Angina pectoris)
ASA 4	Patient mit schwer beeinträchtigender, lebensbedrohlicher Erkrankung (z.B. dekompensierte Herzinsuffizienz)
ASA 5	moribunder Patient, bei dem die Lebenserwartung ohne Behandlung geringer als 24 Stunden ist (z.B. rupturiertes Aortenaneurysma)

1.5 Prämedikation

1.5.1 Ziele

Trotz des beruhigenden und aufklärenden Gesprächs während der präoperativen Visite (→ S. 3) ist es notwendig, dem Patienten eine Medikation (sog. Prämedikation) zu verordnen, die er idealerweise ca. 45 Minuten vor Narkosebeginn verabreicht bekommt.

Die primären Ziele einer Prämedikation sind:
- Angstlösung (= Anxiolyse) und Sedierung
- evtl. Schmerzlinderung (= Analgesie)

Die im Rahmen der Prämedikation am häufigsten angewandten Substanzgruppen werden im Folgenden kurz vorgestellt.

1.5.2 Substanzklassen

Zur Prämedikation kommen im Prinzip angstlösende Substanzen, sog. Tranquilizer (die wichtigste Substanzgruppe sind die Benzodiazepine) oder Barbiturate, Neuroleptika (= Antipsychotika), Opioide und/oder Parasympathikolytika infrage. Für die Prämedikation (sowie als Schlafmedikation für die präoperative Nacht) wird inzwischen zuallermeist ein oral verabreichtes (bei Kindern manchmal noch ein rektal verabreichtes; →S. 239) Benzodiazepin verwendet. Inzwischen kommt öfter auch die Benzodiazepin-ähnliche Substanz Zolpidem (Stilnox®; 10 mg oral bei Erwachsenen) zum Einsatz. Zolpidem gehört nicht zu den Benzodiazepinen, Gegenanzeigen sind Myasthenia gravis, schwere respiratorische Insuffizienz, schwere Leberinsuffizienz, Kinder und Jugendliche < 18 Jahre.
Barbiturate, Neuroleptika, Opioide sowie Parasympathikolytika kommen zwar im Rahmen eines modernen Prämedikationskonzepts so gut wie nicht mehr zur Anwendung, da diese Substanzen jedoch früher zur Prämedikation verwendet wurden und vor allem, weil sie im Rahmen anderer Indikationen öfter einsetzt werden, sollen sie dennoch hier vorgestellt werden.

Benzodiazepine

Wirkungen

- angst- und spannungslösend
- leichte sedierende Wirkung
- antikonvulsive Wirkung (= Erhöhung der zerebralen Krampfschwelle und damit Unterdrückung von epileptischen Anfällen)

Nebenwirkungen

- unter Umständen paradoxe Erregungszustände, vor allem bei älteren Patienten
- zentrale Herabsetzung des Muskeltonus

Indikationen

Benzodiazepine zeichnen sich durch eine große therapeutische Breite aus. Sie eignen sich vor allem als orale Schlafmedikation (z. B. Oxazepam; → Tab. 1-3) für die präoperative Nacht. Inzwischen werden sie auch in den allermeisten Kliniken für die orale Prämedikation ca. 45 Minuten vor Operationsbeginn verabreicht (z. B. 7,5 mg Midazolam; → Tab. 1-3).

Tab. 1-3 Zur Prämedikation häufig eingesetzte Benzodiazepine

Wirkstoff	Handelsname (Beispiele)	Arzneiform	Dosierung für Erwachsene
Dikaliumclorazepat	Tranxilium®	Tabl. à 50 mg Kapseln à 5; 10; 20 mg	10–20–50 mg oral
Midazolam	Dormicum®	Tabl. à 7,5 mg	(3,75–)7,5 mg oral
Oxazepam	Adumbran®	Tabl. à 10 mg	10–20 mg oral
Lormetazepam	Noctamid®	Tabl. à 0,5; 1; 2 mg	1 mg oral
Bromazepam	Lexotanil®	Tabl. à 6 mg	6–12 mg oral
Flunitrazepam	Rohypnol®	Tabl. à 1 mg	1–2 mg oral
Diazepam	Valium®	Tabl. à 2,5; 5; 10 mg	10 mg oral

Kontraindikationen

Wegen der zentralen Herabsetzung des Muskeltonus sind Benzodiazepine kontraindiziert bei vorbestehender Muskelschwäche wie z. B. bei der Myasthenia gravis oder einem obstruktiven Schlafapnoesyndrom.

Medikamente und Dosierung

In Tabelle 1-3 sind die zur Prämedikation am häufigsten verwendeten Benzodiazepine und deren Dosierungen aufgelistet.

Injektion

Die intramuskuläre Injektion der meisten Benzodiazepine ist sehr schmerzhaft. Nur das Benzodiazepin Midazolam ist aufgrund seiner Wasserlöslichkeit relativ wenig schmerzhaft bei der intramuskulären Injektion. (Falls sehr selten einmal die üblicherweise oral durchgeführte Prämedikation nicht möglich ist und eine intramuskuläre Benzodiazepininjektion notwendig wäre, dann bietet sich hierfür Midazolam an.)

Barbiturate

Wirkungen

- Sedierung, Erzeugung von Schlaf oder Bewusstlosigkeit, je nach Dosierung
- antikonvulsive Wirkung
  (= Erhöhung der zerebralen Krampfschwelle und damit Unterdrückung von epileptischen Anfällen)
- Dämpfung von Hirnfunktion und Hirnstoffwechsel
  (Bei Patienten mit einem Schädel-Hirn-Trauma kann zur akuten Senkung eines erhöhten intrakraniellen Druckes ggf. ein Barbiturat intravenös verabreicht werden [→ S. 49].)

Nebenwirkungen

- Enzyminduktion in der Leber bei chronischer Anwendung:
  Bei einer Enzyminduktion werden die Barbiturate – sowie andere Medikamente – schneller abgebaut. Es werden immer höhere Dosierungen zur Erzielung der gleichen Wirkung benötigt.
- unter Umständen paradoxe Reaktion, vor allem bei älteren Patienten
- Atemdepression in höheren Dosierungen

Indikationen

Barbiturate in Tablettenform wurden früher öfter als Schlafmedikation für die präoperative Nacht oral verabreicht. Inzwischen werden sie hierfür zugunsten eines Benzodiazepins nur noch extrem selten verabreicht. Auch im Rahmen der Prämedikation werden Barbiturate – zugunsten der Benzodiazepine – nur noch extrem selten eingesetzt. (Inzwischen werden Barbiturate v. a. im Rahmen der antiepileptischen Therapie bei Kindern, z. T. auch bei Erwachsenen eingesetzt.)

Kontraindikation

Beim Vorliegen einer Porphyrie sind Barbiturate kontraindiziert (→ S. 50).

Medikamente und Dosierung

- Phenobarbital (Luminal®; Luminaletten®):
  - 100–200 mg oral beim Erwachsenen in sehr seltenen Fällen als Schlafmedikation für die präoperative Nacht
  - (1–3 mg/kg KG 2 × pro Tag oral zur antiepileptischen Therapie bei Erwachsenen)
  - (3–4 mg/kg KG 2 × pro Tag oral zur antiepileptischen Therapie bei Kindern; Luminaletten®)

Neuroleptika

Wirkungen

- Sedierung, Gleichgültigkeit, Antriebsminderung
- antiemetische Wirkung
  (= Verminderung von Übelkeit und Brechreiz)
- Antihistaminwirkung
  (= Verminderung von allergischen und pseudoallergischen Reaktionen)

Nebenwirkungen

- evtl. extrapyramidale Bewegungsstörungen
- Neigung zu orthostatischer Hypotonie (= Kollapsneigung) durch Blockade der für die Gefäßengstellung wichtigen Alpharezeptoren (→ S. 62, 131, 301)
- Erniedrigung der zerebralen Krampfschwelle und damit Begünstigung von epileptischen Anfällen

Indikationen

Nur falls ausnahmsweise noch eine intramuskuläre Prämedikation durchgeführt werden muss (→ S. 10), dann wird hierfür meist eine Kombination aus einem Neuroleptikum, einem Opioid (→ unten) und einem Parasympathikolytikum (→ S. 9) verwendet. Promethazin ist in diesen Fällen dann das meist benützte Neuroleptikum. Für die Prämedikation wird die sedierende (und antriebshemmende) Nebenwirkung dieses relativ schwachen Neuroleptikums ausgenutzt. Inzwischen werden Neuroleptika – außer in der Psychiatrie zur Behandlung der Schizophrenie – öfter noch zur Behandlung von Unruhe- und Erregungszuständen vor allem älterer, verwirrter Patienten eingesetzt. Bei älteren, vor allem verwirrter Patienten werden Neuroleptika öfter auch als Schlafmedikament eingesetzt.

Kontraindikationen

Neuroleptika sind wegen der Nebenwirkungen kontraindiziert bei Patienten mit Parkinson-Krankheit und bei Epileptikern.

Medikamente und Dosierung

- Promethazin (Atosil®):
  - 0,5–1 mg/kg KG intramuskulär, maximal 50 mg intramuskulär; im Rahmen der nur noch sehr selten durchgeführten intramuskulären Prämedikation
  - (20–30 Atosil® Tropfen [= 20–30 mg] bei Unruhe- oder Erregungszuständen älterer Patienten)
  - (ca. 0,5 mg/kg KG i. v. bei akuten Unruhe- oder Erregungszuständen bei Erwachsenen)
- Droperidol (→ S. 61)

Opioide

✓ Die im Opium enthaltenen Analgetika werden als Opiate bezeichnet. Wichtigster Vertreter ist das Morphin. Inzwischen können auch halbsynthetische oder vollsynthetische morphinartige Substanzen hergestellt werden. Die natürlich vorkommenden Opiate sowie die halb- und vollsynthetisch hergestellten morphinartigen Substanzen werden inzwischen unter dem Begriff Opioide zusammengefasst.

Wirkungen

- starke Analgesie
- Sedierung
- antitussive (= hustenstillende) Wirkung

Nebenwirkungen

- Atemdepression (!!)
- Übelkeit und Brechreiz (= emetische Wirkung)
- Pupillenverengung (= Miosis; sog. stecknadelkopfgroße Pupillen)
- Suchtgefahr:
  Eine Opioidgabe im Rahmen der Prämedikation, Narkoseführung und postoperativen Schmerztherapie führt nur in extrem seltenen Fällen zu einer Sucht.
- Euphorie
- Spasmen glatter Muskulatur (z. B. Obstipation [= Verstopfung]; Konstriktion der Gallen- und Harnwege)
- Neigung zu orthostatischer Hypotonie (= Kollapsneigung)
- Juckreiz

Indikationen

Eine eindeutige Indikation für ein Analgetikum zur Prämedikation besteht nur dann, wenn der Patient bereits präoperativ Schmerzen hat, z. B. bei einem frischen Knochenbruch. Sehr selten wird dann noch eine intramuskuläre Prämedikation mit einem Opioid, einem Neuroleptikum und einem Parasympathikolytikum (→ S. 10) durchgeführt. Besser ist in diesen Fällen die Prämedikation mittels oraler Gabe eines Benzodiazepins und – z. B. bei der voraussichtlich schmerzhaften Umlagerung des Patienten von seinem Bett auf den Operationstisch – die zusätzlich intravenöse, bedarfsadaptierte Opioidgabe (→ S. 328).

Kontraindikation

Bei ehemals opioidabhängigen Patienten kann eine Rückfälligkeit in die Opioidsucht erzeugt werden. Opioide sollten bei diesen Patienten vermieden werden.

Medikamente und Dosierung

- Pethidin (Dolantin®):
  1 mg/kg KG intramuskulär, maximal 75 mg intramuskulär im Rahmen der nur noch sehr selten durchgeführten intramuskulären Prämedikation oder der ebenfalls nur noch sehr selten durchgeführten intramuskulären postoperativen Schmerztherapie
- Piritramid (Dipidolor®):
  - 7,5–15 mg intramuskulär beim Erwachsenen im Rahmen der nur noch sehr selten durchgeführten intramuskulären Prämedikation oder der ebenfalls nur noch sehr selten durchgeführten intramuskulären postoperativen Schmerztherapie
  - (1-2-3 mg Boli bei Erwachsenen wiederholt intravenös im Rahmen der postoperativen Schmerztherapie; streng bedarfsorientierte (!) Dosistitration (→ Kap. 6.7)

Parasympathikolytika

✓ Parasympathikolytika (= Parasympatholytika) hemmen den Parasympathikus und damit auch den Nervus vagus, den wichtigsten Nerv des parasympathischen Nervensystems. Parasympathikolytika blockieren die Wirkung der Überträgersubstanz Acetylcholin im Bereich des Nervus vagus und anderer parasympathischer Nervenfasern (→ S. 66).

Im Rahmen der früher üblichen intramuskulären Prämedikation wurde zumeist eine Kombination aus Opioid, Neuroleptikum und dem Parasympathikolytikum Atropin verabreicht. Im Rahmen der inzwischen üblichen oralen Prämedikation wird auf die Gabe eines Parasympathikolytikums verzichtet. Zum einen wird es oral nur schlecht resorbiert, zum anderen wird die routinemäßige präoperative Gabe eines Parasympathikolytikums inzwischen nicht (!) mehr als notwendig erachtet.

Atropin

Wirkungen und Nebenwirkungen

Die Wirkungen und Nebenwirkungen des Atropins ergeben sich aus der Blockade des Nervus vagus:

- Herzfrequenzsteigerung (= Tachykardie) und damit Schutz vor bradykarden Rhythmusstörungen bei einer Reizung des Nervus vagus (= vagaler Reflex; → S. 75, 100)
- Pupillenerweiterung (= Mydriasis)
- Hemmung der Speichel-, Bronchial- und Schweißsekretion
- Verminderung des Tonus der glatten Muskulatur vor allem im Magen-Darm-Bereich

Kontraindikationen

- Erkrankungen, die mit einer hohen Herzfrequenz einhergehen (z. B. Hyperthyreose, hohes Fieber)
- Erkrankungen, bei denen eine Steigerung der Herzfrequenz vermieden werden muss (z. B. eine Mitralklappenstenose; → S. 313)
- Weitwinkelglaukom
- Prostatahyperplasie (vergrößerte Prostata)

Dosierung

- Erwachsene:
  - 0,01 mg/kg KG intramuskulär im Rahmen der nur noch sehr selten durchgeführten intramuskulären Prämedikation
  - (0,25–0,5 mg i. v. zur Steigerung der Herzfrequenz)
- Säuglinge und Kleinkinder:
  - 0,01–0,02 mg/kg KG intramuskulär im Rahmen der nur noch sehr selten durchgeführten intramuskulären Prämedikation
  - (0,01–0,02 mg/kg KG i. v. zur Vorbeugung oder Therapie einer Bradykardie)

Atropin wurde bei der früher üblichen intramuskulären Prämedikation zur Hemmung der Speichel- und Bronchialsekretion und zur Dämpfung eventueller vagaler Reflexe am Herzen routinemäßig (zusammen mit einem Opioid und einem Neuroleptikum) verabreicht. Diese für die intramuskuläre Injektion übliche Dosierung dämpft die vagalen Reflexe am Herzen jedoch nicht ausreichend.

! Sollen die vagalen Reflexe des Herzens sicher blockiert werden, dann muss Atropin vor der Intubation intravenös (!!) verabreicht werden. Dies ist z. B. besonders bei der Intubation von kleinen Kindern wichtig, da bei ihnen hierbei relativ leicht ein vagaler Reflex mit einer Bradykardie, im Extremfall ein Herzstillstand, ausgelöst werden kann.

1.5.3 Durchführung

Die Prämedikation sollte möglichst nicht mehr durch intramuskuläre Injektion von Medikamenten erfolgen. Die orale Prämedikation stellt inzwischen das allgemein anerkannte Standardverfahren dar. Die dazu benützte geringe Wassermenge zum Hinunterspülen der Tablette wird schnell resorbiert und widerspricht daher nicht dem Nüchternheitsgebot (→ S. 5). Zum Einsatz kommt hierbei häufig Midazolam (z. B. 7,5 mg beim Erwachsenen) oder Dikaliumclorazepat (z. B. 20 mg beim Erwachsenen) (vgl. Tab. 1-3).

! Wichtig ist es, die Prämedikation ca. 45 Minuten vor Narkosebeginn zu verabreichen. – In der Praxis wird leider oft die Prämedikation erst unmittelbar vor dem Transport in den OP verabreicht. Dies ist zu spät! Die Wirkung der Prämedikation hat dann noch nicht eingesetzt, wenn die Patienten im Operationssaal ankommen und mit der Narkose begonnen wird.

Das entscheidende Ziel einer modernen Prämedikation ist die Angstlösung.
Eine **Angstlösung** (= Anxiolyse) und leichte Sedierung für die präoperative Nacht kann am besten durch ein lang wirksames Benzodiazepin, das als Schlafmedikation verabreicht wird, erreicht werden. Hierzu eignen sich z. B. 20 mg Dikaliumclorazepat (Tranxilium®) oder 1 mg Lormetazepam (Noctamid®) oral. Circa 45 Minuten vor OP-Beginn sollte nochmals ein Benzodiazepin oral verabreicht werden (z. B. 7,5 mg Midazolam oder 20 mg Dikaliumclorazepat).
Die meisten Patienten leiden präoperativ nicht an Schmerzen, sodass keine Schmerzlinderung (= Analgesie) notwendig ist und auf eine Opioidgabe verzichtet werden kann. Falls ein Opioid wegen akuter Schmerzen (z. B. frischer Knochenbruch) verabreicht werden soll, dann sollte zusätzlich zu einer üblichen oralen Prämedikation mit einem Benzodiazepin – z. B. vor der schmerzhaften Umlagerung des Patienten von seinem Bett auf den Operationstisch – eine zusätzliche bedarfsorientierte intravenöse Opioidgabe durchgeführt werden (→ S. 328).
Früher wurden als Ziele einer Prämedikation

- Schmerzlinderung,
- Einsparung von Narkosemitteln,
- Sedierung und
- Dämpfung vegetativer Reflexe

genannt.

Durch die routinemäßige Gabe eines Opioids (normalerweise Pethidin; Dolantin®) sollten evtl. präoperative Schmerzen gedämpft und intraoperativ Narkosemittel eingespart werden. Durch ein Neuroleptikum (v. a. Promethazin; Atosil®) sollte eine Sedierung/Ruhigstellung des Patienten erzielt und durch das Parasympathikolytikum Atropin sollten vegetative Reflexe gedämpft werden. Um diese Ziele zu erreichen, wurde früher üblicherweise eine intramuskuläre Mischinjektion aus Dolantin® (meist 50 mg beim kräftigen jungen Erwachsenen), Atosil® (meist 50 mg beim Erwachsenen) und Atropin (meist 0,5 mg beim Erwachsenen) verabreicht.
Inzwischen sollte eine intramuskuläre Prämedikation unbedingt vermieden werden, da sie schmerzhaft ist und u. U. zu einer Infektion oder Nervenverletzung führen kann. Außerdem haben die allermeisten Patienten präoperativ keine Schmerzen und die Einsparung von An-

ästhetika durch die Prämedikation braucht bei den modernen, gut steuerbaren Anästhetika nicht mehr angestrebt werden. Ein Opioid ist daher nicht routinemäßig notwendig. Neuroleptika lassen zwar den Patienten äußerlich ruhig erscheinen (durch eine Antriebsminderung), innerlich sind die Patienten aber oft aufgewühlt, ohne dass sie dies adäquat äußern können. Neuroleptika führen zu keiner Anxiolyse. Sie sind daher wesentlich schlechter als Benzodiazepine zur Prämedikation geeignet. Durch die intramuskuläre Gabe von Atropin in der damals üblichen Dosis von ca. 0,5 mg beim Erwachsenen kann nachgewiesenermaßen keine sichere Dämpfung der vegetativen Reflexe erzielt werden. Falls dies notwendig ist, muss Atropin intravenös verabreicht werden. Für eine ausreichende Wirkung müssten beim Erwachsenen ca. 2,0 mg Atropin intramuskulär verabreicht werden.
Aus diesen Gründen ist die intramuskuläre Prämedikation mit Dolantin®, Atosil® und Atropin zurecht verlassen worden.

! Inzwischen sollte daher auf eine intramuskuläre Prämedikation verzichtet und routinemäßig eine orale Prämedikation, vor allem mit Midazolam (Dormicum®; z. B. 7,5 mg) oder Dikaliumclorazepat (Tranxilium®; z. B. 20 mg), durchgeführt werden.

1.6 Narkoseapparat

1.6.1 Narkosesysteme

Zur Durchführung einer Narkose stehen neben den intravenös zu verabreichenden Medikamenten auch Inhalationsanästhetika zur Verfügung. Inhalationsanästhetika sind Gase (z. B. Lachgas; → S. 39) oder Dämpfe von leicht verdampfbaren Flüssigkeiten (z. B. Isofluran, Sevofluran, Desfluran; → S. 42), die der Einatmungsluft zugemischt und über die Lungen ins Blut aufgenommen werden.

Es werden folgende 4 verschiedene Narkosesysteme unterschieden:
- offenes System
- halboffenes System
- halbgeschlossenes System
- geschlossenes System

Offenes System

✓ Beim offenen System atmet der Patient Luft aus der Umgebung ein. Das Ausatemvolumen wird wieder in die Umgebung abgegeben. Der Einatemluft wird ein Inhalationsanästhetikum zugemischt.

Das bekannteste Beispiel für ein offenes System ist die früher übliche Ethertropfnarkose. Mithilfe einer Schimmelbusch-Maske (vgl. Abb. 1-1) wurden der Einatemluft Etherdämpfe zugemischt.

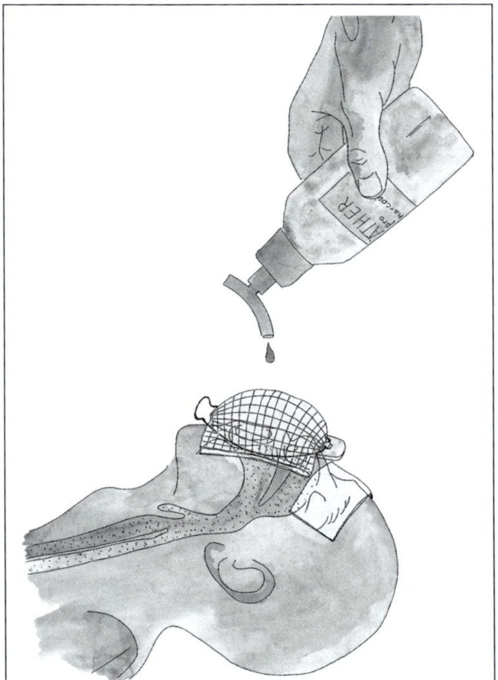

Abb. 1-1 Anwendung der Schimmelbusch-Maske (offenes System)

Eine **Schimmelbusch-Maske** ist ein dem spontan atmenden Patienten über Mund und Nase gelegter Metallrahmen, der mit einigen Lagen Mull bespannt ist, auf die kontinuierlich Ether aufgetropft wird (→ S. 45). Die dabei entstehenden Etherdämpfe werden mit eingeatmet.
Vorteil der Schimmelbusch-Maske ist die Einfachheit der Anwendung. Entscheidender Nachteil ist jedoch, dass mit einem offenen System die zugeführten Gaskonzentrationen nicht überwacht werden können. Außerdem können die Atemgase weder befeuchtet noch angewärmt werden und der Narkosemittelverbrauch ist sehr hoch, da ein großer Teil des verdunstenden Ethers im Raum verloren geht (und das Personal belastet).

Halboffenes System

✓ Beim halboffenen System wird das Einatmungsgemisch (= Inspirationsgemisch) aus einem Reservoir (z. B. Sauerstoffflaschen) bezogen und über ein Schlauchsystem zum Patienten geleitet. Dem Inspirationsgemisch wird ein Inhalationsanästhetikum zugemischt. Das Ausatmungsgemisch (= Exspirationsgemisch) wird dagegen in den freien Raum abgegeben.

Beim halboffenen System muss der Frischgasfluss aus dem Reservoir mindestens das 2- bis 3-Fache des Atemminutenvolumens betragen, da das Frischgas auch während der Ausatmung des Patienten weiterströmt, die Einatmungszeit aber nur ca. 33–50 % (⅓–½) des Atemzyklus ausmacht. Durch diesen hohen Frischgasverbrauch ist das halboffene System relativ teuer. Die eingeatmeten Frischgase aus dem Reservoir enthalten keine Feuchtigkeit und sind relativ kühl. Sie müssen daher in den Atemwegen stark angefeuchtet und angewärmt werden. Da jedoch das gesamte Ausatemvolumen in die Umgebung abgegeben wird, droht damit beim halboffenen System ein großer Feuchtigkeits- und Wärmeverlust über die Lungen. Außerdem wird die Umgebung mit den abgeatmeten Narkosegasen belastet. Das bekannteste Beispiel für ein halboffenes System war das in der Kinderanästhesie früher übliche, inzwischen aber nicht mehr verwendete Kuhn-System.

Halbgeschlossenes System

✓ Beim halbgeschlossenen System wird ein Teil des Ausatemvolumens nach „Herausfiltern" des darin enthaltenen Kohlendioxids (= CO_2) mittels eines CO_2-Absorbers (→ S. 20) wieder zurückgeatmet. Ein Teil des Ausatemvolumens wird in eine zentrale Absaugvorrichtung abgegeben.

Zusätzlich atmet der Patient noch Frischgas aus einem Reservoir (vgl. halboffenes System) ein. Aufgrund dieser teilweisen „Rückatmung" des Ausatemgemisches genügt ein wesentlich geringerer Frischgasfluss als beim halboffenen System. Beim Erwachsenen genügen 3–4 l/min Frischgas. Der Wärme- und Feuchtigkeitsverlust über die Lungen ist durch diese teilweise stattfindende „Rückatmung" wesentlich geringer als beim halboffenen System. Fast alle gebräuchlichen Narkosegeräte arbeiten nach diesem Prinzip des halbgeschlossenen Systems.
In den letzten Jahren gewinnen sog. **Low-Flow-Systeme** bzw. **Minimal-Flow-Systeme** (→ S. 119) zunehmend an Bedeutung. Hierbei handelt es sich um halbgeschlossene Systeme mit geringem bzw. sehr geringem Frischgasfluss. Beim Low-Flow-System werden normalerweise 1 l/min Frischgas (z. B. 0,5 l/min O_2 und 0,5 l/min Luft bzw. N_2O) und beim Minimal-Flow-System werden normalerweise 0,5 l/min (z. B. 0,3 l/min O_2 und 0,2 l/min Luft bzw. N_2O) verabreicht.
Sowohl bei der Low-Flow- als auch bei der Minimal-Flow-Anästhesie muss zur Ein- und Ausleitung ein hoher Frischgasfluss eingestellt werden, um in einer angemessenen Zeit eine ausreichende Narkosegasanflutung bzw. -abatmung zu erzielen. Wird (das gut im Körper lösliche) Lachgas verwendet, dann müssen für die ersten 10 Minuten (low flow) bzw. 20 Minuten (minimal flow) z. B. 2 Liter O_2/min und 4 Liter N_2O/min zugeführt werden. Erst danach kann

ein „low flow“ oder „minimal flow“ eingestellt werden (→ S. 119). Wird auf Lachgas verzichtet, kann deutlich früher der Frischgasfluss reduziert werden.

Geschlossenes System

✓ Beim geschlossenen System wird das gesamte Ausatmungsgemisch, nach „Herausfiltern“ des darin enthaltenen CO_2 mit einem CO_2-Absorber (→ S. 20), dem Patienten wieder zugeführt. Es findet also eine totale Rückatmung statt.

Als Frischgas müssen nur der vom Körper im Stoffwechsel verbrauchte Sauerstoff von ca. 4 ml/kg KG/min (ca. 250–300 ml/min beim Erwachsenen) sowie die vom Körper verstoffwechselten Anteile der Inhalationsanästhetika zugeführt werden. Vorteile des geschlossenen Systems sind der sehr niedrige Frischgasverbrauch und, bedingt durch die vollständige Rückatmung, ein fehlender Wärme- und Feuchtigkeitsverlust über die Lungen. Außerdem besteht keine Umweltbelastung durch abgeatmete Narkosegase. Das geschlossene System konnte mit den bisher üblichen Narkosegeräten jedoch nicht (!) zur Narkoseeinleitung oder zur Narkoseausleitung verwendet werden. Es eignet sich nur zur Aufrechterhaltung einer konstanten Narkosetiefe. Für die Narkoseein- und -ausleitung muss (wie auch beim Low-Flow- bzw. Minimal-Flow-System; → S. 12) ein hoher Frischgasfluss eingestellt werden.
Seit einigen Jahren steht mit dem Physioflex-Narkosegerät (Fa. Dräger) ein technisch völlig neuartiges Gerät zur Verfügung, das nach dem Prinzip des geschlossenen Systems arbeitet und zusätzlich auch eine Narkoseein- und -ausleitung im „geschlossenen“ System erlaubt (sog. quantitatives System/Uptake). Das seit 2004 verfügbare Narkosegerät Zeus (Fa. Dräger; → S. 23), das als Nachfolgegerät des Physioflex-Narkosegerätes zu betrachten ist, kann sowohl im halboffenen, halbgeschlossenen als auch im quantitativen System betrieben werden.

Kreissystem

✓ Beim halbgeschlossenen (bzw. beim geschlossenen) System wird das Ausatemvolumen zum Teil (bzw. vollständig) wieder zum Patienten zurückgeleitet. Das hierfür notwendige Schlauchsystem wird als Kreissystem bezeichnet.

Da die gebräuchlichen Narkoseapparate fast alle nach dem Prinzip des halbgeschlossenen Systems (→ S. 12) arbeiten, soll das Funktionsprinzip des Kreissystems anhand des halbgeschlossenen Systems nachfolgend ausführlich beschrieben werden (vgl. Abb. 1-2).
Das vom Patienten abgeatmete Gas strömt über den sog. Exspirationsschlauch (1) und das Exspirationsventil (2) ab. Ein eingebautes Volumeter (3) misst das Ausatemvolumen. Ein mechanisch arbeitendes Manometer (4) oder inzwischen zumeist ein elektronisch arbeitendes Manometer zeigt die während des Atemzyklus auftretenden Drücke an. Diese Elemente werden zusammen als Ausatem- oder Exspirationsschenkel bezeichnet. (Mechanisch arbeitende Manometer sind inzwischen nur noch bei manueller Beatmung erlaubt. Wird eine maschinelle Beatmung durchgeführt, dann ist ein elektronisch arbeitendes Manometer vorgeschrieben. Hierbei ist an der Stelle des mechanischen Manometers nur ein Druckaufnehmer für das elektronisch arbeitende Manometer im Kreissystem eingebaut [vgl. 2 in Abb. 1-16]. Die Druckanzeige erfolgt dann im Display des elektronischen Manometers). Beim halbgeschlossenen System wird ein Teil des Ausatemvolumens über den Absaugschlauch (5) in eine Absaugvorrichtung geleitet. Der andere Teil wird, nach „Herausfiltern“ des CO_2 durch den CO_2-Absorber (6), über das Inspirationsventil (7) und den Inspirationsschlauch (8) wieder dem Patienten zugeführt.

✓ CO_2-Absorber, Inspirationsventil und Inspirationsschlauch werden zusammen als **Einatmungs- oder Inspirationsschenkel** bezeichnet. Der zurückgeatmete Anteil „kreist“ also im System zum Patienten zurück, weshalb das beschriebene System als Kreissystem bezeichnet wird.

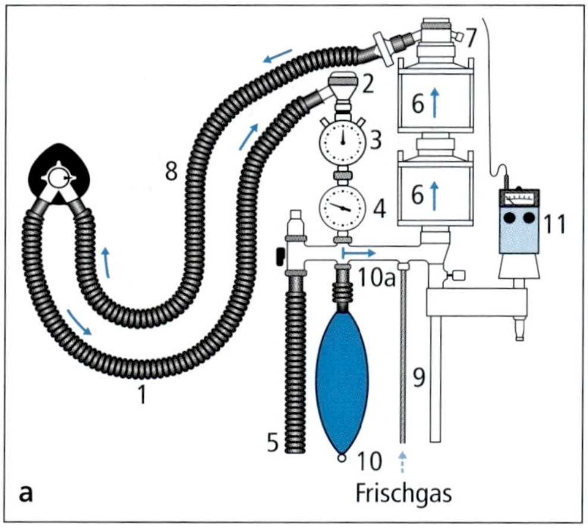

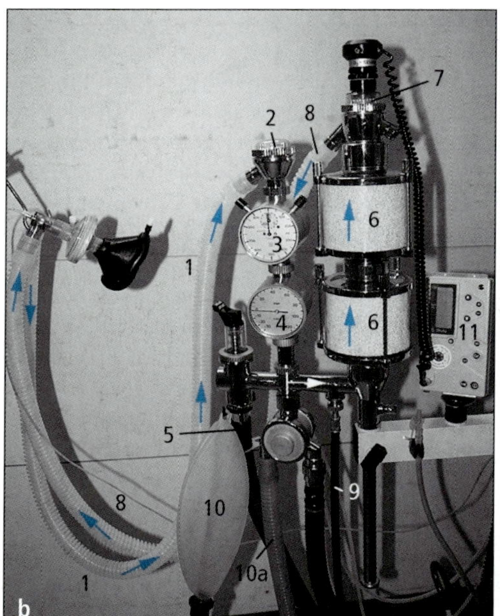

Abb. 1-2 Kreissystem eines üblichen Narkoseapparates für Erwachsene. **a** schematisch. **b** Dräger Kreissystem 8 ISO.

In- und Exspirationsventil stellen sicher, dass der Gasfluss im Kreissystem nur in der vorgeschriebenen Richtung möglich ist.
Dem rückgeatmeten Volumen wird im halbgeschlossenen System eine Frischgasmenge von normalerweise 3(–6) l/min zugemischt (= high flow). Das Frischgas (9) besteht hierbei meist zu (25–)33 % aus Sauerstoff und zu 66(–75) % aus Luft oder Lachgas (→ S. 39). Daneben enthält es bei der Durchführung einer Narkose unter Verwendung eines verdampfbaren Inhalationsanästhetikums noch die eingestellte Dampfkonzentration eines Inhalationsanästhetikums, z. B. 1,0 Vol.-% Isofluran (→ S. 42). Der Sauerstoffanteil am Frischgas muss mindestens 21 % betragen, aus Sicherheitsgründen (z. B. wegen möglicher Messungenauigkeiten) werden meist (25–)33 % eingestellt.

> **!** Es muss beachtet werden, dass im halbgeschlossenen System immer so viele Liter Beatmungsgemisch pro Minute in die Absaugung gelangen, wie Frischgas dazugeleitet wird.

Werden z. B. insgesamt 3 Liter Frischgas pro Minute in das Kreissystem eingeleitet, bestehend aus 1 Liter O_2 (= ⅓ = 33 %) und z. B. 2 Liter Luft (= ⅔ = 66 %), so werden über die Absaugung auch 3 Liter des Ausatemvolumens pro Minute abgesaugt. Ansonsten würde es zur Überblähung des Patienten kommen. Werden z. B. 2 Liter O_2 und 4 Liter Luft bzw. Lachgas, also 6 Liter Frischgas pro Minute, ins Kreissystem zugeleitet, dann werden entsprechend 6 l/min über die Absaugung verworfen. Je höher der Frischgasfluss (und damit der Anteil des in die Absaugung gelangenden Ausatemvolumens), desto größer ist der Wärme- und Feuchtigkeitsverlust über die Lungen (→ S. 12) und desto höher und damit teurer ist der Frischgasverbrauch. Aus diesem Grunde sollte der Frischgasfluss möglichst niedrig gehalten werden. Aus Sicherheitsgründen sollte der Frischgasfluss bei älteren Narkosegeräten jedoch nicht unter 3 l/min eingestellt werden. Die Anwendung eines deutlich geringeren Frischgasflusses (Low-Flow-System, Minimal-Flow-System, → S. 12, 119, oder geschlossenes System, → S. 13) ist nur mit bestimmten Narkosegeräten (z. B. Fabius Tiro, Zeus, Fa. Dräger; → S. 23) zuverlässig und sicher möglich.
Das Kreissystem besitzt im Nebenschluss einen Ausgleichsbeutel (10 in Abb. 1-2), der bei manueller Beatmung oder Spontanatmung des

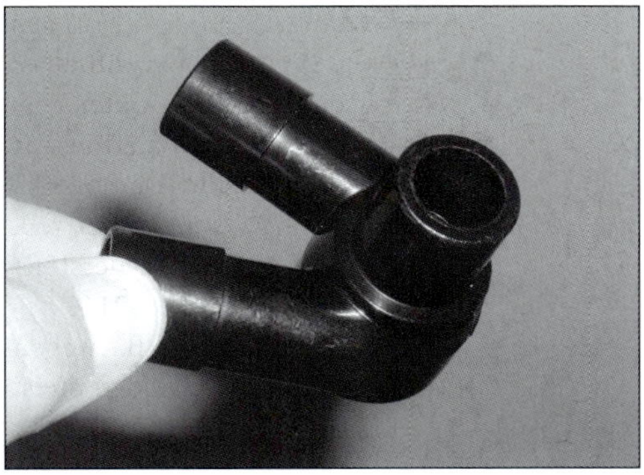

Abb. 1-3 Winkelstück

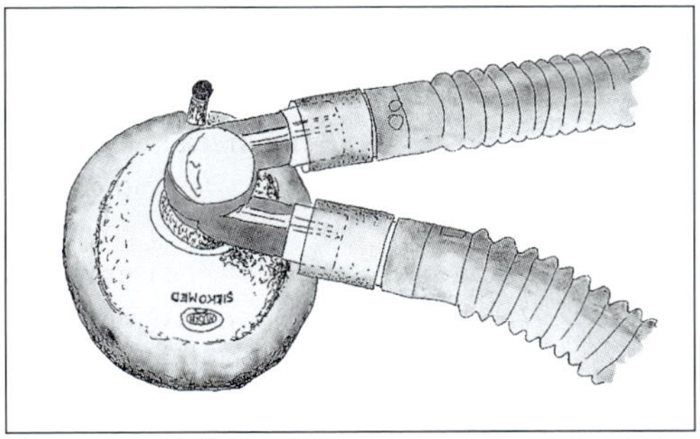

Abb. 1-4 An ein Winkelstück konnektierte Gesichtsmaske

Patienten plötzliche Volumenschwankungen im Kreissystem auffängt. Dieser Beutel wird auch Beatmungsbeutel genannt, da mit ihm die manuelle Beatmung durchgeführt wird (→S. 22). Er ist über den Beatmungsschlauch (10a in Abb. 1-2a, b) an das Kreissystem konnektiert.

Der Inspirationsschlauch und der Exspirationsschlauch werden über ein Winkelstück (vgl. Abb. 1-3) verbunden. An dieses Winkelstück kann eine Gesichtsmaske (vgl. Abb. 1-4), ein Endotrachealtubus (vgl. Abb. 1-5) oder eine Larynxmaske (→S. 101) angeschlossen werden. Zur Verbindung der In- und Exspirationsschläuche mit einem Endotrachealtubus (→S. 83) kann auch ein sog. Y-Stück verwendet werden (vgl. Abb. 1-6 und 1-7).

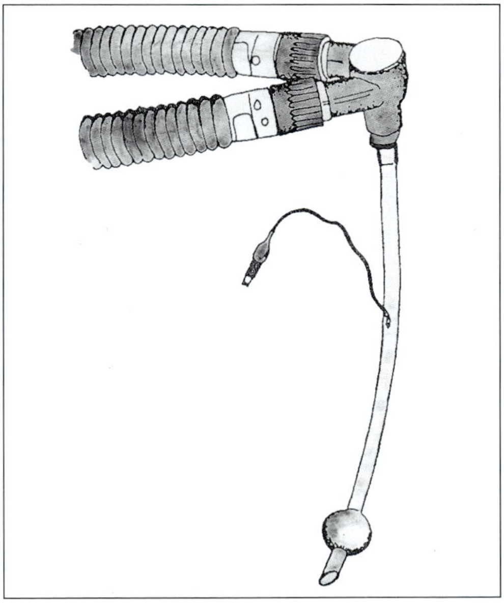

Abb. 1-5 An ein Winkelstück konnektierter Endotrachealtubus

Abb. 1-6 Y-Stück

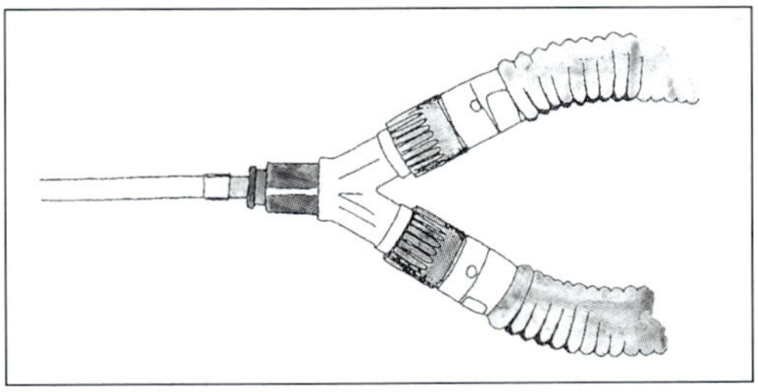

Abb. 1-7 An ein Y-Stück konnektierter Endotrachealtubus

> ✓ Am Treffpunkt von In- und Exspirationsschlauch – also am Winkel- oder Y-Stück – beginnt der sog. Totraum des Kreissystems. Als Totraum wird derjenige Anteil des Atemhubvolumens bezeichnet, der nicht am Gasaustausch teilnimmt. Bei einer Maskenbeatmung sind dies also Winkelstück, Gesichtsmaske, Mund-, Nasen- und Rachenraum, Trachea und größere Bronchialwege.

1.6.2 Bauteile

Rotameter

Sauerstoff und Lachgas werden entweder aus der zentralen Druckgasversorgung oder aus Gasflaschen entnommen. Die jeweils zum Patienten geleitete Menge an Sauerstoff bzw. Lachgas wird in einem sog. Rotameter gemessen (vgl. Abb. 1-8).

> ✓ Rotameter sind Präzisionsmessröhren zur Bestimmung der Durchflussmengen (l/min) eines bestimmten Gases.

Je nach Gasfluss (= Flow) wird ein „Schwimmer" mehr oder weniger weit hochgehoben. Der momentane Gasfluss pro Minute wird am Oberrand des Schwimmers abgelesen (vgl. Abb. 1-9). Im Falle eines kugelförmigen Ballschwimmers muss allerdings in Höhe der Kugelmitte abgelesen werden.
Aufgrund unterschiedlicher physikalischer Eigenschaften wird für jedes Gas ein spezifisches Rotameter benötigt. Modernere Rotameterblöcke verfügen auch über ein Rotameter für Luft (air), der sich zwischen dem O_2- und dem N_2O-Rotamenter befindet (vgl. Abb. 1-8). Außerdem besitzen sie eine sog. Lachgassperre, das heißt, falls der Druck in der zuführenden Sauerstoffleitung abfällt, ertönt ein O_2-Mangel-Signal und die Lachgaszufuhr wird gesperrt. Bei normalem Druck in der O_2-Leitung kann jedoch trotz Lachgassperre am Rotameter ein hypoxisches Frischgasgemisch (< 21 % O_2) eingestellt werden!
Eine Verbesserung stellt das sog. ORC-(**O**xygen-**R**atio-**C**ontroller-)System dar, das in modernen

Abb. 1-8 Rotameter für Sauerstoff (O_2), Luft (air) und Lachgas (N_2O)

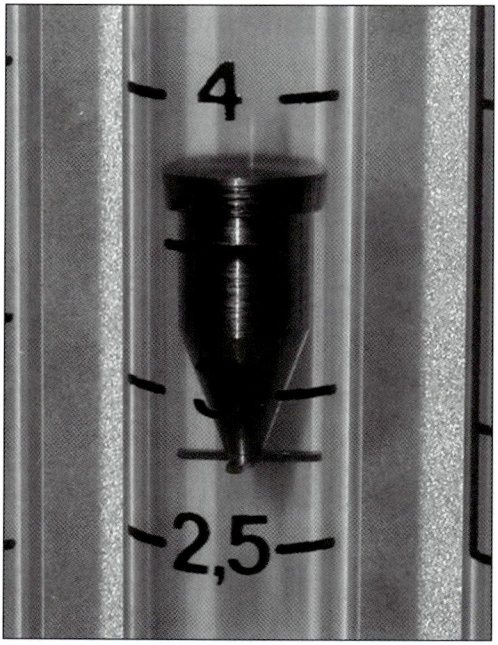

Abb. 1-9 Gasflussanzeiger („Schwimmer") eines Rotameters

Narkosegeräten (z. B. Cicero, Fa. Dräger) eingebaut ist. Es verhindert, dass Werte > 75 % Lachgas bzw. < 25 % O_2 eingestellt werden können.

Verdampfer

Die meisten Inhalationsanästhetika liegen als leicht verdampfbare Flüssigkeiten vor (z. B. Isofluran, Sevofluran, Desfluran; → S. 42 ff.). Sie werden daher als verdampfbare Anästhetika bezeichnet. Sie müssen in einen dampfförmigen Zustand gebracht und in genau bestimmbaren Konzentrationen dem Frischgas zugemischt werden. Hierzu wird ein Verdampfer verwendet.

Zumeist wird ein kleiner, variabler Teil des Frischgases in die Verdampferkammer geleitet, streicht dort über das flüssige Inhalationsanästhetikum (z. B. die Isofluranflüssigkeit) hinweg und wird mit dem Dampf des Inhalationsanästhetikums angereichert. Das restliche Frischgas umgeht die Verdampferkammer, wird also nicht mit dem Inhalationsanästhetikum angereichert. Am Verdampferausgang vermischen sich der angereicherte und der nicht angereicherte Anteil und es ergibt sich eine bestimmte Dampfkonzentration des Inhalationsanästhetikums im Frischgas, die der am Verdampfer eingestellten Konzentration entspricht.

Die im Einatmungsschenkel messbare sog. inspiratorische Dampfkonzentration ist normalerweise niedriger als die Konzentration im Frischgas, da sich – im normalerweise verwendeten halbgeschlossenen System – das Inspirationsgemisch aus Frischgas (mit relativ hoher Konzentration an volatilem Inhalationsanästhetikum) und Rückatmungsgas (mit relativ niedriger Konzentration an volatilem Inhalationsanästhetikum) zusammensetzt (→ S. 13). Neben der am Vapor (und damit im Frischgas) einstellbaren Dampfkonzentration wird daher die Gaskonzentration im Inspirationsgemisch noch gemessen.

Von einem guten Verdampfer muss gefordert werden, dass die eingestellte Dampfkonzentration von der Größe des Frischgasflusses und

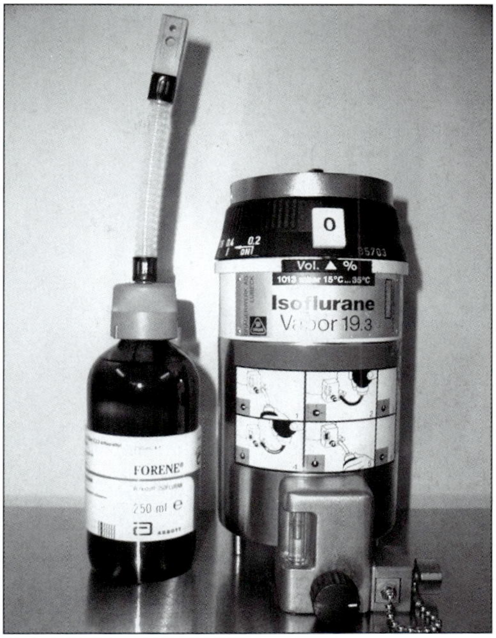

Abb. 1-10 Isofluranverdampfer mit entsprechender Nachfüllflasche

von Druckschwankungen während der Beatmung unabhängig ist. Außerdem muss der Verdampfer eine Temperaturkorrektur besitzen, da die Verdampfung von Flüssigkeiten temperaturabhängig ist.

Für jedes verdampfbare Inhalationsanästhetikum muss ein speziell dafür bestimmter Verdampfer verwendet werden. Die Isofluranverdampfer müssen mithilfe eines speziellen Einfüllschlauches aufgefüllt werden. Da das eine Ende des Einfüllschlauches nur auf eine Isoflurannachfüllflasche geschraubt und das andere Ende nur in den Einfüllstutzen eines Isofluranverdampfers eingesteckt werden kann (vgl. Abb. 1-10), sind Verwechslungen nicht möglich. Sevofluran- und Desfluranflaschen können (verwechslungssicher) direkt in den entsprechenden Verdampfer gesteckt werden (Abb. 1-11). Muss ein Verdampfer ausnahmsweise während einer Narkose nachgefüllt werden, so ist unbedingt darauf zu achten, dass der Verdampfer während des Nachfüllens ausge-

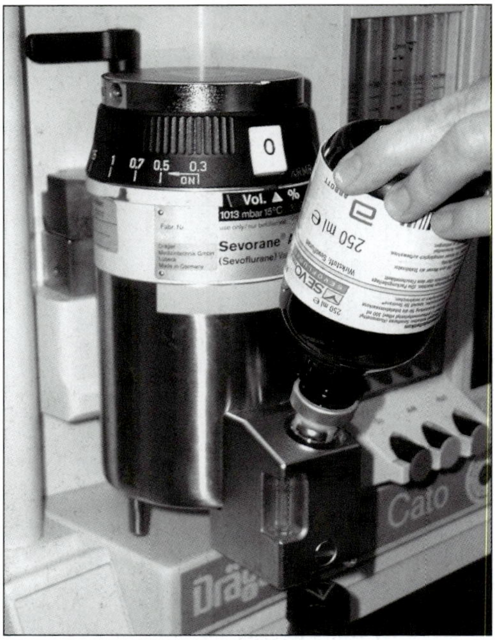

Abb. 1-11 Nachfüllen eines Sevofluranverdampfers

Abb. 1-12 Desfluranverdampfer (Tec-6-Verdampfer)

schaltet sein muss und nach dem Nachfüllen wieder einzuschalten ist! Lediglich der Desfluranverdampfer (vgl. Abb. 1-12; → S. 44) darf nachgefüllt werden, während er eingeschaltet (in Betrieb) ist. Anhand eines Schauglases kann der Füllungszustand des Verdampfers überprüft werden.

Volumeter

✓ Das vom Patienten ausgeatmete Volumen kann mithilfe eines mechanischen Volumeters gemessen werden (vgl. Abb. 1-13).

Das Volumeter muss immer im Ausatemschenkel (!) angebracht werden. (Wäre das Volumeter im Inspirationsschenkel angebracht, dann würde eine Undichtigkeit hinter dem Volumeter – z. B. eine Diskonnektion von Winkelstück und Tubus – unbemerkt bleiben. Das Gasvolumen würde in diesem Falle das Volumeter noch passieren, jedoch den Patienten nicht erreichen.)

! Während der maschinellen Beatmung dreht sich bei manchen Beatmungsgeräten (z. B. Ventilog 2, Fa. Dräger) das mechanische Volumeter (seltsamerweise) auch dann weiter, wenn es zur Diskonnektion einer Schlauchverbindung gekommen ist. (Aufgrund eines sich selbstentfaltenden [= „fallenden"] Beatmungsbalges vieler Beatmungsgeräte entsteht während der Exspiration, wenn der Beatmungsbalg [durch eine unten befestigte Metallplatte] sich wieder selbst entfaltet, ein Sog, der das mechanische Volumeter irritierenderweise dreht.)!

Anstatt mechanischer Volumeter werden inzwischen zumeist elektronische Apparate zur Anzeige des Ausatemvolumens verwendet. Die zumeist eingesetzten modernen Kombinationsgeräte können neben dem Atemvolumen noch weitere beatmungsrelevante Größen messen und anzeigen (z. B. Atemwegsmonitor PM 8060, Fa. Dräger; vgl. Abb. 1-14). Der elektronische Messfühler für die Volumetrie (1 in Abb. 1-16) muss ebenfalls im Ausatemschenkel angebracht sein.

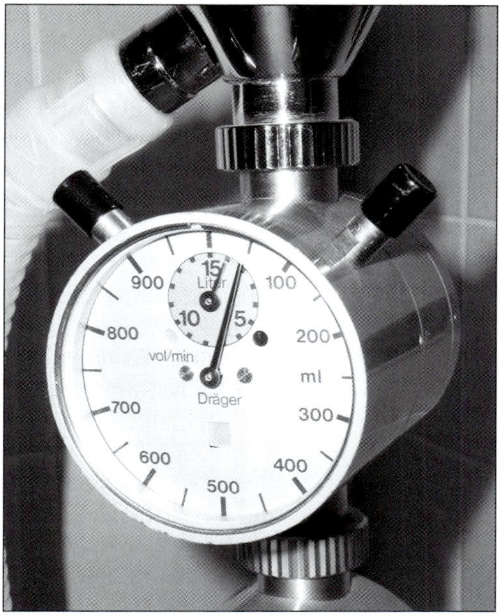

Abb. 1-13 Mechanisches Volumeter

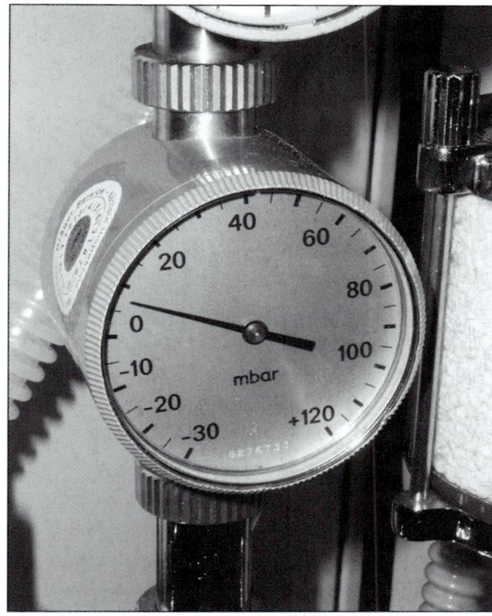

Abb. 1-15a Ins Kreissystem integriertes mechanisches Manometer

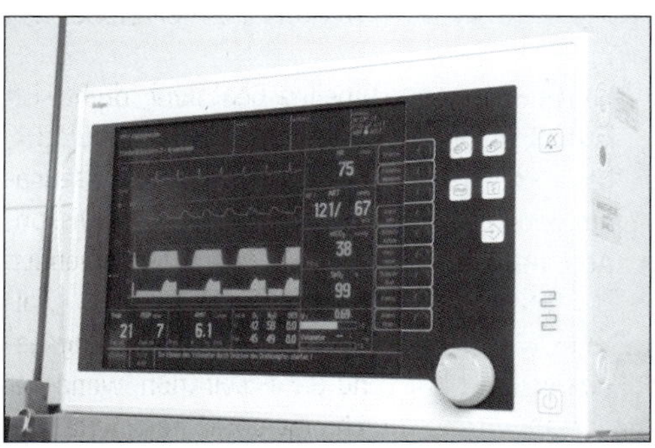

Abb. 1-14 Multifunktionsgerät zur Messung der beatmungsrelevanten Größen (Atemwegsmonitor PM 8060, Fa. Dräger)

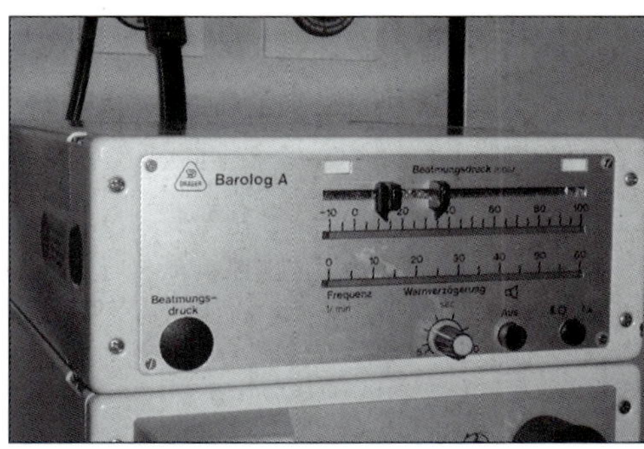

Abb. 1-15b Elektronisches Manometer (Barolog-Gerät)

Manometer

✓ Mithilfe eines mechanischen Manometers können die während der Beatmung auftretenden momentanen Druckschwankungen angezeigt werden (vgl. Abb. 1-15a). Diese mechanischen Manometer sind inzwischen nur noch für die Handbeatmung (nicht mehr für die maschinelle Beatmung) zugelassen.

Zumeist werden inzwischen elektronische Apparate zur Messung des momentanen Beatmungsdrucks verwendet, z.B. das **Dräger-Barolog-Gerät** (vgl. Abb. 1-15b) oder Multifunktionsgeräte (vgl. Abb. 1-14). Bei maschineller Beatmung ist inzwischen ein elektronisch arbeitendes Manometer vorgeschrieben. Bei den elektronisch arbeitenden Manometern ist an der Stelle des Kreissystems, an der bisher das mecha-

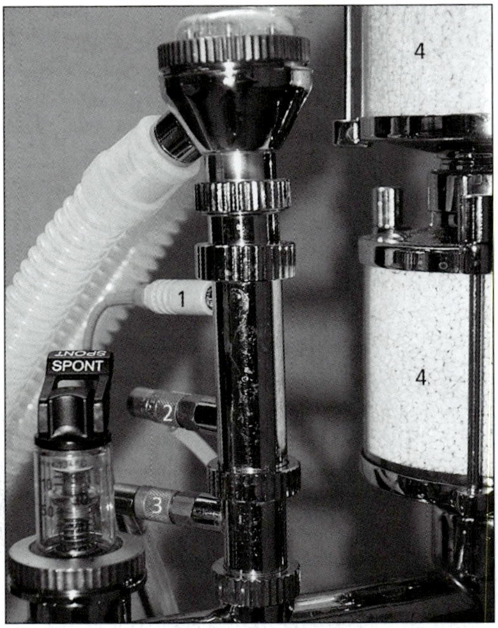

Abb. 1-16 CO_2-Absorber. 1 = Sensor für elektronische Volumetrie; 2 = Druckaufnehmer für elektronisches Manometer; 3 = Gasrückführung; 4 = CO_2-Absorber (vgl. Text).

nische Manometer eingebaut war (vgl. Abb. 1-13), nur noch ein Druckaufnehmer integriert (2 in Abb. 1-16). Die Messwertanzeige erfolgt im Display des elektronischen Gerätes (vgl. Abb. 1-14 und 1-15b). An elektronischen Geräten können z. B. eine untere und eine obere Alarmgrenze für den Beatmungsdruck eingestellt werden. Die wählbare untere und obere Alarmgrenze müssen so eingestellt werden, dass der Beatmungsdruck bei der Inspiration den unteren Alarmwert überschreitet und bei der Ausatmung wieder unterschreitet. Die obere Alarmgrenze darf nicht überschritten werden. Bei zu hohem oder zu niedrigem Beatmungsdruck werden ein akustischer und ein optischer Alarm ausgelöst. Ursache für eine solche Alarmauslösung kann z. B. das Lösen einer Schlauchverbindung (Diskonnektion) sein. Dann wird im Schlauchsystem kein Druck mehr aufgebaut. Der Beatmungsdruck bleibt unterhalb der Alarmgrenze und löst den Alarm aus. Kommt es dagegen aus irgendeinem Grund zum Aufbau eines Überdrucks im Beatmungssystem und der Druck fällt während der Ausatmung nicht mehr unter die Alarmgrenze, so wird ebenfalls Alarm ausgelöst. Das Dräger-Barolog-Gerät verfügt daneben noch über eine Anzeige für die Atemfrequenz.
Immer häufiger werden die Atemwegsdrücke mit Kombinationsgeräten (z. B. Atemwegsmonitor PM 8060, Fa. Dräger; Abb. 1-14) überwacht. Von diesen Geräten wird außerdem über einen Probenabsaugschlauch Einatmungsgas – z. B. im Bereich des Winkelstückes (vgl. 1 in Abb. 1-75b) – abgesaugt, um die Konzentration an Sauerstoff, Kohlendioxid, Lachgas und volatilem Inhalationsanästhetikum zu messen. Die entsprechenden Werte werden im Display des Kombinationsgerätes angezeigt. Das abgesaugte Analysegas wird anschließend über einen Gasrückführungsschlauch (3 in Abb. 1-16) wieder ins Kreissystem zurückgeleitet.

Kohlendioxidabsorber

✓ Kohlendioxid-(CO_2-)Absorber sind mit sog. Absorberkalk gefüllte, durchsichtige Behälter, durch die das rückgeatmete Ausatemvolumen zum Patienten zurückgeleitet wird (vgl. 6 in Abb. 1-2, 4 in Abb. 1-16).

In einer wärmeproduzierenden (= exothermen) Reaktion wird der CO_2-Anteil des rückgeatmeten Atemvolumens an den Absorberkalk gebunden. Außerdem wird bei dieser Reaktion Wasser freigesetzt. Deshalb kann während einer Narkose eine Erwärmung des Absorbers gefühlt und häufig an der durchsichtigen Absorberinnenwand ein Wasserniederschlag erkannt werden. Da eine Rückatmung nur im halbgeschlossenen und im geschlossenen (sowie im quantitativen) System stattfindet, verfügen nur diese Systeme über CO_2-Absorber.
Absorberkalke sind mit einem Indikatorfarbstoff versehen, der sich bei Erschöpfung des Absorberkalks bläulich violett verfärbt. Aus Sicherheitsgründen werden häufig 2 Absorber hintereinander geschaltet. Diese **Doppelabsorber** sind

bei einem Frischgasfluss von ca. 4 l/min ca. 40–60 Stunden funktionsfähig. Zuerst wird immer der (untere) Absorber, durch den das Gas zuerst strömt, verbraucht. Ein verbrauchter Absorber muss mit neuem Absorberkalk nachgefüllt werden. Dabei ist auf eine engkörnige Nachfüllung zu achten, damit sich keine „Gasstraßen" bilden können. Der nachgefüllte Absorber kommt nicht mehr in die alte Position, sondern muss so eingesetzt werden, dass das Gas nun zuerst den nicht erneuerten Absorber durchströmt. Der nachgefüllte Absorber muss also jetzt oben eingesetzt werden. CO_2-Absorber werden in den Inspirationsschenkel (→ S. 13) eingebaut, damit sie nur das rückgeatmete Volumen von CO_2 befreien müssen. Bei Einbau des CO_2-Absorbers in den Exspirationsschenkel (→ S. 13) würde das CO_2 aus dem gesamten Ausatemvolumen, also auch aus dem in die Absaugung gelangende Volumen, herausgefiltert. Der CO_2-Absorber würde also schneller erschöpft sein.

Druckbegrenzungsventil

Während der manuellen Beatmung (→ S. 108) muss das Druckbegrenzungsventil (Abb. 1-17) eingeschaltet werden. Hierzu wird der Kipphebel des Überdruckventils auf „MAN" gestellt. Das Feinregulierventil wird auf die gewünschte Druckbegrenzung eingestellt, indem der Kipphebel solange im oder gegen den Uhrzeigersinn gedreht wird, bis an der Feinregulierskala die gewünschte Druckbegrenzung eingestellt ist. Mithilfe des Drehknopfes kann eingestellt werden, wie hoch der Druck im Kreissystem sein muss, damit sich das Druckbegrenzungsventil öffnet und Gas über das Überdruckventil entweichen kann. Die Überdruckgrenze kann hiermit zwischen 5 und 70 mbar eingestellt werden (mbar = millibar, 1 mbar entspricht ungefähr 1 cm Wassersäule). Normalerweise wird die Überdruckgrenze bei 10–15 mbar eingestellt. Wenn nun während der manuellen Beatmung die Lunge mit mehr als 10–15 mbar gebläht wird, öffnet sich das Druckbegrenzungsventil und Gas entweicht über dieses Ventil in die Absaugung.

Abb. 1-17 Druckbegrenzungsventil. 1 = Hebelstellung „MAN" für manuelle oder maschinelle Beatmung. 2 = Der Kippschalter muss für Spontanatmung durch Umlegen in die Hebelstellung „SPONT" gebracht werden (vgl. Abb. 1-18). Bei der manuellen Beatmung ist das Feinregulierventil durch Drehen des Kippschalters auf ca. 10–15 mbar einzustellen. Bei der maschinellen Beatmung mit dem Ventilog ist das Feinregulierventil in „MAN-Stellung" höher als der notwendige Beatmungsdruck einzustellen. Zumeist wird ein Wert von ca. 40 mbar eingestellt.

Wird in einem halbgeschlossenen Narkosesystem ein Frischgasfluss von z. B. 3 l/min eingestellt, so müssen auch 3 Liter Ausatemgas pro Minute in die Absaugung gelangen (→ S. 14).
Atmet der Patient spontan und seine Eigenatmung soll nicht unterstützt werden, so muss der Kippschalter (2 in Abb. 1-17) auf „SPONT" gestellt werden (Abb. 1-18).
Bei der maschinellen Beatmung wird der Hebel des Überdruckventils auf „MAN" gestellt und an der Feinregulierskala eine Druckbegrenzung eingestellt, die etwas über dem maximalen Beatmungsdruck liegt. Meist wird während der

Abb. 1-18 Druckbegrenzungsventil. Der Kippschalter ist auf „SPONT" (Spontanatmung) gestellt.

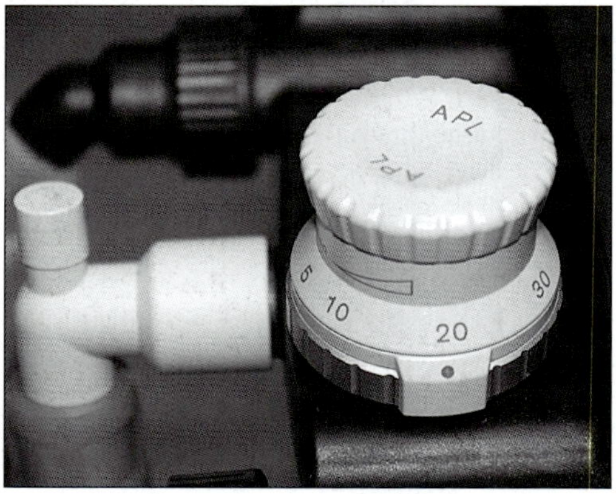

Abb. 1-19 Modernes Überdruckventil, wie es z. B. im Narkosegerät „Zeus" (Fa. Dräger; vgl. Abb. 1-20c) eingebaut ist

maschinellen Beatmung ein Begrenzungsdruck von ca. 40 mbar eingestellt. Solche Druckbegrenzungsventile werden auch als APL-Ventile bezeichnet (APL = **a**irway **p**ressure **l**imitation). Sollte nun z. B. der Patient husten und im Kreissystem ein Druck über 40 mbar auftreten, so kann Gas über das Überdruckventil entweichen. Dies stellt einen gewissen Sicherheitsfaktor vor versehentlich zu hohen Beatmungsdrücken dar.

Bei der Spontanatmung wird der Kipphebel des Druckbegrenzungsventils auf „SPONT" gestellt (Abb. 1-18).

In das hochmoderne Narkosegerät „Zeus" (Fa. Dräger; vgl. Abb. 1-20c) sowie in die Narkosegeräte Fabius und Primus (Fa. Dräger) ist ein weiterentwickeltes Druckbegrenzungsventil (APL-Ventil) eingebaut (vgl. Abb. 1-19).

Beatmungsbeutel

Soll der Patient von Hand beatmet oder seine Spontanatmung unterstützt werden, so muss dies durch rhythmisches Komprimieren des Beatmungsbeutels (10 in Abb. 1-2) erfolgen. Die manuelle Beatmung wird ausführlich auf Seite 108 beschrieben.

Beatmungsgerät

Bei der maschinellen Beatmung wird der Beatmungsbeutel durch ein mehr oder weniger aufwendiges Beatmungsgerät (vgl. Abb. 1-20) ersetzt. An neueren Beatmungsgeräten können die verschiedenen Parameter der Beatmung, wie z. B. Atemhubvolumen, Atemfrequenz, Verhältnis der Einatmungszeit (= **I**nspirationszeit = I) zur Ausatmungszeit (= **E**xspirationszeit = E), also I : E, die Geschwindigkeit, mit der das Volumen in den Patienten gedrückt werden soll (= flow), genau eingestellt werden. Außerdem verfügen sie über verschiedene akustische und/oder optische Alarmsysteme, um Beatmungsfehler schnell erkennen zu können.

Folgende Werte sind beim lungengesunden Patienten am Beatmungsgerät einzustellen:

- Atemhubvolumen:
  ungefähr 8–9 ml/kg KG beim Erwachsenen, also 560–630 ml bei einem 70 kg schweren Erwachsenen

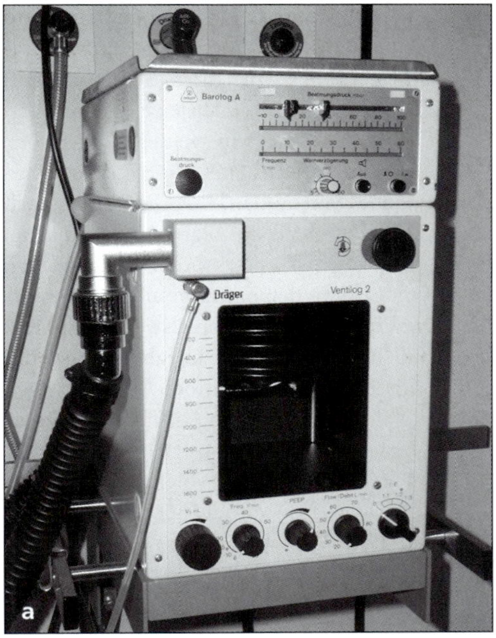

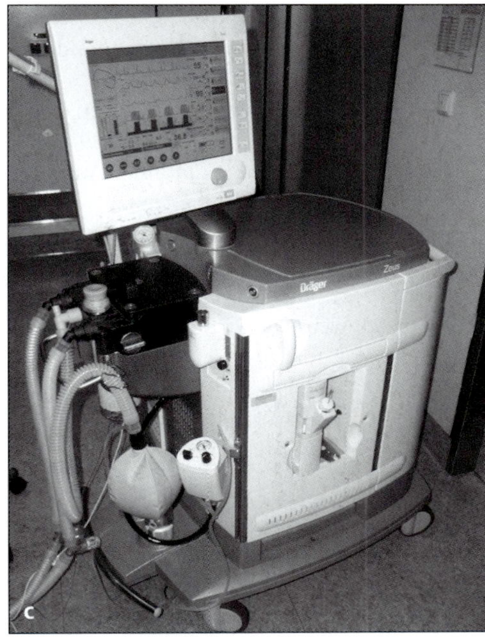

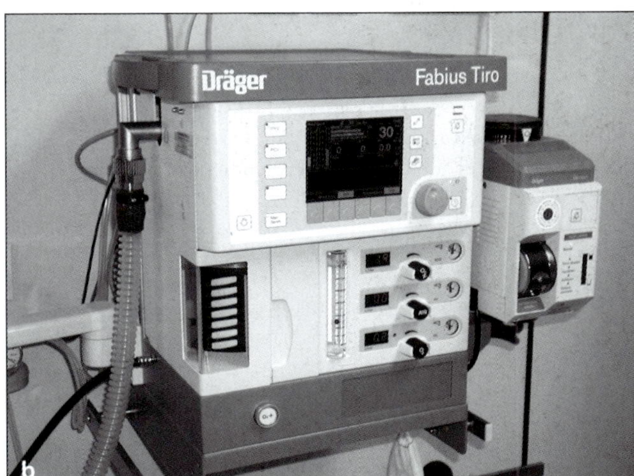

Abb. 1-20a Beatmungsgerät (Ventilog, Fa. Dräger). **b** Modernes Narkosegerät (Fabius Tiro, Fa. Dräger). **c** Hochmodernes Narkosegerät (Zeus, Fa. Dräger), das – bei entsprechender Programmierung – im quantitativen System/Uptake betrieben werden kann und dann mit den bisherigen Narkosegeräten nicht mehr vergleichbar ist.

- Atemfrequenz:
  8–10 Atemzüge/min beim Erwachsenen
- Flow:
  ungefähr 30 l/min
- I:E:
  1:2 (oder 1:1,5) beim Erwachsenen, 1:1 beim Säugling und Kleinkind
- PEEP:
  Am Ende der Ausatmung fällt der Beatmungsdruck normalerweise auf Null ab. Durch Einschalten eines PEEP (= **p**ositive **e**nd**e**xspiratory **p**ressure = positiver endexspiratorischer Druck) fällt der Beatmungsdruck am Ende der Ausatmung nicht auf Null, sondern nur bis auf den eingestellten

PEEP-Wert ab (zumeist 5–15 cm Wassersäule). Damit bleibt die Lunge auch am Ende der Ausatmung noch etwas gebläht (→ S. 353). Bei allen Lungenschädigungen, bei denen ein Rechts-links-Shunt (→ S. 263, 294, 344) besteht (z. B. Lungenentzündung; Auftreten von kollabierten Lungenbereichen mit vermindertem oder fehlendem Luftgehalt, sog. Atelektasen), kann dadurch zumeist eine Erhöhung des Sauerstoffgehalts im arteriellen Blut erzielt werden. Bei lungengesunden Patienten wird normalerweise kein PEEP eingeschaltet.

- Sämtliche Alarmvorrichtungen müssen (!) sinnvoll (!) eingeschaltet werden.

Sauerstoffmessgerät

Sämtliche Narkosegeräte müssen inzwischen über ein Sauerstoffmessgerät verfügen, mit dem die inspiratorische Sauerstoffkonzentration kontinuierlich gemessen werden kann (11 in Abb. 1-2, S. 14). Idealerweise sollte (v. a. für Low-Flow- oder Minimal-Flow-Anästhesien) auch die exspiratorische Sauerstoffkonzentration gemessen werden. Bei neueren Narkosegeräten ist dies routinemäßig realisiert.

Anschlüsse

Die Sauerstoff-, Lachgas-, Druckluft- und Vakuumanschlüsse sind durch „Kennfarben“ vor Verwechslung geschützt. Ab dem 01.01.2010 gelten in Europa (nach der Europäischen Norm EN 739) folgende vereinheitlichten Kennfarben (ISO32):

Sauerstoff	=	weiß
Lachgas	=	blau
Druckluft	=	weiß/schwarz
Vakuum	=	gelb
Gasabsaugung	=	magenta

Alternativ kann auch die bis zum 01.07.2006 gültige Übergangslösung einer „farbneutralen“ Kennzeichnung über den 01.07.2006 hinaus unbegrenzt beibehalten werden. Unter farbneutraler Kennzeichnung wird die Beschriftung mit dem chemischen Symbol der jeweiligen Farbart (z. B. O_2 für Sauerstoff) in weißen oder gelben Buchstaben auf schwarzem Grund (z. B. schwarze Schläuche) verstanden. Bei Geräten ist auch eine schwarze Schrift auf blankem Aluminium bzw. auf weißem Grund möglich. Zusätzlich zum Symbol kann der Gasname angegeben werden. Die Firma Dräger beispielsweise empfiehlt grundsätzlich eine „farbneutrale Kennzeichnung“. Bis Ende 2009 kann bei Altgeräten ggf. noch die alte Farbkodierung nach DIN (Sauerstoff = blau, Lachgas = grau, Druckluft = gelb, Vakuum = farblos) bestehen bleiben.

Gasflussmenge

Beim versuchsweisen Öffnen des Rotameters (→ S. 16) müssen für Sauerstoff bzw. Lachgas die maximal einstellbaren Gasflussmengen (von meist 15 bzw. 10 l/min) gewährleistet sein.

Gasflaschen

Werden Sauerstoff und Lachgas (ausnahmsweise) aus Gasflaschen bezogen, so muss der Füllungszustand der Flaschen überprüft werden.

Sauerstoffvorrat

Eine 10 Liter fassende Sauerstoffflasche, die einen Druck von 200 bar aufweist, enthält 10 × 200 = 2 000 Liter Sauerstoff (Rauminhalt der Sauerstoffflasche × Flascheninnendruck = Sauerstoffvorrat in Litern).

Lachgasvorrat

Der Füllungszustand einer Lachgasflasche kann nur durch Wiegen ermittelt werden (→ S. 39). In Flaschen geliefertes Lachgas liegt zu ¾ als

Flüssigkeit vor. 1 kg flüssiges Lachgas ergibt 500 Liter Lachgas (Gesamtflaschengewicht [in kg] minus Gewicht der leeren Flasche × 500 = Lachgasvorrat in Litern). Das Leergewicht der Flaschen ist jeweils am Flaschenhals eingeprägt.

Absauggerät

Funktioniert das Absaugegerät und sind genügend sterile Absaugschläuche vorhanden?

Prüfung

Beim Zuhalten der Absaugöffnung muss sich ein genügend hoher Sog (ca. –0,4 bis –0,9 bar) aufbauen (Regelbereich Erwachsene: 0 bis –0,9 bar, Regelbereich Kinder: 0 bis –0,5 bar, Frühgeborene und Säuglinge dürfen nur mit einem Sog von maximal -0,3 bar abgesaugt werden). Außerdem muss darauf geachtet werden, dass die Saugerschläuche und die Sekretauffangbehälter regelmäßig erneuert werden. Oft werden hier bereits Einmalartikel verwendet. Des Weiteren muss kontrolliert werden, ob die Spülflasche genügend Spülflüssigkeit enthält, damit nach einem Absaugemanöver das Schlauchsystem mit der Spülflüssigkeit sofort klargespült werden kann. Da das Absaugegerät nicht nur zum Absaugen von Speichel oder Bronchialsekret benützt wird, sondern unter Umständen beim plötzlichen Erbrechen des Patienten notfallmäßig benötigt wird, muss die Funktionstüchtigkeit immer (!!) gewährleistet sein.

1.7 Narkosevorbereitungen

1.7.1 Medizinproduktegesetz

Im **M**edizin**p**rodukte**g**esetz (= MPG; → S. 556) sind Vorschriften für das Errichten, Betreiben und Anwenden von aktiven Medizinprodukten (z. B. Narkosegeräte, Infusionspumpen) geregelt. Aktive Medizinprodukte (d. h. solche die über einen elektrischen Antrieb oder über eine Druckgasversorgung verfügen, z. B. automatisches Blutdruckmessgerät, Narkosegerät, Infusionspumpe) dürfen nur entsprechend ihrer Zweckbestimmung errichtet, betrieben und angewendet werden (z. B. Einsatz nur gemäß dem in der Gebrauchsanweisung beschriebenen Verwendungszweck; Medizinprodukt muss in ordnungsgemäßem und funktionssicherem Zustand sein; Verwendung nur des zugelassenen Zubehörs; Verwendung nur mit gültigem Eichstempel).

Medizinprodukte dürfen nicht (!) betrieben und angewendet werden, wenn sie Mängel aufweisen, durch die Patienten, Beschäftigte oder Dritte gefährdet werden können (häufige Mängel sind z. B. defekte Netzstecker und Netzkabel, nicht funktionierende Alarm- und Sicherheitseinrichtungen, sichtbare und unsichtbare Sturzschäden, fehlende Zubehörteile, nicht zugelassene Zubehörteile, Fehlfunktion).

Aktive Medizinprodukte dürfen nur von Personen angewendet werden, die aufgrund ihrer Ausbildung oder ihrer Kenntnisse und praktischen Erfahrungen die Gewähr für eine sachgerechte Handhabung bieten.

Da die Gewähr für die sachgerechte Handhabung in evtl. gerichtlichen Auseinandersetzungen inzwischen eine wichtige Rolle spielt und da ggf. erhebliche Bußgelder, Geld- und Freiheitsstrafen angedroht werden, muss den Anwendern von Medizinprodukten dringend angeraten werden,

- den eigenen Kenntnisstand kritisch zu prüfen,
- eine qualifizierte Basisschulung zu absolvieren und
- an Wiederholungseinweisungen (die dem jeweiligen Kenntnisstand angepasst sind) teilzunehmen bzw. diese zu fordern.

Es wird empfohlen, „Feigenblattschulungen“ und „Pseudoeinweisungen“ abzulehnen, und in diesen Fällen sollte die Unterschrift im Gerätebuch verweigert werden.

Funktionsprüfung des Narkosegerätes bei geplantem Betriebsbeginn, bei Patientenwechsel im laufenden Betrieb und im Notfall

Die nachfolgenden Ausführungen zur Funktionsprüfung von Narkosegeräten sind der Empfehlung der Kommission für Normung und technische Sicherheit der **D**eutschen **G**esellschaft für **A**nästhesiologie und **I**ntensivmedizin (= DGAI) entnommen.

Eine routinemäßige Prüfung der Narkosegeräte anhand von Checklisten, die Dokumentation dieses Prüfvorgangs und die Sicherstellung des ordnungsgemäßen Gerätezustands vor Anwendung sind in der **M**edizin**p**rodukte**betreib**er**v**erordnung (= MPBetreibV) verbindlich vorgeschrieben.

Die Anwendungssicherheit medizinisch-technischer Geräte wird dabei durch folgende hierarchisch gestufte Abfolge von Funktionsprüfungen gewährleistet:

- **s**icherheits**t**echnische **K**ontrollen (= STK; durch technisches Fachpersonal) in bestimmten, vom Hersteller festgelegten Intervallen
- Prüfung auf ordnungsgemäßen Zustand und Funktionsfähigkeit vor geplantem Betrieb
- Prüfung auf ordnungsgemäßen Zustand und Funktionsfähigkeit bei Patientenwechsel

Prüfung des ordnungsgemäßen Zustands und der Funktionsfähigkeit des Narkosegerätes nach Checkliste vor geplantem *A*rbeitsbeginn (Gerätecheck A) (vgl. Tab. 1-4)

Zu Beginn eines jeden geplanten Betriebes wird die Prüfung des ordnungsgemäßen Zustandes und der Funktionsfähigkeit der Geräte am Anästhesiearbeitsplatz anhand der Checkliste (Gerätecheck A) durch den Anwender verbindlich gefordert.

Bei Narkosegeräten, die in selten genutzten Funktionsbereichen bereitstehen und nicht routinemäßig eingesetzt werden, ist sicherzustellen, dass diese Narkosegeräte zumindest einmal wöchentlich anhand der Checkliste entsprechend den Anforderungen des Gerätechecks A überprüft werden.

Die Durchführung des Gerätechecks A kann an ausgebildetes und am jeweiligen Gerät eingewiesenes nicht ärztliches Fachpersonal delegiert werden.

Die technische Kommission der DGAI fordert, den Gerätecheck A anhand der Checkliste auch nach jeder Aufbereitung zu Ende des Routineprogramms, nach Aufrüstung des Gerätes im Anschluss an die regelmäßig durchzuführenden Aufbereitungsroutinen und nach technischen Instandhaltungsmaßnahmen (Inspektion, Wartung und Reparatur) durchzuführen. Nur so kann gewährleistet werden, dass an allen Anästhesiearbeitsplätzen funktionsfähige Geräte in ordnungsgemäßem Zustand bereitgestellt werden.

Prüfung auf ordnungsgemäßen Zustand und Funktionsfähigkeit des Narkosegerätes beim Patientenwechsel im laufenden Programm (Gerätecheck W) (vgl. Tab. 1-5)

Bei Patientenwechsel im laufenden Betrieb kann durch den morgendlichen Gerätecheck A vor Arbeitsaufnahme und durch den ungestörten klinischen Betrieb während der vorausgegangenen Narkosen von einer kontinuierlich überprüften, korrekten Funktion des Gerätes ausgegangen werden.

Handlungsempfehlungen für den korrekten Abschluss einer Narkose im laufenden Betrieb

Nach Abschluss einer jeden Narkose sollte darauf geachtet werden, dass das Narkosegerät in einen Zustand gebracht wird, der dem Geräte-

Tab. 1-4 Funktionsprüfung des Narkosegerätes am Anästhesiearbeitsplatz nach Checkliste (Gerätecheck A)

Vorbereitung zum Gerätecheck:	
☐	Sichtprüfung auf ordnungsgemäßen Zustand des Gerätes: korrekter und vollständiger Aufbau, hygienische Sauberkeit, keine erkennbaren äußeren Schäden, Verwendung von geeignetem Zubehör, Prüfsiegel regelmäßiger technischer Kontrollen
☐	Überprüfung auf Vorhandensein und Funktionsprüfung eines separaten Handbeatmungsbeutels
☐	Anschluss an die Stromversorgung
☐	Anschluss an die Gasversorgung
☐	Anschluss an die Anästhesiegasfortleitung
☐	ggf. Überprüfung der Reservedruckgasbehälter
☐	Überprüfung des korrekten Anschlusses der Probengasleitung
☐	Einschalten von Narkosegerät (ggf. aller Einzelmodule) und Monitorsystemen
☐	Überprüfung der Funktion des O_2-Flushs
☐	Überprüfung des/der Verdampfer(s) (Füllzustand, korrekter Sitz, Nullstellung, ggf. elektrischer Anschluss)
☐	Überprüfung des CO_2-Absorbers (Befülldatum, Farbveränderungen)
Durchführung des automatischen Gerätechecks mit korrekter Befolgung der geforderten manuellen Prüfschritte:	
☐	Start der Selbsttests von Narkose- und Überwachungsgeräten, nach deren Abschluss: Überprüfung der Testergebnisse
oder Durchführung des manuellen Gerätechecks entsprechend den Detailangaben der jeweiligen gerätespezifischen Gebrauchsanweisung:	
☐	Überprüfung der Gasdosiereinrichtung (Gasflüsse nach völligem Öffnen der Dosierventile)
☐	ggf. Überprüfung der Sauerstoffverhältnisregelung
☐	Überprüfung des korrekten Anschlusses der Schläuche des Atemsystems und der Handbeatmung
☐	Überprüfung der Dichtigkeit des Atemsystems (Leck ≤ 150 ml bei 3 kPa [30 mbar])
☐	Überprüfung der Funktion von Ein- und Ausatemventil und der Handbeatmung mit einer Testlunge
☐	Überprüfung der Funktion des Druckbegrenzungs-(APL-)Ventils und seiner POP-OFF-Funktion
☐	Funktionsprüfung des Ventilatormoduls (Dichtigkeit und Maximaldruck)
☐	Überprüfung der Einstellung des Ventilatormoduls (abteilungsinterne Standardwerte)
☐	ggf. Kalibrierung des Gas-Monitorings (O_2, CO_2, Inhalationsanästhetika)
☐	Überprüfung der Alarmgrenzwerteinstellung
☐	Überprüfung der Sekretabsaugung (Zustand, Funktion)
Datum: Gerät: Saal: Unterschrift:	

Tab. 1-5 Funktionsprüfung des Narkosegerätes am Anästhesiearbeitsplatz vor/bei Patientenwechsel im laufenden Betrieb (Gerätecheck W)

Der Gerätecheck W ist zwischen aufeinanderfolgenden Narkosen durchzuführen, eine Dokumentation ist nicht erforderlich.	
☐	Sichtprüfung auf ordnungsgemäßen Zustand des Gerätes
☐	Sichtprüfung des/der Verdampfer(s)
☐	Sichtprüfung des CO_2-Absorbers
☐	ggf. Wasserkondensat aus Atemschläuchen und Wasserfallen entleeren
☐	Überprüfung, ggf. Leerung und Säuberung der Sekretabsaugung (Zustand, Funktion)
Teil der Funktionsprüfung, die bei/vor Anschluss eines jeden Patienten an ein Narkosegerät genuine Aufgabe des Anästhesisten ist:	
☐	Überprüfung der Gasdosiereinrichtung
☐	Überprüfung des korrekten Anschlusses der Schläuche des Atemsystems und der Handbeatmung
☐	Überprüfung der Dichtigkeit des Atemsystems
☐	Überprüfung der Funktion von Ein- und Ausatemventil und der Handbeatmung
☐	Überprüfung der Funktion des Druckbegrenzungs-(APL-)Ventils
☐	Funktionsprüfung des Ventilatormoduls
☐	Überprüfung der Einstellung des Ventilatormoduls

zustand zu Beginn der vorausgegangenen Narkose entspricht:

- Ventile an der Gasdosieranlage und am Verdampfer schließen
- Bedienung aller Geräte derart beenden, dass patientenspezifische Einstellungen gelöscht werden und alle Geräte in der kliniks- bzw. abteilungsspezifischen Standardeinstellung bereitstehen; oder ggf. das Gerät in den Funktionsmodus „Manuell/Spontan" stellen und das Druckbegrenzungsventil (APL-Ventil) öffnen
- Sichtprüfung des korrekten Anschlusses der Schläuche des Atemsystems und der Handbeatmung
- ggf. Wasserkondensat aus Atemschläuchen und Wasserfallen entleeren
- korrekte und ordentliche Ablage des Schlauchsystems und der Monitorkabel am Narkosegerät
- Sichtprüfung der Verdampferfüllung und des Zustandes des Atemkalkes
- Entleeren, ggf. Reinigen der Sekretabsaugung

Diese Maßnahmen können an ausgebildetes und an den Geräten eingewiesenes nicht ärztliches Assistenzpersonal delegiert werden, die Aufgabenzuweisung bedarf der abteilungs- oder kliniksinternen Festlegung.

Handlungsempfehlungen für den korrekten Beginn einer Narkose im laufenden Betrieb

Die Sichtprüfung auf ordnungsgemäßen Zustand des Gerätes vor Durchführung der im Programm folgenden Narkose ist eine nicht delegierbare Aufgabe des Anästhesisten. Zu diesem Zeitpunkt sollen, so erforderlich, patientenindividuelle Veränderungen der kliniks- bzw. abteilungsspezifischen Standardeinstellungen vorgenommen werden.

Auch die Durchführung der folgenden Prüfschritte zu Beginn einer jeden Narkose gehört zu den genuinen Aufgaben des Anästhesisten und ist nicht delegierbar:

- Überprüfung der Dichtigkeit des Atemsystems
- Überprüfung der korrekten Funktion von Ein- und Ausatemventil und der Handbeatmung
- Überprüfung der Funktion der Gasdosiereinrichtung
- Überprüfung der Funktion des APL-Ventils
- Funktionsprüfung des Ventilatormoduls
- Überprüfung der Einstellungen des Ventilatormoduls

Unerfahrene Anästhesisten sollten diese Funktionsprüfungen vor Anschluss eines Patienten an das Gerät durchführen, für den erfahrenen Anästhesisten gehört die Überprüfung dieser Funktionen zur unverzichtbaren und selbstverständlichen Prozedur beim Anschluss eines jeden Patienten an ein Narkosegerät. Vor Einschalten der maschinellen Beatmung ist der Patient zuerst immer manuell zu beatmen. Es werden dann in schneller Abfolge folgende Handgriffe ausgeführt:

- Einstellung der Gasflüsse an der Gasdosiereinrichtung: entsprechende Überprüfung der Gasdosierung
- Einstellung der Narkosemittelkonzentration am Narkosemittelverdampfer: entsprechende Sichtprüfung des Verdampfers
- Durchführung der manuellen Beatmung: entsprechende Überprüfung des korrekten Sitzes der Schlauchanschlüsse, der Dichtigkeit des Atemsystems, der korrekten Funktion des Einatem- und Ausatem- sowie des APL-Ventils und Überprüfung der Einstellung eines ausreichenden Frischgas-Flows. (Sollte der eingestellte Frischgasfluss nicht ausreichen, den Handbeatmungsbeutel suffizient zu füllen, ist der Sauerstofffluss an der Gasdosierung zu erhöhen. Der Sauerstofffluss lässt sich derart auf 12–15 l/min steigern, was auch bei großen Leckageverlusten zur Füllung des Systems ausreicht. Bei Verwendung des Sauerstoff-Flushs [geräteabhängig 25–75 l/min] zur Auffüllung des Gasvolumens besteht für den am Narkosegerät angeschlossenen Patienten die Gefahr der Entwicklung hoher Drücke im Atemsystem und die Gefahr eines möglichen Barotraumas.)

Wann immer die manuelle Beatmung nicht möglich ist, ist die Verbindung zwischen Patient und Narkosegerät wieder zu trennen und der Patient mit dem obligatorisch vorzuhaltenden separaten Handbeatmungsbeutel zu beatmen. (Die Kommission empfiehlt dringend, an jedem Anästhesiearbeitsplatz einen separaten, selbstentfaltenden Handbeatmungsbeutel [z. B. Ambu®-Beutel] vorzuhalten.) Nach Sicherung der Beatmung des Patienten kann der Gerätefehler in Ruhe gesucht werden.
Immer wenn auf die maschinelle Beatmung umgeschaltet wird, muss sofort die korrekte Funktion des Ventilatormoduls überprüft und dessen Einstellung an den Patienten angepasst werden. Dies entspricht der geforderten Überprüfung der Ventilatorfunktion und -einstellung. Auch diese Maßnahmen gehören zu den genuinen Aufgaben des Anästhesisten und sind nicht delegierbar. Wann immer die maschinelle Beatmung gestört oder nicht möglich ist, ist auf die vorher geprüfte manuelle Beatmung des Patienten zurückzuwechseln und erst nach der Sicherung der Beatmung in Ruhe der Gerätefehler zu analysieren.

Funktionsprüfung der Geräte im *N*otfall (Gerätecheck N) (vgl. Tab. 1-6)

Wird entsprechend den vorab dargestellten Empfehlungen die Funktion der Narkosegeräte nach Gerätecheck A überprüft, so kann davon ausgegangen werden, dass jedes Narkosegerät in ordnungsgemäßem, funktionsfähigem Zustand im jeweiligen Funktionsbereich bereitgestellt wurde. Dennoch ist nicht auszuschließen, dass zwischenzeitlich unsachgemäß am Gerät manipuliert wurde oder einzelne technische Funktionen ausgefallen sind. Bei unmittelbarer drohender vitaler Gefährdung eines Patienten stehen 2 Funktionen eines Narkosegerätes besonders im Vorder-

Tab. 1-6 Funktionsprüfung des Narkosegerätes am Anästhesiearbeitsplatz im Notfall (Gerätecheck N)

Der Gerätecheck N stellt im Notfall sicher, dass ein Patient mit Sauerstoff versorgt und zumindest manuell beatmet werden kann. Die Verantwortung für die Durchführung des Gerätechecks N ist nicht delegierbar.	
☐	Anschluss an Gas- und Stromversorgung
☐	Einschalten der Narkose- und der Überwachungsgeräte, ggf. Selbsttests abbrechen
☐	Narkosegerät im Funktionsmodus „Manuell/Spontan"?
☐	Öffnen nur des Sauerstoffventils, O_2-Flow mindestens 4 l/min
☐	APL-Ventil zur Drucküberprüfung auf 40–50 mbar einstellen
☐	orientierende Dichtigkeitsprüfung: Verschluss des Y-Stücks und Kompression des Handbeatmungsbeutels: Druckaufbau gelingt
☐	Y-Stück öffnen: Gas muss abströmen
☐	Konnektion des Patienten an das Atemsystem, manuelle Beatmung muss erkennbar möglich sein: Thoraxbewegungen, Auskultationen der Lungen
☐	wann immer die Beatmung nicht sicher möglich ist: separaten Handbeatmungsbeutel einsetzen
☐	frühestmöglicher Anschluss des Patienten an das Monitoring
☐	Umschalten auf maschinelle Beatmung erst dann, wenn O_2-, CO_2- und Atemwegsdruckmessung verfügbar sind
☐	Diskonnektions- und Stenosealarm einstellen
☐	wenn die maschinelle Beatmung nicht sicher möglich ist: sofortige Rückkehr zum manuellen Beatmungsmodus
Erst bei gesichertem Betrieb:	
☐	Anschluss des Gerätes an die Narkosegasfortleitung
☐	Befüllen des Absorberkanisters mit Atemkalk

grund: die gesicherte Zufuhr von Sauerstoff und die sichere Möglichkeit der Beatmung. So muss die Funktionsprüfung im Notfall auf diese beiden Funktionen fokussieren:
Nach Herstellung der Verbindung zur Gas- und Stromversorgung sowie Einschalten des Narkosegerätes und der Überwachungsgeräte ist das Sauerstoffventil an der Gasdosiereinrichtung zu öffnen und der Abstrom eines Gasflusses am Y-Stück zu verifizieren: Notüberprüfung der Funktion der Sauerstoffdosiereinrichtung. Am Narkosegerät ist der Beatmungsmodus „Manuell/Spontan" zu wählen und das APL-Ventil auf einen Wert von 40–50 mbar einzustellen. Der Handbeatmungsbeutel wird in die Hand genommen und das Y-Stück verschlossen. Bei manueller Kompression muss sich ein Überdruck im Atemsystem einstellen, bei Öffnung des Y-Stücks muss deutlich spürbar an dessen Öffnung ein Gasstrom austreten: Notüberprüfung einer Beatmungsmöglichkeit über das Narkosegerät. Erst jetzt kann der Patient an das Narkosegerät angeschlossen werden, wobei die manuelle Beatmung beibehalten werden soll. Die Beobachtung beatmungssynchroner Thoraxbewegungen, die Auskultation der Lungen und das Gefühl des gewohnten elastischen Widerstandes bei der Insufflation der Lungen sind bewährte initiale klinische Zeichen einer effizienten Beatmung. Lässt sich der Patient nach Anschluss an das Atemsystem nicht suffizient manuell beatmen, so ist – ohne Zeitverzug

durch etwaige Fehlersuche – die Patientenverbindung wieder zu trennen und mit dem separaten Handbeatmungsbeutel zu ventilieren. Die Fehlersuche am Narkosegerät muss dann einer zweiten Person übertragen werden.

1.7.2 Überprüfung des Narkosewagens auf Vollständigkeit

Der fahrbare Narkosewagen (vgl. Abb. 1-21) enthält nicht nur sämtliche für eine Routinenarkose notwendigen Utensilien, sondern auch die für die Behandlung eines evtl. Narkosezwischenfalls wichtigen Instrumente und Medikamente:

- Endotrachealtuben (→ S. 83)
- Laryngoskop mit verschiedenen Spatelgrößen (→ S. 88)
- Gesichtsmasken (→ S. 109)
- Guedel- und Wendl-Tuben (→ S. 90, 324)
- Führungsstäbe (→ S. 87)

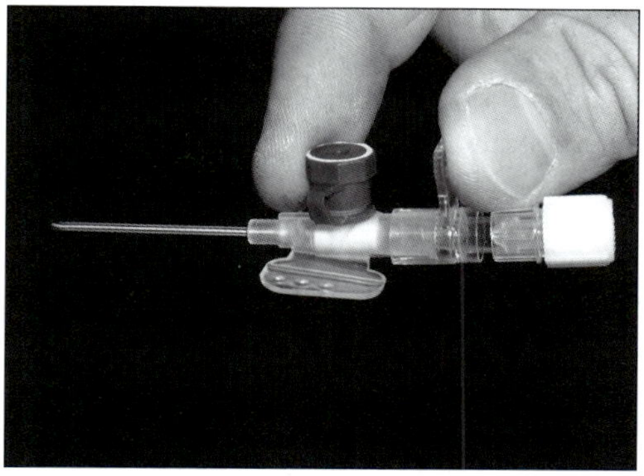

Abb. 1-22a Häufig verwendete (verletzungssichere) periphervenöse Verweilkanülen

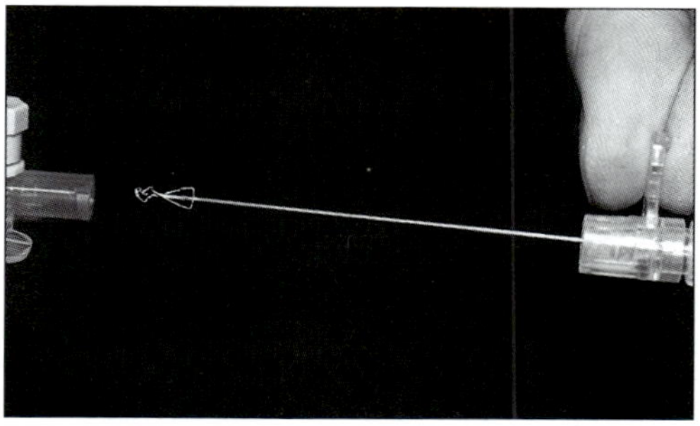

Abb. 1-22b Verletzungssichere periphervenöse Verweilkanüle. Nach (erfolgreicher) Punktion wird beim Entfernen des Metallmandrins automatisch eine metallene Schutzkappe auf die Kanülenspitze gestreift, sodass Stichverletzungen verhindert werden können.

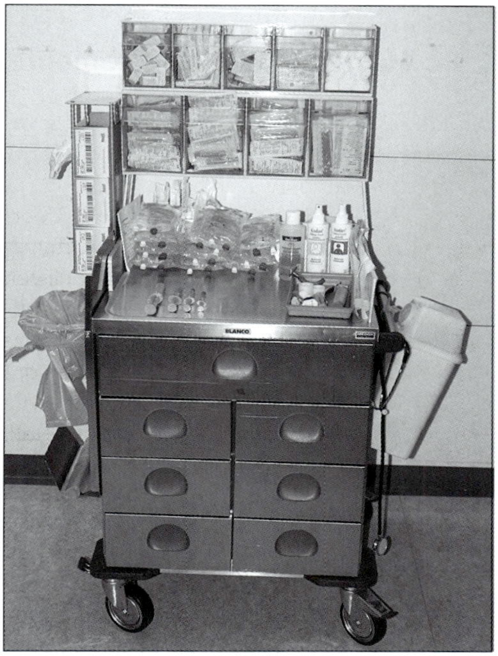

Abb. 1-21 Narkosewagen

- Stahlkanülen
- Magill-Zangen (→ S. 90)
- intravenöse Plastikverweilkanülen (vgl. Abb. 1-22a, b)
- Einwegspritzen
- Routine- und Notfallmedikamente
- Magensonden
- sterile Absaugkatheter
- Blutdruckmessgerät und Stethoskop
- Infusionsbesteck sowie Infusionslösungen (z. B. eine Flasche kolloidales Plasmaersatzmittel und eine Flasche kristalloide Lösung, → S. 133)
- Dreiwegehähne und Stöpsel

- Einweghandschuhe
- diverse Pflastersorten
- sterile Tupfer und Zellstoff
- Desinfektionsspray

! Die Pflegekraft ist für den stets kompletten Zustand des Narkosewagens verantwortlich und hat sich dessen bei jeder Narkosevorbereitung zu vergewissern. Während der Narkose muss sich der Narkosewagen immer in unmittelbarer Reichweite des Anästhesisten befinden.

1.7.3 Vorbereitung von Material und Medikamenten

Vom Anästhesisten erfragt die Anästhesiepflegekraft die Narkoseform, die notwendigen Medikamente und Infusionen sowie den benötigten Endotrachealtubus (→ S. 83). Die für die Narkose voraussichtlich benötigten Dinge richtet die Pflegekraft her und legt sie auf dem Narkosewagen bereit. Für eine Routinenarkose sind dies:

- Blutdruckmessgerät und Stethoskop für die auskultatorische Blutdruckmessung (inzwischen wird jedoch nur noch selten eine auskultatorische Blutdruckmessung, sondern zumeist eine apparative, nicht invasive oszillometrische Blutdruckmessung vorgenommen, z. B. mittels Dinamap-Gerät)
- EKG-Elektroden
- Desinfektionsspray und sterile Tupfer (zur Hautdesinfektion vor dem Legen eines periphervenösen Zugangs)
- 2-ml-Spritze mit z. B. 2%igem Lidocain für die Lokalanästhesie vor dem Legen des periphervenösen Zugangs, dazu eine dünne Stahlkanüle, z. B. 26 G

! G = gauge (sprich: geidsch). Gauge ist ein Maß für den Durchmesser. Bei Stahlkanülen geht die Gauge-Zahl normalerweise von 18–26 G; je größer die Gauge-Zahl, desto kleiner ist der Durchmesser.

- intravenöse Plastikverweilkanüle, z. B. Vygon 18 G, sowie ein Pflaster zur späteren Fixierung der Kanüle. Bei den intravenösen Plastikverweilkanülen geht die Gauge-Zahl normalerweise von 12–26 G.
- Infusion mit angeschlossenem und entlüftetem Infusionsbesteck
- Laryngoskop (→ S. 88, die Lichtquelle muss vorher auf Funktionstüchtigkeit überprüft werden!)
- Endotrachealtubus bzw. Larynxmaske (→ S. 83 und 101): Die Blockermanschette des Tubus muss vorher durch Aufblasen mit Luft auf Dichtigkeit geprüft werden (!); die Tubusspitze sollte mit einem Lokalanästhetikum (z. B. Lidocaingel) bestrichen werden.
- Guedel-Tubus (→ S. 90)
- 10- oder 20-ml-Spritze zum Aufblasen (Blocken) der Tubusmanschette (→ S. 83): Diese Spritze muss gekennzeichnet werden. Da sie unsteril wird, darf sie später nicht versehentlich zum Aufziehen von Medikamenten verwendet werden.
- Medikamente, die voraussichtlich benötigt werden

1.7.4 Aufziehen der Medikamente

Die Pflegekraft zieht die vom Narkosearzt gewünschten Medikamente auf und legt die Spritzen auf dem Narkosewagen bereit.

! Jede (!!) aufgezogene Spritze muss (!!) beschriftet werden. Für die meisten Medikamente liefert die Pharmaindustrie bereits entsprechende Aufkleber. Das lediglich Aufstecken der leeren Ampulle auf die unbeschriftete Spritze ist nicht zulässig!

1.7.5 Vorbereitung des Patienten auf die Narkose

Der Patient wird meist von einer Pflegekraft der Station an die „Patientenschleuse“ des Operationsbereiches gebracht. Die Anästhesiepflegekraft begrüßt den Patienten, stellt sich

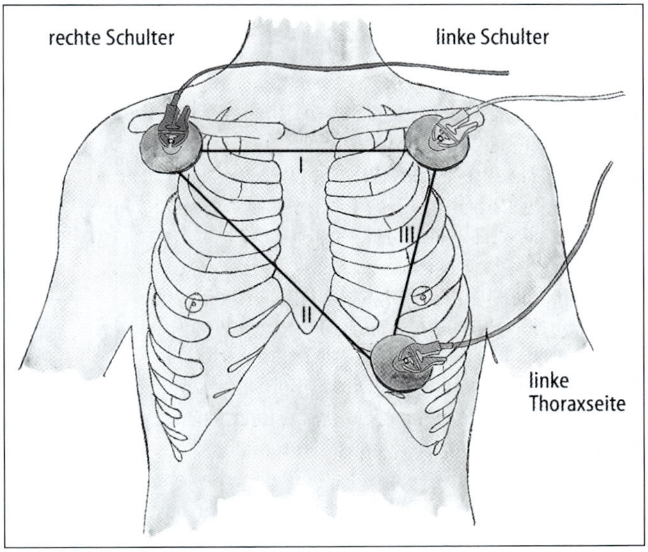

Abb. 1-23 Platzierung der EKG-Elektroden: rechte Schulter: Anschluss rotes Kabel; linke Schulter: Anschluss gelbes Kabel; linke Thoraxseite: Anschluss grünes (bzw. schwarzes) Kabel

vor und überprüft die Identität des Patienten und die Richtigkeit und Vollständigkeit der Akten.

Nun wird der Patient vom Bett auf den Operationstisch gelegt. Er muss sich dann seines Flügelhemdes entledigen und wird umgehend mit einem Tuch zugedeckt. Die Arme werden bequem auf Armstützen gelagert und locker angeschnallt. Der Körper wird leicht mit einem „Bauchgurt" am Operationstisch fixiert. (Erst nach der Narkoseeinleitung wird der Patient in die eigentliche Operationslagerung gebracht.)

Danach wird der Patient in den Narkoseeinleitungsraum gebracht. Während der nun folgenden Vorbereitung des Patienten auf die Narkose ist es wichtig, ihm immer zu erklären, was und ggf. warum etwas gemacht wird.

Es empfiehlt sich folgendes Vorgehen:

- EKG-Elektroden anlegen und EKG-Monitor folgendermaßen anschließen (vgl. Abb. 1-23):

> **!** rotes EKG-Kabel = rechte Schulter
> gelbes EKG-Kabel = linke Schulter
> grünes (bzw. schwarzes) EKG-Kabel = linke Thoraxseite

Gleichzeitig muss am EKG-Gerät die Ableitung II (nach Einthoven) eingestellt sein. Mit dieser Ableittechnik können Herzrhythmusstörungen am besten erkannt werden. Eine ST-Strecken-Senkung (→ S. 400; Abb. 7-7), die typisch für eine Mangeldurchblutung der Koronararterien mit unzureichender Durchblutung der Herzmuskulatur (Myokardischämie) ist, kann mit dieser Ableittechnik jedoch weniger gut erfasst werden. Um ST-Strecken-Senkungen besser zu erkennen, können ggf. das gelbe und grüne (bzw. schwarze) Kabel (→ oben) vertauscht werden; gleichzeitig muss am EKG-Gerät die Ableitung I (nach Einthoven) eingestellt werden. Dies ist insbesondere bei Patienten mit einer Koronarsklerose sinnvoll. Diese Ableitung entspricht ungefähr der Brustwandableitung V_5 (→ S. 489), mit der Veränderungen der ST-Strecke besonders gut erfasst werden können. (Diese Ableitung wird manchmal auch als „poorman's V_5" bezeichnet.)

- Fingersensor für die pulsoxymetrische Messung der arteriellen Sauerstoffsättigung anlegen (→ S. 405). Falls die arterielle Sauerstoffsättigung niedrig ist (unter ca. 95 %), dann sollte dem Patienten Sauerstoff über eine Nasensonde (ca. 2 l/min) verabreicht werden und er sollte zum tiefen Durchatmen aufgefordert werden.

- Blutdruckmanschette anlegen und (auskultatorische) Blutdruckmessung
- periphervenösen Zugang anlegen:
  Wenn irgend möglich, sollten die Venen des Handrückens bevorzugt werden.

! Eine Punktion in der Ellenbeuge (sowie an der radialen Unterarmseite) sollte vermieden werden, da hier eine versehentliche intraarterielle Lage der Kanüle möglich ist. Bei versehentlicher intraarterieller Injektion bestimmter Medikamente kann der Verlust der Hand oder des Armes drohen (→ S. 50)! Außerdem besteht in der Ellenbeuge eine Verletzungsgefahr des hier verlaufenden Nervus medianus.

Mit einem sog. Stauschlauch oder mithilfe einer Blutdruckmanschette wird nun (mit einem Manschettendruck von z. B. 50 mm Hg) am Oberarm gestaut. Der Staudruck muss über dem Venendruck, aber deutlich unterhalb des arteriellen Drucks liegen. Hierdurch wird der venöse Abfluss gedrosselt, während der arterielle Zufluss noch fast unbehindert ist. Die Venen treten meist deutlich hervor und können gut punktiert werden. Bei aufgeregten Patienten ist trotz korrekter Stauung häufig nur eine schlechte Venenfüllung vorhanden. Durch Tieflagerung des Armes, durch rhythmisches Öffnen- und Schließenlassen der Faust, durch leichtes Beklopfen der voraussichtlichen Punktionsstelle oder durch lokale Wärmeanwendung, vor allem aber durch längerfristiges Stauen, treten die Venen deutlicher hervor. Die Venenpunktion sollte in folgender Reihenfolge durchgeführt werden:

- Desinfektion der Punktionsstelle
- Lokalanästhesiequaddel neben der zu punktierenden Vene
- Fixierung der zu punktierenden Vene; dies kann durch Straffung der Haut (mit dem Daumen der nicht punktierenden Hand; Abb. 1-24) erreicht werden

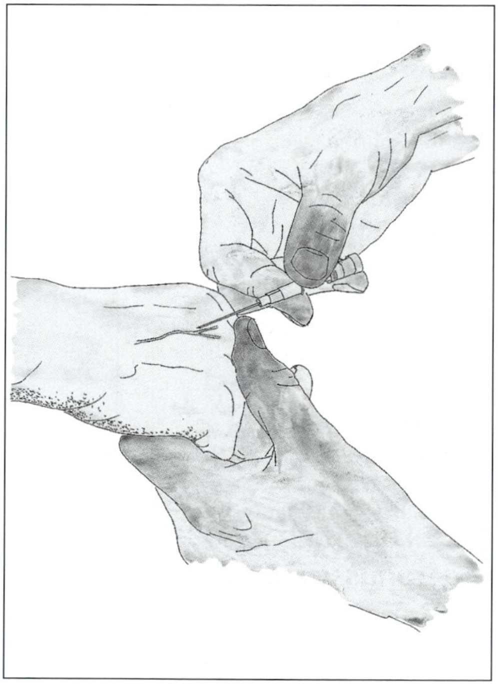

Abb. 1-24 Punktion einer periphervenösen Vene

- Punktion durch die Hautquaddel schräg in die Vene (vgl. Abb. 1-24)
- Festhalten des Stahlmandrins und Vorschieben der Plastikverweilkanüle
- Öffnen der Stauung
- Fixierung der Kanüle mit Pflaster
- Anschluss der vorbereiteten Infusion

Zusätzlich benötigte periphervenöse Zugänge sollten normalerweise erst nach der Narkoseeinleitung gelegt werden.

Routinefragen

Während der Vorbereitung des Patienten auf die Narkose müssen immer nochmals folgende Routinefragen an den Patienten gestellt werden:

- Wann haben Sie das letzte Mal gegessen und getrunken?

Manchmal gestehen die Patienten auf diese gezielten Fragen, das Nüchternheitsgebot (→ S. 209) gebrochen zu haben. In diesem Falle muss eine nicht notfallmäßige Operation verschoben werden.

- Haben Sie eine Zahnprothese? Wenn ja, haben Sie diese entfernt?
  Manchmal gestehen die Patienten, ihre Prothese aus Eitelkeit nicht entfernt zu haben, obwohl dies bei der präoperativen Visite angeordnet wurde. Sie muss jedoch in der Regel herausgenommen und sicher aufbewahrt werden.
- Haben Sie eine Allergie auf bestimmte Medikamente oder z. B. auf braunes Pflaster?

1.7.6 Lagerung des Patienten – Lagerungsschäden

Die endgültige Operationslagerung wird erst nach Einleitung der Narkose vorgenommen. Für die korrekte Lagerung des Patienten trägt der Operateur die Verantwortung. Während der Operation ist der Anästhesist dafür verantwortlich, dass der ausgelagerte Infusionsarm des Patienten weiterhin richtig gelagert sind. Abbildung 1-25 zeigt die Lagerung des Patienten, wenn er in Rückenlage operiert werden soll. Spezielle Operationslagerungen werden in den entsprechenden Kapiteln der „Speziellen Anästhesie" besprochen.

! Bei unsachgemäßer Lagerung des Patienten können vor allem Nervenschädigungen (durch Druck, Zug oder Zerrung) sowie Schädigungen des Auges drohen. Es muss auch darauf geachtet werden, dass die Haut des Patienten nicht direkt Kontakt mit dem Gummi oder Plastik des Operationstisches hat. Es sollte immer z. B. ein Tuch oder eine Abpolsterung dazwischen gelegt werden.

Plexus brachialis

Meist wird der Arm, an dem die Infusion läuft, ausgelagert (abduziert). Zur Vermeidung von Zerrungen des Plexus brachialis muss bei der Armauslagerung Folgendes beachtet werden:

- Der Arm muss (!) unbedingt an der Armstütze fixiert werden. Ein versehentliches Herunterfallen des Armes von der Armstütze kann beim relaxierten Patienten zu einer Schulterluxation, zu einer Zerrung des Plexus brachialis oder gar zum Ausriss des Plexus brachialis führen (!!).
- Der Oberarm darf nicht weiter als 90 Grad ausgelagert werden.
- Der Arm darf nicht unterhalb des Thoraxniveaus gelagert werden.
- Es sollte auf eine leichte Beugung im Ellenbogengelenk geachtet werden. Der Handrücken sollte nach oben zu liegen kommen.
- Der Kopf sollte leicht auf die Seite des ausgelagerten Armes gedreht werden.

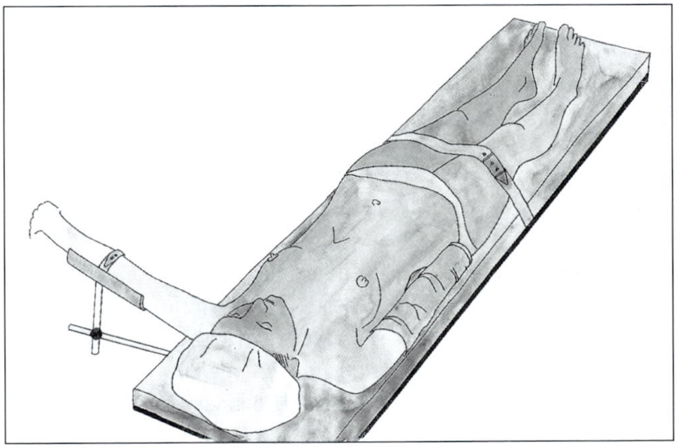

Abb. 1-25 Rückenlagerung des Patienten

Nervus radialis

Häufig wird nur ein Arm ausgelagert, der andere Arm wird dem Körper angelagert. Bei dem am Körper angelagerten Arm besteht die Gefahr, dass er über die Kante des Operationstisches hängt und durch den Operateur gegen die Tischkante gedrückt wird. Dies kann leicht zu einer Schädigung des Nervus radialis im Bereich der Oberarminnenseite führen. Der dem Körper angelagerte Arm muss deshalb in einer Ober- und Unterarm umfassenden Polstermanschette dicht dem Körper angelagert und dort fixiert werden.

Auge

Jeder länger dauernde Druck auf das Auge kann zu Durchblutungsstörungen der Netzhaut und damit zur Erblindung führen. Besonders bei Bauchlagerungen ist darauf zu achten, dass nicht ein Lagerungskissen, ein Lagerungsring oder eine Kopfstütze auf das Auge drückt. Außerdem ist darauf zu achten, dass die Augenlider während der Narkose geschlossen sind. Bei geöffneten Augenlidern droht ein Austrocknen der Hornhaut mit Hornhautulkus. Das Auge muss dann entweder zugeklebt oder es muss eine sterile Augensalbe eingebracht werden. Sind die Augen während der Operation nicht zu sehen, müssen die Augenlider immer mit Pflaster zugeklebt werden.

1.8 Inhalationsanästhetika

1.8.1 Allgemeine Bemerkungen

✓ Inhalationsanästhetika sind Gase oder Dämpfe, die eingeatmet und über die Lungen ins Blut aufgenommen werden. Über das Blut werden sie auch zum **Z**entral**n**erven**s**ystem (= ZNS) transportiert, wo sie vorübergehende Veränderungen an den Zellmembranen verursachen und dadurch die Weiterleitung von Nervenimpulsen hemmen. Sie wirken dadurch anästhetisch, das heißt, sie erzeugen eine Bewusstlosigkeit, Schmerzdämpfung, Muskelerschlaffung und eine Dämpfung vegetativer Reflexe.

Diese einzelnen Wirkungen sind jedoch bei den verschiedenen Inhalationsanästhetika unterschiedlich stark ausgeprägt und reichen für eine Operation unter Umständen erst bei sehr hohen Konzentrationen aus. Um diese hohen Konzentrationen mit ihren Nebenwirkungen zu vermeiden, werden die Inhalationsanästhetika meist mit anderen Medikamenten kombiniert. Inhalationsanästhetika werden größtenteils wieder über die Lungen abgeatmet. Nur ein unterschiedlich kleiner Anteil (0,02 % bei Desfluran; 3–5 bei Sevofluran; → S. 43) wird im Körper metabolisiert. Da sich die Ventilation der Lunge gut beeinflussen lässt, kann sowohl die Aufnahme als auch die Abatmung der Inhalationsanästhetika gut gesteuert werden.

! Inhalationsanästhetika besitzen also den großen Vorteil der guten Steuerbarkeit. Ein Nachteil der Inhalationsanästhetika ist allerdings der relativ langsame Wirkungseintritt.

Die meisten Medikamente verteilen sich durch Diffusion innerhalb der verschiedenen Körperräume. Voraussetzung dafür, dass ein Medikament in ein anderes Gewebe abdiffundieren kann, ist ein Konzentrationsunterschied. Die Diffusion erfolgt immer vom Ort hoher Konzentration zum Ort niedriger Konzentration, also entlang eines Konzentrationsgefälles. Dies gilt auch für Inhalationsanästhetika. Allerdings wird bei Gasen und Dämpfen nicht von „Konzentration“, sondern vom **Partialdruck** gesprochen.

! Gase und Dämpfe diffundieren immer vom Ort eines hohen Partialdrucks zum Ort eines niedrigen Partialdrucks.

Bei der Narkoseeinleitung mit einem Inhalationsanästhetikum diffundiert das Inhalationsanästhetikum daher aus der Alveolarluft (hoher Partialdruck) ins Blut (niedriger Partialdruck).

Aus dem Blut diffundieren die Inhalationsanästhetika in die verschiedenen Gewebe ab.

> ! Je besser ein Gewebe durchblutet ist, desto mehr Inhalationsanästhetikum kann es pro Zeiteinheit aus dem Blut aufnehmen und desto schneller wird es mit dem Inhalationsanästhetikum gesättigt sein.

Die stark durchbluteten Organe wie ZNS, Herz, Nieren und Leber sind daher schnell (innerhalb von Minuten) mit dem Inhalationsanästhetikum aufgesättigt. Die weniger gut durchblutete Muskulatur ist z. B. erst nach Stunden gesättigt. Das schlecht durchblutete Fettgewebe wäre erst nach Tagen vollständig aufgesättigt. Erst wenn es zum Ausgleich der Partialdrücke in den verschiedenen Geweben gekommen ist, findet keine Diffusion mehr statt.

> ! Von besonderem Interesse ist der Partialdruck des Inhalationsanästhetikums im Gehirn, denn die Narkosetiefe ist vom Partialdruck des Inhalationsanästhetikums im Gehirn abhängig.

Da das Gehirn sehr gut durchblutet wird, gleicht sich der Partialdruck des Inhalationsanästhetikums im Gehirn sehr schnell dem Partialdruck im Blut an. Der Partialdruck im Gehirn entspricht daher ungefähr dem Partialdruck im Blut.
Bei **Narkosebeginn** diffundiert fast das gesamte Inhalationsanästhetikum aus dem arteriellen Blut in die verschiedenen Gewebe ab, da diese noch völlig ungesättigt sind. Das venöse Blut enthält damit fast kein Inhalationsanästhetikum mehr und muss in der Lunge wieder aufgesättigt werden. Zur Aufrechterhaltung eines bestimmten Partialdrucks im arteriellen Blut und damit eines bestimmten Partialdrucks im Gehirn (bzw. einer bestimmten Narkosetiefe) muss also bei Narkosebeginn viel Inhalationsanästhetikum über die Lungen ins Blut aufgenommen werden. Hierzu ist eine hohe Konzentration des Inhalationsanästhetikums in dem Inspirationsgemisch nötig.
Mit **zunehmender Narkosedauer** nimmt die Sättigung der verschiedenen Gewebe stetig zu. Es diffundiert immer weniger Inhalationsanästhetikum aus dem arteriellen Blut in die Gewebe ab, da die Partialdruckdifferenz zwischen Blut und Gewebe immer kleiner wird. Das venöse Blut enthält einen zunehmend höheren Partialdruck des Inhalationsanästhetikums. Zur Aufrechterhaltung eines bestimmten Partialdrucks im arteriellen Blut und damit eines bestimmten Partialdrucks im Gehirn (bzw. einer bestimmten Narkosetiefe) muss immer weniger Inhalationsanästhetikum pro Zeiteinheit über die Lungen ins Blut aufgenommen werden. Mit zunehmender Narkosedauer genügt daher eine immer geringer werdende inspiratorische Konzentration.
Bei **Narkoseausleitung**, das heißt Reduktion oder Abbruch der Zufuhr des Inhalationsanästhetikums, kehrt sich das Partialdruckgefälle um. Das Inspirationsgemisch enthält nun weniger oder kein Inhalationsanästhetikum. Das Inhalationsanästhetikum diffundiert nun aus dem Blut (jetzt hoher Partialdruck) in die Alveolarluft (jetzt niedriger Partialdruck) und wird abgeatmet. Außerdem diffundiert das Inhalationsanästhetikum aus dem Gewebe zurück ins Blut. Wenn das Inhalationsanästhetikum aus den gut durchbluteten Organen (mit hohem Partialdruck des Narkosegases) schnell abflutet, kann der Partialdruck des Gases im Blut höher als im schlecht durchbluteten Gewebe (z. B. dem Fettgewebe) sein. Dann diffundiert das aus den gut durchbluteten Geweben abdiffundierte Gas zum Teil in die schlechter durchbluteten Gewebe. Es wird von einer sog. Umverteilung gesprochen. Umverteilungsphänomene treten auch bei intravenös zu verabreichenden Medikamenten auf (→ S. 46).

1.8.2 Faktoren, die die Aufnahme und die Abatmung eines Inhalationsanästhetikums beschleunigen bzw. verzögern

Wie schnell ein Inhalationsanästhetikum über die Lungen aufgenommen wird, mit dem Blut ins Gehirn gelangt und dort seine narkotische

Wirkung entfaltet, hängt vor allem von folgenden Faktoren ab:

- inspiratorischer Partialdruck
- Lungenbelüftung pro Minute
- Herzminutenvolumen
- Löslichkeit im Blut

Inspiratorischer Partialdruck

! Je höher das Partialdruckgefälle zwischen Alveolarluft und Blut ist, desto mehr Inhalationsanästhetikum diffundiert pro Zeiteinheit ins Blut über.

Zur Beschleunigung der Narkoseeinleitung wird die inspiratorische Konzentration des Inhalationsanästhetikums deshalb relativ hoch gewählt, um schnell den für die gewünschte Narkosetiefe notwendigen Partialdruck im Blut bzw. im Gehirn zu erreichen.

Lungenbelüftung pro Minute (alveoläre Ventilation)

Bei Beginn der Einatmung eines Inhalationsanästhetikums wird das Anästhetikum im Volumen der funktionellen Residualkapazität verteilt und damit verdünnt.

✓ Als funktionelle Residualkapazität wird das nach einer normalen Ausatmung noch in der Lunge befindliche Luftvolumen (von ca. 2,5 Litern beim Erwachsenen) bezeichnet.

Erst nach mehrfachem Ein- und Ausatmen ist die gesamte funktionelle Residualkapazität mit dem Inspirationsgemisch (das einen bestimmten Partialdruck an Inhalationsanästhetikum enthält) vollständig aufgesättigt. Durch eine Steigerung der alveolären Ventilation (= Hyperventilation) wird dieser Anstieg des Partialdrucks in der funktionellen Residualkapazität beschleunigt.

! Durch Hyperventilation kann also die Narkoseeinleitung oder eine Veränderung der Narkosetiefe beschleunigt werden.

Herzminutenvolumen

Normalerweise fließen ca. 14 % des **Herzminutenvolumens** (= HMV) zum Gehirn. Im **Volumenmangelschock** besteht eine maximale Kreislaufzentralisation. Die Peripherie (Muskulatur, Fettgewebe, Magen-Darm-Trakt) wird zugunsten der lebensnotwendigen Organe wie Gehirn, Leber und Niere vermindert durchblutet. Das Gehirn erhält also einen prozentual größeren Anteil des HMV. Der Antransport zum Gehirn und damit die Narkoseeinleitung erfolgt damit schneller. Bei einer **Erhöhung des HMV** durch Stress, Muskeltätigkeit oder Hyperthyreose kommt es dagegen zu einer Umverteilung der Organperfusion zugunsten der Muskulatur. Das Gehirn erhält einen prozentual geringeren Anteil des HMV. Die Ein- und Ausleitung einer Inhalationsnarkose ist damit verzögert. Bei **vermindertem HMV** infolge einer Herzinsuffizienz ist der Antransport zum Gehirn und damit der Wirkungsbeginn, das heißt die Narkoseeinleitung, verzögert.

Löslichkeit im Blut

✓ Die Geschwindigkeit, mit der ein Inhalationsanästhetikum über die Lungen aufgenommen wird, ist auch davon abhängig, wie gut es sich im Blut löst. Diese physikalische Eigenschaft wird mithilfe des **Blut-Gas-Verteilungskoeffizienten** ausgedrückt.

Lachgas z. B. löst sich nur sehr gering im Blut, es hat einen sehr niedrigen Blut-Gas-Verteilungskoeffizienten (vgl. Tab. 1-7). Da sich nur wenig Lachgas im Blut löst, ist das Blut sehr schnell mit Lachgas gesättigt. Ether dagegen löst sich in hohem Maße im Blut. Der Blut-Gas-Verteilungskoeffizient ist entsprechend hoch (vgl. Tab. 1-7). Es wird also lange dauern, bis das Blut mit Ether aufgesättigt ist und sich der Partialdruck im Blut dem Partialdruck im Einatmungsgemisch angeglichen hat.

Tab. 1-7 Blut-Gas-Verteilungskoeffizient und MAC-Wert der wichtigsten Inhalationsanästhetika

Wirkstoff	Blut-Gas-Verteilungs koeffizient	MAC-Wert in 100 % O_2 (Vol.-%)	MAC-Wert in 70 % N_2O (Vol.-%)
Lachgas	0,47	110,00	–
Halothan	2,30	0,75	0,29[1]
Enfluran	1,90	1,68	0,57[1]
Isofluran	1,40	1,15	0,50[1]
Sevofluran	0,65	2,00	0,66[1]
Desfluran	0,45	6,00	3,00[1]
Ether	12,10	1,92	–

[1] In neueren Arbeiten wird – im Vergleich zum MAC-Wert in 100 % O_2 – eine lediglich ca. 30%ige MAC-Reduktion durch 70% Lachgas beschrieben (vgl. Text).

! Je niedriger der Blut-Gas-Verteilungskoeffizient ist, desto schneller gleicht sich der Partialdruck im Blut dem Partialdruck im Einatmungsgemisch an, desto schneller flutet das Inhalationsanästhetikum an und ab und umso besser ist seine Steuerbarkeit.

1.8.3 MAC-Wert

Jedes Inhalationsanästhetikum besitzt eine bestimmte Wirkungsstärke, eine bestimmte narkotische Potenz. Diese wird mit dem MAC-Wert (= minimale alveoläre [oder auch anästhetische] Konzentration) ausgedrückt.

✓ Der MAC-Wert ist diejenige Konzentration eines Inhalationsanästhetikums, bei der 50 % der Patienten auf einen definierten Schmerzreiz (Hautschnitt) mit keiner Schmerzreaktion mehr reagieren. Je niedriger der MAC-Wert, desto potenter ist das Inhalationsanästhetikum (vgl. Tab. 1-7).

Der MAC-Wert eines Inhalationsanästhetikums kann durch die zusätzliche Gabe eines Opioids oder durch die Kombination mit Lachgas erniedrigt werden. Auch andere zentral dämpfende Medikamente wie Barbiturate oder Benzodiazepine bewirken eine Reduktion des MAC-Wertes, ebenso ein Abfall der Körpertemperatur. Außerdem ist der MAC-Wert altersabhängig; bei Kindern beträgt er z. B. für Sevofluran (→ S. 43) 2,3 Vol.-%, bei Patienten über 70 Jahre dagegen nur noch 1,5 Vol.-%. Bei Neu- und Frühgeborenen sowie bei sehr alten Patienten kann der MAC-Wert deutlich erniedrigt sein.

1.8.4 Wichtige Medikamente

Lachgas

✓ Lachgas (= Stickoxydul = N_2O = Distickstoffmonoxid) ist ein geruchloses, nicht reizendes, farbloses Gas.

! Lachgas hat inzwischen die Kennfarbe blau (Ausnahmen bis Ende 2009 → S. 24). Inzwischen wird allerdings zumeist die „farbneutrale" Kennzeichnung (= Beschriftung) bevorzugt (→ S. 24).

Lachgas wird unter hohem Druck (51 atm = 51 bar) in Stahlzylindern geliefert. Lachgas liegt dabei zu ca. ¾ in flüssiger Form vor, der Rest ist gasförmig. 1 kg Lachgasflüssigkeit ergibt ca. 500 Liter Lachgas. Solange noch ein flüssiger Anteil vorliegt, bleibt der Manometerdruck (51 atm = 51 bar) konstant (→ S. 24). Beim Verdampfen von Lachgas wird der Umgebung Wärme entzogen, deshalb beschlagen oder gefrieren manchmal die Lachgasflaschen an den Gasaustrittsventilen.

! Lachgas wurde bis vor einigen Jahren immer als das sicherste aller Inhalationsanästhetika bezeichnet und normalerweise bei fast allen Narkosen – zusätzlich zum Sauerstoff – als Basisnarkotikum in Konzentrationen bis 70(–75) % zugesetzt. In den letzten Jahren nahm die Popularität von Lachgas zunehmend ab und es wird vermehrt auf mögliche Nachteile des Lachgases (→ S. 40) hingewiesen. Immer häufiger wird deshalb auf die zusätzliche Lachgasgabe verzichtet und stattdessen neben Sauerstoff nicht Lachgas, sondern Luft verabreicht.

Als alleiniges Anästhetikum hat Lachgas eine unzureichende Wirkung. Es vermag aber als Zusatzanästhetikum die Wirkung der anderen Inhalationsanästhetika zu verstärken, das heißt deren MAC-Wert zu erniedrigen (vgl. Tab. 1-7). Nach neueren Studien kann durch 70 % Lachgas der MAC-Wert von Inhalationsanästhetika ca. 30 % vermindert werden. (In älteren Studien wird zum Teil eine deutlich höhere MAC-Reduktion beschrieben). Das volatile Inhalationsanästhetikum kann also bei zusätzlicher Lachgasgabe niedriger dosiert werden. Damit sind auch dessen Nebenwirkungen geringer. Durch Zusatz von Lachgas kann auch die notwendige Dosierung der intravenösen Anästhetika reduziert werden.

Wirkungen

- gute analgetische Wirkung
- schwache narkotische Wirkung; der (theoretische) MAC-Wert beträgt 110 Vol.-% (vgl. Tab. 1-7)
- keine muskelrelaxierende Wirkung
- erzeugt eine Amnesie (= Erinnerungslücke)

Nebenwirkungen

- Lachgas geht eine Bindung mit Vitamin B_{12} ein, wodurch es bei langfristiger Anwendung (länger als 6 Stunden) zu Blutbildungsstörungen ähnlich wie bei Vitamin-B_{12}-Mangel (perniziöse Anämie) kommen kann. Dadurch ist eine Störung der Erythrozyten- und der Granulozytenbildung möglich.
- Lachgas kann zu einer weiteren Steigerung eines bereits vorher erhöhten intrakraniellen Drucks führen. Deshalb darf bei Patienten mit Verdacht auf einen erhöhten intrakraniellen Druck kein Lachgas verwendet werden.
- Lachgas diffundiert schnell in sämtliche lufthaltige Räume wie z. B. in luftgeblähte Darmschlingen, in die Blockermanschette eines Endotrachealtubus (→ S. 97), in einen evtl. vorhandenen Pneumothorax, in das luftgefüllte Mittelohr (→ S. 282) oder in eine Luftembolieblase (→ S. 272). Hierdurch kann es zu einer Druck- und/oder Volumenzunahme dieser lufthaltigen Räume kommen, was meistens nachteilige Auswirkungen hat.
- Da sich Lachgas nur in geringem Ausmaß im Blut löst, ist das Blut bereits nach wenigen Minuten mit Lachgas gesättigt. Lachgas flutet also sehr schnell an. Es hat einen sehr niedrigen Blut-Gas-Verteilungskoeffizienten (vgl. Tab. 1-7) und ist damit gut steuerbar. Nach Abstellen der Lachgaszufuhr flutet das Lachgas aber ebenso schnell wieder ab. Innerhalb kurzer Zeit diffundieren nun große Mengen Lachgas aus dem Körper zurück in die Lunge und können dort, bei Atmung von Raumluft, zu einer Verdrängung des Sauerstoffes mit Hypoxie führen. Dieses Phänomen wird als **Diffusionshypoxie** bezeichnet. Nach Abstellen des Lachgases muss deshalb mindestens über 3 Minuten 100 % Sauerstoff verabreicht werden, um dieser Diffusionshypoxie vorzubeugen.
- Lachgas wird häufig angeschuldigt, eine postoperative Übelkeit mit Brechreiz zu begünstigen.

Die Nebenwirkungen auf Atmung, Kreislauf, Leber und Nieren sind vernachlässigbar klein. Lachgas wird fast vollständig über die Lungen wieder abgeatmet. Es findet kein Abbau im Körper statt.

Halothan

Halothan war lange Zeit das weltweit am häufigsten angewandte verdampfbare Inhalationsanästhetikum. Es wurde jedoch inzwischen durch Isofluran und in den letzten Jahren vor allem durch Sevofluran und Desfluran verdrängt.
Inzwischen sollte Halothan sowohl bei Erwachsenen als auch bei Kindern nicht mehr verwendet werden. Es wird in Deutschland nicht mehr

hergestellt (und müsste als Einzelimport nach § 73a des Arzneimittelgesetzes aus dem Ausland importiert werden). Aus didaktischen Gründen soll Halothan hier dennoch vorgestellt werden. In speziellen, nur für Halothan zulässigen Verdampfern (→ S. 17) können dem Frischgas Halothandämpfe in der eingestellten Konzentration zugemischt werden.

Wirkungen

- sehr potentes Narkotikum (MAC-Wert beträgt 0,75 Vol.-%; vgl. Tab. 1-7)
- nur geringe analgetische Wirkung, wird deshalb unter Umständen mit Lachgas kombiniert
- erzeugt eine leichte Muskelerschlaffung und verstärkt die Wirkung von nicht depolarisierenden Muskelrelaxanzien (→ S. 64). Deren Dosierung kann deshalb bei einer Halothannarkose reduziert werden.

Nebenwirkungen

- Herz-Kreislauf-System:
  Halothan bewirkt eine konzentrationsabhängige Blutdruckerniedrigung. Ursache ist vor allem eine direkte Minderung der Herzkraft (negativ inotrope Wirkung) mit Abnahme des Herzminutenvolumens. Der Blutdruckabfall ist also nicht durch eine Gefäßweitstellung, das heißt Abnahme des peripheren Gesamtwiderstandes, bedingt. Der periphere Gesamtwiderstand bleibt unter Halothan annähernd konstant. Lediglich im Bereich der Haut und des Gehirns kommt es zu einer Vasodilatation mit einer Durchblutungssteigerung.
  Die Herzfrequenz bleibt weitgehend konstant oder nimmt leicht ab.

  ! Zur Beurteilung der Narkosetiefe einer Halothannarkose eignete sich am besten das Blutdruck- und das Herzfrequenzverhalten.

  Halothan „sensibilisiert das Herz gegen Catecholamine" (→ S. 300). Bei endogener Catecholaminfreisetzung, wie dies z. B. aufgrund einer zu flachen Narkoseführung der Fall sein kann, oder bei Catecholaminverabreichung (z. B. Gabe von adrenalinhaltigen Lokalanästhetika; → S. 158), neigt das Herz bei gleichzeitiger Halothangabe zu Rhythmusstörungen. Dies musste insbesondere in der HNO- und Kieferchirurgie beachtet werden. Hier werden oft adrenalinhaltige Lokalanästhetika ins Operationsgebiet eingespritzt (um eine Gefäßkonstriktion und damit eine Verminderung der Blutung zu erzielen; → S. 280).
- Atmung:
  Halothan bewirkt ab einer inspiratorischen Konzentration von ca. 0,5 Vol.-% eine dosisabhängige Atemdepression, die bei 1–1,5 Vol.-% zu einer ausgeprägten Veränderung der Ventilationsgrößen führt. Der Atmungstyp ist dann durch eine Tachypnoe und kleine Atemzugvolumina gekennzeichnet. Der arterielle CO_2-Wert steigt an. Bei Halothangabe ist also meistens eine assistierte Beatmung notwendig. Halothan weist eine bronchodilatierende Komponente auf und kann deshalb bei Patienten mit Asthma bronchiale von Vorteil sein. Halothan flutet mäßig schnell an und ab. Der Blut-Gas-Verteilungskoeffizient beträgt 2,3 (vgl. Tab. 1-7).
- Uterus:
  Halothan bewirkt eine dosisabhängige Uterusrelaxierung und erhöht die Gefahr einer stärkeren Blutung aus dem Uterus nach der Entbindung.
- Leber (Metabolisierung):
  Bis zu 20 % (!) des Halothans werden im Körper metabolisiert. In sehr seltenen Fällen soll es zu einer akuten Leberzellschädigung nach einer Halothannarkose kommen. Falls diese sog. „**Halothanhepatitis**" auftreten sollte, dann vor allem in der ersten (oder zweiten) Woche nach einer Halothannarkose. Sie kann **tödlich verlaufen**. Der Mechanismus dieser Leberzellschädigung ist unklar. Möglicherweise spielen Reaktionen auf Abbauprodukte des Halothans eine Rolle. Werden innerhalb kurzer Zeit (Wochen)

mehrere Halothannarkosen beim gleichen Patienten durchgeführt, so soll die Gefahr einer „Halothanhepatitis“ erhöht sein.

- Gehirn:
  Halothan erzeugt durch eine Gefäßweitstellung eine Steigerung der Hirndurchblutung. Bei bereits erhöhtem intrakraniellem Druck, z.B. nach einem **S**chädel-**H**irn-**T**rauma (= SHT), kann dies zu einer weiteren, evtl. lebensbedrohlichen Steigerung des intrakraniellen Drucks führen (→ S. 267).
- Auge:
  Während einer Halothannarkose kommt es zu einer Erniedrigung des Augeninnendrucks. Dies ist für intraokuläre Operationen erwünscht (→ S. 283).

Kontraindikationen

- frühere „Halothanhepatitis“
- maligne Hyperthermie (→ S. 212) in der Anamnese des Patienten oder seiner Angehörigen
- Leberzellschädigung (nur eine relative Kontraindikation)
- bei Verdacht auf einen erhöhten intrakraniellen Druck

Dosierung

- Narkoseeinleitung:
  initiale Vaporeinstellung ca. 1,5–2,5 Vol.-%
- Aufrechterhaltung der Narkose:
  - exspiratorisch ungefähr 0,7 MAC bei ca. 70 % Lachgas; mit zusätzlicher Opioidgabe ca. 0,4–0,5 MAC
  - exspiratorisch ca. 1,0–1,1 MAC bei Verzicht auf Lachgas; mit zusätzlicher Opioidgabe ca. 0,7–0,8 MAC

Enfluran

Enfluran – das jahrelang als Nachfolgesubstanz von Halothan galt – wird inzwischen ebenfalls nicht mehr eingesetzt. Es ist – wie Halothan – obsolet und soll nicht näher beschrieben werden.

Isofluran (Forene®)

✓ Isofluran ist ein chemisch dem Enfluran sehr eng verwandtes Inhalationsanästhetikum (Strukturisomer, das heißt gleiche Summenformel aber andere molekulare Anordnung). Es hat einen etherischen, stechenden Geruch. Bei einer Narkoseeinleitung per inhalationem (→ S. 123) husten die Patienten oft oder halten den Atem an. Es kann zu einem deutlichen Blutdruckabfall führen und flutet langsamer an und ab als Sevofluran und Desfluran.

Wirkungen

- Die narkotische Potenz ist höher als die von Sevofluran oder Desfluran. Der MAC-Wert beträgt 1,15 Vol.-% (vgl. Tab. 1-7).
- Die analgetische Wirkung ist schwach; Isofluran wird deshalb unter Umständen mit Lachgas kombiniert.
- Die muskelrelaxierende Wirkung ist gut und der von Sevofluran vergleichbar. Die Wirkung der nicht depolarisierenden Muskelrelaxanzien (→ S. 64) wird durch Isofluran verstärkt. Sie können entsprechend niedriger dosiert werden.

Nebenwirkungen

- Herz-Kreislauf-System:
  Isofluran führt zu einem dosisabhängigen, blutdrucksenkenden Effekt. Seine Ursache ist nicht eine Abnahme des HMV wie bei Halothan, sondern eine starke Verminderung des peripheren Gefäßwiderstandes durch eine direkte vasodilatierende Wirkung. Isofluran wirkt nur gering negativ inotrop. Das Herzminutenvolumen nimmt unter Isoflurangabe kaum ab. Die Herzfrequenz bleibt unter Isofluran annähernd konstant. Manchmal tritt eine Tachykardie auf.

! Zur Beurteilung der Narkosetiefe einer Isoflurannarkose eignet sich am besten das Blutdruckverhalten.

Die Sensibilisierung des Herzens gegen Catecholamine ist bei Isofluran (im Unterschied zu Halothan; → S. 40) vernachlässigbar gering. Es kann deshalb z. B. in der HNO- und Kieferchirurgie verabreicht werden, wenn adrenalinhaltige Lokalanästhetika eingespritzt werden (→ S. 280).

- Atmung:
  Auch Isofluran führt zu einer starken, dosisabhängigen Atemdepression, sodass zumeist eine assistierte Beatmung notwendig ist. Aufgrund seines Blut-Gas-Verteilungskoeffizienten von 1,4 (vgl. Tab. 1-7) flutet Isofluran deutlich langsamer als Sevofluran oder Desfluran an und ab. Die Narkoseein- und -ausleitung sowie eine Veränderung der Narkosetiefe verlaufen deshalb relativ langsam (→ S. 38)!
- Uterus:
  Isofluran bewirkt eine dosisabhängige Uterusrelaxierung.
- Leber (Metabolisierung):
  Die Metabolisierungsrate ist mit ungefähr 0,2 % niedriger als bei Sevofluran (3–5 %), aber höher als bei Desfluran (0,02 %). Die Möglichkeit einer Leberzellschädigung ist relativ gering.
- Gehirn:
  Isofluran erzeugt eine Vasodilatation mit Steigerung der Durchblutung. Es kann daher bei bereits erhöhtem intrakraniellem Druck zu einer weiteren, unter Umständen lebensbedrohlichen Steigerung des intrakraniellen Drucks führen.

Kontraindikationen

- maligne Hyperthermie (→ S. 212) in der Anamnese des Patienten oder seiner Angehörigen
- nachgewiesene frühere Hepatitis nach verdampfbaren Inhalationsanästhetika
- Leberzellschädigung (nur eine relative Kontraindikation)

Dosierung

- Narkoseeinleitung:
  initiale Vaporeinstellung ca. 2–3 Vol.-%
- Aufrechterhaltung der Narkose:
  - exspiratorisch ungefähr 0,7 MAC bei ca. 70 % Lachgas; mit zusätzlicher Opioidgabe ca. 0,4–0,5 MAC
  - exspiratorisch ca. 1–1,1 MAC bei Verzicht auf Lachgas; mit zusätzlicher Opioidgabe ca. 0,7–0,8 MAC

Sevofluran (Sevorane®)

✓ Sevofluran ist seit Oktober 1995 in Deutschland zugelassen. Sevofluran verdankt seinen Namen der Tatsache, dass seine Moleküle 7 Fluoratome besitzen.
Die Vorteile des Sevoflurans sind darin zu sehen, dass es relativ schnell an- und abflutet. Der Blut-Gas-Verteilungskoeffizient beträgt 0,65 (vgl. Tab. 1-7). Lediglich Desfluran und Lachgas fluten noch schneller an und ab (vgl. Tab. 1-7). Sevofluran ist sehr kreislaufstabil, und aufgrund seiner relativ geringen Reizung der Atemwege ist es für eine Inhalationseinleitung besonders gut geeignet.

Wirkungen

- Die narkotische Potenz ist geringer als bei Isofluran, aber höher als bei Desfluran. Der MAC-Wert beträgt beim Erwachsenen 2,0 Vol.-% (vgl. Tab. 1-7).
- Die analgetische Wirkung ist schwach; Sevofluran wird deshalb unter Umständen mit Lachgas kombiniert.
- Die Wirkung nicht depolarisierender Relaxanzien (→ S. 64) wird durch Sevofluran in ähnlichem Ausmaß wie durch Isofluran verstärkt.

Nebenwirkungen

- Herz-Kreislauf-System:
  Sevofluran führt dosisabhängig zu einer Vasodilatation und zu einem Blutdruckabfall. Eine Tachykardie ist nicht zu erwarten. Insgesamt ist Sevofluran durch eine gute hämodynamische Stabilität ausgezeichnet. Da die hämodynamischen Veränderungen geringer als bei den anderen Inhalationsanästhetika sind, kann es bei kardialen Risikopatienten Vorteile aufweisen. Es kann auch bei Patien-

ten mit Herzinsuffizienz vorsichtig eingesetzt werden. Die Sensibilisierung des Myokards durch Sevofluran gegenüber Catecholaminen ist vernachlässigbar gering.
- Atmung:
  Die Irritation der Atemwege ist relativ gering (wie bei Halothan) und geringer als bei Isofluran oder Desfluran. Sevofluran weist einen relativ angenehmen Geruch auf, sodass es zur Inhalationseinleitung in der Kinderanästhesie besonders geeignet erscheint und dort (anstatt des früher verwendeten Halothans) eingesetzt wird. Die Einschlaf- und Aufwachzeiten sind kurz. Es führt zu einer dosisabhängigen Atemdepression.
- Gehirn:
  Wie andere volatile Inhalationsanästhetika kann Sevofluran zu einer weiteren Steigerung eines bereits erhöhten intrakraniellen Drucks führen.
- Leber (Metabolisierung):
  Sevofluran wird zu ca. 3–5 % in der Leber metabolisiert. Als Abbauprodukt entstehen unter anderem Fluoridionen. Durch diese Fluoridionenfreisetzung braucht jedoch keine Nephrotoxizität (= nierenschädigende Wirkung) befürchtet zu werden.
  Das hepatotoxische Potenzial von Sevofluran erscheint minimal.
- Sonstiges:
  Bei der Rezirkulation von Sevofluran im Kreissystem können im Absorberkalk geringe Mengen des sog. Compound A entstehen. Compound A ist bei Ratten potenziell nephrotoxisch. Bisher gibt es keinen Hinweis, dass Compound A beim Menschen (nieren-) toxisch ist.

Kontraindikationen

- nachgewiesene, frühere (Halothan-)Hepatitis nach verdampfbaren Inhalationsanästhetika
- maligne Hyperthermie (→ S. 212) in der Anamnese des Patienten oder seiner Angehörigen
- Leberzellschädigung, z. B. eine Leberzirrhose (relative Kontraindikation)

Dosierung

- Narkoseeinleitung: initiale Vaporeinstellung ca. 3–4 Vol.-%
- Aufrechterhaltung der Narkose:
  - exspiratorisch ungefähr 0,7 MAC bei ca. 70 % Lachgas; mit zusätzlicher Opioidgabe ca. 0,4–0,5 MAC
  - exspiratorisch ca. 1,0–1,1 MAC bei Verzicht auf Lachgas; mit zusätzlicher Opioidgabe ca. 0,7–0,8 MAC

Desfluran (Suprane®)

✓ Desfluran ist chemisch dem Sevofluran eng verwandt. Die respiratorischen, kardiovaskulären und neuromuskulären Eigenschaften von Desfluran sind denen des Isoflurans sehr ähnlich. Es ist das am schnellsten an- und abflutende volatile Inhalationsanästhetikum. Die Metabolisierungsrate in der Leber ist extrem niedrig.

Wirkungen

- Die narkotische Potenz ist geringer als bei allen anderen volatilen Inhalationsanästhetika. Der MAC-Wert von Desfluran beträgt ca. 6,0 Vol.-% (vgl. Tab. 1-7).
- Die analgetische Wirkung ist schwach; Desfluran wird deshalb unter Umständen mit Lachgas kombiniert. Bei der inzwischen häufiger durchgeführten Kombination von Desfluran mit dem neuen Opioid Remifentanil wird normalerweise auf eine zusätzliche Lachgasgabe verzichtet (→ S. 124).
- Die Wirkung nicht depolarisierender Relaxanzien (→ S. 64) wird durch Desfluran in vergleichbarem Ausmaß wie durch Isofluran verstärkt.

Nebenwirkungen

- Herz-Kreislauf-System:
  Desfluran führt zu einem ähnlich stark ausgeprägten Blutdruckabfall wie Isofluran.
  Ursache ist vor allem eine Verminderung des peripheren Gefäßwiderstandes. Die negativ inotrope Wirkung ist gering ausgeprägt, das Herzminutenvolumen fällt nur leicht ab. Es

findet keine Sensibilisierung des Myokards gegenüber Catecholaminen statt. Bei einer schnellen Konzentrationserhöhung kann es (aufgrund einer starken Schleimhautreizung mit zentraler Sympathikusstimulation) zu einer einige Minuten dauernden Steigerung von Herzfrequenz und Blutdruck kommen. Durch langsame Dosissteigerung ist dies vermeidbar.

- Atmung:
  Desfluran hat von allen volatilen Anästhetika den geringsten Blut-Gas-Verteilungskoeffizienten, er beträgt 0,45 (vgl. Tab. 1-7). Es flutet damit sehr schnell an und ab und ist besonders gut steuerbar. Lediglich Lachgas zeigt eine vergleichbar schnelle Anflutung. Auch die Elimination von Desfluran findet schnell statt. Die Aufwachzeit nach einer Desflurannarkose scheint kürzer als nach allen anderen Anästhetika zu sein. So ist z.B. die Aufwachzeit nach Desfluran fast 2- bis 4-mal so schnell wie bei Isofluran. Die schnelle Abflutung scheint insbesondere bei ambulanten Anästhesien (wirtschaftliche) Vorteile zu haben. Aufgrund der sehr schnellen An- und Abflutung ist Desfluran auch besonders gut für Low-Flow- oder Minimal-Flow-Narkosen geeignet (→S. 12).
  Desfluran führt ab einer Dosierung von 6 Vol.-% zu einer starken Irritation der Atemwege. Eine Inhalationseinleitung mit Desfluran führt häufig zu Laryngospasmus, Atemanhalten, Husten sowie zu einer Stimulation der tracheobronchialen Sekretion. Dies ist bei Kindern noch stärker ausgeprägt als bei Erwachsenen. Zur Inhalationseinleitung bei Kindern ist es daher nicht geeignet. Desfluran führt zu einer dosisabhängigen Atemdepression.
- Leber (Metabolisierung):
  Desfluran wird lediglich zu ca. 0,02 % metabolisiert. Die Gefahr einer durch Desfluran bedingten „Hepatitis" ist extrem gering. Eine toxische Leberschädigung durch Desfluranmetaboliten ist weitgehend ausgeschlossen.
- Gehirn:
  Die Wirkungen von Desfluran auf den intrakraniellen Druck entsprechen denen von Isofluran. Ein bereits erhöhter intrakranieller Druck steigt unter Desfluran weiter an.
- Sonstiges:
  Der Siedepunkt von Desfluran liegt ungefähr bei Zimmertemperatur (22,8 °C), während der z.B. von Isofluran bei 48,5 °C liegt. Der Dampfdruck von Desfluran ist daher bei Raumtemperatur fast 3-mal so hoch wie der von Isofluran. Zur Verabreichung von Desfluran wurde daher eine neue Verdampfertechnologie notwendig. Der notwendige Tec-6-Verdampfer (vgl. Abb. 1-12) wird auf 39 °C beheizt und das flüssige Desfluran dadurch in die Gasphase übergeführt.

Kontraindikationen

- maligne Hyperthermie (→S. 212) in der Anamnese des Patienten oder seiner Angehörigen
- nachgewiesene, frühere (Halothan-)Hepatitis nach verdampfbaren Inhalationsanästhetika
- Leberzellschädigung (z.B. eine Leberzirrhose) ist keine Kontraindikation

Dosierung

- Narkoseeinleitung:
  initiale Vaporeinstellung ca. 6–8 Vol.-%
- Aufrechterhaltung der Narkose:
  - exspiratorisch ungefähr 0,7 MAC bei ca. 70 % Lachgas; mit zusätzlicher Opioidgabe ca. 0,4–0,5 MAC
  - exspiratorisch ca. 1,0–1,1 MAC bei Verzicht auf Lachgas; mit zusätzlicher Opioidgabe ca. 0,7–0,8 MAC

Ether

Obwohl Ether (= Diethylether, Ether pro narcosi) nur noch in einigen Entwicklungsländern manchmal zum Einsatz kommt, soll es aus historischen Gründen dennoch kurz dargestellt werden. Ältere Patienten berichten öfter noch von einer erlebten Ethernarkose.

Ether ist eine sehr flüchtige, farblose Flüssigkeit mit stechendem Geruch. Um eine Zersetzungsreaktion zu vermeiden, sollte Ether kühl sowie unter Licht- und Luftabschluss, also in braunen und nur in vollen Flaschen, gelagert werden. Außerdem muss ein Stabilisator (Ethanol) zugesetzt werden.

Nachteile

- explosibel:
  Etherdämpfe ergeben mit Sauerstoff ein explosibles Gemisch. Wegen der stets drohenden Explosionsgefahr aufgrund der zahlreichen elektrischen Geräte im Operationssaal kann Ether leider nicht mehr eingesetzt werden. In Entwicklungsländern, die noch nicht über elektrische Geräte im OP verfügen, wird Ether dagegen noch manchmal eingesetzt.
- Reizung der Atemwege:
  Durch seinen stechenden Geruch ist Ether stark schleimhautreizend, und eine gesteigerte Speichelsekretion macht Atropin in der Prämedikation erforderlich (→ S. 9).
- langsame An- und Abflutung:
  Aufgrund seiner guten Blutlöslichkeit, das heißt seines hohen Blut-Gas-Verteilungskoeffizienten (vgl. Tab. 1-7), flutet Ether nur sehr langsam an und ab. Bei einer Narkoseeinleitung per inhalationem (→ S. 123) mit Ether wird ein ausgeprägtes Exzitationsstadium (→ S. 106) durchlaufen.
- postoperative Übelkeit:
  Nach einer Ethernarkose stellt sich meist eine lang anhaltende Übelkeit mit Brechreiz ein.

Vorteile

- geringe Toxizität:
  Ether ist kaum toxisch. Ein geringer Prozentsatz wird über „physiologische" Zwischenprodukte bis zu CO_2 abgebaut, der Rest wird über die Lungen wieder abgeatmet. Ether hat eine große therapeutische Breite und ist immer noch das sicherste verdampfbare Inhalationsanästhetikum.
- gute analgetische Wirkung
- ausgeprägte Muskelerschlaffung
- stabile Kreislaufverhältnisse:
  Das Herzminutenvolumen ist während einer Ethernarkose eher erhöht, der systemische Gefäßwiderstand ist leicht erniedrigt. Der arterielle Blutdruck bleibt annähernd konstant, die Herzfrequenz steigt an. An den Koronararterien erzeugt Ether eine Verbesserung der Durchblutung, weshalb er sich bei kardiovaskulären Erkrankungen als Narkotikum eignet.
- geringe Atemdepression:
  Die Atmung ist bei einer flachen Ethernarkose eher gesteigert. Mit zunehmender Narkosetiefe nehmen die Atembewegungen ab, erst in tiefer Narkose wird die Atmung unzureichend. Aufgrund seiner bronchodilatierenden Wirkung eignet sich Ether gut bei asthmatischen Patienten.
- einfache Narkoseführung:
  Aufgrund der stabilen Kreislaufverhältnisse, der stabilen Atemfunktion und der geringen Toxizität könnte in Katastrophenfällen auch weniger gut geschultes Personal eine Ethernarkose ohne größere Risiken durchführen.
- preiswert

1.9 Intravenöse Anästhetika

1.9.1 Allgemeine Bemerkungen

Bei den meisten vorstehend besprochenen Inhalationsanästhetika wird die für die gewünschte Wirkung notwendige Blutkonzentration nur langsam erreicht (5–10 min). Sie haben also den Nachteil des langsamen Wirkungseintritts. Da die Inhalationsanästhetika fast vollständig wieder über die Lungen abgeatmet werden und die Ventilation gut beeinflussbar ist, haben sie jedoch den großen Vorteil der relativ guten Steuerbarkeit (→ S. 36).

! Bei den intravenös zu verabreichenden Anästhetika wird die notwendige Blutkonzentration sehr schnell erreicht (20–30 Sekunden). Sie haben also den großen Vorteil des schnellen Wirkungseintritts. Den meisten intravenösen Anästhetika gemeinsam ist jedoch der Nachteil der schlechten Steuerbarkeit. Nach der Injektion entziehen sie sich der Beeinflussbarkeit durch den Anästhesisten. Lediglich die kurz oder sehr kurz wirksamen intravenösen Anästhetika der neueren Generation (z. B. Remifentanil, → S. 60; Propofol, → S. 54; Mivacurium, → S. 71) weisen ebenfalls eine gute Steuerbarkeit auf.

Bei einer Allgemeinnarkose werden häufig Medikamente aufgrund ihres schnellen Wirkungseintritts intravenös zur Narkoseeinleitung verwendet. Der Patient schläft schnell und angenehm ein. Zur Weiterführung und Aufrechterhaltung der Narkose werden dann oft Inhalationsanästhetika verwendet, die sich durch eine gute Steuerbarkeit auszeichnen (z. B. Desfluran, Sevofluran).
Die relativ schlechte Steuerbarkeit vieler intravenös injizierten Medikamente äußert sich vor allem darin, dass die Wirkungsdauer von einmal injizierten Medikamenten nicht mehr beeinflusst werden kann. Auch die Wirkungsstärke eines intravenös verabreichten Medikamentes ist von einigen Faktoren abhängig, die durch die üblichen Überwachungsmaßnahmen nicht erfassbar sind. Die Wirkstärke ist damit oft schlecht vorhersehbar, das heißt relativ schlecht steuerbar.

Wirkungsdauer

Die Wirkungsdauer eines intravenös verabreichten Medikamentes ist von folgenden Faktoren abhängig:

- Umverteilungsphänomene:
  Das ins Blut injizierte Medikament diffundiert, ähnlich wie die Inhalationsanästhetika (→ S. 36), entlang eines Konzentrationsgefälles in die Gewebe ab. Je besser ein Gewebe durchblutet ist, desto mehr Medikament kann es pro Zeiteinheit aus dem Blut aufnehmen. Aus diesem Grund entsteht sehr schnell ein Konzentrationsausgleich zwischen dem Blut und den gut durchbluteten Organen Gehirn, Herz, Leber und Niere. Nur langsam nimmt auch die schlechter durchblutete Muskulatur das Medikament auf. Die Blutkonzentration sinkt dadurch ab. Das Medikament diffundiert nun, aufgrund der Konzentrationsabnahme im Blut, teilweise wieder aus dem Gehirn zurück ins Blut und von dort weiter in die großen Muskeldepots. Es findet also eine Umverteilung vom Gehirn in die Muskulatur statt. Noch langsamer beginnt das Medikament auch in das sehr schlecht durchblutete Fettgewebe abzudiffundieren. Die Plasmakonzentration fällt weiter ab. Teilweise diffundiert das Medikament nun weiter aus dem Gehirn und der Muskulatur zurück ins Blut, mit dem es in die Fettdepots transportiert wird. Das ins Blut injizierte Medikament wird also kurze Zeit später hauptsächlich von den gut durchbluteten Organen, wie z. B. dem Gehirn, aufgenommen. Später befindet sich der größte Anteil in der Muskulatur, und zuletzt wird der Großteil des Medikaments sich im Fettgewebe befinden. Der beschriebene Mechanismus wird als Umverteilungsphänomen bezeichnet.

  ! Vor allem durch Umverteilungsphänomene ist der schnelle Konzentrationsabfall im Gehirn und damit die Wirkungsbeendigung vieler intravenöser Medikamente bedingt. Aufgrund dieser schnellen Umverteilungsphänomene ist die Wirkungsdauer dieser Medikamente kürzer als die Verweildauer im Körper.

  Bei wiederholter Nachinjektion besteht bei solchen Medikamenten eine Kumulationsgefahr, das heißt, bei Nachinjektionen werden evtl. höhere Plasmakonzentrationen erreicht, weil die Fett- und Muskeldepots zunehmend weniger Medikamente aus dem Blut aufnehmen können, da sie langsam gesättigt sind. Bei wiederholten Nachinjektionen müssen daher fortlaufend niedrigere Repetitionsdosen gewählt werden.
- Metabolisierung:
  Die Wirkungsdauer der intravenös applizier-

ten Medikamente hängt auch von deren Metabolisierung, vor allem in der Leber, und deren Ausscheidung über Galle und Nieren ab. Leber-Gallen-Erkrankungen und Nierenleiden können daher zu einer Wirkungsverlängerung von intravenös verabreichten Medikamenten führen. Medikamente, die z. B. großteils über die Nieren ausgeschieden werden, müssen bei Niereninsuffizienz entsprechend niedriger dosiert werden. Je nach Medikament ist die Wirkungsbeendigung vor allem durch Umverteilungsphänomene oder durch eine schnelle Metabolisierung und Ausscheidung bedingt.

Blutkonzentration

Die Blutkonzentration und damit die Wirkungsstärke eines intravenös verabreichten Medikamentes ist von folgenden Faktoren abhängig:

- verabreichte Dosis
- Grad des proteingebundenen Anteils:
  Nahezu alle in der Anästhesie gebräuchlichen intravenös applizierten Medikamente werden im Blut zu einem mehr oder weniger großen Prozentsatz an Plasmaproteine, insbesondere an Albumin, gebunden. Für die Wirkung verantwortlich ist jedoch nur der freie, also nicht an Proteine gebundene Anteil des Medikamentes. Bei Plasmaproteinmangelzuständen, wie z. B. bei Patienten mit einer Leberzirrhose, einem Karzinom oder einem nephrotischen Syndrom, kann daher vor allem bei schneller Injektion (→ unten) eines stark an Proteine gebundenen Medikaments die Bindungskapazität der Plasmaproteine überschritten werden. In diesem Fall nehmen der ungebundene Anteil und damit die Wirkung und Nebenwirkung des Medikaments zu. Bei Plasmaproteinmangelzuständen müssen also stark plasmaproteingebundene Medikamente niedriger dosiert werden. Außerdem ist auf eine besonders langsame Injektion zu achten (→ unten).
- Injektionsgeschwindigkeit:
  Wird ein Medikament intravenös injiziert, so wird es zuerst nur in dem kleinen Blutvolumen verteilt, das während der Injektion „vorbeifließt". Bei langsamer Injektion ist dieses „anfängliche Verteilungsvolumen", in das das Medikament injiziert wird, relativ groß. Die in diesem Blutvolumen enthaltenen Proteine reichen normalerweise aus, um den üblichen Prozentsatz des Medikaments zu binden. Wird dagegen das Medikament schnell injiziert, so ist das „anfängliche Verteilungsvolumen" viel kleiner. Unter Umständen reicht die in diesem kleinen Blutvolumen enthaltene Proteinmenge nicht mehr aus, um den üblichen Prozentsatz des Medikaments zu binden; das heißt, der nicht an Proteine gebundene Anteil nimmt zu. Erreicht dieses Blutvolumen mit dem hohen, ungebundenen Medikamentenanteil das Zielorgan (z. B. das Gehirn), bevor eine ausreichende Vermischung mit dem restlichen Blut stattgefunden hat, so sind stärkere Wirkungen und Nebenwirkungen zu erwarten.

> ! Bei zu schneller Injektion stark proteingebundener Medikamente können der ungebundene Anteil und damit Wirkungen und Nebenwirkungen zunehmen.

- Herzminutenvolumen:
  Wird ein Medikament mit der üblichen Injektionsgeschwindigkeit bei einem Patienten mit erniedrigtem Herzminutenvolumen injiziert, so ist das Blutvolumen, das während der Injektion „vorbeifließt" („anfängliches Verteilungsvolumen"), ebenfalls herabgesetzt. Ein erniedrigtes Herzminutenvolumen hat also die gleichen Folgen wie eine zu schnelle Injektion (→ oben).
  Bei einem Patienten mit einer schweren Herzinsuffizienz, das heißt einem verminderten Herzminutenvolumen, müssen daher stark proteingebundene Medikamente entsprechend niedriger dosiert und langsamer injiziert werden.

! Wichtig bei der Dosierung von intravenösen Medikamenten ist, dass sie niemals schematisch verabreicht werden dürfen. Die Dosierung muss – wegen der vielen unbekannten Einflussgrößen auf Wirkungsstärke und Wirkungsdauer – immer nach Wirkung erfolgen (!), das heißt Injektion mehrerer kleiner Dosen, bis die erwünschte Wirkung erreicht ist. Also: **Dosierung nach Wirkung (!)**.

1.9.2 Medikamente

Thiopental (Trapanal®)

✓ Thiopental ist ein Hypnotikum aus der Barbituratgruppe (→ S. 7), das durch einen schnellen Wirkungsbeginn und eine kurze Wirkungsdauer gekennzeichnet ist. Nach Injektion einer Einleitungsdosis tritt innerhalb von 20–30 Sekunden der Wirkungsbeginn ein.

Es stellt sich eine Bewusstlosigkeit ein, die anfänglich von einer Atemdepression oder einem Atemstillstand begleitet ist. Die Beendigung der Bewusstlosigkeit nach ca. 10 Minuten ist durch den rasch einsetzenden Konzentrationsabfall im Gehirn bedingt. Dieser rasche Konzentrationsabfall im Gehirn und damit das Nachlassen der Wirkung ist durch Umverteilungsphänomene verursacht (→ S. 47); das heißt, der Großteil des Thiopentals wird nun in die Muskulatur und anschließend vor allem in das Fettgewebe umverteilt. Erst in zweiter Linie ist die Wirkungsbeendigung durch einen Abbau in der Leber bedingt. Durch diesen Abbau in der Leber fällt die Blutkonzentration langsam weiter ab und unterschreitet die Konzentration im Fettgewebe. Nun diffundiert Thiopental entsprechend dem Konzentrationsgefälle wieder aus dem Fettgewebe zurück ins Blut. Dadurch können über längere Zeit niedrige Blutkonzentrationen entstehen, die unter Umständen ausreichen, um einen längeren postoperativen Nachschlaf oder eine längere postoperative Sedierung zu erzeugen („Überhang“).

Wirkungen und Nebenwirkungen

- ZNS:
  Je nach Dosierung bewirkt Thiopental eine Sedierung, einen Schlaf, eine Bewusstlosigkeit oder ein Koma. Zur Narkoseeinleitung wird Thiopental so hoch dosiert, dass eine Bewusstlosigkeit (= Hypnose) eintritt. Thiopental weist keine analgetische Wirkung auf. Wie fast alle Barbiturate (→ S. 7) erhöht auch Thiopental die zerebrale Krampfschwelle. Ein epileptischer Anfall kann daher durch die intravenöse Gabe von Thiopental durchbrochen werden. Thiopental erniedrigt dosisabhängig die Aktivität der Neurone und damit den Sauerstoffbedarf des Gehirns sowie die Hirndurchblutung. Bei erhöhtem intrakraniellem Druck („Hirndruck“) kann durch diese Verminderung des zerebralen Blutvolumens eine rasche Senkung des intrakraniellen Drucks erzeugt werden. Ist z. B. bei einem Schädel-Hirn-Verletzten oder einem neurochirurgischen Patienten eine akute Senkung des intrakraniellen Drucks notwendig, so eignet sich hierzu Thiopental sehr gut (→ S. 269).
- Atmung:
  Thiopental bewirkt in hypnotischen Dosen eine zentrale Atemdepression bis zum Atemstillstand. Bei Patienten mit Asthma bronchiale wird häufiger empfohlen, auf Thiopental zugunsten von Propofol (→ S. 54) zu verzichten. Falls Thiopental bei einem Patienten mit Asthma bronchiale verwendet wird, dann scheint vor allem eine ausreichend hohe Thiopentaldosierung wichtig zu sein, um eine ausreichend tiefe Bewusstlosigkeit zu erreichen.
- Kreislauf:
  Thiopental bewirkt einen dosisabhängigen Blutdruckabfall. Die Ursache ist vor allem eine Hemmung der Herzkraft (= negativ inotrope Wirkung) und eine Weitstellung der venösen Kapazitätsgefäße. Das Blut versackt im venösen System (= venöses Pooling). Bei Patienten mit einer bereits geschwächten Herzkraft (= Herzinsuffizienz) oder einem Volumenmangel (= Schock) muss Thiopental deshalb vorsichtig dosiert oder vermieden werden.

- Leber:
  Thiopental wird hauptsächlich in der Leber abgebaut. Die entstehenden wasserlöslichen Abbauprodukte werden über die Nieren ausgeschieden. Bei chronischer Anwendung bewirkt Thiopental in der Leber eine Stimulierung verschiedener Leberenzyme (= Enzyminduktion, → S. 7) mit beschleunigtem Abbau von körpereigenen Substanzen sowie von Medikamenten. Zur Erzielung einer bestimmten Wirkung müssen die Medikamente in immer höheren Dosierungen verabreicht werden. Besonders wichtig ist die Enzyminduktion beim Krankheitsbild der Porphyrie, für das eine abnorm hohe Porphyrinkonzentration verantwortlich ist. Durch die Gabe eines Barbiturats kann unter der eintretenden Enzyminduktion eine Steigerung der Porphyrinsynthese auftreten. Dadurch kann eine akute Porphyrieattacke ausgelöst werden. Daher ist Thiopental bei Vorliegen einer Porphyrie absolut kontraindiziert!

Extrem selten kann nach einer Thiopentalinjektion eine anaphylaktoide Reaktion durch Histaminfreisetzung auftreten.

Indikation

Thiopental wird vor allem zur Narkoseeinleitung verwendet. Thiopental ist wahrscheinlich das weltweit am häufigsten angewandte Hypnotikum zur Narkoseeinleitung.

Kontraindikationen

- Barbituratallergie
- Porphyrie
- schweres Asthmaleiden (relative Kontraindikation)
- Herzinsuffizienz oder Schock (relative Kontraindikation)

Darreichungsform

Thiopental liegt als gelbes Pulver in 500-mg-Ampullen vor (vgl. Abb. 1-26). Es wird üblicherweise mit 20 ml Wasser für Injektionszwecke (Aqua ad injectabilia) aufgelöst und ist dann bis 24 Stunden haltbar; 1 ml entspricht 25 mg.

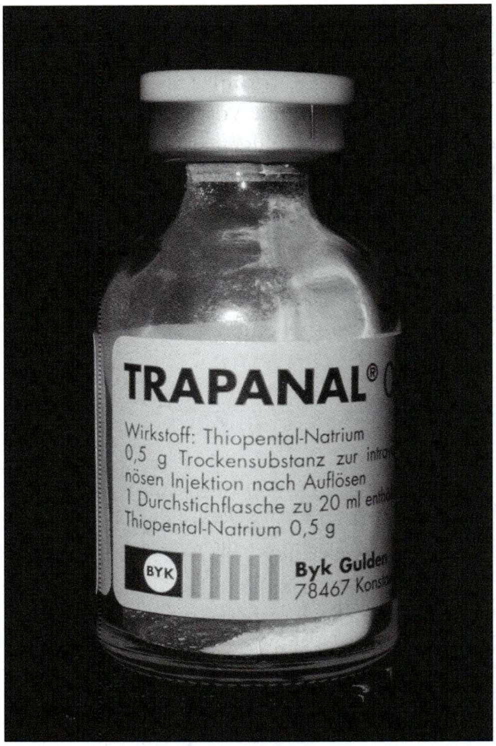

Abb. 1-26 Durchstechampulle für Thiopental (Trapanal®)

Dosierung

Zur Narkoseeinleitung streng nach Wirkung (!) dosieren, beim Erwachsenen ungefähr 4–5 mg/kg KG intravenös.

Injektion

Langsam! Thiopental wird in einem hohen Prozentsatz (ca. 70 %) an Blutproteine gebunden. Bei zu schneller Injektion kann der nicht proteingebundene Anteil zunehmen und damit können auch Wirkungen und Nebenwirkungen verstärkt sein (→ S. 48). Ähnliches muss bei Proteinmangelzuständen wie Leberzirrhose (→ S. 289) oder bei einer Herzinsuffizienz beachtet werden. Das aufgelöste Thiopental hat einen pH-Wert von ungefähr 11 und ist damit ausgesprochen alkalisch. Dadurch kann es bei versehentlicher paravenöser Injektion zu Gewebsschädigungen und Nekrosen kommen.

Nach versehentlicher intraarterieller Injektion droht eine Schädigung der Arterienintima, ein -spasmus und eine -thrombosierung, evtl. mit Verlust der Extremität. Vor allem deshalb soll ein periphervenöser Zugang nicht in der Ellenbeuge (oder an der radialen Unterarmseite) gelegt werden, denn hier ist eine versehentliche intraarterielle Kanülenlage durch einen atypischen Arterienverlauf möglich (→ S. 34). Ein periphervenöser Zugang sollte möglichst am Handrücken gelegt werden.

Methohexital (Brevimytal®)

> Methohexital ist ein kurz wirksames Hypnotikum aus der Barbituratreihe. Die Wirkungsdauer ist etwa nur halb so lang wie die des Thiopentals.

Methohexital ist noch schneller und noch kürzer wirksam als Thiopental. Es braucht nur ⅓ so hoch dosiert werden wie Thiopental. In seiner Wirkung ist Methohexital ungefähr 3-mal so potent wie Thiopental. Während Thiopental zur Narkoseeinleitung mit 3–5 mg/kg KG dosiert wird, reichen daher bei Methohexital 1–2 mg/kg KG aus.

Der anfängliche Konzentrationsabfall ist wie bei Thiopental vor allem durch Umverteilungsphänomene bedingt. Der Abbau in der Leber erfolgt jedoch bei Methohexital wesentlich schneller als bei Thiopental, sodass es das schlecht durchblutete Fettgewebe kaum erreicht und sich dort nur in geringem Ausmaß anreichern kann. Aufgrund dieser schnellen Metabolisierung und der kurzen Wirkungsdauer wird z. B. nach einer Narkoseeinleitung zu einem Kaiserschnitt (= Sectio caesarea → S. 255) beim Neugeborenen fast keine Atemdepression beobachtet.

Wirkungen und Nebenwirkungen

In seinen Wirkungen und Nebenwirkungen ist es fast identisch mit Thiopental (→ S. 50), sodass im Wesentlichen auf das Thiopental verwiesen werden kann.

Indikation

Methohexital wird selten noch für die rektale Narkoseeinleitung in der Kinderanästhesie eingesetzt (→ S. 240).

Darreichungsform

Methohexital liegt als Pulver in Ampullen zu 100 oder 500 mg vor. 100 mg werden mit 10 ml, 500 mg mit 50 ml Wasser für Injektionszwecke (Aqua ad injectabilia) zu einer 1%igen Lösung aufgelöst (vgl. Abb. 1-27a).

Dosierung

- Narkoseeinleitung: 1–2 mg/kg KG intravenös

Injektion

Während der Injektion treten häufig Venenschmerzen auf.

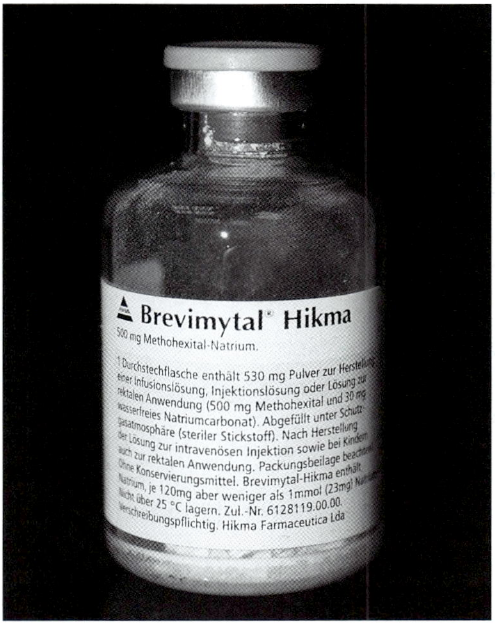

Abb. 1-27a Durchstechampulle für Methohexital (Brevimytal®)

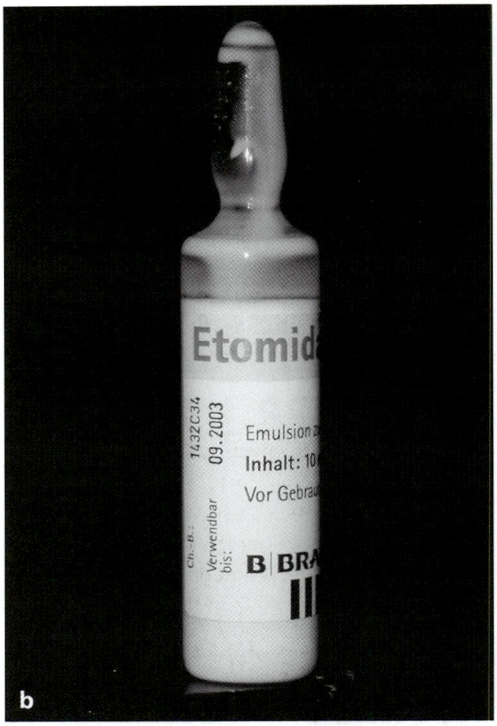

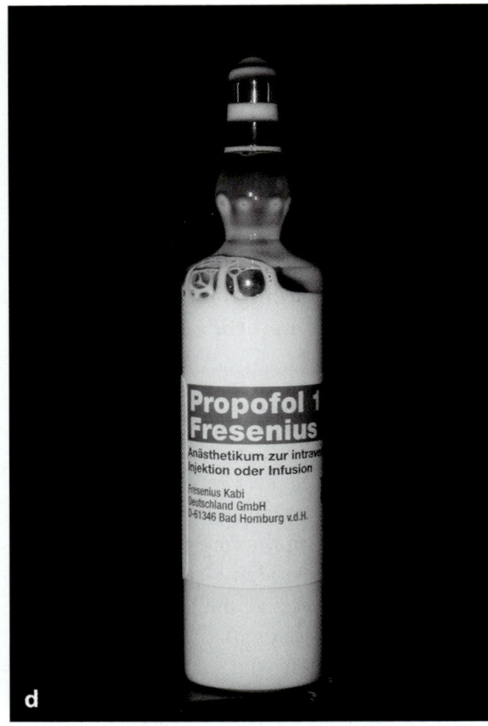

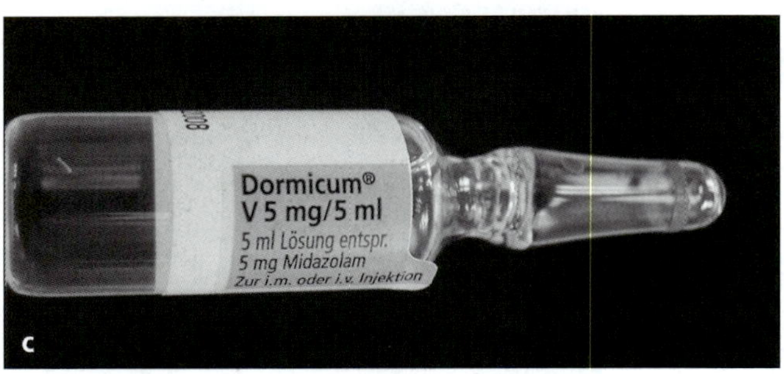

Abb. 1-27b Etomidat (Etomidat®-Lipuro); **c** Midazolam (Dormicum®) und **d** Propofol (Propofol 1 % Fresenius®)

Etomidat (Etomidat®-Lipuro, Hypnomidate®)

✓ Etomidat ist ein sehr potentes Hypnotikum. Es gehört nicht in die Barbituratreihe. Es zeichnet sich durch geringe kardiovaskuläre Nebenwirkungen, einen schnellen Wirkungseintritt sowie eine sehr kurze Wirkungsdauer aus. Etomidat hat keinerlei analgetische Wirkung.

Wirkungen

- kurze Wirkungsdauer:
  Die Wirkungsdauer von Etomidat beträgt bei der normalerweise zur Narkoseeinleitung verwendeten Dosis ca. 3–4 Minuten. Die kurze Wirkungsdauer ist hauptsächlich durch einen sehr schnellen Abbau in der Leber bedingt. Wegen der sehr kurzen Wirkungsdauer ist Etomidat als alleiniges Einleitungsmittel bei Inhalationsnarkosen schlecht geeignet. Die Etomidatwirkung klingt oft ab,

bevor die langsam anflutenden Inhalationsanästhetika ausreichend hohe Konzentrationen erreicht haben. Etomidat wird daher zur Narkoseeinleitung meist mit Fentanyl oder Sufentanil, also einem synthetischen Opioid (→ S. 57), kombiniert.

- minimale Herz-Kreislauf-Wirkungen:
  Etomidat wird vor allem zur Narkoseeinleitung bei kardialen Risikopatienten angewendet, da es keine klinisch nennenswerten Nebenwirkungen am Herz-Kreislauf-System aufweist.
- geringe Atemdepression:
  Etomidat erzeugt eine nur leichte Atemdepression. Nach Gabe einer hypnotischen Dosis tritt ein nur sehr kurzfristiger Atemstillstand auf.
- keine Histaminfreisetzung:
  Wegen einer fehlenden Histaminfreisetzung eignet sich Etomidat auch besonders bei allergisch veranlagten Patienten (z. B. Asthmatikern).

Nebenwirkungen

- Venenschmerzen:
  Bei dem älteren Handelspräparat Hypnomidate® treten während der Injektion häufig Venenschmerzen auf. Durch besonders langsame Injektion bzw. Verdünnen des Hypnomidate® mit NaCl 0,9 % oder durch Vorgabe einer kleinen Dosis Fentanyl (0,05–0,1 mg, → S. 57) können diese Venenschmerzen vermindert werden. Bei dem neueren, in einer Fettemulsion gelösten Etomidat®-Lipuro sind keine Venenschmerzen mehr zu erwarten. Inzwischen wird fast nur noch die weiße Etomidat®-Lipuro-Lösung eingesetzt.
- Myokloni (= Muskelzuckungen):
  Vor allem bei nicht prämedizierten Patienten können Myokloni einzelner oder mehrerer Muskelgruppen auftreten.
- Hemmung der Cortisolsynthese:
  Etomidat führt zu einer Hemmung der körpereigenen Cortisolsynthese in der Nebennierenrinde. Dies ist vor allem bei einer wiederholten Gabe zu beachten. Aus diesem Grund ist Etomidat zur Langzeitsedierung auf der Intensivstation kontraindiziert.

Indikationen

Etomidat eignet sich insbesondere zur Narkoseeinleitung bei kardialen Risikopatienten wie z. B. alte Patienten, herzinsuffiziente Patienten, koronar- oder zerebralsklerotische Patienten, kardiochirurgische Patienten sowie Patienten im Schock.

Kontraindikationen

Etodimat ist aufgrund der Hemmung der Cortisolsynthese zur Langzeitsedierung kontraindiziert.

Darreichungsform

Brechampullen zu 10 ml; 1 ml = 2 mg (vgl. Abb. 1-27b). Es hat sich bewährt, Hypnomidate® 1 : 1 mit NaCl 0,9 % zu verdünnen. Die Etomidat®-Lipuro-Lösung braucht nicht verdünnt zu werden, da sie nicht venenreizend ist.

Dosierung

- Narkoseeinleitung:
  0,2–0,3 mg/kg KG intravenös

Midazolam (Dormicum®)

✓ Midazolam ist ein neueres Benzodiazepin. Wie auch die anderen Benzodiazepine (z. B. Diazepam, Valium®; → S. 6) wirkt es im Gehirn über spezifische Benzodiazepinrezeptoren.

Vorteile

Midazolam weist gegenüber den anderen Benzodiazepinen folgende Vorteile auf:

- starke hypnotische Wirkung:
  Die hypnotische Wirkung ist wesentlich stärker als bei den anderen Benzodiazepinen. Es eignet sich daher ggf. als Einleitungshypnotikum für eine Narkose.
- Wasserlöslichkeit:
  Ein großer Vorteil des Midazolams ist seine Wasserlöslichkeit. Durch diese Wasserlöslichkeit ist Midazolam intravenös (und auch intramuskulär) gut verträglich. Die intravenöse Injektion ist nicht schmerzhaft. Thrombophlebitiden treten nach intravenöser Gabe selten auf.

- kurze Wirkungsdauer:
  Der Abbau in der Leber und die Ausscheidung über die Nieren ist bei Midazolam schneller als bei den anderen Benzodiazepinen. Die Wirkungsdauer beträgt ca. 1–2 Stunden.

Wirkungen

Nach einer Injektion von Midazolam bleiben die Herz-Kreislauf-Parameter beim Gesunden weitgehend stabil. Manchmal kann ein Blutdruckabfall auftreten. Dies ist vor allem Folge einer vasodilatierenden Wirkung im venösen System und tritt besonders bei vorbestehendem Volumenmangel in Erscheinung. Bezüglich der Atmung ist bei der für eine Narkoseeinleitung üblichen Dosierung mit einer Atemdepression zu rechnen. Midazolam wird häufig auch für die orale oder rektale Prämedikation bei Kindern eingesetzt (→ S. 239).

Darreichungsform

Midazolam ist in 2 unterschiedlichen Konzentrationen erhältlich (Achtung!). Es sind Brechampullen mit 1 ml = 5 mg bzw. 3 ml = 15 mg (5 mg/ml) verfügbar. Daneben sind Brechampullen mit 5 ml = 5 mg (1 mg/ml) verfügbar, die vor allem für die intravenöse Applikation zu empfehlen sind (Abb. 1-27c).

Dosierung

- Narkoseeinleitung:
  0,15–0,2 mg/kg KG intravenös
- Sedierung:
  1–2 mg Boli beim Erwachsenen

Propofol (Disoprivan®)

✓ Propofol ist ein rasch und nur kurz wirksames Hypnotikum. Das wasserunlösliche Propofol ist in einer milchig weißen, 10%igen Lipidemulsion (aus Sojabohnenöl) aufbereitet.

Wirkungen

- Kreislauf:
  Propofol hemmt die Herzkraft (wirkt negativ inotrop) und führt zu einer Herabsetzung des peripheren Gefäßwiderstandes. Blutdruck und Herzminutenvolumen nehmen dadurch oft ab (insbesondere bei älteren und koronargeschädigten Patienten). Die Herzfrequenz bleibt meist relativ konstant.
- ZNS:
  Nach der Injektion einer klinisch üblichen Dosis tritt innerhalb von 30–40 Sekunden eine ca. 5–8 Minuten dauernde Bewusstlosigkeit auf. Ein wichtiger Vorteil des Propofols ist darin zu sehen, dass die Patienten sehr schnell und angenehm wieder wach werden. Übelkeit und Brechreiz sind selten. Propofol weist sogar eine eigene antiemetische (= übelkeitshemmende) Wirkung auf. Propofol senkt den zerebralen Sauerstoffverbrauch, die zerebrale Durchblutung sowie einen evtl. erhöhten intrakraniellen Druck.
- Atmung:
  Propofol wirkt deutlich atemdepressiv. Die Atemwegsreflexe werden durch Propofol stärker gedämpft als durch andere Hypnotika. Daher wird es häufig für Patienten mit Asthma bronchiale empfohlen. Aus dem gleichen Grund stellt es das Hypnotikum der Wahl beim Einführen einer Larynxmaske (→ S. 101) dar.

Nebenwirkungen

Bei einigen schwerkranken (Intensiv-)Patienten (v. a. Kindern) wurde unter Lanzeitinfusion von hoch dosiertem Propofol ein sog. **Propofolinfusionssyndrom** (**PRIS**) beschrieben. Beim PRIS kommt es zu einer propofolbedingten Störung des Abbaues der freien Fettsäuren, wodurch ein akuter Energiemangel auf Zellebene entsteht. Folge sind vor allem akute Rhabdomyolyse (Untergang von Muskelzellen) mit Herzbeteiligung (Herzversagen) sowie schwere metabolische Acidose und akutes Nierenversagen. Die Patienten versterben zumeist am Herz-Kreislauf-Versagen. Bei Verdacht auf ein PRIS muss die Propofolzufuhr sofort beendet werden, die metabolische Acidose ist auszugleichen und die hämodynamische Situation ist zu stabilisieren.

Indikationen

Propofol wird vor allem zur Narkoseeinleitung bei kurz dauernden Anästhesien verwendet. Es kann aber auch zur Aufrechterhaltung der Narkose im Rahmen einer sog. **t**otalen **i**ntravenösen **A**nästhesie (= TIVA, z. B. Kombination von Sauerstoff, Sufentanil [oder Remifentanil], Relaxans und Propofol) eingesetzt werden (→ S. 125).

Darreichungsform

Propofol liegt als 1%ige (bzw. 2%ige) Lösung vor. 1 ml = 10 mg (bzw. 20 mg) Propofol (Abb. 1-27d). Die 1%ige Lösung wird normalerweise in der Anästhesie verwendet, die 2%ige Lösung kommt meist nur im Rahmen der Sedierung von Erwachsenen auf der Intensivstation zur Anwendung.
Propofol liegt inzwischen auch in Form vorgefüllter Fertigspritzen für die kontinuierliche Zufuhr vor allem im Rahmen der TCI (= **t**arget **c**ontrolled **i**nfusion; → S. 126) zur Verfügung (50-ml-Emulsion-Applikationsset Disoprivan® 1 oder 2 %).

Dosierung

- Narkoseeinleitung:
  2–2,5 mg/kg KG (bei geriatrischen Patienten ist eine Dosisreduktion auf ca. 1,5 mg/kg KG notwendig). Es empfiehlt sich eine Dosistitration!
- intraoperative Infusion:
  Als hypnotische Komponente bei einer totalen intravenösen Anästhesie (TIVA, → S. 125) reichen normalerweise 0,1–0,13(–0,16) mg/kg KG/min bzw. 6–8(–10) mg/kg KG/h.
- Analgosedierung von Intensivpatienten:
  Eine Dosierung von 4 mg/kg KG/h sollte nicht überschritten werden (da sonst die Gefahr eines PRIS [→ S. 54] erhöht ist).

Vorbereitung und Injektion

Vor Gebrauch sollte die Ampulle aufgeschüttelt werden. Aufgezogenes Propofol sollte möglichst bald verwendet werden, denn in einer beim Aufziehen evtl. verunreinigten Lösung können Bakterien relativ gut wachsen.

Die Injektion kann schmerzhaft sein, vor allem bei Injektion in kleinere Venen. Es hat sich daher bewährt, kurz vor der Injektion eine kleine Menge eines Lokalanästhetikums (z. B. 1–2 ml Lidocain 1 %) in die gestaute Vene zu injizieren, dadurch kann der Injektionsschmerz vermindert werden.
Eine Histaminfreisetzung ist bisher nicht beobachtet worden. Propofol ist daher auch bei allergisch veranlagten Patienten gut geeignet.

Anwendungsbeschränkung

Propofol 1 % ist in Deutschland inzwischen schon zur Anästhesie ab einem Lebensalter > 1 Monat zugelassen. Propofol 2 % ist in Deutschland für die Anästhesie erst ab dem dritten Lebensjahr zugelassen. Bei Kindern unter 3 Jahren sollte im Rahmen der Anästhesie eine Anwendungsdauer von 60 Minuten nur bei zwingender Indikation überschritten werden.
Zur Sedierung von Intensivpatienten ist Propofol erst ab dem 16. Lebensjahr erlaubt.

Ketamin (Ketanest®)

✓ Ketamin unterscheidet sich sowohl chemisch als auch in seiner Wirkung deutlich von allen anderen Anästhetika und Hypnotika. Es erzeugt einen Zustand, der als sog. dissoziative Anästhesie bezeichnet wird. Dieser Zustand ist durch eine starke Analgesie bei nur oberflächlichem Schlaf gekennzeichnet.

Wirkungen und Nebenwirkungen

- ZNS:
  Nach Ketamininjektion bietet sich ein ungewohntes Bild: Der Patient schaut, nach anfänglichem Nystagmus, meist mit geöffneten Augen ausdruckslos in die Ferne. Trotz Bewusstlosigkeit sind die Lid- und Kornealreflexe erhalten. Der Muskeltonus sowie die Muskeleigenreflexe sind eher erhöht. Die Schutzreflexe (Husten, Schlucken) sind vorhanden, ebenso die Spontanatmung. Im Vordergrund stehen eine potente Analgesie und eine Amnesie (= Erinnerungslosigkeit). Es

wird von einer dissoziativen Anästhesie gesprochen. In der Aufwachphase können, vor allem bei jüngeren Erwachsenen, lebhafte Träume, zum Teil auch bedrohliche Angstträume und Erregungszustände, auftreten. Durch zusätzliche Gabe eines Benzodiazepins (z. B. Midazolam oder Diazepam; → S. 6) und durch Abschirmung gegen Umweltreize können diese Nebenwirkungen vermindert werden. Diese Angstträume und Halluzinationen schränken die Anwendung von Ketamin sehr stark ein.

- Herz-Kreislauf-System:
  Über eine Sympathikusaktivierung kommt es nach Ketamingabe zu einem Anstieg des systolischen und des diastolischen Blutdrucks. Parallel dazu tritt bei bereits erhöhtem intrakraniellem Druck eine weitere Drucksteigerung auf. Bei Verdacht auf einen erhöhten intrakraniellen Druck (z. B. SHT) ist Ketamin normalerweise kontraindiziert, es sei denn, dass zusätzlich eine therapiebedürftige Hypotonie vorliegt.
- Atmung:
  Die Atmung wird bei langsamer Injektion kaum beeinflusst. Bei zu schneller Injektion kann ein kurzfristiger Atemstillstand auftreten. Die Reflexe des Rachens und des Kehlkopfes bleiben erhalten, weshalb das Einlegen eines Guedel-Tubus (→ S. 90) unterlassen werden sollte. Da es zu einem vermehrten Speichelfluss kommt, ist eine Prämedikation mit Atropin dringend angezeigt. Ketamin besitzt durch seine Sympathikusstimulierung eine unspezifische bronchodilatierende Wirkung und eignet sich daher auch gut bei Asthmatikern als Einleitungshypnotikum. Ketamin kann sogar zum Durchbrechen eines Asthmaanfalls verabreicht werden.

Indikationen

- Als Monoanästhetikum eignet sich Ketamin insbesondere bei Kindern, um z. B. einen Verbandswechsel, eine Wundversorgung oder eine Nekrosenabtragung nach Verbrennungen vorzunehmen.
- Zur Narkoseeinleitung wird es manchmal bei Patienten mit einem Volumenmangelschock eingesetzt. Bei diesen Patienten droht während der Narkoseeinleitung meist ein weiterer Blutdruckabfall. Bei Verwendung von Ketamin zur Narkoseeinleitung bleibt der Kreislauf meist relativ stabil.
- Als Analgetikum kommt es in der Notfall- und Katastrophenmedizin zum Einsatz.

Kontraindikationen

- wenn eine Herzfrequenzsteigerung vermieden werden muss, z. B. bei Koronarsklerose oder Mitralklappenstenose
- wenn eine Blutdrucksteigerung vermieden werden muss, z. B. bei Zerebralsklerose oder Bluthochdruck
- bei erhöhtem intrakraniellem Druck
- bei Alkoholikern und psychiatrischen Patienten
- bei Epilepsie in der Anamnese, da Ketamin unter Umständen einen epileptischen Anfall auslösen kann

Darreichungsform

Ketanest®:

- Injektionsflaschen mit 20 ml = 200 mg; 1 ml = 10 mg
- Injektionsflasche mit 10 ml = 500 mg; 1 ml = 50 mg

Dosierung

- intravenöse Narkoseeinleitung:
  1–2 mg/kg KG langsam (!) verabreichen. Bei zu schneller Injektion droht ein Atemstillstand. Der Wirkungseintritt beginnt innerhalb von 30 Sekunden. Die Narkosedauer beträgt 5–10 Minuten. Als Wiederholungsdosis empfiehlt sich die halbe Initialdosis.
- als Analgetikum ohne narkotische Wirkung:
  0,25–0,5 mg/kg KG
- intramuskuläre Narkoseeinleitung:
  4–8 mg/kg KG. Der Narkoseeintritt beginnt nach 3–4 Minuten. Die Narkosedauer beträgt 12–25 Minuten.

Esketamin (Ketanest S®)

Bisherige Ketaminpräparate stellten ein Racemat dar. Unter einem **Racemat** wird ein Gemisch verstanden, das zu gleichen Anteilen aus 2 spiegelbildlich aufgebauten Molekülen (sog. Stereoisomeren) besteht. Diese beiden Molekülformen drehen polarisiertes Licht in unterschiedliche Richtungen (nach rechts bzw. nach links). Bisherige Ketaminpräparate bestehen also aus einem Gemisch aus rechtsdrehendem S-Ketamin (= Esketamin) und linksdrehendem R-Ketamin. Inzwischen wurde das Stereoisomer Esketamin isoliert und ist als Ketanest S® erhältlich. Das Esketamin hat eine deutlich stärkere analgetische Potenz als das R-Ketamin.

Das Esketamin braucht im Vergleich zum konventionellen Ketamin aufgrund der potenteren Wirkung nur ungefähr halb so hoch dosiert werden. Die Aufwachphase ist bei Esketamin kürzer.

Wirkungen und Nebenwirkungen

Das Esketamin weist im Prinzip die gleichen Wirkungen auf wie konventionelles Ketamin. Das R-Ketamin wird für die halluzinogenen Nebenwirkungen des Ketamin-Racemats verantwortlich gemacht. Die Verabreichung des reinen Esketamins scheint daher Vorteile aufzuweisen.
Psychomimetische Reaktionen scheinen jedoch leider nicht seltener zu sein als beim konventionellen Racemat. Die kardiovaskulären Nebenwirkungen von Esketamin unterscheiden sich ebenfalls nicht.

Indikationen und Kontraindikationen

Die Indikationen und Kontraindikationen von Esketamin entsprechen denen des Ketamins (→ S. 56).

Darreichungsform

Ketanest S®:

- Ampullen bzw. Injektionsflaschen für hoch konzentrierte Lösung mit 2, 10 bzw. 50 ml (25 mg/ml)
- Ampullen oder Injektionsflaschen mit niedrig konzentrierter Lösung mit 5 bzw. 20 ml (5 mg/ml)

Dosierung

- 0,5–1,0 mg/kg KG intravenös
- 2–4 mg/kg KG intramuskulär

Fentanyl (Fentanyl®-Janssen)

Fentanyl ist nach Sufentanil und Remifentanil (→ S. 59) das potenteste im Handel befindliche intravenöse Analgetikum. Es ist ein chemisch dem Pethidin (Dolantin®) verwandtes, synthetisches Opioid (→ S. 8), das ca. 100-mal potenter als Morphin ist. Bei intravenöser Applikation beginnt die Wirkung nach ca. 20 Sekunden einzusetzen. Das Wirkungsmaximum ist nach ca. 6 Minuten zu erwarten. Die Analgesie dauert 20–30 Minuten.

Wirkungen

Wie die anderen Opioide auch, erzeugt Fentanyl seine Wirkungen durch Bindung an spezifische Opioidrezeptoren im Gehirn und im Rückenmark.

Nebenwirkungen

Insgesamt ist Fentanyl durch eine nur minimale Beeinflussung des Herz-Kreislauf-Systems ausgezeichnet. Gelegentlich tritt eine leichte Bradykardie auf. Das Fehlen toxischer Nebenwirkungen auf Leber und Nieren sind weitere Vorteile von Fentanyl.
Fentanyl verursacht die für Opioide typischen Nebenwirkungen (→ S. 8):

- Atemdepression:
  Bereits ab 0,1 mg ist beim Erwachsenen mit einer deutlichen Atemdepression zu rechnen. Bei höheren Dosierungen kann es zum Atemstillstand kommen. Typisch für eine höher dosierte Opioidgabe ist, dass die Patienten auf Aufforderung durchatmen. Werden sie aber in Ruhe gelassen, so „vergessen“ sie, zu atmen. Als weitere Nebenwirkung auf die Atmungsfunktion kann beim nicht rela-

xierten Patienten manchmal eine Versteifung der Thoraxmuskulatur (eine sog. Thoraxrigidität) auftreten. Diese äußert sich in einem plötzlich erhöhten Beatmungswiderstand.
- Pupillenverengung (= Miosis)
- Übelkeit und Brechreiz
- Sucht
- Euphorie
- Obstipation (= Verstopfung) und eine Erhöhung des Muskeltonus im Gallengangsystem sowie in den ableitenden Harnwegen

Indikationen

Fentanyl wird vor allem im Rahmen einer sog. (**t**otalen) **i**ntra**v**enösen **A**nästhesie (= [T]IVA; → S. 125) angewandt. Auch bei der Inhalationsnarkose wird häufig, vor allem bei Narkosebeginn, eine kleine Dosis Fentanyl oder eines anderen Opioids verabreicht, um Inhalationsanästhetika einzusparen. Dieses Vorgehen wird als balancierte Anästhesie bezeichnet (→ S. 124).

Kontraindikationen

- Ehemalige Opioidsüchtige können postnarkotisch, falls perioperativ Fentanyl oder ein anderes Opioid verabreicht wurde, rückfällig werden. Deshalb sollte bei ihnen auf Fentanyl verzichtet und ein Inhalationsanästhetikum vorgezogen werden.
- Beim Kaiserschnitt darf vor der Abnabelung des Kindes kein Fentanyl oder anderes Opioid verabreicht werden. Es besteht die Gefahr der Atemdepression beim Neugeborenen (!) (→ S. 256).

Darreichungsform

- Brechampullen zu 2 ml und 10 ml; 1 ml = 0,05 mg

Dosierung

- (T)IVA:
  initial ca. 0,1–0,3 mg beim Erwachsenen, Wiederholungsdosen 0,05–0,1 mg
- balancierte Anästhesie:
  initial 0,1–0,2 mg Fentanyl beim Erwachsenen, Wiederholungsdosen 0,05–0,1 mg.
  Da die Wirkungsbeendigung von Fentanyl vor allem durch Umverteilungsphänomene (→ S. 47) bedingt ist, müssen bei wiederholten Nachinjektionen immer niedrigere Dosen verwendet werden, da die Muskel- und Fettdepots langsam gefüllt sind. Wichtig ist eine ausreichende Initialdosis, um die Opioidrezeptoren aufzusättigen. Eine zu hohe Dosierung ist jedoch sinnlos. Sind alle Opioidrezeptoren besetzt, so kann auch durch eine weitere Dosissteigerung keine bessere Analgesie mehr erreicht werden. Je näher das Ende der Operation ist, desto niedriger sollte die Wiederholungsdosis sein. Die letzte Dosis sollte mindestens 30 Minuten vor Operationsende erfolgen, um einen postoperativen Fentanylüberhang mit Atemdepression zu vermeiden. Gegebenenfalls muss die Fentanylwirkung mit einem Gegenmittel aufgehoben (= antagonisiert) werden (→ S. 61).
- Analgosedierung:
  Soll Fentanyl beim spontan atmenden Patienten zur Analgosedierung (z. B. im Rahmen einer Regionalanästhesie) verabreicht werden, dann sind eine streng bedarfsorientierte Dosistitration (wiederholte Gabe von 0,025 mg Boli bis zum gewünschten Erfolg) und eine entsprechende Überwachung der Spontanatmung wichtig, um eine Atemdepression zu vermeiden.

Alfentanil (Rapifen®)

✓ Alfentanil ist ein potentes Analgetikum vom Opioidtyp (→ S. 8). Alfentanil ist nicht nur in seiner chemischen Struktur dem Fentanyl sehr ähnlich (→ S. 57). Der Wirkungsbeginn des Alfentanils ist 3-mal schneller als bei Fentanyl, die Wirkungsdauer ist mit ca. 10 Minuten um einiges kürzer als bei Fentanyl.

Wirkungen und Nebenwirkungen

Alfentanil ist in seinen Wirkungen und Nebenwirkungen dem Fentanyl sehr ähnlich (→ S. 57). Die analgetische Potenz von Alfentanil ist nur ca. 1/5–1/10 so hoch wie die des Fentanyls.

Bezüglich der Beeinflussung des Herz-Kreislauf-Systems liegen zum Teil unterschiedliche Mitteilungen vor. Während manche Autoren von einer ähnlich geringen Beeinflussung des Herz-Kreislauf-Systems wie durch das Fentanyl (→ S. 57) berichten, beschreiben andere Autoren nach Alfentanilgabe einen evtl. Abfall des Blutdrucks und vor allem einen evtl. deutlichen Abfall der Herzfrequenz. Durch die evtl. vorherige intravenöse Gabe von Atropin können diese Kreislaufveränderungen jedoch weitgehend verhindert werden.
In Bezug auf die Atmung ist nach Alfentanilgabe aufgrund der kurzen Wirkungsdauer seltener mit einer postoperativen Atemdepression zu rechnen. Allerdings kann es nach Alfentanilgabe häufiger zu einer vorübergehenden **Thoraxstarre** (= Thoraxrigidität; → S. 58) kommen. Hierdurch können Beatmungsprobleme bei einer Maskenbeatmung auftreten. Durch eine langsame Injektion von Alfentanil lässt sich die Häufigkeit dieser Thoraxstarre deutlich vermindern. Notfalls muss eine kleine Dosis eines Muskelrelaxans (z. B. Succinylcholin; → S. 73) verabreicht werden, um die Thoraxstarre zu durchbrechen.

Indikation

Alfentanil eignet sich vor allem für kürzere Eingriffe.

Darreichungsform

- Brechampullen zu 2 oder 10 ml; 1 ml = 0,5 mg

Dosierung

Meist genügen für kurze Eingriffe (z. B. eine Curettage) ca. 15 µg/kg KG, also ca. 1,0 mg. Nachinjektion: 0,5–1,0 mg beim Erwachsenen. Wird Alfentanil ausnahmsweise für eine größere Operation verwendet, dann werden zur Narkoseeinleitung 25–50 µg/kg KG verabreicht. Für eine kontinuierliche Infusion werden 1–1,5 µg/kg KG/min = 8–12 ml/h bei Erwachsenen empfohlen.

Sufentanil (Sufenta®, Sufenta® mite 10)

✓ Sufentanil ist das potenteste verfügbare Opioid. Es ist ca. 500- bis 1 000-mal potenter als Morphin und ca. 7- bis 8-mal potenter als Fentanyl. 15 µg Sufentanil entsprechen ungefähr 0,1 mg Fentanyl.

Wirkungen, Nebenwirkungen, Indikationen und Kontraindikationen

Bezüglich Wirkungen, Nebenwirkungen, Indikationen und Kontraindikationen entspricht Sufentanil weitgehend dem Fentanyl (→ S. 57). Es unterscheidet sich jedoch in einigen pharmakokinetischen Größen. Die maximale Wirkung ist bereits nach 2–3 Minuten und damit ca. doppelt so schnell wie bei Fentanyl zu erwarten. Der proteingebundene Anteil von Sufentanil ist sehr hoch. Sufentanil wird weniger ins Fettgewebe umverteilt. Die Gefahr einer Kumulation bei Mehrfachgabe ist geringer als bei Fentanyl (→ S. 365); die Wirkdauer ist etwas kürzer. Sufentanil wirkt stärker sedierend als Fentanyl und kann zur Analgosedierung bei Intensivpatienten evtl. als Monosubstanz verwendet werden (→ S. 365). Die therapeutische Breite des Sufentanils bezüglich kardiovaskulärer Nebenwirkungen ist ca. 100-mal so groß wie bei Fentanyl. Es wird daher z. B. relativ häufig in der Kardioanästhesie eingesetzt.

Darreichungsform

- Sufenta® mite 10:
  Ampulle à 10 ml; 1 ml = 5 µg
  Sufenta® mite 10 ist 10-fach weniger konzentriert als die Sufenta®-Lösung. Die hoch konzentrierte Sufenta®-Lösung wird vor allem für die Kardioanästhesie sowie für die Sufentanilgabe per Infusionspumpe (vor allem auf der Intensivstation), selten auch für lang dauernde, große operative Eingriffe empfohlen. Bei kleinen und mittelgroßen Eingriffen wird normalerweise die Sufenta®-mite-10-Lösung verwendet!
- Sufenta®:
  Ampulle à 5 ml; 1 ml = 50 µg

Dosierung

- Initialdosis zur Narkoseeinleitung einer Kombinationsnarkose:
  0,3–0,6 µg/kg KG (entsprechend 20–40 µg = 4–8 ml Sufenta® mite 10 beim 70 kg schweren Erwachsenen)
- Repetitionsdosis in Abhängigkeit von der klinischen Symptomatik:
  0,15–0,30 µg/kg KG (entsprechend 10–20 µg = 2–4 ml Sufenta® mite 10 beim 70 kg schweren Erwachsenen)
- Empfehlung für eine kontinuierliche Infusion:
  0,3–1,0 µg/kg KG/h =
  0,005–0,017 µg/kg KG/min
- Bei kardiochirurgischen Eingriffen werden deutlich höhere Dosierungen empfohlen.

Injektion

Um vagotone Reaktionen (Bradykardie) und eine Thoraxrigidität zu vermeiden, ist eine langsame Injektion vorzunehmen.

Remifentanil (Ultiva®)

✓ Remifentanil ist nach Sufentanil das zweitpotenteste verfügbare Opioid. Remifentanil ist ein ultrakurz wirkendes Opioid, das 1996 in Deutschland eingeführt wurde. Es ist strukturell dem Fentanyl verwandt. Remifentanil weist als einziges Opioid eine Esterbindung auf. Dadurch kann es schnell durch die im Plasma und Gewebe vorhandenen unspezifischen Esterasen (Enzyme, die Esterverbindungen spalten können) abgebaut werden.

Die Metabolisierung von Remifentanil ist unabhängig von evtl. Leber- oder Nierenschädigungen, von Alter oder Gewicht. Die Erholungszeit ist weitgehend unabhängig von der Dauer der Infusion und/oder der verabreichten Gesamtdosis. Innerhalb von ca. 3 Minuten fällt nach Infusionsende die Plasmakonzentration um ca. 50 % ab, unabhängig davon, ob die Infusion über nur wenige Minuten oder gar über mehrere Stunden durchgeführt wurde. Da nach Verwendung von Remifentanil postoperativ meist sehr schnell stärkere Schmerzen auftreten, ist eine konsequente postoperative Schmerztherapie notwendig.

Wirkungen und Nebenwirkungen

Der Wirkungsbeginn ist ähnlich schnell wie beim Alfentanil (→ S. 58). Es kann daher auch häufiger zu einer Thoraxrigidität kommen. Remifentanil führt oft zu einer deutlichen Abnahme von Herzfrequenz und Blutdruck. Ursache ist eine zentrale Stimulation der Vagusaktivität und/oder eine Hemmung der Sympathikusaktivität. Dies ist vor allem bei schnellerer Gabe oder einer höheren Dosierung zu befürchten. Remifentanil sollte daher nur langsam über eine Spritzenpumpe verabreicht und initial vorsichtig dosiert werden. Auch die sehr kurze Wirkdauer verlangt eine kontinuierliche Gabe per Spritzenpumpe.

Indikationen

Remifentanil wird intraoperativ (z. T. auch für eine kurzfristige postoperative Nachbeatmung) eingesetzt. Inzwischen ist es auch für eine bis zu 72-stündige Analgosedierung bei Intensivpatienten zugelassen.

Darreichungsform

Remifentanil liegt als Pulver in Durchstechampullen mit 1, 2 oder 5 mg vor. Es ist mit NaCl-Injektionslösung (0,9 %), Aqua ad injectabilia oder 5%iger Glucoselösung aufzulösen. Am besten haben sich die 1-mg-Durchstechampullen bewährt (Auflösung von z. B. 1 mg in 20 ml = 50 µg/ml).

Dosierung

Vom Hersteller wird zur Narkoseeinleitung eine initiale Bolusgabe (über mindestens 30 Sekunden) von ungefähr 0,5–1 µg/kg KG und eine anschließende kontinuierliche Infusion mit 0,25–1,0 µg/kg KG/min (= 21–84 ml/h beim 70 kg schweren Erwachsenen bei einer Verdünnung von 50 µg/ml) empfohlen. Die praktische Erfahrung hat gezeigt, dass unter diesen Dosierungen häufig starke Bradykardien und Blutdruckabfälle auftreten. Zumeist kann die initiale Bolusdosis deutlich reduziert oder es sollte möglichst ganz darauf verzichtet werden und gleich mit einer bewährten Erhaltungsdosis von ca. 0,2–0,3 µg/kg KG/min (ca. 16–25 ml/h) begonnen werden. Eventuell kann es sinnvoll sein, vor der Gabe von Remifentanil Atropin intravenös zu verabreichen. Dadurch können Bradykardien und Blutdruckabfälle meist vermindert werden.

Opioidantagonisten

✓ Opioide (→ S. 8) entfalten ihre Wirkung durch eine Bindung an spezifische Rezeptoren im Gehirn und Rückenmark. Opioidantagonisten sind Substanzen, die die Opioide aus dieser Rezeptorbindung verdrängen und sich selbst an diesen Rezeptor binden können. Diese Opioidantagonisten sind dem Morphinmolekül sehr ähnliche Substanzen und können deshalb mit diesen Rezeptoren reagieren. Ihnen fehlen jedoch die für die Opioide typischen Wirkungen vollständig (→ Naloxon).

Opioidantagonisten können die meisten Opioide (mit Ausnahme des stark rezeptorgebundenen Buprenorphins; → S. 330) aus der Rezeptorverbindung verdrängen. Opioidantagonisten haben also eine stärkere Bindungsneigung (= Affinität) zum Opioidrezeptor als die meisten Opioide. Damit kann durch Gabe eines Opioidantagonisten die Wirkung von zuvor verabreichten Opioiden aufgehoben, das heißt antagonisiert, werden. Ein Opioidantagonist wird vor allem bei Verdacht auf einen postoperativen Opioidüberhang (→ S. 124) verabreicht. Der wichtigste Opioidantagonist ist Naloxon. Er wird vor allem zur Antagonisierung einer opioidbedingten Atemdepression angewandt, also z. B. bei einem postoperativen Opioidüberhang.

Naloxon (Naloxon DeltaSelect)

✓ Naloxon ist der wichtigste Opioidantagonist. Obwohl Naloxon chemisch dem Morphin sehr ähnlich ist, ist es frei von morphinartigen Nebenwirkungen. Es ist also ein reiner Opioidantagonist. Die Wirkung von Naloxon ist relativ kurz.

Die Naloxonwirkung kann unter Umständen nach einer Stunde abklingen und die Atemdepression kann wieder auftreten!! Dies ist möglich, wenn intraoperativ hohe Dosen eines Opioids oder wenn lang wirksame Opioide verwendet wurden. Nach einer Antagonisierung ist deshalb eine ca. 2-stündige postoperative Überwachung des Patienten im Aufwachraum nötig!

Nebenwirkungen

Bei einer schnellen Injektion von hohen Dosen kann es bei frischoperierten Patienten zu einem erheblichen Anstieg des Blutdrucks und der Herzfrequenz kommen. Durch die vollständige Aufhebung der analgetischen Wirkung klagen die Patienten dann auch über starke postoperative Schmerzen. Es sollten deshalb wiederholt kleine Dosen injiziert werden, bis die gewünschte atemstimulierende Wirkung erreicht ist, aber noch eine ausreichende Analgesie vorhanden ist (→ unten).

Darreichungsform

- 1 Ampulle zu 1 ml = 0,4 mg

Dosierung

Es hat sich bewährt, eine Ampulle Naloxon = 0,4 mg = 1 ml mit 9 ml NaCl 0,9 % zu verdünnen; 1 ml enthält dann 0,04 mg. Nach initialer Gabe von ca. 1 µg/kg KG (ca. 0,08 mg = 2 ml dieser Lösung) sollte die Wirkung abgewartet werden. Bei unzureichender Wirkung wird nach 2–3 Minuten nochmals 1 ml injiziert, und dies ggf. so oft wiederholt, bis eine ausreichende Spontanatmung erreicht ist. Zumeist reichen 0,001–0,002 mg/kg KG aus, beim Erwachsenen also ca. 0,08–0,16 mg = 2–4 ml der verdünnten Lösung.

Droperidol (Xomolix®)

✓ Droperidol gehört, wie z. B. auch Promethazin (Atosil®, → S. 7) oder Haloperidol, in die Gruppe der Neuroleptika. Seine Wirkungsdauer beträgt ca. 6–8 Stunden.

Droperidol wurde einige Zeit in Deutschland nicht mehr hergestellt. Seit 2008 ist es unter dem neu eingeführten Präparatenamen Xomolix® wieder im Handel.

Wirkungen

- Sedierung, Gleichgültigkeit, Antriebshemmung
- starke antiemetische Wirkung (= Hemmung von Übelkeit und Brechreiz), insbesondere bei einer durch Opioide (z. B. Fentanyl) induzierten Übelkeit
- Antihistaminwirkung (= Verminderung von anaphylaktoiden Reaktionen)

Nebenwirkungen

- Blutdruckabfall:
  Droperidol bewirkt eine starke Vasodilatation durch Blockade der für den Gefäßtonus wichtigen Alpha-(α-)Rezeptoren (**Alphablockade**; → S. 301). Folge dieser Alphablockade ist ein Blutdruckabfall nach Droperidolgabe. Besteht bei dem Patienten ein intravasaler Volumenmangel, den der Körper durch eine Gefäßengstellung zu kompensieren versucht, so erzeugt die Gefäßweitstellung nach Droperidol unter Umständen einen Blutdruckabfall.
- extrapyramidale Bewegungsstörungen:
  Bei hoher (selten auch in niedriger) Dosierung können extrapyramidale Bewegungsstörungen, ähnlich wie bei der Parkinson-Krankheit, auftreten.
- Verschlimmerung einer Depression oder Epilepsie:
  Droperidolgabe kann bei Patienten mit einer Depression zu einem postoperativen Rezidiv führen. Bei Patienten mit einer Epilepsie kann unter Umständen ein epileptischer Anfall ausgelöst werden, da Droperidol, wie alle Neuroleptika (→ S. 7), die zerebrale Krampfschwelle erniedrigt.
- Atmung, Leber, Niere und Herz werden kaum beeinflusst.

Indikationen

- Therapie postoperativer Übelkeit:
  Droperidol war lange Zeit das zur Therapie der postoperativen Übelkeit im Aufwachraum vermutlich am häufigsten eingesetzte Antiemetikum. Inzwischen wird es zugunsten von Serotoninantagonisten (z. B. Granisetron; Anemet® und Dexamethason; Fortecortin®) seltener eingesetzt (→ S. 334).
- Neuroleptanästhesie:
  Droperidol wurde früher vor allem im Rahmen der sog. Neuroleptanästhesie (→ S. 130) verwendet.

Kontraindikationen

- starker Volumenmangel
- Parkinson-Krankheit, Epilepsie oder Depression in der Anamnese:
  Diese Krankheitsbilder können verstärkt werden.
- ambulante Patienten:
  Aufgrund der langen Wirkdauer sind höhere Dosierungen (über ca. 2,5 mg) zu vermeiden.

Darreichungsform

- 1 Ampulle zu 2 ml = 5 mg, 1 ml = 2,5 mg

Dosierung

- Therapie postoperativer Übelkeit:
  Bei Erwachsenen wird hierfür eine Dosierung von 0,625–1,25(–2,5) mg (= 0,25–0,5 [–1] ml) empfohlen.
- (Zur Einleitung der früher üblichen Neuroleptanästhesie wurden initial 0,1–0,2 mg/kg KG = 5–15 mg [→ S. 130] beim Erwachsenen verabreicht. Bei intravasalem Volumenmangel musste vor der Droperidolgabe Volumen infundiert werden. Gegebenenfalls musste Droperidol niedrig dosiert oder fraktioniert [= in kleinen Portionen] verabreicht werden, um einen stärkeren Blutdruckabfall zu vermeiden. Nachinjektionen von Droperidol waren bei einer Neuroleptanästhesie nur bei langen Operationen notwendig. Es empfahl sich eine Wiederholungsdosis von ca. 5 mg alle ca. 3–4 Stunden.)

Physostigmin (Anticholium®)

Physostigmin ist ein Cholinesterasehemmer (→ S. 72), der die Blut-Hirn-Schranke überwinden kann und daher auch im ZNS (über eine Hemmung des Enzyms Cholinesterase) zu einer Steigerung der Acetylcholinkonzentration führt. Dadurch kann ein zentraler Acetylcholinmangel (wie er z. B. postoperativ auftreten kann) behandelt werden.

Falls ein Patient nach der Narkose verzögert wach wird oder ein sehr abnormes Aufwachverhalten aufweist, muss differenzialdiagnostisch auch an ein sog. **z**entrales **a**nticholinerges **S**yndrom (= ZAS) gedacht werden.

Ein zentrales anticholinerges Syndrom kann sich als verzögertes Wachwerden aus der Narkose mit verlängertem postanästhetischem Koma oder verlängerter Somnolenz, aber auch als postnarkotische Unruhe oder in Form von Halluzinationen, Koordinationsstörungen, Sprachstörungen und Ähnlichem äußern.
Neben zentralen Symptomen treten bei einem ZAS auch periphere Symptome wie Mundtrockenheit, Tachykardie, trockene und rote Haut sowie Mydriasis (also atropinartige Symptome) auf. Ein ZAS ist nach ca. 1 % aller Allgemeinnarkosen zu erwarten.

Wegen des vielfältigen Erscheinungsbildes ist die Abgrenzung des zentralen anticholinergen Syndroms gegen z. B. einen Narkoseüberhang, gegen eine Hypoxie oder andere Ursachen oft sehr schwierig. Bevor ein ZAS angenommen werden darf, müssen stets andere Ursachen ausgeschlossen werden.
Ein ZAS ist durch eine Störung im Bereich derjenigen Synapsen bedingt, die als Überträgersubstanz Acetylcholin haben. Ursache kann eine medikamentös bedingte Verdrängung von Acetylcholin vom Rezeptor oder ein Überwiegen anderer Neurotransmittersysteme sein. Ursache ist also stets eine absolute oder relative Verarmung an Acetylcholin im ZNS.
Als auslösende Medikamente kommen vor allem infrage: Atropin, Scopolamin (ein dem Atropin vergleichbares Parasympathikolytikum), Antidepressiva, Antihistaminika und Neuroleptika wie z. B. Droperidol. Selten kann es nach Gabe fast aller anderen Medikamente ebenfalls zu einem ZAS kommen.
Die erfolgreiche Therapie mit Physostigmin spricht für das Vorliegen eines ZAS.

Wirkungen

Physostigmin hemmt – genauso wie Neostigmin oder Pyridostigmin (→ S. 72) – das Enzym Cholinesterase. Dadurch wird der Abbau von Acetylcholin gehemmt, die Acetylcholinkonzentration steigt an (Parasympathikomimetikum). Physostigmin kann jedoch, im Gegensatz zu Neostigmin und Pyridostigmin, die Blut-Hirn-Schranke überwinden und damit auch zentral zu einer Erhöhung der Acetylcholinkonzentration führen.

Nebenwirkungen

- Übelkeit
- Erbrechen
- Bradykardie
- Bronchokonstriktion oder gar
- zerebrale Krämpfe

Kontraindikationen

Physostigmin ist bei Patienten mit Asthma bronchiale oder Koronarsklerose kontraindiziert.

Darreichungsform

Physostigmin (Anticholium®) liegt in Ampullen zu 5 ml = 2 mg vor.

Dosierung

Initial werden 0,04 mg/kg KG intravenös empfohlen. Beim Erwachsenen sollten initial ca. 2 mg langsam intravenös verabreicht werden. Gegebenenfalls kann nach 15–20 Minuten eine Nachinjektion von 1–4 mg vorgenommen werden.

Injektion

Die Injektion muss langsam erfolgen, um das Risiko von Nebenwirkungen wie Übelkeit, Erbrechen, Bradykardie, Bronchokonstriktion oder gar zerebrale Krämpfe zu vermindern. Patienten mit einem ZAS werden nach Injektion von Physostigmin meist schlagartig ansprechbar. Da dessen Wirkung nur ca. 30–60 Minuten anhält, sollten die Patienten für mindestens 2 Stunden überwacht werden, um ein nach Wirkungsende von Physostigmin evtl. erneut auftretendes ZAS erfassen zu können. In seltenen Fällen kann eine kontinuierliche Physostigmininfusion über einen längeren Zeitraum erforderlich werden.

Abb. 1-28 Motorische Endplatte. Impulsübertragung durch die Überträgersubstanz Acetylcholin (■).

1.10 Muskelrelaxanzien

Muskelrelaxanzien sind Medikamente, die eine vorübergehende Lähmung (= Relaxierung) der quergestreiften Muskulatur bewirken. Es werden nicht depolarisierende Muskelrelaxanzien (→ unten) und depolarisierende Muskelrelaxanzien unterschieden (→ S. 73).

1.10.1 Physiologie der neuromuskulären Übertragung

Quergestreifte Muskelfasern werden von motorischen Nerven innerviert. Die Verbindungsstelle zwischen einer motorischen Nervenendigung und einer Muskelzelle wird als **motorische Endplatte** bezeichnet. Ihr schematischer Aufbau ist in Abbildung 1-28 dargestellt.

Ein ankommender Nervenimpuls löst in der motorischen Nervenendigung die Freisetzung der dort gespeicherten Überträgersubstanz Acetylcholin (vgl. Abb. 1-28) aus. **Acetylcholin (ACh)** wandert durch den synaptischen Spalt zur Muskelzellmembran, bindet sich dort an spezifische Acetylcholinrezeptoren und verursacht dadurch eine Depolarisation der Muskelzellmembran, das heißt einen Zusammenbruch des normalerweise vorhandenen Membranpotenzials mit nachfolgender Muskelkontraktion.

Innerhalb von Millisekunden wird die Überträgersubstanz (der **Transmitter**) Acetylcholin durch das Enzym **Acetylcholinesterase** wieder gespalten und ist damit wirkungslos. Ein neuer Impuls kann nun übergeleitet werden.

1.10.2 Nicht depolarisierende Muskelrelaxanzien

Curare, der Prototyp der nicht depolarisierenden Muskelrelaxanzien, ist ein Extrakt aus den Wurzeln und Blättern der tropischen Kletterpflanze *Chondrodendron tomentosum* und wurde ursprünglich von südamerikanischen Indianern als Pfeilgift verwendet. Sämtliche wie Curare wirkenden nicht depolarisierenden Muskelrelaxanzien werden nach ihm auch als curareähnliche (= **curariforme**) Muskelrelaxanzien bezeichnet.

Wirkungsweise

Nicht depolarisierende Muskelrelaxanzien sind Medikamente, die sich an die Rezeptoren des **A**cetyl**ch**olins (= ACh) binden können, obwohl sie dabei die Muskelzellmembran nicht (!) zu

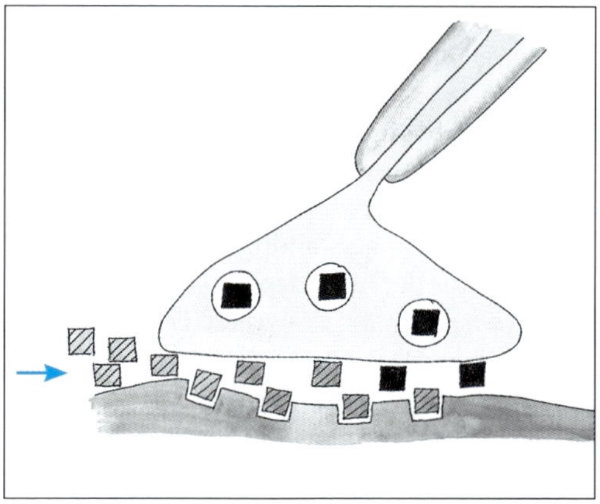

Abb. 1-29 Motorische Endplatte. Acetylcholin (■) wird durch das anflutende nicht depolarisierende Muskelrelaxans (▨) verdrängt.

Abb. 1-30 Motorische Endplatte. Das nicht depolarisierende Muskelrelaxans (▨) diffundiert aus der motorischen Endplatte. Acetylcholin (■) kann wieder an den Rezeptor.

depolarisieren vermögen, also auch keine Muskelkontraktion erzeugen können. Da die Muskelzellmembran nicht (!) depolarisiert wird, werden die Medikamente als nicht depolarisierende Muskelrelaxanzien bezeichnet.

Nicht depolarisierende Muskelrelaxanzien konkurrieren mit dem ACh um den begehrten Rezeptorplatz. Beide können sich gegenseitig aus dieser Verbindung verdrängen, je nachdem, welche Substanz in höherer Konzentration vorhanden ist (**kompetitive Bindung**). Wenn das nicht depolarisierende Muskelrelaxans in genügender Konzentration vorliegt, besetzt es alle ACh-Rezeptoren. Das nun nach einem Nervenimpuls freigesetzte ACh hat keine Chance mehr, an noch freie Rezeptoren zu gelangen, um eine Depolarisation auszulösen (vgl. Abb. 1-29). Die Muskeln bleiben also unerregbar, das heißt relaxiert. Diese nicht depolarisierenden Muskelrelaxanzien können von dem Enzym Acetylcholinesterase nicht abgebaut werden. Die Muskelerregbarkeit tritt erst wieder ein, wenn die nicht depolarisierenden Muskelrelaxanzien über die Lymphe und das Blut langsam abtransportiert und zunehmend wieder mehr Rezeptoren für das ACh frei werden (= normale Wirkungsbeendigung; vgl. Abb. 1-30). Die Wirkung der nicht depolarisierenden Muskelrelaxanzien kann auch beendet werden, indem medikamentös die Konzentration des ACh erhöht wird. Dann ist ACh zahlenmäßig weit in der Überzahl und verdrängt das nicht depolarisierende Muskelrelaxans schnell aus seiner Rezeptorverbindung (Wirkungsbeendigung durch ein Gegengift = Antagonisierung; → S. 71).

Wirkungen

Die Hauptwirkung der nicht depolarisierenden Muskelrelaxanzien ist die Relaxierung der quergestreiften Muskulatur. Die relaxierende Wirkung einer hohen Dosis eines nicht depolarisierenden Muskelrelaxans wirkt im Bereich des Kehlkopfes und des Zwerchfelles schneller als im Bereich von peripheren Muskeln. Dies ist dadurch zu erklären, dass Kehlkopf und Zwerchfell sehr gut durchblutet werden. Deshalb flutet das Muskelrelaxans dort schneller an, aber auch wieder schneller ab.

> **!** Einzelne Muskelgruppen sind unterschiedlich empfindlich auf nicht depolarisierende Muskelrelaxanzien. Um einen bestimmten Relaxationsgrad zu erzielen, werden z. B. am Zwerchfell doppelt so hohe Plasmakonzentrationen des Relaxans benötigt wie an den Handmuskeln.

Die Anwendung eines Muskelrelaxans verlangt eine künstliche Beatmung, da ansonsten der Tod durch periphere Lähmung der Atemmuskulatur droht! Bei der Wirkungsbeendigung eines Relaxans erlangen zuerst unempfindliche Muskeln wie das Zwerchfell ihre Funktion wieder zurück. Wenn der Patient dann auf Aufforderung wieder die Augen öffnen, den Kopf für 5 Sekunden hochheben und die Zunge herausstrecken kann, so spricht dies für eine weitgehende Wirkungsbeendigung des Muskelrelaxans. Zur objektiven Überwachung des Relaxationsgrades hat sich die **Relaxometrie** (→ S. 76) bestens bewährt. Sie erfreut sich in den letzten Jahren zunehmender Beliebtheit.

Nebenwirkungen

- unter Umständen eine Histaminfreisetzung: Folgen einer evtl. Histaminfreisetzung nach Injektion eines nicht depolarisierenden Muskelrelaxans können ein fleckförmiges Exanthem, insbesondere im Gesicht und am oberen Körperstamm, selten ein Blutdruckabfall mit Tachykardie oder sehr selten bronchospastische Zustände sein.
- Plazenta:
  Nicht depolarisierende Muskelrelaxanzien können die intakte Plazentaschranke nicht nennenswert überschreiten und führen daher – z. B. bei Verabreichung bei einem Kaiserschnitt – auch zu keiner Muskelerschlaffung des Neugeborenen.
- Blutdruck:
  Als Ursache für eine Hypotonie nach Injektion von nicht depolarisierenden Muskelrelaxanzien können vor allem eine evtl. Histaminfreisetzung (→ oben) sowie zum Teil auch die einsetzende Muskelerschlaffung verantwortlich sein. Die Muskelerschlaffung bewirkt eine indirekte Abnahme des venösen Gefäßtonus und damit eine Verminderung des venösen Rückflusses, was wiederum eine Hypotonie verstärken kann.
- vegetatives Nervensystem:
  Zum besseren Verständnis des Wirkungsmechanismus der nicht depolarisierenden Muskelrelaxanzien auf das vegetative Nervensystem sei dessen Aufbau anhand der Abbildung 1-31 kurz wiederholt.
  Die Nerven des vegetativen Nervensystems bestehen immer aus 2 (!) Neuronen. Die Überträgersubstanz des ersten Neurons (= präganglionäres Neuron) ist im sympathischen und im parasympathischen Nervensystem Acetylcholin (= ACh). Die Überträgersubstanz des zweiten Neurons (= postganglionäres Neuron) ist im parasympathischen Nervensystem Acetylcholin, im sympathischen Nervensystem dagegen Noradrenalin (= NA; → S. 302).
  Muskelrelaxanzien wirken nun nicht ausschließlich an den Acetylcholinrezeptoren der motorischen Endplatten, also an der quergestreiften Muskulatur, sondern können auch die ACh-Rezeptoren des vegetativen Nervensystems etwas blockieren und dadurch unter Umständen unerwünschte Nebenwirkungen verursachen. Die ACh-Rezeptoren des parasympathischen Nervensystems (insbesondere diejenigen im Bereich des postganglionären Neurons) werden von den meisten nicht depolarisierenden Muskelrelaxanzien wesentlich stärker blockiert als die ACh-Rezeptoren des sympathischen Nervensystems. Wirkt z. B. ein nicht depolarisierendes Muskelrelaxans auch etwas stärker an den ACh-Rezeptoren des parasympathischen Nervensystems, so werden diese ACh-Rezeptoren – wie die ACh-Rezeptoren an der motorischen Endplatte – blockiert. Eine Blockierung des Parasympathikus im Bereich des postganglionären Neurons (= atropinartige Wirkung; → S. 9) bewirkt eine Herzfrequenzsteigerung und unter Umständen auch einen Blutdruckanstieg, da nun die

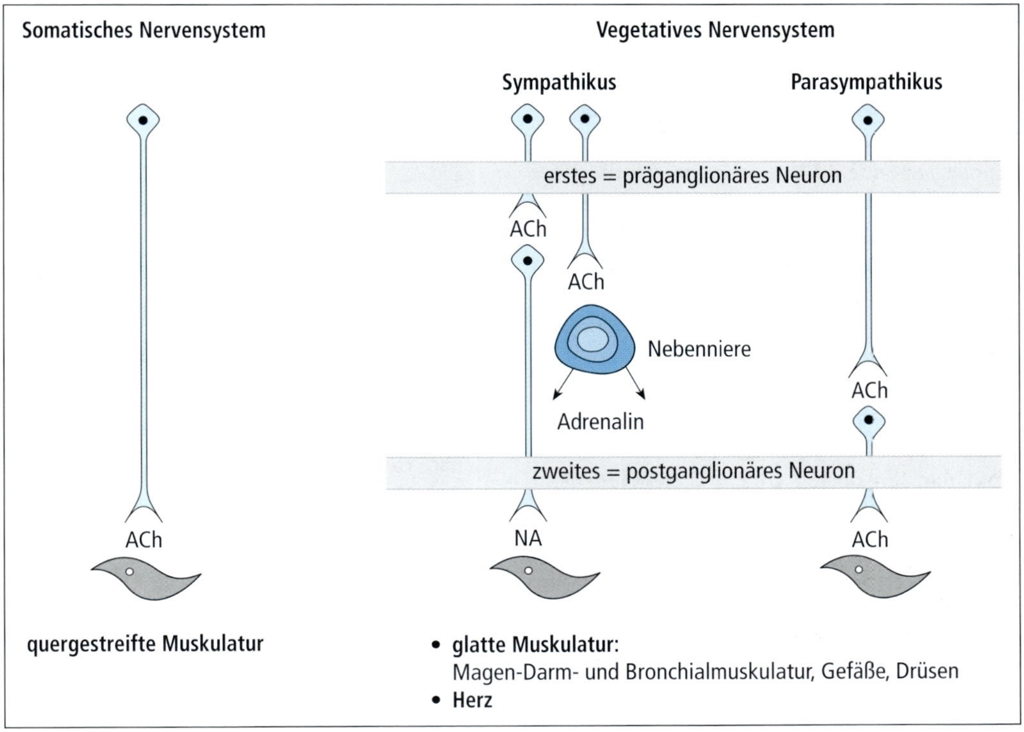

Abb. 1-31 Schematische Darstellung des somatischen und vegetativen Nervensystems. ACh = Acetylcholin; NA = Noradrenalin.

parasympathische Dämpfung am Herzen blockiert ist und der Sympathikus ungehindert wirken kann. Dies ist z. B. für das nicht depolarisierende Muskelrelaxans Pancuronium beschrieben (→ S. 68).

Aufnahme, Verteilung und Ausscheidung

Die nicht depolarisierenden Muskelrelaxanzien sind nur nach intramuskulärer und intravenöser Injektion wirksam. Bei oraler Applikation werden sie dagegen nicht resorbiert. Die **Wirkungsbeendigung** der meisten nicht depolarisierenden Muskelrelaxanzien ist erstrangig durch die Abdiffusion vom ACh-Rezeptor und den Abtransport über die Lymphe und das Blut bedingt. Sie werden also innerhalb des Körpers umverteilt (= Umverteilungsphänomene; → S. 47). Erst in zweiter Linie ist die Wirkungsbeendigung von z. B. einer langsamen, unveränderten Ausscheidung vor allem über die Nieren und teilweise über die Galle bedingt. Außerdem findet zum Teil auch ein geringer Abbau in der Leber statt. Aufgrund dieser schnellen Umverteilungsmechanismen ist die Wirkungsdauer meist kürzer als die Verweildauer im Körper. Bei wiederholten Nachinjektionen besteht daher meist eine Kumulationsgefahr, das heißt, bei mehrmaligen Nachinjektionen müssen bei den meisten nicht depolarisierenden Muskelrelaxanzien immer niedrigere Dosen verwendet werden. Lediglich Atracurium, *cis*-Atracurium und Mivacurium (→ S. 70) machen hierbei eine Ausnahme.

Da die meisten nicht depolarisierenden Muskelrelaxanzien vor allem unverändert über die

Nieren ausgeschieden werden, ist bei einer **Niereninsuffizienz** aufgrund der verlangsamten renalen Ausscheidung eine **Wirkungsverlängerung** dieser Relaxanzien zu erwarten. Bei niereninsuffizienten Patienten müssen daher nicht depolarisierende Muskelrelaxanzien, die über die Nieren ausgeschieden werden, niedrig dosiert oder möglichst ganz vermieden werden. Inzwischen stehen mit Atracurium und *cis*-Atracurium auch nicht depolarisierende Muskelrelaxanzien zur Verfügung, deren Wirkungsdauer unabhängig von der Nieren- (sowie Leber- und Gallen-)Funktion ist. Diese Relaxanzien stellen bei Patienten mit Niereninsuffizienz die Medikamente der ersten Wahl dar. Ansonsten sollten diejenigen nicht depolarisierenden Muskelrelaxanzien verwendet werden, die zu einem relativ großen Teil über die Galle ausgeschieden werden (→ unten).

Auch **Leber-** und **Gallenwegserkrankungen** (z. B. Gallenwegsverschluss) können unter Umständen zu einer **Wirkungsverlängerung** von solchen nicht depolarisierenden Muskelrelaxanzien führen, die in einem stärkeren Maße in der Leber metabolisiert oder unverändert über die Galle ausgeschieden werden. Auch bei diesen Erkrankungen ist ein Relaxans vorzuziehen, dessen Wirkungsdauer unabhängig von der Leber- und Gallenfunktion ist (Atracurium oder *cis*-Atracurium). Ansonsten sollten diejenigen nicht depolarisierenden Muskelrelaxanzien bevorzugt werden, die hauptsächlich über die Nieren ausgeschieden werden.

Interaktionen mit anderen Medikamenten

! Alle nicht depolarisierenden Muskelrelaxanzien werden in ihrer Wirkung durch verdampfbare Inhalationsanästhetika verstärkt.

Bei Isofluran, Sevofluran und Desfluran (→ S. 42) ist dies stärker ausgeprägt als bei dem früher verwendeten Halothan (→ S. 40). Verschiedene Antibiotika (z. B. Aminoglykosidantibiotika wie Neomycin, Gentamicin, Streptomycin usw.) führen unter Umständen zu einer enormen Wirkungsverlängerung der nicht depolarisierenden Muskelrelaxanzien.

Klinisch wichtige Medikamente

Pancuronium (Pancuronium „Organon"®)

✓ Pancuronium ist den Curarepräparaten bezüglich des Molekülaufbaus in keiner Weise verwandt. Chemisch gesehen gehört es zu den Steroiden. Pancuronium gehört zu den lang wirksamen Relaxanzien. Der Wirkungseintritt von Pancuronium ist nach ca. 3–4 Minuten zu erwarten. Die Wirkungsdauer beträgt ca. 60 Minuten. Pancuronium wird zunehmend seltener eingesetzt.

Pancuronium wird zu ca. 85 % unverändert über die Nieren ausgeschieden. 10–20 % des Pancuroniums werden in der Leber metabolisiert.

Wirkungen und Nebenwirkungen

Pancuronium bewirkt eine leichte Blockierung des Parasympathikus (→ S. 66) und erzeugt damit wie Atropin (→ S. 9) eine Vagusblockade. Diese leichte Vagusblockade führt meist zu einer Herzfrequenzsteigerung und gelegentlich zu einem leichten Blutdruckanstieg. Pancuronium verursacht keine relevante Histaminfreisetzung.

Kontraindikation

Da Pancuronium größtenteils unverändert über die Nieren ausgeschieden wird, muss es bei niereninsuffizienten Patienten vorsichtig dosiert bzw. vermieden werden.

Darreichungsform

- Brechampulle zu 2 ml = 4 mg

Es hat sich bewährt, Pancuronium 1 : 1 mit NaCl 0,9 % zu verdünnen (1 ml enthält dann 1 mg).

Dosierung

- initiale Vollrelaxierung:
  ca. 0,08 mg/kg KG = 6 mg beim Erwachsenen
- Nachinjektionsdosis:
  ca. 20 % der Initialdosis = 1(–2) mg beim Erwachsenen

Vecuronium (Norcuron®)

✓ Vecuronium ist ein Abkömmling des Pancuroniums. Vecuronium gehört zu den mittellang wirksamen Relaxanzien. Vecuronium unterscheidet sich von Pancuronium durch seine kürzere Wirkungsdauer von ca. 30–40 Minuten. Bei Neugeborenen und Säuglingen ist die Wirkung von Vecuronium deutlich verlängert. Vecuronium wird in vielen Kliniken noch sehr häufig eingesetzt.

Vecuronium wird zu 40–50 % über die Niere ausgeschieden. 30–40 % werden in der Leber metabolisiert. Der Rest wird unverändert über die Galle ausgeschieden.

Wirkungen und Nebenwirkungen

Vecuronium hat keine relevanten Wirkungen an den sympathischen oder parasympathischen Acetylcholinrezeptoren (→ S. 66). Nebenwirkungen am Herz-Kreislauf-System sind daher nicht zu erwarten. Eine Histaminfreisetzung tritt ebenfalls nicht auf.

Darreichungsform

- 1 Durchstechflasche zu 10 mg Trockensubstanz:
  Die Durchstechflasche mit 10 mg Trockensubstanz ist mit 10 ml Aqua ad injectabilia aufzulösen (1 ml enthält dann 1 mg).

Dosierung

- initiale Vollrelaxierung:
  ca. 0,08 mg/kg KG = 6 mg beim Erwachsenen
- Nachinjektionsdosis:
  ca. 30 % der Initialdosis = 2 mg beim Erwachsenen

Bei Patienten mit Erkrankungen der Nieren oder Leber und Gallenwege kann eine Dosisreduktion notwendig sein.

Rocuronium (Esmeron®)

✓ Rocuronium ist ein relativ neues, chemisch dem Pancuronium und Vecuronium verwandtes, nicht depolarisierendes Muskelrelaxans. Rocuronium ist das nicht depolarisierende Relaxans mit dem schnellsten Wirkungsbeginn. Der Wirkungsbeginn tritt nach ca. 1,5 Minuten ein. Die Wirkungsdauer dieses mittellang wirkenden Relaxans beträgt 30–40 Minuten.

Rocuronium wird unverändert zu ca. 40 % über die Niere und zu ca. 60 % über die Galle ausgeschieden. Eine Metabolisierung in der Leber findet nicht statt.

Wirkungen und Nebenwirkungen

Rocuronium führt zu keiner Histaminfreisetzung. In höheren Dosierungen blockiert Rocuronium (ähnlich wie Pancuronium) die ACh-Rezeptoren der postganglionären parasympathischen Neurone (→ S. 66) und führt dadurch zu einer leichten Tachykardie.

Indikation

Rocuronium wird zunehmend häufiger als Routinerelaxans für längere Operationen (> ca. 45 min) eingesetzt.

Darreichungsform

- 1 Ampulle à 5 ml enthält 50 mg Rocuronium, 1 ml = 10 mg
- 1 Ampulle à 10 ml enthält 100 mg Rocuronium, 1 ml = 10 mg

Dosierung

- initiale Vollrelaxierung:
  0,6–0,8 mg/kg KG
- Nachinjektionsdosis:
  0,15 mg/kg KG
- Infusionsdosis:
  nach Gabe einer Initialdosis 0,3–0,6 mg/kg KG/h

Lagerung

Rocuronium muss kühl (unter 8 °C) gelagert werden!

Atracurium (Tracrium®)

Atracurium ist ein nicht depolarisierendes Muskelrelaxans mit mittellanger Wirkdauer. Chemisch gehört es zu den Estern. Ungefähr 2–3 Minuten nach Injektion beginnt die ca. 30–40 Minuten dauernde Wirkung.

Der Abbau von Atracurium ist im Gegensatz zu den anderen nicht depolarisierenden Muskelrelaxanzien nicht enzymgebunden, sondern findet chemisch durch Esterspaltung (unabhängig von der Pseudocholinesterase; ca. ⅔) und durch spontanen, nicht enzymatischen Abbau, durch die sog. Hofmann-Eliminierung (ca. ⅓), statt.

! Selbst bei Leber- oder Niereninsuffizienz ist daher mit keiner Wirkungsverlängerung zu rechnen.

Nebenwirkungen

Vor allem nach hohen Atracuriumdosen kann es unter Umständen zu einer stärkeren Histaminfreisetzung mit Hautrötung, Tachykardie, Blutdruckabfall und Bronchospasmus kommen. Durch eine langsame Injektionsgeschwindigkeit kann die Histaminfreisetzung vermindert werden.
Abbauprodukte des Atracuriums (Laudanosin, Monoacrylat) können (falls Atracurium extrem hoch dosiert wird) unter Umständen zu zerebralen Krampfanfällen oder auch Interaktionen mit anderen Medikamenten führen.

Darreichungsform

1 Ampulle à 2,5 ml enthält 25 mg Atracurium, 1 ml = 10 mg; 1 Ampulle à 5,0 ml enthält 50 mg Atracurium, 1 ml = 10 mg. In der Praxis hat sich bewährt, Atracurium mit NaCl 0,9 % 1 : 1 zu verdünnen, sodass 1 ml = 5 mg Atracurium enthält.

Dosierung

- initiale Vollrelaxierung:
  0,3–0,6 mg/kg KG
- Nachinjektionsdosis:
  0,1–0,2 mg/kg KG
- Infusionsdosis:
  nach Gabe einer Initialdosis 0,3–0,6 mg/kg KG/h per infusionem

Lagerung

Atracurium muss bis kurz vor Gebrauch bei 4–5 °C und lichtgeschützt gelagert werden!

Cis-Atracurium (Nimbex®)

Cis-Atracurium ist als Nachfolgerelaxans von Atracurium (→ oben) zu betrachten. Atracurium besteht aus einem Gemisch aus 10 Stereoisomeren. Stereoisomere sind Moleküle, die zwar aus der gleichen Anzahl verschiedener Atome bestehen (also die gleiche Summenformel haben), die aber eine unterschiedliche räumliche Anordnung der Atome aufweisen. *Cis*-Atracurium enthält lediglich das sog. *cis*-Stereoisomer des Atracuriums. Dies macht ca. 15 % des Atracuriumgemisches aus.
Cis-Atracurium gehört wie Atracurium zu den mittellang wirksamen Relaxanzien. Es wird zu ca. 90 % durch die Hofmann-Elimination abgebaut (→ oben), im Gegensatz zum Atracurium findet jedoch kein zusätzlicher relevanter Abbau durch Esterspaltung (→ oben) statt.
Die pharmakokinetischen Größen des *cis*-Atracuriums entsprechen weitgehend denen des Atracuriums. Die Wirkungsdauer einer üblichen Intubationsdosis wird mit ca. 45 Minuten angegeben.

! Bei nieren- oder leberinsuffizienten Patienten muss keine Wirkungsverlängerung befürchtet werden.

Nebenwirkungen

Cis-Atracurium führt im Gegensatz zu Atracurium zu keiner Histaminfreisetzung mehr. Die Laudanosinkonzentration nach Gabe von *cis*-

Atracurium beträgt nur ca. 10–20 % derjenigen nach Gabe von Atracurium. Es verursacht keine relevanten Kreislaufveränderungen.

Darreichungsform

- Ampullen zu 2,5 ml bzw. 5 ml = 5 mg bzw. 10 mg; 1 ml = 2 mg

Dosierung

- initiale Vollrelaxierung: 0,1–0,15 mg/kg KG
- Nachinjektionsdosis: 0,015–0,02 mg/kg KG
- Infusionsdosis: nach Gabe einer Initialdosis 1–2–3 μg/kg KG/min; 0,06–0,12–0,18 mg/kg KG/h per infusionem

Mivacurium (Mivacron®)

✓ Mivacurium ist das am kürzesten wirkende nicht depolarisierende Relaxans. Der Wirkungsbeginn ist vergleichbar schnell wie bei Vecuronium oder Atracurium. Die Wirkungsdauer einer üblichen Intubationsdosis beträgt nur 15–20 Minuten, die einer üblichen Repetitionsdosis ca. 10–15 Minuten.

Micvacurium ist in Deutschland seit 1996 im Handel.
Mivacurium wird – ähnlich wie Succinylcholin (→ S. 73) – nahezu vollständig von der Plasmacholinesterase (Pseudocholinesterase) abgebaut.

! Bei Patienten mit einer deutlich erniedrigten Konzentration der Pseudocholinesterase (z. B. wegen schwerer Leberfunktionsstörung; Normalwert Frauen: 5,3–12,9 kU/l; Männer: 4,3–11,3 kU/l) oder bei Vorliegen einer angeborenen atypischen Pseudocholinesterase ist – wie auch bei Succinylcholin – mit einer Wirkungsverlängerung zu rechnen.

Aufgrund der schnellen Metabolisierung ist bei Mivacurium keine Kumulation zu erwarten. Mivacurium eignet sich aufgrund der kurzen Wirkdauer auch gut für eine kontinuierliche Infusion. Die Gefahr eines Relaxansüberhangs stellt kein relevantes Problem mehr dar. Auch nach einer längeren Infusion über mehrere Stunden ist die Erholungszeit nicht verlängert.

Nebenwirkungen

Bei höherer Dosierung oder schnellerer Injektionsgeschwindigkeit kann eine Histaminfreisetzung auftreten und zu Gesichtsrötung und leichtem Blutdruckabfall führen. Es ist daher eine langsame Injektionsgeschwindigkeit zu empfehlen (über ca. 30 Sekunden). Dadurch lässt sich dieses Problem minimieren. Es sind keine klinisch relevanten Kreislaufveränderungen zu erwarten.

Indikationen

Als Indikationen für das kurz wirksame Mivacurium bieten sich vor allem kurze Eingriffe (z. B. kurze HNO-Eingriffe, Bronchoskopien) und ambulante Eingriffe an.
Mivacurium wird zunehmend häufiger als Routinerelaxans für kürzere Operationen (< ca. 30 min) eingesetzt.

Darreichungsform

- Ampullen à 5/10 ml = 10/20 mg; 1 ml = 2 mg

In der Praxis hat es sich bewährt, Mivacurium mit NaCl 0,9 % 1 : 1 zu verdünnen, sodass 1 ml = 1 mg Mivacurium enthält.

Dosierung

- initiale Vollrelaxierung: (0,15–)0,2(–0,25) mg/kg KG
- Nachinjektionsdosis: (0,05–)0,1 mg/kg KG
- Infusionsdosis: nach Gabe einer Initialdosis 6–8 μg/kg KG/min; 0,4–0,5 mg/kg KG/h per infusionem

Antagonisierung

Nicht depolarisierende Muskelrelaxanzien konkurrieren mit dem ACh um den begehrten Rezeptorplatz. Beide können sich gegenseitig aus dieser Verbindung verdrängen, je nachdem, welche Substanz in höherer Konzentration vorhanden ist (= kompetitive Bindung). Das von den motorischen Nervenendigungen freigesetzte ACh wird durch ein Enzym, die sog. Acetylcholinesterase, normalerweise sehr schnell wieder abgebaut und damit inaktiviert (→ S. 64). Durch die Hemmung der Acetylcholinesterase (mit einem sog. Cholinesterasehemmer) wird der Acetylcholinabbau blockiert, es kommt zu einer starken Konzentrationserhöhung des ACh. Durch diese starke Erhöhung der ACh-Konzentration kann ACh das nicht depolarisierende Muskelrelaxans aus seiner Rezeptorbindung verdrängen. ACh kann damit wieder an seine Rezeptoren gelangen, eine Depolarisation und damit eine Kontraktion auslösen. Diese Tatsache wird genutzt, wenn die Wirkung der nicht depolarisierenden Muskelrelaxanzien mit einem Gegenmittel (= Antidot) aufgehoben (= antagonisiert) werden soll. Die Wirkung von nicht depolarisierenden Muskelrelaxanzien kann also dadurch antagonisiert werden, dass als Gegenmittel (= Antidot) ein Cholinesterasehemmer verabreicht wird. Diese Cholinesterasehemmer wirken jedoch nicht ausschließlich an der motorischen Endplatte, sondern auch vor allem an den zweiten (= postganglionären) Neuronen im parasympathischen Nervensystem (→ S. 66). Diese Neurone setzen als Überträgersubstanz ebenfalls ACh frei. Da es hier auch zu einer Vermehrung des ACh kommt, resultiert daraus eine verstärkte Wirkung des Parasympathikus. Es zeigen sich daher folgende, für eine **Parasympathikusstimulierung typischen Nebenwirkungen**:

- Bradykardie
- vermehrte Speichel- und Bronchialsekretproduktion
- Krampfzustände der glatten Muskulatur (z. B. im Darmbereich und im Bronchialsystem)

Diese unerwünschten Nebenwirkungen bei der Antagonisierung von nicht depolarisierenden Muskelrelaxanzien können dadurch vermieden werden, dass gleichzeitig das vagushemmende Medikament Atropin (→ S. 9) verabreicht wird. Hierbei ist es möglich, zuerst Atropin intravenös zu verabreichen und erst nach Einsetzen der Vagusblockade, erkennbar am Anstieg der Herzfrequenz, den Cholinesterasehemmer Pyridostigmin oder Neostigmin (→ unten) zu verabreichen. Atropin kann aber auch mit Pyridostigmin oder Neostigmin gemeinsam aus einer „Mischspritze“ verabreicht werden, da Atropin einen schnelleren Wirkungsbeginn aufweist als Neostigmin oder Pyridostigmin.

Bei der Antagonisierung der nicht depolarisierenden Muskelrelaxanzien ist **Vorsicht** geboten bei **Patienten mit**:

- Asthma bronchiale:
  Unter Umständen kann es trotz zusätzlicher Atropingabe zu einem Bronchospasmus und zu einer vermehrten Sekretbildung im Bronchialsystem kommen!
- Bradykardien oder AV-Blockierungen:
  Unter Umständen kann es trotz zusätzlicher Atropingabe zu einer weiteren Abnahme der Herzfrequenz oder einer Verstärkung der AV-Blockierung kommen.

Der Erfolg einer Antagonisierung kann klinisch anhand der zurückkehrenden Muskelkraft oder objektiv mithilfe der Relaxometrie (→ S. 76) überwacht werden.

Antidote (Cholinesterasehemmer)

Neostigmin (Neostigmin DeltaSelect)

Darreichungsform

- Brechampulle zu 1 ml; 1 ml = 0,5 mg

Dosierung

- wiederholte Einzeldosen von 0,5 mg:
  Die durchschnittliche Erwachsenendosis beträgt 2,5 mg, die Maximaldosis 5 mg.
- Zusätzlich sollten 0,25–1,0 mg Atropin verabreicht werden.

Pyridostigmin (Mestinon®)

Pyridostigmin wird aufgrund seiner längeren Wirkung oft dem Neostigmin vorgezogen.

Darreichungsform

- Stechampullen zu 5 ml; 1 ml = 5 mg

Dosierung

- wiederholte Einzeldosen von 5 mg bis maximal 15–20 mg:
  Die durchschnittliche Erfolgsdosis beträgt 10 mg beim Erwachsenen.
- Zusätzlich sollten 0,25–1,0 mg Atropin verabreicht werden.

1.10.3 Depolarisierende Muskelrelaxanzien

Wirkungsweise

✓ Depolarisierende Muskelrelaxanzien sind Medikamente, die sich ebenfalls an die Rezeptoren des Acetylcholins (ACh) im Bereich der motorischen Endplatte (→ S. 64) anlagern können. Sie erzeugen dabei wie ACh eine Depolarisation der Muskelzellmembran und werden deshalb als depolarisierende Muskelrelaxanzien bezeichnet.

Während jedoch ACh innerhalb von Millisekunden durch das Enzym Acetylcholinesterase wieder abgebaut und inaktiviert wird (→ S. 64), können die depolarisierenden Muskelrelaxanzien von der Acetylcholinesterase nicht inaktiviert werden. Depolarisierende Muskelrelaxanzien bleiben einige Minuten in der Rezeptorbindung und erzeugen dabei eine Dauerdepolarisation der Muskelzellmembran. Auf diese Dauerdepolarisation kann die Muskelzelle jedoch nicht mit einer Dauerkontraktion, sondern nur mit einer kurzfristigen Muskelzuckung bei Beginn der Depolarisation reagieren. Danach ist die Muskelzelle erschlafft (**Depolarisationsblock** oder **Phase-I-Block**). Das bei einem neu ankommenden Nervenimpuls freigesetzte ACh kann nun keine Muskelkontraktion mehr auslösen, da das ACh auf besetzte Rezeptoren und eine bereits depolarisierte Muskelzellmembran trifft. Das Wirkungsende der depolarisierenden Muskelrelaxanzien tritt ein, wenn diese sich nach einigen Minuten wieder aus der Rezeptorbindung lösen, abtransportiert und durch das im Blut vorhandene Enzym Plasmacholinesterase (Pseudocholinesterase) abgebaut werden (→ unten). Es werden damit wieder zunehmend mehr Rezeptoren für das ACh frei.

! Im Gegensatz zu den nicht depolarisierenden Muskelrelaxanzien, die durch eine erhöhte ACh-Konzentration aus dieser Rezeptorbindung verdrängt werden können (= kompetitive Bindung; → S. 65), ist dies bei den depolarisierenden Muskelrelaxanzien nicht möglich. Sie sind damit auch nicht antagonisierbar.

Klinisch wichtiges Medikament

Succinylcholin (z. B. Pantolax®, Lysthenon®)

✓ Succinylcholin (= Succinyldicholin = Suxamethonium = Succinylbischolin) ist das einzige depolarisierende Muskelrelaxans, das klinische Bedeutung hat. Succinylcholin ist durch einen sehr schnellen Wirkungseintritt innerhalb von 30 Sekunden sowie durch eine kurze Wirkungsdauer von nur 3–5 Minuten gekennzeichnet.

Wirkungen und Metabolisierung

Bei Wirkungsbeginn tritt für einige Sekunden ein unkoordiniertes Muskelzucken auf (→ oben). Danach tritt eine schlaffe Lähmung ein.
Die Wirkungsbeendigung des Succinylcholins ist durch dessen Wegdiffusion vom ACh-Rezeptor und einen schnellen enzymatischen Abbau im Blut bedingt. Das hierfür zuständige Enzym, die sog. **Pseudocholinesterase** (oder **Plasmacholinesterase**), wird in der Leber produziert und ist nur im Blut vorhanden.

! Sehr schwere Leberschädigungen können unter Umständen zu einer Bildungsstörung dieser Pseudocholinesterase (Normalwert Frauen: 5,3–12,9 kU/l; Männer: 4,3–11,3 kU/l) und damit zu einem verzögerten Abbau des Succinylcholins mit einer Wirkungsverlängerung führen. Bei einem erworbenen Mangel an Pseudocholinesterase muss Succinylcholin vorsichtig dosiert werden.

Sehr selten gibt es Patienten, die aufgrund einer genetischen Störung eine abnorme Pseudocholinesterase besitzen. Diese veränderte (atypische) Pseudocholinesterase kann Succinylcholin nur sehr langsam abbauen. Bei diesen Patienten kann es dadurch zu einer Wirkungsverlängerung des Succinylcholins um mehrere Stunden kommen. Ob ein Patient Träger einer atypischen Pseudocholinesterase ist, kann anhand der sog. (und in jedem Labor leicht zu bestimmenden) **Dibucainzahl** ermittelt werden. Da depolarisierende Muskelrelaxanzien wie Succinylcholin nicht antagonisiert werden können, müssen solche Patienten evtl. bis zum Wirkungsende des Succinylcholins nachbeatmet werden. In Ausnahmefällen kann auch eine Transfusion von frisch gefrorenem Blutplasma (= FFP; →S. 138) durchgeführt werden, wodurch dem Patienten die im FFP enthaltene „normale" Pseudocholinesterase zugeführt wird.
Beim Abbau des Succinylcholins durch die Pseudocholinesterase entsteht in einem ersten, sehr schnell ablaufenden Schritt, das **Succinylmonocholin**. In einem zweiten, 6-mal langsamer ablaufenden Schritt, wird dieses Succinylmonocholin vollends (zu Cholin und Bernsteinsäure) gespalten. Müssen hohe Dosen von Succinylcholin abgebaut werden, so staut sich daher dieses Succinylmonocholin an. Da Succinylmonocholin die Eigenschaften eines nicht depolarisierenden Muskelrelaxans hat, kann es hierdurch zu einer lang anhaltenden nicht depolarisierenden Muskelblockade, zu einem sog. **Dualblock** (**Phase-II-Block**) kommen. Dieser Dualblock tritt aber erst auf, wenn sehr hohe Dosen von Succinylcholin verabreicht wurden (mehr als ca. 400 mg). Ein Dualblock kann durch einen Cholinesterasehemmer (→S. 72) wie Neostigmin oder Pyridostigmin antagonisiert werden.

Nebenwirkungen

- Muskelfibrillieren:
  Bei Wirkungsbeginn des Succinylcholins treten für einige Sekunden unkoordinierte Muskelzuckungen auf, die als Muskelfibrillieren oft erkennbar sind. Dieses initiale Muskelfibrillieren kann die Ursache postoperativer Muskelschmerzen, ähnlich einem Muskelkater, sein. Wird vor der Injektion des Succinylcholins eine kleine, nicht lähmende Dosis eines nicht depolarisierenden Muskelrelaxans (ca. 10–15 % der zur initialen Vollrelaxierung benötigten Dosis) – beim Erwachsenen z. B. 1 mg Pancuronium, 1 mg Vecuronium oder 10–15 % der initialen Atracurium-, *cis*-Atracurium- oder Rocuroniumvolldosis – verabreicht, so wird hierdurch bereits ein Teil der Acetylcholinrezeptoren blockiert und für Succinylcholin unzugänglich. Das initiale Muskelfibrillieren nach Succinylcholingabe kann dadurch vermindert oder ganz vermieden werden. Diese Gabe einer kleinen, nicht lähmenden Dosis eines nicht depolarisierenden Relaxans vor der Verabreichung von Succinylcholin wird als Präcurarisierung bezeichnet (→S. 116).
- Kaliumfreisetzung:
  Da Succinylcholin ein depolarisierendes Muskelrelaxans ist, bewirkt es eine Depolarisation der Muskelzellmembranen mit Einstrom von Natrium in die Muskelzellen und Ausstrom von Kalium aus den Muskelzellen. Durch diesen Kaliumausstrom aus den Zellen kommt es normalerweise zu einem geringen Anstieg der extrazellulären Kaliumkonzentration um ca. 0,5 mmol/l. Bei einigen Krankheitsbildern kann es jedoch nach Succinylcholingabe zu einem enormen Anstieg der Kaliumkonzentration kommen, wodurch unter Umständen Herzrhythmusstörungen, Kammerflimmern oder gar ein Herzstillstand (= Asystolie) verursacht werden können. Besonders gefährdet sind vor allem nie-

reninsuffiziente Patienten mit erhöhter Kaliumkonzentration, polytraumatisierte Patienten, wenn die Verletzungen älter als eine Woche sind, oder Patienten mit großflächigen, über eine Woche alten Verbrennungen. Auch bei Patienten mit einer Innervationsstörung der Muskulatur, wie z. B. einer Querschnittsverletzung, die älter als eine Woche ist, und bei Patienten, die schon längere Zeit immobilisiert sind („Langlieger"), kann es nach Succinylcholingabe zu einem bedrohlichen Anstieg der Kaliumkonzentration kommen.

- Wirkungen im vegetativen Nervensystem:
Succinylcholin wirkt nicht selektiv an den ACh-Rezeptoren der motorischen Endplatte, sondern kann, wie die nicht depolarisierenden Muskelrelaxanzien, auch an den ACh-Rezeptoren des vegetativen Nervensystems wirken (→ S. 66). Dabei wirkt Succinylcholin normalerweise vor allem im Bereich der postganglionären parasympathischen Fasern. Die Wirkung an den anderen vegetativen Nervenfasern, die ACH als Neurotransmitter benutzen, ist deutlich geringer. Als depolarisierendes Muskelrelaxans führt Succinylcholin zu einer Depolarisation mit einer anfänglichen kurzfristigen Stimulierung. Auch im parasympathischen Nervensystem kommt es zu einer kurzfristigen, initialen Stimulierung. Eine Stimulierung des Nervus vagus, dem wichtigsten Nerven des parasympathischen Nervensystems, kann sich in einer Verlangsamung der Herzfrequenz (Bradykardie), in einer Bradyarrhythmie oder im Extremfall in einer Asystolie äußern. Die initiale Stimulierung des Nervus vagus erklärt auch eine nach Succinylcholingabe auftretende Zunahme der Bronchial-, Speichel- und Magensaftproduktion sowie eine Tonussteigerung im Magen-Darm-Trakt. Die vagalen Reaktionen am Herzen können insbesondere bei zu schneller Injektion oder bei Nachinjektionen von Succinylcholin auftreten. Bei Kindern und Schwangeren sind diese vagalen Reflexe besonders häufig und treten manchmal schon bei der Erstinjektion des Succinylcholins auf. Durch eine Vagusblockade mit Atropin lassen sich diese vagalen Herzrhythmusstörungen des Succinylcholins vermeiden bzw. meist sofort therapieren. Auch durch die Vorgabe einer kleinen Menge eines nicht depolarisierenden Muskelrelaxans können diese vagalen Reaktionen vermindert werden. Werden diese vagalen Reflexe durch Atropin geblockt, so kann die leichte Stimulierung des sympathischen Nervensystems durch Succinylcholin in Form einer Blutdruck- und Herzfrequenzsteigerung auffallen (→ oben).
- Histaminfreisetzung:
Succinylcholin kann häufig eine Histaminfreisetzung verursachen. Folgen einer Histaminfreisetzung können z. B. ein fleckförmiges Exanthem, vor allem im Gesicht und am oberen Körperstamm, selten ein Blutdruckabfall und eine Tachykardie sowie sehr selten bronchospastische Zustände sein. Es wurden auch schon schwere anaphylaktoide Reaktionen beschrieben.
- Steigerung des Augeninnendrucks:
Bei Wirkungsbeginn des Succinylcholins kommt es auch an den äußeren Augenmuskeln zu einer kurzfristigen Muskelkontraktion und dadurch zu einem kurzfristigen Anstieg des Augeninnendrucks (→ S. 283).
- Steigerung des Mageninnendrucks:
Die initialen Muskelkontraktionen auch der Bauchmuskulatur sowie die initiale Vagusstimulierung können zu einer Drucksteigerung im Magen mit der Gefahr eines passiven Hochlaufens von Mageninhalt, einer Regurgitation (→ S. 211), führen. Insbesondere bei der Narkoseeinleitung von nicht nüchternen Patienten ist dies zu beachten. Die Vorgabe einer kleinen Menge eines nicht depolarisierenden Muskelrelaxans wird daher meist empfohlen (sog. Präcurarisierung; → S. 74, 116).
- Wirkungen auf den Uterus:
Succinylcholin kann die Plazentaschranke nicht überschreiten. Bei Succinylcholingabe zur Narkoseeinleitung beim Kaiserschnitt ist daher mit keiner Relaxierung des Neugeborenen zu rechnen.

- maligne Hyperthermie:
  Succinylcholin kann eine maligne Hyperthermie (→ S. 212) auslösen.
- Rhabdomyolyse:
  Nach einer Succinylcholingabe kann es zu einer Rhabdomyolyse (= Auflösung quergestreifter Muskelfasern) kommen. Die Rhabdomyolyse ist ein Symptom der malignen Hyperthermie (→ S. 212). Die meisten Fälle einer succinylcholinbedingten Rhabdomyolyse wurden bei Jungen beobachtet. Es wird vermutet, dass es sich um klinisch noch unauffällige Jungen handelte, bei denen eine bisher unbekannte Muskelstörung (Myopathie; vor allem eine Muskeldystrophie vom Typ Duchenne) vorlag. Bei diesen Myopathien befinden sich Acetylcholinrezeptoren auch in großer Anzahl außerhalb der motorischen Endplatte (auf der gesamten Muskelzelloberfläche).
  Bei Succinylcholingabe kommt es durch die initiale Erregung dieser großen Anzahl an ACh-Rezeptoren zur massiven Kaliumfreisetzung aus den Muskelzellen. Folge kann eine Bradykardie und evtl. ein therapieresistenter Herzstillstand sein. Vergleichbare Probleme können auch nach Verbrennungen, Querschnittslähmungen oder Immobilisierung (> ca. 1 Woche) auftreten.
  Eine Rhabdomyolyse führt auch zu einer Freisetzung von Myoglobin aus geschädigten Muskelfaserzellen und zu dessen Ausscheidung über den Urin (Myoglobinurie) mit einer rotbraunen Verfärbung des Urins.
  Da viele Myopathien im Kindesalter klinisch noch nicht erkennbar sind, sondern sich meist erst im späteren Alter äußern, darf Succinylcholin bei Kindern (und auch bei Erwachsenen) nicht mehr routinemäßig bei Wahleingriffen verwendet werden (→ unten).

Indikationen

Wegen des schnellen Wirkungseintritts und der kurzen Wirkungsdauer wurde Succinylcholin lange Zeit als das Relaxans der Wahl zur Intubation eingesetzt. Gelang z. B. die Intubation nicht, so konnte der Patient bereits nach wenigen Minuten wieder spontan atmen.

> ! Inzwischen wird der routinemäßige Einsatz von Succinylcholin abgelehnt! Bei einer geplanten, voraussichtlich unkomplizierten Intubation soll auf Succinylcholin zugunsten eines nicht depolarisierenden Muskelrelaxans verzichtet werden. Anerkannte Indikationen sind weiterhin die **„Ileuseinleitung"** („Blitzintubation") beim nicht nüchternen Patienten (→ S. 210) sowie die Notwendigkeit einer sofortigen Intubation oder eines sofortigen Freimachens der Atemwege (z. B. bei einem Laryngospasmus).

Darreichungsform

Für Pantolax®:

- Ampullen mit 2%iger Lösung zu 5 ml = 100 mg; 1 ml = 20 mg
- Ampullen mit 1%iger Lösung zu 10 ml (= 100 mg); 1 ml = 10 mg

Zumeist wird die 2%ige Lösung verwendet.

Dosierung

- initiale Vollrelaxierung:
  - bei Erwachsenen:
    ca. 1–1,5 mg/kg KG intravenös
  - bei Kindern:
    ca. 1,5–2 mg/kg KG intravenös
  - bei Neugeborenen und Säuglingen:
    ca. 2–3 mg/kg KG intravenös
- Wiederholungsdosis (falls unbedingt nötig):
  ca. die Hälfte der Initialdosis

1.11 Neuromuskuläres Monitoring (Relaxometrie)

1.11.1 Relaxationsgrad

Beurteilung anhand klinischer Parameter

Wird ein Muskelrelaxans verabreicht, so kommt es erst dann zu einer beginnenden Muskellähmung bzw. einer Abnahme der Zuckungsamplitude (→ S. 77), wenn mehr als ca. 70–75 % der Acetylcholinrezeptoren blockiert sind. Sind

mehr als ca. 95 % der Rezeptoren besetzt, liegt eine vollständige Muskellähmung vor, es kommt bei der Reizung eines motorischen Nerven zu keiner Zuckungsreaktion mehr (vgl. Tab. 1-8).
Die Wirkungsdauer einer bestimmten Muskelrelaxansdosis kann je nach Patient evtl. deutlich variieren. Beispielsweise können Nieren- oder Lebererkrankungen, extreme Gewichts- oder Altersklassen, ein Abfall der Körpertemperatur oder mögliche Wechselwirkungen mit anderen Medikamenten (z. B. verstärken volatile Inhalationsanästhetika die Wirkung von nicht depolarisierenden Relaxanzien) die individuelle Empfindlichkeit auf ein Relaxans deutlich beeinflussen. Ob die Wirkung eines Relaxans bereits abgeklungen ist oder ob sie noch andauert, kann subjektiv anhand klinischer Parameter, aber auch objektiv mittels Relaxometrie beurteilt werden.
Damit ein Patient extubationsfähig ist, sollte er Folgendes auf Aufforderung können:

- mindestens 5 Sekunden lang den Kopf anheben (besonders sensibler Test)
- Augen öffnen
- Zunge herausstrecken
- Hand drücken
- den gestreckten Arm anheben

Außerdem sollte der Patient gegen den Tubus anhusten können (zumindest beim Absaugen).

Für einen Relaxansüberhang sprechen:

- unruhige, ruckartige Bewegung der Extremitäten
- nur unvollständige Augenöffnung unter Runzeln der Stirn
- unkoordinierte Schaukelatmung
- schwacher, kraftloser Hustenstoß beim endotrachealen Absaugen
- kraftloser Händedruck
- evtl. Stresssymptome wie Tachykardie, Blutdruckanstieg

Tab. 1-8 Beurteilung der Relaxationstiefe (nähere Erklärungen → Text)

<table>
<tr><th>Blockierte Rezeptoren (%)</th><th>Zuckungsamplitude (Reizantwort T_1) (%)</th><th>Neuromuskuläre Blockade (%)</th><th>T_4/T_1-Quotient</th><th>TOF-Zahl</th><th>Reizantwort</th><th>Klinische Beurteilung</th></tr>
<tr><td>< 75</td><td>100</td><td>0</td><td>1</td><td>4</td><td>||||</td><td>keine Relaxation</td></tr>
<tr><td></td><td>90</td><td>10</td><td>(≥ 0,7) 0,8–0,9</td><td>4</td><td>||||</td><td>Extubation möglich</td></tr>
<tr><td></td><td>75</td><td>25</td><td>0,5</td><td>4</td><td>||||</td><td>Kopfheben nicht möglich, VK ↓</td></tr>
<tr><td></td><td>50</td><td>50</td><td>0,2</td><td>4</td><td>||||</td><td>AZV ↓, VK ↓↓</td></tr>
<tr><td></td><td>25</td><td>75</td><td>0</td><td>3</td><td>|||</td><td>(chirurgische Relaxation)</td></tr>
<tr><td></td><td>20</td><td>80</td><td>0</td><td>2</td><td>||</td><td>chirurgische Relaxation</td></tr>
<tr><td></td><td>10</td><td>90</td><td>0</td><td>1</td><td>|</td><td>Intubation und chirurgische Relaxation</td></tr>
<tr><td>100</td><td>0</td><td>100</td><td>0</td><td>0</td><td></td><td>Intubation und chirurgische Relaxation</td></tr>
</table>

AZV = Atemzugsvolumen; VK = Vitalkapazität

! Es ist zu beachten, dass verschiedene klinische Funktionsprüfungen wie das Kopfheben nach einer Bauchoperation schmerzbedingt eingeschränkt sein können. Auch ein Narkoseüberhang (z. B. durch ein volatiles Inhalationsanästhetikum) kann die klinische Überprüfung der Restrelaxation verfälschen. Die klinische Beurteilung des Relaxationsgrades kann schwierig und irreführend sein und dazu führen, dass am Operationsende ein noch anrelaxierter Patient extubiert wird.

Beurteilung anhand der Relaxometrie

Zur objektiven Abschätzung des Relaxationsgrades kann ein peripherer Nervenstimulator verwendet werden. Die Überwachung des Relaxationsgrades mithilfe eines peripheren Nervenstimulators wird als **Relaxometrie**, der dazu verwendete periphere Nervenstimulator als **Relaxometer** bezeichnet.
Bei einer Überwachung der neuromuskulären Funktion mittels Relaxometrie kann

- der aktuelle Relaxationsgrad auch bei unkooperativen oder bewusstlosen Patienten beurteilt werden.
- der Wirkungsbeginn eines Relaxans erfasst und somit verhindert werden, dass die Intubation zur früh versucht wird, also bevor der Patient ausreichend relaxiert ist (wichtig z. B. bei nicht nüchternen Patienten und bei Patienten mit erhöhtem intrakraniellem Druck).
- eine intraoperativ nachlassende Relaxation rechtzeitig erfasst und ggf. eine Nachinjektion zeitgerecht vorgenommen werden.
- ein evtl. auftretender Dualblock (Phase-II-Block; → S. 74) erfasst werden.
- ein evtl. Relaxansüberhang am Narkoseende erkannt werden.
- beurteilt werden, ob im Falle eines Relaxansüberhangs eine Antagonisierung bereits sinnvoll oder ob die neuromuskuläre Blockade noch zu tief ist (→ S. 82).
- kontrolliert werden, wie effektiv eine Relaxansantagonisierung ist.

1.11.2 Wirkprinzip

Die Relaxometrie basiert darauf, dass ein peripherer Nerv, der einen bestimmten Muskel innerviert, mittels eines peripheren Nervenstimulators elektrisch gereizt wird. Die auftretende Reizantwort des Muskels wird visuell, taktil oder apparativ-technisch beurteilt. Bei dem verwendeten elektrischen Stimulationsreiz muss es sich um einen sog. supramaximalen Reiz handeln. Eine supramaximale Reizung ist aus folgenden Gründen wichtig: Die Reizantwort (Kontraktionskraft, Zuckungsamplitude) bei Stimulation eines peripheren Nervs hängt davon ab, wie viele Nervenfasern (mit den dazugehörenden Muskelfasern) des stimulierten Nervs erregt werden. Mit zunehmender Reizstärke werden immer mehr Nervenfasern mit den zugehörenden Muskelfasern erregt, bis schließlich durch den Reiz alle Nervenfasern des stimulierten Nervs erregt werden und damit die maximale Reizantwort erzielt wird.
Ein für die Relaxometrie verwendeter sog. supramaximaler Reiz ist mindestens um 25 % größer als der Reiz, mit dem gerade die maximale Reizantwort erzielt wird. Diese Sicherheitsreserve ist notwendig, um auch bei einer im Laufe der Zeit auftretenden Zunahme des Hautwiderstands (z. B. bei intraoperativer Auskühlung) weiterhin eine maximale Nervenstimulation zu garantieren.

1.11.3 Durchführung

Elektroden und Polarität

Zur Nervenstimulation werden entweder 2 spezielle selbstklebende Gelelektroden oder 2 übliche EKG-Elektroden über den zu stimulierenden Nerv geklebt. Nervenstimulatoren verfügen über eine aktive (negative, meist schwarze) Elektrode und eine inaktive (positive, meist weiße oder rote) Elektrode. Werden die Stimulationselektroden im Verlauf eines Nervs sehr eng nebeneinander platziert (was erstrebenswert ist, um eine hohe Stromdichte am Nerv zu erzielen), dann ist es egal, welches Stimulationskabel an welcher Elektrode angeschlossen wird.

Stimulationsorte

Normalerweise wird zur Überprüfung der neuromuskulären Übertragung der Nervus ulnaris stimuliert. Der Nervus ulnaris innerviert am Daumen nur den Musculus adductor pollicis. Die anderen Muskeln des Daumenballens werden vom Nervus medianus innerviert. Zur Stimulation des Nervus ulnaris werden meist 2 bzw. 4 cm proximal der Handgelenksfurche im Verlauf des Nervus ulnaris (auf der Kleinfingerseite) 2 Stimulationselektroden platziert (vgl. Abb. 1-32). Der Nervus ulnaris verläuft neben der Arteria ulnaris. Zur Orientierung bei der Elektrodenplatzierung kann daher die Arteria ulnaris getastet werden. Bei Stimulation des Nervus ulnaris wird der Daumen im Grundgelenk gebeugt und adduziert. Die Daumenbewegung ist gut sichtbar, tast- und messbar. Zur supramaximalen Stimulation des Nervus ulnaris sind meist ca. 50–70 mA notwendig. Es sollte jedoch nicht mit mehr als 80 mA stimuliert werden.
Bei bestimmten operativen Eingriffen ist der Nervus ulnaris für eine Stimulation nicht zugänglich. Falls z. B. der Kopf intraoperativ gut zugänglich ist, dann bietet sich die Stimulation des Nervus facialis an (vgl. Abb. 1-33). Ist das Bein für den Anästhesisten erreichbar, dann kann evtl. der Nervus tibialis hinter dem Innenknöchel oder der Nervus peronaeus unmittelbar distal des Wadenbeinköpfchens stimuliert werden (vgl. Abb. 1-33).

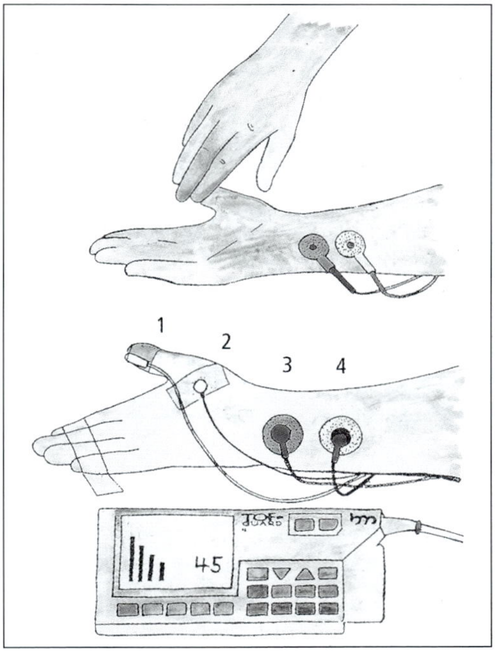

Abb. 1-32 Übliche Elektrodenpositionen für die Reizung des Nervus ulnaris im Bereich des Handgelenkes. Taktiles Erfassen (oben) oder Registrierung der Reizantwort mittels Akzelerographie (unten).
1 = Beschleunigungswandler zur akzelerographischen Registrierung der Daumenbeschleunigung, vgl. Text unten; 2 = Temperaturfühler; 3 und 4 = Stimulationselektroden.

„Train of four"-Reizung

Zur Überwachung der neuromuskulären Übertragung wird inzwischen fast immer die „**t**rain **o**f **f**our"-(= TOF-)Reizung (Vierfachreizung) vorgenommen. Bei der TOF-Reizung werden 4 supramaximale Reize mit 2 Hz, das heißt einem zeitlichen Abstand von jeweils 0,5 Sekunden, durchgeführt.
Durch einen TOF-Reiz kommt es beim nicht relaxierten Patienten zu 4 gleich starken Kontraktionen. Bei inkompletter Blockade mit einem nicht depolarisierenden Muskelrelaxans nimmt die Zuckungsamplitude vom ersten bis zum vierten Reiz zunehmend ab, da es bei kurz aufeinander folgenden Stimulationen zur Entleerung der Acetylcholinspeicher und zur Abnahme der Zuckungsamplitude, einer sog. Ermüdungsreaktion, kommt. Die Zuckungsamplitude des ersten Reizes wird mit der Zuckungsamplitude des vierten Reizes verglichen. Der Quotient aus der Amplitude der vierten Zuckung geteilt durch die Amplitude der ersten Zuckung wird als **TOF-Quotient** (T_4/T_1-Quoti-

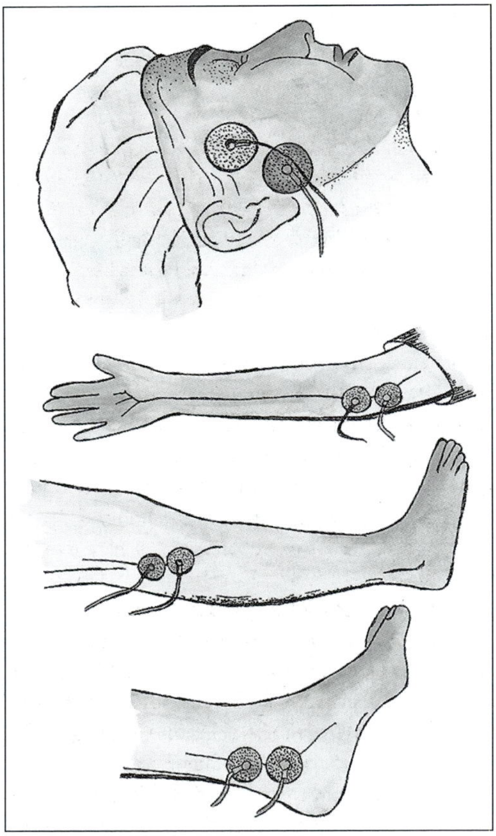

Abb. 1-33 Stimulation des Nervus facialis, des Nervus ulnaris (im Bereich des Ellenbogens), des Nervus peronaeus oder des Nervus tibialis

ent) bezeichnet. Beim nicht relaxierten Patienten mit 4 gleich starken Zuckungsamplituden ist der T_4/T_1-Quotient 1,0. Je niedriger der T_4/T_1-Quotient, desto stärker ist der Relaxierungsgrad (vgl. Tab. 1-8; → S. 77; Abb. 1-34).

! Der TOF-Quotient kann nur bestimmt werden, wenn alle 4 Reize mit einer Muskelkontraktion beantwortet werden. Bei zunehmender Relaxationstiefe wird der TOF-Quotient immer kleiner. Schließlich werden bei weiter zunehmender Relaxationstiefe nur noch 3 bzw. 2 Stimulationsreize oder es wird nur noch der erste Stimulationsreiz oder keiner der 4 Reize mehr beantwortet.

Kommt es nach einem TOF-Reiz zu keiner motorischen Antwort, dann wird von einer **tiefen Relaxation** gesprochen. Von einer für chirurgische Eingriffe ausreichenden Relaxationstiefe kann ausgegangen werden, wenn nur 1 oder 2 (oder 3) Reizantworten vorhanden sind (TOF-Zahl 1, 2 oder 3; vgl. Tab. 1-8). Dennoch sind hierbei evtl. Bewegungen, vor allem Zwerchfellbewegungen (Schluckauf, Husten) möglich, da für die Relaxation des Zwerchfells (und der Kehlkopfmuskeln) höhere Dosen an Relaxans benötigt werden als zur Relaxation der meisten anderen Muskelgruppen. Bei Rückkehr der (dritten und) vierten Reizantwort ist die Relaxierung für abdominalchirurgische Eingriffe als nicht mehr ausreichend zu betrachten.

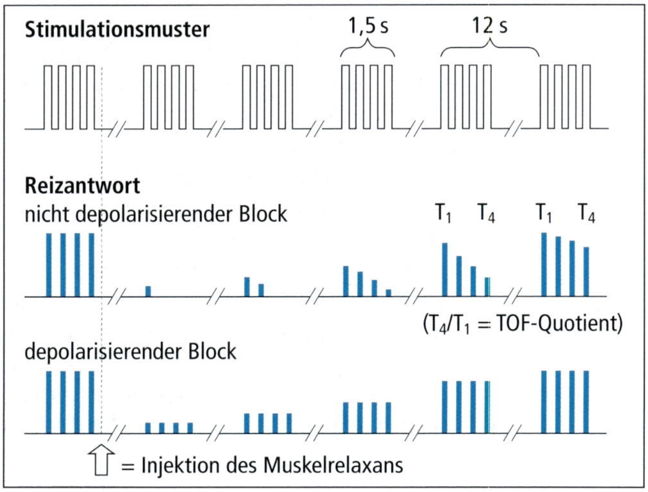

Abb. 1-34 Reizantwort

Erst wenn der T_4/T_1-Quotient 0,8–0,9 (80–90 %) beträgt, ist die Relaxation soweit abgeklungen, dass der Patient extubiert werden kann. In älteren Studien wurde für die sichere Extubation nur ein T_4/T_1-Quotient von 0,7–0,75 gefordert.
Die „train of four"-Methode ermöglicht auch die Unterscheidung einer neuromuskulären Blockade nach Gabe eines depolarisierenden Muskelrelaxans (= Depolarisationsblock) von einer neuromuskulären Blockade nach Gabe eines nicht depolarisierenden Relaxans (= Nichtdepolarisationsblock). Während der inkomplette Nichtdepolarisationsblock (kompetitiver Block) nach Vierfachreizung eine charakteristische Ermüdungsreaktion aufweist, kommt es beim inkompletten Depolarisationsblock (Phase-I-Block) zu einer weitgehend gleichmäßigen Verminderung aller 4 Zuckungen gegenüber dem nicht relaxierten Zustand. Die Relation des ersten zum vierten Stimulus ist meist nahezu 1,0 (vgl. Abb. 1-34). Es tritt also keine Ermüdungsreaktion auf.
Auch ein Phase-II-Block (Dualblock) kann mit der „train of four"-Stimulation erfasst werden. Kommt es nach Gabe größerer Dosen Succinylcholin zu einer Ermüdungsreaktion, dann hat sich ein Phase-II-Block (Dualblock) entwickelt.

> ! Der TOF ist vor allem bei einer Blockade mit einem nicht depolarisierenden Muskelrelaxans von großem Aussagewert. Es kann relativ einfach der Relaxierungsgrad beurteilt werden.

Die TOF-Stimulation bietet sich an zur:
- Überwachung des Relaxationsgrades vor und während der Intubation
- intraoperativen Überwachung des Relaxationsgrades
- Überwachung des Relaxationsgrades während der Narkoseausleitung

Registrierung der Muskelantwort

Die durch den elektrischen Reiz ausgelöste Muskelantwort wird meist
- taktil bzw. visuell oder
- mittels Akzelerographie

registriert.

Taktiles oder visuelles Erfassen

Die einfachste Methode zur Registrierung der Reizantwort nach peripherer Nervenstimulation ist die Beurteilung der Reizantwort durch Fühlen mit der Hand oder durch visuelles Betrachten des gereizten Muskels. In vielen Kliniken wird die Reizantwort noch taktil oder visuell beurteilt, da nicht ausreichend Geräte zur apparativen Reizregistrierung verfügbar sind. Es hat sich gezeigt, dass ein taktiles Erfassen der Reizantwort genauere Ergebnisse liefert als die optische Einschätzung.
Zur Steuerung der intraoperativen Relaxationstiefe ist die taktile Beurteilung meist ausreichend. In der Erholungsphase ist das taktile Auflösungsvermögen nicht ausreichend. Taktil kann ein TOF-Quotient bis zu 0,4 erfasst werden. Bei größerem TOF-Quotient, also geringem Relaxierungsgrad, werden die Reizantworten als gleich stark empfunden und können nicht mehr differenziert werden. Da für eine sichere Extubation ein TOF-Quotient von 0,8–0,9 gefordert wird, ist die taktile Beurteilung in der Abklingphase nicht ausreichend genau möglich. Hier ist die apparativ-technische Registrierung der Reizantwort (z. B. mittels Akzelerographie) am zuverlässigsten.

Akzelerographie

Bei der Akzelerographie wird nach Stimulation eines Nervs (z. B. des Nervus ulnaris) nicht die Kraftentwicklung, sondern die nachfolgende proportionale Beschleunigungsbewegung (z. B. des Daumens) gemessen. Voraussetzung ist eine freie Beweglichkeit des Daumens.
Zur Registrierung der Reizantwort wird ein Beschleunigungswandler am Daumen fixiert (vgl. Abb. 1-32). Ein Beschleunigungswandler enthält einen Mechanosensor. Dieser führt zu einer Spannungsänderung, die proportional der Beschleunigung ist. Anhand der gemessenen Beschleunigung kann auf die entwickelte Kraft geschlossen werden.

Antagonisierung von nicht depolarisierenden Muskelrelaxanzien

Ein Nichtdepolarisationsblock sollte frühestens dann antagonisiert werden, wenn mindestens eine Reizantwort bei der TOF-Reizung nachweisbar ist. Bei tieferen Relaxationsgraden ist eine Antagonisierung meist unzuverlässig und sollte unterlassen werden.

1.12 Endotracheale Intubation

✓ Unter endotrachealer Intubation wird das Einführen eines Schlauches oder Tubus (lateinisch: tubus = Rohr) durch die Stimmritze in die Trachea verstanden.

Bei der endotrachealen Intubation muss der Kehlkopf möglichst sichtbar gemacht und der Tubus unter Sicht durch den Kehlkopf in die Trachea vorgeschoben werden. Über dieses Rohr kann der Patient entweder selbstständig atmen oder künstlich beatmet werden.

✓ Wird der Tubus durch den Mund in die Trachea eingeführt, so wird von **orotrachealer Intubation** gesprochen. Beim Einführen des Tubus durch die Nase in die Trachea wird von **nasotrachealer Intubation** gesprochen.

1.12.1 Vorteile

Die Beatmung während einer Narkose kann sowohl über eine dicht um Mund und Nase geschlossene Gesichtsmaske, eine Kehlkopfmaske als auch über einen endotrachealen Tubus erfolgen. Die Vorteile einer endotrachealen Intubation sind:

- Der Patient ist vor einem Eindringen von Speichel, Blut, Magen-Darm-Inhalt und sonstigen Fremdkörpern in die Trachea (= Aspiration; → S. 211) geschützt, solange er intubiert ist.
- Es ist ein gezieltes, endotracheobronchiales Absaugen möglich.
- Der Anschluss an ein Beatmungsgerät ist möglich.
- Die Personal- und Umweltbelastung durch Narkosegase ist minimal. Bei einer Intubationsnarkose können alle Narkosegase sicher abgesaugt werden. Bei einer Maskenbeatmung kann dagegen durch die meist nicht völlig abgedichtete Maske Narkosegas in den OP-Raum entweichen.

1.12.2 Absolute Indikationen

Absolute Indikationen zur endotrachealen Intubation sind:

- ein nicht nüchterner Patient (z. B. Patient mit einem Ileus, Schwangere ab der ca. 14. Schwangerschaftswoche [d. h. ab dem zweiten Schwangerschaftstrimenon; z. T. wird als Grenze auch die 20. Schwangerschaftswoche angegeben], Notfallpatient usw.; → S. 209)
- Eingriffe, bei denen eine Beatmung über Gesichtsmaske oder über eine Larynxmaske nicht möglich ist oder sich verbietet (z. B. Operation an der Lunge)
- die meisten Operationen im Gesichts- und Halsbereich
- Bauch- und Thoraxeingriffe
- ungünstige Operationslagerungen wie Bauchlage, Seitenlage oder sitzende Lagerung, bei denen eine Maskenbeatmung bzw. eine Beatmung über eine Larynxmaske zu vermeiden ist
- mechanische Wiederbelebung (Reanimation) eines Patienten (→ S. 526)

1.12.3 Anatomie des Kehlkopfes

Der Kehlkopf ist aus einem Knorpelskelett aufgebaut. Wichtigster Knorpel ist der Schildknorpel, dessen prominentester Punkt normalerweise als „Adamsapfel“ getastet werden kann. Unmittelbar darunter sitzt der Ringknorpel (Cartilago cricoidea). Der Kehlkopfeingang, die

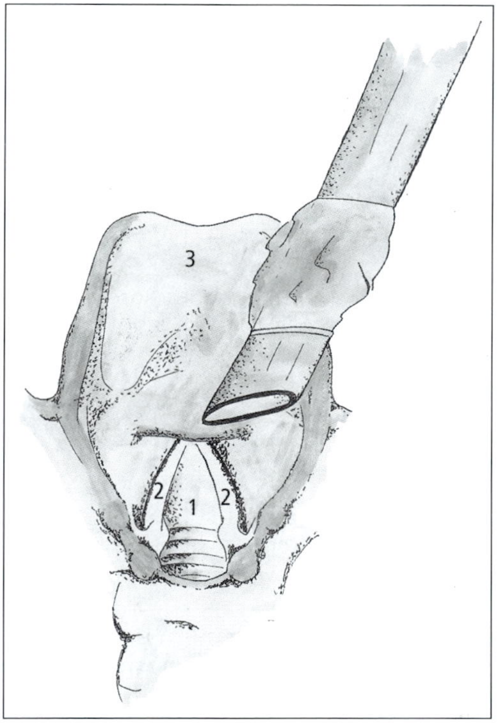

Abb. 1-35 Kehlkopfeingang mit angenäherter Tubusspitze. 1 = Stimmritze; 2 = Stimmbänder; 3 = Epiglottis.

Stimmritze (Glottis, 1 in Abb. 1-35), wird durch die beiden Stimmbänder (2 in Abb. 1-35) begrenzt. Während des Schluckaktes wird die Stimmritze von der darüber sitzenden Epiglottis (3 in Abb. 1-35) bedeckt, um das Eindringen von Fremdkörpern in die Luftwege zu verhindern.

Engste Stelle des Kehlkopfes ist beim Erwachsenen die Glottis. Die Größe eines Endotrachealtubus muss sich daher an der Größe der Glottis orientieren. Beim Kind dagegen ist die engste Stelle des Kehlkopfes unterhalb der Stimmritze im Bereich des Ringknorpels. Ein Endotrachealtubus, der sich durch die Glottis vorschieben lässt, kann daher beim Kind knapp unterhalb der Glottis auf Widerstand stoßen. Er darf dann nicht mit Gewalt vorgeschoben, sondern muss gegen einen kleineren Tubus ausgetauscht werden.

1.12.4 Instrumentarium

Endotrachealtubus

Allgemeine Bemerkungen

Endotrachealtuben werden in unterschiedlichen Größen und Formen sowie aus unterschiedlichem Material geliefert. Die meisten Tuben besitzen am trachealen Ende eine aufblasbare Manschette (= cuff, sprich: kaff). Diese Manschette (1 in Abb. 1-36) ist über eine teilweise in die Tubuswand eingearbeitete Leitung (2 in Abb. 1-36) aufblasbar. Anhand der Prallheit eines in diese Leitung eingebauten Kontrollballons (3 in Abb. 1-36) kann abgeschätzt werden, wie stark der **Tubus-Cuff** aufgeblasen (= geblockt) ist. Durch dieses Blocken des Cuffs wird ein Abdichten des Tubus gegen die Trachealwand garantiert. Bei den Tubusmanschetten kann (nach Art des Manschettenmaterials und des Manschettenvolumens) zwischen sog. **Hochdruckmanschetten** und **Niederdruckmanschetten** unterschieden werden. Hochdruckmanschetten liegen bei Gummituben mit einer Gummimanschette vor. Sie werden mit einem relativ kleinen Volumen (ca. 5–7 ml) geblockt (→ S. 96). Der zur Entfaltung der elastischen Gummimanschette notwendige Druck ist relativ hoch (z. T. über 150 mm Hg). Tuben mit Hochdruckmanschette werden inzwischen nur noch extrem selten verwendet. Niederdruckmanschetten bestehen aus nicht elastischem Material (meist aus durchsichtigem Kunststoff). Der zum Blocken notwendige Druck ist relativ gering (ca. 25 mm Hg). Es gibt Niederdruckmanschetten die mit einem relativ geringen (ca. 3–7 ml) oder mit einem relativ großen Volumen (ca. 15 ml) geblockt werden. Niederdruckmanschetten sind für die Trachealschleimhaut am schonendsten. Inzwischen werden fast nur noch Endotrachealtuben mit Niederdruckmanschette verwendet. Am oralen Ende besitzen alle Trachealtuben einen zumeist abziehbaren Konnektor (4 in Abb. 1-36) aus Kunststoff oder Metall. Die In- und Exspirationsschläuche werden mittels eines sog. Winkelstückes oder eines

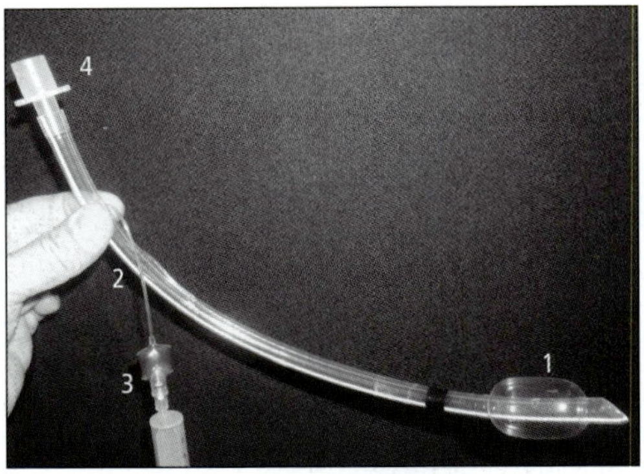

Abb. 1-36 Endotrachealtubus mit aufgesetzter Spritze zum Blocken der Manschette. 1 = großvolumige Niederdruckmanschette aus durchsichtigem Plastik; 2 = Zuleitung für die Manschette; 3 = Kontrollballon der Manschettenzuleitung; 4 = Konnektor.

Y-Stückes (→ S. 15) mit dem Konnektor verbunden (Steckverbindung).

Tubusgröße

✓ Die Größe eines Tubus wird nach dem in Millimetern gemessenen **Innendurchmesser** (= **ID**) angegeben.

Der kleinste Tubus hat einen Innendurchmesser von 2,0 mm. Der nächstgrößere Tubus hat jeweils einen um 0,5 mm größeren Innendurchmesser. Der größte Tubus hat 11 mm Innendurchmesser (= 11er-Tubus; Tab. 1-9).

Tab. 1-9 Tubusgrößen für verschiedene Altersstufen

Alter	Gewicht (kg KG)	Innendurchmesser des Tubus (mm)	Einführtiefe ab Zahnleiste (in cm)	Cuff
Frühgeborene		2,5	7	
Neugeborene	3,3	3	9	
6 Mo.	8	3,5	10	
1 J.	10	4	12	ohne Cuff
1,5 J.	12	4,5	12,5	
2 J.	13	5	13	
4 J.	17	5,5	15	
6 J.	22	6	15	
8 J.	28	6,5	16	
10 J.	31	6,5	6	
12 J.	39	7	17–18	
14 J.	48	7,5	20–22	mit Cuff
Erwachsene Frau	70	7,5 (–8)	21–22	
Erwachsener Mann	80	8 (–8,5)	22–23	
Faustregel (Tubusinnendurchmesser): von 2–8 J.		4,5 + Alter/4		

! Für erwachsene Männer wird meist ein Tubus der Größe 8,0(–8,5), für erwachsene Frauen ein solcher von 7,5(–8,0) empfohlen. Bei Kindern unter 8–10 Jahren wird zumeist empfohlen, einen Tubus ohne Manschette zu verwenden.

Inzwischen werden zumeist Einwegendotrachealtuben verwendet. Die meisten Einwegendotrachealtuben werden aus **P**oly**v**inyl**c**hlorid (= PVC) hergestellt. PVC-Tuben sind relativ weich und nicht gewebereizend. Auch für kürzer dauernde Intubationen werden inzwischen fast nur noch Endotrachealtuben mit Niederdruckmanschette eingesetzt.

- Der **Magill-Tubus** (vgl. Abb. 1-37) ist ein leicht vorgebogener Tubus mit einem normierten Krümmungsradius. Der Magill-Tubus liegt sowohl für die orotracheale wie auch für die nasotracheale Intubation vor. Er besteht normalerweise aus Plastik (meist PVC). Insbesondere bei den für den Einmalgebrauch gedachten Plastiktuben gibt es ein riesiges Angebot. Wiederverwendbare Magill-Tuben werden nur noch selten eingesetzt.

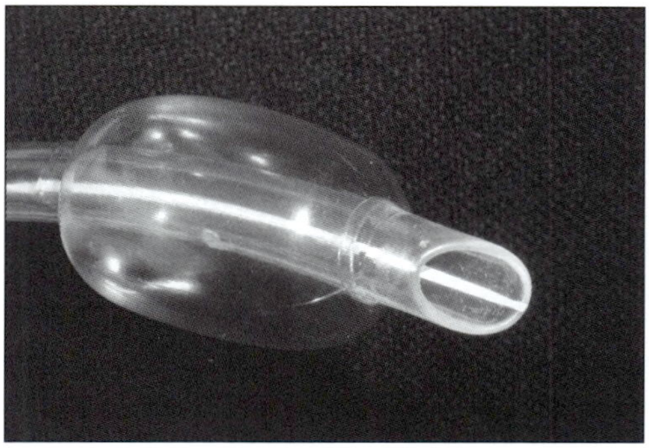

Abb. 1-37 Spitze eines (high volume) Magill-Tubus (ohne Murphy-Auge; vgl. Abb. 1-38)

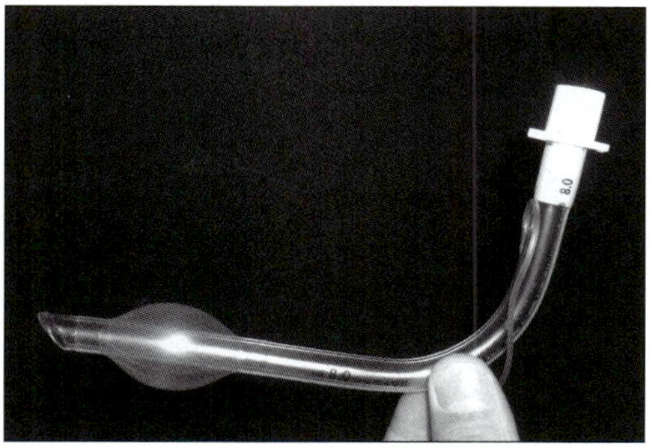

Abb. 1-39 Oxford-Tubus

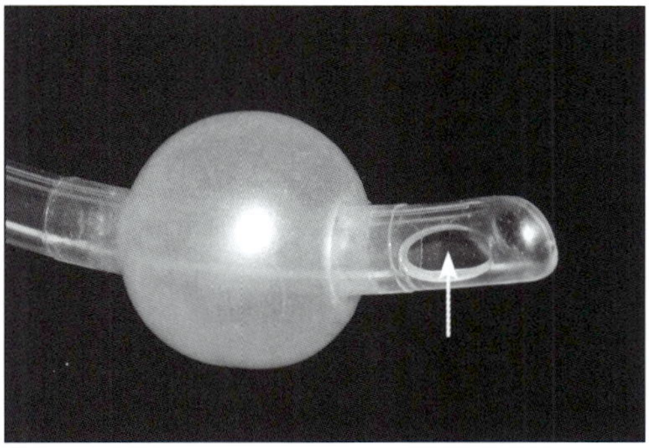

Abb. 1-38 Spitze eines (low volume) Murphy-Tubus mit Murphy-Auge (↑)

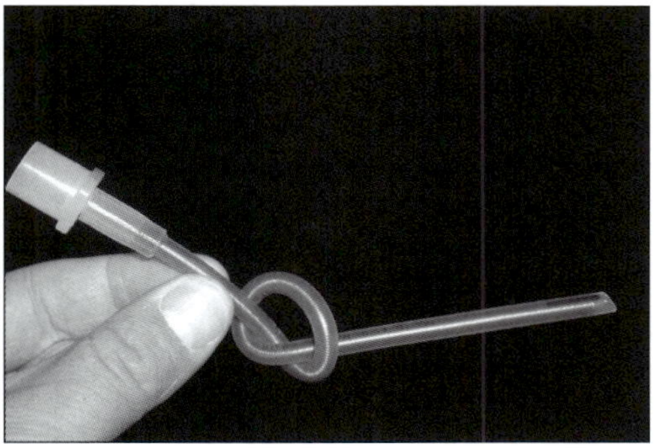

Abb. 1-40 Woodbridge-Tubus (selbst wenn ein Knoten entstehen würde, knickt dieses Tubusmodell nicht ab)

- Der **Murphy-Tubus** (vgl. Abb. 1-38) unterscheidet sich vom Magill-Tubus nur dadurch, dass er auf der rechten Seite kurz vor der Tubusspitze ein zusätzliches seitliches Loch, ein sog. Murphy-Auge, besitzt. Falls das angeschrägte Tubusende der Trachealschleimhaut anliegen sollte, dann kann die Beatmung noch über das seitliche Murphy-Auge erfolgen. Über dieses Auge kann auch ein möglicherweise atypisch aus der distalen Trachea entspringender rechter Oberlappenbronchus besser belüftet werden. Zumeist werden Endotrachealtuben mit einem Murphy-Auge verwendet.
- Der **Oxford-Tubus** (vgl. Abb. 1-39) ist ein nicht knickbarer, „L"-förmiger Tubus, der nur zur orotrachealen Intubation verwendet werden kann. Er wird normalerweise mit einem speziellen, (ausnahmsweise) etwas über die Tubusspitze herausragenden Führungsstab (→ S. 87) angewandt. Dadurch lässt sich erfahrungsgemäß mit dem Oxford-Tubus sehr leicht intubieren, meist auch in schwierigen Situationen. Der Oxford-Tubus kommt jedoch nur noch selten zum Einsatz.
- Der **Woodbridge-Tubus** (vgl. Abb. 1-40) wird aus Latex hergestellt und zeichnet sich durch eine in die Tubuswand eingebaute Me-

tallspirale aus. Dadurch erhält der Tubus seine enorme Flexibilität und lässt sich nicht knicken. Zur inneren Stabilisierung dieses sehr flexiblen Tubus muss für die Intubation immer ein Führungsstab (→ S. 87) verwendet werden. Woodbridge-Tuben werden z. B. dann verwendet, wenn der Patient auf dem Bauch gelagert oder der Tubus aus einem anderen Grund stark zur Seite abgeleitet werden muss.

- Der **Carlens-**, der **White-** und der **Robertshaw-Tubus** (vgl. Abb. 1-41, 1-42 und 1-43) sind spezielle, doppellumige Tuben, die entweder eine gleichzeitige Beatmung der linken und der rechten Lunge oder eine nur einseitige Beatmung ermöglichen. Die Spitze des Carlens-Tubus liegt im linken Hauptbronchus (u. a. für Operationen der rechten Lunge), die Spitze des White-Tubus wird im rechten Hauptbronchus platziert (für Operationen der linken Lunge). Diese Tuben besitzen einen Sporn, der auf der Carina zu liegen kommt (Carinasporn). Der Sporn kann beim Einführen manchmal zu Verletzungen füh-

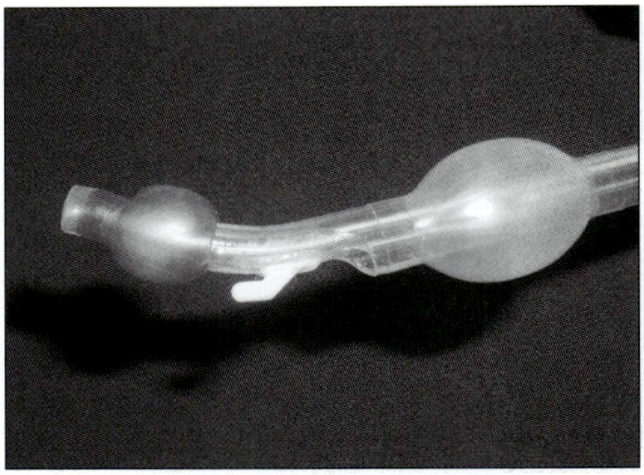

Abb. 1-41 Detailaufnahme der Spitze eines Carlens-Tubus

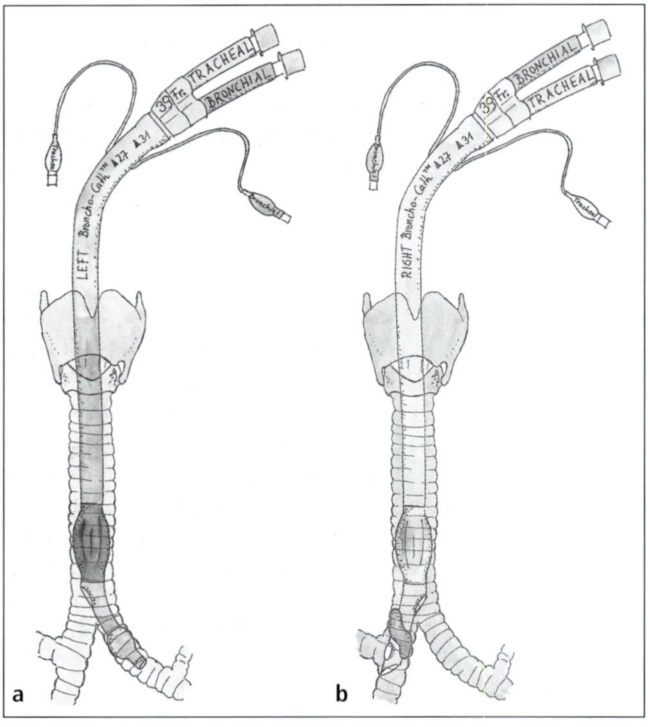

Abb. 1-42 Robertshaw-Tubus. **a** In den linken Hauptbronchus eingeführter Robertshaw-Tubus. **b** In den rechten Hauptbronchus eingeführter Robertshaw-Tubus.

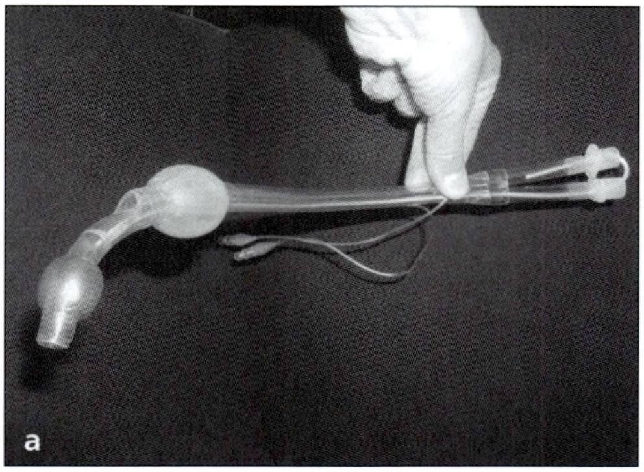

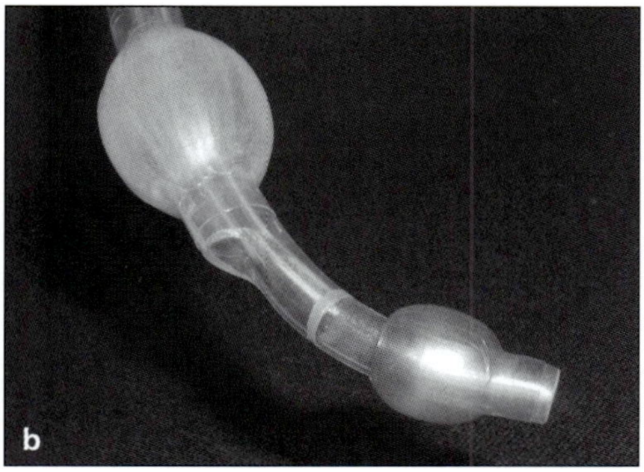

Abb. 1-43 Robertshaw-Tubus. **a** Gesamtansicht eines linksläufigen Modells. **b** Detailaufnahme der Spitze eines linksläufigen Robertshaw-Tubus (Broncho-Cath®, Fa. Mallinckrodt).

ren. Durch die Möglichkeit zur seitengetrennten Beatmung kann verhindert werden, dass z. B. während einer Lungenoperation infektiöses Material oder Tumorgewebe von der kranken Lunge in die gesunde Lunge verschleppt wird. Der Robertshaw-Tubus ist ein dem Carlens- und White-Tubus sehr ähnlicher doppelläufiger Tubus. Er besitzt jedoch keinen Carinasporn. Der Robertshaw-Tubus besitzt 2 typische Krümmungen und ist leichter zu platzieren als ein doppelläufiger Tubus mit Sporn. Er liegt sowohl für die linksseitige als auch für die rechtsseitige endobronchiale Intubation vor. Wieder verwendbare Doppellumentubi wie z. B. der Carlens-, der White- und auch der Robertshaw-Tubus werden inzwischen meist durch Einwegdoppellumentubi aus Plastik (z. B. Broncho-Cath) ersetzt.

Bei der rechtsseitigen endobronchialen Intubation kann es leicht zur Verlegung des kurz nach der Bifurkation abgehenden Bronchus für den rechten Lungenoberlappen kommen (vgl. Abb. 1-42b). Die Tubuslage muss mittels Fiberbronchoskop (→ S. 225) kontrolliert werden. Falls irgend möglich, wird die linksendobronchiale Intubation mit einem linksläufigen Doppellumentubus vorgezogen. Lediglich falls der linke Hauptbronchus kurz hinter der Carina während der Operation abgetrennt werden muss, wird ein rechtsläufiger Doppellumentubus verwendet.

Führungsstab (vgl. Abb. 1-44)

Führungsstäbe sind kunststoffbeschichtete, biegsame Metalldrähte, die in orale (!) Tuben eingeführt werden können. Dadurch kann ein oraler Tubus bei schwierigen Intubationsverhältnissen in eine intubationsgünstigere Form vorgebogen werden.

Die Führungsstäbe dürfen nicht aus der Tubusspitze herausragen, da sie ansonsten eine große Verletzungsgefahr darstellen. Ausnahme ist der Oxford-Tubus, bei dem die sehr weiche Gummispitze des speziellen Führungsstabes normalerweise aus der Tubusspitze herausragt. Die Woodbridge-Tuben müssen immer mit einem Führungsstab intubiert werden, um eine innere Schienung der sehr flexiblen Tuben zu garantieren. Es empfiehlt sich, den Führungsstab mit einem Gleitmittel zu versehen, damit er sich nach der Intubation wieder problemlos aus dem Tubus herausziehen lässt.

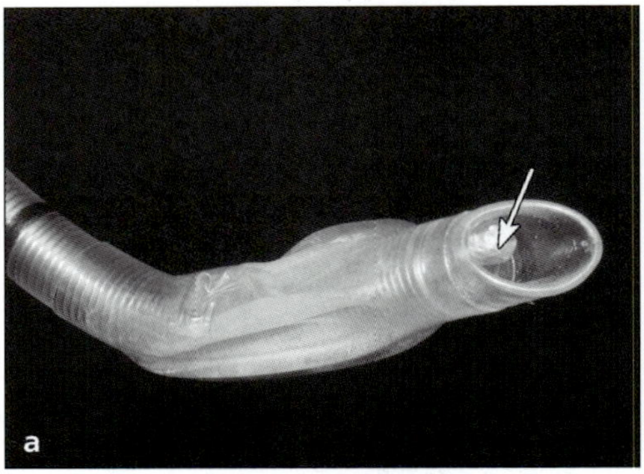

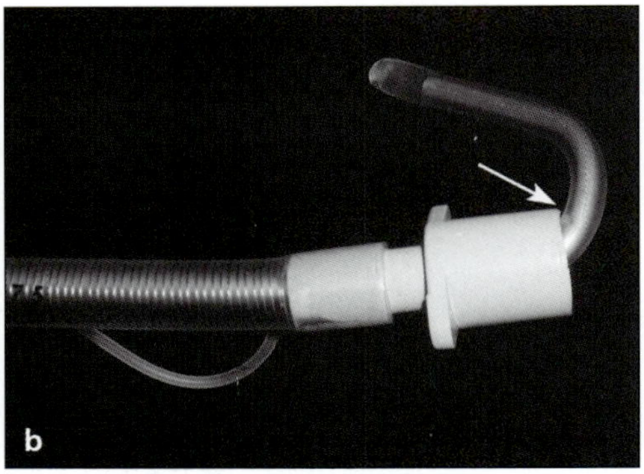

Abb. 1-44a Bis kurz vor die Spitze eines (Woodbridge-)Tubus eingeführter Führungsstab. **b** Am oralen Ende des (Woodbridge-)Tubus ist der Führungsstab umzubiegen, damit er nicht unbeabsichtigt weiter in den Tubus rutscht und aus der Tubusspitze herausragt.

Laryngoskop

✓ Ein Laryngoskop ist ein Hilfsinstrument, mit dem der Kehlkopf eingestellt, das heißt sichtbar gemacht werden kann.

Das Laryngoskop wird normalerweise zur endotrachealen Intubation unter Sicht, manchmal auch zum Einführen einer Magensonde bzw. einer Ösophagustemperatursonde unter Sicht oder zur Rachen- und Kehlkopfinspektion ver-

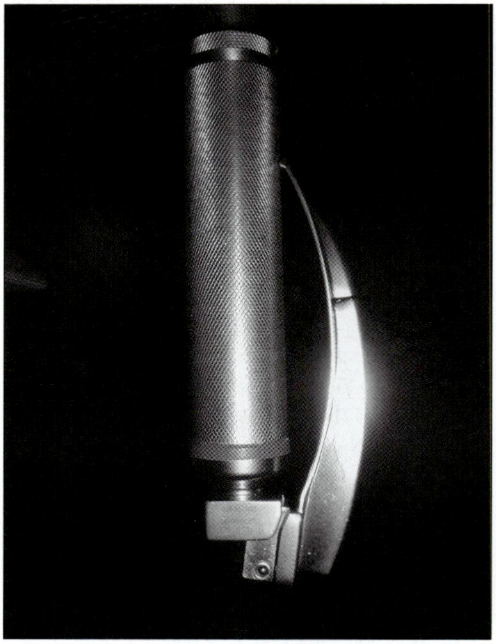

Abb. 1-45 Zusammengeklapptes Laryngoskop (nach MacIntosh)

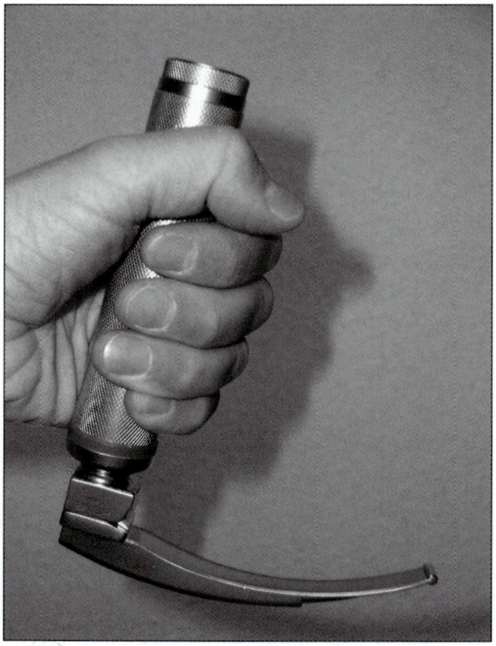

Abb. 1-46 Geöffnetes Laryngoskop (nach MacIntosh)

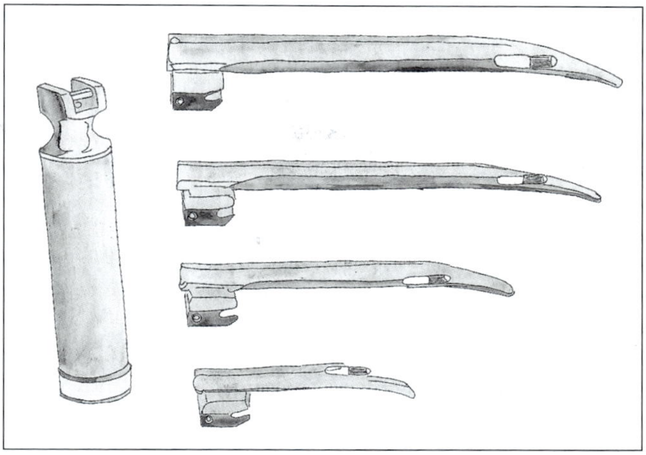

Abb. 1-47 Griff des Laryngoskops mit verschiedenen Spatelgrößen (gerade Spatel nach Miller)

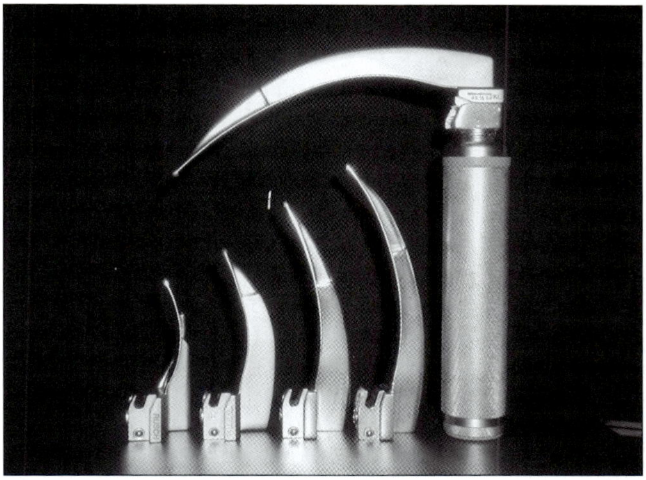

Abb. 1-48 Griff des Laryngoskops mit den Spatelgrößen 1, 2, 3 und 4 (gebogener Spatel nach MacIntosh)

wendet. Laryngoskope bestehen aus einem **Griff** und einem **Spatel**. An der Spatelspitze ist ein Lämpchen angebracht, dessen Stromquelle (z.B. 2 Trockenbatterien) im Griff untergebracht ist. Moderne Laryngoskope besitzen eine Kaltlichtquelle, das heißt, das Lämpchen befindet sich im Griff und die Lichtstrahlen werden über Glasfaserbündel, die in den Spatel eingearbeitet sind, bis an die Spatelspitze geleitet.

Griff und Spatel sind über ein leicht ausklinkbares Scharniergelenk miteinander verbunden. Zusammengeklappt kann das Laryngoskop platzsparend aufbewahrt werden (vgl. Abb. 1-45). Aufgeklappt (ca. 90°) schließt sich ein Kontakt und das Lämpchen leuchtet auf (vgl. Abb. 1-46). Es werden heute vor allem Laryngoskope mit einem **gebogenen Spatel nach MacIntosh** (vgl. Abb. 1-46) oder leichte Modifikationen davon, seltener auch noch Laryngoskope mit **geradem Spatel** (z.B. nach Miller, Abb. 1-47) verwendet. Die gebogenen Spatel passen sich besser der Anatomie der Mundhöhle an und werden aus diesem Grunde bei Erwachsenen allgemein bevorzugt. Bei den gebogenen Spateln nach MacIntosh gibt es 5 verschiedene Spatelgrößen (Größe 0, 1, 2, 3, 4; Abb. 1-48).

Vor allem bei Säuglingen und Kleinkindern kommt öfter das Laryngoskop mit geradem Spatel zur Anwendung (→ S. 237).

Magill-Zange (vgl. Abb. 1-49)

✓ Magill-Zangen sind spezielle (scherenförmige) Fasszangen, deren Griffteil stark zur rechten Seite abgebogen ist.

Insbesondere bei der nasotrachealen Intubation sowie z. B. beim Einführen einer Magensonde unter Sicht wird häufig eine Magill-Zange benötigt, um den Tubus oder die Sonde zu dirigieren. Der Griff der Magill-Zangen ist stark zur Seite gebogen ist, damit bei Gebrauch der Blick auf den Kehlkopf frei bleibt.

Guedel-Tubus (vgl. Abb. 1-50)

✓ Guedel-Tuben sind Oropharyngealtuben, die z. B. beim bewusstlosen nicht intubierten Patienten eingelegt werden, um ein Zurückfallen der Zunge mit Verlegung der oberen Luftwege zu verhindern (vgl. Abb. 1-51). Auch beim oral intubierten Patienten wird zusätzlich ein Guedel-Tubus als „Beißschutz" für den Orotrachealtubus eingelegt (→ Abb. 1-67; S. 99).

Es gibt insgesamt 9 verschieden große Guedel-Tuben: Nr. 6, 5, 4, 3, 2, 1, 0, 00, 000. Guedel-Tuben werden nach der in den Abbildungen 1-52 und 1-53 gezeigten Weise in den Mund eingeführt. Sie werden oft auch bei der Maskenbeatmung (→ S. 109) narkotisierter Patienten in deren Mund eingeführt, wodurch eine Verle-

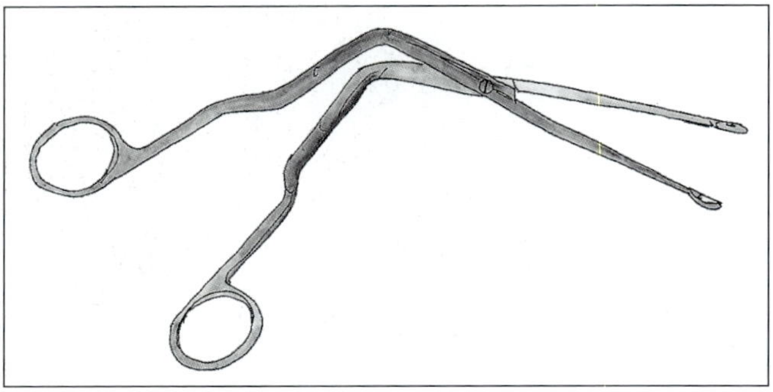

Abb. 1-49 Magill-Zange

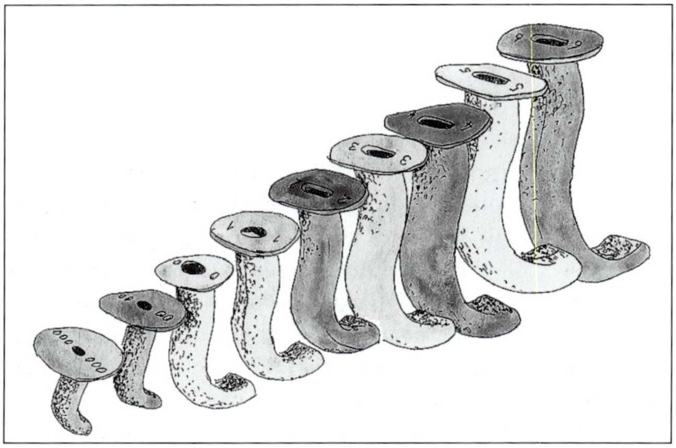

Abb. 1-50 Unterschiedlich große Guedel-Tuben

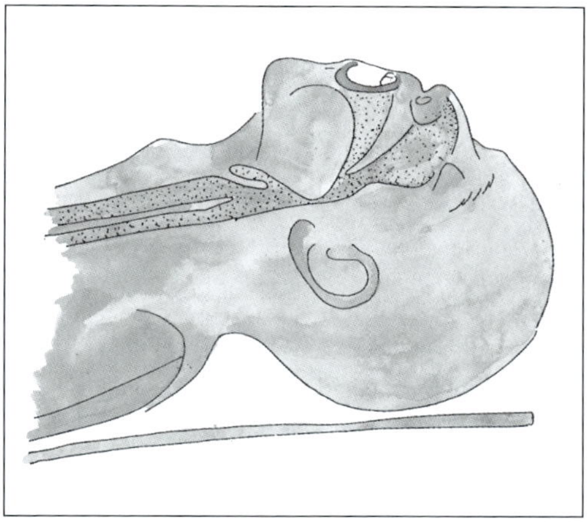

Abb. 1-51 Verlegung der oberen Luftwege durch zurückgefallene Zunge

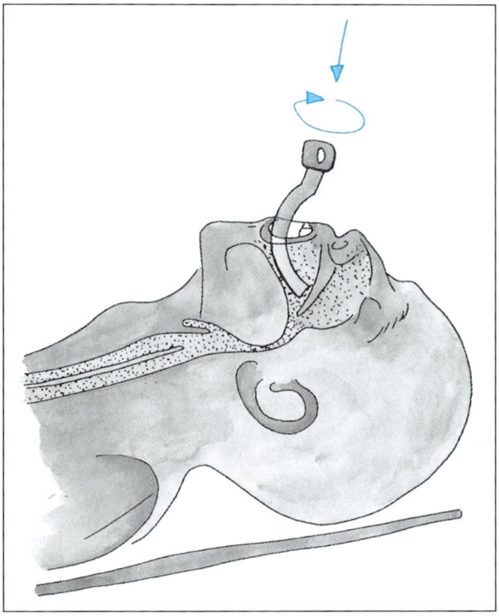

Abb. 1-52 Einführen eines Guedel-Tubus

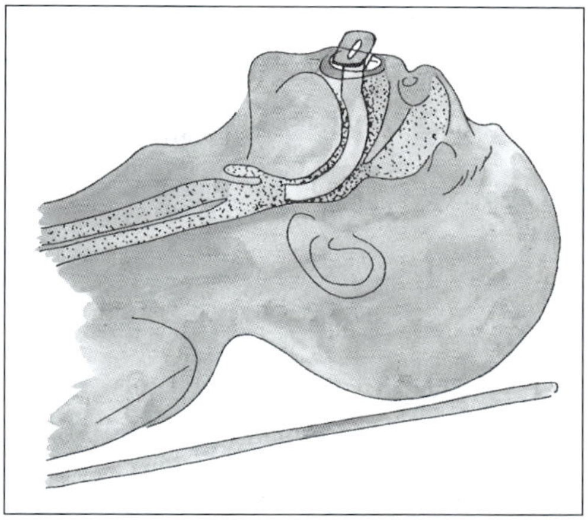

Abb. 1-53 Eingeführter Guedel-Tubus (richtige Größe)

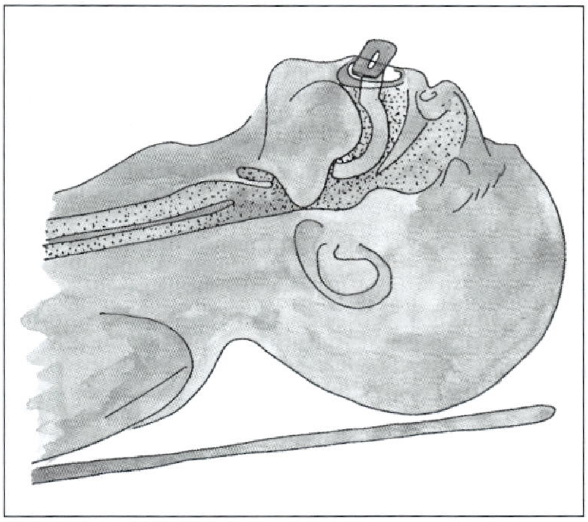

Abb. 1-54 Eingeführter Guedel-Tubus (zu geringe Größe)

gung der oberen Luftwege durch die zurückfallende Zunge verhindert wird. Guedel-Tuben können zu einer starken Reizung der Rachenwand mit Husten, Würgen und Brechreiz führen. Sie dürfen deshalb erst eingeführt werden, wenn der Patient tief genug in Narkose ist und die Schutzreflexe sicher ausgeschaltet sind. Bei der Auswahl des Tubus ist auf die richtige Größe zu achten. Ist der Guedel-Tubus zu klein gewählt, kann es trotzdem zur Verlegung der oberen Luftwege durch die Zunge kommen (vgl. Abb. 1-54); ist er zu groß gewählt, kann er die Epiglottis vor den Kehlkopfeingang drücken (vgl. Abb. 1-55), wodurch der Kehlkopfeingang verschlossen wird und es beim Beatmen zum Einblasen von Luft in den Magen kommen kann.

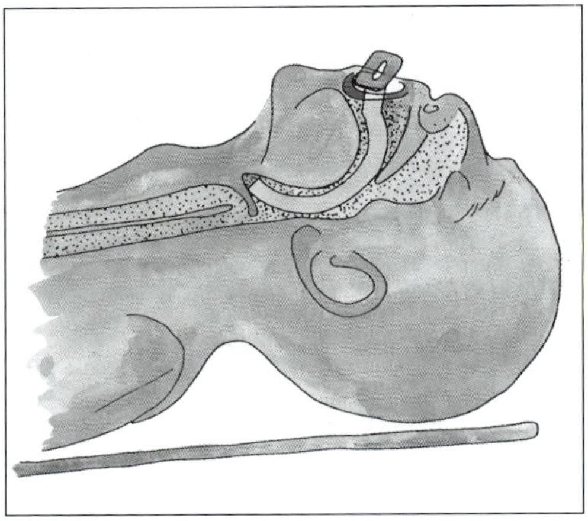

Abb. 1-55 Eingeführter Guedel-Tubus (zu große Größe)

Abb. 1-56 Kopflagerung für die endotracheale Intubation („verbesserte Jackson-Position")

1.12.5 Vorbereitungen

- Überprüfung des Narkosegerätes (→ S. 25)
- Überprüfung des Narkosewagens auf Vollständigkeit (!) (→ S. 31)
- Vorbereitung von Material und Medikamenten (→ S. 32), das heißt Bereitlegen der für die Intubation notwendigen Dinge:
  - Laryngoskop (Lichtquelle auf Funktionsfähigkeit prüfen!)
  - Tubus (Cuff durch Aufblasen auf Dichtigkeit prüfen!); zusätzlich müssen noch der nächstkleinere und der nächstgrößere Tubus griffbereit gelegt werden; die Tubusspitze sollte mit einem Lokalanästhetikum (z. B. Xylocain®-Gel) bestrichen werden.
  - 5-, 10- oder 20-ml-Spritze zum Blocken eines Low-Volume- bzw. High-Volume-Cuffs nach der Intubation
  - Guedel-Tubus bei geplanter oraler Intubation (→ S. 90)
  - evtl. Führungsstab (→ S. 87) bei geplanter oraler Intubation
  - Magill-Zange (→ S. 90) bei geplanter nasaler Intubation
  - Pflaster zum Festkleben des Tubus
- Aufziehen der Medikamente (→ S. 32)
- Vorbereitung des Patienten auf die Narkose (→ S. 32)

1.12.6 Intubation unter laryngoskopischer Sicht

Orotracheale Intubation

Die orotracheale Intubation unter Sicht ist die Methode der Wahl bei Routineoperationen. Der Kopf des Patienten wird auf einem ca. 10 cm hohen Polster gelagert und im Nacken überstreckt (= sog. „**verbesserte Jackson-Position**" oder „**Schnüffelposition**" wie beim „Wittern von Morgenluft"; Abb. 1-56). Bei dieser Lagerung bilden die Mundhöhle, der Pharynx (= Rachen), der Larynx (= Kehlkopf) und die Trachea beinahe eine Gerade, was den Einblick auf die Stimmritze und damit die Intubation unter laryngoskopischer Sicht erleichtert. Mit den behandschuhten Fingern der rechten Hand wird der Mund des Patienten geöffnet. Wird im rechten Mundwinkel der Mittelfinger gegen die obere Zahnreihe und der Daumen gegen die untere Zahnreihe gedrückt (sog. Kreuzgriff), dann kann hierdurch der Mund kraftvoll geöffnet werden. Das angereichte Laryngoskop wird in die linke Hand genommen, vorsichtig am rechten (!) Mundwinkel eingeführt und dann vorsichtig tiefer in den Mund eingeschoben und gleichzeitig, unter Wegdrängen der Zunge nach

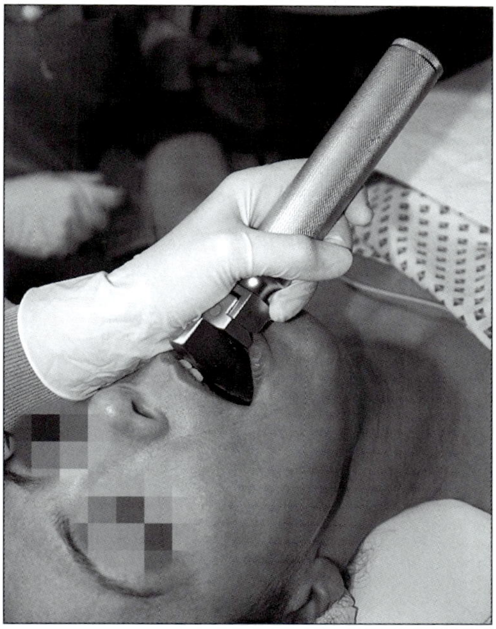

Abb. 1-57 Einführen des Laryngoskops mit der linken Hand

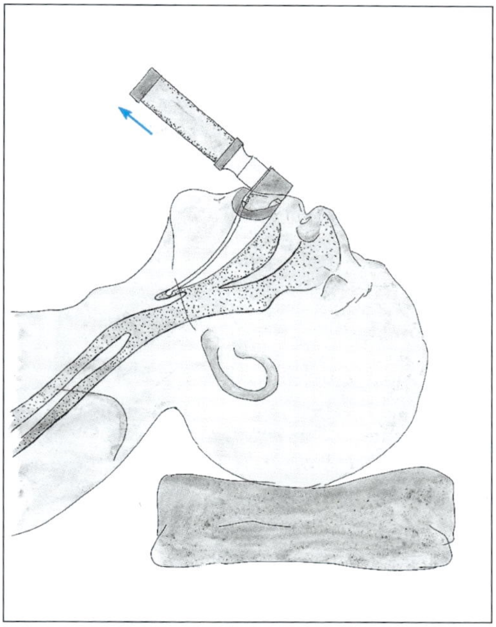

Abb. 1-58 Eingeführtes Laryngoskop mit angedeuteter Zugrichtung

links, zur Mundmitte gebracht (vgl. Abb. 1-57). Der Laryngoskopspatel wird vorgeführt, bis die Epiglottis erkennbar ist. Bei Verwendung eines Laryngoskops mit gebogenem Spatel nach MacIntosh (→ S. 89) wird die Spatelspitze in der Falte zwischen Zungengrund und Epiglottis, in der sog. **glossoepiglottischen Falte,** platziert. Nun wird das Laryngoskop in Griffrichtung (!!), also nach fußwärts und oben, gezogen (vgl. Abb. 1-58). Hierdurch wird die Zungenbasis angehoben und die daranhängende Epiglottis aufgerichtet. Der Blick auf die Stimmritze (= Glottis) wird frei, die Glottis ist „eingestellt" (vgl. Abb. 1-59 und 1-60).

! Zum Aufrichten der Epiglottis darf niemals (!!) nur die Spatelspitze angehoben werden, indem das Ende des Laryngoskopgriffs nach kopfwärts gezogen und gegen die oberen Schneidezähne gehebelt wird. Hierdurch kann zwar die Glottis eingestellt werden, aber genauso leicht können hierbei selbst gesunde obere Schneidezähne herausgebrochen werden!

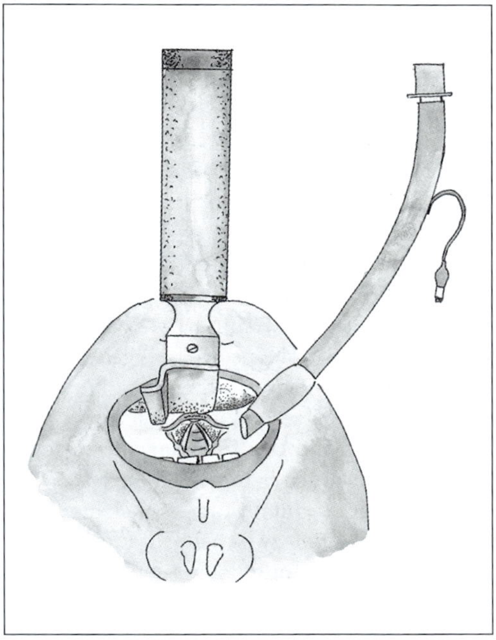

Abb. 1-59 Eingeführtes Laryngoskop mit Sicht auf die geöffnete Stimmritze

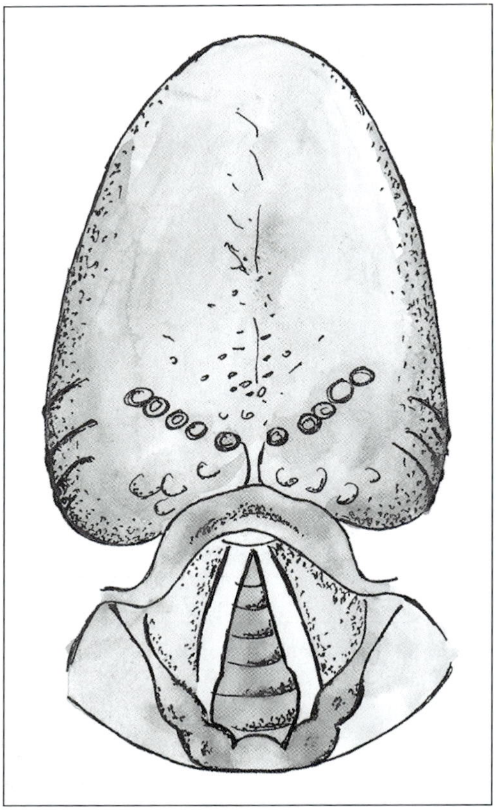

Abb. 1-60 Kehlkopfeingang

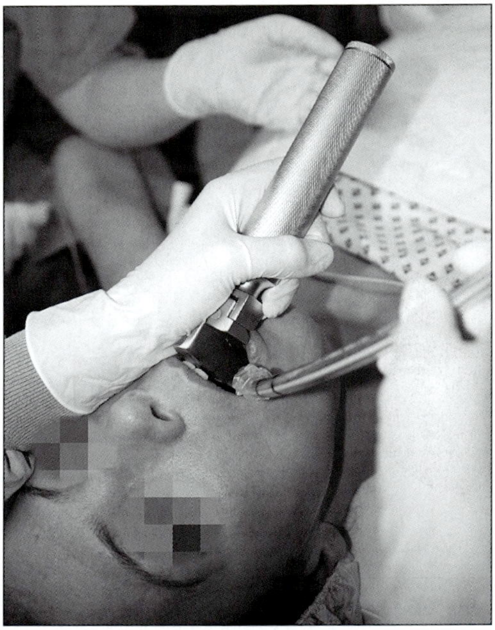

Abb. 1-61 Laryngoskopische Einstellung des Kehlkopfes mit der linken Hand und Einführen des Endotrachealtubus mit der rechten Hand

Mit der rechten Hand kann der nun angereichte Tubus vorsichtig unter Sicht (!) durch die Stimmritze geführt werden (vgl. Abb. 1-61 und 1-62). Die Blockermanschette muss ganz hinter der Stimmritze verschwinden (vgl. Abb. 1-63). Bei Tuben ohne Cuff (für Kinder unter 8–10 Jahre) sollte der Tubus soweit eingeführt werden, dass der meist entsprechend markierte Anteil der Tubusspitze gerade hinter der Glottis verschwindet (und die Tubusspitze sich ungefähr in Tracheamitte befindet). Der Tubus sollte möglichst vom rechten Mundwinkel aus eingeführt werden, damit zwischen Laryngoskopspatel und dem einzuführenden Tubus immer auf die Stimmritze gesehen werden kann (vgl. Abb. 1-59). Beim Durchtritt durch die Stimmritze muss der Tubus manchmal leicht hin und her rotiert werden, damit er schonend durch die

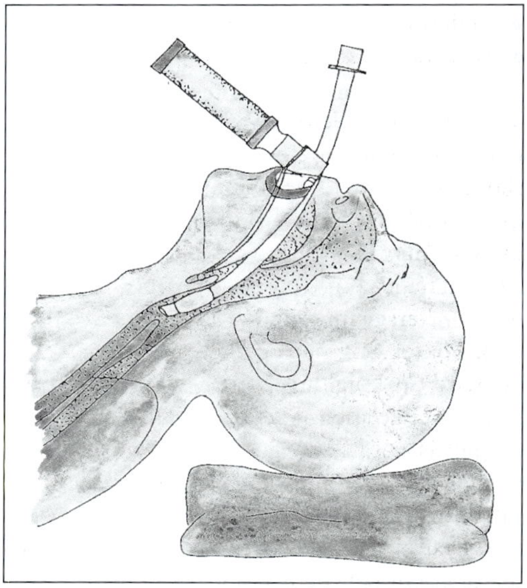

Abb. 1-62 Einführung eines orotrachealen Tubus

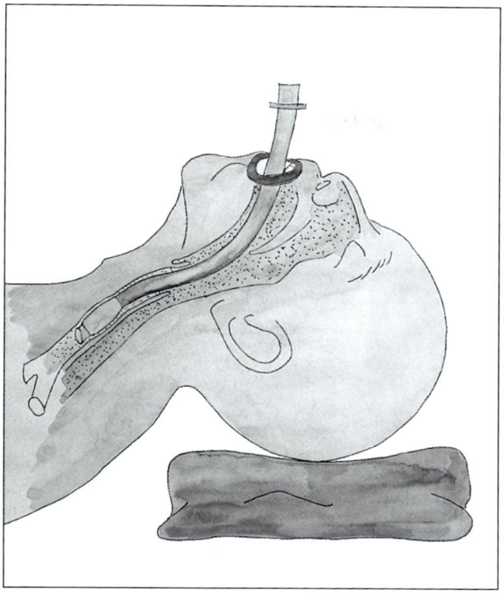

Abb. 1-63 Richtig platzierter orotrachealer Tubus

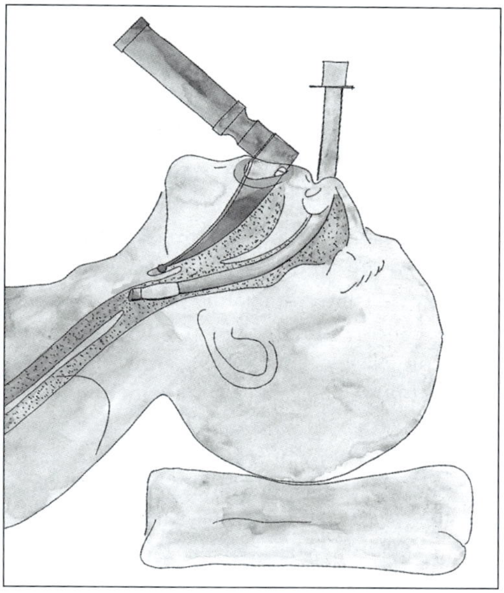

Abb. 1-64 Einführung eines nasotrachealen Tubus

Stimmritze gleitet. Der Tubus sollte nicht gewaltsam in die Trachea vorgeschoben werden. Nach **erfolgreicher Intubation** erfolgt:

- Blocken des Tubus (→ S. 96)
- Lagekontrolle des Tubus (→ S. 97)
- Fixierung des Tubus (→ S. 98)
- erneute Lagekontrolle des Tubus

Vor allem bei **Neugeborenen** und **Kleinkindern** lässt sich mit einem gebogenen Laryngoskopspatel nach MacIntosh die Epiglottis manchmal nicht richtig aufrichten, da sie in diesem Alter relativ groß und leicht verformbar ist. Von manchen Anästhesisten wird deshalb in dieser Altersgruppe ein **Laryngoskop mit geradem Spatel**, z. B. nach Miller, bevorzugt. Hierbei wird die Epiglottis meist mit auf die Spatelspitze aufgeladen. Da die Unterseite der Epiglottis von Ästen des Nervus vagus innerviert wird, können deshalb beim Aufladen der Epiglottis mit dem geraden Spatel leichter vagale Reflexe ausgelöst werden (z. B. eine Bradykardie oder ein Laryngospasmus). Es ist daher ein tieferes Narkosestadium nötig als bei Verwendung eines gebogenen Spatels, bei dem die Spatelspitze in die Falte zwischen Zungengrund und Epiglottis eingeführt wird. Dieses Gebiet wird nicht vom Nervus vagus innerviert. Aus diesem Grunde sind vagale Reflexe hierbei seltener und es genügt ein etwas flacheres Narkosestadium für die Intubation.

Nasotracheale Intubation

Die nasotracheale Intubation unter laryngoskopischer Sicht (vgl. Abb. 1-64) ist wesentlich schwieriger als die orale Intubation unter Sicht und wird deshalb nur bei bestimmten Indikationen vorgenommen.

! Indikationen für die nasotracheale Intubation sind z. B. Operationen im Mund- und Rachenbereich, bei denen ein oraler Tubus den Operateur behindern würde. Kontraindikationen für eine nasotracheale Intubation stellen vor allem Frakturen der Schädelbasis dar, z. B. nach einem Schädel-Hirn-Trauma.

Vor der nasalen Intubation empfiehlt es sich, abschwellende Nasentropfen (z. B. Nasivin®) in beide Nasenlöcher einzubringen. Die Gefahr von Schleimhautblutungen wird dadurch vermindert. Zusätzlich hat sich noch das Besprühen der Nasenschleimhaut mit einem Lokalanästhetikum (z. B. Lidocainspray; → S. 159) bewährt. Außerdem muss der nasale Tubus gut mit einem Gleitmittel (z. B. Lidocaingel; → S. 159) bestrichen werden. Sinnvoll ist es, langsam den (behandschuhten) kleinen Finger möglichst tief in die Nase des Patienten einzuführen, um so den unteren Nasengang aufzudehnen. Der Kopf des Patienten wird in die verbesserte Jackson-Position gebracht (vgl. Abb. 1-56). Der Tubus wird nun vorsichtig durch den unteren Nasengang, also nach dorsal (= zum Rücken hin; nie parallel zum Nasenrücken) vorgeschoben, bis er in den Rachenraum (= Pharynx) eintritt. Jetzt wird, wie bei der orotrachealen Intubation unter laryngoskopischer Sicht, mithilfe des Laryngoskops die Stimmritze eingestellt (vgl. Abb. 1-59). Mit der rechten Hand und mithilfe einer Magill-Zange dirigiert der Anästhesist die Tubusspitze durch die Stimmritze, während die Anästhesiepflegekraft den Tubus nach Aufforderung weiter vorschiebt. Bei einiger Erfahrung ist es meist möglich, den Tubus ohne Magill-Zange durch die Stimmritze zu dirigieren. Der Anästhesist schiebt dabei den Tubus selbst mit der rechten Hand voran und kann z. B. durch leichtes Drehen des Tubus dessen Spitze dirigieren oder durch Manipulation mit dem Laryngoskop den Kehlkopfeingang ggf. etwas verlagern. Außerdem kann die Anästhesiepflegekraft nach Aufforderung den Kehlkopf durch Druck auf den Schildknorpel etwas nach dorsal, nach links oder rechts zur Tubusspitze hin verschieben. Nach **erfolgreicher Intubation** (vgl. Abb. 1-65) erfolgt:

- Blocken des Tubus (→ S. 96)
- Lagekontrolle des Tubus (→ S. 97)
- Fixierung des Tubus (→ S. 98)
- erneute Lagekontrolle des Tubus

Bei einer geplanten nasotrachealen Intubation empfiehlt es sich meist, den Patienten zuerst oral zu intubieren (→ S. 92). Nun kann der nasale Tubus langsam und vorsichtig über die Nase in den Rachen vorgeschoben und unter laryngoskopischer Sicht bis unmittelbar vor den Kehlkopfeingang dirigiert werden. Erst jetzt wird auf Aufforderung von einem Helfer der orale Tubus wieder herausgezogen, und der nasale Tubus kann durch die Stimmritze dirigiert werden.

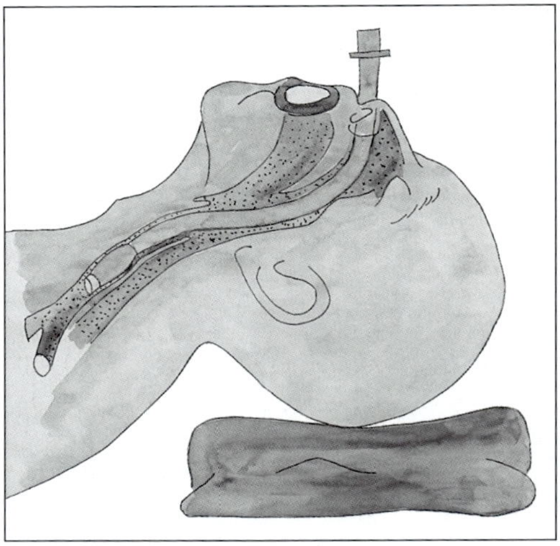

Abb. 1-65 Richtig platzierter nasotrachealer Tubus

Auch bei der nasotrachealen Intubation wird normalerweise ein Laryngoskop mit gebogenem Spatel nach MacIntosh verwendet. Nur in Einzelfällen (meist bei Säuglingen und Kleinkindern) kommt ein Laryngoskop mit geradem Spatel (z. B. nach Miller) zur Anwendung (→ S. 89, 237).

1.12.7 Blocken des Tubus

Sofort nach der Intubation muss von der Anästhesiepflegekraft der Tubus-Cuff geblockt werden, indem mit einer normalen 10- oder 20-ml-Spritze, einer sog. „**Blockerspritze**", so viel Luft in die Manschettenzuleitung eingeblasen wird, bis der Tubus bei Beatmung gerade (!!) dicht ist, also keine Luft mehr am Tubus vorbei aus der

Trachea entweicht. Dies muss durch genaues Hören am Mund des Patienten festgestellt werden. Also: **Blocken nach Gehör** (!!). Bei zu geringem Blocken ist der Tubus undicht. Bei der Beatmung entweicht ein Teil des Atemhubvolumens neben dem unzureichend geblockten Tubus aus der Trachea. Dieses Entweichen von Luft kann meist auf Distanz oder am Mund des Patienten bzw. mit dem Stethoskop am Hals des Patienten gehört werden. Bei unzureichender Blockung des Cuffs kann eine unter Umständen im Rachen befindliche Flüssigkeit in die Trachea eindringen (vgl. Aspiration, → S. 211). Ist der Tubus dagegen zu stark geblockt, so droht eine druckbedingte Schädigung der Trachealschleimhaut im Bereich des Tubus-Cuffs. Im Idealfall sollte zur Kontrolle ein Cuff-Druckmesser verwendet werden. Der Cuff-Druck sollte bei den üblichen Plastiktuben möglichst bei ca. 20–25 mm Hg liegen.

Das bei einer Narkose manchmal noch verwendete Lachgas diffundiert in alle lufthaltigen Räume des Körpers, also auch in die geblockte Tubusmanschette (→ S. 40). Hierdurch kommt es zu einer Volumen- und Druckzunahme im Cuff mit verstärktem Druck auf die anliegende Trachealschleimhaut; dies kann unter Umständen zu einer druckbedingten Durchblutungsstörung führen. Deshalb muss bei längeren Narkosen, bei denen Lachgas verwendet wird, die Blockung des Cuffs mehrmals neu vorgenommen werden.

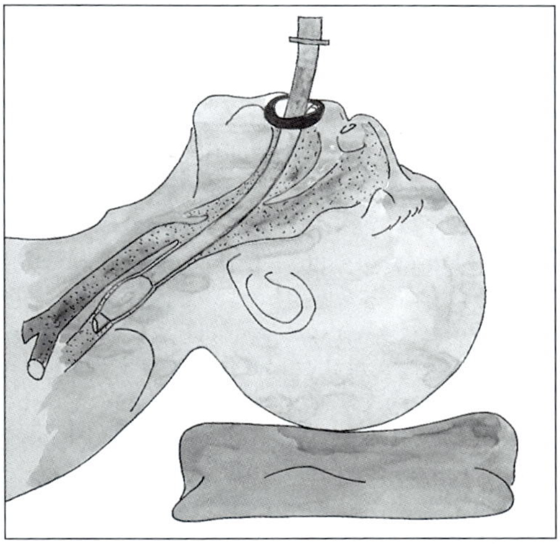

Abb. 1-66 Fehlplatzierter Orotrachealtubus (Intubation in den Ösophagus)

1.12.8 Lagekontrolle des Tubus

> ! Eine stets (!) drohende Gefahr bei der Intubation ist die versehentliche Fehlintubation in die Speiseröhre (vgl. Abb. 1-66). Deshalb ist es unmittelbar nach jeder Intubation zwingend (!) notwendig, sich von der korrekten Lage des Tubus zu überzeugen.

Hierzu wird die Lunge beidseits auskultiert. Bei richtiger Tubuslage ist über beiden (!) Lungen ein seitengleiches Atemgeräusch zu hören. Falls über beiden Lungen kein Atemgeräusch auskultierbar ist, so wurde vermutlich in den Ösophagus intubiert. Beim sofortigen **Auskultieren** über der **Magengegend** ist dann das von der Lagekontrolle der Magensonde bekannte Blubbern über dem Magen zu hören. Der Tubus muss umgehend entfernt, der Patient ggf. mit 100 % Sauerstoff zwischenbeatmet werden, und es ist ein neuer Intubationsversuch vorzunehmen. Nach geglückter Intubation muss nun eine Magensonde gelegt werden, um die in den Magen geblasene Luft zu entfernen.

Ist das Atemgeräusch nach der Intubation auf einer Seite wesentlich lauter oder gar nur auf einer Seite zu auskultieren, so spricht dies dafür, dass der Tubus zu weit, nämlich bis in einen Hauptbronchus, eingeführt wurde. Da beim Erwachsenen der rechte Hauptbronchus etwas größer ist und richtungsmäßig ungefähr die Fortsetzung der Trachea darstellt, während der linke Hauptbronchus etwas kleiner ist und in einem größeren Winkel abgeht (vgl. Abb. 4-7; → S. 230), und da die Tubusspitze stets auf der linken Seite angeschrägt ist (Abb. 1-36), gleitet ein zu weit eingeführter Tubus beim Erwachsenen zumeist in den rechten Hauptbronchus ab. Damit wird die linke Lunge schwächer oder gar nicht ventiliert.

! Bei einseitiger Intubation muss der vorher wieder entblockte (!) Tubus ca. 2 cm zurückgezogen und die Lage erneut kontrolliert werden.

Die Auskultation der Lunge zur Lagekontrolle des Tubus hat schon manchen Anästhesisten irregeführt. Bei Fehlintubation in die Speiseröhre können unter Umständen die aus der Speiseröhre fortgeleiteten Strömungsgeräusche als Atemgeräusche fehlinterpretiert werden. Andererseits können manchmal trotz richtiger Intubation, z.B. bei Emphysematikern, nur sehr schwer Atemgeräusche gehört werden. Aus diesen Gründen darf die Auskultation der Lunge nicht als absolut sichere Methode angesehen werden.

! Ist die Auskultation nicht eindeutig, so sollten nicht die Lungen während mehrerer Beatmungen immer wieder auskultiert werden. Sollte der Tubus in der Speiseröhre liegen, so werden mit jedem Atemhub z.B. 600 ml Atemgas in den Magen geblasen!

Es muss sofort die Frage geklärt werden: Liegt der Tubus im Tracheobronchialsystem oder in der Speiseröhre?

! Es sollte nun sofort eine Auskultation über der Magengegend erfolgen; hiermit kann meist bestätigt oder ausgeschlossen werden, dass der Tubus im Ösophagus liegt. Liegt der Tubus in der Speiseröhre, dann kann bei der Beatmung über dem Magen ein typisches Blubbern gehört werden.

Eine andere Möglichkeit besteht darin, unmittelbar nach der Intubation mit dem Handballen kurz auf das Brustbein des Patienten zu drücken. Am oralen Tubusende kann mit dem angenäherten Ohr bei Intubation ins Tracheobronchialsystem die entweichende Luft aus der Lunge gehört und gefühlt werden. Beim starren Brustkorb des Emphysematikers kann diese Methode jedoch manchmal versagen. Auch ein beatmungssynchroner Feuchtigkeitsbeschlag bei durchsichtigen Endotrachealtuben spricht für eine endotracheale Intubation. Dennoch muss beachtet werden, dass alle bisher genannten Zeichen nicht (!) sicher beweisend für eine richtige bzw. eine falsche Intubation sind.

! Im Regelfall sollte unmittelbar nach der Intubation eine endexspiratorische CO_2-Messung vorhanden sein, um die Tubuslage zu kontrollieren. Diese Methode kann als absolut sicher gelten, da nur aus der Lunge, nicht jedoch aus dem Ösophagus und Magen Kohlendioxid „abgeatmet" wird.

Weitere sichere Zeichen sind die fiberbronchoskopische Kontrolle, atemsynchrone Volumenschwankungen des Beatmungsbeutels beim spontan atmenden Patienten oder ein (allerdings erst verzögert auftretender) Abfall der pulsoxymetrischen Sättigung sowie eine nochmalige direkte laryngoskopische Bestätigung bei gut einstellbarer Glottis.
Ist es nun sicher, dass der Tubus im Tracheobronchialsystem liegt, kann in Ruhe mehrfach die Lunge auskultiert werden, um eine einseitige Intubation auszuschließen. Nach der Intubation sollte der Patient auf jeden Fall kurzfristig von Hand (= manuell) beatmet werden. Bei der manuellen Beatmung kann einerseits wesentlich besser auskultiert werden als bei der maschinellen Beatmung, andererseits lässt sich bei einiger Erfahrung meistens schon am Beatmungsbeutel fühlen, ob an der Beatmung „etwas nicht stimmt".

! Bestehen Zweifel, ob der Tubus richtig platziert wurde, so sollte folgende Faustregel beachtet werden:
If in doubt – take it out!! (Falls Zweifel bestehen – ziehe ihn heraus!!)

1.12.9 Fixierung des Tubus

! Ist der Tubus geblockt und die Tubuslage als richtig befunden, so muss der Tubus in dieser (!) Lage fixiert werden. Vor der Fixierung sollte der Arzt die gewünschte Einführtiefe des Tubus benennen (z.B. bei einem oralen Tubus 22 cm an der Zahnreihe bzw. bei einem nasalen Tubus 25 cm

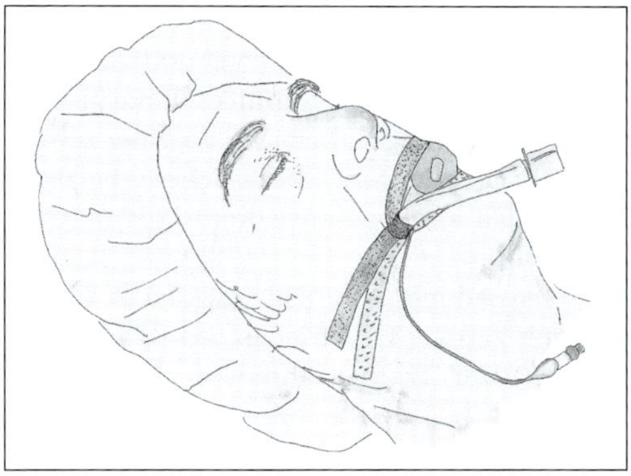

Abb. 1-67 Mittels 2 Pflasterstreifen im Mundwinkel fixierter Orotrachealtubus

am Nasenflügel), sodass im Verlauf der Narkose wiederholt überprüft werden kann, ob die Tubustiefe noch unverändert (bei z. B. 22 cm an der Zahnreihe) ist. Als Beißschutz für einen orotrachealen Tubus muss zusätzlich ein Guedel-Tubus (→ S. 90) eingeführt werden, der ein Zusammenbeißen und damit eine Einengung des Lumens des Endotrachealtubus wirksam verhindern kann.

Es hat sich die **Fixierung** des **orotrachealen Tubus** mit 2 langen Pflasterstreifen bewährt (vgl. Abb. 1-67). Der Pflasterstreifen wird erst über die eine Wange geklebt, dann möglichst nahe am Mund einmal um den Tubus geschlungen und anschließend über die andere Wange geklebt. Ein zweiter Pflasterstreifen wird gegenläufig in gleicher Art und Weise festgeklebt. Falls der Patient einen Vollbart hat, kann oft kein Pflaster verwendet werden. Der Tubus muss in diesem Fall mit einem um den Nacken geschlungenen Band (z. B. Mullbinde) festgebunden werden. Es stehen inzwischen auch komplette Sets zur Tubusfixierung zur Verfügung.
Zur **Fixierung** eines **nasotrachealen Tubus** hat sich z. B. ein breiter, ca. 7–10 cm langer Pflasterstreifen bewährt, der an einem Ende ca. 4 cm weit eingeschnitten wird (vgl. Abb. 1-68). Das breite Ende wird auf die Nase geklebt, die beiden Füßchen werden jeweils von einer Seite um den Tubus geschlungen (vgl. Abb. 1-69).

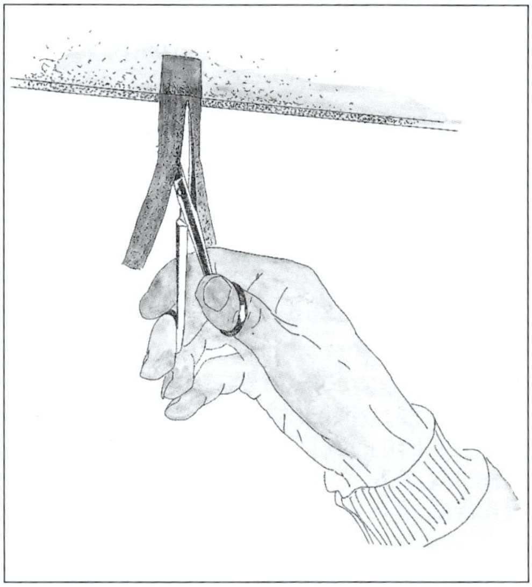

Abb. 1-68 Vorbereitung eines Pflasters für die Fixierung eines nasotrachealen Tubus

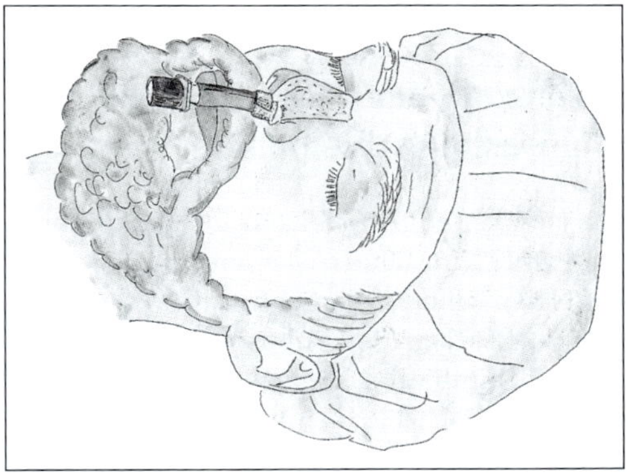

Abb. 1-69 Mittels Pflaster fixierter nasotrachealer Tubus

! Nach der Fixierung des Tubus muss immer nochmals auskultiert werden, ob das Atemgeräusch noch beidseits gleich laut ist. Manchmal rutscht der Tubus während des Fixierens weiter in die Trachea hinein und es kommt zur einseitigen Intubation.

1.12.10 Mögliche Komplikationen durch Intubation und Tubus

Verletzung oder Ausbrechen von Zähnen

Bei unsachgemäßem Handhaben des Laryngoskops kann es vor allem zur Beschädigung der oberen Schneidezähne kommen. Ausgebrochene Gebissteile sind umgehend zu entfernen, damit sie nicht in die Trachea eindringen können. Bereits ins Tracheobronchialsystem eingedrungene Gebissteile müssen bronchoskopisch entfernt werden. Zahnbeschädigungen müssen stets dokumentiert werden.

Quetschung der Lippe

Bei unvorsichtiger Intubation kann es zur Quetschung vor allem der Oberlippe zwischen Zahnreihe und Laryngoskop kommen.

Verletzung der Nasen-, Rachen- und Trachealschleimhaut

Die nasale Intubation kann zu Verletzungen und unter Umständen starken Blutungen aus der Nasen- und Rachenschleimhaut führen. Zu **starkes Blocken** des **Tubus-Cuffs** sowie eine **Langzeitintubation** können zur Druckschädigung der Trachealschleimhaut führen. Außerdem kommt es während der maschinellen Beatmung zu geringfügigen **atemsynchronen Scheuerbewegungen** des **Tubus** an der Schleimhaut, vor allem an der Tubusspitze sowie an der Rachenhinterwand. Auch Kopfbewegungen des Patienten begünstigen solche Scheuerläsionen. Folge kleiner Schleimhautläsionen können 2–3 Tage dauernde Halsschmerzen, Schluckbeschwerden und Heiserkeit nach der Extubation sein. In Einzelfällen kann als Spätkomplikation auch eine Trachealstenose auftreten.
Vor allem bei Kindern kann eine **Verletzung** der **subglottischen Trachealschleimhaut** nach der Extubation zu einer starken Schwellung mit Einengung des Tracheallumens und zu Atemnot führen. Sehr selten kommt es durch größere subglottische Trachealschäden zu einer schweren, narbigen Stenose der Trachea, die unter Umständen eine operative Korrektur notwendig macht.
Bei Verwendung eines Führungsstabes zur Intubation kann es zu Verletzungen (bis zur Perforation) der Trachea kommen, wenn dieser versehentlich über die Tubusspitze hinausragt (→ S. 88).

Verletzung der Stimmbänder

Bei grober Intubation, nach Langzeitintubation sowie bei der Wahl eines zu großen Tubus kann es zu Ulzerationen und Druckschädigungen an den Stimmbändern kommen. Die Folge können postoperativer Stridor oder ein Larynxödem sein. Sehr selten wurden auch meist vorübergehende ein- oder doppelseitige Stimmbandlähmungen durch druckbedingte Nervenschädigungen beschrieben. Eine mögliche Spätkomplikation nach Intubation können auch sog. **Stimmbandgranulome** sein, die sich meist in einer hartnäckigen Heiserkeit äußern. Wenn sie sich durch Stimmschonung nicht zurückbilden, kann eine operative Entfernung notwendig werden.

Auslösen von vegetativen Reflexen

Bei der Intubation in zu oberflächlicher Narkose können vegetative Reflexe ausgelöst werden. Eine Vagusstimulierung (→ S. 9) kann sich als Bradykardie, als Laryngospasmus (→ S. 214) mit Intubationsschwierigkeiten und/oder als Bronchospasmus (= Krampf der Bronchialmuskulatur) mit Beatmungsproblemen äußern. Eine stressbedingte Sympathikusstimulierung äußert sich in einer Herzfrequenzsteigerung und in einer Blutdrucksteigerung.

Fehlintubation

Eine Fehlintubation in den Ösophagus sowie eine zu tiefe Intubation mit einseitiger Ventilation sind durch eine sofortige Lagekontrolle des Tubus (→ S. 97) stets auszuschließen.

Tubusverlegung

Ursachen einer Tubusverlegung können sein:
- abgeknickter Tubus
- eingetrocknetes Sekret
- Fremdmaterial im Tubus

Diskonnektion

Ein nicht sofort bemerktes Lösen (= Diskonnektion) einer Schlauchverbindung kann fatale Folgen haben. Die Alarmsysteme des Narkoseapparates müssen (!) daher stets sinnvoll (!) eingeschaltet sein. Um z. B. eine Diskonnektion sofort feststellen zu können, müssen entsprechende Grenzen für Beatmungsdruck, Atemminutenvolumen und CO_2-Konzentration eingestellt werden.

Extubationsprobleme

Bei oder kurz nach der Extubation kann es zu einem **Laryngospasmus** (→ S. 214) kommen, wenn Sekret, Blutkoagel oder Fremdmaterial den Kehlkopfeingang irritieren oder wenn z. B. während des Exzitationsstadiums (→ S. 106) extubiert wird.

! Vor der Extubation ist daher immer ein sorgfältiges Absaugen des Rachens (ggf. unter laryngoskopischer Sicht) erforderlich.

Die Extubation sollte möglichst am ausreichend spontan atmenden Patienten mit zurückgekehrten Schutzreflexen vorgenommen werden. Bei der Extubation kann es beim Patienten auch zum Erbrechen kommen. Sind hierbei die Schutzreflexe noch nicht zurückgekehrt, so droht eine Aspiration (→ S. 211).

1.13 Kehlkopfmaske (Larynxmaske)

! 1988 wurden sog. Kehlkopfmasken (Larynxmasken) in die Klinik eingeführt. Sie sollen eine größere Sicherheit für den Patienten und eine bessere Bequemlichkeit für den Anästhesisten bieten als die herkömmliche Gesichtsmaske. Der Einsatz einer Larynxmaske bietet sich oft anstatt einer Maskennarkose an. Durch den Einsatz einer Larynxmaske können die oberen Luftwege gesichert und die Risiken einer endotrachealen Intubation vermieden werden.

Die Kehlkopfmaske besteht im Prinzip aus einem weitlumigen Silikontubus; dieser ist mit einem gekürzten Endotrachealtubus vergleichbar, der aber unmittelbar vor dem Kehlkopfeingang endet. Am distalen Ende dieses Silikontubus ist schräg eine ovale, leicht trichterförmige kleine Maske angebracht, deren Randwulst über eine Blockerzuleitung – ähnlich der Blockermanschette eines Endotrachealtubus – aufgeblasen (geblockt) werden kann (vgl. Abb. 1-70a–e). Der geblockte Wulst der Larynxmaske legt sich trichterförmig um den Kehlkopfeingang und dichtet diesen ab. Auf der Innenseite der trichterförmigen Maske befinden sich vor der Öffnung zum Tubus hin 2 Längsstege, die ein Einklemmen der Epiglottis im Tubuslumen verhindern. Am oberen Ende der Kehlkopfmaske befindet sich ein Konnektor für den Anschluss der Beatmungsschläuche bzw. den Direktanschluss eines Beatmungsbeutels.
Nach Narkoseeinleitung wird die Larynxmaske platziert. Vor dem Einführen muss der Wulstrand der Larynxmaske vorzugsweise mit einer 20-ml-Spritze über die Blockerzuleitung luftleer gesaugt und der rückseitige Wulstrand sollte mit künstlichem Speichel besprüht oder mit Xylocain®-Gel versehen werden. Zum Platzie-

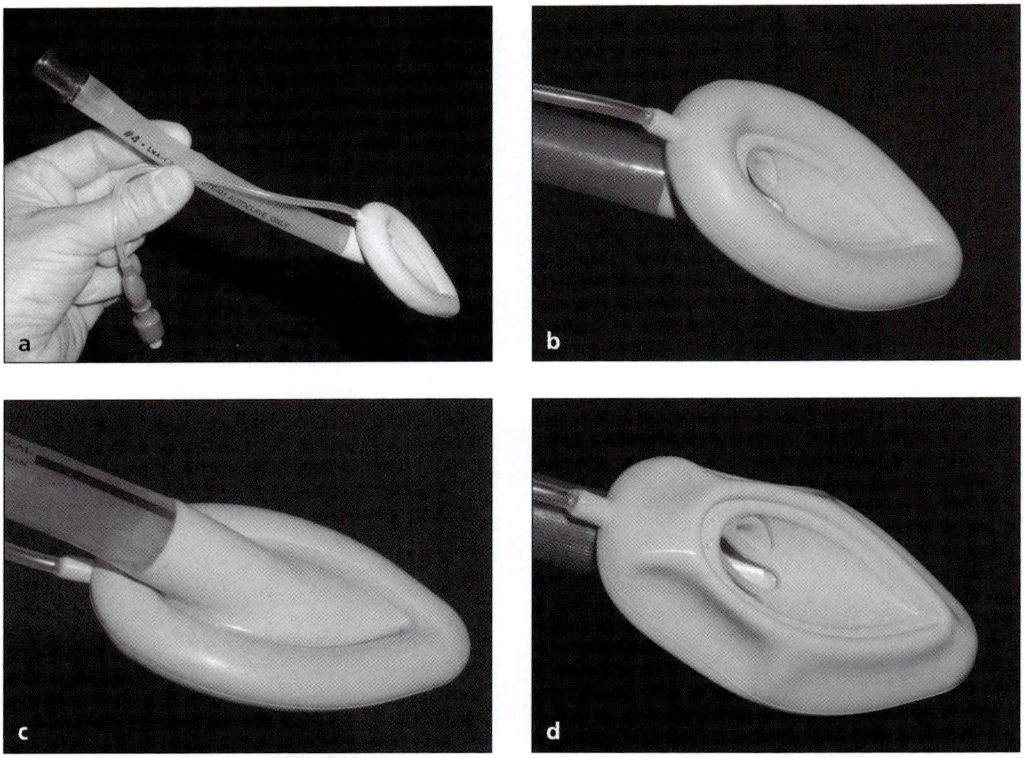

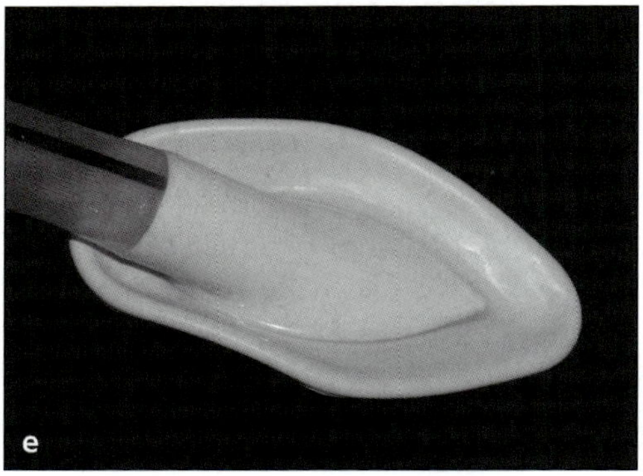

Abb. 1-70 Larynxmaske.
a Gesamtansicht. **b** Aufsicht auf den geblockten Trichtereingang. **c** Aufsicht auf die Rückseite des geblockten Maskentrichters. **d** Aufsicht auf den entblockten Trichtereingang. **e** Aufsicht auf die Rückseite des entblockten Maskentrichters.

ren der Larynxmaske wird der Kopf des Patienten meist etwas stärker überstreckt als für die endotracheale Intubation üblich, und der Mund des Patienten wird mit der linken Hand – ggf. durch eine Hilfsperson – geöffnet. Nun wird die Larynxmaske über den Zungenrücken, dicht entlang am harten Gaumen, in Richtung Kehlkopf vorgeschoben (vgl. Abb. 1-71a). Die Larynxmaske wird blind, das heißt ohne Verwendung des Laryngoskops, eingeführt. Hierbei muss die Öffnung der Kehlkopfmaske nach kaudal und ventral zeigen. Die am Schlauch der Larynxmaske angebrachte schwarze Strichmarkierung (vgl. Abb. 1-70c, e) muss stets in Richtung Nase des Patienten zeigen. Der Zeigefinger wird als Schienung benutzt (vgl. Abb. 1-71a, b).

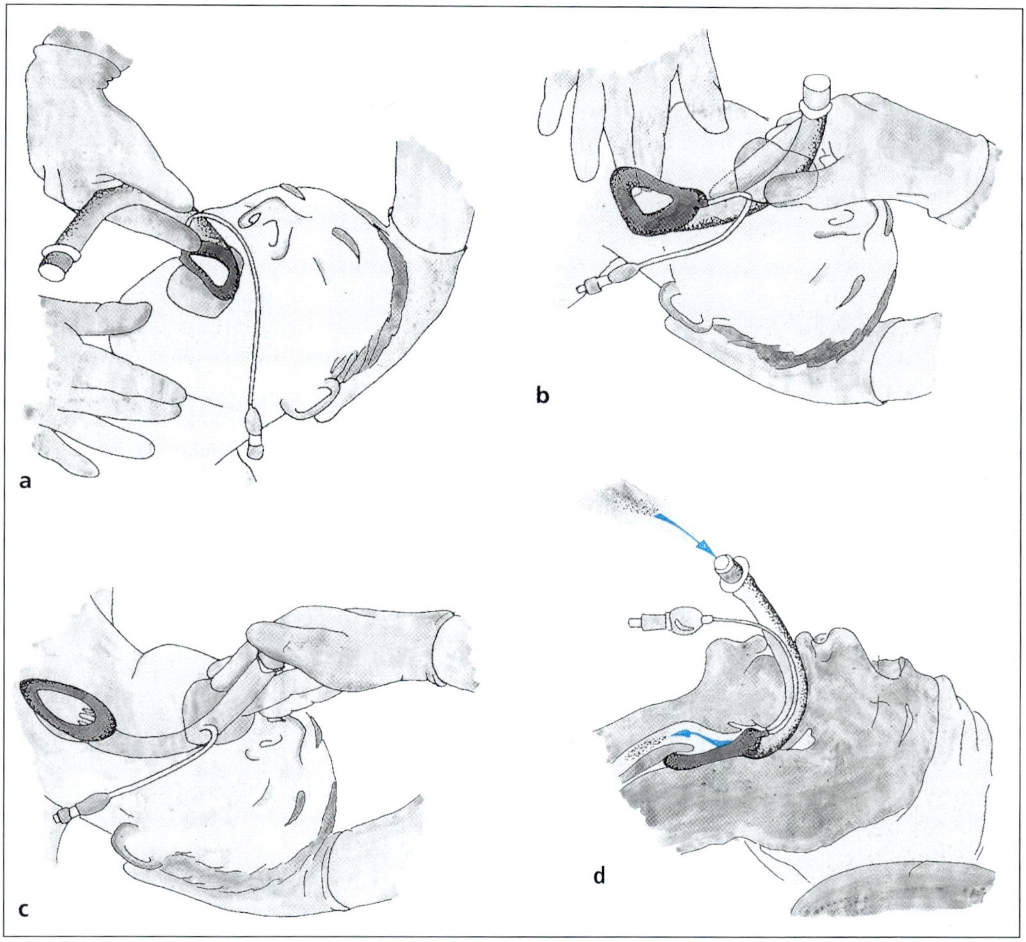

Abb. 1-71 Larynxmaske. a–c Öffnen des Mundes und Einführen einer Larynxmaske. d Richtig platzierte und geblockte Larynxmaske.

Nach vollständigem Einführen der Larynxmaske tritt ein Widerstand auf, sie kann nicht weiter vorgeschoben werden. Nun liegt die Kehlkopfmaske mit ihrer Spitze im Ösophaguseingang (Abb. 1-71c). Der Trichter der Kehlkopfmaske liegt vor dem Kehlkopfeingang. Die Stimmbänder werden nicht berührt. Es wird jetzt der Maskenwulst (je nach Maskengröße) mit maximal 4–50 ml Luft (→ S. 104) geblockt (→ S. 96), wodurch der Kehlkopfeingang abgedichtet wird.

Jetzt kann der Patient über die Kehlkopfmaske beatmet werden (vgl. Abb. 1-71d). Bei der Beatmung bis zu einem Beatmungsdruck von 15–20 cm H_2O sollte keine Luft neben der Maske entweichen. Falls beim Beatmen jedoch hörbar Luft entweicht, muss die Maske nachgeblockt bzw. neu positioniert werden. Für eine evtl. Neupositionierung wird die Maske am besten nochmals entfernt, der Patient kurz mit Gesichtsmaske zwischenbeatmet, und danach wird ein erneuter Platzierungsversuch unternommen. Wie beim Endotrachealtubus wird oft auch neben der Kehlkopfmaske ein Beißschutz eingeführt. Gut geeignet ist hierfür z. B. eine angefeuchtete Rolle Mullbinde. Ein Guedel-Tubus ist weniger geeignet, da er zu einer lateralen Verdrängung der normalerweise mittig im Mund und Rachen liegenden Larynxmaske führt. Es sind auch spezielle Fixierungshilfen erhältlich, in die der Schlauch der Larynxmaske eingeklemmt wird und die ein Zusammenbeißen der Zähne des Patienten wirkungsvoll verhindern. Zum Teil wird allerdings auf den Beißschutz verzichtet. Larynxmaske und evtl. Beißschutz werden wie ein endotrachealer Tubus mit Pflasterstreifen fixiert.

! Die Kehlkopfmaske bietet keinen absoluten Schutz im Falle einer Regurgitation. Deshalb ist bei bestehender Aspirationsgefahr stets eine endotracheale Intubation vorzuziehen.

Bei zu flacher Narkoseführung kann während, aber auch noch nach bereits erfolgreicher Platzierung der Larynxmaske ein Glottiskrampf mit Beatmungsproblemen auftreten.
Der Einsatz der Larynxmaske bietet sich vor allem bei kürzeren, voraussichtlich unkomplizierten Narkosen an.
Folgende 8 Größen von Larynxmasken gibt es und ermöglichen den Einsatz in allen Altersgruppen:

- Größe 1:
  bis 5 kg KG
- Größe 1,5:
  5–10 kg KG
- Größe 2:
  10–20 kg KG
- Größe 2,5:
  20–30 kg KG
- Größe 3:
  größere Kinder und kleine Erwachsene (30–50 kg KG)
- Größe 4:
  Erwachsene
- Größe 5:
  Übergröße für Männer mit 70–100 kg KG
- Größe 6:
  Übergröße für Männer mit > 100 kg KG

Die Maske der Größe 1 wird mit maximal 4 ml geblockt. Für die Maskengröße 1,5 bzw. 2 werden maximal 7 bzw. 10 ml, für die 2,5er Larynxmasken maximal 14 ml, für die Größe 3 maximal 20 ml, für die Größe 4 maximal 30 ml und für die 5er bzw. 6er Larynxmasken werden maximal 40 bzw. 50 ml Luft zum Blocken benötigt.
Außerdem sind inzwischen auch Kehlkopfmasken verfügbar, bei denen das Schlauchstück sehr flexibel gearbeitet ist und (vergleichbar einem Woodbridge-Tubus) eine eingegossene Metallspirale enthält. Diese **„flexiblen Kehlkopfmasken“** (RT-Larynxmaske; RT = **r**einforced **t**ube) sind für Operationen mit abgedecktem Kopf oder für Operationen in Seitenlage gedacht, bei denen das aus dem Mund ausgeleitete Schlauchstück zur Seite oder nach oben bzw. unten abgeleitet werden muss.
Seit 2001 stehen auch **doppelläufige Larynxmasken** (LMA ProSeal; LMA = **l**aryngeal **m**ask **a**irway) zur Verfügung (vgl. Abb. 1-72a). Das zweite Lumen endet an der Spitze des Maskenwulstes und kommt im Ösophaguseingang zu liegen. Über dieses zweite Lumen kann ggf. eine Magenverweilsonde vorgeschoben werden oder der Magen abgesaugt werden. Der Tubusteil dieser Maske enthält außerdem einen integrierten Beißschutz.
Für Notfallsituationen steht eine spezielle **Intubationslarynxmaske** (**Fastrach**) zur Verfügung (vgl. Abb. 1-72b), deren Silikontubus metallverstärkt und stärker vorgebogen ist, wodurch ein relativ leichtes Einführen auch in schwierigen Situationen möglich ist. Über diese spezielle Kehlkopfmaske kann nach der Platzierung auch ein (mitgelieferter) spezieller Endotrachealtubus relativ leicht bis in die Trachea vorgeschoben werden.
Wiederverwendbare Kehlkopfmasken sind vielfach (bis 40-mal) dampfsterilisierbar. Inzwischen werden allerdings zunehmend häufiger billige Einweglarynxmasken verwendet.

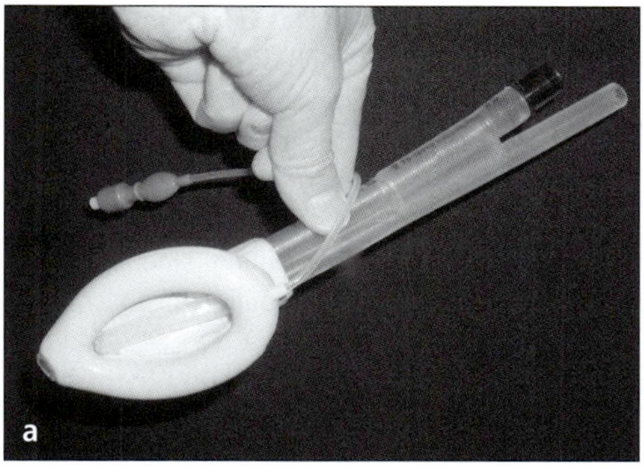

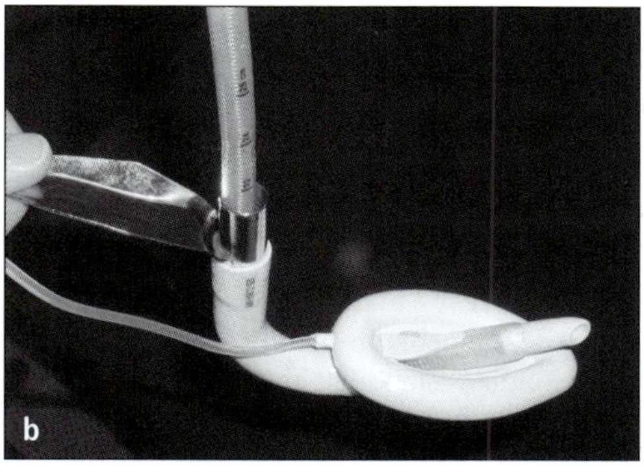

Abb. 1-72 ProSeal- und Intubationslarynxmaske. **a** ProSeal-Larynxmaske; über das zweite Lumen kann ggf. eine Magensonde vorgeschoben werden (vgl. Text unten). **b** Intubationslarynxmaske (Fastrach; vgl. Text unten), über die dann ggf. ein spezieller (Woodbridge) Tubus bis in die Trachea vorgeschoben werden kann.

1.14 Larynxtubus

Bei einem Larynxtubus (vgl. Abb. 1-73) handelt es sich um einen wiederverwendbaren Einlumentubus aus Silikon, der an seinem Ende mit einem kleinen (distalen) ballonartigen Cuff endet. Dieser distale Cuff kommt im Ösophaguseingang zu liegen und dichtet diesen ab. Ein zweiter, großer (proximaler) ballonartiger Cuff verschließt den Nasen-Rachen-Raum. Zwischen diesen beiden Cuffs befindet sich auf Höhe des Kehlkopfeinganges die Tubusöffnung, über die der Patient beatmet wird. Beide Cuffs werden über einen gemeinsamen Füllschlauch mit einer großen (mitgelieferten) Blockerspritze geblockt. Der Larynxtubus wird als Alternative für eine Larynxmaske angeboten. Larynxtuben liegen in den Größen 0, 1, 2, 3, 4 und 5 vor. Die Größe 4 bzw. 5 ist z. B. für Erwachsene mit 155–180 bzw. > 180 cm Größe.

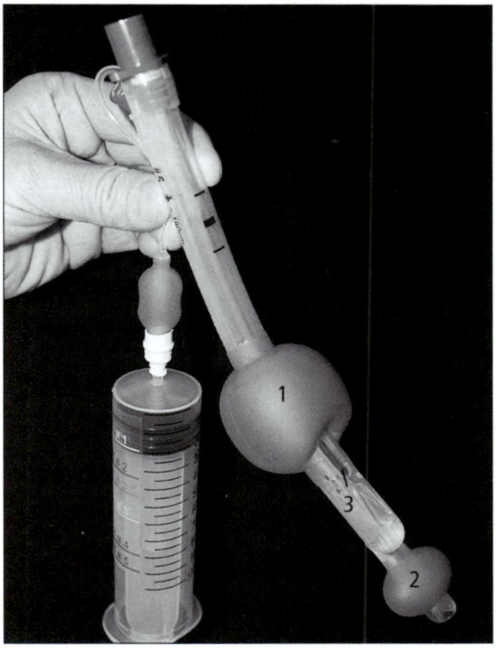

Abb. 1-73 Larynxtubus mit proximalem (1) und distalem (2) Cuff. 3 = Tubusöffnung, über die der Patient beatmet wird.

1.15 Narkosetiefe

1.15.1 Narkosestadien bei der Ethertropfnarkose – Guedel-Schema

Bereits bei den Anfängen der Ethertropfnarkose wurde versucht, die Narkosetiefe in verschiedene Stadien einzuteilen. Guedel entwickelte dann das heute noch (nur) für die Ethernarkose gültige sogenannte Guedel-Schema, das in folgende 4 Stadien unterteilt ist:

- erstes Stadium – Stadium der Amnesie und Analgesie

> ✓ Das erste Stadium ist definiert vom Beginn der Ethernarkose bis zum Verlust des Bewusstseins. Es ist gekennzeichnet durch eine Erinnerungslosigkeit (= Amnesie) und eine zunehmende Schmerzfreiheit (= Analgesie).

Der Patient kann unter Umständen noch ansprechbar und kooperativ sein. Weniger schmerzhafte Eingriffe, wie z. B. ein Verbandswechsel, werden toleriert. Dieses Stadium wird auch als „**Rauschstadium**" bezeichnet.

- zweite Stadium – Erregungs- oder Exzitationsstadium

> ✓ Das zweite Stadium ist definiert vom Bewusstseinsverlust bis zum Beginn einer automatischen, regelmäßigen Atmung. Das Exzitationsstadium entspricht der langsamen Ausschaltung der Großhirnaktivität und ist gekennzeichnet durch überschießende motorische Aktivität.

Reize werden übersteigert beantwortet, die Pupillen sind weit, die Augen wandern unruhig hin und her, eine gesteigerte Speichelproduktion, Schlucken sowie Atemstörungen (Husten; Atemanhalten; gesteigerte, unregelmäßige Atmung usw.) sind typisch für das Exzitationsstadium. Gelegentlich können Erbrechen oder ein Laryngospasmus (→ S. 214) auftreten. Das Exzitationsstadium muss möglichst schnell durchlaufen und der Patient während dieser Zeit von äußeren Reizen abgeschirmt werden.

> ! Das Durchlaufen des Exzitationsstadiums wird auch bei (v. a. der Ausleitung) einer modernen Inhalationsanästhesie häufiger beobachtet.

- drittes Stadium – Stadium der chirurgischen Toleranz

> ✓ Das dritte Stadium ist definiert vom Beginn der regelmäßigen Atembewegungen bis zum Einsetzen der Atemlähmung.

Das Toleranzstadium wird weiter unterteilt in **Planum 1–4**. Im Planum 1 sind die Pupillen eng. Mit zunehmender Narkosetiefe werden sie weiter und sind im Planum 4 weit und reaktionslos. Der Atemtyp verlagert sich mit zunehmender Narkosetiefe vom thorakalen Atmungstyp zum diaphragmal-abdominalen Atmungstyp. Im Planum 3 erlischt die Interkostalatmung, im Planum 4 kommt auch die Zwerchfellatmung zum Erliegen. Mit zunehmender Narkosetiefe nehmen der Muskeltonus, die Schluck-, Würge-, Husten- und Kornealreflexe ab. Auch der Blutdruck sinkt mit zunehmender Narkosetiefe immer weiter ab.

- viertes Stadium – Paralysestadium

> ✓ Das vierte Stadium ist definiert vom Beginn der Zwerchfelllähmung bis zum Tod des Patienten durch Atemstillstand mit nachfolgendem Kreislaufstillstand.

Aus historischen Gründen sollte das Guedel-Schema auch heute noch bekannt sein. Für die Zuordnung zu einem bestimmten Stadium ist entscheidend das Verhalten

- der Atmung,
- der Pupillen,
- der vegetativen Reflexe und
- des Muskeltonus.

Das Guedel-Schema wurde für die Ethernarkose entwickelt und hat nur beim nicht prämedizierten und mit Ether narkotisierten Patienten volle Gültigkeit. Bei den neueren Kombinationsnarkosen wird durch die Verabreichung von Muskelrelaxanzien die Beurteilung des Muskeltonus und damit auch der Spontanatmung und der Reflexe unmöglich gemacht. Durch die Verabreichung von Analgetika der Opioidgruppe ist aufgrund deren pupillenverengender Nebenwirkung (→ S. 8) die Beurteilung der Pupillengröße nicht mehr möglich. Bei der heute üblichen Narkoseeinleitung mit intravenösen Hypnotika wie z. B. Thiopental (→ S. 49) werden Stadium 1 und Stadium 2 übersprungen. Das Durchlaufen der einzelnen Stadien entfällt damit. Des Weiteren wird die Stadieneinteilung durch die Prämedikation verfälscht.

! Das Guedel-Schema hat daher bei einer modernen Inhalationsnarkose nur begrenzten Aussagewert. Bei einer balancierten Anästhesie (→ S. 124), einer intravenösen (IVA) oder einer total intravenösen Anästhesie (TIVA) (→ S. 125) ist es nicht verwertbar.

Die bei einer modernen Narkose angestrebte Narkosetiefe würde im Guedel-Schema dem dritten Stadium (Planum 1–2) entsprechen.

1.15.2 Beurteilung bei moderner Narkoseführung

! Die Beurteilung der Narkosetiefe bei einer modernen Narkose ist abhängig von den dazu verwendeten Medikamenten. Bei einer Inhalationsnarkose, einer balancierten Anästhesie bzw. einer IVA oder TIVA ist das Blutdruckverhalten der zuverlässigste Parameter.

Alle Inhalationsanästhetika und die meisten intravenösen Hypnotika (mit Ausnahme von Ketamin) sowie Remifentanil führen zu einer dosisabhängigen Blutdrucksenkung. Eine zu hohe Dosierung der meisten Anästhetika wird sich daher in einem erniedrigten Blutdruck äußern. In einem zu flachen Narkosestadium kommt es zu einem schmerzbedingten Blutdruckanstieg. Ist der Patient bei einer Inhalationsnarkose nicht relaxiert und hat er spontane Atembewegungen, so können durch operative Schmerzreize in einem zu flachen Narkosestadium Störungen der Atmung auftreten. Der Patient atmet plötzlich tiefer durch, es kann ein Hustenanfall oder, bei einer Beatmung über Gesichts- bzw. Larynxmaske, ein Laryngospasmus (→ S. 214) ausgelöst werden. Ebenso können schmerzbedingte Abwehrbewegungen auftreten. Auch tränende Augen oder eine stark gefäßinjizierte Bindehaut sprechen für eine zu flache Narkose.

Eine Herzfrequenzsteigerung (in Kombination mit einem Blutdruckanstieg) spricht gleichfalls für eine zu flache Narkose. Der Abfall einer erhöhten Herzfrequenz spricht umgekehrt für eine tiefere Narkose oder für ein Nachlassen des operativen Schmerzreizes.

Zur Überwachung der Narkosetiefe wird in den letzten Jahren zum Teil auch eine modifizierte (vereinfachte) Ableitung des Elektroenzephalogramms (EEG) propagiert. Hierbei werden aus den EEG-Signalen bestimmte Werte (z. B. der sog. Bispektralindex; BIS-Zahl) ermittelt und vom entsprechenden BIS-Monitor angezeigt.

! Eine BIS-Zahl von 100 entspricht einem wachen Patienten, eine BIS-Zahl von ca. 70 entspricht einer tiefen Sedierung! Ein BIS-Wert von ca. 50 bzw. < 40 entspricht einer mittleren Narkosetiefe bzw. einer tiefen Narkose.

Dieses prozessierte EEG soll eine Entscheidungshilfe zur Steuerung der Narkosetiefe darstellen. Es kann jedoch stets nur im Zusammenhang mit den klinisch erfassbaren Parametern (→ oben) beurteilt werden.

1.16 Manuelle Beatmung mit dem Kreissystem

1.16.1 Einstellung des Überdruckventils

Zum besseren Verständnis sei kurz nochmals das Funktionsprinzip des Kreissystems und des Überdruckventils wiederholt (ausführliche Beschreibung → S. 13 und 21).

✓ Das Kreissystem funktioniert nach dem Prinzip des halbgeschlossenen Systems (→ S. 12), das heißt, ein Teil des Ausatemvolumens wird nach Herausfiltern des CO_2 wieder rückgeatmet. Der andere Teil des Ausatemvolumens entweicht über das Überdruckventil in die Absaugung. Es muss immer so viel Gas pro Minute in die Absaugung entweichen wie Frischgas pro Minute in das Kreissystem geleitet wird.

Während der manuellen Beatmung muss das Überdruckventil eingeschaltet werden, das heißt, der Kipphebel muss auf „MAN“ (manuell) gestellt werden (vgl. 1 in Abb. 1-74). Mithilfe des Drehknopfes am Überdruckventil kann nun eingestellt werden, wie hoch der Druck im Kreissystem sein muss, damit Gas über das Überdruckventil entweichen kann. Druckbegrenzungsventile können zwischen 5 und 70 mbar eingestellt werden. Bei Beatmung über eine Gesichts- bzw. Larynxmaske sollte die Grenze von 20 mbar nicht überschritten werden, da ansonsten Beatmungsgemisch in den Magen gelangen könnte. Durch rhythmisches Komprimieren des Beatmungsbeutels (→ S. 22) kann nun der Patient beatmet werden.

! Um die Lungen eines Patienten blähen zu können, ist normalerweise während der Inspiration ein Beatmungsdruck von ca. 10–15 mbar notwendig. Während der Inspiration muss also im Kreissystem ein Druck von 10–15 mbar aufgebaut werden. Deshalb wird das Überdruckventil auf mindestens 10–15 mbar eingestellt.

Abb. 1-74 Druckbegrenzungsventil. 1 = Hebelstellung „MAN“ für manuelle oder maschinelle Beatmung. 2 = Hebelstellung „SPONT“ für Spontanatmung. Bei der manuellen Beatmung ist das Feinregulierventil durch Drehen des Kippschalters auf ca. 10–15 mbar einzustellen. Bei der maschinellen Beatmung ist das Feinregulierventil höher als der notwendige Beatmungsdruck einzustellen. Zumeist wird ein Wert von ca. 40 mbar eingestellt. Das Überdruckventil kann zwischen ca. 5 und 70 mbar eingestellt werden.

Wird das Überdruckventil zu niedrig, z. B. nur auf 5 mbar eingestellt, so ist eine ausreichende Blähung der Lungen nicht möglich. Bereits bei einem Druck von 5 mbar im Kreissystem entweicht das Gasvolumen des komprimierten Beatmungsbeutels über das Überdruckventil in die Absaugung. Der Beatmungsbeutel wird sich bei jedem Beatmungshub fast ohne Widerstand leer drücken lassen, ohne dass die Lungen des Patienten genügend gebläht werden – der Patient wird zu wenig beatmet.

! Immer wenn der Beatmungsbeutel zu schlaff ist und sich fast widerstandslos leer drücken lässt, muss also die Überdruckgrenze erhöht werden.

Wird die Überdruckgrenze dagegen zu hoch eingestellt, z. B. auf 30 mbar, so wird vorerst bei der Beatmung des Patienten, für die nur 10–15 mbar nötig sind, keine Luft über das Überdruckventil entweichen. Da jedoch laufend Frischgas in das Kreissystem einströmt (z. B. 3 l/min), nimmt das Gasvolumen im Kreissystem und im Patienten kontinuierlich zu. Der als Ausgleichsbeutel dienende Beatmungsbeutel wird entsprechend praller, und es baut sich ein zunehmender Druck im Kreissystem auf. Erst wenn der Druck bei der manuellen Kompression des Beatmungsbeutels über die eingestellte Druckgrenze von 30 mbar ansteigt, kann Ausatemgas über das Überdruckventil in die Absaugung entweichen. Die Lungen des Patienten werden hierbei überbläht – der Patient wird meist zu stark beatmet.

! Immer, wenn der Beatmungsbeutel zu prall ist und sich nur gegen hohen Widerstand leer drücken lässt, muss also die Überdruckgrenze erniedrigt werden.

Während der manuellen Beatmung muss erfahrungsgemäß die Überdruckgrenze mehrmals verändert werden, bis durch Ausprobieren die optimale Überdruckgrenze eingestellt werden kann und der Beatmungsbeutel weder zu schlaff noch zu prall ist.

1.16.2 Manuelle Beatmung über eine Gesichtsmaske

Allgemeine Bemerkungen

Die Beatmung während einer Narkose kann über einen Endotrachealtubus, eine Kehlkopfmaske oder auch über eine dicht um Mund und Nase geschlossene Gesichtsmaske (= Maskenbeatmung) erfolgen. Auch wenn eine Intubationsnarkose durchgeführt werden soll oder eine Kehlkopfmaske eingelegt werden soll, wird der Patient normalerweise zuerst kurzfristig mit einer Gesichtsmaske beatmet, denn nach Injektion des Einleitungshypnotikums wird der Patient bewusstlos und es kommt zu einem Atemstillstand. Der Patient muss dann so lange über eine Gesichtsmaske beatmet werden, bis die Kehlkopfmaske eingeführt oder er intubiert werden kann. Für die Maskenbeatmung stehen Gesichtsmasken unterschiedlicher Größe zur Verfügung.

Gesichtsmasken

Gesichtsmasken bestehen meist aus (schwarzem) antistatischem Gummi.
Für Erwachsene gibt es, je nach Modell, meist 3–5 verschiedene Größen (vgl. Abb. 1-75 und 1-76). Für Säuglinge und Kleinkinder werden in der Regel sog. **Rendell-Baker-Masken** verwendet (→ S. 236).
Die Maske wird über ein Winkelstück mit dem Ein- und Ausatemschlauch des Narkosegerätes verbunden (vgl. auch Abb. 1-4).

Durchführung der Maskenbeatmung

Die manuelle Beatmung eines Patienten über eine Gesichtsmaske wird folgendermaßen durchgeführt: Die Gesichtsmaske wird mit der linken Hand fest auf das Gesicht des Patienten gesetzt und um Mund und Nase dicht verschlossen (vgl. Abb. 1-77). Der Daumen kommt oberhalb, der Zeigefinger unterhalb des Winkelstückes zu liegen. Mittel-, Ring- und Kleinfinger umgreifen den Unterkiefer im Bereich des Unterkieferwinkels. Besonders wichtig ist hierbei eine gleichzeitige deutliche Überstreckung des Kopfes mit der linken Hand, um zu verhindern, dass durch die bei Bewusstlosigkeit zurückfallende Zunge der Rachenraum verlegt und die Maskenbeatmung behindert wird. Mit der rechten Hand wird nun der Beatmungsbeutel bedient.

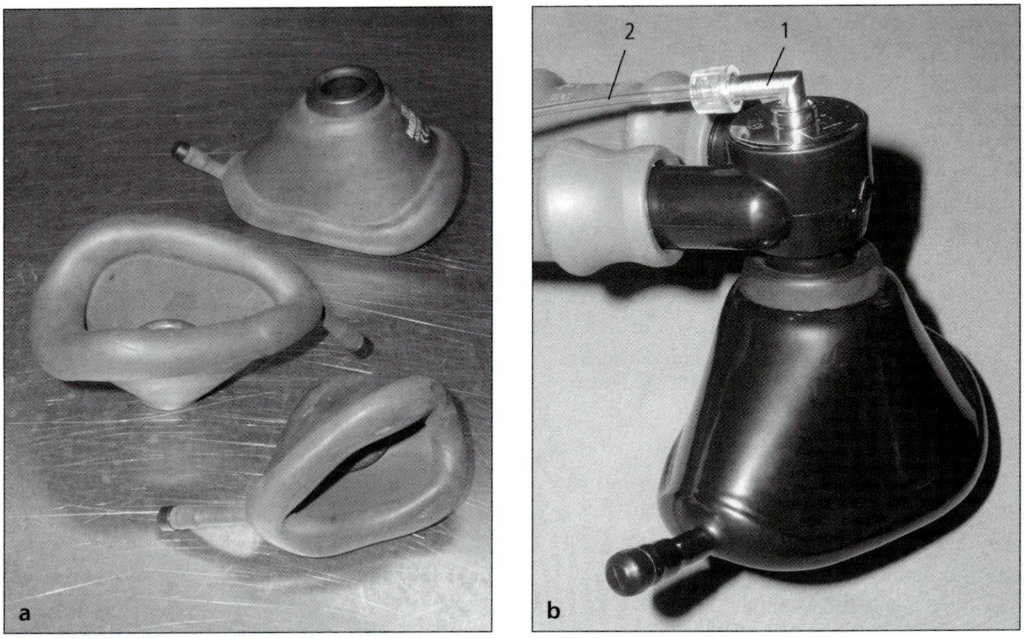

Abb. 1-75 Gesichtsmasken. a Gesichtsmasken unterschiedlicher Größe mit aufblasbarem Randwulst. b Gesichtsmaske, die über ein Winkelstück mit dem In- und dem Exspirationsschlauch konnektiert ist. 1 = Anschlussstutzen für Probenentnahmeschlauch (= 2). In dem abgesaugten Beatmungsgemisch wird in einem Multifunktionsmonitor (vgl. Abb. 1-14) die Konzentration von Sauerstoff, Kohlendioxid, Lachgas und volatilem Inhalationsanästhetikum bestimmt.

! Bei der Maskenbeatmung ist streng darauf zu achten, dass mit einem möglichst geringen Beatmungsdruck beatmet wird. Ist der am Manometer angezeigte Beatmungsdruck höher als ca. 20 mbar (mbar = millibar, 1 mbar entspricht ungefähr 1 cm Wassersäule), so muss befürchtet werden, dass ein Teil des insufflierten Volumens in den Magen gepresst wird (denn bei einem Beatmungsdruck von ca. 20 mbar wird der Ösophagusverschlussdruck überschritten).

Baut sich während der Beatmung fast kein Druck am Manometer auf und der Beatmungsbeutel bleibt trotz hoher Einstellung des Druckbegrenzungsventils (→ S. 21) schlaff, so liegt der Grund meistens in einer nicht ausreichend abgedichteten Gesichtsmaske. Die Gesichtsmaske ist dichter aufzusetzen. Ist der Beatmungsdruck zu hoch, kommen vor allem folgende Gründe infrage:

- Zumeist ist der Kopf des Patienten nicht ausreichend überstreckt und die nach hinten fallende Zunge verlegt die oberen Luftwege. Manchmal wird dann fälschlicherweise ver-

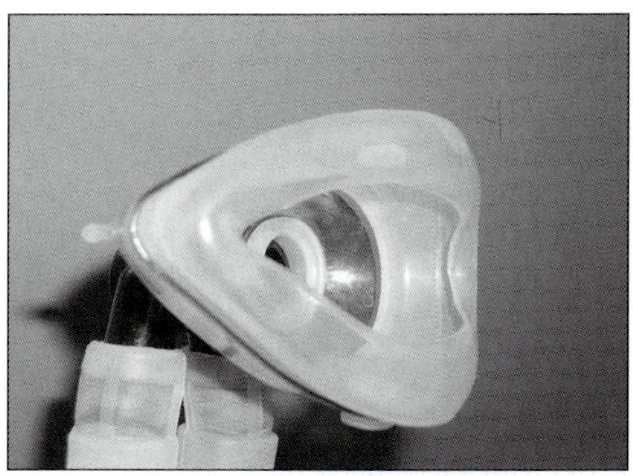

Abb. 1-76 Gesichtsmaske ohne aufblasbaren Randwulst

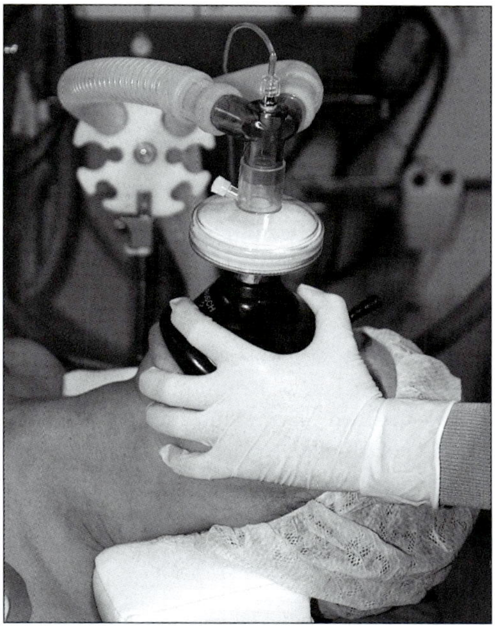

Abb. 1-77 Korrektes Halten der Gesichtsmaske

sucht, das Überdruckventil hoch einzustellen und mit einem hohen Beatmungsdruck den Beatmungswiderstand zu überwinden. Durch eine korrekte Überstreckung des Kopfes kann dieses Beatmungshindernis meist beseitigt werden. Manchmal ist allerdings trotz korrekten Überstreckens des Kopfes eine Verlegung der oberen Luftwege durch die zurückfallende Zunge nicht zu vermeiden. In diesem Falle empfiehlt es sich, dem Patienten einen entsprechend großen Guedel-Tubus einzulegen (→ S. 90). Voraussetzung für das Einlegen eines Guedel-Tubus ist jedoch, dass der Patient genügend tief bewusstlos ist und die Reflexe des Rachens und des Kehlkopfes ausgeschaltet sind. Ansonsten muss mit einer Reizung der Rachenschleimhaut und mit dem Auslösen von Husten- und Würgereflexen, im schlimmsten Falle mit Erbrechen oder einem Laryngospasmus (→ S. 214) gerechnet werden.

- Der Patient ist noch nicht bewusstlos und wehrt sich gegen die Maskenbeatmung. Meist liegt es daran, dass eine zu niedrige Dosis des Einleitungshypnotikums verabreicht worden ist. Es empfiehlt sich eine Nachinjektionsdosis. Vor dem Einlegen eines Guedel-Tubus in dieser Situation ist zu warnen.
- Das Überdruckventil ist zu hoch eingestellt (→ S. 110).

1.16.3 Manuelle Beatmung des intubierten Patienten

Soll ein intubierter Patient manuell beatmet werden, so muss das Überdruckventil (wie oben beschrieben) bedient werden. Zumindest unmittelbar nach der Intubation wird kurzfristig eine manuelle Beatmung durchgeführt. Bei der manuellen Beatmung kann besser auskultiert werden. Auch sollte der Patient immer, wenn während der maschinellen Beatmung Probleme auftreten, vorübergehend manuell beatmet werden. Bei einiger Erfahrung kann dann am Beatmungsbeutel gefühlt werden, ob der Patient z. B. einen asthmatischen Anfall hat, ob er selbst atmet oder ob er hustet. Auch wenn eine Inhalationsnarkose schnell vertieft werden muss, sollte neben einer Erhöhung der inspiratorischen Konzentration des Inhalationsanästhetikums auch eine kurzfristige manuelle Beatmung durchgeführt werden. Hierbei kann der Patient kurzfristig hyperventiliert werden, wodurch die höhere Konzentration des Inhalationsanästhetikums schneller anflutet (→ S. 38). Auch bei bestimmten Operationsabschnitten, z. B. bei Lungenoperationen, lassen sich durch die manuelle Beatmung die Atemexkursionen bei Bedarf besser dem operativen Vorgehen anpassen. Gegen Ende der Narkose, wenn die Spontanatmung des Patienten wieder stimuliert werden soll, empfiehlt sich ebenfalls oft eine manuelle Beatmung. Beginnt der Patient nun langsam spontan zu atmen, so kann die manuelle Beatmung seiner Eigenatmung angepasst werden (= **assistierte Beatmung**). Im Prinzip könnte auch während der ganzen Narkose ein intubierter Patient manuell beatmet werden.

1.16.4 Manuelle Beatmung über eine Larynxmaske

Bei Durchführung einer Allgemeinanästhesie unter Verwendung einer Larynxmaske sollte möglichst keine maschinelle Beatmung, sondern eine manuelle Beatmung erfolgen. Ideal ist eine Spontanatmung des Patienten, die manuell leicht unterstützt (= assistiert) wird. Wird dennoch eine maschinelle Beatmung eingeschaltet, sollte (damit keine höheren Beatmungsdrücke auftreten können) eine druckkontrollierte oder -begrenzte Beatmung vorgenommen werden.

1.16.5 Spontanatmung

! Soll der Patient über das Kreissystem spontan atmen und dabei nicht manuell unterstützt werden, so muss am Druckbegrenzungsventil der Kipphebel auf „SPONT" (spontan) gestellt werden (vgl. Abb. 1-18 und 1-74). Hierbei ist das Feinregulierventil automatisch auf ca. 5 mbar eingestellt.

Ausatemluft kann nun über das Überdruckventil entweichen, sobald der Druck im Kreissystem über 5 mbar ansteigt. Der Patient atmet dann bei einem PEEP von ca. 5 mbar (→ S. 23) spontan. Aufgrund des geringen Drucks von 5 mbar im Kreissystem ist der Atembeutel leicht gebläht. Er stellt damit ein Reservevolumen dar, falls der Patient plötzlich einen tiefen Atemzug macht.

1.16.6 Übergang zur maschinellen Beatmung

! Soll von der manuellen auf die maschinelle Beatmung übergegangen werden (z. B. weil der Patient inzwischen intubiert wurde), so muss bei älteren Narkosegeräten (z. B. Sulla 808 mit Ventilog, Fa. Dräger; Abb. 1-20a) das Druckbegrenzungsventil (Abb. 1-17) auf einen Wert gestellt werden, der einige mbar über dem maximalen Atemwegsdruck liegt (z. B. 40 mbar). Der Kipphebel muss auch während der maschinellen Beatmung auf „MAN" stehen. Bei modernen Beatmungsgeräten (z. B. Cicero, Fabius, Zeus, Fa. Dräger; Abb. 1-20b, c) ist die Position und Einstellung des Druckbegrenzungsventils beim Einschalten der maschinellen Beatmung belanglos.

Bei maschineller Beatmung entweicht normalerweise kein Gas über das Überdruckventil. Die eingeschaltete Beatmungsmaschine kontrolliert selbstständig über einen anderen Mechanismus die Gasmenge, die in die Absaugung gelangen muss. Das Beatmungsgerät und die entsprechenden Alarme sind einzuschalten und korrekt einzustellen (→ S. 22).

1.17 Maskennarkose

1.17.1 Allgemeine Bemerkungen

✓ Bei einer Maskennarkose wird auf die endotracheale Intubation verzichtet und der Patient während der gesamten Dauer der Narkose über eine dicht um Mund und Nase geschlossene Gesichtsmaske von Hand beatmet. Eine Maskennarkose wird oft – nach initialer Gabe eines Einleitungshypnotikums (→ S. 113) – mit einem verdampfbaren Inhalationsanästhetikum (= Inhalationsnarkose; → S. 116), evtl. in Kombination mit einem Opioid (z. B. 0,1 mg Fentanyl) (= balancierte Anästhesie; → S. 124) oder mit Propofol plus einem Opioid (z. B. Fentanyl, Sufentanil oder Alfentanil) und N_2O (= intravenöse Anästhesie; → S. 125) durchgeführt. Zunehmend häufiger wird im Rahmen einer Maskennarkose auch eine **t**otal **i**ntra**v**enöse **A**nästhesie (= TIVA; → S. 125) ohne Zusatz von Lachgas durchgeführt (z. B. Propofol plus Fentanyl plus Sauerstoff).

! Eine Maskennarkose verbietet sich, wenn eine absolute Indikation zur Intubation (→ S. 82) besteht. Insbesondere sei nochmals erwähnt, dass jeder nicht nüchterne Patient (→ S. 209) eine absolute Kontraindikation für eine Maskennarkose darstellt. Des Weiteren sollten Maskennarkosen nur bei voraussichtlich unkomplizierten Eingriffen vorgenommen werden, die voraussichtlich weniger als 30 Minuten dauern.

Folgende Operationen werden häufig in Maskennarkose durchgeführt:

- Abszessspaltung, soweit sich der Abszess nicht im Mund-Rachen-Bereich oder auf dem Rücken befindet
- kurze kinderchirurgische Eingriffe, wie z. B. Herniotomie (= Leistenbruch) oder Zirkumzision (= Beschneidung)
- Curettage (= Ausschabung), nicht jedoch bei einer Curettage nach einer Fehlgeburt nach der 14. Schwangerschaftswoche (z. T. wird als Grenze auch die 20. Schwangerschaftswoche angegeben) oder unmittelbar nach einer Entbindung. Diese Patientinnen sind prinzipiell als nicht nüchtern zu betrachten, zudem kann es unter Umständen erheblich bluten; diese Patientinnen müssen intubiert werden.

1.17.2 Maskennarkose am Beispiel einer reinen Inhalationsanästhesie

Vorbereitungen

- Überprüfung des Narkosegerätes (→ S. 26)
- Überprüfung des Narkosewagens auf Vollständigkeit (→ S. 31)
- Vorbereitung von Material und Medikamenten (→ S. 32); auch bei einer Maskennarkose müssen die für eine evtl. Intubation nötigen Dinge griffbereit liegen
- Aufziehen der Medikamente (→ S. 32)
- Vorbereitung des Patienten für die Narkose (→ S. 32)

Durchführung

Nachfolgend soll die Maskennarkose am Beispiel einer reinen Inhalationsnarkose (ohne zusätzliche Gabe eines Opioids) beschrieben werden.

Präoxygenierung

Dem Patienten wird die Maske leicht vors Gesicht gehalten und es wird ihm erklärt, dass ihm über die Maske nur Sauerstoff verabreicht wird. Am Rotameter wird ein Sauerstofffluss von ca. 6 l/min eingestellt. Dieses Voratmen von reinem Sauerstoff wird als Präoxygenierung bezeichnet. Hierdurch wird der Stickstoff (ca. 78 % der Luft) aus dem Körper ausgewaschen, und die funktionelle Residualkapazität der Lunge (→ S. 38, 342) sowie der Körper werden maximal mit Sauerstoff gesättigt.

Einleitungshypnotikum

Hierzu eignen sich z. B. Thiopental (4–5 mg/kg KG i. v.; → S. 49), Methohexital (ca. 1–2 mg/kg KG i. v.; → S. 51) oder Propofol (ca. 1,5–2,5 mg/kg KG i. v.; → S. 54). Bei Patienten mit schlechtem Allgemeinzustand muss diese Dosis reduziert, bei Patienten, die regelmäßig Alkohol oder Medikamente zu sich nehmen, muss diese Dosis meist erhöht werden.

! Wichtig ist stets die langsame Injektion und die Dosierung nach Wirkung (→ S. 49).

Innerhalb von ca. 30 Sekunden werden die meisten Patienten bewusstlos. Durch Bestreichen der Augenwimpern oder leichtes Hochziehen des Oberlides eines Auges kann überprüft werden, ob der Patient bewusstlos ist. Normalerweise verursacht das Bestreichen der Augenwimpern oder das leichte Hochziehen des Oberlides ein reflektorisches Zusammenkneifen der Lider. Ist dieser Lidreflex erloschen, dann kann davon ausgegangen werden, dass der Patient tief bewusstlos ist. Bei genauer Beobachtung des Patienten ist aber auch meist so gut erkennbar, wann der Patient bewusstlos geworden ist. Beispielsweise ist der einsetzende Atemstillstand bei genauer Beobachtung gut wahrnehmbar.
(Würde vor Gabe des oben genannten Einleitungshypnotikums noch eine relativ niedrige Dosis eines Opioids [z. B. 10–20 µg Sufentanil,

0,1 mg Fentanyl oder 1,0 mg Alfentanil] verabreicht, dann würde nicht von einer reinen Inhalationsanästhesie, sondern von einer balancierten Anästhesie gesprochen [→ S. 124].)

Maskenbeatmung

Die Gesichtsmaske wird nun, wie auf Seite 109 beschrieben, mit der linken Hand fest auf das Gesicht gesetzt und um Mund und Nase dicht verschlossen. Mit der rechten Hand kann jetzt der Beatmungsbeutel bedient werden (vgl. ausführliche Beschreibung der Maskenbeatmung mit dem Kreissystem auf S. 109). Am Rotameter für Sauerstoff werden nun z.B. (1 oder) 2 Liter O_2/min und am Rotameter für Lachgas bzw. Luft z.B. (2 oder) 4 Liter N_2O/min bzw. Luft/min eingestellt. Nun muss am Verdampfer die gewünschte Dampfkonzentration des ausgewählten Inhalationsanästhetikums eingeschaltet werden.

! Zur anfänglichen Anflutung ist bei einer reinen Inhalationsanästhesie eine relativ hohe Vaporeinstellung notwendig; bei Verwendung von Isofluran ist eine Konzentration von ca. 2–3 Vol.-% notwendig. Bei Gabe von Sevofluran sind initial ca. 3–4 Vol.-% und bei Desfluran ca. 6–8 Vol.-% notwendig.

Eine Ursache für anfängliche Beatmungsschwierigkeiten kann sein, dass der Patient noch nicht tief genug bewusstlos ist und sich gegen die Maskenbeatmung wehrt. In solchen Fällen ist meist eine zu niedrige Dosis des Einleitungshypnotikums verabreicht worden. Es empfiehlt sich eine Nachinjektion.
Lässt sich der Patient gut beatmen, dann muss – spätestens nach wenigen Minuten – die Konzentration des Inhalationsanästhetikums schrittweise auf die Erhaltungsdosis reduziert werden.

! Zur Aufrechterhaltung einer reinen Inhalationsanästhesie sollte bei zusätzlicher Gabe von ca. 70 % Lachgas (bzw. bei Gabe von Luft anstatt von Lachgas) eine exspiratorische Konzentration des volatilen Inhalationsanästhetikums von ca. 0,7 MAC (bzw. von 1,0–1,1 MAC) angestrebt werden. (Falls zusätzlich ein Opioid verabreicht würde, d.h. eine balancierte Anästhesie durchgeführt wird [→ S. 124], dann würde eine exspiratorische Konzentration des volatilen Inhalationsanästhetikums von ca. 0,4–0,5 MAC [bzw. 0,7–0,8 MAC] ausreichen).

(Würde zur Aufrechterhaltung der Narkose kein volatiles Inhalationsanästhetikum plus Lachgas, sondern ein intravenös zu verabreichendes Hypnotikum – z.B. 3–6–10 mg/kgKG/h Propofol mittels Spritzenpumpe oder wiederholte Einzelboli à 20–30 mg – plus Lachgas verwendet, dann würde von einer **i**ntra**v**enösen **A**nästhesie gesprochen [= IVA; → S. 124]. Würde bei diesem Vorgehen noch auf Lachgas verzichtet und stattdessen Luft zum Sauerstoff zugemischt, dann würde von einer **t**otalen **i**ntra**v**enösen **A**nästhesie gesprochen [= TIVA; → S. 124]).
Meist fängt der Patient einige Minuten nach der Narkoseeinleitung wieder an, spontan zu atmen. Falls nicht, kann dies durch eine geringe **Hypoventilation** provoziert werden. Bei vorhandener **Spontanatmung** muss nun versucht werden, die Maskenbeatmung dem Rhythmus des Patienten anzupassen. Dann kann mit nur minimalem Beatmungsdruck beatmet werden. Immer, wenn sich z.B. der Zeiger des mechanischen Volumeters bewegt, atmet der Patient aus (Messung im Ausatmungsschenkel! → S. 18). Wenn der Volumeterzeiger zum Stillstand kommt, muss also erneut mit der Kompression des Beatmungsbeutels begonnen werden. Mit einiger Erfahrung kann die Eigenatmung des Patienten auch sehr gut am rhythmisch praller und schlaffer werdenden Beatmungsbeutel gefühlt werden. Immer, wenn der Beatmungsbeutel praller wird, atmet der Patient aus. Beginnt der Beatmungsbeutel zu erschlaffen, so beginnt der Patient mit der Einatmung, und der Beatmungsbeutel muss gedrückt werden. Durch eine leichte **Hyperventilation** kann die Spontanatmung auch unterdrückt werden (→ S. 121).

! Als Atemminutenvolumen sollten beim Erwachsenen ungefähr 8–9 ml/kg KG/min angestrebt werden. Beim 70 oder 80 kg schweren Patienten entspricht dies einem Atemminutenvolumen von ca. 6 oder ca. 7 l/min.

Aufgrund der relativ langsamen Anflutung der meisten Inhalationsanästhetika (→ S. 36) kann mit der Operation normalerweise erst 5–10 Minuten nach Narkoseeinleitung begonnen werden.

! Zur Beurteilung der Narkosetiefe eignen sich das Blutdruckverhalten, das Verhalten der Herzfrequenz, die spontanen Atembewegungen sowie der Muskeltonus des Patienten.

Bei einer zu flachen Narkoseführung ist bei operativen Reizen mit einem Blutdruckanstieg und mit einer Herzfrequenzsteigerung zu rechnen. Ursache ist eine stressbedingte vermehrte Catecholaminausschüttung. Außerdem kann es schmerzbedingt plötzlich zu einer vertieften Spontanatmung des Patienten kommen. Sehr starke Schmerzreize können bei ungenügender Narkosetiefe auch dazu führen, dass es zu einem Atemanhalten oder einem Laryngospasmus kommt.
Wichtig ist stets die genaue Beobachtung der Operation.

! Bei voraussichtlich schmerzhaften Manipulationen sollte bereits vorher die Konzentration des Inhalationsanästhetikums erhöht werden, z. B. kurz vor dem Hautschnitt. Bei nachlassendem Operationsschmerz kann die Konzentration entsprechend erniedrigt werden.

Wichtig ist bei sehr kurzen Eingriffen auch die Absprache mit dem Operateur. Da das voraussichtliche OP-Ende vom Anästhesisten oft nicht genau abgeschätzt werden kann, ist es von Vorteil, wenn der Operateur das OP-Ende z. B. 5 Minuten vorher ankündigt. Denn meist kann bereits vor OP-Ende die Konzentration des Inhalationsanästhetikums erniedrigt oder gar ausgeschaltet werden.

! Je länger die Operation dauert, desto früher kann das Inhalationsanästhetikum vor OP-Ende reduziert bzw. ausgeschaltet werden (→ S. 37).

Erst mit Ende der Operation sollte das evtl. verabreichte Lachgas abgeschaltet werden, und es sollten dann für mindestens 3 Minuten ca. 6 Liter Sauerstoff verabreicht werden, um eine **Diffusionshypoxie** (→ S. 40) zu verhindern. In der Regel sind die Patienten nach diesen kurzen Maskennarkosen wieder schnell wach und ansprechbar.

1.18 Intubationsnarkose

1.18.1 Allgemeine Bemerkungen

✓ Eine **I**ntuba**t**ions**n**arkose (= ITN) ist dadurch ausgezeichnet, dass der Patient intubiert und über diesen Tubus beatmet wird. Hierbei kann die Beatmung sowohl manuell (→ S. 111) als auch mithilfe eines Beatmungsgerätes (→ S. 22) durchgeführt werden.

Eine Vollnarkose *muss* als ITN durchgeführt werden, wenn eine absolute Indikation zur Intubation besteht (→ S. 82). Eine Vollnarkose *kann* als ITN durchgeführt werden, wenn auf die Vorteile einer Intubation (→ S. 82) nicht verzichtet werden soll. Eine Intubationsnarkose kann entweder nur mit einem verdampfbaren Inhalationsanästhetikum (= reine Inhalationsanästhesie; → S. 116), mittels Inhalationsanästhetikum plus Opioid (= balancierte Anästhesie; → S. 124) oder als **i**ntra**v**enöse **A**nästhesie (= IVA; mit Lachgas → S. 125) oder als **t**otale **i**ntra**v**enöse **A**nästhesie (= TIVA; ohne Lachgas → S. 125) durchgeführt werden.

1.18.2 Intubationsnarkose am Beispiel einer reinen Inhalationsanästhesie

Vorbereitungen

- Überprüfung des Narkosegerätes (→ S. 26)
- Überprüfung des Narkosewagens auf Vollständigkeit (→ S. 31)
- Vorbereiten von Material und Medikamenten (→ S. 32)
- Aufziehen der Medikamente (→ S. 32)
- Vorbereiten des Patienten (→ S. 32)

Narkoseeinleitung

- Präoxygenierung (→ S. 113)
- Präcurarisierung bzw. Priming-Dosis: Nachdem der Patient ca. 3 Minuten lang reinen Sauerstoff eingeatmet hat (präoxygeniert wurde), wird ihm – falls zur endotrachealen Intubation ausnahmsweise mit Succinylcholin relaxiert werden soll – eine kleine, nicht lähmende Dosis eines nicht depolarisierenden Muskelrelaxans verabreicht. Je nachdem, welches nicht depolarisierende Muskelrelaxans gewählt wird, werden hierfür beim Erwachsenen z. B. 1 mg Pancuronium, 1 mg Vecuronium oder 10–15 % der initialen Volldosis von Atracurium, *cis*-Atracurium, Mivacurium oder Rocuronium (→ S. 69 ff.) verabreicht. Zweck dieser kleinen Dosis eines nicht depolarisierenden Muskelrelaxans ist es, die nach Succinylcholingabe auftretenden Muskelfaszikulationen und den danach postoperativ auftretenden „Muskelkater" zu vermindern (→ S. 74). Es wird von Präcurarisierung gesprochen.

! Inzwischen darf bei der Intubation Succinylcholin nicht mehr routinemäßig verwendet werden, sondern es soll stattdessen bereits zur Intubation mit einem nicht depolarisierenden Muskelrelaxans (meist mit Rocuronium, Mivacurium oder [*cis*-]Atracurium) eine Vollrelaxierung durchgeführt werden. Auch hier wird oft empfohlen, einige Minuten vorher eine nicht lähmende Dosis (entsprechend der Präcurarisierungsdosis, ca. 10–15 % der Initialdosis) des nicht depolarisierenden Relaxans zu verabreichen (sog. Priming-Dosis). Dadurch wirkt die danach verabreichte Hauptdosis schneller (sog. **Priming-Prinzip**). (Bei dem primär schon schnell wirkenden Rocuronium wird prinzipiell keine Priming-Dosis empfohlen, da dessen Wirkungsbeginn dadurch nicht weiter beschleunigt werden kann.) Allerdings wirkt die Hauptdosis nach einer Priming-Dosis nicht wesentlich schneller. Da es in Einzelfällen durch die Priming-Dosis zu einer leichten Anrelaxierung kommen kann, wird inzwischen oft auf eine Priming-Dosis verzichtet.

- Einleitungshypnotikum (→ S. 113)
- Maskenbeatmung (→ S. 114)
- Relaxierung mit Succinylcholin oder einem nicht depolarisierenden Relaxans:
  Erst, wenn sich der Patient gut beatmen lässt, darf er relaxiert werden. Zur Intubation wurde der Patient früher routinemäßig mit Succinylcholin (1–1,5 mg/kg KG i. v.; → S. 76) relaxiert. Die Injektion von Succinylcholin hat langsam und unter Kontrolle der Herzfrequenz zu erfolgen. Mit Wirkungsbeginn des Succinylcholins fällt auf, dass sich der Patient durch die nun einsetzende Muskelerschlaffung leichter beatmen lässt. Trotz Präcurarisierung kann es manchmal noch zu leichtem Muskelfibrillieren beim Patienten kommen (→ S. 74). Nach völliger Erschlaffung der Muskulatur kann der Patient intubiert werden.
  Wegen möglicher schwerwiegender Nebenwirkungen des Succinylcholins soll hierauf möglichst verzichtet werden und bereits zur Intubation eine Relaxierung mit einem nicht depolarisierenden Relaxans durchgeführt werden. (Ausnahmen: Bei nicht nüchternen Patienten und akuten Atemwegsproblemen, → S. 76, wird – wegen des sehr schnellen Wirkungsbeginns – weiterhin Succinylcholin offiziell empfohlen). Als Hauptdosis zur

initialen Vollrelaxierung mit einem nicht depolarisierenden Muskelrelaxans werden (nach einer evtl. vorausgehenden Priming-Dosis; → S. 116), bei Rocuronium ca. 50 mg, bei Mivacurium werden ca. 15 mg, bei Pancuronium oder Vecuronium ca. 6 mg, bei Atracurium ca. 35 mg und bei *cis*-Atracurium werden ca. 7–10 mg für einen ca. 70 kg schweren Erwachsenen verabreicht.
- orotracheale Intubation (→ S. 92)
- Blocken des Tubus (→ S. 96)
- Lagekontrolle des Tubus (→ S. 97)
- Fixierung des Tubus (→ S. 98)
- erneute Lagekontrolle des Tubus
- Einstellen von O_2 und N_2O bzw. Luft am Rotameter:
  Am Rotameter für Sauerstoff wird nun z. B. 1 Liter O_2/min und am Rotameter für Lachgas bzw. Luft werden 2 Liter N_2O/min bzw. 2 Liter Luft/min eingestellt.
- Einstellen des Inhalationsanästhetikums:
  Am Verdampfer wird die gewünschte Dampfkonzentration des ausgewählten Inhalationsanästhetikums eingeschaltet. Zur anfänglichen Anflutung sind bei einer reinen Inhalationsanästhesie (ohne zusätzliche Gabe eines Opioids) kurzfristig relativ hohe Verdampferkonzentrationen notwendig. Bei Isofluran ca. 2,0–3,0 Vol.-%, bei Gabe von Sevofluran sind initial ca. 3–4 Vol.-% und bei Desfluran ca. 6–8 Vol.-% notwendig. Zur Beschleunigung der Anflutung des Inhalationsanästhetikums empfiehlt es sich, den Patienten kurzfristig zu hyperventilieren (→ S. 38) und ggf. den Frischgasfluss für einige Minuten zu steigern (z. B. 2 Liter O_2/min und 4 Liter N_2O/min bzw. 4 Liter Luft/min). Bei Patienten mit koronarer oder zerebraler Gefäßsklerose ist jedoch eine stärkere Hyperventilation zu vermeiden. Durch eine Hyperventilation wird eine Gefäßkonstriktion ausgelöst, die auch das zerebrale und koronare Gefäßsystem betrifft. Die durch eine Gefäßkonstriktion mögliche Minderperfusion kann bei zerebral- und koronarsklerotischen Patienten zu einer gefährlichen Mangeldurchblutung der betreffenden Stromgebiete führen und ist daher zu vermeiden. Sobald als möglich ist die Konzentration des volatilen Inhalationsanästhetikums (schrittweise) auf die Erhaltungsdosis zu reduzieren.
- Blutdruck- und Herzfrequenzkontrolle:
  Da die Intubationsphase einer der kritischsten Momente jeder Narkose ist, müssen kurz nach der Intubation unbedingt der Blutdruck gemessen und die Herzfrequenz kontrolliert werden. Zum einen droht ein Blutdruckabfall bei zu tiefer Narkose, zum anderen ein schmerzbedingter Blutdruck- und Herzfrequenzanstieg bei zu flacher Narkose.
  Ist der Blutdruck nach Narkoseeinleitung kritisch abgefallen, so bieten sich folgende Maßnahmen an:
  - Erniedrigung der Konzentration des Inhalationsanästhetikums
  - schnellere Infusion oder evtl. Austauschen der kristalloiden Infusionslösung gegen ein kolloidales Plasmaersatzmittel (z. B. HES, → S. 135)
  - Kippen des Operationstisches in eine Kopftief- und Beinhochlage (Schocklagerung; „Trendelenburg-Lagerung“)
  - Injektion eines blutdrucksteigernden Medikamentes
    (z. B. Akrinor®; es empfiehlt sich 1 Ampulle Akrinor® = 2 ml mit 8 ml NaCl 0,9 % zu verdünnen und ggf. wiederholt 2 ml Boli dieser Mischung so oft zu verabreichen, bis sich der Blutdruck wieder normalisiert hat)
  - falls ausnahmsweise mit Succinylcholin intubiert wurde, vorerst Verzicht auf die Vollrelaxierung mit einem nicht depolarisierenden Muskelrelaxans, da es dadurch zu einem weiteren Blutdruckabfall kommen kann (→ S. 66)

Bei den Zeichen einer zu flachen Narkose ist die Konzentration des Inhalationsanästhetikums ggf. kurzfristig zu erhöhen. Bewegt sich der Patient oder droht er aufzuwachen, so ist nicht eine Muskelrelaxierung, sondern zuerst eine Vertiefung des „Schlafes", z.B. durch Nachinjektion des Einleitungshypnotikums oder durch Erhöhung des Inhalationsanästhetikums, angezeigt. Anschließend kann bei Bedarf auch relaxiert werden.

- ggf. Nachrelaxierung:
  Ist der Blutdruck normal, so kann, falls für die Operation notwendig und falls zur Intubation Succinylcholin verwendet wurde, der Patient nun mit dem nicht depolarisierenden Muskelrelaxans nachrelaxiert werden. Bei Verwendung mit Rocuronium sind dies beim Erwachsenen (ca. 70 kg KG) ca. 50 mg, bei Mivacurium ca. 15 mg, bei Pancuronium und bei Vecuronium ca. 6 mg, bei Atracurium ca. 35 mg und bei *cis*-Atracurium ca. 7–10 mg. Je nach Art der Operation kann diese Relaxansdosis evtl. erniedrigt oder – selten – kann ganz auf diese Nachrelaxierung verzichtet werden. Dies ist möglich, da die Inhalationsanästhetika über eine eigene muskelerschlaffende Wirkung verfügen bzw. die Wirkung der Muskelrelaxanzien verstärken. Bei vielen Operationen ist allerdings eine Vollrelaxation notwendig.
- Transport in den Operationssaal:
  Erst wenn die Kreislaufverhältnisse stabil sind, wird der Patient vom Narkosevorbereitungsraum in den angrenzenden OP gefahren. Hierzu kann der Patient z.B. mit einem Ambu®-Beutel beatmet werden oder, wenn die Beteiligten routiniert sind, kann während dieser kurzen Zeitspanne (meist weniger als 30 Sekunden) zumeist ganz auf eine Ventilation verzichtet werden. Im OP muss der Patient sofort wieder an das Narkosegerät angeschlossen und beatmet werden. Am Narkosegerät im OP werden die entsprechenden Gasflussmengen am Rotameter und am Vapor wird die entsprechende Dampfkonzentration des Inhalationsanästhetikums eingestellt.
  Bevor die maschinelle Beatmung eingeschaltet wird, sollte immer zuerst kurzfristig manuell beatmet werden; hierdurch kann sofort gefühlt werden, ob etwas mit der Beatmung nicht stimmt.
  Ist alles überprüft, so kann von der manuellen auf die maschinelle Beatmung übergegangen werden. Die maschinelle Beatmung mit dem Kreissystem wurde auf Seite 21 und die nun vorzunehmende korrekte Einstellung des Beatmungsgerätes wurde auf Seite 22 ausführlich beschrieben. Außerdem sind die Alarmvorrichtungen einzuschalten.
- Lagerung des Patienten:
  Nun wird der Patient vom Operateur selbst oder unter Anleitung des Operateurs in die eigentliche Operationslagerung gebracht; hierbei ist darauf zu achten, dass Lagerungsschäden vermieden werden (→ S. 35).
- erneute Lagekontrolle des Tubus (→ S. 97)

Narkoseaufrechterhaltung

Dosierung des Inhalationsanästhetikums

Mit zunehmender Dauer der Inhalationsnarkose reicht zur Aufrechterhaltung einer bestimmten Narkosetiefe eine immer geringere Konzentration des Inhalationsanästhetikums. Der Grund liegt in der zunehmenden **Aufsättigung** der **Muskel-** und **Fettdepots** (→ S. 37). Die am Verdampfer einzustellende Konzentration kann bei langen Operationen im Laufe der Zeit immer weiter gesenkt werden, um die bei einer reinen Inhalationsanästhesie (mit zusätzlicher Gabe von Luft bzw. ca. 70 % Lachgas) notwendige exspiratorische Konzentration des volatilen Inhalationsanästhetikums von 1,0–1,1 MAC bzw. ca. 0,7 MAC aufrecht zu erhalten. (Wird zusätzlich ein Opioid verabreicht [sog. balancierte Anästhesie; → S. 124], dann ist eine exspiratorische Konzentration des volatilen Inhalationsanästhetikums von ca. 0,7–0,8 MAC bzw. ca. 0,4–0,5 MAC aufrecht zu erhalten.)
Ein Isofluranverdampfer wird initial kurzfristig auf Werte von ca. 2,0–3,0 Vol.-% eingestellt. Ein Sevofluran- bzw. Desfluranverdampfer sollte initial auf ca. 3–4 bzw. 8–10 Vol.-% eingestellt werden. Sobald als möglich sollte die inspiratorische Dampfkonzentration langsam auf die Erhaltungsdosis reduziert werden. Die Reduktion muss vor allem an den hämodynamischen Parametern orientiert werden.

Mit dem hochmodernen Narkosegerät Zeus (Fa. Dräger; vgl. Abb. 1-20c) ist die Narkosegassteuerung sehr einfach geworden. Es braucht lediglich die gewünschte endexspiratorische Gaskonzentration einprogrammiert werden. Das Gerät dosiert dann über einen Servomechanismus das Narkosegas stets so, dass die gewünschte endexspiratorische Konzentration aufrechterhalten wird (unabhängig z. B. vom Frischgas-Flow oder der Narkosedauer).

Soll eine **Low-Flow-** oder **Minimal-Flow-Anästhesie** durchgeführt werden, dann werden – falls Lachgas verwendet wird – initial für mindestens 10 oder 20 Minuten z. B. 2 Liter O_2/min und 4 Liter N_2O/min zugeführt (sog. Einwaschphase mit hohem Frischgasfluss). Nach dieser initialen Einwaschphase werden die Frischgase auf 0,5 Liter O_2/min und 0,5 Liter N_2O/min (low flow) bzw. 0,3 Liter O_2/min und 0,2 Liter N_2O/min (minimal flow) reduziert. Wird anstatt Lachgas Luft verabreicht, dann kann wesentlich früher auf „low flow" bzw. „minimal flow" reduziert werden. Mit Reduktion des Frischgasflusses muss die eingestellte Konzentration des volatilen Anästhetikums erhöht werden (bei Isofluran um ca. 30 %). Bei Sevofluran und insbesondere bei Desfluran ist eine geringere Erhöhung der Konzentration notwendig (um ca. 20 bzw. 15 %). Ziel ist es, die endexspiratorische Konzentration des volatilen Inhalationsanästhetikums konstant zu halten. Dass mit Einstellen des „low flows" oder „minimal flows" die inspiratorische Konzentration des volatilen Inhalationsanästhetikums erhöht werden muss, ist dadurch bedingt, dass aufgrund des nun niedrigeren Frischgasflusses die Menge des zugeführten volatilen Inhalationsanästhetikums abnimmt (z. B. nur noch 0,5 l/min anstatt 3 l/min isofluranhaltiges Frischgas). Außerdem vermischt sich das geringere Frischgasvolumen mit einem größeren Rückatmungsvolumen (→ S. 12), wodurch noch ein stärkerer Verdünnungseffekt dazukommt. Wird der Frischgasfluss wieder erhöht, dann muss die inspiratorische Gaskonzentration wieder entsprechend reduziert werden. Es ist eine apparative Überwachung der Konzentration des volatilen Inhalationsanästhetikums im In- und Exspirationsvolumen notwendig. In der Low-Flow- oder Minimal-Flow-Phase können Änderungen der Gaskonzentrationen nur langsam erreicht werden. Ist eine schnelle Änderung erforderlich, muss der O_2- und N_2O- bzw. Luft-Fluss vorübergehend erhöht werden. Aufgrund seiner besonders schnellen An- und Abflutung ist insbesondere das Desfluran für Low-Flow- und Minimal-Flow-Narkose zu bevorzugen. Zur Narkoseausleitung muss der O_2- und N_2O- bzw. Luft-Fluss wieder erhöht werden, um eine schnelle Ausleitung zu ermöglichen. Durch Anwendung des Low-Flow- und Minimal-Flow-Systems lassen sich vor allem bei länger dauernden Narkosen (über 2 Stunden Dauer) deutlich Narkosegase (und damit Kosten) einsparen. Außerdem sind die Wärme- und Feuchtigkeitsverluste und auch die Umweltbelastung geringer.

Nachrelaxation

Bei der Nachinjektion von nicht depolarisierenden Muskelrelaxanzien ist zu beachten, dass **Wiederholungsdosen** relativ niedrig dosiert werden müssen. Bei Pancuronium sollten Wiederholungsdosen ca. 20 % der Initialdosis, bei Vecuronium, Rocuronium, Atracurium, *cis*-Atracurium und Mivacurium ca. 20–30 % der Initialdosis betragen. Bei einer Inhalationsnarkose werden jedoch nur selten regelmäßige Nachinjektionen eines nicht depolarisierenden Muskelrelaxans notwendig, da die Inhalationsanästhetika selbst über eine muskelerschlaffende Wirkung verfügen sowie die Wirkung nicht depolarisierender Muskelrelaxanzien verstärken.

> ! Die letzte Dosis eines nicht depolarisierenden Muskelrelaxans muss mindestens so lange vor Operationsende verabreicht werden, wie dessen übliche Wirkungsdauer beträgt.

Das heißt, die letzte Rocuronium-, Atracurium-, *cis*-Atracurium- bzw. Vecuroniumdosis sollte spätestens 30 Minuten, die letzte Pancuroniumdosis spätestens 45 Minuten und die letzte Mivacuriumdosis ca. 10–15 Minuten vor Operationsende verabreicht werden, um nicht einen Überhang eines Muskelrelaxans zu riskieren.

Beurteilung der Narkosetiefe

Zur Beurteilung der Narkosetiefe einer Inhalationsnarkose eignet sich insbesondere das Blutdruckverhalten, da alle Inhalationsanästhetika zu einem dosisabhängigen Blutdruckabfall führen (→ S. 107).
Zeichen einer zu **tiefen Narkoseführung** kann ein zu niedriger Blutdruck sein.
Maßnahmen bei zu tiefer Narkose sind Reduktion der Konzentration des Inhalationsanästhetikums, schnellere Infusion einer kristalloiden Lösung, evtl. Gabe eines kolloidalen Plasmaersatzmittels und evtl. Gabe des blutdrucksteigernden Medikaments Akrinor® (→ S. 117).
Zeichen einer zu **flachen Narkoseführung** kann eine schmerzbedingte Catecholaminausschüttung sein mit:

- Blutdruckanstieg
- Herzfrequenzsteigerung
- Schwitzen
- tränenden Augen und roter, gefäßinjizierter Bindehaut
- Abwehrbewegungen beim nicht relaxierten Patienten
- vertieften Atemzügen beim spontan atmenden Patienten

Die Zeichen Blutdruckanstieg, Herzfrequenzsteigerung und Schwitzen können allerdings auch Folgen einer **Hypoventilation** des Patienten sein!
Maßnahme bei zu flacher Narkose ist die Erhöhung der Konzentration des Inhalationsanästhetikums. Um eine schnelle Änderung der Blutkonzentration des Inhalationsanästhetikums und damit eine schnelle Änderung der Narkosetiefe zu erreichen, empfiehlt es sich, auf die manuelle Beatmung überzugehen und den Patienten kurzfristig zu hyperventilieren und ggf. den Frischgasfluss vorübergehend zu erhöhen, wodurch diese neu eingestellte Konzentration des Inhalationsanästhetikums schneller anflutet (→ S. 38).

! Es ist stets zu empfehlen, den Patienten vorübergehend manuell zu beatmen, sobald Probleme wegen zu flacher Narkose auftreten. Auch falls unklare Beatmungsprobleme auftreten, sollte der Patient vorübergehend manuell beatmet werden.

Beobachtung des operativen Vorgehens

! Zur optimalen Narkoseführung ist es enorm wichtig, stets genau das operative Geschehen zu verfolgen, denn die benötigte Narkosetiefe hängt entscheidend von den momentanen operativen Manipulationen ab.

Bei erfahrungsgemäß sehr schmerzhaften Maßnahmen wie dem Hautschnitt bei Operationsbeginn, dem Zug am Peritoneum oder an den Eingeweiden, der Durchtrennung des Sternums (= Sternotomie) bei Herz-Thorax-Eingriffen, der Dehnung des Anus oder des Gebärmutterhalses oder dem Schaben am Periost ist eine tiefere Narkose erforderlich als bei schmerzarmen Manipulationen wie einer Darmnaht, einer Operation an der Lunge, an Muskeln, Faszien oder am Bindegewebe. Mit zunehmender Erfahrung sind dem Anästhesisten die Operationen bekannt, und er kann dann bereits vor Beginn einer schmerzhaften Operationsphase die Narkose vertiefen. Die Zeichen einer zu flachen Narkoseführung treten dann nicht auf. Umgekehrt kann der Anästhesist während schmerzarmer Phasen die Narkose flacher gestalten. Nach den gleichen Kriterien müssen auch die **Muskelrelaxanzien** dosiert werden. Der erfahrene Anästhesist wird die Relaxation vertiefen, bevor eine Operationsphase beginnt, die eine tiefe Relaxation verlangt.

! Die Kunst einer guten Inhalationsanästhesie besteht darin, die Narkose so flach wie möglich zu führen, sodass gerade noch **keine** Anzeichen einer zu flachen Narkose wie z. B. Blutdruckanstieg auftreten.

Narkoseausleitung einer ITN mit einem verdampfbaren Inhalationsanästhetikum

Bei einer gut gesteuerten Inhalationsnarkose ist der Patient einige Minuten nach Operationsende bereits ansprechbar und atmet suffizient spontan, sodass der Extubation nichts mehr im Wege steht. Dies setzt jedoch voraus, dass der Patient am Operationsende das Inhalationsanästhetikum bereits weitgehend abgeatmet hat und die Wirkung des Muskelrelaxans abgeklungen ist. Des Weiteren ist eine ausreichende Spontanatmung für die Extubation zu fordern. Das Atemzugvolumen sollte mindestens 6 ml/kg KG betragen.

Spontanatmung anstreben

Während einer Intubationsnarkose wird der Patient meist leicht hyperventiliert, das heißt, es wird vermehrt Kohlendioxid (CO_2) abgeatmet. Der **CO_2-Wert im Blut** sollte unter die Norm von ca. 40 mm Hg (= 5,3 kPa) im arteriellen Blut auf ca. 35 mm Hg (= 4,7 kPa) erniedrigt sein.

> ! Da der Atemantrieb über den CO_2-Wert reguliert wird, fehlt dem Patienten bei einem erniedrigten CO_2-Wert der Atemantrieb.

Vor der Extubation muss der Patient über eine ausreichende Spontanatmung verfügen. Um den Patienten wieder zur Spontanatmung zu bringen, muss er leicht hypoventiliert werden. Der CO_2-Wert sollte auf einen Wert von z. B. 45 mm Hg (= 6,0 kPa) erhöht werden. Der natürliche Atemanreiz stellt sich dann wieder ein. Besteht kein Muskelrelaxansüberhang mehr, so wird der Patient beginnen, spontan zu atmen, auch wenn noch ein Inhalationsanästhetikum zugeführt wird. Diese Spontanatmung sollte bereits vor Ende der Operation angestrebt werden, solange noch das Inhalationsanästhetikum eingeschaltet (!) ist. Trotz Beginn der Spontanatmung muss der Patient durch eine manuelle Beatmung leicht unterstützt (= assistiert) werden. Die Konzentration des Inhalationsanästhetikums kann nun nach Bedarf weiter reduziert oder ausgeschaltet werden.

Reduktion des Inhalationsanästhetikums

Nach einer längeren Inhalationsanästhesie sind die Muskulatur- und Fettdepots mehr oder weniger mit dem Inhalationsanästhetikum aufgesättigt. Wird das Inhalationsanästhetikum ausgeschaltet, so wird der **Partialdruck** (→ S. 37) des Inhalationsanästhetikums in der Lunge und im Blut schnell abfallen und bald niedriger als der Partialdruck in der Muskulatur und im Fettgewebe sein. Das Inhalationsanästhetikum diffundiert nun entlang des Partialdruckgefälles wieder aus den Geweben ins Blut zurück. Die hierdurch entstehenden Konzentrationen im Blut reichen meist aus, die Narkose noch für eine gewisse Zeit aufrecht zu erhalten. Wird dies beachtet, so wird der erfahrene Anästhesist das Inhalationsanästhetikum bereits vor Operationsende ausschalten. Je besser die Löslichkeit des volatilen Inhalationsanästhetikums im Gewebe ist, das heißt, je höher der Blut-Gas-Verteilungskoeffizient ist (vgl. Tab. 1-7), desto früher kann es ausgeschaltet werden. Schnell abflutende volatile Inhalationsanästhetika wie Sevofluran und Desfluran brauchen daher erst relativ kurz vor dem Operationsende ausgeschaltet zu werden.

> ! Das volatile Inhalationsanästhetikum kann umso früher ausgeschaltet werden, je mehr Inhalationsanästhetikum aus den Geweben freigesetzt werden kann, je länger die Narkose gedauert hat, je höher dessen Blut-Gas-Verteilungskoeffizient ist, je mehr Fettdepots der Patient hat und je niedriger der Frischgasfluss ist.

Spätestens bei Beginn der Subkutannaht oder der Hautnaht kann normalerweise das Inhalationsanästhetikum ausgeschaltet werden.

Relaxansüberhang?

Besteht bei einem Patienten ein Überhang an Muskelrelaxanzien, so bietet sich meist folgendes Bild: Der Atemtypus des Patienten ist eher schnell, die Atemzüge sind sehr flach. Der Patient versucht krampfhaft, nach Luft zu ringen und ist unruhig. Ein evtl. Relaxansüberhang kann mithilfe der Relaxometrie objektiviert werden (→ S. 76).

Der Aufforderung, tief durchzuatmen, kann ein noch anrelaxierter Patient kaum nachkommen. Bei der Aufforderung, die Augen zu öffnen, versucht er typischerweise auch mithilfe der Stirnmuskulatur die Lider zu heben. Die Stirn wirft sich in Falten, die Augen können aber nur andeutungsweise geöffnet werden. Auch anderen Aufforderungen, wie Hochheben des Kopfes, Öffnen des Mundes oder Drücken der Hand, kann der Patient nur andeutungsweise nachkommen.

Bei dem Patienten sollte die Wirkung des nicht depolarisierenden Muskelrelaxans z. B. mit Pyridostigmin oder Neostigmin (in Kombination mit Atropin) antagonisiert werden (→ S. 72).

Da Pyridostigmin eine längere Wirkdauer als die zumeist verwendeten mittellang wirkenden Relaxanzien (z. B. Rocuronium, Atracurium, *cis*-Atracurium, Vecuronium) hat, besteht nach dessen Wirkungsende nicht die Gefahr einer erneuten Zunahme des Relaxierungsgrades. Voraussetzung für die Antagonisierung eines Muskelrelaxansüberhangs ist eine bereits zurückgekehrte, wenn auch minimale Spontanatmung des Patienten oder eine relaxometrisch nachweisbare erste Reizantwort!

Abstellen des Lachgases

Erst bei der letzten Hautnaht sollte das evtl. verabreichte Lachgas abgeschaltet werden. Zur Vermeidung einer **Diffusionshypoxie** (→ S. 40) durch das nun sehr schnell abflutende Lachgas muss für mindestens 3 Minuten mit reinem Sauerstoff beatmet werden. Hierzu werden ca. 6 Liter O_2/min am Rotameter eingestellt.

Extubation

Die Extubation kann sowohl am noch bewusstlosen, aber bereits spontan atmenden Patienten, als auch erst am fast wachen Patienten mit zurückgekehrten Schutzreflexen vorgenommen werden. Sie darf jedoch niemals während des Exzitationsstadiums (→ S. 106), das bei der Ausleitung einer Inhalationsnarkose durchlaufen wird, erfolgen.

Empfehlenswert ist die Extubation erst nach Durchlaufen des Exzitationsstadiums und nach Rückkehr der Schutzreflexe beim fast wachen Patienten. Beim nicht nüchternen Patienten (→ S. 209) ist dies sogar zwingend. Die frühzeitige Extubation beim noch bewusstlosen, unter Inhalationsanästhetika spontan atmenden Patienten wird empfohlen, wenn der Patient bei und nach der Extubation nicht husten oder pressen darf. Dies ist z. B. bei Bandscheibenoperationen, nach bestimmten Augenoperationen und nach Leistenbruchoperationen oft erwünscht. Bei Patienten mit einem Asthma bronchiale sollte die Extubation ebenfalls in tiefer Inhalationsnarkose bei zurückgekehrter Spontanatmung vorgenommen werden. Bei zu später Extubation kann bei diesen Patienten evtl. ein asthmatischer Anfall ausgelöst werden.

Vor der Extubation müssen der Mund- und Rachenraum des Patienten mit einem Einmalkatheter von Speichel freigesaugt werden.

Besteht der Verdacht, dass sich Blut, ein Fremdkörper oder Erbrochenes im Mund-Rachen-Raum befinden könnte, so sollte der Mund-Rachen-Raum **unter laryngoskopischer Sicht** abgesaugt werden. Bei ausreichender Spontanatmung und möglichst vorhandenen Schutzreflexen wird der Patient dann extubiert. Die Tubusfixierung wird gelöst. Es hat sich bewährt,

unmittelbar vor dem Herausziehen des Tubus den (erwachsenen) Patienten mit einem sterilen Einmalkatheter durch den Tubus endotracheal abzusaugen und unter Absaugung den Tubus herauszuziehen. Unmittelbar vorher muss die Anästhesiepflegekraft den Tubus-Cuff mit der Blockerspritze entblocken.
Nach der Extubation wird der Patient zum kräftigen Durchatmen aufgefordert, während ihm über eine leicht vor das Gesicht gehaltene Maske weiter Sauerstoff zugeführt wird.

! Der Anästhesist muss sich nach der Extubation nochmals von der ausreichenden Spontanatmung des Patienten überzeugen. Ist diese plötzlich nicht mehr ausreichend, so ist es meist zu einem Zurückfallen der Zunge und zur Verlegung der oberen Luftwege gekommen. Durch Überstrecken des Kopfes und Hochziehen des Unterkiefers (= **Esmarch-Handgriff;** → S. 323) kann dies meist leicht behoben werden.

In seltenen Fällen kann es nach der Extubation zum Auftreten eines Laryngospasmus kommen. Die dann durchzuführenden Maßnahmen werden auf Seite 214 beschrieben. Wurde in tiefer Narkose extubiert, so muss der Patient nach der Extubation so lange auf dem Operationstisch verbleiben, bis die Schutzreflexe sicher zurückgekehrt sind.

„Ablegen" des Patienten vom Operationstisch

Bei ausreichender Spontanatmung und sicher zurückgekehrten Schutzreflexen kann der Patient nun „abgelegt", das heißt vom Operationstisch in ein möglichst vorgewärmtes Bett gelegt werden. Anschließend muss der Patient vom verantwortlichen Anästhesisten in den Aufwachraum gebracht und der dort zuständigen Pflegekraft übergeben werden (→ S. 321).

Narkoseeinleitung per inhalationem

✓ In seltenen Fällen muss auf die intravenöse Narkoseeinleitung verzichtet werden, und die Narkose ist durch Einatmen eines verdampfbaren Inhalationsanästhetikums einzuleiten; es wird von einer Einleitung per inhalationem gesprochen.

Am Rotameter wird Sauerstoff (z. B. 6 l/min) oder es werden Sauerstoff (z. B. 2 l/min) und Lachgas (z. B. 4 l/min) eingestellt. Nun muss dem Patienten, wenn möglich, die Maske dicht auf das Gesicht gesetzt werden, und schrittweise ist das hierfür zumeist verwendete Sevofluran zu erhöhen. Der Patient wird zum tiefen Durchatmen aufgefordert. Das Mittel der Wahl für eine Einleitung per inhalationem ist Sevofluran, das schnell anflutet und damit eine schnelle Einleitung ermöglicht. Es empfiehlt sich, die Konzentration des Sevoflurans alle 3 Atemzüge um ca. 1 Vol.-% bis auf initial ca. 6(–8) Vol.-% zu erhöhen. Sevofluran stellt für diese Form der Narkoseeinleitung aufgrund seines relativ angenehmen Geruches das Inhalationsanästhetikum der ersten Wahl dar. Insbesondere Desfluran und Isofluran haben dagegen einen sehr scharfen Geruch, bei dem viele Patienten den Atem anhalten.

! Bei der Einleitung per inhalationem wird das Exzitationsstadium (→ S. 106), das bei der intravenösen Einleitung übersprungen wird, relativ langsam durchlaufen.

Während dieser Zeit muss der Patient von äußeren Reizen abgeschirmt werden. Es sollte Ruhe im Raum herrschen, und jegliche Manipulationen am Patienten sollten unterlassen werden. Insbesondere das Einlegen eines Guedel-Tubus darf erst vorgenommen werden, wenn das Exzitationsstadium sicher durchlaufen ist. Sobald der Patient „eingeschlafen" ist, wird vorsichtig seine Spontanatmung unterstützt, um eine schnelle Anflutung der Inhalationsanästhetika zu erreichen. Nach Durchschreiten des Exzitationsstadiums muss die

initial relativ hohe Konzentration des volatilen Inhalationsanästhetikums reduziert werden.
Vor dem ersten Intubationsversuch sollte in jedem Falle ein sicherer venöser Zugang gelegt werden. Die Intubation kann ausnahmsweise in tiefer Sevoflurannarkose durchgeführt werden. Bei der meist durchgeführten zusätzlichen Gabe von Muskelrelaxanzien genügt ein weniger tiefes Narkosestadium.

Indikationen

- bei Kindern, bei denen eine intravenöse Narkoseeinleitung evtl. nicht möglich ist (→ S. 240), da sie die Anlage einer peripheren Venenkanüle im Wachzustand manchmal nicht tolerieren
- evtl. bei schwerem Asthmaleiden

1.18.3 Kombination eines verdampfbaren Inhalationsanästhetikums mit einem Opioid

✓ Die Kombination eines Hypnotikums, eines intravenösen Opioidanalgetikums (z. B. Fentanyl), eines Inhalationsanästhetikums (und ggf. eines Muskelrelaxans) wird auch als **balancierte Anästhesie** bezeichnet.

Sehr häufig wird bei einer Narkose mit einem verdampfbaren Inhalationsanästhetikum (→ S. 113, 116) zusätzlich eine kleine Dosis Fentanyl, Alfentanil oder Sufentanil verabreicht. Eventuell kann auch Remifentanil per Infusionspumpe verabreicht werden. Durch zusätzliche Gabe eines Opioids kann der **MAC-Wert des Inhalationsanästhetikums vermindert werden** (→ S. 39), das heißt, das Inhalationsanästhetikum kann zur Einleitung und Aufrechterhaltung niedriger dosiert werden als bei einer reinen Inhalationsanästhesie (→ S. 113, 116; endexspiratorisch genügen – je nachdem ob zusätzlich Lachgas verwendet wird oder nicht – ca. 0,4–0,5 bzw. 0,7–0,8 MAC), womit auch dessen Nebenwirkungen geringer sind. Dieses Verfahren ermöglicht eine schonendere Narkoseführung und eignet sich insbesondere für Risikopatienten. Die Gabe von Fentanyl (meist 0,1–0,2 mg) oder z. B. Sufentanil (meist 15–30 µg) sollte bereits vor der Intubation durchgeführt werden, um die starke analgetische Wirkung dieser Opioide auch während der Intubation ausnützen zu können. Falls Remifentanil verabreicht wird, sollte mindestens ca. 2 Minuten vor der Intubation eine Remifentanilinfusionsdosis von ca. 0,2–0,3 µg/kg KG/min begonnen werden. Das Einleitungshypnotikum kann nun niedriger dosiert werden. Herz-Kreislauf-Probleme bei der Narkoseeinleitung sind damit seltener. Nachinjektionen von Fentanyl oder Sufentanil sollten bei kurzen Operationen möglichst vermieden und bei längeren Operationen eher niedrig (0,05–0,1 mg Fentanyl oder 5–15 µg Sufentanil) dosiert werden. Eine Remifentanilinfusion kann dagegen bis unmittelbar vor Operationsende durchgeführt werden.
Bei der Kombination von volatilem Inhalationsanästhetikum mit Remifentanil wird meistens auf die Gabe von Lachgas verzichtet und der Patient wird mit einem Gemisch aus Sauerstoff und Luft beatmet.

Opioidüberhang?

✓ Besteht bei dem Patienten ein Opioidüberhang, so wird er nur verzögert anfangen, spontan zu atmen. Wird er aufgefordert, tief durchzuatmen, so tut er dies (= **Kommandoatmung**). Wird er jedoch in Ruhe gelassen, so „vergisst" er oft das Atmen.

Der Atemtypus ist hierbei durch eine sehr langsame Atemfrequenz bei relativ großem Atemzugvolumen gekennzeichnet. Die Pupillen des Patienten sind noch sehr eng (stecknadelkopfgroße Pupillen; → S. 8). Der Patient verneint, Schmerzen zu haben. Er liegt ruhig da und kommt Aufforderungen, wie z. B. Anheben des Kopfes, nach. Er fühlt sich jedoch durch den Tubus nicht gestört.

! Bei einem Opioidüberhang sollte der Patient ggf. mit einem Opioidantagonisten, z.B. Naloxon (→ S. 61), antagonisiert werden.
Da Naloxon eine kürzere Wirkdauer als das zu antagonisierende Fentanyl oder Sufentanil hat, besteht die Gefahr einer erneuten Atemdepression, sobald die Wirkung des Naloxons nachlässt. Aus diesem Grunde sind „antagonisierte" Patienten besonders sorgfältig für mindestens 2 Stunden im Aufwachraum zu überwachen.

1.18.4 Intravenöse Anästhesie und totale intravenöse Anästhesie

Bei einer **i**ntra**v**enösen **A**nästhesie (= IVA) wird auf ein volatiles Inhalationsanästhetikum zugunsten eines intravenösen Anästhetikums verzichtet. Neben Sauerstoff wird jedoch auch Lachgas verabreicht. Bei einer **t**otalen **i**ntra**v**enösen **A**nästhesie (= TIVA) wird auf ein volatiles Anästhetikum und auch auf Lachgas verzichtet. Neben Sauerstoff wird zusätzlich Raumluft verabreicht.
Eine (T)IVA kann als Maskennarkose, Intubationsnarkose oder unter Verwendung einer Larynxmaske durchgeführt werden. Nachfolgend soll die (T)IVA am Beispiel einer Intubationsnarkose und einer Narkose unter Verwendung einer Larynxmaske beschrieben werden.

Vorbereitungen

- Überprüfung des Narkosegeräts (→ S. 26)
- Überprüfung des Narkosewagens auf Vollständigkeit (→ S. 31)
- Vorbereiten von Material und Medikamenten (→ S. 32)
- Aufziehen der Medikamente (→ S. 32)

Im Rahmen einer IVA bzw. TIVA wird das verwendete Hypnotikum (normalerweise Propofol) zumeist über eine Spritzenpumpe verabreicht. Öfter werden das Opioidanalgetikum (insbesondere, wenn Remifentanil verwendet wird) und auch das Muskelrelaxans (insbesondere, wenn Mivacurium verwendet wird) über eine Spritzenpumpe verabreicht. Es sind daher die entsprechenden Spritzenpumpen und Perfusorleitungen vorzubereiten und über Dreiwegehähne an die Infusionsleitung des Patienten anzuschließen.

Mögliche Narkoseeinleitungsformen

- Präoxygenierung (→ S. 113)
- meist Gabe einer Priming-Dosis (oder ausnahmsweise einer Präcurarisierungsdosis) (→ S. 116)
  Falls eine IVA bzw. TIVA unter Verwendung einer Larynxmaske geplant ist, wird jedoch hierauf verzichtet.
- Opioidgabe:
  Es kommt entweder Sufentanil (z. B. 20 μg), Fentanyl (z. B. 0,1–0,2 mg), Alfentanil (z. B. 1–2 mg) oder Remifentanil (z. B. 0,2–0,3 μg/kg KG/min; → S. 57) zur Anwendung.
- Einleitungshypnotikum:
  Normalerweise kommt Propofol (z. B. 1,5–2,5 mg/kg KG) zur Anwendung.
- Maskenbeatmung (→ S. 114)
- Relaxierung mit einem nicht depolarisierenden Muskelrelaxans (oder ausnahmsweise mit Succinylcholin; → S. 116)
  Falls eine IVA bzw. TIVA unter Verwendung einer Larynxmaske geplant ist, wird jedoch hierauf verzichtet.
- endotracheale Intubation (→ S. 92) bzw. Einführen einer Larynxmaske
- Blocken des Tubus (→ S. 96) bzw. der Larynxmaske (→ S. 104)
- Lagekontrolle des Endotrachealtubus (→ S. 97) bzw. der Larynxmaske
- Fixierung des Tubus (→ S. 98) bzw. der Larynxmaske (→ S. 104)
- erneute Lagekontrolle des Endotrachealtubus
- Einstellen von O_2 und N_2O bzw. Luft am Rotameter
  Bei Durchführung einer IVA wird Lachgas verwendet und es werden meist 1 Liter O_2/min und 2 Liter N_2O/min eingestellt.

Bei Durchführung einer TIVA wird auf Lachgas verzichtet. Es werden (im highflow) z. B. 0,5 Liter O_2/min und 2,5 Liter Luft (air) eingestellt.

- Blutdruck- und Herzfrequenzkontrolle (→ S. 117):
  Bei und nach der Einleitung einer IVA bzw. TIVA droht häufiger ein Blutdruckabfall, insbesondere, wenn neben Propofol auch das Opioid Remifentanil verwendet wird. Ist der **Blutdruck kritisch abgefallen**, so bieten sich folgende Maßnahmen an:
  – Schnellerstellen der laufenden kristalloiden Lösung oder evtl. ein Austauschen der kristalloiden Lösung gegen ein kolloidales Plasmaersatzmittel (z. B. Hydroxyethylstärke; → S. 135)
  – Kippen des Operationstisches in eine Oberkörpertief- und Beinhochlage (Schocklagerung; Trendelenburg-Lagerung)
  – Injektion eines blutdrucksteigernden Medikamentes (z. B. Akrinor®; → S. 117)
- Ist die **Herzfrequenz kritisch abgefallen** (vor allem nach Remifentanil), dann bietet sich folgende Maßnahme an:
  – Gabe von Atropin (z. B. 0,25–0,5 mg)
- Sind **Blutdruck und Herzfrequenz** als Zeichen einer zu flachen Narkose **zu hoch** und/oder der Patient bewegt sich oder droht aufzuwachen, dann ist nicht eine Muskelrelaxierung, sondern eine Vertiefung des Schlafes oder der Analgesie durch Nachinjektion des Einleitungshypnotikums (zumeist Propofol) oder des Opioids angezeigt. Anschließend kann ggf. auch relaxiert werden.
- ggf. Vollrelaxierung (falls ausnahmsweise unter Succinylcholingabe intubiert wurde) (→ S. 116)
- Transport in den Operationssaal (→ S. 118)
- Lagerung des Patienten (→ S. 118)
- erneute Lagekontrolle des Endotrachealtubus (→ S. 97)

Narkoseaufrechterhaltung

Dosierungen

Hypnotikum

Für die Aufrechterhaltung einer IVA/TIVA wird zumeist Propofol per Spritzenpumpe verabreicht. Initial werden ca. 10 mg/kg KG/h und als Erhaltungsdosis ca. 6–8(–10) mg/kg KG/h verabreicht. Wird bei sehr kurzen Eingriffen Propofol nicht per Spritzenpumpe verabreicht, dann sind im Abstand von ca. 3 Minuten Propofolboli à 20–30 mg bei Bedarf zu verabreichen.

Zur Verabreichung von Propofol wird zunehmend häufiger eine sog. **TCI** (= **t**arget **c**ontrolled **i**nfusion = zielorientierte Infusion) durchgeführt. Ziel ist hierbei eine gewünschte Plasmakonzentration des Propofols. Die TCI beruht auf folgenden Überlegungen:

Bei intravenös verabreichten Medikamenten treten nach der Injektion Umverteilungsphänomene auf (→ S. 47). Wegen dieser ständig ablaufenden Umverteilungsphänomene sowie ständig stattfindender Eliminationsprozesse aufgrund von Ausscheidung und Metabolisierung kann die tatsächlich erreichte Plasmakonzentration weder bei wiederholten Bolusgaben noch bei einer konstanten Infusion zuverlässig vorausgesagt werden. Häufig liegt die tatsächliche Plasmakonzentration deutlich oberhalb oder unterhalb der gewünschten Plasmakonzentration.

Die sog. TCI stellt eine neuere Form der intravenösen Applikation von Propofol dar. Mithilfe von speziellen, computerunterstützten Spritzenpumpen kann für Propofol eine gewünschte Ziel-(Target-)Plasmakonzentration eingestellt werden. Diese speziellen Spritzenpumpen errechnen kontinuierlich anhand von Daten über Umverteilung, Ausscheidung und Metabolisierung die notwendige Infusionsgeschwindigkeit, um die eingestellte Zielkonzentration tatsächlich zu erreichen. Diese TCI-Pumpen verändern ständig die aktuelle Infusionsgeschwindigkeit, um die vorgegebene Plasmakonzentration zu ermöglichen bzw. aufrechtzuerhalten.

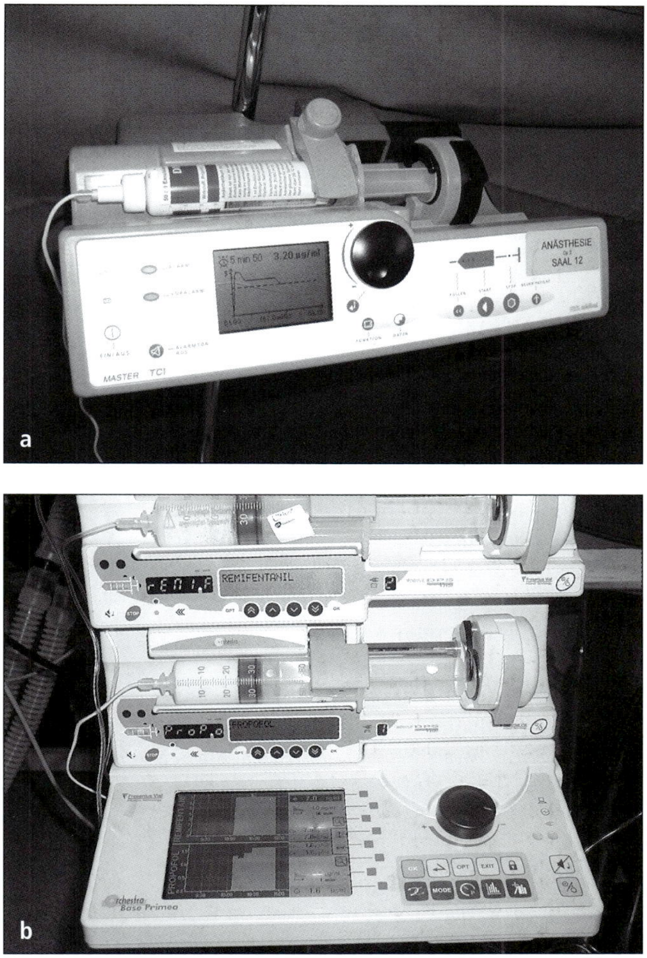

Abb. 1-78 Geräte zur Durchführung einer TCI (= **t**arget **c**ontrolled **i**nfusion; vgl. Text). a TCI-Diprifusor, Fa. Becton Dickinson. b Orchestra® Base Primea, Fa. Fresenius Kabi.

Mittels TCI kann ein relativ konstantes Verhalten von Blutdruck und Herzfrequenz erzielt werden. Außerdem sollen auch grobe Fehldosierungen eher vermeidbar sein.

In die spezielle Spritzenpumpe (z. B. sog. TCI-Diprifusor; Abb. 1-78a) müssen zuvor die patienteneigenen Daten (Alter, Körpergewicht) und die Zielkonzentration im Plasma eingegeben werden. Für den TCI-Diprifusor sind spezielle Propofolfertigspritzen mit einem Codierungsstreifen an einem Spritzenflügel (zur automatischen elektronischen Erkennung der Spritzen) zu verwenden. Es stehen Propofolfertigspritzen à 50 ml mit 1- oder 2%iger Lösung zu Verfügung. Anhand des Codierungsstreifens erkennt die TCI-Pumpe, ob es sich um 1- oder 2%iges Propofol handelt. Die erkannte Propofolkonzentration wird angezeigt und muss per Knopfdruck bestätigt werden.

Inzwischen gibt es auch TCI-Geräte (z. B. Orchestra® Base Primea, Fa. Fresenius Kabi; Abb. 1-78b), bei denen übliche, selbstgefüllte 50-ml-Spritzen verwendet werden können.

Im Anzeigenteil dieser Pumpen wird die gewünschte Zielkonzentration und die errechnete aktuelle Konzentration sowie die momentane Förderrate der Pumpe in mg/kg KG/h bzw. in ml/h angezeigt.

Diese Pumpen können auch für die Narkoseeinleitung verwendet werden. Hierfür kann beim TCI-Diprifusor z. B. eingestellt werden, ob die eingestellte Zielkonzentration so schnell wie möglich (innerhalb von 30 Sekunden) erreicht werden soll bzw. es kann eine Zeitspanne (zwischen 0,5 und 10 Minuten) gewählt werden, innerhalb derer die Zielkonzentration erreicht werden soll.

Zur Aufrechterhaltung der Narkose (bei Patienten der ASA-Gruppe I oder II und bei Patienten jünger als 60 Jahre, bei denen zusätzlich eine mäßige Opioiddosis verabreicht wird), sollte initial eine Zielkonzentration von ca. 4 µg/ml angestrebt werden. Zur Aufrechterhaltung der Narkose reicht meist eine Zielkonzentration von ca. 3 µg/ml aus. Bei Patienten der ASA-Gruppen III oder IV oder bei Patienten über 60 Jahre reichen niedrigere Zielkonzentrationen aus.

Bei einer Plasmakonzentration von ca. 1,5 µg/ml öffnen die Patienten normalerweise wieder die Augen.

Der TCI-Diprifusor darf nur zur Verabreichung von Propofol für die Einleitung und Aufrechterhaltung von Anästhesien bei Erwachsenen verwendet werden.

Opioid

Eventuelle Nachinjektionen von Fentanyl oder Sufentanil (bzw. die Erhaltungsdosis von Remifentanil) müssen zum einen an der momentanen OP-Situation und zum anderen an der mittleren Wirkungsdauer des Opioids orientiert werden. Als Wiederholungsdosen eignen sich 0,05–0,1 (bis maximal 0,2) mg Fentanyl oder 10–20 µg Sufentanil. Bei langen Operationen sollten die anfänglichen Wiederholungsdosen eher hoch, spätere Wiederholungsdosen sollten eher niedrig gewählt werden.

Bei sehr kurzen Eingriffen (z. B. einer Curettage) genügt oft die initiale Opioiddosis (z. B. 1 mg Alfentanil, 0,1 mg Fentanyl, 20 µg Sufentanil). Gegebenenfalls kann noch ca. die halbe Initialdosis nachinjiziert werden. Bei länger dauernden Eingriffen wird meist Sufentanil (10–20 µg) oder Fentanyl (0,05–0,1 mg) in ca. 30-Minuten-Abständen repetiert. Inzwischen wird häufiger auch Remifentanil im Rahmen einer IVA/TIVA verabreicht. Als Erhaltungsdosis reichen zumeist 0,2–0,3 µg/kg KG/min aus (→ S. 60). Bei länger dauernden Eingriffen kann auch Sufentanil per Spritzenpumpe (0,005–0,015 µg/kg KG/min = ca. 0,3–1 µg/kg KG/h) verabreicht werden.

Weitere Kriterien für eine nötige Nachinjektion von Fentanyl oder Sufentanil sind **Anzeichen einer nachlassenden Analgesie**:

- Anstieg des Blutdrucks
- Anstieg der Herzfrequenz
- tränende Augen
- Schwitzen des Patienten

> ! Fentanyl und Sufentanil wirken wie alle Opioide durch Bindung an spezifische Opioidrezeptoren. Sind alle Opioidrezeptoren besetzt, so kann auch durch eine weitere Fentanyl- oder Sufentanilgabe keine bessere Analgesie mehr erzielt werden.

Insbesondere bei abdominalchirurgischen und herzchirurgischen Operationen kommt es immer wieder vor, dass Zeichen einer ungenügenden Analgesie vorhanden sind, die aber durch Nachinjektion auch größerer Fentanylgaben nicht zu beseitigen sind. Durch die kurzfristige, zusätzliche Gabe eines Inhalationsanästhetikums in niedriger Dosierung kann die Situation fast immer beherrscht werden. Unter einer Remifentanilinfusion treten solche Probleme allerdings deutlich seltener auf.

Die letzte, möglichst geringe Dosis von Fentanyl oder Sufentanil sollte mindestens 30 Minuten vor OP-Ende verabreicht werden, um **keine postoperative Atemdepression durch einen Opioidüberhang** zu riskieren. Muss gegen Ende der Narkose kurzfristig die Narkose vertieft werden, so hat es sich oft bewährt, statt einer Fentanyl- oder Sufentanilnachinjektion (mit der Gefahr einer postoperativen Atemdepression) kurzfristig ein Inhalationsanästhetikum (z. B. 4 Vol.-% Desfluran) zusätzlich zu verabreichen, um den kritischen Moment zu überbrücken. Eine Remifentanilinfusion sollte bis zum Ende der Operation durchgeführt werden.

! Es ist jedoch zu beachten, dass durch die Kombination von Fentanyl oder Sufentanil mit höheren Dosen eines verdampfbaren Inhalationsanästhetikums die atemdepressive Wirkung des Fentanyls oder Sufentanils verlängert (!!!) werden kann.

Das Inhalationsanästhetikum sollte also nur kurzfristig zugegeben werden.

Relaxans

Zumeist wird die Relaxierung durch wiederholte Bolusgaben eines Relaxans aufrechterhalten. Bei Verwendung von Mivacurium ist bei längeren Eingriffen die Gabe per Spritzenpumpe empfehlenswert.

! Der Bedarf an Muskelrelaxanzien ist bei einer IVA/TIVA deutlich höher als bei einer Inhalationsnarkose.

Den verdampfbaren Inhalationsanästhetika ist eine muskelrelaxierende Wirkung und eine Wirkungsverstärkung der nicht depolarisierenden Muskelrelaxanzien eigen. Dies entfällt bei der IVA/TIVA und erklärt den höheren Relaxanzienverbrauch. Daher muss z.B. bei einer Bauchoperation in IVA/TIVA auf eine regelmäßige Nachinjektion des Muskelrelaxans geachtet werden. Eine evtl. Nachinjektion des Muskelrelaxans muss an der momentanen Operationsphase sowie an der Überprüfung des Relaxationsgrades mittels Relaxometrie (→S. 76) und an der Wirkdauer des verwendeten Relaxans orientiert werden.

! Bewegt sich ein Patient während der Operation aufgrund der schmerzhaften Manipulation, wäre es falsch, ihn nur wieder zu relaxieren. Er würde sich zwar nicht mehr bewegen, aber der Grund für die Bewegungen, nämlich die Schmerzen, wäre noch vorhanden.

In diesem Falle muss also zusätzlich zum Relaxans z.B. Fentanyl gegeben werden. Die letzte Dosis des Muskelrelaxans sollte mindestens so lange vor OP-Ende verabreicht werden, wie dessen normale Wirkungsdauer beträgt. Ansonsten besteht die Gefahr eines **postoperativen Überhangs des Muskelrelaxans** mit einer Lähmung der Atemmuskulatur.

Beurteilung

Narkosetiefe (→S. 112)

Operatives Vorgehen (→S. 120)

Narkoseausleitung

Die letzte Opioiddosis sollte bei Sufentanil oder Fentanyl ca. 30 Minuten, bei Alfentanil ca. 10 Minuten vor OP-Ende verabreicht werden, und eine Remifentanildauerinfusion sollte ca. 5 Minuten vor OP-Ende abgestellt werden. Bei Gabe eines mittellang wirkenden Relaxans sollte die letzte Gabe spätestens ca. 40 Minuten vor OP-Ende und bei dem kurz wirkendem Mivacurium sollte die letzte Gabe spätestens ca. 10–15 Minuten vor OP-Ende erfolgen. Wird das Hypnotikum Propofol per Spritzenpumpe kontinuierlich verabreicht, so kann bei längeren Eingriffen zumeist ca. 10 Minuten vor OP-Ende die Infusionsgeschwindigkeit verlangsamt und ca. 5 Minuten vor OP-Ende die Zufuhr gestoppt werden.
Kurz vor Ende der Hautnaht kann das evtl. verwendete Lachgas abgestellt werden (→S. 122).

Relaxansüberhang?

Vor allem nach Gabe eines mittellang oder lang wirksamen nicht depolarisierenden Muskelrelaxans kann es postoperativ unter Umständen zu einem Relaxansüberhang kommen (→S. 122).

Opioidüberhang?

Vor allem nach Gabe der länger wirksamen Opioide Fentanyl oder Sufentanil kann es postoperativ evtl. zu einem Opioidüberhang kommen (→S. 124).

Extubation (→ S. 122) **bzw. Entfernen der Larynxmaske** (→ S. 132)

„Ablegen" des Patienten vom Operationstisch (→ S. 123)

Vorteile

Die Vorteile einer IVA oder TIVA sind vor allem darin zu sehen, dass die Patienten am Ende der Operation relativ schnell und meist angenehm wach werden. Aufgrund des zumeist verwendeten Propofols ist die Häufigkeit postoperativer Übelkeit sehr gering, denn Propofol weist eine antiemetische (= Übelkeit hemmende) Wirkung auf. Typisch für Propofol ist auch die Tatsache, dass Patienten, die ausnahmsweise während einer Narkose geträumt haben, fast immer von sehr angenehmen Trauminhalten berichten.

Nachteile

Wird eine IVA oder TIVA unter Verwendung von Remifentanil durchgeführt, so treten aufgrund der sehr kurzen Wirkung des Remifentanils meist sehr schnell starke postoperative Schmerzen auf. Kurz nach Erwachen des Patienten muss dann ggf. mit einer intravenösen Titration eines länger wirkenden Opioids (vor allem Piritramid; → S. 328) begonnen werden. Zum Teil wird auch schon eine zusätzliche intraoperative Gabe eines länger wirkenden Opioids (vor allem Piritramid) empfohlen. Falls möglich, sollte außerdem bereits präoperativ oder nach Narkoseeinleitung ein antipyretisches („peripheres") Analgetikum (z. B. Diclofenac; → S. 332) oral oder als Suppositorium rektal verabreicht werden.

1.18.5 Neuroleptanästhesie

✓ Die klassische Neuroleptanästhesie (= NLA) kann als Vorläufer (bzw. mögliche Form) der **i**ntravenösen **A**nästhesie (= IVA) betrachtet werden. Die Neuroleptanästhesie wurde während der letzten Jahre durch Einführung der IVA und TIVA (→ S. 125) verdrängt und wird inzwischen nicht mehr durchgeführt!
Bei der Neuroleptanästhesie wurden hoch dosiertes Droperidol (meist 5–15 mg), ein hoch dosiertes Opioid (initial meist 0,3–0,5 mg Fentanyl), ein nicht depolarisierendes Muskelrelaxans, Lachgas und Sauerstoff kombiniert.

Droperidol als starkes Neuroleptikum erzielte Sedierung, Gleichgültigkeit und Antriebsminderung. Es wurde später häufig durch ein Benzodiazepin, vor allem Midazolam, ersetzt. In diesen Fällen wurde dann oft von modifizierter NLA gesprochen. Richtiger wäre es gewesen, dann von einer intravenösen Anästhesie (IVA) zu sprechen.
Lachgas wurde immer zugesetzt. Lachgas verstärkte die Wirkung des Opioids. Außerdem war Lachgas in Kombination mit Droperidol für die Amnesie (= Erinnerungslosigkeit) und Bewusstlosigkeit des Patienten verantwortlich. Droperidol allein erzeugt keine Bewusstlosigkeit.
Zur schonenden und schnellen Narkoseeinleitung wurde meist zusätzlich ein Einleitungshypnotikum verwendet. Bei initial hoher Dosierung von Droperidol und Opioid wurde ggf. auch auf ein Einleitungshypnotikum verzichtet. Eine Neuroleptanästhesie wurde nur als Intubationsnarkose, nie als Maskennarkose durchgeführt.
Die Durchführung der Neuroleptanästhesie wurde zum Teil sehr unterschiedlich gehandhabt. Es wurden viele Variationen mit Erfolg durchgeführt. Während einer Neuroleptanästhesie kam es häufiger als bei anderen Narkoseformen zu einer intraoperativen Wachheit (→ S. 231).

Nachteile

- Selten war die durch Lachgas und Droperidol bewirkte Bewusstlosigkeit unzureichend und die Patienten konnten sich unter Umständen daran erinnern, was während einer bestimmten Operationsphase gesprochen wurde! Manchmal berichten Patienten bei der Prämedikationsvisite, dass sie bei einer früheren Allgemeinnarkose (meist ca. 1970–1990) eine intraoperative Wachheit (awareness) hatten, das heißt dass sie trotz Allgemeinnarkose etwas von der Operation und/oder von der Unterhaltung der Anwesenden mitbekommen haben (→ S. 231). Es handelte sich dann zumeist um eine damals sehr populäre Neuroleptanästhesie.
- Durch hoch dosiertes Droperidol konnten, vor allem bei nicht erkanntem Volumenmangel, unter Umständen drastische Blutdruckabfälle ausgelöst werden, denn Droperidol führt zu einer ausgeprägten Alphablockade (→ S. 61).
- Manchmal traten die Anzeichen einer zu flachen Narkoseführung auf, die trotz hoher Fentanyldosen nicht zu beherrschen waren.
- Die relativ schlechte Steuerbarkeit der damals verfügbaren intravenös zu verabreichenden Medikamente (Pancuronium, Droperidol, Fentanyl) hatte häufiger einen postoperativen Fentanyl- oder Relaxansüberhang zur Folge.
- Postoperativ mussten die Patienten wegen der oft hohen Fentanyldosen wesentlich länger im Aufwachraum überwacht werden.

1.19 Narkose unter Verwendung einer Kehlkopfmaske

1.19.1 Allgemeine Bemerkungen

Eine Narkose unter Verwendung einer Kehlkopfmaske (Larynxmaske) ist dadurch ausgezeichnet, dass der Patient anstatt eines Endotrachealtubus (→ Intubationsnarkose; S. 116) eine Kehlkopfmaske erhält. Über die Kehlkopfmaske kann der Patient entweder spontan atmen oder manuell beatmet werden (→ S. 112). Ausnahmsweise kann er auch maschinell mittels Beatmungsgerät (→ S. 112) beatmet werden. Eine Narkose unter Verwendung einer Kehlkopfmaske verbietet sich bei nicht nüchternen Patienten, da die Kehlkopfmaske keinen sicheren Schutz vor einer Aspiration darstellt. Auch bei Operationen, bei denen das Peritoneum oder die Pleura eröffnet wird, sowie (meist auch) bei Operationen im Bereich des Mund-Nasen-Rachen-Raums, ist auf eine Kehlkopfmaske zu verzichten (→ auch S. 209).

1.19.2 Vorbereitungen

- Überprüfung des Narkosegerätes (→ S. 26)
- Überprüfung des Narkosewagens auf Vollständigkeit (→ S. 31)
- Vorbereitung von Material und Medikamenten (→ S. 32)
- Aufziehen der Medikamente (→ S. 32)
- Vorbereitung des Patienten auf die Narkose (→ S. 32)
- Vorbereitung der Kehlkopfmaske (→ S. 101)

1.19.3 Narkoseeinleitung

- Präoxygenierung (→ S. 113)
- Einleitungshypnotikum:
  Als Einleitungshypnotikum wird meist Propofol verwendet, da es die laryngealen Reflexe stärker dämpft als andere Hypnotika.
- Maskenbeatmung (→ S. 114):
  Nach Narkoseeinleitung mittels intravenöser Injektion eines Hypnotikums (normalerweise Propofol) wird der Patient kurzfristig über eine Gesichtsmaske beatmet.
- Einführen der Kehlkopfmaske (→ S. 101)
- Die vorherige Gabe eines Muskelrelaxans ist nicht notwendig.
- Blocken der Kehlkopfmaske (→ S. 104)

- Überprüfen der Kehlkopfmaske, ob sie dicht sitzt (→ S. 103) und ob die Lungen gut belüftet sind
- Fixierung der Kehlkopfmaske (→ S. 104)
- Einstellen von O_2 und N_2O bzw. Luft am Rotameter (→ S. 117)
- Einstellen des Inhalationsanästhetikums (→ S. 117) bzw. Fortführung der Narkose als IVA/TIVA (→ S. 125)
- Blutdruck- und Herzfrequenzkontrolle (→ S. 117)
- normalerweise Verzicht auf eine Relaxierung
- Transport in den Operationssaal (→ S. 118)
- Lagerung des Patienten (→ S. 118)

1.19.4 Narkoseaufrechterhaltung und -ausleitung

Aufrechterhaltung und Ausleitung einer Narkose unter Verwendung einer Larynxmaske entspricht großteils dem Vorgehen, das bei der Aufrechterhaltung bzw. Narkoseausleitung einer ITN mit einem verdampfbaren Inhalationsanästhetikum (→ S. 118) bzw. der Kombination eines verdampfbaren Inhalationsanästhetikums mit einem Opioid (→ S. 124) bzw. einer IVA/TIVA (→ S. 125) beschrieben wurde. Es sei daher auf die entsprechenden Kapitel verwiesen.
Während allerdings bei endotracheal intubierten Patienten fast immer eine kontrollierte maschinelle Beatmung vorgenommen wird, sollte bei einer Narkose unter Verwendung einer Kehlkopfmaske möglichst eine Spontanatmung des Patienten mit manueller Unterstützung angestrebt werden. Bei der kontrollierten maschinellen Beatmung ist die Kehlkopfmaske häufiger undicht. Es kann hierdurch zum Eindringen von Beatmungsgas in den Magen (mit der Gefahr einer Regurgitation) kommen. Da eine Spontanatmung aber nicht über längere Zeiträume erwünscht ist (Gefahr von Atelektasen), wird nur selten eine Kehlkopfmaske verwendet, wenn die Operation länger als ca. 2 Stunden dauert.

Entfernen der Larynxmaske

Bei Patienten mit eingelegter Kehlkopfmaske wird diese normalerweise erst dann entfernt, wenn der Patient aus der Narkose erwacht und auf Aufforderung den Mund öffnet. Erst nach Entfernen der Kehlkopfmaske wird der Mund- und Rachenraum abgesaugt werden. (Lediglich falls eine Kehlkopfmaske – wie es von manchen Autoren empfohlen wird – auch bei einer Adenotomie [→ S. 281] verwendet werden sollte, dann muss bereits vor dem Entfernen der Larynxmaske der Mund-Rachen-Bereich von evtl. Blut freigesaugt werden.) Weder vor noch beim Entfernen der Maske wird (im Unterschied zum intubierten Patienten) endotracheal abgesaugt.

1.20 Narkose unter Verwendung eines Larynxtubus

Für eine Narkose unter Verwendung eines Larynxtubus gilt das gleiche Vorgehen wir für eine Narkose unter Verwendung einer Larynxmaske (vgl. Kap. 1.19). Es wird hierbei lediglich anstatt einer Larynxmaske (Kap. 1.13) ein Larynxtubus (Kap. 1.14) eingeführt.

1.21 Perioperative Infusions- und Transfusionstherapie

Der Körper des Erwachsenen besteht zu ca. 60 % aus Wasser. 40 % davon entfallen auf den Intrazellulärraum und 20 % auf den Extrazellulärraum. Der Extrazellulärraum kann unterteilt werden in den Intravasalraum (4 %) und den interstitiellen Raum (16 %).
Bei einem akuten Blutverlust ist primär nur das intravasale Volumen vermindert. Bei länger bestehender intravasaler Hypovolämie wird Flüssigkeit aus dem interstitiellen Raum nach intravasal verschoben, und das intravasale Vo-

lumendefizit wird dadurch wieder teilweise ausgeglichen. Es bleibt aber ein noch leicht erniedrigtes intravasales Volumen sowie ein Mangel an interstitieller Flüssigkeit.
Für die perioperative Flüssigkeitstherapie stehen je nach Bedarf verschiedene Infusions- und Transfusionslösungen zur Verfügung.

1.21.1 Infusionslösungen

Kristalloide Lösungen

Kristalloide sind kristallisierbare Substanzen. Zu den kristalloiden Lösungen werden Elektrolytlösungen sowie niederprozentige Glucoselösungen (z. B. Glucose 5 %) gezählt.
Je nachdem, wie hoch der Elektrolytgehalt einer Elektrolytlösung im Vergleich zum Plasma ist, wird von einer **Vollelektrolytlösung,** einer ½- oder ⅔-**Elektrolytlösung** usw. gesprochen. Wird die Osmolarität der Kristalloidlösung mit der des Plasmas verglichen, so können isotone, hypotone oder hypertone Kristalloidlösungen unterschieden werden.
Isotone Lösungen haben die gleiche Osmolarität wie das Plasma (ca. 290 mOsmol/l). **Hypotone** Lösungen haben eine geringere und **hypertone** Lösungen eine höhere Osmolarität als das Plasma (vgl. Tab. 1-10).

Isotone kristalloide Lösungen verteilen sich nach deren Infusion sofort gleichmäßig im Extrazellulärraum, das heißt im Intravasalraum und im interstitiellen Raum. Da der Extravasalraum 4-mal so groß ist wie der Intravasalraum (4 vs. 16 %; → S. 132) verbleiben $1/5$ (= 20 %) intravasal und $4/5$ (= 80 %) diffundieren in den interstitiellen Raum. Der intravasale Volumeneffekt einer kristalloiden Lösung ist daher relativ gering.
Wird eine hypotone kristalloide Lösung verabreicht, dann diffundieren hiervon ebenfalls ca. 80 % in den interstitiellen Raum. Hierdurch wird die interstitielle Flüssigkeit ebenfalls hypoton und es kommt nun aufgrund eines osmotischen Gradienten zwischen Interstitium und Intrazellulärraum zum Übertritt von Wasser nach intrazellulär. Wird dagegen eine hypertone kristalloide Lösung verabreicht, dann führt dies, da sie ebenfalls großteils ins Interstitium abwandert, zu einer Hyperosmolarität des Interstitiums. Aufgrund eines dadurch zwischen Interstitium und Intrazellulärraum auftretenden osmotischen Gradienten wandert nun Wasser aus den Zellen in den interstitiellen Raum.
Wird eine isotone kristalloide Lösung verabreicht, so bleibt der interstitielle Raum isoton. Da kein osmotischer Gradient zum Intrazellulärraum entsteht, kommt es zu keinem (!) Flüssigkeitsaustausch zwischen Intrazellulärraum und interstitiellem Raum. Die isotone Lösungen beeinflussen damit den Intrazellulärraum nicht (!). Normalerweise sollten nur isotone kristalloide Lösungen verabreicht werden. (Lediglich falls ausnahmsweise der Intrazellulärraum hypoton oder hyperton ist, sollten hypertone oder hypotone Infusionslösungen verabreicht werden.)
In den letzten Jahren wurde wiederholt darauf hingewiesen, dass die Infusion größerer Mengen an NaCl 0,9 % (die 154 mmol/l Chlorid enthält) zu einer sog. hyperchlorämischen metabolischen Acidose führen kann. Außerdem wird durch eine hohe Chloridbelastung die Nierendurchblutung und damit die Urinproduktion negativ beeinflusst. Außerdem kommt es durch die hohe Chloridbelastung zu einer Hemmung der Reninfreisetzung, wodurch der Blutdruck abfallen kann. Bei Gabe größerer Mengen von Ringer-Lactatlösung ist außerdem zu beachten, dass Ringer-Lactatlösungen eine evtl. Lactatbestimmung verfälschen können, dass diese Lösungen leicht hypoton sind und dass bei der Metabolisierung von Lactat überproportional viel Sauerstoff verbraucht wird. Inzwischen werden daher zunehmend sog. balancierte Lösungen empfohlen. Balancierte Lösungen entsprechen weitgehend der Zusammensetzung des Plasmas. Sie sind isoton und enthalten deutlich weniger Chlorid als physiologische Kochsalzlösungen. Der Chloridgehalt entspricht ungefähr der Plasmachloridkonzentration. Balancierte Lösungen enthalten metabolisierbare Anionen, allerdings kein Lac-

Tab. 1-10 Osmolaritäten verschiedener Lösungen

Lösung	Natrium (mmol/l)	Chlorid (mmol/l)	Kalium (mmol/l)	Osmolarität	Sonstiges pro Liter
(Plasma	140	98–109	4	290 mOsmol/l)	
Glucose 5 %	–	–	–	hypoton	Glucose: 50 g
NaCl 0,9 %	154	154	–	isoton	–
Sterofundin®	140	103	4	isoton	Lactat: 45 mmol; Calcium: 2,5 mmol; Magnesium: 1 mmol
Ionosteril® (Fa. Fresenius)	137	110	4	isoton (balanciert)	Calcium: 1,65 mmol; Magnesium: 1,125 mmol; Acetat: 36,8 mmol
Ringer-Lactat (Fa. Braun)	130	106	4	leicht hypoton	Lactat: 28 mmol
Ringer-Lösung (Fa. Baxter)	147	156	4	isoton	–
Ringer-Acetatlösung (Fa. Baxter)	130	112	5,4	isoton (balanciert)	Calcium: 0,9 mmol; Magnesium: 1 mmol; Acetat: 27 mmol

tat, sondern Acetat oder Malat. Durch die metabolisierbaren Anionen soll einer sog. Dilutionsacidose (aufgrund einer Verdünnung der Bicarbonatkonzentration bei größerer Volumengabe) vorgebeugt werden. Lactat hat den Nachteil, dass es in der Leber metabolisiert werden muss (und z.B. bei schwerem Schock oder schwerer Sepsis kann die hepatische Lactatmetabolisierung beeinträchtigt sein). Außerdem kann Lactat evtl. eine Lactatbestimmung verfälschen. Acetat oder Malat werden dagegen unabhängig von der Leber – ebenfalls unter Freisetzung von Bicarbonat – metabolisiert.

Kolloidale Plasmaersatzmittel

✓ Kolloide sind große, hochmolekulare Substanzen mit einem Molekulargewicht größer als 10000. Kolloidale Lösungen sind normalerweise nicht in der Lage, durch Zellmembranen zu diffundieren. Kolloide haben die Fähigkeit, Wasser an sich zu binden. Durch diese Fähigkeit sind sie für die Aufrechterhaltung des **kolloidosmotischen Drucks** verantwortlich.

Einige Kolloide haben eine größere Wasserbindungsfähigkeit als die Plasmaproteine und ziehen dadurch noch Wasser aus dem Gewebe und binden es an sich. Die intravasale Volumenzunahme ist daher nach Infusion solcher Kolloide größer als das eigentlich zugeführte Volumen. Es kommt also durch diese Kolloide zu einer Volumenexpansion. Diese Substanzen werden daher als **Plasmaexpander** bezeichnet.

Kolloide werden verabreicht, um Plasmaverluste zu ersetzen. Sie werden daher auch als **Plasmaersatzmittel** bezeichnet. Bei den kolloidalen Plasmaersatzmitteln kann zwischen Plasmaersatzmitteln, die künstlich hergestellt werden, und Plasmaersatzmitteln, die aus menschlichem Plasma gewonnen werden, unterschieden werden.

Künstliche Plasmaersatzmittel

Künstliche Kolloide verteilen sich nach intravasaler Gabe nur im Intravasalraum. Sie wandern nicht in den interstitiellen Raum ab (während kristalloide Lösungen zu 80 % in den interstitiellen Raum abdiffundieren; → S. 133). Mit einer bestimmten Menge an kolloidalen Lösungen kann daher ein größerer intravasaler Volumeneffekt erreicht werden als mit dem gleichen Volumen kristalloider Lösungen. Ein intravasaler Volumenverlust kann 1 : 1 mit einem Kolloid ersetzt werden, während hierfür das ca. 5-fache Volumen an kristalloiden Lösungen benötigt wird.

Die künstlichen Plasmaersatzmittel ermöglichen einen vorübergehenden Ersatz der körpereigenen Plasmaproteine, bis diese nach einem Verlust wieder neu synthetisiert sind. Sie übernehmen die onkotische Aktivität der Plasmaproteine, das heißt die Funktion, Wasser an sich zu binden. Sie können aber keine sonstigen biologischen Funktionen der Plasmaproteine, wie z. B. die Transportfunktion für viele körpereigene und körperfremde Substanzen, übernehmen.

Die wichtigsten künstlichen kolloidalen Plasmaersatzmittel sind:

- Stärkepräparate
- Gelatinepräparate
- Dextranpräparate

Stärkepräparate – Hydroxyethylstärke (z. B. HES-steril 6 %, Voluven®)

✓ Stärkepräparate werden aus der z. B. in Mais, Getreide und Reis enthaltenen Stärke hergestellt. Damit das körpereigene Enzym Alpha-Amylase, das für die Stärkespaltung verantwortlich ist, dieses Molekül nicht abbauen kann, wird es durch eine bestimmte chemische Umwandlung, eine sog. Hydroxyethylierung, stabilisiert. Das entstehende Molekül ist die **Hydroxyethylstärke (= HES)**.

Die Wasserbindungsfähigkeit der HES ist hoch. HES ist ein Plasmaexpander (→ S. 134). Die Wirkungsdauer beträgt ca. 3–4 Stunden. HES-Moleküle werden größtenteils über die Nieren wieder ausgeschieden, teilweise auch im Körper gespalten oder auch im Körper gespeichert. HES-Präparaten wird manchmal eine Beeinträchtigung der Blutgerinnung nachgesagt. Dies trifft jedoch vor allem für die älteren HES-Präparate (mit hohem Molekulargewicht von 450 000 Dalton) zu. Bei den heute verwendeten HES-Präparaten (Molekulargewicht 200 000 oder 130 000 Dalton) kommt es jedoch zu keiner relevanten Verschlechterung der Blutgerinnung. Die Höchstdosis fast aller HES-Präparate beträgt ca. 2 g/kg KG, das heißt z. B. ca. 33 ml/kg KG HES 6 % oder 20 ml/kg KG HES 10 % pro Tag. Bei dem neuen HES-Präparat Voluven® (Molekulargewicht: 130 000 Dalton) wird die zulässige Maximaldosierung mit 50 ml/kg KG/d angegeben. Außerdem ist es auch für Kinder, Säuglinge und Neugeborene zugelassen. Bei Stärkepräparaten können sehr selten anaphylaktoide Reaktionen auftreten. Meist kommt eine 6- oder 10%ige HES-Lösung zur Anwendung.

Die meisten bisherigen HES-Präparate sind auf der Basis einer 0,9%igen NaCl-Lösung hergestellt. Daher kann es bei Gabe größerer Mengen an konventionellem HES zu einer hyperchlorämischen metabolischen Acidose kommen (wie bei großzügiger Gabe von 0,9%iger NaCl-Lösung; → S. 133). Daher wird in den letzten Jahren wiederholt darauf hingewiesen, dass als Basislösung für HES-Präparate eine balancierte Lösung verwendet werden sollte. Ein neues, balanciertes HES-Präparat stellt z. B. das HES 130/0,42 (Vitafusal®; Serumwerk Bernberg) dar.

Gelatinepräparate (z. B. Gelafundin®, Haemaccel®)

✓ Gelatinepräparate werden aus Abbauprodukten des in Knochen, Sehnen usw. enthaltenen Kollagens hergestellt. Das mittlere Molekulargewicht liegt bei ca. 30 000 Dalton. Die Wirkungsdauer beträgt ca. 2–3 Stunden. Ihre Fähigkeit zur Wasserbindung ist deutlich geringer als bei HES (→ oben) und den Dextranen (→ S. 136).

Die Gelatinepräparate werden fast ausschließlich über die Nieren ausgeschieden. Durch ihre Fähigkeit, Wasser an sich zu binden, kommt es während ihrer raschen Ausscheidung über die Nieren zu einer vermehrten Urinausscheidung, einer sog. osmotischen Diurese. Auch nach Gabe von Gelatinepräparaten können sehr selten Unverträglichkeitsreaktionen auftreten, die jedoch erst nach Infusion größerer Mengen zu erwarten sind. Ein häufiger eingesetztes Gelatinepräparat ist z. B. Gelafundin® 4 % (Fa. Braun). Inzwischen steht mit Gelafusal® (Fa. Serumwerke Bernburg) auch eine Gelatinelösung mit balancierter Basislösung zur Verfügung.

Dextranpräparate (z. B. Macrodex® 6 %)

✓ Dextranmoleküle sind aus Zuckermolekülen aufgebaute Riesenmoleküle. Früher wurden in der Anästhesie vor allem Dextranpräparate mit einem mittleren Molekulargewicht von 60 000 Dalton (Dextran 60) eingesetzt. Inzwischen sollten Dextranpräparate nicht mehr in der Anästhesie eingesetzt werden (→ unten). Die Dextranpräparate zeichnen sich durch eine hohe onkotische Aktivität aus. Ihre Wasserbindungsfähigkeit ist größer als die der Plasmaproteine. Dextrane sind also Plasmaexpander (→ S. 134).

Dextrane führen zu einer deutlichen Beeinträchtigung der Blutgerinnung. Ursache ist eine Beeinträchtigung der Thrombozytenfunktion. Aus diesem Grund sollte eine Höchstdosis für Dextranpräparate von ca. 15–20 ml/kg KG/d (ca. 1,5 Liter beim Erwachsenen) nicht überschritten werden. Die Wirkungsdauer des Dextrans 60 beträgt ca. 6–8 Stunden. Dextrane werden vor allem über die Nieren wieder ausgeschieden. In sehr seltenen Fällen kann es bereits nach wenigen Millilitern eines Dextranpräparates zu schweren **anaphylaktoiden Reaktionen** kommen. Die Ursache sind echte Antigen-Antikörper-Reaktionen. Durch die vorherige Gabe von Promit® (20 ml) sollen diese Allergien vermeidbar sein. Promit® ist ein monovalentes Haptendextran. Es bindet sich an evtl. vorhandene Antikörper und kann diese blockieren und damit die Antigen-Antikörper-Reaktionen verhindern. Dextranpräparate sollten aufgrund dieser möglichen allergischen Nebenwirkungen inzwischen möglichst nicht mehr in der Anästhesie eingesetzt werden.

Körpereigene Plasmaersatzmittel

Die wichtigsten körpereigenen kolloidalen Plasmaersatzmittel sind:

- Humanalbumin
- Serumeiweißkonserven

Humanalbumin

Humanalbuminlösungen werden aus gemischten Spenderplasmen gewonnen. Sie bestehen zu ca. 95 % aus Albumin. Durch eine spezielle Hitzebehandlung sind Humanalbuminlösungen hepatitissicher. Humanalbuminlösungen sind als 5- und 20%ige Lösungen im Handel. Das 20%ige Präparat wird zu den Plasmaexpandern gerechnet (→ S. 134). Es hat eine Wirkungsdauer von 24–36 Stunden und eine Plasmahalbwertszeit von ca. 19 Tagen. Humanalbumin kann universell, das heißt unabhängig von der Blutgruppe des Empfängers, verabreicht werden.

Serumeiweißkonserven

Serum**e**iweiß**k**onserven (= SEK) entsprechen in ihrer Zusammensetzung weitgehend der normalen Zusammensetzung des menschlichen Serums. Neben Albumin sind z. B. auch die Immunglobuline darin enthalten. Der Proteingehalt der Serumeiweißkonserven beträgt 5 %. SEK sind hepatitissicher und universell einsetzbar.

1.21.2 Transfusionslösungen

Vollblut

✓ Vollblutkonserven werden aus einer Einzelblutspende gewonnen. Sie enthalten 450 bzw. 500 ml Blut sowie 63 bzw. 70 ml Stabilisatorlösung (z. B. CPD_1-Stabilisator).

Vollblutkonserven sollten möglichst innerhalb von 24 Stunden in die einzelnen Komponenten (Erythrozytenkonzentrat und gefrorenes Frischplasma; → S. 137) aufgetrennt werden. Die

Transfusion von Vollblutkonserven sollte heute nicht mehr durchgeführt werden. (Lediglich im Rahmen der Retransfusion von präoperativ gespendeten Eigenblutkonserven kommen noch Vollblutkonserven zur Anwendung.)

Erythrozytenkonzentrat

Erythrozyten-(= Ery-)Konzentrate werden durch Zentrifugieren von Vollblutkonserven hergestellt. Nach dem Zentrifugieren der Vollblutkonserve wird der Überstand, der aus Leukozyten und Thrombozyten (buffy coat) sowie Plasma besteht, abgetrennt, denn Leukozyten und Thrombozyten würden während der Lagerung absterben. Diese abgestorbenen Zellen würden verklumpen und sog. Mikroaggregate bilden, die bei der Transfusion größerer Blutmengen zu einer Lungenschädigung führen können. Buffy coat sowie das Plasma und der Stabilisator werden also weitgehend entfernt. Seit 2001 müssen bereits beim Herstellungsprozess einer Erythrozytenkonserve zusätzlich die weißen Blutkörperchen (Leukozyten) noch mittels Filtration entfernt werden, das heißt, es muss eine sog. Leukozytendepletion (durch In-Line-Filtration) durchgeführt werden. Die Standardblutkonserve ist die leukozytendepletierte Erythrozytenkonserve in sog. additiver Lösung (Abb. 1-79). Zur Verbesserung der Lagerfähigkeit ist eine spezielle (additive) Lösung zugesetzt (80 ml). Eine solche Konserve kann bis maximal 49 Tage gelagert werden. Eine Erythrozytenkonserve hat ein Volumen von ca. 200–350 ml.

Der Hkt-Wert eines Erythrozytenkonzentrats beträgt ca. 50–70 %. Erythrozytenkonzentrate sind über ein Transfusionssystem mit Standardfilter (170–230 μm Porengröße) zu transfundieren. Bei Transfusion eines Erythrozytenkonzentrats besteht das **Risiko** einer **Hepatitis-B-**, **Hepatitis-C-** und **HIV-Übertragung** (HIV = **h**uman **i**mmunodeficiency **v**irus, das zu einer AIDS-Erkrankung [AIDS = **a**quired **i**mmuno**d**eficiency **s**yndrome] führen kann).
In lebensbedrohlichen Situationen können Erythrozytenkonzentrate der Gruppe 0/negativ als

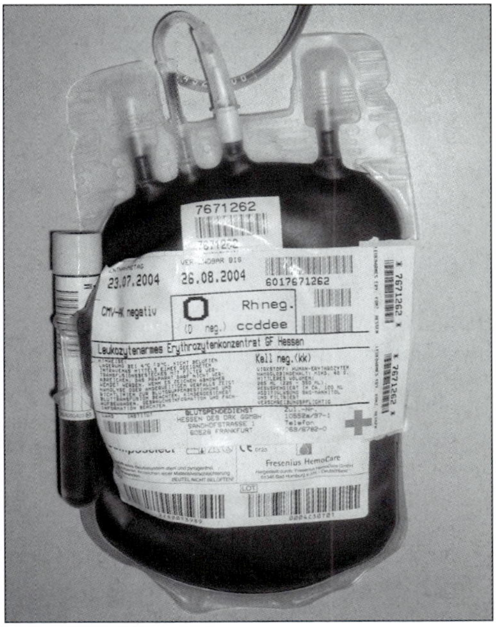

Abb. 1-79 Erythrozytenkonzentrat (mit linksseitig befestigtem sog. Pilotröhrchen)

„**Universalspenderblut**" ungekreuzt transfundiert werden. Da das Plasma sowie die darin enthaltenen **Isoagglutinine** Anti-A und Anti-B weitgehend entfernt sind, können Unverträglichkeitsreaktionen im Sinne einer Minorreaktion mit Schädigung der Erythrozyten des Empfängers durch Isoagglutinine des transfundierten Blutes weitgehend verhindert werden.

Gewaschene Erythrozytenkonzentrate

Durch mehrmaliges Waschen in isotoner Kochsalzlösung können aus Erythrozytenkonzentraten sog. gewaschene Erythrozytenkonzentrate hergestellt werden. Hierdurch kann ein Präparat mit besonders wenig Thrombozyten, Granulozyten und Plasma gewonnen werden.

Gewaschene Erythrozytenkonzentrate kommen vor allem bei Patienten mit Thrombozyten- oder Leukozytenantikörpern oder bei Patienten mit einer Proteinallergie zur Anwendung. Da bei dem Waschvorgang den Erythrozyten wichtige Ionen entzogen werden, ist die Haltbarkeit der gewaschenen Erythrozytenkonzentrate auf ca. 6 Stunden begrenzt. **Hepatitisgefahr! HIV-Gefahr!**

Eigenblutkonserven

Beträgt die Wahrscheinlichkeit einer perioperativen Bluttransfusion über 10 %, dann muss aufgrund einer seit 1992 bestehenden Aufklärungspflicht der Patient über die Möglichkeit der präoperativen Eigenblutspende und intraoperativen Retransfusion aufgeklärt werden. Es machen zunehmend mehr Patienten von dieser Möglichkeit Gebrauch. Hierbei wird dem Patienten in den letzten (max.) 7 Wochen vor der Operation eine, oder es werden jeweils im Abstand von ca. einer Woche auch mehrere Eigenblutkonserven abgenommen. Die letzte Eigenblutspende sollte normalerweise mindestens 7 Tage vor dem Operationstermin sein. Zwischen mehreren Eigenblutspenden muss der Patient nachweislich wieder ausreichend Erythrozyten gebildet haben (Hb-Kontrolle vor Abnahme, Hb-Wert muss größer als 11,5 g/dl sein). Zumeist wird empfohlen, Eigenblut in Erythrozytenkonzentrat und gefrorenes Frischplasma aufzutrennen. Bei der Retransfusion von Eigenblut kann der Patient **keine Neuinfektion** mit z. B. einem Hepatitis- oder HI-Virus erwerben. Falls bei dem Patienten Eigen- und Fremdblut bereitliegen, muss im Falle einer Blutung immer zuerst das Eigenblut transfundiert werden. Bezüglich der Retransfusion von Eigenblut gilt eine vergleichbar strenge Indikationsstellung wie bei Fremdblut (Verwechslungsgefahr, Kontaminationsgefahr).

Gefrorenes Frischplasma

Durch sofortiges Tiefgefrieren von Plasma kann die Aktivität der Gerinnungsfaktoren erhalten werden. Vor Gebrauch muss das gefrorene Frischplasma (= **f**resh **f**rozen **p**lasma = FFP) vorsichtig bei 37 °C maschinell aufgetaut werden. FFP muss AB0-Blutgruppen-identisch transfundiert werden. Der Rhesusfaktor braucht jedoch nicht berücksichtigt zu werden. Im Notfall kann als „Universalplasma" FFP der Blutgruppe AB verwendet werden (enthält keine Isoagglutinine Anti-A und Anti-B). **Hepatitisgefahr! HIV-Gefahr!** Eine FFP-Konserve hat ein Volumen von ca. 200–250 ml. Es ist ein Transfusionssystem mit Standardfilter (170–230 µm) zu verwenden.

Thrombozytenkonzentrat

✓ Ein Thrombozytenkonzentrat wird aus Frischblut gewonnen.

Thrombozytenkonzentrate sind nur ca. 5 Tage lagerungsfähig. Es sind sowohl Einzelspender-Thrombozytenkonzentrate (aus einer frisch abgenommenen Blutspende hergestellt) oder Pool-Thrombozytenkonzentrate (aus 4–6 frisch abgenommenen Blutspenden hergestellt) verfügbar. Die therapeutische Einheit entspricht einem Pool-Thrombozytenkonzentrat oder 4–6 Einzelspender-Thrombozytenkonzentraten. Dadurch kann die Thrombozytenzahl um ca. 30 000/ml gesteigert werden. Thrombozytenkonzentrate müssen bei Raumtemperatur unter ständiger Bewegung (= Agitation) gelagert werden. Es wird empfohlen, Thrombozytenkonzentrate AB0-Blutgruppen-identisch zu übertragen. Es ist über ein Transfusionssystem mit Standardfilter (170–230 µm) zu transfundieren. **Hepatitisgefahr! HIV-Gefahr!**

1.21.3 Durchführung einer Bluttransfusion

Blutabnahme

Dem Patienten wird zur **Bestimmung der Blutgruppe**, zur Durchführung der **Kreuzprobe** und des **Antikörpersuchtests** (Suche nach irregulären Antikörpern) Blut abgenommen. Auf ein korrektes Beschriften der Blutprobe, des Blutgruppenzettels und des Blutanforderungsscheines ist unbedingt zu achten: Verwechslungsgefahr (!). Das Blut muss anschließend in die Blutbank geschickt werden.

Blutauslieferung

Die Blutbank liefert das angeforderte Blut in Kühltaschen. Falls es nicht sofort benötigt wird, muss es in einem speziellen, weitgehend erschütterungsfrei arbeitenden Kühlschrank bei 4 °C übersichtlich gelagert werden (Kühlkette aufrechterhalten). Nicht mehr benötigte Konserven müssen umgehend wieder zur Blutbank zurückgeschickt werden.

Identitätskontrolle vor der Transfusion

Es sind folgende Dinge zu beachten: Gehören der vorliegende Blutgruppen- und Kreuzprobenzettel zu diesem Patienten? Wenn ja: Stimmt die Blutgruppe auf der Konserve mit derjenigen des Patienten überein? Wenn ja: Stimmt die auf dem Konservenetikett angegebene Konservennummer mit der Konservennummer auf dem Kreuzprobenzettel überein? Wenn ja: Vorbereitung der Konserve.

Erwärmung der Konserve

Falls kein Durchlauferwärmer (z. B. Warmflo®, Fa. Mallinckrodt) verwendet wird, sollte die Konserve in einem speziellen Wärmegerät (z. B. Plasmatherm®, Fa. Barkey) erwärmt werden. Wird das Blut kalt transfundiert, so droht bei einer Massivtransfusion eine Unterkühlung des Patienten. Außerdem können bei Kalttransfusionen Reaktionen mit möglicherweise vorhandenen **Kälteagglutininen** auftreten.

Anschluss des Transfusionsbestecks

Hierzu wird die Konserve so gehalten, dass die 2 Anschlussstutzen nach oben (!) zeigen. Die Verschlusskappe eines Anschlussstutzens wird abgedreht und der Dorn des Transfusionsfilters unter sterilen Bedingungen mit einer drehenden Bewegung in den Stutzen eingesteckt (Abb. 1-80). Nun wird die Konserve mitsamt dem Transfusionsbesteck umgedreht. Durch mehrfaches leichtes Komprimieren der (inzwischen) flexiblen Tropfkammern muss die Tropfkammer bis ca. zur Hälfte mit Blut gefüllt werden (Abb. 1-81). Anschließend wird die Rollerklemme vorsichtig etwas geöffnet, sodass Blut in die Transfusionsleitung fließt. Ist die Transfusionsleitung ganz gefüllt (und damit luftleer), wird die Rollerklemme wieder verschlossen. Die

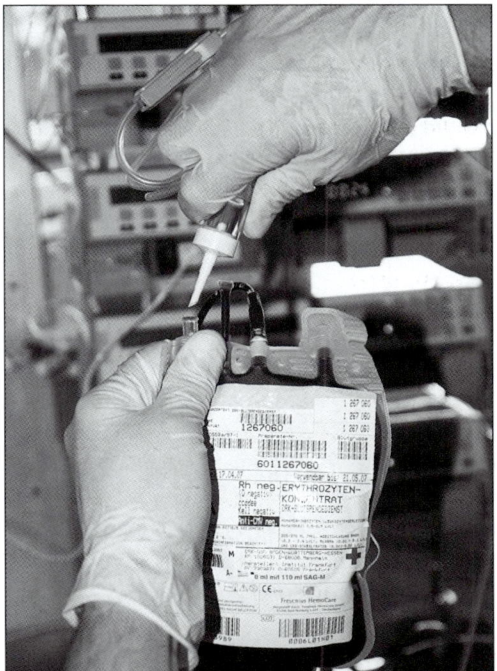

Abb. 1-80 Anschluss des Transfusionbestecks. Nachdem einer der beiden Verschlussstutzen abgedreht wurde, wird der Dorn des Transfusionsbestecks steril in den Stutzen gedreht.

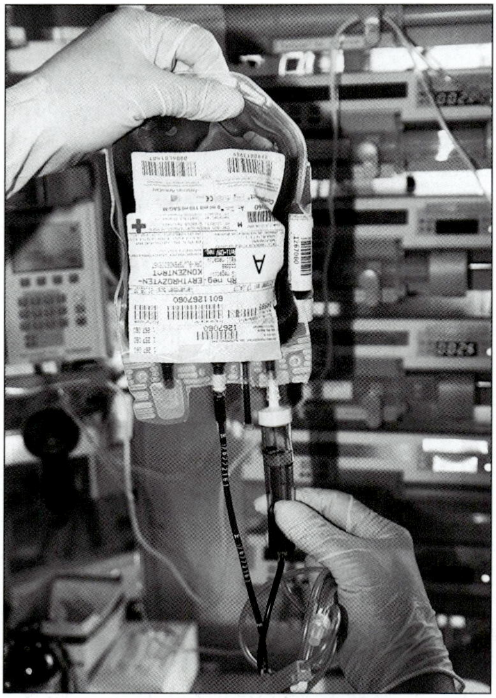

Abb. 1-81 Durch mehrmaliges Komprimieren der flexiblen Tropfkammer wird die Tropfkammer ca. zur Hälfte mit Blut gefüllt. Anschließend ist noch die Transfusionsleitung mit Blut zu füllen (vgl. Text).

Blutkonserve mit Transfusionsbesteck kann nun bei Bedarf an einen venösen Zugang des Patienten angeschlossen werden.

Durchführung des Bedside-Tests

Mithilfe z. B. einer Eldon- oder Medtro-Karte wird der sog. Bedside-Test durchgeführt, mit dem nochmals die AB0-Gruppen des Patienten und der Konserve überprüft werden. Damit sollen Verwechslungen ausgeschlossen werden. Bei dem Bedside-Test wird ein Tropfen Blut des Patienten bzw. der Konserve in die entsprechend gekennzeichneten Antiserumschalen gegeben (vgl. Abb. 1-82).

Bestätigung durch den Arzt

Sind die Identitätskontrolle und das Ergebnis des Bedside-Tests vom Arzt schriftlich als richtig bestätigt worden, kann das Blut transfundiert werden.

Transfusion

Die Bluttransfusion ist eine ärztliche Maßnahme und muss vom verantwortlichen Arzt eingeleitet werden. Sie sollte immer über einen **periphervenösen** Zugang erfolgen. Die Transfusion ist auch über spezielle großlumige Dialysekatheter (z. B. Shaldon-Katheter) möglich (v. a. im Rahmen einer Massivtransfusion). Möglichst nie (!) über einen Kavakatheter transfundieren. Läuft eine Transfusion über einen Kavakatheter einige Minuten nicht mehr, weil z. B. der Katheter abgeknickt oder der Transfusionsbeutel leer ist, so kann es zu einer Thrombosierung des Kavakatheters kommen!! Außerdem kann über einen großlumigen periphervenösen Zugang wesentlich schneller und erythrozytenschonender transfundiert werden als über einen Kavakatheter.

> **!** Einer Blutkonserve dürfen keine Medikamente zugesetzt werden! Eine Bluttransfusion darf nicht zusammen mit einer anderen Infusion über einen gemeinsamen Zugang laufen. Leere Transfusionsbeutel (mit anhängendem Pilotröhrchen) müssen 24 Stunden aufbewahrt werden. Im Falle einer Unverträglichkeit sind serologische Nachuntersuchungen wichtig.

Biologische Probe

Nach der Transfusion weniger Milliliter wird die Infusion unterbrochen und der Patient auf die Zeichen einer Unverträglichkeitsreaktion hin überprüft (→ S. 142). Falls keine Auffälligkeiten zu registrieren sind, wird die Transfusionsgeschwindigkeit gesteigert. Vorsicht: Beim sedierten/narkotisierten Patienten können selbst ausgeprägte Transfusionsreaktionen nur schwer erkennbar sein (→ S. 142).

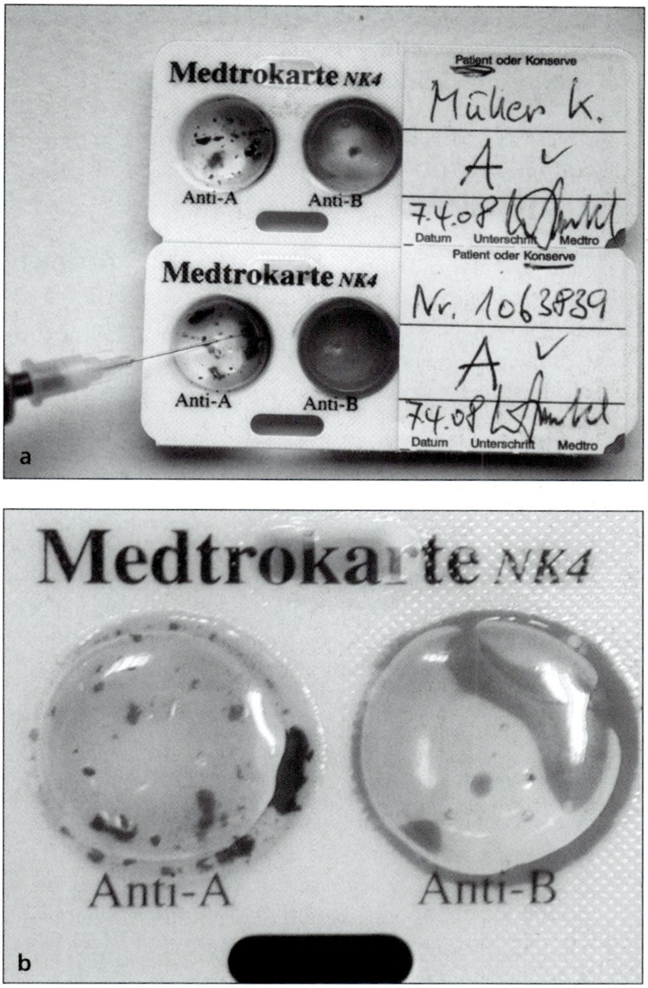

Abb. 1-82 Karte zur Durchführung eines Bedside-Tests (Bestimmung der AB0-Blutgruppen). **a** Blut des Patienten bzw. der Konserve wird jeweils in eine Anti-A- und Anti-B-Serum-Schale gegeben. Danach wird die Karte geschüttelt. **b** Da es in der Anti-A-Serum-Schale zur sichtbaren Agglutination kam, handelt es sich um Blutgruppe A.

Dokumentation

Beginn und Ende der Transfusion, Konservennummer und Ergebnis des Bedside-Tests müssen dokumentiert werden.

Notfalltransfusion

Abweichungen von dem beschriebenen Vorgehen sind nur in Notsituationen erlaubt. Hier kann von der Blutbank unter Umständen ungekreuztes, aber blutgruppengleiches (!) Blut angefordert werden. Die Bestimmung der Blutgruppe dauert nur wenige Minuten (!), die Kreuzprobe dagegen ca. 45 Minuten. Nach der oben beschriebenen Identitätsprobe und dem Bedside-Test kann dann dieses ungekreuzte Blut transfundiert werden. Inzwischen führt die Blutbank die Kreuzprobe durch und gibt die Konserve im Nachhinein frei. Nur in lebensbedrohlichen Fällen kann das nicht blutgruppengleiche „Universalblut" einer 0-negativen Erythrozytenkonserve transfundiert werden. Auch hier sollte zuvor Blut für die Blutgruppenbestimmung abgenommen werden, da nach

Transfusion mehrerer 0-negativer Erythrozytenkonserven eine Blutgruppenbestimmung schwierig bis unmöglich ist.

1.21.4 Gefahren einer Bluttransfusion

Die Transfusion von Blut oder Blutkomponenten erfordert aufgrund der zahlreichen Komplikationsmöglichkeiten eine sehr strenge Indikationsstellung. Mögliche Gefahren einer Bluttransfusion sind:

- Transfusionszwischenfall (Hämolyse durch Blutunverträglichkeit, zumeist [> 80 %] durch Verwechslungen bedingt!!! Kunstfehler!!!)
- Übertragung von Hepatitis B (1 : 220 000–1 : 250 000/Erythrozytenkonzentrat) oder Hepatitis C (1 : 350 000–1 : 375 000/Erythrozytenkonzentrat)
- Übertragung von HI-Viren (Häufigkeit 1 : 300 000–1 : 3 000 000/Erythrozytenkonzentrat)
- Übertragung von **C**yto**m**egalie**v**iren (= CMV) war früher vor allem bei Neugeborenen ein Problem (Gefahr von Hirnschädigungen). Da sich eventuelle CM-Viren in den Leukozyten befinden, wurde 2001 eine generelle Leukozytendepletion eingeführt (→ S. 137). Damit konnte die Gefahr einer CMV-Übertragung weitgehend ausgeschaltet werden.
- Transfusion einer Konserve, die mit infektiösen Keimen verunreinigt ist
- Fieberreaktion durch fiebererzeugende Gifte (= Pyrogene) aus abgestorbenen Bakterien
- Übertransfusion mit Lungenödem
- anaphylaktoide Reaktion auf die in der Konserve enthaltenen Proteine
- Hypokalzämie durch Bindung des Plasmacalciums an das Citrat des Stabilisators, vor allem dann, falls Citrat bei gleichzeitiger Leberinsuffizienz nur vermindert abgebaut werden kann oder falls im Rahmen einer Massivtransfusion sehr viel Stabilisatorcitrat transfundiert wurde.

1.21.5 Transfusionszwischenfall

> **!** Die Ursache eines hämolytischen Transfusionszwischenfalls ist fast immer ein Nichtübereinstimmen im AB0-System.

Anzeichen

Symptome beim wachen Patienten

- Brennen im Bereich der zuführenden Vene
- Juckreiz, Gesichtsrötung, Kopfschmerz
- Fieber
- Schüttelfrost
- Kreuzschmerzen
- Tachykardie
- Blutdruckabfall
- Tachypnoe
- in sehr schweren Fällen Vollbild des anaphylaktoiden Schocks mit Kreislaufzusammenbruch

Symptome beim narkotisierten Patienten

Die Erkennung eines Transfusionszwischenfalls ist beim narkotisierten Patienten relativ schwierig und daher meist erst verzögert durch folgende Symptome möglich:

- Hämoglobinurie und Oligurie (nur erkennbar, falls der Patient einen Dauerkatheter hat)
- ungeklärter Blutdruckabfall
- ungeklärte diffuse Blutung im Operationsgebiet (durch auftretende Gerinnungsstörung)
- Fieber
- unter Umständen Auftreten eines Bronchospasmus

Therapie

Schon bei **Verdacht** (!) sollten folgende Maßnahmen durchgeführt werden:

- sofort Abbruch der Transfusion

- Behandlung des drohenden Nierenversagens durch Erzwingung einer gesteigerten Diurese mittels
  - Volumenzufuhr
  - evtl. Furosemid (Lasix®) oder Torasemid (Torem®)
  - evtl. Mannitol (osmotisches Diuretikum)
  - (die früher empfohlene Dopamingabe in „Nierendosis“ [ca. 3 μg/kg KG/min; → S. 303] ist erfolglos und sollte unterlassen werden)
- evtl. Alkalisierung des Urins durch intravenöse Gabe von Natriumbicarbonat (= Natriumhydrogencarbonat)
- evtl. Gabe von Glucocorticoiden
- Therapie einer Hypotension mit Volumengabe und Catecholaminen
- notfalls Austauschtransfusion (bei sehr schweren Fällen)
- Blutbank informieren:
  Konserve sowie frisch entnommenes Blut des Patienten in die Blutbank zur Überprüfung der Blutgruppe, der Kreuzprobe und des Antikörpersuchtests schicken
- Laborbestimmungen:
  Kalium, freies Hämoglobin im Blut und im Urin, Blutbild (einschließlich Thrombozyten), großer Gerinnungsstatus, Bilirubin, LDH, Haptoglobin
- genaue Dokumentation des Transfusionszwischenfalls
- postoperative Verlegung des Patienten auf die Intensivstation

1.21.6 Allgemeine Bemerkungen zur perioperativen Flüssigkeitstherapie

Die Empfehlungen für den perioperativen Flüssigkeitsbedarf sind zum Teil recht unterschiedlich, dies betrifft sowohl die Menge als auch die Art der zuzuführenden Flüssigkeit.

> ! Die im Folgenden angegebenen Werte sind daher als grobe Richtlinien gedacht und müssen oft entsprechend des Krankheitsbildes modifiziert werden.

In den letzten Jahren wurde mehrfach darauf hingewiesen, dass eine übermäßige perioperative Flüssigkeitstherapie zu vermeiden ist, da sie die Verschiebung von Flüssigkeit in den interstitiellen Raum (und damit z. B. eine Ödembildung) begünstigt. Deshalb wird inzwischen oft auf eine streng bedarfsadaptierte Flüssigkeitsgabe großen Wert gelegt (v. a. bei großen Bauchoperationen; vgl. Fast-Track-Prinzipien → S. 291).
Bei der Berechnung der perioperativen Flüssigkeitstherapie sollte zwischen Basis-, Verlust- und Nachholbedarf unterschieden werden:

Basis- (oder Erhaltungs-)Bedarf

Es werden folgende Richtwerte angegeben:

- Erwachsener:
  70 kg KG: 1,5 ml/kg KG/h
- Schulkind:
  14 Jahre/50 kg KG: 2,0 ml/kg KG/h
  6 Jahre/20 kg KG: 3,5 ml/kg KG/h
- Kleinkind:
  5 Jahre/20 kg KG: 3,5 ml/kg KG/h
  2 Jahre/12 kg KG: 4,0 ml/kg KG/h
- Säugling:
  1 Jahr/10 kg KG: 5,0 ml/kg KG/h
  ab dem fünften Lebenstag: 5,5 ml/kg KG/h
  vierter Lebenstag: 4,5 ml/kg KG/h
  dritter Lebenstag: 3,5 ml/kg KG/h
  zweiter Lebenstag: 3 ml/kg KG/h
  erster Lebenstag: 2,5 ml/kg KG/h

Intraoperativer Verlustbedarf

> ! Der intraoperative Verlustbedarf ergibt sich vor allem aus der Verdunstung über Wundflächen (z. B. eröffnetes Abdomen) und durch Sequestration (= Absonderung) von Flüssigkeit in das durch die Operation geschädigte ödematös aufquellende Gewebe.

Diese Flüssigkeitsverluste durch Sequestration in den „dritten Raum" sind nur sehr schwer abzuschätzen. Es werden folgende Richtwerte angegeben:

- mäßige Gewebstraumatisierung (z. B. Tonsillektomie, Herniotomie):
  1–4 ml/kg KG/h
- mittlere Gewebstraumatisierung (z. B. offene Gallenblasenoperation, Appendektomie, Thoraxoperation):
  5–7 ml/kg KG/h
- ausgeprägte Gewebstraumatisierung (z. B große Bauchoperation):
  8–10(–15) ml/kg KG/h

Werden Operationen nach dem Fast-Track-Konzept durchgeführt (→ S. 291), dann werden für große Bauchoperationen meist nur ca. 6 ml/kg KG und für Thoraxeingriffe meist nur ca. 4 ml/kg KG/h als intraoperativer Verlustbedarf zugeführt (d. h. ca. 60 % der oben angegebenen Werte). Bei Operationen mit minimaler Gewebstraumatisierung wie Operationen am Auge, mikrochirurgischen Eingriffen am Ohr, Extremitätenoperationen in Blutleere usw. kann der intraoperative Verlustbedarf oft vernachlässigt werden.

Zum intraoperativen Verlustbedarf können zusätzlich noch Blutverluste sowie Verluste über Drainagen und Sonden hinzukommen.

Nachhol- oder Korrekturbedarf

! Der Nachholbedarf ergibt sich aus dem Zeitraum der Flüssigkeitskarenz sowie aus zusätzlichen vorbestehenden Flüssigkeitsmängeln, z. B. durch präoperatives Erbrechen, Durchfall, Sondenableitung.

Tab. 1-11 Nachholbedarf aufgrund der präoperativen Flüssigkeitskarenz

Altersgruppe	Alter	Gewicht (kg KG)	Flüssigkeitskarenz (h)	Nachholbedarf (ml)	Ausgleich in der ersten Operationsstunde
Erwachsener	≥ 18 J.	70	6	630	100 % = 630 ml
			(3)	(315)	(315 ml)
Schulkind	14 J.	50	6	600	100 % = 600 ml
			(3)	(300)	(300 ml)
	6 J.	20	6	420	50 % = 210 ml
			(3)	(210)	(105 ml)
Kleinkind	5 J.	20	6	420	50 % = 210 ml
			(3)	(210)	(105 ml)
	2 J.	12	6	ca. 290	50 % = ca. 145 ml
			(3)	(ca. 145)	(ca. 75 ml)
Säugling	1 J.	10	4	200	50 % = 100 ml
			(3)	(150)	(75 ml)
	ab 5. Lt.	3	4	66	50 % = 33 ml
			(3)	(50)	(25 ml)
	1.–4. Lt.	3	4	24–54	50 % = 12–27 ml
			(3)	(18–40)	(9–20 ml)

Tab. 1-12 Beispiele für die perioperative Infusionsmenge beim Erwachsenen

Operation	Flüssigkeitsmenge	Flüssigkeit für einen Erwachsenen (70 kg) in der ersten Operationsstunde
Geringe Gewebstraumatisierung	3 ml/kg KG/h für Sequestration ins Gewebe und Verdunstung	210 ml
	+ 1,5 ml/kg KG/h Basisbedarf	105 ml
	+ Nachholbedarf (6-stündige Flüssigkeitskarenz, beim Erwachsenen 100 % in der ersten Operationsstunde ersetzen)	630 ml
		945 ml
	+ aktueller Verlustbedarf (z.B. Blutung)	
Mittlere Gewebstraumatisierung	6 ml/kg KG/h für Sequestration ins Gewebe und Verdunstung	420 ml
	+ 1,5 ml/kg KG/h Basisbedarf	105 ml
	+ Nachholbedarf (6-stündige Flüssigkeitskarenz, beim Erwachsenen 100 % in der ersten Operationsstunde ersetzen)	630 ml
		1155 ml
	+ aktueller Verlustbedarf (z.B. Blutung)	
Ausgeprägte Gewebstraumatisierung	10 ml/kg KG/h für Sequestration ins Gewebe und Verdunstung	700 ml
	+ 1,5 ml/kg KG/h Basisbedarf	105 ml
	+ Nachholbedarf (6-stündige Flüssigkeitskarenz, beim Erwachsenen 100 % in der ersten Operationsstunde ersetzen)	630 ml
		1435 ml
	+ aktueller Verlustbedarf (z.B. Blutung)	

Wird allerdings eine Operation nach den Fast-Track-Prinzipien durchgeführt, dann wird die Sequestration nur zu ca. 60 % und der Nachholbedarf wird nicht ersetzt (vgl. Text).

Während für die Nüchternheit in Bezug auf feste und dickflüssige Nahrung 6 Stunden gefordert werden, darf eine kleinere Menge an klarer Flüssigkeit bis zu ca. 2 Stunden vor Narkosebeginn verabreicht werden, ohne dass Volumen und pH-Wert des Magensaftvolumens negativ beeinflusst werden (→ S. 5, 209, 238). Dies wird insbesondere bei Kindern schon in vielen Anästhesieabteilungen so praktiziert. Hiermit kann das präoperative Flüssigkeitsdefizit möglichst gering gehalten werden. Die empfohlenen Zeitspannen für die Nahrungs- und Flüssigkeitskarenz sollten möglichst nicht wesentlich überschritten werden, da u. a. bei Säuglingen und Kleinkindern sehr schnell eine Entgleisung des Wasser-Elektrolyt-Haushalts droht. Bei einem Erwachsenen (70 kg KG) ist präoperativ häufig von einer mindestens 3-stündigen, zumeist aber noch von einer 6-stündigen Flüssigkeitskarenz auszugehen. Der 70 kg schwere Erwachsene hat bei einem Basisbedarf von 1,5 ml/kg KG/h nach 6 Stunden einen Nachholbedarf von mindestens 1,5 × 70 × 6 = 630 ml. Dieser Nachholbedarf aufgrund der Flüssigkeitskarenz soll bei Erwachsenen zumeist innerhalb der ersten Operationsstunde ausgeglichen werden (vgl. Tab. 1-11 und 1-12). Bei einer modernen, streng bedarfsadaptierten

Tab. 1-13 Beispiele für die perioperative Infusionsmenge im Kindesalter

Operation	Flüssigkeitsmenge		Flüssigkeit für die erste Operationsstunde (bzw. eine Operationsdauer von 30 min)
Säugling, 2 Mo., 4 kg KG			
Leistenhernie (Operationszeit: 30 min)	2 ml/kg KG/h für Sequestration ins Gewebe und Verdunstung	8 ml	(4 ml)
	+ 5,5 ml/kg KG/h Basisbedarf	22 ml	(11 ml)
	+ Nachholbedarf (3 h Flüssigkeitskarenz, beim Kind 50 % in der ersten Operationsstunde ersetzen)	33 ml	(17 ml)
		63 ml	(32 ml)
	+ aktueller Verlust (z.B. Blutung)		
Säugling, 1 J., 10 kg KG			
Leistenhernie (Operationszeit: 30 min)	2 ml/kg KG/h für Sequestration ins Gewebe und Verdunstung	20 ml	(10 ml)
	+ 5,0 ml/kg KG/h Basisbedarf	50 ml	(25 ml)
	+ Nachholbedarf (3 h Flüssigkeitskarenz, beim Kind 50 % in der ersten Operationsstunde ersetzen)	75 ml	(38 ml)
		145 ml	(73 ml)
	+ aktueller Verlust (z.B. Blutung)		
Kleinkind, 5 J., 20 kg KG			
Appendektomie	6 ml/kg KG/h für Sequestration ins Gewebe und Verdunstung	120 ml	(60 ml)
	+ 3,5 ml/kg KG/h Basisbedarf	70 ml	(35 ml)
	+ Nachholbedarf (4 h Flüssigkeitskarenz, beim Kind 50 % in der ersten Operationsstunde ersetzen)	140 ml	(70 ml)
		330 ml	(165 ml)
	+ aktueller Verlust (z.B. Blutung)		

Flüssigkeitssubstitution (z. B. Fast-Track-Prinzipien; → S. 291) wird auf den Ersatz des Nachholbedarfs verzichtet und gleichzeitig eine kurze, nur 2- bis 3-stündige präoperative Flüssigkeitskarenz eingehalten.

Der Nachholbedarf aufgrund der präoperativen Flüssigkeitskarenz sollte bei Kindern zu ca. 50 % in der 1. Operationsstunde und zu je 25 % in der zweiten und dritten Operationsstunde bzw. postoperativ ausgeglichen werden (vgl. Tab. 1-11 und 1-13).

! Ziel der perioperativen Flüssigkeitstherapie ist es, den Flüssigkeitsbedarf **adäquat** zu ersetzen.

Die Volumenzufuhr sollte einerseits an den errechneten Bedarfsmengen orientiert werden, andererseits sollte sie auch an den Kreislaufparametern Herzfrequenz, Blutdruck, am zentralen Venendruck, am Durstempfinden des Patienten, an der Feuchtigkeit seiner Schleimhäute sowie an der evtl. über einen Dauerkatheter gemessenen Urinausscheidung (die beim Erwachsenen mindestens 1 ml/kg KG/h und beim Säugling und Kleinkind mindestens 2 ml/kg KG/h betragen sollte) orientiert werden.

Zur Flüssigkeitstherapie geeignete Lösungen

Zur perioperativen Flüssigkeitstherapie eignen sich:

- kristalloide Lösungen (→ S. 133)
  - Glucoselösungen:
    Bei Neugeborenen, Säuglingen und Kleinkindern < 2 Jahren bietet sich für den Basisbedarf eine Halbelektrolytlösung mit 2,5 % Glucose an (z. B. 0,45 % Natriumchlorid – 2,5 % Glucoselösung, Fa. Serag-Wiessner). Für den Nachhol- und Verlustbedarf kann (wie bei Erwachsenen; → unten) die Vollelektrolytlösung verwendet werden.
  - Vollelektrolytlösungen:
    Bei Erwachsenen sind Vollelektrolytlösungen für den intraoperativen Verlustbedarf sowie für den Basis- und Nachholbedarf besonders geeignet.
    Besteht ein Korrekturbedarf aufgrund von Blutung, Erbrechen oder Durchfall usw., so sollten diese Verluste möglichst bereits vor Narkosebeginn ausgeglichen werden.
- künstliche oder körpereigene Kolloide (→ S. 134)
- Blut oder Blutkomponenten (→ S. 136)

Ersatz von Blutverlusten

! Bei Abfall des Hb-Wertes auf ca. 7(–8) g/dl und einem Abfall des Hkt-Wertes auf ca. 21(–24) % ist mit einem grenzwertigen **Mangel an Sauerstoffträgern**, das heißt an Erythrozyten, zu rechnen. Diese Situation wird erreicht, wenn ca. 30 % des Blutvolumens beim Erwachsenen, also 1,5 Liter, verloren gehen. Damit es bei einem Blutverlust zu einem therapiebedürftigen **Mangel an Plasmaproteinen** kommt, also zu einer grenzwertigen Abnahme des kolloidosmotischen Drucks durch Albuminmangel, müssen bereits 50 % des Blutvolumens verloren gehen.
Für die Aufrechterhaltung der plasmatischen Gerinnung reichen sogar nur 20–40 % der Konzentration an **Gerinnungsfaktoren** aus. Das heißt, erst bei Blutverlusten von 65 % des normalen Blutvolumens sind normalerweise Störungen der plasmatischen Gerinnung zu erwarten.
Bezüglich der **Thrombozyten** ist aufgrund von großen, mobilisierbaren Thrombozytenreserven normalerweise erst nach einem Blutverlust von ca. dem 1,5-Fachen des normalen Blutvolumens (das heißt, nach Transfusion von ca. 15 Erythrozytenkonzentraten) mit einer Blutgerinnungsstörung aufgrund eines Thrombozytenmangels zu rechnen.

An diesen Werten orientiert sich die sog. **Blutkomponententherapie**. Nach diesem inzwischen anerkannten Therapieverfahren sollten nur diejenigen Blutbestandteile ersetzt werden, an denen der Patient einen therapiebedürftigen Mangel hat.
Kleinere Blutverluste, bei denen noch kein kritischer Mangel an Sauerstoffträgern anzunehmen ist, sollten mit künstlichen Plasmaersatzmitteln wie z. B. HES volumengleich ersetzt werden. Bei einem stärkeren Blutverlust mit einem Mangel an Sauerstoffträgern, also bei einem Abfall des Hb-Wertes unter ca. 7(–8) g/dl und einem Abfall des Hkt-Wertes knapp unter ca. 21(–24) %, sollten Erythrozytenkonzentrate transfundiert werden.
Bei Blutverlusten von mehr als ca. 30 % des Blutvolumens mit Mangel an Sauerstoffträgern und an Plasmaproteinen sollten Erythrozyten-

konzentrate und kolloidale Plasmaersatzlösungen verabreicht werden. Körpereigene kolloidale Plasmaersatzlösungen werden nur noch sehr selten verabreicht. Die kolloidosmotische Wirkung der Plasmaproteine kann auch durch künstliche Kolloide (z. B. HES) erreicht werden. Auch bei Säuglingen und Kleinkindern werden inzwischen Proteinlösungen nur noch selten verabreicht, da seit 2004 das HES-Präparat Voluven® auch bei Neugeborenen, Säuglingen und Kindern zugelassen ist (vgl. S. 135).

Bei Blutverlusten von mehr als ca. 70 % des Blutvolumens mit Mangel an Erythrozyten, Plasmaproteinen und einem zusätzlichen Mangel an Gerinnungsfaktoren sind neben Erythrozyten und kolloidalen Plasmaersatzlösungen zusätzlich noch Gerinnungsfaktoren in Form von frisch gefrorenem Plasma (**f**resh **f**rozen **p**lasma = FFP) zu verabreichen. Bei Massivtransfusionen empfiehlt es sich, nach jeweils (6–)8 Erythrozytenkonserven 3(–4) FFP-Konserven zu verabreichen.

Bei **extremen Blutverlusten**, bei denen außerdem noch ein Thrombozytenmangel anzunehmen ist (Blutaustausch größer als das 1,5-Fache des normalen Blutvolumens), müssen neben Erythrozytenkonzentraten und kolloidalen Plasmaersatzlösungen auch Gerinnungsfaktoren in Form von FFP und Thrombozytenkonzentraten verabreicht werden.

Um den Hb-Wert um 1 g % anzuheben, werden ca. 3 ml Erythrozytenkonzentrat/kg KG benötigt, vorausgesetzt, dass kein weiterer Blutverlust auftritt. Bei einem 70 kg schweren Patienten bedeutet dies, dass ca. ein Erythrozytenkonzentrat benötigt wird, um den Hb-Wert um 1 g % anzuheben.

1.22 Dokumentation in der Anästhesie

Die wahrheitsgetreue, zeitgerechte und dokumentensichere Protokollierung in der Anästhesie beginnt normalerweise mit der präoperativen Visite und endet mit der Entlassung des Patienten aus dem Aufwachraum. Hierfür werden vorgedruckte Narkoseprotokolle verwendet, die leider von Klinik zu Klinik meist unterschiedlich gestaltet sind. Das **Narkoseprotokoll** dient einerseits dem Anästhesisten als Gedächtnisstütze, andererseits hat es juristische Bedeutung und ist insbesondere im Falle eines Narkosezwischenfalls als Beweisstück zu betrachten. Daneben ist es Grundlage für die spätere Weiterbehandlung des Patienten. Außerdem kann es für die Leistungserfassung und Qualitätskontrolle sowie für wissenschaftlich-statistische Auswertungen verwendet werden. Die Dokumentation wird vom Anästhesisten und/oder von der Pflegekraft vorgenommen. Für die Richtigkeit der Dokumentation bürgt der verantwortliche Anästhesist mit seiner Unterschrift auf dem Narkoseprotokoll.

Moderne Narkoseprotokolle sind meist dreigeteilt. Auf dem ersten Blatt werden die Personalien des Patienten, die aktuelle Diagnose, der durchzuführende Eingriff, die Vorerkrankungen des Patienten, vorherige Operationen und Narkosen, aktuelle Medikamente sowie die verordnete Prämedikation notiert. Auf dem zweiten Blatt werden die während des Eingriffs erhobenen **Messwerte** sowie die vorgenommenen **anästhesiologischen Maßnahmen** dokumentiert. Dazu gehören insbesondere:

- Dokumentation aller verabreichten Medikamente:
  Hierzu zählen auch die per inhalationem zugeführten Gase sowie die verdampfbaren Inhalationsanästhetika.
- Dokumentation aller gemessenen biologischen Größen:
  Je nach Operation sind mehr oder weniger viele biologische Größen zu erheben. Je schneller sich eine biologische Größe verändern kann, desto engmaschiger muss deren Kontrolle und Dokumentation durchgeführt werden. Als Minimum ist bei jeglichem Eingriff die Kontrolle der Vitalfunktionen Atmung und Kreislauf zu dokumentieren. Der Kreislauf wird im Normalfall mithilfe der oszillometrischen Methode (z. B. mit dem Di-

namap-Gerät) anhand des systolischen und diastolischen Blutdrucks sowie anhand der Herzfrequenz kontrolliert. Es ist eine 5-minütige Kontrolle und Dokumentation zu fordern. Bei beatmeten Patienten müssen alle für die Beatmungseinstellung maßgeblichen Größen wie Atemfrequenz, Atemhubvolumen, Atemminutenvolumen, Beatmungsdrücke, Beginn und Ende der Beatmung usw. dokumentiert werden.

- Dokumentation der Flüssigkeitszufuhr: Bezeichnung und Menge der infundierten oder transfundierten Flüssigkeiten sind zu protokollieren. Bei Blut oder Blutkomponenten ist zusätzlich die entsprechende Konserven- und Chargennummer zu notieren.
- Dokumentation aller Flüssigkeitsverluste, insbesondere Urinausscheidung, Verluste über Drainagen, Sonden, Blutungen usw.
- Dokumentation aller Gefäßpunktionen unter Angabe des Punktionsortes sowie des dazu verwendeten Punktionsmaterials
- Dokumentation aller sonstigen invasiven Maßnahmen wie Intubation, Extubation, Legen eines Dauerkatheters, Legen einer Temperatursonde, Lagerung des Patienten (z. B. Rückenlage, Steinschnittlage). Gegebenenfalls Dokumentation eines durchgeführten Lokal- oder Regionalanästhesieverfahrens (Punktionsort, evtl. Punktionsprobleme, verwendete Menge des Lokalanästhetikums mit Konzentration und Millilitern). Ausbreitung und Erfolg der Blockade sind ebenfalls zu dokumentieren.
- Dokumentation aller Komplikationen wie Herzrhythmusstörungen, Erbrechen, Laryngospasmus usw.
- Dokumentation aller evtl. zusätzlich erhobenen Größen wie
  - Körpertemperatur
  - zentraler Venendruck
  - Atemgaskonzentrationen (Messung der inspiratorischen Sauerstoffkonzentration, endexspiratorische CO_2-Konzentration, der in- und exspiratorischen Konzentration des volatilen Inhalationsanästhetikums usw.)
- Dokumentation von Beginn und Ende des operativen Eingriffs
- Dokumentation einer abschließenden Bilanz der ein- und ausgeführten Flüssigkeiten

Auf einem dritten Blatt wird die Überwachung im Aufwachraum dokumentiert (→ S. 321). Alle erhobenen Parameter und durchgeführten Maßnahmen sind zu dokumentieren. Außerdem sind hier evtl. Verordnungen für die postoperative Nachbehandlung auf der Station zu vermerken.

Von besonderen Vorkommnissen, wie z. B. einer Reanimation, einem Transfusionszwischenfall oder dem Ausbrechen eines Zahns bei der Intubation, sollte zusätzlich noch ein gesondertes ausführliches Protokoll angefertigt werden. Das Original des Narkoseprotokolls bleibt im Besitz des entsprechenden Anästhesieinstituts, der Durchschlag kommt zu der Patientenakte.

1.23 Gefahren für das Anästhesiepersonal

1.23.1 Narkosegasbelastung

Da die chronische Exposition gegenüber niedrigen Narkosegaskonzentrationen möglicherweise ein Risiko für das im Operationsbereich arbeitende Personal darstellt, werden entsprechende Narkosegasabsaugungen verlangt. Außerdem dürfen Anästhesiesysteme eine bestimmte Undichtigkeit (Leckage-Rate) nicht überschreiten („Leckagen größer als 150 ml/min bei 3 kPa [30 cm H_2O] im Niedersystem sollten nicht toleriert werden"). Für die Inhalationsanästhetika wurden außerdem **m**aximale **A**rbeitsplatz**k**onzentrationen (= **MAK**) definiert. Darunter wird die höchstzulässige Konzentration eines Arbeitsstoffes in der Luft am Arbeitsplatz verstanden, die nach dem gegenwärtigen Stand der Kenntnisse auch bei wiederholter und langfristiger, in der Regel täglich 8-stündiger Exposition im Allgemeinen die Gesundheit der

Beschäftigten nicht beeinträchtigt und diese nicht unangenehm belästigt. Der MAK-Wert für Lachgas beträgt 100 ml/m^3 (= ppm = **p**arts **p**er **m**illion), für Isofluran 10 ppm. Für Sevofluran und für Desfluran sind noch keine MAK-Werte festgelegt worden. Für Anästhetika kann für die Dauer von maximal 15 Minuten ein sog. Kurzzeitwert von bis zum 4-fachen MAK-Wert (pro Arbeitsschicht nicht länger als insgesamt eine Stunde) toleriert werden. Insbesondere bei unvorsichtigem Nachfüllen eines Vapors mit Verschütten von flüssigem volatilem Anästhetikum kann die Konzentration in der Raumluft stark ansteigen.

Bei der Anästhesie von Kindern ist die Narkosegasbelastung des Personals in der Regel relativ hoch, da dort häufiger Narkoseeinleitungen per inhalationem sowie Maskennarkosen durchgeführt werden. Bei schlechter Arbeitstechnik kann die Narkosegasexposition um ein Mehrfaches erhöht sein. Die Narkosegasbelastung ist bei Maskennarkosen ca. 2-mal höher als bei Intubationsnarkosen mit nicht geblocktem Tubus und ca. 5-mal höher als bei Intubationsnarkosen mit geblocktem Endotrachealtubus. Auch bei Verwendung von Larynxmasken ist die Exposition wesentlich geringer als bei einer Maskennarkose. Die Lachgasexposition des Aufwachraumpersonals liegt bei moderner Baukonzeption und moderner raumlufttechnischer Anlage deutlich unter dem angegebenen Grenzwert von 100 ppm. Bisher gibt es keine Beweise dafür, dass die Exposition gegenüber Spurenkonzentrationen an Lachgas schädlich ist. Für Schwangere besteht kein Beschäftigungsverbot in Räumen, in denen Lachgas verwendet wird. Allerdings wird eine Beschäftigung von Schwangeren in Räumen, in denen Lachgas verwendet (OP-Räume) oder abgeatmet (Aufwachräume) wird, aus präventivmedizinischen Gründen nicht empfohlen. Von den Anästhetika wird derzeit nur dem (nicht mehr verwendeten) Halothan eine fruchtschädigende Wirkung unterstellt.

1.23.2 Nadelstichverletzungen

Unter einer „Nadelstichverletzung" wird jegliche Stich-, Schnitt- oder Kratzverletzung der Haut durch Nadel, Messer usw., die mit Blut oder anderen Körperflüssigkeiten von Patienten verunreinigt sind, verstanden. Im Rahmen einer Nadelstichverletzung ist vor allem die Übertragung von Hepatitis-B-Viren (HBV), Hepatitis-A-Viren (HAV) und humanen Immundefizienzviren (HIV) gefürchtet. In Deutschland ereignen sich jedes Jahr ca. 500 000 Nadelstichverletzungen. Ungefähr 65–70 % der Nadelstichverletzungen treten beim (verbotenen) Recapping auf, also beim versuchten Wiederaufsetzen der Hülle über die Kanüle nach einer Injektion bzw. Blutentnahme. Auch bei der Entsorgung, vor allem falls gebrauchte Kanülen oder Instrumente nicht in durchstichsicheren und bruchsicheren Behältern entsorgt werden, können leicht Nadelstichverletzungen auftreten. Durch Verwendung von sog. Sicherheitskanülen können Nadelstichverletzungen beim Personal vermieden werden. Inzwischen wird in Deutschland in gefährdeten Bereichen (z. B. Rettungsdienst, Notaufnahmen, chirurgische Stationen) vom Gesetzgeber die Umstellung auf stichsichere Kanülen gefordert (vgl. Abb. 1-22b). Nach einer Nadelstichverletzung soll sich der Beschäftigte sofort beim Betriebsarzt melden.

HBV-Exposition

Nach einer Nadelstichverletzung mit einem Instrument, das mit Hepatitis-B-Viren kontaminiert ist, liegt das Infektionsrisiko für eine HBV-Infektion (bei nicht gegen Hepatitis B geimpften Personen) bei ca. 30 %. Für eine Hepatitis B stehen nach einer Exposition als sog. Postexpositionsprophylaxe eine aktive und eine passive Immunisierung zur Verfügung.

HCV-Exposition

Nach einer Nadelstichverletzung mit einem Instrument, das mit Hepatitis-C-Viren kontaminiert ist, liegt das Infektionsrisiko für eine HCV-Infektion bei ca. 3 %. Eine Postexpositionsprophylaxe der HCV-Infektion ist zurzeit nicht möglich. In den meisten Fällen kann jedoch eine Chronifizierung einer akuten HCV-Infektion dadurch verhindert werden, dass sofort nach Feststellung der Infektion eine Behandlung mit Interferon und Ribavirin begonnen wird.

HIV-Exposition

Kommt es zu einem Kontakt zwischen einer HIV-negativen und einer HIV-positiven Person mit relevantem Übertragungsrisiko, dann wird von der Deutschen und Österreichischen AIDS-Gesellschaft sowie dem Robert-Koch-Institut das in Tabelle 1-14 dargestellte Vorgehen (Beginn innerhalb von Sekunden) empfohlen. Um das HIV-Expositionsrisiko und um Nutzen und Risiken einer medikamentösen HIV-Postexpositionsprophylaxe beurteilen zu können, sollte ein in der HIV-Therapie erfahrener Arzt hinzugezogen werden.

Eine sog. medikamentöse HIV-Postexpositionsprophylaxe sollte nur dann empfohlen werden, wenn ein erhöhtes Übertragungsrisiko besteht. Das durchschnittliche Übertragungsrisiko bei perkutanen Stich- oder Schnittverletzungen beträgt ca. 1:100 bis 1:1 000 (häufig werden auch 0,3 % angegeben). Es ist erhöht bei:

- sehr tiefen Stich- oder Schnittverletzungen (ca. 16-fach)
- sichtbaren frischen Blutspuren auf dem verletzenden Instrument (ca. 5-fach)
- verletzender Kanüle, die zuvor in einer Vene oder Arterie platziert war (ca. 5-fach)

Tab. 1-14 Empfohlene Sofortbehandlung nach HIV-Exposition

Stich- oder Schnittverletzung	Kontamination von geschädigter Haut, Auge oder Mundhöhle
↓	↓
Blutfluss fördern durch Druck auf das umliegende Gewebe (≥ 1 min)	intensive Spülung mit nächstmöglich erreichbarem geeignetem Antiseptikum; falls nicht vorhanden: Wasser
↓	↓
intensive antiseptische Spülung bzw. Anlegen eines antiseptischen Wirkstoffdepots • geschädigte Haut: z. B. Hautantiseptika mit einem Ethanolgehalt > 80 Vol.-% • Wunde: z. B. Betaseptic® oder Freka®-Derm farblos • Mundhöhle: ethanolbasierte Kombination mit PVP-Iod (Betaseptic®); für Mundspülung 1 : 1 verdünnt; bei Iodüberempfindlichkeit: ADH 2000® oder Amphisept-E-Lösung 1 : 1 verdünnt • Auge: wässrige, isotone 2,5%ige PVP-Iod-Lösung; alternativ 10%ige PVP-Iod-Lösung (z. B. Betaisodona®) 1 : 3 mit sterilem Aqua destillata	
↓	
ggf. systemische, medikamentöse Postexpositionsprophylaxe (→ Text)	
↓	
Unfalldokument (D-Arzt)	
↓	
erster HIV-Antikörper-Test; Hepatitisserologie (Ausgangsuntersuchung) Kontrollen nach 2, 4 und 6 Wo. sowie nach 3, 6 und 12 Mo.	

- hoher Viruslast der infizierten Kontaktperson (z.B. akute HIV-Infektion, AIDS ohne antivirale Therapie; ca. 6-fach)

Das Risiko einer Serokonversion nach Kontakt von HIV-haltigem Blut mit Schleimhäuten (oder mit entzündeter Haut) wird mit 0,03 % angegeben.
Für eine evtl. medikamentöse Postexpositionsprophylaxe wird eine Kombination von 3 antiretroviral wirksamen Substanzen empfohlen (z.B. Retrovir®, Epivir®, Viracept®). Die prophylaktische Behandlung wird normalerweise über 28 Tage durchgeführt.
Ein maximaler Schutz ist wahrscheinlich nur dann zu erzielen, wenn noch innerhalb von 2 Stunden die Postexpositionsprophylaxe begonnen wird. Nach einer perkutanen oder intravenösen Exposition ist eine Prophylaxe vermutlich sinnlos, wenn sie erst nach 24 Stunden begonnen wird. Nach einer Schleimhautexposition ist eine Prophylaxe vermutlich sinnlos, wenn sie erst nach 72 Stunden beginnt.
Bis 2001 sind in Deutschland 41 HIV-Infektionen bei medizinischem Personal als berufsbedingt anerkannt worden.

! Da dem medizinischen Personal vermutlich bei einem Großteil der HIV-positiven Patienten die Infektiosität nicht bekannt ist, muss bei jedem Patienten so sorgfältig vorgegangen werden, als wäre er HIV-positiv.

1.23.3 MRSA-positive Patienten

Als 1928 von Alexander Fleming das Penicillin entdeckt wurde, waren damals noch alle *Staphylococcus-aureus*-Stämme auf Penicillin sensibel. 1944 wurden erste penicillinresistente *Staphylococcus-aureus*-Stämme bekannt und Ende der 1950er Jahre waren bereits 60 % aller *Staphylococcus-aureus*-Stämme resistent gegen Penicillin. Diese Resistenz war dadurch bedingt, dass bestimmte *Staphylococcus-aureus*-Stämme das Enzym β-Lactamase bilden konnten, das den β-Lactam-Ring der Penicilline spalten und dadurch das Penicillin inaktivieren konnte. Anfang der 1960er Jahre wurden mit den Isoxazolylpenicillinen (→ S. 387) neue Penicillinantibiotika eingeführt, bei denen der β-Lactam-Ring (aufgrund einer geänderten Molekülstruktur) so geschützt war, dass die β-Lactamasen den β-Lactam-Ring nicht mehr spalten konnten. Allerdings wurden bald nach Einführung des ersten Isoxazolylpenicillins, des Methicillins, bereits **m**ethicillin**r**esistente ***S**taphylococcus-**a**ureus*-Stämme (= MRSA) beschrieben. Diese Stämme weisen auch eine Resistenz gegen alle anderen Antibiotika auf, die einen β-Lactam-Ring enthalten (= β-Lactam-Antibiotika), also gegen alle Penicilline, Cefalosporine, Carbapeneme und Monobactame. Außerdem sind diese Stämme gegen fast alle staphylokokkenwirksamen Antibiotika resistent. Anstatt von methicillinresistenten *Staphylococcus-aureus*-Stämmen wird daher oft von multiresistenten *Staphylococcus-aureus*-Stämmen gesprochen. Bei MRSA-Stämmen liegt in der Bakterienwand ein verändertes penicillinbindendes Protein vor. Dadurch können Penicilline und andere β-Lactam-Antibiotika nicht an dieses penicillinbindende Protein der Bakterienwand binden und deshalb können diese Antibiotika trotz normalerweise wirksamer Plasmakonzentration die Synthese der Bakterienwand nicht mehr behindern.
Inzwischen sind in den westeuropäischen Ländern (z.B. Frankreich, Portugal, Spanien) über 30 % der *Staphylococcus-aureus*-Infektionen bereits durch MRSA bedingt.
Die zunehmende Verbreitung von methicillin(-multi-)resistenten *Staphylococcus-aureus*-Stämmen (MRSA) stellt ein großes Problem dar.
Staphylokokken sind beim Menschen oft auf der Haut sowie den Schleimhäuten des Nasen-Rachen-Raumes zu finden. Von den verschiedenen Staphylococcusstämmen weist *Staphylococcus aureus* die stärkste Infektionskraft (Virulenz) auf. Auch MRSA können Haut und Schleimhäute besiedeln. MRSA sind vor allem bei Krankenhauspatienten oder bei Patienten aus Pflege- oder Altenheimen nachweisbar. Bei gesunden Personen lassen sich dagegen nur sel-

ten MRSA nachweisen. Bevorzugte Stellen (Prädilektionsstellen) sind Nasenvorhof, Stirn-Haar-Grenze und Achselhöhle.
MRSA-Stämme sind nicht virulenter als andere *Staphylococcus-aureus*-Stämme. Sie kommen allerdings meist bei schwer kranken Patienten vor. Der Nachweis von MRSA ist jedoch nicht gleichbedeutend mit einer Infektion. In ca. 70 % handelt es sich lediglich um eine Besiedelung (Kolonisation) und nur in ca. 30 % liegt eine MRSA-Infektion vor. Eine MRSA-Kolonisation kann allerdings für Monate oder gar Jahre bestehen bleiben. Solche Patienten stellen ein MRSA-Reservoir dar.
Die wichtigsten Ursachen für die Ausbreitung von MRSA sind:

- fehlerhafte und inkonsequente Hygienemaßnahmen, insbesondere die mangelnde Händedesinfektion des medizinischen Personals vor und nach dem Patientenkontakt
- Selektion von MRSA durch fehlerhafte Antibiotikatherapie (z. B. Antibiotikaprophylaxe, unzureichende Dosierung, ungezielte Antibiotikatherapien)

Die wichtigsten Regeln, die bei der Betreuung von MRSA-Patienten im Operationssaal zu beachten sind, werden nachfolgend beschrieben.

Hygienemaßnahmen vor der Operation

- Die Patientenakten sind auf der Station in eine Schutzhülle (Kunststoffbeutel oder Ähnliches) zu verpacken und so dem Patienten mit in den OP mitzugeben.
- Beim Einschleusen der Patienten muss das schleusende Personal Schutzkittel und Einmalhandschuhe tragen. Die Patientenschleuse ist anschließend zu reinigen und einer Wischdesinfektion zu unterziehen. Das schmutzige Patientenbett ist für den Transport zur Bettenzentrale abzudecken (Folienabdeckung). Bei diesen Maßnahmen sind Schutzkittel und Einmalhandschuhe zu tragen, da mit einer möglichen Kontamination der Bereichs- bzw. Berufskleidung gerechnet werden muss. Nach Beendigung dieser Tätigkeit sind Schutzkittel und Einmalhandschuhe zu entsorgen und es ist anschließend eine klinische Händedesinfektion durchzuführen.
- Die Narkoseeinleitung erfolgt nicht im Einleitungsraum, sondern direkt im Operationssaal. Die Patienten werden deshalb über den unreinen Ausleitungsraum direkt in den Operationssaal gefahren. Auch die Vorbereitung der Patienten für die Narkose erfolgt im Operationssaal (z. B. Aufkleben der EKG-Elektroden, Anlegen eines venösen Zuganges).
- Der Narkosewagen soll im Einleitungsraum verbleiben und nicht in den Operationssaal gefahren werden.
- Für MRSA-Patienten wird ein gesonderter Tisch für die Narkoseutensilien hergerichtet. Der herzurichtende Medikamententisch soll nur mit den notwendigen Medikamenten und Verbrauchsmaterialien bestückt sein. Dieser Tisch (nicht jedoch der Narkosewagen) wird im Operationssaal bei der Narkose verwendet.

Hygienemaßnahmen während der Operation

- Während der Narkose sind Schutzkittel und Einmalhandschuhe zu tragen.
- Nach Kontakt mit einem MRSA-Patienten ist eine hygienische Händedesinfektion durchzuführen.
- Während des Eingriffs sollte der Operationssaal nicht verlassen werden. Sind zusätzliche Materialien notwendig, so sind diese von einer anderen Person von außen in den OP-Saal nachzureichen.
- Während des Eingriffs sind alle Türen geschlossen zu halten.
- Der Personaleinsatz ist auf das Nötigste zu begrenzen.
- Die Narkoseausleitung der Patienten sollte im Operationssaal erfolgen. Die Patienten sollen danach solange im Operationssaal

verbleiben, bis sie wieder ausreichend fit sind und unter Umgehung des Aufwachraumes wieder direkt auf Station verlegt werden können. MRSA-Patienten sind daher aus organisatorischen Gründen möglichst am Ende des Operationsprogrammes zu operieren.
- Nach Beendigung der Operation erfolgt eine Wischdesinfektion des Fußbodens, bevor das Fahrgestell für den Operationstisch aus dem Operationssaal gefahren wird.

Hygienemaßnahmen nach der Operation

- Die Patienten erhalten postoperativ ein reines Bett.
- Die Patientenschleuse ist nach dem Ausschleusen der Patienten zu reinigen und einer Wischdesinfektion zu unterziehen.
- Der Operationstisch wird nach dem Ausschleusen des Patienten zur Desinfektion in den Operationssaal zurückgefahren.
- Das schleusende Personal hat danach die komplette Bereichskleidung abzulegen, eine Händedesinfektion durchzuführen und dann eine neue Bereichskleidung anzulegen.
- Wäscheabwurf und benutzte Schuhe sind anschließend durch den Reinigungsdienst zu versorgen.
- Nach Operationsende erfolgt die Aufbereitung des Operationssaales wie bei einer septischen Operation.
- Der für die Ablage von Narkoseutensilien benutzte Tisch wird gereinigt und einer kompletten Wischdesinfektion unterzogen. Nicht verbrauchte Materialien sind desinfizierend aufzubereiten oder zu verwerfen.
- Das Narkosegerät wird gereinigt und einer kompletten Wischdesinfektion unterzogen.
- Beatmungsschläuche sind trotz Beatmungsfilter zu wechseln, da mit einer Kontamination von außen zu rechnen ist.
- Der Operationssaal kann eine Stunde nach Abschluss der Desinfektionsmaßnahmen (Abtrocknung der Desinfektionsmittel muss abgewartet werden) erneut genutzt werden.

Besonderheiten

- Überschuhe sind nicht erforderlich.
- Auf eine häufige Händedesinfektion ist zu achten.
- Da die Hände stets als kontaminiert anzusehen sind: Vorsicht bei Korrektur des Mundschutzes, der Brille usw.
- Ein Händedesinfektionsmittel ist auf den Narkosetisch zu stellen.
- Auf den Narkosetisch ist ein Kugelschreiber zu legen. Dieser ist nach Beendigung der Narkose zu verwerfen oder zu desinfizieren.
- Das Narkoseprotokoll ist nach Beendigung aller Eintragungen in eine Klarsichthülle zu schieben und der Patientenakte beizulegen.
- MRSA-Patienten sollen nicht in den Aufwachraum gebracht werden, da hier eine Isolierung nicht möglich ist.

2 Lokal- und Regionalanästhesie

2.1 Allgemeine Bemerkungen

✓ Bei einer **Allgemeinanästhesie** sind sämtliche Empfindungen und damit auch die Schmerzwahrnehmung im Gehirn vorübergehend ausgeschaltet.
Bei einer **Lokal-** oder **Regionalanästhesie** wird dagegen versucht, die Schmerzleitung aus einem bestimmten Körpergebiet zum Gehirn zu verhindern, indem die entsprechenden peripheren Nerven reversibel blockiert werden. Die Empfindungswahrnehmungen aus anderen Körperregionen sind dabei unbeeinflusst; das heißt, der Patient ist wach und kann adäquat reagieren.

2.2 Wirkungsweise

Die Impulsweiterleitung in einer Nervenzelle erfolgt durch Depolarisation der Nervenzellmembran. Bei einer Depolarisation kommt es zum Eintritt von Natriumionen in die Zelle und zum Austritt von Kaliumionen aus der Zelle.

✓ Lokalanästhetika sind Medikamente, die den Natriumioneneinstrom, der für die Depolarisation notwendig ist, in die Nervenzellen verhindern. Sie blockieren die Natriumkanäle. Lokalanästhetika erzeugen also eine Membranstabilisierung und verhindern damit die Depolarisation und Impulsweiterleitung in Nerven.
Lokalanästhetika werden normalerweise in die unmittelbare Nähe von peripheren Nerven injiziert. Durch Diffusion dringen sie vollends in diese Nerven ein, bewirken eine Membranstabilisierung und blockieren damit die Impulsweiterleitung in diesen Nerven.

Teilweise diffundieren die Lokalanästhetika auch in die Blutbahn und werden dadurch zum Gehirn und zum Herzen transportiert, wo sie unter Umständen Nebenwirkungen entfalten können (→ S. 156).
Die am häufigsten eingesetzten Lokalanästhetika sind Bupivacain, Ropivacain, Prilocain und Lidocain (vgl. Tab. 2-1). Bupivacain und Ropivacain zeichnen sich durch eine besonders lange Wirkdauer aus. Das relativ neue Ropivacain weist etwas geringere toxische Nebenwirkungen auf als Bupivacain. Prilocain zeichnet sich durch eine sehr große therapeutische Breite aus, das heißt, erst bei relativ hohen Volumina muss mit toxischen Nebenwirkungen gerechnet werden. Es wird daher vor allem bei den Blockadeformen verwendet, bei denen große Volumina an Lokalanästhetika benötigt werden (z. B. Blockade des Plexus brachialis). Lidocain stellt das Standardlokalanästhetikum dar, das z. B. für eine lokale Betäubung der Haut (Hautquaddel) üblicherweise verwendet wird.
Lokalanästhetika liegen in einem sog. Dissoziationsgleichgewicht vor, das heißt es liegen 2 verschiedene Formen des Lokalanästhetikums vor. Ein Teil ist geladen (= ionisiert, durch Bindung eines H^+-Ions), der andere Teil ist nicht geladen (nicht ionisiert, hat kein H^+-Ion gebunden). Nur die ungeladenen Lokalanästhetikamoleküle können gut durch das Gewebe (bis in das Innere der Nervenaxone) diffundieren. In den Nervenaxonen lagert sich an die ungeladenen Lokalanästhetikamoleküle eines der dort in hoher Zahl vorkommenden H^+-Ionen an, und (nur die) geladenen Lokalanästhetikamoleküle binden sich dann (vom Zellinneren aus) an die Rezeptoren der Natriumkanäle. Wird ein Lokalanästhetikum in entzündetes (= saures, acidotisches) Gewebe injiziert (z. B. Abszess), dann binden sich die dort in hoher Anzahl vorliegenden H^+-Ionen

Tab. 2-1 Dosierung, Anschlagszeit und Wirkdauer häufig verwendeter Lokalanästhetika. Die älteren Substanzen vom Estertyp werden inzwischen nur noch sehr selten verwendet.

Wirkstoff	Handelsname (Beispiele)	Maximale Einzeldosis ohne Adrenalin	mit Adrenalin	Anschlags-zeit	Wirkdauer (h)
		in mg/kg KG beim Erwachsenen bzw. mg/Erwachsener (E)			
Lokalanästhetika vom Amidtyp					
Lidocain	Xylocain®	3 mg/kg KG 200 mg/E	7 mg/kg KG 500 mg/E	S	1,5–2,5
Mepivacain	Meaverin®, Scandicain®	4 mg/kg KG 300 mg/E	7 mg/kg KG 500 mg/E	S	2–4
Prilocain	Xylonest®	6 mg/kg KG 400 mg/E	8,5 mg/kg KG 600 mg/E	S	2–4
Bupivacain	Carbostesin®, Bupivacain	2 mg/kg KG 150 mg/E	2 mg/kg KG 150 mg/E	L	3–8
Levobupivacain[1]	Chirocain®	2 mg/kg KG 150 mg/E	2 mg/kg KG 150 mg/E	L	3–8
Ropivacain	Naropin®	3 mg/kg KG 250 mg/E	3 mg/kg KG 250 mg/E	L	3–8
Lokalanästhetika vom Estertyp (werden inzwischen in der Anästhesie nicht mehr eingesetzt)					
Procain	Novocain®	500 mg/E	600 mg/E	L	0,5–1
Tetracain		100 mg		L	3–8

S = schnelle, M = mittelschnelle, L = langsame Anschlagszeit.
[1] Zurzeit in Deutschland nicht im Handel, aber z. B. in Österreich.

an die ungeladenen Lokalanästhetikamoleküle und es entsteht ein übermäßig hoher Anteil an geladenen (ionisierten) Lokalanästhetikamolekülen. Diese haben eine sehr schlechte Diffusionseigenschaft und können daher kaum in die Nerven diffundieren. Aus diesen Gründen wirken Lokalanästhetika in sauren (entzündeten) Geweben nur sehr schlecht.

2.3 Nebenwirkungen

2.3.1 Toxische Nebenwirkungen

✓ Die Lokalanästhetika üben ihre membranstabilisierende Wirkung nicht nur an peripheren Nerven aus, sondern sie können prinzipiell an allen erregbaren Zellen, also auch im Gehirn und am Reizleitungssystem des Herzens wirken, wenn sie dort in genügend hoher Konzentration anfluten.

Am Gehirn und am Herzen können daher auch Nebenwirkungen der Lokalanästhetika auftreten, falls unbeabsichtigt hohe toxische Blutkonzentrationen erreicht werden.
Dies ist möglich bei:

- versehentlicher **intravasaler Injektion**
- Überschreitung der Maximaldosis (= **absolute Überdosierung**)
- sehr schneller Resorption (= **relative Überdosierung**)

Die Plasmakonzentration des Lokalanästhetikums hängt von der Resorptionsgeschwindigkeit ab. Die schnellste Resorption findet z. B. bei der Interkostalblockade statt (Interkostalblockade > Periduralanästhesie > Plexus-brachialis-Block > Nervus-femoralis-Block > Spinalanästhesie). Da die erzielte Plasmakonzentration nach Gabe eines Lokalanästhetikums im Rahmen einer Lokal- oder Regionalanästhesie nicht nur von der verabreichten Dosis, sondern auch z. B. von den Resorptionsbedingungen in dem Gewebe abhängt, können keine verbindlichen Maximaldosierungen angegeben werden. Es wird daher anstatt von Maximaldosierungen oft von empfohlener Grenzdosierung gesprochen.

Gehirn

Bei toxisch hoher Blutkonzentration eines Lokalanästhetikums wird dieses auch an den erregbaren Strukturen des Gehirns anfluten und dort ebenfalls eine, allerdings unerwünschte, Membranstabilisierung erzeugen.
Normalerweise stehen im ZNS hemmende und erregende Neurone im Gleichgewicht.

> ! Die hemmenden Neurone werden durch Lokalanästhetika früher blockiert, sodass es bei ansteigender toxischer Blutkonzentration zuerst zur Ausschaltung dieser hemmenden Neurone kommt. Damit überwiegen die erregenden Neurone, und es wird somit verständlich, dass es zuerst zu Erregungszuständen, Unruhe, Muskelzuckungen, metallischem Geschmack, Schwindel, Seh-, Hör- sowie Sprachstörungen und Krämpfen kommt. Charakteristisch sind auch Parästhesien im Bereich von Zunge und Mund.

Bei noch höheren toxischen Blutkonzentrationen kommt es zur Dämpfung auch der erregenden zerebralen Strukturen, also zur allgemeinen Dämpfung des Gehirns mit Bewusstlosigkeit, zentraler Atemdepression, zentraler Kreislaufdepression mit Blutdruck- und Herzfrequenzabfall.

Therapie

Zur Therapie einer Intoxikation mit zerebraler Überregbarkeit stehen folgende Optionen zur Verfügung:

- Ein Barbiturat (z. B. Thiopental 1–2 mg/kg KG i. v.) ist bei leichten Intoxikationen mit zerebralen Erregungszuständen das Mittel der Wahl. Hiermit wird die zerebrale Krampfschwelle erhöht und zerebrale Erregungszustände sowie Krämpfe können unterdrückt werden.
- Verabreichung eines Benzodiazepins wie z. B. Diazepam (5–10 mg i. v.) oder Midazolam anstatt eines Barbiturats
- Hyperventilation:
  Der Patient sollte zum tiefen Durchatmen (= hyperventilieren) aufgefordert werden. Durch eine Hyperventilation kommt es zum Abfall des CO_2-Wertes im Blut, wodurch die zerebrale Krampfschwelle gegenüber Lokalanästhetika erhöht wird. Bei einer schweren Intoxikation mit einer zerebralen Depression muss der Patient beatmet werden, wobei ebenfalls eine Hyperventilation anzustreben ist. Lässt sich ein Patient aufgrund von zerebralen Krämpfen nicht beatmen, so kann eine Relaxation (mit z. B. Succinylcholin) notwendig werden.
- Sauerstoffverabreichung
- Intubation, künstliche Beatmung und kreislaufstabilisierende Maßnahmen können bei einer schweren Intoxikation mit Bewusstlosigkeit, Atem- und Herz-Kreislauf-Depression notwendig werden.
- 20%ige Lipidlösung:
  Die sofortige Gabe einer 20%igen Lipidlösung (wie sie im Rahmen der parenteralen Ernähung zum Einsatz kommt; → S. 378) stellt eine relativ neue Therapiemaßnahme dar, falls es nach einer versehentlichen intravasalen Injektion größerer Mengen an Bupivacain oder Ropivacain zu schweren neurologischen und kardiologischen toxischen Nebenwirkungen kommt. Als Dosierung werden 2 ml/kg KG als Bolus (und anschließend 0,5 ml/kg KG/min über 1 h) empfohlen. Die gut fett-(lipid-)löslichen Lokalanästhetika Bupivacain und Ropivacain sollen sich hierbei in der erzeugten Lipidphase des Blutes lösen und dadurch gebunden und biologisch inaktiviert werden.

Herz

Treten versehentlich sehr hohe toxische Blutkonzentrationen eines Lokalanästhetikums auf, so wird das Lokalanästhetikum auch am Reizleitungssystem des Herzens anfluten und dort ebenfalls eine, allerdings unerwünschte, Membranstabilisierung erzeugen. Eine Dämpfung des Reizleitungssystems äußert sich vor allem in Bradykardie, AV-Blockierungen, Abnahme der Herzkraft sowie in einem Blutdruckabfall, unter Umständen in einem Herzstillstand.
Einige Lokalanästhetika (z. B. Lidocain) wurden früher oft intravenös gegeben, um deren membranstabilisierende Wirkung am Herzen auszunützen. Inzwischen werden Natriumkanalblocker (= Klasse-I-Antiarrhythmika) seltener zur Therapie von tachykarden Herzrhythmusstörungen eingesetzt. Mittlerweile werden bei schweren tachykarden Herzrhythmusstörungen zumeist Kaliumkanalblocker (= Klasse-III-Antiarrhythmika) wie Amiodaron (Cordarex®; ca. 3 mg/kg KG langsam i. v.) eingesetzt.

Therapie

Die Therapie einer schweren Intoxikation mit Herz-Kreislauf-Depression erfolgt symptomatisch; infrage kommen Maßnahmen wie:

- Sauerstoffverabreichung und ggf. künstliche Beatmung
- Volumengabe und vasokonstringierende (= gefäßverengende) Medikamente wie Akrinor® oder Adrenalin (→ S. 302) bei Hypotonie
- 20%ige Lipidlösung (→ S. 157)
- unter Umständen kardiopulmonale Reanimation bei einem Herz-Kreislauf-Stillstand (→ S. 526)

2.3.2 Anaphylaktoide Nebenwirkungen

Eine weitere mögliche Nebenwirkung der Lokalanästhetika ist eine anaphylaktoide Reaktion, die sich z. B. als Urtikaria (= Quaddelbildung), als Asthmaanfall, als Blutdruckabfall oder gar als anaphylaktoider Schock äußern kann. Dies ist vor allem bei den älteren Lokalanästhetika vom Estertyp bekannt (durch das Abbauprodukt *para*-Aminobenzoesäure). Bei den neuen Lokalanästhetikaverbindungen vom Amidtyp (vgl. Tab. 2-1) sind anaphylaktoide Reaktionen extrem selten. Die Therapie und die Prophylaxe anaphylaktoider Reaktionen werden ausführlich auf den Seiten 219 f. beschrieben.

2.3.3 Sonstige Nebenwirkungen

Den Lokalanästhetika kann **Adrenalin** (→ S. 302) im Verhältnis 1 : 200 000 zugesetzt werden, wodurch eine **lokale Vasokonstriktion** erreicht wird. Ein Milliliter einer adrenalinhaltigen Lokalanästhetikalösung enthält 5 µg Adrenalin. Damit kann die Resorption verzögert, die Wirkungsdauer verlängert und toxische Nebenwirkungen können vermindert werden. Mögliche Gefahren sind jedoch Blutdruck- und Herzfrequenzanstiege, falls es dennoch zur Resorption des adrenalinhaltigen Lokalanästhetikums kommen sollte. Kontraindiziert ist die Anwendung eines Adrenalinzusatzes in Gebieten mit Endarterien wie Finger, Ohr, Nase und Penis. Hier könnte es durch die Vasokonstriktion zu Nekrosen aufgrund einer Mangeldurchblutung kommen. Bei Verabreichung größerer Dosen von Prilocain (Xylonest®) kann es zur Anhäufung des Abbauproduktes *ortho*-Toluidin kommen. Dieses oxidierende Abbauprodukt überführt Hämoglobin in Methämoglobin. Bei hohen Methämoglobinkonzentrationen muss unter Umständen eine reduzierende Substanz (z. B. Methylenblau 2 %; 1–3 mg/kg KG) verabreicht werden.

2.4 Verschiedene Formen

> ! Das Ziel der Lokal- und Regionalanästhesie, nämlich die Unterbrechung der Schmerzleitung von der Körperperipherie zum Gehirn, kann auf verschiedenen Ebenen vorgenommen werden.

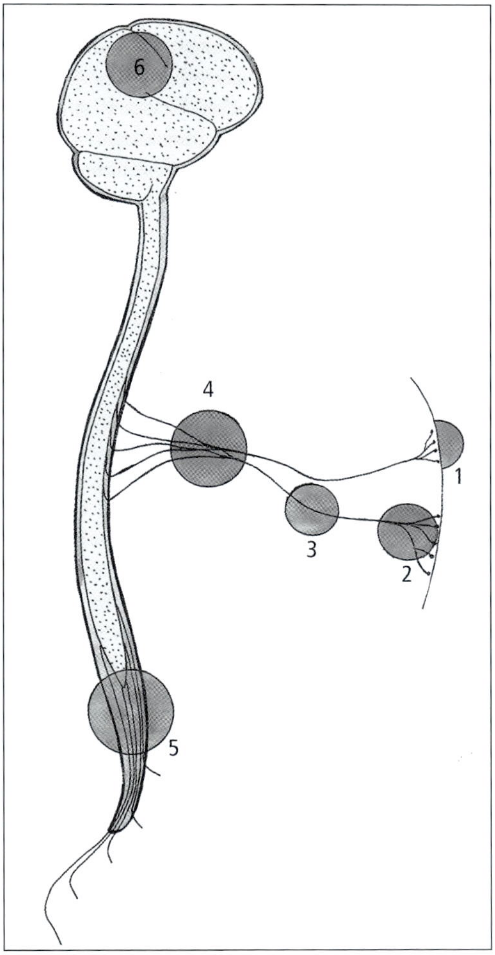

Abb. 2-1 Lokal- und Regionalanästhesieverfahren. 1 = Schleimhautanästhesie; 2 = Infiltrationsanästhesie; 3 = Nervenblockade; 4 = Plexusanästhesie; 5 = rückenmarksnahe Leitungsanästhesien; (6 = Vollnarkose).

Lokalanästhesien (vgl. Abb. 2-1)

- Oberflächenanästhesie (= Schleimhautanästhesie) (1)
- Infiltrationsanästhesie (2)

Leitungs- oder Regionalanästhesien (vgl. Abb. 2-1)

- Nervenblockade (3)
- Blockade des Plexus brachialis (Plexusanästhesie) (4)
- rückenmarksnahe Leitungsanästhesien (5)
  - Spinalanästhesie
  - Periduralanästhesie

(Allgemeinnarkose = Vollnarkose = zentrale Narkose)

Vergleiche 6 in Abbildung 2-1.

2.4.1 Lokalanästhesie

Oberflächenanästhesie

✓ Bei der Oberflächenanästhesie (= Schleimhautanästhesie) wird ein Schleimhautareal mit einem Lokalanästhetikum besprüht oder bepinselt. Hierdurch werden die in der Schleimhaut liegenden kleinsten sensiblen Nervenendigungen blockiert.

Beispiel

- Einspritzen eines lokalanästhetikumhaltigen Gleitmittels in die Harnröhre eines Mannes vor der Katheterisierung

Medikamente

- Lidocain 2–4 %
- Mepivacain 2 %

Mit der EMLA®-Creme liegt eine Lokalanästhetikamischung vor, die bei ausreichend langer Einwirkzeit auch durch die intakte Haut dringen und diese anästhesieren kann. Die EMLA®-Creme wird insbesondere in der Kinderanästhesie zur schmerzlosen Anlage eines periphervenösen Zuganges beim wachen Kind verwendet (→ S. 240).

Infiltrationsanästhesie

✓ Bei der Infiltrationsanästhesie wird das Lokalanästhetikum intradermal, subkutan oder intramuskulär injiziert, wodurch die dort liegenden sensiblen Nervenendigungen blockiert werden. Dies ist eine gebräuchliche Methode in der sog. **„kleinen Chirurgie"**, um z. B. eine zu versorgende Wunde zu umspritzen.

Beispiel

- Wundnaht

Medikamente

- Lidocain 0,5–1,0 %
- Mepivacain 0,5–1,0 %
- Bupivacain 0,25–0,5 %
- Levobupivacain 0,25 %
- Prilocain 0,5–1,0 %

Bei der Infiltrationsanästhesie wird häufiger ein Lokalanästhetikum mit Adrenalinzusatz verwendet (→ S. 158).

2.4.2 Leitungs- oder Regionalanästhesie

Allgemeine Bemerkungen

✓ Bei einer Leitungs- oder Regionalanästhesie wird das Lokalanästhetikum in die Nähe eines peripheren Nervs injiziert und diffundiert dann selbstständig vollends in den Nerv. Nervenfasern werden umso leichter durch ein Lokalanästhetikum blockiert, je dünner sie sind und je stärker ihr Myelinisierungsgrad ist. Die einzelnen Fasertypen (vgl. Tab. 2-2) werden normalerweise bei einer Spinal- oder Periduralanästhesie in folgender Reihenfolge blockiert: B-, C-, A-Delta-, A-Gamma-, A-Beta-, A-Alpha-Fasern (Gefäßweitstellung [B-Fasern], Schmerzreduktion [C- und A-Delta-Fasern] vermindertes Temperaturempfinden [A-Delta-Fasern], vermindertes Druck- und Berührungsempfinden [A-Beta-Fasern], Einschränkung der Motorik [A-Alpha-Fasern]). Die B-Fasern werden vor den noch dünneren C-Fasern blockiert, da sie im Vergleich zu den C-Fasern myelinisiert sind. Myelinisierte Fasern sind leichter blockierbar als nicht myelinisierte Fasern.

Da zuerst die B-Fasern (präganglionäre sympathische Fasern) blockiert werden, kommt es zuerst zur Gefäßweitstellung, was als Wärmegefühl empfunden und angegeben wird und als Rötung oder deutliches Hervortreten der venösen Gefäße im ausgeschalteten Gebiet erkennbar ist. Folge dieser Gefäßweitstellung kann ein Blutdruckabfall sein, vor allem, wenn große Gebiete des Körpers ausgeschaltet werden, wie z. B. bei der Spinal- oder Periduralanästhesie (→ S. 168). Zuletzt werden die **dicksten Fasern** eines Nervs, die für die Bewegung zuständigen motorischen Fasern, ausgeschaltet.

Tab. 2-2 Klassifizierung der Nervenfasertypen sowie ihre Blockierbarkeit durch Lokalanästhetika

Fasertyp		Durchmesser (μm)	Myelinisiert	Blockierbarkeit durch Lokalanästhetika	Funktion
A-Fasern	Alpha	12–20	ja	+	Motorik
	Beta	5–12	ja	++	Druck, Berührung
	Gamma	3–6	ja	+++	Muskelspindeln
	Delta	2–5	ja	++++	Temperatur und gut lokalisierbarer Erstschmerz
B-Fasern		< 3	ja	++++++	präganglionäre sympathische Fasern (Gefäßengstellung)
C-Fasern		0,3–1,2	nein	+++++	schlecht lokalisierbarer Zweitschmerz

+ bis ++++++ = je mehr +-Zeichen, desto leichter ist ein Nervenfasertyp durch Lokalanästhetika zu blockieren

Vorbereitungen

Die anästhesiologische Überwachung bei der Leitungsanästhesie muss die gleiche sein **wie bei einer Vollnarkose**, das heißt, es muss gefordert werden:

- EKG-Ableitung
- periphervenöser Zugang und Infusionstherapie (→ S. 132)
- Blutdruckmessung
- Sauerstoffgabe (z. B. 2 l/min über eine Nasensonde)
- Narkosegerät und Intubationsbesteck müssen bereitliegen.
- Medikamente (z. B. Atropin, Adrenalin, Akrinor®, Midazolam, Thiopental, Succinylcholin) müssen griffbereit sein.

Prinzipiell muss eine Leitungsanästhesie unter den gleichen Sterilitätsbedingungen wie eine Operation vorgenommen werden. Es sind also sterile Handschuhe, Mundschutz sowie eine Kopfhaube zu tragen. Bei Kathetertechniken ist zusätzlich ein steriler Kittel zu tragen. Nach mehrmaliger Desinfektion der Punktionsstelle wird diese steril abgedeckt.

Des Weiteren ist bei den rückenmarksnahen Leitungsanästhesien (Spinalanästhesie; → S. 168 – Periduralanästhesie; → S. 176) sowie bei den Plexusblockaden (→ S. 164) eine vorherige **Kontrolle der Blutgerinnung** sinnvoll. Quick-Wert (Normalbereich 70–100 %) bzw. INR (= **i**nternational **n**ormalized **r**atio; Normalbereich 0,85–1,15) sowie PTT (Normalbereich je nach Labor z. B. 26–37 Sekunden) sollten möglichst im Normbereich liegen. Bei entsprechender Nutzen-Risiko-Abwägung können ggf. auch noch leicht beeinträchtigte Gerinnungsparameter akzeptiert werden. Der Quick-Wert sollte jedoch nicht unter ca. 60 % (d. h., die inzwischen statt dem Quick-Wert häufig verwendete INR sollte nicht größer ca. 1,4 betragen), die PTT nicht länger als ca. 39 Sekunden und die Thrombozytenzahl nicht niedriger als ca. 100 000/mm^3 sein. Nach Gabe von niedermolekularem (= fraktioniertem) Heparin zur Thromboseprophylaxe sollte vor einer rückenmarksnahen Punktion ein mindestens 12-stündiges Sicherheitsintervall eingehalten werden. Nach Gabe von nicht fraktioniertem (= konventionellem) Heparin wird ein Sicherheitsintervall von 4 Stunden empfohlen. Nach Einnahme von Acetylsalicylsäure (maximal 100 mg/d) oder einem Antirheumatikum (z. B. Diclofenac) braucht nach den neuen Empfehlungen vor der rückenmarksnahen Punktion kein Sicherheitsintervall (Einnahmepause) eingehalten werden (Ausnahme beim lang wirksamen Piroxicam; Felden®), wenn sonst keine (!) gerinnungshemmenden Medikamente verabreicht werden. In den bisherigen Richtlinien wurde bei Acetylsalicylsäure eine Einnahmepause von 3 Tagen und bei den nicht steroidalen Antirheumatika eine 24-stündige Pause empfohlen. (Bei neueren gerinnungshemmenden Substanzen sind z. T. längere Einnahmepausen zu beachten: Fondaparinux [Arixtra®] > 36–42 Stunden, Clopidogrel [z. B. Plavix®, Iscover®] > 7 Tage). In Tabelle 2-3 sind die wichtigsten, zurzeit verwendeten Antithrombotika und Thrombozytenaggregationshemmer aufgelistet und in Tabelle 2-4 sind die empfohlenen Zeitintervalle angegeben, die zwischen der letzten Gabe vor und der ersten Gabe nach rückenmarksnaher Punktion bzw. Katheterentfernung einzuhalten sind. Bei Paracetamol, Metamizol und selektiven Cyclooxygenase-(COX-2-)Hemmern (→ S. 332) braucht kein Sicherheitsintervall beachtet werden. Gerinnungsstörungen aufgrund von niedermolekularem, fraktioniertem Heparin oder z. B. Acetylsalicylsäurepräparaten können durch die üblichen Gerinnungstests nicht erfasst werden. In diesen Fällen wurde zum Teil die sog. **subaquale** (= unter Wasser gemessene) **Blutungszeit** als Globaltest empfohlen. Gemessen wurde – nach einer Punktion in den Finger – die Zeitspanne, bis der ausfließende Blutfaden abreißt (Normalwert: bis 300 Sekunden). Diese Methode ist jedoch sehr fehlerbehaftet und wird in ihrer Aussagekraft inzwischen angezweifelt. Inzwischen steht ein apparativer Test zur Verfügung (PFA = **P**lättchen**f**unktions**a**nalysator). Mit diesem Gerät kann anhand einer Blutprobe die z. B. durch Acetylsalicylsäure bedingte Thrombozytenfunktionsstörung objektiv gemessen werden.

Tab. 2-3 Häufig verwendete Antithrombotika und Thrombozytenaggregationshemmer

Wirkstoff und Wirkstoffgruppe	Maximale Dosierung pro Tag im Rahmen der Thromboembolieprophylaxe	Handelsname (Beispiele)
Acetylsalicylsäure	[1]	Aspirin®, ASS®, Togal®, Thomapyrin®
Unfraktioniertes Heparin		
• Heparin	5 × 5 000 IE oder aPTT im Referenzbereich	Calciparin®, Heparin®, Liquemin®, Thrombophob®
Niedermolekulare Heparine		
• Certoparin	1 × 3 000 aXaE s. c.	Mono-Embolex®
• Dalteparin	1 × 5 000 aXaE s. c.	Fragmin®
• Enoxaparin	1 × 40 mg s. c.	Clexane®
• Nadroparin	2 850 aXaE (0,3 ml)	Fraxiparin®
• Reviparin	1 × 750 IE s. c.	Clivarin®
• Tinzaparin	1 × 4 000 IE s. c.	Innoheb®
Synthetisches Pentasaccharid		
• Fondaparinux	1 × 2,5 mg s. c.	Arixtra®
Danaparoid		
• Orgaran	2 × 750 IE s. c.	Orgaran®
Thrombininhibitoren		
• Desirudin	2 × 15 mg s. c.	Revasc®
• Lepirudin	[1]	Refludan®
• Argotroban	[1]	Argatra®
Cumarine (Vitamin-K-Antagonisten)		
• Phenprocoumon	[1]	Falithrom®, Marcumar®
• Warfarin	[1]	Coumadin®
Thienopyridine (ADP-Antagonisten)		
• Ticlopidin	[1]	Tiklyd®
• Clopidogrel	[1]	Iscover®, Plavix®
Glykoprotein-IIb/IIIa-Antagonisten		
• Abciximab	[1]	ReoPro®
• Eptifibatid	[1]	Integrilin®
• Tirofiban	[1]	Aggrastat®

aXaE = Anti-Faktor-Xa-Einheiten

[1] Wirkstoff wird nicht zur Thromboembolieprophylaxe eingesetzt.

Tab. 2-4 Empfohlene Zeitintervalle der letzten Gabe eines Antihrombotikums oder Thrombozytenaggregationshemmers vor und der ersten Gabe nach rückenmarksnaher Punktion oder Katheterentfernung

Wirkstoffgruppe oder Wirkstoff	Vor Punktion oder Katheterentfernung[1]	Nach Punktion oder Katheterentfernung[1]	Laborkontrolle
Unfraktionierte Heparine (Prophylaxe: ≤ 15 000 IE/d)	> 4 h	> 1 h	Thrombozyten bei Therapie > 5 d
Unfraktionierte Heparine (Therapie)	> 4–6 h	> 1 h (keine i. v. Bolusgabe)	aPTT, (ACT), Thrombozyten
Niedermolekulare Heparine (Prophylaxe[2])	> 12 h	> 2–4 h	Thrombozyten bei Therapie > 5 d
Niedermolekulare Heparine (Therapie)	> 24 h	> 2–4 h	Thrombozyten (Anti-Xa)
Fondaparinux (Prophylaxe: ≤ 2,5 mg/d)	> 36–42 h	> 6–12 h	(Anti-Xa)
Vitamin-K-Antagonisten	INR < 1,4	nach Katheterentfernung	INR
Hirudine (Lepirudin, Desirudin)	> 8–10 h	> 2–4 h	aPTT, ECT
Argotroban[3]	4 h	2 h	aPTT, ECT, ACT
Acetylsalicylsäure (100 mg)[4]	keine (in bisherigen Richtlinien: > 3 d)	keine	
Clopidogrel	> 7 d	nach Katheterentfernung	
Ticlopidin	> 10 d	nach Katheterentfernung	
Nicht steroidale Antirheumatika (NSAR)	keine (in bisherigen Richtlinien: > 24 h)	keine	

Prophylaxe: niedrige Dosierung, wie sie im Rahmen der Thromboseprophylaxe indiziert ist; Therapie: höhere Dosierung, wie sie im Rahmen einer therapeutisch wirksamen Antikoagulation indiziert ist. Anti-Xa = Anti-Faktor-Xa-Einheiten; ACT = activated clotting time; aPTT = aktivierte partielle Thromboplastinzeit; ECT = ecarin clotting time.

[1] Alle Zeitangaben beziehen sich auf Patienten mit einer normalen Nierenfunktion.

[2] Prophylaktische Dosierungen für NMH bei Hochrisikopatienten sind in Tabelle 2-3 aufgeführt.

[3] verlängertes Intervall bei Leberinsuffizienz

[4] NMH einmalig pausieren, kein NMH 36–42 h vor der Punktion oder der geplanten Katheterentfernung

Nervenblockade

✓ Unter einer Nervenblockade wird die vorübergehende Ausschaltung eines bestimmten peripheren Nervs durch ein Lokalanästhetikum verstanden.

Beispiel

- Ausschaltung des Nervus alveolaris inferior durch den Zahnarzt:
  Hierdurch wird eine Unterkieferseite betäubt.
- Nervenblockade nach Oberst:
  Hierbei werden die 4 Nerven, die jeweils einen Finger versorgen, an der Fingerbasis (vgl. Abb. 2-2) mit Lokalanästhetikum umspritzt. Von einer Punktionsstelle aus werden 3 Nerven betäubt (1, 2 und 3 in Abb. 2-3). Für den vierten Nerv muss ein zweites Mal punktiert werden (4 in Abb. 2-3). Pro Nerv werden ca. 0,5–1 ml Lokalanästhetikum injiziert.

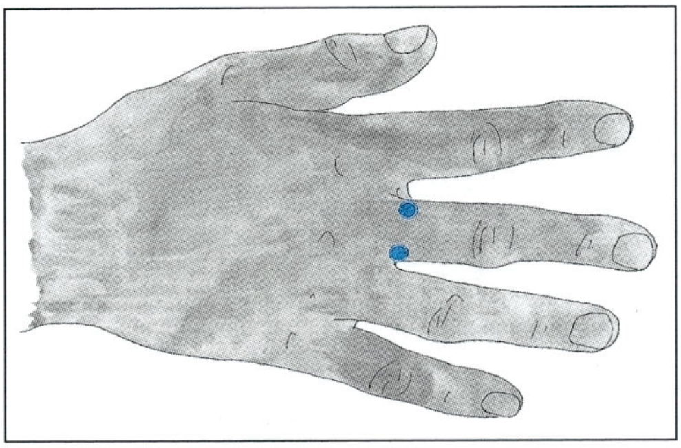

Abb. 2-2 An der Fingerbasis markierte Punktionsorte bei Durchführung einer Oberst-Nervenblockade

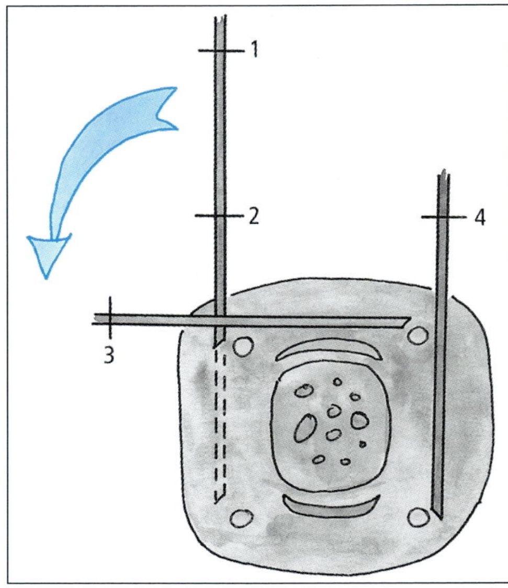

Abb. 2-3 Punktionstechnisches Vorgehen bei der Oberst-Nervenblockade (genaues Vorgehen → Text)

Medikamente

- Lidocain 1–1,5 %
- Mepivacain 1–1,5 %
- Prilocain 1 %
- Bupivacain 0,25–0,5 %
- Levobupivacain 0,25 %

Blockade des Plexus brachialis

Jeder Arm wird von einem Nervengeflecht, dem Plexus brachialis, versorgt. Der Plexus brachialis kann im Halsbereich sowie unmittelbar unterhalb des Schlüsselbeins oder in der Achselhöhle ausgeschaltet werden.

Die häufigste und komplikationsärmste Methode ist die Blockade des Plexus brachialis in der Achselhöhle (= axillare Blockade), die an dieser Stelle näher beschrieben wird. Hierdurch ist eine Schmerzausschaltung an der Hand, am Unterarm und teilweise am Oberarm möglich.

Material

- Einmalrasierer zur Rasur der Achselhöhle
- Desinfektionsspray und sterile Kompressen
- sterile Handschuhe, Mütze, Mundschutz
- steriles Lochtuch
- sterile 2-ml-Spritze, eine 26-G-Stahlkanüle und z. B. Lidocain 1 % für die Lokalanästhesie der Haut
- spezielle Punktionskanüle, (z. B. „immobile Nadel" oder) möglichst eine Elektrostimulationskanüle (→ S. 165)
- (30–)40 ml Lokalanästhetikum für die Plexusblockade sowie (3–)4 sterile 10-ml-Spritzen
- möglichst einen Nervenstimulator (→ S. 165), evtl. ein Ultraschallgerät (mit 10-Mega-Herz-Schallkopf)
- steriles Verbandsmaterial für die Punktionsstelle

Vorgehen

Im Bereich der Axilla verlaufen die Nerven des Plexus brachialis, nämlich der Nervus radialis, der Nervus medianus und der Nervus ulnaris, unmittelbar neben der Arteria axillaris. Gefäße und Nerven werden von einem faszienartigen Schlauch (sog. Gefäß-Nerven-Scheide) umhüllt. Beim Aufsuchen dieser Nerven stellt deshalb der Verlauf der zu ertastenden Arteria axillaris die Orientierungshilfe dar.

Der auf dem Rücken liegende Patient abduziert den Oberarm ca. 90–100 Grad (vgl. Abb. 2-4). Nach sorgfältiger Rasur und mehrmaliger Desinfektion der Achselhöhle wird ein steriles Lochtuch über die Punktionsstelle geklebt. Am Oberarm, möglichst tief in der Axilla, wird die

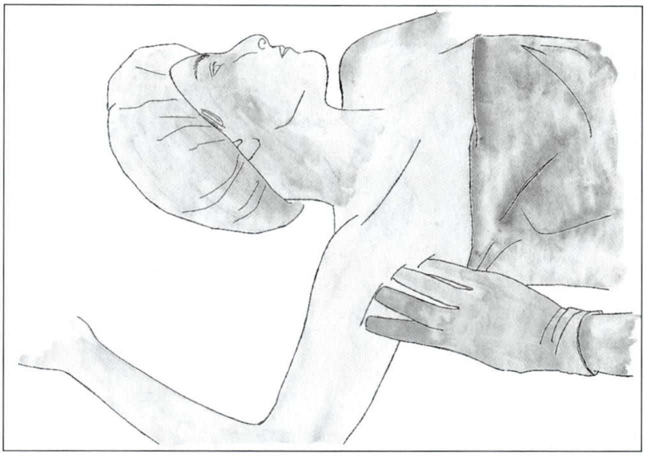

Abb. 2-4 Blockade des Plexus axillaris. Ertasten des Verlaufs der Arteria axillaris. (Zur besseren Detaildarstellung ist keine sterile Abdeckung dargestellt.)

Arteria axillaris palpiert. In dieser Armposition liegt der Nervus radialis hinter und etwas oberhalb der Arteria axillaris, der Nervus ulnaris liegt hinter und etwas unterhalb der Arterie, der Nervus medianus liegt vor der Arteria axillaris. Die Arteria axillaris sowie die 3 sie umgebenden Nerven werden von einer Faszienscheide umgeben. Direkt über der Arterie wird die voraussichtliche Punktionsstelle der Haut mit einer Hautquaddel betäubt.

Früher wurde die axillare Blockade meist folgendermaßen durchgeführt: Mit einer normalen Stahlkanüle wurde unmittelbar kranial der Arteria axillaris in verschiedene Richtungen punktiert, bis mit der Kanülenspitze z. B. der Nervus radialis mechanisch irritiert wurde. War dies der Fall, so gab der Patient ein elektrisierendes Gefühl, sog. **Parästhesien**, im Versorgungsbereich des Nervus radialis an. Die Kanüle wurde nun minimal zurückgezogen und das Lokalanästhetikum injiziert. Ähnlich wurde der Nervus medianus aufgesucht. Nach erneuter Punktion unterhalb der Arteria axillaris wurde auf dieselbe Weise auch der Nervus ulnaris aufgesucht und blockiert.

! Durch absichtliches Auslösen von Parästhesien kann es jedoch zu Nervenverletzungen mit bleibenden Nervenschäden kommen. Deshalb wird inzwischen versucht, das Auslösen von Parästhesien zu vermeiden.

Hierzu empfiehlt es sich, evtl. eine sog. **„immobile Nadel"** zu verwenden. Dies ist eine spezielle, etwas stumpfere Kanüle, die über ein kurzes Schlauchstück mit der Injektionsspritze verbunden wird (vgl. Abb. 2-5a). Durch den stumpfen Anschliff kann meist ein Klick beim Durchstechen der Gefäß-Nerven-Scheide erfasst werden.

! Wichtig ist, dass das Lokalanästhetikum sicher innerhalb dieser Gefäß-Nerven-Scheide injiziert wird. Dann genügt meist ein einziges Depot, um alle 3 Nerven (vgl. Abb. 2-6) auszuschalten, da sich das Lokalanästhetikum nur innerhalb der Gefäß-Nerven-Scheide ausbreiten kann.

Da die „immobile Nadel" durch eine Zuspritzleitung von der Spritze getrennt ist, braucht bei Manipulationen an der Spritze keine Verlagerung der Punktionskanüle befürchtet werden (vgl. Abb. 2-5b).

Zum Aufsuchen des Plexus brachialis sollte inzwischen möglichst ein sog. **Nervenstimulator** verwendet werden (vgl. Abb. 2-7). Die hierzu benötigte spezielle Punktionskanüle (Elektrostimulationskanüle) wird über ein Kabel mit dem Nervenstimulator verbunden, an dem ein Reizstrom bestimmter Stärke und bestimmter Frequenz eingestellt werden kann. Ein zweites Kabel muss an eine in der Nähe der Punktionsstelle auf die Haut geklebte EKG-Elektrode

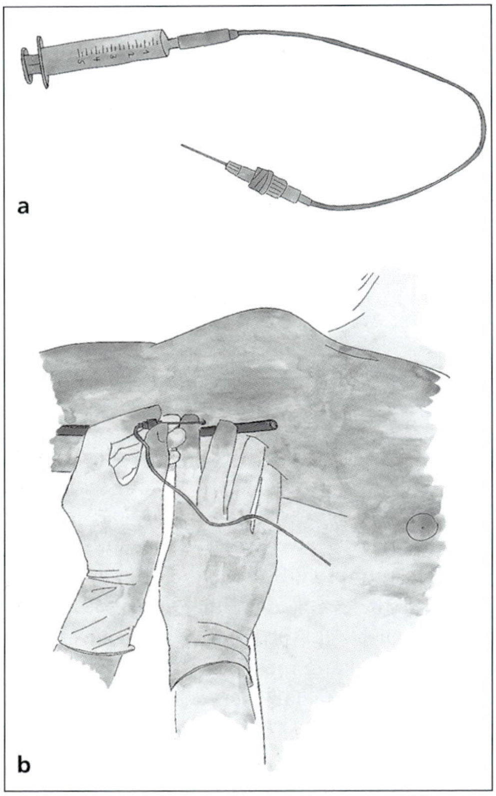

Abb. 2-5a „Immobile Nadel" (Kurzschliffkanüle mit kurzem Verbindungsschlauch). **b** Blockade des Plexus axillaris mit einer „immobilen Nadel". (Zur besseren Detaildarstellung ist keine sterile Abdeckung dargestellt.)

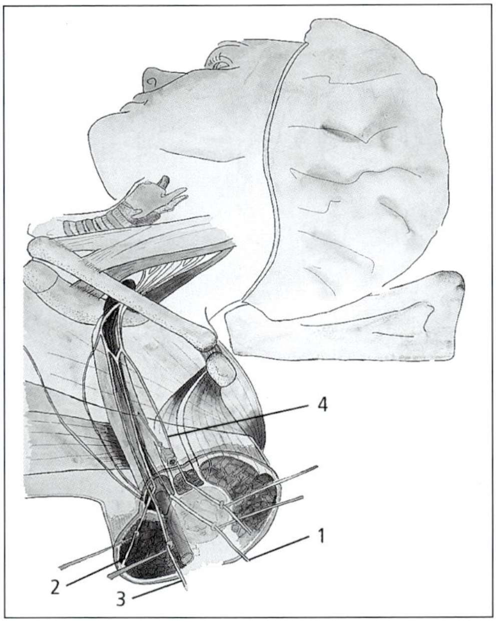

Abb. 2-6 Verlauf des Nervus radialis (= 1), Nervus medianus (= 2), Nervus ulnaris (= 3) und Nervus musculocutaneus (= 4)

(„Erdungselektrode") angeschlossen werden. Ist die Spitze der Punktionskanüle in der Nähe des aufzusuchenden Nervs, so wird durch diesen Reizstrom eine Nervenstimulation und damit eine Muskelkontraktion ausgelöst.

Initial wird mit einer Stromstärke von ca. 1 mA (= Milliampere) stimuliert. Bei motorischen Reizantworten wird die Stromstärke soweit reduziert, bis die Zuckungen fast verschwinden. Die Kanüle wird weiter vorgeschoben, bis jetzt bereits bei geringer Stromstärke deutliche Zuckungen auftreten. Dieses Vorgehen wird ggf. mehrfach wiederholt.

Die Kanülenposition ist vermutlich korrekt platziert, wenn bereits mit einer Stromstärke

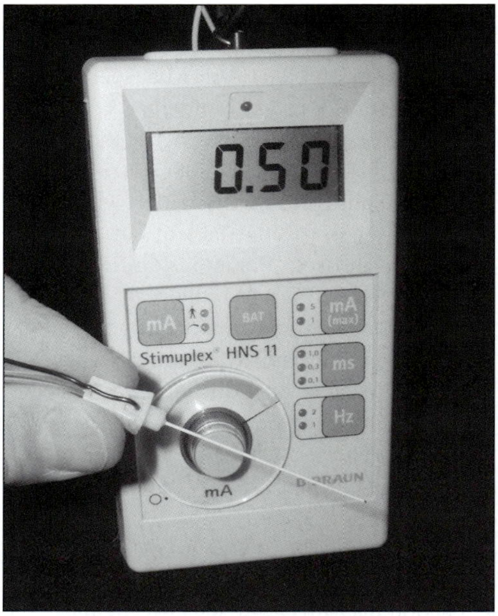

Abb. 2-7 Nervenstimulationsgerät mit angeschlossener Elektrostimulationskanüle

von 0,2–0,5 mA **Zuckungen im Bereich der Hand** auslösbar sind. Das Lokalanästhetikum kann nun injiziert werden.
Bei der elektrischen Stimulation des Nervus radialis kommt es zur Streckung von Fingern, Hand und Ellenbogengelenk sowie zur Supination der Hand (= Drehen der Handfläche nach oben). Bei der Stimulation des Nervus medianus kommt es zur Beugung der Hand und des ersten, zweiten und dritten Fingers. Eine Stimulation des Nervus ulnaris führt zur Beugung des dritten bis fünften Fingers. Kommt es zur Beugung im Ellenbogengelenk und zur Supination der Hand, dann wurde der Nervus musculocutaneus stimuliert. Dieser Nerv versorgt die Haut im Bereich der radialen Unterarmseite. Der Nervus musculocutaneus verlässt die Gefäß-Nerven-Scheide bereits tief in der Axilla. Wird er stimuliert, liegt die Kanüle nicht in der Gefäß-Nerven-Scheide. Um den Plexus und den Nervus musculocutaneus zu blockieren, sollte eine axillare Blockade möglichst tief in der Axilla durchgeführt werden. Seit kurzem wird die Anlage einer peripheren Regionalanästhesie unter **Ultraschallkontrolle** empfohlen. Hierbei kann die Kanülenposition sowie die korrekte (sichel- oder ringförmige) Ausbreitung des Lokalanästhetikums um die Nerven herum kontrolliert werden. Außerdem können mittels Ultraschall auch z. B. punktionsgefährdete Strukturen (z. B. Arteria axillaris) dargestellt werden. Nach der Injektion des Lokalanästhetikums wird die Punktionsstelle mit sterilem Verbandsmaterial bedeckt.

! Bis die Blockade des Plexus brachialis komplett ist, vergehen mindestens 20 Minuten.

Medikamente

- Prilocain 1 %, 40–50 ml
- Mepivacain 1 %, 40 ml
- Bupivacain (0,25–)0,5 %, 30(–40) ml
- Ropivacain 0,75 %, 30 ml
- Levobupivacain 0,5(–0,25) %, 30(–40) ml

Kontinuierliche Blockade

In Einzelfällen ist eine mehrtägige postoperative Blockade des Plexus axillaris notwendig, z. B. zur Schmerztherapie, Verbesserung der Durchblutung oder zur Therapie bzw. Prophylaxe einer sympathischen Reflexdystrophie. In diesen Fällen wird bei der initialen Plexusblockade ein Katheter in die Gefäß-Nerven-Scheide eingeführt. Bei Nachinjektionen über den liegenden Plexuskatheter wird meist ein lang wirksames Lokalanästhetikum (z. B. Ropicavain oder Bupivacain) verwendet: Da normalerweise keine motorische Blockade, sondern nur eine Blockade der dünnen schmerzleitenden und der sympathischen Fasern erzielt werden soll, reichen niedrigkonzentrierte Lokalanästhetika aus (z. B. Ropicavain 0,2 % oder Bupivacain 0,25 %). Bei Verwendung lang wirksamer Substanzen reichen 2–3 Injektionen pro Tag aus. Öfter wird auch eine kontinuierliche Injektion mittels Spritzenpumpe (ca. 5–8 ml/h) durchgeführt.

Komplikationen

- Nervenverletzungen
- Hämatombildung nach versehentlicher Punktion der Arteria axillaris:
  Da die Ausbreitung des Hämatoms durch die Gefäß-Nerven-Scheide behindert ist, kann es durch das Hämatom innerhalb der Gefäß-Nerven-Scheide zu einer Kompression und einer Druckschädigung der dort verlaufenden Nerven kommen. 5 Minuten komprimieren!
- intravasale Injektion
- anaphylaktoide Reaktion
- systemische Toxizität

Kontraindikationen

- Ablehnung durch den Patienten
- Allergie gegen Lokalanästhetika
- Gerinnungsstörungen (→ S. 161)
- vorbestehende Nervenschädigungen
- entzündliche Hautveränderungen im Punktionsbereich
- entzündliche Veränderungen der Lymphgefäße (= Lymphangitis) oder Lymphknoten (= Lymphadenitis) am entsprechenden Arm,

die häufig bei einer eitrigen Entzündung des Fingerbettes (= Panaritium) vorliegen
- entzündliche Lymphknotenvergrößerungen in der Axilla:
Sie sind stets vorher (!) auszuschließen.

Rückenmarksnahe Leitungsanästhesien

Spinalanästhesie

Unter einer Spinalanästhesie wird das Einbringen eines Lokalanästhetikums in den Spinalraum verstanden. Hierdurch kann eine Schmerzausschaltung an der unteren Körperhälfte erzielt werden.

Anatomie

Das Rückenmark endet normalerweise auf der Höhe des ersten bis zweiten Lendenwirbels (= L1/L2), selten erst bei L2/L3 (vgl. Abb. 2-8). Unterhalb davon befindet sich in dem von der Dura umgebenen Spinalraum nur noch die aus Nervenfasern bestehende Cauda equina (wörtlich übersetzt: „Pferdeschweif"). Spinalpunktionen dürfen daher nur unterhalb von L3 durchgeführt werden, damit das Rückenmark nicht versehentlich verletzt wird. Die Fasern der Cauda equina weichen dagegen einer eindringenden Kanüle leicht aus. Die häufigste Punktionsstelle ist zwischen dem dritten und vierten Lendenwirbel (= L3/L4).

Bei der Punktion des Spinalkanals dringt die Kanüle durch folgende Strukturen (vgl. Abb. 2-9):

1 = Haut
2 = subkutanes Fettgewebe
3 = Ligamentum supraspinale (Band, das von einer Dornfortsatzspitze zur nächsten zieht)
4 = Ligamentum interspinale (Band, das sich zwischen den Dornfortsätzen befindet)
5 = Ligamentum flavum (= gelbes, elastisches, aber sehr festes, derbes Band, das sich zwischen den Wirbelbögen befindet)
6 = Periduralraum (besteht aus lockerem Bindegewebe, Fettgewebe sowie reichlich Venengeflechten und ist nur einige Millimeter breit)
7 = Dura (= harte Hirnhaut)
8 = Spinalraum (mit Liquor und Cauda equina)

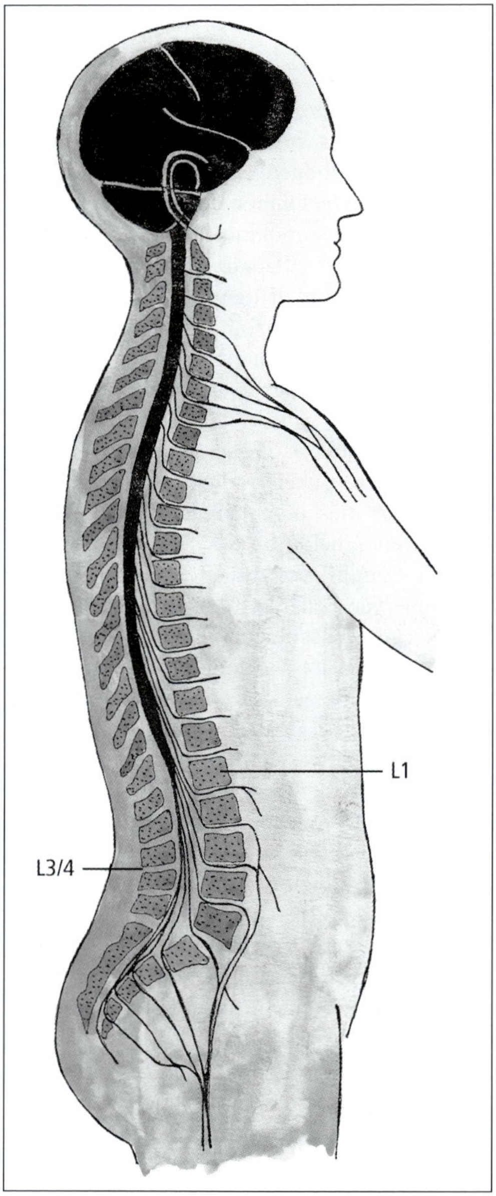

Abb. 2-8 Lage des Rückenmarks im Spinalkanal (Ende des Rückenmarks bei L1/L2; übliche Punktionshöhe L3/L4)

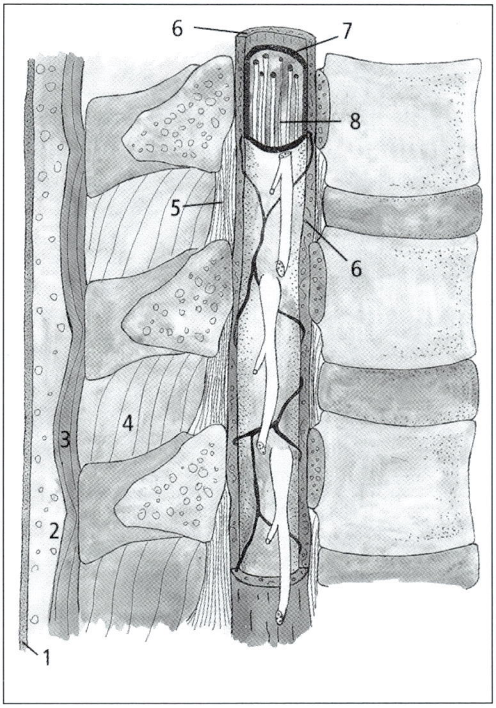

Abb. 2-9 Lendenwirbelsäule. 1 = Haut; 2 = subkutanes Fettgewebe; 3 = Ligamentum supraspinale; 4 = Ligamentum interspinale; 5 = Ligamentum flavum; 6 = Periduralraum; 7 = Dura; 8 = Spinalraum mit Cauda equina.

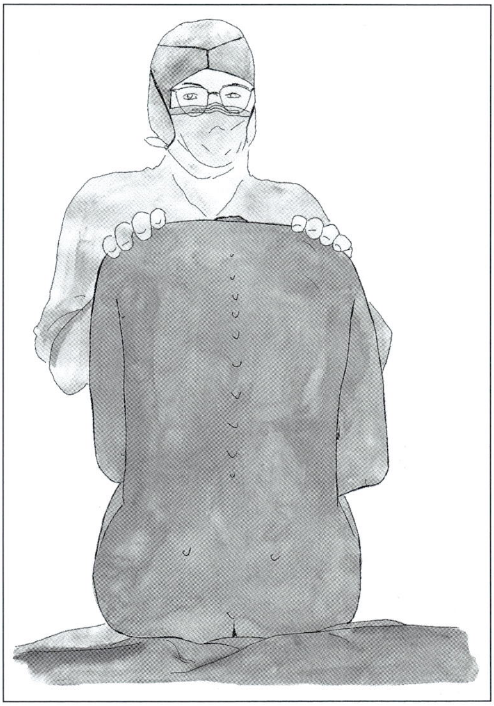

Abb. 2-10 Sitzende Lagerung zum Anlegen einer rückenmarksnahen Leitungsanästhesie

Abb. 2-11 Seitenlagerung zur Anlage einer rückenmarksnahen Leitungsanästhesie

Material

- sterile Handschuhe, Mundschutz und Kopfhaube
- Desinfektionslösung
- Lokalanästhetikum für die lokale Betäubung der Punktionsstelle
- Lokalanästhetikum für die Spinalanästhesie
- Spinalset, das meist alle weiteren Utensilien enthält:
  - Gefäß für die Desinfektionslösung
  - sterile Tupfer und Kompressen
  - Stieltupfer
  - steriles Lochtuch
  - 2-ml-Spritze für die Lokalanästhesie
  - 5-ml-Spritze für die Spinalanästhesie
  - Stahlkanülen zum Aufziehen der Medikamente und zur lokalen Betäubung der Punktionsstelle, außerdem eine dickere Führungskanüle (→ S. 170) für die dünne Spinalkanüle
  - Spinalkanüle (z. B. 24 oder 25 G)
- steriles Verbandsmaterial für die Punktionsstelle

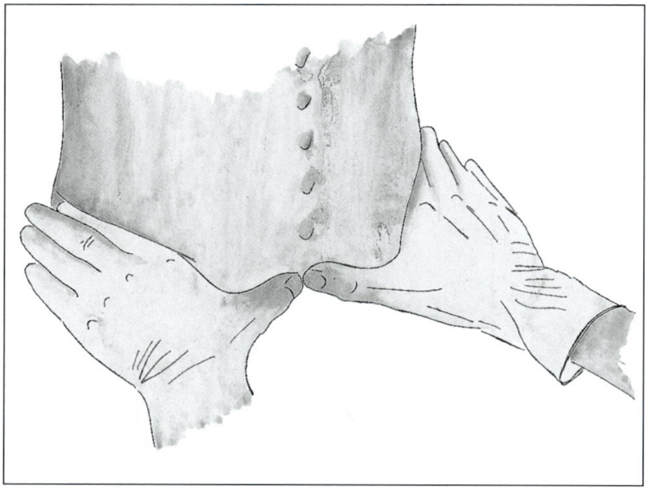

Abb. 2-12 Aufsuchen eines Zwischenraums zwischen dem dritten und vierten Lendenwirbel. Die flachen Handflächen liegen auf den Beckenkämmen auf.

Technik

! Eine Spinalpunktion kann am sitzenden (vgl. Abb. 2-10) oder am liegenden (vgl. Abb. 2-11) Patienten vorgenommen werden. Der Patient muss hierbei einen Rundrücken, einen sog. „Katzenbuckel", machen.

Hierzu muss der Patient das Kinn auf die Brust nehmen bzw., bei der Punktion im Liegen, die Beine an den Bauch ziehen. Bei der Punktion im Sitzen muss der am Bettrand bzw. am Rand des OP-Tisches sitzende Patient die Beine auf eine Fußbank stellen. Durch diesen Rundrücken vergrößern sich die Abstände zwischen den Dornfortsätzen, was die Punktion zwischen den Dornfortsätzen hindurch in den Spinalraum wesentlich erleichtert.

! Die Punktion am sitzenden Patienten ist technisch einfacher. Der Patient muss jedoch hierbei unbedingt von einer Hilfsperson festgehalten werden, da er aufgrund einer vasovagalen Synkope oder eines plötzlichen Blutdruckabfalls nach Injektion des Lokalanästhetikums unvermittelt kollabieren und vom Bett fallen könnte!

Die beabsichtigte Punktionsstelle muss aufgesucht werden. Als Orientierungsmarke gilt die Verbindungslinie der Beckenkämme, die die Wirbelsäule auf Höhe des Dornfortsatzes des vierten Lendenwirbels schneidet. Bei Auflegen der flachen Hände auf die Beckenkämme treffen sich die Daumen in der Höhe des Dornfortsatzes von L4 (vgl. Abb. 2-12). Zumeist wird zwischen L3/L4 punktiert. Die beabsichtigte Punktionsstelle kann nun z. B. durch einen längeren und kräftigen Druck mit dem Daumennagel markiert werden, damit sie auch nach der Desinfektion noch erkennbar ist.

Vorgehen

Nach mehrmaliger großflächiger Desinfektion der Punktionsstelle wird diese mit einem sterilen Lochtuch abgeklebt. Normalerweise wird zwischen dem Dornfortsatz des dritten und vierten Lendenwirbelkörpers (L3/L4) mit einem Lokalanästhetikum (z.B. Lidocain 1 %) eine Hautquaddel gesetzt, außerdem werden die tiefer liegenden Bandstrukturen betäubt (vgl. Abb. 2-13). Es empfiehlt sich nun, durch die Hautquaddel eine dicke **Führungskanüle** bis ins Ligamentum interspinale einzustechen (vgl. Abb. 2-14). Durch diese Führungskanüle wird eine möglichst dünne Spinalkanüle (z. B. 25 G) eingeführt (vgl. Abb. 2-15). Bei Verwendung einer Führungskanüle kommt die Spinalkanüle nicht in Kontakt mit der Haut und verbiegt sich nicht so leicht. Die Stichrichtung der Spinalkanüle sollte horizontal bis

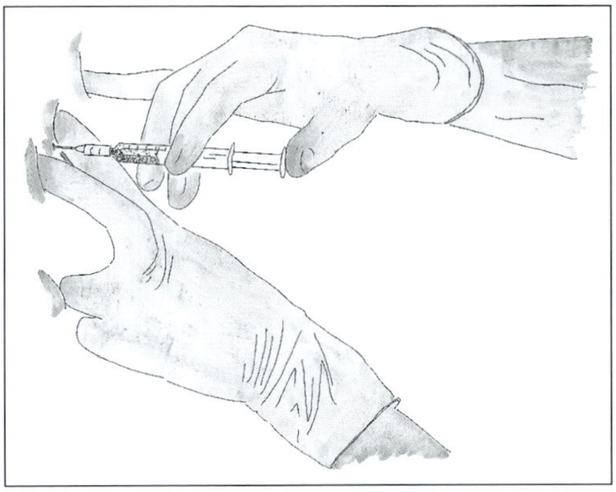

Abb. 2-13 Durchführung einer Lokalanästhesie

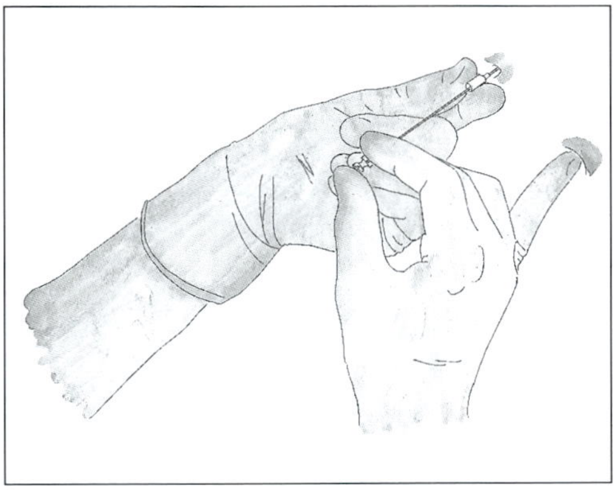

Abb. 2-15 Einführung der Spinalkanüle durch die Führungskanüle

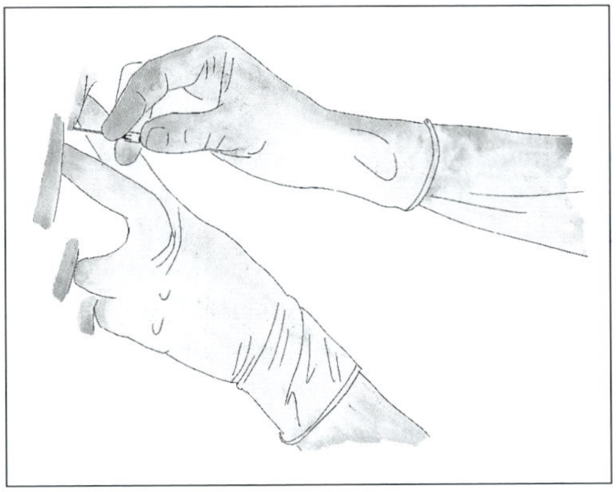

Abb. 2-14 Einstechen einer Führungskanüle

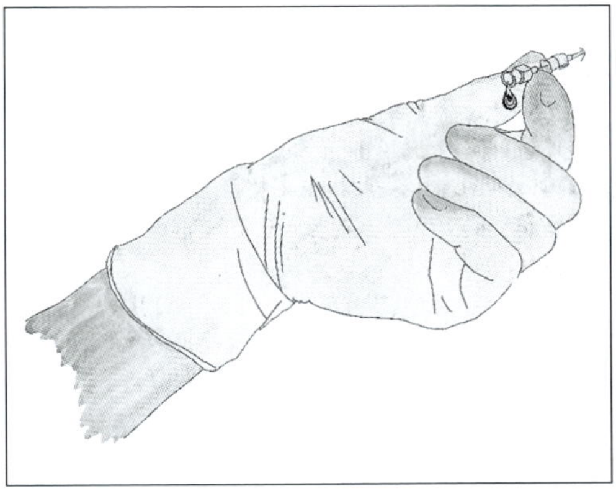

Abb. 2-16 Erfolgreiche Spinalpunktion: Abtropfen von Liquor cerebrospinalis

leicht nach kranial verlaufen. Da die Bindegewebsfasern der zu durchstechenden Dura von kranial nach kaudal verlaufen, empfiehlt es sich, den Anschliff einer Spinalkanüle mit Quincke-Schliff nach lateral zu halten. Hierdurch werden die Bindegewebsfasern der Dura beim Vorstechen auseinandergedrängt. Wird der Kanülenanschliff nach kranial oder kaudal gerichtet, so werden diese Bindegewebsfasern der Dura durchtrennt und es entsteht ein größeres Loch in der Dura. Durch Entfernen des Mandrins aus der Spinalkanüle kann geprüft werden, ob bereits Liquor abtropft, das heißt, ob die Kanülenspitze im Spinalraum liegt. Falls dies nicht der Fall ist, so muss der Mandrin wieder eingeführt und die Kanüle etwas weiter vorgeschoben werden. Kommt es beim Vorstechen zum Knochenkontakt, so muss die Stichrichtung der Spinalkanüle korrigiert werden. Häufig kann die Duraperforation als zarter Klick empfunden werden. Nach der Entfernung des Mandrins tropft nun langsam Liquor ab (vgl. Abb. 2-16 und 2-17). Die Kanüle wird um 90 Grad gedreht, sodass der Kanülenschliff nun normalerweise nach kranial zeigt. Wenn versehentlich ein Gefäß perforiert wurde, sind manchmal die ersten Liquortropfen blutig gefärbt. Beim Abtropfen des Liquors werden die Tropfen jedoch bald klar.

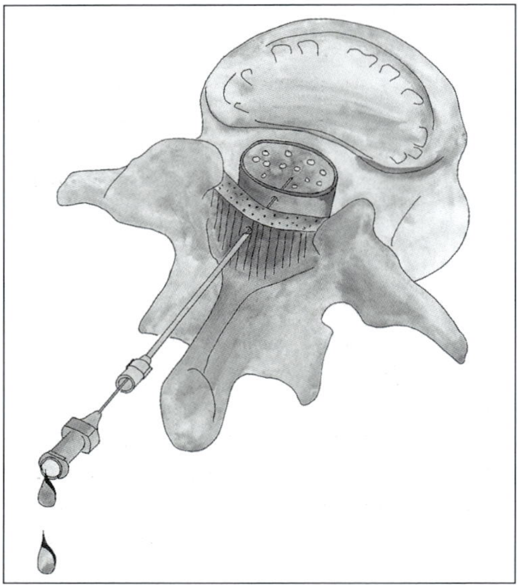

Abb. 2-17 Erfolgreiche Spinalpunktion: richtig platzierte Spinalkanüle

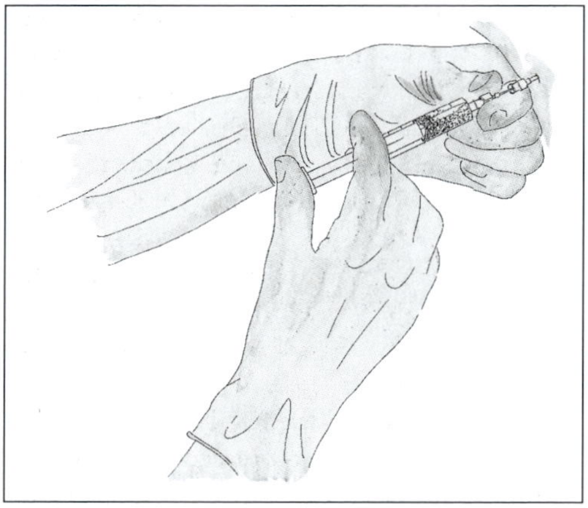

Abb. 2-18 Injektion von Lokalanästhetikum über die Spinalkanüle

! Es darf erst injiziert werden (vgl. Abb. 2-18), wenn klarer Liquor kommt. Vor der Injektion des Lokalanästhetikums wird mit der Spritze etwas Liquor aspiriert, um sich nochmals von der richtigen Lage der Kanüle zu überzeugen. Aspirierter Liquor ist in der mit Lokalanästhetikum gefüllten Spritze an einer Schlierenbildung erkennbar.

Nach Entfernen der Kanüle muss die Punktionsstelle mit sterilem Verbandsmaterial abgedeckt werden.

Medikamente

- 2–4 ml Bupivacain 0,5 % isobar oder hyperbar (→ unten)
- 3–4(–5) ml Ropivacain 0,5% isobar (für eine Sectio caesarea jedoch nicht zugelassen)
- 1–2 ml Mepivacain 4 % hyperbar (→ unten)
- 3 ml Levobupivacain 0,5 %

✓ Die **hyperbaren Medikamente** sind schwerer als Liquor, das heißt, sie sinken im Liquorraum nach unten ab. Bei Punktion in Seitenlage und langsamer Injektion sinkt also ein hyperbares Lokalanästhetikum nach unten und betäubt das unten liegende Bein stärker und schneller.

Wird der Patient also auf die kranke Seite gelagert und wird ein hyperbares Lokalanästhetikum (ca. 1,5 ml) verwendet, so kann gezielt nur das kranke Bein betäubt werden. Bei langsamer Injektion eines hyperbaren Lokalanästhetikums am sitzenden Patienten sinkt das Lokalanästhetikum nach unten ab und betäubt nur die unteren, also die sakral gelegenen Nerven. Dadurch werden nur der Anal-, der Damm- und der Genitalbereich sowie die Oberschenkelinnenseite betäubt, also die Bereiche, mit denen ein Reiter im Sattel sitzt. Diese Form der Spinalanästhesie wird deshalb als **Sattelblock** bezeichnet und eignet sich z. B. bei Eingriffen am Anus oder am Genitale. Hierzu werden ca. 1–1,5 ml Lokalanästhetikum benötigt. Die Kanüle sollte hierzu so gedreht werden, dass der Schliff der Kanülenspitze nach kaudal zeigt. Nach der Injektion muss der Patient ca. 5 Minuten sitzen bleiben. Zumeist werden **isobare Lokalanästhetika** verwendet, sie sind gleich schwer wie Liquor. Die oben beschriebenen Manipulationen können daher mit ihnen nicht durchgeführt werden.

Ausbreitung

Die Höhe der Ausbreitung einer Spinalanästhesie lässt sich nicht genau vorhersagen. Sie ist z. B. von folgenden Faktoren abhängig:

- Volumen des injizierten Lokalanästhetikums
- spezifisches Gewicht des Lokalanästhetikums (hyper- oder isobar)
- Lagerung des Patienten bei und nach der Injektion
- Höhe des Punktionsortes

Angestrebt wird meist eine Ausbreitung der Analgesie bis ungefähr Nabelhöhe (= Th10; vgl. Abb. 2-19).
Die Wirkung der Spinalanästhesie beginnt fast unmittelbar. Die **dünnen Sympathikusfasern** (→ S. 160) werden als Erstes blockiert. Da sie unter anderem für den Gefäßtonus verantwortlich sind, kommt es durch ihre Ausschaltung zu einer Vasodilatation, zu einer Rötung und einem Wärmegefühl in der betreffenden Region. Oft geben die Patienten noch während der Injektion ein beginnendes Wärmegefühl in den Beinen an.

! Folge dieser Vasodilatation ist meist ein Blutdruckabfall, der sehr schnell auftreten und unter Umständen bedrohlich sein kann. Je höher die Spinalanästhesie aufsteigt, desto stärker ist der Blutdruckabfall. Es können deshalb bereits vor (!) Anlage einer Spinalanästhesie ungefähr 500 ml Flüssigkeit infundiert werden.

Austesten der Ausbreitung

Hierzu eignet sich am besten ein Eiswürfel oder ein alkoholgetränkter Tupfer bzw. ein Desinfektionsspray. Die Patienten empfinden im betäubten Gebiet keine Kälte mehr. Bei Ausbreitung der Spinalanästhesie z. B. bis zum Nabel (= Th10; Abb. 2-19) empfinden die Patienten oberhalb des Nabels einen normalen Kältereiz, im betäubten Gebiet unterhalb des Nabels geben sie eher ein Wärmegefühl bei Berührung mit dem Kältereiz an. Das Austesten der Spinalanästhesie durch Schmerzreize wie Kneifen, Nadelstiche und Ähnliches sollte möglichst vermieden werden.

Indikationen

- Operationen an der unteren Körperhälfte

Komplikationen

- „postspinaler Kopfschmerz“:
  Durch das in die Dura gestochene Loch kann Liquor aus dem Spinalraum in den Periduralraum abfließen. Durch diesen **Liquorverlust** kann es evtl. zu geringfügigen **Verlagerungen des Gehirns und des Rückenmarks mit Zug an den Hirnhäuten** kommen. Dadurch können starke, meist Analgetika-unempfindliche Kopfschmerzen auftreten. Je höher der Liquordruck, desto mehr Liquor wird abfließen und desto stärker wird der Kopfschmerz sein. Beim stehenden Patienten ist der Liquordruck im Bereich der Punktionsstelle besonders hoch. Hierdurch ist ein manchmal starker Kopfschmerz zu erklären, der auftritt, sobald sich der Patient erhebt. Durch prophylaktisches Flachliegen während der ersten 24 Stunden nach einer Spinalanästhesie können postspinale Kopfschmerzen allerdings nicht verhindert, sondern höchstens hinausgezögert werden. Die Häufigkeit eines postspinalen Kopfschmerzes soll bei jungen Patienten höher sein als bei älteren. Durch Verwendung einer möglichst dünnen Spinalkanüle (z. B. 24, 25, 26 oder 27 G) oder einer sog. Whitacre- oder Sprotte-Kanüle (spitz zulaufende Kanüle mit seitlichem Loch; bleistiftspitzenartige Kanülenspitze; Pencil-Point-Kanüle) kann die Häufigkeit postspinaler Kopfschmerzen vermindert werden. Im Falle eines therapieresistenten, länger als 4–5 Tage anhaltenden, schweren postspinalen Kopfschmerzes sollte als Therapie ein sog. **periduraler Blut-Patch** (**Blutplombe**) durchgeführt werden. Hierzu werden dem Patienten unter sterilen Bedingungen ca. 10 ml Eigenblut abgenommen. Im Wirbelzwischenraum der ursprünglichen Spinalpunktion (bzw. ein Segment darüber oder darunter) wird mit der Periduraltechnik (vgl. S. 177) der Periduralraum aufgesucht und das Eigenblut injiziert. Das Blut gerinnt und verschließt damit das Loch in der Dura. Zumeist stellt sich innerhalb einer Stunde eine sehr schnelle Besserung der Symptomatik ein.

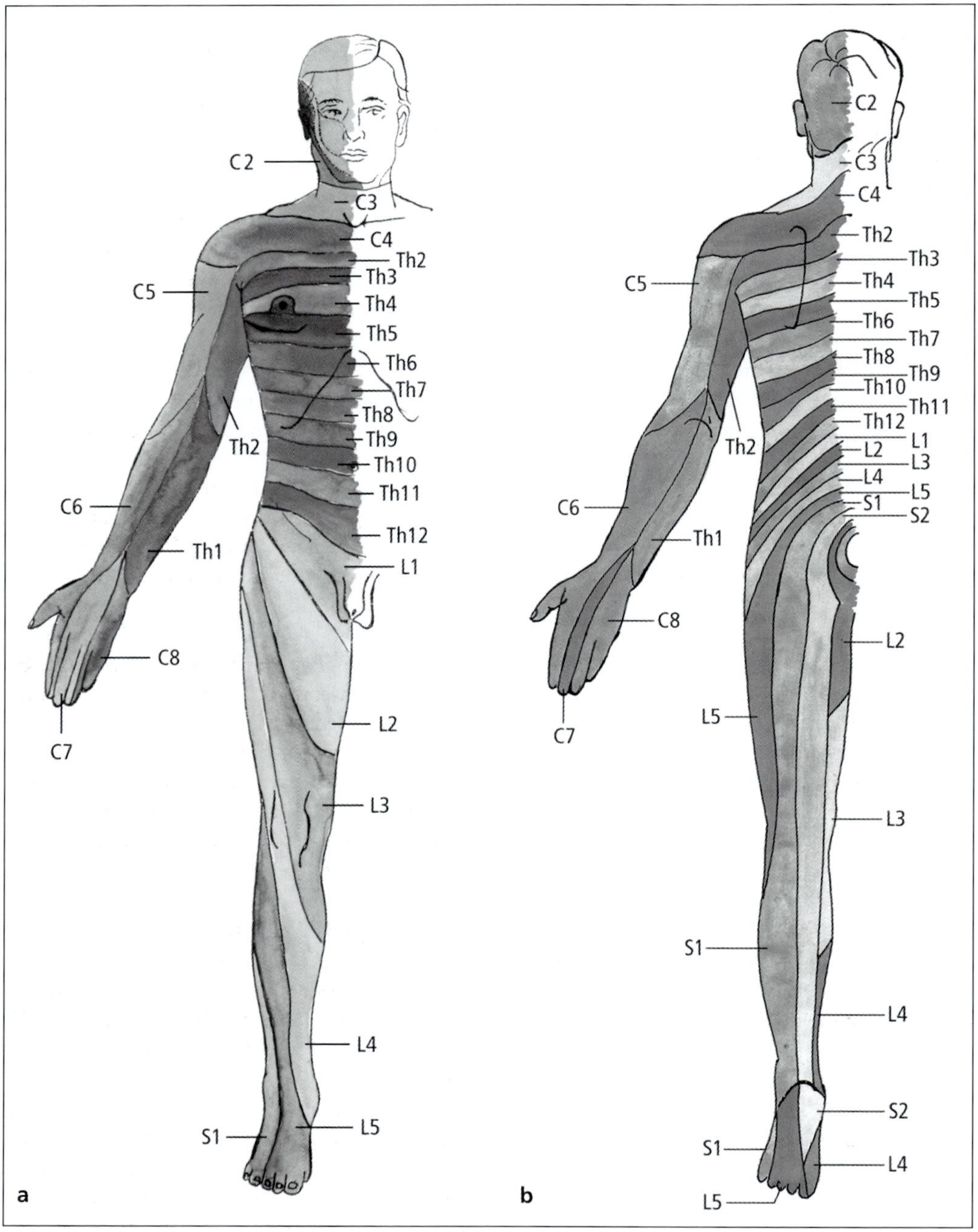

Abb. 2-19 Dermatome (Höhe Brustwarze: Th4 [die Brustwarze gehört noch zu Th5]; Nabel: Th10; Leiste: L1)

- Blutdruckabfall:
  Er ist durch die **schnell einsetzende Sympathikusblockade** bedingt. Insbesondere bei Patienten mit Koronar- oder Zerebralsklerose, bei denen nur eine geringe Toleranz gegenüber Blutdruckabfällen besteht, muss ein stärkerer Blutdruckabfall unbedingt vermieden werden (Volumengabe, evtl. Akrinor®-Gabe).
- Hirnnervenstörungen:
  Durch den Liquorverlust kann es zu geringfügigen Verlagerungen des ZNS und damit zu Zug an Hirnnerven, insbesondere am VI. Hirnnerv (Nervus abducens), mit vorübergehenden Sehstörungen (Doppelbildern) kommen.
- Rückenmarksverletzungen:
  bei zu hoher Punktion
- „hohe Spinalanästhesie":
  Bei zu hohem Aufsteigen der Spinalanästhesie kann es zur Hemmung der interkostalen Atemmuskulatur, zur Hemmung des Herzsympathikus mit Bradykardie und zu einem ausgeprägten Blutdruckabfall kommen.
- bakterielle Infektion mit Meningitis bei unsterilem Arbeiten
- peridurales Hämatom:
  Nach einem oft unvermeidbaren Durchstechen eines der zahlreichen venösen Gefäße des Periduralraums kann es bei bestehenden Gerinnungsstörungen zur Ausbildung eines Hämatoms im Periduralraum kommen. Im Extremfall kann es hierdurch zur Kompression des Rückenmarks bis hin zur **Querschnittssymptomatik** kommen. Deshalb ist eine vorherige Kontrolle der Blutgerinnung (Einnahme gerinnungshemmender Medikamente? →S. 161; Quick-Wert bzw. INR, PTT, Thrombozyten) sinnvoll. Eine genaue Anamnese bezüglich evtl. Gerinnungsstörungen ist zwingend notwendig.
- Sonstiges:
  - z. B. eine **vasovagale Synkope** beim Anlegen der Spinalanästhesie
  - vorübergehender Harnverhalt

Kontraindikationen

- Ablehnung durch den Patienten
- Allergie gegen Lokalanästhetika
- lokale Infektionen in Nähe der Punktionsstelle
- systemische bakterielle Infektionen (Sepsis)
- ZNS-Erkrankungen
- Volumenmangel (z. B. Schock)
- Gerinnungsstörungen (Einnahme gerinnungshemmender Medikamente? →S. 162; Quick-Wert bzw. INR? PTT? Thrombozyten?)
- Verdacht auf erhöhten intrakraniellen Druck
- evtl. anatomische Veränderungen der Lendenwirbelsäule
- nicht kooperativer Patient
- Kopfschmerzanamnese (z. B. Migräne)
- evtl. Jugendliche aufgrund der häufigeren postspinalen Kopfschmerzen

Therapie eines übermäßigen Blutdruckabfalls

Zur Therapie eines übermäßigen Blutdruckabfalls nach Anlegen einer Spinalanästhesie eignen sich folgende Maßnahmen:

- Infusion beschleunigen bzw. Austausch gegen einen Plasmaexpander (z. B. HES; →S. 135)
- Vasopressorgabe (z. B. Akrinor®; →S. 117)
- Beine hochlagern (= Autotransfusion)
- Sauerstoffgabe

Nach spätestens 10 Minuten sind normalerweise alle Empfindungsqualitäten einschließlich der Motorik vollständig ausgeschaltet, und die Spinalanästhesie breitet sich nicht mehr weiter aus. Steigt die Sympathikusblockade über das Brustwarzenniveau (= Th4; vgl. Abb. 2-19), so kann es zu einer Blockierung der aus diesen Segmenten kommenden sympathischen Fasern des Herzens kommen; das heißt, die parasympathische (Vagus-)Wirkung auf das Herz überwiegt und es tritt eine Bradykardie auf. Der eintretende Frequenzabfall kann z. B. mit Atropin (0,25–0,5 mg i. v.) oder Orciprenalin (Alupent®, 1 Amp. = 1 ml = 0,5 mg; 1 Amp. auf 10 ml verdünnen; 1 ml entspricht dann 0,05 mg; Dosierung: 0,1 mg i. v.) therapiert werden.

Katheterspinalanästhesie

Es stehen sehr dünne (28–32 G) und gewebefreundliche Spinalkatheter zur Verfügung. Diese werden durch die liegende Spinalkanüle ca. 3–4 cm in den Liquorraum eingeführt. Hiermit ist aufgrund der **Möglichkeit zur Nachinjektion** eine kontinuierliche Spinalanästhesie möglich. Da das Lokalanästhetikum hierbei in mehreren kleinen Portionen (= fraktioniert) verabreicht werden kann, können Blutdruckabfälle weitgehend verhindert werden. Dadurch kann das gewünschte sensible Niveau sehr genau eingestellt werden. Bei längerer Liegedauer ist jedoch die Gefahr einer Liquorinfektion zu bedenken. Eine Katheterspinalanästhesie wird nur selten durchgeführt.

Periduralanästhesie

✓ Unter einer **P**eri**d**ural**a**nästhesie (= PDA) wird das Einbringen eines Lokalanästhetikums in den Periduralraum zur Schmerzausschaltung verstanden.

Anatomie

Nach Durchstechen der Haut, des subkutanen Fettgewebes, des Ligamentum supraspinale und des Ligamentum interspinale trifft die Kanüle auf das Ligamentum flavum (= gelbes Band; Abb. 2-9). Direkt nach diesem derben, festen Band kommt der lockere Periduralraum. Der Periduralraum enthält zartes Fett- und Bindegewebe sowie Venengeflechte. Im Bereich von L3/L4 ist der Periduralraum ca. 4–5 mm breit. Danach kommt die Dura und dann der Spinalraum (vgl. Abb. 2-9). Dieser schmale Periduralraum muss mit der Kanülenspitze blind aufgefunden werden!

! Bei einer korrekt durchgeführten Periduralanästhesie wird die Kanülenspitze nur bis in den Periduralraum vorgeschoben, die Dura wird also nicht verletzt. Deshalb kann eine PDA theoretisch auf jeder Höhe der Wirbelsäule durchgeführt werden. Im Normalfall wird jedoch wie bei einer Spinalanästhesie bei L3/L4 punktiert.

Falls bei Punktion im Bereich von L3/L4 dennoch eine versehentliche Durapunktion auftreten sollte, ist nun keine Rückenmarksverletzung zu befürchten, da das Rückenmark normalerweise oberhalb davon (bei L1/L2) endet (→ S. 168). Wird dagegen eine **thorakale PDA** vorgenommen, so verlangt dies größte Vorsicht und Erfahrung. Wird der Periduralraum nicht erfasst und die Periduralkanüle weiter vorgeschoben, so droht eine Rückenmarksverletzung (!). Die PDA ist im Vergleich zur Spinalanästhesie technisch wesentlich schwieriger. Korrekt durchgeführt hat sie jedoch zahlreiche Vorteile.

Material

- sterile Handschuhe, Mundschutz und Kopfhaube, steriler Kittel
- Desinfektionslösung
- Ampulle mit 10 ml NaCl 0,9 %
- Periduralkatheter, Partikelfilter und Adapter (→ S. 179)
- Lokalanästhetikum für die lokale Betäubung der Punktionsstelle, z. B. 1 Ampulle mit 5 ml Lidocain 1 %
- Lokalanästhetikum für die Periduralanästhesie, z. B. 1 Ampulle mit 20 ml Ropivacain 0,5 %
- Periduralset, das meist alle weiteren Utensilien enthält:
  - Gefäß für die Desinfektionslösung
  - sterile Tupfer und Kompressen
  - Stieltupfer
  - steriles Lochtuch
  - 2-ml-Spritze für die Lokalanästhesie
  - leichtgängige 10-ml-(PDA-)Spritze zum „Aufsuchen" des Periduralraumes mittels Widerstandsverlustmethode (→ S. 178)
- Stahlkanülen zum Aufziehen der Medikamente und zur lokalen Betäubung
- spezielle Periduralkanüle (= **Tuohy-Kanüle**; Abb. 2-20; sprich: Tuhi-Kanüle)
- steriles Verbandsmaterial für die Punktionsstelle und Pflaster zur Fixierung des PDA-Katheters

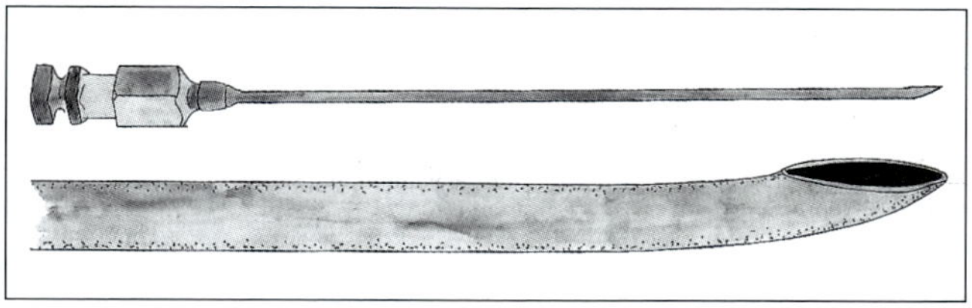

Abb. 2-20 Periduralkanüle (Tuohy-Kanüle)

Technik

Am sitzenden oder liegenden Patienten. Der Patient muss einen „Katzenbuckel" machen (vgl. Abb. 2-10 und 2-11).

Vorgehen

- Aufsuchen und Markieren der üblichen Punktionsstelle bei L3/L4 (vgl. Abb. 2-12)
- Desinfektion der Punktionsstelle
- Aufkleben des sterilen Lochtuches
- lokale Betäubung der Haut und der tieferen Bandstrukturen (vgl. Abb. 2-13)

Nun wird die Periduralkanüle (= Tuohy-Kanüle; Abb. 2-20) bis ins Ligamentum interspinale (vgl. Abb. 2-21) vorgeschoben. Der Anschliff der Tuohy-Kanüle sollte (bei Punktion im Lumbalbereich) nach lateral zeigen. So werden, falls es versehentlich zu einer Duraperforation kommen sollte, die von kranial nach kaudal verlaufenden Bindegewebsfasern der Dura nicht durchtrennt, sondern nur auseinandergedrängt. (Manche Anästhesisten punktieren allerdings mit nach kranial zeigendem Kanülenschliff.) Nach Entfernen des Mandrins wird auf die Tuohy-Kanüle eine spezielle, besonders leichtgängige PDA-Spritze aufgesetzt, die mit NaCl 0,9 % gefüllt ist. Mit der rechten Hand wird auf die NaCl-gefüllte Spritze ein Stempeldruck ausgeübt. Die linke Hand wird am Rücken abgestützt und hält die Tuohy-Kanüle fest, damit bei plötzlichen Bewegungen des Patienten die Kanüle nicht unkontrolliert vordringen kann (vgl. Abb. 2-22). Mit der linken Hand wird die Tuohy-Kanüle langsam Millimeter um Millimeter vorgeschoben.

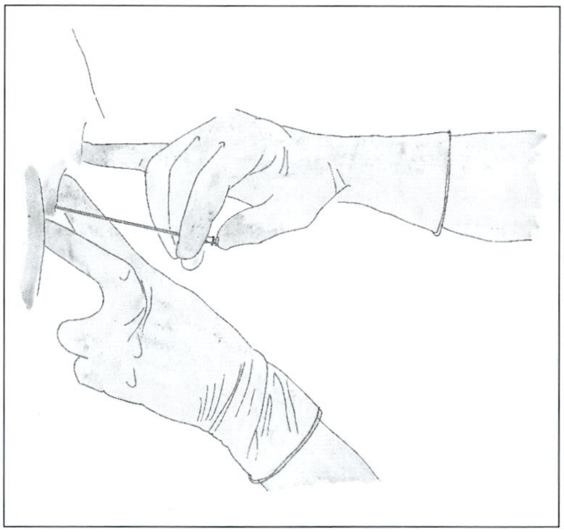

Abb. 2-21 Einstechen der Periduralkanüle

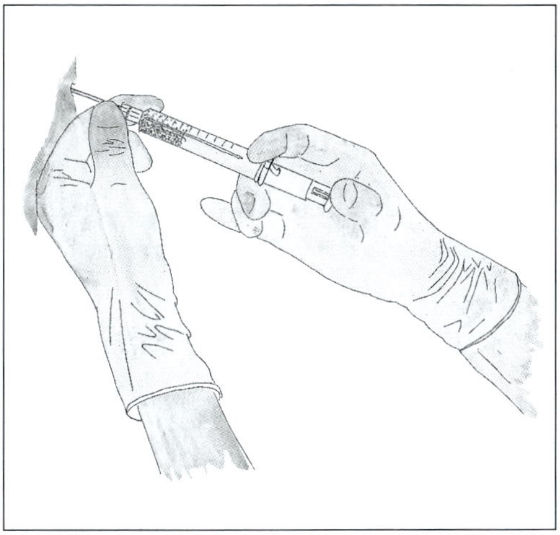

Abb. 2-22 Aufsuchen des Widerstandsverlustes. Vorschieben der Kanüle unter Stempeldruck.

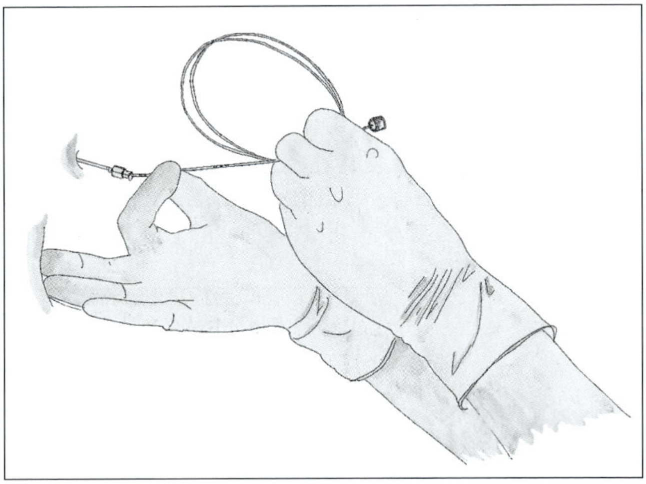

Abb. 2-23 Einführen des Periduralkatheters in die Periduralkanüle

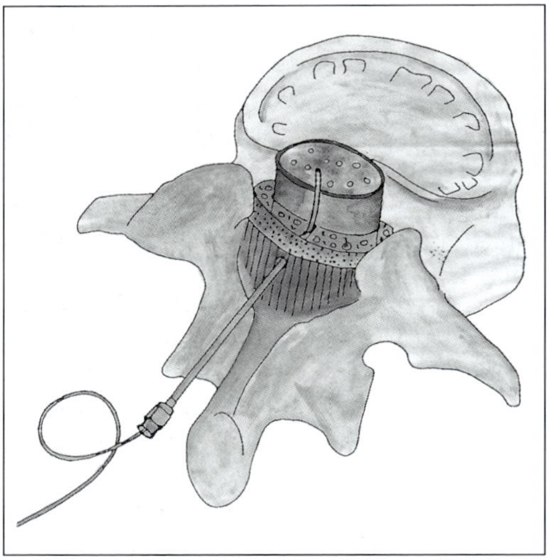

Abb. 2-24 Richtig platzierter Periduralkatheter

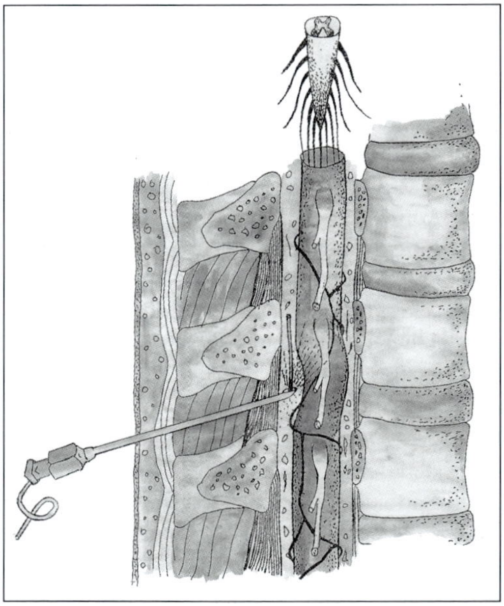

Abb. 2-25 Einführen des Periduralkatheters über die Tuohy-Kanüle in den Periduralraum. Der Periduralraum ist durch die zuvor injizierte Kochsalzlösung aufgedehnt.

! Das Wesentliche beim Vorschieben der Tuohy-Kanüle ist es, den Moment zu erfassen, in dem die Kanülenspitze den Periduralraum erreicht. Es wird hierzu normalerweise die sog. **„Widerstandsverlustmethode"** verwendet, bei der die Kanüle mit der aufgesetzten Spritze unter Stempeldruck langsam Millimeter um Millimeter vorgeschoben wird.

Solange sich die Kanülenspitze in dem derben, festen Ligamentum flavum befindet, besteht ein hoher Injektionswiderstand. Es lässt sich keine Kochsalzlösung injizieren. In dem Moment, in dem die Kanülenspitze beim langsamen Vorschieben aus dem Ligamentum flavum in den lockeren Periduralraum eintritt, ist plötzlich dieser hohe Injektionswiderstand verschwunden. Das Kochsalz lässt sich leicht injizieren und dehnt den Periduralraum auf. Die Kanüle darf nicht weiter vorgeschoben werden. Die Tuohy-Kanüle wird um 90 Grad gedreht, sodass der Schliff nach kranial zeigt. (Wurde allerdings mit bereits nach kranial zeigendem Kanülenschliff punktiert, dann entfällt diese Kanülendrehung.) Nun kann durch die Tuohy-Kanüle der Periduralkatheter vorsichtig eingeführt werden (vgl. Abb. 2-23, 2-24 und 2-25). Über den Katheter sind später wiederholt Nachinjektionen möglich. Die Katheterspitze sollte ca. 3–5 cm tief im Periduralraum liegen. Nach Platzieren des Katheters wird die Tuohy-Kanüle über den Katheter herausgezogen und auf das Katheterende wird ein Adapter sowie ein Partikelfilter geschraubt.

! Treten Probleme auf (z. B. Blut oder Liquor im Katheter), so darf niemals der Katheter durch die liegende Kanüle wieder herausgezogen werden, da hierbei ein Abscheren des Katheters mit Verbleib der Katheterspitze im Periduralraum droht (!!). Es muss also immer zuerst die Kanüle und danach evtl. der Katheter entfernt werden. Zum Ausschluss einer intraspinalen oder intravasalen Lage der Katheterspitze wird aspiriert. Kann kein Liquor oder Blut aspiriert werden, so wird eine „Testdosis" von ca. 3 ml Lokalanästhetikum gespritzt.

Liegt der Katheter dennoch im Spinalraum, so treten sehr schnell die Zeichen einer Spinalanästhesie auf (→ S. 172). Liegt der Katheter korrekt, so wird sich das Empfinden an den unteren Extremitäten innerhalb von 5 Minuten kaum verändern. Erst jetzt darf die Hauptdosis von z. B. 12 ml (→ unten) gespritzt werden. Es empfiehlt sich stets, das Lokalanästhetikum über den Periduralkatheter in mehreren Teilportionen (= fraktioniert) zu injizieren. Bis zur vollständigen Ausbreitung der PDA vergehen meist ca. 20 Minuten.

Medikamente

- ca. 15 ml Bupivacain 0,5 % für Operationen bei 20-Jährigen
- ca. 15 ml Ropivacain 0,75 bzw. 1 % für Operationen bei 20-Jährigen
- ca. 15 ml Levobupivacain 0,5–0,75 % für Operationen bei 20-Jährigen
- ca. 15 ml Prilocain 2 % für Operationen bei 20-Jährigen
- ca. 15 ml Bupivacain 0,25 % bzw. ca. 15 ml Ropivacain 0,2 % ausschließlich zur Schmerztherapie oder zur Verbesserung der Durchblutung
- Lidocain 1–2 %
- Mepivacain 1,5–2 %

Bei **chronischen Schmerzzuständen** wird häufiger der PDA-Katheter 2- bis 3-mal pro Tag mit 2–4 mg Morphin (Verdünnung mit NaCl 0,9 % auf 10 ml) bedient. Die Blockierung der Schmerzen erfolgt hierbei durch die Bindung des Morphins an Opioidrezeptoren im Bereich des Rückenmarks (→ S. 57). Im Rahmen der perioperativen Schmerztherapie wird häufiger auch ein Lokalanästhetikum in Kombination mit einem Opioid (z. B. 10–15 µg Sufentanil epidural; meist 0,5–1 µg Sufentanil pro ml Lokalanästhetikum) über den PDA-Katheter verabreicht. Im Rahmen der perioperativen Schmerztherapie ist nur die rückenmarksnahe Gabe der Opioide Sufentanil und Morphin offiziell zugelassen.

! Bei der periduralen Gabe von Opioiden kann es jedoch sehr selten zu einer Atemdepression kommen, die u. U. erst 6–16 Stunden nach Opioidinjektion auftreten kann (!).

Dies ist dann der Fall, wenn das in den Liquorraum diffundierte Opioid über die Liquorzirkulation bis in den Hirnstamm zum Atemzentrum mittransportiert wurde. Diese Gefahr ist bei dem gut wasserlöslichen Morphin größer (da es längere Zeit im wässrigen Liquor verbleibt) als bei dem fettlöslichen Sufentanil. Neben dieser **„verzögerten" Atemdepression** kann es evtl. innerhalb der ersten 60 Minuten nach Applikation zu einer **„frühen" Atemdepression** kommen. Diese ist durch eine schnelle systemische Resorption bedingt und bei dem gut fettlöslichen Opioid Sufentanil eher gegeben.

Ausbreitung

! Die Ausbreitung der PDA hängt vor allem vom Volumen des injizierten Lokalanästhetikums ab. Je mehr Lokalanästhetikum injiziert wurde, desto höher wird die Betäubung nach kranial steigen.

Meistens wird ein Aufsteigen der PDA bis ungefähr Nabelhöhe, also bis zu Th10 (vgl. Abb. 2-19), angestrebt. Es müssen also die Segmente Th10–Th12, L1–L5 sowie meistens S1 und S2 (also 10 Segmente) betäubt werden. Bei 20-Jährigen werden ca. 1,5 ml Lokalanästhetikum benötigt, um ein Segment auszuschalten, insgesamt also ca. 15 ml. Mit zunehmendem Alter genügt ein immer geringeres Volumen, um die gleiche Ausbreitung der PDA nach kranial zu erreichen; bei 40-Jährigen werden ca. 1,2 ml, bei 60-Jährigen ca. 1 ml und bei 80-Jährigen ca. 0,7 ml pro auszuschaltendem Segment benötigt.
Der den Außenknöchel mitversorgende Nerv (S1; Abb. 2-19) ist der dickste Nerv des Plexus lumbosacralis, und häufig vermag bei der PDA das Lokalanästhetikum diesen Nerv nicht vollständig zu durchdringen. Deshalb kann bei der PDA im Bereich des Außenknöchels eine fleckförmige Schmerzempfindlichkeit erhalten bleiben. Dies kann insbesondere bei einer Außenbandnaht am oberen Sprunggelenk manchmal Probleme bereiten.
Bei Verwendung von niederprozentigen Lösungen, z. B. Bupivacain 0,25 % oder Ropivacain 0,2 %, werden nur die dünnen Nervenfasern, also die sympathischen Fasern sowie die für das Wärme-Kälte-Empfinden und die für die Schmerzleitung zuständigen Fasern, ausgeschaltet (→ S. 160).

! Bei Schmerzzuständen (z. B. Karzinomschmerzen oder während der Geburt) kann mit einem **niederprozentigen Lokalanästhetikum** gezielt eine Schmerzausschaltung erreicht werden, während die Motorik (dicke Nervenfasern) noch erhalten ist.

Der Karzinompatient kann also mit seinem „Schmerzkatheter“ noch die Beine bewegen, die Gebärende kann die Geburt trotz des „Schmerzkatheters“ noch auf Aufforderung durch eine aktive Bauchpresse unterstützen. Auch bei arteriosklerotischen Durchblutungsstörungen oder z. B. nach einer Gefäßoperation kann durch peridural verabreichte niederprozentige Lokalanästhetika eine Sympathikusblockade mit einer Verbesserung der Durchblutung und eine Analgesie erzielt werden, während die Motorik erhalten bleibt.

! Durch eine Sympathikusblockade kommt es auch zur Stimulierung der Darmtätigkeit.

Der Darm wird sowohl vom Sympathikus als auch vom Parasympathikus beeinflusst. Der Parasympathikus stimuliert, der Sympathikus hemmt die Darmtätigkeit. Wird der Sympathikus durch eine PDA blockiert, so überwiegt nun der stimulierende Effekt des Parasympathikus. Dies kann bei Patienten mit einem postoperativen Ileus (z. B. nach großen Bauchoperationen) ausgenützt werden. Wird hier zur Stimulierung der Darmtätigkeit eine PDA angelegt, so reicht ebenfalls das 0,25%ige Bupivacain oder das 0,2%ige Ropivacain aus. Wird bei einem Patienten mit einem akuten Ileus ein stärkerer intravasaler Volumenmangel vermutet, so stellt dies jedoch in der Regel eine relative Kontraindikation für eine Periduralanästhesie dar (es würde ein stärkerer Blutdruckabfall drohen).

! Durch **hochprozentige Lokalanästhetikalösungen,** z. B. Bupivacain 0,5 % oder Ropivacain 0,75 bzw. 1,0 %, werden auch die dickeren Fasern, also das Druck- und Berührungsempfinden sowie die motorischen Nerven, blockiert.

Für Operationen müssen daher hochprozentige Lösungen verwendet werden, um auch eine Muskelerschlaffung zu erzielen.

Austesten der Ausbreitung

- mit einem alkoholgetränkten Tupfer oder einem Eiswürfel (→ S. 173)

Indikationen

- Operationen vor allem an der unteren Körperhälfte
- zur ausschließlichen Schmerzbekämpfung (Schmerzkatheter, z. B. zur schmerzarmen vaginalen Entbindung)
- zur Verbesserung der Durchblutung (bei Durchblutungsstörungen der Beine oder nach Gefäßoperationen an den Beinen)
- Stimulierung der Darmtätigkeit bei Patienten mit einem chronischen Ileus (z. B. nach großen bauchchirurgischen Operationen)

Komplikationen

- Blutdruckabfall
  durch die Sympathikusblockade bei Injektion eines Lokalanästhetikums. Wird über den PDA-Katheter lediglich ein Opioid wie Sufentanil oder Morphin gespritzt, so tritt keine Sympathikusblockade und damit auch kein Blutdruckabfall auf.
- bakterielle Infektion
  bei nicht aseptischem Vorgehen
- versehentliche Duraperforation
  meist von starken postspinalen Kopfschmerzen gefolgt (→ S. 173)
- Katheterabscherung
  bei dem streng verbotenen Zurückziehen des Katheters durch die liegende Kanüle
- versehentliche intravenöse Katheterlage
  mit toxischen Nebenwirkungen bei intravenöser Injektion des Lokalanästhetikums. Um eine intravasale Katheterlage weitgehend ausschließen zu können, wird von manchen Anästhesisten eine adrenalinhaltige Testdosis verwendet. Bei intravasaler Injektion dieser Testdosis kommt es zumeist zu erkennbarer Tachykardie und Blutdrucksteigerung.
- zu hohe PDA
  durch zu hohes Aufsteigen des Lokalanästhetikums aufgrund einer Überdosierung oder aufgrund einer sehr schnellen Injektion
- peridurales Hämatom
  bei Gerinnungsstörungen und Verletzung einer Vene im Periduralraum (→ S. 175). Im Extremfall kann dies zur Kompression des Rückenmarks und zur Querschnittssymptomatik führen. Gerinnungskontrolle! Stets postoperative Überwachung, ob sich Sensibilität und Motorik wieder einstellen!
- Rückenmarksverletzungen
  bei versehentlicher Duraperforation und Punktion oberhalb von L3 (vgl. Abb. 2-8)
- Sonstiges
  z. B. Kollabieren des Patienten beim Legen der PDA

Kontraindikationen

Die für eine PDA geltenden Kontraindikationen entsprechen weitgehend denen für die Spinalanästhesie (→ S. 175). Jugendliche Patienten sowie eine Kopfschmerzanamnese sind jedoch keine Kontraindikationen der PDA, da es bei korrekter Durchführung zu keinem „postspinalen Kopfschmerz“ kommen kann.

Therapie eines übermäßigen Blutdruckabfalls

- Infusion beschleunigen bzw. Austausch gegen einen Plasmaexpander (z. B. HES; → S. 135)
- Vasopressorgabe (z. B. Akrinor®)
- Beine hochlagern (= Autotransfusion)
- Sauerstoffgabe

Da die Wirkung der PDA wesentlich langsamer einsetzt als bei der Spinalanästhesie, tritt auch der Blutdruckabfall hierbei sehr langsam ein und kann normalerweise problemlos abgefangen werden. Trotzdem sollten bereits vor Beginn der PDA ca. 500 ml Flüssigkeit infundiert werden.

Thorakale PDA

! Eine thorakale PDA (= PDA im Bereich der Brustwirbelsäule) kann z. B. bei thorakalen Operationen, großen Bauchoperationen oder nach Rippenserienfrakturen angelegt werden, damit diese pneumoniegefährdeten Patienten postoperativ gut durchatmen und schmerzarm abhusten können.

Hierbei sollte die Katheterspitze ungefähr in der Mitte der auszuschaltenden Segmente liegen. Bei einer thorakalen PDA muss wegen des Verlaufs der Wirbelkörperdornfortsätze relativ steil nach kranial gestochen werden.

! Eine thorakale PDA ist nur dem erfahrenen Anästhesisten vorbehalten. Bei einer versehentlichen Duraperforation droht eine Rückenmarksverletzung (!).

Als Medikament für eine thorakale PDA zur Schmerztherapie eignet sich z. B. Bupivacain 0,25 % oder Ropivacain 0,2 %. Empfohlen werden ca. 0,5 ml pro auszuschaltendem Segment. Der thorakale PDA-Katheter kann auch mit einer Mischung aus niederprozentigem Lokalanästhetikum (z. B. 0,2%iges Ropivacain) plus 0,5–1 µg Sufentanil/ml „angespritzt" werden. Es können auch 2- bis 3-mal pro Tag 2–3 mg Morphin injiziert werden. Es ist wiederum auf eine „frühe" oder eine unter Umständen erst nach Stunden eintretende „verzögerte" Atemdepression zu achten (→ S. 179). Der Vorteil einer Opioidgabe ist, dass es zu keinem Blutdruckabfall und zu keiner Bradykardie wie nach Verwendung eines Lokalanästhetikums kommt, da weder der Gefäß- noch der Herzsympathikus ausgeschaltet werden. Es wird eine reine Analgesie erzielt.

Kombinierte Spinal- und Periduralanästhesie

In den letzten Jahren wird häufiger eine kombinierte Spinal- und Periduralanästhesie (= **c**ombined **s**pinal and **e**pidural analgesie = CSE) empfohlen. Hierbei wird mit einer Periduralkanüle der Periduralraum aufgesucht (→ S. 177). Danach wird über die liegende PDA-Kanüle mit einer sehr dünnen Spinalkanüle vollends bis in den Spinalraum vorgestochen und eine Spinalanästhesie durchgeführt. Da nur noch die zarte Dura mater perforiert zu werden braucht, kann eine extrem dünne Spinalkanüle verwendet werden, wodurch das Risiko postspinaler Kopfschmerzen deutlich vermindert ist. Anschließend wird ein Periduralkatheter in den Periduralraum eingeführt.

Die CSE verbindet die Vorteile der Spinalanästhesie (schneller Wirkungsbeginn, gute motorische Blockade) mit den Vorteilen der Katheterperiduralanästhesie (Möglichkeit der Nachinjektion). Entscheidender Nachteil der CSE ist, dass der Periduralkatheter (nach Anlage der Spinalanästhesie) nicht mehr ausgetestet werden kann. Es ist daher eine besonders vorsichtige Dosistitration über den PDA-Katheter wichtig, um eine evtl. intraspinale Lage dennoch erfassen zu können.

Wird eine spezielle (doppellumige) CSE-Kanüle verwendet, dann kann zuerst der PDA-Katheter gelegt und darüber eine Testdosis gespritzt werden. Anschließend wird über das zweite Kanülenlumen die Spinalpunktion vorgenommen. Hierbei muss aber die CSE-Kanüle so lange belassen werden, bis die Periduralanästhesie ausgetestet ist. Während dieser Zeit muss der Patient sehr ruhig in seiner Position verharren. Insgesamt ist die CSE noch nicht sehr weit verbreitet.

2.4.3 Intravenöse Regionalanästhesie

Die **i**ntra**v**enöse **R**egional**a**nästhesie (= IVRA) wurde bereits 1908 von dem Kieler Chirurgen August Bier beschrieben (= Bier's block).

Vorgehen

Am Oberarm, Oberschenkel oder evtl. am Unterschenkel wird eine spezielle, 2-kammerige Blutdruckmanschette um die mit Watteband abgepolsterte Extremität gelegt. Es ist auf die richtige Platzierung der Manschette zu achten. Die als proximal (= körpernah) und distal

(= körperfern) bezeichneten Manschettenkammern müssen korrekt zum Liegen kommen.
Nach Anlage einer periphervenösen Verweilkanüle an der Hand bzw. am Fuß (sowie Platzierung einer zweiten Kanüle an dem nicht zu operierenden Arm für die Infusionstherapie) wird die Extremität von peripher nach zentral mit einer elastischen Gummibinde (Esmarch-Binde) ausgewickelt, um das Gefäßsystem blutleer zu machen. Ist verletzungs- bzw. schmerzbedingt ein Auswickeln der Extremität nicht möglich, so ist die Extremität für ca. 5 Minuten lediglich nach oben zu halten und vorsichtig auszustreichen, um eine Blutarmut zu erzielen. Nun wird die proximal gelegene Manschette auf ca. 100–150 mm Hg über den systolischen arteriellen Blutdruck aufgepumpt. Anschließend wird die elastische Binde wieder entfernt und das blutleere Gefäßsystem über den venösen Zugang mit Lokalanästhetikum gefüllt. Die Wirkung ist wohl dadurch zu erklären, dass das Lokalanästhetikum aus dem Gefäßsystem ins umgebende Gewebe diffundiert und die dort gelegenen peripheren Nervenendigungen blockiert. Die Wirkung ist also einer Infiltrationsanästhesie ähnlich. Es verbleiben lediglich 25–30 % des Lokalanästhetikums im entleerten Gefäßbett. Der Rest diffundiert ins Gewebe.

> ! Mit diesem Verfahren kann eine erfolgssichere und schnell (innerhalb von 5–10 Minuten) einsetzende Anästhesie erzielt werden. Die Operationszeit sollte ca. 90 Minuten möglichst nicht überschreiten.

Falls nach einiger Zeit ein Druckgefühl im Manschettenbereich auftritt, kann nun die distale Manschette ebenfalls geblockt werden. Da sich diese im nun bereits anästhesierten Bereich befindet, wird sie besser toleriert. Von der proximalen Manschette kann dann der Druck abgelassen werden.
Nachteile des Verfahrens sind, dass nach Öffnen der Blutleere und wieder einsetzender Durchblutung Motorik und Sensibilität innerhalb von 5–10 Minuten zurückkehren und damit sehr schnell postoperative Schmerzen auftreten. Eine Blutstillung und ein Wundverschluss nach Öffnen der Blutleere sind nicht mehr möglich. Die Operation muss also in Blutleere abgeschlossen werden. Da beispielsweise bei einer Dupuytren-Operation erst nach Öffnen der Blutsperre die relativ langwierige Blutstillung möglich ist, kann diese relativ häufig vorgenommene Operation nicht in intravenöser Regionalanästhesie durchgeführt werden.

> ! Das entscheidende Risiko einer intravenösen Regionalanästhesie besteht darin, dass bei einem verfrühten Öffnen der Manschette das sich noch intravasal befindliche Lokalanästhetikum plötzlich in die systemische Zirkulation eingeschwemmt wird und es möglicherweise zu toxischen Nebenwirkungen der Lokalanästhetika kommt. Daher darf die Manschette frühestens nach 20–30 Minuten abgelassen werden, wenn bereits der Großteil des Lokalanästhetikums ins Gewebe abdiffundiert ist.

Bei Verwendung moderner Geräte wird die Gefahr eines ungewollten Druckverlustes in der Manschette mit Einschwemmung des Lokalanästhetikums weitgehend ausgeschlossen. Moderne Geräte werden an die zentrale Druckluftleitung angeschlossen. Sie pumpen bei einer evtl. Undichtigkeit automatisch nach und halten so den eingestellten Manschettendruck konstant. Es empfiehlt sich am Ende der Operation stets ein intermittierendes Öffnen der Blutsperre durch kurzfristiges Ablassen des Drucks und ein anschließend erneutes Blocken auf den suprasystolischen Ausgangswert (ca. 10-Sekunden-Intervalle). Moderne Geräte verfügen hierfür über einen speziellen Ablassknopf. Wird dieser gedrückt, entleert sich die Manschette; wird er losgelassen, wird automatisch wieder der Ausgangsdruck hergestellt. Wird der Druck dagegen langsam abgelassen, so droht bei Druckabfall unter den systolischen Druck ein arterieller Bluteinstrom bei noch gedrosseltem venösem Abfluss. Dadurch können Nachblutungen im Operationsgebiet begünstigt werden.

Ort

Arm

Die IVRA ist z. B. bei einer Ganglienoperation, Metallentfernung oder geschlossenen Reposition einer Radiusfraktur gut geeignet. Bei Anlegen einer Oberarmmanschette werden ca. 0,5–0,6 ml/kg KG Prilocain 0,5 % benötigt.

Bein

Die IVRA wird nur relativ selten an der unteren Extremität angewandt. Indikationen sind hier vor allem bei Eingriffen am distalen Unterschenkel und am Fuß gegeben. Bei Anlage einer Unterschenkelmanschette werden ca. 0,4–0,6 ml/kg KG, bei einer Oberschenkelmanschette ca. 1 ml/kg KG an Lokalanästhetikum (normalerweise Prilocain 0,5 %) benötigt.
Bei Anwendung am Unterschenkel ist darauf zu achten, dass die Manschette mindestens 6 cm unterhalb des Fibulaköpfchens oder in der Mitte des Unterschenkels platziert wird, um eine Druckschädigung des Nervus peronaeus zu verhindern. Die Manschette kann auch am Oberschenkel platziert werden, was von den Patienten allerdings öfter als unangenehmer empfunden wird als eine Platzierung am Unterschenkel.
Je distaler die Manschette angelegt wird, desto geringer ist das benötigte Volumen an Lokalanästhetikum.

> ! Bei ca. 25–30 % der Patienten sind bei einer intravenösen Regionalanästhesie Schmerzen durch die Manschette, sog. **Tourniquet-Schmerzen**, zu erwarten. Sie treten bei zunehmender Dauer der Blutsperre häufiger auf und können evtl. zu einem Blutdruckanstieg führen. Die Ursache des Tourniquet-Schmerzes ist unklar. Es handelt sich jedoch vermutlich um keinen Ischämieschmerz. Möglicherweise liegt ein nicht sicher blockiertes Druckempfinden vor. Dieser Tourniquet-Schmerz limitiert die Anwendungsdauer der IVRA.

Um das blutleere Gefäßsystem ausreichend mit Lokalanästhetikum zu füllen, werden relativ große Volumina benötigt. Aufgrund seiner großen therapeutischen Breite stellt Prilocain 0,5(–1,0) % das Lokalanästhetikum der Wahl dar. Adrenalinhaltige Lokalanästhetika dürfen nicht verwendet werden. Mittel der zweiten Wahl sind Lidocain und Mepivacain. Deren empfohlene Konzentrationen liegen zwischen 0,25 und 1 %.
Insbesondere bei ambulanten Eingriffen wird dieses Verfahren relativ häufig eingesetzt.

Kontraindikationen

- Herzrhythmusstörungen (vor allem bradykarder Art oder höhergradige Blockbilder)
- Gefäßerkrankungen (arterielle Durchblutungsstörungen, Thrombophlebitiden)
- Neuropathien
- Sichelzellanämie
- Epilepsie (keine absolute Kontraindikation)

3 Spezielle Narkosevorbereitungen

3.1 Zentraler Venenkatheter

3.1.1 Allgemeine Bemerkungen

Ein **z**entraler **V**enen**k**atheter (= ZVK = **Kavakatheter**) ist ein über eine große Vene eingeführter Katheter, dessen Spitze bis in die klappenfreie Vena cava kurz vor deren Einmündung in den rechten Vorhof vorgeschoben wird.

Prinzipiell kann ein Kavakatheter über die Vena cava inferior (Punktionsstelle: Vena femoralis) oder über die Vena cava superior (Punktionsstellen: Vena jugularis interna, Vena jugularis externa, Vena subclavia oder Armvene in der Ellenbeuge) eingeführt werden. Da der Zugang über die Vena cava inferior mit einer wesentlich höheren Komplikationsrate (aufgrund von Thrombosen, Thrombophlebitiden und septischen Problemen) behaftet ist, wird nur noch der Zugang über die Vena cava superior gewählt. Inzwischen werden (vor allem bei Patienten, die auf der Intensivstation betreut werden) zunehmend häufiger mehrlumige zentrale Venenkatheter (meist 2- oder 3-lumig) verwendet. Bei diesen Kathetern kann z. B. der ZVD gemessen werden, während über einen anderen Schenkel weiterhin Medikamente (z. B. Catecholamine; → S. 300) verabreicht werden können.

3.1.2 Indikationen

- Messung des **z**entral**v**enösen **D**rucks (= ZVD)
- voraussichtlich blutreiche Operationen oder grenzwertige Herzleistung (Beurteilung des ZVD → S. 202)
- parenterale Ernährung
- Zufuhr hochosmolarer und hochkalorischer Lösungen
- Zufuhr stark venenreizender Medikamente
- Gabe von Zytostatika, Catecholaminen (→ S. 300)
- falls das Legen eines periphervenösen Zugangs nicht gelingt, was z. B. in Schocksituationen möglich sein kann

3.1.3 Material

- Desinfektionsspray
- mehrere sterile Kompressen
- steriles Lochtuch
- Kavakatheter, z. B. Cavafix Certodyn®-Katheter (Fa. Braun)
- sterile Handschuhe, Mundschutz, Kopfhaube (und steriler Kittel bei sog. Seldinger-Technik; → S. 199)
- Lokalanästhetikum, z. B. Lidocain 1%ig
- physiologische Kochsalzlösung
- sterile 2-ml- und 10-ml-Spritze
  (zum Aufziehen des Lokalanästhetikums und der physiologischen Kochsalzlösung)
- sterile Stahlkanülen
  (zum Aufziehen des Lokalanästhetikums, der physiologischen Kochsalzlösung, zum Anlegen einer Lokalanästhesie sowie zur evtl. Vorpunktion einer zentral gelegenen Vene)

3.1.4 Vorbereitung

- EKG anschließen,
  da beim Vorschieben des Katheters Herzrhythmusstörungen auftreten können

- periphervenösen Zugang legen,
  da während der Punktion therapiebedürftige Komplikationen auftreten können
- sterile Handschuhe, Mundschutz und Haube
  (und steriler Kittel bei Seldinger-Technik; → S. 199)
- mehrmalige Desinfektion der Punktionsstelle
- steriles Lochtuch aufkleben
- Anlegen einer Lokalanästhesie beim wachen Patienten
- richtige Lagerung des Patienten (→ unten)

3.1.5 Punktionsorte (vgl. Abb. 3-1)

Es wird zwischen **periphervenösen** (in der Ellenbeuge = 1) und **zentralvenösen Punktionsorten** (Vena jugularis interna = 2, Vena jugularis externa = 3 und Vena subclavia = 4) unterschieden. Bei allen Zugangswegen sollte möglichst rechtsseitig punktiert werden, um einen kurzen intravasalen Katheterverlauf zu erhalten.

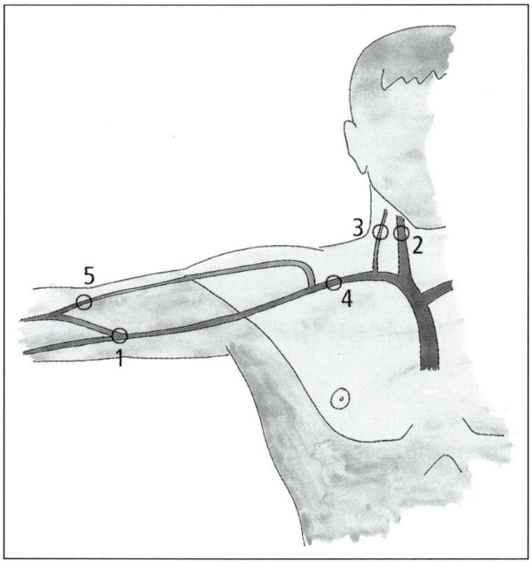

Abb. 3-1 Punktionsorte für die Anlage eines zentralen Venenkatheters. 1 = Vena basilica; 2 = Vena jugularis interna; 3 = Vena jugularis externa; 4 = Vena subclavia; 5 = Vena cephalica.

Periphervenöse Punktion

Punktion in der Ellenbeuge (vgl. Abb. 3-2)

Lagerung

- Rückenlagerung, leicht ausgelagerter Arm
- Venenstauung mit einer Blutdruckmanschette bzw. einem Stauschlauch

Vorteil

Die Punktion in der Ellenbeuge gelingt meist leicht.

Gefahren

Das Vorschieben des Venenkatheters ist aufgrund von **Venenklappen** oft erschwert. Durch Außenrotation oder Abspreizen des Armes sowie Drehen des Kopfes lassen sich Hindernisse beim Vorschieben oft überwinden. Die Vena basilica, die an der Ellenbeugeninnenseite verläuft (1 in Abb. 3-1), sollte stets der Vena cepha-

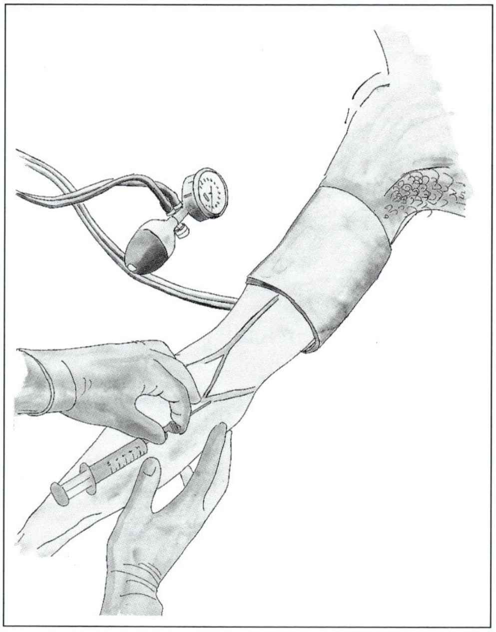

Abb. 3-2 Punktion der Vena basilica in der Ellenbeuge zur Anlage eines zentralen Venenkatheters.
(Zur besseren Detaildarstellung ist keine sterile Abdeckung dargestellt.)

lica (5 in Abb. 3-1), die an der Ellenbeugenaußenseite verläuft, vorgezogen werden. Die Vena cephalica sollte nur ausnahmsweise punktiert werden, da sie im Bereich der Schulter fast rechtwinklig in die Vena axillaris einmündet (vgl. Abb. 3-1). Dadurch treten oft unüberwindbare Probleme beim Vorschieben des Katheters auf. Katheterfehllagen sind bei der peripherve-nösen Punktion häufig. Bei Armbewegungen können **Lageveränderungen** der Katheterspitze um bis zu 15 cm (!) auftreten. Liegt der Katheter mehrere Tage, so drohen aufgrund des engen Venenlumens relativ schnell **Thrombosen** und **Thrombophlebitiden** der Armvenen.

Kontraindikationen

- entzündliche Hautveränderungen im Punktionsbereich
- voraussichtlich langfristige parenterale Ernährung

Zentralvenöse Punktionsorte

Punktion der Vena jugularis interna

(vgl. Abb. 3-3)

Normalerweise wird die rechte Vena jugularis interna punktiert. Hierzu wird mit der linken Hand der Verlauf der rechten Arteria carotis palpiert (Abb. 3-3a). Knapp lateral davon wird in Höhe des Kehlkopfes punktiert. Die Stichrichtung ist ungefähr in Richtung der rechten Brustwarze.

Das Risiko von Fehlpunktionen und evtl. Verletzungen kann deutlich verringert werden, indem für die Vena jugularis interna eine **ultraschallgesteuerte Punktion** durchgeführt wird (Abb. 3-3b). Eine ultraschallgesteuerte Punktion scheint auch bei anatomischen Veränderungen (z. B. Struma, Adipositas, Zustand nach Laryngektomie) ähnlich erfolgreich zu sein wie bei Patienten ohne anatomische Besonderheiten. Die Zahl der erfolglosen Erstpunktionen kann dadurch sehr stark reduziert werden. Die

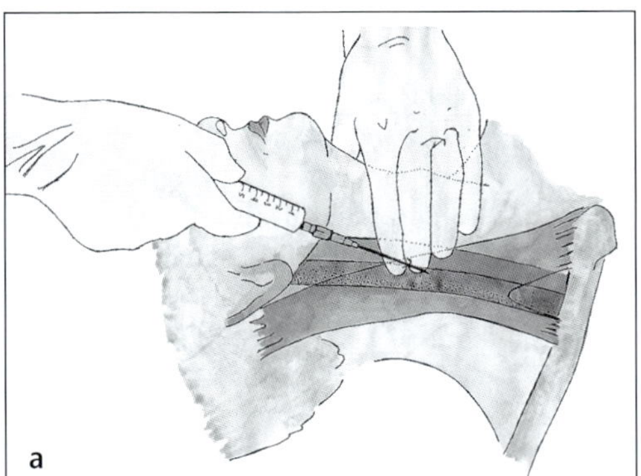
a

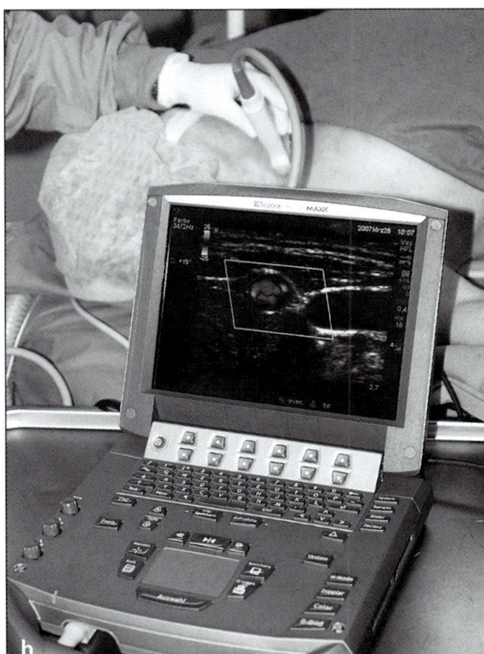
b

Abb. 3-3 Punktion der Vena jugularis interna. (Zur besseren Detaildarstellung ist keine sterile Abdeckung dargestellt.) a Konventionelle Punktion: Orientierung an anatomischen Strukturen und Orientierung durch Palpation der medial der Vena jugularis interna tastbaren (pulsierenden) Arteria carotis. b Ultraschallgesteuerte Punktion. Orientierung über die Lage der Vena jugularis mittels Ultraschall.

ultraschallgesteuerte Punktion wird dennoch bisher relativ selten eingesetzt. Ursachen scheinen die noch geringe Verfügbarkeit entsprechender Geräte und die relativ zeitaufwendigen Vorbereitungen zu sein. Nach dem ersten oder zweiten Fehlversuch wird zum Teil ein Wechsel auf eine ultraschallgesteuerte Punktionstechnik, und bei erschwerten Punktionsbedingungen (z. B. Adipositas, anatomische Besonderheiten) wird eine primär ultraschallgesteuerte Punktion empfohlen.

Lagerung

Durch Oberkörpertieflage sowie durch Einstellen eines PEEP (→ S. 23) bei beatmeten Patienten kann eine bessere Venenfüllung erzielt und damit die Punktion erleichtert werden. Außerdem kann hierdurch der Gefahr einer Luftembolie während der Punktion vorgebeugt werden. Der Kopf des Patienten sollte etwas zur Gegenseite gedreht werden. Der Katheter muss beim Erwachsenen durchschnittlich 16–17 cm tief eingeführt werden.

Vorteile

Die Gefahr eines Pneumo- oder Hämatothorax ist relativ gering. Thrombosen und Thrombophlebitiden sind eindeutig seltener als bei den anderen Punktionsorten.

Nachteil

Die Punktion kann jedoch unter Umständen schwierig sein.

Gefahren

- versehentliche Punktion der unmittelbar medial verlaufenden Arteria carotis in ca. 1 % der Fälle (3–5 Minuten komprimieren!)
- Luftembolie
- Pneumo- oder Hämatothorax
- Verletzung des Plexus brachialis
- Verletzung des Halssympathikus (mit sog. Horner-Syndrom)
- Bei Patienten mit erhöhtem intrakraniellem Druck (z. B. SHT) sind eine Oberkörpertieflage sowie ein PEEP zu vermeiden (→ S. 268). Außerdem besteht die Gefahr, dass es bei einer versehentlichen arteriellen Punktion zu einem Hämatom mit Kompression der Vena jugularis interna und Drosselung des venösen Abflusses aus dem Gehirn kommt. Es empfiehlt sich z. B. die Punktion der Vena jugularis externa oder der Vena subclavia (→ S. 189).

Kontraindikationen

- Gerinnungsstörungen (Quick-Wert bzw. INR? PTT? Thrombozyten? → S. 161)
- entzündliche Hautveränderungen im Punktionsbereich
- starke Schilddrüsenvergrößerung (große Struma)
- Voroperationen im Halsbereich (z. B. neck dissection; → S. 283)

Punktion der Vena subclavia (vgl. Abb. 3-4)

Direkt unterhalb der Mitte des Schlüsselbeines (Clavicula) wird die Kanüle eingestochen und zuerst nach kranial bis zum Knochenkontakt mit der Clavicula vorgeschoben. Danach wird die Stichrichtung geändert und die Kanüle wird direkt unterhalb des Schlüsselbeines (direkter Knochenkontakt) in Richtung Jugulum (Einkerbung direkt oberhalb des Brustbeines, des Sternums) unter ständiger Aspiration vorgeschoben. Das Jugulum sollte mit dem (Zeigefinger) der linken Hand aufgesucht werden (vgl. Abb. 3-4a). Eventuell kann eine Punktion unter Ultraschallkontrolle (→ S. 187) versucht werden.

Vorteile

Durch eine bindegewebige Verspannung wird das Lumen der Vena subclavia immer, auch im hypovolämischen Schock, offen gehalten. Insbesondere bei schwer verletzten Patienten mit Volumenmangelschock wird daher häufig die Vena subclavia punktiert. Zur Punktion ist also eine Oberkörpertieflagerung nicht prinzipiell notwendig. Daher wird die Vena-subclavia-Punktion bei Patienten mit Schädel-Hirn-Verletzungen, bei denen eine Kopftieflagerung ver-

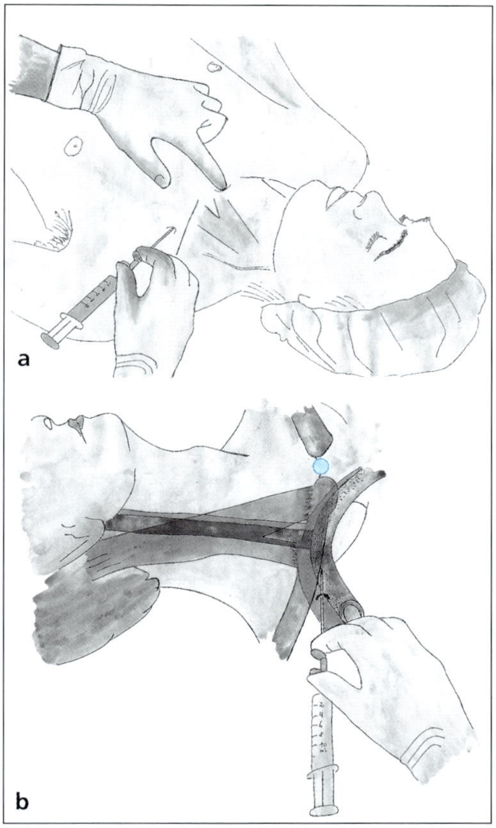

Abb. 3-4 Punktion der Vena subclavia. (Zur besseren Detaildarstellung ist keine sterile Abdeckung dargestellt.) Die Kanüle wird in Richtung Jugulum vorgeschoben (→ Text).

mieden werden muss (→ S. 268), oft vorgezogen. Zur Verhinderung einer evtl. Luftembolie bei der Punktion empfiehlt sich dennoch, sofern erlaubt, eine Oberkörpertieflage.

Gefahren

- Pneumothorax (!):
  Wegen der relativ großen Gefahr eines Pneumothorax darf bei erfolgloser Punktion nicht auf der anderen Seite ebenfalls punktiert werden!
- Hämatothorax
- Punktion der lateral verlaufenden Arteria subclavia (3–5 Minuten komprimieren!)

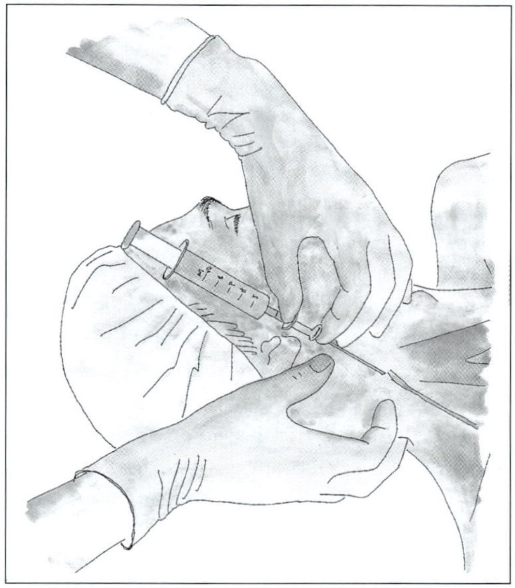

Abb. 3-5 Punktion der Vena jugularis externa (zur besseren Detaildarstellung ist keine sterile Abdeckung dargestellt)

- Verletzung des Plexus brachialis
- Luftembolie
- Verletzung des Ductus thoracicus bei linksseitiger Punktion

Kontraindikationen

- Gerinnungsstörungen
- entzündliche Hautveränderungen im Punktionsbereich
- Frakturen des Schultergürtels (veränderte Anatomie!)
- schweres Lungenemphysem (erhöhte Gefahr eines Pneumothorax)

Punktion der Vena jugularis externa

(vgl. Abb. 3-5)

Die meist gut sichtbare und subkutan liegende Vena jugularis externa wird – ungefähr auf Höhe des Kehlkopfes – ähnlich wie eine Vene am Handrücken (→ S. 34) punktiert.

Vorteile

Die Punktion ist meist einfach und komplikationslos (bei leichter Kopftieflage) möglich. Inzwischen wird die Punktion der Vena jugularis externa oft als zentraler Punktionsort der ersten Wahl bezeichnet.

Gefahren

Das Vorschieben des Katheters ist oft schwierig, da die Vena jugularis externa fast rechtwinklig in die Vena subclavia einmündet (vgl. Abb. 3-1). Bei Verwendung von Kathetern mit J-förmiger Spitze (z.B. Cavafix Certodyn®-Katheter, Fa. Braun) lässt sich der Katheter auch über die Vena jugularis externa meist richtig platzieren.

Kontraindikationen

- entzündliche Hautveränderungen im Punktionsbereich

3.1.6 Lagekontrolle des Katheters

Die Spitze des Kavakatheters sollte in der Vena cava superior ca. 2 cm vor deren Einmündung in den rechten Vorhof liegen (= ca. 4 cm unterhalb des Sternoklavikulargelenks). Bei Punktion der Vena jugularis externa oder interna auf der rechten Seite ist der Katheter bei Erwachsenen meist ca. 16–17 cm einzuführen. Durch Auflegen des herausgezogenen Mandrins entlang des ungefähren Katheterverlaufs kann die Lage der Katheterspitze grob abgeschätzt werden. Wird der Kavakatheter oder der Seldinger-Draht (→ S. 199) zu tief eingeführt, so können leicht Herzrhythmusstörungen auftreten.

Infusionsprobe

Wird eine angeschlossene Infusion unter Herzniveau gehalten, so muss Blut in den Katheter zurücklaufen (= **intravasale Lage**). (Bei Infusionssystemen mit Rückschlagventil ist diese Kontrolle nicht durchführbar. Zur Kontrolle ist hier eine Aspiration notwendig). Fängt die Infusion wieder an zu tropfen, wenn die Infusionsflasche 10–20 cm über Herzniveau gehalten wird, so spricht dies für eine korrekte **intravenöse Lage** des Katheters. Bei versehentlich **intraarterieller Lage** würde das Blut weiter in die Infusion hochsteigen. Die Tropfgeschwindigkeit der Infusion muss außerdem atemabhängig sein. Stets muss sich aus dem Katheter leicht Blut aspirieren lassen.

Röntgenaufnahme des Thorax

Nach einer (auch ggf. erfolglosen) zentralvenösen Punktion scheint eine Röntgenaufnahme des Thorax sinnvoll. (Lediglich nach einer Punktion der Vena jugularis externa scheint dies nicht notwendig.) Es sind folgende Fragen zu klären:

- Verlauf des Kavakatheters (z.B. Schlingenbildung)?
- Lage der Katheterspitze?
- Pneumothorax?
- Hämatothorax?

Intrakardiale Elektrokontrolle

Inzwischen stehen auch zentrale **Venenkatheter mit integriertem EKG-Lagekontroll-System** zur Verfügung. Diese Katheter enthalten einen stromleitenden Mandrin, über den ein intrakardiales EKG abgeleitet werden kann (z.B. Cavafix Certodyn®-Katheter). Hierzu wird ein steriles Verbindungskabel einerseits mit einer Kontaktbuchse am distalen Ende des Mandrins und andererseits mit einem speziellen Patienten-EKG-Kabel verbunden. Dieses spezielle Patienten-EKG-Kabel muss dann vom externen auf den intrakardialen Ableitungsmodus umgeschaltet werden. Wird der ZVK unter intrakardialer Ableitung vorgeschoben, so kommt es zu einer starken P-Wellen-Erhöhung, sobald sich die Katheterspitze dem Sinusknoten nähert. Anschließend muss der Katheter wieder zurückgezogen werden, bis die P-Zacke wieder ihre normale Größe erreicht (vgl. Abb. 3-6). Nun muss der Katheter weitere 1–2 cm zurückgezogen werden, um die richtige Position zu

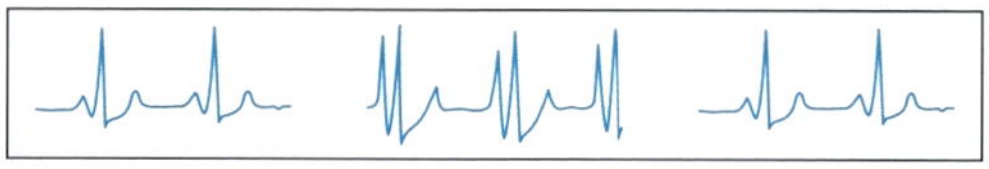

Abb. 3-6 Intrakardiale EKG-Ableitung über einen (stromleitenden) zentralen Venenkatheter. Links: Normales EKG. Mitte: Überhöhte P-Zacke, die Spitze des zentralen Venenkatheters liegt im Bereich des Sinusknotens. Rechts: Der zentrale Venenkatheter wurde zurückgezogen, bis sich die EKG-Kurve wieder normalisierte und danach nochmals um 1–2 cm zurückgezogen.

erreichen. Danach kann das Patienten-EKG-Kabel wieder auf externe Ableitung umgeschaltet werden. Bei Verwendung solcher Kavakatheter kann evtl. (problemlose Punktion, P-Zacken-Überhöhung nach üblicher Einführtiefe nachweisbar) auf eine anschließende röntgenologische Lagekontrolle verzichtet werden. Liegt ein Vorhofflimmern bei dem Patienten vor, dann ist die intrakardiale Elektrokontrolle zumeist nicht möglich.

3.2 Blutige arterielle Druckmessung

3.2.1 Indikationen

Eine blutige arterielle Druckmessung sollte durchgeführt werden, falls engmaschige Kontrollen von

- **arteriellem Blutdruck** notwendig sind, z. B. bei Patienten im Schock; bei Durchführung einer kontrollierten Hypotension (→ S. 273); bei großen Herz-Thorax- oder Gefäßoperationen; bei Operationen mit voraussichtlich großen Blutverlusten; bei Patienten, die durch intraoperative Blutdruckschwankungen besonders gefährdet sind, z. B. bei der Operation eines zerebralen Aneurysmas; oder bei Patienten mit schwerer Koronarsklerose, einem frischen Herzinfarkt usw.
- **arteriellen Blutgasen** notwendig sind, z. B. bei der kontrollierten Hyperventilation (→ S. 272) usw.

3.2.2 Ort der Messung

Eine blutige arterielle Druckmessung sollte vorzugsweise in der Arteria radialis (vorzugsweise der nicht dominanten Hand, d. h. beim Rechtshänder links) vorgenommen werden. Nur ausnahmsweise sollte die Messung in der Arteria femoralis oder gar in der Arteria dorsalis pedis oder der Arteria brachialis erfolgen, da hierbei mögliche Komplikationen wesentlich häufiger sind.

3.2.3 Allen-Test

Vor der Punktion der Arteria radialis wird häufig der sog. Allen-Test empfohlen (die Aussagekraft des Allen-Tests wird allerdings zum Teil auch angezweifelt). Der Allen-Test beruht auf der Tatsache, dass die Hohlhand sowohl von der Arteria radialis als auch von der Arteria ulnaris versorgt wird.

! Geprüft werden soll, ob die Arteria ulnaris notfalls allein ausreicht, um die Hohlhand genügend mit Blut zu versorgen.

Hierzu werden am Handgelenk die Arteria radialis und die Arteria ulnaris des Patienten abgedrückt. Der Patient wird aufgefordert, die Faust rhythmisch zu öffnen und zu schließen (vgl. Abb. 3-7a und b). Innerhalb kurzer Zeit wird die Hohlhand aufgrund der Mangeldurchblutung blass und fahl. Wird nun plötzlich die Arteria ulnaris wieder freigegeben, während die Arteria radialis weiterhin komprimiert bleibt (vgl. Abb. 3-8), so kommt es nur dann relativ rasch zur normalen Rötung der Hohlhand, wenn die Blutversorgung der Hohlhand durch die Arteria ulnaris ausreicht. Kommt es zur Rötung der Hohlhand innerhalb von 10 Sekunden, so kann die Arteria radialis kanüliert werden. Auch im Falle einer vorübergehenden Thrombosierung der Arteria radialis braucht nun nicht mit einer Mangeldurchblutung der Hohlhand gerechnet werden.

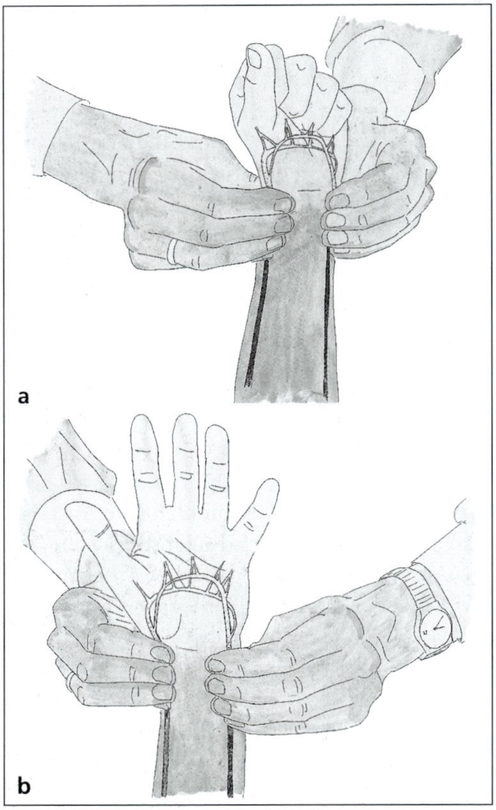

Abb. 3-7 Durchführung des Allen-Tests. Unter kontinuierlichem Komprimieren der Arteria radialis und der Arteria ulnaris wird der Patient gebeten, rhythmisch die Hand **a** zu schließen und **b** zu öffnen.

3.2.4 Material

- Desinfektionsspray und sterile Tupfer
- 2-ml-Spritze mit z. B. Lidocain 1 % und 26-G-Stahlkanüle für die lokale Betäubung
- 20-G-Teflonkanüle für Erwachsene, 22-G-Teflonkanüle für Kinder (z. B. Abbocath-Kanülen) bzw. idealerweise ein spezieller arterieller Katheter, der mittels Seldinger-Technik (→ S. 199) gelegt wird (z. B. Leader cath®, Fa. Vygon)
- 2 schmale und 2 breite Pflasterstreifen zum Fixieren des arteriellen Zugangs bzw. einen sterilen Faden mit Nadel, um die Kanüle festzunähen

Abb. 3-8 Durchführung des Allen-Tests. Bei weiterhin komprimierter Arteria radialis wird die Arteria ulnaris freigegeben und die wieder einsetzende Durchblutung der Hand beobachtet.

- (rotes) Klebeschild, idealerweise mit der Aufschrift: „ARTERIE – keine Injektion“
- 2-ml-Spritze (mit NaCl 0,9 % gefüllt) zum Durchspülen des Zugangs nach erfolgreicher Punktion
- Druckmesssystem:
  Inzwischen werden zumeist fertig zusammengebaute Druckmesssysteme verwendet, die meist aus folgenden Teilen zusammengesetzt sind:
  - Druckdom (1 in Abb. 3-9):
    Über den Druckdom wird der in der Druckleitung herrschende (arterielle) Druck auf den Druckwandler (→ S. 193; auf den der Druckdom aufgesetzt wird) übertragen.
  - Mikrospülsystem (2 in Abb. 3-9) zur langsamen, kontinuierlichen Spülung der Druckleitung:
    Die Spülflüssigkeit wird mit einem Druckbeutel unter einen Druck von 250–300 mm Hg gesetzt (1 in Abb. 3-13). Das Mikrospülsystem garantiert eine kontinuierliche Spülung mit 4 ml/h. Bei Bedarf kann durch Drücken eines entsprechenden Kipphebels (3 in Abb. 3-9) auch eine

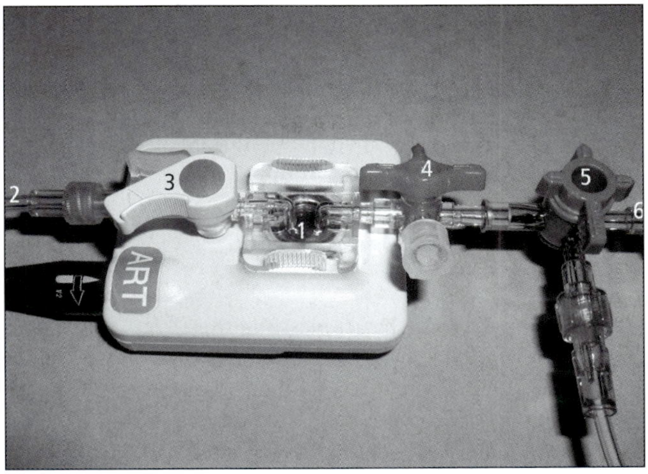

Abb. 3-9 Elektromechanischer Druckwandler. 1 = Druckdom; 2 = Zuleitung für Mikrospülsystem; 3 = Hebel für Schnellspülung; 4 = roter Dreiwegehahn für Nullpunktkalibrierung; 5 = blauer Dreiwegehahn für ZVD-Messung; 6 = starre Druckleitung.

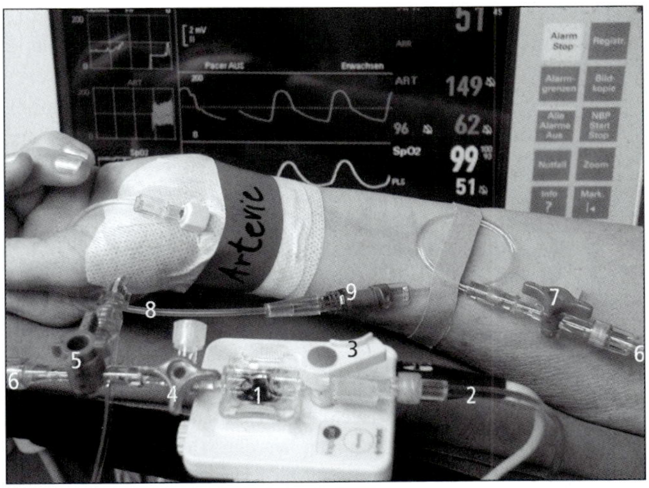

Abb. 3-10 Vorrichtung zur blutigen arteriellen Druckmessung, die an einem entsprechenden Monitorgerät angeschlossen ist. 1 = Druckdom; 2 = Zuleitung für Mikrospülsystem; 3 = Hebel für Schnellspülung; 4 = roter Dreiwegehahn für Nullpunktkalibrierung; 5 = blauer Dreiwegehahn für ZVD-Messung; 6 = starre Druckleitung; 7 = zweiter roter Dreiwegehahn zur Abnahme von Blutproben; 8 = kurzes Druckleitungsstück (mit Rückschlagventil [= 9]).

Schnellspülung betätigt werden (z. B. nach einer Blutentnahme aus dem arteriellen Zugang).

- 2 druckdomnahe Dreiwegehähne:
  Der dem Druckdom am nächsten liegende erste (rote) Dreiwegehahn (4 in Abb. 3-9) ist für die Nullpunktkalibrierung (→ S. 196), der zweite (blaue) Dreiwegehahn (5 in Abb. 3-9) ist für den Anschluss einer Druckleitung zur intermittierenden Messung des zentralen Venendrucks (ZVD).
- starre Druckleitung (6 in Abb. 3-9)
- weiterer (roter) Dreiwegehahn (7 in Abb. 3-10) zur Abnahme von Blutproben

- zweites kurzes Druckleitungsstück (mit Rückschlagventil) zum Anschluss an die intraarterielle Kanüle (8 in Abb. 3-10)
- Druckwandler (= Transducer):
  Zumeist werden wieder verwendbare Druckwandler verwendet. Zum Teil gibt es auch Druckmesssysteme, die einen Einwegdruckwandler enthalten.
- Monitor mit „Druckeinschub“ (Abb. 3-10)

- Spülflüssigkeit (500 ml NaCl, die in manchen Kliniken mit 500–1 000 IE Heparin versetzt wird) für eine kontinuierliche Spülung des arteriellen Zugangs. Da diese Spülflüssigkeit unter Druck gesetzt werden muss, wird noch ein Druckbeutel benötigt (1 in Abb. 3-13).

3.2.5 Vorbereitung

Für die kontinuierliche Druckmessung werden inzwischen zumeist fertig zusammengebaute Druckmesssysteme für den Einmalgebrauch verwendet. Deren Vorbereitung ist relativ einfach und wenig zeitaufwendig. Dieser Einwegdruckdom sowie die bereits konnektierten Verbindungsschläuche brauchen lediglich mit NaCl 0,9 % luftblasenfrei durchgespült und einerseits an die arterielle Kanüle und andererseits an den Druckwandler angeschlossen werden. Das Kabel des Druckwandlers ist noch in das entsprechende Monitorgerät einzustecken und das Druckmesssystem muss abschließend noch kalibriert werden (Kalibration → S. 196). Nun ist eine Druckmessung möglich.

3.2.6 Punktion der Arteria radialis

> ! Wenn immer möglich, sollte die arterielle Druckmessung bereits vor Narkoseeinleitung beim noch wachen Patienten vorgenommen werden. Denn hiermit ist die fortlaufende Blutdruckkontrolle während der Narkoseeinleitung, einem der gefahrenträchtigsten Momente jeder Narkose, möglich. Außerdem kann noch eine Blutprobe zur Bestimmung einer arteriellen **B**lut**g**as**a**nalyse (= BGA) vor Narkoseeinleitung, also unter Spontanatmung, abgenommen werden.

Für die Punktion sollte die Hand im Handgelenk über eine Tuchrolle nach dorsal überstreckt und in dieser Lagerung sollten die Finger mittels Pflasterstreifen fixiert werden (vgl. Abb. 3-11a). Nach mehrmaliger Desinfektion, dem Anlegen einer Lokalanästhesie beim wachen Patienten (vgl. Abb. 3-11b) und evtl. Vorpunktion der Haut mit einer Stahlkanüle wird bei Erwachsenen mit einer 20-G-Teflonkanüle oder vorzugsweise mit der Stahlkanüle eines Seldinger-Bestecks in einem Winkel von ca. 30 Grad die Arterie im Bereich des Handgelenks punktiert (vgl. Abb. 3-11c). Hierbei wird mit dem Zeige- und dem Ringfinger der anderen Hand der Arterienverlauf ertastet. Nach erfolgreicher Punktion der Arterie wird der Seldinger-Draht durch die Punktionskanüle (Abb. 3-11d) vorgeschoben. Die Punktionskanüle wird über den Seldinger-Draht entfernt und nun wird über den Seldinger-Draht die intraarterielle Kunststoffverweilkanüle vorgeschoben (Abb. 3-11e) und dann mittels Naht fixiert (Abb. 3-11f). Anschließend wird der Seldinger-Draht entfernt und die Druckleitung des Messsystems an die intraarterielle Verweilkanüle konnektiert. Nachdem die arterielle Kanüle mittels der Schnellspülung (3 in Abb. 3-9) des konnektierten Einwegdrucksystems durchgespült ist, wird sie penibel, z. B. wie in Abbildung 3-12 und 3-13 gezeigt, fixiert. Durch das zwischen der intraarteriellen Kanüle und dem dritten (roten) Dreiwegehahn (7 in Abb. 3-10) eingebaute kurze Druckleitungsstück (8 in Abb. 3-10) braucht z. B. beim Blutabnehmen aus dem arteriellen Zugang am Dreiwegehahn kein Wackeln, Abknicken oder Verrutschen der intraarteriellen Verweilkanüle befürchtet werden.

> ! Absolut zwingend ist das Kenntlichmachen des Zugangs als **Arterie**, z. B. durch Aufkleben von vorgedruckten Klebeschildern oder deutliche Beschriftung eines aufgeklebten Pflasterstreifens (vgl. Abb. 3-12). Bei Verwechslung mit einem venösen Zugang und Injektion von z. B. Thiopental droht der Verlust der Hand (!) (→ S. 51).

Über die starre Druckleitung, die 3 Dreiwegehähne und den Druckdom wird der arterielle Druck auf den elektromechanischen Druckwandler, der den mechanischen Druck in ein elektrisches Signal umwandelt, angeschlossen. Das Kabel des Druckwandlers ist in den Druckeinschub eines geeigneten Gerätes einzustecken, der das Signal des Druckwandlers verstärkt und auf einem Monitor digital als Zahlenwert und analog als Druckkurve anzeigt (Abb. 3-10).

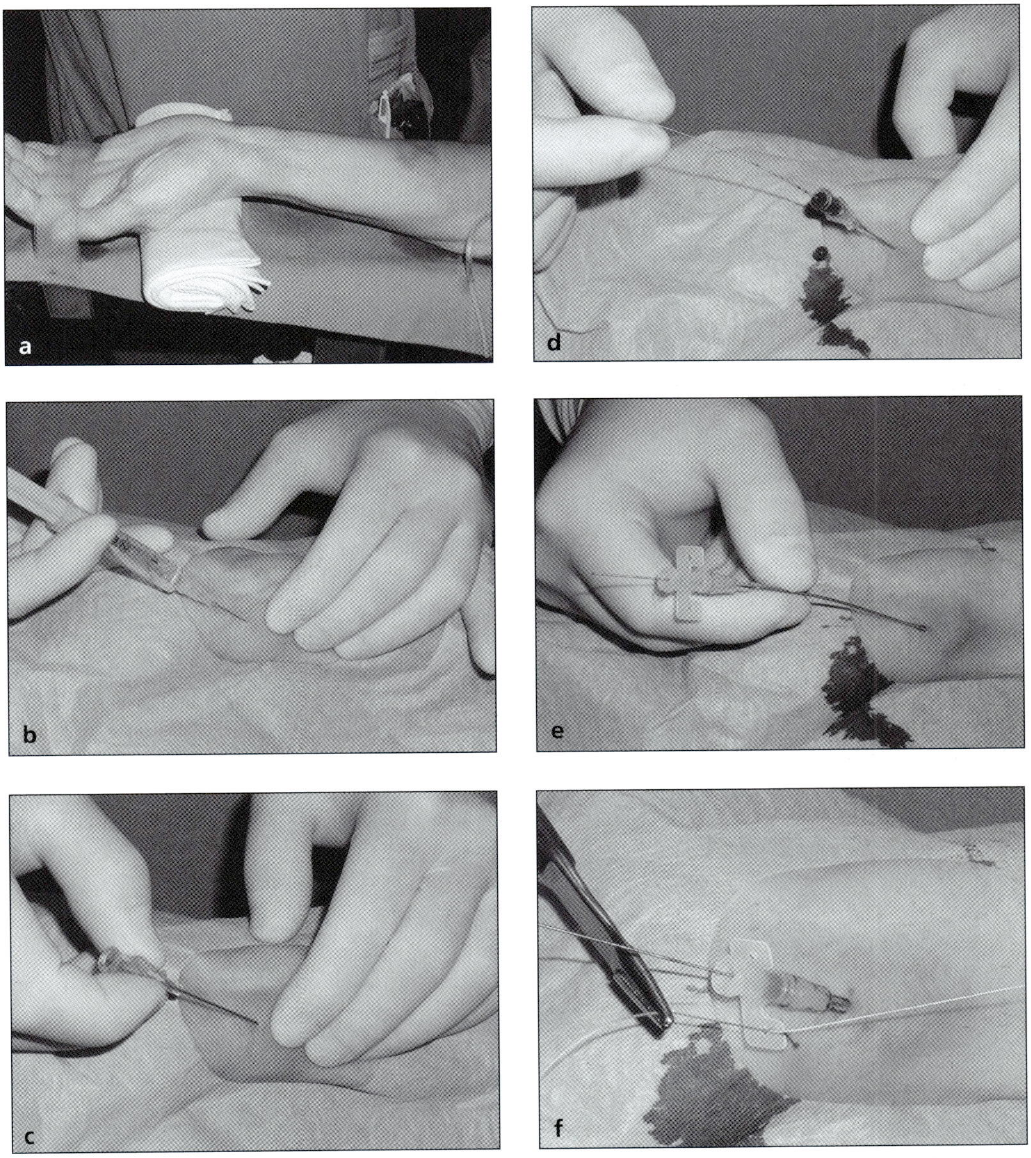

Abb. 3-11 Punktion der Arteria radialis mittels Seldinger-Technik. a Richtige Lagerung und Fixierung des Armes zur Punktion der Arteria radialis. b Sterile Anlage einer Lokalanästhesie. c Tasten des Arterienverlaufs und Punktion der Arterie. d Nach erfolgreicher Punktion Vorschieben des Seldinger-Drahtes durch die Punktionskanüle. e Nach Entfernen der Punktionskanüle über den Seldinger-Draht wird die intraarterielle Verweilkanüle über den Seldinger-Draht eingeführt. f Die intraarterielle Verweilkanüle wird fest genäht.

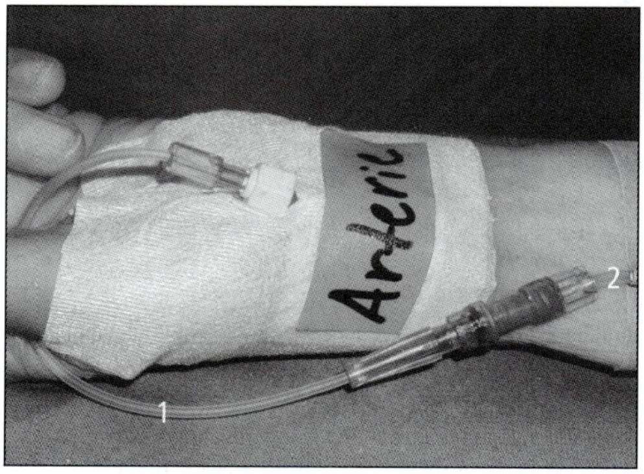

Abb. 3-12 Fixierte intraarterielle Kanüle und Markierung der intraarteriellen Kanüle durch entsprechenden Aufkleber. An die intraarterielle Kanüle ist ein kurzes Druckleitungsstück (mit speziellem Rückschlagventil) konnektiert (1). 2 = starre Druckleitung, die zum Druckwandler führt.

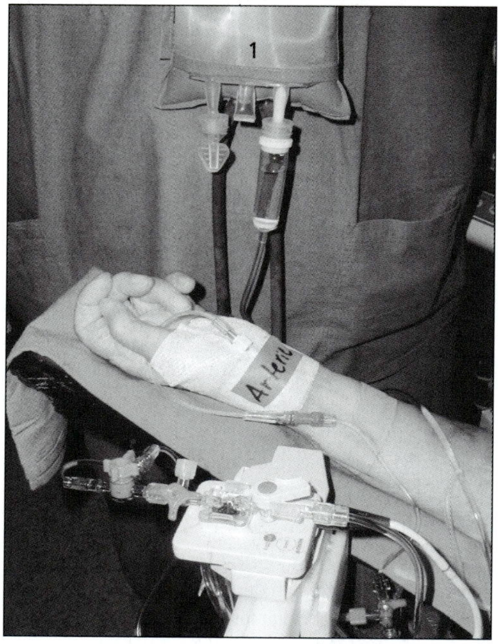

Abb. 3-13 Vorrichtung zur blutigen arteriellen Druckmessung mit angeschlossenem Druckbeutel (1) mit Spülflüssigkeit für das Mikrospülsystem.

3.2.7 Nullpunktabgleich und Kalibration

Der rote Dreiwegehahn direkt vor dem Druckwandler (4 in Abb. 3-9) wird so gestellt, dass die Verbindung Druckleitung/Druckwandler unterbrochen und der Druckwandler zur Atmosphäre hin geöffnet ist. Auf das Druckelement wirkt nun der atmosphärische Luftdruck. Dieser wird als Bezugspunkt gleich Null gesetzt. Nach Drücken der entsprechenden Nulltaste am Monitor muss die angezeigte Linie mit der Null-Linie des Monitors übereinstimmen (= **Nullpunktabgleich**). Mit der (nur bei älteren Geräten noch durchzuführenden) Kalibrierung wird kontrolliert, ob ein definierter Druck immer einen bestimmten Kurvenausschlag ergibt; z. B. muss ein Druck von 100 mm Hg immer einen 5 cm hohen Ausschlag ergeben. Nach Drücken der entsprechenden Kalibrierungstaste muss eine Eichzacke definierter Höhe erscheinen. Auch während der Kalibrierung muss der Druckwandler zur Atmosphäre hin offen sein. Bei modernen Monitorgeräten genügt es, nach Öffnen des Druckwandlers zur Atmosphäre lediglich den Kalibrationsknopf zu drücken. Es werden dann sowohl die Nullpunktabgleichung als auch die Kalibration automatisch durchgeführt.

Nach dem Nullpunktabgleich und der Kalibrierung des Gerätes wird die Verbindung Druckleitung/Druckwandler wieder freigegeben. Der Druckwandler muss noch auf Höhe des rechten Vorhofs (ca. Mitte des Thoraxdurchmessers beim liegenden Patienten) angebracht werden. Nun kann der aktuelle Druck am Monitor abgelesen werden.

Anschließend sollte nochmals sorgfältig überprüft werden, ob alle Schraubverbindungen der Druckleitung fest angezogen sind, damit eine versehentliche Lösung mit einer drohenden Entblutung nicht möglich ist.

3.2.8 Probleme

- abgerundeter, sog. gedämpfter Kurvenverlauf:
  Ursache sind meist Luftblasen oder ein Blutkoagel im System oder eine ungünstige Lagerung des kanülierten Arms bzw. ein zu langer Druckschlauch.
- falsch hohe oder falsch niedrige Druckanzeige:
  Dies ist der Fall, wenn der Druckwandler anstatt auf Herzniveau unterhalb oder oberhalb davon angebracht ist. Dies ist vor allem dann möglich, wenn der Druckwandler ausnahmsweise nicht am Operationstisch oder am Patienten, sondern z. B. am Infusionsständer befestigt ist. Wird zu einem späteren Zeitpunkt von den Operateuren eine Verstellung der Operationstischhöhe gewünscht, so muss unbedingt die Höhe des Druckwandlers nachjustiert werden!
- Thrombosierung der arteriellen Kanüle:
  Falls das kontinuierliche Mikrospülsystem (→ S. 192; Abb. 3-10) nicht funktioniert (z. B. Spülflüssigkeit steht nicht unter Druck), droht eine Thrombosierung der intraarteriellen Verweilkanüle.

3.2.9 Komplikationen

- Hämatombildung im Punktionsbereich
  vor allem bei Fehlpunktionen oder nach Entfernen der arteriellen Kanüle; mindestens 3 Minuten komprimieren!
- Infektionen
- arteriovenöse Fistel
- Durchblutungsstörungen mit z. B. nekrotischen Fingern (extrem selten)
- versehentliche intraarterielle Medikamenteninjektion
- arterielle Entblutung
  bei unbemerkter Diskonnektion in der arteriellen Druckleitung

3.3 Pulmonalarterienkatheter

Ein Pulmonalarterienkatheter (= Pulmonaliskatheter, Swan-Ganz-Katheter, Einschwemmkatheter) ist ein meist 4-lumiger Katheter, dessen Spitze über das venöse System und durch das rechte Herz bis in einen Ast der Arteria pulmonalis eingeführt wird.

Mithilfe eines Pulmonaliskatheters können das **H**erz**m**inuten**v**olumen (= HMV = cardiac output), der Druck in der Pulmonalarterie sowie der sog. pulmonalkapilläre Verschlussdruck (= **p**ulmo-**c**apillary **w**edge-**p**ressure = PCWP, kurz **Wedge-Druck** genannt) und der ZVD gemessen werden. Werden diese Daten sowie die Körpergröße, das Körpergewicht, die aktuelle Herzfrequenz und der arterielle Blutdruck in ein entsprechendes Computerprogramm eingegeben, so können der Gefäßwiderstand im Lungenkreislauf, der Gefäßwiderstand im großen Kreislauf, der Herzindex (= HMV/Körperoberfläche) und die Schlagarbeit des linken und des rechten Ventrikels errechnet werden. Dieses errechnete „hämodynamische Profil" ist bei Risikopatienten wichtig für eine differenzierte Catecholamin-, Vasodilatanzien- und Volumentherapie.
In den letzten Jahren wurden heftige Diskussionen über Zweck, Nutzen und Risiken des Pulmonaliskatheters geführt. Eine unkritische Anwendung kann von Nachteil für den Patienten sein. Bei korrekter Indikationsstellung und Beherrschung der Methode wird dieses Überwachungsverfahren jedoch weiterhin positiv eingeschätzt. Insgesamt werden Pulmonaliskatheter zunehmend seltener eingesetzt. Immer öfter wird anstatt eines Pulmonaliskatheters das PiCCO-Monitoring (→ Kap. 3.4) angewandt.

3.3.1 Indikationen

- septischer Schock
- kardiovaskuläre Risikopatienten
  (z. B. nach kürzlich durchgemachtem Herzinfarkt oder bei vielen Operationen am Herzen; → S. 296)

- multiples Organversagen
- Lungenversagen
- massive Volumenumsätze (z. B. Schwerstverbrannte)
- längerfristige Therapie mit Catecholaminen (z. B. Noradrenalin und Adrenalin; → S. 300)

3.3.2 Aufbau (vgl. Abb. 3-14)

Ballonzuleitung (1)

Sie dient zum Aufblasen (= blocken, wedgen) des kurz vor der Katheterspitze befindlichen Ballons (1b). Der Ballon wird mit 1–1,5 ml Luft aufgeblasen.

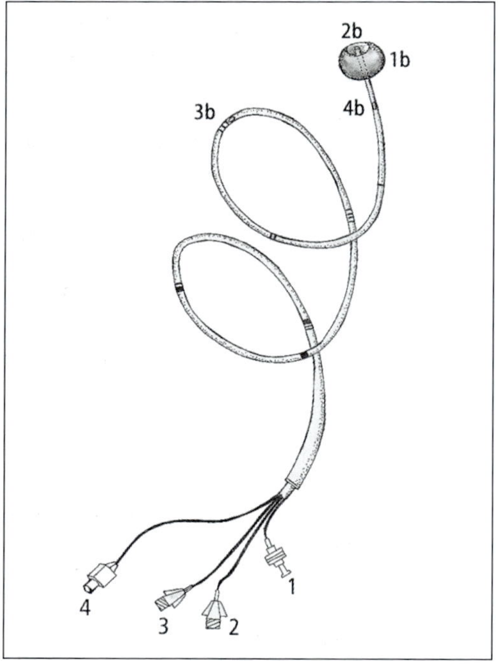

Abb. 3-14 Pulmonalarterienkatheter. 1 = Ballonzuleitung; 2 = distaler Schenkel; 3 = proximaler Schenkel; 4 = Thermistorzuleitung. Aufblasbarer Ballon (1b) sowie Mündung des distalen (2b) und proximalen (3b) Schenkels; 4b = Thermistor (Temperaturfühler) (nähere Beschreibung → Text).

Distaler Schenkel (2)

Der distale Schenkel (häufig gelber Anschluss) endet an der Katheterspitze (2b) und dient zur Messung des Drucks in der Pulmonalarterie sowie des pulmonalkapillären Verschlussdrucks (= **p**ulmo-**c**apillary **w**edge-**p**ressure = PCWP, Wedge-Druck, → S. 201) und zur Entnahme von gemischtvenösem Blut (→ S. 201).

Proximaler Schenkel (3)

Der proximale Schenkel (häufig blauer Anschluss) endet 30 cm vor der Katheterspitze (3b) und sollte kurz vor dem rechten Herzen liegen; über ihn kann der ZVD gemessen werden. Außerdem wird über diesen proximalen Schenkel die meist eisgekühlte 0,9%ige NaCl-Lösung zur Messung des HMV injiziert.

Thermistorzuleitung (4)

Sie dient zur Verbindung des kurz vor der Katheterspitze befindlichen Temperaturfühlers (= Thermistor; 4b) mit einem HMV-Gerät (= Cardiac-Output-Monitor).
Daneben verfügen manche Pulmonaliskatheter über einen weiteren Schenkel (häufig weißer Anschluss), der unmittelbar neben dem proximalen Schenkel endet. Er wird meist zur herznahen Applikation von Medikamenten, vor allem von Catecholaminen, verwendet.

3.3.3 Material

- Kopfhaube, Mundschutz, sterile Handschuhe, steriler Kittel
- Hautdesinfektionsspray
- steriles Lochtuch
- steriles Abdecktuch (ca. 100 × 100 cm) zum großflächigen Abdecken
- Lokalanästhetikum (z. B. Lidocain 1 %)

- physiologische Kochsalzlösung
- sterile 5-ml- und 10-ml-Spritze (zum Aufziehen des Lokalanästhetikums und der physiologischen Kochsalzlösung)
- sterile Stahlkanülen (zum Aufziehen des Lokalanästhetikums, der physiologischen Kochsalzlösung, zum Anlegen der Lokalanästhesie sowie evtl. zum Vorpunktieren einer zentralen Vene)
- mehrere sterile Kompressen
- 1 steriles, spitzes Skalpell
- 3 Dreiwegehähne (für einen 4-lumigen Pulmonaliskatheter)
- 1 Pulmonaliskatheter (Größe beim Erwachsenen: 7,5 Charr)
- Einführungsschleuse (sog. Introducer-Set, → unten; Größe beim Erwachsenen: 9 oder evtl. 8,5 Charr)
- Nahtmaterial, Nadelhalter und sterile Schere zum Festnähen des platzierten Katheters

3.3.4 Vorbereitung der Druckmessung

- Druckmesssysteme herrichten (zumeist werden inzwischen fertig zusammengebaute Systeme verwendet [→ S. 192])
- Druckdom des Messsystems auf den Druckwandler aufschrauben (→ S. 192)
- Druckwandler an ein Monitorgerät mit entsprechendem Druckeinschub anschließen (→ S. 192)
- Nullpunktabgleich (→ S. 196)
- Kalibrierung (→ S. 196)

3.3.5 Einführen eines Pulmonaliskatheters

Ein Pulmonaliskatheter wird vorzugsweise über die rechte Vena jugularis interna eingeführt. Prinzipiell kommen jedoch alle für einen Kavakatheter möglichen Punktionsorte (→ S. 186) infrage. Ein Pulmonaliskatheter wird nach der **Seldinger-Technik** ins venöse Gefäßsystem eingeführt. Hierzu wird die ausgewählte Vene mit einer Stahlkanüle punktiert. Nach der erfolgreichen Punktion wird durch die Stahlkanüle ein flexibler Stahldraht (= **Seldinger-Draht**) eingeführt. Nun wird bei liegen bleibendem Seldinger-Draht die ursprüngliche Punktionskanüle entfernt und neben dem Seldinger-Draht mit einem spitzen Skalpell eine Stichinzision vorgenommen, damit eine großlumige Einführungsschleuse (= **Introducer**) über den Seldinger-Draht in die Vene vorgeschoben werden kann. Zuvor wird durch den großlumigen Introducer ein sog. **Dilatator** gesteckt. Dieser Dilatator ragt etliche Zentimeter aus dem großlumigen Introducer heraus und weist eine sich verjüngende Spitze auf. Dilatator und Introducer werden gemeinsam über den Seldinger-Draht vorgeschoben. Die sich verjüngende Spitze des Dilatators dehnt beim Vorschieben den Punktionskanal auf und ermöglicht dadurch das Einführen des großlumigen Introducers. Danach werden der Seldinger-Draht und der Dilatator entfernt, und der Pulmonaliskatheter kann über den Introducer eingeführt werden.

Vorher muss der Pulmonaliskatheter jedoch noch auf Funktionstüchtigkeit überprüft werden: Nachdem der Ballon des Pulmonaliskatheters versuchsweise mit Luft aufgeblasen und auf Dichtigkeit geprüft wurde, müssen alle Schenkel des Pulmonaliskatheters mit 0,9%iger NaCl-Lösung durchgespült werden. Der proximale Schenkel des Pulmonaliskatheters wird an den zweiten (blauen) Dreiwegehahn hinter dem Druckdom angeschlossen (5 in Abb. 3-9). Durch Umschalten dieses Dreiwegehahns kann über diesen proximalen Schenkel ggf. der zentrale Venendruck gemessen werden. Der distale Schenkel des Pulmonaliskatheters wird mit der an den Druckdom angeschlossenen Druckmessleitung verbunden. Der erste (rote) Dreiwegehahn nach dem Druckdom wird so eingestellt (4 in Abb. 3-9), dass die Verbindung Dom/distaler Schenkel freigegeben ist. Dann wird der an der Katheterspitze herrschende Druck registriert.

Nun wird der Katheter unter kontinuierlicher Kontrolle der Druckkurve über den Introducer

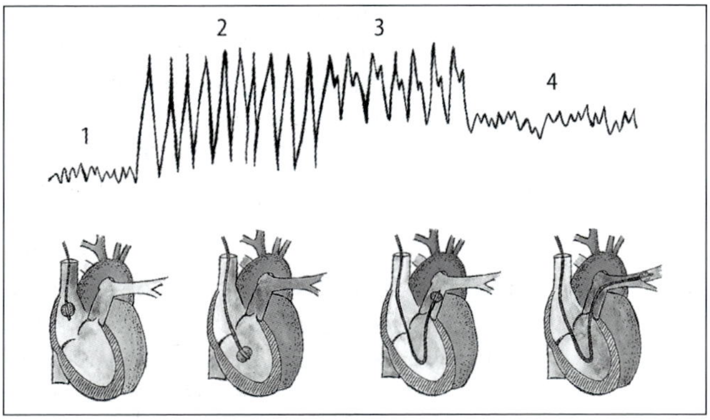

Abb. 3-15 Über den Pulmonalarterienkatheter abgeleitete Druckkurve beim Einschwemmen des Katheters. 1 = zentraler Venendruck; 2 = Druck im rechten Ventrikel; 3 = Druck in der Arteria pulmonalis; 4 = pulmonalkapillärer Verschlussdruck.

in die Vena jugularis interna vorgeschoben. Nachdem die Katheterspitze ca. 15 cm eingeführt ist, wird der unmittelbar hinter der Katheterspitze befindliche Ballon mit 1–1,5 ml Luft aufgeblasen und der Katheter langsam vorgeschoben. Der aufgeblasene Ballon, und damit die Katheterspitze, wird mit dem Blutstrom über die Vena cava nach ca. 20 cm in den rechten Vorhof, nach ca. 30 cm in den rechten Ventrikel und nach ca. 45 cm in die Arteria pulmonalis „eingeschwemmt“. Der Pulmonaliskatheter wird deshalb zum Teil auch als „**Einschwemmkatheter**“ bezeichnet. Da sich die Arteria pulmonalis in immer kleiner werdende Äste aufzweigt, bleibt der aufgeblasene Ballon meist nach 50–60 cm in einem kleineren Ast der Arteria pulmonalis stecken.

! Während der Pulmonaliskatheter bis in die Arteria pulmonalis „eingeschwemmt“ wird, muss über den distalen Schenkel kontinuierlich der an der Katheterspitze herrschende Druck registriert werden.

Dabei ergibt sich eine charakteristische Kurve (vgl. Abb. 3-15):

- 1 in Abb. 3-15:
  Befindet sich die Katheterspitze in der Vena cava, so kann eine typische **atemverschiebliche ZVD-Kurve** abgelesen werden. Der normale Druckbereich in der Vena cava beträgt 1–10 mm Hg.
- 2 in Abb. 3-15:
  Wenn die Katheterspitze in den rechten Ventrikel eingeschwemmt wird, verändert sich die Druckkurve eindrucksvoll. Während der Systole des rechten Herzens lässt sich ein Druck von ca. 25 (± 8) mm Hg, während der Diastole des rechten Herzens ein Druck von ca. 4 (± 3) mm Hg ableiten.
- 3 in Abb. 3-15:
  Wird die Katheterspitze weiter durch die Pulmonalklappe bis in die Arteria pulmonalis geschwemmt, ändert sich die Druckkurve erneut. Der systolische Druck bleibt mit 25 (± 8) mm Hg gleich. In der Arteria pulmonalis herrscht jedoch ein diastolischer Druck von ca. 9 (± 4) mm Hg, sodass der Druck jetzt nicht mehr so weit wie bei der Ventrikelkurve abfällt.
- 4 in Abb. 3-15:
  Wird die Spitze des Pulmonaliskatheters soweit vorgeschoben, bis der aufgeblasene Ballon an der Katheterspitze einen Ast der Arteria pulmonalis total verschließt, dann verschwinden plötzlich diese Druckschwankungen zwischen 25 und 9 mm Hg. Der Druck fällt auf durchschnittlich 9 (± 4) mm Hg ab. Die Kurve zeigt nur noch minimale Druckschwankungen. Hinter der verschlossenen Pulmonalarterie findet jetzt keine Durchblutung mehr statt. Der nun an der Katheterspitze gemessene Druck entspricht dem im Lungenkapillarsystem herrschenden Druck. Dieser wird als pulmonalkapillärer Verschlussdruck (= **p**ulmo-**c**apillary **w**edge-**p**ressure = PCWP oder kurz: Wedge-Druck) bezeichnet (→ S. 202).

- 3 in Abb. 3-15:
  Wird nun der an der Katheterspitze befindliche Ballon wieder entleert (= entblockt), so wird der hinter der Katheterspitze befindliche Pulmonalarterienast wieder durchblutet. Es lässt sich jetzt wieder die für die Arteria pulmonalis typische Druckkurve ableiten. Durch Aufblasen (= blocken, wedgen) des Ballons kann wiederholt der Wedge-Druck gemessen werden.

! Der Pulmonaliskatheter darf immer nur für kurze Zeit in Wedge-Position sein; ist er versehentlich längere Zeit in dieser Position, so droht ein Infarkt der hinter der Katheterspitze gelegenen Lungengebiete, die jetzt nicht durchblutet sind (!). Um dies zu vermeiden, muss die Druckkurve der Pulmonalarterie stets auf dem Monitor dargestellt sein, damit eine versehentliche Wedge-Position des Katheters sofort erkennbar ist.

Außer diesem distalen Schenkel zur Messung des Wedge-Drucks und des Drucks der Arteria pulmonalis verfügt ein Pulmonaliskatheter noch über einen proximalen Schenkel (häufig blauer Anschluss), der 30 cm vor der Katheterspitze mündet. Diese Öffnung sollte normalerweise kurz vor dem rechten Herzen liegen und erlaubt die **Messung des ZVD**. Hierzu wird der entsprechende (blaue) Dreiwegehahn (5 in Abb. 3-9) am Druckdom umgeschaltet und die Verbindung Dom/distaler Schenkel verschlossen und die Verbindung Dom/proximaler Schenkel freigegeben. Nach dem Messen des ZVD muss der Dreiwegehahn wieder so eingestellt werden, dass die Verbindung Dom/distaler Schenkel freigegeben ist. Auf dem Monitor muss normalerweise immer der pulmonalarterielle Druck (3 in Abb. 3-15) angezeigt werden. Der ZVD wird nur kurzfristig gemessen.

Zur **Bestimmung des Herzminutenvolumens** (= HMV) wird über den proximalen Schenkel ein definiertes Volumen (z. B. 10 ml) einer meist eisgekühlten NaCl-Lösung möglichst schnell (in weniger als 5 Sekunden) injiziert. Diese meist eiskalte 0,9%ige NaCl-Lösung wird mit dem Blutstrom durch den rechten Vorhof und durch den rechten Ventrikel in die Arteria pulmonalis transportiert. Auf diesem Weg wird die Injektionslösung erwärmt und verdünnt. Kurz vor der Spitze des Pulmonaliskatheters befindet sich ein Temperaturfühler (= Thermistor, 4b in Abb. 3-14), mit dem Temperaturschwankungen in der Arteria pulmonalis registriert werden können. Die Thermistorzuleitung (4 in Abb. 3-14) wird an einen Computer angeschlossen, der anhand des Injektionszeitpunktes und der Temperaturänderungen am Thermistor das Herzminutenvolumen errechnen kann; das Gerät wird deshalb als HMV-Gerät oder meist als **Cardiac-Output-Monitor** bezeichnet. Dieses Verfahren zur Bestimmung des HMV beruht auf der **Kälteverdünnungsmethode** (= **Thermodilutionsmethode**). Es sollte der Mittelwert mehrerer Messungen verwendet werden.

Inzwischen sind auch Pulmonaliskathetermodelle verfügbar, die eine kontinuierliche Messung des Herzminutenvolumens erlauben (= **c**ontinuous **c**ardiac **o**utput = **CCO**). In deren distalem Ende ist zusätzlich eine Heizspirale eingebaut. Die von dieser Heizspirale abgegebenen Wärmeimpulse führen zu lokalen Änderungen der Bluttemperatur. Diese werden vom Temperaturfühler (Termistor) registriert und ermöglichen die Errechnung des HMV. Bei CCO-Kathetern braucht keine NaCl-Lösung injiziert werden. Es entsteht dadurch keine Flüssigkeitsbelastung, was bei Intensivpatienten unter Umständen wichtig sein kann. Auf dem zugehörigen CCO-Monitor wird kontinuierlich das aktuelle HMV angezeigt.

3.3.6 Interpretation der gemessenen Werte

Gemischtvenöse Sättigung

Über den distalen Schenkel des Pulmonaliskatheters kann gemischtvenöses Blut aus der Arteria pulmonalis entnommen werden. Dieses Blut wird als gemischtvenös bezeichnet, da in der Arteria pulmonalis Blut aus der Vena cava

inferior (Blut aus der unteren Körperhälfte) und Blut aus der Vena cava superior (Blut aus der oberen Körperhälfte) gemischt ist. Aus einem Kavakatheter, dessen Spitze in der Vena cava superior liegt, wird zentralvenöses Blut entnommen. Es repräsentiert nur das Blut aus der oberen Körperhälfte. Gemischtvenöses Blut wird vor allem abgenommen, um die gemischtvenöse Sättigung zu messen. Der Normalwert beträgt ca. 75 %. Fällt die gemischtvenöse Sättigung ab, so hat dies (bei konstantem Hb-Wert, konstanter arterieller Sättigung und gleichbleibendem Sauerstoffverbrauch) seine Ursache in einer vermehrten Ausschöpfung des Blutes aufgrund eines niedrigen HMV. Bei der Abnahme einer gemischtvenösen Blutprobe muss das Blut langsam aspiriert werden. Wird zu schnell aspiriert, so kann unter Umständen bereits oxygeniertes Blut aus dem Lungenkapillargebiet angesaugt werden, was eine falsch hohe Sauerstoffsättigung ergibt.
Inzwischen gibt es bereits Pulmonaliskathetermodelle (CCO-Katheter; → S. 201), die eine kontinuierliche Messung der gemischtvenösen Sättigung an der Katheterspitze ermöglichen (**Reflektionsspektrophotometrie**), ohne dass hierzu eine Blutprobe entnommen werden muss.

Herzminutenvolumen

Das **H**erz**m**inuten**v**olumen (= HMV = cardiac output) des Erwachsenen beträgt normalerweise 4–8 l/min; erniedrigt ist es bei einer Herzinsuffizienz und im Volumenmangelschock; im septischen Schock ist es meist erhöht.

Herzindex

Der Herzindex wird errechnet, indem das HMV durch die Körperoberfläche des Patienten geteilt wird (HMV/Körperoberfläche). Der Normalwert liegt bei 2,5–4 l/min × m^2.

Wedge-Druck

Der Wedge-Druck entspricht weitgehend dem Druck im linken Vorhof. Unter der Voraussetzung, dass das Blut während der Diastole ungehindert vom linken Vorhof in den linken Ventrikel fließen kann, dass also keine Stenose der Mitralklappe besteht (→ S. 313), entspricht der Druck vor dem linken Herzen annähernd dem linksventrikulären enddiastolischen Füllungsdruck (→ S. 297). Dieser ist ein Maß für die Leistungsfähigkeit des linken Ventrikels. Mithilfe des Wedge-Drucks kann also die Leistungsfähigkeit des linken Ventrikels beurteilt werden.

Zentralvenöser Druck

Der **z**entral**v**enöse **D**ruck (= ZVD) entspricht weitgehend dem Druck im rechten Vorhof. Er wird jedoch auch durch die Atmung/Beatmung, durch einen PEEP (→ S. 23), durch die Körperlage sowie durch den Kontraktionszustand und den Füllungszustand des venösen Gefäßsystems beeinflusst. Deshalb kann der ZVD nur mit Vorbehalt dem rechtsventrikulären enddiastolischen Druck und damit der rechtsventrikulären Leistungsfähigkeit gleichgesetzt werden.

Gefäßwiderstand im großen Kreislauf

Der Gefäßwiderstand im großen Kreislauf (= **s**ystemic **v**ascular **r**esistance = SVR) wird mithilfe eines Computers (aus dem arteriellen Mitteldruck, dem ZVD und dem HMV) errechnet. Er fällt ab bei einer Sepsis und bei Gabe von gefäßerweiternden Medikamenten (= Vasodilatanzien, z. B. Nitroprussidnatrium oder Nitroglycerin; → S. 304) und wird erhöht z. B. durch die Gabe von gefäßverengenden Medikamenten, z. B. Noradrenalin (→ S. 300). Der Normalwert beträgt 900–1 500 dyn × s × cm^{-5}.

Gefäßwiderstand im Lungenkreislauf

Der Gefäßwiderstand im Lungenkreislauf (= **p**ulmonal **v**ascular **r**esistance = PVR) wird mithilfe eines Computerprogramms (aus dem arteriellen Mitteldruck, dem Wedge-Druck und dem HMV) errechnet. Er ist erhöht z. B. bei einer Lungenembolie. Der Normalwert beträgt 90–150 dyn × s × cm^{-5}.

Druck in der Pulmonalarterie

Der Druck in der Pulmonalarterie (= **p**ulmonary **a**rtery **p**ressure = PAP) wird über den distalen Schenkel des Pulmonaliskatheters gemessen. Er ist erhöht z. B. bei einer Lungenembolie. Der Normalwert für den Mitteldruck in der Pulmonalarterie beträgt 9–19 mm Hg.

3.3.7 Veränderung der Kreislaufparameter

Rechtsherzinsuffizienz

Bei Rechtsherzinsuffizienz ist der rechte Ventrikel nicht mehr in der Lage, das ihm angebotene Blutvolumen adäquat wegzupumpen. Das Blut staut sich vor dem rechten Herzen. Klinische Zeichen sind z. B. gestaute Halsvenen und prätibiale Ödeme. Der ZVD ist erhöht, das HMV erniedrigt, die Herzfrequenz kompensatorisch erhöht.

Linksherzinsuffizienz

Bei Linksherzinsuffizienz ist der linke Ventrikel nicht mehr in der Lage, das ihm angebotene Blutvolumen adäquat wegzupumpen. Das Blut staut sich vor dem linken Herzen. Unter Umständen kann sich das Blut bis in die Lungen zurückstauen und zum Lungenödem führen. Der über den Pulmonaliskatheter messbare Wedge-Druck entspricht weitgehend dem Druck im linken Vorhof und ist damit erhöht. Das HMV ist erniedrigt, die Herzfrequenz ist kompensatorisch erhöht.

Insuffizienz des rechten und des linken Herzens

Bei Insuffizienz des rechten und des linken Herzens (= biventrikuläre Herzinsuffizienz) sind ZVD und Wedge-Druck erhöht. Das HMV ist erniedrigt, die Herzfrequenz ist kompensatorisch erhöht.

Volumenmangel

Bei Volumenmangel sind der ZVD, der Wedge-Druck, das HMV und der Blutdruck erniedrigt. Die Herzfrequenz ist kompensatorisch erhöht.

Sepsis

Während einer Sepsis ist das Gefäßsystem durch Bakterientoxine weitgestellt. Der Gefäßwiderstand im großen Kreislauf ist deutlich erniedrigt. Folge der Gefäßweitstellung ist ein relativer Volumenmangel mit niedrigem ZVD und niedrigem Wedge-Druck. Das HMV und die Herzfrequenz sind kompensatorisch erhöht.

3.3.8 Gefahren

- Herzrhythmusstörungen beim Einführen des Pulmonaliskatheters
- Ruptur eines Pulmonalarterienasts bei zu starkem Blocken des Ballons
- Lungeninfarkt bei versehentlicher länger dauernder Wedge-Position des Katheters
- Verletzungen der Herzklappen des rechten Herzens und der Papillarmuskeln
- erhöhte Thrombosegefahr aufgrund des dicken Katheterlumens
- Infektionsgefahr

- Knotenbildung des Katheters im Herzen, vor allem bei zu schnellem Vorschieben
- Komplikationen der Gefäßpunktion (Pneumo- oder Hämatothorax, arterielle Punktion; → S. 188):
  Aus diesem Grunde muss nach dem Legen eines Pulmonaliskatheters (auch nach einem vergeblichen Versuch) stets eine Röntgenaufnahme des Thorax durchgeführt werden!
- Sonstiges:
  Mittels Pulmonaliskatheter können zahlreiche hämodynamische Parameter genau überwacht werden. Es konnte jedoch bisher nicht bewiesen werden, dass durch Einführung des Pulmonalarterienkatheters die Überlebensrate schwerstkranker Patienten erhöht werden konnte.

3.4 PiCCO

1997 wurde mit PiCCO ein neues Verfahren zur wenig invasiven Bestimmung hämodynamischer Parameter (z. B. Herzminutenvolumen) und sog. volumetrischer Parameter (z. B. extravasales Lungenwasser) eingeführt. PiCCO ist bei Erwachsenen sowie auch bei Kindern (ab ca. 2 kg KG) einsetzbar. Hierzu wird ein (evtl. bereits platzierter, möglichst mehrlumiger) zentraler Venenkatheter (an den ein sog. Injektat-Temperatur-Sensor-Kabel angeschlossen wird) und ein spezieller arterieller PiCCO-Katheter (der z. B. in der Arteria femoralis oder Arteria brachialis platziert wird) benötigt. Ein Pulmonalarterienkatheter ist nicht notwendig.
PiCCO beruht auf der transpulmonalen Thermodilution und der sog. Pulskonturanalyse der arteriellen Druckkurve. Bei der transpulmonalen Thermodilution wird über den ZVK ein definiertes Volumen an eiskaltem oder raumtemperiertem Injektat injiziert. Hierbei kann ein patiententypischer Kalibrationsfaktor ermittelt werden. Anhand der kontinuierlichen Pulskonturanalyse der arteriellen Druckkurve können u. a. das Pulskontur-Herzminutenvolumen (PC-HMV), das Schlagvolumen (SV) und der systemische Gefäßwiderstand (SVR) ermittelt werden. Die Ermittlung der PC-HMV erfolgt anhand der Fläche unter der arteriellen Druckkurve, der Form der Druckkurve, der Herzfrequenz, einem patiententypischen Kalibrationsfaktor (→ oben) und der Compliance der Aorta (die anhand der transpulmonalen Thermodilution und der Blutdruckkurve ermittelt wird).
Anhand der transpulmonalen Thermodilution können u. a. das transpulmonale HMV, das intrathorakale Blutvolumen (ITBV), das extravasale Lungenwasser (EVLW), das globale enddiastolische Volumen (GEDV = Summe aus dem enddiastolischen Volumen des rechten sowie linken Vorhofs und Ventrikels) gemessen werden. Die transpulmonale Messung des HMV soll mindestens so genau sein wie das mithilfe eines Pulmonalarterienkatheters ermittelte Herzminutenvolumen. Die Interpretation der ermittelten PiCCO-Werte ist einfacher als die mittels Pulmonalarterienkatheter erhobenen Werte.
Als mögliche Indikationen für PiCCO werden vor allem schwere Herzinsuffizienz, Schock, ARDS, Polytrauma und Verbrennungen genannt.

3.5 Echokardiographie

In den letzten Jahren wird die Echokardiographie zunehmend von Anästhesisten und Intensivmedizinern angewandt.
Mittels Echokardiographie können zahlreiche wichtige anästhesiologische, intensiv- und notfallmedizinische Fragestellungen untersucht werden (Tab. 3-1). Damit können vor allem bei solchen Patienten Informationen erhalten werden, bei denen die Ursache einer Kreislaufinstabilität unklar ist, bei denen eine unklare intravasale Volumensituation (Hypo- oder Hypervolämie) besteht oder bei denen der Erfolg einer medikamentösen Herz-Kreislauf-Stützung (z. B. mit Catecholaminen; → S. 300) beurteilt werden muss. Die sachgerechte Anwen-

Tab. 3-1 Fragestellungen, die mittels echokardiographischer Untersuchung beurteilt werden können

Fragestellung	Mögliche Befunde oder Bemerkungen
Größe der Vorhöfe und Ventrikel?	Dilatation?
Herzklappen?	Beweglichkeit, Klappenfunktion, Klappengröße, endokarditische Auflagerungen?
Wandbeweglichkeit?	regionale Wandbeweglichkeitsstörungen, die Hinweis auf eine Infarktnarbe oder eine myokardiale Ischämie sind
Wanddicke?	Myokardhypertrophie
Vorhof-, Ventrikelseptum?	Septumdicke, Verlagerung
Luft in den Herzbinnenräumen?	empfindlichste Methode zum Nachweis einer Luftembolie (v. a. bei neurochirurgischer Operation in sitzender Lage; einzige Nachweismethode für stattfindende paradoxe Luftembolie; → S. 271)
Herztumor?	z.B. Vorhofmyxom
Darstellung der linken proximalen Koronararterie?	z.B. Stenose
Kontraktilität? Kongenitaler Herzfehler? Aortendissektion? Vorhof-, Herzohrthromben?	Herzinsuffizienz
Perikarditis? Perikarderguss? Herzwandaneurysma?	Nachweisgrenze bereits bei ca. 50 ml
Lungenarterienembolie?	hämodynamisch wirksame Lungenembolien verursachen Vergrößerung des rechten Ventrikels, Erweiterung der Arteria pulmonalis, abnorme Bewegungen des Ventrikelseptums
Intrakardiale Shunts?	Untersuchung ggf. nach Injektion einer kontrastgebenden Lösung

dung der Echokardiographie und die korrekte Interpretation der Ergebnisse setzen eine große Erfahrung voraus und die Geräte sind noch relativ teuer.

Bei der Echokardiographie werden Schallwellen mit hoher Frequenz (Ultraschall) in den Körper geleitet. Diese werden an Organoberflächen sowie an Innenstrukturen der Organe – je nach deren Strukturdichte – mehr oder weniger stark reflektiert bzw. absorbiert. Die reflektierten Schallwellen werden vom Schallkopf wieder registriert. Damit ist es möglich, (1- oder) 2-dimensionale Bilder der inneren Organe zu erstellen. Das Auflösungsvermögen moderner Echokardiographiegeräte beträgt inzwischen 1–2 mm.

Die 2-dimensionale Echokardiographie (= 2D-Echokardiographie) stellt inzwischen das Standardverfahren dar.

3.5.1 Doppler-Effekt

Während unbewegte Grenzflächen von Organen den Ultraschall lediglich reflektieren, führen bewegte Grenzflächen dazu, dass sich zusätzlich die Frequenz der reflektierten Ultraschallwellen ändert. Dieser Frequenzunterschied zwischen ausgesendeten und empfangenen Ultraschallwellen ist proportional zu der Geschwindigkeit der Organbewegungen. Dieses Phänomen wird als Doppler-Effekt bezeich-

Tab. 3-2 Wichtige Indikationen für die transösophageale Echokardiographie in Anästhesie, Intensiv- und Notfallmedizin

TEE-Indikationen in der Anästhesie
• Patienten mit hohem kardialem Risiko • chirurgische Eingriffe mit hohem Risiko einer hämodynamischen Entgleisung • embolieträchtige Eingriffe (z.B. neurochirurgische Operation in sitzender Lagerung; → S. 270) • Operationen am Herzen (z.B. Klappenrekonstruktionen, Korrektur angeborener Herzfehler, Klappenprothetik, Verdacht auf myokardiale Ischämien, minimalinvasive kardiochirurgische Operationen)
TEE-Indikationen in der Intensiv- und Notfallmedizin
• Diagnostik bei unklarer Kreislaufinstabilität (Kontraktilität? Volumenstatus? grobe, diskontinuierliche HZV-Abschätzung) • Beurteilung der Klappenfunktion • Verdacht auf kardiale Ischämie • Beurteilung der rechts- und linksventrikulären Füllung • Verdacht auf Lungenembolie • Verdacht auf Perikardtamponade

Tab. 3-3 Kontraindikationen für die transösophageale Echokardiographie

Absolute Kontraindikationen
• unzureichende Ausbildung des Untersuchers • Tumoren des oberen Gastrointestinaltrakts (Pharynx, Larynx, Ösophagus, Magen)
Relative Kontraindikationen
• anatomische Missbildungen des oberen Verdauungstraktes • Zustand nach chirurgischen Eingriffen am oberen Verdauungstrakt • schwieriges Einführen der TEE-Sonde in den Ösophagus • Ösophagusvarizen • klinisch relevante Blutungen im Bereich des oberen Verdauungstrakts

net. Mithilfe dieses Doppler-Effektes ist es möglich, die Fließgeschwindigkeit von Blut, z. B. im Bereich der Herzklappen, darzustellen.

Das Doppler-Verfahren sowie die 2D-Echokardiographie können kombiniert werden. Es wird dann von Doppler-Echokardiographie gesprochen. Wird hierbei die Richtung des Blutstroms farbkodiert, wird von Farb-Doppler-Echokardiographie gesprochen. Blutfluss zur Sonde hin wird bei fast allen Geräten mit roter Farbe, Blutfluss von der Sonde weg wird normalerweise mit blauer Farbe kodiert.

Die Echokardiographie kann transthorakal oder transösophageal erfolgen. Bei der **t**ransthorakalen **E**chokardiographie (= TTE) wird der Schallkopf entweder direkt unterhalb des Rippenbogens und neben dem Brustbeinfortsatz (im Rippenwinkel), direkt oberhalb des Brustbeins im Bereich des Jugulum sternae oder im Rippenzwischenraum auf die Haut aufgesetzt. Bei der transösophagealen Echokardiographie wird ein kleiner Schallkopf, der in einen gastroskopähnlichen, steuerbaren Schlauch integriert ist, durch den Mund in den Ösophagus eingeführt. Das unmittelbar ventral des Ösophagus liegende Herz kann bei der TEE ohne störende Zwischenstrukturen gut beurteilt werden.

Die 2-dimensionale **t**ransoesophageale **E**chokardiographie (= TEE) findet zunehmenden Einsatz auch in der Anästhesiologie und Intensivmedizin. Die häufigsten Indikationen sind vor allem die Überwachung während kardiochirurgischer Eingriffe, die Überwachung neurochirurgischer Patienten in sitzender Position (bei denen das erhöhte Risiko einer Luftembolie besteht) sowie anästhesiologische oder intensivmedizinische Patienten mit hohem kardialem Risiko. Indikationen zur transösophagealen Überwachung in der Anästhesiologie und Intensivmedizin bestehen vor allem bei den in Tabelle 3-2 dargestellten Krankheitsbildern oder operativen Eingriffen.

Bei der Durchführung einer TEE sind die in Tabelle 3-3 angegebenen Kontraindikationen zu beachten.

Vor Beginn der TEE-Untersuchung ist eine Vertiefung der Narkose bzw. bei Intensivpatienten eine Vertiefung der Analgosedierung wichtig. Falls bei dem Patienten eine Magensonde liegt, sollte über diese das Magensekret abgesaugt und anschließend sollte die Magensonde vorher entfernt werden. Bei beatmeten Patienten kann das Einführen der TEE-Sonde durch den liegenden Endotrachealtubus erschwert sein.

Stets ist darauf zu achten, dass bei einer TEE ein zirkulärer Beißring zwischen die Zahnreihen eingeführt wird, durch den die TEE-Sonde eingeführt wird. Hierdurch kann eine Beschädigung des Gerätes verhindert werden, falls der Patient die Zähne zusammenbeißen sollte.

Mögliche Komplikationen sind z. B. Stimmbandverletzungen, Ösophagusverletzung; Ösophagusperforation, Aspiration, Bronchospasmus, Herzrhythmusstörungen.

Für die Position der TEE-Sonde sind vor allem folgende 3 Schallkopfpositionierungen wichtig (Abb. 3-16):

- hohe ösophageale Sondenposition
- tiefe ösophageale Sondenposition
- transgastrische Sondenposition

Anhand der echokardiographisch erhobenen Daten können die in Tabelle 3-4 aufgelisteten Parameter ermittelt und daraus weitere Größen abgeleitet werden.

Mit der transösophagealen 2D-Echokardiographie können Myokardischämien sehr gut beurteilt werden. Die TEE ist bei intraoperativ auftretenden Myokardischämien empfindlicher als das EKG. Neu auftretende regionale Wandbewegungsstörungen sind früher zu erwarten als entsprechende EKG-Veränderungen oder ein Anstieg des pulmonalkapillären Verschlussdrucks bzw. pektanginöse Beschwerden. Bei einer Myokardischämie tritt innerhalb von Sekunden eine nachweisbare Wandbewegungsstörung (Hypokinesie, Akinesie, Dyskinesie) auf.

3.5.2 Stressechokardiographie

Falls bei einem Patienten mit einer **k**oronaren **H**erz**k**rankheit (= KHK), z. B. aufgrund von Nebenerkrankungen (z. B. einer Arthrose) kein

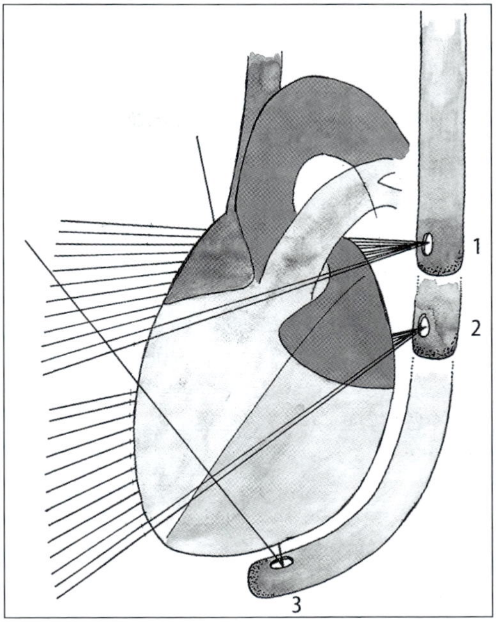

Abb. 3-16 Schallkopfpositionen bei der transösophagealen Echokardiographie (= TEE); standardisierte Schallkopfpositionen und quere Schnittebenen durch das Herz. 1 = hohe ösophageale; 2 = tiefe ösophageale; 3 = transgastrische Sondenposition.

Tab. 3-4 Mittels Echokardiographie ermittelbare Größen

- Schlagvolumen (= SV)
- Herzminutenvolumen (= HF × SV)
  Das mittels TEE ermittelte Herzminutenvolumen (= HMV) ist weniger zuverlässig als das mittels Pulmonalarterienkatheter erfasste HMV (→ S. 202).
- Ejektionsfraktion (derjenige Prozentsatz des Ventrikelvolumes, der während der Systole ausgeworfen wird; Normalwert: 55–75 %). Die EF stellt einen Anhaltswert für die myokardiale Kontraktilität dar (→ S. 297).
- Abschätzung der Vorlast (anhand des enddiastolischen Ventrikelvolumens; → S. 297)
- Abschätzung der Nachlast (anhand der Zunahme der Ventrikeldicke während der Systole; → S. 297)
- Druckgradienten
- Klappenöffnungsfläche
- Regurgitationsvolumen

Belastungs-EKG durchführbar ist, kann zur präoperativen Beurteilung eine sog. Stressechokardiographie durchgeführt werden. Hierbei wird eine pharmakologische Belastung des Myokards, zumeist mit Dobutamin oder Dipyridamol, durchgeführt. Es kann hierzu auch ein Phosphodiesterasehemmer (z. B. Milrinon, Enoximon) verwendet werden. Bei z. B. der Dobutamin-Stressechokardiographie wird das Catecholamin Dobutamin (→S. 300) in steigender Dosierung verabreicht. Hierdurch können – ähnlich wie bei einer körperlichen Belastung – Herzfrequenz, Herzkraft (Inotropie), Schlagvolumen und Herzminutenvolumen gesteigert werden. Es wird nach Änderungen der Wandbewegungen, des arteriellen Blutdrucks sowie nach Änderungen in der 12-Kanal-EKG-Ableitung gesucht. Bei der Dipyridamol-Stressechokardiographie wird die Tatsache ausgenutzt, dass Dipyridamol in den gesunden Myokardarealen zu einer starken koronaren Vasodilatation mit Anstieg des Blutflusses um den Faktor 4–5 führt. Aufgrund der Dilatation gesunder Koronararterien mit Luxusperfusion kommt es zu einer Minderdurchblutung mit Ischämie distal von Koronarstenosen. Hierdurch kann es zu nachweisbaren, neu auftretenden Wandbewegungsstörungen kommen.

4 Typische Narkoseprobleme

4.1 Nicht nüchterner Patient

4.1.1 Allgemeine Bemerkungen

Für eine geplante Operation wird beim Erwachsenen normalerweise eine Nahrungskarenz von mindestens 6 Stunden gefordert (→S. 5, 144, 238). In den letzten Jahren erschienen jedoch mehrere Publikationen, die die Gabe von klarer (!) Flüssigkeit bis zu ca. 2 Stunden vor Narkosebeginn befürworten (→S. 5). Liegt der Zeitpunkt der letzten Aufnahme von fester (bzw. klarer flüssiger) Nahrung weniger als 6 (bzw. 2) Stunden zurück oder ist der Zeitpunkt der letzten Nahrungsaufnahme nicht bekannt, so ist der Patient als nicht nüchtern zu betrachten. Auch jeder Notfallpatient ist als nicht nüchtern zu betrachten, da hier eine gestörte Magen-Darm-Tätigkeit anzunehmen ist. Außerdem gelten prinzipiell als nicht nüchtern:

- Patienten mit einem Ileus
  (daher der Name „Ileuseinleitung"; →S. 210)
- Patientinnen ab dem zweiten Drittel der Schwangerschaft
  (ab ca. 14. Schwangerschaftswoche; z. T. wird auch erst die 20. Schwangerschaftswoche als Grenze angegeben)
- Patienten nach einem Unfall
  (verzögerte Magenentleerung durch starke Schmerzen und Schock)
- Patienten mit einer Peritonitis
- Patienten mit Blutungen im Nasen-, Rachen- oder Ösophagusbereich
  (Verschlucken von Blut) und Patienten mit Magenblutungen
- Patienten mit einer Magenausgangsstenose, einem Ösophagusdivertikel oder einer Hiatushernie

Bei einem nicht nüchternen Patienten besteht während einer Allgemeinnarkose die große Gefahr einer Regurgitation (= passives Zurücklaufen von Mageninhalt entlang eines Druckgradienten zwischen Magen und Pharynx) oder eines Erbrechens (aktiver reflektorischer Vorgang). Ist der narkotisierte Patient hierbei nicht intubiert, so droht, da die Schutzreflexe bei einer Allgemeinnarkose ausgeschaltet sind, ein Eindringen von Mageninhalt in das Tracheobronchialsystem (= Aspiration; →S. 211).
(Durch eine >12-stündige Nicotinabstinenz kann die durch das Rauchen im Blut erhöhte Kohlenmonoxidkonzentration und das perioperative Risiko kardialer Probleme vermindert werden. Eine Verminderung des Aspirationsrisikos scheint durch eine perioperative Nicotinabstinenz – entgegen der zumeist üblichen Annahme – nicht möglich zu sein. Aus Gründen der „Nüchternheit" braucht also eine Operation nicht verschoben werden, falls der Patient – entgegen der präoperativen Empfehlung – doch noch vor der Operation geraucht haben sollte, ansonsten aber „nüchtern" ist.)

4.1.2 Wahl des Narkoseverfahrens

Wenn irgend möglich, ist eine Lokal- oder Regionalanästhesie vorzuziehen, da hierbei die Schutzreflexe stets erhalten sind. Falls eine Vollnarkose nicht vermeidbar ist, muss (!) eine Intubationsnarkose durchgeführt werden (Sicherung der Luftwege gegen eine Aspiration; →S. 82). Eine Maskennarkose (→S. 109) sowie eine Narkose unter Verwendung einer Larynxmaske verbieten sich (!).

4.1.3 Aspirationsprophylaxe

Um die Gefahr einer schweren Lungenschädigung im Falle einer Aspiration zu vermindern, kann eine medikamentöse Prophylaxe bei notwendiger Intubationsnarkose durchgeführt werden. Hierdurch soll der pH-Wert des Magensekrets angehoben und/oder das Magensaftvolumen vermindert werden.
Mittels Antacida kann die Magensäure neutralisiert und der pH-Wert des Magens angehoben werden. Zumeist werden hierfür bei Erwachsenen 30 ml Natriumcitrat (ca. 5–10 Minuten vor Narkoseeinleitung) verwendet.
Mittels H_2-Rezeptoren-Blocker kann die Bildung von Magensäure blockiert und der pH-Wert des Magensekrets angehoben werden. Hierfür wird oft eine orale Gabe von z. B. Cimetidin (Tagamet®) oder Ranitidin (Sostril®) ca. 1–2 Stunden vor Narkoseeinleitung empfohlen.
Durch Gabe von Metoclopramid (Paspertin®) kann die Magenentleerung beschleunigt und der Tonus des Mageneinganges (des unteren Ösophagussphinkters) erhöht werden. Es werden hierfür beim Erwachsenen 10 mg Metoclopramid intravenös empfohlen.
Auch durch Gabe eines sog. Protonenpumpenhemmers kann die Bildung von Magensäure und eine Anhebung des pH-Wertes des Magensekretes erzielt werden. Hierfür wird Omeprazol (Antra®) oder Pantoprazol (Pantozol®) ca. 2 Stunden präoperativ oral oder 1 Stunde präoperativ intravenös empfohlen.

4.1.4 „Ileuseinleitung"

Die Aspirationsgefahr ist bei der Narkoseeinleitung am größten. Mit Beginn der Narkose fallen die Schutzreflexe aus, die Luftwege müssen aber erst noch durch die Intubation gesichert werden. Um in diesem Zeitraum die Gefahr eines Erbrechens oder einer Regurgitation zu vermindern, wird eine spezielle Einleitungsform, eine sog. „**Ileuseinleitung**" (**r**apid **s**equence **i**nduction = RSI) gewählt. Es hat sich bei Erwachsenen folgendes Vorgehen bewährt:

- Legen einer großlumigen Magensonde und Absaugen des Mageninhaltes:
  Eine komplette Magenentleerung ist damit jedoch nicht garantiert. Meist wird empfohlen, unmittelbar vor der Narkoseeinleitung die Magensonde wieder zu entfernen, da sie als Leitschiene für eine mögliche Regurgitation während der Narkoseeinleitung dienen könnte. (Manchmal wird auch empfohlen, die abgeleitete Magensonde zur Intubation zu belassen.)
- Lagerung:
  Der Oberkörper wird ca. 30 Grad hochgelagert, um eine Regurgitation zu vermeiden. Selten (vor allem bei akuten Blutungen im Nasen- und/oder Rachenraum) kann es auch sinnvoll sein, eine starke Oberkörpertieflage durchzuführen.
- eingeschaltete, funktionsgeprüfte Absaugvorrichtung griffbereit legen
- Präoxygenierung (→ S. 113)
- Präcurarisierung (→ S. 116)
- Einleitungshypnotikum (→ S. 114)
- keine Maskenbeatmung (!):
  Bei Maskenbeatmung kann Luft in den Magen eingeblasen und eine Regurgitation provoziert werden.
- Succinylcholin
  sofort nach dem Einleitungshypnotikum spritzen. Obwohl die routinemäßige Gabe von Succinylcholin bei Wahleingriffen inzwischen wegen möglicher Nebenwirkungen (maligne Hyperthermie; Rhabdomyolyse; → S. 76) abgelehnt wird, stellt die Ileuseinleitung (falls keine absolute Kontraindikation gegen Succinylcholin vorliegt) noch eine klare Indikation für Succinylcholin dar. Der sehr schnelle Wirkungseintritt überwiegt hier normalerweise die möglichen Nebenwirkungen. Besteht eine Kontraindikation gegen Succinylcholin, dann ist das schnell wirkende Rocuronium das Relaxans der Wahl. In diesem Falle kann auf eine Präcurarisierung bzw. Priming-Dosis verzichtet werden (→ S. 116).
- Sellik-Handgriff:
  Ein Helfer drückt vom Eintritt des Bewusst-

seinsverlusts beim Patienten bis kurz nach der Intubation (mit Daumen und Zeigefinger) auf den Ringknorpel des Patienten. Durch dieses „Nach-hinten-Drücken“ des Ringknorpels wird der Ösophagus zwischen Ringknorpel und Halswirbelsäule komprimiert, dadurch kann eine passive Regurgitation verhindert werden. Der Sellik-Handgriff muss jedoch während eines aktiven Erbrechens unterlassen werden, da hierbei unter Umständen eine Ösophagusruptur drohen kann.

- Blitzintubation (= crash intubation)
- sofortiges Blocken des Tubus:
  Unmittelbar nach der gelungenen Intubation muss der Tubus schnell und sicher geblockt werden. Diese erste Blockung erfolgt bei einer Ileuseinleitung nicht wie normalerweise nach Gehör (→ S. 96), sondern so schnell wie möglich, da der Patient evtl. kurz nach der Intubation regurgitieren oder erbrechen könnte. Zu einem späteren Zeitpunkt kann dann die Blockung des Tubus nochmals nach Gehör oder mittels Cuff-Druckmesser neu vorgenommen werden.
- Lagekontrolle des Tubus (→ S. 97):
  Nach der Intubation kann die Narkose als (T)IVA (→ S. 125), als Inhalationsanästhesie (→ S. 116) oder balancierte Anästhesie (→ S. 124) weitergeführt werden. Falls die Magensonde zur Intubation wieder entfernt wurde, muss erneut eine Magensonde gelegt und abgeleitet werden. Da während der Narkoseausleitung ebenfalls ein Erbrechen oder eine Regurgitation droht, darf die Extubation erst durchgeführt werden, wenn die Schutzreflexe wieder voll zurückgekehrt sind und der Patient den Tubus fast „aushustet“.

4.2 Aspiration

4.2.1 Allgemeine Bemerkungen

✓ Unter einer Aspiration wird das Eindringen von Fremdkörpern in das Tracheobronchialsystem verstanden.

Häufig handelt es sich um die Aspiration von erbrochenem oder regurgitiertem Magen-Darm-Inhalt. Bei einer Aspiration von Magen-Darm-Inhalt drohen eine Epithelschädigung des Bronchialsystems mit Schleimhautödem und spastischer Bronchitis sowie eine Schädigung des Alveolarepithels bzw. ein Lungenödem. Folgen sind Tachypnoe, Zyanose, Hypoxämie, Tachykardie und Hypotonie. Weitere mögliche Probleme sind Lungenatelektasen, Lungenentzündungen sowie Lungenabszesse.

4.2.2 Therapie

- sofortige Intubation
- 100 % Sauerstoff
- PEEP (→ S. 23)
- Bronchialtoilette:
  Aspirierte Flüssigkeiten müssen umgehend abgesaugt werden. Auf ein früher öfter empfohlenes mehrmaliges Spülen mit kleinen Mengen physiologischer Kochsalzlösung (5–10 ml) sollte verzichtet werden. Wurde z. B. Magensäure aspiriert, dann könnte durch eine solche Spülung eine weitere Ausbreitung in die Lungenperipherie provoziert werden. Es empfiehlt sich stets eine gezielte Absaugung mit dem flexiblen Fiberbronchoskop. Größere feste Partikel müssen auf jeden Fall bronchoskopisch entfernt werden, um die Ausbildung von Atelektasen distal des Fremdkörpers zu verhindern.
- Steroidtherapie
  wird normalerweise abgelehnt.
- Antibiotikatherapie:
  Eine prophylaktische Antibiotikatherapie wird inzwischen abgelehnt. Erst beim Auftreten von Sekundärinfektionen werden Antibiotika entsprechend dem Bronchialabstrich und dessen Austestung verordnet. Nur bei Aspiration von infiziertem Material (z. B. Darminhalt oder Eiter aus einem Peritonsillarabszess) muss eine sofortige Antibiotikatherapie begonnen werden.

- Beta-2-Mimetikum
  bei spastischer Bronchitis. Beta-2-Mimetika werden per inhalationem verabreicht. Sie stimulieren die Beta-2-Rezeptoren des Bronchialsystems und verursachen eine starke Bronchodilatation (→ S. 500). Eventuell kann auch Theophyllin (Bronchoparat®) verabreicht werden, das ebenfalls bronchodilatierend wirkt.
- Verlegung auf eine Intensivstation,
  auch wenn es dem Patienten relativ gut geht. Pulmonale Probleme können unter Umständen erst nach einigen Stunden auftreten.
- Arterielle Blutgasanalysen
  sind engmaschig durchzuführen. Eine entsprechende Korrektur der inspiratorischen Sauerstoffkonzentration und des PEEP-Niveaus (→ S. 23) können notwendig werden.
- Röntgenaufnahmen des Thorax
  sind wiederholt durchzuführen.

4.3 Maligne Hyperthermie

4.3.1 Allgemeine Bemerkungen

✓ Bei der **m**alignen **H**yperthermie (= MH) handelt es sich um eine sehr seltene, aber gefürchtete Narkosekomplikation. Bei Patienten mit einer entsprechenden genetischen Disposition kann durch bestimmte Narkosemedikamente eine MH ausgelöst werden. Eine MH führt über eine exzessive Steigerung des Stoffwechsels letztlich zu einem extremen Anstieg der Körpertemperatur. Unbehandelt führt die MH zum Tode.

Die Häufigkeit einer Disposition zur MH beträgt bei Jugendlichen und Kindern 1 : 15 000, bei Erwachsenen 1 : 50 000. Bei Kindern unter 2 Jahren und bei älteren Patienten ist die MH extrem selten. Die Neigung zur malignen Hyperthermie ist erblich (Familienanamnese?!).

! Die Ursache liegt in einer noch nicht ganz geklärten Störung der Skelettmuskulatur. Durch eine plötzlich ausgelöste Störung im Calciumhaushalt der Muskulatur (mit erhöhter intrazellulärer Calciumkonzentration) kommt es zu einer Muskelrigidität und zu einer exzessiven Stoffwechselsteigerung in der Muskulatur mit enormer Wärmeproduktion.

Während die Mortalität vor 20 Jahren noch bei ca. 75 % lag, konnte sie durch neue Therapiemöglichkeiten drastisch reduziert werden. Bei frühzeitiger Diagnosestellung und Therapie sollte die Mortalität inzwischen nahezu Null sein.

4.3.2 Erkennungszeichen

- Muskelrigidität:
  Früher, als zur Intubation zumeist routinemäßig Succinylcholin verwendet wurde, fiel meist als erstes Zeichen bei der Intubation eine ungenügende Erschlaffung der Unterkiefermuskulatur auf (= Kieferklemme). Wurde wegen anscheinend ungenügender Wirkung Succinylcholin nachinjiziert, dann kam es meist zu einer weiteren Verstärkung der Muskelsteifheit (Frühsymptom).
- Tachykardie und tachykarde Rhythmusstörungen (Frühsymptom)
- Hypoxämie oder Zyanose
- metabolische und respiratorische Acidose (pH-Abfall):
  Durch die massive Stoffwechselsteigerung in der Muskulatur kommt es zu einer exzessiven CO_2-Produktion. Bei relaxierten und volumenkonstant beatmeten Patienten entwickelt sich ein enormer Anstieg des arteriellen CO_2-Wertes. Bei spontan atmenden Patienten ergibt sich eine auffällige Steigerung von Atemzugvolumen und Atemfrequenz. Die CO_2-Absorber sind bald erschöpft und verfärben sich schnell. Außerdem kommt es zur Ausbildung einer metabolischen Acidose. Ursache ist eine Gewebshypoxie mit beginnender anaerober Glykolyse und Lactatbildung.
- Hyperkaliämie:
  Durch eine Rhabdomyolyse (= Auflösung quergestreifter Muskelfasern) wird Kalium aus den Muskelzellen freigesetzt (→ S. 76).

- Fieber bis über 42 °C:
  Fieber ist nicht die Ursache der MH, sondern die Folge des erhöhten Muskelstoffwechsels. Daher ist der Fieberanstieg kein Früh-, sondern ein **Spätsymptom** der MH. Je höher der Fieberanstieg, desto schlechter ist die Prognose.
- Myoglobinämie, Myoglobinurie durch auftretende Rhabdomyolyse
- instabiler Blutdruck (Hypertonie oder Hypotonie)
- Aktivitätsanstieg der Kreatinkinase (CK)
- Oligurie

4.4.3 Mögliche auslösende Faktoren

- verdampfbare Inhalationsanästhetika (Isofluran, Sevofluran, Desfluran)
- Succinylcholin
- Stress

4.3.4 Therapie

- entscheidend:
  frühe Diagnosestellung (!)
- sofort Zufuhr möglicher auslösender Faktoren unterbrechen
- 100 % Sauerstoff
- sofort Erhöhung des Atemminutenvolumens auf den ca. 3- bis 4-fachen Ausgangswert (Frischgasfluss für Sauerstoff auf den Maximalwert (ca. 15 l/min) erhöhen, um den Anteil der Rückatmung zu minimieren; → S. 12 f.). Es sind ein normaler arterieller CO_2-Wert und eine normale arterielle Sauerstoffsättigung anzustreben.
- Dantrolen mit einer Dosierung von 2,5 mg/kg KG intravenös als Schnellinfusion. Diese Dosis von 2,5 mg/kg KG ist (ggf. mehrfach) zu wiederholen, bis sich eindeutige Zeichen eines Therapieerfolges einstellen oder bis zu einer Gesamtdosis von ca. 20 mg/kg KG intravenös. Innerhalb von 20–30 Minuten nach Infusionsbeginn ist ein Wirkungsbeginn zu erwarten. Falls innerhalb dieser Zeit keine eindeutige Wirkung erkennbar wird, ist die Diagnose in Zweifel zu ziehen. Dantrolen greift in den Calciumhaushalt ein.

Die bisher genannten Maßnahmen sind mit Abstand die wichtigsten. Sie sind sofort durchzuführen. Von nachgeordneter Wichtigkeit sind:

- Kontrolle der Plasmakaliumkonzentration (ggf. Therapie einer Hyperkaliämie)
- pH-Korrektur
  durch Gabe von Natriumbicarbonat (= Natriumhydrogencarbonat; initial 1,0 mmol/kg KG)
- Oberflächenkühlung des Patienten
  bis ca. 38 °C (Eispackung, kalte Infusionen)
- Legen eines Blasenkatheters
- Einleitung einer forcierten Diurese:
  falls durch das im Dantrolen enthaltene Mannit (osmotisches Diuretikum) keine Ausscheidung von 1,5 ml/kg KG/h erreicht wird; gleichzeitig gesteigertes Volumenangebot sowie Lasix®-Gabe
- nach dem Abklingen einer MH-Krise sollte noch über 24 Stunden eine Dantroleninfusion mit 10 mg/kg KG/d durchgeführt werden.
- mehrere intravenöse Zugänge sowie eine intraarterielle Kanüle platzieren
- intensivmedizinische Überwachung
- engmaschige Laborbestimmungen:
  Plasma: K, Na, CK, GOT, GPT, LDH, Blutzucker, Gerinnungsstatus, Lactat, BGA;
  im Serum und Urin: Myoglobin
- MH-Krise muss am Ort des Auftretens beherrscht werden. Erst danach erfolgt die Verlegung (z. B. auf Intensivstation oder in ein anderes Krankenhaus).
- initial keine Therapie des Fiebers; initial Therapie des Hypermetabolismus!
- keine Calciumkanalblocker (z. B. Verapamil) verabreichen (Unverträglichkeit mit Dantrolen)
- keine Digitalispräparate verabreichen
- „MH-Hotline“:
  0 71 31-48 20 50 (Städt. Krankenhaus Heilbronn)

Einem Patienten mit Verdacht auf eine Neigung (= Prädisposition) zur MH sollte – sowie auch seinen Verwandten – eine definitive Abklärung mittels Muskelbiopsie empfohlen werden.

4.3.5 Anästhesie bei bekannter Neigung zur MH

Es ist auf eine tiefe präoperative Anxiolyse und Sedierung des Patienten zu achten, um den möglichen Auslösemechanismus „Stress" zu vermeiden! Hierzu eignet sich z. B. eine Prämedikation mit Midazolam. Es scheint ausreichend, Dantrolen in Bereitschaft zu haben.

! Das Narkosegerät muss vor Gebrauch „dekontaminiert" werden, das heißt Absorberkalk und Atemschläuche sind zu erneuern und der Vapor ist zu entfernen. Anschließend ist das Gerät für mindestens 10 Minuten mit einem Frischgasfluss von ca. 10 l/min durchzuspülen.

An zusätzlichen Überwachungsmaßnahmen sind mindestens notwendig: kontinuierliche endexspiratorische CO_2-Messung, Pulsoxymetrie, kontinuierliche Temperaturmessung, wiederholt arterielle BGAs, Bestimmung der CK-Aktivität prä-, intra- und postoperativ. Nach einer kleineren Operation sollte der Patient > 4–6 Stunden, nach einer größeren Operation > 24 Stunden überwacht werden.
Erlaubte Medikamente:
- Barbiturate, Propofol, Etomidat
- Opioide
- nicht depolarisierende Relaxanzien wie Atracurium, *cis*-Atracurium, Pancuronium, Vecuronium, Rocuronium, Mivacurium
- Lachgas
- Droperidol
- Benzodiazepine (z. B. Midazolam; → S. 6)
- Lokalanästhetika vom Amid- und Estertyp (vgl. Tab. 2-1)
- Propofol
- Catecholamine und Vasodilatanzien können, falls notwendig, eingesetzt werden
- Antagonisten für Opioide oder nicht depolarisierende Muskelrelaxanzien

4.4 Laryngospasmus

4.4.1 Allgemeine Bemerkungen

✓ Unter einem echten Laryngospasmus wird ein Krampfzustand der gesamten Kehlkopfmuskulatur verstanden. Neben den Stimmbändern verschließen sich auch die sog. Taschenfalten (= falsche Stimmbänder) und die sog. aryepiglottischen Falten.

Der Kehlkopfeingang ist zumeist ganz verschlossen und jegliche Atmung unmöglich. Ein Laryngospasmus ist oft nur schwer zu durchbrechen, und es kann schnell eine akute Hypoxie entstehen.
Bei einem **Glottiskrampf** (= Stimmritzenkrampf) sind dagegen nur die echten Stimmbänder mehr oder weniger verschlossen. Die Einatmung ist deutlich behindert. Der Glottiskrampf ist meist nur inkomplett und lässt sich leichter überwinden. Im klinischen Sprachgebrauch werden allerdings unkorrekterweise die Begriffe Laryngospasmus und Glottiskrampf oft gleichgesetzt.
Unter einem Stridor wird ein pfeifendes Atemgeräusch verstanden. Ein exspiratorischer Stridor ist meist durch eine teilweise Verengung der distalen Atemwege, ein inspiratorischer Stridor meist durch eine teilweise Verlegung der oberen Luftwege bedingt.

4.4.2 Erkennungszeichen

Bei einem Laryngospasmus mit meist komplettem Verschluss des Kehlkopfeingangs ist keine Luftströmung möglich. Der Patient versucht normalerweise verzweifelt, das Atemhindernis zu überwinden, was an den krampfhaften Thorax- und Bauchbewegungen erkennbar wird. Bei der vergeblichen Inspiration kommt es zur Senkung des Brustkorbs und zur Vorwölbung des Bauches, also zu einer paradoxen Atembewegung (= **Schaukelatmung**). Ein Laryngospasmus führt schnell zu Atemnot, Sauerstoffmangel und Zyanose. Löst er sich nicht innerhalb weniger Minuten oder kann er nicht durchbrochen werden, so droht der Tod durch Sauerstoffmangel. Insbesondere bei Kleinkindern entsteht sehr schnell eine kritische Situation (→ S. 234).

4.4.3 Mögliche Ursachen

- Ein Laryngospasmus kann vor allem nach der Extubation auftreten, wenn der Kehlkopfeingang durch Sekret, Blut oder sonstige Fremdkörper gereizt wird.
- Auch ein Intubationsversuch oder das Einführen eines Guedel-Tubus bei zu oberflächlicher Narkose oder eine Extubation während des Exzitationsstadiums (→ S. 106) können einen Laryngospasmus hervorrufen.
- Des Weiteren tritt manchmal während einer Maskennarkose ein Laryngospasmus auf, wenn sehr schmerzhafte Manipulationen in zu oberflächlicher Narkose vorgenommen werden.

4.4.4 Therapie

Der Versuch, durch eine Maskenbeatmung mit hohem Beatmungsdruck zu beatmen, mag bei einem Glottiskrampf meist gelingen. Bei einem echten Laryngospasmus ist dies nicht (!) möglich. Hier besteht lediglich die große Gefahr, das Beatmungsgemisch in den Magen zu blasen. Dem Patienten sollte die Maske mit einem hohen Sauerstofffluss nur dicht vors Gesicht gehalten werden. Auch der zumeist unkluge und vergebliche Versuch, sofort einen Tubus durch den spastischen Kehlkopf zu zwängen, sollte vermieden werden. Hierdurch können schwere Verletzungen des Kehlkopfes gesetzt werden. Der manchmal empfohlene Versuch, den Laryngospasmus mit intravenöser Atropingabe zu durchbrechen, ist ebenfalls nicht erfolgreich.
Die einfachste Maßnahme, um einen Laryngospasmus zu durchbrechen, ist, den auslösenden Stimulus, also den irritierenden Fremdkörper (z. B. Guedel-Tubus), am Kehlkopfeingang zu entfernen oder die schmerzhafte Manipulation in zu flacher Maskennarkose zu unterbrechen.
Durch die energische Anwendung des **Esmarch-Handgriffs** (= Überstreckung des Kopfes und Subluxation des Unterkiefers nach vorn; → S. 323) kann es gelingen, den Laryngospasmus zu durchbrechen.
Kommt es bei der Narkoseeinleitung zu einem Laryngospasmus, so kann durch eine Vertiefung des Narkosestadiums mit einem intravenösen Hypnotikum der Reflex zentral im Gehirn durchbrochen werden. Alternativ kann auch (frühzeitig!) Succinylcholin verabreicht werden. Der Patient muss dann kurzfristig mit der Maske beatmet werden. Nach einer Relaxation mit Succinylcholin kann der Patient ggf. auch intubiert werden.
Zumeist lässt sich der Laryngospasmus durch die beschriebenen Maßnahmen beheben. Durch einen Laryngospasmus kann u. U. eine hochdramatische Situation entstehen, die z. B. das Einstechen mehrerer großlumiger Stahlkanülen durch das Ligamentum cricothyreoideum (beim Kind) oder eine Notkoniotomie (beim Erwachsenen; → S. 229) notwendig macht.

4.4.5 Prophylaxe

Durch korrektes Vorgehen kann ein Laryngospasmus meistens vermieden werden. Vor der Extubation ist der Mund-Rachen-Raum von Blut und Sekreten sorgfältig zu reinigen. Bei Operationen im Mund-Rachen-Bereich oder sonstigem Verdacht auf Fremdkörper im Rachenraum sollte immer eine Absaugung unter laryngoskopischer Sicht durchgeführt werden. Eine Extubation im sog. Exzitationsstadium (→ S. 106) muss vermieden werden. Ebenso ist das Einlegen eines Guedel-Tubus oder die Intubation in zu flacher Narkose zu unterlassen.

4.5 Bronchospasmus

4.5.1 Allgemeine Bemerkungen

✓ Bei einem Bronchospasmus kommt es zu einer plötzlichen Engstellung der Bronchialwege, vergleichbar einem akuten Asthma-bronchiale-Anfall. Typisch sind hohe Beatmungsdrücke, verlängertes Exspirium sowie Giemen und Brummen. Ursachen eines Bronchospasmus sind häufig operative bzw. sonstige Manipulationen im Bereich der Atemwege (z. B. endotracheale Intubation) in zu flacher Narkose.

4.5.2 Erkennungszeichen

Während eines Bronchospasmus sind die Atemwegswiderstände und die notwendigen Beatmungsdrücke deutlich erhöht. Das verabreichbare Atemhubvolumen nimmt ab. Im Extremfall ist der Patient (fast) nicht mehr zu beatmen. Es drohen Hyperkapnie und Hypoxie. Die Kapnographiekurve zeigt einen verzögerten exspiratorischen CO_2-Anstieg.

4.5.3 Mögliche Ursachen

Bronchospasmus gefährdet sind vor allem Patienten mit Asthma bronchiale, akutem Atemwegsinfekt, chronisch obstruktiver Lungenerkrankung, Nicotinabusus, allergischer Rhinitis oder Neigung zu allergischen Reaktionen. Auch eine Aspiration bzw. eine anaphylaktoide Reaktion führt häufig zu einem Bronchospasmus.

! Häufig wird allerdings ein schwerer Bronchospasmus nur vorgetäuscht. Mögliche Ursachen hierfür sind abgeknickter oder fast verlegter Tubus, Pneumothorax, Aspiration, einseitige Intubation, Lungenödem, Lungenembolie oder anaphylaktoide Reaktion.

4.5.4 Therapie

Es empfiehlt sich eine manuelle Beatmung mit erhöhter inspiratorischer Sauerstoffkonzentration. Zumeist kann ein Bronchospasmus durch Vertiefung der Narkose (vorzugsweise mit einem der bronchodilatierend wirkenden volatilen Inhalationsanästhetika) durchbrochen werden. Auch die intravenöse Gabe von Propofol (ca. 2 mg/kg KG) kann zur Vertiefung der Narkose sinnvoll sein. Propofol scheint deshalb besonders geeignet, da es die laryngobronchialen Reflexe besser dämpft als andere Induktionshypnotika. Lässt sich der Bronchospasmus durch eine Vertiefung der Narkose nicht überwinden, muss ggf. ein Beta-2-Mimetikum intravenös (Reproterol, Bronchospasmin®; 1 Amp. = 90 μg) oder per inhalationem (Berotec®, Bricanyl®, Sultanol®) verabreicht werden. Es werden z. B. mindestens 2 Hübe alle 10 Minuten empfohlen. Bei schwerem Bronchospasmus kann evtl. auch die intravenöse Gabe von Ketamin (ca. 1–2 mg/kg KG) erfolgreich sein. Falls ein Bronchospasmus trotz Therapie mit Beta-2-Agonisten fortbesteht, kann eine zusätzliche Gabe von Corticosteroiden (z. B. 1–2 mg/kg KG Methylprednisolon) und Theophyllin (initial bis 5 mg/kg KG langsam i. v.; dann 0,5–1,0 mg/kg KG/h i. v.) indiziert sein.

Häufiger ist ein Bronchospasmus durch eine anaphylaktoide Reaktion bedingt. Die Therapie einer anaphylaktoiden Reaktion wird ausführlich auf Seite 219 beschrieben.

Bei einem Bronchospasmus ist auch zumeist noch eine gewisse Ventilation möglich, sodass nur relativ selten eine akut bedrohliche Situation auftritt. Unter anästhesiologischen Gesichtspunkten stellt ein schwerer Laryngospasmus (→ S. 214) das größere praktische Problem dar.

4.5.5 Prophylaxe

Bei Patienten, die für einen Bronchospasmus prädisponiert sind, sollte eine suffiziente Prämedikation durchgeführt werden. Prophylaktisch können auch 2–4 Hübe eines Beta-2-Mimetikums 20–40 Minuten vor der geplanten Intubation verabreicht werden. Es sollte ein Regionalanästhesieverfahren vorgezogen werden, da die endotracheale Intubation den wichtigsten Auslösefaktor darstellt. Ist eine Allgemeinanästhesie notwendig, kann eine Maskennarkose oder die Verwendung einer Larynxmaske vorteilhaft sein, da die Atemwege dabei weniger irritiert werden als bei einer Intubationsnarkose. Falls eine Intubationsnarkose notwendig ist, stellt eine tiefe Narkoseführung zumeist die beste Prophylaxe dar. Als Induktionshypnotikum ist insbesondere Propofol geeignet, da es die Atemwegsreflexe stärker dämpft als andere Hypnotika. Auch Ketamin ist gut geeignet. Zur Aufrechterhaltung der Narkose bieten sich ein volatiles Inhalationsanästhetikum und die zusätzliche Gabe eines Opioids an. Es sollten Medikamente vermieden werden, von denen bekannt ist, dass sie häufiger eine Histaminfreisetzung verursachen (z. B. Atracurium, Mivacurium).

4.6 Singultus

4.6.1 Allgemeine Bemerkungen

> ! Unter Singultus (= Schluckauf) wird eine unwillkürliche rasche Kontraktion des Zwerchfells mit gleichzeitigem Stimmritzenverschluss und nachfolgender brüsker Einatmung verstanden. Bei der brüsken Einatmung wird ein hoher Ton hervorgerufen.

Intraoperativ kann es (v. a. bei abdominalen Eingriffen) manchmal zu einem hartnäckigen Singultus kommen.

4.6.2 Therapie

- Vertiefung der Narkose
- mäßige Hyperventilation
- Legen einer Magensonde
- ggf. Relaxation

4.7 Herzrhythmusstörungen

4.7.1 Allgemeine Bemerkungen

Manchmal treten während einer Narkose Herzrhythmusstörungen auf. Zumeist handelt es sich hierbei um ventrikuläre Extrasystolen.

> ✓ **Ventrikuläre Extrasystolen** zeichnen sich dadurch aus, dass der QRS-Komplex im Vergleich zum normalen Rhythmus verfrüht einfällt, stark deformiert (also völlig anders aussieht als die anderen QRS-Komplexe) und von einer kompensatorischen Pause gefolgt ist (vgl. Abb. 7-7).

4.7.2 Ursachen

Als Ursachen für ventrikuläre Extrasystolen kommen infrage:

- zu flache Narkose:
  Ventrikuläre Extrasystolen treten häufig bei der Intubation in zu flacher Narkose auf. Die Narkose muss rasch vertieft werden. Auch bei der Narkoseausleitung treten manchmal ventrikuläre Extrasystolen auf, wenn der noch intubierte Patient den Tubus als sehr schmerzvoll empfindet.
- Elektrolytstörungen:
  Es muss vor allem an einen Kaliummangel gedacht werden, der bei Patienten, die mit Diuretika behandelt sind, häufig anzutreffen ist. Digitalisierte Patienten reagieren auf einen Kaliummangel besonders empfindlich. Außerdem ist zu beachten, dass durch eine Hyperventilation (= respiratorische Alkalose) der Kaliumwert abfällt. Kalium muss in Form von Kaliumchlorid zentralvenös substituiert werden. Nur im Ausnahmefall darf Kaliumchlorid über einen peripherwenösen Zugang verabreicht werden (venenreizend und schmerzhaft!). Es sollten nicht mehr als 20 mmol/h verabreicht werden.
- Catecholamingabe oder Catecholaminausschüttung:
  Werden Catecholamine verabreicht (z. B. adrenalinhaltige Lokalanästhetika in der HNO

und Kieferchirurgie; → S. 280) oder werden bei zu flacher Narkose durch den Stress Catecholamine von der Nebennierenrinde ausgeschüttet, so treten leicht Rhythmusstörungen auf. Eine zu flache Narkose sollte auch unter diesem Aspekt vermieden werden.

- Herzmuskelschädigung
- Hypoxie
- Hyperkapnie
- Digitalisüberdosierung
- Succinylcholin:
  Vor allem nach zweiter Gabe können öfter ventrikuläre Extrasystolen auftreten.

4.7.3 Therapie

Wenn ventrikuläre Extrasystolen häufiger als 5-mal pro Minute auftreten und nicht kausal therapierbar sind (z. B. durch Vertiefung der Narkose) oder wenn sie hämodynamische Probleme bereiten, so wird manchmal zur Therapie solcher ventrikulärer Tachyarrhythmien Amiodaron (Cordarex®) in einer Dosierung von 5 mg/kg KG langsam intravenös verabreicht. Früher stellte der Natriumkanalblocker Lidocain intravenös (1 mg/kg KG initial) das Mittel der Wahl dar. Es kann auch der Natriumkanalblocker Ajmalin (Gilurytmal®) eingesetzt werden. Antiarrhythmika aus der Gruppe der Natriumkanalblocker wie z. B. Lidocain (→ S. 155) werden inzwischen allerdings zunehmend seltener verwendet (insbesondere bei Patienten mit frischem Myokardinfarkt ist Vorsicht geboten; → S. 498). Treten ventrikuläre Extrasystolen als Folge einer Digitalisüberdosierung auf, so sollte zunächst versucht werden, die Kaliumkonzentration in den oberen Normbereich (4,5–5,0 mmol/l) anzuheben. Sollen diese ventrikulären Extrasystolen schnell therapiert werden, dann ist Phenytoin das Mittel der Wahl (bis zu 5 mg/kg KG langsam i. v.). Es kann auch Ajmalin (Gilurytmal®; 50 mg) langsam intravenös verabreicht werden.

4.8 Hypotonie

✓ Unter einer Hypotonie wird ein zu niedriger Blutdruck (unterhalb des Normalbereichs) verstanden. Hat ein Patient normalerweise hypotone Blutdruckwerte, so hat dies keinen Krankheitswert. Kommt es aber bei vorher normalem oder zu hohem Blutdruck zu einem akuten Abfall auf hypotone Werte, so ist meist eine Therapie notwendig.

! Ursachen einer Hypotonie sind fast immer in einer Überdosierung von Medikamenten (z. B. von verdampfbaren Inhalationsanästhetika, Thiopental, Propofol) oder in einem nicht adäquat therapierten Volumenmangel zu sehen. Auch beim Anlegen einer rückenmarksnahen Leitungsanästhesie kommt es häufig zu einem Blutdruckabfall.

Selten tritt während der Narkose eine kardiale Dekompensation auf, die eine Unterstützung der Herz-Kreislauf-Funktion mit Catecholaminen (→ S. 300) notwendig macht. Ursache ist oft eine übermäßige Infusionstherapie bei Patienten mit vorbestehender Herzinsuffizienz. Manchmal kann auch eine allergische Reaktion die Ursache eines plötzlichen Blutdruckabfalls sein.

4.9 Hypertonie

✓ Unter einer Hypertonie wird ein zu hoher Blutdruck (oberhalb des Normalbereichs) verstanden. Hat ein Patient normalerweise einen zu hohen Blutdruck, so hat dies einen Krankheitswert und ist behandlungsbedürftig. Perioperativ kann es aus verschiedensten Ursachen zu einem akuten Anstieg des Blutdruckes kommen.

! Ursache einer Hypertonie in der perioperativen Phase ist meist ein schmerzbedingter Blutdruckanstieg bei zu flacher Narkoseführung oder eine unzureichende postoperative Schmerzmedikation (→ S. 328).

Die Therapie besteht in einer Vertiefung der Narkose oder einer adäquaten postoperativen Analgesie. Auch bei einer Überdosierung von Medikamenten wie Catecholaminen (→ S. 300), Akrinor® (→ S. 117) oder Theophyllin (→ S. 501) kann ein übermäßiger Blutdruckanstieg auftreten. Des Weiteren kann es bei der Antagonisierung eines postoperativen Opioidüberhangs zu einem plötzlichen Blutdruckanstieg kommen (da hierdurch die opioidbedingte Dämpfung der postoperativen Schmerzen plötzlich wegfällt und akut Schmerzen auftreten können, → S. 61). Diese Medikamente müssen entsprechend vorsichtig dosiert werden. Manchmal kann es sich aber auch um einen Patienten mit einem schlecht eingestellten Bluthochdruck handeln. Die Therapie wird auf Seite 325 beschrieben.

4.10 Anaphylaktoide Reaktionen

4.10.1 Allgemeine Bemerkungen

✓ Unter einer **Allergie** werden immunologische Reaktionen verstanden, die durch Kontakt mit solchen körperfremden Substanzen ausgelöst werden, gegen die eine vorausgegangene Sensibilisierung besteht.
Unter einer **Anaphylaxie** wird die Maximalvariante einer allergischen Reaktion verstanden.
Unter dem Begriff **Pseudoallergie** werden dagegen Unverträglichkeitsreaktionen verstanden, die klinisch einer allergischen Reaktion gleichen, denen jedoch keine immunologische Reaktion zugrunde liegt. Eine pseudoallergische Reaktion kann bereits beim Erstkontakt mit einer bestimmten Substanz auftreten, während bei einer echten allergischen Reaktion immer eine Sensibilisierung vorausgehen muss. Klinisch sind allergische und pseudoallergische Reaktionen nicht zu unterscheiden. Allergische und pseudoallergische Reaktionen werden unter dem Oberbegriff **anaphylaktoide Reaktionen** zusammengefasst.

Sowohl bei den allergischen als auch bei den pseudoallergischen Reaktionen kommt es zur Freisetzung einer großen Anzahl von Mediatoren (= chemischen Überträgerstoffen). Einer der bedeutendsten Mediatoren ist das **Histamin**. Histamin wird insbesondere aus Mastzellen sowie basophilen Leukozyten freigesetzt. Histamin übt seine Wirkungen über spezifische H_1- und H_2-Rezeptoren aus. H_1-Rezeptoren vermitteln eine Gefäßweitstellung (= Vasodilatation) mit Zunahme der Gefäßdurchlässigkeit (= Permeabilität) sowie eine Bronchokonstriktion und eine Konstriktion im Bereich des Magen-Darm-Trakts. H_2-Rezeptoren vermitteln Tachykardie, Herzrhythmusstörungen, Steigerung der Magensaftproduktion sowie eine verzögert auftretende und länger andauernde Vasodilatation mit Steigerung der Gefäßpermeabilität. Für die H_2-vermittelte Vasodilatation und Zunahme der Gefäßpermeabilität (= kapilläres Leck) sind allerdings relativ hohe Histaminkonzentrationen notwendig.

4.10.2 Einteilung der Schweregrade

Anaphylaktoide Reaktionen können in verschiedene Schweregrade unterteilt werden (vgl. Tab. 4-1). Die Stadieneinteilung gibt aber keineswegs die Reihenfolge des Auftretens der einzelnen Symptome wieder. Es kann auch initial ein Kreislaufstillstand auftreten und erst nach erfolgreicher Therapie können dann z. B. Hautquaddeln (= eine Urtikaria) erkennbar werden.

4.10.3 Häufigkeit

In ca. 1–5 % aller Narkosen kommt es zu einer klinisch nachweisbaren anaphylaktoiden Reaktion unterschiedlichster Ausprägung. Bei ca. 1 : 5000 bis 1 : 25 000 Narkosen kommt es zu einer schweren anaphylaktoiden Reaktion. Lediglich bei ca. 30 % der Fälle liegt eine immunologisch vermittelte Allergie zugrunde. Die häufigste Ursache für eine anaphylaktoide Reaktion

Tab. 4-1 Schweregrade und Symptomatik anaphylaktoider Reaktionen

	Schweregrade	Symptomatik
0	lokal (am Ort des Kontakts mit dem Auslöser)	lokal begrenzte kutane Reaktion
1	leichte Allgemeinreaktion	disseminierte kutane Reaktion (z.B. Flush, generalisierte Urtikaria, Pruritus) Schleimhautreaktion (z.B. Nase, Konjunktiven) Allgemeinreaktionen (z.B. Unruhe, Kopfschmerz)
2	ausgeprägte Allgemeinreaktion	Kreislaufregulationsstörungen (Blutdruck-, Pulsveränderung) Luftnot (leichte Dyspnoe, beginnender Bronchospasmus)
3	lebensbedrohliche Allgemeinreaktion	Schock (schwere Hypotension, Blässe) Bronchospasmus mit bedrohlicher Dyspnoe Bewusstseinstrübung oder -verlust ggf. mit Stuhl- und/oder Urinabgang
4	vitales Organversagen	Atem- und/oder Kreislaufstillstand

bei Erwachsenen sind Muskelrelaxanzien. Weitere wichtige Auslöser sind Knochenzement, Latex, Röntgenkontrastmittel, Antibiotika und Protamin.

! Muskelrelaxanzien sind in 60–80 % der Fälle die Ursache für eine anaphylaktoide Reaktion während der Narkose.

In ca. 85 % der Fälle handelt es sich um Frauen. Eine Sensibilisierung gegen Muskelrelaxanzien tritt deshalb vor allem bei Frauen auf, da Muskelrelaxanzien quartäre Ammoniumverbindungen darstellen. Quartäre Ammoniumverbindungen sind auch in Kosmetika, industriellen Lösungsmitteln und Chemikalien (z. B. Haushaltsreinigern) weit verbreitet, wodurch es bei Frauen relativ oft zu einer Sensibilisierung kommt.

4.10.4 Therapie

Bei Auftreten einer anaphylaktoiden Reaktion muss – falls noch möglich – die weitere Zufuhr des auslösenden Präparates sofort gestoppt werden. Zur Therapie einer anaphylaktoiden Reaktion haben sich nur wenige Medikamente bzw. Maßnahmen bewährt.

! **Stadium 0/I:**
Therapie normalerweise nicht notwendig. Lediglich bei subjektiven Beschwerden kann eine H_1- oder H_2-Rezeptor-Blockade durchgeführt werden.
Stadium II:
Sauerstoffgabe, Volumengabe, H_1- oder H_2-Rezeptor-Blockade, pulmonale Probleme können meist mit Beta-2-Mimetika gebessert werden. Wird ein fortschreitendes Geschehen vermutet, kann ein Glucocorticoid verabreicht werden.
Stadium III:
Volumengabe, Catecholamingabe, bei pulmonaler Symptomatik sollten Beta-2-Mimetika und Corticosteroide verwendet werden. Wird ein fortschreitendes Geschehen vermutet, zusätzlich H_1- oder H_2-Rezeptor-Blockade.
Stadium IV:
Vorgehen nach den Richtlinien für die kardiopulmonale Reanimation.

Volumengabe

Da Elektrolytlösungen zum großen Teil innerhalb kurzer Zeit aus dem Intravasalraum ins Gewebe diffundieren, haben sie einen relativ geringen Volumeneffekt. Es müssen daher große Volumina verabreicht werden. Als Volumenersatzmittel wird oft auch HES verwendet. HES besitzt jedoch selbst ein (geringes) anaphylaktoides Potenzial. Die Volumenzufuhr hat bei deutlicher Kreislaufreaktion großzügig zu erfolgen, oft sind 2000–3000 ml innerhalb kurzer Zeit notwendig. Gelingt bereits initial eine großzügige Volumenzufuhr, so ist eine medikamentöse Therapie oft nicht notwendig.

Catecholamine

Catecholamine sind indiziert, wenn eine stärkere Kreislaufproblematik und/oder Bronchokonstriktion vorliegen. Das Catecholamin der erste Wahl ist Adrenalin. Adrenalin bewirkt eine Stimulation der Alpharezeptoren mit Vasokonstriktion. Über eine Stimulation der Beta-2-Rezeptoren führt es zu Tachykardie und Bronchodilatation. Ein großer Vorteil des Adrenalins ist darin zu sehen, dass es meist sofort verfügbar ist. Außerdem kann es sowohl intravenös als auch z. B. endotracheal verabreicht werden, falls kein intravenöser Zugang verfügbar ist.
Für die **intravenöse Therapie** empfiehlt es sich, 1 mg Adrenalin auf 10 ml mit NaCl 0,9 % zu verdünnen und beim Erwachsenen 0,1 mg (= 1 ml dieser Verdünnung) im Abstand von ca. einer Minute, ggf. mehrfach zu repetieren. Einzeldosen von 0,1 mg Adrenalin beim Erwachsenen entsprechen einer Dosierung von ca. 1–2 µg/kg KG. Liegt ein Kreislaufzusammenbruch vor, so empfehlen sich höhere Einzeldosen von 2–5 µg/kg KG. Zumeist wird nicht mehr als 1 mg Adrenalin benötigt.
Für die endotracheale oder endobronchiale Gabe sollten 2- bis 3-fach höhere Boli verabreicht werden. Ist eine kontinuierliche Adrenalinzufuhr notwendig, dann empfiehlt sich eine Infusion von 0,1–0,3 µg/kg KG/min.

> ! Falls sich innerhalb von ca. 10 Minuten keine ausreichende Kreislaufstabilisierung mit Adrenalin erzielen lässt, bietet sich vor allem das die Alpharezeptoren stimulierende **Noradrenalin** an. Es empfiehlt sich ggf. die wiederholte Gabe von 0,05–0,1 mg (= 0,5–1 ml) einer verdünnten Lösung (1 mg auf 10 ml NaCl 0,9 %) im 1-Minuten-Abstand.

Beta-2-Mimetika

Zur Therapie pulmonaler Reaktionen bieten sich auch Beta-2-Mimetika wie Terbutalin, Fenoterol und Salbutamol als Dosieraerosol oder Reproterol (Bronchospasmin®) zur intravenösen Gabe an.

Antihistaminika

Antihistaminika werden vor allem zur Prophylaxe anaphylaktoider Reaktionen (→ S. 222) sowie zur Therapie kutaner Reaktionen verabreicht. Es liegen inzwischen auch Berichte vor, dass eine schwere akute anaphylaktoide Reaktion durch die Gabe eines H_1- und H_2-Rezeptor-Antagonisten positiv beeinflusst werden kann. Diese Therapie scheint insbesondere dann gerechtfertigt, wenn die Gabe von Catecholaminen und Volumen nicht innerhalb kurzer Zeit zur Kreislaufstabilisierung führt. In diesem Fall kann evtl. eine anhaltende Histaminfreisetzung vorliegen.

Glucocorticoide

Die Wirkungen der Glucocorticoide können in **spezifische** und **unspezifische Wirkungen** unterteilt werden. Unter den spezifischen Wirkungen wird der Einfluss der Glucocorticoide auf die Produktion verschiedener Zellproteine verstanden. Diese spezifischen Zellantworten, die an eine veränderte Neusynthese von Proteinen gebunden sind, können frühestens nach 1–2 Stunden wirksam werden. Unter unspezifischen Wirkungen der Glucocorticoide werden deren allgemein membranstabilisierende Wirkungen verstanden. Diese können bereits nach 10–30 Minuten wirksam werden. Indikationen für Glucocorticoide werden im Rahmen anaphylaktoider Reaktionen vor allem bei kutanen und pulmonalen Problemen gesehen. Im Rahmen langsam zunehmender Haut- und Schleimhautsymptome im Stadium I hat sich die Gabe von 50–125 mg Prednisolonäquivalent als sinnvoll erwiesen. Bei pulmonalen Reaktionen kann durch eine Glucocorticoidgabe die Wirkung der zusätzlich verabreichten Beta-2-Mimetika verstärkt werden. Im Stadium II reichen meist 50–150 mg Prednisolonäquivalent aus.

! Corticosteroide bieten sich auch für die Rezidivprophylaxe an. Beispielsweise kann es nach Kontrastmittelunverträglichkeiten oder nach anaphylaktoiden Reaktionen nach einem Insektenstich zu einer zweiten, verspätet auftretenden Symptomverschlimmerung kommen. Hier erscheint eine Rezidivprophylaxe mit z. B. 3-mal 40–125 mg Prednisolonäquivalent (über 24 Stunden) sinnvoll.

Theophyllin

Theophyllin hat bei der Therapie anaphylaktoider Reaktionen mit bronchopulmonaler Konstriktion nur einen engen Indikationsbereich. Theophyllin wirkt deutlich schwächer bronchodilatatorisch als Beta-2-Mimetika und sollte nur dann zum Einsatz kommen, wenn eine Resistenz gegen Beta-2-Mimetika und Glucocorticoide vorliegt.
Die **Dosierung** für Theophyllin (Bronchoparat®) beträgt initial 5 mg/kg KG. Gegebenenfalls ist eine anschließende Dosierung von 0,5–1,0 mg/kg KG/h möglich (optimale Plasmakonzentration: 8 µg/ml; toxische Grenze: 20 µg/ml).

Calcium

Calcium hat keinen nachweisbar positiven Effekt bei anaphylaktoiden Reaktionen.

4.10.5 Prophylaxe

Um anaphylaktoide Reaktionen zu vermeiden, ist eine angstfreie Atmosphäre (Stress des Patienten begünstigt anaphylaktoide Reaktionen) sowie die langsame Injektion möglichst verdünnter Medikamentenlösungen zu empfehlen.

Medikamente, die selten zu einer anaphylaktoiden Reaktion führen, sind z. B.:

- Inhalationsanästhetika
- Etomidat
- Propofol
- Ketamin
- Midazolam
- Fentanyl, Alfentanil, Sufentanil
- Bupivacain ohne Adrenalin

Medikamentöse Maßnahmen

Bei der Anamnese ist der Patient nach evtl. bekannten Unverträglichkeiten zu fragen. Sind anaphylaktoide Zwischenfälle anamnestisch bekannt, das auslösende Agens aber unbekannt, dann sollte diskutiert werden, ob ein Lokal- oder ein Regionalanästhesieverfahren mit einem Amidlokalanästhetikum möglich ist. Hierbei sind allergische Reaktionen extrem selten.

! Wird eine Allgemeinnarkose durchgeführt, dann sollten Medikamente mit geringem anaphylaktoidem Risiko verwendet werden. Wichtig ist auch die langsame Injektion möglichst verdünnter Medikamentenlösungen. Da Angst und Stress anaphylaktoide Reaktionen begünstigen, ist auf eine entsprechende Prämedikation zu achten.

Es konnte gezeigt werden, dass eine Vorbehandlung mit H_1- und H_2-Rezeptor-Blocker die Histaminwirkungen vermindern oder verhindern kann. Die Prophylaxe mit H_1- plus H_2-Rezeptor-Blocker ist sowohl bei erwarteten allergischen als auch pseudoallergischen Reaktionen sinnvoll.
Als Prophylaxe wird der H_1-Rezeptor-Blocker Dimetinden (Fenistil®) in einer Dosierung von 0,1 mg/kg KG sowie der H_2-Rezeptoren-Blocker Ranitidin (Sostril®) in einer Dosierung von 1 mg/kg KG ca. 15 Minuten vor Narkoseeinleitung über mindestens 5 Minuten empfohlen (1 Ampulle = 50 mg Sostril®, 1 Ampulle = 4 mg Fenistil®).
Auch mit der Kombination von Dimetinden (Fenistil®) plus Cimetidin (Tagament®: 5 mg/

kg KG) oder Clemastin (Tavegil®: 0,05 mg/kg KG) plus Cimetidin (Tagamet®) liegen positive Ergebnisse vor.

Für folgende Risikogruppen wird z. B. meist eine Vorbehandlung mit H_1- und H_2-Rezeptor-Blockern empfohlen:

- Patienten, die eine Überempfindlichkeit gegen intravenös applizierte Medikamente oder Röntgenkontrastmittel aufweisen
- Patienten, die eine Neigung zu anaphylaktoiden Reaktionen in der Anamnese haben, wie z. B. Heuschnupfen, Nahrungsmittelallergie
- Patienten, bei denen eine Implantation von Knochenzement (z. B. Palacos®) vorgenommen wird
- Patienten, bei denen eine große Gefäßoperation (z. B. Bauchaortenaneurysma) durchgeführt wird

4.11 (Un-)erwartete Probleme bei der Intubation

4.11.1 Allgemeine Bemerkungen

Etwa 30 % der anästhesiebedingten Todesfälle sind darauf zurückzuführen, dass ein Offenhalten der Atemwege und eine suffiziente Ventilation nicht gelingen. Bei ca. 1–18 % der Patienten sind mehrfache Intubationsversuche notwendig, und bei 0,05–0,35 % der Patienten gelingt die laryngoskopische endotracheale Intubation nicht. Bei 0,0001–0,02 % der Patienten ist weder die endotracheale Intubation noch die Maskennarkose möglich („can't ventilate, can't intubate").

Von einer schwierigen Intubation wird meist dann gesprochen, wenn zur Intubation

- Hilfsmittel eingesetzt werden müssen
- mehr als 3 Intubationsversuche notwendig sind
- ein erfahrener Arzt unterstützend hinzugezogen werden muss
- die Intubation von einem erfahrenen Anästhesisten als schwierig eingeschätzt wird

Bei Intubationsproblemen lässt sich zumeist die Glottis nicht oder nur unzureichend mit dem Laryngoskop einstellen. Die Einstellbarkeit der Glottis mithilfe des Laryngoskops kann (nach Cormack) in Grad I bis IV unterteilt werden (vgl. Abb. 4-1).

> **!**
> **Grad I:**
> Die gesamte Larynxöffnung ist einsehbar.
> **Grad II:**
> Lediglich der hintere Anteil der Larynxöffnung ist erkennbar.
> **Grad III:**
> Lediglich die Epiglottis ist erkennbar.

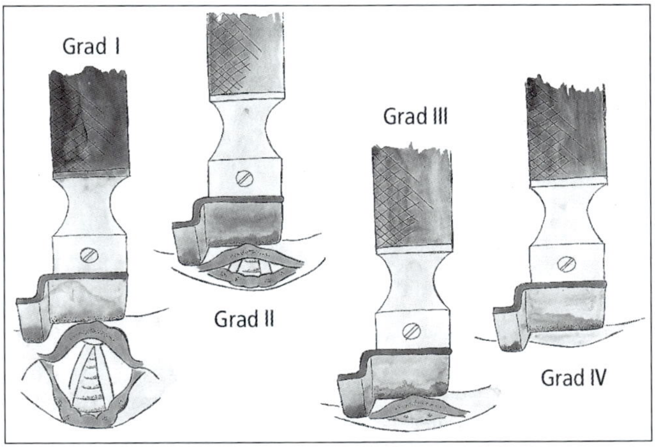

Abb. 4-1 Sicht auf die Glottis bei laryngoskopischer Einstellung. Von links nach rechts: Grad I bis IV.

Grad IV:
Weder Larynxeingang noch Epiglottis sind sichtbar. Es ist lediglich der Zungengrund erkennbar.

Bei Intubationsschwierigkeiten muss unterschieden werden zwischen **erwarteten** und **unerwarteten Intubationsproblemen**.

4.11.2 Beurteilungskriterien für Schweregrad der Intubation

Um beurteilen zu können, ob möglicherweise Schwierigkeiten bei der endotrachealen Intubation zu erwarten sind, bieten sich folgende Beurteilungskriterien an:

- Beurteilung der Zungengröße in Relation zum Pharynx
- Überstreckbarkeit im Atlantookzipitalgelenk
- Größe des Mandibularraumes
- (Beurteilung des Zahnstatus)

Beurteilung der Zungengröße in Relation zum Pharynx

Von Mallampati wurde vorgeschlagen, die Zungengröße im Verhältnis zur Mundhöhle zu beurteilen. Hierbei wird der aufrecht sitzende Patient, dessen Kopf in neutraler Position ist, gebeten, seinen Mund soweit wie möglich zu öffnen und die Zunge möglichst weit herauszustrecken. Die Patienten sollten beim Beurteilen des „**Mallampati-Zeichens**" nicht zum „A"-Sagen aufgefordert werden. Es wird beurteilt, welche Pharynxstrukturen sichtbar sind.
Bei Patienten mit Mallampati Grad I (vgl. Abb. 4-2) lässt sich laryngoskopisch in 99–100 % der Fälle die Glottis voll einstellen (Grad I nach Cormack). Bei Patienten mit Mallampati-Zeichen Grad IV (vgl. Abb. 4-2) ist in nahezu 100 % der Fälle lediglich die Epiglottis (Grad III nach Cormack) oder lediglich der Zungengrund (Grad IV nach Cormack) laryngoskopisch einstellbar. Bei Patienten mit einem Mallampati-Zeichen Grad II oder III (vgl. Abb. 4-2) kann die Einstellbarkeit der Glottis sehr unterschiedlich sein.

Überstreckbarkeit im Atlantookzipitalgelenk

Der aufrecht sitzende Patient mit geradeaus gerichtetem Kopf (horizontaler Biss der oberen Zahnreihe) wird gebeten, den Kopf im Atlantookzipitalgelenk zu überstrecken (Schnüffelposition). Normalerweise ist eine Überstreckung um ungefähr 35 Grad möglich. Ist eine Überstreckung im Atlantookzipitalgelenk gut möglich, so können Mund, Pharynx und Larynx leicht in eine gemeinsame Achse (Schnüffelposition) gebracht werden.

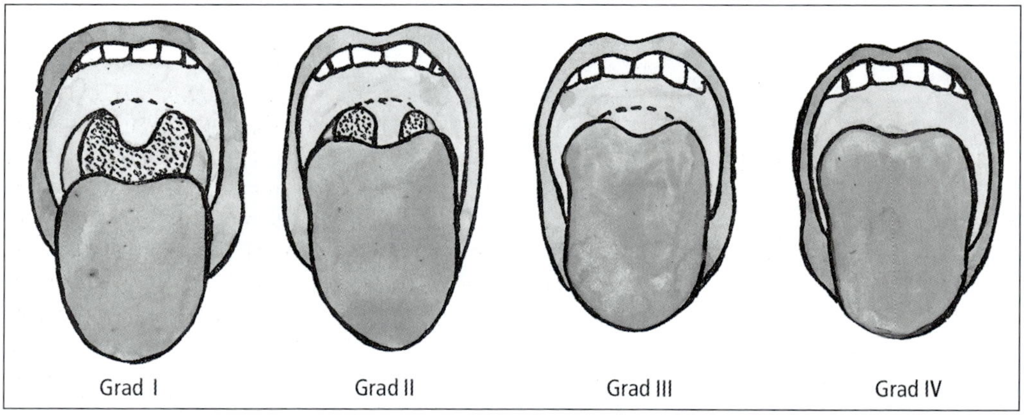

Abb. 4-2 Mallampati I bis IV

Größe des Mandibularraumes

Der Mandibularraum (der Raum vor dem Larynx) kann in Form des Abstandes zwischen Kinn und Zungenbein oder des Abstandes zwischen Kinn und Kieferwinkel abgeschätzt werden. Je größer dieser Mandibularraum ist, desto besser kann der Pharynx mithilfe des Laryngoskops eingestellt werden. Ist beim Erwachsenen der Abstand zwischen Kinn und Zungenbein größer als 6 cm oder der Abstand zwischen Kinn und Unterkieferwinkel größer als 9 cm, dann lässt sich der Rachen mithilfe des Mallampati-Zeichens (→ S. 224) normalerweise gut einsehen, und die laryngoskopische Einstellbarkeit des Kehlkopfeingangs ist meist relativ einfach.
Mallampati-Zeichen, Überstreckbarkeit im Atlantookzipitalgelenk und Beurteilung der Größe des Mandibularraumes sind schnell und leicht durchführbar. Sie können zur präoperativen Beurteilung des Schwierigkeitsgrades der endotrachealen Intubation empfohlen werden. Werden alle 3 Kriterien berücksichtigt, so kann relativ sicher der zu erwartende Schwierigkeitsgrad einer endotrachealen Intubation abgeschätzt werden.

Zahnstatus

Zusätzlich ist es wichtig, den Zahnstatus des Patienten zu beurteilen. Vor allem instabile Frontzähne oder ein fliehendes Kinn können die Intubation deutlich erschweren.

4.11.3 Vorgehen bei erwarteten Intubationsproblemen

Falls abzusehen ist, dass die endotracheale Intubation (oder die Maskenbeatmung) schwierig sein wird, dann sollte die endotracheale Intubation beim wachen, noch spontan (!) atmenden Patienten durchgeführt werden. Es sollte in solchen Situationen nur eine fiberoptische Intubation durchgeführt werden. Früher häufig praktizierte Verfahren wie ein laryngoskopischer Intubationsversuch in tiefer Inhalationsanästhesie oder ein laryngoskopischer Intubationsversuch unter Schleimhautanästhesie, Sedierung und Analgesie sollten möglichst nicht mehr zur Anwendung kommen.
Die fiberoptische (fiberbronchoskopische) Intubation stellt das sicherste Verfahren dar.

Fiberoptische Intubation

Die wichtigsten Indikationen für eine fiberbronchoskopische Intubation sind:

- erwartete Intubationsschwierigkeiten
- keine (!) Überstreckung der Halswirbelsäule

Die fiberoptische Intubation kann vorzugsweise nasotracheal, ausnahmsweise aber auch orotracheal durchgeführt werden. Der Erfolg der fiberoptischen Intubation hängt vor allem davon ab, dass deren Notwendigkeit frühzeitig erkannt wird und dass entsprechende Vorbereitungen getroffen werden. Wird die fiberoptische Intubation allerdings erst dann erwogen, nachdem mehrfache frustrane konventionelle Intubationsversuche durchgeführt wurden (und die Schleimhaut des Rachens bereits blutet), dann ist die Erfolgsrate gering. Inzwischen stehen auch sehr dünne flexible Fiberbronchoskope zur Verfügung, die selbst durch 2,5er oder 3,0er Endotrachealtuben eingeführt werden können. Es empfiehlt sich die Verwendung der in Tabelle 4-2 dargestellten Tuben bzw. Fiberbronchoskope.
Entscheidende Maßnahme bei der Vorbereitung eines Patienten zur Wachintubation ist die Lokalanästhesie. Wird diese sorgfältig durchgeführt, so toleriert der Patient oft allein dadurch die folgenden Maßnahmen. Zur Betäubung der Nasenschleimhaut eignet sich Lidocain 2 %. (Alternativ wird manchmal auch die Betäubung mit Cocainlösung [5–10 %; 0,5 ml je Nasenöffnung] empfohlen. Cocain ist das einzige gefäßverengende Lokalanästhetikum.) Außerdem sollte eine schleimhautabschwellende Lösung (z. B. Nasivin®) in die Nase gegeben werden. Zusätzlich zur Schleimhautanästhesie sind eine

Tab. 4-2 Maximale Fiberbronchoskopdurchmesser, die gerade noch durch die entsprechenden Endotrachealtuben einführbar sind

Altersgruppe	Innendurchmesser des Tubus (mm)	Außendurchmesser des Fiberbronchoskops (mm)
Erwachsener	6,0–7,5	5,0; 4,0
Kind	4,5–5,5	4,0
	4,0	3,7
Säugling	3,0–3,5	2,7
Neugeborenes	2,5–3,0	2,2 (kein Arbeitskanal)

entsprechende psychologische Patientenführung, die Aufrechterhaltung einer suffizienten Spontanatmung und Oxygenierung sowie ggf. eine bedarfsadaptierte Sedierung und Analgesie wichtig.

Nasale fiberoptische Intubation

Wichtig ist eine entsprechende Vorbereitung des Patienten (z. B. Lokalanästhesie der Nasenschleimhaut; → S. 225). Nach Entfernen des Adapters wird der Tubus zuerst maximal weit auf das Bronchoskop aufgefädelt und in dieser Stellung am Fiberbronchoskop mit einem Pflasterstreifen fixiert. Nun wird das aus der Tubusspitze herausragende Ende des Fiberbronchoskops über die Nase bis in den Rachenraum eingeführt. Es ist nun der Kehlkopfeingang einzustellen. Über den Biopsiekanal des flexiblen Fiberbronchoskops sollte nun der Kehlkopfeingang mit Lidocain betäubt werden. Es hat sich bewährt, hierzu z. B. 3 Spritzen à 10 ml mit jeweils 2 ml Lokalanästhetikum (vorzugsweise Lidocain 2 %) und ca. 8 ml Luft aufzuziehen. Unter fiberoptischer Sicht wird nun das Lokalanästhetikum auf den Kehlkopfeingang gespritzt. Mit den ca. 8 ml Luft wird der Arbeitskanal anschließend durchgespült, sodass das Lokalanästhetikum mit Druck versprüht werden kann.

! Das Fiberbronchoskop sollte normalerweise so gehalten werden, dass ausgelöste Bewegungen der flexiblen Fiberbronchoskopspitze nach ventral bzw. dorsal gerichtet sind. Manchmal wird empfohlen, während der fiberoptischen Intubation nicht über den Biopsiekanal abzusaugen, da hierdurch die Objektivlinse leicht verlegt wird. Es sollte ggf. über einen zusätzlichen, oral eingeführten Katheter abgesaugt werden.

Während der fiberbronchoskopischen Intubation sollte zusätzlich Sauerstoff verabreicht werden (ggf. über den Absaugkanal des Fiberbronchoskops). Um das anschließende Einführen des Fiberbronchoskops in die Trachea zu erleichtern (vgl. Abb. 4-3), sollte der Patient mehrfach zum tiefen Durchatmen aufgefordert werden. Dadurch öffnet sich die Glottis weit. Nachdem das Fiberbronchoskop erfolgreich durch die Glottis vorgeschoben und die Trachealspangen und die Karina sicher identifiziert wurden, wird der nasotracheale Tubus über das (nun als Führungsschiene dienende) Fiberbronchoskop in die Trachea vorgeschoben. Wenn sichergestellt ist, dass der Tubus richtig liegt (Luftströmungen am Ende des Tubus bzw. Bewegungen des Volumeters nach Anschluss des Narkosegerätes), wird die Allgemeinnarkose mittels intravenöser Gabe eines Induktionshypnotikums eingeleitet.

Orale fiberoptische Intubation

Relativ selten wird eine primäre orotracheale fiberoptische Intubation vorgenommen. Nach entsprechender Lokalanästhesie des Rachens wird ein Beißschutz mittig zwischen die Zahnreihe eingeführt, um eine Beschädigung des Fiberbronchoskops durch Zusammenbeißen der Zähne zu verhindern. Nach Entfernung des Adapters wird der Endotrachealtubus ganz auf das Fiberbronchoskop aufgefädelt und mit einem kurzen Pflasterstreifen am proximalen Ende des Fiberbronchoskops fixiert.

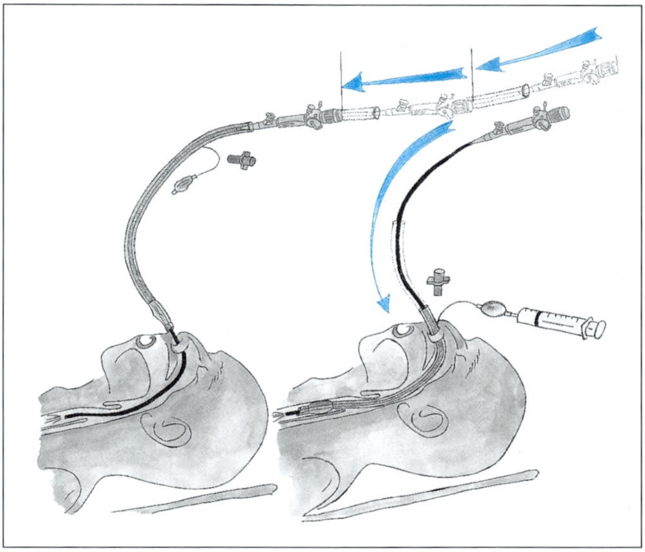

Abb. 4-3 Schematische Darstellung der nasotrachealen fiberbronchoskopischen Intubation

! Die orale fiberbronchoskopische Intubation erfordert mehr Geschicklichkeit als die nasale fiberoptische Intubation, da beim Vorschieben vom Oro- in den Hypopharynx ein fast rechter Winkel überwunden werden muss.

Wenn das Fiberbronchoskop erfolgreich in die Trachea eingeführt wurde (→ S. 226), wird der Endotrachealtubus über das nun als Führungshilfe dienende Fiberbronchoskop in die Trachea vorgeschoben.

Die orale fiberoptische Intubation wird vor allem dann durchgeführt, wenn beim bereits narkotisierten Patienten eine unerwartet schwierige Intubation auftritt und sich der Patient gut über eine Gesichtsmaske beatmen lässt. Bei der Durchführung der Maskennarkose kann nun zwischen Winkelstück und Gesichtsmaske ein Spezialadapter (Mainzer Universaladapter) eingesetzt werden, der ein Einführen des Fiberbronchoskops unter Maskenbeatmung durch die Gesichtsmaske in den Mund und Rachen ermöglicht (vgl. Abb. 4-4). Zum Teil stehen auch spezielle Gesichtsmasken mit integriertem Adapter zur Verfügung (vgl. Abb. 4-5).

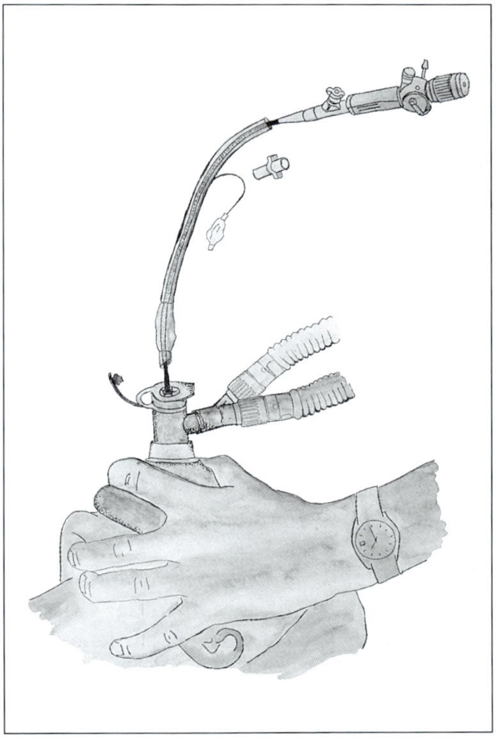

Abb. 4-4 Adapter (Mainzer Universaladapter)

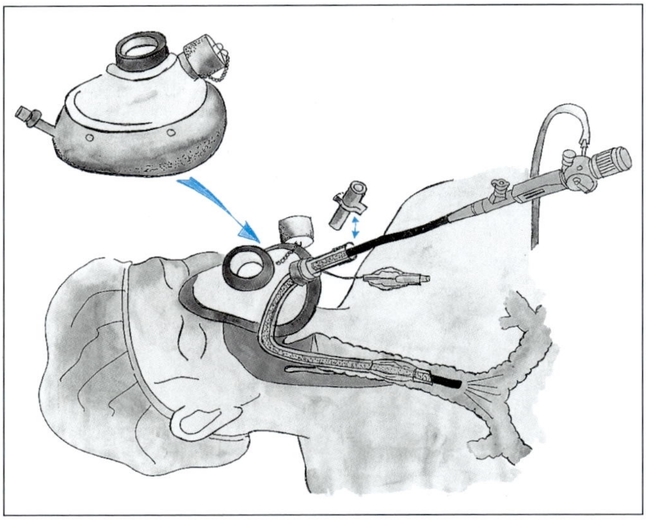

Abb. 4-5 Schematische Darstellung der orotrachealen fiberbronchoskopischen Intubation über eine spezielle Gesichtsmaske

Werden große Intubationshindernisse erwartet, dann ist es ratsam, dass die HNO-Ärzte zuerst in Lokalanästhesie eine Tracheostomie durchführen. Während der nachfolgenden Narkose wird der Patient über das Tracheostoma beatmet.

4.11.4 Unerwartete Intubationsprobleme beim bereits anästhesierten Patienten

Ein entscheidendes Problem bei Intubationsschwierigkeiten besteht häufig darin, dass frustrane Intubationsbemühungen so lange fortgeführt werden, bis es aufgrund von Schwellungen und Blutungen im Rachenraum letztlich nicht mehr möglich ist, den Patienten mittels Maske zu beatmen.

Werden mehrere vergebliche Intubationsversuche durchgeführt, so ist es wichtig, zwischen den einzelnen Versuchen eine suffiziente Maskenbeatmung sicherzustellen. Wenn sich der Patient trotz Verbesserung der Kopflagerung und trotz Verwendung der richtigen Spatelgröße nicht intubieren lässt, sollte bereits nach wenigen frustranen Intubationsversuchen ein besonders erfahrener Anästhesist zur Unterstützung hinzugezogen werden. Falls die Operation nicht dringend durchgeführt werden muss, sollte man bei großen Operationen den Patienten wach werden lassen und ihn später nach entsprechender Vorbereitung primär fiberbronchoskopisch (→ S. 225) intubieren. Falls die Operation dringend ist und sich der Patient gut mit Maske ventilieren lässt, kann eine kleinere, periphere Operation evtl. auch in Maskennarkose durchgeführt werden. Falls sich der Patient gut über Maske beatmen lässt, es sich um eine dringende und größere Operation handelt, kann nun versucht werden, den Patienten unter Maskenbeatmung fiberbronchoskopisch oral zu intubieren (→ S. 226).

Bei unerwarteten Intubationsproblemen kann insbesondere auch versucht werden, dem Patienten eine Larynxmaske einzulegen, über die dann blind oder idealerweise mithilfe eines Fiberbronchoskops ein Tubus eingeführt wird. Für dieses Vorgehen stehen inzwischen auch spezielle Larynxmasken (sog. Intubationslarynxmasken; LM-Fastrach) zur Verfügung (Abb. 1-72b).

Über eine erfolgreich platzierte Kehlkopfmaske kann (möglichst nicht blind, sondern unter fiberoptischer Kontrolle) ein dünnerer Endotrachealtubus (der auf ein Fiberbronchoskop auf-

gefädelt wurde) in die Trachea eingeführt werden. Durch eine 1er-, 2er- bzw. 2,5er-Larynxmaske kann maximal ein 3,5er-, 4,5er- oder 5,0er-Tubus (ohne Blockermanschette) eingeführt werden. Durch eine 3er-, 4er- bzw. 5er-Larynxmaske kann maximal ein 6,0er-, 6,5er- bzw. ein 6,5er-Tubus (mit Blockermanschette) eingeführt werden.
Nachteilig bei diesem Verfahren ist, dass ein relativ kleiner Endotrachealtubus verwendet werden muss. Nach erfolgreicher endotrachealer Intubation kann der Cuff der Larynxmaske entblockt werden.

! Falls sich bei unerwarteten Intubationsschwierigkeiten der Patient auch mittels Gesichtsmaske nicht beatmen lässt (sog. „can't intubate, can't ventilate"-Situation), sollte sofort ein erfahrener Anästhesist zu Hilfe gerufen werden. Häufig lässt sich auch bei diesen Patienten eine Larynxmaske erfolgreich platzieren, über die dann beatmet und ggf. fiberoptisch endotracheal intubiert werden kann (→ S. 225).

Falls die Larynxmaske nicht erfolgreich eingeführt werden kann, bieten sich vor allem eine Koniotomie oder transtracheale Jet-Ventilation an.

Koniotomie

✓ Unter einer Koniotomie wird die notfallmäßige Durchtrennung des Bandes zwischen Schild- und Ringknorpel (Ligamentum cricothyreoideum; Abb. 4-6) verstanden.

Sie ist indiziert bei Erstickungsgefahr infolge einer Atemwegsverlegung oberhalb oder im Bereich der Stimmbänder, und falls die oben beschriebenen Maßnahmen nicht gelingen. Die Haut wird hierbei längs, das Ligamentum cricothyreoideum wird quer eingeschnitten. Durch die Koniotomieöffnung kann nun eine Trachealkanüle oder ein Tubus eingeführt und der Patient beatmet werden.

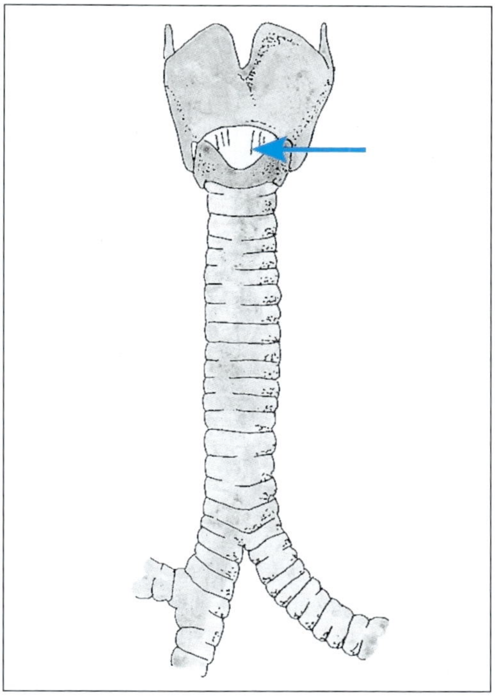

Abb. 4-6 Kehlkopf, Trachea und Hauptbronchien: Pfeil = Ort der Koniotomie = Ligamentum cricothyreoideum

Transtracheale Jet-Ventilation

Falls ein narkotisierter Patient weder intubiert noch mittels Maske beatmet werden kann (und das Platzieren einer Larynxmaske nicht gelingt), bietet sich die transtracheale Jet-Ventilation an. Hierzu wird eine großkalibrige Verweilkanüle durch das Ligamentum cricothyreoideum eingeführt. Der Plastikteil der intravenösen Verweilkanüle wird so weit als möglich vorgeschoben und der Stahlmandrin entfernt. Die Punktion erfolgt in ca. 30 Grad nach kaudal. Zur Bestätigung der erfolgreichen Punktion der Trachea muss es möglich sein, 20 ml Luft über die intravenöse Verweilkanüle zu aspirieren. Es stehen hierfür auch spezielle Transtrachealkatheter (nach Ravussin) zur Verfügung, die ähnlich einer Trachealkanüle beim tracheostomierten Patienten mit einem um den Hals geschlungenen Band fixiert werden.

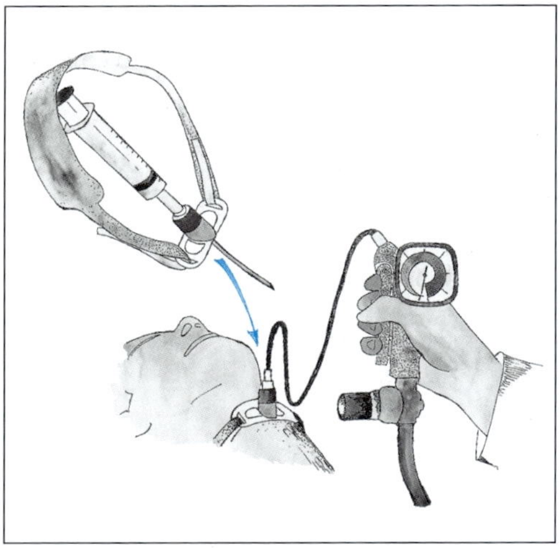

Abb. 4-7 Manujet-III-Gerät

Für Säuglinge werden 18-G-Transtrachealkatheter, für Kinder 14-G-Transtrachealkatheter und für Erwachsene 13-G-Transtrachealkatheter empfohlen.

Die manuelle Beatmung, z. B. mit einem Ambu®-Beutel oder einem Beatmungsbeutel des Kreissystems, ist über eine solche Kanüle nicht möglich. An eine solche transtracheal platzierte Kanüle muss nun ein Jet-System angeschlossen werden. Es sind hierfür Jet-Pistolen verfügbar, die an die zentrale Sauerstoff- oder Druckluftversorgung konnektiert und von Hand bedient werden (Manujet-III-Gerät; Abb. 4-7). An dem Manujet-III-Gerät muss durch Betätigen eines Druckreglerknopfes noch der gewünschte Druck eingestellt werden.

Für Säuglinge ist ein Druck von < 1,0 bar, für Kinder ein Druck von 1–2,5 bar und für Erwachsene ein Druck von 2,5–4,0 bar einzustellen.

Empfehlenswert ist es, mit einem niedrigen Druck zu beginnen und diesen dann ggf. zu steigern. Da bei dieser Beatmung ein Teil des insufflierten Volumens über die oberen Atemwege entweicht, sind höhere Volumina pro Minute zur Beatmung notwendig. Die empfohlenen Parameter sind in Tabelle 4-3 angegeben.

Tab. 4-3 Wichtige Parameter zur Durchführung der transtrachealen Jet-Ventilation mit dem Manujet-III-Gerät

Altersgruppe	Katheter (nach Ravussin)	Beatmungsfrequenz	Ausgangsdruck (bar)	Beatmungsvolumen (l/min)
Frühgeborenes	18 G	40	0,5	3–3,5
Säugling	18 G	40	1	4–6
Kind	14 G	20–30	2	16–21
Erwachsener	13 G	12–13	3	24–30

! Bei Durchführung dieser transtrachealen Jet-Ventilation muss sichergestellt werden, dass das eingeblasene Gas über die Glottis und den Mund-Rachen-Raum nach oben sicher entweichen kann, da ansonsten ein Barotrauma der Lunge droht!! Sehr wichtig ist es, dass die Thoraxbewegungen während der transtrachealen Jet-Beatmung beobachtet und die Lungen auskultiert werden.

4.11.5 Extubation nach schwieriger Intubation

Bei der Extubation von Patienten, die schwierig zu intubieren waren, sollte so vorgegangen werden, dass ggf. eine sichere Reintubation möglich ist. Hierfür bietet sich die Extubation unter Verwendung eines speziellen Katheters an (Tubuswechselstab mit Luftzufuhransatz, Fa. Cook). Ein solcher Tubuswechselstab ist ein langer, relativ rigider, hohler, zigarettendicker Stab, der vor der Extubation über den Endotrachealtubus bis in die Trachea vorgeschoben wird. Nun kann der Endotrachealtubus über diesen Tubuswechselstab zurückgezogen oder ganz entfernt werden. Auf das orale Ende dieses Katheters kann ein spezieller Konnektor aufgesteckt werden, sodass eine Steckverbindung mit dem Y- bzw. Winkelstück des Beatmungsgerätes (bzw. mit einem Beatmungsbeutel) möglich ist. Dem spontan atmenden Patienten kann Sauerstoff über diesen endotracheal liegenden Katheter zugeführt werden. Falls Probleme auftreten, kann ggf. erneut ein Endotrachealtubus über diesen relativ rigiden Tubuswechselstab vorgeschoben werden.

! Anstatt eines solchen Tubenwechselkatheters kann auch ein Fiberbronchoskop verwendet werden.

Nach Einführen des Fiberbronchoskops bis in die Trachea wird der Tubus über das Fiberbronchoskop zurückgezogen. Über den Absaugkanal des Fiberbronchoskops kann ggf. Sauerstoff direkt in die Trachea insuffliert werden. Gegebenenfalls kann bei auftretenden Problemen der Tubus über das Fiberbronchoskop wieder endotracheal vorgeschoben werden. Atmet der Patient ausreichende Zeit suffizient spontan, dann wird dieser Tubuswechselstab bzw. das Fiberbronchoskop entfernt.

4.12 Perioperative Unterkühlung

Perioperativ drohen beim Patienten erhebliche Wärmeverluste. Bis zu 60 % der Patienten sind am Ende der Operation unterkühlt. Mangelnde Bekleidung, kalte Desinfektions- oder Infusionslösungen, Gefäßweitstellung durch Anästhetika, fehlendes Kältezittern in Narkose sowie die Beatmung mit kalten Atemgasen begünstigen die Auskühlung des Patienten. Eine Unterkühlung wiederum begünstigt Wundheilungsstörungen, beeinträchtigt die Blutgerinnung, vermindert den Metabolismus von Medikamenten (Wirkungsverlängerung) und führt in der frühen postoperativen Phase zu Kältezittern, erhöhtem Sauerstoffverbrauch, zu Tachykardie und Blutdruckanstieg, wodurch vor allem kardiovaskuläre Risikopatienten gefährdet werden. Um eine Unterkühlung zu vermeiden, sind folgende Maßnahmen wichtig:

- Warmluftsysteme
  (fönartige Gebläse, die Warmluft in eine spezielle Körperdecke blasen, z. B. Warm Touch®, Fa. Mallinckrodt). Diese Systeme sind besonders effektiv.
- Warmwasserzirkulationsmatte
- Heizstrahler
  (bei Säuglingen, Neugeborenen)
- Aufheizen des Operationssaales
  (bei Neugeborenen)
- Abdecken des Patienten
- Anwärmen der Infusions- und Transfusionslösungen

Die Therapie von postoperativem Kältezittern wird auf Seite 336 beschrieben.

4.13 Intraoperative Wachheit

Selten berichtet ein Patient von intraoperativer Wachheit (= awareness), das heißt, er war nicht in ausreichend tiefer Allgemeinnarkose und kann sich spontan (!) an Wortwechsel oder bestimmte Maßnahmen während der Allgemeinanästhesie erinnern. Manchmal wird eine intraoperative Wachheit als ein schreckliches Ereignis geschildert, das mit Angst und evtl. mit Schmerzen verbunden war. Die Häufigkeit von intraoperativer Wachheit ohne eine Schmerzerinnerung wird meist mit ca. 0,2 % (1 : 500), die Inzidenz von intraoperativer Wachheit mit bewusster Schmerzwahrnehmung meist mit ca. 0,01 % (1 : 10 000) angegeben.
Fast immer sind relaxierte Patienten betroffen. Aufgrund der Relaxation können sich diese zu flach narkotisierten Patienten nicht bemerkbar machen. Sollte dagegen ein nicht relaxierter Patient zu flach narkotisiert sein, dann kommt es zumeist schon zu Abwehrbewegungen, bevor der Patient intraoperativ „wach" wird. Normalerweise ist eine unzureichende Narkosetiefe zwar an Tachykardie, Blutdruckanstieg, tränenden Augen, Schwitzen oder Abwehrbewegungen des Patienten erkennbar, in Einzelfällen können aber trotz intraoperativer Wachheit diese vegetativen Symptome fehlen.

Zu intraoperativer Wachheit kommt es vor allem in besonderen Situationen wie Kreislaufinstabilität mit sehr niedrigem Blutdruck oder bei einer Sectio caesarea vor Abnabelung des Kindes, also in Situationen, in denen manchmal vorübergehend bewusst eine relativ flache Narkose angestrebt wird. Auch bei kardiochirurgischen Operationen scheint das Risiko einer intraoperativen Wachheit erhöht zu sein. Insbesondere auch bei der noch vor ca. 20 Jahren sehr populären Neuroleptanästhesie (→ S. 130) war das Risiko einer intraoperativen Wachheit erhöht, da hierbei die Muskelrelaxanzien relativ hoch dosiert wurden, während die hypnotische Komponente eher gering war und meist nur durch Lachgas in Kombination mit einem Opioid aufrechterhalten wurde. Bei Durchführung der inzwischen zunehmend häufiger angewandten total intravenösen Narkose (bei der auf ein volatiles Inhalationsanästhetikum und auf Lachgas verzichtet wird) ist das Risiko einer intraoperativen Wachheit möglicherweise erhöht. Durch eine tiefe Inhalationsanästhesie kann das Risiko einer intraoperativen Wachheit am sichersten vermieden werden.

5 Anästhesie – spezieller Teil

5.1 Anästhesie bei Kindern

5.1.1 Allgemeine Bemerkungen

Zwischen Kindern und Erwachsenen bestehen nicht nur hinsichtlich Größe und Gewicht (vgl. Tab. 5-1) erhebliche Unterschiede. Auch bezüglich der Anatomie, Physiologie und Pathophysiologie und der Psychologie sind zum Teil große Unterschiede zu beachten.
Daraus ergibt sich:

! In der Kinderanästhesie müssen folgende Altersgruppen unterschieden werden:

- Frühgeborene:
  vor der 38. Schwangerschaftswoche geborene Kinder. Oft wird auch bei einem Geburtsgewicht unter 2500 g von einem Frühgeborenen gesprochen. (Bezüglich des Gewichtes wird bei Frühgeborenen oft unterschieden in untergewichtige Neugeborene [= LBW = **l**ow **b**irth **w**eight **i**nfants; < 2500 g], sehr untergewichtige Neugeborene [= VLBW = **v**ery **l**ow **b**irth **w**eight **i**nfants; < 1500 g] und extrem untergewichtige Neugeborene [= ELBW = **e**xtremely **l**ow **b**irth **w**eight **i**nfants; < 1000 g]).
- Neugeborene:
  bis zum 28. Lebenstag
- Säuglinge:
  bis zum Ende des ersten Lebensjahrs
- Kleinkinder:
  zweites bis fünftes Lebensjahr
- Schulkinder:
  sechstes bis 14. Lebensjahr

Tab. 5-1 Richtwerte für Gewicht und Größe im Kindesalter

Alter	Gewicht (kg KG)	Größe (cm)
Neugeborenes	3	50
6 Mo.	8	67
1 J.	10	77
6 J.	20	117
10 J.	30	140

Im Alter von 1–7 J. beträgt die jährliche Gewichtszunahme ca. 2 kg.

5.1.2 Physiologische Besonderheiten

Respiratorisches System

Kinder haben einen relativ großen Kopf und einen kurzen Hals. Bei der Intubation fällt eine große Zunge sowie eine überdimensionierte, sehr weiche Epiglottis auf, was die Kehlkopfeinstellung mit dem Laryngoskop erschweren kann. Häufig imponieren Wucherungen der Rachenmandeln oder der Gaumenmandeln. Der **Kehlkopf** steht beim Kind höher und weiter vorn, seine engste Stelle ist nicht wie beim Erwachsenen die Stimmritze, sondern liegt bis zum Alter von 8–10 Jahren kurz unterhalb der Stimmritze im Bereich des Ringknorpels (= Cartilago cricoidea; → S. 82). Das zarte Gewebe des Kehlkopfes und der Trachea neigt bei Traumatisierung besonders leicht zur Ödembildung.
Die **Luftröhre** ist sehr kurz und beim Neugeborenen nur ca. 4 cm, beim 5-Jährigen nur ca. 5 cm lang. Bei zu tiefem Einführen des Tubus droht deshalb sehr schnell eine einseitige Intu-

bation in einen Hauptbronchus. Zumeist gleitet der Tubus – wie auch beim Erwachsenen – in den rechten Hauptbronchus.
Bedingt durch einen nahezu horizontalen Rippenverlauf und eine nur schwach ausgebildete Interkostalmuskulatur kann das Kind fast nur mit dem Zwerchfell atmen. Jegliche Einschränkung der **Zwerchfellatmung**, z. B. durch eine Erhöhung des intraabdominalen Drucks, kann daher schnell zu einer unzureichenden Ventilation führen. Die **alveoläre Ventilation** pro kg KG ist im Verhältnis zum Erwachsenen 2- bis 3-mal höher. Die Ursache liegt in einer entsprechend höheren Stoffwechselrate und einem 2- bis 3-fach höheren Sauerstoffverbrauch. Da beim Kind die funktionelle Residualkapazität (→ S. 342) pro kg KG vergleichbar groß ist wie beim Erwachsenen, die alveoläre Ventilation und der Sauerstoffverbrauch pro kg KG und Minute aber deutlich höher sind, wird verständlich, dass es bei Ventilationsstörungen des Kindes viel schneller zu einem Sauerstoffmangel und zu einer Zyanose kommt als beim Erwachsenen.
Die **Atemfrequenz** des Neugeborenen liegt bei 40–60/min, beim Säugling bei 30–60/min, beim 3-Jährigen bei 30–40/min und beim 8-Jährigen bei ca. 20/min. Das **spontane Atemzugvolumen** von Kindern beträgt ca. 7 ml/kg KG, beim Neugeborenen also nur ca. 20 ml; davon sind ⅓ (= 7 ml) Totraumventilation. Jegliche **Vergrößerung des Totraums** geht auf Kosten der alveolären Ventilation.

> ! Bereits eine Vergrößerung des Totraums um 3 ml bedeutet beim Neugeborenen, dass der Totraum jetzt 10 ml, also schon 50 % des Atemzugvolumens, beträgt.

Bei Verwendung von Anästhesiezubehör wie einer Gesichtsmaske, eines Winkel- oder Y-Stückes oder einer Messküvette für die endexspiratorische CO_2-Messung zwischen Tubus und Winkel- bzw. Y-Stück, kommt es zwangsläufig zu einer Vergrößerung des Totraumvolumens. Es darf daher nur spezielles Kinderzubehör mit minimalem Totraum verwendet werden (→ S. 236). Wegen dieses unvermeidbaren Apparatetotraums empfiehlt es sich, bei der kontrollierten Beatmung intubierte Kinder mit einem Atemhubvolumen von ca. 10 ml/kg KG und einer etwas erniedrigten Atemfrequenz (→ oben) zu beatmen.

Herz-Kreislauf-System

Kurz nach der Geburt kommt es zum vorerst nur funktionellen (und erst später, ca. am Ende des dritten Lebensmonats, zum definitiven) Verschluss der für den fetalen Kreislauf notwendigen **Kreislaufkurzschlüsse.** Das Foramen ovale (= Verbindung zwischen rechtem und linkem Vorhof) und der Ductus arteriosus Botalli (= Verbindung zwischen Aorta und Arteria pulmonalis) verschließen sich.

> ! Bei Auftreten eines Sauerstoffmangels oder einer Acidose in der Neugeborenenzeit droht eine Widerstandserhöhung im Lungenkreislauf mit Wiedereröffnen dieser fetalen Kurzschlüsse!

Hierdurch kommt es zu einer weiteren Verschlechterung der Kreislaufsituation, wodurch Hypoxie und Acidose verstärkt werden. Ein Teufelskreislauf beginnt.
Eine Hypoxie sowie eine Acidose müssen vermieden werden!
Die Herzfrequenz des Kindes ist relativ hoch, der Blutdruck relativ niedrig (vgl. Tab. 5-2). Eine Steigerung des Herzminutenvolumens ist nur über eine Steigerung der Herzfrequenz möglich, jedoch kaum durch eine Vergrößerung des Schlagvolumens des Herzens. Bei Auftreten eines Sauerstoffmangels reagiert das kindliche Herz, im Gegensatz zu dem des Erwachsenen, typischerweise mit einer sofortigen Frequenzverlangsamung.

> ! Bei Auftreten einer Bradykardie ist bei Kindern immer zuerst an einen Sauerstoffmangel zu denken! Bei unklarer Bradykardie ist Sauerstoff die Therapie der Wahl!

Tab. 5-2 Richtwerte für Herzfrequenz und Blutdruck im Kindesalter

Alter	Herzfrequenz (Herzschläge/min)	Blutdruck systolisch (mm Hg)	Blutdruck diastolisch (mm Hg)
Neugeborenes	130	75	50
3 Mo.	130	80	50
1 J.	125	90	65
5 J.	100	95	50
10 J.	90	100	60

Führt dies nicht sofort zum Erfolg, sollte zusätzlich Atropin intravenös (0,01–0,02 mg/kg KG) verabreicht werden.

Durch die intravenöse Gabe von Atropin können oft Frequenzsteigerungen von 160–190/min auftreten.

Bei Neugeborenen sind der **Hb-Wert** mit 18–20 g% und der **Hkt-Wert** mit 45–55 % relativ hoch. Bis zum dritten Monat fallen diese Werte auf ein Minimum ab (= **Trimenonanämie**). Der Hb-Wert beträgt hier ca. 10 g%, der Hkt-Wert ca. 35 %. In den folgenden Jahren werden die Erwachsenenwerte erreicht. Das **Blutvolumen** beträgt beim Neugeborenen ca. 8,5 % des Körpergewichts und ist damit etwas höher als das Blutvolumen des Erwachsenen (ca. 7,5 % des Körpergewichts).

Ein Neugeborenes mit 3 kg KG hat also nur ca. 250 ml Blut! Bereits „geringe" Blutverluste können zu einem bedrohlichen Volumenmangel und Blutdruckabfall führen!

Temperaturregulation

! Je kleiner das Kind, desto größer ist dessen Körperoberfläche bezogen auf das Körpergewicht. Hierdurch werden ein großer Wärmeverlust und eine schnelle Unterkühlung begünstigt. Wärmeverluste können durch Verdunstung (Evaporation; z. B. von Desinfektionsmitteln), durch Zugluft (Konvektion; z. B. bei offenen Türen im OP-Saal), durch Wärmeleitung (Konduktion; durch kalte Unterlage) und Wärmeabstrahlung (Radiation; Abstrahlung z. B. an kalte Wände des OP-Saales) entstehen.

Des Weiteren sind Neugeborene und Kleinkinder noch nicht in der Lage, durch **Muskelzittern** Wärme zu produzieren. Eine Wärmeproduktion ist nur über eine Steigerung des Stoffwechsels möglich. Da hierbei Glykogen, Lipide und Sauerstoff verstoffwechselt werden, drohen eine metabolische Acidose durch die bei der Lipidverstoffwechselung entstehenden Ketonkörper sowie eine Hypoglykämie und Hypoxie. Perioperativ ist eine Unterkühlung der Kinder unbedingt zu vermeiden! Neugeborene dürfen erst unmittelbar vor Narkoseeinleitung aus dem Inkubator genommen werden. Der Operationssaal sollte auf 26–28 °C geheizt sein. Der Operationstisch sollte über eine beheizbare Wärmematte verfügen, idealerweise sollte ein Warmluftsystem (z. B. Warm Touch®, Fa. Mallinckrodt) verwendet werden (→ S. 231). Zur Ein- und Ausleitung sollte das Früh- bzw. Neugeborene in warme Tücher eingewickelt werden. Solange es aufgedeckt sein muss, sollte es unter eine Wärmelampe (Infrarotlampe) gelegt werden. Des Weiteren dürfen keine kalten Infusions- oder Transfusionslösungen verwendet werden.

Bei Eingriffen, die länger als 30 Minuten dauern, sollte stets die Körpertemperatur gemessen werden, am besten mittels einer ösophagealen oder rektalen Temperatursonde. Da bei jungen Säuglingen eine Hypothermie zu einer Hypoventilation führt, sollten unterkühlte Kinder am Ende der Operation bis zur Wiedererwärmung nachbeatmet werden.

Wasser- und Elektrolythaushalt

! Während beim Erwachsenen der Flüssigkeitsanteil ca. 60 % des Gesamtkörpergewichts ausmacht, beträgt er beim Neugeborenen und beim Kleinkind ca. 75 %. Insbesondere der extrazelluläre Flüssigkeitsanteil ist relativ hoch.

Da sich wasserlösliche, intravenös applizierte Medikamente vor allem im Extrazellulärraum verteilen, benötigen Kleinkinder meist eine relativ hohe Dosierung dieser Medikamente. Eine auf das Körpergewicht bezogene Dosierung von Medikamenten ist bei Kindern nicht sehr zuverlässig. Wesentlich genauer wäre es, die Dosierung der Medikamente an der Größe des Extrazellulärraums zu orientieren, dessen Größe eng mit der Körperoberfläche korreliert. Auf diesem Prinzip (**Dosierung nach der Körperoberfläche**) beruhen die meisten pädiatrischen Dosierungsempfehlungen.
Kinder haben einen relativ hohen Basisbedarf an Flüssigkeit. Flüssigkeitsverluste werden sehr schlecht toleriert. Die **Niere des Neugeborenen** ist noch unreif. Bei Störungen des Wasserhaushalts ist sie kaum in der Lage, den Urin stärker zu konzentrieren bzw. vermehrt Wasser auszuscheiden. Des Weiteren verliert sie verhältnismäßig viel Natrium, selbst bei einem bestehenden Natriummangel. Es ist also auf eine sehr genaue Bilanzierung des Wasser-Elektrolyt-Haushalts zu achten. Als Richtlinien für die intraoperative Infusionstherapie gelten die auf Seite 143 angegebenen Richtwerte.

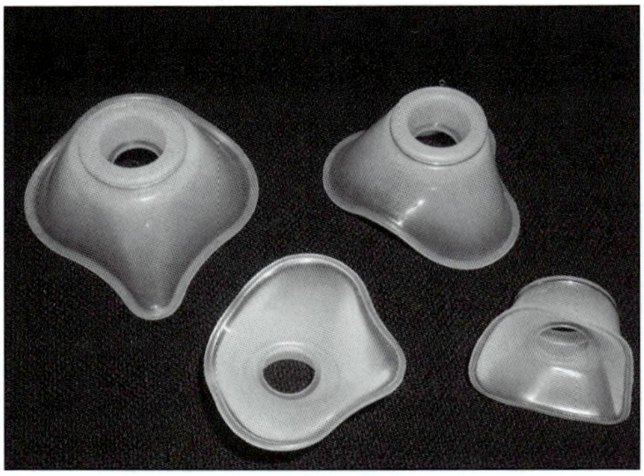
Abb. 5-1 Rendell-Baker-Masken der Größen 0, 1, 2, 3

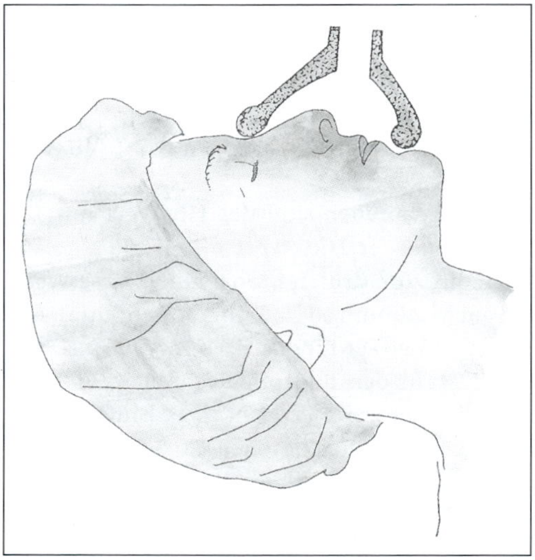
Abb. 5-2 Gesichtsmaske für Erwachsene. Beachte: relativ großer Totraum.

5.1.3 Spezielles Narkosezubehör

Gesichtsmasken

Bei der Anästhesie von Kindern haben sich die sog. **Rendell-Baker-Masken** bewährt (vgl. Abb. 5-1). Sie passen sich optimal der kindlichen Gesichtsform an und zeichnen sich im Gegensatz zu den Masken für Erwachsene (vgl. Abb. 5-2) durch einen minimalen Totraum aus (vgl. Abb. 5-3). Der Innenraum dieser Masken wird fast vollständig vom kindlichen Gesicht ausgefüllt.

! Die Rendell-Baker-Masken liegen in 4 Größen vor:
- 0 für Frühgeborene = ca. 2 ml Totraum
- 1 für Neugeborene = ca. 4 ml Totraum
- 2 für das erste bis dritte Lebensjahr = ca. 8 ml Totraum
- 3 für das vierte bis achte Lebensjahr = ca. 15 ml Totraum

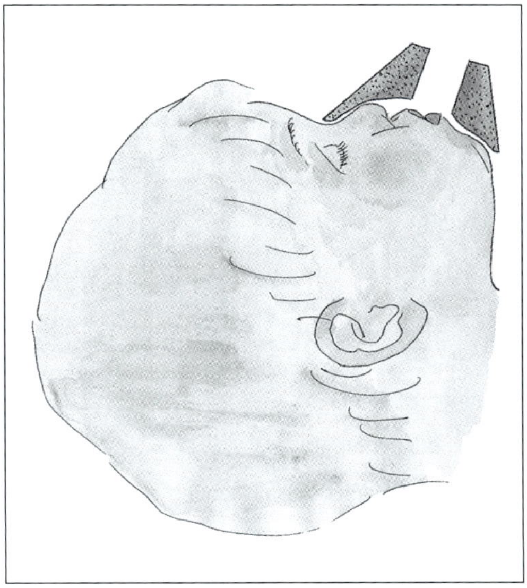

Abb. 5-3 Rendell-Baker-Maske. Beachte: minimaler Totraum. Die Maske passt sich optimal der kindlichen Gesichtsform an.

Endotrachealtuben

Die Größe des benötigten Endotrachealtubus kann der Tabelle 5-3 entnommen werden.
Als Anhalt für die Tubusgröße kann auch dienen, dass der Tubus ungefähr die Dicke des kleinen Fingers des Kindes haben sollte. Für die Intubation muss jeweils der nächstkleinere und der nächstgrößere Tubus bereitgelegt werden!

Laryngoskope (→ S. 88)

Neben dem gebogenen Laryngoskop nach MacIntosh kommt in der Kinderanästhesie oft auch der gerade Laryngoskopspatel (z.B. nach Miller) zur Anwendung. Für ein MacIntosh-Laryngoskop sollten in der Kinderanästhesie die Spatelgrößen 0, 1 und 2, für ein gerades Miller-Laryngoskop ebenfalls die Spatelgrößen 0, 1 und 2 vorhanden sein.

Guedel-Tuben

In der Kinderanästhesie kommen vor allem die Größen 00, 0, 1, 2 und 3 zur Anwendung.

Magill-Zange (→ S. 90)

Für die Kinderanästhesie steht eine kleine Magill-Zange zur Verfügung.

Tab. 5-3 Richtwerte für die Tubuswahl im Kindesalter

Alter	Gewicht (kg KG)	Innendurchmesser (mm)	Einführtiefe ab Zahnleiste[1] (cm)
Extrem untergewichtige Neugeborene	< 0,1	2,0	7
Frühgeborene	< 2,5	2,5	8
Neugeborene	3,3	3,0	9
6 Mo.	8	3,5	10
1 J.	10	4,0	12
2–3 J.	13	5,0	13
4–5 J.	17–19	5,5	14
6 J.	22	6,0	15
8 J.	28	6,5	16

Bei Kindern unter 8–10 J. sollte immer ein ungeblockter Tubus verwendet werden.
[1] Für die Einführtiefe gilt im Alter von 2–10 J.: 12 + (Alter/2) = cm Einführtiefe.

5.1.4 Narkosesysteme

Ein Narkosesystem für Kinder unter 15 kg KG muss folgenden Anforderungen gerecht werden:

- minimaler Totraum
- minimaler Atemwiderstand

Konventionelle Narkosekreissysteme (→ S. 13) können auch bei Kindern unter 15 kg KG eingesetzt werden, wenn bestimmte Bedingungen erfüllt werden:

- Es müssen dünnere, kleinvolumige Beatmungsschläuche verwendet werden.
- Es darf nur ein (!) Kalkabsorber verwendet werden.
- Es müssen spezielle Winkel- bzw. Y-Stücke mit besonders kleinem Totraum verwendet werden.
- Es müssen ein kleiner Beatmungsbeutel und ein kleiner Beatmungsbalg verwendet werden (vgl. Abb. 5-4).

Durch diese Maßnahme soll das (kompressible) Volumen sowie die Compliance des Systems minimiert werden.
Vorteile des modifizierten Kreissystems sind die Möglichkeiten zur Messung der Atemvolumina (= Volumetrie), der Atemwegswiderstände (= Manometrie) sowie der endexspiratorischen CO_2-Konzentration. Bei der CO_2-Messung im Hauptstrom, das heißt zwischen Tubus und Winkel- bzw. Y-Stück, muss eine spezielle Kinderküvette mit minimalem Totraum verwendet werden. Die Beatmung über dieses Kinderkreissystem ist inzwischen zur Routinemethode geworden!

> ! Für Kinder, die schwerer als 15 kg sind, kann bedenkenlos ein übliches Erwachsenenkreissystem verwendet werden (→ S. 13).

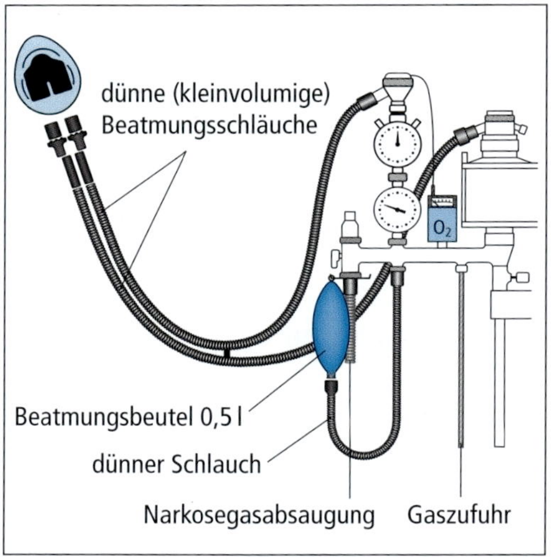

Abb. 5-4 Kinderkreissystem

5.1.5 Durchführung

Präoperative Visite

Wenn irgend möglich, sollte die Anamnese des Kindes nicht nur aus den Akten, sondern auch durch ein Gespräch mit den Eltern erhoben werden. Bei der körperlichen Untersuchung ist besonders auf akute Infekte der Luftwege zu achten. Bei bestehendem Infekt muss ein Wahleingriff verschoben werden. Bei kürzlich durchgemachten Kinderkrankheiten sollte bei einem Wahleingriff ein Mindestabstand von 4–6 Wochen eingehalten werden. Nach einer Tot- bzw. Lebendimpfung sollte ein Abstand von mindestens 3 bzw. 14 Tagen beachtet werden. Besonders geachtet werden muss bei Kindern auch auf evtl. lockere Zähne.
Nach den neuen Empfehlungen dürfen Patienten und insbesondere Kinder bis ca. 2 Stunden vor der Operation noch kleinere Mengen klare (!) Flüssigkeit zu sich nehmen (→ S. 5). Diese Karenzzeiten sollten nicht wesentlich überschritten werden, damit die Kinder nicht mit einem ausgeprägten Flüssigkeitsmangel zur Operation kommen (→ S. 144). Neugeborene

und Säuglinge können bis 4 Stunden vor Beginn der Narkoseeinleitung gestillt werden oder Flaschennahrung erhalten. Neugeborene und Säuglinge sollten stets am Anfang des Operationsprogramms operiert werden.

Prämedikation

Orale Prämedikation

Bei der oralen Prämedikation wird eine Medikamentenflüssigkeit oder eine Tablette mit einem Schluck Wasser verabreicht. Durch die geringe Menge der hierbei nötigen Flüssigkeit wird das Nüchternheitsgebot (→ S. 5, 209) nicht gebrochen. Zur oralen Prämedikation kann vorzugsweise Midazolamflüssigkeit (0,4–0,5 mg/kg KG) verabreicht werden. Die Kinder schlafen hierbei meist nicht ein, sondern werden lediglich schläfrig und heiter-gelassen. Nach ca. 10 Minuten setzt die Wirkung ein, die ungefähr 30 Minuten anhält. Aufgrund des bitteren Geschmacks von Midazolam sollten geschmackskorrigierte Lösungen verwendet werden. So ist z. B. der Zusatz von Fanta oder Orangenaroma zu der handelsüblichen Midazolamlösung möglich. In der Regel können solche speziellen Midazolamsäfte von der Krankenhausapotheke hergestellt werden. Sinnvoll erscheint eine Konzentration von 2 mg/ml.

! Großer Vorteil der oralen Prämedikation ist ihre Schmerzfreiheit bei der Applikation.

Rektale Prämedikation

Zur rektalen Prämedikation von Kindern hat sich insbesondere Midazolam (→ S. 53) bewährt. Die rektale Prämedikation wird zugunsten der oralen Prämedikation jedoch nur noch selten durchgeführt. Die Medikamente für die rektale Prämedikation werden in einer Spritze aufgezogen, auf deren Konus das abgeschnittene und mit Xylocain®-Gel bestrichene Ende eines Absaugkatheters aufgesetzt wird. Es stehen aber auch spezielle, auf den Spritzenkonus aufsteckbare Applikatoren zur Verfügung. Hiermit wird das Medikament rektal (kurz hinter den Analsphinkter) injiziert.

! Der große Vorteil der rektalen Prämedikation liegt in der Schmerzfreiheit. Außerdem wird sie von Kindern meist gut toleriert, da ihnen diese rektalen Maßnahmen vom Fiebermessen oder von „Fieber-" und „Schmerzzäpfchen" her bekannt sind.

Für die rektale Prämedikation mit Midazolam wird eine Dosierung von 0,5–1,0 mg/kg KG empfohlen. Es wird die für die intravenöse Injektion übliche Lösung (1 ml = 1 mg) rektal verabreicht. Die Kinder schlafen meist nicht tief ein. Nach 5–7 Minuten tritt aber ein Stimmungswandel von „ängstlich-traurig“ zu „heiter-gelöst“ auf, in der die Kinder die intravenöse Einleitung oder die Maskeneinleitung gut tolerieren.
Auf die Prämedikation kann auch (selten) zugunsten einer rektalen Narkoseeinleitung (→ S. 240) im Operationssaal verzichtet werden.

Narkoseeinleitung

Die Narkoseeinleitung beim Kind verlangt Zeit und Einfühlungsvermögen. Kleinere Kinder weinen oft, da sie Trennungsängste empfinden, wenn sie die Eltern verlassen müssen. Ältere Kinder haben daneben noch direkte Angst vor der Operation und der Narkose. Durch gutes Zureden, Spielen lassen, z. B. mit einem aufgeblasenen Latexhandschuh oder mit einer Spritze, können die Kinder meistens abgelenkt werden. Wichtig ist es, die Kinder niemals bezüglich der durchzuführenden Maßnahmen zu belügen, da sie sonst sehr schnell jegliches Vertrauen verlieren.

Intravenöse Einleitung

Sie ist die sicherste Einleitungsmethode und sollte bei allen Risikokindern zur Anwendung kommen. Bei den anderen Kindern ist sie wünschenswert, scheitert jedoch in der Praxis oft an der Venenpunktion beim wachen Kind. Um die Venenpunktion beim wachen Kind weitgehend schmerzlos zu ermöglichen, hat sich bestens die sog. EMLA®-Creme (EMLA = **e**utectic **m**ixture of **l**ocal **a**nesthetics; eine spezielle Mischung aus Lidocain und Prilocain) bewährt. Diese Salbe ist in der Lage, auch die intakte Haut zu anästhesieren, während normale Lokalanästhetika lediglich die Schleimhaut betäuben können. Die EMLA®-Creme muss jedoch ca. 30–60 Minuten zuvor auf die voraussichtliche Venenpunktionsstelle aufgetragen und mit einem Okklusionsverband versehen werden.

Rektale Einleitung

Die rektale Narkoseeinleitung mit Methohexital (→ S. 51) war vor Einführung der rektalen oder oralen Prämedikation mit Midazolam relativ beliebt. Auf eine übliche Prämedikation kann hierbei verzichtet werden (500 mg Methohexital werden in 5 ml Aqua ad injectionem aufgelöst, 1 ml = 100 mg; Dosierung: 20–30 mg/kg KG (= 0,2–0,3 ml dieser Lösung pro kg KG). Diese rektale Narkoseeinleitung mit Methohexital ist für Kinder > 18 Monate und maximal 25 kg KG zugelassen. Sobald das Kind nach ca. 6–8 Minuten eingeschlafen ist, muss es in die Seitenlage gebracht werden, um eine Verlegung der Atemwege durch die in Rückenlage evtl. zurückfallende Zunge zu vermeiden (!). Die rektale Narkoseeinleitung verlangt eine intensive Überwachung, da die Kinder tief „einschlafen" (bewusstlos sind). In diesem Zustand wird eine Maskennarkose problemlos toleriert. Bei manchen Kindern kommt es nach der rektalen Applikation zum Absetzen von Stuhl.
Prinzipielle **Kontraindikationen** für die rektale Narkoseeinleitung sind:

- nicht nüchterne Kinder
- schmerzhafte Analleiden
- Schockzustand

Zurückhaltend sollte die rektale Narkoseeinleitung auch unter folgenden Bedingungen durchgeführt werden:

- HNO-Eingriffe wie Adenotomien oder Tonsillektomien (→ S. 281)
- Kinder unter 6 Monaten (es liegen hier zu wenige Erfahrungen vor)

Für die rektale Narkoseeinleitung werden ca. 25 mg/kg KG Methohexital verwendet. Da die Kinder postoperativ oft verzögert aufwachen, ist die rektale Einleitung mit Methohexital bei Adenotomien und Tonsillektomien zu vermeiden. Hier müssen die Kinder schnell wach werden, um Blutreste und Speichel aushusten zu können. Inzwischen wird anstatt der rektalen Narkoseeinleitung mit Methohexital zumeist eine rektale oder vor allem eine orale Prämedikation mit Midazolam (→ S. 53) vorgezogen.

Einleitung per inhalationem

Voraussetzung für eine Einleitung per inhalationem (= „Maskeneinleitung") ist zumeist eine sedierende Prämedikation. Nach Einstellen eines hohen Frischgasflusses (z. B. 2 Liter O_2/4 Liter N_2O/min bzw. 6 Liter O_2/min wird dem Kind die Maske leicht vor das Gesicht gehalten. Sobald das Kind durch das evtl. verabreichte Lachgas benommen wird, kann die Maske fest aufs Gesicht gesetzt und vorzugsweise Sevofluran in steigender Dosierung zugesetzt werden. Bei ängstlichen Kindern kann durch Ablenken meist dennoch per Maske eingeleitet werden. Wehrt sich ein Kind energisch gegen diese „Maskeneinleitung", so sollte zugunsten einer anderen Narkoseeinleitungsform darauf verzichtet werden. Die Einleitung per inhalationem erfolgt bei Kindern schneller als bei Erwachsenen. Grund ist vor allem die höhere alveoläre Ventilation (→ S. 38, 234) sowie das Verhältnis von alveolärer Ventilation zu funktioneller Residualkapazität (5 : 1; beim Erwachsenen 1,5 : 1) (→ S. 342).

! Zu beachten ist, dass bei älteren Säuglingen und Kleinkindern höhere Konzentrationen der verdampfbaren Inhalationsanästhetika benötigt werden; Grund hierfür ist der bei Kindern etwas erhöhte MAC-Wert (→ S. 39).

Beim Kind sollte die Maskenbeatmung folgendermaßen durchgeführt werden: Ring- und Kleinfinger liegen wie beim Erwachsenen hinter dem Unterkieferwinkel. Gleichzeitig sollte jedoch der Mund mit dem unteren Pol der Gesichtsmaske und mit dem Zeigefinger offen (!) gehalten werden (vgl. Abb. 5-5 und 5-6).
Wenn das Kind in tiefer Inhalationsnarkose ist, wird es normalerweise das Legen eines periphervenösen Zugangs widerstandslos tolerieren. Während der Maskenbeatmung sollte das Kind stets mit einem präkordialen Stethoskop überwacht werden.

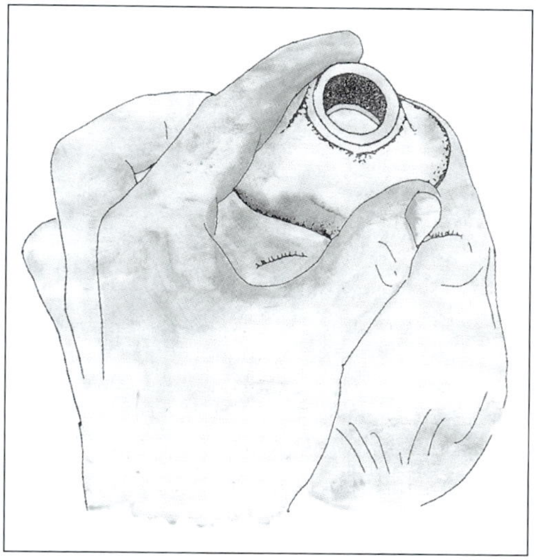

Abb. 5-5 Maskenhaltung beim Säugling

Intramuskuläre Einleitung

Hierzu kann z. B. Ketamin bzw. Esketamin in einer Dosierung von ca. 4–8 mg/kg KG bzw. 2–4 mg/kg KG verwendet werden. Intramuskuläre Injektionen sollten jedoch bei Kindern eine extrem seltene Ausnahme darstellen.

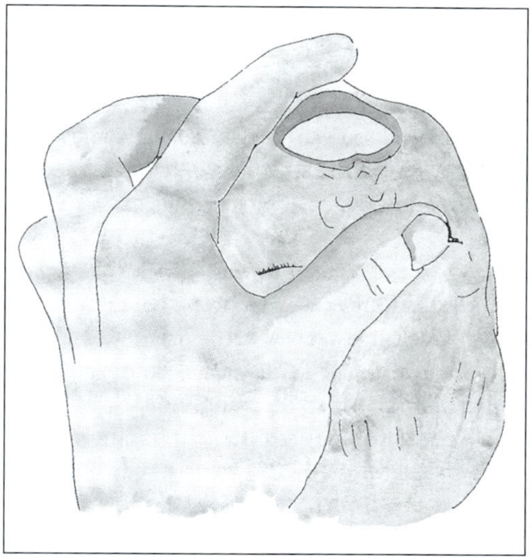

Abb. 5-6 Fingerhaltung bei der Maskenbeatmung eines Säuglings (möglichst bei geöffnetem Mund)

Venöser Zugang

! Bei jeder Narkose – selbst wenn sie nur wenige Minuten dauert – muss ein venöser Zugang gelegt werden!

Der venöse Zugang muss spätestens vor Intubations- bzw. Operationsbeginn gelegt sein. Hierzu werden die Handrückenvenen bevorzugt (vgl. Abb. 1-24). Auch an der Handgelenkinnenseite (vgl. Abb. 5-7) sowie an den Füßen, insbesondere im Bereich des Innenknöchels, finden sich oft gut zu punktierende Venen. Bei Säuglingen muss manchmal auf die Schädelvenen zurückgegriffen werden. Ist die Venenpunktion gelungen, so ist auf eine besonders gute Fixierung des venösen Zugangs zu achten.

Soll der Zugang auch noch postoperativ liegen bleiben, so empfiehlt sich die Ruhigstellung der entsprechenden Extremität auf einer Schiene oder das Eingipsen eines Zugangs am Schädel.

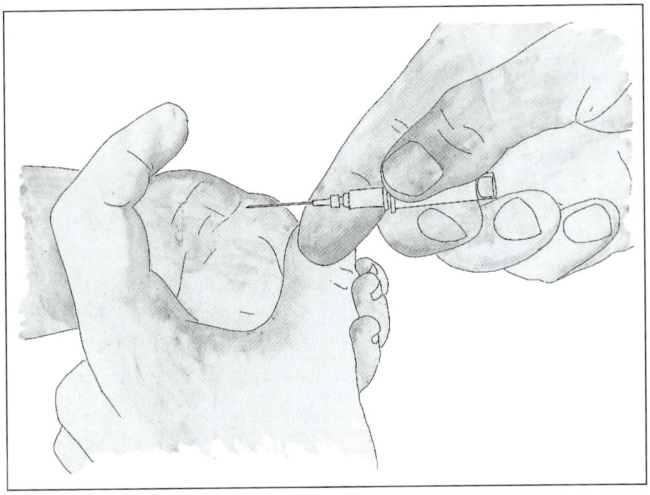

Abb. 5-7 Venenpunktion beim Kind

Intubation (→ S. 92)

> ! Die Indikation zur Intubation sollte bei Neugeborenen und Säuglingen aufgrund der physiologischen Schwäche des respiratorischen Systems (→ S. 233) eher großzügig gestellt werden. Alle Risikokinder sollten stets intubiert werden. Teilweise wird auch empfohlen, Neugeborene und Säuglinge unter 6 Monaten prinzipiell zu intubieren.

Bei Kindern unter 8–10 Jahren sollte ein **Tubus ohne Blockung** verwendet werden. Durch die Wahl der richtigen Tubusgröße ist eine gute Abdichtung im Bereich des Ringknorpels zu erzielen; dazu muss der größte Tubus, der gerade noch problemlos einzuführen ist, gewählt werden. Bei der Beatmung muss bei einem Druck von über 20 cm H_2O noch etwas Luft am Tubus vorbei entweichen. Es sollte nicht gezögert werden, einen Tubus, der nicht dicht sitzt bzw. zu groß ist (d.h. nicht problemlos durch die Stimmritze eingeführt werden kann bzw. ab einem Druck von ca. 20 cm H_2O nicht undicht wird), sofort gegen den nächstgrößeren bzw. nächstkleineren auszutauschen. Bei der Intubation muss auf ein steriles Tubusmaterial und besonders behutsames Vorgehen geachtet werden.

Gegen die früher übliche routinemäßige Intubation von Kindern unter Relaxation mit Succinylcholin spricht insbesondere die Gefahr, dass es zu einer Rhabdomyolyse kommen kann, falls bei Kindern evtl. eine hierzu prädestinierende Muskelerkrankung vorliegt, die aber klinisch noch nicht (sondern meist erst im späteren Lebensalter) erkannt werden kann (→ S. 76). Die routinemäßige Verwendung von Succinylcholin wird inzwischen offiziell abgelehnt. Falls ausnahmsweise Succinylcholin sinnvoll ist (Ileuseinleitung, akutes Atemwegsproblem; → S. 76), ist bei Kindern eine Dosierung von ca. 1,5–2,0 mg/kg KG (bei Neugeborenen und Säuglingen von ca. 2–3 mg/kg KG) zu empfehlen. Die Vorgabe eines nicht depolarisierenden Muskelrelaxans ist bei Kindern unter ca. 6 Jahren nicht notwendig, da bei diesen Kindern keine Muskelfaszikulationen nach Succinylcholingabe auftreten. Nach Succinylcholingabe treten jedoch bei Kindern häufiger reflektorische Bradykardien auf (→ S. 75). Deshalb sollte vorweg immer Atropin intravenös gegeben werden. Succinylcholin ist langsam und unter Kontrolle der Herzfrequenz zu injizieren.

> ! Es hat sich bewährt, das 2%ige Succinylcholin (1 ml = 20 mg) zu verdünnen: z.B. 1 ml = 20 mg + 4 ml NaCl 0,9 % = 5 ml; 1 ml dieser Lösung = 4 mg Succinylcholin.

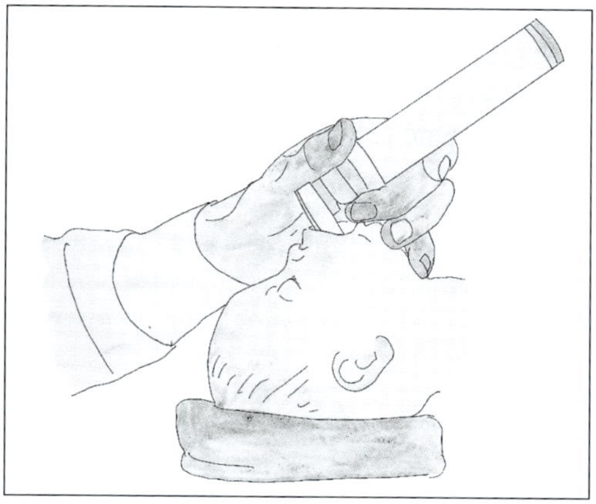

Abb. 5-8 Einstellung des Kehlkopfes beim Kind

Für die voraussichtlich unkomplizierte Intubation sollte eine Vollrelaxierung mit einem nicht depolarisierenden Muskelrelaxans (z. B. Mivacurium, Rocuronium, Atracurium, Vecuronium) durchgeführt werden.

Der Kopf des Kindes braucht zur Intubation wegen des großen Hinterhauptes nicht hochgelagert werden. Zur Fixierung des Kopfes haben sich in der Kinderanästhesie vor allem Ringe oder eine mit einem Loch versehene Schaumstoffplatte bewährt, die unter das Hinterhaupt gelegt werden. Es kann auch eine Nackenrolle aus zusammengerolltem Stoff unter den Nacken gelegt werden. Der Kopf wird aber kaum überstreckt, es sollte möglichst in neutraler Kopfposition intubiert werden. Das Laryngoskop wird vorsichtig zwischen Daumen, Zeige- und Ringfinger der linken Hand gehalten. Mit dem kleinen Finger der linken Hand wird ggf. auf den Kehlkopf gedrückt, um die Glottis besser einzustellen (vgl. Abb. 5-8). Auch bei Kleinkindern sollte im Regelfall eine orotracheale Intubation vorgezogen werden. Bei der nasalen Intubation droht durch den Tubus eine Keimverschleppung aus der Nase in die Trachea sowie eine Verletzung von Nasenschleimhaut und evtl. vergrößerten Rachenmandeln (= Adenoide). (Soll ein Neugeborenes, ein Säugling oder ein Kleinkind jedoch mehrere Tage intubiert bleiben, dann wird zumeist eine nasotracheale Intubation vorgezogen, da hierbei der Tubus besser zu fixieren ist, nicht so leicht disloziert und besser toleriert wird).

Narkoseführung

Lediglich bei kurzen, unproblematischen Narkosen ist eine Maskennarkose zu empfehlen. Zunehmend häufiger wird auch in der Kinderanästhesie eine Larynxmaske eingesetzt. Dies erfordert jedoch entsprechende Erfahrung mit dieser Methode und der Anästhesie bei Kindern. Bei Risikokindern oder Unsicherheit des Anästhesisten sollte eine Intubationsnarkose durchgeführt werden.

> ! Im Zweifelsfalle immer Intubation!

Die Narkoseform der Wahl ist im Kindesalter die Inhalationsnarkose, vorzugsweise mit Sevofluran. Zunehmend häufiger wird bei Kindern auch eine IVA bzw. TIVA (→ S. 125) durchgeführt. Inzwischen sind die meisten Propofolpräparate, z. B. Propofol Fresenius 1 % (Fa. Fresenius), schon für Säuglinge älter als ein Monat zugelassen. Als Einleitungsdosis werden bei Kindern (2–)3(–5) mg/kg KG, als Erhaltungsdosis für eine IVA/TIVA ca. 5–15 mg/kg KG/h Propofol empfohlen. Bei Kindern unter 3 Jahren sollte Propofol nur bei zwingenden Indikationen länger als 60 Minuten verabreicht werden.

Intraoperatives Monitoring

- klinische Überwachung:
  Mindestens eine Hand oder ein Fuß des Kindes sollte stets sichtbar (!) sein. Eine evtl. Zyanose ist am Finger- bzw. Zehennagelbett relativ gut zu erkennen.
- präkordial aufgeklebtes Stethoskop:
  Der Anästhesist sollte über ein Ohrstück ständige Verbindung zu einem linksthorakal aufgeklebten, sog. präkordialen Stethoskop haben. Mit dem Stethoskop kann sowohl die

Herzfrequenz als auch die Lautstärke der Herztöne beurteilt werden. Die Lautstärke der Herztöne verändert sich bei Kleinkindern parallel zum Blutdruck. Außerdem kann natürlich das Atemgeräusch beurteilt und damit eine Kontrolle des Atemhubvolumens vorgenommen werden. Ist ein präkordiales Stethoskop aus operationstechnischen Gründen nicht zu platzieren, sollte ein Ösophagusstethoskop eingeführt werden.

! Das präkordiale Stethoskop ist bei Kindern die mit Abstand wichtigste Überwachungsmaßnahme!

- Messung der arteriellen Sauerstoffsättigung mittels Pulsoxymetrie (→ S. 405)
- endexspiratorische CO_2-Messung:
  Da in der Kinderanästhesie häufig eine manuelle Ventilation durchgeführt wird und manche älteren Volumeter bei sehr kleinen Atemhubvolumina nicht ausreichend genau arbeiten, empfiehlt sich bei jeder Intubationsnarkose eine kontinuierliche endexspiratorische CO_2-Messung (→ S. 405). Bei der Messung im Hauptstrom, das heißt zwischen Tubus und Y- bzw. Winkelstück, müssen spezielle Kinderküvetten mit besonders kleinem Totraumvolumen verwendet werden. Anhand der endexspiratorischen CO_2-Messung kann auch sofort und zuverlässig erkannt werden, ob das Kind richtig, das heißt endotracheal intubiert ist (→ S. 98).
- EKG-Ableitung:
  Ihre Durchführung ist obligat.
- Blutdruckmessung:
  Es ist auf eine korrekte Manschettenbreite zu achten. Die Breite der Blutdruckmanschette sollte ca. ⅔ der Oberarmlänge betragen. Zu breite Manschetten ergeben zu niedrige, zu schmale Manschetten zu hohe Blutdruckwerte. Die Blutdruckmessung ist der zuverlässigste Parameter für die Kreislaufüberwachung beim Kind. Der systolische Blutdruck ist ein guter Gradmesser für einen Volumenmangel. Die Blutdruckmessung nach Riva-Rocci ist jedoch insbesondere bei Säuglingen und Kleinkindern schwierig und oft unzuverlässig. Bewährt hat sich die Blutdruckmessung mit der oszillometrischen Methode (z. B. mit dem Dinamap®-Gerät). Nur bei sehr kritischen Operationen mit hohen Volumenumsätzen und bei Kindern mit kardiorespiratorischem Versagen wird eine blutige arterielle Druckmessung notwendig werden.
- Messung der Körpertemperatur:
  rektal oder tief ösophageal
- Blutgasanalyse:
  Hierzu eignet sich arterialisiertes Kapillarblut, z. B. aus der hyperämisierten Fingerbeere, der Ferse oder dem Ohrläppchen. Zur exakten Beurteilung des Sauerstoffpartialdrucks ist jedoch arterielles Blut notwendig.
- Blutzuckerkontrolle:
  Diese ist vor allem bei Frühgeborenen wegen der Gefahr einer Hypoglykämie notwendig. Aber auch eine Hyperglykämie (durch Infusionstherapie oder starke Stresssituation) ist bei Früh- und Neugeborenen unbedingt zu vermeiden.

Perioperative Infusionstherapie

Bezüglich der perioperativen Infusions- und Transfusionstherapie sei auf die ausführlichen Beschreibungen auf den Seiten 136 und 143 verwiesen.

Bei Kindern < 2 Jahren bietet sich für den Ersatz des Basisbedarfs eine Halbelektrolytlösung mit 2,5 % Glucose an (z. B. 0,45 % Natriumchlorid – 2,5 % Glucoselösung, 77 mmol/l Natrium, 2,5 % Glucose, Fa. Serag-Wiessner) und für den Ersatz des Nachhol- und Verlustbedarfs kann (wie bei Erwachsenen; → S. 144) Vollelektrolytlösung verwendet werden (→ S. 133). Bei Kindern > 2 Jahren kann prinzipiell Vollelektrolytlösung verwendet werden. Bei großen Operationen (z. B. Omphalozele) wird meist auch eine großzügige Proteinzufuhr durchgeführt.

Tab. 5-4 Dosierungsempfehlungen für die in der Kinderanästhesie gebräuchlichen Medikamente

Wirkstoff	Dosierung
Adrenalin zur Reanimation (→ auch S. 544, 548)	Neugeborene unmittelbar nach der Geburt: 0,01–0,03 mg/kg KG 1 ml = 1 mg mit 9 ml NaCl 0,9% verdünnen; davon: 0,1–0,3 ml/kg KG i. v. bzw. endotracheal Neugeborene, Säuglinge und Kinder bis 8 J.: 0,01 mg/kg KG i. v. oder intraossär 1 ml = 1 mg mit 9 ml NaCl 0,9% verdünnen; davon: 0,1 ml/kg KG für endotracheale Gabe 0,1 mg/kg KG = 0,1 ml/kg KG der unverdünnten Lösung Wiederholungsdosen ggf. alle 3–5 Minuten
Atracurium	Vollrelaxierung: 0,3–0,5 mg/kg KG i. v. Wiederholungsdosis: 0,15–0,3 mg/kg KG i. v.
Atropin	0,01–0,02 mg/kg KG i. v. Folgende Verdünnung hat sich bewährt: 1 ml = 0,5 mg + 4 ml NaCl 0,9% = 5 ml 1 ml = 0,1 mg
Diazepam	0,1–0,3 mg/kg KG i. v.
Fentanyl	Initialdosierung: 0,005–0,01 mg/kg KG i. v. bei großen Operationen (z. B. Zwerchfellhernie) Wiederholungsdosis: 0,001–0,002 mg/kg KG i. v.
Ketamin	i. v.: Initialdosierung 1–2 mg/kg KG; Wiederholungsdosis 0,5 mg/kg KG i. m: (4–8 mg/kg KG) (bei Esketamin jeweils halbe Dosierung)
Lidocain	1 mg/kg KG i. v.
Methohexital	1–2 mg/kg KG i. v.
Mivacurium	Vollrelaxierung: 0,2 mg/kg KG i. v. (erst ab dem 3. Lebensmonat zugelassen)
Naloxon	0,001–0,003 mg/kg KG i. v. bei unzureichender Wirkung: als Wiederholungsdosis ca. die Hälfte der Initialdosis Naloxon DeltaSelect: 1 ml = 0,4 mg
Natriumbicarbonat zur Reanimation (→ auch S. 545, 550)	BE × ⅓ × kg KG = mmol Natriumbicarbonat (= Natriumhydrogencarbonat) 8,4%, 1 ml = 1 mmol Natriumbicarbonat: bei Neugeborenen 1 : 1 mit Glucose 5% verdünnen bei längerem Kreislaufstillstand trotz guter Beatmung und Herzdruckmassage 1 mmol/kg KG i. v. zur „Blindpufferung"
Neostigmin	0,07 mg/kg KG i. v.
Pancuronium	Vollrelaxierung: 0,08–0,1 mg/kg KG i. v. Wiederholungsdosis: 0,02 mg/kg KG i. v.
Pethidin	0,25–0,5 mg/kg KG i. v. (mittlere Erfolgsdosis im Rahmen der postoperativen Schmerztherapie; → S. 328)

Tab. 5-4 (Fortsetzung)

Wirkstoff	Dosierung
Phenobarbital	5–10 mg/kg KG i. v.
Piritramid	0,05(–0,1) mg/kg KG i. v. (→ S. 328)
Prednisolon	im anaphylaktischen Schock: 10 mg/kg KG i. v.
Promethazin	0,5 mg/kg KG i. v.
Propofol	(2–)3(–5) mg/kg KG i. v. zur Narkoseeinleitung Aufrechterhaltung einer (T)IVA: ca. 5–15 mg/kg KG/h i. v. (die meisten Präparate sind inzwischen nach dem 1. Lebensmonat zugelassen; z.B. Propofol Fresenius 1 %, Fa. Fresenius)
Pyridostigmin	0,1–0,2 mg/kg KG i. v.
Rocuronium	Vollrelaxierung: 0,6 mg/kg KG i. v.
Succinylcholin	Kinder: 1,5–2 mg/kg KG i. v. Wiederholungsdosis: 0,25 mg/kg KG i. v. Neugeborene, Säuglinge: 2–3 mg/kg KG i. v. Folgende Verdünnung hat sich bewährt: 1 ml 2%ige Lösung = 20 mg + 4 ml NaCl 0,9% = 5 ml in einer 5-ml-Spritze 1 ml = 4 mg (2 mg/kg KG i. m.)
Thiopental	5(–8) mg/kg KG i. v.
Vecuronium	0,08 mg/kg KG i. v.
Volumenzufuhr	bei Hypovolämie und Schock 5–10–20 ml/kg KG i. v. HES (Voluven®) oder Humanalbumin 5%, bei Bedarf wiederholen

Blutverluste sind sehr genau zu registrieren. Bei älteren Säuglingen und Kindern können Blutverluste bis ca. 25–30 % des Blutvolumens (Hb-Abfall bis auf ca. 7 g/dl), bei Frühgeborenen, Neugeborenen und jungen Säuglingen können meist Blutverluste bis (10–)15 % (Hb-Abfall bis auf ca. 10 g/dl) durch HES (Voluven®; → S. 135) oder 5%iges Humanalbumin ersetzt werden. Bei noch größeren Blutverlusten wird eine Bluttransfusion notwendig. Die Substitution von Blut, Humanalbumin oder HES erfolgt am besten über 10-ml-Spritzen oder eine Spritzenpumpe, um eine möglichst genaue Dosierung zu garantieren. Blut- und Humanalbumingabe können auch mittels Spritzenpumpe verabreicht und so genau dosiert werden.

! Als Parameter für eine ausreichende intraoperative Volumensubstitution können der systolische Blutdruck, die Urinausscheidung sowie der ZVD (falls ein Kavakatheter liegt) gelten.

Extubation

Da Kinder zu einer stärkeren Speichelbildung neigen, ist der Mund vor der Extubation stets sorgfältig von Speichel freizusaugen. Bei Operationen im Nasen-Rachen-Bereich muss das Blut vor der Extubation gezielt (ggf. unter laryngoskopischer Sicht) abgesaugt werden. Ein endobronchiales Absaugen sollte bei der Extubation normalerweise nicht vorgenommen werden. Falls dies unbedingt notwendig erscheint, muss danach die Lunge mehrmals gebläht werden.

! Auf keinen Fall darf beim Herausziehen des Tubus endotracheal abgesaugt werden. Die Gefahr der Ausbildung von Atelektasen ist bei Kindern sehr groß.

Säuglinge unter 3 Monaten sollten immer erst extubiert werden, wenn sie wieder richtig wach sind. Auch bei älteren Kindern empfiehlt sich die Extubation erst dann, wenn die Kehlkopfreflexe zurückgekehrt sind. Eine Extubation in tiefer Narkose sollte nur in Ausnahmefällen, z. B. bei bekanntem Asthma bronchiale oder bei Neigung zu Laryngospasmen, durchgeführt

Tab. 5-5 Häufiger eingesetzte Antibiotika für die perioperative Antibiose in der Kinderchirurgie

Wirkstoff (Handelsnamen)	Alter	Einzeldosis	Tagesdosis
Ampicillin (z. B. Binotal®)	NG < 7 d	50 mg/kg KG	3 × 50 mg/kg KG
	NG > 7 d bis 12 J.	50 mg/kg KG	4 × 50 mg/kg KG
	> 12 J./Jgdl./Erw.	ED = 2 g	2 × 2 g
Cefazolin (z. B. Cephazolin®)	NG < 7 d	20 mg/kg KG	2 × 20 mg/kg KG
	NG > 7 d	20 mg/kg KG	3 × 20 mg/kg KG
	> 1 Mon. bis 12 J.	30 mg/kg KG	3 × 30 mg/kg KG
	12 J./Jgdl.	1,5 g	3 × 1,5 g
	Erw.	2,0 g	3 × 2 g
Cefotaxim (z. B. Claforan®)	NG < 7 d bis 12 J.	35 mg/kg KG	3 × 35 mg/kg KG
	> 12 J./Jgdl./Erw. mit > 50 kg KG	2 g	3 × 2 g
Cefuroxim (z. B. Zinacef®)	NG < 7 d bis 3 Mo.	30 mg/kg KG	2 × 30 mg/kg KG
	> 3 Mon. bis 12 J.	35 mg/kg KG	3 × 35 mg/kg KG
	> 12 J./Jgdl./Erw.	ED = 1,5 g	3 × 1,5–2 g
Flucloxacillin (z. B. Staphylex®)	NG < 7 d	25 mg/kg KG	3 × 25 mg/kg KG
	NG > 7 d bis 3 Mo.	30 mg/kg KG	3 × 30 mg/kg KG
	> 3 Mon. bis 12 J.	25 mg/kg KG	4 × 25 mg/kg KG
	> 12 J./Jgdl.	1 g	4 × 1 g
	Erw.	2 g	3 × 2 g
Metronidazol (z. B. Clont®)	NG < 7 d	initiale loading dose: 15 mg/kg KG	danach 24 h Pause, anschließend 2 × 7,5 mg/kg KG
	NG > 7 d/Sgl./Jgdl.	initiale loading dose: 15 mg/kg KG	anschließend 3 × 7,5 mg/kg KG
	Erw. (> 50 kg KG)	500 mg	2 × 500 mg
Mezlocillin (Baypen®)	NG < 7 d bis 12 Mo.	75 mg/kg KG	3 × 75 mg/kg KG
	1–12 J.	100 mg/kg KG	3 × 100 mg/kg KG
	> 12 J. bis Jgdl.	2 g	4 × 2 g
	Erw.	4 g	3 × 4 g

Erw. = Erwachsene, Jgdl. = Jugendliche, NG = Neugeborene, Sgl. = Säugling; ED = Einzeldosis

werden. Eine Extubation während des Exzitationsstadiums ist zu vermeiden, da hier die große Gefahr eines Laryngospasmus besteht. Zur Extubation hat es sich bewährt, die Lunge nochmals zu blähen und den Tubus unter Blähen herauszuziehen. Hiermit wird eine Sauerstoffreserve in der Lunge geschaffen und die Kinder werden nach der Extubation zur Ausatmung gezwungen.
Postoperativ sollte das Kind in stabiler Seitenlage in ein vorgewärmtes Bett gelegt werden. Die Seitengitter der Betten müssen unbedingt hochgezogen werden, damit die Kinder nicht herausfallen können, falls sie sich unruhig hin und her wälzen.
Dosierungsempfehlungen für die in der Kinderanästhesie häufig verwendeten Medikamente sind der Tabelle 5-4 zu entnehmen. Insbesondere bei abdominalchirurgischen Eingriffen (z. B. Appendektomie) ist öfter eine perioperative Antibiotikagabe auf Wunsch des Operateurs durchzuführen. Die hierzu häufig verwendeten Antibiotika sowie deren Dosierungen und Dosierungsintervalle sind in Tabelle 5-5 zusammengestellt.

5.2 Anästhesie im hohen Lebensalter

5.2.1 Allgemeine Bemerkungen

Herz-Kreislauf-System

Bei älteren Patienten liegt häufig eine arteriosklerotische Veränderung der Zerebral- und Koronararterien vor. Das Herz weist oft eine latente oder manifeste Schwäche (= Insuffizienz) auf. Das Herzminutenvolumen ist vermindert, die Kreislaufzeit kann dadurch deutlich verlängert sein. Ältere Patienten leiden außerdem häufig an Bluthochdruck. Das Gefäßsystem zeigt einen chronischen Volumenmangel. Da diese Patienten oft Digitalispräparate, blutdrucksenkende Medikamente sowie Diuretika einnehmen, ist auf Elektrolytverschiebungen (vor allem Kaliummangel) zu achten. Die Herzfrequenz ist meist langsam und nicht selten durch Rhythmusstörungen beeinträchtigt. Die Gesamtproteinkonzentration kann vermindert sein, was bei intravenösen Medikamenten zu beachten ist, die stark an Proteine gebunden sind (→ S. 48).

Atmung

Eine zunehmende Thoraxstarre im hohen Alter bedingt eine bevorzugte Bauchatmung. Häufig ist ein Altersemphysem anzutreffen. Die funktionelle Residualkapazität ist vergrößert, was ein verzögertes An- und Abfluten der Inhalationsanästhetika zur Folge hat (→ S. 38).

5.2.2 Präoperative Visite (→ S. 2)

Einer der wichtigsten Punkte bei der Anästhesie von älteren Patienten ist die gründliche Vorbereitung des älteren Patienten auf Operation und Narkose. Besonderes Augenmerk ist auf die Atmung zu richten.

> ! Die Abnahme einer präoperativen arteriellen Blutgasanalyse sollte bei jedem Verdacht auf eine ernste Lungenerkrankung oder bei der Möglichkeit einer postoperativen Nachbeatmung auf einer Intensivstation vorgenommen werden (Ausgangswert!). Besonders wichtig ist es auch, darauf zu achten, dass die Patienten bereits präoperativ Atemgymnastik erlernen.

Präoperativ bestehende Entgleisungen eines Diabetes mellitus, eines arteriellen Hypertonus oder einer Herzinsuffizienz müssen bei einem Wahleingriff erst medikamentös gebessert werden.

5.2.3 Prämedikation

Es ist auf eine niedrige Dosierung der Medikamente für die Prämedikation zu achten. Oft muss weniger verordnet werden, als z. B. anhand des Körpergewichts theoretisch errechnet wird. Bei Patienten über ca. 80 Jahren sollten keine Benzodiazepine verabreicht werden, da eine stärkere Atemdepression und eine paradoxe Reaktion (Erregungszustand anstatt Anxiolyse/Sedierung) auftreten können. Eventuell kann die sedierende Nebenwirkung eines Antihistaminikums (z. B. Dimenhydrinat; Vomex®; → S. 334) ausgenutzt werden.

5.2.4 Narkoseführung

Wahl des Narkoseverfahrens

Prinzipiell kommen die gleichen Narkoseverfahren wie in anderen Altersgruppen zur Anwendung. Operationen an der unteren Körperhälfte, wie z. B. urologische oder traumatologische Eingriffe, werden häufig in Spinalanästhesie durchgeführt. Bei älteren Patienten mit pulmonalen Problemen scheint es vorteilhaft zu sein, auf die Intubation zugunsten einer rückenmarksnahen Leitungsanästhesie zu verzichten. Gute Ergebnisse lassen sich oft auch durch die Kombination einer Regionalanästhesie mit einer oberflächlichen Vollnarkose erzielen. Der endgültige Beweis, dass die Methoden der rückenmarksnahen Regionalanästhesie einer Vollnarkose überlegen sind, steht allerdings noch aus. Bei bestehender Herzinsuffizienz oder einem Volumenmangel sollte eine Allgemeinanästhesie einer rückenmarksnahen Regionalanästhesie vorgezogen werden.

Medikamente

Prinzipiell kommen die gleichen Medikamente wie in anderen Altersgruppen zur Anwendung. Wichtig erscheint nur eine sehr vorsichtige, bedarfsorientierte Dosierung.

Kreislauf

! Aufgrund der verlängerten Kreislaufzeit tritt die Wirkung von intravenösen Medikamenten oft wesentlich verzögert ein. Vor einem voreiligen Nachinjizieren wegen vermeintlich zu niedriger Dosierung ist zu warnen.

Besonderes Augenmerk gilt dem **Blutdruckverhalten**. Insbesondere müssen stärkere Blutdruckabfälle vermieden werden, um bei einem arteriosklerotischen Patienten keine Mangeldurchblutung vor allem des Herzens oder des Gehirns zu riskieren. Ebenso sind übermäßige Blutdrucksteigerungen zu vermeiden. Zur besseren Blutdrucküberwachung sollte großzügig von der blutigen arteriellen Druckmessung Gebrauch gemacht werden. Sie sollte bereits vor (!) Narkoseeinleitung angeschlossen werden, da die Einleitungsphase einen besonders kritischen Moment jeder Narkose darstellt. Falls noch nicht geschehen, sollte hierbei auch eine arterielle Blutgasanalyse vor (!) der Narkoseeinleitung bestimmt werden. Die spätere Extubation sollte nicht an einer bereits vorbestehenden, aber unerkannt gebliebenen Gasaustauschstörung scheitern!

Bei Verdacht auf eine vorbestehende oder sich intraoperativ manifestierende **Herzinsuffizienz** ist auf negativ inotrope Medikamente, wie z. B. Thiopental, zugunsten kreislaufneutraler Medikamente, wie z. B. Etomidat und Fentanyl, zu verzichten. Zur evtl. notwendigen Stärkung der Herzkraft sollte intraoperativ vorzugsweise Dobutamin (Dosierung: bis zu 15 µg/kg KG/min; → S. 300) verabreicht werden.

Ventilation

Bei der Respiratoreinstellung sollte eine Normoventilation angestrebt werden. Eine stärkere Hyperventilation ist zu vermeiden, da hierdurch auch eine zerebrale und koronare Gefäßengstellung (→S. 272) eintritt. Bei bereits grenzwertiger Durchblutung aufgrund einer Arteriosklerose könnte dies zu einer Mangeldurchblutung führen.
Bei optimaler Narkoseführung ist die intraoperative anästhesiologisch bedingte Mortalität beim älteren Patienten nicht wesentlich höher als in anderen Altersgruppen.

5.2.5 Postoperative Nachbehandlung

Das größte Problem in der Alterschirurgie ist die postoperative Phase. Insbesondere sind hier pulmonale Probleme, wie die Ausbildung einer Pneumonie, oft nicht zu vermeiden. Ganz entscheidend ist daher die Fortsetzung der bereits präoperativ geübten Atemgymnastik sowie die möglichst frühzeitige Mobilisation der Patienten.
Bei älteren Patienten treten in der postoperativen Phase öfter vorübergehende Verwirrtheitszustände auf. Als mögliche Ursachen werden vor allem der perioperative Stress, Störungen des Wasser-Elektrolyt-Haushalts, zerebrale Minderperfusion, Nachwirkungen von Anästhetika, die postoperative Analgetikatherapie und viele andere perioperative Veränderungen angeschuldigt. Die Inzidenz solcher Verwirrtheitszustände ist unabhängig vom Narkoseverfahren und bestimmten Narkosemedikamenten.

5.3 Anästhesie in der Geburtshilfe

5.3.1 Allgemeine Bemerkungen

Im Verlauf einer Schwangerschaft kommt es zu zahlreichen physiologischen Veränderungen des mütterlichen Organismus. Für den Anästhesisten sind besonders wichtig:

- Veränderungen des Herz-Kreislauf-Systems
- Veränderungen der Atmung
- Veränderungen des Magen-Darm-Traktes

Veränderungen des Herz-Kreislauf-Systems

Der systolische Blutdruck bleibt weitgehend unverändert, und der diastolische Blutdruck fällt während der Schwangerschaft leicht ab. Ursache ist eine Ausweitung des Kapillarbettes und eine Abnahme des peripheren Gefäßwiderstandes. Erst unter der Geburt steigt der Blutdruck wieder an. Der Venendruck bleibt in der oberen Körperhälfte weitgehend normal. In der unteren Körperhälfte ist er deutlich erhöht, da der venöse Rückfluss durch den vergrößerten Uterus behindert wird. Das Herzminutenvolumen nimmt durch eine Steigerung der Herzfrequenz (um 10–12 Schläge/min) sowie durch eine Zunahme des Schlagvolumens um bis zu 50% zu. Das Blutvolumen ist um 30–50% erhöht. Da jedoch das Plasmavolumen stärker zunimmt als die Erythrozytenzahl, resultiert eine Blutverdünnung mit leichter Abnahme des Hb- und Hkt-Werts.

Kavakompressionssyndrom

Bereits ab der 20. Schwangerschaftswoche, vor allem aber im letzten Drittel der Schwangerschaft, kann das sog. Kavakompressionssyndrom auftreten. Ursache ist ein Zurückfallen des schwangeren Uterus in Rückenlage mit Kompression der Vena cava inferior. Die da-

durch bedingte Verminderung des venösen Rückflusses verursacht einen plötzlichen Abfall des Herzminutenvolumens mit den Zeichen eines **Volumenmangelschocks**.
Die Symptome sind:
- Schwindel, Benommenheit, Bewusstlosigkeit
- Blässe, Schwitzen, kalte Haut
- Blutdruckabfall
- Tachykardie

Die Symptome treten nur bei ca. 10 % der hochschwangeren Frauen auf, da normalerweise ein ausreichender venöser Kollateralkreislauf (über paravertebrale und peridurale Venengeflechte und die Vena azygos) vorhanden ist.
Durch den zurückfallenden Uterus kann es auch zu einer Kompression der Aorta kommen, wodurch die Uterusdurchblutung gedrosselt werden kann (= aortokavales Kompressionssyndrom).

Therapie

Die Patientin sollte sofort in Linksseitenlagerung gebracht werden. Damit wird der venöse Rückfluss wieder ermöglicht, und die Kreislaufverhältnisse normalisieren sich meist rasch.

Veränderungen der Atmung

Während der Schwangerschaft kommt es zu einer Steigerung der alveolären Ventilation um ca. 40–50 %. Ursache dieser **physiologischen Hyperventilation** ist vor allem eine Zunahme des Atemzugvolumens bei kaum erhöhter Atemfrequenz (Normalwerte bei Hochschwangeren: p_aCO_2 = 32–33 mm Hg; p_aO_2 = ca. 106 mm Hg). Der schwangere Uterus verdrängt das Zwerchfell nach kranial und schränkt dessen Beweglichkeit ein. Daraus resultiert ein vor allem thorakaler Atmungstyp sowie eine Abnahme der funktionellen Residualkapazität (→ S. 342).

! Die Steigerung der alveolären Ventilation sowie die Abnahme der funktionellen Residualkapazität bedingen ein schnelleres An- und Abfluten der Inhalationsanästhetika (→ S. 38) und damit eine schnellere Ein- und Ausleitung einer Inhalationsnarkose bei einer Schwangeren.

Veränderungen des Magen-Darm-Traktes

Der sich ausdehnende Uterus verdrängt Därme und Magen nach kranial. Hierdurch kommt es zur Kompression des Magens mit Zunahme des Mageninnendrucks. Außerdem wird der Verschlussmechanismus am Übergang vom Ösophagus in den Magen gestört. Des Weiteren wird durch eine Verminderung der Magen-Darm-Aktivität die Magenentleerung verzögert. Auch Angst und Schmerz sowie eine analgetische Medikation während der Geburt verzögern die Magenentleerung zusätzlich. Hieraus ergibt sich:

! Jede Schwangere ab der ca. 14. Schwangerschaftswoche muss prinzipiell als nicht nüchtern betrachtet werden! (Manchmal wird als Grenze auch die 20. Schwangerschaftswoche angegeben.)

5.3.2 Physiologie der Geburt

Der **Geburtsbeginn** wird durch verschiedene hormonelle Vorgänge eingeleitet. Besonders wichtig erscheint hierbei das aus dem Hypophysenhinterlappen vermehrt freigesetzte Hormon **Oxytocin**. Es bewirkt eine Kontraktion der Uterusmuskulatur und damit eine Austreibung des Kindes. Bei unzureichender Wehentätigkeit kann mit künstlichen Oxytocinpräparaten (z. B. Syntocinon®, Orasthin®) die Geburt eingeleitet oder unterstützt werden (sog. **Wehentropf**).

Der Geburtsablauf wird normalerweise in folgende Perioden eingeteilt:
1. Eröffnungsperiode
2. Austreibungsperiode
3. Nachgeburtsperiode

1. Eröffnungsperiode

✓ Die Eröffnungsperiode ist definiert von den ersten regelmäßigen Wehen bis zur vollständigen Eröffnung des Muttermundes auf ca. 10 cm.

In dieser Phase der Geburt entsteht der Schmerz vor allem durch die Dehnung des Muttermundes aufgrund des tiefer tretenden kindlichen Kopfes. Da der Muttermund von sensiblen Fasern aus den Thorakalsegmenten 10, 11 und 12 sowie dem Lumbalsegment 1 (Th10–L1) versorgt wird (1 in Abb. 5-9), kann durch Blockade dieser Bahnen mittels einer Periduralanästhesie (→S. 176) der Eröffnungsschmerz gezielt ausgeschaltet werden.

2. Austreibungsperiode

✓ Die Austreibungsperiode ist definiert von der vollständigen Eröffnung des Muttermundes bis zur Geburt des Kindes.

Die Aktivität des Uterus erreicht dabei ihr Maximum. Charakteristisch für die Austreibungsperiode ist, dass die Gebärende neben den schmerzhaften Wehen einen starken Zwang zum aktiven Mitpressen verspürt. Während dieser Austreibungsperiode entsteht der Schmerz außer durch Dehnung des Muttermundes (Th1–L1) auch durch Dehnung der Scheide und des Dammes. Die Scheide und der Damm werden durch die Sakralsegmente 2–4 (= S2–S4) innerviert (2 in Abb. 5-9). Durch die Blockade der Segmente Th10–S4 (vgl. auch Abb. 2-19) mittels einer PDA (→S. 176) kann also der Austreibungsschmerz ausgeschaltet werden.

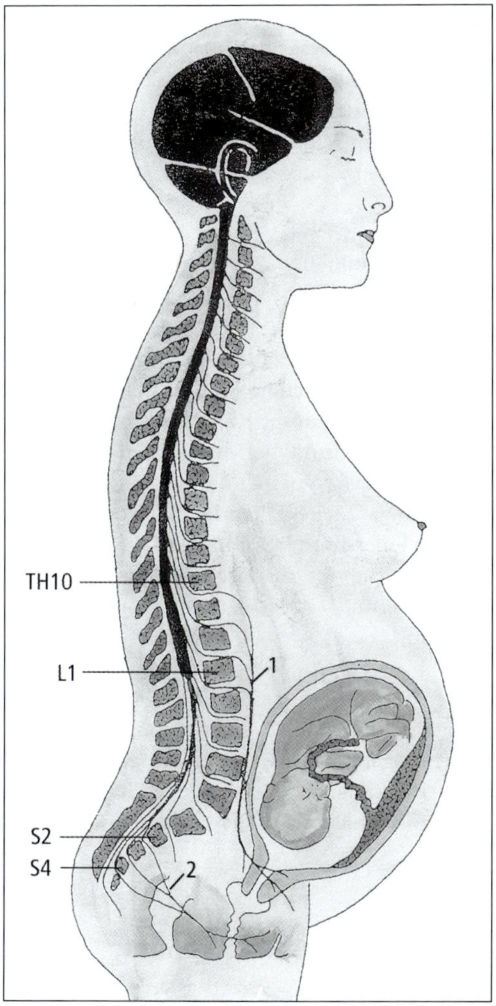

Abb. 5-9 Die schmerzleitenden Fasern aus Muttermund und Uterus (= 1) ziehen zu den Rückenmarkssegmenten Th10 bis L1. Die schmerzleitenden Fasern des Dammes (= 2) ziehen über die Nervi pudendi zu den Segmenten S2 bis S4.

3. Nachgeburtsperiode

✓ Die Nachgeburtsperiode ist definiert von der Geburt des Kindes bis zur Ausstoßung der Plazenta.

Während dieser Phase sowie noch einige Zeit danach besteht wegen einer **Nachblutungsge-**

fahr aus dem Uterus ein besonders hohes mütterliches Risiko. Um in dieser Phase atonische Uterusblutungen zu therapieren oder um ihnen vorzubeugen, wird vom Anästhesisten – auf Verlangen des Operateurs – nach einem Kaiserschnitt häufig ein Oxytocinpräparat (Syntocinon® oder Orasthin® = synthetische Oxytocinpräparate) oder gar Methylergometrin (Methergin® = ein Mutterkornpräparat) injiziert. Manchmal kommt auch ein Mischpräparat aus Oxytocin und Methylergometrin (Syntometrin®) oder das Prostaglandin Sulproston (Nalador®) zur Anwendung. Diese Medikamente bewirken eine starke Uteruskontraktion und vermindern damit eine Blutung aus dem Uterus.

5.3.3 Narkoseführung

PDA zur vaginalen Entbindung

Bezüglich Anatomie, Technik, Vorgehen sowie Komplikationen und Kontraindikationen für die **P**eri**d**ural**a**nästhesie (= PDA) sei auf Seite 176 verwiesen. Hier sollen nur die Besonderheiten hervorgehoben werden, die bei der PDA im Kreißsaal zu beachten sind.

Vorgehen

- periphervenösen Zugang legen:
  ca. 500(–1 000) ml kristalloide Lösung vor Anlage der PDA infundieren, da Schwangere oft mit einem stärkeren Blutdruckabfall nach Einsetzen der sympathischen Blockade reagieren
- Lagerung:
  sitzend oder in Linksseitenlage
- Punktion:
  Bedingt durch die hormonellen Veränderungen während der Schwangerschaft kommt es zu einer Wassereinlagerung ins Gewebe und auch zu einer Auflockerung der Gewebs- und Bandstrukturen im Bereich der Wirbelsäule. Damit kann das Auffinden des Periduralraums mit der Widerstandsverlustmethode erschwert werden. Das Anlegen einer PDA bei einer Schwangeren sollte daher dem erfahrenen Anästhesisten vorbehalten sein.
- Lokalanästhetikum:
  Bupivacain, Ropivacain und Levobupivacain sind die Lokalanästhetika der Wahl, da nur ein relativ geringer Anteil von der Mutter auf das Kind übertritt. Durch Verwendung des niederprozentigen (0,25%igen!) Bupivacains bzw. Levobupivacains oder des 0,2%igen Ropivacains kann eine selektive Blockade nur der dünnen Nervenfasern, also der sympathischen Fasern, der Temperaturfasern und der Schmerzfasern, erzielt werden (→S. 160). Die dicken motorischen Fasern werden hierbei nicht blockiert, das heißt, die Patientin kann die Geburt durch die Bauchpresse unterstützen. Da jedoch der Wehenschmerz ausgeschaltet ist, verspürt die Patientin bei einer Wehe keinen unwillkürlichen Drang zum Pressen mehr, sondern muss von der Hebamme zum Mitpressen aufgefordert werden.
- Injektion und Dosierung:
  Das Lokalanästhetikum sollte immer in einer Wehenpause injiziert werden, da es bei der Injektion während einer Wehe (durch einen Druckanstieg im Periduralraum) zu einem unkontrollierbar hohen Aufsteigen der Blockade kommen kann.
  Bei 20-jährigen Patienten müssen normalerweise ca. 1,5 ml Lokalanästhetikum pro auszuschaltendem Segment verabreicht werden (→S. 179). Bei Schwangeren wird aufgrund des erhöhten Drucks im Periduralraum empfohlen, ca. ⅓ weniger Volumen an Lokalanästhetikum zu geben, bei einer 20-jährigen Frau also ca. 1,0 ml/Segment.
- evtl. Zusatz von Sufentanil:
  In den letzten Jahren wird im Rahmen einer geburtshilflichen PDA zunehmend häufiger zum Lokalanästhetikum Bupivacain noch Sufentanil (meist 10 µg; 1 Ampulle Sufentanil epidural = 2 ml = 10 µg) zugemischt. Dadurch kann eine deutliche Verbesserung der Analgesie erzielt werden. Gegebenenfalls kann im Laufe der Geburt im Rahmen von Nachinjektionen eine maximale Gesamtdosis von 30 µg Sufentanil verabreicht werden.

Zur **Ausschaltung der Eröffnungswehen** würde die Blockade der Segmente Th10–L1, also die Blockade von 4 Segmenten, ausreichen. Im Idealfall könnten hierfür 4 ml Lokalanästhetikum genügen. Zumeist werden zur Ausschaltung der Eröffnungswehen jedoch 6–8(–10) ml Bupivacain 0,25 % (!) bzw. Ropivacain 0,2 % (!) benötigt. Der Grund, warum in der Praxis ein höheres als das theoretisch so errechnete Volumen benötigt wird, liegt darin, dass die Katheterspitze meist bei L2/L3 zu liegen kommt, also nicht in der Mitte, sondern unterhalb der zu blockierenden Segmente. Das Medikament wird sich von der Katheterspitze jedoch nicht nur nach oben zu den auszuschaltenden Segmenten hin ausbreiten, sondern auch teilweise nach unten abfließen. Daher muss das Volumen höher als die berechnete Dosis liegen.

Zur **Ausschaltung der Austreibungsschmerzen** müssen die Segmente Th10–S4 blockiert, also insgesamt 12 Segmente (Th10–Th12, L1–L5, S1–S4) ausgeschaltet werden. Hierzu werden ca. 12 ml Bupivacain 0,25 % (!) bzw. Ropivacain 0,2 % (!) benötigt. Da hierbei insbesondere die tiefen Sakralsegmente S2–S4 betäubt werden müssen, wird manchmal empfohlen, die Hauptdosis an der sitzenden Patientin zu injizieren und sie danach ca. 5–10 Minuten sitzen zu lassen. Hierdurch soll ein Absinken des Lokalanästhetikums begünstigt und die tiefen Sakralsegmente sicherer ausgeschaltet werden.

! Die mit Bupivacain bzw. Ropivacain erzielte Analgesie hält bei einer Schwangeren ca. 2 Stunden an und verlangt dann ggf. eine meist gleichvolumige Nachinjektion.

Indikationen

- Wunsch einer schmerzfreien Geburt
- Mehrlingsschwangerschaft
- Diabetes mellitus (großes Kind!)
- Präeklampsie (→ S. 257)
- Beckenendlage
  (ist häufig jedoch eine Indikation für einen primären Kaiserschnitt)
- Frühgeburt
- Einleitung der Geburt mit einem Wehentropf
- Herz- und/oder Lungenerkrankung der Mutter
- Zustände, bei denen ein starkes Pressen der Mutter vermieden werden muss
  (z. B. Hernie, Ablatio retinae, erhöhter intrakranieller Druck, Hirnödem)

Kontraindikationen

- prinzipielle Kontraindikationen für eine PDA (→ S. 181)
- Zustand nach Kaiserschnitt:
  Bei Patientinnen, die bei einer früheren Geburt durch einen Kaiserschnitt entbunden haben, besteht die erhöhte Gefahr einer Uterusruptur an der alten Uterusnaht. Da dies unter einer PDA nur schwer zu erkennen ist, besteht eine relative Kontraindikation für eine PDA. Falls dennoch eine PDA angelegt wird, wird häufig zusätzlich eine **intrauterine Druckmessung (= IUD)** durchgeführt.
- notfallmäßiger Kaiserschnitt (= „Notsectio"):
  Hierbei geht es um Minuten, deshalb muss immer die schneller durchführbare Intubationsnarkose gewählt werden.

Nachteile

- Die Geburtsdauer wird öfter verlängert.
- Zangen- und Saugglockenentbindungen werden häufiger.
- Die Anlage einer PDA ist bei Schwangeren schwieriger und sollte nur von einem erfahrenen Anästhesisten vorgenommen werden (**Duraperforation!**).
- Ein evtl. übermäßiger Blutdruckabfall kann zu einer Verminderung der Uterusdurchblutung und damit zu einer Gefährdung des Kindes führen. Die Therapie eines übermäßigen Blutdruckabfalls besteht in:
  - Volumengabe
  - Hochlagerung der Beine
    (= Autotransfusion)
  - gefäßkontrahierende Medikamente:
    Diese sollten möglichst vermieden werden, da sie auch am Uterus zu einer Ge-

fäßengstellung mit Mangeldurchblutung führen können. Wenn ein gefäßkontrahierendes Medikament unvermeidbar ist, so stellt Ephedrin (10–20 mg i. v.) das Mittel der Wahl dar, da es die Uterusdurchblutung am geringsten beeinträchtigt. Ephedrin ist jedoch in Deutschland nicht im Handel. Alternativ kann Akrinor® (→ S. 117) gut verabreicht werden.

Geplanter Kaiserschnitt in PDA

(→ S. 176)

Lokalanästhetikum und Dosierung

Es ist eine Blockade von Th4 (knapp unterhalb der Brustwarze) bis S4, also von 18 Segmenten (Th4–Th12, L1–L5, S1–S4) anzustreben (vgl. Abb. 2-19). Bei ca. 20-jährigen Schwangeren wird ca. 1 ml pro auszuschaltendem Segment empfohlen (→ S. 253), insgesamt ist also ein Volumen von ca. 18 ml Bupivacain bzw. Ropivacain notwendig. Um neben einer Analgesie auch eine Muskelerschlaffung der Bauchdecke, also eine Blockade der dicken motorischen Nervenfasern zu erreichen, wird 0,5%iges (!) Bupivacain, 0,5%iges Levobupivacain oder 0,75%iges Ropivacain benötigt (→ S. 179).

! Bupivacain 0,75 %, Ropivacain 1 % und Levobupivacain 0,75 % sind in der Geburtshilfe nicht erlaubt!

Obwohl Sufentanil epidural (→ S. 253) offiziell nur in Kombination mit Bupivacain für Geburtswehen und vaginale Entbindung zugelassen ist, wird Sufentanil epidural [meist 10 µg] inzwischen sehr häufig auch für eine Sectio caesarea in Periduralanästhesie eingesetzt. Auch in Kombination mit Ropivacain wird Sufentanil epidural öfter angewendet, obwohl es offiziell nur in Kombination mit Bupivacain zugelassen ist.)

Injektion

Damit auch die tiefen Sakralsegmente betäubt werden, wird manchmal empfohlen, ca. die Hälfte der Dosis an der sitzenden Patientin zu injizieren. Die Patientin soll danach ca. 5–10 Minuten sitzen bleiben. Hierdurch soll ein Absinken des Lokalanästhetikums und eine Betäubung der Sakralsegmente begünstigt werden.

Geplanter Kaiserschnitt in Spinalanästhesie (→ S. 168)

In den letzten Jahren wird zunehmend häufiger auch eine Spinalanästhesie für eine geplante Sectio caesarea empfohlen. Es wird die gleiche Ausbreitung der sensiblen und motorischen Blockade wie bei einer PDA (→ S. 253) angestrebt. Als Lokalanästhetikum werden ca. 2,5–3,0 ml Bupicavain 0,5 % isobar oder 2,0–2,5 ml Bupivacain hyperbar verwendet. Nachteil ist ein evtl. schnell auftretender Blutdruckabfall, der durch Vorgabe von ca. 1 000–1 500 ml Elektrolytlösung bzw. Gabe von Akrinor® zumeist verhindert bzw. schnell therapiert werden kann.

Geplanter Kaiserschnitt in Vollnarkose

! Da eine Schwangere ab dem 2. Trimenon der Schwangerschaft (ca. 14. Schwangerschaftswoche; z.T. wird als Grenze auch die 20. Schwangerschaftswoche angegeben) stets als nicht nüchtern zu betrachten ist (→ S. 251), darf ein in Vollnarkose durchgeführter Kaiserschnitt normalerweise nicht in Maskennarkose bzw. unter Verwendung einer Larynxmaske erfolgen, sondern muss als Intubationsnarkose durchgeführt werden. Dabei muss stets eine sog. Ileuseinleitung (→ S. 210) vorgenommen werden.

Der Schwangeren ist zu erklären, dass die Narkose aus Rücksicht auf ihr Kind erst begonnen wird, wenn die Operateure den Bauch desinfiziert und steril abgedeckt haben und schnittbereit sind. Die Zeit zwischen Narkosebeginn und

Abnabelung ihres Kindes muss so kurz wie möglich gehalten werden.

Bei einem Kaiserschnitt (einer Sectio caesarea) hat sich folgendes **anästhesiologisches Vorgehen** bewährt:

- Lagerung:
  Oberkörperhochlagerung zur Verminderung der Regurgitationsgefahr und damit der Aspirationsmöglichkeit und Linksseitenlagerung (ca. 15–20 Grad) zur Vermeidung eines Kavakompressionssyndroms
- Absaugung:
  Funktionsgeprüfte, eingeschaltete Absaugvorrichtung muss griffbereit sein.
- Präoxygenieren (→ S. 113)
- Präcurarisierung (→ S. 116),
  z. B. 1 mg Vecuronium, 2 mg Mivacurium
- Einleitungshypnotikum:
  vorzugsweise Thiopental (4–5 mg/kg KG i. v.) oder Methohexital (ca. 1,5–2 mg/kg KG i. v.), und sofort hinterher
- Succinylcholin:
  ca. 1,5 mg/kg KG intravenös
- keine Maskenbeatmung (!!!)
- Sellik-Handgriff (= Krikoiddruck; → S. 210)
- Blitzintubation
- sofortiges Blocken des Tubus und Lagekontrolle
- sofortiger Beginn der operativen Entbindung:
  Zur Verbesserung der Operationsbedingungen wird der Operationstisch meist noch in Kopftieflage gebracht (und die Linksseitenlage wird manchmal aufgehoben).
- Luft bzw. $N_2O : O_2 = 1 : 1$,
  z. B. 2 Liter Luft/min bzw. 2 Liter N_2O/min und 2 Liter O_2/min. Manchmal wird vor der Abnabelung auf Lachgas verzichtet und statt einem Gemisch aus Sauerstoff und Lachgas ein Gemisch aus Sauerstoff und Luft oder reiner Sauerstoff verabreicht.
- volatiles Inhalationsanästhetikum:
  z. B. bis ca. 0,6 Vol.-% Isofluran endexspiratorisch
- ggf. Nachinjektion von Thiopental oder Succinylcholin
- ggf. auf Wunsch des Operateurs z. B. 0,025 mg Partusisten® intravenös zur Verminderung von Uteruskontraktionen:
  1 Ampulle Partusisten® intrapartal = 1 ml = 0,025 mg. 1 ml wird normalerweise mit 4 ml Glucose 5 % (oder NaCl 0,9 %) aufgezogen.
- 2–3 Minuten vor Abnabelung, meist mit Beginn der Uterusinzision:
  100 % Sauerstoff
- nach der Abnabelung:
  - Nachrelaxierung, z. B. mit 10 mg Mivacurium oder 4 mg Vecuronium. Meist kann aber auch auf eine Nachrelaxation verzichtet werden.
  - volatiles Inhalationsanästhetikum, z. B. Isofluran, wieder einschalten:
    Die Konzentration sollte jedoch möglichst niedrig gehalten werden, um nicht die Gefahr einer atonischen Nachblutung aus dem Uterus zu erhöhen. Aus diesem Grunde können nach (!!) der Abnabelung z. B. 0,1–0,15 mg Fentanyl verabreicht werden. Dadurch kann die notwendige Konzentration des volatilen Inhalationsanästhetikums niedrig gehalten werden.
- Volumensubstitution:
  Die Blutverluste betragen normalerweise 500(–1000) ml und müssen durch ein Plasmaersatzmittel, z. B. HES steril 6 %, ersetzt werden; eine Bluttransfusion ist nur sehr selten notwendig.
- Tonisierung des Uterus:
  Auf Wunsch des Operateurs müssen meist 3 IE Syntocinon® (oder Orasthin®) als Bolus intravenös und anschließend häufig noch zusätzlich 9 IE Syntocinon® (oder Orasthin®) in einer Infusion verabreicht werden. Manchmal wird auch die Gabe von z. B. Methergin® (z. B. 1 Ampulle = 0,2 mg = 1 ml) oder Sulproston (Nalador®) notwendig, um eine anhaltende, intensive Uteruskontraktion zu erzielen und damit eine atonische Nachblutung aus dem Uterus zu vermeiden (→ S. 252).
- Extubation:
  erst dann, wenn die Schutzreflexe wieder sicher zurückgekehrt sind, der Magen abgesaugt wurde und die Patientin den Tubus fast aushustet (→ S. 211)

Notfallmäßiger Kaiserschnitt

Ein notfallmäßiger Kaiserschnitt (= „Notsectio") ist immer eine Indikation für eine Intubationsnarkose und verläuft prinzipiell genauso wie ein geplanter Kaiserschnitt in Intubationsnarkose (→ S. 255). Jedoch ist dabei ein zielgerichtetes, schnelles Arbeiten nötig. Es geht um Minuten (!!).

! Eine Notsectio wird notwendig, wenn es während der Geburt plötzlich zu einer Gefährdung von Kind und/oder Mutter kommt.

Mögliche Ursachen für eine Notsectio sind:

- Nabelschnurvorfall (Minderperfusion des Kindes!)
- schwere Eklampsie (→ unten)
- Tetanus uteri (Rupturgefahr des Uterus)
- vorzeitige Plazentaablösung
- blutende Placenta praevia:
  Bei einer Placenta praevia reicht die Plazenta untypischerweise bis in den Gebärmutterhals. Bei der Dehnung des Gebärmutterhalses kann es zu massiven Blutungen aus der Placenta praevia kommen.
- Geburtsstillstand

5.3.4 Unerwünschte Arzneimittelwirkungen

! Substanzen mit einem niedrigen Molekulargewicht, einer guten Lipidlöslichkeit und einer geringeren Ionisierung passieren gut die Plazentaschranke, treten damit leicht in den kindlichen Kreislauf über und können zu einer Beeinträchtigung des neugeborenen Kindes führen.

Nahezu alle zentral wirkenden Medikamente, die in der Anästhesie verwendet werden, weisen diese Merkmale auf (z. B. Thiopental, Methohexital, Inhalationsanästhetika). Auch Opioide passieren leicht die Plazentaschranke. Fentanyl darf deshalb bei einer Sectio nicht vor (!) der Abnabelung des Kindes gegeben werden, da sonst mit einer Atemdepression des Neugeborenen zu rechnen ist. Muss aus irgendeinem Grund ein Opioidüberhang beim Neugeborenen antagonisiert werden, so wird Naloxon (Naloxon DeltaSelect; → S. 61) in einer Initialdosierung von 0,01 mg/kg KG intravenös empfohlen, ggf. sind Wiederholungsdosen notwendig.
Lokalanästhetika können in unterschiedlichem Maße die Plazenta überschreiten.

! Bupivacain und Ropivacain zeichnen sich durch sehr niedrige Plasmakonzentrationen beim ungeborenen Kind aus und eignen sich daher besonders zur Anwendung in der Geburtshilfe.

Kommt es dennoch zu toxisch hohen Blutkonzentrationen beim ungeborenen Kind, so drohen Nebenwirkungen vonseiten des Herzens (bradykarde Rhythmusstörungen; → S. 158) und des zentralen Nervensystems (→ S. 157).

! Die gebräuchlichen Muskelrelaxanzien sind wasserlöslich, von höherem Molekulargewicht und ionisiert. Sie passieren daher die Plazentaschranke nicht.

In üblichen Dosierungen können daher depolarisierende sowie nicht depolarisierende Muskelrelaxanzien zu keiner kindlichen Muskelerschlaffung führen; sie haben auch keinen Effekt auf die Uterusmuskulatur (glatte Muskulatur!). Verdampfbare Inhalationsanästhetika führen dosisabhängig zu einer Uteruserschlaffung bis hin zur Uterusatonie. Dies kann nach der Entbindung eine verstärkte Blutung aus dem Uterus begünstigen.

5.3.5 Präeklampsie und Eklampsie

Allgemeine Bemerkungen

✓ Präeklampsie und Eklampsie sind Krankheitsbilder, die nur bei Schwangeren ab der 20. Schwangerschaftswoche auftreten können und meist innerhalb von 48 Stunden nach der Entbindung wieder verschwinden.

Hauptsymptome einer **Präeklampsie** sind:
- Hypertonie (> 140/90 mm Hg bei vorher normotonen Schwangeren)
- Proteinurie (> 0,3 g Protein/l im 24-Stunden--Urin)

Ödeme sind für die Diagnosestellung Präeklampsie kein zwingendes Zeichen mehr. Lediglich bei massiver Ödembildung (>2 kg Gewichtszunahme/Woche) sind sie auf eine Präeklampsie hinweisend. Von einer schweren Präeklampsie wird gesprochen, wenn mindestens eines der folgenden Symptome vorliegt:
- Blutdruck > 160/110 mm Hg
- Proteinurie > 5 g/d
- zerebrale Symptome wie Kopfschmerzen, Schwindel, Sehstörungen u. Ä.
- Oligurie (< 400 ml Urin/d)
- Schmerzen im Oberbauch
- Lungenödem und/oder Zyanose
- Thrombozytopenie
- HELLP-Syndrom (→ S. 259)

Beim Auftreten zerebraler Symptome wie Kopfschmerz, Schwindel, Ohrensausen, Sehstörungen, motorische Unruhe und Hyperreflexie wird auch von einer drohenden Eklampsie gesprochen. Beim Vollbild der Eklampsie kommt es durch das Auftreten von tonisch-klonischen Krämpfen zu einem dramatischen Verlauf.
Nach einem eklamptischen Anfall sinkt die Patientin in einen vorübergehenden komatösen Zustand. Folgt ein eklamptischer Anfall auf den anderen, ohne dass die Patientin dazwischen wieder zu Bewusstsein kommt, so wird von einem **Status eclampticus** gesprochen. Etwa 50 % der eklamptischen Anfälle ereignen sich unter der Geburt, jeweils ca. 25 % ereignen sich während der Schwangerschaft bzw. kurz nach der Geburt.
Die **Ursache einer Präeklampsie und Eklampsie** ist noch umstritten. Eine wichtige Rolle scheint eine uteroplazentare Entwicklungsstörung mit nachfolgender Minderdurchblutung der Plazenta zu spielen. Es wird auch eine Antigen-Antikörper-Reaktion für möglich gehalten, die durch eine Einschwemmung von fetalen Elementen in den mütterlichen Kreislauf ausgelöst werden soll. Viele Symptome können auch durch eine Störung in der Synthese von Thromboxan und Prostacyclin erklärt werden. Bei gesunden Schwangeren ist die Konzentration des gefäßerweiternden Prostacyclins ca. doppelt so hoch wie die Konzentration des gefäßverengenden Thromboxans, wodurch es zu der für die normale Schwangerschaft typischen Gefäßweitstellung mit leichtem Blutdruckabfall kommt. Bei präeklamptischen Schwangeren ist dagegen die Konzentration des gefäßverengenden Thromboxans 5- bis 7-mal höher als die des gefäßerweiternden Prostacyclins.
Selbst bei den leichten Formen einer Präeklampsie ist die kindliche Mortalität erhöht. Die Ursache ist vor allem eine plazentare Mangeldurchblutung. Bei schweren Formen der Präeklampsie kann die kindliche Mortalität bis 30 % betragen. Beim Auftreten von eklamptischen Anfällen besteht daneben auch eine Gefahr für das Leben der Mutter (10–15 % Letalität).

Wichtigste Organstörungen

! Im Mittelpunkt der Präeklampsie steht ein generalisierter Gefäßspasmus, der sowohl die Hypertonie als auch lokale Gefäßspasmen in den verschiedensten Organen mit entsprechenden funktionellen Veränderungen verursachen kann.

Zentralnervensystem

Das **Z**entral**n**erven**s**ystem (= ZNS) kann durch intravasale Fibrin- und Thrombozytenablagerungen, durch petechiale Hirnblutungen und Nekrosen geschädigt werden. Hierdurch kann ein eklamptischer Anfall ausgelöst werden. Während eines eklamptischen Anfalls kann es zu Hypoxie, Aspiration und Acidose kommen. Vor allem bei der Intubation kann evtl. ein massiver Blutdruckanstieg auftreten, der unter Umständen sogar zu einer Hirnblutung führen kann.

Herz-Kreislauf-System

Das Herz-Kreislauf-System ist durch einen meist erhöhten peripheren Gefäßwiderstand und ein erhöhtes Herzminutenvolumen gekennzeichnet. Unter Umständen kann ein Herzversagen mit Lungenödem auftreten. Die Patientinnen reagieren sehr empfindlich auf Catecholamine. Das intravasale Volumen ist reduziert (= relative Hypovolämie), was sich oft an erhöhten Hb- (> 14 g%) und Hkt-Werten (> 40 %) zeigt.

Uteroplazentare Durchblutung

Die uteroplazentare Durchblutung ist deutlich reduziert, was eine Mangeldurchblutung des Kindes bedeutet.

Lunge

Die Lunge neigt zum interstitiellen Lungenödem. Ursache ist der erniedrigte Proteingehalt mit einem Abfall des kolloidosmotischen Drucks sowie eine erhöhte Kapillarpermeabilität. Bei einem eklamptischen Anfall besteht außerdem die Gefahr einer Aspiration mit nachfolgenden Komplikationen.

Blutgerinnung

Die Blutgerinnung kann gestört sein, häufiger besteht ein Thrombozytenmangel.

Niere

Die Niere wird schlechter durchblutet, was sich in einer Abnahme der Urinproduktion bis hin zum anurischen Nierenversagen äußern kann. Bei abnehmender Harnausscheidung sollte nicht versucht werden, mittels Furosemid (Lasix®) und Mannit (einem Osmodiuretikum) eine Diuresesteigerung zu erzwingen, da das intravasale Volumen bereits vermindert ist. Es ist eine vorsichtige Volumengabe notwendig. Zur Kontrolle der Urinausscheidung muss ein Dauerkatheter gelegt werden.

Leber

Die Leber wird vermindert durchblutet, was sich in einem Anstieg der Leberenzyme bis hin zum Leberversagen äußern kann. Stehen die Lebersymptomatik und die Gerinnungsproblematik ganz im Vordergrund, liegt ein **HELLP-Syndrom** vor. HELLP ist die Abkürzung für **h**emolysis (= Hämolyse: LDH > 600 IE, freie Hämoglobinkonzentration erhöht, Haptoglobinkonzentration erniedrigt, Bilirubinwert erhöht), **e**levated **l**iver enzymes (= erhöhte Leberwerte: ASAT [SGOT] und ALAT [SGPT] erhöht) und **l**ow **p**latelet count (= niedrige Thrombozytenzahl).

Therapie

> ! Die einzige kausale Therapie der Präeklampsie ist die Entbindung. Es wird deshalb meist eine vorzeitige Entbindung zwischen der 36. und 38. Schwangerschaftswoche angestrebt.

Beim Vollbild der Eklampsie wird teilweise eine sofortige Entbindung durch eine Sectio caesarea notwendig. In letzter Zeit geht die Tendenz dazu, einen Status eclampticus medikamentös zu durchbrechen und 24–48 Stunden nach dem letzten eklamptischen Anfall die Geburt durch einen Wehentropf (→ S. 251) einzuleiten. Ist der Status eclampticus nicht zu durchbrechen oder ist die Patientin länger als 24 Stunden komatös oder tritt eine Anurie ein, so muss umgehend ein Kaiserschnitt durchgeführt werden.

> ! Als allgemeine Therapieprinzipien gelten blutdrucksenkende Medikamente, vorsichtige Volumengabe, strenge Bettruhe und eine Abschirmung gegenüber Umweltreizen.

Zur Blutdrucksenkung wird vor allem Dihydralazin (Nepresol® ca. 5 mg/h; 50 mg/50 ml in Spritzenpumpe) eingesetzt. Inzwischen ist hierfür auch Urapidil (Ebrantil®) zugelassen. Der Blutdruck sollte langsam auf einen diastolischen Wert von ca. 90–100 mm Hg gesenkt werden. Ein abruptes Absenken kann zu einer weiteren Gefährdung der uteroplazentaren Durchblutung führen. Die Patientin sollte möglichst in Seitenlage liegen. In Rückenlage behindert der vergrößerte Uterus die Blutströmung in der Aorta, in der Vena cava inferior sowie in den Nierengefäßen (→ S. 250).

> ! Bei einer drohenden Eklampsie wird versucht, die Erregbarkeit des ZNS durch Magnesiumsulfatgabe zu erniedrigen.

Als Initialdosis werden 4 g intravenös über ca. 10–15 Minuten empfohlen. Anschließend wird ca. 1 g Magnesiumsulfat pro Stunde per Spritzenpumpe verabreicht. Unter dieser Therapie muss der Patellarsehnenreflex noch auslösbar bleiben. Als Antidot muss Calcium griffbereit sein. Da Magnesium über die Nieren ausgeschieden wird, muss es bei eingeschränkter Nierenfunktion vorsichtig dosiert werden. Bei einer Überdosierung droht eine periphere Atemlähmung und evtl. ein Herzstillstand. Bei der Gabe höherer Magnesiumdosen muss eine Wirkungsverstärkung und Wirkungsverlängerung der Muskelrelaxanzien beachtet werden.

> ! Ein eklamptischer Anfall muss umgehend mit einem kurz wirksamen Barbiturat (z. B. Thiopental) oder z. B. mit Diazepam durchbrochen werden. Wichtig ist stets die Verabreichung von Sauerstoff.

Lässt sich ein Status eclampticus nicht durchbrechen, so muss die Patientin sofort intubiert, relaxiert, kontrolliert beatmet und sectioniert sowie anschließend auf eine Intensivstation verlegt werden.

Anästhesiologische Probleme

> ! An präoperativer Diagnostik sind erforderlich: Blutdruck, Proteinausscheidung im Urin, Blutbild, Elektrolyte, Kreatinin und Harnstoff, Gesamtproteine, Transaminasen, LDH und Bilirubin, der Gerinnungsstatus einschließlich den Thrombozyten sowie eine arterielle Blutgasanalyse.

Durch die generalisierte **Vasokonstriktion** und **Ödembildung** ist bei diesen Patientinnen meist mit einem intravasalen Volumenmangel und einer Verschiebung des Elektrolythaushalts zu rechnen. Die meist vorbehandelte **Hypertonie** schränkt die hämodynamische Kompensation ein. Bei der Narkoseeinleitung droht meist ein starker Blutdruckanstieg oder evtl. ein stärkerer Blutdruckabfall. Auf eine ausreichende Volumensubstitution mit Normalisierung des **z**entralen **V**enen**d**rucks (= ZVD) ist sowohl vor einer Vollnarkose als auch vor Anlage einer PDA zu achten. Folge der **Proteinurie** ist meist eine erniedrigte Albuminkonzentration. Bei den zumeist stark an Albumin gebundenen intravenös verabreichten Narkosemedikamenten führt dies allerdings noch zu keinen klinisch relevanten Veränderungen.

Die **kontinuierliche PDA** wird seit vielen Jahren **als Therapie** bei der Präeklampsie durchgeführt. Hierdurch kann der Blutdruck graduell gesenkt und die uteroplazentare Durchblutung gesteigert werden. Zur Schmerztherapie während der vaginalen Geburt ist bei diesen Patientinnen eine PDA die Methode der Wahl. Vor der Durchführung einer PDA muss stets eine bei diesem Krankheitsbild häufigere Blutgerinnungsstörung ausgeschlossen werden! Außerdem ist auf eine ausreichende Volumengabe zu achten. Eine akute Senkung des Blutdrucks muss auf alle Fälle vermieden werden. Eine Spinalanästhesie zur Durchführung einer Sectio caesarea ist aufgrund eines evtl. schnell auftretenden stärkeren Blutdruckabfalles nicht geeignet. Bei Vorliegen eines HELLP-Syndroms (→ S. 259) verbietet sich eine Spinal- oder Periduralanästhesie.

Muss bei eklamptischen Patienten ein **Kaiserschnitt** in Vollnarkose durchgeführt werden, dann müssen sowohl weitere Blutdruckanstiege als auch starke Blutdruckabfälle vermieden werden. Eine engmaschige, möglichst blutige arterielle Druckmessung (→ S. 191) ist angezeigt. Zur Therapie eines evtl. massiven Blutdruckanstiegs unter der Intubation sollte ein gut steuerbares Antihypertensivum (z.B. Nitroglycerin 1:100 verdünnt) bereitliegen. Da auch die oberen Luftwege oft ödematös geschwollen sind, ist meist ein kleinerer Tubus notwendig. Muskelrelaxanzien sind vorsichtig zu dosieren, da sowohl verabreichtes Magnesiumsulfat als auch Diazepam die Wirkung von nicht depolarisierenden Muskelrelaxanzien verstärken; ggf. ist die Gabe von Calcium oder eine Nachbeatmung nötig.

5.4 Anästhesie in der Gynäkologie

5.4.1 Lagerung

Die meisten gynäkologischen Operationen werden in der Steinschnittlagerung (vgl. Abb. 5-10) durchgeführt.

5.4.2 Operationen

Ausschabung

Die zumeist nur ca. 10 Minuten dauernde Curettage (= Ausschabung) wird normalerweise in **Maskennarkose** (→ S. 112) durchgeführt. Durch die starke sensible Versorgung der Dammregion und des Gebärmutterhalses kann es bei einer zu flachen Narkoseführung evtl. zum Auslösen von vegetativen Reflexen wie Laryngospasmus (→ S. 214) oder Singultus (→ S. 217) kommen.

! Singultus und Husten der Patientin müssen bei einer Ausschabung unbedingt vermieden werden, um nicht eine versehentliche Uterusperforation bei der Ausschabung zu riskieren. Inzwischen wird in vielen Kliniken eine Kombination aus Propofol (initial 2,0–2,5 mg/kg KG, Nachinjektionen à ca. 20–30 mg ungefähr alle 3 Minuten oder bei Gabe per Spritzenpumpe von ca. 6–8 mg/kg KG/h), Alfentanil oder Fentanyl (z.B. 0,5–1,0 mg oder 0,05–0,1 mg), Sauerstoff (und ggf. Lachgas) für diese Kurznarkosen verwendet, und auf die Gabe eines volatilen Anästhetikums wird meist ganz verzichtet (vgl. IVA; → S. 125).

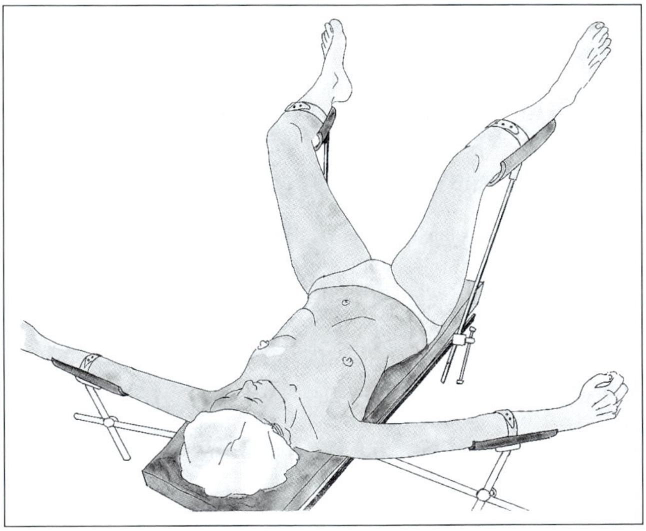

Abb. 5-10 Steinschnittlagerung

Bei einer Ausschabung nach einem Spätabort müssen großlumige periphervenöse Zugänge gelegt werden, da es unter Umständen zu erheblichen Blutungen kommen kann. Blutkonserven müssen bereitgestellt sein und die Patientin muss intubiert werden (mit Ileuseinleitung).

Abdominale Uterusexstirpation

Die abdominale Uterusexstirpation (= Hysterektomie) wird stets in **Intubationsnarkose** durchgeführt.

Laparoskopie

Eine **Intubation** und eine kontrollierte Beatmung sind bei einer Laparoskopie (= Bauchspiegelung) zwingend. Um die Bauchspiegelung besser durchführen zu können, wird die Bauchhöhle nach Einstechen eines Trokars zuerst mit CO_2 aufgeblasen. Außerdem muss die Patientin in eine starke Kopftieflage gebracht werden. Dadurch rutschen die Därme aus dem kleinen Becken nach kopfwärts. Da ein Teil des eingeblasenen CO_2 resorbiert wird und zum anderen die starke Kopftieflage die Beatmung behindert, droht ein Anstieg des CO_2-Gehalts im Blut. Zur genauen Ventilationskontrolle ist eine endexspiratorische CO_2-Messung (→ auch minimalinvasive Chirurgie; S. 288) empfehlenswert.

Hysteroskopie

Unter einer Hysteroskopie wird die endoskopische Inspektion der Gebärmutterhöhle verstanden. Hierbei wird ggf. mithilfe einer Elektroschlinge und unter kontinuierlicher Spülung mit einer elektrolytfreien Spüllösung die Uterushöhle freigespült. Dabei können Probleme auftreten, wie sie auch bei der transurethralen Resektion der Prostata auftreten können (vgl. TUR-Prostatasyndrom; → S. 264).

Extrauteringravidität

Da es bei der **E**xtra**u**teringravidität (= EU) unter Umständen zu starken Blutungen kommen kann, müssen mehrere großlumige periphervenöse Zugänge gelegt werden, außerdem muss Blut bereitgestellt sein. Die Operation wird in **Intubationsnarkose** durchgeführt.

5.5 Anästhesie in der Urologie

5.5.1 Allgemeine Bemerkungen

Häufig sind in der Urologie ältere Patienten mit entsprechenden Nebenerkrankungen zu operieren (→ S. 248). Die Eingriffe werden oft in einer **rückenmarksnahen Leitungsanästhesie**, insbesondere einer Spinalanästhesie, durchgeführt (→ S. 168).

5.5.2 Operationen

Nierenoperationen

Lagerung

Seitliche Lagerung mit extremer Abknickung des Operationstisches (= **Nierenlagerung**; Abb. 5-11).

> ! Durch diese Nierenlagerung kommt es zur Beeinträchtigung der Lungendurchblutung (= Perfusion) und der Lungenbelüftung (= Ventilation).

Die untere Lunge ist zwar gut durchblutet (perfundiert), aber schlecht belüftet (ventiliert). Die obere Lunge dagegen ist schlecht perfundiert, aber gut ventiliert. Es wird von **Störungen des Ventilations/Perfusions-Verhältnisses** gesprochen. In Lungenbezirken, die gut durchblutet, aber schlecht belüftet werden, fließt das Blut durch das Lungenkapillargebiet, ohne dass es

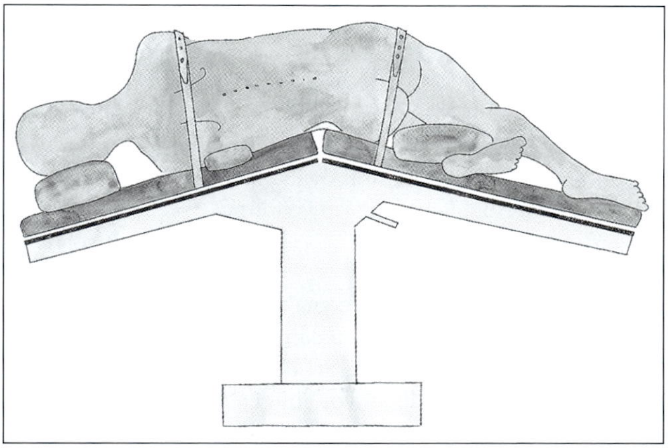

Abb. 5-11 Lagerung für Nierenoperationen

ausreichend mit Sauerstoff aufgesättigt wird. Folge dieser Ventilations-Perfusions-Störungen ist also, dass ein Teil des Blutes vom rechten Herzen durch die Lunge zum linken Herzen fließt, ohne dass es ausreichend mit Sauerstoff gesättigt wird. Dieses Phänomen wird als **Rechts-links-Shunt** bezeichnet und bedingt eine entsprechende Verminderung des Sauerstoffgehaltes im arteriellen Blut.

Außerdem neigt die untere Lunge durch die schlechte Belüftung zum Kollabieren der Alveolen, das heißt zur Ausbildung von Atelektasen, wodurch ein Rechts-links-Shunt noch verstärkt wird. Durch diese Lagerung werden auch die Bewegungen des Zwerchfells deutlich eingeschränkt. Des Weiteren kann bei dieser „Nierenlagerung" unter Umständen die Vena cava inferior komprimiert werden, wodurch der venöse Rückstrom zum Herzen behindert ist. Folge davon kann ein deutlicher Blutdruckabfall sein.

Narkoseführung

Die beschriebenen Ventilationsprobleme machen immer eine **Intubationsnarkose** notwendig, um eine möglichst gute Ventilation zu garantieren. Aus den erwähnten Gründen sollen in dieser Lagerung ca. 50 % Sauerstoff eingeschaltet werden. Ein PEEP kann bei dieser Lagerung zu einer Verbesserung, unter Umständen aber auch zu einer Verschlechterung der Oxygenierung führen. Der Grund für eine evtl. PEEP-bedingte Verschlechterung der Oxygenierung wäre darin zu sehen, dass sich der PEEP vor allem auf die leichter dehnbare und oben liegende Lunge auswirkt, weniger aber auf die schlechter dehnbare und minder ventilierte unten liegende Lunge. Dadurch können die vorbestehenden Ventilations-Perfusions-Störungen unter Umständen sogar verstärkt werden. Der **Erfolg eines PEEP** ist daher anhand einer arteriellen Blutgasanalyse zu **überprüfen**. Vor der Extubation muss der Patient erst in Rückenlage gebracht und die Lunge muss mehrmals manuell gebläht werden, um evtl. Atelektasen wieder aufzudehnen.

Mögliche Komplikationen

Neben einer Verletzung von großen venösen Gefäßen mit der Gefahr einer akuten Blutung oder einer Luftembolie kann auch eine Verletzung von großen arteriellen Gefäßen auftreten. Des Weiteren kommt es manchmal zu einer Verletzung der Pleurahöhle. Wird hierbei keine Pleuradrainage eingelegt, sondern nach manuellem Blähen der Lungen die Pleurahöhle wieder verschlossen, so muss die Narkose ohne (!) Lachgas zu Ende geführt werden (→ S. 40). Postoperativ ist eine Röntgenaufnahme des Thorax durchzuführen.

Transurethrale Resektion eines Blasentumors

Lagerung

Bei der transurethralen Resektion eines Blasentumors (= TUR-Blase) kommt die Steinschnittlagerung (vgl. Abb. 5-10) zur Anwendung.

Narkoseführung

Es bieten sich eine rückenmarksnahe Leitungsanästhesie, vor allem eine Spinalanästhesie, an (→ S. 168). Liegt der Tumor an der lateralen Blasenwand, dann wurde bis vor einigen Jahren oft zusätzlich zu einer rückenmarksnahen Regionalanästhesie noch ein 3-in-1-Block angelegt. Hierbei soll versucht werden, in der Leiste von einer Punktionsstelle aus (ca. 1 cm lateral der dort tastbaren Arteria femoralis) 3 Nerven (Nervus femoralis, Nervus obturatorius, Nervus cutaneus femoralis lateralis) zu blockieren. Hierdurch soll der sog. **Obturatoriusreflex** unterdrückt werden, der bei der Elektroresektion eines Blasentumors an der lateralen Blasenwand ausgelöst werden kann und zu störenden Zuckungen des Beines (Adduktion des Beines) führen kann. Hierfür wurden meist ca. 30 ml Prilocain 1 % verwendet. In den letzten Jahren wird allerdings darauf hingewiesen, dass es meist nicht gelingt, alle 3 genannten Nerven auf einmal zu blockieren. Deshalb wird die Bezeichnung 3-in-1-Block zunehmend als nicht zutreffend bezeichnet. Daher wird inzwischen häufig von einer inguinalen paravaskulären Blockade des Plexus lumbalis gesprochen. Es sollte ggf. zusätzlich eine isolierte Blockade des Nervus obturatorius durchgeführt werden.

Mögliche Komplikationen

Eine evtl. **Blasenperforation** äußert sich bei einer rückenmarksnahen Leitungsanästhesie meist in plötzlichen Bauchschmerzen, in gespanntem Abdomen, in Übelkeit, Blässe und Hypotonie. Bei beatmeten Patienten äußert sich eine Perforation meist nur in einem Anstieg des Beatmungsdrucks.

Transurethrale Elektroresektion der Prostata

Operationstechnik

Operativer Goldstandard für die Resektion eines Prostataadenoms ist immer noch die transurethrale Elektroresektion der Prostata (= TUR-Prostata = TUR-P). Hierbei wird durch eine am Ende eines Endoskops befindliche U-förmige Drahtschlinge Strom geleitet. Dadurch wird die Schlinge glühend heiß erhitzt und damit kann das Prostatagewebe abgehobelt werden.

Lagerung

- Steinschnittlagerung (vgl. Abb. 5-10)

Narkoseführung

Es bietet sich eine rückenmarksnahe Leitungsanästhesie, insbesondere eine Spinalanästhesie, an (→ S. 168). Falls eine Vollnarkose durchgeführt wird, sollten bei der Extubation sowie postoperativ kräftigeres Husten und Pressen des Patienten vermieden werden, da hierdurch eine verstärkte Nachblutung begünstigt werden kann.

Mögliche Komplikationen

- sog. TUR-Prostatasyndrom:
  Während der transurethralen Resektion der Prostata mit der Elektroschlinge muss das Operationsfeld laufend mit einer nicht stromleitenden, daher elektrolytfreien Spülflüssigkeit klargespült werden. Da elektrolytfreies, destilliertes Wasser stark hypoton ist und bei einer Einschwemmung ins Gefäßsystem großteils nach intrazellulär (auch in die Erythrozyten) abdiffundieren würde, käme es zu einem Platzen der Erythrozyten, zu einer Hämolyse. Daher werden der elektrolytfreien Spülflüssigkeit hochmolekulare Kohlenhydrate (z. B. 27 g/l Mannit, 5,4 g/l Sorbit; Osmolarität: 178 mOsmol) zugesetzt. Dadurch ist die Spülflüssigkeit weniger hypoton, eine Hämolyse kann somit vermieden werden. Da bei der Elektroresektion der Prostata zahlreiche Venen der Prostatakapsel unvermeidbar eröffnet werden, droht ein Einschwemmen

der Spülflüssigkeit durch diese eröffneten Venen in den Kreislauf. Kommt es zur Einschwemmung großer Mengen von Spülflüssigkeit, so kann es zur Kreislaufüberladung mit einem Lungenödem kommen. Da die Spülflüssigkeit elektrolytfrei ist, kommt es bei größeren Einschwemmungen durch den Verdünnungseffekt zu einer Erniedrigung des Natriumgehalts im Blut. Folge dieser Verdünnungshyponatriämie kann ein Hirnödem mit Unruhe, Verwirrtheit und Brechreiz sein. Außerdem kann es auch zu einer metabolischen Acidose kommen. Von einer schweren **Verdünnungshyponatriämie** wird gesprochen, wenn der Natriumwert bis auf 120 mmol oder weniger abgesunken ist. Es empfiehlt sich eine wiederholte Elektrolytbestimmung.

Prophylaxe: zurückhaltende Infusionstherapie. Es sollten jedoch ausschließlich Vollelektrolytlösungen eingesetzt werden. Hypotone Lösungen wie Glucose 5 % sind kontraindiziert!

Therapie: Lasix® 20–40 mg intravenös. Bei schwerer Hyponatriämie: 5,85%ige NaCl-Lösung intravenös (1 ml = 1 mmol).

> **!** $(\text{Natrium}_{\text{soll}} - \text{Natrium}_{\text{ist}}) \times \text{kg KG} \times 0{,}2$ = mmol des Natriumdefizits
> (Der Faktor 0,2 ergibt sich aus der Tatsache, dass der Verteilungsraum für Natrium, d.h. der Extrazellulärraum, ca. 20 % des Körpergewichts ausmacht.)

- Perforation der Prostatakapsel:
  Eine versehentliche Perforation der Prostatakapsel äußert sich bei einer rückenmarksnahen Leitungsanästhesie zumeist in plötzlichen Bauchschmerzen, in gespannten Bauchdecken, in Übelkeit und Blutdruckabfall. Bei beatmeten Patienten äußert sich eine Perforation meist nur in einer Erhöhung des Beatmungsdrucks.
- Sepsis:
  Bei Operationen an einem infizierten harnableitenden System kann es durch die operative Manipulation zum Einschwemmen von (v.a. gramnegativen) Bakterien mit einem meist in der frühen postoperativen Phase beginnenden septischen Schock kommen. Bei einem postoperativen Zittern und einem Fieberanstieg nach urologischen Operationen muss unbedingt an eine beginnende Sepsis gedacht werden!
- größere Blutverluste:
  Wegen der permanenten Spülung des Operationsfeldes mit Spülflüssigkeit ist die verlorene Blutmenge oft sehr schwer abzuschätzen. In ca. 5–10 % der Fälle wird eine Bluttransfusion notwendig.
- Nachblutung:
  evtl. mit einer Blasentamponade (= Ausfüllung der Blase mit Blutgerinnseln)
- Blutgerinnungsstörungen:
  Das Prostatagewebe enthält reichlich Substanzen, die die Fibrinolyse steigern. Bei Einschwemmung dieser Substanzen in den Kreislauf kann es über eine gesteigerte Fibrinolyse zu einer verstärkten Blutungsneigung kommen. Die Therapie besteht in der Gabe von Fibrinolysehemmern (z.B. Cyclokapron® i.v.).
- stärkere Auskühlung
  der Patienten, da die Spüllösung normalerweise nur Raumtemperatur hat.

Transurethrale Holmiumlaser-Enukleation der Prostata

Inzwischen wird für die Entfernung eines Prostataadenoms anstatt einer **tr**ans**u**rethralen Elektro**r**esektion der **P**rostata (= TUR-P; → S. 264) zunehmend häufiger eine transurethrale **Ho**lmium**l**aser-**E**nukleation der **P**rostata (= HoLEP) durchgeführt. Wichtiger Vorteil einer HoLEP-Operation ist, dass es bei der Gewebezerschneidung mit dem Laser zu einer gleichzeitigen guten Koagulation der Blutgefäße kommt. Dadurch kann sehr blutarm operiert werden und es kommt (im Unterschied zur TUR-P; → S. 264) zu keiner Einschwemmung größerer Mengen an Spülflüssigkeit. Eine Bluttransfusion wird (im Gegensatz zur TUR-P-Operation) so gut wie nie notwendig. Im Unterschied zur Elektroresektion (→ S. 264) braucht auch keine elektrolytfreie (nicht stromleitende) Spülflüssigkeit verwendet werden. Dadurch kommt es (im Gegensatz zur TUR-P) zu keiner Verdünnungshyponatriämie. Die Nachteile einer HoLEP-Operation sind:

- Die Operationszeit ist meist länger als bei einer TUR-P.
- Diese Operationstechnik verlangt eine große Erfahrung des Operateurs.

Häufig wird eine HoLEP-Operation in Allgemeinanästhesie durchgeführt.

Nierenentnahme beim hirntoten Patienten

! Absolute Voraussetzung für eine Nierenentnahme (= Spendernephrektomie) ist ein nachgewiesener und schriftlich bestätigter Hirntod des Patienten, also ein irreversibler Ausfall aller (!) Hirnfunktionen. Daneben muss ein Organspenderpass des Hirntoten oder die Einwilligung der Angehörigen vorliegen. Sind keine Angehörigen bekannt, so ist die Einwilligung der Staatsanwaltschaft notwendig.

Da mit dem Ausfall aller zerebralen Funktionen auch die zentrale Kreislaufregulation versagt, müssen diese Toten unter Volumen- und Catecholamingabe (z. B. Dobutamin; → S. 300) kreislaufstabil gehalten werden. Die Diurese sollte nicht unter 100 ml/h abfallen. Die Beatmung erfolgt während der Explantation immer mit 100 % Sauerstoff. Es ist eine Normoventilation anzustreben. Die Gabe von Hypnotika und Analgetika ist bei einem Toten (!) nicht notwendig. Da durch operative Maßnahmen aufgrund spinaler Reflexe eine (organschädigende) Tachykardie und Hypertension auftreten können, kann die Gabe von z. B. Esmolol (→ S. 327) und Nitroglycerin (→ S. 304) sinnvoll sein. Außerdem kann die Gabe eines Relaxans für den Operateur vorteilhaft sein.

In Absprache mit den Operateuren ist Heparin (ca. 300 IE/kg KG; zumeist 25 000 IE) zu verabreichen.
Nach der Organentnahme wird der Tote extubiert. Bis auf zentralvenöse Katheter sollten alle Zugänge entfernt werden.
Als Todeszeitpunkt gilt der Zeitpunkt der Hirntodfeststellung.

Nierentransplantation

Da Patienten, bei denen eine Transplantation vorgenommen werden soll, meist seit vielen Jahren nierenkrank und dialysepflichtig sind, liegen oft folgende Befunde vor:

- Hypertonus
- schwere, chronische Anämie
- Störungen des Wasser-, Elektrolyt- und Säure-Basen-Haushalts
- Gerinnungsstörungen
- Diabetes mellitus, der eine perioperative Blutzuckerkontrolle notwendig macht
- deutlich reduzierter Allgemeinzustand
- häufig eine koronare Herzkrankheit oder eine latente Herzinsuffizienz
- Proteinmangel

Innerhalb der letzten 24 Stunden vor der Operation werden die Patienten dialysiert. Die Elektrolytwerte sowie die Blutgerinnungswerte und der Säure-Basen-Haushalt müssen nach der Dialyse nochmals kontrolliert werden.

Narkoseführung

Periphervenöse Zugänge sowie die Blutdruckmanschette dürfen nicht am Shunt-Arm angelegt werden! Der Shunt-Arm muss gut gepolstert und geschützt werden!

! Da die Patienten bei einer Organtransplantation immunsuppressiv behandelt werden (mit Prednisolon und Ciclosporin A), sind sie besonders infektionsgefährdet. Aus diesem Grunde ist bei allen Injektionen, Infusionen, Zugängen usw. auf eine absolut sterile Vorgehensweise zu achten!

Als Anästhesieverfahren wird meist eine balancierte Anästhesie durchgeführt. Häufig wird hierbei dem Isofluran bzw. Desfluran der Vorzug gegeben, da bei der Metabolisierung von Sevofluran geringe Mengen an nierentoxischen Fluoridionen entstehen. Die Intubation sollte unter einer Vollrelaxierung mit einem nicht depolarisierenden Muskelrelaxans durchgeführt werden. Dafür bietet sich vor allem Atracurium oder *cis*-Atracurium an, da deren Metabolisierung unabhängig von der Nierenfunktion ist. Die anderen nicht depolarisierenden Muskelrelaxanzien müssen vorsichtig dosiert werden. Zur Intubation kann bei normalen Kaliumwerten – falls eine Ileuseinleitung (= rapid sequence induction) indiziert ist – auch Succinylcholin verwendet werden. Bei erhöhtem Kaliumwert bietet sich Rocuronium an. Alternativ zu einer balancierten Anästhesie kann auch eine (T)IVA durchgeführt werden.

Vor Perfusionsfreigabe der angeschlossenen Niere wird die Gabe von 125–250 ml Mannit 20 % oder die Gabe von z. B. 20–40 mg Furosemid (Lasix®) empfohlen. Der ZVD sollte bis dahin auf ca. 10 cm H_2O angehoben sein. Die Patienten kommen oft mit einem Volumenmangel zur Operation. Manchmal wird zusätzlich Furosemid verabreicht.

Da die Patienten an ihre chronische Anämie gut adaptiert sind, sollte eine Transfusion nur zurückhaltend durchgeführt werden. Gegebenenfalls ist die Gabe von Erythrozytenkonzentraten notwendig. (Die immunsuppressive Wirkung einer Bluttransfusion ist bei Patienten mit Nierentransplantation ausnahmsweise erwünscht.)

Als zusätzliche Überwachungsmaßnahmen sind ein zentralvenöser Katheter (→ S. 185) sowie ein Dauerkatheter unverzichtbar. Eine arterielle Druckmessung sollte nur im Ausnahmefall vorgenommen werden (zukünftiger Shunt an diesem Arm?).

5.6 Anästhesie in der Neurochirurgie

5.6.1 Allgemeine Bemerkungen

Hirndurchblutung

> ! Durch eine **Autoregulation des zerebralen Gefäßsystems** kann die Hirndurchblutung im Bereich eines arteriellen Mitteldrucks von 60–150 mm Hg nahezu konstant gehalten werden. Damit ist die Hirndurchblutung beim Gesunden fast unabhängig vom arteriellen Blutdruck. Verändert wird die Hirndurchblutung vor allem durch den arteriellen CO_2-Partialdruck (p_aCO_2).

Eine Hypoventilation mit Anstieg des p_aCO_2 führt zu einer zerebralen Gefäßweitstellung (= Vasodilatation) mit Zunahme der Hirndurchblutung. Eine Hyperventilation mit einem Abfall des p_aCO_2 führt zu einer zerebralen Gefäßengstellung (= Vasokonstriktion) mit Abnahme der Hirndurchblutung.

Intrakranieller Druck

> ! Der intrakranielle Druck (= „Hirndruck") entspricht dem intrakraniellen Liquordruck und kann mit einem in einen Hirnventrikel gelegten Katheter (= Ventrikelkatheter), einer vorzugsweise im Hirngewebe liegenden (und optisch arbeitenden) Drucksonde (Camino-Sonde) oder mittels einer epiduralen Drucksonde gemessen werden.

Der intrakranielle Druck beträgt normalerweise im Liegen 10–15 mm Hg. Da das Gehirn von dem unnachgiebigen, knöchernen Schädel umgeben ist, hat es fast keine Möglichkeit, sich bei krankhaften Prozessen (Ödem, Tumor, Hämatom) auszudehnen. Bereits eine geringe Zunahme des Hirnvolumens oder des intrakraniellen Blut- bzw. Liquorvolumens kann bei einem erhöhten intrakraniellen Druck zu einem weiteren exponentiellen Anstieg des intrakraniellen Drucks führen (vgl. Abb. 5-12).

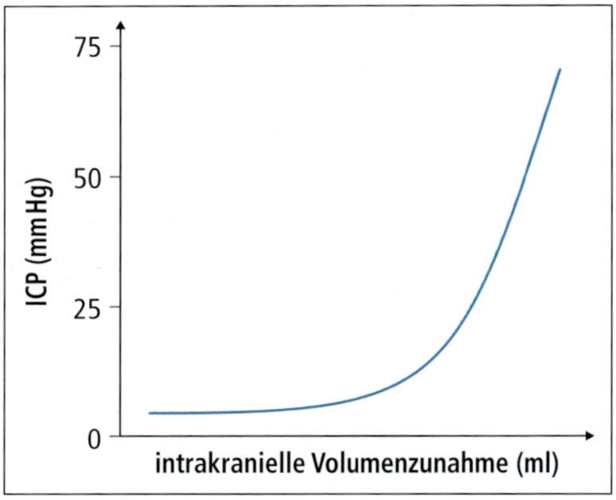

Abb. 5-12 Druckvolumenkurve des Gehirns

Erhöhung

Eine Erhöhung des intrakraniellen Drucks ist möglich, wenn der Schädelinhalt, also das Hirnvolumen, das zerebrale Blutvolumen oder das zerebrale Liquorvolumen zunimmt.

- Eine Zunahme des **Hirnvolumens** ist möglich bei einem Hirnödem oder einem Hirntumor.
- Eine Zunahme des zerebralen **Blutvolumens** ist vor allem möglich bei zerebraler Vasodilatation aufgrund einer Hypoventilation (→ S. 267), der Anwendung von Inhalationsanästhetika wie Isofluran, Sevofluran, Desfluran, Lachgas (→ S. 39) oder der Anwendung von Vasodilatanzien wie z. B. Nitroglycerin (→ S. 304).
- Der venösen Rückfluss aus dem Gehirn ist bei einer Kopftieflagerung, bei Husten oder Pressen infolge zu flacher Narkose, bei einem PEEP (→ S. 23) oder seitlich gedrehtem Kopf und bei Faszikulationen nach Succinylcholingabe behindert.
- Eine intrakranielle Blutung, z. B. eine epidurale, subdurale oder intraparenchymatöse Blutung, führt zu einer deutlichen Zunahme des intrakraniellen **Blutvolumens**.
- Eine Zunahme des intrakraniellen **Liquorvolumens** ist möglich bei einem Hydrozephalus aufgrund einer gesteigerten Liquorproduktion, einer gestörten Liquorresorption oder einer Liquorzirkulationsstörung.
- Sonstiges:
  Eine Hypoxie führt zu einer Steigerung des intrakraniellen Drucks. Ketanest® kann evtl. den intrakraniellen Druck steigern.

Senkung

Eine Senkung des intrakraniellen Drucks ist dagegen möglich, wenn das zerebrale Blutvolumen, das Hirnvolumen oder das zerebrale Liquorvolumen abnimmt.
Eine Verminderung des intrakraniellen Blutvolumens ist möglich durch:

- zerebrale Vasokonstriktion aufgrund einer kontrollierten Hyperventilation (→ S. 272), Barbituratgabe oder Hypothermie
- Verbesserung des venösen Rückflusses aus dem Gehirn aufgrund einer Oberkörperhochlagerung von ca. 30 Grad und einem geradeaus blickend gelagerten Kopf, einer tiefen Narkoseführung und dem Vermeiden von Husten und Pressen
- operative Ausräumung einer intrakraniellen Blutung

Eine Reduktion des Hirnvolumens ist möglich durch:

- Osmodiuretika wie Mannit, die dem Gehirn Wasser entziehen (→ S. 269)
- Steroide, die ein Hirnödem vermindern sollen. Erfolg versprechend sind Steroide beim peritumorösen Ödem. Beim Hirnödem nach einem Schädel-Hirn-Trauma (SHT) sind sie dagegen wirkungslos.

Eine Verminderung des intrakraniellen Liquorvolumens ist möglich durch:

- Liquordrainage mittels Ventrikelkatheter

Gefahren eines erhöhten intrakraniellen Drucks

Bei einer Verletzung des Gehirns (z. B. einem Hirnödem) ist die Autoregulation des zerebralen Gefäßsystems (→ S. 267) gestört. Damit wird die Hirndurchblutung direkt abhängig vom sog. zerebralen Perfusionsdruck.

! Der **zerebrale Perfusionsdruck** (= **c**erebral **p**erfusion **p**ressure = CPP) ist abhängig vom arteriellen Mitteldruck (= **m**ean **a**rterial **p**ressure = MAP) und vom intrakraniellen Druck (= **i**ntra**c**ranial **p**ressure = ICP). Es gilt die Beziehung CPP = MAP – ICP.

Eine Erhöhung des intrakraniellen Drucks bewirkt eine Verminderung des zerebralen Perfusionsdrucks (CPP) und damit eine Verminderung der Hirndurchblutung, unter Umständen bis zur Mangeldurchblutung. Ist der intrakranielle Druck (ICP) im Extremfall gleich dem arteriellen Mitteldruck (MAP), so findet keine Hirndurchblutung mehr statt (CPP = MAP– ICP).

Durch einen hohen intrakraniellen Druck kann es außerdem zu einer Druckschädigung des Gehirns, unter Umständen auch zur **druckbedingten Verlagerung von Hirnteilen** kommen. Möglich ist z. B. eine Herniation (= Hineinpressen) von Teilen des Temporallappens in den Tentoriumschlitz (vgl. 2 in Abb. 5-13). Hierdurch kommt es zu einer Kompression („Einklemmung") des Mittelhirns mit Ausbildung einer einseitig weiten Pupille auf der Seite der Einklemmung, da hierbei auch der Nervus oculomotorius (mit seinen pupillenverengenden parasympathischen Fasern) gequetscht wird. Wird diese Situation nicht erkannt oder unzureichend therapiert und steigt der „Hirndruck" weiter an, so können auch Teile der Kleinhirntonsillen ins Foramen magnum occipitale hineingepresst werden und eine Kompression des unteren Hirnstamms verursachen. Dadurch kann es zu beidseits weiten Pupillen und durch Kompression des Kreislaufzentrums zum sog. **Cushing-Reflex** kommen. Der Cushing-Reflex ist gekennzeichnet durch einen plötzlichen Blutdruckanstieg und einen Abfall der Herzfrequenz.

! Die Entwicklung einer weiten und lichtstarren Pupille stellt eine lebensgefährliche Situation dar und zwingt zum sofortigen Handeln. Der intrakranielle Druck muss sofort gesenkt werden. Es geht um Minuten (!!!).

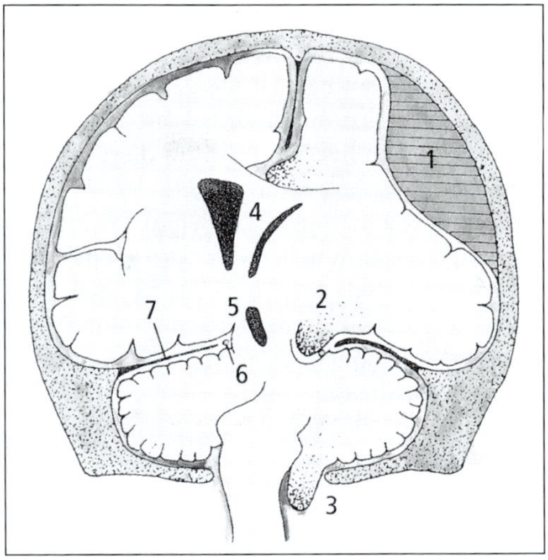

Abb. 5-13 Querschnitt durch den Schädel eines Patienten mit epiduralem Hämatom. Aufgrund des Hämatoms droht die Verlagerung von Hirnanteilen mit evtl. Hirnschädigung. 1 = epidurales Hämatom; 2 = Einklemmung am Tentoriumschlitz; 3 = Einklemmung ins Foramen occipitale magnum; 4 = verlagerte Seitenventrikel; 5 = vierter Hirnventrikel; 6 = Nervus oculomotorius; 7 = Tentorium.

Therapie

- Oberkörperhochlagerung (ca. 30 Grad)
- Intubation und sofortiger Beginn einer Hyperventilation evtl. bis zu einem p_aCO_2 von 28–30 mm Hg (3,7–4,0 kPa) (= forcierte Hyperventilation; → S. 272)
- sofort Barbiturat intravenös (z. B. wiederholt 250 mg Thiopental)
- evtl. Osmodiuretikum (Mannit), das dem Gehirn Wasser entzieht:
  Nach Gabe eines Osmodiuretikums kommt es zu einem initialen Abfall des intrakraniellen Drucks. Später kann es jedoch unter Umständen zu einem überschießenden ICP-Anstieg kommen (**Rebound-Effekt**). Die Ursache für einen möglichen Rebound-Effekt ist darin zu sehen, dass die Osmodiuretika bei einer Schädigung der Blut-Hirn-Schranke evtl. auch ins Gehirngewebe gelangen. Fällt dann die Konzentration des Osmodiuretikums im Plasma (durch z. B.

schnelle Ausscheidung) deutlich (unter die Konzentration im Gehirn) ab, dann entwickelt sich ein umgekehrter osmotischer Gradient, der dazu führt, dass Wasser aus dem Gefäßsystem ins Gehirn diffundiert und ein ICP-Anstieg provoziert wird.

- weitere Maßnahmen zur Senkung eines erhöhten intrakraniellen Drucks → Seite 268
- sofortige Abklärung der Ursache, evtl. mittels zerebralem Computertomogramm (Frage: Hirnödem oder operativ angehbare intrakranielle Blutung?)
- Na, K, Hb, p_aO_2 und Blutzucker normalisieren

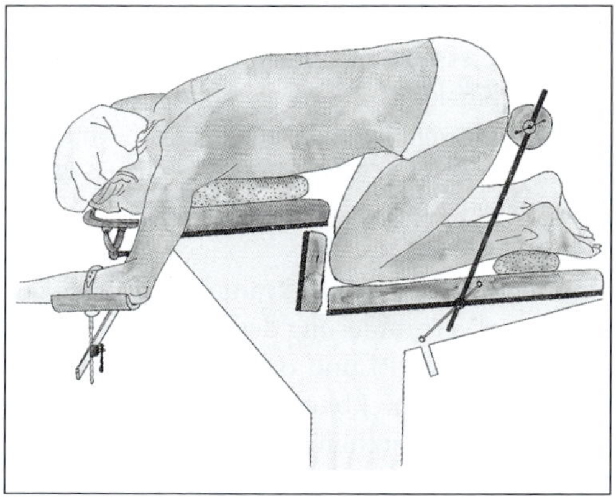

Abb. 5-14 Lagerung für Bandscheibenoperationen

5.6.2 Spezielle neurochirurgische Lagerungen (→ auch S. 35)

Knie-Ellenbogen-Lage

Die Knie-Ellenbogen-Lage (= Mekka-Lage; vgl. Abb. 5-14) wird oft bei Operationen an der Wirbelsäule gewählt (z.B. bei Bandscheibenoperationen). Nach Narkoseeinleitung wird der Patient auf einen anderen Operationstisch in die Knie-Ellenbogen-Lage umgelagert. Hierbei kann es zu erheblichen Blutdruckabfällen kommen, da die Kreislaufregulationsmechanismen narkosebedingt zum Teil ausgeschaltet sind. Es muss auf eine druckfreie Lagerung der zugeklebten Augen sowie des Bauches geachtet werden. Eine sichere Tubusfixierung ist notwendig, da bei versehentlicher Extubation eine Reintubation in dieser Lagerung nicht möglich ist. Für die Extubation wird der Patient zuerst wieder in die Rückenlage gebracht.

Bauchlagerung

Die Bauchlagerung wird manchmal bei Eingriffen in der hinteren Schädelgrube vorgenommen. Nach Narkoseeinleitung wird der Patient vorsichtig umgelagert. Zu achten ist auf eine gute Tubusfixierung, auf mögliche Blutdruckabfälle bei der Umlagerung sowie eine druckfreie Lagerung der Augen und des Bauches. Für die Extubation wird der Patient zuerst wieder in die Rückenlage gebracht.

Sitzende Lagerung

Die sitzende Lagerung (vgl. Abb. 5-15) wird vor allem bei Operationen in der hinteren Schädelgrube gewählt. Nach Narkoseeinleitung darf der Patient nur vorsichtig unter Blutdruckkontrolle schrittweise aufgesetzt werden. Dem hierbei drohenden Blutdruckabfall kann durch Wickeln der Beine vorgebeugt werden. Die sitzende Position ist eine der gefahrenträchtigsten Operationslagerungen, da sie das Entstehen einer Luftembolie begünstigt (→ unten).

Gefahr einer Luftembolie

! In der sitzenden Position ist der Venendruck im Kopfbereich negativ. Beim Eröffnen von Venen kann es daher zu einem Lufteintritt in die venösen Gefäße mit der Folge einer **Luftembolie** kommen.

Eingetretene Luft kann sich im rechten Herzen ansammeln, wodurch die Pumpfunktion des rechten Herzens versagen kann. Gelangen grö-

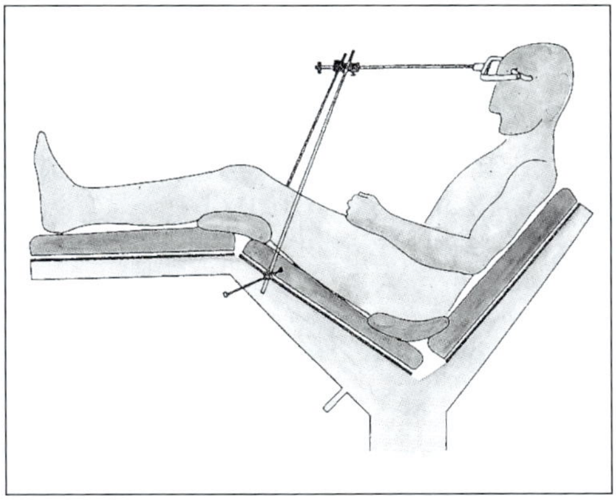

Abb. 5-15 Sitzende Lagerung für neurochirurgische Operationen in der hinteren Schädelgrube

ßere Luftmengen durch das rechte Herz bis in die Lungenstrombahn, dann kann es zu einer **Verlegung der Lungenstrombahn** durch Luftblasen kommen (= Luftembolie), wodurch der Widerstand im Lungenkreislauf so stark zunehmen kann, dass das rechte Herz nicht mehr in der Lage ist, dagegen anzupumpen. Unter Umständen tritt ein akutes Rechtsherzversagen ein. Hat der Patient zufällig noch ein funktionell offenes Foramen ovale (was bei ca. 20–30 % der Erwachsenen der Fall ist), dann könnte bei einem Lufteintritt ins Gefäßsystem ein Teil dieser Luft aus dem rechten in den linken Vorhof übertreten und zu einer sog. paradoxen Luftembolie im arteriellen Systemkreislauf führen. Bei einer Embolisation in den Bereich der Koronararterien bzw. des Zerebralkreislaufs kann es zu einem Herz- bzw. Hirninfarkt kommen. Um ein evtl. noch vorhandenes offenes Foramen ovale zu erfassen, wird inzwischen eine präoperative transthorakale Echokardiographie empfohlen (→ S. 204). Falls das Foramen ovale noch funktionell offen ist, wird zumeist auf eine Operation in sitzender Lagerung verzichtet und in Seiten- oder Bauchlage operiert.

Hinweise

- präkordiale Dopplersonographie:
  Die präkordiale Dopplersonographie ist ein empfindliches Verfahren, um selbst kleine Luftblasen festzustellen. Eine Dopplersonde wird rechts parasternal im dritten bis fünften Interkostalraum festgeklebt. Zur Überprüfung der korrekten Lage werden einige Milliliter physiologische Kochsalzlösung schnell über einen (ausnahmsweise mit der Spitze im rechten Vorhof liegenden) Kavakatheter (→ S. 185) gespritzt. Bei korrekter Lage der Dopplersonde ist das für eine Luftembolie typische fauchende Geräusch zu hören.
- plötzlicher Abfall des endexspiratorischen CO_2-Wertes:
  Die durch eine Luftembolie verlegten Anteile der Lungenstrombahn werden plötzlich nicht mehr durchblutet. In diesen Lungenbereichen kann daher auch kein CO_2 mehr ausgeschieden werden. Der CO_2-Partialdruck im Blut steigt an. Der CO_2-Gehalt der Ausatemluft nimmt plötzlich ab.

> ! Durch eine kontinuierliche Messung der CO_2-Konzentration im endexspiratorischen Gasgemisch (z. B. mittels Kapnometer) kann also eine Luftembolie sofort erkannt werden. Die Alarmgrenzen der CO_2-Messung müssen stets sehr eng eingestellt sein!

- transösophageale Echokardiographie (= TEE):
  Neuerdings wird auch die intraoperative transösophageale Echokardiographie (TEE) als ein sehr empfindliches Verfahren zum Nachweis evtl. Luftembolien empfohlen (→ S. 206). Bei dieser Ultraschalldiagnostik des Herzens erfolgt die Schalleinstrahlung über einen in den Ösophagus eingeführten schlauchförmigen Schallkopf.
  Wird nach Narkoseeinleitung eine TEE-Sonde in den Ösophagus eingeführt (→ S. 207), dann können im Falle einer Luftembolie die durch das rechte Herz strömenden Luftbläschen online auf dem TEE-Bildschirm erkannt werden. Die TEE-Überwachung wird bisher noch relativ selten durchgeführt.
- Blutdruckabfall, Tachykardie, Herzrhythmusstörungen
- Zyanose

- Pulmonaliskatheter (falls vorhanden):
  Durch die Verlegung der Lungenstrombahn kommt es zu einem plötzlichen Anstieg des Drucks in der Pulmonalarterie (→ S. 203).

Therapie

- sofort den Operateur informieren,
  der das Gefäß zuhält, unterbindet oder, wenn es nicht auffindbar ist, das Operationsgebiet unter Wasser setzt, um einen weiteren Lufteintritt zu verhindern.
- Absaugen der Luft aus dem rechten Vorhof/Herzen:
  Über einen Kavakatheter, dessen Spitze bei solchen Operationen ausnahmsweise im rechten Vorhof platziert wird, kann versucht werden, die Luft abzusaugen. Um eine schnelle Absaugmöglichkeit zu garantieren, muss eine 20-ml-Spritze oder besser eine Vakuumflasche über einen geschlossenen Dreiwegehahn bereits vor Operationsbeginn an den Kavakatheter angeschlossen werden. Am Ende der Operation ist beim liegenden Patienten der Kavakatheter wieder einige Zentimeter zurückzuziehen, sodass die Spitze kurz vor Einmündung der Vena cava superior in den rechten Vorhof zu liegen kommt (→ S. 190).
- Lachgas (falls verwendet) sofort abstellen und 100 % Sauerstoff einschalten:
  Lachgas diffundiert in die embolisierten Luftblasen (→ S. 39) und führt zu deren Größenzunahme und damit zur Verschlimmerung der Symptomatik. Inzwischen wird bei einer Operation in sitzender Lagerung zumeist prinzipiell auf eine Lachgasgabe verzichtet.
- PEEP einschalten:
  Hierdurch wird der venöse Rückfluss aus dem Gehirn reduziert; weiteren Luftembolien soll dadurch vorgebeugt werden. Die prophylaktische Anwendung eines PEEP ist dagegen sehr umstritten.
- (evtl. Senken des Kopfteils des Operationstisches)
- (evtl. manuelle Kompression der Venae jugularis internae)
- evtl. medikamentöse Unterstützung des rechten Herzens, z. B. mit einer Dobutamininfusion (→ S. 300)

5.6.3 Anästhesiologische Besonderheiten

Volumenzufuhr

Bei Gehirnoperationen ist eine übermäßige Volumenzufuhr zu vermeiden. Blutverluste sollten durch Plasmaersatzmittel oder Blut ersetzt werden. Auf reine Glucoselösungen (z. B. Glucose 5 %) muss verzichtet werden, da nach Metabolisierung der Glucose freies Wasser, also eine hypotone Lösung, übrig bleibt. Dieses freie Wasser diffundiert großteils ins Gewebe und kann zu einer Verstärkung eines Hirnödems führen.

Kontrollierte Hyperventilation

Bei vielen neurochirurgischen Patienten besteht bereits präoperativ ein erhöhter intrakranieller Druck. Durch die Hirnoperation kommt es meist zu einem Ödem des Gehirns mit Gefahr der weiteren postoperativen Steigerung des intrakraniellen Drucks (→ S. 268).

> **!** Durch eine kontrollierte mäßige Hyperventilation mit einem angestrebten arteriellen p_aCO_2-Wert von ca. 4,0–4,7 kPa (= 30–35 mm Hg) kann eine zerebrale Vasokonstriktion (→ S. 267) mit Abnahme der Hirndurchblutung und damit des intrakraniellen Drucks (→ S. 267) erzielt werden. In Ausnahmefällen kann auch eine forcierte Hyperventilation durchgeführt werden, wobei ein p_aCO_2 von 3,7–4,0 kPa (= 28–30 mm Hg) notwendig ist.

Die normale Hirndurchblutung beträgt ca. 50 ml/100 g Hirngewebe pro Minute. Durch eine Änderung des p_aCO_2 um 1 mm Hg ändert sich die Hirndurchblutung um 1(–1,5) ml/100 g Hirngewebe pro Minute. Wird beispielsweise

der p_aCO_2 von normalerweise 40 auf 30 mm Hg gesenkt, dann nimmt die Hirndurchblutung von ca. 50 auf 40(–35) ml/100 g Hirngewebe pro Minute ab. In den letzten Jahren wird eine starke (forcierte) Hyperventilation zunehmend kritisch beurteilt. Falls sie durchgeführt wird, sollte sie nur möglichst kurzfristig angewandt werden. Spätestens nach 24 Stunden wird sie auch wirkungslos, da – aufgrund von Kompensationsmechanismen – die Hirndurchblutung wieder zunimmt.
Die kontrollierte Hyperventilation ist anhand einer kontinuierlichen endexspiratorischen CO_2-Messung zu überwachen. Zur exakten Beurteilung der endexspiratorischen CO_2-Messung muss mehrmals eine arterielle Blutgasanalyse vorgenommen werden. Beim Vergleich des kontinuierlich angezeigten endexspiratorischen CO_2-Wertes mit dem CO_2-Wert der arteriellen Blutgasanalyse lässt sich feststellen, dass der arterielle Wert etwas höher ist. Diese alveoloarterielle CO_2-Partialdruckdifferenz ($AaDCO_2$) ist bei gleichbleibender Lungenfunktion konstant. Je schlechter die Lungenfunktion, desto größer ist dieser Differenzbetrag. Der genaue arterielle CO_2-Wert ist also um diesen Differenzbetrag höher als der aktuell angezeigte endexspiratorische CO_2-Wert.

Kontrollierte Hypotension

Durch eine vorübergehende, medikamentös erzielte Blutdrucksenkung (= kontrollierte Hypotension) bis auf einen minimalen arteriellen Mitteldruck von ca. 50 mm Hg kann Folgendes erreicht werden:

- Bei voraussichtlich sehr blutreichen Operationen kann der Blutverlust (um ca. 50 %) reduziert werden (z. B. gefäßreiche Hirntumoren).
- Durch Verminderung der Blutungen im Operationsgebiet können bessere Operationsbedingungen geschaffen werden. Dies ist vor allem wichtig bei mikrochirurgischen Operationen (z. B. mikrochirurgische Eingriffe am Gehirn oder Mittelohr).
- Die Rupturgefahr eines Aneurysmas einer Hirnarterie kann während der operativen Freilegung vermindert werden.

Insgesamt wird eine kontrollierte Hypotension aufgrund verbesserter Operationsbedingungen nur noch selten durchgeführt.

Medikamente

Nitroglycerin (Trinitrosan®)

Nitroglycerin (in der Praxis oft nur als „Nitro“ bezeichnet; eigentlich Glyceroltrinitrat) wirkt vor allem auf die venösen Kapazitätsgefäße dilatierend.

Vorteile: keine Toxizität, gute Steuerbarkeit, kurze Plasmahalbwertszeit

Nachteile: Auch die intrakraniellen venösen Gefäße werden weitgestellt mit der Gefahr, dass ein bereits erhöhter intrakranieller Druck weiter ansteigt (→ S. 268). Bei neurochirurgischen Patienten mit Verdacht auf einen erhöhten intrakraniellen Druck darf Nitroglycerin deshalb erst nach Eröffnung der Dura eingesetzt werden. In ca. 20 % ist die blutdrucksenkende Wirkung des Nitroglycerins jedoch nicht ausreichend.

Lösung: z. B. 1 Ampulle Trinitrosan® = 50 mg/10 ml in einer Perfusorspritze auf 50 ml aufziehen (1 mg/ml)

Dosierung: nach Wirkung, bis zu 10(–15) ml/h über einen Perfusor

Nitroprussidnatrium (nipruss®)

Nitro**p**russid**n**atrium (= NPN) wird nur relativ selten eingesetzt. Es sollte jedoch für kritische Situationen (z. B. Aneurysmaruptur) möglichst aufgezogen griffbereit sein. NPN wirkt vor allem auf die arteriellen, zum Teil auch auf die venösen Gefäße dilatierend.

Vorteile: Die Wirkung setzt sofort ein und ist nach Infusionsstopp sofort wieder beendet. Es kann jede beliebige Blutdrucksenkung erzielt werden. Die Dosierung muss streng nach Wirkung erfolgen!

Nachteile:

- reflektorische Tachykardie,
  die unter Umständen die Gabe eines β-Rezeptoren-Blockers notwendig macht
- Weitstellung auch der intrakraniellen Gefäße:
  Bei neurochirurgischen Patienten mit einem erhöhten intrakraniellen Druck darf NPN erst nach Eröffnen der Dura eingesetzt werden, um einen weiteren Anstieg des intrakraniellen Drucks zu vermeiden (→ S. 268).
- Tachyphylaxie:
  Unter Umständen tritt eine sehr schnelle „Gewöhnung" an das Medikament (= Tachyphylaxie) auf. Für die gleiche Wirkung werden immer höhere Dosen benötigt.
- Toxizität:
  Beim Abbau von NPN wird Cyanid freigesetzt. Bei hoher Cyanidkonzentration wird die Sauerstoffverwertung im Gewebe blockiert. Es kommt daher zur anaeroben Glykolyse mit Ausbildung einer metabolischen Acidose (Abfall von pH-Wert und Standardbicarbonat). Durch Zusatz von Natriumthiosulfat kann die Cyanidtoxizität des NPN vermindert werden.
- Rebound-Effekt:
  Das heißt, bei plötzlichem Abbrechen der NPN-Infusion kann ein überschießender Blutdruckanstieg auftreten. Deshalb muss NPN immer langsam reduziert werden.

Lösung: Nitroprussidnatrium (nipruss®) liegt als Trockensubstanz vor und muss aufgelöst werden. Die Lösung darf erst kurz vor Anwendung hergestellt werden, da sie nur ca. 4 Stunden haltbar ist. Aufgrund der Lichtempfindlichkeit müssen eine schwarze Perfusorspritze und Perfusorleitung verwendet werden. Es hat sich folgende Lösung bewährt:

> !
> Stammlösung
> 1 Amp. = 60 mg Trockensubstanz mit 6 ml Lösungsmittel auflösen. 1 ml verwerfen.
> = 50 mg nipruss® in 5 ml Lösungsmittel
> + 45 ml Glucose 5 %
> = 50 ml in Perfusorspritze (1 ml = 1 mg)

In einer zweiten Spritzenpumpe sollten 5 ml 10%ige Natriumthiosulfatlösung und 45 ml Glucose 5 % auf 50 ml (1 ml = 10 mg) aufgezogen werden. Die Natriumthiosulfatlösung sollte mit der gleichen Infusionsgeschwindigkeit wie die NPN-Lösung verabreicht werden, sodass ein Milligrammverhältnis von NPN zu Natriumthiosulfat wie 1 zu 10 gewährleistet ist.

Dosierung:

- streng nach Wirkung: 0,2–10 µg/kg KG/min
- Beginn mit 0,2 µg/kg KG/h; langsame, bedarfsorientierte Dosissteigerung
- maximale Gesamtdosis: 1–1,5 mg/kg KG innerhalb von 2–3 Stunden

Inhalationsanästhetika

Im Prinzip kann mit einem Inhalationsanästhetikum jede gewünschte Blutdrucksenkung eingestellt werden. Hierzu wären jedoch zum Teil sehr hohe Konzentrationen mit entsprechenden Nebenwirkungen notwendig. Inhalationsanästhetika werden heute nur noch in Kombination mit Nitroglycerin (oder Nitroprussidnatrium) eingesetzt. Bei neurochirurgischen Patienten mit Verdacht auf einen erhöhten intrakraniellen Druck dürfen Inhalationsanästhetika nur nach (!) Eröffnen der Dura eingesetzt werden, da sie eine zerebrale Vasodilatation mit der Gefahr einer Steigerung des intrakraniellen Drucks verursachen (→ S. 267). Vorzugsweise wird hierzu Isofluran verwendet, da es von den verdampfbaren Inhalationsanästhetika den intrakraniellen Druck am wenigsten steigert. Außerdem führt Isofluran zu einer deutlichen Verminderung des Hirnstoffwechsels.

Propofol (Disoprivan®)

Zunehmend häufiger wird bei der kontrollierten Hypotension auf die Gabe eines volatilen Anästhetikums verzichtet und eine totale intravenöse Anästhesie (→ S. 125) unter Verabreichung von Propofol und Remifentanil über eine Spritzenpumpe durchgeführt. Durch eine relativ hohe Propofol- und Remifentanildosierung kann zumeist ebenfalls eine mäßige Hypotension erzielt werden.

Durchführung

Es hat sich folgendes Vorgehen bewährt: Mittel der ersten Wahl ist Trinitrosan® (→ S. 273). Falls die Hypotension unzureichend sein sollte, kann zusätzlich bis 1 Vol.-% Isofluran zugegeben oder notfalls auf NPN übergewechselt werden. Bei Durchführung einer totalen intravenösen Anästhesie (→ S. 125) unter Gabe von Propofol und Remifentanil mittels Spritzenpumpe gelingt mittels zusätzlicher Trinitrosan®-Gabe meist eine ausreichende Blutdrucksenkung.

Überwachungsmaßnahmen

- kontinuierliche blutige arterielle Druckmessung (→ S. 191)
- regelmäßige Messung des ZVD
- EKG
- Kontrolle der Körpertemperatur
- Kontrolle der Urinausscheidung
- Laborkontrollen:
  regelmäßig arterielle Blutgasanalysen, Säure-Basen-Haushalt, Hb, Hkt
- während Hypotension mindestens 50 % Sauerstoff verabreichen
- langsames Ausschleichen der blutdrucksenkenden Medikamente

Kontraindikationen

- koronare oder zerebrale Durchblutungsstörungen
- Anämie
- Niereninsuffizienz
- Hypertonus

Überwachungsmaßnahmen bei intrakraniellen Eingriffen

- arterielle Blutdruckmessung (→ S. 191)
- Kavakatheter (→ S. 185):
  Bei Gefahr einer Luftembolie muss die Spitze des Kavakatheters ausnahmsweise im rechten Vorhof platziert werden. Über einen Dreiwegehahn muss eine 20-ml-Spritze oder besser eine Vakuumflasche für ein evtl. schnelles Absaugen von Luft aus dem rechten Herzen angeschlossen werden (→ S. 270).
- kontinuierliche Temperaturmessung
  über eine rektale oder ösophageale Temperatursonde. Der Auskühlungsgefahr sollte durch eine Wärmedecke, Wolldecke oder idealerweise durch eine Warmluftdecke vorgebeugt werden (→ S. 231).
- Dauerkatheter
- Ultraschall-Dopplersonographie
  oder transösophageale Echokardiographie bei Gefahr einer Luftembolie (→ S. 270)
- EKG mit akustischem Signal:
  Bei Operationen am Hirnstamm können plötzliche Rhythmusstörungen, insbesondere Bradykardien, auftreten. Diese müssen sofort dem Operateur mitgeteilt werden.
- kontinuierliche endexspiratorische CO_2-Messung (→ S. 272)
- Relaxometrie:
  Während intrakranieller Eingriffe ist es wichtig, dass sich der Patient sicher nicht bewegt. Aus diesem Grunde sind eine tiefe Relaxation sowie eine Überwachung des Relaxationsgrades mittels Relaxometrie (→ S. 76) angezeigt.
- Laborbestimmungen:
  Arterielle Blutgasanalysen, Na, K, Blutzucker, bei Bedarf Hb, Gerinnung. Bei unklarer Polyurie: BZ, Urinzucker und spezifisches Gewicht des Urins sowie Osmolarität von Plasma und Urin zur Unterscheidung zwischen „Zuckerdiurese" und Diabetes insipidus.
  Eine **Zuckerdiurese** entsteht normalerweise, wenn die Blutzuckerkonzentration über

180 mg% ansteigt. Dann wird Zucker über den Urin ausgeschieden (= Glucosurie). Da Zucker Wasser an sich bindet, kommt es zusätzlich zur vermehrten Urinausscheidung (osmotische Diurese). Es lässt sich Zucker im Urin nachweisen. Therapie: Insulingabe zur Senkung des Blutzuckers. Um die Blutzuckerkonzentration um 100 mg% zu senken, werden ca. 4 IE Altinsulin benötigt.

Ein **Diabetes insipidus** kann z. B. entstehen, wenn es aufgrund einer Schädigung des Gehirns zu einer verminderten Ausschüttung des **anti****d**iuretischen **H**ormons (= ADH) aus dem Hypophysenhinterlappen kommt. Folge ist eine massive Diurese (fast wasserklarer Urin). Ein spezifisches Gewicht von 1 004 g/l oder weniger spricht für einen Diabetes insipidus. Typisch ist auch, dass die Osmolarität des Urins (Normalwert ca. 500–1 300 mosmol/l) beim Diabetes insipidus meist sogar niedriger ist als die des Plasmas (denn es erfolgt eine verminderte Natriumausscheidung über den Urin). Im Plasma kommt es aufgrund der massiven Ausscheidung von reinem Wasser zu einer Dehydratation und hohen Natriumkonzentration, einer sog. hypertonen Dehydratation. Therapie: Desmopressin (Minirin®).

- Sonstiges:
  Befeuchtung der Einatmungsgase bei langen Operationen. Bei Operationen von Hirntumoren muss die bereits präoperativ begonnene Steroidtherapie weitergeführt werden (z. B. 8 mg Fortecortin® alle 4 Stunden).

5.6.4 Allgemeine Bemerkungen zur Narkose

Prämedikation

Bewusstseinsgetrübte Patienten dürfen zur Prämedikation kein sedierendes oder atemdepressives Medikament erhalten. Bei Krampfneigung muss auf Neuroleptika verzichtet werden (→ S. 8).

Narkoseeinleitung

Bei Patienten mit Verdacht auf einen erhöhten intrakraniellen Druck muss eine besonders schonende Narkoseeinleitung vorgenommen werden. Jegliche Maßnahme, die zu einer weiteren Steigerung des intrakraniellen Drucks führen kann, ist zu vermeiden (→ S. 268). Als Einleitungshypnotikum eignet sich insbesondere Thiopental (→ S. 49), da es den intrakraniellen Druck senkt. Barbiturate führen zu einer Verminderung des zerebralen Stoffwechsels. Da die Hirndurchblutung eng an den Hirnstoffwechsel gekoppelt ist, führt eine deutliche Senkung des zerebralen Stoffwechsels auch zu einer Erniedrigung der zerebralen Durchblutung. Diese Abnahme des zerebralen Blutvolumens führt zu einem Abfall des intrakraniellen Drucks.

Narkoseführung

Bei erhöhtem intrakraniellem Druck müssen Maßnahmen zur Senkung des intrakraniellen Drucks unternommen werden (z. B. mäßige kontrollierte Hyperventilation; → S. 272) und Maßnahmen unterlassen werden, die zu einer Steigerung des intrakraniellen Drucks führen können (z. B. Isofluran-, Sevofluran- oder Desflurangabe). Es ist eine totale intravenöse Anästhesie (= TIVA; → S. 125) durchzuführen.

Narkoseausleitung

Eine schonende Narkoseausleitung ohne Husten und Pressen ist anzustreben, um einen Anstieg des intrakraniellen Drucks und um das erhöhte Risiko von Nachblutungen zu vermeiden. Falls die Gefahr eines Hirnödems besteht, der Patient nicht ansprechbar ist, Schluckstörungen oder keine gesicherte Spontanatmung zu erwarten sind, muss der Patient intubiert auf die Intensivstation verlegt werden. In den letzten Jahren wird nach unkomplizierten Hirnoperationen häufig eine primäre Extubation noch auf dem Operationstisch angestrebt.

5.6.5 Operationen

Bandscheibenvorfall

✓ Bei degenerativen Veränderungen der Bandscheiben kann der Kern einer Bandscheibe durch einen Riss des äußeren Faserringes hernienartig hervortreten (Prolaps). Ein solcher Bandscheibenvorfall (= BSV) kann auf eine Spinalnervenwurzel drücken und zu starken, ausstrahlenden Schmerzen oder zu motorischer Schwäche bzw. Lähmung im Versorgungsgebiet des betroffenen Nerven führen.

Prämedikation

Bei stärkeren präoperativen Schmerzen sollte ggf. ein Analgetikum im Rahmen der Prämedikation verabreicht werden. Besser scheint die intravenöse bedarfsadaptierte Opioidtitration, z. B. beim Umlagern des Patienten vom Bett auf den Operationstisch, zu sein (→ S. 10).

Lagerung

- Knie-Ellenbogen-Lage (vgl. Abb. 5-14)

Extubation

- in Rückenlage schonende Extubation ohne Husten und Pressen, um Nachblutungen nicht zu begünstigen

Mögliche Komplikationen

Ein unklarer Blutdruckabfall kann Hinweis auf eine operationsbedingte Verletzung der Aorta oder der Arteria iliaca sein (sehr selten).

Hämatomausräumung bei chronischer Steigerung des ICP

Eine chronische Steigerung des ICPs ist zumeist Folge eines chronischen sub- oder epiduralen Hämatoms oder eines chronischen Hydrozephalus.

Narkoseführung

Es ist eine TIVA (→ S. 125) durchzuführen. Bei diesen Patienten ist ein erhöhter intrakranieller Druck (ICP = **i**ntra**c**ranial **p**ressure) anzunehmen. Jegliche Maßnahme, die eine weitere Steigerung des intrakraniellen Drucks provozieren könnte, ist zu unterlassen (→ S. 268). Mindestens bis zur Eröffnung der Dura sollte der Patient leicht kontrolliert hyperventiliert werden (→ S. 272).

Extubation

Nach Rücksprache mit dem Operateur ist postoperativ die Extubation oder die Verlegung des intubierten Patienten auf die Intensivstation anzustreben.

Hämatomausräumung bei akuter Steigerung des ICP

Eine akute Steigerung des ICPs ist zumeist Folge eines akuten epi- oder subduralen Hämatoms, einer intrakraniellen Blutung oder eines akuten Hydrozephalus.

! Es handelt sich um eine absolut dringliche Operationsindikation (!!), da ein stark erhöhter intrakranieller Druck (= ICP) mit all seinen Gefahren anzunehmen ist (→ S. 268). Es darf keine Zeit mit dem Legen eines Dauerkatheters, eines Kavakatheters usw. verloren gehen. Diese Maßnahmen dürfen erst nach der operativen Entlastung vorgenommen werden. **Es geht um Minuten (!!).**

Narkoseführung

Es ist eine TIVA (→ S. 125) durchzuführen. Jegliche Maßnahme, die eine Steigerung des intrakraniellen Drucks provozieren könnte, ist streng zu vermeiden (→ S. 268). Maßnahmen zur Senkung des intrakraniellen Drucks sind durchzuführen (→ S. 269). Postoperativ wird der Patient intubiert auf die Intensivstation verlegt.

Operationen an der Halswirbelsäule

Lagerung

- Rückenlagerung oder sitzende Lagerung (→ S. 270)
- Gefahr einer Luftembolie bei Operationen in sitzender Lagerung beachten! (→ S. 270)

Extubation

Bei komplizierten Operationen ist die Extubation nur nach Rücksprache mit dem Operateur durchzuführen.

Medikamente

Öfter wünscht der Operateur die Gabe eines Glucocorticoids (z. B. 40 mg Fortecortin®) um einer Ödembildung des Rückenmarks vorzubeugen.

Komplikationen

Eine stärkere Ödembildung des Rückenmarks kann im Extremfall zu einer vorübergehenden Querschnittssymptomatik führen. Wird dies befürchtet, sollte der Patient postoperativ besonders engmaschig neurologisch überwacht werden.

Aneurysma-Clipping

Bei der operativen Versorgung eines zerebralen Aneurysmas wird versucht, den Hals des Aneurysmas mit einem Metallklipp abzuklemmen (zu klippen). Hierbei droht die Gefahr, dass das Aneurysma rupturiert (platzt), vor allem beim Freipräparieren des Aneurysmas oder während eines Blutdruckanstiegs.

Narkoseeinleitung

Es muss unbedingt ein Blutdruckanstieg vermieden werden. Als Einleitungshypnotikum eignet sich Thiopental wegen seiner blutdrucksenkenden Nebenwirkung. Zur Intubation empfehlen sich Fentanyl oder Sufentanil und ein Einleitungshypnotikum in hoher Dosierung.

Narkoseführung

Tiefe Narkose, um Blutdruckanstiege zu vermeiden. Erweiterte Überwachungsmaßnahmen (→ S. 275). Bei schwierigen Operationsbedingungen ist nach Rücksprache mit dem Operateur ggf. eine kontrollierte Hypotension (→ S. 273) durchzuführen, um die Rupturgefahr zu vermindern. Da bei Patienten mit einem zerebralen Aneurysma eine Neigung zu zerebralen Gefäßspasmen besteht, sollte höchstens eine mäßige Hyperventilation (→ S. 272) durchgeführt werden. Bei einer forcierten Hyperventilation besteht die Gefahr, dass ein Gefäßspasmus mit Mangeldurchblutung und Infarkt provoziert wird. Kommt es zur Aneurysmaruptur, so muss sofort eine extreme kontrollierte Hypotension durchgeführt werden, bis die Blutung im Griff ist. Postoperativ wird der nasal umintubierte Patient auf die Intensivstation verlegt.

Aneurysma-Coiling

In den letzten Jahren wird zunehmend häufiger mittels interventioneller radiologischer Techniken ein sog. Aneurysma-Coiling durchgeführt. Hierbei wird unter Durchleuchtung ein spezieller Katheter bis zum Aneurysma vorgeschoben und in den Aneurysmasack werden Platinspiralen eingebracht. Dadurch soll das Aneurysma thrombosieren und somit ausgeschaltet werden. Dieses Coiling wird normalerweise in der Röntgenabteilung (ebenfalls in Allgemeinanästhesie) durchgeführt.

Narkoseeinleitung und -führung

Bezüglich der Narkoseeinleitung und -führung sind die gleichen Angaben zu beachten wie beim operativen Aneurysma-Clipping (→ oben).

Kraniotomien bei Hirntumoren

Narkoseführung

- erweiterte Überwachungsmaßnahmen (→ S. 275)
- kontrollierte mäßige Hyperventilation (→ S. 272)
- bei gefäßreichen Tumoren evtl. kontrollierte Hypotension (→ S. 273)
- intubierter Patient postoperativ auf die Intensivstation verlegen (vgl. Aneurysma-Clipping; → S. 278)

Besonderheiten

- 8 mg Fortecortin® alle 4 Stunden (→ S. 268) zur Therapie des perifokalen Hirnödems

Tumoren der hinteren Schädelgrube

Lagerung

- meist sitzende Lagerung (→ S. 270) oder Bauchlagerung

Narkoseführung

- Gefahr einer Luftembolie (→ S. 270)
- bei gefäßreichen Tumoren evtl. Durchführung einer kontrollierten Hypotension (→ S. 273)
- intubierter Patient postoperativ auf Intensivstation verlegen

Besonderheiten

- 8 mg Fortecortin® alle 4 Stunden (→ S. 268) zur Therapie des perifokalen Hirnödems

Hypophysentumoren

Lagerung

- Rückenlagerung
- halbsitzende Lagerung oder
- Seitenlagerung

Tubus

Bei transnasaler Operation muss mit einem Woodbridge-Tubus (→ S. 85) oral intubiert werden.

Narkoseführung

- kontrollierte mäßige Hyperventilation (→ S. 272)
- bei halbsitzender Lagerung: Gefahr einer Luftembolie (→ S. 270)

Besonderheiten

- am Operationstag:
  3 × 100 mg Hydrocortison in 500 ml Glucose 5 % über jeweils 8 Stunden

5.7 Anästhesie in der HNO- und Kieferchirurgie

5.7.1 Allgemeine Bemerkungen

Ungünstigerweise liegt in der HNO- und Kieferchirurgie das Operationsgebiet zumeist im Bereich der Luftwege. In diesen Fällen ist zur Sicherung der Luftwege normalerweise eine Intubationsnarkose durchzuführen.

Tubus

Zum Teil werden flexible, nicht knickbare Woodbridge-Tuben, zunehmend häufiger aber speziell vorgeformte Plastiktuben (vgl. Abb. 5-16) verwendet. Wird im Nasenraum operiert,

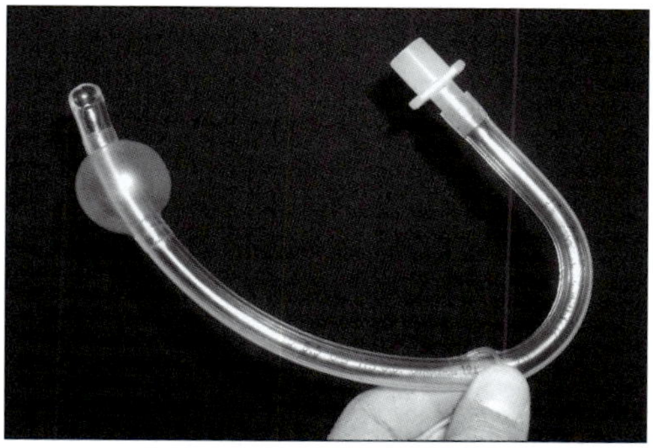

Abb. 5-16 Vorgeformter Tubus für HNO- oder kieferchirurgische Eingriffe (sog. RAE-Tubus)

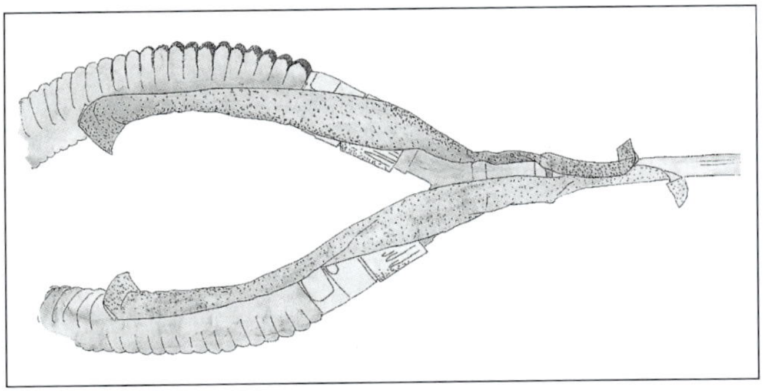

Abb. 5-17 Sicherung der Steckverbindungen zwischen Beatmungsschläuchen, Y-Stück und Tubus durch Pflasterstreifen

dann wird oft der Rachen austamponiert, damit es nicht neben dem liegenden Tubus zu einer Blutaspiration kommen kann. Bei HNO- und kieferchirurgischen Narkosen kommt es überdurchschnittlich häufig zum versehentlichen **Lösen der Steckverbindungen**: Tubus – Konnektor – Y-Stück – Atemschläuche. Da während der Operation diese Steckverbindungen zumeist unter den Abdecktüchern liegen und nicht einsehbar sind, sollten diese Steckverbindungen mit Pflasterstreifen gesichert werden (vgl. Abb. 5-17). Die Pflasterstreifen sollten am Ende leicht umgeschlagen sein, damit notfalls sofort das Pflaster gefasst und abgezogen werden kann. Außerdem empfiehlt es sich, mittels eines linksthorakal über der Herzspitze aufgeklebten sog. präkordialen Stethoskops Kontakt zum Patienten zu halten. An der Kapnographiekurve kann eine Diskonnektion oder eine versehentliche Extubation sofort erkannt werden. Bei laserchirurgischen Eingriffen müssen spezielle Lasertuben verwendet werden.

Intubation

Sehr häufig ist in der HNO- und Kieferchirurgie mit Intubationsproblemen zu rechnen, z. B. bei Patienten mit einem Zungengrundkarzinom oder einem Kehlkopfkarzinom oder bei Patienten, bei denen ein Halstumor bereits operiert wurde (und nun atypische pathologisch-anatomische Verhältnisse vorliegen) oder bei Patienten mit einer Kieferklemme usw. Bei diesen Patienten ist vor der Intubation eine sehr genaue Inspektion der oberen Luftwege, notfalls unter leichter Sedierung und mithilfe des Laryngoskops, durchzuführen. Außerdem ist Rücksprache mit dem HNO-Arzt zu halten, ob er aufgrund seiner präoperativen Kehlkopfspiegelung Intubationsprobleme vermutet. Sind Intubationsprobleme zu vermuten, so sollte ein **Intubationsversuch nur am spontan atmenden Patienten** vorgenommen werden. Es sollte eine fiberbronchoskopische Intubation am spontan atmenden Patienten angestrebt werden.
Müssen in der HNO- und Kieferchirurgie Patienten mit schweren Gesichts- und Kieferverletzungen versorgt werden, dann ist mit Intubationsschwierigkeiten zu rechnen. Daher sollte auch in diesen Fällen ein fiberoptischer Intubationsversuch am spontan (!) atmenden Patienten vorgenommen werden (→ S. 225).

! Bei Verdacht auf einen Schädelbasisbruch darf der Patient nicht nasal intubiert werden!

Narkoseführung

Häufig werden in der HNO- und Kieferchirurgie adrenalinhaltige Lösungen in das Operationsgebiet eingespritzt, um eine Verminderung der Blutung anzustreben. Bei schnellerer Resorption des Adrenalins kann es zu Blutdruckanstieg und Tachykardie kommen. Oft wird inzwischen eine (T)IVA unter Verwendung von Propofol und Remifentanil durchgeführt. Insbesondere bei Kindern kommt meist eine Inhalationsanästhesie mit Sevofluran zur Anwendung.

Extubation

Bei Operationen im Bereich der oberen Luftwege sollte vor der Extubation der Mund-Rachen-Raum (ggf. unter laryngoskopischer [!] Sicht) abgesaugt werden, um zu vermeiden, dass verbliebene Blut- oder Sekretreste oder eine zurückgelassene Rachentamponade nach der Extubation aspiriert werden oder zu einer Reizung des Kehlkopfes mit Auslösung eines Laryngospasmus (→ S. 214) führen könnten.

! Die Extubation sollte immer erst vorgenommen werden, wenn die Schutzreflexe sicher zurückgekehrt sind (!).

Nach der Extubation sollte der Patient, falls möglich, in Seitenlage und leichte Kopftieflage gebracht werden, damit Blut aus dem Mund-Rachen-Raum abfließen kann.

5.7.2 Operationen bzw. Untersuchungen

Entfernung der Rachen- und der Gaumenmandeln

Die Entfernung der Rachenmandeln (= Adenotomie = AT) und der Gaumenmandeln (= Tonsillektomie = TE) sind sehr häufige Operationen im Kindesalter. Bei den meist sonst gesunden Kindern muss gezielt nach aktuellen Infekten der oberen Luftwege und nach gelockerten Zähnen gefragt werden. Für die Intubation werden oft speziell vorgeformte Plastiktuben verwendet (RAE-Tuben; Abb. 5-16). Der Tubus sollte mittig über die Unterlippe abgeleitet und am Unterkiefer fixiert werden.

Bei Patienten mit einem Peritonsillarabszess muss immer überprüft werden, ob der Patient den Mund noch genügend weit öffnen kann oder ob evtl. eine Kieferklemme vorliegt. Bei der Intubation ist darauf zu achten, dass der Abszess nicht aufplatzt und der Patient keinen Eiter aspiriert. Ein großer, reifer Abszess sollte deshalb vorher abpunktiert werden. Besteht bei einem Patienten eine Kieferklemme, so kann nicht davon ausgegangen werden, dass diese durch eine Relaxierung sicher aufgehoben wird. Es muss dann eine Intubation am spontan atmenden Patienten vorgenommen werden (→ S. 225).

! Bei einer AT oder TE besteht während der Operation die große Gefahr, dass der Tubus versehentlich aus der Trachea herausrutscht oder zu tief in die Trachea gleitet (= einseitige Intubation; → S. 97).

Der Grund sind notwendige Manipulationen des Operateurs am Tubus und am Kopf des Patienten, z. B. das Einsetzen und Herausnehmen eines Mundspreizers. Außerdem wird für diese Operationen der Kopf des Kindes massiv überstreckt und abgesenkt (= „hängender Kopf"). Auch bei Änderung dieser Kopflagerung kann der Tubus verrutschen. Des Weiteren kann der Tubus durch den Mundsperrer abgedrückt werden. Es empfiehlt sich daher ein präkordial festgeklebtes Stethoskop. Außerdem sollte die endexspiratorische CO_2-Kurve genau beobachtet werden. Hierdurch können eine versehentliche Extubation oder Diskonnektion sofort erkannt werden. Die Extubation sollte erst erfolgen, nachdem die Schutzreflexe sicher zurückgekehrt sind. Oft ist bei diesen Patienten nach der Extubation mit dem Auftreten eines Glottiskrampfes oder eines Laryngospasmus zu rechnen (→ S. 214). In der postoperativen Phase muss auf mögliche Nachblutungen geachtet werden. Die Patienten sollten postoperativ aufgefordert werden, das Blut nicht zu verschlucken, sondern auszuspucken. Hierdurch ist eine bessere Kontrolle einer evtl. Nachblutung möglich.

! Muss ein Patient wegen einer Nachblutung nach einer AT oder einer TE nochmals operiert werden, so ist davon auszugehen, dass er bereits größere Mengen Blut verschluckt hat und nicht mehr nüchtern ist (!).

Es muss also eine Ileuseinleitung (!) vorgenommen werden (→ S. 210). Bei stärkeren Blutungen empfiehlt es sich, während der Intubation über einen nasal eingeführten Absaugkatheter das Blut laufend abzusaugen. Da die Patienten infolge der oft erheblichen Blutungen meist hypovolämisch sind, muss vor Narkoseeinleitung ein Plasmaersatzmittel oder ggf. Blut verabreicht werden. Es müssen Blutkonserven gekreuzt werden.

Kehlkopfuntersuchung und Mikrochirurgie im Kehlkopfbereich

Damit die Operateure neben dem Tubus im Bereich des Kehlkopfes noch inspizieren und operieren können, muss ein sehr dünner Tubus (beim Erwachsenen ein 5,0er bis 6,5er Tubus) verwendet werden (sog. MLT-Tubus; Mikrolaryngealtubus). Auch die Anwendung der Hochfrequenz-Jet-Ventilation (= high frequency jet ventilation) ist möglich.

✓ Bei der **Hochfrequenz-Jet-Ventilation** wird das Atemgas über einen sehr dünnen Katheter in die Trachea geleitet. Dieser Katheter wird wie ein nasaler Tubus in die Trachea eingeführt. Die Atemgase können aber auch über eine dünne Kanüle (z. B. 14 G), die durch das Ligamentum cricothyreoideum (→ S. 229) gestochen wird, in die Trachea geleitet werden.

Mithilfe eines speziellen Hochfrequenz-Jet-Ventilators werden nun kleine Gasstöße mit hoher Geschwindigkeit und sehr hoher Frequenz (bis mehrere Hundert pro Minute) in das Tracheobronchialsystem geblasen. Hiermit ist bei minimalem Platzbedarf im eng begrenzten Operationsgebiet eine ausreichende Beatmung möglich. Die Hochfrequenz-Jet-Ventilation hat sich inzwischen für Laryngoskopien, Bronchoskopien und mikrochirurgische Eingriffe im Kehlkopf bewährt. Gegebenenfalls kann – wie im Falle einer nicht möglichen Intubation und nicht möglichen Beatmung empfohlen – eine transtracheale (manuelle) Jet-Ventilation durchgeführt werden (→ S. 229).

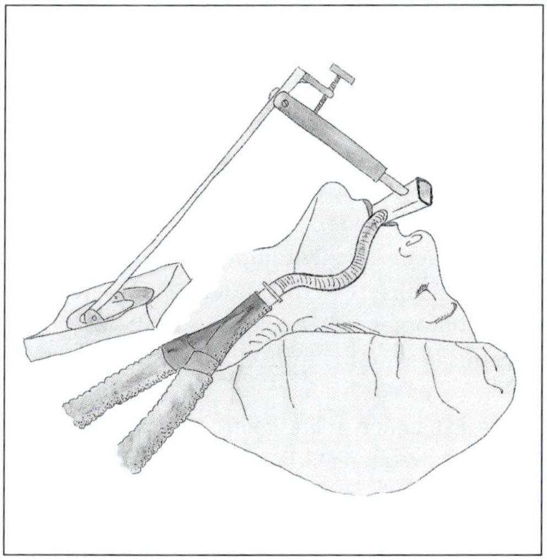

Abb. 5-18 Stützautoskopie

Zur guten Sicht auf den Kehlkopf wird dieser vom Operateur oft mit einem sog. Stützautoskop eingestellt (vgl. Abb. 5-18). Es gibt auch spezielle Stützautoskope, die eine eingebaute Düse für die Hochfrequenz-Jet-Ventilation besitzen.

Tympanoplastik

Bei einer Tympanoplastik wird der Schallleitungsapparat im Mittelohr operativ wiederhergestellt. Da hierbei mit dem Operationsmikroskop gearbeitet wird, darf der Operationstisch nicht versehentlich erschüttert werden! Vor dem operativen Verschluss des Trommelfells muss evtl. verabreichtes Lachgas abgestellt werden. Bei Verwendung von Lachgas muss mit einer Lachgasdiffusion in die luftgefüllte Paukenhöhle gerechnet werden. Falls die Ohrtrompete (Verbindung: Mittelohr – Rachenraum) nicht durchgängig sein sollte, würde es hierdurch zur Drucksteigerung im Mittelohr kommen, wodurch unter Umständen das wieder adaptierte Trommelfell bzw. ein Trommelfelltransplantat abgehoben werden könnte.

Parazentese

Da die Parazentese (= Durchstechen des Trommelfells bei Mittelohrentzündungen) nur einige Minuten dauert, wird meist eine Maskennarkose durchgeführt (→ S. 112).

Halsdissektion

Bei Halsdissektionen (= neck dissection = subtotale operative Ausräumung der Halsweichteile bei einem Karzinom im Halsbereich) handelt es sich meist um lange Operationen. Die Patienten benötigen oft einen Kavakatheter (→ S. 185), der jedoch nicht an der Halsseite, an der operiert wird, gelegt werden darf. Manchmal wird auch eine arterielle Blutdruckmessung vorgenommen (→ S. 191).
Bei der Präparation am Hals im Bereich des Nervus vagus oder des Sinus caroticus kann es zum Auslösen von **bradykarden Herzrhythmusstörungen** kommen. Die Operation muss dann kurzfristig unterbrochen werden. Wird hierdurch keine sofortige Unterbrechung des Reflexes erzielt, sollten 0,5 mg Atropin intravenös verabreicht werden.
Häufig können im Verlaufe dieser oft mehrstündigen Operationen erhebliche Blutverluste auftreten. Bei der Eröffnung größerer Venen besteht die Gefahr einer Luftembolie (→ S. 270). Zur Verringerung der Gefahr einer Luftembolie wird oft ein PEEP (→ S. 353) von ca. 5–8 cm Wassersäule eingestellt. Oft werden die Patienten während dieser Operation tracheostomiert. Falls nicht, so werden sie meist auf der Intensivstation nachbeatmet, bis die Schwellung wieder weitgehend abgeklungen ist. Eine unmittelbar postoperative Extubation sollte nur dann vorgenommen werden, wenn der Operateur keine Schwellungsgefahr befürchtet. Die unmittelbar postoperative **Extubation** dieser Patienten ist oft problematisch, da postoperativ die gesamten Halsweichteile stark angeschwollen sind. Da eine evtl. Reintubation erfahrungsgemäß sehr schwierig oder unmöglich sein kann, sollte eine evtl. Extubation möglichst im Beisein eines HNO-Arztes (in Koniotomiebereitschaft; → S. 230) vorgenommen werden. Eventuell bietet sich auch die Verwendung eines sog. Tubuswechselstabes an, über den ggf. erneut intubiert werden kann (→ S. 230).

5.8 Anästhesie in der Augenheilkunde

5.8.1 Allgemeine Bemerkungen

Augeninnendruck

Im Auge herrscht normalerweise ein Augeninnendruck von 15 (± 5) mm Hg. Eine chronische Erhöhung oder Herabsetzung des Augeninnendrucks führt zu einer Schädigung des Auges. Für den Anästhesisten besonders wichtig sind akute Änderungen des Augeninnendrucks während der Narkose.

> ! Ist der Augapfel operativ oder traumatisch eröffnet, so kann eine plötzliche Erhöhung des Augeninnendrucks zum Herauspressen von Augeninhalt und damit zum Verlust der Sehkraft führen (!).

Eine **Erhöhung des Augeninnendrucks** ist möglich durch: Ketamin, Succinylcholin, Hypoventilation, Hypoxie, Erhöhung des Venendrucks beim Husten, Pressen, Würgen, eine zu flache Narkose, durch Druck auf das Auge bei unvorsichtiger Maskenbeatmung während der Narkoseeinleitung oder bei lokaler Anwendung von Atropin.
Eine **Senkung des Augeninnendrucks** ist möglich durch: Hypnotika, Neuroleptika, Opioide, Tranquilizer, Inhalationsanästhetika, nicht depolarisierende Muskelrelaxanzien, Hyperventilation und eine tiefe Narkoseführung. Außerdem kann durch verschiedene Medikamente, wie z. B. Acetazolamid (Diamox®) die Produktion des Augenkammerwassers vermindert und

damit der Augeninnendruck gesenkt werden. Auch durch die Gabe von Osmotherapeutika wie Mannit kann der Augeninnendruck gesenkt werden.

Okulokardialer Reflex

> Bei Druck auf den Augapfel oder bei Zug an den äußeren Augenmuskeln (vor allem bei Schieloperationen oder beim Aufnähen einer sog. Plombe wegen einer Netzhautablösung) kann der sog. okulokardiale Reflex ausgelöst werden. Hierbei kommt es über eine indirekte Stimulierung des Nervus vagus zu einer Bradykardie, einer AV-Blockierung oder gar einem Herzstillstand.

Der Operateur muss sofort die Manipulationen am Auge unterbrechen. Verschwinden hierdurch die Reflexsymptome nicht umgehend, so muss Atropin (beim Erwachsenen 0,5 mg; bei Kindern 0,01–0,02 mg/kg KG) intravenös injiziert werden. Bei bestimmten augenchirurgischen Operationen muss deshalb eine kontinuierliche EKG-Ableitung mit relativ lautem akustischem Signal angebracht werden, sodass eine Bradykardie gehört werden kann. Außerdem muss Atropin stets griffbereit sein. Besteht bei einer Operation (z. B. einer Schieloperation) die erhöhte Gefahr eines okulokardialen Reflexes (= ORC), dann empfiehlt sich die prophylaktische intravenöse Atropingabe.

Prämedikation

Inzwischen wird auch vor augenchirurgischen Operationen meist eine orale Prämedikation mit z. B. Midazolam bevorzugt. Bei Patienten, die sich einer Augenoperation unterziehen müssen, handelt es sich zumeist um ältere Patienten die häufig einen Diabetes mellitus, eine koronare Herzkrankheit, einen Hypertonus und/oder Herzrhythmusstörungen aufweisen.

Tubus und Larynxmaske

Es empfiehlt sich die Verwendung der flexiblen Woodbridge-Tuben oder speziell vorgeformter Plastiktuben (sog. RAE-Tubus; vgl. Abb. 5-16). Gelegentlich werden auch (v. a. flexible) Larynxmasken eingesetzt.

Narkoseführung

Falls eine Vollnarkose nötig ist, muss diese fast ausnahmslos in Intubationsnarkose oder unter Verwendung einer Larynxmaske durchgeführt werden. Hierbei ist auf eine schonende Narkoseeinleitung, -führung und -ausleitung zu achten, um einen akuten Anstieg des Augeninnendrucks zu vermeiden. Bei augenchirurgischen Eingriffen wird oft ein Serotoninantagonist (z. B. 1 mg Granisetron; Kevatril®; → S. 335) zur Narkoseeinleitung empfohlen, um der nach diesen Operationen häufig auftretenden Übelkeit vorzubeugen. Inzwischen werden häufiger auch 4(–8) mg Dexamethason (z. B. Fortecortin®) als Antiemetikum intravenös verabreicht. Auch, falls Propofol zur Aufrechterhaltung einer Narkose verwendet wird (IVA/TIVA; → S. 125), ist die Häufigkeit von postoperativer Übelkeit deutlich erniedrigt. Inzwischen wird vielerorts für die meist kurzen augenchirurgischen Eingriffe eine (T)IVA unter Verwendung von Propofol, Remifentanil und Mivacurium durchgeführt. Zunehmend häufiger wird bei ophthalmologischen Operationen prinzipiell auf Lachgas verzichtet. Da während der Narkose die Steckverbindungen Tubus – Konnektor – Y-Stück – Beatmungsschläuche unter den Abdecktüchern nicht einsehbar sind, sollten diese Steckverbindungen fest konnektiert und ggf. noch durch Pflasterstreifen gesichert werden, um einer Diskonnektion vorzubeugen (vgl. Abb. 5-17). Die Pflasterstreifen sollten jedoch am Ende umgeschlagen sein, sodass sie notfalls sofort gefasst und abgezogen werden können. Zusätzlich empfiehlt sich noch die Überwachung der Atmung mithilfe eines linkspräkordialen Stethoskops. Während der Operation ist eine **Ruhigstellung des Auges** Voraussetzung für den Operationserfolg. Dies kann durch eine tiefe Inhalationsnarkose oder durch eine (T)IVA mit Relaxation erzielt werden. Da insbesondere bei augeneröffnenden Operationen Augenbewegungen sowie andere Bewegungen des Patienten unbedingt zu vermeiden sind, wird meist eine tiefe Relaxation vorgenommen. Es empfiehlt sich die Überwachung des Relaxationsgrades mithilfe eines Relaxometers (→ S. 76). Auch postoperativ ist auf eine ausreichende Ruhigstellung sowie eine Analgesie des Patienten zu achten, um übermäßige Augenbewegungen, Husten und Pressen zu vermeiden. Die Patienten sollten mit leicht erhöhtem Oberkörper auf die Seite des nicht operierten Auges gelagert werden. Je nach Anweisung des Augenarztes muss der Patient postoperativ für einige Zeit auch z. B. eine Bauchlagerung oder eine andere Lagerung einnehmen. Insbesondere bei Kindern ist darauf zu achten, dass sie nicht nach dem operierten Auge fassen und den Verband abreißen. Bei Patienten mit einem Diabetes mellitus ist perioperativ wiederholt die Blutzuckerkonzentration zu messen.

Stand-by

Wird der Anästhesist zu einem Stand-by für eine ophthalmologische Operation in Regional- oder Lokalanästhesie gebeten, so ist auf das übliche Monitoring (EKG, Pulsoxymetrie, nicht invasive Blutdruckmessung) zu achten. Gut bewährt hat sich die fraktionierte Dosierung von Fentanyl (z. B. Boli à 0,025 mg) und/oder die Gabe kleiner Propofolboli. Stets sollte der Patient dabei noch kooperativ und ansprechbar bleiben. Um eine gute Überwachung der Atmung dieser intraoperativ großteils abgedeckten Patienten zu ermöglichen, ist eine Kapnometrie im Seitenstrom sehr wertvoll. Hierzu wird – wie bei der nasalen Applikation von Sauerstoff – ein kleines Schläuchlein in ein Nasenloch eingelegt, an dem aber der Probenabsaugschlauch der Seitenstromkapnometrie angeschlossen wird. Eine durch die Analgosedierung evtl. bedingte stärkere Dämpfung der Atmung kann hierdurch frühzeitig erkannt werden und so können die Analgosedativa sicherer dosiert werden. Jedem Patienten sollten ca. 5 Liter O_2/min vor das Gesicht geleitet werden. Dadurch kann eine Ansammlung von CO_2-haltiger Exspirationsluft unter den Abdecktüchern (die über das Gesicht des Patienten gelegt werden) verhindert bzw. weggespült werden und eine erhöhte FiO_2 erzielt werden. Häufiger tritt bei diesen Patienten ein stärkerer Blutdruckanstieg auf, der ggf. die Gabe eines Antihypertensivums (z. B. 10–15 mg Urapidil; Ebrantil®; → S. 522) notwendig macht.

5.8.2 Operationen

Strabismusoperation

Eine Strabismus-(Schiel-)Operation wird zumeist bei ansonsten gesunden Kinder durchgeführt. Bei einer Schieloperation besteht durch Zug an den äußeren Augenmuskeln die erhöhte Gefahr, einen okulokardialen Reflex auszulösen (→ S. 284). Atropin muss griffbereit sein. Eventuell kann es prophylaktisch intravenös gegeben werden.

Versorgung einer perforierenden Augenverletzung

> ! Bei jeder augeneröffnenden Verletzung (und Operation) kann eine akute Steigerung des Augeninnendrucks zum Herauspressen von Augeninhalt mit Verlust der Sehkraft führen (!). Jegliche akute Erhöhung des Augeninnendrucks ist absolut zu vermeiden (!).

Patienten mit einer perforierenden Augenverletzung müssen notfallmäßig operiert werden, sie sind daher als nicht nüchtern zu betrachten. Es muss deshalb eine sog. Ileuseinleitung durchgeführt werden (→ S. 210). Allerdings darf nicht, wie sonst üblich, vorher eine Magensonde gelegt werden, da die Patienten hierbei meist würgen und pressen, wodurch ein akuter Anstieg des Augeninnendrucks mit Gefahr für die Sehkraft droht (!). Die **Intubation** muss in tiefer Narkose durchgeführt werden. Bei der Relaxation zur Intubation sollte Succinylcholin nur verwendet werden, falls eine ganz eindeutige Indikation hierfür besteht (→ S. 76), da es nach Succinylcholingabe zu einem Anstieg des Augeninnendrucks kommen kann (→ S. 283). Durch eine entsprechende Präcurarisierung können diese Muskelfaszikulationen und damit der Anstieg des Augeninnendrucks zumeist vermieden werden. Daher wird Succinylcholin meist nicht als absolut kontraindiziert angesehen. Dennoch scheint es ratsam zu sein, Succinylcholin möglichst zu vermeiden. Es empfiehlt sich auch bei einer „Ileuseinleitung" zumeist die Gabe des schnell wirkenden, nicht depolarisierenden Relaxans Rocuronium (ca. 0,9 mg/kg KG). Während der **Narkose** muss bei augeneröffnenden Operationen eine tiefe Relaxation sichergestellt werden, sodass auch das auf Muskelrelaxanzien relativ unempfindliche Zwerchfell gelähmt ist und keine Zwerchfellkontraktionen (z. B. Schluckauf) möglich sind. Eine relaxometrische Überwachung ist empfehlenswert (→ S. 76). Bei der **Extubation** sollten Husten, Pressen und Würgen am Tubus vermieden werden. Falls z. B. bei Glaskörperentfernung (= Vitrektomie) das Auge mit Gas gefüllt wird, sollte vorher das evtl. verwendete Lachgas ausgestellt werden. Inzwischen wird zunehmend häufiger bei augeneröffnenden Operationen prinzipiell auf Lachgas verzichtet und eine TIVA durchgeführt.

Glaukomoperation

✓ Unter einem Glaukom (= grüner Star) wird eine chronische Erhöhung des Augeninnendrucks verstanden, die zur Erblindung des Patienten führen kann.

Operativ wird – zur Erniedrigung des Augeninnendrucks – eine Abflussmöglichkeit für das Kammerwasser nach außen (unter die Bindehaut, in den subkonjunktivalen Raum) geschaffen (d. h. eine sog. Goniotrepanation durchgeführt). Ein Anstieg des Augeninnendrucks muss während der Narkose unbedingt vermieden werden. Bei einem sog. Engwinkelglaukom ist eine Atropingabe zu vermeiden, da durch die Pupillenerweiterung der Abfluss des Augenkammerwassers weiter behindert wird und der Augeninnendruck noch höher ansteigt.

Kataraktoperation

✓ Unter einer Katarakt wird eine Linsentrübung (= grauer Star) verstanden.

Diese meist nur 10–15 Minuten dauernde Operation wird häufig in Lokalanästhesie und zusätzlicher Analgosedierung durchgeführt. Zumeist handelt es sich um ältere Patienten, mit den typischen Nebenerkrankungen (→ S. 248).

Pars-plana-Vitrektomie

Eine **P**ars-**p**lana-**V**itrektomie (= PPV) dauert meist ca. 30–45 Minuten und wird oft in Allgemeinanästhesie durchgeführt. Wird die Operation in Lokalanästhesie mit Analgosedierung durchgeführt, dann ist es wichtig, dass der Patient vollkommen schmerzfrei ist und ruhig liegt, da nicht nur der Glaskörper abgesaugt und durch Flüssigkeit, Öl oder Luft ersetzt wird, sondern zusätzlich zumeist im Bereich der Netzhaut operiert und Membranen und Narbengewebe entfernt werden.

5.9 Anästhesie in der Abdominalchirurgie

5.9.1 Allgemeine Bemerkungen

Narkoseverfahren

Eingriffe in der Abdominalchirurgie werden in der überwiegenden Zahl in Vollnarkose durchgeführt. Oberbaucheingriffe müssen (!) in Intubationsnarkose mit kontrollierter Beatmung durchgeführt werden. Eingriffe im Unterbauch (z. B. Leistenbruchoperationen) können auch in Spinal- oder Periduralanästhesie bzw. unter Verwendung einer Larynxmaske durchgeführt werden.

Prämedikation

Prinzipiell gilt das auf den Seiten 5f. Gesagte. Je älter der Patient und je schlechter sein Allgemeinzustand, desto niedriger müssen die Prämedikationsmedikamente dosiert werden. Sowohl bei alten Patienten als auch bei Patienten mit einem Oberbaucheingriff sollte auf eine bereits präoperativ begonnene Atemgymnastik geachtet werden. Dies erleichtert dem Patienten die postoperativ notwendig werdenden Maßnahmen wesentlich. Wird mit postoperativen Lungenproblemen gerechnet, so sollte auf jeden Fall eine präoperative Blutgasanalyse abgenommen werden, um einen „Ausgangswert“ zu haben.

Narkoseeinleitung

Bei sämtlichen als **nicht nüchtern zu betrachtenden Patienten**, also Patienten, die z. B. einen Ileus, eine Magenausgangsstenose, eine Magenblutung oder Peritonitis haben, sowie bei Patienten, die über Brechreiz klagen, ist die große **Gefahr einer Aspiration** vor allem bei der Narkoseeinleitung zu beachten. Deshalb muss vor Einleitung, falls noch nicht vorhanden, eine Magensonde gelegt und eine sog. Ileuseinleitung durchgeführt werden (→ S. 210).
Bei Operationen, die voraussichtlich länger als ca. 2–3 Stunden dauern, sollte überlegt werden, ob ein Dauerkatheter benötigt wird. Häufig ist es auch notwendig, einen Kavakatheter (meist nach Narkoseeinleitung) zu platzieren (Indikationen für einen Kavakatheter; → S. 185).

Narkoseführung

Eine Vollnarkose kann in der Abdominalchirurgie fast immer sowohl als Inhalationsanästhesie, balancierte Anästhesie oder (T)IVA durchgeführt werden. Zumeist wird eine balancierte Anästhesie gewählt. Auch bei Patienten mit einer leichten Erhöhung der Leberwerte, wie z. B. bei einer Gallenoperation (= Cholezystektomie), muss nicht auf Inhalationsanästhetika verzichtet werden.

! Eine besondere Anforderung an eine Narkose bei intraabdominalen Operationen ist eine gute Muskelerschlaffung, um dem Operateur möglichst optimale Operationsbedingungen zu schaffen. Der Verbrauch an Muskelrelaxanzien ist in der Abdominalchirurgie relativ hoch.

Aufgrund der großen intraoperativen Wundfläche nach Eröffnen des Abdomens ist von einem **hohen Infusionsbedarf** auszugehen. Bezüglich der perioperativen Infusionstherapie sei auf die Ausführungen auf den Seiten 143 ff. verwiesen. Der Blutverlust in der Abdominalchirurgie ist oft sehr schwer abzuschätzen, da große Blutmengen in die Operationstücher und Operationstupfer verloren gehen. Auch Verluste über Sonden, Drainagen oder das Absaugen von größeren Aszitesmengen müssen berücksichtigt werden.

! Intraoperativ ist zu beachten, dass der Zug am Peritoneum oder an inneren Organen, insbesondere an der Mesenterialwurzel, sehr schmerzhaft ist und zur Auslösung von vegetativen Reflexen führen kann; vor allem kann hierdurch eine Vagusreizung mit Bradyarrhythmie ausgelöst werden.

Ein weiteres alltägliches Problem in der Abdominalchirurgie ist der **Wiederverschluss der Bauchdecken**, vor allem des Peritoneums. Hierzu ist meist eine gute Muskelerschlaffung notwendig. Da beim Verschluss der Bauchdecken das baldige Ende der Operation abzusehen ist, muss bei Nachinjektion eines zumeist verwendeten mittellang wirkenden nicht depolarisierenden Muskelrelaxans mit der Gefahr eines postoperativen Relaxansüberhangs gerechnet werden. Daher wird dieses Vorgehen meist abgelehnt. Empfehlenswert ist der Versuch einer kurzfristigen Narkosevertiefung durch Erhöhung oder Zugabe eines Inhalationsanästhetikums sowie eine manuelle Beatmung, um die Ventilation der momentanen Operationssituation besser anpassen zu können.

! Die Kunst einer guten abdominalchirurgischen Narkoseführung besteht unter anderem darin, beim Verschluss des Abdomens, insbesondere bei der Naht des Peritoneums, eine ausreichende Narkosetiefe und eine ausreichende Relaxation zu garantieren und kurz danach bei Operationsende einen spontan atmenden, extubationsbereiten Patienten zu haben.

Extubation

Bei nicht nüchternen Patienten darf die Extubation erst nach völliger Rückkehr der Schutzreflexe durchgeführt werden. Bei bestimmten Operationen (z. B. einer Leistenbruchoperation) sollten die Patienten im Rahmen der Extubation möglichst wenig husten.

Postoperative Nachbetreuung

Vor allem nach Oberbaucheingriffen ist postoperativ eine schmerzbedingte **Atemschonhaltung** zu beobachten. Die Patienten atmen meist unzureichend durch und husten kaum ab. Eine ausreichende postoperative Analgesie sowie eine intensive, bereits präoperativ erlernte Atemgymnastik sind von besonderer Wichtigkeit. Zur postoperativen Schmerztherapie hat sich die Anlage eines Periduralkatheters (→ S. 176) bewährt.

5.9.2 Minimalinvasive Chirurgie

Sehr häufig werden in den letzten Jahren laparoskopische Eingriffe (= **m**inimal**i**nvasive **C**hirurgie = MIC; „Knopflochchirurgie") durchgeführt. Neben der laparoskopischen **Cholezystektomie** wird inzwischen auch häufiger die laparoskopische **Herniotomie** oder z. B. **Appendektomie** durchgeführt. Bei laparoskopischen Eingriffen wird der Peritonealraum mit CO_2 aufgefüllt (Pneumoperitoneum). Die dadurch bedingte Steigerung des intraabdominalen Drucks führt zur Behinderung der Zwerchfellbeweglichkeit. Der Beatmungsdruck steigt an. Eine CO_2-Resorption bewirkt einen Anstieg des arteriellen CO_2-Partialdrucks. Es ist stets eine Intubationsnarkose mit kontrollierter Beatmung und kapnometrischer CO_2-Überwachung notwendig. Beim Einführen des Trokars in die Bauchhöhle kommt es in ca. 5 % der Fälle zu vasovagalen Reaktionen mit vor allem einer Sinusbradykardie. Bei Operationen im Oberbauch (z. B. Cholezystektomie) wird eine Kopfhoch- und Beintieflagerung, bei Operationen im Unterbauch (z. B. Herniotomie oder gynäkologische Eingriffe im kleinen Becken) wird eine Kopftief- und Beinhochlagerung vorgenommen, damit die Gedärme nicht auf das Operationsgebiet drücken. Die Erhöhung des intraabdominalen Drucks führt zu einer Behinderung des venösen Rückstroms zum Herzen (Vorlasterniedrigung). Außerdem kommt es durch eine Kompression der intraabdominalen Gefäße zu einer Steigerung des peripheren Gefäßwiderstandes (Nachlasterhöhung). Auch die vermehrte Freisetzung des gefäßverengenden Hormons Vasopressin führt zu einer Steigerung des peripheren Gefäßwiderstandes. Folge ist eine Steigerung des arteriellen Blutdrucks.

Aufgrund der Vorlasterniedrigung und der Nachlasterhöhung kommt es zum Abfall des Herzminutenvolumens. Die hämodynamischen

Veränderungen während eines Pneumoperitoneums können durch die Anwendung eines PEEP noch verstärkt werden, sodass eine Beatmung mit höherem PEEP möglichst vermieden werden sollte. Postoperativ treten nach laparoskopischen Eingriffen häufiger Übelkeit und Erbrechen auf.

! Vorteile minimalinvasiver Operationstechniken sind die geringere postoperative Schmerzintensität, die schnellere Mobilisierbarkeit der Patienten, ein kürzerer Krankenhausaufenthalt, weniger intraabdominale Verwachsungen sowie ein schöneres kosmetisches Ergebnis (kleinere Narben).

5.9.3 Operationen

Cholezystektomie

Trotz meist leicht erhöhter Leberwerte kann für eine Cholezystektomie auch eine Inhalationsnarkose bzw. eine balancierte Anästhesie, vorzugsweise mit Desfluran, durchgeführt werden. Cholezystektomien werden inzwischen zumeist laparoskopisch durchgeführt (→ laparoskopische Operationen; S. 288).

Operationen bei Ileus

Die Gesamtmenge der täglich sezernierten Magen-Darm-Sekrete beträgt ca. 8 Liter (!). Bei Patienten mit einem Ileus (= Darmverschluss) können diese ins Darmlumen sezernierten Sekretmengen aufgrund einer Resorptionsstörung der Darmschleimhaut kaum noch rückresorbiert werden. Wenn diese Sekretmengen nicht über eine Sonde abgeleitet werden, dann droht das Erbrechen dieser oft riesigen Sekretmengen.

! Bei einem Patienten mit Ileus ist deshalb vor allem während der Narkoseeinleitung die Gefahr der Regurgitation mit Aspiration zu beachten (!). Außerdem ist bei einem solchen Patienten erfahrungsgemäß mit einem entsprechend ausgeprägten intravasalen Volumenmangel zu rechnen.

Vor Narkoseeinleitung muss deshalb bereits eine Volumentherapie mit möglichst isotonen Lösungen begonnen werden. Ansonsten kann es durch die Narkoseeinleitung zu einem ausgeprägten Blutdruckabfall kommen. Daneben kommt es bei einem Darmverschluss meist auch zu einer Entgleisung des Elektrolythaushalts (Kaliummangel!) sowie des Säure-Basen-Haushalts.

Operationen an der Leber

Auf die Bereitstellung einer großen Zahl von Blutkonserven sowie auf eine ausreichende Zahl von großlumigen periphervenösen Zugängen ist zu achten. Bei operativtechnischen Problemen muss stets mit einem plötzlichen **großen Blutverlust** gerechnet werden. Besondere Überwachungsmaßnahmen sind:

- Anlage eines Kavakatheters (→ S. 185)
- blutige arterielle Blutdruckmessung (→ S. 191)

Operationen bei Leberzirrhose

! Aufgrund der Leberschädigung ist von einer Störung der Syntheseleistung der Leber auszugehen, die vor allem die Gerinnungsfaktoren, das Albumin sowie die Cholinesterase betrifft. Folge ist eine Gerinnungsstörung mit typischerweise niedrigem Quick-Wert.

Bei intraoperativen Blutungen ist an die großzügige Gabe von frisch gefrorenem Plasma (enthält Gerinnungsfaktoren; → S. 138) zu denken. Durch den niedrigen Albumingehalt kann unter Umständen bei stark an Proteine gebundenen, intravenös verabreichten Medikamenten die Bindungskapazität des Albumins überschritten werden (→ S. 48). Dadurch ist der nicht an Albumin gebundene Anteil, der für die Wirkung entscheidend ist, erhöht. Eine entsprechend vorsichtige Dosierung und langsame Injektion von stark an Albumin gebundenen Medikamenten (z. B. Thiopental) ist zu beachten.

Eine erniedrigte Cholinesterase kann unter Umständen einen verlangsamten Abbau von Mivacurium und Succinylcholin verursachen, was durch eine entsprechend niedrigere Dosierung zu berücksichtigen ist.

! Bei Transfusion mehrerer Konserven sollte beim lebergeschädigten Patienten ausnahmsweise zusätzlich Calcium verabreicht werden, denn die geschädigte Leber ist nicht mehr in der Lage, das im Stabilisator des konservierten Blutes enthaltene Citrat schnell genug abzubauen.

Die dadurch evtl. auftretenden hohen Citratkonzentrationen binden das körpereigene Calcium, wodurch es für Gerinnungsvorgänge, für die es unabdingbar ist, nicht mehr in ausreichender Menge zur Verfügung steht. Die Folge wäre eine Verstärkung der bereits vorbestehenden Gerinnungsstörung (→ S. 289).

Operationen bei gastrointestinalen Blutungen

Eine akute gastrointestinale Blutung, die z. B. gastroskopisch nicht zu stillen ist, stellt eine absolut dringliche Operationsindikation dar. Der Blutverlust wird oft unterschätzt.

! Zu beachten ist, dass bei einer akuten Blutung der Hb- und der Hkt-Wert keine zuverlässigen Parameter für den Blutverlust sind. Sie sind bei akuten Blutungen falsch hoch (!). Selbst wenn z. B. akut (!) 50 % des Blutvolumens verloren gehen, sind im verbleibenden Blutvolumen der Hb- und Hkt-Wert noch normal hoch, solange kein Verdünnungseffekt durch Gabe von Infusionslösungen oder durch Resorption von Flüssigkeit aus dem interstitiellen Raum erfolgt ist. Aussagekräftiger als der Hb- und Hkt-Wert bei einer akuten Blutung ist zumeist ein Blick in die anämische Bindehaut (Konjunktiva) des Patienten (!).

Die Bereitstellung einer ausreichenden Zahl von evtl. vorerst noch ungekreuzten Blutkonserven ist notwendig. Unter laufender Transfusion ist eine Ileuseinleitung (→ S. 210) vorzunehmen.

Kolon- und Rektumoperationen

Bei der anterioren **Rektumresektion** werden das Colon sigmoideum und das Rektum (der Mastdarm) bis kurz vor den Analkanal entfernt. Es wird eine den Schließmuskel (die Kontinenz) erhaltende End-zu-End-Anastomose angelegt. Bei einer abdominoperinealen **Rektumexstirpation** wird das gesamte Rektum und das distale Sigma entfernt. Es wird ein Anus praeter naturalis sigmoideus angelegt.
Bei einer **Operation nach Hartmann**, die z. B. bei einer Perforation des Sigmas durchgeführt wird, werden das Colon sigmoideum und das proximale Rektum entfernt. Das verbleibende Rektum wird proximal blind verschlossen. Das Colon descendens wird endständig ausgeleitet. Später kann die Darmkontinuität wiederhergestellt werden.
Bei der gleichzeitig von abdominal und perineal durchgeführten Rektumresektion bzw. Rektumexstirpation ist auf einen oft **großen Blutverlust** zu achten, der allerdings schwer zu kalkulieren ist und deshalb oft unterschätzt wird. Große Mengen von Blut können in die Abdecktücher verloren gehen. Inzwischen werden auch größere Darmoperationen zunehmend häufiger laparoskopisch operiert.
Besondere Überwachungsmaßnahmen sind:

- Anlage eines Kavakatheters (→ S. 185)
- evtl. blutige arterielle Druckmessung (→ S. 191)

Operationen in der Analregion

Als Narkoseform bei Operationen in der Analregion (z. B. Analfissuren, -fisteln, Hämorrhoiden) bietet sich die Spinalanästhesie, ein Sattelblock, eine Masken- oder Larynxmaskennarkose oder eine Intubationsnarkose an. Bei zu flacher Narkoseführung kann es durch die starke sensible Versorgung dieser Region zum Auslösen von heftigen Schmerzreaktionen kommen. Außerdem kann es (z. B. bei der Analspreizung) zum Auslösen einer Bradykardie oder eines Laryngospasmus kommen.

5.9.4 Fast-Track-Verfahren

Im Jahr 2004 wurde in Deutschland ein neues Abrechnungssystem verbindlich für Krankenhäuser eingeführt. In diesem sog. DRG-System (DRG = **d**iagnosis **r**elated **g**roups) wird nicht mehr eine Tagespauschale für jeden Tag, den der Patient im Krankenhaus ist, gezahlt, sondern es wird eine Pauschale für einen bestimmten Fall (eine bestimmte Diagnose) bezahlt. Um im DRG-System kostendeckend arbeiten zu können, muss größten Wert auf optimale Prozessabläufe und einen möglichst kurzen perioperativen Krankenhausaufenthalt der Patienten gelegt werden. Um eine Verkürzung des Krankenhausaufenthalts erreichen zu können, müssen vor allem eine optimale Patientenbetreuung sichergestellt, perioperative Komplikationen vermieden und eine möglichst rasche Rehabilitation erreicht werden. Hierzu ist ein enges, interdisziplinäres Zusammenarbeiten (vor allem zwischen Chirurgie, Anästhesie, Pflege) wichtig. In diesem Zusammenhang wird das sog. Fast-Track-Verfahren (Schnellspurverfahren) propagiert.

Am Beispiel von Kolonresektionen soll das Fast-Track-Verfahren in der Allgemeinchirurgie beschrieben werden (vgl. auch S. 290).

Die Patienten sollten für eine bestimmte Operation (z. B. eine Kolonresektion) nach einem festgelegten klinischen Behandlungspfad (= clinical pathway) behandelt werden. Die Behandlungsstrategien sollten an modernen und wissenschaftlich belegten Therapieempfehlungen orientiert sein. Bei einer geplanten Kolonresektion werden z. B. empfohlen:

- präoperative Maßnahmen:
  Nach neueren Erkenntnissen kann vor einer Kolonresektion auf eine orthograde Darmspülung verzichtet werden.
- intraoperative Maßnahmen:
  Operationstechnik: Um die postoperative Schmerzintensität und eine postoperativ drohende Einschränkung der Lungenfunktion zu vermindern, sind bestimmte Schnittführungen bei einer evtl. durchgeführten Laparotomie zu beachten (z. B. ist anstatt einer medianen Laparotomie eine quere oder eine bogenförmige Schnittführung zu bevorzugen, die postoperativ zu einer geringeren Schmerzintensität führen. Oft wird inzwischen auch eine laparoskopische Kolonresektion durchgeführt. Eine für die Operation gelegte Magensonde sollte am Ende der Operation bereits wieder entfernt werden. Auf intraperitoneale Drainageschläuche sollte möglichst verzichtet werden.
  Narkoseführung: Um die Inzidenz von postoperativer Übelkeit und Erbrechen zu minimieren, wird zum Teil eine TIVA unter Verwendung von Propofol propagiert. Zusätzlich wird die Anlage eines (thorakalen) Periduralkatheters empfohlen, um eine optimale postoperative Schmerztherapie zu ermöglichen. Dieser wird mit einer Kombination aus niedrigprozentigem Lokalanästhetikum plus Opioid (z. B. Bupivacain 0,25 % plus 0,5 µg Sufentanil pro Milliliter Lokalanästhetikum; → S. 182) beschickt. Wichtig ist auch eine eher restriktive Volumenzufuhr. Eine übermäßige Volumenzufuhr ist unbedingt zu vermeiden, da ansonsten eine ödematöse Aufquellung der Darmwände angenommen wird. Diese Gefahr besteht vor allem bei der Gabe größerer Mengen an kristalloiden Lösungen. Kolloidale Lösungen (HES, z. B. Voluven®, oder Gelatinepräparate, z. B. Gelafundin 4 %®) sollten ebenfalls nur in mäßigen Mengen verabreicht werden. Ein größerer Wert ist auch darauf zu legen, dass es zu keiner intraoperativen Auskühlung des Patienten kommt. Es sind entsprechende wärmekonservierende Maßnahmen (z. B. Warmluftdecke; vgl. S. 231) anzuwenden. Zur Prophylaxe von postoperativer Übelkeit wird oft die routinemäßige Gabe eines Antiemetikums (z. B. 1 mg Kevatril®; → S. 335) empfohlen.

- postoperative Maßnahmen:
  Im Rahmen der postoperativen Schmerztherapie wird normalerweise für ca. 2–3 Tage der Periduralkatheter notwendig sein. Zusätzlich ist im Sinne einer balancierten Analgesie noch eine systemische Basisanalgesie (z. B. mittels Paracetamol; → S. 330) durchzuführen. Am zweiten postoperativen Tag wird ein Auslassversuch des Periduralkatheters vorgenommen. Große Bedeutung hat die frühzeitige und konsequente Mobilisierung der Patienten. Bereits am Nachmittag/Abend des Operationstages ist damit zu beginnen und die Patienten sollten noch am Operationstag möglichst 2 Stunden lang im Stuhl sitzen und sie sollten auch bereits einige Schritte laufen. Am ersten postoperativen Tag sollten die Patienten bereits 8 Stunden außerhalb des Bettes verbringen und 2-mal über die Station geführt werden. Bereits am zweiten postoperativen Tag sollten die Patienten vollständig mobilisiert werden und z. B. auch Treppen steigen oder im Garten spazieren geführt werden. Der enterale Nahrungsaufbau sollte noch am Nachmittag/Abend des Operationstages, also wenige Stunden nach Operationsende begonnen werden. Die Patienten sollten an diesem Tag ab ca. 2 Stunden postoperativ Tee ad libitum erhalten und ca. 5 Stunden postoperativ noch z. B. 2 Joghurts oder Proteindrinks zu sich nehmen. Am 1. postoperativen Tag wird leichte Kohlenhydrat-Protein-Kost (teils püriert) serviert und am zweiten und dritten postoperativen Tag erfolgt eine weitere Steigerung der Nahrungsaufnahme. Innerhalb weniger Tage wird wieder normale Krankenhauskost serviert. Zusätzlich sollten die Patienten ca. 2 Liter Flüssigkeit pro Tag trinken. Der Dauerkatheter sollte sobald als möglich gezogen werden. Zumeist muss er jedoch so lange wie der Periduralkatheter liegen bleiben (denn während der rückenmarksnahen Gabe von Lokalanästhetika oder Opioiden kommt es oft zu einer vorübergehenden Blasenentleerungsstörung).

Bei der konventionellen perioperativen Therapie nach Kolonresektionen beträgt die postoperative Krankenhausverweildauer meist ca. 10–17 Tage. Durch konsequente Umsetzung des Fast-Track-Verfahrens kann bei Kolonresektionen die postoperative Krankenhausverweildauer auf ca. 3–4 Tage verkürzt werden.

5.10 Anästhesie in der Traumatologie und Orthopädie

5.10.1 Notfallmäßige Operationen

Verletzte Patienten werden normalerweise über die Notfallaufnahme eingeliefert. Bei der Versorgung von Schnittwunden kommen vor allem die verschiedenen Formen der **Lokalanästhesie**, z. B. die Infiltrationsanästhesie (→ S. 159), zur Anwendung. Diese Lokalanästhesien werden vom versorgenden Operateur selbst vorgenommen. Bei größeren Operationen, wie z. B. der sofortigen Versorgung einer Fraktur am Bein oder am Arm, einer Sehnennaht an der Hand oder der Replantation eines abgetrennten Fingers, bieten sich vor allem die Methoden der **Regionalanästhesie** an, wie z. B. eine axillare Blockade des Plexus brachialis. Großer Vorteil der Regionalanästhesien ist, dass die Schutzreflexe dieser als nicht nüchtern zu betrachtenden Notfallpatienten erhalten bleiben. Die große Gefahr einer Aspiration bei der Ein- und Ausleitung einer Vollnarkose bei diesen, als nicht nüchtern zu betrachtenden Patienten, kann damit umgangen werden. Muss jedoch eine Intubationsnarkose durchgeführt werden, so sind die Ausführungen des Kapitels „Nicht nüchterner Patient" (→ S. 209) zu berücksichtigen. Bei Patienten mit Mehrfachverletzungen sei auf das Kapitel „Polytraumatisierter Patient" (→ S. 316) verwiesen. Bei Patienten mit Schädel-Hirn-Verletzungen und Verdacht auf einen erhöhten intrakraniellen Druck ist außerdem das Kapitel „Anästhesie in der Neurochirurgie" (→ S. 267) zu beachten.

5.10.2 Geplante Operationen

Bei den geplanten (= elektiven) Eingriffen in der Traumatologie handelt es sich vor allem um Operationen an den Extremitäten. An den Extremitäten werden oft Osteosynthesen, Metallentfernungen, Bänder- und Sehnennähte usw. durchgeführt. Hierzu eignen sich bei Operationen an den unteren Extremitäten eine Spinal- oder Periduralanästhesie (→ S. 176). Bei Operationen an den oberen Extremitäten bietet sich z. B. eine axillare Blockade des Plexus brachialis an.

5.10.3 Operationen im Hüftbereich

Eine häufige Operation ist die Versorgung einer Oberschenkelhalsfraktur, die meist bei alten Patienten vorkommt. Es sei deshalb auch auf das Kapitel „Anästhesie im hohen Lebensalter" (→ S. 248) verwiesen. **Oberschenkelhalsfrakturen** können z. B. durch Verschraubung oder durch Resektion des Oberschenkelkopfes und Ersatz durch eine künstliche Oberschenkelkopfprothese (= Kopfendoprothese) operativ behandelt werden.

Bei degenerativen Veränderungen der Hüfte muss oft eine künstliche Oberschenkelkopfprothese sowie eine künstliche Hüftgelenkpfanne (= **T**ota**le**ndo**p**rothese = TEP) eingesetzt werden.

Für die operative Versorgung einer Schenkelhalsfraktur hat sich mancherorts eine **Spinalanästhesie** gut bewährt. Wird zum Anlegen der Spinalanästhesie der Patient auf die kranke Seite gelegt und außerdem ein hyperbares Lokalanästhetikum verwendet (→ S. 172), so kann gezielt nur das kranke Bein anästhesiert werden. Hierdurch kann auch der nach einer Spinalanästhesie oft auftretende Blutdruckabfall vermindert werden. Wird für diese Operation eine **Periduralanästhesie** mit Katheter gewählt, dann kann durch wiederholte Nachinjektion auch eine postoperative Analgesie ermöglicht werden. Vor Anlage einer Spinal- oder Periduralanästhesie sollten diesen Patienten z. B. insgesamt 0,05–0,1 mg Fentanyl verabreicht werden, damit sie die notwendigen Lagerungsmanöver tolerieren können. Alternativ kann auch in Rückenlage zuerst in der Leiste eine inguinale paravaskuläre Blockade des Plexus lumbalis (→ S. 264) angelegt werden, wodurch eine Schmerzlinderung möglich ist und Lagerungsmanöver relativ gut toleriert werden. Häufig werden diese Operationen aber auch in einer Allgemeinanästhesie durchgeführt.

Ist mit einem größeren Blutumsatz zu rechnen, wie z. B. beim Auswechseln einer lockeren Totalendoprothese (= **TEP-Wechsel**), so sind die alleinigen rückenmarksnahen Leitungsanästhesien nicht zu empfehlen. Häufig kann hier mittels einer Periduralanästhesie in Kombination mit einer Intubationsnarkose eine schonende Anästhesie und gute postoperative Schmerztherapie durchgeführt werden. Der Periduralkatheter sollte jedoch möglichst erst nach Stillung stärkerer Blutungen, also erst gegen Ende der Operation, mittels Lokalanästhetikum bestückt werden. Ansonsten droht bei einer stärkeren Blutung aufgrund der Nervenblockaden (mit Gefäßweitstellung) unter Umständen ein massiver Blutdruckabfall, falls keine ausreichende Volumensubstitution durchgeführt wurde (Blockade der körpereigenen kompensatorischen Vasokonstriktion). Bei einer TEP-Operation ist zu beachten, dass oft große Blutmengen in die Abdecktücher verloren gehen können.

Um die Zahl der transfundierten Konserven zu reduzieren, empfiehlt es sich, bei blutreichen traumatologischen Operationen eine sog. maschinelle **Autotransfusion** durchzuführen. Hierbei wird das abgesaugte Wundblut (nach entsprechender vollautomatischer Aufbereitung in einem Autotransfusionsgerät) retransfundiert. Die Zahl der Fremdblutkonserven kann hiermit oft deutlich reduziert werden. Eine Autotransfusion darf jedoch niemals durchgeführt werden, wenn im Wundbereich eine Infektion besteht oder wenn im Bereich eines Karzinoms operiert wird (!). Bei voraussichtlich blutreichen Operationen wird inzwischen bei vielen Patienten **eine präoperative Eigenblutspende**

durchgeführt. Die Patienten müssen inzwischen über diese Möglichkeit aufgeklärt werden, falls das Transfusionsrisiko größer als 10 % ist. Falls intraoperativ Blutkonserven benötigt werden, müssen stets zuerst die Eigenblutkonserven transfundiert werden, bevor evtl. zusätzlich Fremdblut verabreicht wird.
Wird bei Hüftoperationen ein **Knochenzement** verwendet, so muss bei dessen Einbringung besonders auf hierbei mögliche, unter Umständen drastische Blutdruckabfälle geachtet werden. Die Indikation zur arteriellen Blutdruckmessung sollte hierbei großzügig gestellt werden. Zumeist wird vor Narkoseeinleitung ein H_1- und H_2-Rezeptoren-Blocker empfohlen (→ S. 222), da als mögliche Ursachen des Blutdruckabfalls unter anderem anaphylaktoide Reaktionen auf den Knochenzement angenommen werden.

5.11 Anästhesie in der Thoraxchirurgie

5.11.1 Allgemeine Bemerkungen

Die meisten Eingriffe in der Thoraxchirurgie werden in Seitenlage durchgeführt. Oft wird zusätzlich noch der Operationstisch abgeknickt, ähnlich wie bei der Nierenlagerung (→ S. 262). Hierdurch sind deutliche Störungen der Lungendurchblutung und Lungenbelüftung, sog. Ventilations-Perfusions-Störungen (→ S. 262, 344), zu erwarten. Folge ist ein **Rechts-links-Shunt** mit einer entsprechenden Verminderung des Sauerstoffgehalts im arteriellen Blut. Außerdem kommt es in der unteren Lunge durch die schlechte Belüftung zu einem Kollabieren der Alveolen, das heißt zur Ausbildung von Atelektasen; hierdurch wird der Rechts-links-Shunt noch verstärkt.

Präoperative Visite

Vor Thoraxoperationen ist auf eine ausführliche Beurteilung der Lungenfunktion anhand einer Lungenfunktionsprüfung und einer arteriellen Blutgasanalyse zu achten. Außerdem muss bedacht werden, dass die Patienten bereits präoperativ die Atemgymnastik erlernen, die postoperativ wichtig für sie ist.

Intubation

Bei bestimmten Operationen muss nach Rücksprache mit dem Operateur ein **Doppellumentubus** (z. B. ein Broncho-Cath; → S. 86) verwendet werden, mit dem eine seitengetrennte Beatmung der beiden Lungen erreicht werden kann. Auf Wunsch des Operateurs kann nun z. B. nur eine Lunge belüftet werden, während die andere kollabiert ist. Außerdem kann hierdurch wirkungsvoll verhindert werden, dass Material wie Eiter, Sekret, Blut oder Tumormassen während der Operation von der kranken in die gesunde Lungenseite verschleppt werden. Die korrekte Lage des Tubus muss sorgfältig auskultatorisch überprüft werden (!). Bei der auskultatorischen Überprüfung wird mittels einer Klemme der tracheal endende (= weiße) Tubusschenkel abgeklemmt und der Cuff des endobronchial endenden (= blauen) Schenkels mit einer 2-ml-Spritze gerade so stark geblockt, bis keine Luft mehr neben der Manschette hörbar entweicht. Während der Beatmung muss hierbei linksthorakal ein Beatmungsgeräusch, rechtsthorakal dagegen kein Beatmungsgeräusch auskultierbar sein. Nun wird die Klemme auf den endobronchial endenden (= blauen) Tubusschenkel gesetzt und der endotracheal endende (= weiße) Tubusschenkel wird mit einer 5-ml-Spritze so stark geblockt, dass gerade keine Luft mehr am Cuff vorbei hörbar entweicht. Bei der Beatmung darf nun nur ein rechtsseitiges Beatmungsgeräusch auskultierbar sein. Anschließend wird nochmals nur der bronchiale Tubusschenkel geblockt und kontrolliert ob nur rechtsthorakal ein Atemgeräusch auskultierbar ist. Danach wir nochmals der tracheale Schenkel geblockt und kontrolliert, ob nur ein linksseitiges Atemgeräusch hörbar ist. Nach Entfernen der Klemme wird nun der Tubus genau in dieser geprüften Lage sorgfältig kontrolliert. Nach der Fixierung und auch nach einer evtl. Umlagerung des Patienten (z. B. in die Seitenlage) hat nochmals eine Lagekontrolle des Tubus zu erfolgen. Gegebenenfalls kann eine fiberbronchoskopische Lagekontrolle des Doppellumentubus notwendig sein.

Narkoseführung

Wird intraoperativ durch den Operateur eine Lunge komprimiert oder eine Lunge auf Wunsch des Operateurs gar vollständig von der Belüftung abgeschaltet (durch Abklemmen eines Schenkels des Doppellumentubus), so ist mit einer massiven Zunahme des bereits durch die Lagerung bedingten Rechts-links-Shunts zu rechnen. Es muss deshalb auf eine **entsprechend hohe inspiratorische Sauerstoffkonzentration** sowie auf regelmäßige arterielle Blutgaskontrollen geachtet werden. Notwendig ist eine kontinuierliche Überwachung der arteriellen Sauerstoffsättigung mittels Pulsoxymetrie. Es sollten stets mindestens 50 % Sauerstoff im Inspirationsgemisch eingestellt werden. Oft ist vorübergehend eine manuelle Ventilation der maschinellen Beatmung vorzuziehen. Hierdurch kann die Beatmung meist besser der aktuellen Operationssituation angepasst werden.
Bei thorakalen Eingriffen werden zumeist eine oder mehrere **Thoraxsaugdrainagen** eingelegt, über die evtl. aus der operierten Lunge noch entweichende Luft abgesaugt werden kann. Vor dem definitiven Verschluss des Thorax ist auf eine manuelle Blähung der Lunge zu achten. Hierdurch entfaltet sich die Lunge wieder und legt sich der Thoraxwand an. An die Thoraxdrainagen muss ein Absaugsystem angeschlossen werden; bewährt hat sich z. B. das Einmalgerät Pleur-evac® (→ unten; → S. 436; Abb. 7-15d). Meist muss mit einem Sog von –15 bis –20 cm Wassersäule gesaugt werden. (Wurde jedoch eine Lungenhälfte total entfernt, so darf nur mit einem geringen Sog von –5 cm H_2O gesaugt werden, da ansonsten eine massive **Verlagerung des Mediastinums** zur resezierten Seite hin mit starker Mediastinalverlagerung und Abklemmung der herznahen Gefäße drohen würde.) Nach einer Pneumektomie muss der Wasserschlossstab (mittlere Flasche in Abb. 15-10c) aus dem Wasser zurückgezogen werden, damit es nicht bei jedem Hustenstoß zu einer weiteren Verlagerung des Mediastinums kommt.
Spezielle Überwachungsmaßnahmen sind:

- Anlage eines Kavakatheters (→ S. 185)
- blutige arterielle Druckmessung (→ S. 190): Bei Punktion der Arteria radialis sollte der bei der Seitenlagerung oben liegende Arm vorgezogen werden.
- engmaschige arterielle Blutgasanalysen

5.11.2 Transport des Patienten auf die Intensivstation

Falls möglich, sollte der Patient am Ende der Operation extubiert werden. Manchmal ist das jedoch nicht möglich. Nach Austausch eines Doppellumentubus gegen einen normalen orotrachealen Tubus wird der Patient dann auf die Intensivstation gebracht. Während des Transports kann an der Thoraxdrainage nicht gesaugt werden.

> ! Es ist jedoch unbedingt zu beachten, dass beim beatmeten (!) Patienten eine Thoraxdrainage niemals (!) abgeklemmt werden darf.

Nach einer Lungenoperation besteht häufig eine kleine Fistel zwischen Lunge und Pleuraspalt, durch die bei maschineller Beatmung Luft in den Pleuraspalt entweicht (sog. **Fistelung**). Kann diese Luft nicht über die Thoraxdrainage und ein angeschlossenes (!) Wasserschloss aus dem Pleuraspalt nach außen entweichen, so droht über kurz oder lang ein **Spannungspneumothorax**. Wird z. B. das Pleur-evac®-System an die Thoraxdrainage auch während des Transports angebracht, obwohl nicht gesaugt werden kann, dann ist die Thoraxdrainage steril abgeschlossen, und außerdem verfügt dieses Pleur-evac®-System über ein sog. **Wasserschloss**, das heißt, dass die im Pleuraspalt befindliche Luft bei Überdruck über dieses Wasserschloss entweichen kann (ausführliche Beschreibung → S. 436; Abb. 7-15). Bei Unterdruck im Pleuraspalt kann jedoch keine Luft in den Pleuraspalt eintreten. Sobald als möglich sollte auf der Intensivstation wieder die Saugung angeschlossen werden.

5.11.3 Postoperative Nachbehandlung

Die postoperative Analgesie (ggf. mittels thorakalem Periduralkatheter) ist bei Thoraxeingriffen sehr wichtig, um einer schmerzbedingten Atemschonhaltung mit mangelhafter Sekretabhustung und damit einer Pneumoniegefahr vorzubeugen.

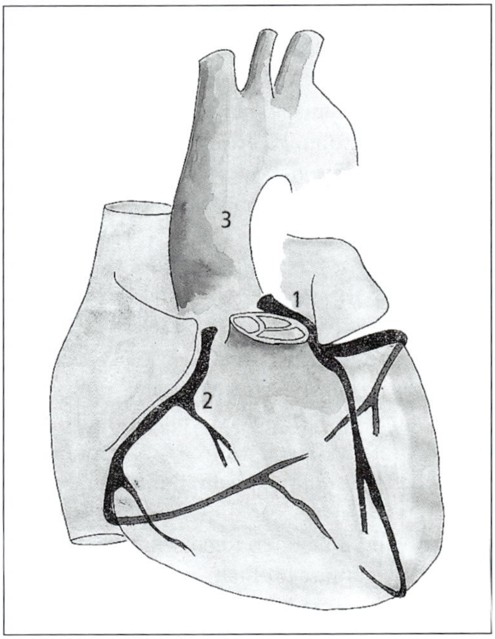

Abb. 5-19 Herzkranzgefäße. 1 = Hauptstamm der linken Koronararterie; 2 = rechte Koronararterie; 3 = Aortenwurzel.

5.12 Anästhesie in der Herzchirurgie

5.12.1 Allgemeine Bemerkungen

Koronararterien

Die Herzmuskulatur wird von 2 Koronararterien (vgl. Abb. 5-19) mit Blut versorgt. Beide, sowohl der Hauptstamm der linken (1) als auch die rechte Koronararterie (2), entspringen aus der Aortenwurzel (3), also unmittelbar oberhalb der Aortenklappe. Der Hauptstamm der linken Koronararterie teilt sich in 2 Äste (Ramus circumflexus und Ramus interventricularis anterior) auf und versorgt vor allem die Muskulatur des linken Ventrikels und der Herzscheidewand. Patienten mit einer Hauptstammstenose sind besonders gefährdet. Die rechte Koronararterie verläuft um das rechte Herz zur Herzhinterwand, wo sie zur Herzspitze absteigt. Die rechte Koronararterie versorgt den größten Teil der Muskulatur des rechten Herzens.

Sauerstoffbedarf des Herzmuskels

Die Sauerstoffausschöpfung des Koronararterienbluts beträgt ca. 70 % und ist damit höher als in allen anderen Organen. Steigt der Sauerstoffbedarf der Herzmuskulatur unter Belastung an, so ist eine stärkere Sauerstoffausschöpfung des Blutes kaum noch möglich.

! Ein vermehrter Antransport von Sauerstoff zur Herzmuskulatur ist nur durch eine Zunahme der Koronardurchblutung möglich. Ein gesundes Koronarsystem kann die Durchblutung auf das 5- bis 7-Fache (!) der Ruhedurchblutung steigern (= **Koronarreserve**).

Der Sauerstoffbedarf des Herzmuskels (= myokardialer Sauerstoffbedarf) wird vor allem von folgenden 3 Faktoren beeinflusst, die als Hauptdeterminanten des myokardialen Sauerstoffbedarfs bezeichnet werden:

- Herzfrequenz
- Kontraktilität der Herzmuskeln
- Wandspannung des Herzmuskels

Herzfrequenz

Eine Beschleunigung der Herzfrequenz erhöht die Arbeit des Herzmuskels und damit den Sauerstoffverbrauch des Herzmuskels.

Kontraktilität des Herzmuskels

Unter Kontraktilität (= Inotropie) wird die Verkürzungsgeschwindigkeit der Herzmuskulatur verstanden. Je schneller sich der Herzmuskel kontrahiert (= zusammenzieht) und je schneller damit während der Systole der Druck im Herzen ansteigt, desto höher ist der Sauerstoffbedarf des Herzmuskels.

Wandspannung des Herzmuskels

Während der Systole wird Blut in den großen Kreislauf gepumpt. In der Diastole (= Füllungsphase) strömt wieder Blut aus dem kleinen Kreislauf der Lungengefäße in den linken Ventrikel. Dadurch nimmt am Ende der Diastole die Wandspannung im Ventrikel zu.

✓ Diese enddiastolische Wandspannung (Vordehnung) der Ventrikelmuskulatur wird als **Vorlast (= preload)** bezeichnet.

Eine Steigerung der Vorlast, das heißt eine Zunahme der Wandspannung des Herzmuskels führt zu einem vermehrten Sauerstoffbedarf. Die Vorlast des linken Ventrikels kann unter bestimmten Voraussetzungen vereinfachend mit dem enddiastolischen Druck im linken Ventrikel gleichgesetzt werden. Dieser kann jedoch nicht direkt gemessen werden. Der **linksventrikuläre enddiastolische Druck** entspricht normalerweise (falls z. B. keine Mitralklappenstenose vorliegt) weitgehend dem über einen Pulmonaliskatheter messbaren pulmonalkapillären Verschlussdruck (= **Wedge-Druck**; → S. 202). Während der systolischen Kontraktion des Herzmuskels steigt der Druck im Ventrikel und gleichzeitig die Wandspannung des Herzmuskels.

✓ Die **Nachlast (= afterload)** des linken (rechten) Ventrikels ist die notwendige Wandspannung, die während der Systole aufgebracht werden muss, damit sich die Aortenklappe (Pulmonalklappe) öffnet und Blut aus dem linken (rechten) Herzen ausgeworfen werden kann.

Je höher die Nachlast, desto höher die Wandspannung und damit der Sauerstoffbedarf. Die Nachlast des linken Ventrikels hängt entscheidend vom diastolischen Aortendruck und vom linksventrikulären enddiastolischen Volumen ab.

Koronardurchblutung

Die Koronardurchblutung weist beim Gesunden eine Autoregulation auf. Sie ist daher weitgehend unabhängig vom Blutdruck. Steigt der Blutdruck an bzw. fällt der ab, dann ziehen sich die Koronararterien zusammen bzw. sie erweitern sich, sodass der koronare Blutfluss (innerhalb eines relativ großen Blutdruckbereiches) weitgehend konstant bleibt (vgl. auch zerebrale Autoregulation; → S. 267).
Der koronare Blutfluss wird vor allem durch den myokardialen Sauerstoffbedarf gesteuert. Liegt eine Koronarstenose vor, dann ist diese Autoregulation jedoch beeinträchtigt und die Koronardurchblutung hängt vor allem von folgenden Faktoren ab:

- koronarer Perfusionsdruck:
  Die Koronardurchblutung erfolgt fast ausschließlich während der Diastole. Die Kraft, die das Koronarblut durch die Herzkranzgefäße treibt, ist der diastolische arterielle Druck. Dem wirkt der im Ventrikel herrschende enddiastolische Druck entgegen.

! Der koronare Perfusionsdruck des linken Ventrikels ergibt sich also aus der Differenz des diastolischen arteriellen Drucks bzw. des Drucks distal einer Koronarstenose minus dem linksventrikulären enddiastolischen Druck.

Dem linksventrikulären enddiastolischen Druck kann normalerweise der über einen Pulmonaliskatheter messbare Wedge-Druck (→ S. 202) gleichgesetzt werden.

- Koronarwiderstand:
  Eine Erhöhung des Koronararterienwiderstands, z. B. aufgrund einer arteriosklerotischen Verengung der Koronararterien, behindert die Koronardurchblutung.
- Herzfrequenz:
  Die Durchblutung der Koronararterien erfolgt fast ausschließlich in der Diastole. Bei einer Steigerung der Herzfrequenz wird vor allem die Dauer der Diastole und damit die Dauer der Koronardurchblutung verkürzt.

Ist bei einem Patienten mit Koronarstenosen die Koronarperfusion (aufgrund eines zu niedrigen Perfusionsdrucks, eines zu hohen Koronarwiderstandes oder einer zu hohen Herzfrequenz) zu gering, dann droht eine unzureichende Sauerstoffversorgung des Myokards mit Angina pectoris oder gar einem Herzinfarkt. Auch ein Abfall des arteriellen Sauerstoffgehaltes im Blut (vor allem durch Hypoxie oder Anämie) beeinträchtigt die Sauerstoffversorgung des Myokards. Ebenso ist auch ein erhöhter Sauerstoffbedarf des Myokards (hohe Herzfrequenz, hohe Inotropie und/oder hohe Wandspannung [= hoher pre- und afterload]) ungünstig. Während der Narkoseführung ist darauf zu achten, dass diese Parameter nicht ungünstig verändert werden und keine myokardiale Ischämie auftritt.

5.12.2 Herz-Lungen-Maschine

(vgl. Abb. 5-20)

Bei vielen Herzoperationen muss das Herz aus operationstechnischen Gründen völlig ruhig gestellt werden. Das Herz kann also seiner Pumpfunktion vorübergehend nicht mehr nachkommen. Deshalb muss hierbei eine sog. **H**erz-**L**ungen-**M**aschine (= **HLM**) verwendet werden, also eine Apparatur, welche die Pumpfunktion des Herzens und die Gasaustauschfunktion der Lunge übernehmen kann. Beim Anschluss an eine Herz-Lungen-Maschine wird zunächst die Aorta (oder selten die Arteria femoralis) und dann in der Regel der rechte Vorhof kanüliert (bei manchen Operationen werden auch aus technischen Gründen die Vena cava inferior und die Vena cava superior kanüliert). Das venöse Blut wird über ein Schlauchsystem in diese Herz-Lungen-Maschine geleitet. Die Durchblutung der Koronararterien erfolgt fast ausschließlich in der Diastole. Bei einer Steigerung der Herzfrequenz wird vor allem die Dauer der Diastole und damit die Dauer der Koronardurchblutung verkürzt. In einem sog. **Oxygenator** werden die Gasaustauschfunktion der Lunge, also die Oxygenierung des Blutes mit Sauerstoff sowie die Elimination des Kohlendioxids, übernommen. Eine sog. **Rollerpumpe** übernimmt die Funktion des Herzens und pumpt das Blut über eine Filtereinrichtung zurück in die kanülierte Aorta (oder die Arteria femoralis). Dieser beschriebene, außerhalb des Körpers (= extrakorporal) stattfindende Kreislauf (= Zirkulation) wird auch als **e**xtra**k**orporale **Z**irkulation (= **EKZ**) bezeichnet.

✓ Wird das gesamte venöse Blut über die Herz-Lungen-Maschine geleitet, wird von einem **„totalen" Bypass** gesprochen. Hierbei sind die um die kanülierte obere und untere Hohlvene geschlungenen Bänder zugezogen. Das ganze venöse Blut fließt in die Herz-Lungen-Maschine (vgl. Abb. 5-20).

Das Herz sowie die Lunge werden nicht mehr durchblutet. Der Patient braucht hierbei nicht beatmet zu werden. Die Beatmung würde den Operateur nur stören. Auch während des zentralen Bypasses gelangt noch etwas Blut in den leeren Ventrikel (über die kleinen Venen [= Venae thebesii], die direkt in die Herzhöhlen münden, und über die bronchiale Venen), sodass dieses Blut über einen Ventrikelsauger (= Vent) aus dem linken Herzen abgesaugt werden muss (vgl. Abb. 5-20). Vor Beginn und nach Beendigung des „totalen" Bypasses wird für einige Minuten ein sog. „partieller" (= teilweiser) Bypass vorgenommen.

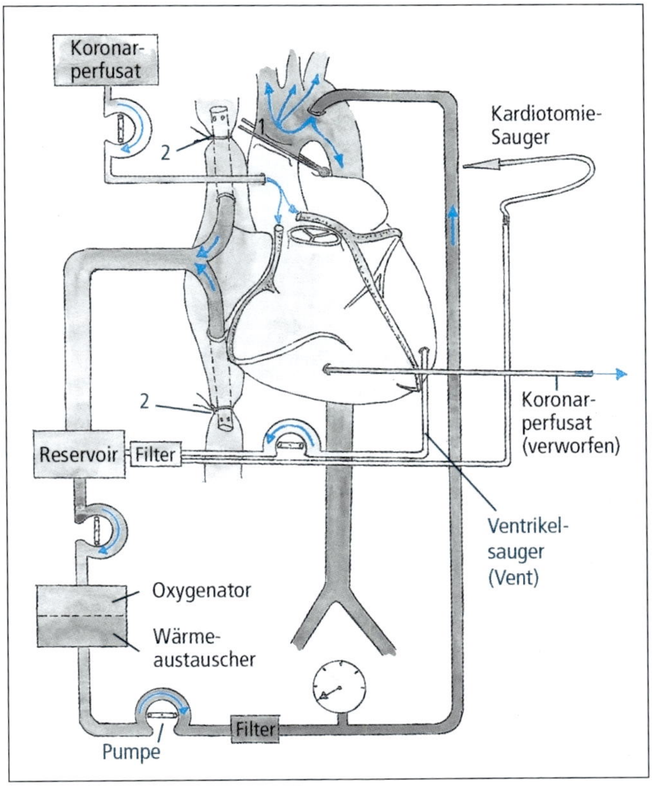

Abb. 5-20 Funktionsprinzip der Herz-Lungen-Maschine. 1 = Aortenklemme; 2 = die um die kanülierte obere und untere Hohlvene geschlungenen Bänder sind zugezogen (= totaler Bypass).

✓ Bei einem **„partiellen" Bypass** wird nur ein Teil des venösen Blutes durch die Herz-Lungen-Maschine geleitet, der andere Teil wird noch vom rechten Herzen durch die Lungen zum linken Herzen gepumpt. Die um die kanülierte obere und untere Hohlvene geschlungenen Bänder sind noch nicht ganz zugezogen.

Während des partiellen Bypasses wird der Patient mit 100 % Sauerstoff beatmet.
Da während dieser Herzoperationen die Koronararterien nicht durchblutet sein dürfen, wird die Aortenwurzel mit einer sog. **Aortenklemme** abgeklemmt (1 in Abb. 5-20). Das von der HLM in die Aorta zurückgepumpte Blut kann also nicht in die Aortenwurzel und in die dort entspringenden Koronararterien fließen. Aufgrund dieser „Nichtdurchblutung" der Koronararterien droht eine ischämische Schädigung der Herzmuskulatur. Um die **Ischämietoleranz des Herzens** zu erhöhen, wird das Herz mit eisgekühlter Ringer-Lactatlösung oder mit eisgekühlter 0,9%iger NaCl-Lösung übergossen. Außerdem wird noch eine spezielle, ebenfalls eisgekühlte, sog. kardioplegische Lösung über die Aortenwurzel ins Koronarsystem gepresst (= Koronarperfusat). Diese kardioplegische Lösung erzeugt einen schlaffen, asystolischen Zustand des Herzens (= Kardioplegie) und senkt den Stoffwechsel der Herzmuskulatur weiter.
Während der EKZ wird außerdem eine Abkühlung des Blutes auf ca. 30 °C vorgenommen, um den Sauerstoffbedarf des Körpers zu senken. Inzwischen wird zunehmend in mehreren Zentren nur noch in einer milden Hypothermie (ca. 34 °C) oder gar in Normothermie operiert. (Bei der Operation bestimmter angeborener Herzfehler wird die Temperatur unter Umständen bis auf 18–20 °C gesenkt. Bei einer so tiefen Körpertemperatur kann dann für bis zu ca. ei-

ner Stunde in Herz- und Kreislaufstillstand [ohne behindernde Schläuche] operiert werden).

5.12.3 Medikamentöse Besonderheiten

Catecholamine (vgl. Tab. 5-6)

In der herzchirurgischen Anästhesie werden zur Herz-Kreislauf-Unterstützung sehr häufig Catecholamine eingesetzt. Zumeist werden sie per Spritzenpumpe intravenös verabreicht.

! Catecholamine kommen normalerweise als Übertrāgersubstanzen (= Transmitter) im sympathischen Nervensystem vor.

Zum besseren Verständnis der Catecholamine sollen ihre Wirkung im sympathischen Nervensystem sowie der Aufbau des sympathischen Nervensystems nachfolgend kurz wiederholt werden (vgl. Abb. 5-21; → auch S. 66).

Sympathisches Nervensystem

Alle sympathischen Nerven bestehen aus jeweils 2 hintereinander geschalteten Nervenzellen (= Neuronen). Das erste Neuron wird als präganglionäres Neuron, das zweite Neuron als postganglionäres Neuron bezeichnet. Die Impulsübertragung vom ersten auf das zweite Neuron erfolgt durch die Überträgersubstanz **Acetylcholin** (= ACh). Die Übertragung vom zweiten Neuron auf das Erfolgsorgan, z. B. auf die Gefäßmuskulatur oder das Herz, erfolgt durch den Transmitter Noradrenalin.

! **Noradrenalin** wird von diesen postganglionären Neuronen freigesetzt und wirkt nur lokal (!), also nur an dem von diesen sympathischen Nerven versorgten Erfolgsorgan.

Zum sympathischen Nervensystem wird auch das **Nebennierenmark** gezählt. Es wird als eine Anhäufung von sympathischen, postganglionären Neuronen aufgefasst. Bei einer Stimulierung des Sympathikus setzt daher das Nebennierenmark seine Überträgersubstanz frei. Die Über-

Tab. 5-6 Wichtige Catecholamine und deren Wirkung auf die Alpha-, Beta- und Dopaminrezeptoren

Catecholamin	Alpha-Rezeptoren	Beta-1-Rezeptoren	Beta-2-rezeptoren	Dopamin-rezeptoren
Noradrenalin	+++	+	0	0
Adrenalin in niedriger Dosierung	+	+++	++	0
Adrenalin in hoher Dosierung	+++	+++	+	0
Dobutamin (Dobutamin Solvay® Infus)	0	+++	+	0
Dopamin in niedriger Dosierung (Dopamin-ratiopharm®)	+	++	0	++
Dopamin in hoher Dosierung (Dopamin-ratiopharm®)	++	++	0	++
Dopexamin (Dopacard®)	0	(+)	+++	++

0 = keine
(+) = evtl. geringe
\+ = geringe
++ = mittlere
+++ = starke

} Stimulation der entsprechenden Rezeptoren

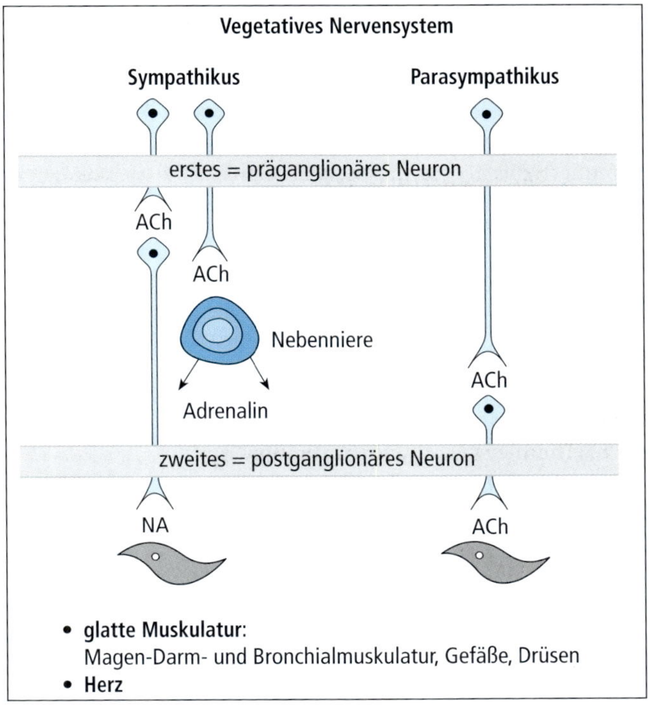

Abb. 5-21 Schematische Darstellung des sympathischen und parasympathischen Nervensystems. ACh = Acetylcholin; NA = Noradrenalin.

trägersubstanz des Nebennierenmarks ist jedoch nicht Noradrenalin, sondern Adrenalin. Das Nebennierenmark gibt bei Stimulation das Adrenalin ins Blut ab.

> ! Da **Adrenalin** über das Blut zu den verschiedensten Organen transportiert wird, entfaltet es keine lokale, sondern generalisierte systemische (!) Wirkungen im gesamten Körper.

In den Nervenzellen und im Nebennierenmark wird aus der Aminosäure L-Tyrosin über mehrere Zwischenstufen **Dopamin** hergestellt. In verschiedenen Gehirnarealen, vor allem im extrapyramidalen System, wird Dopamin als Transmitter freigesetzt. In den postganglionären Nervenzellen des sympathischen Nervensystems wird Dopamin weiter zu Noradrenalin umgewandelt, das als Transmitter freigesetzt wird. Nur im Nebennierenmark wird Noradrenalin noch weiter umgewandelt, nämlich bis zum Adrenalin, das dann als Transmitter ins Blut freigesetzt wird.

> ! Dopamin, Noradrenalin und Adrenalin werden als **physiologische** (= körpereigene) **Catecholamine** bezeichnet. Diese Catecholamine wirken an den Erfolgsorganen über spezifische Rezeptoren.

Es kann zwischen Alpha-, Beta-1- und Beta-2- sowie Dopaminrezeptoren unterschieden werden.

Alpharezeptoren

Inzwischen werden die Alpharezeptoren in Alpha-1- und Alpha-2-Rezeptoren unterteilt (subklassifiziert). Eine Stimulation der postsynaptischen Alpha-1-Rezeptoren führt vor allem zu einer Gefäßkonstriktion und damit zu einem Anstieg des systolischen und diastolischen Blutdrucks. Das aus den postganglionären sympathischen Nervenzellen als Transmitter freigesetzte Noradrenalin (sowie ein extern zugeführtes Catecholamin) bindet an die postsynaptischen Alpha-1-Rezeptoren. Ist ausreichend Noradrenalin in die Synapse abgegeben worden und ist die Noradrenalinkonzentration im Synapsenbereich hoch, dann bindet Noradrenalin auch an präsynaptische Alpha-2-Rezeptoren. Deren Stimulation hemmt die weitere Noradrenalinfreisetzung im Sinne einer negativen Rückkoppelung. Das Medikament Clonidin stimuliert diese präsynaptischen Alpha-2-Rezeptoren und bewirkt dadurch eine verminderte Freisetzung von Noradrenalin und dadurch unter anderem einen Blutdruckabfall (→ S. 336).

Beta-1-Rezeptoren

Eine Stimulierung der Beta-1-Rezeptoren führt vor allem zu einer Steigerung der Herzkraft (= positiv inotrope Wirkung) mit Zunahme des Schlagvolumens und des Herzminutenvolumens sowie zu einer Zunahme der Herzfrequenz.

Beta-2-Rezeptoren

Eine Stimulierung der Beta-2-Rezeptoren bewirkt vor allem eine Weitstellung der Bronchien sowie eine Weitstellung der Gefäße mit Blutdruckabfall. Außerdem bewirkt eine Erregung der Beta-2-Rezeptoren eine positiv inotrope Wirkung sowie eine Stimulierung des Stoffwechsels.

Dopaminrezeptoren

Eine Stimulation der Dopaminrezeptoren führt zu einer Gefäßweitstellung vor allem im Bereich der Nieren und des Darmbereichs (aber auch im Bereich der Koronar- und Hirngefäße). Inzwischen werden die Dopaminrezeptoren in Dopamin-1- und Dopamin-2-Rezeptoren subklassifiziert.

Medikamente

Noradrenalin (Arterenol®)

Wirkungen: Noradrenalin wirkt vor allem auf die Alpharezeptoren, das heißt, je nach Dosierung kommt es über eine starke Vasokonstriktion zu einer ausgeprägten Blutdrucksteigerung. Seine Wirkung auf die Beta-1-Rezeptoren ist deutlich schwächer als bei den anderen Catecholaminen. Eine Steigerung der Herzfrequenz bleibt zudem aus, da es aufgrund der Blutdrucksteigerung oft zu einer Reizung der Barorezeptoren mit einer reflektorischen Bradykardie kommt.

Dosierung: Als Dosierungsempfehlung für Noradrenalin werden 0,015–0,25 µg/kg KG/min angegeben, es kann jedoch im Extremfall (z. B. Sepsis) auch deutlich höher dosiert werden. Die Dosierung muss streng nach Wirkung erfolgen.

Adrenalin (Suprarenin®)

Wirkungen: Adrenalin wirkt sowohl auf die Alpha- als auch auf die Beta-1- und Beta-2-Rezeptoren. Welche Wirkung überwiegt, hängt von der Dosierung ab. Durch Stimulation der Beta-2-Rezeptoren wirkt Adrenalin auf das Bronchialsystem erweiternd. Auf den Stoffwechsel wirkt Adrenalin über die Erregung der Beta-2-Rezeptoren stimulierend und steigert den Fett- und Glykogenabbau. Die Stimulation der Beta-1-Rezeptoren bewirkt eine Steigerung der Herzfrequenz und des Herzminutenvolumens mit Anstieg des systolischen Drucks, die der Beta-2-Rezeptoren eine Gefäßdilatation vor allem in der Muskulatur mit Abnahme des diastolischen Drucks. Der arterielle Mitteldruck bleibt oft konstant.

Dosierung: In niedrigen Konzentrationen (0,015–0,03 µg/kg KG/min) überwiegt die Wirkung an Beta-1- und Beta-2-Rezeptoren. Bei mittlerer Dosierung (0,03–0,15 µg/kg KG/min) kommt es sowohl zu einer Stimulierung der Alpha- als auch der Betarezeptoren. In hoher Konzentration (0,15–0,3 µg/kg KG/min) überwiegt die vasokonstriktorische Wirkung der Alpharezeptoren mit einer Blutdrucksteigerung. Zumeist wird eine mittlere Dosis verabreicht.

Dopamin (Dopamin-ratiopharm®)

Dopamin ist die Vorstufe von Noradrenalin. Dopamin bewirkt eine Stimulierung der Alpha- und Beta-1-Rezeptoren. Daneben wirkt es an spezifischen dopaminergen Rezeptoren, die sich vor allem im Bereich der Nierengefäße und der Darmgefäße (aber auch im Bereich der Koronar- und Hirngefäße) befinden. Vor allem in niedrigen (1–3 µg/kg KG/min), aber auch in mittleren (3–8 µg/kg KG/min) Dosierungen führt Dopamin über eine Stimulierung dieser dopaminergen Rezeptoren zu einer Steigerung der Darm- und Nierendurchblutung mit einer vermehrten Urinproduktion. Dass durch Gabe von Dopamin in „Nierendosis" (1–3 µg/kg KG/min) allerdings das Risiko eines Nierenversagens vermindert werden kann, ist inzwischen widerlegt. Dopamin in „Nierendosis" kann daher nicht mehr empfohlen werden. Bei mittlerer Dosierung kommt es über eine zusätzliche Stimulierung der Beta-1-Rezeptoren zu einer Steigerung der Herzkraft und zu einer Zunahme des Herzminutenvolumens mit leichtem Blutdruckanstieg. Bei hoher Dosierung (> 10 µg/kg KG/min bis maximal 30 µg/kg KG/min) kommt es über eine zunehmende Stimulierung der Alpharezeptoren zu einer Vasokonstriktion (auch im Nieren- und Darmbereich) mit einer deutlichen Blutdrucksteigerung.
Dopamin wird inzwischen zunehmend seltener eingesetzt und scheint in der Anästhesie und in der operativen Intensivmedizin entbehrlich zu sein.

Dobutamin (Dobutamin Solvay® Infus)

Dobutamin ist ein synthetisches Catecholamin.

Wirkungen: Dobutamin verfügt über eine ausgeprägte Wirkung an Beta-1-Rezeptoren. Die positiv inotrope Wirkung mit Steigerung des Herzminutenvolumens steht also deutlich im Vordergrund. Die Wirkung auf Beta-2-Rezeptoren ist nur gering. Vor allem in hohen Dosierungen kann es zu einer Vasodilatation durch Stimulierung der Beta-2-Rezeptoren kommen. Mit einer Steigerung der Herzfrequenz ist vor allem bei hohen Dosierungen zu rechnen.

Dosierung: Als Dosierung wird die Gabe von 2 bis maximal 15 µg/kg KG/min empfohlen.

Dopexamin (Dopacard®)

Dopexamin ist ein neuerer Dopaminabkömmling.

Wirkungen: Dopexamin führt vor allem zu einer Stimulation der Beta-2-Rezeptoren (mit Gefäßweitstellung) und der Dopaminrezeptoren (wodurch es zu einer verbesserten Durchblutung vor allem im Nieren- und Darmbereich kommen soll. Inzwischen ist jedoch klar, dass es zu keiner selektiven Wirkung im Bereich des Magen-Darm-Trakts kommt. Die Verbesserung der Durchblutung im Magen-Darm-Bereich ist durch die allgemein positiv inotrope Wirkung von Dopexamin mit Steigerung des Herzminutenvolumens bedingt). Außerdem hemmt Dopexamin die Wiederaufnahme von freigesetztem Noradrenalin in die Nervenendigungen und verstärkt damit dessen Wirkung. Dopexamin führt zu einer Steigerung des Herzminutenvolumens aufgrund einer Verminderung des peripheren Widerstandes (→ oben) und einer positiv inotropen Wirkung (Beta-2-Stimulation und Hemmung der Wiederaufnahme von Noradrenalin).

> ! Catecholamine führen also am Herzen zu einer Steigerung der Inotropie, der Herzfrequenz und des Blutdrucks. Hierdurch wird jedoch auch der Sauerstoffbedarf des Herzmuskels erhöht (→ S. 296), und zwar unter Umständen mehr, als es der gesteigerten Herzleistung entspricht. Deshalb können bei vorgeschädigtem Koronarkreislauf durch die Anwendung von Catecholaminen unter Umständen pektanginöse Beschwerden ausgelöst werden (!).

Indikation: Dopexamin wird bei der schweren Herzinsuffizienz dann empfohlen, wenn andere Therapiemaßnahmen nicht ausreichend sind.

Dosierung: Die Dosierung wird von 0,5 µg/kg KG/min schrittweise gesteigert, bis die erwünschte hämodynamische Wirkung erreicht ist. Die maximale Dosierung beträgt ca. 4 µg/kg KG/min.

Phosphodiesterasehemmer

Wirkungen: Catecholamine (→ S. 300) wirken über die an den Zellmembranen sitzenden Catecholaminrezeptoren. Durch deren Stimulation wird in der Zelle zyklisches Adenosinmonophosphat (= cAMP) gebildet, das über eine Erhöhung der intrazellulären Calciumkonzentration seine Wirkungen entfaltet. Zyklisches Adenosinmonophosphat wird durch das Enzym Phosphodiesterase inaktiviert. Phosphodiesterasehemmer blockieren diese Phosphodiesterase, hemmen den Abbau von cAMP und führen daher (wie Catecholamine) zu einer Konzentrationssteigerung von cAMP in den Zellen. Phosphodiesterasehemmer wirken also über die gleiche Endstrecke wie die Catecholamine.

Indikation: Phosphodiesterasehemmer werden vor allem bei einer schweren Herzinsuffizienz mit niedrigem Herzminutenvolumen (= low cardiac output syndrome) als zusätzliche Medikation empfohlen.

Medikamente: Zu den Phosphodiesterasehemmern gehören z. B. **Enoximon** (Perfan®) und **Milrinon** (Corotrop®).

Dosierung:

- Enoximon (Perfan®):
  - Initialdosis: 0,5 mg/kg KG langsam als Bolus
  - Erhaltungsdosis: 2,5–10 µg/kg KG/min
- Milrinon (Corotrop®):
  - Initialdosis: 50 µg/kg KG sehr langsam intravenös
  - Erhaltungsdosis: 0,375–0,75 µg/kg KG/min

Vasodilatatoren

✓ Vasodilatatoren sind gefäßerweiternde und damit blutdrucksenkende Medikamente. Sie spielen in der Herzchirurgie eine wichtige Rolle und werden zur Senkung eines erhöhten Blutdrucks sowie (in Kombination mit Catecholaminen) zur Therapie einer Herzinsuffizienz angewandt.

In der Herzchirurgie werden als Vasodilatatoren vor allem Nitroglycerin, Nifedipin, Urapidil und Nitroprussidnatrium verwendet, da sie sich durch einen schnellen Wirkungseintritt und eine gute Steuerbarkeit auszeichnen. Zumeist werden diese Medikamente per Spritzenpumpe intravenös verabreicht.

Nitroglycerin (Trinitrosan®) (→ S. 273)

Wirkungen: Nitroglycerin (oft nur als „Nitro" bezeichnet; eigentlich Glyceroltrinitrat) wirkt vor allem auf die venösen Kapazitätsgefäße dilatierend. Das Blut „versackt" in den venösen Kapazitätsgefäßen (= **venöses Pooling**). Dadurch nimmt der venöse Rückstrom zum Herzen ab. Folge ist eine verminderte Füllung des Herzens in der Diastole, also eine Abnahme des enddiastolischen Füllungsdrucks und der enddiastolischen Wandspannung (Vorlast = preload, → S. 297). Die rechts- und linksventrikulären Füllungsdrücke, also der ZVD (→ S. 202) und der Wedge-Druck (→ S. 202, 297), sinken ab. Eine Abnahme der Vorlast bedeutet eine Entlastung und damit eine Abnahme des Sauerstoffbedarfs des Herzens (→ S. 297).
Nitroglycerin wirkt auch in geringem Maße auf die arteriellen Gefäße dilatierend, wodurch der arterielle Blutdruck und damit die Nachlast (= Afterload; → S. 297) abfällt. Ein Abfall der Nachlast bedeutet ebenfalls einen Abfall des myokardialen Sauerstoffbedarfs. Nach Nitroglyceringabe kommt es manchmal zu einer reflektorischen Tachykardie.

Indikationen:

- Senkung eines erhöhten Blutdrucks (vgl. kontrollierte Hypotension)
- Senkung eines erhöhten ZVD, z. B. bei Rechtsherzinsuffizienz
- Senkung eines erhöhten Wedge-Drucks, z. B. bei Linksherzinsuffizienz
- Senkung des Sauerstoffbedarfs bei ischämischer Herzerkrankung, z. B. Koronarsklerose, Herzinfarkt

Dosierung: Die Dosierung in der Herzanästhesie wird mit ca. 2–10 mg/h angegeben.

Urapidil (Ebrantil®)

Wirkung: Urapidil bewirkt durch eine Blockade der Alpharezeptoren vor allem eine Dilatation der arteriellen Gefäße und dadurch einen Blutdruckabfall.

Dosierung: Initial werden zumeist 5–25 mg intravenös langsam als Bolus injiziert. Gegebenenfalls können Wiederholungsdosen verabreicht und evtl. eine kontinuierliche Gabe von initial 2 mg/min und danach im Mittel von 9 mg/h durchgeführt werden. Eine reflektorische Tachykardie oder ein stärkerer Blutdruckanstieg beim Absetzen des Medikamentes (sog. Rebound-Hypertonie) tritt nicht auf.

Nifedipin (Adalat®)

Wirkung: Nifedipin hemmt die Calciumkanäle und vermindert dadurch den Gefäßtonus. Nach intravenöser Gabe kommt es innerhalb weniger Minuten zu einem Abfall des Blutdrucks und zu einer Dilatation der Koronararterien.

Indikationen: Nifedipin wird zur kontrollierten Blutdrucksenkung und zur Therapie der vasospastischen Angina pectoris eingesetzt.

Dosierung: Zur intravenösen Infusion kommt das Adalat® pro infusione (5 mg/50 ml) zur Anwendung. Die Dosierung beträgt 0,4–1,7 mg/h beim erwachsenen Patienten (= 0,1–0,4 µg/kg KG/min). Es muss über eine lichtgeschützte (schwarze) Perfusorspritze und -leitung verabreicht werden.

Nitroprussidnatrium (nipruss®) (→ S. 273)

Wirkungen: **N**itro**p**russid**n**atrium (= NPN) bewirkt eine Dilatation der Arteriolen. Der arterielle Blutdruck und damit die Nachlast des linken Ventrikels sinkt. Die Herzarbeit und der myokardiale Sauerstoffbedarf werden gesenkt.
NPN führt außerdem zu einer Dilatation der venösen Kapazitätsgefäße mit einem venösen Pooling (→ S. 304). Der Rückstrom zum Herzen ist vermindert, der enddiastolische Füllungsdruck und damit die enddiastolische Wandspannung und die Vorlast fallen ab. Folge ist eine weitere Verminderung des myokardialen Sauerstoffbedarfs. Die Verbesserung der Pumpfunktion bei Herzinsuffizienz beruht also auf einer mechanischen Entlastung des Herzens. Nach NPN-Gabe tritt oft eine ausgeprägte reflektorische Tachykardie auf.

Indikationen:
- Senkung eines erhöhten Blutdrucks
- Senkung der linksventrikulären Nachlast und damit des linksventrikulären Sauerstoffbedarfs

Nachteile: ausführliche Beschreibung → Seite 274

Herstellung der Lösung: ausführliche Beschreibung → Seite 274

Dosierung: 0,3–3 µg/kg KG/min

5.12.4 Allgemeine Bemerkungen zur Narkose

Präoperative Visite

Bei der präoperativen Visite (→ S. 2) muss besondere Aufmerksamkeit der zugrunde liegenden Herzerkrankung gelten. Die vorliegenden Ergebnisse der Herzkatheteruntersuchungen sowie der Echokardiographie, die EKG-Befunde, die Röntgenbilder des Thorax und der Lungenfunktionstest müssen eingehend bewertet werden.

> ! Bei Erhebung der Anamnese ist detailliert nach den aktuellen Herzbeschwerden, der kardialen Belastbarkeit sowie nach der medikamentösen Dauertherapie zu fragen.

Da die Patienten häufig nicht nur mit einer antihypertensiven Medikation, sondern auch mit Diuretika eingestellt sind, ist insbesondere auch auf die möglicherweise durch Diuretika bedingten Störungen des Kaliumhaushalts (Hypokaliämie) zu achten. Eventuell auch digitalisierte Patienten neigen bei einer Hypokaliämie leicht zu Herzrhythmusstörungen. Nimmt der Patient β-Rezeptoren-Blocker (Hemmung vor allem der Beta-1-Rezeptoren zur Senkung der Herzfrequenz, der Inotropie und des Blutdrucks und damit des myokardialen Sauerstoffbedarfs; → S. 296) oder Hochdruckmedikamente ein, so dürfen diese Medikamente nicht vor der Operation abgesetzt werden (→ S. 5). (Lediglich für ACE-Hemmer wird oft empfohlen, diese am Operationstag morgens nicht zu verabreichen, da ansonsten während der Narkose stärkere Blutdruckabfälle begünstigt werden können.) Bei plötzlichem Absetzen z. B. einer Hochdruckmedikation kann es zu unerwünschten, überschießenden Blutdruckanstiegen kommen. Auch Nitroglycerinpräparate (z. B. Nitrolingual®), die die Patienten wegen ihrer pektanginösen Beschwerden einnehmen, müssen bis zum Operationstermin verabreicht werden. Dagegen muss eine evtl. Marcumar®-Therapie ausreichend lange vor der Operation abgesetzt werden. Ist eine Therapie mit Antikoagulanzien jedoch unbedingt notwendig, so muss auf Heparin umgestellt werden. Falls vertretbar, sollten Diuretika und Digitalis 1–2 Tage vor der Operation abgesetzt werden. Eine Digitalisierung bis zum Operationstermin sollte z. B. nur bei manifester Herzinsuffizienz und bei Vorhofflimmern durchgeführt werden.

> ! Bei der Verordnung der **Prämedikation** ist auf eine ausreichende anxiolytische und sedierende Wirkung zu achten, denn vor einer Herzoperation haben Patienten oft besonders viel Angst.

Bei unzureichender Dosierung droht eine stressbedingte Herzfrequenz- und Blutdrucksteigerung in der unmittelbar präoperativen Phase, wodurch die engen kardialen Reserven unter Umständen überschritten werden können (!). Insbesondere bei Patienten mit schwerer Koronarsklerose oder schwerer Mitralstenose kann dies evtl. fatale Folgen haben.
Als Schlafmedikation für die präoperative Nacht haben sich Benzodiazepine wie z. B. Flunitrazepam (Rohypnol®, 1–2 mg oral; → S. 6) bewährt. Auch zur Prämedikation hat sich der anxiolytische Effekt der Benzodiazepine bewährt. Bei Erwachsenen empfehlen sich z. B. 1–2 mg Flunitrazepam oral.

Narkosevorbereitung

Sobald der Patient in den Narkoseeinleitungsraum kommt, sind Pulsoxymeter, EKG und oszillometrische Blutdruckmessung anzuschließen und es ist ein periphervenöser Zugang zu legen.
Sind die Patienten, wenn sie in den Narkosevorbereitungsraum kommen, noch ängstlich-aufgeregt und haben sie eine Tachykardie sowie einen hohen Blutdruck, dann empfiehlt sich zuerst eine intravenöse Gabe z. B. von Midazolam oder Flunitrazepam zur stärkeren Anxiolyse und Sedierung. Die Dosierung muss streng nach Wirkung erfolgen. Eventuell kann auch eine bedarfsadaptierte Applikation von Fentanyl (Boli à 25 µg) durchgeführt werden, wobei (aufgrund dessen atemdepressiver Wirkung) auf eine ausreichende Spontanatmung zu achten ist. Klagt ein Patient gar über **pektanginöse Beschwerden**, muss ein Nitrospray oder eine Nitrolingual®-Kapsel verabreicht werden. Zusätzlich empfiehlt sich ebenfalls eine Sedierung und Anxiolyse. **Nitroglycerin** bewirkt eine Weitstellung der venösen Kapazitätsgefäße (= venöses Pooling). Dadurch wird der venöse Rückstrom zum Herzen vermindert. Das Herz muss weniger Blut pumpen und wird entlastet. Der Sauerstoffbedarf des Herzens ist damit geringer. Nitroglycerin ist daher das Mittel der Wahl bei pektanginösen Beschwerden (→ S. 304).
Da die Narkoseeinleitung eine besonders kritische Situation darstellt, muss bereits vorher eine blutige arterielle Druckmessung angelegt wer-

den (→ S. 191). Es sollte vorzugsweise am nicht dominanten Handgelenk (bei Rechtshänder also links) punktiert werden. (Es ist jedoch vorher zu klären, ob nicht für die Anlage eines aortokoronaren Bypasses evtl. die Entnahme eines Teils der linken Arteria radialis geplant ist; → S. 313). Bei Operationen an der Aorta sollte stets die rechte Arteria radialis punktiert werden, da beim Abklemmen der Aorta manchmal die linke Arteria subclavia mit abgeklemmt wird.

Narkoseeinleitung

Als Narkoseform wird normalerweise eine TIVA (→ S. 125) oder balancierte Anästhesie (→ S. 124) gewählt.

! Alle Medikamente müssen stets sehr langsam und nach Bedarf unter Kontrolle der hämodynamischen Parameter injiziert werden (!!).

Die Narkoseeinleitung kann z. B. folgendermaßen durchgeführt werden:

- Anxiolytikum:
  Falls der Patient nicht ausreichend angst- und stressfrei ist, sollte im Einleitungsraum während der Vorbereitungen intravenös ein Anxiolytikum verabreicht werden (z. B. Boli à 0,5 mg Midazolam, 0,25 mg Flunitrazepam oder Fentanylboli à 25 µg; → S. 306).
- Präoxygenierung (→ S. 113)
- großzügige Opioidgabe
  z. B. 0,5 mg Fentanyl oder eine entsprechende Dosis an Sufentanil (ca. 70 µg). Es ist auf eine langsame Injektion zu achten. Zunehmend häufiger wird als Opioid Remifentanil per Spritzenpumpe (initial oft 0,2–0,3 µg/kg KG/min) eingesetzt.
- den Patienten zum Einatmen auffordern (Kommandoatmung)
- Hypnotikum
  z. B. Etomidat (0,2–0,3 mg/kg KG), Propofol (ca. 1,5–2 mg/kg KG) oder Thiopental (ca. 4–5 mg/kg KG). Bei Patienten mit eingeschränkter Ventrikelfunktion kann Propofol zu einem deutlichen Abfall des Blutdrucks führen.
- Vollrelaxierung mit einem nicht depolarisierenden Muskelrelaxans; z. B. 0,6 mg/kg KG Rocuronium (ca. 50 mg beim Erwachsenen)
- schonende orotracheale Intubation:
  Die Narkoseeinleitung ist besonders schonend mit möglichst konstantem Verhalten von Blutdruck und Herzfrequenz durchzuführen.

Nach der Narkoseeinleitung wird ein (unter Umständen mehrlumiger) zentraler Venenkatheter gelegt. Er dient der herznahen Applikation von Medikamenten und der Kontrolle des zentralen Venendrucks. Häufig wird die Punktion der Vena jugularis interna rechts bevorzugt.
In seltenen Fällen muss evtl. ein Pulmonaliskatheter eingeführt werden (→ S. 197), mit dem das Herzminutenvolumen, der Druck in der Arteria pulmonalis sowie der pulmonalkapilläre Verschlussdruck (= Wedge-Druck) gemessen werden können. Das Einführen eines Pulmonaliskatheters ist z. B. bei schweren Formen einer Mitralstenose angezeigt. In manchen Kliniken wurde früher grundsätzlich ein Pulmonalarterienkatheter für alle Herzoperationen gelegt. Seit einigen Jahren wird in der Kardioanästhesie allerdings zunehmend häufiger auf das Einschwemmen eines Pulmonaliskatheters verzichtet.
Wird ein Pulmonaliskatheter bereits vor Narkoseeinleitung gelegt, so sind bei der Narkoseeinleitung optimale Überwachungsmöglichkeiten gegeben. Außerdem können dann bereits vor Narkoseeinleitung der ZVD, das HMV sowie der Wedge-Druck gemessen werden. Diese Ausgangswerte bieten wichtige Vergleichsmöglichkeiten für intraoperativ gemessene Werte.
Anschließend müssen neben einem Dauerkatheter und einer Magensonde noch eine rektale und eine ösophageale Temperatursonde gelegt werden. Es ist auf eine ausreichende Anzahl venöser Zugänge zur Volumensubstitution zu achten.
Inzwischen wird auch in der Kardioanästhesie zunehmend häufiger eine TIVA unter Verwendung von Remifentanil (meist 0,25–0,5 µg/

kg KG/min), Propofol (3–6 mg/kg KG/h), nicht depolarisierendes Relaxans und Sauerstoff durchgeführt.
Wird im Rahmen einer balancierten Anästhesie ein volatiles Inhalationsanästhetikum eingesetzt (bei Patienten ohne Zeichen einer Herzinsuffizienz), so scheint hierfür in der Kardioanästhesie das Sevofluran besonders geeignet. Es weist eine gute Kreislaufstabilität auf und in neueren Studien wird ihm auch eine gute kardioprotektive Wirkung (mit Erhöhung der Ischämietoleranz) zugeschrieben.

Narkoseführung bis zum Anschluss an die Herz-Lungen-Maschine

Während dieser Narkosephase ist auf eine ausreichende Opioidgabe zu achten (z. B. ca. 1 µg/kg KG/h Sufentanil per Infusionspumpe). 5–10 Minuten vor dem Hautschnitt sollte nochmals ein Fentanyl- oder Sufentanilbolus nachinjiziert werden oder eine Remifentanilinfusion entsprechend erhöht werden (ggf. bis ca. 0,5 µg/kg KG/min). Bis zum Hautschnitt werden meist ungefähr 1,0 mg Fentanyl oder ca. 150 µg Sufentanil verabreicht. Vor allem zum Hautschnitt, zur Sternotomie und bei der Freipräparierung der herznahen großen Gefäße ist eine tiefe Narkose erforderlich. Treten trotz ausreichender Analgesie und Narkosetiefe nicht beherrschbare Blutdrucksteigerungen auf, so muss ggf. eine kontrollierte Blutdrucksenkung (→ S. 273) durchgeführt werden, z. B. mittels Vasodilatanzien wie Nitroglycerin oder einem volatilen Inhalationsanästhetikum. Bei der Beatmung wird eine Normoventilation angestrebt. Der Patient wird meist mit 50 % Sauerstoff beatmet.

Narkoseführung während der extrakorporalen Zirkulation

Die Aufrechterhaltung der Narkose wird zumeist mit einem Opioid (z. B. Fentanyl oder Sufentanil oder Remifentanil), einem nicht depolarisierenden Relaxans (z. B. Vecuronium, Rocuronium oder Pancuronium) und einem Hypnotikum (z. B. Propofol) durchgeführt. Das Hypnotikum (z. B. Propofol) und das Opioid (z. B. Sufentanil) sollten per Spritzenpumpe verabreicht werden.
Eventuell kann auch ein verdampfbares Inhalationsanästhetikum, vor allem Sevofluran oder Isofluran, über den Oxygenator der Herz-Lungen-Maschine verabreicht werden. Der Bedarf an Narkosemitteln ist individuell recht unterschiedlich und hängt auch von dem Ausmaß der Hypothermie ab.

> ! Während der extrakorporalen Zirkulation sollten Medikamente möglichst über den venösen Schenkel der Herz-Lungen-Maschine (und nicht über die zentralen Venenkatheter) appliziert werden, weil dadurch der Applikationsweg sicherer ist.

Während des partiellen Bypasses (der meist nur wenige Minuten dauert) darf kein Lachgas verabreicht werden. Der Grund ist, dass wenn im Bereich des Operationsgebietes oder im Bereich der Herz-Lungen-Maschine evtl. Luftblasen ins Blut eingeschwemmt werden, dann würden diese unter Lachgasgabe eine Größenzunahme erfahren (→ S. 271). Es ist mit 100 % Sauerstoff zu beatmen. Mit Beginn des totalen Bypasses ist die Beatmung sofort zu beenden. Infusionen sind zu stoppen und Medikamente bzw. ein volatiles Inhalationsanästhestikum sind nur über die HLM zu verabreichen.
Während der extrakorporalen Zirkulation müssen vor allem die folgenden Größen kontinuierlich überwacht werden:

- Gerinnung
- Blutungsprophylaxe
- arterieller Druck
- EKG
- Neurologie
- ZVD und ggf. Wedge-Druck
- Urinausscheidung
- Beatmung
- Relaxierung
- Labor
- Temperatur

Gerinnung

Um während der EKZ eine Blutgerinnung in der Herz-Lungen-Maschine zu verhindern, wird der Patient kurz vor der operativen Kanülierung der großen Gefäße (→ S. 298) initial mit ca. 300–400 IE Heparin/kg KG heparinisiert. Das Heparin ist über den zentralen Venenkatheter zu injizieren. Die ausreichende Heparinisierung kann z. B. mithilfe der sog. **a**ctivated **c**lotting **t**ime (= **ACT**) kontrolliert werden. Wird hierzu das automatische Hemochrongerät verwendet, dann müssen 2 ml Blut in ein Spezialröhrchen injiziert werden. Danach wird die Zeitmessung des Hemochrongerätes gestartet, das Röhrchen ca. 5 Sekunden lang geschüttelt und anschließend in die Messkammer des Hemochrongerätes gesteckt. Bei Beendigung der Messung zeigt das Gerät den entsprechenden ACT-Wert an.

> ! Der Normalwert der ACT liegt bei ca. 90–130 Sekunden. Während der EKZ sollte ein Wert von ca. 400–600 Sekunden angestrebt werden. Erst wenn der ACT-Zielwert (>400 Sekunden) erreicht ist, werden die Hohlvenen kanüliert und der Bypass wird begonnen.

Der ACT-Wert sollte ungefähr alle 30 Minuten kontrolliert werden und bei Abfall unter 400 Sekunden muss Heparin (ca. ⅓ der Initialdosis) nachinjiziert werden. Nach Beendigung der EKZ wird das Heparin durch die Gabe von Protaminsulfat antagonisiert und ein dem Ausgangswert entsprechender ACT-Wert angestrebt. Mit ca. 100–130 IE Protaminsulfat können 100 IE Heparin antagonisiert werden. Wegen der erhöhten Gefahr einer anaphylaktoiden Reaktion und eines Blutdruckabfalls muss Protamin sehr langsam verabreicht werden. Im Rahmen von herzchirurgischen Operationen kommt es häufiger zu Blutungen. Diese können vor allem chirurgisch bedingt oder seltener Folge einer Gerinnungsstörung sein. Eine Gerinnungsstörung kann durch eine unzureichende Antagonisierung des Heparins, häufiger durch einen Abfall der Thrombozytenzahl oder sehr selten der Konzentration der Gerinnungsfaktoren (durch Gerinnungsaktivierung an den Oberflächen der Herz-Lungen-Maschine mit Verbrauch von Thrombozyten und Gerinnungsfaktoren) bedingt sein. Eine Blutungsneigung kann auch durch eine Überdosierung von Protamin, eine sehr lange Bypass-Zeit, Hypotonie oder eine sehr starke Hämodilution bedingt sein.

Blutungsprophylaxe

Durch die Gabe des Proteasehemmers Tranexamsäure (der die Fibrinolyse hemmt = Antifibrinolytikum) konnte bei kardiochirurgischen Operationen der perioperative Blutverlust um ca. 50 % vermindert werden. Tranexamsäure wird initial mit 10 mg/kg KG dosiert. Anschließend wird ca. 1 mg/kg KG/h infundiert.
Der über viele Jahre in der Kardiochirurgie verwendete Proteasehemmer Aprotinin (Trasylol®) wurde im November 2007 überraschend vom Markt genommen (da es zu einer Erhöhung des Risikos für Nierenversagen, Schlaganfall und kardialen Komplikationen führt).

Arterieller Druck

> ! Während der extrakorporalen Zirkulation sollte der arterielle Perfusionsdruck bei 60–100 mm Hg liegen. (Vor allem zu Beginn des Bypasses und während der Wiedererwärmungsphase kann der Perfusionsdruck abfallen.)

Bei einem konstanten Perfusionszeitvolumen der Herz-Lungen-Maschine hängt der arterielle Perfusionsdruck nur vom peripheren Widerstand ab. Es gilt die Beziehung: Perfusionsdruck (≈ MAP) = HMV × peripherer Gefäßwiderstand; → S. 403). Da das HMV an der HLM auf ca. 2,2–2,5 l/min/m² eingestellt wird, das heißt konstant ist, kann der Perfusionsdruck (≈ MAP) dadurch erhöht bzw. erniedrigt werden, sodass der periphere Gefäßwiderstand erhöht bzw. erniedrigt wird. Der periphere Gefäßwiderstand

wird vor allem durch den Sympathikotonus, die Anästhesie, die Temperatur, den pH-Wert und durch vasoaktive Medikamente beeinflusst.
Ein systolischer, arterieller Blutdruck von mehr als 100 mm Hg spricht bei einem normalen Perfusionszeitvolumen der Herz-Lungen-Maschine für einen hohen peripheren Gefäßwiderstand. Durch eine Vertiefung der Narkose sowie durch Vasodilatanzien, wie z. B. Nitroglycerin, Urapidil oder Nitroprussidnatrium (→ S. 304), kann der periphere Widerstand und damit der arterielle Druck gesenkt werden. Falls der arterielle Perfusionsdruck trotz eines normalen oder erhöhten Perfusionszeitvolumens mit der Herz-Lungen-Maschine unter 60 mm Hg abfällt, so scheint eine Drucksteigerung durch Vasopressoren wie Noradrenalin und/oder eine Senkung der Körpertemperatur notwendig.

EKG

Während der Kardioplegie ist das Herz asystolisch.

Neurologie

Nach Herzoperationen mit der Herz-Lungen-Maschine kann es vor allem durch Luftembolisationen in den Hirnkreislauf oder durch Embolisation von losgelösten Gefäßplaques oder Fettpartikeln in den Hirnkreislauf zu zerebralen Komplikationen kommen. Hierdurch kann es zu neurologischen Ausfällen, einem apoplektischen Insult, einem verzögerten postoperativen Erwachen, Verwirrtheitszuständen oder gar zu einem postoperativen Koma kommen. Sinnvoll ist intraoperativ die wiederholte Kontrolle und Dokumentation der Pupillenweite, die unter Fentanyl-, Sufentanil- oder Remifentanilgabe beidseits eng sein muss.

Zentraler Venendruck und Wedge-Druck

Der **z**entrale **V**enen**d**ruck (= **ZVD**) sollte während der extrakorporalen Zirkulation bei oder unter 0 mm Hg liegen. Auch der evtl. gemessene Wedge-Druck sollte während des Bypasses bei ca. 0 mm Hg liegen.

Urinausscheidung

Die Urinproduktion sollte nicht unter 1 ml/kg KG/h abfallen. Eine unzureichende Diurese kann z. B. Folge eines zu niedrigen HMV, eines Volumenmangels oder einer tiefen Hypotonie sein. Kommt es zu einer starken Hämolyse (zumeist aufgrund einer mechanischen Schädigung der Erythrozyten vor allem durch das Absaugen des Blutes) mit einer Verfärbung des Urins, so sollte die Diurese mit Furosemid (z. B. Lasix®) oder einem Osmodiuretikum wie Mannit gesteigert werden.

Beatmung

Direkt nach Beginn der EKZ müssen die O_2- und CO_2-Partialdrücke, der pH-Wert sowie die Sauerstoffsättigung sowohl im arteriellen als auch im zentral- oder gemischtvenösen Blut kontrolliert werden. Der arterielle pO_2 liegt (bei einer Beatmung mit ca. 50 % Sauerstoff) meist bei 150–300 mm Hg (= 20–40 kPa), der gemischtvenöse pO_2 (→ S. 201) sollte mindestens 40 mm Hg (= 5,3 kPa) betragen. Eine Hyperventilation ist zu vermeiden. Der arterielle pCO_2 sollte bei ca. 40 ± 4 mm Hg (= 5,3 kPa) liegen (Normoventilation). Die arterielle Sättigung muss mindestens 95 % betragen, der pH-Wert sollte im Normbereich von 7,4 ± 0,04 liegen. Eine metabolische Acidose (pH-Wert kleiner als 7,36 und Standardbicarbonat unter 22 mmol/l) ist meist Folge einer ungenügenden Perfusion!

Relaxierung

Um den für die Operation notwendigen Stillstand des Zwerchfells zu garantieren, ist auf eine ausreichende Relaxierung zu achten. Durch spontane Inspirationsversuche könnte im Operationsgebiet auch eine Luftembolie begünstigt werden.

Labor

Die Elektrolyte Natrium, Kalium und Calcium sowie die Blutzuckerkonzentration müssen mehrfach kontrolliert werden. Außerdem ist der Hb-Wert regelmäßig zu überprüfen. Während der extrakorporalen Zirkulation liegt er meist zwischen 20 und 30 %, er sollte jedoch nicht unter 20 % abfallen. Bei einem Abfall unter diesen Wert ist eine Bluttransfusion notwendig.

Temperatur

Während der EKZ wird der Patient über den Wärmeaustauscher der HLM meist mehr oder weniger stark gekühlt. Inzwischen wird meist nur noch eine milde Hypothermie (ca. 34 °C) durchgeführt. Etwa 10 Minuten vor Beendigung der EKZ wird die Körpertemperatur wieder auf den Normalwert angehoben. Durch Erniedrigung der Körperkerntemperatur um jeweils 1 °C kann der Sauerstoffverbrauch des Körpers um je ca. 7 % vermindert werden. Durch die Hypothermie wird die Narkose vertieft bzw. der Anästhetikabedarf wird vermindert. In tiefer Hypothermie ist keine Narkotikagabe mehr notwendig.
Die Temperatur wird mittels einer ösophagealen und einer rektalen Temperatursonde überwacht. Daneben wird mit der HLM die Bluttemperatur kontrolliert.

Beendigung der extrakorporalen Zirkulation

Gegen Ende der Herzoperation wird mit der **Wiedererwärmung** des Patienten begonnen. Bei einer zu schnellen Erwärmung kann es zu einer starken Gefäßdilatation mit einem Abfall des arteriellen Drucks kommen, was den Einsatz von vasokonstringierenden Medikamenten erforderlich machen kann.
Nachdem der Operateur das Herz sorgfältig entlüftet hat, wird die Aortenklemme (vgl. Abb. 5-20) entfernt. Das aus der HLM in die Aorta gepumpte Blut strömt nun auch in die Aortenwurzel, und es kommt wieder zur Durchblutung der Koronararterien. Die sog. **Reperfusionsphase** beginnt. Meist stellt sich innerhalb weniger Minuten wieder ein normaler Herzrhythmus ein. Bleibt jedoch ein Kammerflimmern bestehen, muss das Herz durch direktes Auflegen von Defibrillatorelektroden mit ca. 10–30 Wattsekunden defibrilliert werden. Tritt wiederholt Kammerflimmern auf, so empfiehlt sich vor einer erneuten Defibrillation die Gabe von 5 mg/kg KG Amiodaron (Cordarex®) intravenös.

> ! Vor dem Abgehen von der HLM sollte die Bluttemperatur wieder auf >35 °C angehoben werden, die Blutgase, der pH-Wert sowie die Elektrolyte sollten im Normbereich liegen (insbesondere die Kaliumkonzentration sollte >4,0 mmol/l betragen und auch für die Calciumkonzentration ist ein Normalwert sicherzustellen). Wurde während der extrakorporalen Zirkulation ein verdampfbares Inhalationsanästhetikum verwendet, so sollte es mindestens 15–20 Minuten vor Abgang von der HLM abgestellt werden.

Die Entwöhnung von der HLM, der „Abgang von der Maschine", beginnt mit dem schrittweisen Übergang zum **partiellen Bypass**. Im partiellen Bypass muss der Patient mit 100 % Sauerstoff beatmet werden. Der venöse Rückfluss in die HLM wird gedrosselt, das Herz muss einen zunehmend größeren Anteil des Herzminutenvolumens wieder übernehmen. Ist der vollständige Abgang von der HLM gelungen und sind

die venöse sowie die arterielle Kanüle entfernt, wird nach Rücksprache mit dem Operateur das Heparin mittels langsamer Protamininfusion antagonisiert (→ S. 309).
Der Abgang von der HLM kann je nach Myokardfunktion wenige Minuten bis einige Stunden dauern. Während der Entwöhnung können unter Umständen erhebliche **hämodynamische Probleme** auftauchen. Wichtig ist der direkte Blick auf das schlagende Herz. Eine gezielte Unterstützung des Kreislaufs in dieser Situation ist möglich, wenn der arterielle Druck, das Herzminutenvolumen sowie der ZVD (und der Wedge-Druck) bekannt sind. Mithilfe dieser Größen können außerdem die Gefäßwiderstände im Lungenkreislauf sowie im großen Kreislauf errechnet werden. Je nach Situation müssen die folgenden Maßnahmen getroffen werden:

- HMV niedrig, Blutdruck niedrig, ZVD niedrig, Wedge-Druck niedrig:
  ⇒ Dem Patienten muss Volumen zugeführt werden. Falls bei einer solchen hämodynamischen Konstellation der Hb-Wert zu niedrig ist, sollten (möglichst frische) Erythrozytenkonzentrate transfundiert werden. Ist es zu einem starken Abfall der Thrombozytenzahl gekommen, kann auch die Gabe eines Thrombozytenkonzentrats notwendig werden (Thrombozytenverbrauch in der HLM und im extrakorporalen Kreislauf). Auch die Gabe von FFP (= **f**resh **f**rozen **p**lasma) kann notwendig werden. Eine übermäßige Blutung kann verschiedene Ursachen haben (→ S. 309), ist aber zumeist durch ein operatives Problem bedingt.
- HMV niedrig, Blutdruck niedrig, ZVD normal oder erhöht, Wedge-Druck normal oder erhöht:
  ⇒ Die Gabe von Catecholaminen (z. B. Dobutamin) zur Unterstützung der Herzleistung ist notwendig.
- HMV niedrig, Gefäßwiderstand hoch, ZVD hoch, Wedge-Druck hoch:
  ⇒ Die Gabe von Vasodilatatoren (z. B. Nitroprussidnatrium; → S. 305) in Kombination mit Catecholaminen (z. B. Dobutamin) ist zu empfehlen.
- HMV weitgehend normal, arterieller Druck weitgehend normal, ZVD hoch, Wedge-Druck hoch:
  ⇒ Die Gabe von Nitroglycerin (→ S. 304) ist zu empfehlen.
- HMV hoch, Blutdruck niedrig, Gefäßwiderstand im großen Kreislauf niedrig:
  ⇒ Die Infusion von Noradrenalin ist indiziert.

Bei bradykarden Rhythmusstörungen kann auch die Gabe von Atropin, Orciprenalin oder eine Herzschrittmacherstimulation notwendig werden. (Bei den Patienten werden meist intraoperativ passagere Schrittmacherelektroden am Vorhof und am linken Ventrikel platziert. Die elektrische Stimulation ist dann der medikamentösen Stimulation vorzuziehen.)
Bleibt trotz einer differenzierten medikamentösen Therapie die Herzleistung zu niedrig (= **low cardiac output syndrome**), kann zur Unterstützung des insuffizienten Herzens über die Arteria femoralis ein aufblasbarer Ballon in die thorakale Aorta eingeführt werden. Abhängig vom EKG wird dieser Ballon während der frühen Diastole aufgepumpt und während der Systole entleert. Dieser Ballon pulsiert entgegengesetzt zum Herzen; das Prinzip wird deshalb als **intraaortale Ballongegenpulsation** bezeichnet. Der in der frühen Diastole aufgepumpte Ballon verhindert den schnellen Abfluss des in die Aorta ausgeworfenen Blutes und verbessert damit die koronare und zerebrale Durchblutung. Kurz vor der Systole entleert sich der Ballon schlagartig, wodurch der Druck in der Aorta plötzlich abfällt und die Nachlast (→ S. 297) und damit auch der Sauerstoffbedarf für das sich jetzt kontrahierende linke Herz reduziert wird.

5.12.5 Häufige Herzoperationen

Die häufigsten Operationen in der Herzchirurgie sind Operationen an arteriosklerotisch verengten (= stenosierten) Koronararterien. Im Bereich einer **Gefäßstenose** ist die Durchblutung gedrosselt. Die maximal noch durch die

Stenose fließende Blutmenge reicht bei Belastung nicht mehr aus, um die Herzmuskulatur hinter der Stenose mit genügend Sauerstoff zu versorgen. Folge dieser Mangeldurchblutung des Herzmuskels sind pektanginöse Beschwerden oder schlimmstenfalls ein Herzinfarkt. Da der Sauerstoffbedarf der Herzmuskulatur bei einer Blutdrucksteigerung und vor allem bei einer Beschleunigung der Herzfrequenz erhöht ist (→ S. 296), wird verständlich, dass bei diesen Patienten stärkere Blutdruckanstiege und insbesondere Herzfrequenzsteigerungen zu vermeiden sind. Diese Stenosen der Koronararterien können operativ dadurch behandelt werden, dass mit einem autologen (= körpereigenen) Venentransplantat (meist aus der Vena saphena magna) oder einem autologen Arterientransplantat (meist aus der linken Arteria radialis) ein künstlicher Umgehungskreislauf (= Bypass) von der Aorta zur poststenotischen Koronararterie hergestellt wird (1 in Abb. 5-22). Diese Operation wird als **aortokoronarer Bypass** (= **a**orto-**c**oronary **b**ypass = **ACB**) bezeichnet. Es kann auch eine direkte Anastomosierung zwischen der Arteria mammaria interna und der betroffenen Koronararterie durchgeführt werden.

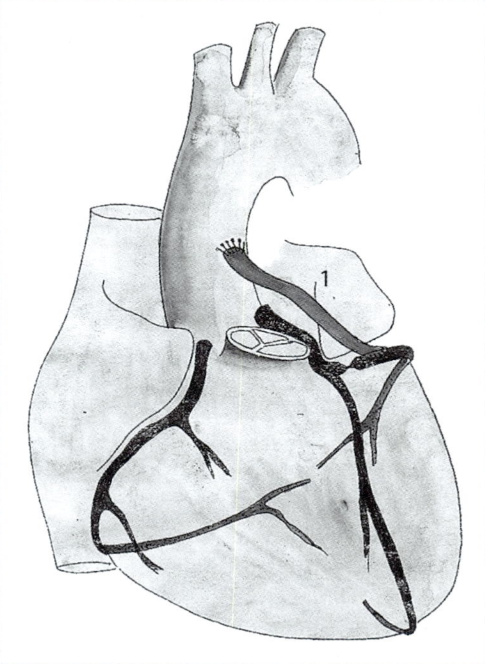

Abb. 5-22 Aortokoronarer Bypass (1) bei Stenosierung der Arteria circumflexa

Andere häufige Operationen in der Herzchirurgie sind z.B. Operationen an **veränderten Herzklappen**, insbesondere an der Aortenklappe und der Mitralklappe. Meistens müssen diese veränderten Klappen entfernt und durch Klappenprothesen ersetzt werden.

✓ Die **Mitralklappe** ist die Herzklappe zwischen linkem Vorhof und linkem Ventrikel. Während der Diastole fließt das Blut durch die Mitralklappe aus dem linken Vorhof in den linken Ventrikel.

Bei Patienten mit einer hochgradigen Verengung der Mitralklappe (= **Mitralstenose**) kann das Blut während der Diastole nur noch ungenügend vom linken Vorhof in den linken Ventrikel einströmen. In schweren Fällen wird sich das Blut vor der Mitralklappe, also im linken Vorhof, oder bis zurück in die Lungenstrombahn stauen. Folge einer Rückstauung bis in die Lungenstrombahn ist ein Lungenödem. Kommt es bei Patienten mit einer Mitralstenose zu einer Beschleunigung der Herzfrequenz, so wird sich die Symptomatik akut verschlechtern, denn bei einer Herzfrequenzsteigerung wird vor allem die Dauer der Diastole verkürzt (→ S. 297). Hierdurch hat das Blut weniger Zeit, durch die enge Mitralklappe zu fließen und wird sich deshalb stärker vor dem linken Herzen anstauen. Durch eine Tachykardie können diese Patienten akut in ein Lungenödem kommen. Bei einer **Mitralinsuffizienz** ist dagegen eine Bradykardie zu vermeiden, da ansonsten während der relativ langsamen Ventrikelsystole viel Blut in den Vorhof zurückfließen kann.

5.12.6 Minimalinvasive Operationstechniken

Seit einigen Jahren kommen in der Kardiochirurgie zunehmend sog. minimalinvasive Techniken zum Einsatz. Hierbei wird zum Teil am schlagenden Herzen ohne Einsatz der Herz-Lungen-Maschine operiert. Von minimalinvasiver Herzchirurgie wird aber auch dann gesprochen, wenn eine HLM eingesetzt, aber auf eine komplette Durchtrennung des Brustbeins (= Sternotomie) verzichtet und der Thorax nur minimal eröffnet wird. Unter einer nur minimalen Eröffnung des Thorax wird z. B. eine partielle Sternotomie oder eine Minithorakotomie (vor allem eine linksanteriore Minithorakotomie = **l**eft-**a**nterior **s**mall **t**horacotomy = LAST; zumeist im vierten oder fünften Interkostalraum links) verstanden. Minimalinvasive Eingriffe ohne HLM am schlagenden Herzen sind nur bei Operationen an den Koronararterien möglich. Bei minimalinvasiven Eingriffen unter Verwendung der HLM ist fast das gesamte Spektrum der kardiochirurgischen Operationen möglich.

Insgesamt wird jedoch bisher erst ein geringer Prozentsatz der kardiochirurgischen Operationen minimalinvasiv durchgeführt. Die Tendenz ist allerdings steigend. In mehr als 75 % der Fälle handelt es sich hierbei um koronarchirurgische Eingriffe. Zu den minimalinvasiven kardiochirurgischen Eingriffen gehören vor allem:

- koronarchirurgische Eingriffe:
  - minimalinvasive direkte koronararterielle Bypässe (= **m**inimally **i**nvasive **d**irect[-vision] **c**oronary **a**rtery **b**ypass = MIDCAB) am schlagenden Herzen; Zugang über LAST (= **l**eft **a**nterior **s**mall **t**horacotomy; → oben). Für eine MIDCAB eignen sich vor allem Patienten mit einer Stenose des Ramus interventricularis anterior der linken Koronararterie. Um während der Gefäßanastomose gute Operationsbedingungen zu ermöglichen, werden mechanische Haltesysteme verwendet, die im Bereich der Anastomosennaht eine „mechanische Ruhigstellung" ermöglichen.
  - **o**ff-**p**ump **c**oronary **a**rtery **b**ypass (= OPCAB) am schlagenden Herzen; Zugang über mediane Sternotomie
- Operationen an Aortenklappe, Mitralklappe oder Vorhofseptum unter Verwendung der HLM bei Vermeidung einer kompletten Sternotomie (über eine Ministernotomie)
- thorakoskopische Präparation der Arteria mammaria

Vorteil der minimalinvasiven kardiochirurgischen Techniken am schlagenden Herzen ist u. a., dass die Risiken der EKZ (z. B. zerebrale Mikroembolien, systemische Entzündungsreaktionen durch Aktivierung von Mediatoren aufgrund des Kontaktes von Blutzellen mit den inneren Oberflächen der Herz-Lungen-Maschine, stärkere postoperative Beeinträchtigung der Lungen- und Nierenfunktion) vermieden werden können. Bei minimalinvasiven kardiochirurgischen Operationen sind jedoch zum Teil deutlich längere Operationszeiten zu beachten. Da der Zugang zum Herzen bei diesen Techniken begrenzt ist, müssen neue, herzferne Kanülierungstechniken zum Anschluss an die HLM eingesetzt werden (Zugang über die Femoralgefäße durch den Chirurgen, zum Teil Zugang über die Vena jugularis interna durch den Anästhesisten). Lediglich bei der partiellen Sternotomie ist noch eine direkte Kanülierung der Aorta möglich. Bei minimalinvasiven Operationen am schlagenden Herzen wird die Überwachung der Herzaktionen mittels transösophagealer Echokardiographie notwendig.

Zumeist können die Patienten am Ende einer minimalinvasiven koronarchirurgischen Operation am schlagenden Herzen früh extubiert werden (vgl. Fast-Track-Verfahren; → S. 315). Bei minimalinvasiven herzchirurgischen Eingriffen, vor allem denjenigen, die am schlagenden Herzen (d. h. unter Umgehung der HLM) durchgeführt werden, sollen die peri- und postoperative Morbidität und Mortalität geringer, die Krankenhausverweildauer kürzer, der Blutverlust kleiner, die Nachbeatmungszeiten kürzer und die Kosten niedriger sein.

Bei minimalinvasiven Herzoperationen hat der Anästhesist eine besonders große Verantwortung und muss einen wichtigen Beitrag zum Gelingen der Operation leisten. Dem Operateur ist eine direkte Beurteilung und Befühlung des Herzens deutlich erschwert. Der Anästhesist muss hämodynamische Störungen oder myokardiale Ischämien sofort richtig erkennen, therapieren und dem Operateur mitteilen. An zusätzlichem erweitertem Monitoring ist bei minimalinvasiven kardiochirurgischen Eingriffen vor allem die transösophageale Echokardiographie zu nennen (→ S. 204). Während die TEE beispielsweise bei der konventionellen Klappenchirurgie *wünschenswert* ist, ist sie bei minimalinvasiver Klappenchirurgie *zwingend*, um Volumenstatus, Kontraktilität und evtl. Luftblasen erkennen zu können.

Im Rahmen der operationstechnisch bedingten Herzdislokation und beim Einsatz mechanischer Stabilisationssysteme kann eine hämodynamische Instabilität auftreten. Zum Teil wird auch eine Einlungenanästhesie (z. B. bei MIDCAB-Operationen) zwingend notwendig. Eine entsprechende präoperative Überprüfung der Lungenfunktion (Beurteilung von Lungenfunktionstests, Blutgasanalyse, Röntgenaufnahme des Thorax und eine ausführliche pulmonale Anamnese) ist wichtig.

Zur Narkoseeinleitung empfiehlt sich z. B. die Gabe von Sufentanil, Etomidat sowie eines nicht depolarisierenden Relaxans (häufig Atracurium oder Vecuronium). Öfter wird für Operationen am schlagenden Herzen inzwischen auch das Opioid Remifentanil verwendet. Die Narkose wird oft als IVA/TIVA weitergeführt. Zur Aufrechterhaltung der Narkose werden häufig auch 50 % O_2, 50 % Luft bzw. N_2O, Propofol plus eine thorakale PDA (Punktion vor allem bei Th5/6; Injektionen von Bupivacain plus Sufentanil) empfohlen. Die thorakale PDA ist bereits am Vortag anzulegen. Damit kann sichergestellt werden, dass zwischen Punktion und intraoperativer Heparingabe ein ausreichendes Zeitintervall besteht. Unter Umständen muss bei operationstechnischen Problemen sogar auf eine Operation unter Einsatz der Herz-Lungen-Maschine gewechselt werden und damit wird auch eine Vollheparinisierung notwendig.

5.12.7 Verlegung auf die Intensivstation

Unter kontinuierlichem Monitoring wird der Patient anschließend auf die Intensivstation transportiert. Der Patient wird weiterhin analgesiert und sediert, bis Körpertemperatur und Oxygenierung eine Entwöhnung vom Respirator zulassen. Es ist auch darauf zu achten, dass eine gute periphere Durchblutung vorliegt. Hämodynamisch instabile Patienten werden erst dann von der Beatmung entwöhnt, wenn die Catecholamin- und Vasodilatanziendosis auf ein vertretbares Maß reduziert werden konnten. In der Aufwachphase können durch Stresssituationen erhebliche Kreislaufbelastungen auftreten.

5.12.8 Fast-Track-Verfahren

Während früher nach kardiochirurgischen Operationen meist routinemäßig eine postoperative Nachbeatmung bis zum nächsten Morgen durchgeführt wurde, wird in den letzten Jahren versucht, diese Nachbeatmung zu verkürzen und die Patienten früh zu extubieren (innerhalb von ca. 1–6 Stunden nach Operationsende). Die zunehmend häufigeren minimalinvasiven kardiochirurgischen Eingriffe sowie Änderungen des perioperativen anästhesiologischen Managements (Verwendung von Propofol plus Sufentanil oder Remifentanil) begünstigen ein solches Vorgehen. Dieses Vorgehen wird in der Literatur als sog. Fast-Track-Verfahren („Schnellspurverfahren") bezeichnet (→ S. 291).

Durch eine frühzeitige Extubation können Risiken einer Nachbeatmung vermieden (z. B. pulmonale Infekte) und es kann ein Beitrag zur Effektivitätssteigerung geleistet werden. Ziel des Fast-Track-Verfahren ist es auch, die Verweildauer des Patienten auf der Intensivstation sowie die gesamte Krankenhausverweildauer zu verkürzen. Eine zu frühzeitige Extubation kann aber auch zu einer nachteiligen Stresssituation mit erhöhtem myokardialem Sauerstoffbedarf führen. Wichtig ist daher eine richtige Patientenselektion, das heißt, es müssen diejenigen Patienten erfasst werden, die für eine Frühextubation ohne Risikoerhöhung geeignet sind bzw. solche Patienten erkannt werden, bei denen keine Frühextubation zu empfehlen ist.

5.13 Polytraumatisierte Patienten

5.13.1 Allgemeine Bemerkungen

✓ Unter einem Polytrauma (= einer Mehrfachverletzung) werden gleichzeitig entstandene Verletzungen mehrerer Körperteile verstanden, wobei wenigstens eine oder die Kombination mehrerer Verletzungen lebensbedrohlich ist.

Ein polytraumatisierter Patient kann die unterschiedlichsten Verletzungsmuster aufweisen. Trotzdem enden die auftretenden pathophysiologischen Veränderungen immer in einem Volumenmangelschock mit all seinen Folgen. Bei Aufnahme eines Mehrfachverletzten in den Notfallbehandlungsraum bietet sich daher meist folgendes Bild:

- Hypovolämie (= Volumenmangel)
- Hypotonie
- Tachykardie
- Acidose:
  Einerseits kommt es im Volumenmangelschock zu einer Störung der Mikrozirkulation mit Beginn einer anaeroben Glykolyse und einem Anfall von Milchsäure (Lactat). Hierdurch entsteht eine **metabolische Acidose**. Andererseits kommt es durch eine fast obligatorische Ventilationsstörung (z. B. durch eine schmerzbedingte Atemschonhaltung) zu einem CO_2-Anstieg, wodurch eine zusätzliche **respiratorische Acidose** entsteht. Außerdem besteht bei einem Mehrfachverletzten zusätzlich fast immer auch eine Hypoxie.
- Oligurie oder Anurie
- evtl. Gerinnungsstörungen
- Hyperkaliämie (durch Acidose und Zerstörung von Zellen)

! Ganz entscheidend für den Behandlungserfolg eines polytraumatisierten Patienten ist die **optimale Organisation und Koordination** der bei der Diagnostik und Behandlung mitwirkenden Helfer.

5.13.2 Diagnostik

Nach einer kurzen Anamneseerhebung durch Befragen des begleitenden Notarztes oder einer evtl. Begleitperson muss sofort mit Diagnostik und Therapie begonnen werden.

Anästhesiologische Untersuchung

Es sind die Vitalfunktionen Atmung und Herz und Kreislauf zu beurteilen.

Atmung:
- normale Atmung?
- unzureichende Atmung (= Ateminsuffizienz)?
- Atemstillstand (= Apnoe)?

Kreislauf:
- normale Kreislaufverhältnisse?
- Kreislaufverhältnisse wie im Volumenmangelschock
  (das heißt niedriger Blutdruck und hohe Herzfrequenz)?
- Kreislaufstillstand?

Während der Anästhesist sich sofort um die Sicherung und Stabilisierung der Atmung und des Herz-Kreislauf-Systems bemüht, sollte der Patient von einem Neurochirurgen und einem Traumatologen kurz untersucht werden.

Neurologische Untersuchung

Bewusstsein:
- klar orientiert (= adäquat)?
- somnolent (= schlaftrunkener Zustand, leicht weckbar)?
- soporös (= durch starke Reize nur kurzfristig erweckbar)?
- komatös (= Bewusstlosigkeit)?

Die genaue Beurteilung und Überwachung der Hirnfunktion (z. B. mittels Glasgow-Koma-Skala) sowie die Einteilung des Schädel-Hirn-Traumas in unterschiedliche Schweregrade (SHT I°, II°, III°) wird im Kapitel über Intensivmedizin (Überwachung der Hirnfunktion; → S. 407) beschrieben. Es ist zu klären, ob der Verdacht auf ein **S**chädel-**H**irn-**T**rauma (= **SHT**), auf ein Hirnödem oder eine Hirnblutung besteht? Sind die Pupillenreflexe normal? Daneben gehört zur orientierenden neurologischen Untersuchung noch die Frage nach einer möglichen (Hals-)Wirbelsäulenverletzung oder gar **Querschnittslähmung** sowie nach peripheren Nervenverletzungen. Kann der Patient die Beine bewegen? Hat er eine intakte Sensibilität in den Beinen? Bei einer Querschnittslähmung sind Motorik und Sensibilität in den Beinen ausgefallen. Die Beine sind warm, die Gefäße unterhalb der Querschnittshöhe weitgestellt (querschnittsbedingte Gefäßweitstellung).

Traumatologische Untersuchung

Die Frage nach Knochenbrüchen, nach einem Pneumo- oder Hämatothorax, einer intraabdominalen Blutung oder einer retroperitonealen Blutung ist zu klären. Verletzungen der Wirbelsäule sind auszuschließen. Besteht auch nur der Verdacht auf eine intraabdominale Blutung (z. B. stumpfes Bauchtrauma, zunehmender Bauchumfang, zunehmende Bauchdeckenspannung), so muss umgehend eine Sonographie des Bauchraumes durchgeführt werden. Bei positivem Befund sind eine sofortige Laparotomie und operative Blutstillung angezeigt.

5.13.3 Versorgungsphasen

Phase 1: Sicherung der Vitalfunktionen

Atmung:
- Freimachen der Atemwege:
  Beim bewusstlosen Patienten müssen ggf. Fremdkörper aus Mund und Rachen entfernt und durch Überstrecken des Kopfes ein Zurückfallen der Zunge und eine Verlegung der oberen Luftwege verhindert werden (→ S. 323). (Besteht jedoch der Verdacht auf eine Halswirbelsäulenverletzung, dann darf die Kopflagerung möglichst nicht wesentlich verändert werden.)
- Sicherstellung einer ausreichenden Ventilation:
  Hierbei gilt:

> ! Jeder polytraumatisierte Patient sollte intubiert werden!

Die Gründe für die Intubation sind vielfältig. Oft besteht eine Verletzung des knöchernen Thorax (z. B. Rippenserienfraktur), eine Lungenkontusion oder die Gefahr einer Aspiration (→ S. 211), da der Patient (z. B. aufgrund eines Schädel-Hirn-Traumas) bewusstlos ist. Oft haben die Patienten bereits am Unfallort erbrochenen Mageninhalt aspiriert. Außerdem haben diese Patienten meist schmerzbedingt eine deutliche Atemschonhaltung. Daneben ist aus der Erfahrung bekannt, dass aufgrund des Schockzustandes bei Mehrfachverletzten sich bald pulmonale Probleme einstellen (**Schocklunge**). Dies alles sind Gründe, den Patienten zu intubieren. Bestehen keine Kontraindikationen, z. B. ein SHT mit Verdacht auf einen erhöhten intrakraniellen Druck (→ S. 267), so sollte der Patient mit PEEP beatmet werden.
Bei der Intubation ist stets davon auszugehen, dass der Patient nicht nüchtern ist, deshalb muss eine sog. Ileuseinleitung (→ S. 210) durchgeführt werden. Wegen der meist besonderen Dringlichkeit zur Intubation oder dem häufigen

Verdacht auf einen erhöhten intrakraniellen Druck (SHT?) muss auf das Legen einer Magensonde vor (!) Intubation zumeist verzichtet werden. Vor Narkoseeinleitung sollte aber eine adäquate Volumentherapie bereits begonnen werden, um drastische Blutdruckabfälle durch die Narkosemedikamente zu vermeiden.

Prinzipiell müssen bei Patienten im Schock die Medikamente vorsichtig dosiert werden. Außerdem muss auf blutdrucksenkende Medikamente (z. B. Propofol, Inhalationsanästhetika) verzichtet werden. Die Narkose wird meist mit einem Hypnotikum wie Etomidat oder Thiopental eingeleitet und mit Sauerstoff/Luft, einem Opioid (z. B. Fentanyl oder Sufentanil), einem nicht depolarisierenden Relaxans (z. B. Rocuronium, Vecuronium) und einem Hypnotikum (z. B. Midazolam) aufrechterhalten. Bei Patienten mit starker Hypotonie kann die Intubation auch nach intravenöser Gabe von Ketamin durchgeführt werden. Hierbei bleibt ein weiterer Blutdruckabfall normalerweise aus.

Kreislauf: Die einzige kausale Therapie des vorliegenden Volumenmangelschocks ist die Volumengabe! Nur damit ist eine Normalisierung des Kreislaufs, eine kausale Therapie der metabolischen Acidose sowie ein Wiedereinsetzen der Urinausscheidung zu erwarten. Ebenso kann drohenden Gerinnungsstörungen am besten dadurch vorgebeugt werden, dass der Volumenmangelschock schnell unterbrochen wird. Daher gilt:

! Sofortige großzügige Volumengabe!

Bei jedem Mehrfachverletzten müssen folgende Maßnahmen erfolgen:

- sofort (!) EKG und Pulsoxymeter anschließen
- sofort (!) Blutdruck messen
- sofort (!) mehrere, möglichst großlumige periphervenöse Zugänge legen:
  Bei schlechten peripheren Venenverhältnissen sollte frühzeitig ein großlumiger Katheter (z. B. ein Shaldon-Katheter) in der Vena subclavia oder Vena femoralis platziert werden.
- sofort (!) Beginn der Volumensubstitution (!), auch dann, wenn der Blutdruck noch scheinbar ausreichend ist und keine großen äußeren Blutungen erkennbar sind (innere Blutungen?!, Weichteilblutungen?!):
  Es handelt sich dann meist um einen durch maximale Kreislaufzentralisation gerade noch kompensierten Schockzustand, der jederzeit dekompensieren kann!
- sofort (!) Abnahme von Kreuzblut
  zur Bestimmung der Blutgruppe und Anforderung von mindestens 6–8 vorerst noch ungekreuzten Blutkonserven. Nur in absolut lebensbedrohlichen Ausnahmefällen sollten als „Universalspenderblut" Erythrozytenkonzentrate der Blutgruppe 0 Rhesus-negativ transfundiert werden (→ S. 141). In der Regel können jedoch einige Minuten abgewartet werden, bis die Blutgruppe festgestellt und ungekreuztes, blutgruppengleiches Blut bereitgestellt ist. Dies ist bei guter Organisation innerhalb von wenigen Minuten möglich! Bis dahin sollten vor allem Plasmaersatzmittel wie **H**ydroxy**e**thyl**s**tärke (= **HES**) zur Anwendung kommen (→ S. 135). Transfusionen und Infusionen müssen mithilfe eines Druckbeutels vorgenommen werden.

! Bei einer evtl. notwendigen Massivtransfusion ist daran zu denken, dass Erythrozytenkonzentrate keinerlei funktionsfähige Thrombozyten mehr enthalten und eine verminderte Aktivität vor allem der Gerinnungsfaktoren V und VIII aufweisen.

- Es muss deshalb frühzeitig zusätzlich FFP (= **f**resh **f**rozen **p**lasma; enthält Gerinnungsfaktoren; → S. 138) und manchmal gegen Ende der operativen Blutstillung Thrombozytenkonzentrat transfundiert werden, um einer Entgleisung der Blutgerinnung vorzubeugen.

- sofort (!) Abnahme von Laborwerten wie Na, K, Hb, Hkt, Quick-Wert, PTT, Thrombozyten, BZ

> ! Bei einer akuten Blutung sind Hb- und Hkt-Wert keine zuverlässigen Parameter für das Ausmaß des Blutverlustes. Sie sind bei akuten Blutungen oft falsch hoch! Aussagekräftiger ist zumeist ein Blick in die anämische Bindehaut (Konjunktiva) des Patienten (!).

- Möglichst bald sollte eine arterielle Blutdruckmessung (→ S. 191) angelegt und eine arterielle Blutgasanalyse abgenommen werden.
- Möglichst bald sollte ein Dauerkatheter gelegt werden, um die Urinausscheidung und damit die Suffizienz der Volumentherapie beurteilen zu können.
- Das Platzieren eines Kavakatheters ist wünschenswert, aber zweitrangig (→ S. 185). Bei schlechten Kreislaufverhältnissen bietet hierbei die Punktion der Vena subclavia die besten Erfolgsaussichten (→ S. 188). Treten trotz ausreichender Volumenzufuhr unklare Kreislaufprobleme auf, muss stets auch an die Möglichkeit eines Spannungspneumothorax gedacht werden.

Phase 2: lebensrettende Notoperationen

Liegen Verletzungen vor, die eine endgültige Stabilisierung der Vitalfunktionen Atmung und Kreislauf nicht erlauben, z. B. ein Pneumothorax oder eine Milzruptur, so müssen entsprechende lebensrettende Eingriffe (Thoraxdrainage bzw. Milzexstirpation) ohne jegliche Verzögerungen (1. Tag) durchgeführt werden.

> ! Liegen mehrere lebensbedrohliche Verletzungen vor, z. B. eine Milzruptur und ein epidurales Hämatom, so haben die kreislaufstabilisierenden Maßnahmen – falls ein gleichzeitiges Operieren von 2 Operationsteams nicht möglich ist – den Vorrang.

Die Ausräumung eines epiduralen Hämatoms wäre sinnlos, wenn der Patient inzwischen an seiner Milzruptur verblutet. Sofort anschließend muss dann das epidurale Hämatom entlastet werden.

Im Anschluss an diese lebensrettenden Notoperationen wird eine **ausführliche röntgenologische Diagnostik** durchgeführt. Besteht der Verdacht auf ein Schädel-Hirn-Trauma, so muss, sobald die Vitalfunktionen einigermaßen stabilisiert sind, ein kranielles Computertomogramm (= **c**ranial **c**omputerized **t**omography = **CCT**) durchgeführt werden. Die Frage nach einem therapiebedürftigen Hirnödem oder nach einer operativ angehbaren intrakraniellen Blutung oder nach einer Verletzung der Halswirbelsäule muss beantwortet werden. Bereits im Zweifelsfalle müssen Manipulationen unterlassen werden, die den intrakraniellen Druck steigern könnten und Maßnahmen durchgeführt werden, die zu einem Abfall des intrakraniellen Drucks führen (vgl. dazu die ausführliche Darstellung im Kapitel „Intrakranieller Druck" auf S. 267). Das knöcherne Skelett sowie die Lunge müssen geröntgt werden. Ergeben sich hieraus keine neuen operativen Konsequenzen, so wird der Patient auf eine operative Intensivstation zur Stabilisierung seines Zustandes verlegt.

Phase 3: Stabilisierungsphase

Alle anderen nicht unmittelbar lebensbedrohlichen Verletzungen sollten erst operiert werden, wenn sich der Zustand des Patienten durch eine entsprechende intensivmedizinische Therapie (ca. zweiter bis vierter Tag) stabilisiert hat (= Stabilisierungsphase).

Phase 4: zweite Operationsphase

Hat sich der Zustand des Patienten stabilisiert, so wird er – im Rahmen der **zweiten Operationsphase** (ca. fünfter bis zehnter Tag) – von der

Intensivstation in den Operationssaal gebracht. Als Narkoseform ist die (T)IVA das Verfahren der Wahl, wobei meist ein enormer Medikamentenverbrauch auffällt. Aufgrund der inzwischen längeren Immobilisation und der oft großen Muskelverletzungen verbietet sich im Falle einer notwendig werdenden „Ileuseinleitung" die Anwendung von Succinylcholin (→ S. 73). Als Relaxans sollte Rocuronium verabreicht werden.

Phase 5: Erholungsphase

Die Erholungsphase umfasst das Ausschleichen der intensivmedizinischen Therapie sowie die Entwöhnung vom Beatmungsgerät.

6 Aufwachraum

6.1 Allgemeine Bemerkungen

Nach Beendigung der Narkose wird der Patient vom Operationstisch in ein frisches, möglichst vorgewärmtes Bett gelegt und darin in den Aufwachraum gefahren. Der Aufwachraum sollte sich in enger räumlicher Verbindung zum Operationstrakt befinden und untersteht der Anästhesie. Im Aufwachraum werden die Patienten so lange überwacht, bis sie wach und wieder im Vollbesitz ihrer Schutzreflexe sind und eine Gefährdung durch eine narkose- oder operationsbedingte Atmungs- oder Kreislaufproblematik ausgeschlossen werden kann. Im Normalfall beläuft sich der Aufenthalt im Aufwachraum auf mindestens 30 Minuten bis höchstens ca. 3 Stunden. Anschließend werden die Patienten wieder auf ihre jeweilige Station gebracht. In problematischen Fällen sollte der Patient auf eine Intensivstation verlegt werden.

6.2 Übernahme des Patienten

Bei der Übernahme eines Patienten in den Aufwachraum muss eine „Übergabe" des Patienten stattfinden; das heißt, der für die Narkose verantwortliche Anästhesist berichtet der für den Aufwachraum zuständigen Pflegekraft bzw. dem zuständigen Arzt, welche Operation und welches Narkoseverfahren durchgeführt wurden und welche Probleme während der Narkose aufgetreten sind. Wichtig ist auch zu berichten, an welchen Nebenerkrankungen der Patient leidet. Besonderer Erwähnung bedarf es, ob bei dem Patienten z. B. ein Opioid oder ein nicht depolarisierendes Muskelrelaxans antagonisiert werden musste, ob der Verdacht auf einen Medikamentenüberhang besteht, welche Infusionen der Patient im Aufwachraum erhalten soll, welche Schmerzmedikation er bei Bedarf erhalten kann und was die Aufwachraumschwester bei diesem Patienten besonders zu beachten hat.

Nach der Übernahme des Patienten muss sich die Pflegekraft im Aufwachraum selbst einen Eindruck vom Patienten verschaffen. Insbesondere muss sie den Wachheitsgrad (= die Vigilanz) des Patienten, die Effektivität seiner Spontanatmung sowie seine Kreislaufsituation und seine Hautbeschaffenheit (Zyanose, zentralisiert und kalt?) kontrollieren.

6.3 Wachheitsgrad

Der Wachheitsgrad kann folgendermaßen unterteilt werden:

- wach und adäquat:
  Der Patient ist wach und kommt Aufforderungen korrekt nach.
- somnolent:
  schlaftrunkener Zustand. Der Patient kann leicht erweckt werden. Wird er in Ruhe gelassen, so schläft er wieder ein.
- soporös:
  Nur auf lautes Zurufen versucht sich der Patient kurz zu orientieren. Auf Schmerzreize reagiert er mit gezielten Abwehrbewegungen. Er ist aber unfähig zu jeglicher spontanen Aktivität.
- komatös:
  Der Patient ist bewusstlos.

6.4 Atmung

6.4.1 Überwachung

Die Überwachung der Atmung erfolgt klinisch und wünschenswerterweise auch apparativtechnisch mithilfe der Pulsoxymetrie und bei drohender Apnoe (z. B. Frühgeborene) auch mittels Apnoematratze oder mittels Bioimpedanzverfahren. Beim Bioimpedanzverfahren können über die EKG-Elektroden atemabhängige Widerstandsänderungen des Thorax und damit die Atemfrequenz erfasst werden (→ S. 404; Überwachung der Atmung).

6.4.2 Ursachen unzureichender Atmung

Ein Opioidüberhang (z. B. Fentanyl) sowie ein Überhang an Muskelrelaxanzien sind häufige Ursachen einer unzureichenden postoperativen Spontanatmung des Patienten.

Opioidüberhang?

Die Aufwachraumschwester muss sich stets darüber informieren, wann der Patient das letzte Mal ein Opioid (z. B. Fentanyl) erhalten hat. Mit einer Atemdepression nach Fentanyl oder Sufentanil muss gerechnet werden, wenn die letzte Opioidgabe weniger als 30 Minuten zurückliegt, die letzte Fentanyl- oder Sufentanildosis mehr als 0,1 mg bzw. 15 µg betrug oder während der Operation eine relativ hohe Gesamtdosis an Opioid verabreicht wurde. Auf direkte Aufforderung atmen diese Patienten kurzfristig tief durch.

> ! Wird ein Patient mit Opioidüberhang ganz in Ruhe gelassen, so hat er eine sehr langsame Atemfrequenz mit relativ großem Atemzugvolumen oder er „vergisst" gar ganz zu atmen und „schläft" ein.

Die Pupillen sind typischerweise eng (stecknadelkopfgroße Pupillen; → S. 8). Der Patient gibt an, keine Schmerzen zu haben. Bei Verdacht auf einen Opioidüberhang muss der verantwortliche Anästhesist informiert werden, der über eine evtl. notwendige Antagonisierung des Opioids (→S. 61) entscheiden muss. Patienten, bei denen ein Fentanyl- oder Sufentanilüberhang antagonisiert wurde, sollten mindestens noch 2 Stunden im Aufwachraum verbleiben, denn in seltenen Fällen kann nach Wirkungsende des Antidots (= Gegenmittels) der Opioidüberhang erneut auftreten. Nach Verwendung des ultrakurz wirkenden Remifentanils ist ein postoperativer Überhang weitgehend ausgeschlossen.

Relaxansüberhang?

Bei einem noch anrelaxierten Patienten ist die Kraft der Atemmuskulatur unzureichend, außerdem droht in Rückenlage die Zunge aufgrund des schlaffen Muskeltonus nach hinten zu fallen und die oberen Luftwege zu verlegen. Bei der Aufforderung, die Augen ganz zu öffnen, wird ein noch anrelaxierter Patient die Stirn runzeln, versucht also unter Mithilfe der Stirnmuskulatur die Augen zu öffnen. Der Aufforderung, die Hand zu drücken, den Kopf hochzuheben oder die Zunge herauszustrecken, kann der Patient nur andeutungsweise nachkommen.

> ! Der Atemtypus ist eher tachypnoisch mit kleinen Atemzugvolumina.
> Zumeist sind die Patienten sehr unruhig und machen ungezielte, unkoordinierte Bewegungen.

Bei Verdacht auf einen Relaxansüberhang muss der verantwortliche Anästhesist informiert werden, der über eine evtl. notwendige Antagonisierung (→ S. 71) entscheiden muss.

Überhang an Narkosegas?

Bei Patienten mit einem Isofluran-, Sevofluran- oder Desfluranüberhang kann die Bewusstseinslage von somnolent bis bewusstlos (→ S. 321) reichen.

! Der Atemtypus ist eher tachypnoisch mit kleinen Atemzugvolumina. Die Ausatemluft weist den typischen Geruch nach Narkosegas auf.

Bei bewusstlosen Patienten kann es in Rückenlage zu einer Verlegung der oberen Luftwege durch die zurückfallende Zunge kommen.

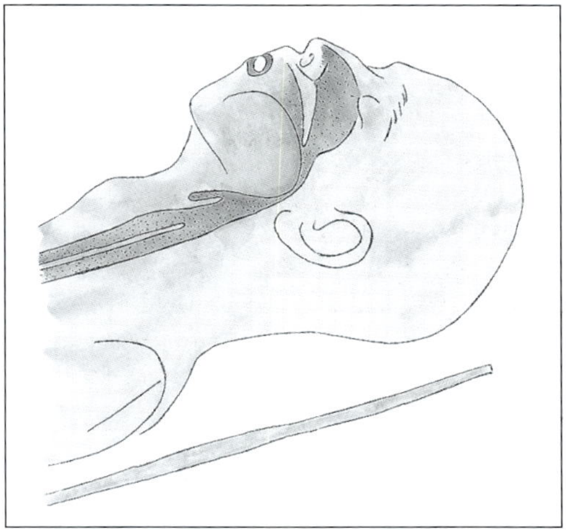

Abb. 6-1 Verlegung der oberen Luftwege durch zurückgefallene Zunge

Verlegung der oberen Luftwege?

Bei Patienten mit Operationen im Halsbereich, wie z. B. einer Strumektomie, kann es postoperativ zu einer Einengung der oberen Luftwege und vor allem einem inspiratorischen Stridor aufgrund einer Schwellung, eines Hämatoms oder einer intraoperativen Nervenverletzung kommen. Bei einer erschwerten Atmung sind der Operateur und der Anästhesist zu informieren, ggf. muss z. B. ein Hämatom operativ ausgeräumt werden. Bei einem starken Ödem ist unter Umständen die Gabe eines abschwellenden Medikamentes notwendig (z. B. 250 mg Solu-Decortin®-H i. v.). Bei bewusstlosen Patienten oder bei Patienten mit einem Medikamentenüberhang (z. B. Relaxansüberhang) kann es in Rückenlage zu einem Zurückfallen der Zunge und damit zu einer teilweisen oder totalen Verlegung der oberen Luftwege kommen (vgl. Abb. 6-1). Durch Überstreckung des Kopfes und Anwendung des sog. Esmarch-Handgriffs wird die Zunge von der Rachenhinterwand abgehoben (vgl. Abb. 6-2), und der Patient kann wieder frei durchatmen.

✓ Beim **Esmarch-Handgriff** wird mit den am Unterkieferwinkel angreifenden Zeige- und Mittelfingern der Unterkiefer hochgezogen und hierdurch gleichzeitig der Kopf überstreckt. Zusätzlich wird mit beiden Daumen gegen das Kinn gedrückt und so der Mund geöffnet (vgl. Abb. 6-3).

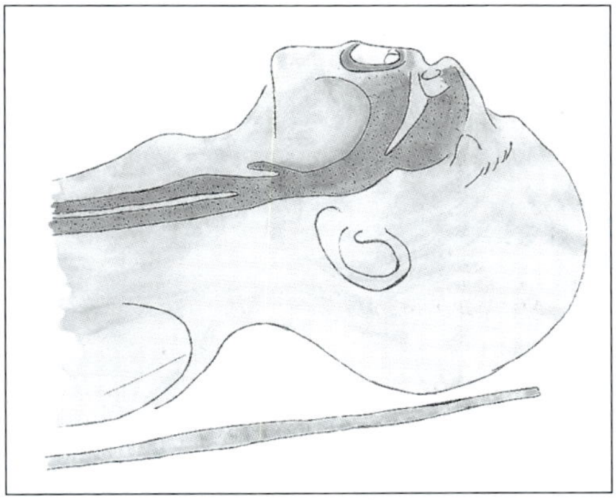

Abb. 6-2 Freie obere Luftwege bei überstrecktem Kopf

Häufig ist der Esmarch-Handgriff auch wirksam, wenn die ungenügende Atmung nicht durch eine Verlegung der oberen Luftwege, sondern z. B. durch eine opioidbedingte Atemdepression verursacht ist. Da der Esmarch-Handgriff bei kräftiger Anwendung sehr unangenehm ist, führt er in diesem Fall zu einer schmerzbedingten Ventilationssteigerung. Anschließend muss dann ggf. der Opioidüberhang antagonisiert werden.

Auch durch das Einführen eines **Wendl-Tubus** (= Nasopharyngealtubus; Abb. 6-4) kann ein

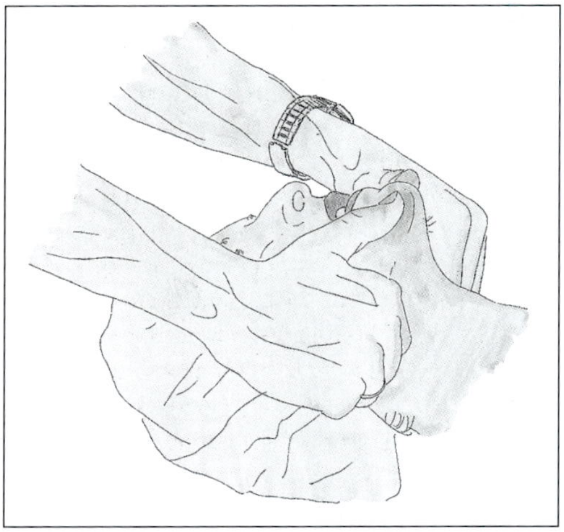

Abb. 6-3 Durchführung des Esmarch-Handgriffs

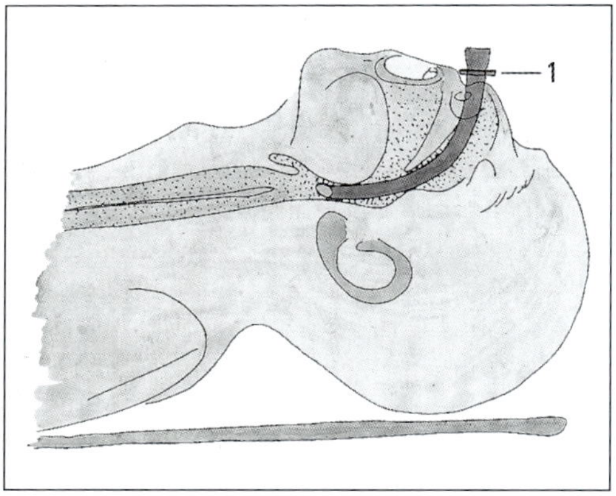

Abb. 6-4 Eingeführter Wendl-Tubus. 1 = Verstellbare Ringplatte zur Fixierung des Wendl-Tubus.

Offenhalten der oberen Luftwege erzielt werden. Der Wendl-Tubus muss über den unteren Nasengang, also nach dorsal (und nicht nach kranial-dorsal!) so weit vorgeschoben werden, wie es dem Abstand Ohr – Nasolabialfalte (Nasen-Mund-Falte) des Patienten entspricht. Bei korrekter Lage des Wendl-Tubus ist eine deutliche Luftströmung am Ende des Tubus zu hören. Durch eine verstellbare Ringplatte, die nach korrekter Positionierung bis an den Naseneingang vorgeschoben wird, kann der Wendl-Tubus in dieser Position fixiert werden.

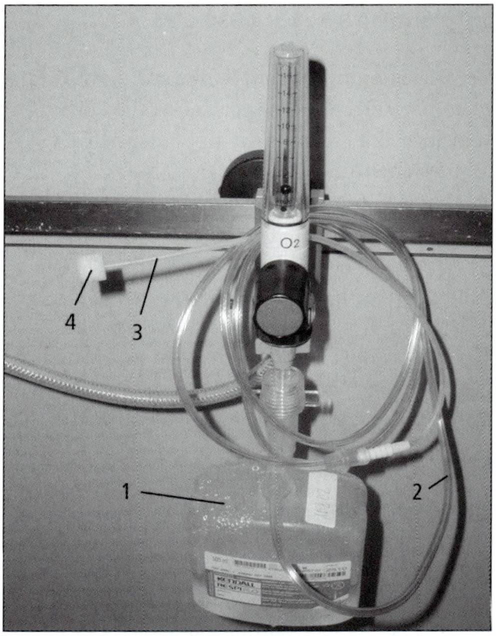

Abb. 6-5 Sauerstoffsprudler (1) mit Sauerstoffleitung (2) und konnektierter Nasensonde (3), die ein Schaumstoffschwämmchen (4) an der Spitze aufweist

Das Einführen eines **Guedel-Tubus** (→ S. 90) sollte vermieden werden, da dieser zu einer wesentlich stärkeren Reizung des Zungengrundes und der Rachenwand führt und evtl. einen Würge- und Brechreiz auslösen kann.
Sind die Schutzreflexe eines Patienten noch nicht zurückgekehrt, so sollte er, falls es die Operation erlaubt, in eine flache Seitenlage gebracht werden. Hierdurch kann einer Verlegung der oberen Luftwege durch die zurückfallende Zunge sowie einer Aspiration im Falle eines Erbrechens vorgebeugt werden.
Nach Überprüfung der Spontanatmung erhält normalerweise jeder Patient im Aufwachraum über eine **Nasensonde** ca. 2 Liter O_2/min. Der Sauerstoff sollte über einen Sprudler angefeuchtet werden (vgl. Abb. 6-5). Ein zu hoher Sauerstofffluss ist für den Patienten unangenehm und führt sehr schnell zum Austrocknen der Luftwege. Mehr als ca. 6 Liter O_2/min über eine Nasensonde sind sinnlos (entweicht über Mund und Nase)! Die Nasensonde wird mit dem

Schwämmchen nur in den Naseneingang eingeführt. Das Schwämmchen ermöglicht einen guten Halt der Sonde in der Nase und verhindert auch, dass der Sauerstoff großteils wieder sofort aus der Nase strömt.

Bei **Patienten mit schwerem chronischem Lungenleiden** (mit niedrigem p_aO_2, hohem p_aCO_2 = Globalinsuffizienz; → S. 346) wird bei der Sauerstoffgabe oft zur Vorsicht gemahnt. Diese Patienten sollen sich an ihre pathologisch hohe CO_2-Konzentration gewöhnt haben, und der Atemantrieb soll bei ihnen nicht mehr über einen erhöhten CO_2-Wert, sondern über ihren gleichzeitig erniedrigten O_2-Wert erfolgen. Diese Behauptung scheint jedoch nicht zuzutreffen. Auch bei diesen Patienten wird der Atemantrieb offensichtlich über den pH-Wert reguliert.

! Wird Patienten mit schwerem chronischem Lungenleiden Sauerstoff verabreicht, so könnte ihnen der Atemantrieb genommen werden. Sauerstoff soll bei diesen Patienten also unter Umständen atemdepressiv wirken! Bei notwendiger Sauerstoffgabe ist also eine engmaschige Überwachung dieser Patienten wichtig.

6.5 Kreislauf

6.5.1 Kontrolle

Die Kontrolle des Kreislaufes erfolgt idealerweise mittels oszillometrischer Blutdruckmessung (z. B. Dinamap®-Gerät) oder ersatzweise anhand der auskultatorischen Blutdruckmessung. Bei kritisch kranken Patienten sollte auch im Aufwachraum eine bereits intraoperativ vorgenommene arterielle Blutdruckmessung oder ZVD-Kontrolle vorübergehend weitergeführt werden. Im Folgenden sollen kurz die häufigsten Komplikationen vonseiten des Kreislaufes besprochen werden.

6.5.2 Komplikationen

Frequenz- und Blutdruckanstieg

Frequenz- und Blutdruckanstieg in der unmittelbaren postoperativen Phase haben ihre Ursache meist im Auftreten von Wundschmerzen und machen eine Schmerztherapie nötig (→ S. 328). Daneben können aber auch eine überfüllte Blase sowie eine Ventilationsstörung mit Hypoxie und Hyperkapnie einen Blutdruck- und einen Frequenzanstieg verursachen. Insbesondere nach Narkosen, bei denen nur das sehr kurz wirksame Opioid Remifentanil verwendet wurde, treten im Aufwachraum meist frühzeitig starke Schmerzen auf.

Frequenzanstieg und Blutdruckabfall

Frequenzanstieg und Blutdruckabfall sind meist Ausdruck eines intravasalen Volumenmangels. Ursachen können eine ungenügende intraoperative Volumenzufuhr oder eine postoperative Nachblutung sein. Hinweise hierauf können neben der Frequenzsteigerung und dem Blutdruckabfall ein niedriger ZVD, eine geringe Urinproduktion von weniger als 1 ml/kg KG/h, eine schnelle Füllung der Redonflaschen, eine Zunahme des Bauchumfangs nach Bauchoperationen, anämische Bindehäute (!) sowie ein niedriger Hb- und Hkt-Wert sein. Der zuständige Anästhesist und ggf. der Operateur müssen benachrichtigt werden. Eine Blutung in die Bauchhöhle kann mittels Ultraschalluntersuchung bestätigt oder ausgeschlossen werden! Eine Volumengabe und evtl. eine Reoperation sind notwendig.

Blutdruckanstieg

Manchmal treten postoperative Blutdruckanstiege auf, bei denen keine Schmerzreaktion, keine Ventilationsstörung, keine überfüllte Blase und keine Übertransfusion oder Ähnliches als Ursache infrage kommt. Oft handelt es sich um Patienten mit bekanntem Hochdruckleiden, bei denen manchmal eine medikamentöse Blutdrucksenkung notwendig wird. Dazu eignen sich folgende Medikamente:

- Urapidil
- Nitrendipin
- Nitroglycerin
- Dihydralazin
- Clonidin
- β-Rezeptoren-Blocker

Medikamente zur Blutdrucksenkung

Urapidil (Ebrantil®)

Wirkung: Urapidil wirkt über eine Blockade der Alpharezeptoren vor allem auf das arterielle Gefäßsystem dilatierend und bewirkt dadurch einen Blutdruckabfall. Urapidil führt zu keiner reflektorischen Tachykardie.

Darreichungsform: 1 Ampulle à 5/10 ml zu 25/50 mg; 1 ml = 5 mg

Dosierung: Initial werden meist 10–25 mg intravenös verabreicht. Gegebenenfalls kann nach ca. 5 Minuten eine Wiederholungsdosis erfolgen.

Nitrendipin (Bayotensin®)

Indikation: Nitrendipin ist ein Calciumkanalblocker und eignet sich vor allem bei älteren Patienten zur Hochdruckbehandlung.

Darreichungsform: Phiole à 5 mg

Dosierung: Zum sofortigen Wirkungsbeginn sollte der Inhalt der Phiole unter der Zunge ausgedrückt werden. Die Wirksubstanz wird sublingual resorbiert.

Nitroglycerin (→ S. 304)

Indikation: Nitroglycerin eignet sich vor allem bei Patienten mit zusätzlicher Koronarsklerose zur Blutdrucksenkung.

Darreichungsform:

- z. B. Nitrolingual® Kapseln à 0,8 mg; 1–2 Kapseln sublingual
  oder Nitrolingual® Spray: 1 Sprayhub à 0,4 mg; 1–3 Sprayhübe in die Mundhöhle bei angehaltenem Atem
- evtl. Nitroglycerin (Trinitrosan®-)Injektionslösung: 1 Ampulle mit 1 ml = 5 mg:
  Es hat sich eine Verdünnung 1 : 100 bewährt. 1 ml = 5 mg wird mit 9 ml NaCl 0,9 % verdünnt. 9 ml dieser Mischung werden verworfen. Der verbleibende 1 ml = 0,5 mg wird wiederum mit 9 ml NaCl 0,9 % verdünnt. 1 ml enthält nun 0,05 mg Nitroglycerin.

Dosierung: 0,05–0,1 mg intravenös (= 1–2 ml dieser Verdünnung); ggf. mehrere Wiederholungsdosen

Dihydralazin (Nepresol®)

Wirkung: Dihydralazin bewirkt eine Tonusverminderung vor allem der Arteriolen und damit eine Blutdrucksenkung.

Nebenwirkungen: Tachykardie

Darreichungsform: 1 Ampulle mit 25 mg

Dosierung: ¼ –½ Ampulle intravenös; ggf. eine Wiederholungsdosis

Clonidin (Catapresan®)

Wirkung: Clonidin blockiert die Alpharezeptoren (→ S. 301, 336) und verursacht damit eine Blutdrucksenkung. Clonidin sollte nur bei schwer behandelbaren Hypertensionen verabreicht werden. Es wird auch bei einem hypertensiven Notfall empfohlen (→ S. 523).

Nebenwirkungen: Bradykardie

Darreichungsform: 1 Ampulle = 1 ml = 0,15 mg

Dosierung: 1 Ampulle = 0,15 mg sollten auf 10 ml verdünnt werden. Davon 5 ml = 0,075 mg = 75 μg intravenös.

β-Rezeptoren-Blocker (z. B. Esmolol; Brevibloc® – Metoprolol; Beloc®)

Wirkungen: Esmolol und Metoprolol sind kardioselektive β-Rezeptoren-Blocker (die nur über Beta-1-Rezeptoren wirken) und die Beta-2-Rezeptoren des Bronchialsystems nicht relevant beeinflussen. Brevibloc® ist durch einen schnellen Wirkungsbeginn und eine ultrakurze Wirkdauer gekennzeichnet. Die Wirkdauer beträgt nur wenige Minuten, da die Substanz schnell (durch Esterasen) gespalten wird.

Indikationen: β-Rezeptoren-Blocker eignen sich vor allem bei jüngeren Patienten zur Hochdruckbehandlung. Esmolol stellt in der Anästhesie inzwischen den β-Rezeptoren-Blocker der ersten Wahl dar.

Kontraindikationen: Bei dekompensierter Herzinsuffizienz, bei AV-Block zweiten oder dritten Grades, bei obstruktiven Lungenerkrankungen (z. B. Asthma bronchiale) und bei Bradykardie sind β-Rezeptoren-Blocker kontraindiziert, da deren Symptome durch β-Rezeptoren-Blocker verstärkt werden können.

Darreichungsform:
- Brevibloc®:
  Durchstechflasche à 10 ml = 100 mg (10 mg/ml) für Bolusinjektionen; Ampulle à 10 ml = 2,5 g (250 mg/ml) zur kontinuierlichen Infusion; stets verdünnen auf 10 mg/ml.
- Beloc®:
  1 Ampulle = 5 ml = 5 mg; 1 ml = 1 mg

Dosierung:
- Brevibloc®:
  - initial:
    0,5 mg/kg KG über 2–3 min
  - Erhaltungsdosis:
    0,1–0,2 mg/kg KG/min
- Beloc®:

5 ml = 5 mg; ggf. eine Wiederholungsdosis

6.6 Sonstige Maßnahmen

6.6.1 Allgemeine pflegerische Maßnahmen

Sind der Wachheitszustand, die Atmung sowie die Kreislaufsituation des Patienten überprüft und als zufriedenstellend befunden, wird dem Patienten ein frisches Flügelhemd angezogen und er wird warm zugedeckt.

> **!** Der Arm, an dem der Zugang liegt, muss jedoch sichtbar auf (!) der Bettdecke liegen, damit eine evtl. Diskonnektion mit Blutung aus der Kanüle sofort erkennbar ist (dies gilt insbesondere auch bei liegender arterieller Kanüle).

Die Kreislaufparameter Herzfrequenz und Blutdruck müssen nun mindestens in 10- bis 15-minütigem Abstand kontrolliert und im Narkoseprotokoll dokumentiert werden (→ S. 148). Gleichzeitig müssen immer auch die Atmung und der Wachheitszustand des Patienten überprüft und der Patient muss zum tiefen Durchatmen aufgefordert werden.
Zu den weiteren Aufgaben der Pflegekraft im Aufwachraum gehört es, die angeordnete Infusionstherapie durchzuführen und regelmäßig den Verband des Patienten zu kontrollieren, um zu prüfen, ob der Verband aufgrund einer stärkeren Nachblutung durchnässt ist. Außerdem müssen Sonden, Drainagen und Redonflaschen korrekt abgeleitet und regelmäßig kontrolliert bzw. gewechselt werden; ggf. ist der verantwortliche Anästhesist oder Operateur auf Auffälligkeiten hinzuweisen.

6.6.2 Einschätzung anhand postanästhetischer Checkliste

Zur postoperativen Beurteilung des Patienten können auch bestimmte Checklisten verwendet werden. In Tabelle 6-1 ist der PARS (= **p**ost-

Tab. 6-1 Postanästhetische Checkliste (= postanesthetic recovery score = PARS)

Kriterium	Punktzahl
Bewusstseinslage	
Adäquate Reaktion auf Ansprache	2 Punkte
Erweckbar durch Ansprache	1 Punkt
Keine Reaktion auf Ansprache	0 Punkte
Atmung	
Auf Aufforderung tiefes Durchatmen, ausreichender Hustenstoß	2 Punkte
Luftnot oder eingeschränkte Atmung	1 Punkt
Apnoe	0 Punkte
Kreislauf	
Systolischer Blutdruck < 20 % Abweichung vom Ausgangswert	2 Punkte
Systolischer Blutdruck 20–50 % Abweichung vom Ausgangswert	1 Punkt
Systolischer Blutdruck > 50 % Abweichung vom Ausgangswert	0 Punkte
Motorik	
4 Extremitäten zielgerichtet bewegbar	2 Punkte
2 Extremitäten zielgerichtet bewegbar	1 Punkt
0 Extremitäten zielgerichtet bewegbar	0 Punkte
S_aO_2 (pulsoxymetrische Sauerstoffsättigung)	
S_aO_2 > 92 % bei Raumluft	2 Punkte
S_aO_2 > 90 % mit Sauerstoffgabe	1 Punkt
S_aO_2 < 90 % trotz Sauerstoffgabe	0 Punkte
Gesamtpunktzahl	0–10 Punkte

anesthetic **r**ecovery **s**core) beschrieben. Auf dieser Checkliste kann der Patient maximal 10 Punkte (Score von 10) erreichen. Hat der Patient 7 oder weniger Punkte, dann ist eine engmaschige Kontrolle notwendig. Eine Punktzahl von 8–10 wird als sichere Punktzahl bezeichnet. Normalerweise sollten Patienten vor ihrer Verlegung eine Punktzahl von 10 erreicht haben.

6.7 Schmerzbekämpfung

Eine der wichtigsten Aufgaben im Aufwachraum ist die Schmerzbekämpfung. Nach einer Isofluran-, Sevofluran- oder Desflurannarkose treten nach Erwachen des Patienten meist relativ bald Schmerzen auf, sodass frühzeitig ein Analgetikum notwendig wird. Nach einer Narkose unter Verwendung des ultrakurz wirkenden Opioids Remifentanil treten typischerweise sehr schnell nach dem Erwachen aus der Narkose meist starke Schmerzen auf. Es wird daher schon eine intraoperative Gabe von z. B. Piritramid oder eine unmittelbar postoperative Piritramidtitration (→ S. 329) empfohlen.

6.7.1 Bedarfsadaptierte Opioiddosierung

Das Schmerzempfinden und damit auch der Opioidbedarf kann von Patient zu Patient zum Teil enorm schwanken. Die Verabreichung einer mittleren Erfolgsdosis kann daher beim einen Patienten unzureichend sein, beim nächsten Patienten aber eine Atemdepression verursachen. Das sicherste Vorgehen ist eine bedarfsadaptierte intravenöse Opioidtitration.
Für eine **bedarfsadaptierte intravenöse Opioidtitration** haben sich Geräte zur patientenkontrollierten Analgesie (= **p**atient **c**ontrolled **a**nalgesia = **PCA**) bestens bewährt. Per Knopfdruck kann sich hierbei der Patient von einer mikroprozessorgesteuerten Infusionspumpe, die an einen intravenösen Zugang angeschlossen ist, so oft kleine intravenöse Opioidboli abverlangen, bis er sich an seinen individuellen Opioidbedarf herantitriert hat und weitgehend schmerzfrei ist (vgl. Abb. 6-6). Aus Sicherheitsgründen kann an diesen PCA-Geräten programmiert werden, wie viele Milligramm Opioid sich der Patient pro Bolus abverlangen kann und wie lange das sog. Sperrintervall ist, also die Zeitspanne, bis die PCA-Maschine auf einen erneuten Knopfdruck wieder mit der Abgabe eines Opioidbolus reagiert, und wie hoch z. B. die Stunden- oder 4-Stunden-Maximaldosis sein darf. Zumeist

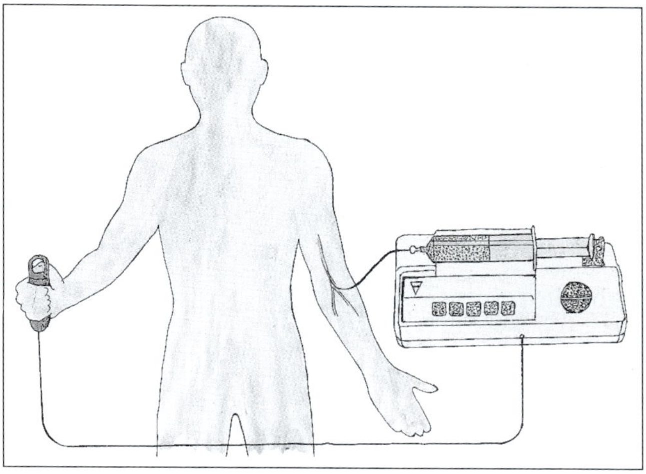

Abb. 6-6 Patientenkontrollierte Analgesie

wird eine PCA-Maschine mit einer verdünnten Piritramidlösung (→ unten) gefüllt (z. B. 1 ml = 2 mg). Als Bolus werden bei Erwachsenen zumeist 2 mg und als Sperrintervall meist 10 Minuten programmiert. Die 4-Stunden-Maximaldosis wird z. B. mit 25 mg eingestellt. Es sollte keine Hintergrundinfusion (Basalinfusion) eingestellt werden. Mit einem solchen PCA-Gerät kann eine sehr gute und sehr sichere postoperative Schmerzlinderung erzielt werden. Ein Problem ist jedoch, dass diese mikroprozessorgesteuerten PCA-Geräte relativ teuer sind (ca. 1 500 Euro).

! Opioidtitration: praktisches Vorgehen im Aufwachraum

Für die postoperative Schmerztherapie im Aufwachraum hat sich, falls keine PCA-Geräte (→ oben) zur Verfügung stehen, folgendes Vorgehen bestens bewährt: 1 Ampulle Dipidolor® (2 ml = 15 mg) wird mit NaCl 0,9 % auf 10 ml verdünnt. 1 ml entspricht 1,5 mg Dipidolor®. Der Anästhesist protokolliert auf dem Narkosebogen: „Dipidolor® bitte nach Bedarf titrieren. Initial beim Erwachsenen (z. B.) 3,0 oder 4,5 (oder 6) mg." Die Pflegekraft im Aufwachraum verabreicht bei Bedarf diese relativ niedrige Initialdosis. Sollte diese nicht ausreichen, so kann alle 10 Minuten ca. ⅓–½ der Initialdosis nachinjiziert werden, bis der Patient weitgehend schmerzfrei ist. Sollte eine zweiten Ampulle Dipidolor® benötigt werden, muss die Pflegekraft vorher den zuständigen Anästhesisten informieren.

Dieses Vorgehen scheint die beste Annäherung an die Prinzipien der PCA darzustellen und erlaubt ebenfalls eine bedarfsadaptierte intravenöse Opioidtitration.

Zur **postoperativen Schmerztherapie** eignen sich besonders die Analgetika vom Opioidtyp. Die Wirkungen und Nebenwirkungen dieser Analgetika werden auf Seite 8 ausführlich beschrieben. Für den Aufwachraum eignen sich vor allem die folgenden Opioide:

- Piritramid
- Buprenorphin

6.7.2 Postoperativ häufig eingesetzte Opioide

Piritramid (Dipidolor®)

Wirkungsdauer:

- ca. 6 Stunden

Nebenwirkungen:

- bei Überdosierung Atemdepression
- relativ selten Übelkeit

Darreichungsform:

- 1 Ampulle = 2 ml = 15 mg

Mittlere Erfolgsdosis:

- ⅓–½(–1) Ampulle intravenös bei Erwachsenen (→ S. 329)
- Dosierung bei PCA (→ S. 328)

Buprenorphin (Temgesic®)

Wirkungsdauer:

- 6–8 Stunden

Nebenwirkungen:

- Müdigkeit und Schlaf
- bei Überdosierung Atemdepression
- manchmal Übelkeit
- relativ langsamer Wirkungsbeginn

Darreichungsform:

- 1 Ampulle = 1 ml = 0,3 mg

Mittlere Erfolgsdosis:

- ½–1 Ampulle intravenös (→ S. 239) bei Erwachsenen

Überdosierung:

Eine Überdosierung ist durch die üblichen Opioidantagonisten nicht sicher aufhebbar! Buprenorphin hat eine höhere Rezeptoraffinität als Naloxon oder andere Opioide.

6.7.3 Antipyretische Analgetika

Zur **postoperativen Schmerztherapie** eignet sich oft auch ein Medikament aus der Gruppe der antipyretischen Analgetika, die vor allem die Bildung der Entzündungssubstanzen (z. B. Prostaglandine) im Wundgebiet blockieren. Dies wird dadurch erreicht, dass sie das für die Bildung der Entzündungsmediatoren wichtige Enzym Cyclooxygenase hemmen. Diese Substanzen werden daher oft auch als Cyclooxygenasehemmer bezeichnet. Ihr großer Vorteil besteht darin, dass sie im Gegensatz zu den Opioiden nicht (!) atemdepressiv wirken. Für den Aufwachraum haben sich vor allem die folgenden antipyretischen Analgetika bewährt:

- Paracetamol
- Ibuprofen
- Metamizol
- Acetylsalicylsäure
- Diclofenac
- selektive Cyclooxygenase-2-(COX-2-)Hemmer

In zahlreichen Untersuchungen konnte gezeigt werden, dass durch den perioperativen Einsatz eines antipyretischen Analgetikums eine signifikante Einsparung an Opioiden erzielt werden kann. Als alleiniges Analgetikum reicht ein antipyretisches Analgetikum in der frühen postoperativen Phase nach größeren Operationen jedoch meistens nicht aus. Antipyretische Analgetika werden inzwischen oft als Basisanalgetikum im Rahmen einer sog. balancierten (kombinierten) Analgesie eingesetzt. Bei der rektalen Gabe eines antipyretischen Analgetikums ist der langsame Wirkungsbeginn zu beachten. Wird z. B. ein Paracetamolsuppositorium erst am Ende der Operation verabreicht, dann ist keine signifikante Schmerzlinderung in den ersten 60 postoperativen Minuten zu erwarten.

> ! Ein antipyretisches Analgetikum sollte spätestens zu Beginn der Operation rektal, idealerweise aber schon im Rahmen der Prämedikation oral oder rektal verabreicht werden. Zunehmend häufiger wird intra- oder postoperativ Perfalgan® intravenös verabreicht.

Paracetamol (ben-u-ron®, Perfalgan®)

Nebenwirkungen:

- Leberschädigung bei Überdosierung

Darreichungsformen:

- Suppositorien zu 75/125/250/500/1 000 mg
- Tropfen
- Infusionslösung (Perfalgan®) à 50/100 ml = 500/1 000 mg

Dosierung:

- ben-u-ron® Suppositorien:
  (Oft werden für Paracetamol folgende, weniger genaue schematische Dosierungsempfehlungen angegeben:
  - erstes Lebensjahr:
    ca. 75–125 mg rektal
  - zweites bis sechstes Lebensjahr:
    ca. 250 mg rektal
  - Schulkinder:
    ca. 500 mg rektal
  - Erwachsene:
    ca. 1 000 mg rektal)

  Empfehlenswert sind für Paracetamol die folgenden Dosierungsempfehlungen:
  Bei Säuglingen >6 Monaten, bei Kleinkindern, Kindern, Jugendlichen und Erwachsenen werden ca. 4× 20 mg/kg KG/d empfohlen. Die Maximaldosierung wird bei Säuglingen >6 Monaten, bei Kleinkindern, Kindern, Jugendlichen und Erwachsenen mit ca. 90 mg/kg KG/d angegeben; ab ca. 150 mg/kg KG/d muss mit einer Leberschädigung gerechnet werden. Bei Säuglingen <6 Monaten sollten nur 3 Dosen à 20 mg/kg KG/d und bei Frühgeborenen maximal 2 Dosen à 20 mg/kg KG/d verabreicht werden. Die Maximaldosierung wird bei Neugeborenen und Säuglingen <6 Monaten mit 60 mg/kg KG/d angegeben.
- Perfalgan®:
  maximale Tagesdosierung: 60 mg/kg KG
  - über 50 kg KG: bis 4 × 1 Infusionsflasche à 1 g (Mindestabstand zwischen 2 Infusionen 4 Stunden)
  - 10–50 kg KG: 15 mg Paracetamol pro kg KG = 1,5 ml pro kg KG pro Anwendung; maximal 4 × pro Tag; Mindestabstand zwischen 2 Infusionen 4 Stunden
  - reife Neugeborene, Säuglinge, Kleinkinder <10 kg KG: bis 4 × 7,5 mg/kg KG/d, Mindestabstand zwischen 2 Infusionen 4 Stunden

Ibuprofen (Nurofen®-Saft)

Nebenwirkungen:

Ibuprofen scheint am Magen-Darm-Trakt weniger Nebenwirkungen zu verursachen als andere nicht steroidale Antirheumatika. Es ist – neben Paracetamol – bei Kindern besonders geeignet und bereits ab einem Alter von > 3 Monaten zugelassen.

Indikationen:

Ibuprofen wird bei Kindern (z. B. vor HNO-Operationen) oft schon im Rahmen der Prämedikation verabreicht, um dadurch eine postoperative Schmerzlinderung zu erzielen.

Darreichungsform:

- Nurofen®-Fiebersaft für Kinder;
  1 ml = 20 mg

Dosierung:

- für Kinder > 3 Monate bis 12 Jahre:
  20–30 mg/kg KG/d, verteilt auf 3–4 Dosen;
  z. B. 3 × 10 mg/kg KG/d

Metamizol (Novalgin®)

Metamizol wird oft als das Analgetikum der Wahl bei ehemaligen opioidabhängigen Patienten bezeichnet.

Nebenwirkungen:

Blutdruckabfall vor allem bei schnellerer intravenöser Injektion, selten Blutbildungsstörungen (hochgradige Verminderung der weißen Blutkörperchen, der Granulozyten; Agranulozytose) und allergische Reaktionen. (Aufgrund der Gefahr einer Agranulozytose ist Metamizol in manchen Ländern nicht [mehr] zugelassen.) Eine zurückhaltende Anwendung scheint sinnvoll (→ S. 332). Es empfiehlt sich die Gabe über eine Kurzinfusion. Eine Allergie auf Metamizol muss stets ausgeschlossen werden.

Indikationen:

Als Anwendungsindikationen für Metamizol werden offiziell nur „akute starke Schmerzen nach Verletzungen und Operationen, Koliken, Tumorschmerzen, sonstige akute oder chronische starke Schmerzen, soweit andere therapeutische Maßnahmen nicht indiziert sind" sowie „hohes Fieber, das auf andere Maßnahmen nicht anspricht", genannt.

Darreichungsform:

Metamizol sollte – falls es indiziert ist – als Kurzinfusion verabreicht werden. 1 Ampulle zu 2 oder 5 ml, 1 ml = 500 mg.

Dosierung:

- 1–2 ml = 500–1 000 mg intravenös bei Erwachsenen

Acetylsalicylsäure (Aspirin® i.v.)

Kontraindikation:

Acetylsalicylsäure ist kontraindiziert bei Patienten mit Asthma bronchiale (unter Umständen Auslösung eines asthmatischen Anfalls).

Darreichungsform:

- 1 Stechampulle mit 500 mg Wirksubstanz sowie 5 ml Lösungsmittel

Dosierung:

- 0,5–1–2,0 Ampullen intravenös bei Erwachsenen

Diclofenac (Voltaren®)

Wirkungen und Indikationen:

Es weist gute entzündungshemmende (= antiphlogistische) Wirkungen auf, ist daher vor allem bei orthopädischen oder traumatologischen Operationen gut geeignet.

Nebenwirkungen:

- gastrointestinale Erosionen

Darreichungsform:

- Suppositorien à 12,5, 25, 50, 100 mg

Dosierung:

- Kinder < 15 Jahre: nicht mehr zugelassen!
- ältere Kinder und Erwachsene: maximal ca. 2 mg/kg KG/d

Selektive Cyclooxygenase-2-Hemmer

Seit den 1990er Jahren ist bekannt, dass das Enzym Cyclooxygenase (→ S. 330) 2 Isoenzymformen aufweist, die Cyclooxygenase 1 (COX-1) und die Cyclooxygenase 2 (COX-2). Die oben beschriebenen antipyretischen Analgetika blockieren sowohl die COX-1 als auch die COX-2.

- Die Hemmung der COX-1 wird für eine Reihe von Nebenwirkungen der antipyretischen Analgetika (gastrointestinale Erosionen, Thrombozytenfunktionsstörungen) verantwortlich gemacht.
- Die Hemmung der COX-2 wird vor allem für die analgetische, antipyretische und entzündungshemmende Wirkung verantwortlich gemacht.

Seit einigen Jahren stehen selektiven COX-2-Hemmer zur Verfügung. Selektive COX-2-Hemmer führen auch bei maximaler Dosierung zu keiner klinisch relevanten Hemmung der COX-1. Die COX-2-Hemmer scheinen vergleichbar gute analgetische Wirkungen zu besitzen wie die konventionellen antipyretischen Analgetika, aber **gastrointestinal besser verträglich** zu sein. An Nebenwirkungen wurden initial vor allem mögliche Nierenfunktionsstörungen beschrieben. Inzwischen sind zum Teil ernste Nebenwirkungen im Zusammenhang mit bestimmten COX-2-Hemmern beschrieben worden (insbesondere eine Begünstigung von Herzinfarkten und zerebralen Schlaganfällen). Diese Nebenwirkungen scheinen jedoch nicht ein Problem bestimmter COX-2-Hemmer zu sein, sondern es scheint sich um ein prinzipielles Problem der COX-2-Hemmer zu handeln. Inzwischen wird darauf hingewiesen, dass unter COX-2-Hemmern auch schwere Hautreaktionen auftreten können.

Rofecoxib

Rofecoxib war früher unter dem Namen Vioxx® und Vioxx® Dolor zugelassen. Rofecoxib ist ein selektiver COX-2-Hemmer, der u. a. für die Behandlung akuter Schmerzen bei Erwachsenen zugelassen war. Im Jahr 2004 wurde es überraschenderweise weltweit vom Markt genommen, da bei Langzeitanwendung eine Begünstigung von Herzinfarkten und zerebralen Schlaganfällen bekannt wurde.

Celecoxib (Celebrex®)

Celecoxib ist ein selektiver COX-2-Hemmer. Die maximale Plasmakonzentration ist bei oraler Gabe nach ca. 2–4 Stunden zu erwarten.

Indikationen:
Celecoxib ist zur Behandlung der chronischen Polyarthritis (rheumatoide Arthritis) und der Osteoarthrose zugelassen.

Darreichungsform:
- Hartkapseln à 100/200 mg

Dosierung:
- 2 Dosen/d
- Osteoarthrose:
  100 bis maximal 200 mg/d
- chronische Polyarthritis:
  200 bis maximal 400 mg/d
- Maximaldosierung:
  400 mg/d

Parecoxib (Dynastat®)

Parecoxib ist ein selektiver COX-2-Hemmer. Er ist seit 2002 verfügbar und stellt den ersten Cyclooxygenase-2-Hemmer dar, der intravenös verabreicht werden darf.

Indikationen:
Parecoxib ist für die Kurzzeitbehandlung von (postoperativen) Schmerzen bei Erwachsenen zugelassen.

Kontraindikationen:
Dynastat® ist inzwischen kontraindiziert bei koronarer Herzkrankheit, zerebrovaskulärer Erkrankung, Herzinsuffizienz oder nach einer koronaren Bypass-Operation. Es ist eine entsprechende Nutzen-Risiko-Abwägung wichtig.

Darreichungsform:
- Durchstechflasche mit Pulver à 20 oder 40 mg, das mit NaCl 0,9 % aufzulösen ist

Dosierung:
- 40 mg initial,
  ggf. Nachinjektion à 20–40 mg nach 6–12 Stunden
- Maximaldosierung:
  80 mg/d

6.8 Übelkeit und Brechreiz

6.8.1 Allgemeine Bemerkungen

Ein weiteres, häufig auftretendes Problem im Aufwachraum ist eine postoperative Übelkeit mit Brechreiz. Dies kann sowohl nach einer Inhalationsnarkose als auch nach einer balancierten Anästhesie, seltener auch nach einer IVA/TIVA auftreten. Bei Patienten, bei denen die Schutzreflexe noch nicht sicher zurückgekehrt sind, kann Erbrechen zu einer Aspiration führen (→ S. 211). Sind die Schutzreflexe eines Patienten noch nicht zurückgekehrt, so sollte er, falls es die Operation erlaubt, in eine Seitenlage gebracht werden. Hierdurch kann einer Verlegung der oberen Luftwege durch die zurückfallende Zunge sowie einer Aspiration im Falle eines Erbrechens vorgebeugt werden.

6.8.2 Therapie

Zur Therapie von Übelkeit und Brechreiz eignen sich im Aufwachraum vor allem die folgende Antiemetika:
- Dexamethason
- Dimenhydrinat
- Serotoninantagonisten
- Droperidol
- Metoclopramid

Dexamethason (Fortecortin®)

Wirkung:
Durch die intravenöse Gabe von 4–8 mg Dexamethason beim Erwachsenen (bzw. 0,1–0,15 mg/kg KG bei Kindern) kann eine gute antiemetische Wirkung erzielt werden. Der antiemetische Effekt von Dexamethason scheint vergleichbar gut zu sein wie derjenige von Serotoninantagonisten.

Indikationen:
Seit 2002 ist Dexamethason zur Therapie von postoperativer Übelkeit zugelassen.

Kontraindikationen:
Bei Patienten mit Gastritis- oder Ulkusanamnese, Diabetes mellitus oder hohem Infektionsrisiko sollte jedoch Dexamethason vermieden werden.

Darreichungsform:
- Ampulle à 1, 2, 5 oder 10 ml à 4, 8, 40 oder 100 mg

Dosierung:
- Erwachsene:
  4–8 mg intravenös
- Kinder:
  0,1–0,15 mg/kg KG intravenös

Dimenhydrinat (Vomex-A®)

Wirkung:
Dimenhydrinat ist ein Antihistaminikum, das jedoch nicht nur an den H_1- und H_2-Rezeptoren antagonistisch wirkt (→ S. 221), sondern über eine zusätzliche Blockade an dopaminergen und muscarinergen Rezeptoren auch eine gute antiemetische Wirkung aufweist.

Indikationen:
Dimenhydrinat ist zur Prophylaxe und symptomatischen Therapie von Übelkeit und Erbrechen unterschiedlicher Genese zugelassen.

Darreichungsform:
- Suppositorien mit 40/70/150 mg
- Injektionslösung:

1 Amp. = 10 ml = 62 mg

Dosierung:
- Suppositorien:
  - Säuglinge und Kleinkinder: 40 mg
  - Schulkinder: 70 mg
  - Erwachsene: 150 mg
- Injektionslösung:
  - Erwachsene: 1–3 Ampullen (62–186 mg)/d
  - Kinder 6–14 Jahre: 1–3 × täglich 25–50 mg intravenös
  - Kinder unter 6 Jahre: 1–3 × 1,25 mg/kg KG intravenös

Serotoninantagonisten

Serotoninantagonisten wurden ursprünglich mit großem Erfolg zur Therapie von Übelkeit und Brechreiz im Rahmen von Chemotherapien (und Bestrahlungen) eingesetzt, denn hierbei werden aus der Darmschleimhaut größere Mengen an Serotonin freigesetzt. In den letzten Jahren wurden Serotoninantagonisten erfolgreich in die Anästhesie eingeführt. Ondansetron (Zofran®) ist der Prototyp der Serotoninantagonisten. Es stellt einen selektiven Serotoninantagonisten(5-Hydroxytryptamin-Antagonisten = 5-HT-Antagonisten) dar. Bei den 5-HT-Rezeptoren können 4 Subtypen unterschieden werden, wobei insbesondere der 5-HT_3-Rezeptor-Typ Übelkeit und Brechreiz vermittelt. 5-HT_3-Antagonisten scheinen vor allem dann wirksam zu sein, wenn Übelkeit und Erbrechen durch eine Freisetzung von Serotonin bedingt sind. Typische Ursachen hierfür sind Dehnung und mechanische Reizung der Magen- und Darmwand sowie peritoneale Reize, z. B. bei laparoskopischen Eingriffen. Hierdurch kann 5-HT aus Zellen der Mukosa des oberen Gastrointestinaltrakts freigesetzt werden.

Bei Übelkeit und/oder Erbrechen aufgrund vagaler Reize, einer Opioidgabe oder einer Stimulation des Gleichgewichtsorgans sind Serotoninantagonisten weniger wirksam.

Die prophylaktische Gabe von Ondansetron war perioperativ in mehreren Studien allerdings nicht signifikant besser antiemetisch wirksam als Droperidol.

Neben Ondansetron (Zofran®) sind auch Dolasetron (Anemet®) und Granisetron (Kevatril®) zur Therapie der postoperativen Übelkeit zugelassen. Serotoninantagonisten sind relativ teuer.

Ondansetron (Zofran®)

Nebenwirkungen:

Bei jeweils 3 % der Patienten ist mit Kopfschmerzen bzw. einem Anstieg der Leberwerte durch Ondansetron zu rechnen. Sonstige relevante Nebenwirkungen sind selten.

Darreichungsform:

- 1 Ampulle à 4/8 mg
- Filmtablette à 4/8 mg

Dosierung:

- 4–8 mg intravenös oder 8 mg oral bei Erwachsenen

Dolasetron (Anemet®)

Darreichungsform:

- 1 Ampulle = 0,625 ml à 12,5 mg
- Tablette à 50 mg

Dosierung:

- 12,5 mg intravenös oder 50 mg oral im Rahmen der Prämedikation bei Erwachsenen

Granisetron (Kevatril®)

Darreichungsform:

1 Ampulle = 1 ml/3 ml = 1 mg/3 mg

Dosierung:

- 1–3 mg intravenös bei Erwachsenen
- perioperativ 1 mg intravenös (im Rahmen einer Strahlentherapie 3 mg als Kurzinfusion)

Droperidol (Xomolix®) (→ S. 61)

Darreichungsform:

- 1 Ampulle = 1 ml = 2,5 mg

Dosierung:

- 0,25–0,5(–1) ml = 0,625–1,25(–2,5) mg intravenös

Metoclopramid (Paspertin®)

Wirkung:

Nach neueren Studien scheint Metoclopramid nur eine geringe bzw. keine relevante antiemetische Wirkung bei postoperativer Übelkeit zu haben.

Nebenwirkungen:

- Bewegungsstörungen (nicht bei Kindern unter 14 Jahren anwenden)

Darreichungsform:

- 1 Ampulle = 2 ml = 10 mg

Dosierung:

- 10 mg intravenös bei Erwachsenen

6.9 Kältegefühl

6.9.1 Allgemeine Bemerkungen

Häufig klagen Patienten im Aufwachraum über ein ausgeprägtes Kältegefühl.

> ! Die Ursache liegt in der intraoperativen Auskühlung der Patienten vor allem aufgrund der ungenügenden Bekleidung und Bedeckung in den kalten Operationsräumen, einem Wärmeverlust über die Lungen aufgrund der kalten Atemgase (→ S. 14) sowie in einer oft medikamentös bedingten Gefäßweitstellung, was die Wärmeabgabe über die Haut noch verstärkt. Perioperativ sind daher wärmekonservierende Maßnahmen (→ S. 231) wichtig.

Postoperativ klagen daher viele Patienten nicht nur über ein starkes Kältegefühl, sondern es tritt oft **ein nicht kontrollierbares Kältezittern** auf. Durch dieses Kältezittern kann es zu einem stark erhöhten Sauerstoffbedarf kommen, was insbesondere bei koronarsklerotischen Patienten vermieden werden muss (→ S. 296).

6.9.2 Therapie

Die Therapie besteht neben der Vorbeugung, das heißt z. B. einem intraoperativen Abdecken der Patienten oder dem Einsatz von Warmluftdecken (z. B. Warm Touch®, Fa. Mallinckrodt) und der Verwendung angewärmter Infusions- und Transfusionslösungen, vor allem auch in einem Vorwärmen der Betten und evtl. im Gebrauch von heizbaren Wärmedecken im Aufwachraum. Außerdem muss über eine Nasensonde Sauerstoff zugeführt werden. In besonderen Fällen kann versucht werden, z. B. mit Clonidin (oder Pethidin) dieses postoperative Zittern (= shivering) zu blockieren.

Medikamente

Clonidin (Catapresan®)

Hauptwirkung:

Clonidin (stimuliert die präsynaptischen Alpha-2-Rezeptoren [→ S. 301], hemmt dadurch die weitere Freisetzung des Neurotransmitters Noradrenalin und)Wwirkt sympathikolytisch und führt daher zu einem Blutdruckabfall. Es wird daher primär zur Blutdrucksenkung eingesetzt. (Daneben führt es auch zu einer Verlangsamung der Herzfrequenz, zu einer Unterdrückung von Kältezittern und zu einer Sedierung.)

Indikation:

In zahlreichen Studien konnte gezeigt werden, dass sich das (sympathikolytisch wirkende) Antihypertensivum Clonidin zur Therapie des Kältezitterns (= shivering) eignet.

Darreichungsform:

- 1 Ampulle = 1 ml = 0,15 mg

Dosierung:

- 1(–2) µg/kg KG; ca. 75(–150) µg = 0,075(–0,15) mg bei Erwachsenen intravenös bei Kältezittern

Pethidin (Dolantin®) (→ S. 9)

Hauptwirkung:

- Analgetikum vom Opioidtyp

Indikation:

Vor der Einführung von Clonidin zur Therapie des Kältezitterns wurde hierfür zumeist Pethidin verwendet.

Nebenwirkungen:

- evtl. Atemdepression!
- häufiger Übelkeit!

Darreichungsform:

- 1 Ampulle = 1 ml, 1 ml = 50 mg

Mittlere Erfolgsdosis:

- 12,5(–25) mg intravenös bei Kältezittern; ggf. eine Wiederholungsdosis

Nachbeatmung

Intraoperativ stark unterkühlte Patienten werden meist intubiert in den Aufwachraum gebracht, wo sie so lange nachbeatmet und gewärmt werden sollten, bis die Temperatur wieder ausreichend (bis ca. 36 °C) angestiegen ist. Zur Sedierung und Analgesie bieten sich hierfür z. B. Propofol (oder Midazolam) plus Sufentanil oder Fentanyl an.

6.10 Unruhe

Fällt ein Patient im Aufwachraum durch besondere Unruhe auf, so muss unbedingt nach der Ursache gesucht werden. Als Gründe kommen vor allem infrage:

- Schmerzen (→ S. 328)
- Durchlaufen eines Exzitationsstadiums nach einer Inhalationsnarkose
- eine überfüllte Blase aufgrund einer postoperativ häufig auftretenden Blasenentleerungsstörung:
  Der Patient muss katheterisiert werden, falls eine spontane Blasenentleerung nicht möglich ist.
- pulmonale Probleme:
  - Hypoxie und Hyperkapnie,
    z. B. aufgrund eines Relaxansüberhangs oder einer Verlegung der oberen Luftwege
  - beginnendes Lungenödem
    aufgrund einer Überinfusion oder Übertransfusion oder durch eine kardiale Dekompensation
  - Pneumothorax,
    z. B. aufgrund einer Pleuraverletzung bei einer Fehlpunktion für einen zentralvenösen Katheter (→ S. 185) oder aufgrund eines Barotraumas mit Pneumothorax unter maschineller Beatmung

Kinder sind postoperativ meist sehr unruhig. Damit ein Sturz aus dem Bett verhindert werden kann, müssen Kleinkinder in ein Gitterbett gelegt werden. Es ist darauf zu achten, dass die Gitter stets hochgezogen sind! Bei größeren Kindern hat es sich bewährt, die Bettdecke quer zu legen und rechts und links unter die Matratze zu stecken. Dies verhindert das Wegstrampeln der Decke und bietet einen gewissen Schutz vor einem Sturz aus dem Bett; ggf. sind Gitter an das Bett anzubringen.
In seltenen Fällen kann eine postoperative Unruhe oder Verwirrung auch durch ein sog. **z**entrales **a**nticholinerges **S**yndrom (ZAS) bedingt sein (→ S. 63). Dieses kann durch zahlreiche Medikamente ausgelöst werden. Die Therapie besteht in der langsamen intravenösen Gabe von 1–2 mg Physostigmin (Anticholium®).

6.11 Rückenmarksnahe Leitungsanästhesien

Bei Patienten, die eine rückenmarksnahe Leitungsanästhesie, also eine Spinalanästhesie oder eine PDA hatten, muss im Aufwachraum mehrmals die Höhe der Blockade kontrolliert werden. Dies kann am besten mit einem Kältespray oder Eiswürfel erfolgen (→ S. 173). Im noch betäubten Gebiet hat der Patient kein Kälteempfinden. Vor der Verlegung muss die Höhe der Blockade eindeutig rückläufig sein und mindestens unterhalb von Th10 (= Nabelhöhe; Abb. 2-19) liegen.

6.12 Verlegung auf die Allgemeinstation

Damit ein Patient aus der Überwachung des Aufwachraumes entlassen werden kann, müssen folgende Punkte erfüllt sein:

- Der Patient muss wach sein.

- Die Schutzreflexe müssen sicher vorhanden sein.
- Die Spontanatmung muss zufriedenstellend sein.
- Der Kreislauf muss stabil sein.

Zur Überprüfung der Verlegungsfähigkeit bieten sich ggf. spezielle Check-Listen (→ PARS-Score; → S. 327) an. Die beabsichtigte Verlegung eines Patienten auf die Normalstation muss vom verantwortlichen Anästhesisten bestätigt werden. Der Zeitpunkt der Verlegung auf die Normalstation sollte im Narkoseprotokoll vermerkt werden. Anschließend muss eine Pflegekraft derjenigen Station, auf der der Patient normalerweise liegt, informiert werden, dass der Patient im Aufwachraum abgeholt werden kann. Bei der Übergabe an die Pflegekraft der Station müssen intraoperativ und postoperativ aufgetretene Probleme des Patienten mitgeteilt werden. Außerdem müssen Anordnungen für die folgende Zeit weitergegeben werden, z. B. dass der Patient ab jetzt alle 8 Stunden ein Antibiotikum erhalten muss, dass noch Laborkontrollen notwendig sind oder dass eine Infusionstherapie bzw. eine Schmerztherapie angeordnet sind.

7 Intensivmedizin

7.1 Allgemeine Bemerkungen

✓ Unter einer **Intensivstation** wird eine spezielle Betteneinheit für die intensive Diagnostik und Therapie lebensbedrohlich oder kritisch erkrankter Patienten verstanden. Hierzu gehören z. B. Patienten mit akutem Herzinfarkt, Polytrauma, schwerer akuter Blutung, Vergiftung, Verbrennungen, Schädel-Hirn-Trauma, bedrohlichen Atmungsstörungen oder Schock.

Eine **Hauptaufgabe** der Intensivmedizin ist neben der Therapie, das heißt der Wiederherstellung bzw. Erhaltung der bedrohten Vitalfunktionen, das exakte **Überwachen** (= Monitoring) des Patienten. Auf Intensivstationen wird außerdem ein weit über das normale Maß hinausgehender **pflegerischer Aufwand** betrieben. Intensivmedizinische Maßnahmen können daher unterteilt werden in

- Intensivtherapie,
- Intensivüberwachung und
- Intensivpflege.

Die empfohlene Anzahl an Intensivbetten wird mit ungefähr 5 % der Gesamtbettenzahl eines Krankenhauses angegeben. Eine Intensivstation sollte etwa 5–12 Betten umfassen.
Eine Intensivstation sollte nicht nur durch einen hohen apparativen Standard, sondern auch durch besonders qualifiziertes ärztliches und pflegerisches Personal ausgezeichnet sein.
Der Tätigkeits- und auch der Verantwortungsbereich von Ärzten und Pflegepersonal einer Intensivstation überschneiden sich deutlich und machen daher eine gute Zusammenarbeit notwendig.
Zu den wichtigsten **ärztlichen Aufgaben** gehören:

- klinische und apparative Überwachung des Patienten
- Verordnung von Medikamenten
- Erstellung eines Ernährungsplanes
- Durchführung bzw. Organisation von diagnostischen und therapeutischen Maßnahmen
- Überwachung der fachgerechten Ausführung ärztlicher Anordnungen
- Dokumentation
- Teilnahme an Stationsvisiten

Zu den wichtigsten **Aufgaben des Pflegepersonals** gehören:

- Überwachung des Patienten
- Kontrolle der Überwachungsgeräte
- allgemeine und spezielle pflegerische Maßnahmen am Intensivpatienten
- fachgerechte Lagerung des Patienten
- Inhalationstherapie
- Durchführung von enteraler und parenteraler Ernährung
- Bereitstellung und Funktionsprüfung von Geräten
- Erkennung und sachgerechte Beseitigung von Gerätestörungen
- Vorbereitungen von und Assistenz bei ärztlichen Tätigkeiten
- Pflegedokumentation
- Teilnahme an Stationsvisiten

Obwohl bei schwerkranken Intensivpatienten eine Vielzahl von Organfunktionen apparativ überwacht wird, darf sich das Interesse von Ärzten und Pflegepersonal nicht nur auf die Kontrolle von Überwachungsgeräten und Laborwerten beschränken. Unverzichtbar ist eine engmaschige klinische Überwachung der Patienten.

Die Arbeit auf einer Intensivpflegestation bedeutet sowohl für Ärzte als auch für das Pflegepersonal eine große körperliche und seelische Belastung. Da das Pflegepersonal zumeist einen engeren Kontakt zum Patienten hat als der Arzt, scheint dessen seelische Belastung besonders hoch zu sein.

7.2 Beatmungstherapie

Der Großteil der Intensivpatienten muss vorübergehend künstlich beatmet werden. Die Beatmungstherapie sowie die entsprechenden Grundlagen sollen daher ausführlich dargestellt werden.

7.2.1 Physiologie und Pathophysiologie der Atmung

Blut-Luft-Schranke

✓ Aufgabe der Atmung ist der Gasaustausch des Organismus mit der Umgebung. Sauerstoff wird als lebensnotwendiges Substrat über die Lungen in den Organismus aufgenommen, und Kohlendioxid wird als Abfallprodukt des Stoffwechsels abgeatmet.

Die **Arteria pulmonalis** (welche aus dem rechten Herzen kommt und sauerstoffarmes Blut enthält) teilt sich entsprechend dem Bronchialbaum in immer kleinere Gefäße auf. Die Kapillaren liegen geflechtartig unmittelbar den Alveolen auf.

✓ Die aneinandergrenzenden Kapillar- und Alveolarmembranen bilden die sog. Blut-Luft-Schranke.

Der in die Alveolen eingeatmete Sauerstoff diffundiert durch die Blut-Luft-Schranke in die (in den Kapillaren fließenden) Erythrozyten. In den Erythrozyten bindet sich der Sauerstoff an das Hämoglobin. Das sauerstoffbeladene Blut fließt dann über die Venae pulmonales zum linken Herzen.
Zwischen den Alveolarendothelzellen gibt es vereinzelt sog. große Alveolarzellen. Diese sind die Produzenten eines **Antiatelektasefaktors** (des sog. **Surfactants**).

✓ Der Surfactant kleidet die Alveolen als eine dünne Schicht aus, erniedrigt deren Oberflächenspannung und vermindert deren Tendenz, zu kollabieren.

Ein Mangel an Surfactant spielt z. B. beim Atemnotsyndrom des Frühgeborenen eine große Rolle.

Atemmechanik

Der knöcherne Thorax funktioniert nach dem Prinzip einer Saug-Druck-Pumpe. Bei der aktiven **Einatmung** (= Inspiration) werden die schräg (nach ventrokaudal) verlaufenden Rippen durch die äußeren Interkostalmuskeln angehoben. Der (dorsoventrale) Durchmesser des Thorax nimmt zu (**thorakale Atmung**). Gleichzeitig kontrahiert sich das Zwerchfell und bewegt sich nach kaudal. Die (kraniokaudale) Ausdehnung der Lunge nimmt zu (**Bauchatmung**). Die Lunge folgt dieser Volumenzunahme des Thoraxraumes. Hierdurch entsteht ein Unterdruck in der Lunge und Luft strömt in die Lungen. Bei körperlicher Anstrengung können vor allem die Halsmuskeln, die Brustmuskeln und die Schultermuskeln als zusätzliche Atemhilfsmuskeln zur Einatmung benutzt werden.
Die **Ausatmung** (= Exspiration) erfolgt normalerweise passiv aufgrund der elastischen Rückstellkräfte von Lunge und Thorax sowie der Erschlaffung des Zwerchfelles. Bei erschwerter Ausatmung können die inneren Interkostalmuskeln sowie die Bauchmuskeln die Rippen kraftvoll nach unten ziehen. Gleichzeitig wird meist der Oberkörper gebeugt, wodurch die Baucheingeweide und damit auch das Zwerchfell nach kranial gedrückt und eine forcierte Ausatmung unterstützt wird.

Aufgrund der elastischen Eigenschaft des Lungengewebes und der Oberflächenspannung der Alveolen tendiert die Lunge zum Kollabieren. Im Pleuraspalt herrscht daher ein Negativdruck von ca. –4 cm H_2O.

Compliance der Lunge

Die Compliance (C) der Lunge ist ein Maß für die elastische Dehnbarkeit der Lunge. Sie ist definiert als Volumenänderung (ΔV) pro Druckänderung (ΔP). Es gilt: $C = \Delta V/\Delta P$ (ml/mbar).

Bei einem Atemzug von ca. 600 ml sinkt der Druck im Pleuraspalt um ca. 3 cm H_2O. Die Volumenänderung pro Druckänderung beträgt damit 0,6 l/3 cm H_2O, also normalerweise ca. 0,2 l/cm H_2O. Bei vielen Lungenerkrankungen, z. B. einer Pneumonie, einem Lungenödem oder einer Fibrose, ist das Lungengewebe nicht mehr so elastisch; die Lunge folgt nur schwer der Vergrößerung des knöchernen Thorax. Bei der Inspiration entsteht ein größerer Negativdruck im Pleuraspalt. Die elastische Dehnbarkeit, die Compliance, ist vermindert.

! Die leicht messbare Vitalkapazität, das heißt die Summe aus Atemzugvolumen und in- und exspiratorischem Reservevolumen (→ S. 343), ist ein Parameter für die Compliance.

Resistance

Die Resistance (R) ist ein Maß für die nicht elastischen (= viskösen) Strömungswiderstände in den Atemwegen, die sowohl bei der Inspiration als auch bei der Exspiration zu überwinden sind. Die Resistance ist definiert als Druckdifferenz (ΔP) zwischen Anfang und Ende des gemessenen Luftweges pro Atemstromstärke (Vol/Zeit). Es gilt: $R = \Delta P/\text{Vol/s}$ (mbar/l/s).

Sie setzt sich zum größeren Teil (ca. 80–90 %) aus den Strömungswiderständen in den Luftwegen (bedingt durch Turbulenzen, die vor allem bei schnellem Gasfluss an den Aufzweigungen des Trachealbaumes entstehen) und zum kleineren Teil (10–20 %) aus nicht elastischen Gewebswiderständen zusammen. Die Resistance ist insbesondere bei asthmatischen Erkrankungen, bei Trachealstenosen oder bei Sekretansammlung in den Luftwegen erhöht.

! Die Resistance kann anhand des Atemstoßtests nach Tiffeneau (= 1-Sekunden-Kapazität oder FEV_1 = **f**orciertes **e**xspiratorisches **V**olumen in **1** Sekunde) beurteilt werden. Der Normalwert beträgt ca. 75 % der Vitalkapazität (VK) (FEV_1/VK). Der Absolutwert beträgt ca. 3–3,5 l/s. Normalerweise wird der Quotient FEV_1/VK angegeben.

Atemarbeit

Bei der aktiven Einatmung müssen die elastischen und die viskösen Widerstände überwunden werden. Die Ausatmung erfolgt passiv, da die elastischen Rückstellkräfte die viskösen Widerstände übertreffen. Bei Lungenerkrankungen mit einer Erniedrigung der Compliance oder Erhöhung der Resistance kann die Atemarbeit enorm zunehmen. Im Extremfall droht die körperliche Erschöpfung.

! Eine drohende Erschöpfung durch erhöhte Atemarbeit kann, trotz normaler Blutgase, eine Intubationsindikation darstellen.

Lungenvolumina

Die meisten Lungenvolumina (vgl. Abb. 7-1) können mithilfe eines Blasebalgs (= Spirometers) oder eines modernen Pneumotachographen gemessen werden. Sie hängen von Alter, Geschlecht, Körpergröße, Körperlage, Körperbau und anderen Faktoren ab.

Atemzugvolumen

Das Atemzugvolumen ist das Luftvolumen, das bei einem normalen Atemzug spontan ventiliert wird. Das **spontane** Atemzugvolumen

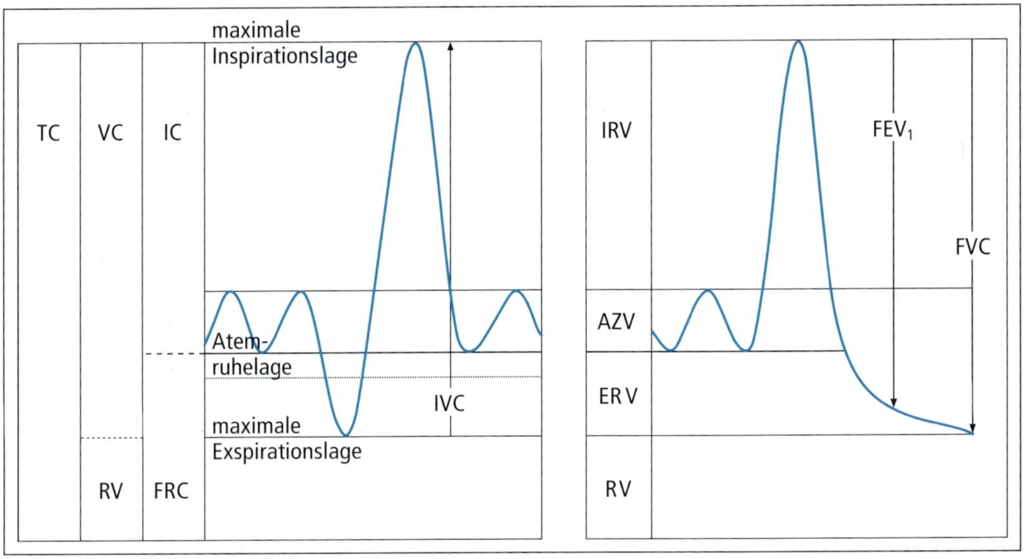

Abb. 7-1 Messbare Lungenvolumina und Lungenkapazitäten (weitere Erläuterungen vgl. Text)

(= AZV) beträgt in allen Lebensaltern ca. 7 bis 8 ml/kg KG. Beim Erwachsenen sind dies ca. 500 ml. Etwa ⅓ des Atemzugvolumens ist Totraumvolumen, lediglich ⅔ des Atemzugvolumens nehmen an der alveolären Ventilation (also am Gasaustausch) teil (→ S. 350).

✓ Während bei Spontanatmung definitionsgemäß von Atem**zug**volumen gesprochen wird, wird bei der Beatmung eines Patienten von Atem**hub**volumen gesprochen.

Inspiratorisches Reservevolumen

Das inspiratorische Reservevolumen ist das Luftvolumen, das nach einer normalen Einatmung zusätzlich noch maximal eingeatmet werden kann. Beim Erwachsenen sind dies ca. 3 Liter.

Exspiratorisches Reservevolumen

Das exspiratorische Reservevolumen ist das Luftvolumen, das nach einer normalen Ausatmung noch maximal ausgeatmet werden kann. Beim Erwachsenen sind dies ca. 1,3 Liter.

Residualvolumen

Das Residualvolumen ist das Luftvolumen, das nach einer maximalen Ausatmung noch in der Lunge verbleibt. Beim Erwachsenen sind dies ca. 1,2 Liter.

Funktionelle Residualkapazität

Die funktionelle Residualkapazität stellt die Summe aus exspiratorischem Reservevolumen und Residualvolumen dar. Beim Erwachsenen sind dies ca. 2,5 Liter. Die funktionelle Residualkapazität (= FRC) ist eine für den Anästhesisten und Intensivmediziner besonders wichtige Größe.
Die FRC übernimmt eine Art Pufferfunktion. Das Volumen eines Atemzuges verteilt sich zuerst in der FRC.

Vitalkapazität

Die Vitalkapazität ist die Summe aus exspiratorischem Reservevolumen, inspiratorischem Reservevolumen und Atemzugvolumen. Beim Erwachsenen sind dies ca. 4,5 Liter. Bei einer Erniedrigung der Compliance ist die Vitalkapazität vermindert.

Totalkapazität

Die Totalkapazität entspricht der Summe aus Vitalkapazität und Residualvolumen. Beim Erwachsenen sind dies ca. 6 Liter.

Atemfrequenz

Die Atemfrequenz ist altersabhängig. Sie beträgt beim Frühgeborenen ca. 60/min, beim reifen Neugeborenen in Ruhe ca. 40–50/min, beim 6 Monate alten Säugling ca. 30/min, beim Einjährigen ca. 25/min, beim 6-Jährigen ca. 20/min und beim Erwachsenen ca. 12–16/min.

Atemminutenvolumen

Das Atemminutenvolumen ergibt sich durch Multiplikation des Atemzugvolumens mit der Atemfrequenz. Der 70 kg schwere Patient hat ein spontanes Atemminutenvolumen von 0,5 l/Atemzug × 15 Atemzüge/min = 7,5 l/min. Ein Neugeborenes mit 3 kg KG hat ein spontanes Atemminutenvolumen von 21 ml × 50 Atemzüge/min = 1 050 ml/min.

Sauerstoffkaskade

Der Luftdruck beträgt auf Meereshöhe ungefähr 760 mm Hg (101,3 kPa). Luft besteht zu 79 % aus Stickstoff und zu 20,9 % aus Sauerstoff. Die Konzentrationen der anderen noch vorhandenen Gase sind mit insgesamt 0,1 % vernachlässigbar niedrig. Der Sauerstoffdruck macht damit ca. 21 % von 760 mm Hg = 159 mm Hg (21,2 kPa) aus. Dies wird als Teil- oder als **Partialdruck des Sauerstoffs** bezeichnet. Da die eingeatmete Luft in den Luftwegen maximal angefeuchtet wird, entsteht dadurch ein zusätzlicher **Wasserdampfdruck** von 47 mm Hg (6,3 kPa). Der Gesamtdruck der Gase in den Atemwegen bleibt konstant. Der Sauerstoffpartialdruck in den zuleitenden Strukturen macht daher nur noch 21 % von 760 mm Hg – 47 mm Hg = 149 mm Hg (19,8 kPa) aus. Im Bereich der Alveolen befindet sich auch das aus den Lungenkapillaren in die Lunge abdiffundierte Kohlendioxid. Zur Errechnung des Sauerstoffpartialdrucks in den Alveolen muss der dort vorhandene Kohlendioxidpartialdruck noch subtrahiert werden. Der **Kohlendioxidpartialdruck** in den Alveolen ist normalerweise nahezu identisch mit dem Kohlendioxidpartialdruck im arteriellen Blut, also ca. 40 mm Hg (5,3 kPa).

> ! Der Sauerstoffpartialdruck in den Alveolen beträgt damit näherungsweise $(760 - 47) \times 21\,\% - p_aCO_2 = 109$ mm Hg (14,5 kPa).

Aus dieser Formel wird auch ersichtlich, warum z. B. ein hypoxischer Patient mit einer Lungenentzündung hyperventiliert. Durch eine Hyperventilation fällt der p_aCO_2-Wert von 40 mm Hg (5,3 kPa) auf z. B. 30 mm Hg (4,0 kPa) ab. Der alveoläre Sauerstoffpartialdruck $(760 - 47) \times 21\,\% - p_aCO_2 = 149 - 30$ beträgt jetzt 119 mm Hg (15,9 kPa) anstatt nur 109 mm Hg (14,5 kPa), ist also höher.

> ! Je höher der Sauerstoffpartialdruck in der **A**lveole (p_AO_2), desto höher ist auch der **a**rterielle Sauerstoffpartialdruck (p_aO_2).

Beim lungengesunden Patienten ist der arterielle Sauerstoffpartialdruck (p_aO_2) bei Atmung von Raumluft nur wenige mm Hg niedriger als der alveoläre Sauerstoffpartialdruck (p_AO_2) und liegt damit bei ca. 100 mm Hg. Bei Atmung von 100 % Sauerstoff beträgt die **D**ifferenz zwischen pO_2 in den **A**lveolen und **a**rteriellem **p**$\mathbf{O_2}$

(= $AaDO_2$) ca. 25 bis 60 mm Hg (3,3–8,0 kPa). Bei einer pulmonalen Insuffizienz ist diese $AaDO_2$ wesentlich höher und ein guter Gradmesser für deren Ausmaß (→ S. 346). Zur Beurteilung der Oxygenierungsfunktion der Lunge wird oft auch der Quotient aus dem p_aO_2, der bei einer bestimmten F_iO_2 erreicht wird, angegeben (sog. Oxygenierungsindex = p_aO_2/F_iO_2; Normalwert: ca. 500; bei mäßigem Lungenschaden, z. B. ALI: < 300 [→ S. 445], bei schwerem Lungenschaden, z. B. ARDS: < 200 [→ S. 445]).

Sauerstoffdiffusionskapazität

✓ Die Sauerstoffdiffusionskapazität besagt, wie viel Sauerstoff pro Zeiteinheit durch die Blut-Luft-Schranke diffundiert. Sie ist abhängig von der O_2-Partialdruckdifferenz zwischen den Alveolen und dem Kapillarblut, der Diffusionsfläche und der Bindungsaffinität des Sauerstoffs an das Hämoglobin. Eine Vergrößerung der Diffusionsstrecke (z. B. ein Ödem der alveolokapillären Membran bei einem Lungenödem) führt zu keiner Abnahme der Diffusionskapazität. Ein Abfall des p_aO_2 im Rahmen eines Lungenödems ist durch einen Rechts-links-Shunt bedingt (→ unten).

Normalerweise beträgt die Sauerstoffdiffusionskapazität ca. 250–300 ml/min beim Erwachsenen. Der Erwachsene verbraucht also ca. 250–300 ml O_2/min. Daher muss auch z. B. beim geschlossenen Narkosesystem (→ S. 13) ein Frischgasfluss von mindestens 250–300 ml O_2/min, das heißt ca. 4 ml/kg KG/min sichergestellt sein.

Die Diffusionskapazität für Sauerstoff nimmt bei einer Verringerung der Diffusionsfläche (z. B. Resektion eines Lungenflügels) und bei einer Verringerung des Partialdruckgefälles (erniedrigte F_iO_2) ab. Eine Verlängerung der Diffusionsstrecke (Ödem der alveolokapillären Membran bei einem Lungenödem) führt dagegen zu keiner Abnahme der Diffusionskapazität. Ein Lungenödem führt über eine Störung des Ventilations/Perfusions-Verhältnisses (→ unten) zu einer Abnahme des p_aO_2.

Ventilations/Perfusions-Verhältnis

! Wie effektiv der Gasaustausch in der Lunge ist, hängt nicht nur von der alveolären Ventilation und der Diffusionskapazität, sondern auch noch von der Durchblutung (Perfusion) der Alveolen ab.

Normalerweise sind Ventilation und Perfusion gut aufeinander abgestimmt. Es wird von einem normalen Ventilations/Perfusions-Verhältnis gesprochen. In Lungengebieten, die gut durchblutet, aber schlecht belüftet sind, fließt das Blut durch die Lungenkapillaren, ohne dass es ausreichend mit Sauerstoff aufgesättigt wurde. Folge eines solchen Ventilations/Perfusions-Missverhältnisses ist, dass ein Teil des Blutes vom rechten Herzen durch die Lunge zum linken Herzen fließt, ohne dass es ausreichend mit Sauerstoff aufgesättigt wurde. Dieses Phänomen wird als **Rechts-links-Shunt** bezeichnet und bedingt eine entsprechende Verminderung des Sauerstoffgehaltes im arteriellen Blut. Die Therapie besteht hierbei nicht in der (fast erfolglosen) Erhöhung der inspiratorischen Sauerstoffkonzentration, sondern in der Beseitigung des Rechts-links-Shunts, z. B. durch Einschalten eines PEEP (→ S. 23, 263, 353).

✓ Die inspiratorische Sauerstoffkonzentration wird oft als F_iO_2 (= **f**raction of **i**nspired **o**xygen) bezeichnet. 70 % inspiratorische Sauerstoffkonzentration entsprechen einer F_iO_2 von 0,7.

Sauerstofftransport im Blut

Der über die Lungen aufgenommene Sauerstoff wird durch das Blut zu den verschiedenen Organen transportiert. Im Blut wird der Sauerstoff zum größten Teil an das Hämoglobin gebunden. 1 g Hämoglobin kann bei Vollsättigung 1,34 ml Sauerstoff transportieren (= **Hüfner-Zahl**). Normalerweise ist das Hämoglobin des arteriellen Blutes zu ca. 97–99 % mit Sauerstoff gesättigt.

! Der Gehalt des chemisch an das Hämoglobin gebundenen Sauerstoffs in 100 ml arteriellem Blut bei einem Hb von 15 g% und einer Sättigung von 97% beträgt damit: 15 × 1,34 × 0,97 = 19,5 ml O_2/100 ml Blut.

Dass die Sauerstoffsättigung des Hämoglobins nicht 100% beträgt, hat seinen Grund darin, dass immer ca. 2–4% des **H**erz**m**inuten**v**olumens (HMV) über physiologische Rechts-links-Shunts die Oxygenierung umgehen.
Der Sauerstoff ist zu einem verschwindend kleinen Teil auch physikalisch im Blut gelöst (genauso wie Sauerstoff in Quellwasser gelöst ist). Der **physikalisch gelöste Sauerstoff** ist abhängig vom Sauerstoffpartialdruck im Blut. Pro 1 mmHg (0,13 kPa) p_aO_2 werden 0,003 ml O_2 gelöst. Im arteriellen Blut beträgt der p_aO_2 bei Atmung von Raumluft normalerweise ca. 100 mmHg (13,3 kPa). Damit beträgt der physikalisch gelöste Sauerstoff 100 × 0,003 = 0,3 ml O_2/100 ml Blut. Der gesamte Sauerstoffgehalt des Blutes errechnet sich aus dem physikalisch gelösten und dem ca. 60- bis 65-mal größeren Anteil des chemisch an das Hämoglobin gebundenen Sauerstoffanteils.

! Insgesamt ergibt sich: physikalisch gelöster Sauerstoff (0,3 ml O_2/100 ml) plus chemisch gebundener Sauerstoff (19,5 ml/100 ml O_2) = ca. 19,8 ml O_2/100 ml Blut, also ca. 20 Vol.-%.

Wird ein lungengesunder Patient anstatt mit einer F_iO_2 von 0,21 mit einer F_iO_2 von 1,0 beatmet, so beträgt der p_aO_2 anstatt ungefähr 100 mmHg ca. 650 mmHg (86,6 kPa). Während der chemisch an das Hämoglobin gebundene Sauerstoff nicht mehr gesteigert werden kann, da bereits bei einer F_iO_2 von 0,21 beim lungengesunden Patienten eine maximale Sättigung von 97–99% vorliegt, nimmt hierbei nur der physikalisch gelöste Sauerstoffanteil zu. Er beträgt nun 0,003 × 650 = 1,95 ml/100 ml Blut.

! Der gesamte Sauerstoffgehalt bei einer F_iO_2 von 1,0 beträgt also beim lungengesunden Patienten 19,5 (= chemisch gebundener Sauerstoff) + 1,95 (= physikalisch gelöster Sauerstoff) = 21,45 Vol.-%. Dieser Wert ist nur unwesentlich höher als die 19,8 Vol.-% bei Atmung von Raumluft (→ oben).

Damit wird deutlich, dass bei einer Vollsättigung des Hämoglobins (97–99%) der Sauerstoffgehalt im Blut nur noch über den physikalisch gelösten Sauerstoffanteil gesteigert werden kann. Die dadurch erzielbare Steigerung des Sauerstoffgehalts ist jedoch verschwindend klein und hat normalerweise keine Vorteile.

7.2.2 Respiratorische Insuffizienz

Hypoxie und Hypoxämie

✓ Hypoxie ist definiert als ein erniedrigter Sauerstoffpartialdruck (p_aO_2) im arteriellen Blut, Hypoxämie ist ein erniedrigter Sauerstoffgehalt im arteriellen Blut.

Der Körper versucht eine Hypoxie bzw. Hypoxämie über eine Stimulierung des Sympathikus zu kompensieren. Es kommt dabei anfänglich zu Tachykardie, Steigerung von Herzminutenvolumen und Blutdruck mit dem Ziel, die Organdurchblutung zu verbessern. Außerdem tritt eine Hyperventilation auf. Zeichen der ungenügenden zerebralen und peripheren Oxygenierung sind Unruhe, Verwirrtheit, Zyanose. Bei länger bestehender, schwerer Hypoxie kommt es zu den Zeichen der Organinsuffizienz wie Bradykardie, Blutdruckabfall, Rhythmusstörungen und Schläfrigkeit.

Hypokapnie und Hyperkapnie

✓ Eine zu **hohe alveoläre Ventilation** (= Hyperventilation) führt zum vermehrten Abatmen von CO_2 und damit zu einem Abfall des arteriellen Kohlendioxidpartialdrucks (p_aCO_2) (Hypokapnie).
Eine zu **geringe alveoläre Ventilation** (= Hypoventilation) führt zu einem Anstieg des p_aCO_2 (Hyperkapnie).

Zeichen der Hypoventilation

- Schwitzen
- Tachykardie
- Herzrhythmusstörungen
- Blutdruckanstieg
- in extremen Fällen „CO_2-Narkose“ mit Somnolenz und Bewusstlosigkeit

7.2.3 Indikationen zur Beatmung

Für die Beatmung eines intensivpflichtigen Patienten wird ein reines Beatmungsgerät (Respirator) verwendet. Dieser Respirator wird normalerweise an den Endotrachealtubus, evtl. auch an eine Trachealkanüle angeschlossen. Selten kann auch eine maschinelle Unterstützung der Spontanatmung über eine Gesichts-(Nasen-)Maske erfolgen (NIV; → S. 363).
Eine Indikation zur Beatmung besteht dann, wenn bei Spontanatmung eine ausreichende Sauerstoffaufnahme über die Lungen und/oder eine ausreichende Kohlendioxidabatmung nicht mehr gewährleistet sind (vgl. Tab. 7-1).

✓ Ist nur der p_aO_2 zu niedrig, so wird von einer **Partialinsuffizienz** gesprochen. Ist der p_aO_2 zu niedrig und gleichzeitig der p_aCO_2 zu hoch, so wird von einer **Globalinsuffizienz** gesprochen.

Die Entscheidung zur Beatmung muss individuell gestellt werden. Sie lässt sich nur schwer schematisieren, auch wenn es klinische und laborchemische Grenzwerte gibt, bei deren Überschreitung die **Intubation bzw. Beatmung indiziert** erscheint (vgl. Tab. 7-1). Im Allgemeinen ist die Trendentwicklung für die Entscheidung wichtiger als das Abweichen einzelner Werte von der Norm.

Therapeutische Beatmung

! Der Grund für eine therapeutische Beatmung ist meist eine respiratorische Insuffizienz (Partial- oder Globalinsuffizienz).

Ursachen der respiratorischen Insuffizienz können sein:

- zentrale Atemlähmung,
  z. B. aufgrund einer Depression des Atemzentrums durch Medikamente (Barbiturate, Opioide) oder Gifte, einer Schädigung des Atemzentrums im Rahmen eines **S**chädel-**H**irn-**T**raumas (SHT) oder eines Hirntumors
- periphere Atemlähmung,
  z. B. aufgrund einer hohen Querschnittslähmung oder der Wirkung von Muskelrelaxanzien

Tab. 7-1 Richtwerte für die Intubation und Beatmung

Parameter	Normalwerte	Indikation zur Intubation und Beatmung
Atemfrequenz/min	12–16	> 35
p_aO_2	75–100 mm Hg (10–13,3 kPa)	< 60 mm Hg (< 8 kPa) trotz Sauerstoffgabe
p_aCO_2	35–45 mm Hg (4,6–6 kPa)	> 55 mm Hg (> 7,3 kPa)
Totraum/Atemzug	25–40 %	> 60 %
Vitalkapazität	65–75 ml/kg KG	< 15 ml/kg KG
FEV_1	50–60 ml/kg KG	< 10 ml/kg KG
$AaDO_2$ bei 100 %	25–60 mm Hg (3,3–7,9 kPa)	> 400 mm Hg (> 53,3 kPa)
Inspiratorische Atemstromstärke	75–100 cm H_2O	< 25 cm H_2O
Atemminutenvolumen in Ruhe	5–8 l/min	> 10 l/min (deutliche Hyperventilation)

- pulmonale Insuffizienz,
  z. B. wegen Lungenödem, Pneumonie, Atelektasen, Lungenkontusion, Lungenembolie
- gestörte Atemmechanik,
  z. B. durch Rippenserienfraktur, Sternumfraktur
- enorme Zunahme der Atemarbeit,
  z. B. bei stark erhöhter Resistance oder stark erniedrigter Compliance mit drohender Erschöpfung

Prophylaktische Beatmung

> Wird eine Beatmung durchgeführt, obwohl im Moment (noch) keine respiratorische Insuffizienz vorliegt, so handelt es sich um eine prophylaktische Beatmung.

Eine prophylaktische Beatmung ist z. B. indiziert:

- bei bewusstlosen Patienten,
  um einer möglichen Aspiration vorzubeugen, da hierbei die Schutzreflexe ausgeschaltet sind
- nach einer schweren Aspiration,
  da sich hierbei innerhalb kurzer Zeit eine pulmonale Insuffizienz einstellen wird
- bei prolongiertem Schock
- bei Sepsis
- bei großflächiger Verbrennung
- bei gewünschter Verminderung der kardiopulmonalen Belastung,
  z. B. während der Wiedererwärmung eines ausgekühlten koronarsklerotischen Patienten nach einer langen Operation. Durch das Kältezittern eines unterkühlten Patienten kann es zu einem starken Anstieg des Sauerstoffverbrauches kommen. Bei einem koronarsklerotischen Patienten mit bereits grenzwertiger Sauerstoffversorgung des Myokards könnte hierdurch eine Myokardischämie verursacht werden.
- bei erhöhtem intrakraniellem Druck (z. B. SHT),
  um eine kontrollierte Ventilation und ggf. kontrollierte Hyperventilation durchzuführen

7.2.4 Auswahl des Beatmungsweges

> ! Eine längerfristige Beatmung kann über einen **Endotrachealtubus** oder über ein **Tracheostoma** erfolgen.

Langzeitintubation

Für eine Langzeitintubation bei Erwachsenen wird zumeist eine orotracheale Intubation bevorzugt. Eine nasotracheale Langzeitintubation wird inzwischen nur noch sehr selten bei erwachsenen Intensivpatienten durchgeführt (in ca. 2–3 %).

Die **nasotracheale Intubation** hat gegenüber der orotrachealen Intubation zwar folgende **Vorteile**:

- bessere Fixierungsmöglichkeit des Tubus
- wird vom Patienten langfristig besser toleriert
- gute Mundpflege möglich

Die **nasotracheale Intubation** hat gegenüber der orotrachealen Intubation jedoch vor allem folgende **Nachteile**:

- Sie ist technisch wesentlich schwieriger durchzuführen.
- Bei der Nasenpassage droht eine Kontamination des Tubus. Die Keime der Nase werden mit dem Tubus in die Trachea verpflanzt.
- Entzündungen der Nasennebenhöhlen sind häufiger.
- Oft ist ein englumigerer Tubus nötig.
- Es drohen mögliche Knorpelschädigungen der Nasenscheidewand.
- Die endotracheale Absaugung durch den meist dünneren Tubus ist schwieriger.

Tracheostomie

Die Tracheostomie wird öfter der längerfristigen endotrachealen Intubation vorgezogen. **Indikationen** für eine Tracheostomie sind:

- Verletzungen des Kehlkopfes

- Erkrankungen, Verletzungen oder ein Tumor der oberen Luftwege, wodurch eine Intubation unmöglich ist
- eine frontobasale Schädelfraktur, die eine nasotracheale Intubation verbietet (Infektionsgefahr)
- Kehlkopf- oder Trachealläsionen nach Langzeitintubation
- kieferchirurgische oder HNO-chirurgische Operationen
- wenn absehbar ist, dass der ansonsten stabile Patient noch für längere Zeit nicht extubiert und/oder nur langwierig vom Beatmungsgerät abtrainiert werden kann (Entwöhnung des langzeitbeatmeten Patienten; → S. 371):
  Eine Verlegung solcher Patienten in ein kleineres Krankenhaus ist auch oft nur möglich, wenn ein (pflegeleichteres) Tracheostoma angelegt ist. Über ein Tracheostoma kann der Patient intermittierend spontan atmen, aber auch zu jeder Zeit wieder an das Beatmungsgerät angeschlossen werden.

Die Tracheostomie wurde früher normalerweise vom HNO-Arzt als geplanter Eingriff im Operationssaal vorgenommen. Dabei wird zwischen der epithelialisierten Stomaanlage, bei der die äußere Haut in die Trachea eingenäht wird, und der nicht epithelialisierten Stomaanlage unterschieden. Zunehmend häufiger werden auch perkutane Tracheostomietechniken angewandt (Punktion und [mehrfache] Aufbougierung des Punktionskanals = Dilatationstracheostoma; → unten). Notfallmäßige Tracheostomien bei Erstickungsgefahr werden nur noch sehr selten durchgeführt. In diesen Fällen ist die Koniotomie oder die transtracheale Jet-Ventilation meist das Verfahren der Wahl (→ S. 229).

Nach einer operativen Tracheostomie wird vom Operateur die Trachealkanüle (mit einem high volume, low pressure cuff; → S. 83) eingesetzt und fixiert. Nach normalerweise 48 Stunden wird zum ersten Mal die Trachealkanüle gewechselt. Den ersten Wechsel sollte ein Arzt der HNO-Abteilung vornehmen. Falls sich der Tracheostomiekanal noch nicht vollständig ausgebildet hat, kann das Einsetzen der neuen Kanüle sehr schwierig bis unmöglich sein! Es müssen stets ein Trachealspreizer (zur evtl. notwendigen Aufdehnung des Tracheostomas) sowie ein Intubationsbesteck und eine Beatmungsmöglichkeit griffbereit sein. Eventuell ist es auch sinnvoll, die Trachealkanüle über einen zuvor (als Leitschiene) eingeführten dünnen Katheter (z. B. Absaugkatheter) vorzuschieben. Später wird die Kanüle ca. 2-mal pro Woche gewechselt.

Falls ein Patient spontan atmet und falls keine Aspirationsgefahr besteht, kann die Trachealkanüle entblockt werden. Vor dem Entblocken sind Mund und Rachen und unmittelbar nach dem Entblocken ist die Trachea sorgfältig abzusaugen. Zum Essen und Trinken muss die Kanüle jedoch vorübergehend geblockt werden.

Inzwischen wird zunehmend häufiger eine sog. **Punktions-(Dilatations-)Tracheostomie** angelegt. Zwischen dem ersten und zweiten oder dem zweiten und dritten Trachealring wird die Haut inzidiert und das Gewebe mittels Schere stumpf auseinandergedrängt. Danach erfolgt eine Punktion der Trachea mittels einer Kanüle, über die dann ein Seldinger-Draht bis in die Trachea vorgeschoben wird. Anschließend erfolgt über den Draht eine Aufdehnung mittels Dilatator, über den dann die Trachealkanüle vorgeschoben wird. Diese Punktionstracheostomie wird normalerweise auf der Intensivstation durchgeführt. Später braucht die Kanüle nur gezogen zu werden. Es kommt dann zum Spontanverschluss, es ist keine Verschlussoperation notwendig.

Pflege des Tracheostomas

Das Tracheostoma muss normalerweise einmal pro Schicht gepflegt werden, je nach Sekretion und Hautverhältnissen ggf. auch häufiger oder seltener. Hierzu wird der Kopf des Patienten leicht überstreckt gelagert und es wird der alte Tracheostomaverband entfernt, Bronchialsekret aus dem Tracheostoma und um das Stoma herum wird abgesaugt, die Haut gereinigt und getrocknet. Je nach Pflegestandard wird das Tracheostoma auch desinfiziert und anschließend mit etwas Olivenöl eingerieben, um die Haut geschmeidig zu halten. Danach wird eine neue sterile Schlitzkompresse oder Metaline zwischen Haut und Abschlussplatte der Trachealkanüle eingebracht und die Trachealkanüle wird dann mit einem neuen Fixierband um den Hals befestigt.

7.2.5 Bronchialtoilette

Beim intubierten oder tracheostomierten Patienten ist je nach den Bedürfnissen des Patienten eine mehr oder weniger häufige Bronchialtoilette notwendig. Mittels Auskultation (grobblasige Rasselgeräusche? → S. 404) kann am besten festgestellt werden, wann wieder ein endobronchiales Absaugen nötig ist. Die **endobronchiale Absaugung** muss unter sterilen Bedingungen durchgeführt werden. Jeder Patient benötigt sein eigenes Absauggerät. Es sind ein Mundschutz, sterile Handschuhe und ein steriler Absaugkatheter zu benutzen. Vor dem Absaugmanöver wird dem Patienten für einige Minuten reiner Sauerstoff verabreicht, falls die F_iO_2 mehr als 0,5 beträgt.
Während der **Absaugkatheter** eingeführt wird, darf bei üblichen Kathetern nicht (!) gesaugt werden. Es gibt inzwischen allerdings auch Absaugkatheter, die unter Sog eingeführt werden (AERO-JET®-Katheter, Fa. Sherwood Medical). Der Absaugkatheter – dessen Durchmesser höchstens 50 % des Tubusinnendurchmessers betragen darf – wird bis zum Auftreten eines Widerstandes eingeführt. Nun wird der Katheter einen Zentimeter zurückgezogen, mit dem Finger das Y-Ventil bzw. der Fingertip verschlossen und der Katheter unter Sog langsam herausgezogen (Erwachsene 0,4 bar, Kinder 0,2 bar Sog). Inzwischen gibt es auch geschlossene Systeme zur endotrachealen Absaugung (z. B. TRACH CARE®, Fa. Kendall). Der Absaugkatheter befindet sich in einer Schutzhülle. Das T-Stück dieses Systems wird zwischen Endotrachealtubus und Y-Stück der Beatmungsschläuche konnektiert. Dieser Absaugschlauch kann nun wiederholt aus seiner Umhüllung endotracheal eingeführt und wieder in seine sterile Umhüllung zurückgezogen werden. Der Katheter kann eingeführt werden, ohne dass die Beatmung unterbrochen werden muss und ohne dass z. B. ein hoher positiver endexspiratorischer Druck (PEEP; → S. 353) verloren geht. Diese geschlossenen Absaugsysteme können jeweils für 24 Stunden verwendet werden. Ob das geschlossene Verfahren im Hinblick auf die Inzidenz nosokomialer Pneumonien Vorteile im Vergleich zum herkömmlichen Absaugverfahren hat, ist bisher nicht belegt.

> ! Das Absaugmanöver sollte nicht länger als 10–15 Sekunden dauern. Insbesondere bei schwerkranken Patienten mit einer hohen F_iO_2 (→ S. 344) kann es bei längeren Absaugmanövern zu schweren Hypoxämien (→ S. 345) und auch Bradykardien kommen.

Zum Absaugen der linken Lunge wird empfohlen, den Kopf des intubierten Patienten nach rechts zu drehen, zum Absaugen der rechten Lunge wird empfohlen, den Kopf nach links zu drehen. Der Nutzen dieses Vorgehens scheint jedoch nicht sicher belegt. Nach dem Absaugmanöver empfiehlt sich ein mehrmaliges kräftiges Blähen der Lunge mit 100 % O_2. Anschließend wird der Patient wieder an den Respirator angeschlossen und kurz danach wird wieder die übliche Sauerstoffkonzentration eingestellt.
Eine Gefahr beim endotrachealen Absaugen liegt immer in der Möglichkeit, einen Vagusreiz mit akuter Bradykardie auszulösen.
Das Bronchialsekret sollte regelmäßig mikrobiologisch untersucht werden (→ S. 389).

7.2.6 Langzeitbeatmung

Beatmungsparameter

Die eingestellten Beatmungsparameter müssen in regelmäßigen Abständen sowie bei einer Veränderung von Parametern in einem Beatmungsprotokoll schriftlich dokumentiert werden.

Wird eine computergestützte Dokumentation vorgenommen, dann ist es sinnvoll, dass die Beatmungsparameter direkt in den Dokumentationscomputer eingespeist werden.

Inspiratorische Sauerstoffkonzentration

Es ist wichtig, eine unnütz hohe Sauerstoffkonzentration (F_iO_2; → S. 344) zu vermeiden. Anzustreben ist eine (fast) normale Sauerstoffsättigung von 97–99 % und ein (fast) normaler p_aO_2 (ca. 12–13 kPa). Die Gefahren einer zu hohen F_iO_2 werden auf Seite 370 beschrieben. Für die meisten kritischen klinischen Situationen reicht aber ggf. auch ein p_aO_2 von > 60 mm Hg bzw. eine Sättigung von >90 % aus (z. B. bei ARDS; → S. 445).

Atemhubvolumen

Bei der Spontanatmung ist ca. ⅓ des **A**tem**z**ug**v**olumens (= AZV) Totraumventilation (anatomischer Totraum der zuleitenden Atemwege: Mund, Nase, Rachen, Trachea und Bronchien). Beim Erwachsenen sind dies ⅓ von 500 ml und damit ca. 150 ml Totraum. Die restlichen ⅔ = 350 ml des AZV entsprechen der alveolären Ventilation, die für den Gasaustausch entscheidend ist. Würde ein Patient bei gleichem AMV mit einer erhöhten Atemfrequenz, dafür aber mit nur 300 ml/Atemhub beatmet, würde die Totraumventilation von 150 ml bereits 50 % des Atemhubvolumens betragen.
Entscheidend ist jedoch die alveoläre Ventilation. Um diese zu vergrößern, wird bei der konventionellen künstlichen Beatmung des lungengesunden Erwachsenen (mit normaler Compliance) mit einem etwas über dem spontanen Atemzugvolumen (von ca. 7 ml/kg KG) liegenden Atemhubvolumen von ca. 8–9 ml/kg KG und mit einer etwas unter der normalen Atemfrequenz (von 12–16/min) liegenden Atemfrequenz von ca. 8–10/min beatmet. Ziel ist ein normaler p_aCO_2 (40 ± 5 mm Hg). (Nur in bestimmten Ausnahmesituationen wird ein erhöhter p_aCO_2 [z. B. permissive Hyperkapnie; → S. 447] oder ein erniedrigter p_aCO_2 [z. B. kontrollierte Hyperventilation; → S. 272] angestrebt.)
Durch ein relativ hohes Atemhubvolumen bei relativ niedriger Atemfrequenz kann die prozentuale Totraumventilation verringert und der Entstehung von Atelektasen vorgebeugt werden. Ob allerdings die Beatmung mit hohem Hubvolumen und niedriger Atemfrequenz tatsächlich einer höherfrequenten Beatmung mit geringerem Hubvolumen überlegen ist, ist nicht bewiesen. Handelt es sich um eine gesunde Lunge, dann sind vermutlich beide Konzepte vergleichbar gut. Sehr große Atemhubvolumina sind jedoch auf jeden Fall zu vermeiden, da eine Überdehnung der Lunge und hohe Beatmungsdrücke (> 30 mbar) sehr schädlich sind. Hierdurch nimmt die Gefahr einer druck- bzw. volumenbedingten Lungentraumatisierung (Barotrauma bzw. Volutrauma) zu (vgl. protektive Beatmung, z. B. bei ARDS; → S. 445). Bei lungenkranken Patienten mit schlechter Lungen-Compliance sollte daher ein eher niedriges Hubvolumen angestrebt werden. Oft wird dann ein Atemhubvolumen von ca. 6 ml/kg KG eingestellt (vgl. lungenprotektive Beatmung; → S. 446).

> **!** Bei der Ausbildung z. B. einer schweren Pneumonie nimmt die Compliance der Lunge ab. Bei Beatmung mit einem konstanten Beatmungsvolumen werden die Beatmungsdrücke daher höher.

Da zu **hohe Beatmungsdrücke** die Gefahr einer druckbedingten Lungenschädigung (z. B. Pneumothorax) beinhalten (sog. Barotrauma), wird versucht, den Beatmungsdruck möglichst nicht zu hoch ansteigen zu lassen. Vor allem durch folgende Methoden kann der Beatmungsspitzendruck vermindert werden:

- Erniedrigung des Atemhubvolumens (ca. 6 ml/kg KG) bei gleichzeitiger Erhöhung der Atemfrequenz
- Verlängerung der Inspirationszeit (→ S. 352)
- Verminderung des Flows (→ S. 351)
- inspiratorische Druckbegrenzung (≤ 30 cm H_2O)

Konventionelle Beatmungskonzepte und die sog. lungenprotektive Beatmung (zur Minimierung des Beatmungsspitzendrucks) werden ausführlich auf Seite 446 abgehandelt. Da hohe Beatmungsdrücke eine Lungenschädigung begünstigen, wird bei bestimmten Lungenerkrankungen (z. B. ARDS → S. 445; COPD → S. 449; schwerem Asthma bronchiale → S. 499) das Atemminutenvolumen u. U. sogar unter die Norm vermindert, um den Beatmungsdruck möglichst gering zu halten. Es wird dabei ein erhöhter p_aCO_2 in Kauf genommen (sog. permissive Hyperkapnie).

Atemminutenvolumen

Das Atemminutenvolumen ist so einzustellen, dass der gewünschte p_aCO_2 erreicht wird. Häufig reicht beim Erwachsenen ein Atemminutenvolumen von ca. 6–7 l/min aus. Im Extremfall kann aber ein AMV zwischen 4 l/min (z. B. bei Hypothermie) bis ca. 30 l/min (z. B. bei massiver Stoffwechselsteigerung) notwendig werden.

Flow

✓ Unter einem Flow wird die Geschwindigkeit verstanden, mit der das Atemhubvolumen in den Patienten geblasen wird.

Im Prinzip gibt es verschiedene Flow-Profile: Klinisch relevant sind nur der dezelerierende (während der Inspiration abnehmenden) und der Rechteck-Flow. Bei der druckkontrollierten Beatmung handelt es sich stets um einen dezelerierenden Flow (→ unten). Auch bei der volumenkontrollierten Beatmung wird inzwischen in der Intensivmedizin ein dezelerierender Flow eingestellt (sog. Autoflow bei Dräger-Geräten; z. B. Evita XL). Ein Rechteck-Flow (mit Ausbildung eines Atemwegsspitzendrucks; vgl. Abb. 7-2a) kommt vor allem bei der intraoperativen Beatmung von lungengesunden Patienten zur Anwendung.

Bei Verwendung eines dezelerierenden Flows tritt kein Beatmungsspitzendruck auf, sondern lediglich ein konstanter Plateaudruck und es wird eine gleichmäßigere Verteilung des Atemhubvolumens in der Lunge erreicht. In der Intensivmedizin sollte nur der dezelerierende Flow verwendet werden.

Der Flow kann vor allem an älteren Beatmungsgeräten noch direkt eingestellt werden (dieser Flow darf nicht mit dem Frischgas-Flow am Narkosegerät verwechselt werden; → S. 16). An anderen älteren Respiratoren muss der **Flow** aus der Inspirationszeit und dem Atemhubvolumen **errechnet** werden. Wird ein Patient z. B. mit einem Atemhubvolumen von 700 ml und einer Atemfrequenz von 10/min beatmet, so dauert ein Atemzyklus 6 Sekunden. Beträgt das I : E-Verhältnis (Inspiration zu Exspiration) 1 : 2, so dauert die Inspiration 2 Sekunden, das heißt, der Patient erhält sein eingestelltes Atemhubvolumen (z. B. 700 ml/Atemhub) in 2 Sekunden (= ein Atemvolumen von 700 ml/2 s). Wird dies auf eine Minute extrapoliert, so würde der Patient in 60 Sekunden mit 21 000 ml (= 21 l/min) beatmet, also mit einem Flow von 21 l/min. Bei einem I : E-Verhältnis von 1 : 2 steht also für die Inspiration lediglich ⅓ des Atemzyklus zur Verfügung. Damit der Patient ausreichend beatmet wird, muss der Flow unter diesen Bedingungen also mindestens dem 3-fachen Wert des Atemminutenvolumens entsprechen.

Der Flow wird meist mit ca. 30–60 l/min eingestellt. Bei Wahl eines sehr **hohen Flows** kommt es an den Aufzweigungen des Bronchialsystems zu stärkeren Turbulenzen, und der Beatmungs(-spitzen-)druck steigt an. Hierdurch wird auch eine ungleichmäßige Belüftung der verschiedenen Lungenabschnitte begünstigt. Durch **Erniedrigung** des **Flows** entstehen weniger Turbulenzen und der Beatmungsdruck sinkt. Die Luftverteilung erfolgt bei niedrigem Flow gleichmäßiger in den verschiedenen Lungenbereichen. Bei der Wahl eines zu niedrigen Flows wird jedoch unter Umständen das eingestellte AMV nicht mehr erreicht.

Inspirationszeit/Exspirationszeit-Verhältnis

Das normale Atemzeitverhältnis Inspiration : Exspiration (= I : E) beträgt beim Erwachsenen 1,5 : 1 bis 1 : 2, beim Säugling und Kind 1 : 1. Bei der Beatmung eines lungengesunden Patienten wird meist das normale Atemzeitverhältnis gewählt. Mit zunehmender Lungenschädigung nimmt die Compliance der Lunge ab (→ S. 341), und der Beatmungsdruck steigt an. Durch **Verlängerung der Inspirationszeit** können der Beatmungsspitzendruck gesenkt werden, die Atemgase gleichmäßiger in den terminalen Luftwegen verteilt sowie auch eine bessere Oxygenierung des Patienten, das heißt ein Anstieg des p_aO_2 erzielt werden.

> **!** Je schlechter die Lungenfunktion und je höher der Beatmungsdruck, desto länger sollte die Inspirationszeit gewählt werden (z. B. beim ARDS).

Unter Umständen kann das normale Atemzeitverhältnis von 1 : 2 verändert werden in 1 : 1, 2 : 1, 3 : 1, im Extremfall bis 4 : 1. Da nun die Inspirationsphase länger als die Exspirationsphase ist (I:E > 1:1), wird von einem **umgekehrten Atemzeitverhältnis** oder von **Inversed-Ratio-**Beatmung gesprochen. Eine **I**nversed-**R**atio-**V**entilation (= IRV) kann druckkontrolliert oder volumenkontrolliert (→ S. 355) durchgeführt werden. Um die Gefahr einer Überdehnung der Lunge zu vermeiden, sollte eine druckkontrollierte IRV durchgeführt bzw. bei der volumenkontrollierten IVR sollte eine Druckbegrenzung (→ S. 356) eingestellt werden. Die kardiovaskulären Nebenwirkungen sind bei einer IRV stärker ausgeprägt als bei einem normalen Arbeitszeitverhältnis. Da für die Exspiration relativ wenig Zeit zur Verfügung steht, ist eine IRV bei Asthma bronchiale oder COLD zu vermeiden (bei diesen Erkrankungen ist die Exspiration verzögert, d. h. eine lange Exspirationszeit notwendig). Wird die Exspirationszeit zu kurz gewählt, dann beginnt – bevor die Ausatmung ganz beendet wurde – schon die nächste Einatmung. Es verbleibt also damit am Ende der Ausatmung vermehrt Beatmungsgemisch in der Lunge. Es bildet sich dadurch ein von der Lunge selbst ausgehender, sog. „intrinsic" oder Auto-PEEP aus. Ob ein „intrinsic" PEEP vorliegt, kann vor allem an der (bei Intensivgeräten meist dargestellten) Flow-Kurve erkannt werden. Beginnt die Inspiration bevor die vorausgegangene Ausatmung ganz beendet war, das heißt der Flow auf Null abgefallen ist, dann hat sich ein Auto-PEEP entwickelt (→ S. 354).

Bei vielen Beatmungsgeräten können die Dauer der Inspiration sowie die Dauer einer Inspirationspause in Prozent des Atemzyklus eingestellt werden.

Während der **Inspirationspause** wird das aktiv in den Patienten geblasene Volumen noch für einen kurzen Zeitraum im Patienten zurückgehalten. Während der inspiratorischen Pause strömt kein Beatmungsgemisch mehr in den Patienten (No-Flow-Phase). Es kommt zur Umverteilung des Atemhubvolumens innerhalb der Lungen. Auch Lungenbezirke, die langsamer aufdehnbar sind, werden nun verzögert aufgebläht.

Allerdings verfügen nicht alle Beatmungsmuster über eine inspiratorische Pause (nur bei zeitgesteuerter, nicht bei volumengesteuerter Beatmungsform möglich).

Nach der inspiratorischen Pause fängt die passive Exspiration an.

Während einer volumenkontrollierten Beatmung mit Rechteck-Flow (→ S. 351) – wie sie nur noch für die Narkosebeatmung durchgeführt wird – zeigt der **Beatmungsdruck** den in Abbildung 7-2a dargestellten charakteristischen Kurvenverlauf. Der Atemwegsspitzendruck überträgt sich nur zum Teil auf die Alveolen. Der (endinspiratorische) Plateaudruck (vgl. Abb. 7-2a) entspricht ungefähr dem Druck in den Alveolen. Er sollte möglichst nicht über ca. 30 cm H_2O betragen. (Beim Husten oder Niesen können Atemwegsspitzendrücke von 100–200 cm H_2O auftreten.)

Der Druck fällt während der Exspiration bis auf Null oder nur bis auf einen evtl. eingestellten positiven endexspiratorischen Druck (PEEP) ab (8 in Abb. 7-2a).

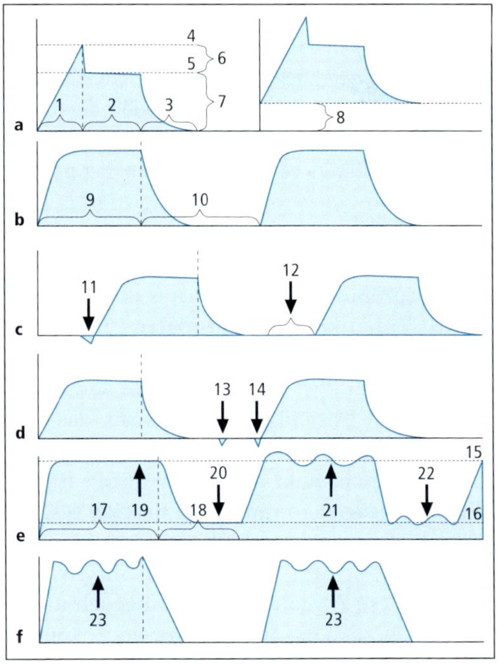

Abb. 7-2 Typische Beatmungsdruckkurven.
a Volumenkontrollierte Beatmung mit konstantem Flow (= Rechteck-Flow). 1 = Flow-Phase; 2 = No-Flow-Phase (= inspiratorische Pause); (1 + 2 = Inspirationszeit); 3 = Exspirationszeit; 4 = Atemwegsspitzendruck; 5 = Plateaudruck; 6 = Druck, der zur Überwindung der Resistance notwendig ist; 7 = Druck, der zur Überwindung der Compliance notwendig ist; 8 = positiver endexspiratorischer Druck. (An modernen Beatmungsgeräten kann zusätzlich noch der Atemwegsmitteldruck abgelesen werden. Dieser entspricht dem mittleren Druckniveau während des gesamten Atemzyklus.) In der Intensivmedizin wird inzwischen normalerweise eine volumenkontrollierte Beatmung mit dezelerierendem Flow (z. B. VCV plus Autoflow bei Evita XL, Fa. Dräger) eingesetzt. Dabei ergibt sich ein Verlauf der Druckkurve wie bei der druckkontrollierten Beatmung (vgl. Abb. 7-2b). **b** Druckkontrollierte Beatmung. Initial wird – bis das inspiratorische Druckniveau erreicht ist – ein hoher Flow verabreicht. Danach nimmt der Flow soweit ab (dezelerierender Flow), wie für die Aufrechterhaltung des Druckniveaus bis zum Ende der Inspirationszeit notwendig ist. 9 = Inspiration; 10 = Exspiration. **c** Assistierte/kontrollierte Beatmung. 11 = Jede Patienten-Triggerung führt zu einem nachfolgenden assistierten Atemhub. 12 = keine Patienten-Triggerung: Es folgen kontrollierte Atemhübe mit der vorgegebenen Frequenz. **d** SIMV (= **s**ynchronized **i**ntermittent **m**andatory **v**entilation). 13 = spontaner Atemzug außerhalb des „Erwartungsfensters", der deshalb keinen assistierten Atemhub auslöst. 14 = spontaner Atemzug während des „Erwartungsfenster", der dadurch einen assistierten Atemhub triggert. **e** BIPAP (= **bi**phasic **p**ositive **a**irway **p**ressure). 15 = oberes Atemwegsdruckniveau; 16 = unteres Atemwegsdruckniveau; 17 = Inspiration; 18 = Exspiration; 19 = keine überlagerte Spontanatmung; 20 = keine überlagerte Spontanatmung; 21 = überlagerte Spontanatmung; 22 = überlagerte Spontanatmung. **f** APRV (= **a**irway **p**ressure **r**elease **v**entilation). 23 = überlagerte Spontanatmung.

✓ Flow-Phase und Inspirationspause (vgl. Abb. 7-2a) werden zusammen als die **Inspirationsdauer** bezeichnet.

25%ige Flow-Phase und 10%ige inspiratorische Pause bedeuten, dass die gesamte Inspirationsphase 35 % des kompletten Atemzyklus dauert, dies entspricht einem Atemzeitverhältnis I:E von 35:65 % = 1:1,9.
Das I:E-Verhältnis kann jedoch nicht bei allen Beatmungsformen eingestellt werden (nur bei zeitgesteuerter Beatmung).

PEEP

✓ PEEP (= **p**osit**i**ve **e**nd**e**xspiratory **p**ressure = positiver endexspiratorischer Druck) bedeutet, dass der Beatmungsdruck am Ende der Ausatmung nicht wie normalerweise auf Null, sondern nur bis auf einen eingestellten positiven Druck abfällt.

Ein evtl. PEEP wird meistens zwischen 5 und 15 cm H_2O (= mbar) eingestellt.

! Ziel eines PEEP ist die Verbesserung des arteriellen p_aO_2-Wertes und damit die Erniedrigung der F_iO_2.

Erreicht wird dies dadurch, dass mithilfe des PEEP das am Ende der Ausatmung in der Lunge verbleibende Volumen vergrößert, das heißt die funktionelle Residualkapazität (FRC) (→ S. 342) erhöht wird. Dadurch werden Atelektasen aufgebläht und Rechts-links-Shunts werden vermindert. Besteht kein Rechts-links-Shunt, so kann durch den PEEP keine Verbesserung der Oxygenierung erzielt werden.

✓ Wird der PEEP am Beatmungsgerät eingestellt, dann wird von **Extrinsic-PEEP** gesprochen. Entwickelt sich in der Lunge (z. B. durch zu kurze Ausatmungszeit) ein PEEP, dann wird von **Intrinsic-** bzw. **Auto-PEEP** gesprochen (→ S. 352).

Bei einem **Patienten mit Lungenödem** ist das Einschalten eines relativ hohen PEEP aus verschiedenen Gründen sinnvoll. Durch einen PEEP wird der venöse Rückfluss zum rechten Herzen behindert (→ S. 358, 369). Dies hat eine ähnliche Wirkung wie ein Aderlass oder die Gabe von Nitroglycerin und entlastet das Herz.

Des Weiteren wird durch den erhöhten mechanischen Druck in den Alveolen das aus den Kapillaren ins Lungengewebe ausgepresste Lungenödem wieder zurückgedrängt bzw. in der Entstehung behindert. Als weitere Indikationen für einen PEEP werden z. B. Pneumonie, ARDS und Lungenkontusion genannt. Ob ein prophylaktischer PEEP sinnvoll ist, ist nicht eindeutig geklärt. (Mögliche Nebenwirkungen eines höheren PEEP → S. 268, 358, 369.)

Durch das Einstellen eines PEEP nimmt normalerweise der p_aO_2 des arteriellen Blutes und damit der Sauerstoffgehalt des Blutes (→ S. 345) zu. Der Sauerstoffgehalt multipliziert mit dem HMV ergibt die **Sauerstofftransportkapazität** des Blutes, die letztlich entscheidende Größe, die besagt, wie viel Sauerstoff pro Zeiteinheit dem Gewebe zur Verfügung gestellt wird. Mit steigendem PEEP-Niveau kommt es jedoch zu einer Reduktion des HMV.

! Bei hohem PEEP-Niveau kann die dadurch bedingte Abnahme des HMV so groß sein, dass der positive Effekt durch die PEEP-bedingte Erhöhung des p_aO_2 übertroffen wird, das heißt, die Sauerstofftransportkapazität ist aufgrund des stark erniedrigten HMVs vermindert, obwohl der p_aO_2 erhöht ist.

Es gilt nun, denjenigen PEEP einzustellen, mit dem die größte Sauerstofftransportkapazität erreicht werden kann (= **optimaler PEEP**). Ein gut geeigneter Parameter für die Ermittlung des optimalen PEEP ist die **Compliance** von Lunge und Thorax. Dasjenige PEEP-Niveau, das eine Beatmung mit der größten Compliance ermöglicht, entspricht dem optimalen PEEP: Ist der PEEP zu niedrig, kommt es im Bereich geschädigter Lungenareale endexspiratorisch zum Alveolarkollaps. Bei der nächsten Inspiration müssen diese Alveolen wieder aufgedehnt (rekrutiert) werden. Ist der PEEP zu hoch, kommt es endinspiratorisch zu einer Überdehnung von Lungengewebe. In beiden Fällen ist die Dehnbarkeit (Compliance) von Lunge und Thorax vermindert. Eine weitere Möglichkeit zur Ermittlung des optimalen PEEP ist die Bestimmung der **gemischtvenösen Sauerstoffsättigung** (→ S. 201). Bei einem niedrigen p_aO_2 oder bei einem erniedrigten HMV nimmt die Ausschöpfung des Blutes im Gewebe zu, die gemischtvenöse Sättigung fällt weiter ab als normalerweise üblich. Ist unter PEEP der p_aO_2 hoch und ist auch das HMV noch hoch (d. h. PEEP-bedingt noch nicht abgefallen), so ist die gemischtvenöse Sättigung ebenfalls hoch.

! Ein optimaler PEEP ist also dann auch eingestellt, wenn die gemischtvenöse Sauerstoffsättigung am höchsten ist.

Beatmungsgeräte

Mit einem Beatmungsgerät wird ein bestimmtes Hubvolumen mit Überdruck in die Lungen des Patienten gepresst. Es wird von intermittierender Überdruckbeatmung (= **i**ntermittent

positive **p**ressure **v**entilation = IPPV) gesprochen. Beatmungsgeräte können nach verschiedenen Funktionsprinzipien arbeiten.
Die Einteilung der mit den verschiedenen Beatmungsgeräten (Respiratoren) durchführbaren Beatmungsformen erfolgt am besten anhand der sog. Kontrollvariablen, anhand des Steuerungsprinzips und anhand der sog. Begrenzung. Es gibt allerdings noch zahlreiche andere Einteilungskriterien.

Kontrollvariable

Je nachdem, welche Variable vom Beatmungsgerät beeinflusst wird, um das Inspirationsvolumen abzugeben, wird von

- volumenkontrollierter Beatmung (= **v**olume **c**ontrolled **v**entilation = VCV; vgl. Abb. 7-2a),
- druckkontrollierter Beatmung (**p**ressure **c**ontrolled **v**entilation = PCV; vgl. Abb. 7-2b),
- Flow-kontrollierter Beatmung oder
- (zeitkontrollierter Beatmung)

gesprochen. Zumeist kommt die PCV oder VCV zur Anwendung. Fast alle neueren Beatmungsformen für Intensivpatienten sind druckkontrolliert. Eine druckkontrollierte Beatmung (vgl. Abb. 7-2b) ist stets auch druckbegrenzt (→ S. 356). Bei der volumenkontrollierten Beatmung wird bei Intensivpatienten durch Anwendung eines dezelerierenden (während der Inspiration abnehmenden) Flows der Beatmungsspitzendruck vermieden und eine ähnliche Druckkurve erzielt wie bei der PCV. VCV mit dezelerierendem Flow und PCV sind vergleichbar günstig.

Steuerung

Wie weiß der Respirator, dass er die Einatmung nun abbrechen und mit der Ausatmung beginnen soll? Dieser Umschaltmechanismus von der Inspiration in die Exspiration wird als Steuerung bezeichnet. Dieser Mechanismus kann

- volumengesteuert,
- druckgesteuert,
- zeitgesteuert oder
- Flow-gesteuert

sein.

Volumensteuerung

! Nach Abgabe eines einstellbaren Beatmungsvolumens schaltet der Respirator in die Ausatmung.

Die volumengesteuerten Geräte sind in der Intensivmedizin sehr beliebt. Bei einer Diskonnektion oder bei einem Leck im Schlauchsystem wird der Patient allerdings nicht richtig beatmet. Obwohl der Patient hierbei zu wenig oder kein Atemhubvolumen erhalten hat, schaltet das Gerät nach Abgabe des eingestellten Volumens in die Ausatmung um.

! Das Atemminutenvolumen muss immer im Ausatemschenkel gemessen werden. Bei einer Messung im Inspirationsschenkel würde ein Leck zwischen Volumeter und Patient nicht erfasst werden.

Eine Änderung der Compliance von Lunge oder Thorax hat fast keinen Einfluss auf das Beatmungsvolumen. Volumengesteuerte Geräte beatmen nahezu volumenkonstant. Allerdings kann bei einer Verschlechterung der Compliance der Beatmungsdruck stark ansteigen (Gefahr des Barotraumas). Daher sollten bei solchen Beatmungsgeräten die Druckgrenzen (→ S. 356) genau eingestellt werden.

Drucksteuerung

! Bei Erreichen eines einstellbaren Drucks schaltet der Respirator in die Ausatmung.

Solange die Compliance konstant ist, kann mit diesen Geräten volumenkonstant beatmet werden. Vermindert sich jedoch die Compliance, weil der Patient z. B. presst und verspannt ist oder gegen die Maschine atmet, so wird der Beatmungsdruck, bei dem in die Exspiration umgeschaltet wird, schon erreicht, bevor das nötige Atemhubvolumen in den Patienten geblasen ist.

Damit nimmt das **A**tem**m**inuten**v**olumen (= AMV) ab, die Atemfrequenz steigt an. Sobald sich also die Compliance der Lunge oder des Thorax oder die Resistance ändert, muss das Gerät neu eingestellt werden.

! Druckgesteuerte Geräte können also eine Änderung des Atemwiderstandes nicht kompensieren.

Deshalb sollten solche Geräte immer in Kombination mit einem Kapnometer (→ S. 405) betrieben werden, damit eine Änderung des AMVs am Kapnometer erkannt werden kann. Außerdem sollten die Grenzwerte für das Atemminutenvolumen eng eingestellt werden. Druckgesteuerte Geräte werden aus obigen Gründen nur selten zur maschinellen Beatmung, sondern fast nur im Rahmen der Atemtherapie extubierter Patienten eingesetzt (als **i**ntermittent **p**ositive **p**ressure **b**reathing = IPPB). Inzwischen wird aber auch hierfür zumeist eine Form der druckunterstützten Spontanatmung (= **p**ressure **s**upport **v**entilation = PSV; → S. 361) eingesetzt.

Flow-Steuerung

! Ein Flow-gesteuerter Respirator schaltet von der Inspiration auf die Exspiration, wenn ein bestimmter Minimal-Flow (→ S. 351) von z. B. 25 % des Spitzen-Flows unterschritten wird.

Eine Flow-Steuerung wird vor allem bei Beatmungsformen verwendet, die die Spontanatmung unterstützen (→ S. 361).

Zeitsteuerung

! Nach Ablauf eines einstellbaren Zeitintervalls schaltet der Respirator in die Ausatmung.

Viele der modernen Respiratoren sind zeitgesteuert.

Begrenzung

Wenn ein volumengesteuertes Beatmungsgerät einem Patienten das eingestellte Beatmungsvolumen von z. B. 700 ml einbläst, aber der Patient gerade hustet oder ausatmet, so kann es unter Umständen zu einem enormen Druckanstieg im Bronchialsystem kommen, da das volumengesteuerte Gerät rücksichtslos die eingestellten 700 ml Hubvolumen abgibt. Es ist nun möglich, eine Druckbegrenzung einzuschalten.

! Eine **Druckbegrenzung** von beispielsweise 30 cm H_2O bedeutet, dass das volumengesteuerte Gerät mit z. B. 700 ml Atemhubvolumen beatmet wird, wobei ein Beatmungsdruck von 30 cm H_2O nicht überschritten wird.

Wird hierbei jedoch ein Beatmungsdruck von 30 cm H_2O erreicht, so wird der Druck auf 30 cm H_2O begrenzt, die Inspiration wird jedoch nicht (!) abgebrochen, sondern fortgesetzt. Es handelt sich damit um ein volumengesteuertes, druckbegrenztes Beatmungsmuster.
Es gibt folgende prinzipielle Begrenzungsmöglichkeiten:

- Volumenbegrenzung
- Druckbegrenzung
- Flow-Begrenzung

Die beiden wichtigsten Begrenzungsprinzipien sind die Volumen- und die Druckbegrenzung. Es können in einem Respirator auch gleichzeitig z. B. eine Druck- und eine Volumenbegrenzung vorhanden sein. Eine druckgesteuerte Beatmung kann nicht druckbegrenzt (oder druckkontrolliert) sein. Sie ist meist Flow-begrenzt (und Flow-kontrolliert).

Zuordnung von häufig verwendeten Respiratoren

Viele der modernen Respiratoren sind Mischformen bezüglich Steuerung und Begrenzung, wie z. B.:

- Evita (Fa. Dräger; vgl. Abb. 7-3):
  Volumen-Zeit- oder Druck-Zeit-gesteuert, volumen-, zeit- oder druckbegrenzt
- Servo-Ventilator 900/900 B/900 C; 300 (Siemens):
  zeitgesteuert, druck- oder volumenbegrenzt

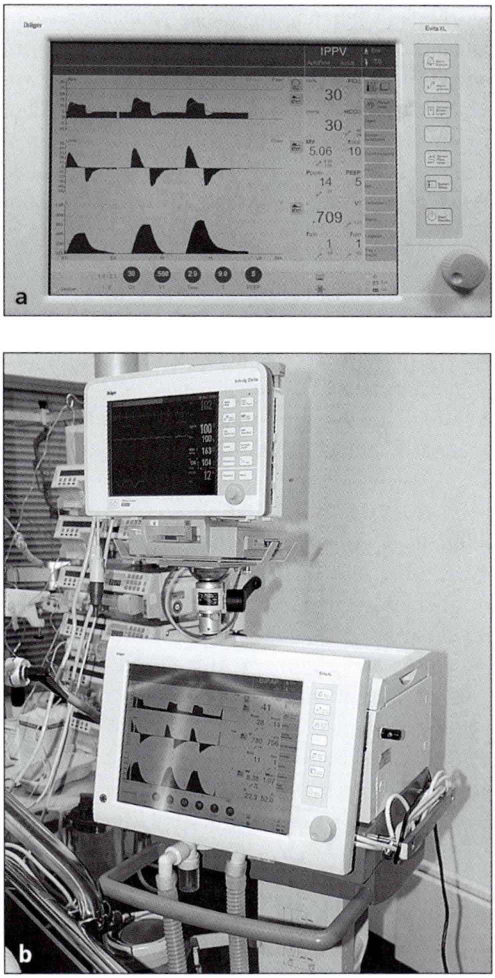

Abb. 7-3 Modernes Intensivbeatmungsgerät (Evita XL, Fa. Dräger). a Gesamtansicht. b Bildschirm.

- Bennett 7200®:
  zeit- oder druckgesteuert, volumen-, zeit- oder druckbegrenzt

Formen der Atmung/Beatmung

Es können 4 prinzipielle Atmungs-/Beatmungstypen unterschieden werden:

- kontrollierte Beatmung
- Mischformen aus Beatmung und Spontanatmung (assistierte/kontrollierte Beatmung [→ S. 359], **i**ntermittent **m**andatory **v**entilation = IMV [→ S. 359], **s**ynchronized **i**ntermittent **m**andatory **v**entilation = SIMV [→ S. 359], **bi**phasic **p**ositive **a**irway **p**ressure = BIPAP [→ S. 360], **a**irway **p**ressure **r**elease **v**entilation = APRV [→ S. 361])
- unterstützte (augmentierte) Spontanatmung
- reine Spontanatmung

Kontrollierte Beatmung

! Atemmuster und Atemzyklus werden vorbestimmt und können vom Patienten nicht beeinflusst werden. Die Atemhübe sind maschinell initiiert (= getriggert), maschinell begrenzt und maschinell gesteuert. Die kontrollierte (mandatorische), vom Gerät aufgezwungene Beatmungsform (= **c**ontinuous **m**andatory **v**entilation = CMV) kann unterteilt werden in eine volumenkontrollierte (= **v**olume **c**ontrolled = VC; Abb. 7-2a) und eine druckkontrollierte (= **p**ressure **c**ontrolled = PC; Abb. 7-2b) Beatmung (VC-CMV; PC-CMV).

Die kontrollierte Beatmungsform setzt voraus, dass der Patient nicht mehr spontan atmet. Der Patient muss tief sediert sein. Die kontrollierte Beatmung wird (zumeist intraoperativ und) bei pulmonal und kardiovaskulär schwerstkranken Intensivpatienten sowie bei Patienten mit einem frischen Schädel-Hirn-Trauma durchgeführt. Da der Patient intermittierend mit Überdruck beatmet wird, wird von einer **i**ntermittent **p**ositive **p**ressure **v**entilation (= **IPPV**) gesprochen. Hierbei fällt der Atemwegsdruck am Ende der Exspiration auf Null ab. Fällt der Druck nur bis auf einen eingestellten PEEP-Wert ab, dann wird von **c**ontinuous **p**ositive **p**ressure **v**entilation (= **CPPV**) gesprochen.

Bei Intensivpatienten wird relativ häufig eine VC-CMV (mit dezelerierendem Flow; → S. 351) durchgeführt. Atemhub- und Atemminutenvolumen sind hierbei fest vorgegeben. Auch bei einer Änderung der Compliance bleiben die eingestellten Parameter unverändert. Es kommt dann jedoch zu einer Änderung der Beatmungsdrücke. Bei Abnahme der Compliance steigt

der Beatmungsdruck (und die Gefahr eines Barotraumas) an. Bei einer Leckage erhält der Patient weniger als das eingestellte Hubvolumen. Seit einigen Jahren wird zunehmend häufiger eine PC-CMV (v. a. bei schlechter Lungenfunktion) durchgeführt. Ein vorgewählter maximaler Atemwegsdruck (meist ≤30 cm H_2O) wird hierbei nicht überschritten, auch nicht bei einer Abnahme der Compliance. Die Geräte arbeiten mit einem dezelerierenden Flow. Das Risiko eines Barotraumas (und Volutraumas) ist vermindert. Eine Leckage wird bis zu einem gewissen Grad kompensiert. Bei einer Änderung der Compliance ändert sich allerdings das abgegebene Minutenvolumen. Bei einer Abnahme der Compliance nimmt das AMV ab.
Eine kontrollierte Beatmung sollte nur so kurz wie möglich durchgeführt werden, z. B. während schwerer respiratorischer Probleme, einer kontrollierten Hyperventilation oder einer notwendigen Muskelrelaxation. Bei einer kontrollierten Beatmung ist eine tiefere Analgosedierung notwendig als bei den moderneren Beatmungsformen mit Spontanatmungsanteil (z. B. ASB, BIPAP; → S. 360).
Die kontrollierte Beatmung hat eine Reihe von Nachteilen bzw. Nebenwirkungen. Beim spontan (!) atmenden Patienten entsteht bei der Einatmung ein Unterdruck in der Lunge. Der Druck in der Lunge und im Pleuraspalt fällt ab. Luft wird angesaugt. Gleichzeitig wird der venöse Rückfluss in die großen intrathorakalen Gefäße erleichtert. Außerdem wird durch das sich nach unten bewegende Zwerchfell der Druck im Bauchraum erhöht, und das Blut aus dem Bauchraum wird ausgepresst. Es wird von einem **Saug-Pump-Mechanismus** gesprochen. Bei der Ausatmung steigt der Druck in der Lunge und im Pleuraspalt an, die Luft wird ausgepresst.

> **!** Beim beatmeten Patienten sind die Druckverhältnisse umgekehrt. Während der Einatmung steigt der Druck in der Lunge und im Pleuraspalt an. Während der Ausatmung fällt der Druck in der Lunge und im Pleuraspalt ab.

Durch die Erhöhung des intrathorakalen Drucks bei der maschinellen Einatmung nimmt auch der Druck im rechten Vorhof zu. Der venöse Rückfluss zum Herzen ist gedrosselt. Dies ist um so gravierender, je höher die Beatmungsdrücke und je höher das PEEP-Niveau sind. Die **Drosselung des venösen Rückflusses zum Herzen** hat folgende Auswirkungen:

- Anstieg des **z**entralen **V**enen**d**rucks (ZVD)
- Anstieg eines bereits erhöhten intrakraniellen Drucks
- Verminderung der Nierendurchblutung und der Urinausscheidung
- Abfall des **H**erz**m**inuten**v**olumens (HMV)
- Abfall des arteriellen Blutdrucks
- Wasserretention:
  Dies ist als Kompensationsmechanismus des Körpers zu verstehen, wodurch der verminderte venöse Rückstrom zum Herzen ausgeglichen werden soll.
- Verminderung der Leberdurchblutung, wodurch es zu einem Anstieg der Transaminasenaktivität und der Bilirubinkonzentration kommen kann
- Rechtsherzbelastung:
  Vor allem bei hohen Beatmungsdrücken kann es zur Kompression der Lungenkapillaren mit einer Druckerhöhung im Lungenkreislauf und damit zu einer Rechtsherzbelastung kommen.
- erhöhte Gefahr eines Barotraumas (→ S. 370)

Die bei der kontrollierten Beatmung auftretenden Nebenwirkungen (z. B. hämodynamische Nebenwirkungen, Inaktivitätsatrophie der Atemmuskulatur, hoher Bedarf an Sedativa; → S. 368) können dadurch minimiert werden, dass versucht wird, die Spontanatmung soweit als möglich zu erhalten und sie ggf. maschinell nur zu unterstützen. Es sollte also möglichst eine der unten aufgeführten Mischformen ausgeführt werden.

Mischformen aus Beatmung und Spontanatmung

Assistierte/kontrollierte Beatmung

! Die assistierte/kontrollierte Beatmung ist eine Kombination aus kontrollierter Beatmung (= PC-CMV oder VC-CMV; → S. 357) plus assistierter Beatmung. Bei der assistierten/kontrollierten Beatmung (= A/C = **a**ssist/**c**ontrol ventilation) darf der Patient versuchen, selbst zu atmen. Erzeugt er dabei während der Einatmung einen festgelegten Negativdruck bzw. Flow, dann wird hierdurch ein maschineller Atemhub ausgelöst (= getriggert) und der Respirator beginnt mit der volumen- oder druckkontrollierten Inspiration (Abb. 7-2c).

Diese Schwelle, bei deren Unterschreiten der Respirator sich einschaltet, wird als **Trigger-Schwelle**, der Vorgang als Triggern der Maschine bezeichnet. Die Trigger-Schwelle wird meist ca. 1–3 cm H_2O unterhalb des endexspiratorischen Drucks eingestellt, das heißt 1–3 cm H_2O unterhalb des PEEP-Wertes, oder 1–3 cm H_2O unterhalb des Nullwertes. Wird diese Trigger-Schwelle versehentlich über dem endexspiratorischen Druck eingestellt, so triggert sich die Maschine selbst. Bevor der Druck bis auf den endexspiratorischen Druck abgefallen ist, ist die Trigger-Schwelle schon unterschritten und die Maschine beginnt bereits mit der Inspiration. Der Patient wird dadurch fälschlicherweise stark hyperventiliert. Die sog. Trigger-Latenz, das heißt die Zeitspanne zwischen Triggerung und Auslösung des Inspirations-Flows, sollte ≤ 0,1 Sekunden betragen. Bei modernen Respiratoren wird inzwischen anstatt einem Druck-Trigger meist ein Flow-Trigger verwendet. Sobald der Patient einen Inspirations-Flow von z. B. 33–100 ml/s (= 2–6 l/min) einatmet, wird das Gerät getriggert. Häufig wird die Flowtrigger-Schwelle auf 3 l/min gestellt.

Bei einem getriggerten Atemhub ist es auch wichtig, dass der Respirator initial einen ausreichend hohen Flow abgibt, damit der Patient bei seinem Entwöhnungsversuch keinen „Luftmangel" verspürt.

Triggert der Patient das Beatmungsgerät jedes Mal, dann wird von assistierter Beatmung gesprochen. Triggert der Patient das Gerät manchmal über einen bestimmten Zeitraum nicht, dann beginnt das Beatmungsgerät mit einem maschinellen Beatmungshub (= assistierte/kontrollierte Beatmung). Bei der A/C-Beatmung kann durch jeden Inspirationsversuch des Patienten ein maschineller Atemhub getriggert werden. Bei einer A/C-Beatmung benötigen die Patienten meist eine etwas tiefere Analgosedierung als unter BIPAP oder druckunterstützter Spontanatmung (→ S. 361).

IMV

✓ IMV ist die Abkürzung für **i**ntermittent **m**andatory **v**entilation, was mit intermittierender maschineller Ventilation übersetzt werden kann. IMV verbindet die maschinelle Beatmung mit der Spontanatmung des Patienten.

Der Respirator arbeitet mit einer vorgegebenen, niedrigen Beatmungsfrequenz (z. B. 7/min). Die maschinellen Atemhübe können volumen- oder druckkontrolliert sein (VC-IMV, PC-IMV). Dazwischen kann der Patient beliebig selbst atmen. Es wechseln also maschinelle Atemhübe mit Phasen der Spontanatmung. Es kann jedoch sein, dass der Patient gerade ausatmen will, die Maschine ihm aber den jetzt fälligen Atemhub aufzwingt. Mit Verbesserung der Atemfunktion kann die IMV-Frequenz zunehmend reduziert werden und der Patient muss zunehmend mehr Atemarbeit übernehmen. Reicht eine IMV-Frequenz ≤ 4/min aus (und ist die notwendige F_iO_2 ≤ ca. 0,4), dann kann ein Extubationsversuch unternommen werden.

Im Rahmen der Entwöhnung vom Respirator wird IMV zunehmend seltener eingesetzt. Immer häufiger wird hierbei eine Form der druckunterstützten Spontanatmung (→ S. 361) angewendet.

SIMV (Abb. 7-2d)

✓ SIMV ist die Abkürzung für **s**ynchronized **i**ntermittent **m**andatory **v**entilation, was mit synchronisierter intermittierender maschineller Beatmung übersetzt werden kann. SIMV verbindet maschinelle Beatmung, Spontanatmung und assistierte Beatmung.

SIMV war eine logische Weiterentwicklung der IMV. Hierbei können die intermittierenden maschinellen Atemhübe an die Spontanatmung des Patienten angepasst werden. Damit es nicht wie bei der IMV vorkommen kann, dass der Patient gerade ausatmen will, die Maschine aber in dem Moment mit dem Atemhub beginnt, wurde bei der SIMV vor jedem maschinellen Atemhub ein gewisser Zeitraum, ein sog. **Erwartungsfenster** eingebaut. Innerhalb dieses Zeitraumes kann der Patient den maschinellen Atemhub triggern und damit an seine Atmung anpassen. Triggert er die Maschine in diesem Erwartungsfenster nicht, so beginnt der Atemhub nach Ablauf des Erwartungsfensters (Maschinen-Triggerung). Bei SIMV wechseln ebenfalls maschinelle Atemhübe mit Phasen der Spontanatmung. Während bei der A/C-Beatmung jeder (!) Inspirationsversuch des Patienten einen maschinellen Atembub triggern kann, ist bei der SIMV nur eine Triggerung während des Erwartungsfensters möglich.

Bei modernen Beatmungsgeräten können die Spontanatmungen während der SIMV zusätzlich druckunterstützt (**p**ressure **s**upport **v**entilation = PSV) werden (SIMV plus PSV). Mit Verbesserung der Atemfunktion kann die SIMV-Frequenz zunehmend reduziert werden und der Patient muss zunehmend mehr Atemarbeit übernehmen. Reicht eine SIMV-Frequenz von ≤ 4/min aus (und ist die notwendige $F_iO_2 \leq$ ca. 0,4 und eine evtl. Druckunterstützung ≤ ca. 10 mm Hg), dann kann ein Extubationsversuch unternommen werden.

Im Rahmen der Entwöhnung vom Respirator wird SIMV zunehmend seltener eingesetzt. Immer häufiger wird hierbei eine Form der unterstützten Spontanatmung (→ S. 361) eingesetzt.

MMV

✓ MMV ist die Abkürzung für **m**andatory **m**inute **v**entilation. Während bei der (IMV oder) SIMV der Respirator kontrollierte Atemhübe mit der vorgewählten (IMV- oder) SIMV-Frequenz auf jeden Fall abgibt, erfolgen bei der **MMV** nur maschinelle Atemhübe, falls eine eingestellte Untergrenze für das Atemminutenvolumen unterschritten wird.

Bei ausreichender Spontanatmung werden also keine maschinellen Atemhübe mehr aufgezwungen und z. B. aus einer MMV plus PEEP wird eine CPAP-Atmung (→ S. 362) und aus einer MMV plus PSV wird eine reine PSV-Atmung (→ S. 361).

BIPAP

✓ BIPAP ist die Abkürzung für **b**iphasic **p**ositive **a**irway **p**ressure. Bei BIPAP (Abb. 7-2e) werden Spontanatmung und maschinelle, druckkontrollierte Beatmung in einer voneinander unabhängigen Form überlagert.

Bei BIPAP (z. B. EVITA, Fa. Dräger) atmet der Patient über das Gerät CPAP (→ S. 362). Das Gerät schaltet gleichzeitig zwischen 2 verschiedenen CPAP-Niveaus hin und her. Das untere BIPAP-Niveau wird initial auf das gewünschte PEEP-Niveau bzw. ca. 5–10 cm H_2O eingestellt. Das obere BIPAP-Niveau wird auf einen ca. 12–16 cm H_2O höheren Wert eingestellt. Durch eine Veränderung des oberen BIPAP-Niveaus kann das Atemhubvolumen ggf. verändert werden.

Wird allerdings ein hohes oberes BIPAP-Niveau notwendig, dann muss beachtet werden, dass eine Spontanatmung auf einem hohen BIPAP-Niveau nur schwer möglich ist. Bei BIPAP ist auch eine patientengetriggerte Form möglich. Innerhalb eines Zeitfensters kann der Patient die Umschaltung auf das höhere CPAP-Niveau triggern. Die Höhe der beiden CPAP-Niveaus sowie die Zeitdauer der unteren und oberen Druckniveaus können eingestellt werden. Während bei anderen Beatmungsformen wie z. B. SIMV die maschinelle Beatmung und die Spontanatmung jeweils nacheinander ermöglicht werden, können bei BIPAP maschinelle Beatmung und spontane Atmung zeitgleich (überlagert) erfolgen.

Die Druckdifferenz zwischen den beiden CPAP-Niveaus sowie die Umschaltfrequenz bestimmen den maschinellen Anteil an der Atmung. Sind die Phasen mit hohem CPAP-Niveau länger als diejenigen mit niedrigem CPAP-Niveau, dann wird von „**inversed**" **BIPAP** gesprochen.

Falls der Patient nicht mehr spontan atmet, kann er über BIPAP auch rein maschinell kontrolliert beatmet werden (CMV). Mittels BIPAP-Beatmungsmodus kann auch eine übliche CPAP-Atmung (→ S. 362) erfolgen (oberes und unteres CPAP-Niveau sind hierbei identisch).

! Auf vielen Intensivstationen stellt BIPAP inzwischen die zumeist praktizierte Beatmungsform dar.

APRV

✓ APRV ist die Abkürzung für **a**irway **p**ressure **r**elease **v**entilation. Bei APRV (Abb. 7-2f) werden (wie bei BIPAP) Spontanatmung und maschinelle Unterstützung in einer voneinander unabhängigen Form überlagert.

Bei APRV atmet der Patient über ein CPAP-System spontan. In diesem CPAP-System wird mit einer wählbaren Frequenz (ca. 6–15/min) für meist 0,5–3 Sekunden das CPAP-Niveau (durch Öffnen eines Exspirationsventils) abgesenkt. Nach Ende dieses 0,5- bis 3-sekündigen Intervalls steigt das CPAP-Niveau sehr schnell wieder an, da es sich um ein CPAP-System mit sehr hohem Flow (ca. 100 l/min) handelt. APRV scheint zu einer nur geringen Beeinträchtigung der Hämodynamik zu führen. Bei fast allen unterstützten (augmentierten) Spontanatmungsformen wird stets die Einatmung, nur bei der APRV wird die Ausatmung unterstützt.

Druckunterstützte (augmentierte) Spontanatmung

Mit modernen Beatmungsgeräten kann meist auch eine **druckunterstützte Spontanatmung** (= **i**nspiratorischer **A**ssist = IA) durchgeführt werden. Andere Bezeichnungen für druckunterstützte Spontanatmung bzw. inspiratorischer Assist sind:

- **a**ssisted **s**pontaneous **b**reathing (= ASB)
- **i**nspiratory **p**ressure **s**upport (= IPS)
- **p**ressure **s**upport **v**entilation (= PSV)
- **i**nspiratory **h**elp **s**ystem (= IHS)

Bei der druckunterstützten Spontanatmung führt eine spontane Einatmung zur Triggerung der Beatmungsmaschine. Die Einatmung wird dann durch einen hohen, zusätzlichen Gasfluss unterstützt, bis ein einstellbarer Atemwegsdruck erreicht ist. Eine druckunterstützte Spontanatmung lässt sich als eine assistierte, Flow-gesteuerte Beatmung beschreiben. Durch eine geringe Druckunterstützung (ca. 3–5 cm H_2O über PEEP-Niveau) kann die durch das Beatmungsgerät und den Tubus bedingte Atemarbeit ausgeglichen werden, durch eine hohe Druckunterstützung (ca. 20–25 cm H_2O) kann dem Patienten die gesamte Atemarbeit abgenommen werden. Eine übliche effektive Druckunterstützung beträgt ca. 12–16 cm H_2O über PEEP-Niveau. Ist nur noch eine Druckunterstützung von ca. 5 cm H_2O notwendig, dann kann der Patient meist problemlos extubiert werden.
Unter einer druckunterstützten Spontanatmung nimmt die spontane Atemfrequenz ab, das Atemzugvolumen nimmt zu und der Sauerstoffverbrauch für die Atemarbeit nimmt ab. Diese Beatmungsform kann während der Entwöhnung eines Patienten von der maschinellen Beatmung sowie auch als primäre Beatmungsform durchgeführt werden.

! Bei Intensivpatienten mit erhaltener Spontanatmung wird inzwischen sehr häufig eine CPAP-Atmung (kontinuierlicher positiver Atemwegsdruck; → S. 362) mit einer Druckunterstützung (ASB) der spontanen Atemzüge kombiniert.

Falls bei einer PSV der Atemantrieb des Patienten nachlässt oder unterdrückt wird (z. B. durch Opioidgabe), dann drohen eine Hypoventilation oder Apnoe. Aus Sicherheitsgründen kann daher PSV mit MMV (→ S. 360) kombiniert werden.

Reine Spontanatmung

Die reine Spontanatmung (**s**pontaneous **v**entilation = SV) erfolgt bei intensivpflichtigen Patienten oft als CPAP oder manchmal noch über „Querflöte“.

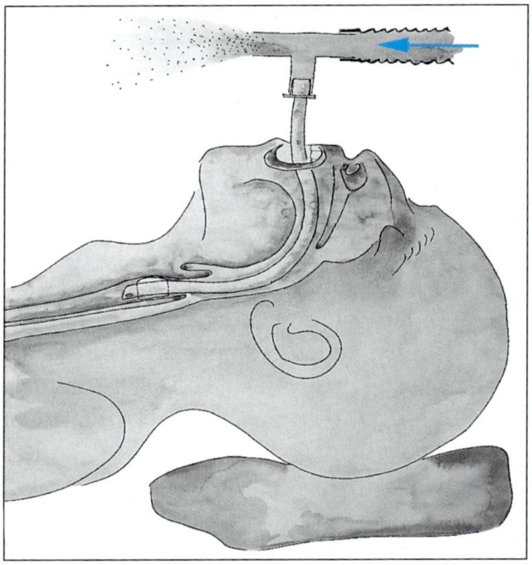

Abb. 7-4 „Querflöte" beim spontan atmenden, orotracheal intubierten Patienten. Beachte: Frischgaszufuhr mit hohem Fluss.

„Querflöte"

> ! Beim spontan atmenden, intubierten Patienten wird auf den Tubus ein sog. T-Stück aufgesetzt. Über den einen Schenkel des T-Stücks wird dem Patienten Inspirationsgas mit so hohem (!) Flow zugeführt, dass am offenen Ende des T-Stücks auch während der Inspiration noch ein Luftstrom zu fühlen ist (vgl. Abb. 7-4) (Continuous-Flow-System). Über den anderen Schenkel des T-Stücks atmet der Patient in die Umgebung aus.

Wird der Frischgas-Flow zu niedrig gewählt, so ist es bei einer tiefen Einatmung möglich, dass er nicht ausreicht und der Patient zusätzlich Luft aus dem offenen Ausatmungsschenkel des T-Stücks ansaugt. Damit ist die im Inspirationsschenkel gemessene F_iO_2 falsch hoch, da es zur Zumischung von Raumluft (21 % O_2) kommt.
Eine längerfristige Atmung über das T-Stück ist zu vermeiden, da hierdurch Atelektasen und eine Abnahme der funktionellen Residualkapazität (= FRC) begünstigt werden. Bei Säuglingen und Kleinkindern verbietet sich die T-Stück-Atmung, da sie besonders anfällig für solche Veränderungen sind. Bei ihnen muss stattdessen eine sog. CPAP-Atmung durchgeführt werden. Die Atmung über eine „Querflöte" wird inzwischen (zugunsten einer CPAP-Atmung; → unten) nur noch selten durchgeführt.

CPAP

> ✓ CPAP ist die Abkürzung für **c**ontinuous **p**ositive **a**irway **p**ressure, was mit kontinuierlichem positivem Atemwegsdruck übersetzt werden kann. CPAP-Atmung stellt eine spezielle Spontanatmungsform (= **s**pontaneous **v**entilation = SV) mit PEEP dar. Durch CPAP kann die FRC vergrößert, die Oxygenierung verbessert und die Atemarbeit vermindert werden.

Ähnlich wie bei der Querflöte wird dem spontan atmenden, intubierten Patienten auf den Tubus ein T-Stück aufgesetzt. Auf einen Schenkel des T-Stücks wird ein Inspirationsschlauch angeschlossen (konnektiert), über den ein Inspirationsgemisch mit hohem (!) Flow zugeführt wird (Continuous-Flow-System). Im Unterschied zur Querflöte ist am anderen Schenkel des T-Stücks noch ein Ausatmungsschlauch angebracht, an dessen Ende ein PEEP-Ventil angeschlossen ist (vgl. Abb. 7-5). Hierdurch besteht in dem System kontinuierlich, also während In- und Exspiration, ein positiver Druck von 5–10 cm H_2O. Wichtig hierbei ist ein hoher Frischgas-Flow, damit der Patient selbst bei einem besonders tiefen Atemzug nicht einen negativen Druck erzeugen kann und damit Luft über den Exspirationsschenkel anzusaugen versucht. Aus diesem Grund wird an den Inspirationsschenkel im Nebenanschluss noch ein großvolumiger Reservoirbeutel gekoppelt, der dies sicher vermeidet. Des Weiteren befindet sich noch ein Manometer im System, um die Höhe des CPAP ablesen zu können. CPAP ist eine beliebte Beatmungsform vor allem auf neonatologischen Intensivstationen. Die Indikationen und Nebenwirkungen von CPAP entsprechen denen des PEEP (→ S. 358). Moderne Beatmungsgeräte verfügen über einen CPAP-Modus, sodass keine CPAP-Apparatur mehr notwendig ist. Für extubierte Patienten stehen spezielle CPAP-Masken zur Verfügung.

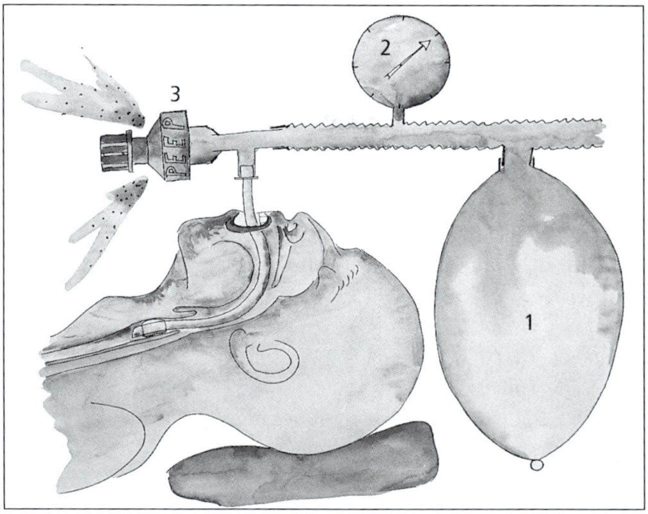

Abb. 7-5 CPAP-System beim spontan atmenden Patienten. Frischgaszufuhr mit hohem Fluss. Im Inspirationsschenkel sind Reservoirbeutel (1) und Manometer (2) eingebaut. An den Exspirationsschenkel wird ein entsprechendes CPAP-Ventil (3) angeschlossen.

Bei einer CPAP-Atmung mit 5 cm H_2O ist die Atemarbeit ca. 20(–40) % niedriger als bei einer Atmung über ein T-Stück.
CPAP kann nicht nur über einen Endotrachealtubus, sondern ggf. auch über eine Gesichts-(Nasen-)Maske verabreicht werden (= Masken-CPAP). Hierfür bietet sich vor allem der Continuous-Flow-CPAP an.
Neben dem oben beschriebenen Continuous-Flow-CPAP gibt es auch einen sog. Demand-Flow-CPAP. Moderne Respiratoren verfügen über einen Demand-Flow-CPAP. Der Patient muss hierbei durch eine Inspirationsanstrengung den Inspirations-Flow triggern. Zusätzlich kann ggf. noch eine Druckunterstützung eingestellt werden. Die Atmungsform entspricht damit PSV plus PEEP.

Nicht invasive Beatmung

Um die Risiken einer endotrachealen Intubation zu vermeiden, wird in Grenzfällen (z. B. bei obstruktivem Schlafapnoesyndrom, neuromuskulären Erkrankungen, Pneumonie, nach großen Operationen oder einer Langzeitbeatmung) manchmal über eine gutsitzende Gesichts- oder Nasenmaske eine sog. nicht invasive Beatmung (= **n**on-**i**nvasive **v**entilation = NIV) durchgeführt. NIV kann als CPAP, PSV, BIPAP oder CMV durchgeführt werden. Um das Risiko einer Insufflation in den Magen mit der Gefahr von Erbrechen und Aspiration zu vermeiden, sollte ein PEEP auf ≤ 10 cm H_2O und der Beatmungsspitzendruck auf ca. 20 cm H_2O begrenzt werden.
Die Maske wird mittels eines Gummibandes fixiert. Die NIV wird meist nur intermittierend durchgeführt. Dieses Verfahren erfordert eine engmaschige Überwachung und einen höheren Pflegeaufwand als eine Beatmung über einen Endotrachealtubus.

Anfeuchtung der Einatmungsluft

Normalerweise wird die Einatmungsluft im Bereich der oberen Luftwege erwärmt und angefeuchtet. Dies ist wichtig, damit das Flimmerepithel des Bronchialsystems normal funktionieren und damit es Staubpartikel abtransportieren kann. Fällt die Luftfeuchtigkeit unter ca. 70 %, so droht das Tracheobronchialsekret einzudicken und zu verborken.

! Bei einem intubierten Patienten ist die Anfeuchtungs- und Erwärmungsfunktion der oberen Luftwege ausgeschaltet.

Deshalb ist es zwingend erforderlich, das Inspirationsgemisch anzufeuchten. Außerdem ist auf eine gleichzeitige Erwärmung zu achten. Selbst wenn die kalten, aus der zentralen Gasversorgung kommenden Gase zu 100 % mit Feuchtigkeit beladen werden, ist dies ungenügend. Denn die Fähigkeit, Feuchtigkeit aufzunehmen, ist stark von der Temperatur abhängig. Je wärmer die Luft, desto mehr Feuchtigkeit kann sie aufnehmen.

! Eine bei ca. 20 °C zu 100 % mit Wasserdampf gesättigte Luft ist nach Erwärmung auf 37 °C nur noch zu 30 % mit Wasserdampf gesättigt! Ganz wichtig sind also die Anfeuchtung *und* Erwärmung der Inspirationsluft.

Zur Anfeuchtung stehen aktive Befeuchtungssysteme (Verdampfer) und passive Befeuchtungssysteme (HME-Filter) zur Verfügung. Früher kamen bei langzeitintubierten Patienten routinemäßig Aktivbefeuchter, z. B. sog. **Passover-Verdampfer** (z. B. RT 340, Fa. Fisher & Paykel Healthcare) zum Einsatz. Hierbei wird die Inspirationsluft über erwärmtes steriles Wasser geleitet und wird dabei erwärmt und mit Feuchtigkeit beladen. Es stehen auch Einmalgeräte zur Anfeuchtung und Anwärmung zur Verfügung.

Inzwischen werden in der Intensivmedizin zunehmend häufiger sog. HME-Filter (HME = **h**eat and **m**oisture **e**xchanger = Wärme- und Feuchtigkeitsaustauscher) verwendet. Diese Filter werden zwischen Endotrachealtubus und Y-Stück konnektiert und vermindern den Wärme- und Feuchtigkeitsverlust über die Atmung. Sie können anstelle von aktiven Befeuchtungs- und Erwärmungssystemen (z. B. Pass-over-Verdampfer) eingesetzt werden.

Anpassung des Beatmungsgerätes an den Patienten

Bei der maschinellen Beatmung tritt manchmal das Problem auf, dass der Patient gegen die Beatmungsmaschine ankämpft. Bevor der Patient nun tiefer sediert (oder gar relaxiert) wird, damit er nicht mehr gegen den Respirator ankämpft, müssen stets folgende Fragen beantwortet sein:

- Auskultation?
  Die Lunge des Patienten muss auskultiert werden, ob nicht ein Pneumothorax, eine Tubusdislokation (z. B. einseitige Intubation, versehentliche Extubation) Ursache für die Beatmungsproblematik ist.
- fehlerhafte Respiratoreinstellung?
  Sehr oft ist das Beatmungsgerät falsch eingestellt. Das Beatmungsmuster muss optimiert werden. Das Beatmungsgerät muss dem Patienten und nicht der Patient dem Beatmungsgerät angepasst werden!
- Schmerzen?
  Es muss geklärt werden, ob der Patient stärkere Schmerzen und deshalb Beatmungsprobleme hat.
- Sedierung?
  Erst wenn die obigen Punkte ausgeschlossen sind, darf ein Patient zur Beatmung stärker sediert werden.
- Relaxierung?
  Eine Relaxierung sollte nur in verzweifelter Situation und möglichst nur kurzzeitig durchgeführt werden, wenn z. B. anders eine ausreichende Beatmung nicht mehr möglich ist.

Analgosedierung

Während in der Vergangenheit bei beatmeten Intensivpatienten häufig für längere Zeit eine kontrollierte Beatmung (CMV; → S. 357) durchgeführt wurde und hierfür eine relativ tiefe Analgesie und Sedierung (sog. Analgosedierung) des Patienten notwendig war, werden in den letzten Jahren möglichst frühzeitig Beatmungsformen eingesetzt, die eine Spontanatmung des Patienten ermöglichen und diese unterstützen. Dadurch können die bei kontrollierter Beatmung häufig in den dorsobasalen Lungenabschnitten auftretenden Atelektasen (mit Ausbildung eines Rechts-links-Shunts) vermindert werden. Als moderne Beatmungsform kommt z.B. BIPAP häufig zum Einsatz (oder auch PSV bzw. APRV; → S. 361). Bei diesen modernen Beatmungsformen reicht ein deutlich flacherer Analgesie- und Sedierungsgrad aus. Zumeist wird eine Sedierung der Stufe 2 bis 3 auf der sog. Ramsay-Skala angestrebt (vgl. Tab. 7-2). Bei diesem Sedierungsgrad ist der intubierte Patient schläfrig und ruhig, toleriert die Beatmung, reagiert aber auf Stimulation und ist dann orientiert und kooperativ. Bei der endotrachealen Absaugung ist ein heftiger Hustenreflex auslösbar. Eine tiefere Analgosedierung ist zumeist unerwünscht und würde zu einer Beeinträchtigung der Spontanatmung führen.

Für eine Analgosedierung wird stets ein Opioidanalgetikum und häufig zusätzlich ein Sedativum benötigt. Entscheidend ist eine gute Analgesie, um schmerzbedingte Atemschonhaltung und Stressreaktionen zu vermeiden. Bei richtiger Dosierung eines geeigneten Opioidanalgetikums reicht unter Umständen dessen sedierende Wirkkomponente aus, um die zusätzlich erwünschte Sedierung zu erzielen, sodass dann auf die Verabreichung eines Sedativums verzichtet werden kann.

Häufig wird zur Analgosedierung eine Kombination aus einem potenten Opioid (Sufentanil, Fentanyl, selten Alfentanil) und einem Benzodiazepin (Midazolam, früher häufig Flunitrazepam) bzw. einem Sedativum/Hypnotikum (v.a. Propofol) eingesetzt. Vor allem bei delirgefährdeten Patienten werden das Opioid und das Sedativum evtl. mit dem Alpha-2-Rezeptor-Agonisten Clonidin kombiniert (→ S. 367, 479).

Für die Analgosedierung von Intensivpatienten hat sich in den letzten Jahren insbesondere das Opioidanalgetikum **Sufentanil** gut bewährt. Sufentanil stellt das zurzeit potenteste Opioidanalgetikum dar (→ S. 59). Die Stressabschirmung scheint unter Sufentanil besser zu sein als unter Fentanyl, denn unter Sufentanilgabe sind beispielsweise die Plasmakonzentrationen von körpereigenem Adrenalin und Noradrenalin niedriger als unter Fentanylgabe. Im Vergleich zu Fentanyl – das bisher zumeist zur Analgosedierung von Intensivpatienten verwendet wurde – ist bei Sufentanil die hämodynamische Stabilität deutlich besser und die sedierende Komponente ist ebenfalls stärker ausgeprägt. Außerdem ist bei Sufentanil nach wiederholter (repetitiver) Gabe bzw. bei längerfristiger Zufuhr über eine Spritzenpumpe mit einer wesentlich geringeren Kumulation als bei Fentanyl zu rechnen. Daher ist die sog. kontextsensitive Halbwertszeit (Zeitspanne, die nach einer Beendigung einer kontinuierlichen Medikamentenzufuhr vergeht, bis die Plasmakonzentration auf 50% des Wertes vor Zufuhrende abfällt) bei Sufentanil wesentlich niedriger als bei Fentanyl. Die kontextsensitive Halbwertszeit ist abhängig von der Infusionsdauer und berücksichtigt eine evtl. Kumulation der Substanz (infusionsdauerabhängige Halbwertszeit). Bei einer Infusionsdauer von unter 8 Stunden ist diese kontextsensitive Halbwertszeit für Sufentanil sogar niedriger als bei dem kurz wirksamen Alfentanil. Die kontextsensitive Halbwertszeit beträgt nach einer ca. einstündigen Infusion von Sufentanil unge-

Tab. 7-2 Ramsay-Skala zur Einstufung des Sedierungsgrades bei Intensivpatienten

Sedierungsstufe	Sedierungsgrad	Reaktionen
0	wach	voll orientiert
1	unzureichend	halbwach, ängstlich, agitiert, unruhig
2	erwünscht	sediert, kooperativ, orientiert, ruhig, toleriert Beatmung
3	erwünscht	sediert, schlafend, angemessene lebhafte Reaktion nach leichter Stimulation
4	nachts erwünscht	tief sediert, schlafend, nach Stimulation träge Reaktion
5	tief	nur auf schmerzhafte Stimulation verlangsamte Reaktion
6	zu tief	nach Stimulation keine Reaktion, Koma

fähr 18 Minuten und nach einer ca. 2-stündigen Infusion ca. 22 Minuten. Damit ist sie ähnlich niedrig wie die Werte der kontextsensitiven Halbwertszeiten bei einer entsprechenden Propofolinfusion. Für Fentanyl beträgt dagegen die kontextsensitive Halbwertszeit nach einer einstündigen Infusionsdauer ca. 35 Minuten. Sie beträgt nach einer 2-stündigen Infusionszeit ca. 100 Minuten und ist damit ca. 4-mal länger als nach einer 2-stündigen Sufentanilzufuhr.

Falls initial eine kontrollierte Beatmung unter Sufentanilgabe durchgeführt wird, empfiehlt sich meist eine Anfangsdosis für Sufentanil von ca. 0,75–1,0 μg/kg KG/h. Bei einer unterstützten Spontanatmung kann die Sufentanildosierung meist auf ca. 0,25–0,35 μg/kg KG/h reduziert werden. Aufgrund der sedierenden Eigenschaften des Sufentanils benötigen ca. 30 % der Patienten kein zusätzliches Sedativum. Mit Beginn der Spontanatmungsphase sollte ein evtl. zusätzlich verabreichtes Sedativum reduziert oder möglichst schon langsam ausgeschlichen werden.

Für die kontinuierliche Zufuhr von Sufentanil hat es sich bewährt, 3 Ampullen Sufentanil à 5 ml (1 ml = 50 μg) mit 35 ml NaCl 0,9 % auf 50 ml aufzuziehen (750 μg pro 50 ml = 15 μg pro ml). Eine Dosierung von ca. 0,4 μg/kg KG/h entspricht bei einem ca. 75 kg schweren Patienten ca. 30 μg/h (= 2 ml dieser Verdünnung). Um eine zusätzliche Sedierung zu erzielen, bietet sich für eine länger dauernde Analgosedierung meist eine Kombination mit **Midazolam** (ca. 0,025–0,05 mg/kg KG/h; ca. 1,5–3,5 mg/h beim Erwachsenen) an. Daneben wird – vor allem für eine kurze oder mittellange Analgosedierung – anstatt Midazolam häufig auch **Propofol** (zumeist Propofol 2 %; ca. 1,5–3 mg/kg KG/h = ca. 100–200 mg/h beim Erwachsenen) eingesetzt. Eine Maximaldosierung von 4 mg/kg KG/h sollte bei Propofol im Rahmen der Analgosedierung nicht überschritten werden. Außerdem darf es im Rahmen der Analgosedierung nicht bei Patienten < 16 Jahren und nicht länger als 7 Tage verabreicht werden. Bei höherer Dosierung (> 4 mg/kg KG/h) ist das Risiko eines **Pr**opofol**i**nfusions**s**yndroms (PRIS) zu beachten (→ S. 55).

Wird als Opioidkomponente **Fentanyl** verabreicht, dann ist zumeist eine Dosierung von 0,05–0,4 mg/h beim Erwachsenen notwendig. Mit Fentanyl ist aufgrund der geringen sedierenden Wirkung keine Monotherapie möglich. Fentanyl muss stets mit einem Sedativum kombiniert werden. Inzwischen wird im Rahmen einer kurzfristigen Analgosedierung (< 3 Tage) als Opioid häufiger auch **Remifentanil** eingesetzt.

Vereinzelt kommt zur Analgosedierung auch **Ketamin** (Ketanest® 30–60 mg/h beim Erwachsenen) in Kombination mit einem Benzodiazepin (v. a. Midazolam) zum Einsatz.

> ! Während der Entwöhnung nach einer längerfristigen Analgosedierung droht oft eine Hyperaktivität des sympathischen Nervensystems (ähnlich wie bei einem Alkoholentzugsdelir) mit Hypertonie, Tachykardie, Tachypnoe, Zittern, motorischer Unruhe, Schwitzen und Delir.
> Nach einer langfristigen Analgosedierung muss daher Wert darauf gelegt werden, dass die Sedierung langsam reduziert wird. Bei zu schneller Reduktion kann es zu stärkeren Entzugssymptomen, Unruhe, Delir oder gar zerebralen Krampfanfällen kommen.

Die Ursache von Entzugssymptomen ist folgendermaßen zu erklären: Durch zentral dämpfende Medikamente wie z. B. Benzodiazepine wird die Erregbarkeit des Gehirns vermindert. Der Körper versucht bei längerfristiger Gabe eines zentral dämpfenden Medikamentes dieser Dämpfung entgegenzuregeln und die neuronale Aktivität kompensatorisch wieder zu steigern. Haben sich nach einer längerfristigen Analgosedierung solche neuronalen Kompensationsmechanismen eingestellt und werden nun plötzlich die sedierenden und dämpfenden Medikamente abgesetzt, so überwiegt der Kompensationsmechanismus mit neuronaler Überaktivität und bedingt Unruhe, Erregungszustände und unter Umständen zerebrale Krampfanfälle. Diese Symptomatik ist ähnlich dem Alkoholentzugsdelir (→ S. 478).

Durch Gabe von **Clonidin** (Catapresan®, Paracefan®; → S. 479) kann, vor allem nach einer längerfristigen Analgosedierung, diese sympathikotone Überaktivität gedämpft werden. Häufig wird daher vor Beginn der Entwöhnung von einer Langzeitbeatmung (sog. weaning) zusätzlich Clonidin verabreicht. Als Dosierung werden ca. 0,3–1,3 µg/kgKG/h (= ca. 20–90 µg/h beim 70 kg schweren Patienten) empfohlen. Danach ist die Dosierung an den aktuellen Bedarf anzupassen. Durch Clonidin kann der zusätzliche Opioidbedarf deutlich reduziert werden. Clonidin wirkt nicht atemdepressiv. Während die Opioid-(Sufentanil-)Zufuhr normalerweise mit der Extubation beendet wird, sollte die Clonidingabe oft noch über den Extubationszeitpunkt hinaus verabreicht und erst dann langsam ausgeschlichen werden.

Unterstützende Maßnahmen

Roto-Rest®-Bett

Das Roto-Rest®-Bett ist ein **Spezialbett**, das bei schwerer pulmonaler Schädigung zur Verbesserung des gefährdeten Ventilations/Perfusions-Verhältnisses zum Einsatz kommt. Es lässt eine Kippung um die Längsachse um maximal 62 Grad nach beiden Seiten zu. Dadurch ist eine kontinuierliche Lagerungsdrainage und Verbesserung der Lungenfunktion (Oxygenierung) möglich. Die Patienten benötigen eine tiefe Analgosedierung, um neben der notwendigen „invasiven" Beatmungsform auch die schaukelnde Lagerung zu tolerieren.

Die Lagerung eines Patienten in ein Roto-Rest®-Bett ist sehr zeitaufwendig (etwa eine Stunde). Einmal täglich bei der Körperpflege sollte der Patient aus den Polstern, die ihn fixieren, ausgebaut werden. Für diesen Zeitpunkt sind auch diagnostische und therapeutische Maßnahmen, wie z. B. Röntgenaufnahme und Bronchoskopie, einzuplanen. Das Bett wird für diese Zeit etwa 2 Stunden lang in seinen automatischen Kippbewegungen angehalten. Bei schweren pulmonalen Störungen kann bereits bei einem vorübergehenden Stillstand des Bettes ein Sättigungsabfall am Pulsoxymeter registriert werden. In diesen Fällen sollte auf pflegerische sowie auf vermeidbare therapeutische Interventionen verzichtet werden. Ansonsten sollte der Patient mit Ausnahme kurzer Unterbrechungen zur Durchführung der wichtigsten pflegerischen Maßnahmen, wie z. B. der Mundpflege, kontinuierlich hin- und hergekippt werden.

Nach dem Einbetten des Patienten in das Roto-Rest®-Bett sollte das Bett probeweise manuell um 62 Grad in beide Richtungen gekippt werden, um die korrekte Fixierung des Patienten und um den ausreichenden Spielraum sämtlicher Drainagen, Schläuche und Kabel zu überprüfen. Es gibt auch verlängerte Beatmungsschläuche für die Anwendung am Patienten im Roto-Rest®-Bett. Diese Schläuche sind aus Einwegmaterial, in denen das Inspirationsgemisch nicht erwärmt wird, um beim Drehen des Patienten eine Aspiration von evtl. entstandenem Kondenswasser zu verhindern.

Im Roto-Rest®-Bett ist der Patient besonders gefährdet, einen Dekubitus oder eine Nervenläsion zu erleiden. Bei diesen Patienten hat jedoch die Therapie lebensbedrohlicher pulmonaler Schäden demgegenüber Vorrang.

Bei jeder Körperpflege ist aber zumindest ein genauer Hautstatus vorzunehmen und zu dokumentieren. Es können dabei auch durchblutungsfördernde Maßnahmen und eine Wundversorgung durchgeführt werden. Rücken und Gesäß sind bei der Körperpflege sorgfältig zu pflegen. Die Patienten können in diesem Spezialbett allerdings nicht frei gelagert werden. Wo immer möglich, sollte durch entsprechende Polster der Gefahr von Druckschäden (besonders an Ohren, Hinterkopf oder Schultern durch die kräftige Einspannung in die Fixationspolster) vorgebeugt werden. Besondere Aufmerksamkeit ist auf sämtliche Drainagen, Schläuche und Kabel zu lenken. Sie müssen besonders an den Stellen, an denen der Patient mit Polstern in der richtigen Lage fixiert wird (Außenseiten des Rumpfes!), mit individuell zugeschnittenen Schaumstoffen gut gepolstert und vor einer Lumeneinengung oder einem Abknicken geschützt werden. Drainagen und Schläuche müssen durch Zwischenräume aus der Auflagefläche des Bettes nach unten zugfrei (!) abgeleitet werden.

Eine weitere Gefahr besteht in der Entstehung von druckbedingten Nervenläsionen. Bedroht ist vor allem der Nervus peronaeus an der Knieaußenseite, der entsprechend abzupolstern ist.

Seitenlagerung

(→ S. 431)

Bauchlagerung

(→ S. 431)

Seitengetrennte Beatmung

Eine einseitig verletzte oder geschädigte Lunge stellt unter Umständen die Indikation für eine spezielle, zum Teil aggressive Beatmungsform dar. Wird in diesem Fall die gesamte Lunge mit einem hohen PEEP beatmet, kommt es in der gesunden Lungenhälfte aufgrund der besseren Compliance zu einer stärkeren Blähung als in den geschädigten Abschnitten. Als Folge der stärkeren Lungenblähung steigt der pulmonale Gefäßwiderstand in den gesunden Arealen an, sodass das Blut vermehrt über die geschädigte Lunge umgeleitet und damit schlechter oxygeniert wird.
In dieser Situation kann es notwendig sein, die beiden Lungen getrennt zu beatmen. Dazu erhält der Patient einen Doppellumentubus, der besonders sorgfältig platziert und in seiner Lage (bronchoskopisch) kontrolliert werden muss. Über jedes Lumen kann nun ein eigenes Beatmungsgerät angeschlossen werden. Die Lungen können auf diese Weise bevorzugt synchron, aber auch leicht asynchron (stärkere Scherkräfte sind dabei zu vermeiden!) mit unterschiedlichen Beatmungsparametern beatmet werden.

Nebenwirkungen und Komplikationen

Durch eine (Langzeit-)Beatmung können eine Reihe von Nebenwirkungen oder Komplikationen verursacht werden:

- Herz- und/oder Kreislaufprobleme durch Drosselung des venösen Rückstroms:
  Durch die beatmungsbedingte Behinderung des venösen Rückstroms kommt es z. B. zu einer Drosselung der Nierendurchblutung mit Flüssigkeitsretention, zu einer Abnahme der Durchblutung von Leber und Splanchnikusgebiet sowie zu einem Anstieg des intrakraniellen Drucks und zu einer Abnahme des zerebralen Blutflusses (→ S. 358).
- Tracheal- und Kehlkopfschäden:
  Bei Patienten mit endotrachealer Langzeitintubation nimmt das Risiko von tubusbedingten Kehlkopf- und Tracheaschäden mit der Intubationsdauer zu. Ursache für Tracheaschäden ist zumeist ein zu starkes Blocken des Cuffs. Der Cuff-Druck muss daher wiederholt (möglichst mit einem Cuff-Druckmesser) kontrolliert und korrekt eingestellt werden. Inzwischen wird bei voraussehbar längerer Intubationspflicht (>7–14 Tage) frühzeitig die Indikation zur Tracheotomie gestellt.

Bei **tracheostomierten** und langzeitbeatmeten Patienten können folgende Probleme drohen:

- Fehllage der Trachealkanüle:
  Vor allem beim ersten Wechseln der Kanüle kann es vorkommen, dass die Kanüle nicht durch den Tracheostomiekanal bis in die Trachea, sondern subkutan vorgeschoben wird.
- Druckulzera in der Trachea:
  Ursache ist oft ein zu starkes Blocken der Kanülenmanschette. Beim Blocken der Trachealkanüle gilt das Gleiche wie beim Endotrachealtubus: Blocken nach Gehör (→ S. 96). Durch Scheuerbewegungen der Trachealkanüle oder durch Druckschädigungen vor allem am Kanülenende kann es zu Ulzera oder gar Gefäßverletzungen mit unter Umständen erheblichen Blutungen kommen.
- ösophagotracheale Fistel:
  Drucknekrosen und Ulzera können unter Umständen zu einer ösophagotrachealen Fistel führen.
- Verlegung (Verborkung) des Kanülenlumens

Im Rahmen einer Langzeitbeatmung über ein Tracheostoma bzw. über einen Endotrachealtubus können außerdem die folgenden Probleme häufiger auftreten:

- Infektionen
- Stress
- Gefahren eines PEEP
- Barotrauma
- Atrophie der Atemmuskulatur
- Sekretstau
- Schleimhautverbrennungen
- Schäden bei chronischer Sauerstoffanwendung
- retrolentale Fibroplasie

Infektionen

Langzeitbeatmete Patienten sind der großen Gefahr einer **bronchopulmonalen Infektion** ausgesetzt. Die normale Reinigungsfunktion des Flimmerepithels ist durch den Tubus unterbrochen. Das Abhusten von Sekret ist behindert, da der für ein kräftiges Husten notwendige Glottisverschluss nicht mehr möglich ist. Damit werden die Patienten von einer regelmäßigen **Bronchialtoilette**, dem endobronchialen Absaugen, abhängig. Häufig handelt es sich außerdem um infektgeschwächte Patienten. Beim regelmäßigen endobronchialen Absaugen sind genauso wie beim Wechseln von Endotrachealtuben oder Trachealkanülen strenge aseptische Bedingungen zu fordern. Bei einer pulmonalen Infektion sollte eine Antibiotikatherapie von den **Antibiogrammen** abhängig gemacht werden, die aus den regelmäßig entnommenen Bronchialabstrichen gewonnen werden.

> ! Die prophylaktische Gabe eines Antibiotikums ist bei beatmeten Patienten abzulehnen.

Die **Befeuchtertöpfe**, die zur Anwärmung des Inspirationsgases verwendet werden, stellen einen guten Nährboden für Bakterien dar. Die Befeuchtertöpfe dürfen daher erst unmittelbar vor Gebrauch mit sterilem Wasser gefüllt und müssen danach regelmäßig gewechselt werden. Bei einem täglichen Wechsel der Beatmungsschläuche und des Befeuchtertopfes ist die nosokomiale Pneumonierate höher als bei einem 48-stündigen Wechsel. Möglicherweise ist sogar ein Wechsel in noch größeren Abständen sinnvoll. Zunehmend häufiger kommen Einmalsysteme zur Anwendung. Der sich in den Beatmungsschläuchen niederschlagende Wasserdampf ist als infiziert zu betrachten, und es ist nicht erlaubt, das in den Schläuchen befindliche Kondenswasser zurück in den Verdampfertopf zu leiten.

Stress

Insbesondere bei ungenügender Sedierung und Analgesie kann es zu einer **Ulzeration** im Gastrointestinaltrakt, unter Umständen mit starker Blutung oder Perforation, kommen. Es ist deshalb regelmäßig der pH-Wert des Magensekrets zu messen. Bei niedrigem (saurem) Magen-pH ist eine Pufferung zu fordern oder eine Therapie mit H_2-Rezeptoren-Blockern (z. B. Ranitidin) durchzuführen (→ S. 427). Mit der enteralen Gabe von Nahrung sollte so früh wie möglich begonnen werden.

Gefahren eines PEEP

> ! Die durch eine maschinelle Beatmung ausgelöste Drosselung des venösen Rückstromes mit negativer Beeinflussung der Hämodynamik (→ S. 358) wird durch das Einschalten eines PEEP noch verstärkt.

Ein hoher PEEP kann die nachfolgend aufgelisteten hämodynamischen Auswirkungen einer kontrollierten Beatmung (→ S. 357) noch verstärken:

- Anstieg von ZVD
- Abfall von HMV
- Abfall des arteriellen Drucks
- Anstieg des intrakraniellen Drucks
- Verminderung der Nierendurchblutung und Urinausscheidung

- Verminderung der Leberdurchblutung
- vermehrte Wasserretention
- Erhöhung des Gefäßwiderstandes in der Lunge mit vermehrter Belastung des rechten Herzens
- erhöhte Gefahr eines Barotraumas

Barotrauma

Die Gefahr einer druckbedingten Lungenschädigung durch zu hohen Beatmungsdruck (sog. Barotrauma), z. B. eines Pneumothorax, besteht insbesondere bei alten Patienten, bei pulmonalen Vorerkrankungen (z. B. Emphysem) oder bei Lungeninfektionen mit einer Schwächung des Lungengewebes (z. B. Pneumonie). Außerdem besteht die Gefahr der Lungenschädigung durch zu hohe Atemhubvolumina (sog. Volutrauma) (vgl. protektive Beatmung; → S. 446).

Atrophie der Atemmuskulatur

Bei einer Langzeitbeatmung kann es zu einer Inaktivitätsatrophie der Atemmuskulatur kommen.

Sekretstau

Durch Eintrocknen der Bronchialsekrete bei ungenügender Befeuchtung und unzureichender Bronchialtoilette kann es zu einem Sekretstau und unter Umständen zu einer Verlegung des Tubus oder des Tracheostomas kommen.

Schleimhautverbrennungen

Auf eine korrekte Temperatureinstellung des Verdampfers ist unbedingt zu achten. Die Temperatur des Inspirationsgemisches sollte möglichst patientennah, z. B. kurz vor dem Winkelstück, gemessen und mittels eines Servoregulationsmechanismus auf die eingestellte Temperatur geregelt werden. Die Temperatur des Inspirationsgemisches sollte bei vielen aktiven Atemgasbefeuchtungssystemen am Y-Stück 39 °C betragen, damit im Patienten (nach leichter Abkühlung in Gänsegurgel und Endotrachealtubus) 37 °C garantiert sind. Es ist jedoch sicherzustellen, dass die Temperaturmesssonden korrekt angebracht sind, ansonsten könnten dem Patienten zu heiße Gase zugeführt werden. Das Aufwärmen eines unterkühlten oder das Kühlen eines fiebernden Patienten durch Verstellen der Temperatur des Inspirationsgemisches ist nicht zulässig.

Schäden bei chronischer Sauerstoffanwendung

Bei einer hohen inspiratorischen Sauerstoffkonzentration kann es zur Lungenschädigung kommen. Werden bei einer Langzeitbeatmung mehr als ca. 50 % Sauerstoff verabreicht, so drohen eine Schädigung von Flimmerepithelien, Surfactant und Alveolarepithelien. Bei Beatmung mit 100 % Sauerstoff kommt es in schlecht belüfteten Arealen nach Resorption des Sauerstoffes zu Atelektasen, da der bei Atmung von Luft normalerweise verbleibende, die Alveolen dann noch offen haltende Stickstoff fehlt. Folge ist eine Zunahme des Rechts-links-Shunts.

> ! Bei der Beatmung mit einer F_iO_2 von 1,0 ist schon innerhalb von 24 Stunden mit Lungenschädigungen zu rechnen. Die F_iO_2 soll so niedrig wie möglich gehalten werden. Schädlicher als hohe Sauerstoffkonzentrationen scheinen jedoch hohe Beatmungsdrücke und eine übermäßige Dehnung der Lunge zu sein.

Retrolentale Fibroplasie

Vor allem beim früh-, aber auch beim reifgeborenen Neugeborenen ist die noch unreife Netzhaut (= Retina) sehr empfindlich. Diese hohe Empfindlichkeit besteht bis zur ca. 46. Woche nach der Empfängnis (der 46. postkonzeptionellen Woche). Beispielsweise durch eine zu hohe arterielle Sauerstoffspannung, aber auch durch eine Acidose (z. B. im Rahmen einer Sepsis) oder durch andere Störungen der Homöostase kann das Krankheitsbild der retrolentalen Fibroplasie ausgelöst werden. Dadurch kann es unter Umständen zu irreversiblen Sehstörungen, im Extremfall bis zur Erblindung des Kindes kommen. Unnötig hohe arterielle Sauerstoffspannungen sind daher bei Früh- und Neugeborenen zu vermeiden.

Entwöhnung des langzeitbeatmeten Patienten

Die Entwöhnung (= weaning) eines langzeitbeatmeten Patienten von der Beatmungsmaschine stellt oft ein großes Problem dar. Auf der einen Seite sollte die Entwöhnung so bald als möglich beginnen, um z. B. eine Schwächung der Atemmuskulatur durch Inaktivierung zu verhindern, andererseits führt eine zu frühzeitige oder zu schnelle Entwöhnung oft zu einem Abbrechen des Entwöhnungsversuchs oder zu einer Reintubation des Patienten. Bei ca. 20 % der Patienten mit einer Langzeitbeatmung muss mit Entwöhnungsproblemen gerechnet werden. Bei Patienten mit einer chronisch obstruktiven Lungenerkrankung (= **c**hronic **o**bstructive **p**ulmonary **d**isease = COPD; → S. 451) treten in ca. 50 % der Fälle Entwöhnungsprobleme auf.

> **Faustregel:**
> Die Entwöhnung vom Respirator dauert beim langzeitintubierten Patienten ungefähr so lange, wie die Zeitspanne zwischen der Intubation und dem Beginn der Entwöhnung.

Häufig wird bei Langliegern und bei schwieriger Entwöhnung des Patienten eine Indikation zur Anlage eines Tracheostomas gesehen (→ S. 347). Eine Trachealkanüle wird vom Patienten besser toleriert als ein Endotrachealtubus. Es ist hierbei eine geringere Analgosedierung notwendig. Da die Trachealkanüle normalerweise großlumiger als ein Endotrachealtubus ist, sind die Atemwegswiderstände geringer und die Bronchialtoilette ist leichter durchzuführen.

Grundvoraussetzungen für eine erfolgreiche Entwöhnung sind:

- ausreichender p_aO_2
- ausreichende Spontanatmung
  (Ausreichender Atemantrieb? Ausreichende Kraft der Atemmuskulatur? Nicht zu hohe Atembehinderung durch z. B. zu stark verminderte Compliance oder zu hohen Atemwegswiderstand?)
- ausgeglichener Säure-Basen-Haushalt,
  damit der Patient z. B. nicht eine metabolische Acidose durch eine Hyperventilation auszugleichen versucht
- weitgehende Fieberfreiheit,
  weil Fieber einen höheren Stoffwechsel und damit eine gesteigerte Ventilation bedeuten würde
- stabile Herz-Kreislauf-Funktion:
  Auch falls die Kreislaufverhältnisse nur unter einer laufenden Catecholamininfusion stabil sind, ist ein Entwöhnungsversuch möglich.

Das weaning ist zwar bei einem bewusstseinsklaren, kooperativen Patienten leichter als bei einem nicht ansprechbaren, unkooperativen Patienten, dennoch spielt die Bewusstseinslage des Patienten für den Beginn der Entwöhnung **keine** entscheidende Rolle. Das heißt:

> Auch bewusstlose Patienten können von der Beatmung entwöhnt werden. Allerdings kann die Extubation erst nach Rückkehr der Schutzreflexe erfolgen.

Ist abzusehen, dass die Schutzreflexe über längere Zeit nicht oder überhaupt nicht mehr zurückkehren werden, so bietet sich die Anlage eines Tracheostomas und die Verlegung dieser pflegebedürftigen Patienten mit dem Tracheostoma an. Bei der Entwöhnung sollte der Tag-Nacht-Rhythmus beachtet werden, das heißt, es sollte nicht nachts mit dem Entwöhnungsversuch begonnen werden.

! Bei Beginn eines Entwöhnungsversuchs sollte das Atemminutenvolumen unter 10 l/min liegen, der p_aO_2 sollte >60 mmHg bei einer F_iO_2 <0,5, der pCO_2 sollte <55 mmHg, der PEEP sollte unter ca. 10 cm H_2O und I:E sollte >1:1 sein. Die Atemfrequenz sollte <35/min, das Atemzugvolumen >5 ml/kgKG, die Totraumventilation (Totraum pro Atemzug) <60 %, die inspiratorische Atemzugstärke >25 cm H_2O, die Vitalkapazität >15 ml/kgKG und der pH-Wert sollte >7,3 betragen (vgl. auch Tab. 7-1; → S. 346; Richtwerte für die Intubation).

Schrittweise Entwöhnung

Falls es die apparative Ausstattung erlaubt, empfiehlt sich nach einer aggressiven Langzeitbeatmung z. B. folgender Stufenplan für die Entwöhnung des Patienten:

1. kontrollierte Beatmung
2. Reduktion der F_iO_2 möglichst auf 0,5 oder weniger
3. falls eine inversed ratio ventilation notwendig war, schrittweise Verkürzung des Atemzeitverhältnisses von z. B. 4:1 auf 1:2 (→ inversed ratio; S. 352)
4. Förderung der Spontanatmung durch Anpassung der Sedierung und Analgetikagabe
5. früher wurde nun meist eine SIMV angestrebt (hierbei langsame Reduktion der maschinellen Hübe, wobei der Patient immer mehr Atemarbeit selbst übernehmen muss; → S. 359):
   Inzwischen wird zumeist eine BIPAP-Beatmung durchgeführt, wobei die Druckdifferenz und die Umschaltfrequenz zwischen den beiden BIPAP-Niveaus langsam reduziert und dadurch der Anteil der maschinellen Beatmung zunehmend vermindert wird.
6. Anstreben einer druckunterstützten (augmentierten) Spontanatmung,
   z. B. ASB (langsame Reduktion der Druckunterstützung bis auf minimal ca. 5 cm H_2O und langsame Reduktion des PEEP-Niveaus bis auf einen Minimalwert von ca. 5 cm H_2O; → S. 361)
7. Anstreben einer Spontanatmung,
   z. B. CPAP (oder „Querflöte")
8. weitere Reduktion der F_iO_2
9. Extubation,
   falls F_iO_2 ≤ 0,4, PEEP und Druckunterstützung nur noch ca. 5 cm H_2O betragen und Schutzreflexe vorhanden sind

Konventionelle (diskontinuierliche) Entwöhnung

In unkomplizierten Fällen kann oft auch folgendermaßen vorgegangen werden:
Der zunehmend spontan atmende Patient wird vom Respirator abgenommen und es wird eine CPAP-Atmung eingestellt. (Manchmal wird noch eine Atmung über „Querflöte" durchgeführt.) Während dieser Spontanatmungsversuche sollte der Oberkörper des Patienten um ca. 20–40 Grad aufgerichtet sein, was die Zwerchfellbewegung bei der Spontanatmung wesentlich erleichtert. Es empfiehlt sich eine atemunterstützende Lagerung (→ S. 425), bei der der Oberkörper gedehnt wird. Zur weiteren Unterstützung können die Arme etwa in Schulterhöhe gelagert werden.
Der Patient sollte bei den Entwöhnungsversuchen unbedingt schmerzfrei sein. Die Analgosedierung sollte also nicht plötzlich abgebrochen werden, sondern zugunsten der analgetischen Komponente umgestellt werden (→ S. 364).
Die Spontanatmungsversuche sollten anfangs für nur ca. 5–10 Minuten durchgeführt werden. Die Entwöhnungsphasen können, falls der Patient damit keine Probleme hat, länger und häufiger durchgeführt werden. Es sollte aber darauf Rücksicht genommen werden, dass endotracheal intubierte Patienten aufgrund des Strömungswiderstandes des Tubus eine erhöhte Atemarbeit leisten müssen, was zu einer schnelleren Erschöpfung führt als bei tracheostomierten Patienten.
Kann der Patient einige Stunden problemlos eine CPAP-Atmung durchführen (oder über eine „Querflöte" atmen) und weist er eine unverändert gute Oxygenierung auf, wird er extubiert.

Entwöhnungsprotokolle

Oft wird die Entwöhnung nach persönlichen Vorlieben und Erfahrungen des Arztes durchgeführt. Häufiger wird hierbei allerdings zu spät erkannt, dass der Patient bereits entwöhnungsfähig ist und die Intubations- und Beatmungsdauer sind daher oft unnötig lange. Inzwischen konnte gezeigt werden, dass durch die schematische Anwendung von Entwöhnungsprotokollen (anhand derer z. B. täglich überprüft wird, ob der Patient schon entwöhnungsfähig ist) die Intubations- und Beatmungsdauer signifikant gesenkt sowie die Erfolgsrate bei der Entwöhnung signifikant erhöht werden können. Dabei ist es zweitrangig, welches Entwöhnungsprotokoll verwendet wird. Wichtig ist, dass ein Entwöhnungsprotokoll angewandt wird.

Überwachung während Entwöhnung

Während der Entwöhnung muss die Atmung klinisch (→ S. 403) und apparativ (→ S. 404) besonders engmaschig überwacht werden.
Zeichen körperlicher und/oder psychischer Überanstrengung des Patienten können sein:

- Tachykardie, Tachyarrhythmie
- Tachypnoe, oberflächliche Atmung, Schaukelatmung, Luftnot, „Nasenflügeln"
- Kaltschweißigkeit
- Blutdruckanstieg
- Unruhe, Blässe
- Sekretretention

Nicht zu vernachlässigen ist nach einer Langzeitbeatmung auch eine psychische „Abhängigkeit" der Patienten vom Respirator. Deshalb sollten diese Patienten anfangs bei den Entwöhnungsversuchen nie allein gelassen werden und detailliert über alle durchzuführenden Maßnahmen informiert werden.
Bei Versagen des Weaning-Versuches sinken Motivation und Selbstvertrauen des Patienten und er wird weit zurückgeworfen!

Extubation

Der Patient ist über die geplante Extubation aufzuklären. Vor der Extubation ist immer ein sorgfältiges Absaugen des Rachens erforderlich.

! Die Extubation sollte nur am ausreichend spontan atmenden Patienten mit zurückgekehrten Schutzreflexen vorgenommen werden.

Vor der Extubation darf der Patient mindestens 6 Stunden keine enterale Ernährung mehr bekommen. Bei der Extubation müssen alle Utensilien für eine evtl. Reintubation (→ S. 82) griffbereit sein. Bei der Extubation kann es auch zum Erbrechen des Patienten kommen. Die Magensonde sollte vor der Extubation noch einmal abgesaugt werden. Sind hierbei die Schutzreflexe noch nicht zurückgekehrt, so droht eine Aspiration (→ S. 211).

Überwachung nach Extubation

Unmittelbar nach der Extubation sollte der Patient in sitzender (atemunterstützender) Position gelagert werden und ruhen können. Auch nach der erfolgreichen Extubation müssen die Patienten noch einige Tage sorgfältig klinisch und apparativ überwacht werden. Insbesondere ein **Sekretstau** durch ungenügendes Abhusten, ein Eintrocknen der Sekrete, vor allem falls der Patient Sauerstoff über eine Nasensonde appliziert bekommt, oder eine körperliche Erschöpfung sind mögliche Probleme. Auf eine konsequente physikalische Therapie (z. B. Atemgymnastik, Atemtherapie [z. B. intermittierend Masken-CPAP, incentive Spirometrie; → S. 426], Klopf- und Vibrationsmassage) sowie auf eine psychologische Führung des Patienten und konsequente Mobilisierung ist in dieser Phase großen Wert zu legen.

7.3 Künstliche Ernährung

Die wichtigsten Energielieferanten für den Körper sind Kohlenhydrate und Fette.

Außerdem kann der Körper auch aus Lactat und Ketonkörpern noch Energie produzieren. Unter Umständen kann der Körper auch (unerwünschterweise; → unten) aus Proteinen (= aus Aminosäuren bestehend) Energie gewinnen. Die Aminosäuren sollen jedoch nicht zur Energiegewinnung, sondern zur Synthese von Funktionsproteinen (z. B. zum Muskelaufbau) verwendet werden.

Nicht jedes Organ kann allerdings alle verfügbaren Energiequellen nutzen. Beispielsweise kann in Gehirn, Knochenmark, Erythrozyten und Granulationsgewebe nur Glucose (nicht z. B. Fette oder Lactat) als Energielieferant verwertet werden. Daher ist für das Funktionieren des Körpers ein Mindestbedarf von ca. 100–150 g Glucose pro Tag notwendig. Wird der Körper nicht ausreichend mit Energielieferanten versorgt, dann werden körpereigene Energiereserven abgebaut. Es kommt zu einer sog. katabolen Stoffwechsellage (= Abbaustoffwechsel, Hungerstoffwechsel). Nach einer ca. 12- bis 24-stündigen Nahrungskarenz sind z. B. die Kohlenhydratvorräte aufgebraucht. Der Körper versucht dann, diesen Glucosebedarf ggf. durch Glucoseneubildung (= Gluconeogenese) in der Leber zu decken. Als Vorstufen werden hierfür Lactat und vor allem Aminosäuren (insbesondere aus Funktionsproteinen mit kurzer Halbwertszeit) verwendet (100 g Proteine ergeben 56 g Glucose). Folge eines dadurch bedingten vermehrten Proteinabbaues können u. a. Wundheilungsstörungen, verminderte Immunabwehr, Verdauungs- und Resorptionsstörungen sowie Ödembildung sein. Ein solcher Proteinabbau ist unbedingt zu minimieren.

Bei intensivpflichtigen Patienten droht – falls keine ausreichende künstliche Ernährung durchgeführt wird – schnell eine katabole Stoffwechsellage (ähnlich dem sog. Hungerstoffwechsel). Ursachen eines katabolen Stoffwechsels können ein erhöhter Substratbedarf (z. B. bei Fieber, Verletzungen), ein erhöhter Substratverlust (z. B. durch Fisteln, Wunden) oder eine unzureichende Substratzufuhr (z. B. durch Mangelernährung) sein.

Im Rahmen einer schweren Erkrankung (z. B. einer Sepsis, Verbrennung, schweren Verletzung, nach großen Operationen) ist die Stoffwechselaktivität gesteigert (= Hypermetabolismus). Es wird von einem Postaggressionsstoffwechsel gesprochen. Das Gleichgewicht zwischen aufbauenden (= anabolen) und abbauenden (= katabolen) Stoffwechselprozessen ist im Postaggressionsstoffwechsel zugunsten einer katabolen Stoffwechsellage verschoben. Ursachen sind unter anderem erhöhte Konzentrationen an Catecholaminen (z. B. Adrenalin), Cortisol und Glucagon. Aufgrund des Hypermetabolismus ist vor allem ein **vermehrter Proteinabbau** zu befürchten. Da der Körper über keine Proteinreserven verfügt, bedeutet ein vermehrter Proteinabbau ein Verlust an vitaler Substanz. Proteine werden dann abgebaut und (neben Kohlenhydraten und Fetten) als Energielieferanten verbrannt. Da beim Abbau von Aminogruppen der Aminosäuren Ammoniak (NH_3) anfällt und dieses durch Umwandlung in Harnstoff (NH_2–CO–NH_2; 2 NH_3 + 1 CO_2 → 1 Harnstoff + 1 H_2O) entgiftet wird, sind im Katabolismus die Harnstoffkonzentration im Blut (Normalwert: 2,5–6,7 mmol/l bzw. 15–40 mg/dl) und die im Blutharnstoff enthaltene Stickstoffmenge (= **b**lood **u**rea **n**itrogen = BUN; → S. 463) sowie die im Urin bestimmbare Harnstoff-Stickstoff-Produktionsrate (1 g Harnstoffstickstoff entspricht ca. 6,25 g abgebauter Proteine) erhöht. Anhand der zugeführten und der ausgeschiedenen Stickstoffmengen kann ggf. eine sog. Stickstoffbilanz ermittelt werden.

> ! Da Intensivpatienten zumeist sediert oder komatös sind, können sie sich nicht selbst ernähren. Es muss entweder eine **parenterale Ernährung** (i. v. Ernährung unter Umgehung des Gastrointestinaltraktes) oder eine **enterale Ernährung** (über den Gastrointestinaltrakt) durchgeführt werden. Die totale parenterale Ernährung sollte sobald als möglich verlassen und zumindest zusätzlich sollten eine enterale Ernährung,

also eine **enterale** und **parenterale Ernährung** durchgeführt werden. Anzustreben ist – sobald eine ausreichende Darmfunktion vorhanden ist – die rein enterale Ernährung.
Wichtiges **Ziel** der künstlichen Ernährung ist es, das Ausmaß der Katabolie im Postaggressionsstoffwechsel zu minimieren. Ein erhöhter Proteinabbau könnte zu verzögerter Wundheilung und verminderter Infektabwehr aufgrund eines Mangels an Immunglobulinen führen.

Bei der künstlichen Ernährung müssen die notwendigen Bausteine Kohlenhydrate, Fette, Proteine, Wasser, Elektrolyte, Vitamine und Spurenelemente verabreicht werden. Die einzelnen Bausteine müssen in adäquater Menge zugeführt werden (vgl. Tab. 7-3).

! Der Energiebedarf beim Intensivpatienten liegt in der Größenordnung von 30–40 kcal/kg KG/d. Bei übergewichtigen Patienten soll zur Berechnung des Energiebedarfs das Sollgewicht (Sollgewicht in kg KG = Körpergröße in cm – 100) verwendet werden.

Der Energiebedarf des Menschen in Ruhe beträgt ca. 25 kcal/kg KG/d. Je nach Aktivität, Stresssituation oder Fieber liegt der tatsächliche Energiebedarf mehr oder weniger über dem Ruheenergieumsatz von 25 kcal/kg KG/d. Bei geringer Aktivität bzw. geringer Stresssituation beträgt der Energiebedarf 1,2-mal Ruheenergieumsatz. Bei mittlerer bzw. starker Stresssituation ist der 1,4- bzw. 1,6-fache Ruheenergieumsatz notwendig. Außerdem steigt der Energiebedarf pro Grad Fieber um ca. 10 % des Ruheenergiebedarfs an. Bei den meisten Intensivpatienten beträgt der Energiebedarf ca. 1,3-mal Ruheenergieumsatz. Eine übermäßige Nährstoffzufuhr (hyperkalorische Ernährung; Hyperalimentation) ist zu vermeiden, da hierdurch eine Leberverfettung droht.
Es ist jedoch zu beachten, dass dieser Ernährungsbedarf in der Postaggressionsphase nicht durch exogene Nährstoffzufuhr komplett abgedeckt werden kann, denn der Körper metabolisiert eigene Fett- und Proteinreserven und deckt dadurch bereits einen Teil seines Energiebedarfs im Postaggressionsstoffwechsel ab. In der Postaggressionsphase liegt eine Verwertungsstörung extern zugeführter Nährstoffe vor und die Zufuhr der theoretisch errechneten Kalorienmenge würde nicht verstoffwechselt. Es käme zu einer deutlichen Hyperglykämie und zu hohen Triglyceridwerten (→ S. 379). Es ist daher – je nach Verstoffwechselungskapazität – eine langsame Steigerung vorzunehmen. Oft wird mit ca. 12–20 kcal/kg KG/d (= 900–1 400 kcal/d) begonnen (z. B. 1,5 g Kohlenhydrate/kg KG/d und 0,5 Fett/kg KG/d; → S. 378).

7.3.1 Totale parenterale Ernährung

Ist wegen unzureichender Magen-Darm-Funktion eine enterale Ernährung nicht möglich und daher eine totale parenterale Ernährung (tpE) notwendig (vgl. Tab. 7-4), so müssen die Bausteine der Ernährung, also
- Kohlenhydrate,
- Fette,
- Proteine (in Form von **A**mino**s**äure**l**ösungen = ASL)

und außerdem
- Flüssigkeit,
- Elektrolyte,
- Vitamine und
- Spurenelemente

in einem ausgewogenen Verhältnis und einer bedarfsadaptierten Menge verabreicht werden. Mit der totalen parenteralen Ernährung (= Nährstoffzufuhr) sollte erst am ersten Tag nach der Operation bzw. dem Trauma begonnen werden. Bis dahin sollte lediglich eine Flüssigkeits- und Elektrolytsubstitution erfolgen. Bei schwerstkranken Patienten und auch nach großen Operationen muss zumeist eine vorübergehende totale parenterale Ernährung durchgeführt werden, bis sich die Darmfunktion wieder zu normalisieren beginnt.
Um stärkere Schwankungen in der Infusionsgeschwindigkeit parenteraler Ernährungslösungen zu verhindern, sind diese über eine Infusi-

Tab. 7-3 Beispiel für einen Ernährungsplan zur totalen parenteralen Ernährung bei einem 70 kg schweren Patienten. **Oben:** konventioneller Ernährungsplan mit verschiedenen Einzelnährlösungen (ASL = Aminosäurelösung). **Unten:** moderner Ernährungsplan mit Gesamtnährlösungen (Dreikammerbeutel).

Konventioneller Ernährungsplan mit verschiedenen Einzelnährlösungen							
Zeit (Uhr)	**Infusionslösung**	**ml**	**K^+ (mmol)**	**Na^+ (mmol)**	**Cl^- (mmol)**	**Zusätze**	**kcal**
5–17	Glucose 40 %	450	35	20	55	+ 40 ml Inzolen + 30 ml Natriumglycerophosphat (enthält 30 mmol Phosphat und 60 mmol Natrium)	720
17–5	Glucose 40 %	450	35	20	55	+ 20 ml Mg-5-sulfat 10 % (enthält 8,1 mmol Magnesium) + 30 ml Calcium-Sandoz® 10 % (enthält 6,75 mmol Calcium)	720
5–17	ASL 10 %	350					
17–5	ASL 10 %	350					
5–17	Lipofundin MCT 20 %	250					450
17–5	Lipofundin MCT 20 %	250					450
						Summe	**2340**
	+ 1 Amp. Cernevit® als Kurzinfusion (enthält alle Vitamine außer Vitamin K)						
	+ 10 mg Vitamin K (Konakion®) als Kurzinfusion 2 ×/Wo. (bzw. öfter je nach Quick-Wert)						
	+ 1 Amp. Unizink® (bei Langliegern)						
	+ 1 Amp. selenase® 100 pro injectione (bei Langliegern)						

Beispiel für einen modernen Ernährungsplan mit Gesamtnährlösung (Dreikammerbeutel)			
Zeit (Uhr)	**Infusionslösung**	**Zusätze**	**kcal**
5–5	3 000 ml NuTRIflex® Lipid basal (enthält: 300 g Glucose, 76,8 g Aminosäuren, 120 g Lipide, Wasser, Elektrolyte)	1 Amp. Addel® N (Spurenelemente) 1,5 ml/kg KG Dipeptamin (enthält Glutamin; wichtig für intestinale Abwehrfunktion [→ S. 385]; nicht bei schwerer Niereninsuffizienz verabreichen!	2652
		Summe	**2652**
	+ 1 Amp. Cernevit® als Kurzinfusion (enthält alle Vitamine außer Vitamin K)		
	+ 10 mg Vitamin K (Konakion®) als Kurzinfusion 2 ×/Wo. (bzw. öfter je nach Quick-Wert)		
	+ 1 Amp. Unizink® (bei Langliegern)		
	+ 1 Amp. selenase® 100 pro injectione (bei Langliegern)		

Tab. 7-4 Basisbedarf pro Tag und Bedarf bei (postoperativer) Stresssituation

Bausteine der Ernährung	Basisbedarf	Bedarf bei (postoperativer) Stresssituation
H_2O	30 ml/kg KG	30(–40) ml/kg KG
Aminosäuren	1 g/kg KG	1,5(–2) g/kg KG
Na^+	1–1,5 mmol/kg KG	bis 3 mmol/kg KG
K^+	0,5–1 mmol/kg KG	bis 2 mmol/kg KG
Cl^-	1 mmol/kg KG	bis 3 mmol/kg KG
Ca^{2+}	0,1 mmol/kg KG	bis 0,2 mmol/kg KG
PO_4^{3-}	0,4 mmol/kg KG	bis 0,8 mmol/kg KG
Mg^{2+}	0,1 mmol/kg KG	bis 0,3 mmol/kg KG
kcal/kg KG	**25**	**30–40**
Verteilung der Kalorienträger		
Glucose	3–5 g/kg KG	4–5(–6) g/kg KG
Fett	1–1,5 g/kg KG	1–1,5(–2) g/kg KG

onspumpe kontinuierlich über 24 Stunden zu verabreichen. Ernährungslösungen mit einer Osmolarität über ca. 800 mOsmol/kg H_2O sind über einen zentralen Venenkatheter zu verabreichen, um eine Reizung und Schädigung der peripheren Venen zu vermeiden.

! Eine parenterale Ernährung macht eine (2- bis) 6-stündliche Kontrolle des Blutzuckers und Urinzuckers sowie eine (6- bis) 12-stündliche Kontrolle der Elektrolyte sowie eine einmalige Kontrolle pro Tag von Triglyceriden, pH-Wert, Blutgasen, Blutbild, BUN (= **b**lood **u**rea **n**itrogen; → S. 374), Harnstoff und Kreatinin sowie bei Leberinsuffizienz auch von Ammoniak (NH_3) notwendig. Magnesium, Calcium, Phosphat, Albumin und Leberwerte sollten 2- bis 3-mal pro Woche kontrolliert werden.

Kohlenhydrate

Zu den Kohlenhydraten gehören Glucose, Fructose, Xylit, Sorbit, Stärke und Glykogen. Diese Substanzen werden ggf. zuerst zu Glucose abgebaut. Glucose wird dann unter Energiegewinnung zu CO_2 und H_2O metabolisiert. (Glucose kann aber auch wieder zum Aufbau von Glykogen und zur Umwandlung in Fette verwandt und in dieser Form als Energielieferant gespeichert werden.) Circa 60 % der benötigten Energie sollten in Form von Kohlenhydraten verabreicht werden. Kohlenhydrate werden normalerweise in Form von Glucose zugeführt. Glucose kann in allen Geweben verstoffwechselt werden. Bei ausreichender Sauerstoffversorgung wird Glucose unter Sauerstoffverbrauch (aerob) zu CO_2 und H_2O metabolisiert. (Bei übermäßiger Glucosezufuhr wird Glucose auch in Glykogen sowie in Triglyceride und Fette umgewandelt und so als Energielieferant gespeichert.) Die Glucoseaustauschstoffe Fructose, Xylit und Sorbit können dagegen nicht von allen Geweben, sondern vor allem von der Leber metabolisiert werden. Von den Glucoseaustauschstoffen dürfen Fructose und auch Sorbit (das in der Leber zu Fructose umgewandelt wird) nur dann verabreicht werden, wenn eine Fructose-Intoleranz (1 : 20 000) anamnestisch oder anhand eines Fructosetoleranztests ausgeschlossen ist. Fructose und Sorbit werden daher nur noch sehr selten verwendet. Fructose wird (unabhängig von Insulin) in der Leber zu Glu-

cose metabolisiert. Sorbit wird in der Leber insulinunabhängig über Fructose ebenfalls zu Glucose metabolisiert. Die Glucose kann dann insulinabhängig in die Zellen aufgenommen und verwertet werden. Häufiger kommt noch der Glucoseaustauschstoff Xylit zur Anwendung. Xylit wird zunächst insulinunabhängig (v.a. in der Leber) verwertet und in Xylulose umgewandelt und dann (v.a. in der Leber) großteils zu Glucose metabolisiert. Die Glucose wird dann wiederum insulinabhängig in die Zellen aufgenommen und weiter verwertet. Die Tagesmaximaldosierung aller 3 Glucoseaustauschstoffe beträgt 3 g/kg KG.
Der Glucosebedarf liegt normalerweise bei ca. 3–6 g/kg KG/d. Die Anfangsdosis wird mit 1,5–2,0 g/kg KG/d angegeben. Die Dosis kann um 1 g/kg KG/d bis zu einer Maximaldosis von 5(–6) g/kg KG/d gesteigert werden. Bei eingeschränkten Stoffwechselbedingungen (z.B. periphere Insulinresistenz im Postaggressionsstoffwechsel, Hypoxie) sollten maximal 2–4 g/kg KG/d Glucose verabreicht werden.

! 1 g Kohlenhydrate liefert ca. 4,0 kcal = 17 kJ.

Glucoselösungen mit bis zu 10 % Glucose dürfen über eine periphervenöse Kanüle verabreicht werden. Da höherprozentige Glucoselösungen (> 10 %) deutlich hyperton sind (Glucose 10 %: 500 mOsm; Glucose 70 %: 3 500 mOsm), dürfen sie nur über einen zentralen Venenkatheter verabreicht werden (→ S. 185). Glucose wird meist in Form hochprozentiger (bis 70%iger) Glucoselösungen verabreicht. Glucose wird (zusammen mit Kalium) in die Zellen aufgenommen. Hierfür ist Insulin notwendig. Besteht ein Insulinmangel (Diabetes mellitus) oder ist die Wirkung von Insulin vermindert (Insulinresistenz), was im Rahmen des Postaggressionsstoffwechsels häufiger der Fall ist, dann wird weniger Glucose in die Zellen aufgenommen. Es droht ein Anstieg der Blutzuckerkonzentration (eine Hyperglykämie). Bei Gabe von Glucoselösungen ist die Blutzuckerkonzentration regelmäßig zu bestimmen. Insbesondere bei Beginn einer totalen parenteralen Ernährung kann eine Glucoseverwertungsstörung mit Hyperglykämie auftreten, sodass anfangs meist eine reduzierte Glucosezufuhr sinnvoll ist. Noch vor wenigen Jahren wurde oft empfohlen, dass bezüglich der Blutzuckerkonzentration während der parenteralen Ernährung Werte bis ca. 150–180 mg/dl (aber möglichst nicht über ca. 180 mg/dl) akzeptiert werden können und dass die Zufuhr von Altinsulin eher zurückhaltend gehandhabt werden sollte. Inzwischen ist belegt, dass durch eine sog. intensivierte Insulintherapie mit sehr enger Einstellung der Blutzuckerkonzentration auf ca. 80–110(–150) mg/dl (hierzu reichen meist ≤ 4 IE Insulin/h aus) bei Intensivpatienten eine signifikante Reduktion der Letalität erzielt werden kann. Es ist aber die Gefahr einer evtl. Hypoglykämie zu beachten. Diese droht vor allem dann, falls die Glucosezufuhr unterbrochen sein sollte, die Insulininfusion aber weiter läuft. Bei einer vermehrten Glucoseaufnahme in die Zellen wird auch vermehrt Kalium und Phosphat in die Zellen aufgenommen, sodass es häufig zu einem Kalium- und Phosphatmangel im Blut kommen kann (Normalwert für Phosphat: 0,8–1,6 mmol/l).

Fette

Fette (Triglyceride) werden zu freien Fettsäuren gespalten. Diese können unter Energiegewinnung zu CO_2 und H_2O metabolisiert werden (oder wieder zum Fettaufbau verwendet und in dieser Form als Energielieferant gespeichert werden). Normalerweise werden ca. 1–1,5(–2) g/kg KG/d (Kinder bis 3 g/kg KG/d) oder ca. 40 % des gesamten Kalorienbedarfs in Form von 10- oder 20%igen Fettlösungen verabreicht (z.B. Lipofundin®). Inzwischen werden nicht mehr Fettemulsionen der ersten Generation, das heißt nur langkettige Fettsäuren (LCT), sondern Fettemulsionen der zweiten Generation empfohlen, die ein Gemisch aus mittelkettigen (MCT) und langkettigen (LCT) Triglyceriden (im Verhältnis 1 : 1) darstellen (Lipofundin®

MCT). Mittelkettige Triglyceride werden z. B. schneller hydrolysiert. MCT enthalten jedoch keine essenziellen Fettsäuren. LCT-Lösungen werden aus Sojabohnenöl hergestellt. Die Fettlösungen enthalten einen hohen Anteil an essenziellen Omega-6-Fettsäuren (die Vorläufer für entzündungsfördernde Mediatoren sind) und einen geringen Anteil an essenziellen Omega-3-Fettsäuren (die Vorläufer für entzündungshemmende Mediatoren sind). Die Relation von Omega-3- zu Omega-6-Fettsäuren beträgt in den LCT-Lösungen 1:7. Es sollte jedoch bei schwerkranken Patienten (z. B. mit Sepsis) eine Relation von 1:3 angestrebt werden. Deshalb sollte bei diesen Patienten zusätzlich Fischöl (das eine hohe Konzentration an Omega-3-Fettsäuren enthält; z. B. in Form von Omegaven®; → S. 385) verabreicht werden. Inzwischen liegen auch Fettlösungen vor, die ein Gemisch aus lang- und kurzkettigen Fettsäuren, aus Olivenöl und aus Fischöl darstellen (z. B. SMOFlipid®, Fa. Fresenius). Diese Lösungen bieten sich bei schwerkranken Patienten anstatt der Kombination MCT/LCT-Gemisch plus Omegaven® an. Am ersten postoperativen Tag werden normalerweise noch keine Fette zugeführt. Am zweiten postoperativen Tag werden meist nur 0,5 g/kg KG/d verabreicht. Die Dosis sollte höchstens um 0,25–0,5 g/kg KG jeden Tag bis zu einer Maximaldosis von 1,5(–2) g/kg KG/d gesteigert werden. Fette weisen einen sehr hohen Energiewert auf.

> ! 1 g Fett liefert ca. 9,0 kcal = ca. 38 kJ (1 kcal = 4,2 kJ).

Fette sind aufgrund ihrer Wasserunlöslichkeit nicht osmotisch aktiv (ca. 270 mOsm), führen zu keiner Venenreizung und könnten auch über eine dünne periphere Vene verabreicht werden. Fettemulsionen sollten möglichst nicht mit Glucose- oder Aminosäurelösungen über einen gemeinsamen Zugang verabreicht werden. Bei einer ungenügenden Verstoffwechselung der zugeführten Fettlösungen droht eine Hyperlipidämie mit Anstieg des Triglyceridwertes (Normalwert: 50–180 mg/dl bzw. 0,4–2,3 mmol/l). Bevor die Fettzufuhr gesteigert wird, sollte die Triglyceridkonzentration kontrolliert werden. Kontraindikation für eine Fettzufuhr sind eine Hypertriglyceridämie (> 300 mg/dl bzw. 3,1 mmol/l), eine schwere Acidose (pH-Wert < 7,2) und eine Mikro- oder Makrozirkulationsstörung (Schock). Eine hyperdyname Sepsis, eine Leberinsuffizienz oder ein akutes Nierenversagen sind keine Kontraindikationen für die Gabe von Fettlösungen.

Täglich sollten fettlösliche Vitamine (z. B. Vitalipid®) verabreicht werden (→ S. 381).

Proteine

Die Bausteine der Proteine sind die Aminosäuren. Im menschlichen Organismus gibt es 20 verschiedene Aminosäuren, 8 davon sind sog. essenzielle Aminosäuren, die der Organismus nicht herstellen kann und die daher mit der Nahrung aufgenommen werden müssen. Lagern sich bis zu 100 Aminosäuren zusammen, wird von Peptiden gesprochen, lagern sich mehr als 100 Aminosäuren zusammen, wird von Proteinen gesprochen.

> ! Proteine haben zwar einen Brennwert von ca. 4,0 kcal/g (= ca. 17 kJ), sollten jedoch nicht mit dem Ziel verabreicht werden, als Energieträger zu dienen. Sie sind für die Synthese von Funktionsproteinen gedacht.

Proteine sollten daher immer zusammen mit Energieträgern in Form von Kohlenhydraten und/oder Fettinfusionen verabreicht werden. Proteine werden im Rahmen der parenteralen Ernährung in Form von (meist 10%igen) Aminosäurelösungen in einer Dosierung von 1–1,5(–2) g/kg KG/d (bei Kindern bis 2,5 g/kg KG/d) verabreicht, um einen Abbau körpereigener Proteine (katabole Stoffwechselsituation) zu vermeiden (Aminosäurelösung, z. B. Aminofusin® 10 %). Die Anfangsdosis beträgt 0,5–1,0 g/kg KG/d. Die Dosis kann pro Tag um bis zu 0,5 g/kg KG bis auf 1,5(–2) g/kg KG gesteigert werden. Aminosäurelösungen sind hyperosmolar und sind daher über einen zentralen Venenkatheter zu verabreichen. Bei Vorliegen einer Niereninsuffizienz oder einer schweren Leberschädigung (mit verminderter Synthese von Gerinnungsfaktoren) ist der Aminosäurebedarf geringer (bei Leberinsuffizienz 0,6–1,0 g/kg KG/d; bei Niereninsuffizienz 0,8–1,4 g/kg KG/d). Es werden dann zum Teil modifizierte Aminosäurelösungen verwendet (z. B. Aminosteril® N-Hepa 8 %). „Leberlösungen" enthalten einen geringeren Anteil solcher Aminosäuren, die hepatisch metabolisiert werden müssen und einen erhöhten Anteil an Aminosäuren, die „peripher" verstoffwechselt werden. (Die Ammoniakkonzentration darf unter Gabe dieser „Leberlösungen" nicht ansteigen.)

Inzwischen werden Glucose-, Fett- und Aminosäurelösungen meist nicht mehr über einzelne separate Infusionsflaschen verabreicht, sondern es werden zumeist Mischlösungen, das heißt **Gesamtnährlösungen** (All-in-One-Lösungen) verwendet. Vorteile sind geringerer Arbeitsaufwand, geringeres Kontaminationsrisiko und geringere metabolische Nebenwirkungen. Diese Gesamtnährlösungen enthalten Glucose, Fette, Aminosäuren sowie Elektrolyte (z. B. NuTRIflex® Lipid basal). Daneben gibt es auch Kombinationslösungen, die nur Kohlenhydrate und Aminosäuren sowie Elektrolyte enthalten (z. B. Glucoplasmal® 3,5 %, Aminomix®, NuTRIflex® basal). Diese Kombinationslösungen liegen als Zwei- oder Dreikammerbeutelsystem vor. Diesen Kombinationslösungen können ggf. zusätzliche Elektrolyte sowie Spurenelemente und Vitamine zugesetzt werden.

Falls nur für wenige Tage (maximal 5 Tage) eine parenterale Ernährung notwendig ist und eine stabile Stoffwechsellage vorliegt, dann können auch Gesamtnährlösungen mit niedriger Konzentration an Glucose und Aminosäuren und daher niedriger Osmolarität (ca. 800 mOsmol/l) verwendet werden. Diese Lösungen können für einige Tage periphervenös verabreicht werden (z. B. NuTRIflex® Lipid peri [enthält Glucose, Aminosäuren, Fette, Elektrolyte]; Periplasmal® 3,5 % oder Aminoven® 3,5 % GE [enthalten Glucose, Aminosäuren, Elektrolyte]).

Flüssigkeit, Elektrolyte, Vitamine und Spurenelemente

Der **Flüssigkeitsbedarf** beträgt 30(–40) ml/kg KG/d. Damit wird z. B. auch die Perspiratio insensibilis (Flüssigkeitsverlust über Haut [ohne Beteiligung der Schweißdrüsen] und Atmung) ersetzt. Die Perspiratio insensibilis wird mit 10–12 ml/kg KG/d und pro Grad Fieber (> 37,5 °C) mit zusätzlich 3 ml/kg KG/d angenommen. Bei einer Erhöhung der Körpertemperatur um jeweils 1 Grad Celcius muss also jeweils ca. 10 % mehr Flüssigkeit pro Tag verabreicht werden. Bei intubierten Patienten mit Anfeuchtung des Inspirationsgemisches wird die Perspiratio insensibilis lediglich mit 50 % veranschlagt. In dem Flüssigkeitsbedarf von 30(–40) ml/kg KG/d ist auch berücksichtigt, dass im Stoffwechsel des Organismus ca. 300–400 ml sog. Oxidationswasser pro Tag anfallen. Falls der Patient schwitzt, muss diese Perspiratio sensibilis beim Erwachsenen meist mit ca. 1 000 ml/d veranschlagt werden, diese kann aber bei starkem Schwitzen bis zum ca. 10-fachen dieses Wertes betragen.

Die wichtigsten **Elektrolyte** sind Natrium, Kalium, Chlorid, Phosphat, Calcium und Magnesium. Der Basisbedarf folgender Elektrolyte beträgt (vgl. Tab. 7-4):

- Natrium:
  1–1,5 mmol/kg KG/d
- Kalium:
  0,5–1 mmol/kg KG/d
- Chlorid:
  1–1,5 mmol/kg KG/d

Zusätzlich sind zu ersetzen (vgl. Tab. 7-4):

- Phosphat
  (Natriumglycerophosphat: 30 ml enthalten 30 mmol Phosphat und 60 mmol Natrium; evtl. Kaliumphosphat: 50 ml enthalten 30 mmol Phosphat und 60 mmol Kalium),
- Calcium
  (z. B. Calcium-Sandoz® 10 %: 30 ml enthalten 6,75 mmol) und
- Magnesium
  (z. B. Mg 5-Sulfat 10 %: 20 ml enthalten 8,1 mmol Magnesium)

Initial wird bei den Elektrolyten zumeist der Basisbedarf, und – je nach Elektrolytkonzentration – ggf. eine Nachdosierung verabreicht.
Der **Vitaminbedarf** kann mit Multivitaminpräparaten gedeckt werden. Wie hoch der Tagesbedarf an Vitaminen bei Intensivpatienten ist, ist nicht genau bekannt. Wasserlösliche Vitamine (B_1, B_2, B_6, B_{12}, C, Folsäure, Biotin, Nicotinsäure, Pantothensäure) sollten bereits ab dem ersten Tag verabreicht werden, denn sie können kaum gespeichert werden und daher sind keine Reserven vorhanden. Dies kann z. B. durch Gabe von 1 Amp. (= 2 ml) Polybion® (= Vitamin-B-Komplex) pro Tag erfolgen. Zusätzlich sind 100 mg Vitamin C pro Tag und 2-mal pro Woche 2 mg Folsäure (z. B. Folsäure-Injektopas®) zu substituieren. Alternativ kann auch ein Kombinationspräparat, z. B. Soluvit® N, verabreicht werden, das alle wasserlöslichen Vitamine enthält; täglich 1 Ampulle (lichtempfindliches Medikament). Fettlösliche Vitamine (Vitamine A, K, D, E; z. B. eine Ampulle Vitalipid Infant/-Adult = 10 ml/d) sollten ab dem dritten bis fünften Tag verabreicht werden. Eine sofortige Substitution (wie bei den wasserlöslichen Vitaminen) ist nicht notwendig, da sie im Körper gespeichert werden können und daher normalerweise Reserven (ggf. für Wochen) vorhanden sind. Vitamine sind häufig licht- und sauerstoffempfindlich und können sich ungeschützt innerhalb weniger Stunden zersetzen.
Der Bedarf an **Spurenelementen** (z. B. Eisen, Zink, Kupfer, Chrom, Fluor, Iod, Cobalt, Mangan, Selen, Molybdän) kann mit z. B. Inzolen® (0,5[–1,0] ml/kg KG/d) oder Addel® N (1 Ampulle = 10 ml/d; nur für Erwachsene) gedeckt werden. Allerdings ist nicht eindeutig geklärt, wie hoch der tägliche Bedarf an Spurenelementen bei Intensivpatienten ist (und welche Spurenelemente essenziell sind).
Elektrolyte, Vitaminlösungen und Spurenelemente können den Glucoselösungen zugesetzt werden. Fettlösliche Vitamine (z. B. Vitalipid Infant/-Adult) sind den Fettlösungen zuzusetzen. Zu beachten ist allerdings, dass Inzolen® bzw. Addel® N nicht in magnesium- oder kaliumphosphathaltige Infusionslösungen zugesetzt werden darf, ansonsten kommt es zu Ausfällungen oder Verfärbungen. Natriumglycerophosphat darf wiederum calcium- und magnesiumhaltigen Lösungen nicht zugesetzt werden.
Inzwischen stehen auch **Elektrolytmischkonzentrate** zur Verfügung, die den üblichen Basisbedarf pro Tag an Elektrolyten und Spurenelementen enthalten und einer Nährlösung zugesetzt werden können.
Der früher übliche Zusatz von Heparin zu den Nährlösungen scheint nicht sinnvoll und notwendig zu sein und wurde inzwischen wieder verlassen.
Im Rahmen einer totalen parenteralen Ernährung kann öfter (v. a. bei Lebererkrankungen; diabetischer Ketoacidose) eine Hypophosphatämie auftreten. Während einer längerfristigen totalen parenteralen Ernährung kommt es zumeist zu einem Anstieg der Cholestaseparameter. Ursache ist die zunehmende Ablagerung von Triglyceriden in der Leber, also eine Leberverfettung.

7.3.2 Enterale Ernährung

Die **e**nterale **E**rnährung (= eE) ist nicht nur physiologischer als die parenterale Ernährung, sie ist auch komplikationsärmer, billiger und einfacher. Die Mortalität lässt sich durch eine enterale Ernährung im Vergleich zu einer parenteralen Ernährung jedoch nicht senken.

Ernährungssonden

Initial ist ggf. eine enterale Ernährung über eine **Magensonde** oder (bei Magenatonie oder Magenausgangsstenose, Regurgitations- und Aspirationsrisiko) über eine **Duodenalsonde** oder möglichst eine **Jejunalsonde** notwendig. Eine spezielle Sonde stellt die sog. **Trilumensonde** dar. Diese Sonde verfügt über zwei Schenkel (ein Belüftungsschenkel), die bis in den Magen reichen, und einen dritten Schenkel, der bis in das Jejunum reicht. Diese Sonde wird bei Pati-

enten mit hohem Reflux angelegt, die dennoch enteral ernährt werden sollen. Sie erhalten die Nahrung jejunal. Gastral kann überschüssiges Sekret entleert werden.
Ist absehbar, dass der Patient auf lange Sicht künstlich ernährt werden muss (z. B. in Form einer Palliativmaßnahme), so empfiehlt sich die Anlage einer **PEG-Sonde** (PEG = **p**erkutane **e**ndoskopische **G**astrostomie). Soll eine Ernährungssonde längere Zeit liegen bleiben, dann sollte keine Sonde aus **P**oly**v**inyl**c**hlorid (= PVC) verwendet werden, da diese Sonden bald den Weichmacher verlieren, spröde und hart werden und Drucknekrosen begünstigen. Es sind dann Sonden aus Polyurethan, Silikonkautschuk oder Polyethylen vorzuziehen. Diese haben eine gute Gewebeverträglichkeit.
Bei der Magen-, Duodenal-, Jejunal- und Trilumensonde ist auf eine sichere Fixierung an der Nase mit täglichem Pflasterwechsel zu achten. Eine PEG-Sonde ist in der Regel angenäht und wird mit Desinfektion, Schlitzkompressen und zusätzlichem Pflastersteg versorgt und gesichert.

Herstellung und Art der Sondennahrung

Sondennahrung kann durch Passieren und Homogenisieren selbst (home made) oder industriell (sog. Formulardiät) hergestellt werden. Selbst hergestellte Sondennahrung darf nur über die Magensonde verabreicht werden, da zu deren Resorption die Verdauungsleistung der Magensekrete notwendig ist. Bewährt hat sich jedoch die Verwendung industriell hergestellter Sondennahrungen, die eine definierte Zusammensetzung aufweisen. Die industriell hergestellten Sondennahrungen enthalten auch den Basisbedarf an Vitaminen und Spurenelementen.
Bei der Sondenkost wird unterschieden zwischen der niedermolekularen, **c**hemisch **d**efinierten (= CDD) und der hochmolekularen, **n**ährstoff**d**efinierten (= NDD) **D**iät. Während die chemisch definierte Kost aus niedermolekularen, leicht verdaulichen Bestandteilen zusammengesetzt ist und damit keiner Verdauungsenzyme aus Magen und Pankreas bedarf (= Astronautenkost), enthält die nährstoffdefinierte Kost hochmolekulare Bausteine, die die vollständige Verdauungsleistung erfordern.

> **!** Hochmolekulare Kost darf aufgrund der mangelnden Vorverdauung also nicht duodenal bzw. jejunal verabreicht werden. Dies führt sonst zu kontinuierlichen Durchfällen, vor allem auch zu einer fehlenden Resorption der benötigten Nahrungsbestandteile.

An industriell hergestellten, **nährstoffdefinierten Diäten** (die also über den Magen zu verabreichen sind) stehen Standardlösungen (z. B. Nutricomp Standard, Fresubin original®, Fresubin original fibre®) sowie Spezialdiäten, das heißt an spezielle Stoffwechselstörungen angepasste Lösungen (z. B. Nutricomp Diabetes, Nutricomp Hepa, Nutricomp Intensiv, Fresubin hepa®, Survimed® renal) zur Verfügung.
Für Intensivpatienten stehen inzwischen auch **immunmodulierte Lösungen** zur Verfügung, die einen hohen Anteil an Omega-3-Fettsäuren, Glutamin und zum Teil auch an Arginin aufweisen (vgl. Immunonutrition). Inzwischen häufig eingesetzte Präparate sind Reconvan® (Fa. Fresenius) und Impact® (Fa. Novartis).
An **chemisch definierten Diäten** (die über eine Duodenal- oder Jejunalsonde zu verabreichen sind) steht z. B. Nutricomp Peptid oder Survimed® OPD zur Verfügung.
Die Osmolarität der CDD- bzw. NDD-Lösungen sollte nicht >600 bzw. >450 mOsmol/l betragen.
Die Anforderungen an die Zusammensetzung der enteralen Ernährung bezüglich Kohlenhydraten, Fetten, Proteinen, Vitaminen, Spurenelementen und Wasser entspricht weitgehend den Anforderungen, die an die Zusammensetzung einer total parenteralen Ernährung gestellt werden (→ S. 375).

Durchführung einer Sondenernährung

Die enterale Ernährung sollte erst begonnen werden, wenn Darmgeräusche nachweisbar sind. Oft wird auch erst eine Defäkation abgewartet. Die enterale Ernährung sollte vorsichtig mit kleinen Volumina begonnen werden.
Eine Magensonde wird meist bei bewusstseinsklaren Patienten verwendet. Über die Magensonde und auch über eine PEG-Sonde werden meist Einzelboli verabreicht. Als Einzelportionen sollten (30 bis) maximal 300–400 ml verabreicht werden. Die Portionen sollten langsam gesteigert werden, z. B. erster Tag: 3 × 100 ml, zweiter Tag 6 × 100 ml; dritter Tag 6 × 200 ml, vierter Tag 6 × 300 ml, fünfter Tag 6 × 400 ml. Vor jeder Bolusgabe ist jeweils das Magensekret abzusaugen.
Die Magensaftproduktion beträgt normalerweise ca. 1 500–2 500 ml/d. Anhand des Rückflusses pro Tag kann etwa abgeschätzt werden, ob eine komplette oder teilweise Magenentleerungsstörung vorliegt.

> **!** Der Restmageninhalt ist ein Parameter für die Magen-Darm-Aktivität. (Falls vor Gabe der nächsten enteralen Portion beim Erwachsenen mehr als ca. 150 ml aus dem Magen abgesaugt werden können, dann sollte keine neue Sondenkost verabreicht werden.)
> Inzwischen wird auch über eine Magensonde häufiger eine kontinuierliche Gabe der Ernährungslösung durchgeführt. Bei kontinuierlicher Gabe über eine Ernährungssonde empfiehlt sich folgende Dosissteigerung: erster Tag 20 ml/h, dann täglich um 20 ml/h steigern bis auf ca. 100 ml/h.

Die enterale Ernährung sollte wegen der Gefahr einer Aspiration in leichter Oberkörperhochlage (ca. 30 Grad) durchgeführt werden und ist daher z. B. in Bauchlage kontraindiziert. Muss ein Patient vor einer geplanten Untersuchung nüchtern sein oder muss er sich einem therapeutischen Eingriff unterziehen, dann darf über die Magensonde oder PEG-Sonde vorher 6–8 Stunden lang keine Nahrung verabreicht werden.

Nach der Verabreichung eines Nahrungsbolus sollte die Sonde jeweils mit etwas Wasser klargespült werden, damit sie offen gehalten und der Nährboden für Keime entfernt wird. Wegen der Gefahr der Verkeimung sollte Sondenkost in einem geschlossenen System verabreicht werden, das nach 24 Stunden zu wechseln ist.

Magensonde oder postpylorische Sonde?

Nach einer Magenoperation, nach größeren Bauchoperationen oder bei größeren Verletzungen sollte anstatt einer Magensonde möglichst eine Duodenal- oder Jejunalsonde (= postpylorische Sonde) bevorzugt werden (denn die postoperative oder posttraumatische Magenatonie hält wesentlich länger an als die postoperative oder posttraumatische Dünndarmatonie; → S. 474). Auch bei bewusstseinsgetrübten oder langzeitbeatmeten Patienten sollte eine postpylorische Sonde bevorzugt werden. Die Gefahr einer Regurgitation und Aspiration scheint bei diesen Sonden geringer als bei einer Magensonde zu sein. Bei Duodenalsonden sollten maximal 80–100 ml pro Portion verabreicht werden, um Spasmen des Duodenums oder Kreislaufproblemen (wegen plötzlichen Einstroms größerer Flüssigkeitsmengen in das Darmlumen; sog. Früh-Dumping-Syndrom; → S. 384) vorzubeugen. Da über eine Duodenalsonde nur kleine Einzelboli verabreicht werden können, sollte möglichst eine kontinuierliche Gabe mittels Pumpe (z. B. Flexiflo®, Fa. Abbott) durchgeführt werden.
Jejunalsonden können z. B. bei einer Pankreatitis oder bei Stenosen im oberen Magen-Darm-Trakt eingesetzt werden. Sie sind jedoch relativ schwierig zu platzieren. Durch mehrfaches Umlagern des Patienten und Gabe eines die Peristaltik anregenden Medikamentes (z. B. Paspertin®) kann die Platzierung einer Duodenal- oder Jejunalsonde erleichtert werden. Bevor eine Ernährungssonde benutzt wird, ist eine röntgenologische Lagekontrolle notwendig. Über Jejunalsonden sollte nur eine kontinuierliche Gabe der Ernährungslösung durchgeführt werden.

Eine Ernährungspause (z. B. über die Nacht) ist bei der duodenalen Verabreichung nicht nötig. Bei einer pumpengesteuerten Gabe über Magensonde oder PEG-Sonde sollte jedoch nachts eine Verabreichungspause eingehalten werden, damit sich das saure Milieu des Magens mit seiner bakteriostatischen Wirkung wieder regenerieren kann.

Komplikationen

Komplikationen der Sondenernährung können sein:

- Reflux und „stille" Aspiration
  bei mangelnden Schutzreflexen und unzureichend geblocktem Cuff. Nach einer Magen- oder Ösophagusresektion ist von einer erhöhten Refluxneigung auszugehen.
- Durchfall und mangelnde Resorption
  durch zu schnelle Zufuhr, zu schnellen Nahrungsaufbau, zu große Mengen, verkeimte Sondenkost oder falschen Verabreichungsweg. Bei Auftreten von Durchfall ist die enterale Ernährung u. U. einige Tage auszusetzen und es sollte nur Tee verabreicht werden (Teepause). Im Zusammenhang mit der enteralen Ernährung ist das Dumping-Syndrom zu beachten (to dump = hineinplumpsen). Das sog. Früh-Dumping äußert sich unmittelbar nach der zu raschen Verabreichung hochmolekularer Nahrungsbestandteile. Dadurch kommt es zu Dehnungsschmerzen und einem schnellen Flüssigkeitseinstrom ins Darmlumen mit Blässe, Übelkeit und Schweißausbruch des Patienten (bis hin zur Schocksymptomatik). Beim Spät-Dumping kommt es erst (wenige) Stunden nach der Gabe schnell resorbierbarer Kost aufgrund einer vermehrten Insulinausschüttung zu Symptomen einer Hypoglykämie mit Schwitzen und Kollapsneigung.
- Sondenverstopfung
  durch mangelndes Nachspülen nach Kost- oder Medikamentenverabreichung
- Sondenfehllage (z. B. im Tracheobronchialsystem)
- Infektion der Einstichstelle der PEG
- Sondendislokation:
  Bei Verdacht auf eine Dislokation der Duodenal-, Jejunal- oder Trilumensonde kann der pH-Wert des Sekrets, das über die entsprechende Sonde aspiriert wurde, aussagekräftig sein. Der duodenale und jejunale pH-Wert liegt etwa bei einem Wert von 8 (gastral bei einem Wert von 2). Zeigt sich bei einer anschließenden Röntgenkontrolle eine Lageverschiebung (Dislokation), dann muss die Duodenal- oder Jejunalsonde meist endoskopisch korrigiert werden.
- druckbedingte Schleimhautschäden durch die Sonde (Erosionen oder gar Ulzerationen)
- diabetische Stoffwechselentgleisung

Kontraindikationen

Absolute Kontraindikationen für eine enterale Sondenernährung sind akute gastrointestinale Blutungen, Ileus und Schock.

Relative Kontraindikationen sind akute Pankreatitis, Peritonitis, unstillbares Erbrechen und längerfristiger Durchfall.

7.3.3 Immunonutrition

In den letzten Jahren wurde wiederholt berichtet, dass durch eine spezielle enterale oder parenterale Ernährung u. a. eine Stimulation des Immunsystems möglich ist. Es wird von einer sog. Immunonutrition gesprochen. Eine Immunonutrition soll vor allem erhöhte Konzentrationen an Glutamin und Omega-(ω-)3-Fettsäuren enthalten. Zusätzlich enthält eine Immunonutritionslösung meist noch (antioxidative) Vitamine (C, E und β-Carotin), Spurenelemente (Selen), Nucleotide und zum Teil Arginin. Durch eine Immunonutrition soll der Verlauf intensivmedizinischer Krankheitsverläufe positiv beeinflusst werden können. Es konnte z. B. gezeigt werden, dass bei Patienten nach einer großen Operation oder mit einer beginnenden Sepsis die Mortalität durch Verabreichung einer solchen angereicherten Sondenkost u. U. erniedrigt werden kann. Bei einer schweren Sepsis soll allerdings keine Immunonutrition durchgeführt werden.

Glutamin

Die Aminosäure Glutamin scheint für die Stimulation der Immunkompetenz und die Aufrechterhaltung der intestinalen Abwehrfunktion wichtig zu sein. Der Glutaminbedarf ist bei Intensivpatienten deutlich erhöht. Die körpereigene Bildung von Glutamin kann daher bei einer längerfristigen Intensivbehandlung unzureichend werden. Es kann dadurch zu einer Entleerung des Glutaminspeichers kommen. Aus der eigentlich nicht essenziellen Aminosäure Glutamin wird unter diesen Bedingungen eine essenzielle Aminosäure die zum Teil von extern zugeführt werden muss. Seit einigen Jahren wird daher die zusätzliche Gabe von Glutamin im Rahmen der enteralen Ernährung von Intensivpatienten propagiert. In einzelnen Studien konnten durch die zusätzliche Glutaminzufuhr günstige Auswirkungen auf Immunkompetenz, infektiöse Komplikationen, gastrointestinale Funktion, Dauer des Krankenhausaufenthaltes und die Überlebensrate nachgewiesen werden. Inzwischen konnte gezeigt werden, dass auch nach parenteraler Gabe von Glutamin diese Effekte erzielbar sind.
Durch die zusätzliche parenterale Gabe von 0,2 g/kg KG/d Glutamin konnte das Langzeitüberleben nach 6 Monaten signifikant verbessert werden. Die positive Wirkung war jedoch nur bei Patienten nachweisbar, die länger als 9 Tage künstlich ernährt wurden. Für die parenterale Gabe von Glutamin kann z. B. Dipeptamin® (1,5–2 ml/kg KG/d) verabreicht werden.

Omega-(ω-)3-Fettsäuren (Fischöl)

Den ω-3-Fettsäuren wird eine entzündungshemmende und immunmodulierende Wirkung nachgesagt. Beispielsweise stellen bestimmte ω-3-Fettsäuren Ausgangssubstanzen für die Bildung entzündungshemmender (antiinflammatorischer) Substanzen dar. Dagegen sind bestimmte ω-6-Fettsäuren Ausgangssubstanzen von entzündungsfördernden (proinflammatorischen) Substanzen. Durch zusätzliche Gabe von Fischöl, das höhere Konzentrationen an ω-3-Fettsäuren enthält, kann eine Optimierung des Verhältnisses von ω-3-Fettsäuren zu ω-6-Fettsäuren bei der parenteralen oder enteralen Ernährung erreicht werden. Idealerweise scheint dieses Verhältnis (ω-3- zu ω-6-Fettsäuren) 1 : 2 bis 1 : 4 betragen. Durch eine zusätzliche Gabe von ω-3-Fettsäuren im Rahmen der enteralen Ernährung konnten bei Patienten, die an einem sepsisbedingten ARDS litten, die Beatmungsparameter signifikant verbessert, die Beatmungsdauer und der Intensivaufenthalt verkürzt und das Risiko eines zusätzlichen Organversagens signifikant vermindert werden.
Für die parenterale Gabe von ω-3-Fettsäuren kann z. B. Omegaven® (Fa. Fresenius) verabreicht werden. Es wird empfohlen, dass ca. 10–20 % der Gesamtfettzufuhr (= 0,1 – maximal 0,2 g pro kg KG/d) als Fischöl verabreicht werden sollte (z. B. 1–2 ml/kg KG Omegaven®).

Lösungen

An parenteralen immunstimulierenden Ernährungslösungen mit erhöhter Konzentration an Glutamin und ω-3-Fettsäuren steht z. B. Nutricomp® Immun (Fa. Braun) zur Verfügung.
An enteralen immunstimulierenden Ernährungslösungen stehen z. B. Impact® (Fa. Novartis) oder Reconvan® (Fa. Fresenius Kabi) zur Verfügung.

7.4 Antibiotikatherapie

Antibiotika sind neben herz- und kreislaufwirksamen Medikamenten die am häufigsten auf der Intensivstation eingesetzten Medikamente.

! Antibiotika sollten nur in indizierten Fällen verabreicht werden. Der unkritische Einsatz von Antibiotika fördert die Entwicklung multiresistenter Keime.

Sinnvoll ist stets der Versuch, den Krankheitserreger vor (!) Gabe der ersten Antibiotikadosis mittels Probeentnahme zu gewinnen und ihn danach mikrobiologisch nachzuweisen (Erreger?) sowie dessen Empfindlichkeit auf bestimmte Antibiotika (Resistenz?) auszutesten. Hierzu werden bestimmte Proben (z. B. Tracheobronchialsekret, Urin, Liquor) abgenommen (→ S. 389) und mikrobiologisch untersucht. Initial wird das Antibiotikum verabreicht, von dem eine gute Wirkung vermutet wird (= empirische, kalkulierte Therapie). Nach Vorliegen der Erreger- und Resistenzbestimmung muss die Therapie ggf. umgestellt werden. Bei vielen Antibiotika ist es sinnvoll, die Therapie durch wiederholte Bestimmung der Plasmakonzentration zu überwachen, um Unter- oder Überdosierungen zu vermeiden. Bei schweren Infektionen werden öfter 2 oder 3 Antibiotika kombiniert.

Bei einer Niereninsuffizienz ist die Dosierung der meisten Antibiotika zu reduzieren.

7.4.1 Medikamente

Die wichtigsten Antibiotikagruppen sind nachfolgend und in Tabelle 7-5 aufgeführt:

- **Penicilline**
  können unterteilt werden in:
  - Benzylpenicillin (Penicillin G)
  - Aminopenicilline (z. B. Ampicillin; Binotal®)
  - Aminopenicilline plus β-Lactamase-Inhibitor wie Clavulansäure, Sulbactam (z. B. Ampicillin plus Sulbactam; Unacid®). (β-Lactamase ist ein Enzym bestimmter Bakterienstämme, das Penicilline spalten kann. β-Lactamase-Inhibitoren hemmen die Wirkung von bakterieller β-Lactamase).
  - Acylaminopenicilline (z. B. Mezlocillin; Baypen®)
  - Acylaminopenicillin plus β-Lactamase-Inhibitor (Piperacillin plus Tazobactam; Tazobac®)
  - Isoxazolylpenicilline (z. B. Flucloxacillin; Staphylex®)

  Penicillin G gilt für Infektionen durch Streptokokken oder Pneumokokken immer noch als Mittel der Wahl. Ein breiteres Spektrum haben die Aminopenicilline. Sie sind zusätzlich z. B. gegen Enterokokken, *Haemophilus influenzae*, *Escherichia coli* und Salmonellen wirksam. Durch Kombination eines Aminopenicillins mit einem sog. β-Lactamase-Inhibitor (→ oben) wird auch eine bessere Wirkung gegen z. B. viele Enterobakterien und gegen Staphylokokken erreicht. Acylaminopenicilline weisen eine gute Wirkung gegen Enterokokken, Enterobakterien und Pseudomonaden auf. In Kombination mit einem β-Lactam-Inhibitor sind sie auch gegen die meisten β-Lactam-bildenden Stämme und gegen Anaerobier wirksam.

  Isoxazolylpenicilline wirken speziell gegen *Staphylococcus aureus* und koagulasenegative Staphylokokken. Sie werden daher vor allem im Bereich von Haut- und Weichteilinfektionen (HNO-Bereich) eingesetzt.
- **Cefalosporine**,
  die intravenös verabreicht werden, hat die Paul-Ehrlich-Gesellschaft in folgende Gruppen unterteilt:
  - Gruppe 1 (z. B. Cefazolin; Basocef®)
  - Gruppe 2 (z. B. Cefotiam; Spizef®)
  - Gruppe 3a (z. B. Cefotaxim; Claforan®)
  - Gruppe 3b (z. B. Ceftazidim; Fortum®)
  - Gruppe 4 (z. B. Cefepim; Maxipime®)
  - Gruppe 5 (z. B. Cefoxitin; Mefoxitin®)

  Cefalosporine der Gruppe 3b (z. B. Ceftazidim; Fortum®) sind auch gut gegen *Pseudomonas aerugiosa* wirksam. Cefalosporine weisen eine relativ geringe Toxizität auf.
- **Carbapeneme** (z. B. Imipenem plus Cilastatin; Zienam® – Meropenem; Meronem®) weisen von allen Antibiotika das breiteste

Tab. 7-5 Parenteral verabreichbare Antibiotika: Antibiotikagruppen, Wirkstoffe, Handelsnamen (Beispiele) und Dosierungen

Gruppe	Wirkstoff	Handelsname (Beispiele)	Dosierung (Hochdosis)
Penicilline			
Benzylpenicilline	Benzylpenicillin	Penicillin G®	20 Mio. E in 4–6 Einzeldosen
Aminopenicilline/ β-Lactamase-Inhibitor	Amoxicillin/ Clavulansäure	Augmentan®	3 × 2,2 g
	Ampicillin/Sulbactam	Unacid®	3 × 3 g
Acylaminopenicilline	Piperacillin	Piperacillin-ratiopharm®	3 × 4 g
	Mezlocillin	Baypen®	3 × 4–5 g oder 2 × 10 g
Acylaminopenicillin/ β-Lactamase-Inhibitor	Piperacillin/ Tazobactam	Tazobac®	3 × 4,5 g
Isoxazolylpenicilline (Staphylokokken-Penicilline)	Flucloxacillin Oxacillin	Staphylex® InfectoStaph®	4–6 × 2 g 4–8 g in 4–6 Einzeldosen
Cefalosporine			
Gruppe 1	Cefazolin	Basocef®	3 × 2 g
Gruppe 2	Cefuroxim	Cefuroxim-Sandoz®, Zinacef®	3 × 1,5 g
	Cefotiam	Spizef®	3 × 2 g
Gruppe 3a	Cefotaxim Ceftriaxon	Claforan® Rocephin®	3 × 2 g 2 × 2 g
Gruppe 3b	Ceftazidim	Fortum®	3 × 2 g
Gruppe 4	Cefepim Cefpirom	Maxipime® Cefrom® (Österreich)	2–3 × 2 g 3 × 2 g
Gruppe 5	Cefoxitin	Mefoxitin®	3 × 2 g
Carbapeneme			
Gruppe 1	Imipenem Meropenem	Zienam® Meronem®	3 × 1 g 3 × 1 g
Gruppe 2	Ertapenem	Invanz®	1 × 1 g
Monobactame			
	Aztreotam	Azactam®	2 g alle 6–8 h
Fluorchinolone			
Gruppe 2	Ofloxacin Ciprofloxacin	Tarivid® Ciprobay®	2 × 400 mg 3 × 400 mg
Gruppe 3	Levofloxacin	Tavanic®	2 × 500 mg
Gruppe 4	Moxifloxacin	Avalox®	1 × 400 mg

Tab. 7-5 (Fortsetzung)

Gruppe	Wirkstoff	Handelsname (Beispiele)	Dosierung (Hochdosis)
Makrolide			
	Erythromycin	Erythrocin®	4 × 1 g
	Clarithromycin	Klacid®	2 × 500 mg
	Azithromycin	Zithromax®	1 × 500 mg
Glykopeptide			
	Vancomycin	Vancomycin CP Lilly®	2 × 1 g
	Teicoplanin	Targocid®	initial 2 × 400 mg dann 1 × 400 mg
Aminoglykoside			
	Amikacin	Biklin®	3 × 5 oder 2 × 7,5 mg/kg KG
	Gentamicin	Refobacin®	1 × 3–4 mg/kg KG
	Netilmicin	Certomycin®	1 × 3–4 mg/kg KG
	Tobramycin	Gernebcin®	1 × 3–4(–5) mg/kg KG
Weitere			
Oxazolidinone	Linezolid	ZYVOXID®	2 × 600 mg
Lincosamide	Clindamycin	Sobelin®	3 × 600 mg
Streptogramine	Quinupristin/Dalfopristin	Synercid®	3 × 7,5 mg/kg KG
Chloramphenicol	Chloramphenicol	Paraxin®	80 mg/kg KG/d
Ansamycine	Rifampicin	Eremfat®, Rifa®	1 × 10 mg/kg KG, max. 900 mg
Nitroimidazole	Metronidazol	Infectoclont®	3 × 500 mg
Fosfomycine	Fosfomycin	InfectoFos®	3 × 5 g

Die angeführten Dosierungen stellen hohe Dosierungen für schwere Infektionen (z. B. Sepsis) dar. Anstatt der angeführten fixen Kombinationen aus Aminopenicillin/BLI bzw. Acylaminopenicillin/BLI können auch Aminopenicillin bzw. Acylaminopenicilline frei mit einem BLI-Präparat (Sulbactam; Combactam®) kombiniert werden.

Wirkspektrum auf. Es erfasst anaerobe sowie die meisten grampositiven und -negativen aeroben Bakterien.

- **Oxazolidinone** (Linezolid; Zyvoxid®) sind gut wirksam gegen grampositive Erreger, auch gegen multiresistente Stämme (MRSA; → S. 152). Linezolid ist das einzige zurzeit verfügbare Oxazolidinon. Es weist eine besonders gute Penetration in das Lungengewebe auf.
- **Fluorchinolone** (z. B. Ciprofloxacin; Ciprobay® – Levofloxacin; Tavanic®) werden auch als Chinone oder Gyrasehemmer bezeichnet. Sie werden in folgende Gruppen unterteilt:
  - Gruppe 1 (sind nur oral verfügbar, keine Bedeutung in der Intensivmedizin)
  - Gruppe 2 (z. B. Ciprofloxacin; Ciprobay®)
  - Gruppe 3 (z. B. Levofloxacin; Tavanic®)
  - Gruppe 4 (z. B. Moxifloxacin; Avalox®)

Präparate der Gruppe 2 (z. B. Ciprofloxacin, Ciprobay®) wirken gut gegen gramnegative Bakterien (z. B. Enterobakterien), schwächer gegen grampositive Erreger (z. B. Staphylokokken). Außerdem sind sie gut wirksam gegen Pseudomonas aeruginosa. Präparate der Gruppe 3 (z. B. Levofloxacin; Tavanic®) weisen zusätzlich noch eine verbesserte Wirkung gegen grampositive Bakterien und „atypische" Erreger (Chlamydien, Legionellen, Mykoplasmen) auf. Präparate der Gruppe 4 weisen eine noch bessere Wirkung gegen grampositive Erreger auf, einschließlich Pneumokokken. Sie erfassen fast alle ambulant erworbenen Erreger von Atemwegsinfekten. Sie wirken auch gut gegen „atypische" Erreger.

- **Aminoglykoside** (z. B. Gentamicin; Refobacin®)
  wirken gegen gramnegative aerobe Bakterien (auch Pseudomonas aeruginosa) und Enterokokken. Nebenwirkungen: Schädigung der Nierentubuli, Schädigung des VIII. Hirnnerven (Plasmakonzentrationsbestimmungen sind sinnvoll). Aminoglykoside sollten nur einmal pro Tag verabreicht werden. Es sind Plasmakonzentrationsbestimmungen (Talspiegelkontrollen) durchzuführen. Aminoglykoside sollten im Kombination mit einem β-Lactam-Antibiotikum (= Antibiotika, die einen β-Lactam-Ring enthalten: Penicillin, Cefalosporine, Carbapeneme) oder einem Fluorchinolon verabreicht werden.
- **Glykopeptide** (z. B. Vancomycin; Vancomycin CP Lilly® – Teicoplanin; Targocid®)
  wirken gut gegen grampositive Kokken, auch gegen **m**ulti**r**esistente ***S**taphylococcus **a**ureus* (MRSA). Gegen gramnegative Erreger sind Glykopeptide unwirksam. Nebenwirkungen: Schädigung des Gehörs, Allergie, Abfall der neutrophilen Granulozyten (= Neutropenie).
- **Makrolide** (z. B. Erythromycin; Erythrocin® – Clarithromycin; Klacid®)
  sind gut wirksam gegen Pneumokokken, Streptokokken, Chlamydien, Mykoplasmen und Legionellen.
- **Tetracycline** (z. B. Doxycyclin; z. B. Doxycyclin-ratiopharm®)
  sollten nur bei nachgewiesener Wirksamkeit gegen Pneumokokken, Streptokokken, *Haemophilus influenzae* und *Escherichia coli* eingesetzt werden, da häufig diese Erreger gegen Tetracycline resistent sind. Tetracycline wirken gut gegen „atypische" Erreger (Legionellen, Chlamydien, Mykoplasmen). Tetracycline haben im Bereich der Intensivmedizin keine relevante Bedeutung.
- **Lincosamide** (z. B. Clindamycin; Sobelin®)
  Clindamycin wird vor allem gegen anaerobe und gegen grampositive Bakterien eingesetzt. Bei Auftreten von Durchfall sollte die Therapie abgesetzt werden.
- **Sulfonamide**
  Zur Anwendung kommt meist ein Sulfonamid plus Trimethoprim = Co-trimoxazol (z. B. Sulfamethoxazol plus Trimethoprim; Eusaprim®). Es wird vor allem bei AIDS-Patienten oder anderen immungeschwächten Patienten eingesetzt, falls eine Pneumonie durch *Pneumocystis-carinii*-Erreger auftritt. Auch bei bestimmten Harnwegsinfekten oder Atemwegsinfekten kommt es zur Anwendung.

7.4.2 Bakteriologische Untersuchungen

Um eine evtl. bakterielle Besiedlung des Patienten nachzuweisen oder auszuschließen, werden wiederholt folgende Proben entnommen und zur Untersuchung in ein mikrobiologisches Institut geschickt:

- Urin
- Stuhl (bei Durchfällen)
- Blut (bei Fieber)
- Sekret
- Tracheobronchialsekret
- Wundabstriche
- Abstriche von Naseneingang und Haut (Nachweis von methicillin-[multi-]resistentem Staphylococcus aureus? → S. 152)
- u. U. Liquor

Bei der Entnahme von Tracheobronchialsekret wird zwischen Absaugschlauch und Absaug-

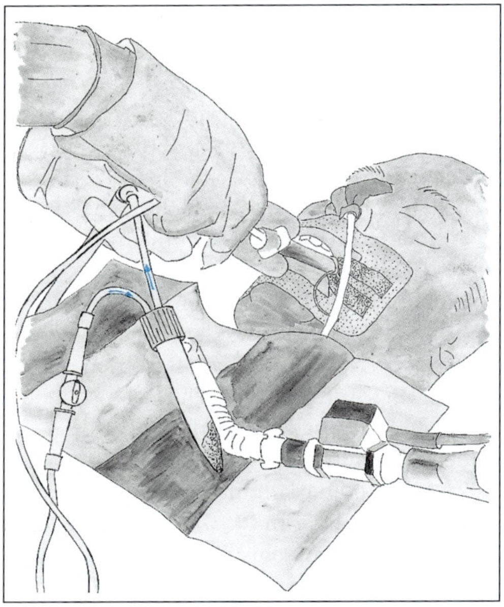

Abb. 7-6 Entnahme von Trachealsekret zur bakteriologischen Untersuchung

vorrichtung ein steriles Auffangröhrchen geschaltet (vgl. Abb. 7-6). Zuverlässiger und aussagekräftiger als blind abgesaugtes Tracheobronchialsekret sind eine gezielte, bronchoskopisch durchgeführte **b**roncho**a**lveoläre **L**avage (= BAL; gezielte Instillation und anschließendes Absaugen einer entsprechenden Spülflüssigkeit) und ein gezielter, bronchoskopisch durchgeführter Bürstenabstrich in dem suspekten Lungenbereich.

Besteht der Verdacht auf eine Katheterinfektion, dann ist nach Entfernung des zentralen Katheters dessen Spitze zur bakteriologischen Untersuchung einzuschicken.

Wird bei einem Patienten eine Antibiotikatherapie begonnen, so sollten entsprechende Proben noch vor Therapiebeginn entnommen werden. Es ist darauf zu achten, dass die Proben sowie der sorgfältig ausgefüllte Begleitschein möglichst schnell ins Labor gebracht werden.

Bei der **Entnahme von Blutproben** zur bakteriologischen Untersuchung (Blutkulturen) müssen eine sorgfältige Hautdesinfektion und eine Einmalpunktion vorgenommen werden. Das Blut muss zu Beginn eines Fieberschubes abgenommen werden. Die Abnahme von Blutproben zur Anlage von Blutkulturen über bereits liegende Katheter ist nicht erlaubt. Aus Sterilitätsgründen muss neu punktiert werden. Es sind jeweils 10 ml Blut sowohl in eine aerobe (luft- und damit sauerstoffhaltige) als auch in eine anaerobe (luft- und damit sauerstofffreie) Blutkulturflasche mit Nährlösung einzubringen. Das Blut darf nicht abkühlen, daher müssen die Blutkulturflaschen entweder sofort ins Labor transportiert oder vorübergehend im Brutschrank bei Körpertemperatur aufbewahrt werden.

Normalerweise werden Proben zur bakteriologischen Kontrolle 2-mal pro Woche entnommen. Bei entsprechender Indikation muss dies ggf. häufiger durchgeführt werden.

7.5 Säure-Basen-Haushalt

7.5.1 Allgemeine Bemerkungen

Für den ungestörten Ablauf vieler Funktionen im Organismus (z. B. biochemische Stoffwechselprozesse oder elektrophysiologische Prozesse an erregbaren Membranen) muss eine Reihe von Bedingungen erfüllt sein. Eine dieser Bedingungen ist die Aufrechterhaltung eines möglichst konstanten pH-Wertes (und damit der Wasserstoffionenkonzentration; pH-Wert = negativer dekadischer [10er] Logarithmus der H^+-Ionen-Konzentration).

Grundlagen

Säure

✓ Säuren sind Substanzen, die in wässriger Lösung Wasserstoffionen (H^+) abgeben.

Eine der wichtigsten Säuren des Körpers ist die Kohlensäure (H_2CO_3). Sie bildet sich aus Kohlendioxid (CO_2) und Wasser (H_2O). Die Kohlensäure kann als schwächere Säure Wasserstoffionen abgeben.

! H_2CO_3 (Kohlensäure) → H^+ (Wasserstoffion) + HCO_3^- (Bicarbonation)

Basen

✓ Basen sind Substanzen, die in wässriger Lösung Wasserstoffionen (H^+) aufnehmen.

Eine der wichtigsten Basen im Körper ist das Bicarbonat.

! HCO_3^- (Bicarbonation) + H^+ (Wasserstoffion) → H_2CO_3 (Kohlensäure)

pH-Wert

✓ Der pH-Wert ist ein Maß für die H^+-Ionen-Konzentration (negativ genommener 10er-Logarithmus der H^+-Ionen-Konzentration). Beispiel: pH-Wert von 7,4 bedeutet eine H^+-Ionen-Konzentration von $10^{-7,4}$. Der Normalwert für den pH-Wert beträgt: 7,4 ± 0,04 (7,36–7,44).

Der physiologische pH-Wert wird durch die fortlaufend im Stoffwechsel entstehenden Säuren und Basen gefährdet. Es droht entweder eine zu hohe Wasserstoffionenkonzentration (**Acidose**, Abfall des pH-Wertes unter 7,36) oder eine zu niedrige Wasserstoffionenkonzentration (**Alkalose**, Anstieg des pH-Wertes über 7,44). Beide Störungen beeinträchtigen gleichermaßen die Funktion der Organe.

! **Acidose:**
pH < 7,36 (hohe H^+-Ionen-Konzentration)
Alkalose:
pH > 7,44 (niedrige H^+-Ionen-Konzentration)

Herkunft der Wasserstoffionen

Die meisten Säuren entstehen im Stoffwechsel, ein Teil stammt aus der Nahrung. Aus dem Abbau der Kohlenhydrate gehen große Mengen Kohlendioxid (CO_2) hervor (ca. 20 000 mmol/d). Unter körperlicher Arbeit kann sogar bis zu 10-mal mehr CO_2 entstehen. Dies führt zu einer Verschiebung des Säure-Basen-Milieus zur sauren Seite.

! $CO_2 + H_2O \rightleftharpoons H_2CO_3 \rightleftharpoons H^+ + HCO_3^-$

Die Kohlensäure wird als sog. **flüchtige Säure** über die Lungen ausgeatmet. Daneben entstehen geringe Mengen an **nicht flüchtigen (fixen) Säuren** (ca. 40–60 mmol H^+/d). Diese müssen über die Nieren ausgeschieden werden. Zum Teil werden mit der Nahrung saure Substanzen, also H^+-Ionen, zugeführt. Ebenso werden bei körperlicher Arbeit in den Muskelzellen saure Stoffwechselprodukte, insbesondere Milchsäure (Lactat), freigesetzt.

7.5.2 Regulation

Der Organismus verfügt über Kompensationsmechanismen, um evtl. Störungen entgegenzuwirken und den pH-Wert konstant zu halten. Zu diesen Kompensationsmechanismen gehören Puffersysteme, Lungen, Nieren und Leber.

Puffersysteme im Intra- und Extrazellulärraum

Bei einem Überangebot an Säuren und Basen setzen zunächst die Kompensationsvorgänge der Pufferung ein.

✓ Als Pufferlösungen werden Stoffgemische bezeichnet, die bei Zugabe einer Säure oder Base saure oder basische Valenzen abfangen und chemisch binden. Dadurch wird der pH-Wert (Wasserstoffionenkonzentration) der Pufferlösung nicht wesentlich verändert. Pufferlösungen bestehen aus dem Gemisch einer schwachen Säure mit einem ihrer Salze oder aus dem Gemisch einer schwachen Base mit einem ihrer Salze.

Werden dem Puffergemisch H^+-Ionen zugeführt, so bindet der Puffer diese Ionen. Werden hingegen Basen hinzugefügt, so setzt der Puffer H^+-Ionen frei. Auf diese Weise bleibt der pH-Wert weitgehend konstant.
Dem Körper stehen folgende Puffersysteme zur Verfügung:

- Kohlensäure-Bicarbonat-Puffersystem
- Hämoglobinpuffersystem
- Proteinpuffersystem
- Phosphatpuffersystem

Die Pufferkapazität des Blutes wird zu gleichen Teilen von den Bicarbonatpuffern und den Nichtbicarbonatpuffern abgedeckt. Der Hämoglobinpuffer hat einen Anteil von 80 % an den Nichtbicarbonatpuffern.
Von den Puffersystemen im Plasma ist der Kohlensäure-Bicarbonat-Puffer von großer klinischer Bedeutung, da er sich durch die Laboranalyse leicht erfassen lässt. Er wird durch die Bestimmung der Standardbicarbonatkonzentration überwacht.

Lunge

Der weitaus größte Anteil der Säureausscheidung erfolgt durch Abgabe von flüchtigem CO_2 über die Lungen. Das als Endprodukt des Stoffwechsels in den Zellen reichlich anfallende CO_2 diffundiert ins Blut und wird über die Lunge abgeatmet.

> **!** Ein Anstieg des CO_2-Partialdrucks im Blut bzw. ein pH-Abfall aufgrund der vermehrt gebildeten Kohlensäure stimuliert das Atemzentrum und bewirkt eine Zunahme der Atemfrequenz und Atemtiefe. Dies führt zu einer vermehrten CO_2-Abgabe über die Lunge.

Fällt die CO_2-Konzentration durch vermehrte Atmung wieder ab, so steigt der pH-Wert an, da die Wasserstoffionenkonzentration abnimmt. Diese Veränderungen werden anhand der folgenden Gleichung nochmals deutlich:

$$CO_2 + H_2O \rightleftharpoons H_2CO_3 \rightleftharpoons H^+ + HCO_3^-$$

> **!** Während Puffersysteme sofort wirken, beginnt der Kompensationsmechanismus über die Lunge erst nach einigen Minuten. Die Regulationsmechanismen der Niere sind komplex. Sie sind erst Stunden bis Tage nach Beginn der Störung voll ausgebildet.

Niere

Die Regulationen durch Ausscheidung saurer oder basischer Stoffwechselprodukte durch die Niere kommen erst langsam zur Wirkung. Sie sind deshalb besonders für **chronische Störungen des Säure-Basen-Haushalts** von Bedeutung. Durch die verschiedensten chemischen und biologischen Austauschvorgänge an der Tubuluszelle kommt es bei einem Überangebot an sauren Substanzen zu einem vermehrten Ausscheiden von H^+-Ionen durch die Nieren. Mit dieser Ausscheidung von H^+-Ionen ist die Niere gleichzeitig in der Lage, die für den Körper notwendigen Basen (v. a. Bicarbonat) zurückzuhalten.
Über die Nieren können also mehr oder weniger H^+-Ionen ausgeschieden bzw. es kann mehr oder weniger Bicarbonat rückresorbiert werden.

Leber

Auch die Leber spielt bei der Regulation des Säure-Basen-Haushalts eine wichtige Rolle. Im Körper entstehen täglich 50–80 mmol nicht flüchtige Säuren, z. B. Milchsäure (Lactat) und Ammoniumionen (NH_4^+). Die Leber kann Lactat metabolisieren. Ammoniumionen (NH_4^+; die eine schwache Säure darstellen) und Bicarbonationen (HCO_3^-; die eine starke Base darstellen), können in der Leber im Harnstoffzyklus (2 HCO_3^- + 2 NH_4^+ + → NH_2-CO-NH_2 + CO_2 + 3 H_2O) zu Harnstoff (NH_2-CO-NH_2) neutralisiert werden. NH_4^+-Ionen können auch bei der hepatischen Bildung von Glutamin gebunden werden. Liegt eine Acidose vor, wird in der Leber die Harnstoffsynthese gedrosselt, das heißt Bicarbonationen zurückgehalten, während NH_4^+-Ionen über eine gesteigerte Glutaminsynthese neutralisiert werden. Bei einer Alkalose findet in der Leber eine vermehrte Harnstoffsynthese mit Neutralisation von Bicarbonationen statt und gleichzeitig ist die Glutaminsynthese vermindert, sodass sich NH_4^+-Ionen anhäufen können.

7.5.3 Störungen

Wenn die geschilderten Kompensationsmöglichkeiten nicht mehr ausreichen, um das Angebot an sauren oder basischen Substanzen abzufangen, verschiebt sich das Milieu: Es wird sauer oder alkalisch. Verschiebt sich das Milieu zur sauren Seite, so wird von **Acidose** (pH-Wert < 7,36) gesprochen.

Verschiebt sich das Milieu zur basischen Seite (pH-Wert > 7,44), so wird von **Alkalose** gesprochen.

Von **dekompensierten Störungen** wird gesprochen, wenn der pH-Wert außerhalb des Normbereiches liegt. Reichen die Kompensationsmöglichkeiten des Organismus noch aus, um einen noch normalen pH-Wert aufrechtzuerhalten, so handelt es sich um eine **kompensierte Störung** des Säure-Basen-Haushalts.

Je nach der zugrunde liegenden Ursache können respiratorische und nicht respiratorische (= metabolische) Störungen des Säure-Basen-Haushalts unterschieden werden. Diese Trennung ist wegen der verschiedenen therapeutischen Konsequenzen von Bedeutung.

Mögliche Störungen des Säure-Basen-Haushalts sind:

- respiratorische Acidose
- respiratorische Alkalose
- metabolische Acidose
- metabolische Alkalose

Respiratorische und metabolische Störungen können auch kombiniert auftreten. Die Differenzierung der verschiedenen Störungen des Säure-Basen-Haushalts ist am besten anhand einer arteriellen **B**lut**g**as**a**nalyse (BGA) möglich.

Normalwerte für die **arterielle Blutgasanalyse** (= BGA) sind:

- pH-Wert:
  7,4 (± 0,04)
- pCO_2:
  40 mm Hg (± 5) = 5,3 kPa (± 0,7)
- pO_2:
  97 mm Hg = 13 kPa
- O_2-Sättigung:
  97–99 %
- Standardbicarbonatkonzentration:
  21–25 mmol/l
- Basenabweichung (= base excess):
  ± 3 mmol/l

! kPa × 7,5 = mm Hg;
mm Hg/7,5 = kPa

Der **Normalwert** für den **arteriellen pO_2** ist altersabhängig:

- 20 Jahre:
  97 mm Hg = ca. 13,0 kPa
- 40 Jahre:
  92 mm Hg = ca. 12,2 kPa
- 60 Jahre:
  83 mm Hg = ca. 11,3 kPa
- 80 Jahre:
  75 mm Hg = ca. 10,0 kPa
- 100 Jahre:
  66 mm Hg = ca. 8,8 kPa

(→ S. 397)

Normalwerte für die **gemischtvenöse BGA** sind:

- pH-Wert:
  7,38
- pCO_2:
  46 mm Hg = 6,1 kPa

- pO_2:
  40 mm Hg = 5,3 kPa
- O_2-Sättigung:
  75 %
- Standardbicarbonatkonzentration:
  24–28 mmol/l
- Basenabweichung (= base excess):
  0–4 mmol/l

Respiratorische Acidose

✓ Bei der respiratorischen Acidose handelt es sich um einen erhöhten p_aCO_2-Wert aufgrund einer verminderten CO_2-Abatmung über die Lungen (**Hypoventilation**).

Ursachen

Die wichtigsten Ursachen der respiratorischen Acidose sind:

- Verlegung der Atemwege
- zentrale Atemdepression
- Lungenerkrankungen
- Verletzungen/Erkrankungen der Thoraxwand
- neurologische Erkrankungen
- neuromuskuläre Erkrankungen
- falsche Respiratoreinstellung

Typische BGA-Veränderungen sind:

- pH-Wert: < 7,36
- pCO_2: > 45 mm Hg = > 6 kPa

Kompensation

Chronische respiratorische Störungen versucht der Körper metabolisch zu kompensieren. Hier spielt die Niere die wichtigste Rolle. Sie steigert die H^+-Ionen-Ausscheidung mit dem Urin und fördert die Bicarbonatbildung. Hierdurch wird der pH-Abfall kompensiert, allerdings nicht vollständig.
BGA nach Kompensation:

- pH-Wert:
  unterer Normalbereich
- pCO_2:
  > 45 mm Hg = 6 kPa
- Standardbicarbonatkonzentration:
  > 25 mmol/l

Therapie

Akute respiratorische Acidosen müssen respiratorisch (!) behandelt werden durch Steigerung der Ventilation, z. B. durch assistierte oder kontrollierte Beatmung.

Respiratorische Alkalose

✓ Eine respiratorische Alkalose bedeutet einen erniedrigten pCO_2 aufgrund einer gesteigerten CO_2-Ausscheidung der Lunge (**Hyperventilation**).

Ursachen

- Hyperventilation (psychisch bedingte Hyperventilation), kontrollierte Hyperventilation, z. B. bei Patienten mit Schädel-Hirn-Trauma
- falsche Einstellung des Respirators
- Angst
- Aufregung

Typische BGA-Veränderungen sind:

- pH-Wert:
  > 7,44
- pCO_2:
  < 35 mm Hg = < 4,7 kPa

Kompensation

Länger anhaltende respiratorische Alkalosen werden metabolisch kompensiert. Die Nieren scheiden vermehrt Bicarbonat mit dem Urin aus.
BGA nach Kompensation:

- pH-Wert:
  oberer Normalbereich
- pCO_2:
  < 35 mm Hg = < 4,7 kPa
- Standardbicarbonatkonzentration:
  < 21 mmol/l

Therapie

Die Behandlung richtet sich nach der zugrunde liegenden Ursache.

Metabolisch bedingte Störungen

✓ Alle nicht respiratorisch bedingten Abweichungen der Wasserstoffionenkonzentration vom Normalbereich werden als metabolische Störungen bezeichnet. Es wird zwischen metabolischer **Acidose** und metabolischer **Alkalose** unterschieden.

Beurteilung metabolischer Parameter

Zur Beurteilung der metabolischen Parameter sind die Standardbicarbonatkonzentration und der Basenüberschuss (= **b**ase **e**xcess = BE) geeignet.

Standardbicarbonat

Zur Beurteilung metabolischer Störungen ist nicht die Bicarbonatkonzentration, sondern die sog. Standardbicarbonatkonzentration zu beurteilen. Warum? Die Bicarbonatkonzentration wird aufgrund der Gleichung

$$CO_2 + H_2O \rightleftharpoons H_2CO_3 \rightleftharpoons HCO_3^- + H^+$$

auch vom CO_2, also dem respiratorischen Parameter, beeinflusst.

! Um den respiratorischen Einfluss (des pCO_2) auf die Bicarbonatkonzentration auszuschalten, wird das Plasmabicarbonat bei einem definierten pCO_2 von 40 mm Hg (5,3 kPa), bei 37 °C und bei Vollsättigung des Hämoglobins gemessen. Es wird dann von Standardbicarbonat gesprochen. Das Standardbicarbonat ist damit unbeeinflusst vom respiratorischen Parameter pCO_2 und stellt einen rein metabolischen Parameter dar.

Base Excess

Ein wesentlich besserer Parameter für nicht respiratorische, also metabolische Störungen des Säure-Basen-Haushalts, ist der **b**ase **e**xcess (= BE). Damit wird der gesamte Basenüberschuss oder Basenmangel erfasst.

✓ Der BE ist diejenige Menge von Säuren oder Basen in mmol/l, die zum Rücktitrieren auf einen pH-Wert von 7,4 bei einem pCO_2 von 40 mm Hg (5,3 kPa) und einer Temperatur von 37 °C erforderlich ist. Der BE wird nicht vom pCO_2 beeinflusst.
Ein Überschuss an Basen wird als **positiver BE**, ein Mangel an Basen als **negativer BE** bezeichnet (sprachlich richtig wäre die Bezeichnung: positive bzw. negative Basenabweichung).

Metabolische Acidose

✓ Einer metabolischen Acidose liegt ein Mangel an Bicarbonat und ein negativer base excess (–BE) zugrunde.

Ursachen

Eine Anhäufung nicht flüchtiger Säuren tritt vor allem auf bei:

- Schock (vermehrte Milchsäureproduktion [Lactatbildung] aufgrund von anaerober Glykolyse)
- diabetischer Ketoacidose
- Hungeracidose
- Nierenversagen

Ein Verlust von Bicarbonat entsteht durch:

- Verlust von Pankreassaft
- Durchfälle
- Dünndarmdrainage

Typische BGA-Veränderungen sind:

- pH-Wert: $< 7{,}36$
- base excess: < -3 mmol/l
- Standardbicarbonatkonzentration: < 21 mmol/l

Kompensation

Metabolische Störungen versucht der Körper respiratorisch zu kompensieren. Es wird vermehrt CO_2 über die Lungen ausgeschieden. Eine Vollkompensation gelingt allerdings meist nicht.
BGA nach Kompensation:

- pH-Wert: unterer Normalbereich

- Standardbicarbonatkonzentration:
  < 21 mmol/l
- base excess:
  < –3 mmol/l
- pCO_2:
  < 35 mm Hg = < 4,7 kPa

Therapie

Metabolische Acidosen müssen grundsätzlich metabolisch kompensiert werden, nicht respiratorisch. Hierzu eignen sich neben einer kausalen Therapie (z. B. Therapie des Schocks) intravenös zugeführte Puffersubstanzen. Die wichtigsten sind Natriumbicarbonat 8,4 % (und TRIS-Puffer [THAM] 0,3 %).

> ! Berechnung des Bicarbonatbedarfs:
> BE × 0,3 × kg KG = mmol Natriumbicarbonat
> BE × 0,3 × kg KG = ml 8,4%iges Natriumbicarbonat, da 1 ml = 1 mmol
> (Berechnung des Bedarfs an TRIS-Puffer:
> BE × 0,3 × kg KG = mmol TRIS-Puffer
> BE × kg KG = ml 0,3 molarer TRIS-Puffer, da 1 ml = 0,3 mmol)

Normalerweise wird die Hälfte der errechneten Puffersubstanz infundiert, danach eine arterielle Blutgasanalyse durchgeführt. Puffersubstanz der ersten Wahl ist Natriumbicarbonat (= Natriumhydrogencarbonat). Bei einer **Hypernatriämie** ist jedoch Natriumbicarbonat kontraindiziert, weil damit große Mengen Natrium zugeführt werden. Es sollte dann TRIS-Puffer verwendet werden (natriumfrei).
TRIS kann, vor allem bei schneller Infusion, zu einem Abfall des pCO_2 mit einer **Atemdepression** führen. Es ist daher bei Patienten mit einer Ateminsuffizienz abzulehnen. Kontraindiziert ist TRIS-Puffer auch bei einer Oligurie und Anurie.

Metabolische Alkalose

> ✓ Einer metabolischen Alkalose liegt ein Überschuss an Bicarbonat und ein positiver base excess (+BE) zugrunde.

Ursachen

Verlust von Wasserstoffionen z. B. durch:
- Verlust von saurem Magensaft (Erbrechen, Magensonde)
- Diuretikagabe:
  Eine länger dauernde forcierte Diurese führt nicht nur zu einem Natrium- und Wasserverlust, sondern auch zu einem renalen Kalium- und Chloridverlust. Der renal bedingte Kaliummangel fördert die H^+-Ausscheidung über die Nieren.

> ! Die diuretikabedingte renale Cl^--Ausscheidung führt (um die elektrische Neutralität zu wahren) zu einer vermehrten Rückresorption von HCO_3^-. Folge ist eine metabolische Alkalose. Bei Intensivpatienten ist eine so verursachte metabolische Alkalose sehr häufig.

- übereifrige Pufferung

Typische BGA-Veränderungen sind:
- pH-Wert:
  > 7,44
- Standardbicarbonatkonzentration:
  > 25 mmol/l
- base excess:
  > +3 mmol/l

Kompensation

Der Organismus versucht respiratorisch zu kompensieren. Es wird weniger CO_2 ausgeatmet (Hypoventilation). Eine Vollkompensation wird gewöhnlich nicht erreicht.
BGA nach Kompensation:
- pH-Wert:
  oberer Normalbereich
- Standardbicarbonatkonzentration:
  > 25 mmol/l
- base excess:
  > +3 mmol/l
- pCO_2:
  > 45 mm Hg = > 6 kPa

Therapie

Metabolische Alkalosen werden metabolisch korrigiert, nicht respiratorisch.

! Liegt eine diuretikabedingte Alkalose vor, dann bietet sich die Gabe von KCl und NaCl an, um den auslösenden K^+- und Cl^--Mangel auszugleichen.

Erst sehr schwere metabolische Alkalosen (pH-Wert >7,55) müssen durch die Gabe von verdünnter (0,1 molarer) Salzsäure (HCl) korrigiert werden. Säurebedarf in mmol/l = BE × 0,3 × kg KG (0,1 molare HCl enthält 100 mmol/l). HCl muss über einen zentralvenösen Zugang verabreicht werden.

7.6 Blutgasanalyse

7.6.1 Abnahme der Blutprobe

! Die Blutgasanalyse als invasives Verfahren ist nur punktuell möglich. Punktionsort der Wahl ist die Arteria radialis.

Bei **Kindern** kann stellvertretend arterialisiertes Kapillarblut, z. B. aus der hyperämisierten Fingerbeere, Ferse oder dem Ohrläppchen verwendet werden. Zuverlässige Ergebnisse sind bei einer kapillären BGA nur zu erwarten, wenn das Blut ohne übermäßiges Pressen der Ferse oder des Fingers leicht in die Kapillare eintritt und keine Kreislaufstörung oder Hypothermie vorliegt.
Wird bei einem **Neugeborenen** eine arterielle BGA abgenommen, so ist die rechte Arteria radialis Punktionsort der Wahl. Hier lässt sich Blut aus dem sog. präduktalen Bereich (d. h. vor Einmündung des Ductus arteriosus Botalli in den Aortenbogen) gewinnen; dies ist von Bedeutung, falls der Ductus arteriosus (Ductus Botalli; eine für den Feten wichtige Gefäßverbindung zwischen Pulmonalarterie und Aortenbogen, die sich nach der Geburt normalerweise bald verschließt) noch offen sein sollte und hierüber ein Rechts-links-Shunt besteht. Für den Bereich des Kopfes (Gehirn/Auge) ist die präduktale p_aO_2-Spannung von Bedeutung, denn die das Gehirn (und den rechten Arm) versorgenden Arterien gehen aus dem präduktalen Bereich des Aortenbogens ab.

! Bei der Abnahme einer BGA ist zu beachten, dass ein Schreien des Kindes zu einem schnellen Abfall des pO_2-Wertes führt und eine unter solchen Bedingungen abgenommene Probe mit Vorbehalt zu interpretieren ist.

Anhand einer Blutgasanalyse können die Oxygenierung, die Ventilation und der Säure-Basen-Haushalt überprüft werden. Für das Neugeborene wird ein p_aO_2 von 60–80 mm Hg (8,0–10,7 kPa) empfohlen, für den Erwachsenen ein p_aO_2 knapp über 100 mm Hg (vgl. Tab. 7-6).

! Eine zuverlässige Beurteilung der Blutgase pO_2 und pCO_2 ist nur im arteriellen oder arterialisierten Blut möglich.
Aus zentral- oder gemischtvenösem Blut bestimmte BGAs sind speziellen Fragestellungen vorbehalten (→ S. 202). Metabolische Parameter des Säure-Basen-Haushalts können dagegen auch im venösen Blut bestimmt werden.

Tab. 7-6 p_aO_2-Werte (in Abhängigkeit vom Alter)

Alter	p_aO_2 unter Atmung von Raumluft
3–5 h	ca. 60 mm Hg (8,0 kPa)
6–24 h	ca. 68 mm Hg (9,1 kPa)
25–48 h	ca. 73 mm Hg (9,7 kPa)
3–4 d	ca. 78 mm Hg (10,4 kPa)
5–10 d	ca. 80 mm Hg (10,7 kPa)
11–40 d	ca. 78 mm Hg (10,4 kPa)
1–10 Mo.	ca. 85 mm Hg (11,3 kPa)
1–8 J.	ca. 90 mm Hg (12,0 kPa)
10–20 J.	ca. 96 mm Hg (12,8 kPa)
40 J.	ca. 92 mm Hg (12,3 kPa)
60 J.	ca. 83 mm Hg (11,1 kPa)
80 J.	ca. 75 mm Hg (9,5 kPa)

Zur **Abnahme der Blutgasanalyse** wird am besten eine 2-ml-Spritze benutzt. Als Antikoagulans wird Heparin zugesetzt. Andere Antikoagulanzien verfälschen die Ergebnisse der BGA und sind nicht erlaubt. Der pH-Wert von Heparin ist sauer (7,0). Darum darf nicht zuviel davon in der Spritze sein. Normalerweise wird etwas Heparin in die Spritze aufgezogen und anschließend das gesamte Volumen wieder herausgespritzt. Der im Spritzenkonus verbleibende Anteil genügt zur Gerinnungshemmung. Es stehen inzwischen auch spezielle, bereits heparinisierte BGA-Spritzen zur Verfügung.

Punktionsorte

Bevorzugte Punktionsorte für die Abnahme einer arteriellen Blutprobe sind:

- vor allem Arteria radialis
- selten Arteria femoralis
- Ausweichmöglichkeit: Arteria dorsalis pedis

Arteria radialis

Die Arteria radialis am Handgelenk ist die sicherste und am leichtesten zugängliche Punktionsstelle. Das Gefäß liegt oberflächlich, größere benachbarte Venen fehlen. Außerdem besteht zumeist ein ausreichender Kollateralkreislauf über die Arteria ulnaris.

Der Arm muss sorgfältig gelagert und im Handgelenk überstreckt werden. Nach mehrmaliger Desinfektion ist beim wachen Patienten möglichst eine Lokalanästhesie vor der Punktion durchzuführen. Zur Punktion eignet sich z. B. eine 22-Gauge-Stahlkanüle.

Nach Abnahme der Blutgasanalyse muss die Luft sofort aus der Spritze entfernt und die Spritze muss luftdicht verschlossen werden. Die Punktionsstelle ist mehrere Minuten sorgfältig zu komprimieren, damit kein Hämatom auftritt.

Arteria femoralis

Der Punktionsort liegt knapp unterhalb des Leistenbandes. Hier verlaufen von **i**nnen nach außen: die **V**ena femoralis, die **A**rteria femoralis und der **N**ervus femoralis („Eselsbrücke“: IVAN). Die Kanüle wird senkrecht zur Haut eingestochen. Denkbar ist eine Verletzung des lateral der Arterie verlaufenden Nerven sowie eine versehentliche Punktion der medial der Arterie verlaufenden Vene.

Komplikationen einer arteriellen Punktion können sein:

- Gefäßspasmus
- intravasale Gerinnsel-(Thrombose-)Bildung
- Hämatom

Arterialisiertes Kapillarbett

Bei Neugeborenen und Kleinkindern liefert die Analyse von arterialisiertem Kapillarblut ausreichend genaue Werte, wenn die Durchblutung im Punktionsbereich gut ist. Bei Zentralisation ist dieses Verfahren hingegen unzulässig.

Es sollte ein stark kapillarisiertes Gefäßbett wie Ferse, Ohrläppchen, Fingerbeere oder Großzehe für die Punktion gewählt werden. Nach Erwärmung (Hyperämisieren) mit Salbe oder kräftigem Reiben der voraussichtlichen Punktionsstelle sollte ein tieferer Einstich in das hyperämisierte Gebiet mit einer Kanüle (oder einer Lanzette) vorgenommen werden. (Es darf jedoch nie zum Knochenkontakt kommen.) Das Blut muss frei austreten. Das Gewebe darf nicht stärker gequetscht werden. Nun ist eine heparinisierte Kapillare an den Blutstropfen zu führen. Das Blut muss leicht in die waagrecht gehaltene Kapillare fließen. Es ist darauf zu achten, dass keine Luftblasen in die Kapillare eintreten.

7.6.2 Art der Blutprobe

Gemischtvenöse Blutgasprobe

Eine gemischtvenöse Blutgasanalyse ist nur aus dem Blut der Arteria pulmonalis möglich, denn hier befindet sich ein repräsentatives Mischblut aus dem Gesamtkörper (gemischtes Blut aus Vena cava superior und Vena cava inferior).

Zentralvenöse Blutgasprobe

Zentralvenöses Blut wird aus einer zentralen Vene, also zumeist aus der Vena cava superior oder dem rechten Vorhof (über einen Kavakatheter) abgenommen. Das zentralvenöse Blut repräsentiert normalerweise nur das Blut aus der oberen Körperhälfte, nicht das Blut des Gesamtkörpers.

Periphervenöse Blutgasprobe

Blutgasanalysen aus periphervenösem Blut sind in keiner Weise für die pO_2- und pCO_2-Bestimmung geeignet. Das Ergebnis ist zu stark abhängig von der lokalen Perfusion.

7.6.3 Aufbewahrung der Blutprobe

> ! Das entnommene Blut stellt nach wie vor ein lebendes Gewebe dar, das Sauerstoff verbraucht und CO_2 produziert.

Nach der Entnahme sollte das Blut sofort analysiert werden. Ist dies nicht möglich, so muss die Stoffwechselaktivität des entnommenen Blutes durch Lagerung bei 4 °C gesenkt werden. Bei dieser Temperatur kann das Blut ohne wesentliche Veränderungen ca. 1 bis 2 Stunden aufbewahrt werden. Es ist darauf zu achten, dass keine Luftblasen in der Spritze sind. Viele kleine Luftblasen sind ungünstiger als eine größere Luftblase (größere Oberfläche).

Temperaturkontrolle

Die Blutgasanalysatoren liefern normalerweise Werte für eine normale Körpertemperatur von 37 °C. Bei Unterkühlung oder Fieber kann die aktuelle Körpertemperatur dem Labor mitgeteilt werden bzw. am Blutgasanalysengerät eingestellt werden. Dadurch können z. B. die auf die aktuelle Körpertemperatur korrigierten Partialdrücke von O_2 und CO_2 sowie ein temperaturkorrigierter pH-Wert ermittelt werden. Es wird allerdings häufig keine Temperaturkorrektur empfohlen.

7.7 Überwachung des Intensivpatienten

7.7.1 Allgemeine Bemerkungen

Bei Intensivpatienten sind sämtliche relevanten Organsysteme, vor allem Herz-Kreislauf-Funktion, Atmung, Säure-Basen-Haushalt, Wasser-Elektrolyt-Haushalt und Blutgerinnung klinisch, apparativ und ggf. laborchemisch zu überwachen.

> ! Je stärker eine Organfunktion beeinträchtigt ist, desto intensiver und engmaschiger muss die Überwachung sein.

Neben der kontinuierlichen klinischen Überwachung, die von Pflegepersonal und Ärzteschaft vorzunehmen ist, muss mindestens 3-mal pro Tag vom Arzt eine ausführliche körperliche Untersuchung vorgenommen werden. Die apparative Überwachung von Organfunktionen wird als Monitoring bezeichnet.

7.7.2 Herz-Kreislauf-Funktion

Da bei Intensivpatienten häufig eine Beeinträchtigung des Herzens (z. B. Herzinsuffizienz) und der Kreislaufsituation (Sepsis oder starke Blutung) vorliegt, ist die Überwachung der Herz-Kreislauf-Funktion von größter Wichtigkeit. Neben der klinischen Überwachung (Hautfarbe, Kapillardurchblutung, Rekapillarisierungszeit) ist insbesondere die apparative Überwachung von EKG, arteriellem Blutdruck und zentralem Venendruck (ggf. pulmonalarteriellem Druck und pulmonalkapillärem Verschlussdruck) wichtig.

Überwachung des EKGs

Bei jedem Intensivpatienten wird routinemäßig eine EKG-Überwachung durchgeführt. Erkannt werden können damit:

- Herzfrequenz (Tachykardie? Bradykardie?)
- Herzrhythmus (supraventrikuläre, ventrikuläre Extrasystolen? Vorhofflimmern bzw. -flattern?)
- verminderte Koronardurchblutung (Myokardischämie? ST-Strecken-Senkung?)
- akuter Herzinfarkt (ST-Strecken-Hebung?)
- Kammerflattern
- Kammerflimmern
- Asystolie

Bei der **EKG-Ableitung** werden die während der Depolarisation und Repolarisation der Herzmuskulatur auftretenden Ströme über Hautelektroden gemessen. Für die Routineüberwachung reicht meist die Brustwandableitung mit 3 Elektroden. Diese sind folgendermaßen zu platzieren:

- rot:
  zweiter ICR in der Medioklavikularlinie rechts
- gelb:
  zweiter ICR in der Medioklavikularlinie links
- grün/schwarz:
  sechster ICR in der Medioaxillarlinie links

Am EKG-Monitor wird hierbei die Ableitung II eingestellt (→ S. 33).
In Abbildung 7-7a, b ist eine normale EKG-Ableitung dargestellt. Die positive P-Zacke repräsentiert die elektrische Erregung der Vorhöfe. Die positive R-Zacke entspricht der Erregung der Ventrikel. Während der ST-Strecke bleiben die Ventrikel depolarisiert, und die positive T-Zacke entspricht der Repolarisierung der Ventrikel. Vor der R-Zacke befindet sich die

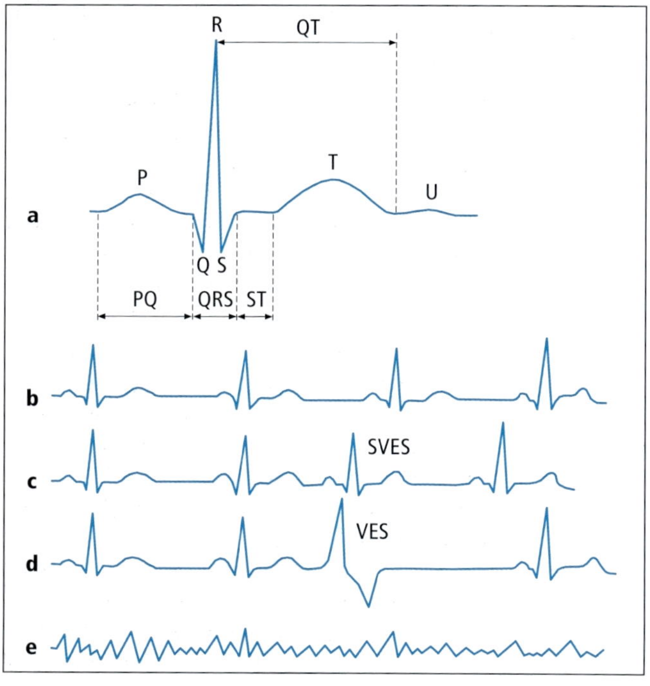

Abb. 7-7 Darstellung einer normalen EKG-Kurve. a Nomenklatur der EKG-Kurve. b Normale EKG-Ableitung. c Supraventrikuläre Extrasystole (SVES). d Ventrikuläre Extrasystole (= VES). e Kammerflimmern.

kleine negative Q-Zacke, die bei Vorliegen eines alten Herzinfarkts zumeist vergrößert ist. Nach der R-Zacke tritt die kleine negative S-Zacke auf. Q-, R- und S-Zacken werden zusammen als **QRS-Komplex** bezeichnet. Die Bezeichnung dieser Zacken stellt eine willkürlich entnommene Reihe aus dem Alphabet (P, Q, R, S, T, U) dar (Abb. 7-7a).

Häufige Veränderungen des Herzrhythmus

Sinustachykardie

EKG-Kurve mit **erhöhter Frequenz** über 100 Schlägen/min beim Erwachsenen. **Ursächlich** kommen infrage:

- intravasaler Volumenmangel
- Fieber
- Schmerz
- Stress
- Hyperthyreose
- Atropingabe
- Adrenalingabe (Suprarenin®)

Sinusbradykardie

✓ Bei einer Sinusbradykardie weist die EKG-Kurve bei Erwachsenen eine **erniedrigte Frequenz** unter 60 Schlägen/min auf.

Mögliche Ursachen sind:

- Therapie mit einem β-Rezeptoren-Blocker
- Zufuhr des Opioids Remifentanil (→ S. 60)
- vagale Reizung
- Digitalisintoxikation
- Überdosierung von Noradrenalin (Arterenol®)
  (was zu einem starken Blutdruckanstieg mit reflektorischer Bradykardie führt; → S. 302)
- Cushing-Reflex
  (starke Steigerung des intrakraniellen Drucks mit Blutdruckanstieg und reflektorischer Bradykardie; → S. 269)
- Herzinfarkt

Die **Behandlung** einer Bradykardie besteht nach Möglichkeit in einer kausalen Therapie der zugrunde liegenden Ursache, z. B. Unterbrechung eines vagalen Reizes (z. B. Laryngoskopie, Bronchoskopie). Ist dies nicht möglich, so muss – falls die Herz-Kreislauf-Funktion beeinträchtigt ist – eine symptomatische Behandlung (Atropin, Orciprenalin, Schrittmacheranlage o. Ä.) durchgeführt werden.

Extrasystolen

✓ Bei einer Extrasystole handelt es sich um eine verfrüht auftretende elektrische Erregung des Herzens. Je nachdem, von welcher Stelle der Herzmuskulatur der elektrische Reiz ausgeht, wird von einer **supraventrikulären** oder **ventrikulären Extrasystole** gesprochen.

Eine **supraventrikuläre Extrasystole** hat ihren Ursprung im Bereich der Vorhöfe (oder des AV-Knotens), das heißt in der Nähe des Sinusknotens. Der QRS-Komplex ist bei einer supraventrikulären Extrasystole daher gleich konfiguriert wie bei einer normalen Sinuserregung. Normalerweise sind lediglich die P-Zacke sowie der Abstand zwischen P- und Q-Zacke verändert (vgl. Abb. 7-7c).

Eine **ventrikuläre Extrasystole** nimmt ihren Ursprung im Bereich der Ventrikel. Der QRS-Komplex ist typischerweise extrem verformt (vgl. Abb. 7-7d). Nach einer ventrikulären Extrasystole tritt der nächste QRS-Komplex etwas verzögert auf (**kompensatorische Pause**). Wechseln sich ventrikuläre Extrasystolen mit jeweils einem normalen QRS-Komplex ab, so wird von einem **Bigeminus** gesprochen. Sind die ventrikulären Extrasystolen unterschiedlich deformiert, so bedeutet dies, dass sie von unterschiedlichen Arealen im Bereich der Ventrikel entspringen (**multifokale Extrasystolen**).

Lediglich gehäufte ventrikuläre Extrasystolen sind therapiebedürftig. Hierfür kann ggf. Lidocain verwendet werden. Nach einem initialen Bolus (1 mg/kg KG) muss aufgrund der kurzen Wirkdauer des Medikamentes ggf. eine kontinuierliche Infusion durchgeführt werden. Gegebenenfalls kann auch Ajmalin (Gilurytmal®; 0,5–1,0 mg/kg KG, sehr langsam i. v.; maximal 10 mg/min) verabreicht werden. Inzwischen werden Antiarrhythmika aus der Gruppe der

Natriumkanalblocker wie Lidocain oder Ajmalin zunehmend seltener verabreicht. Zur Behandlung tachykarder ventrikulärer Herzrhythmusstörungen kommt inzwischen ggf. Amiodaron (Cordarex®; 5 mg/kgKG langsam i.v.), also ein Kaliumkanalblocker (Antiarrhythmikum der Klasse III), zum Einsatz.

Vorhofflimmern

✓ Beim Vorhofflimmern handelt es sich um eine vorübergehende oder langfristige Herzrhythmusstörung mit ungeordneter Vorhoferregung. Anstatt den P-Wellen treten nur Vorhofflimmerwellen mit wechselnder Größe, Gestalt und Frequenz auf, die sich kaum von der isoelektrischen Linie abheben. Unregelmäßig kommt es zur Erregung der Kammern, es tritt eine absolute Arrhythmie auf.

Bei frisch aufgetretenem Vorhofflimmern kann u.U. eine Kardioversion zur Rhythmisierung durchgeführt werden. Dabei wird gezielt während der Refraktärzeit des Herzens ein Stromstoß abgegeben. 20 ms nach der R-Zacke wird ein R-Zacken-gesteuerter, synchronisierter, mäßiger Stromstoß ausgelöst (ähnlich wie bei der Defibrillation; → S. 537). Um die R-Zacken-Synchronisation zu ermöglichen, muss der Patient an den in den Defibrillator integrierten EKG-Monitor angeschlossen werden.

Kammerflimmern

✓ Bei Kammerflimmern sieht die EKG-Grundlinie wellenförmig und verzittert aus, es sind keine QRS-Komplexe zu erkennen (vgl. Abb. 7-7e). Das Herz steht funktionell still, innerhalb weniger Sekunden tritt eine Bewusstlosigkeit auf. Der Patient ist pulslos.

Die **Behandlung** besteht in einer sofortigen Defibrillation bzw. mechanischen und medikamentösen Reanimation.
Moderne **EKG-Geräte** verfügen über die Möglichkeit, den auf dem Monitor angezeigten EKG-Streifen „einzufrieren" oder evtl. auszudrucken, um so akute Veränderungen zu dokumentieren. Inzwischen werden **Multifunktionsgeräte** eingesetzt, mit denen nicht nur das EKG, sondern z.B. auch arterieller Blutdruck,

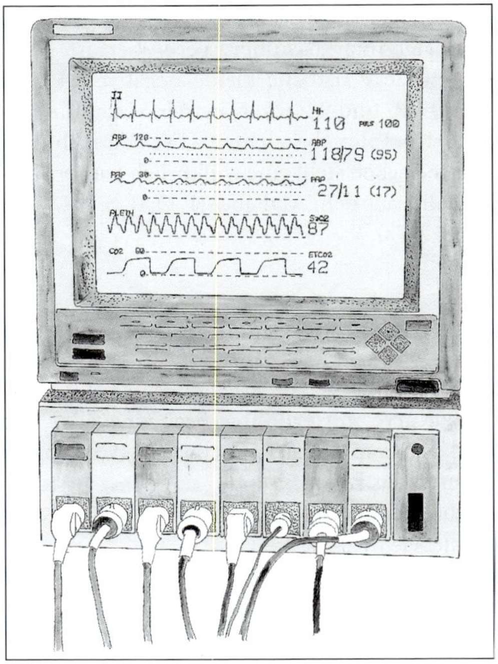

Abb. 7-8 Multifunktionsgerät zur Überwachung von Intensivpatienten. Darstellung von Herzfrequenz, arteriellem Blutdruck, pulmonalarteriellem Druck, arterieller Sauerstoffsättigung und endexspiratorischem CO_2.

Körpertemperatur, arterielle Sauerstoffsättigung, endexspiratorische CO_2-Kurve (Kapnogramm) und andere Parameter zumeist als Kurve sowie als digitaler Wert angezeigt werden (vgl. Abb. 7-8). Sämtliche Alarme des Monitors müssen sinnvoll eingeschaltet sein!

Überwachung des arteriellen Blutdrucks

Bei schwer kranken Patienten reicht die auskultatorische Messung des arteriellen Blutdrucks nach **R**iva-**R**occi (= RR) oder die oszillometrische Messmethode (z.B. mittels Dinamap-Gerät) nicht aus. Normalerweise wird bei Intensivpatienten eine kontinuierliche blutige arterielle Druckmessung vorgenommen (→ S. 191). Um ein Verstopfen des intraarteriellen Katheters zu verhindern, wird bei Intensivpatienten stets eine kontinuierliche Spülung des arteriellen Zugangs durchgeführt (→ S. 192). Zur Abschätzung der Organperfusion bietet sich die Beurteilung des arteriellen Mitteldruckes an. Bei Patienten mit einem (Aorten-)Aneurysma oder einer frischen arteriellen Gefäßnaht ist zusätzlich der systolische Spitzendruck (der auf die Gefäßwände wirkt) zu beachten. Zur Beurteilung der Koronarperfusion ist auch der diastolische arterielle Druck wichtig.

! Der mittlere arterielle Druck wird unter klinischen Bedingungen meist ungefähr dem Perfusionsdruck gleichgesetzt. Genau genommen entspricht jedoch der Perfusionsdruck eines Organs der Differenz aus dem Druck, mit dem das Blut in das Organ strömt (MAP), minus dem Druck, der sich dem entgegenstellt (ZVD). Perfusionsdruck = MAP – ZVD. (Analog dazu ermittelt sich der zerebrale Perfusionsdruck CPP = MAP – ICP; → S. 269.)
Der Perfusionsdruck (bzw. der mittlere arterielle Blutdruck) ist jedoch u. U. nur ein schlechter Parameter für die tatsächliche Organperfusion.

Es ist z. B. denkbar, dass der Perfusionsdruck (bzw. mittlere arterielle Blutdruck) weitgehend normal ist, obwohl der Blutfluss (das Herzzeitvolumen) deutlich erniedrigt ist. Dies ist z. B. möglich, wenn gleichzeitig ein sehr hoher totaler peripherer Gefäßwiderstand vorliegt (z. B. bei einem Volumenmangel mit peripherer Vasokonstriktion). In diesem Fall wäre evtl. die Organdurchblutung trotz scheinbar normalem Blutdruck unzureichend.

! Für den Perfusionsdruck gilt die Beziehung:
MAP – ZVD = HMV × TPR
Oft wird auch vereinfachend festgestellt:
MAP ≅ HMV × TPR

ZVD	=	zentraler Venendruck
MAP	=	mittlerer arterieller Druck (= **m**ean **a**rterial **p**ressure)
HMV	=	**H**erz**m**inuten**v**olumen
TPR	=	totaler peripherer Widerstand (= **t**otal **p**eripheral **r**esistance)

Überwachung und Messung des zentralen Venendrucks

Bezüglich der Platzierung eines Kavakatheters (→ S. 185) sowie der Messung des zentralen Venendrucks und der Interpretation der erhobenen Werte (→ S. 202) wird auf die entsprechenden Kapitel verwiesen.

Überwachung und Messung des pulmonalarteriellen Drucks und des pulmonalkapillären Verschlussdrucks

Bezüglich der Platzierung eines Pulmonalarterienkatheters (→ S. 197) sowie der Interpretation der damit gewonnenen Werte (→ S. 201) wird auf die entsprechenden Kapitel verwiesen. (→ auch: Spezielle Krankheitsbilder, Herz; S. 454)

7.7.3 Atmung/Beatmung

Klinische Überwachung

Inspektion

Mittels Inspektion können die **Atembewegungen** beurteilt werden. Sind Atembewegungen überhaupt vorhanden oder wird der Patient im Moment gar nicht beatmet, z. B. aufgrund eines apparativen Fehlers? Falls die Atembewegungen vorhanden sind:

- Sind sie normal, oder schleppt eine Seite des Thorax beim spontan atmenden Patienten nach?
  Ursache könnten eine versehentliche einseitige Intubation, eine Tubusdislokation oder Schmerzen aufgrund von Rippenfrakturen, einer Pleuritis oder einer einseitigen Pneumonie sein.
- Hat der spontan atmende Patient eine **paradoxe Atmung**?
  Während sich der Thorax hebt, senkt sich hierbei der Bauch und umgekehrt. Grund ist

meist eine Rippenserienfraktur oder eine partielle Verlegung der oberen Luftwege, z. B. durch die beim bewusstlosen Patienten zurückgefallene Zunge.

- Wie ist die Oxygenierung des Patienten? Insbesondere am Nagelbett ist eine **Zyanose** frühzeitig zu erkennen. Mindestens eine Hand des Patienten sollte daher stets aufgedeckt liegen. Ist eine Zyanose erkennbar, so handelt es sich allerdings bereits um eine ausgeprägte Hypoxämie. Eine Zyanose ist normalerweise erst bei einer arteriellen Sättigung von ca. 80 % zu erkennen, das entspricht beim Erwachsenen einem p_aO_2 von ca. 50 mm Hg (6,6 kPa).

Palpation

Durch Auflegen der flachen Hände (= Palpation = Tastuntersuchung) auf jeweils eine Thoraxflanke kann die Seitengleichheit der Atembewegungen abgeschätzt werden. Bei einem **Hautemphysem** kann ein typisches Schneeballknirschen getastet werden. Ursache kann ein Bronchialeinriss sein. Stets muss dann ein Pneumothorax ausgeschlossen werden.

Perkussion

Bei der Perkussion (= Untersuchung durch Beklopfen der Körperoberfläche) können vor allem Seitendifferenzen zwischen rechter und linker Lunge erkannt werden. Ein einseitiger dumpfer Klopfschall (wie beim Perkutieren der Oberschenkel = **Schenkelschall**) spricht für einen Erguss, einen Hämatothorax oder eine schwere Pneumonie. Ein hypersonorer Klopfschall (wie beim Beklopfen einer leeren Schachtel = **Schachtelschall**) spricht für einen Pneumothorax.

Auskultation

Über der normalen Lunge ist ein sog. **Vesikuläratmen** zu hören, das als Entfaltungsknistern der Alveolen zu interpretieren ist. Bei krankhaften Prozessen sind häufig sog. **R**assel**g**eräusche (meist nur als **RG** bezeichnet) zu auskultieren (= Auskultation = Abhorchen).

Trockene RG werden auch als Giemen und Brummen bezeichnet. Sie entstehen durch zähes Sekret in den großen Luftwegen und sind z. B. typisch für eine Bronchitis oder für den intubierten Patienten, der wieder endobronchial abgesaugt werden muss.

Feuchte RG sind wesentlich schwieriger zu auskultieren und klingen, als wenn mit einem Strohhalm in ein volles Wasserglas geblasen wird. Feuchte RG entstehen, wenn die kleinen Luftwege mit Flüssigkeit gefüllt sind und die Luft hindurchgeblasen wird.

Befindet sich Flüssigkeit in den Alveolen, so entstehen kleine Luftblasen, falls Luft durch die Flüssigkeit strömt. Es wird dann von **feinblasigen RG** gesprochen. Sie sind typisch für ein Lungenödem oder eine Pneumonie.

Mittelblasige RG entstehen in den kleineren, **grobblasige RG** in den größeren Bronchien.

Ein anderes wichtiges Krankheitsmerkmal sind abgeschwächte oder fehlende Atemgeräusche. Sie sprechen für einen Erguss oder einen Hämatothorax. Häufig lässt sich ein **abgeschwächtes Atemgeräusch** beim sitzenden Patienten nur über den unteren Lungenpartien, beim liegenden Patienten nur an der Flanke und vor allem auf dem Rücken feststellen. Die Flüssigkeit, die für die Dämpfung meist verantwortlich ist, folgt den Gesetzen der Schwerkraft. Eine weitere Ursache für ein abgeschwächtes Atemgeräusch kann eine Atelektase sein.

Apparative Überwachung

Atemfrequenzmonitor

Der elektrische Widerstand zwischen den auf dem Thorax aufgeklebten EKG-Elektroden ändert sich (aufgrund der Volumenschwankungen) während In- und Exspiration. Diese Tatsache kann zur Messung der Atemexkursionen genutzt werden (**Impedanzpneumographie**). Verschiedene EKG-Geräte sind hierzu in der Lage und zeigen auf dem Monitor neben dem EKG die Atemexkursionen und die Atemfrequenz an.

Manometrie

Der Beatmungsdruck ist ein guter Parameter, um Veränderungen der Lungen-Compliance und -Resistance (→ S. 341) sowie um Diskonnektionen erkennen zu können.

Sauerstoffkonzentration

Respiratoren verfügen über einen Sauerstoffmixer, an dem die inspiratorische Sauerstoffkonzentration stufenlos eingestellt werden kann.

Volumetrie

An den Respiratoren können zwar das eingestellte Atemhubvolumen, die AF sowie das AMV direkt abgelesen werden, zur exakten Ventilationsüberwachung sind jedoch die endexspiratorische CO_2-Messung (→ unten) und die Blutgasanalyse (→ S. 390) notwendig.

Alarmeinstellungen

Stets müssen alle am Respirator verfügbaren Alarmeinstellungen sinnvoll eingeschaltet sein. Die wichtigsten sind Unter- und Obergrenze für AMV, F_iO_2, endexspiratorische CO_2-Konzentration und arterielle Sauerstoffsättigung und Beatmungsdruck.

Endexspiratorische CO_2-Messung

Die endexspiratorische CO_2-Messung (Kapnometrie) ist neben der punktuellen Blutgasanalyse die zuverlässigste Möglichkeit zur Ventilationskontrolle. Bei der Kapnometrie im Hauptstrom wird ein CO_2-Messkopf zwischen Tubus und Winkelstück konnektiert. Bei der Messung im Seitenstrom wird Ausatemgas über einen dünnen Probenabsaugschlauch in ein Analysegerät geleitet. Die Messung im Hauptstrom gibt zeitnähere Werte an, während bei der Messung im Nebenstrom eine zeitliche Verzögerung besteht (langer Probenabsaugschlauch). Die endexspiratorische CO_2-Messung ermöglicht eine kontinuierliche, nicht invasive Überwachung der Ventilation. Ein physiologisches Ventilations/Perfusions-Verhältnis vorausgesetzt, beträgt die Differenz zwischen p_aCO_2 und dem endexspiratorisch gemessenen CO_2 nur wenige mm Hg. Bei konstanten Störungen des Ventilations/Perfusions-Verhältnisses kann anhand einer arteriellen Kontrollmessung ermittelt werden, um welchen Betrag der p_aCO_2 höher liegt als der endexspiratorisch gemessene Wert. Aus dem aktuellen endexspiratorischen CO_2-Wert kann damit der arterielle CO_2 errechnet werden.

! Die endexspiratorische CO_2-Messung ist zwingend erforderlich, wenn eine kontrollierte Hyperventilation (z. B. SHT) durchgeführt wird (→ S. 272).

Inzwischen sind auch Geräte zur kontinuierlichen arteriellen Blutgasanalyse (pH, pO_2, pCO_2) verfügbar. Hierbei wird durch eine Kanüle, die zur arteriellen Druckmessung angelegt wurde, eine spezielle dünne Sonde eingeführt. Diese Spezialsonden kommen allerdings fast nur im Rahmen wissenschaftlicher Untersuchungen zum Einsatz.

Pulsoxymetrie

✓ Die Pulsoxymetrie ist ein nicht invasives und einfach zu handhabendes Verfahren, um kontinuierlich die arterielle Sauerstoffsättigung des Hämoglobins zu bestimmen.

Hierzu wird ein Klippsensor z. B. an einem Finger oder an einem Ohrläppchen festgeklemmt. Die pulsoxymetrisch gemessenen Sättigungswerte stimmen sowohl im Kindesalter als auch beim Erwachsenen sehr gut mit den mittels einer arteriellen BGA (an einem CO-Oxymeter) gemessenen Sättigungswerten überein. Die Ansprechzeit ist sehr kurz, sodass akute Störungen der Oxygenierung sofort erkannt werden können.

Liegen jedoch hohe Konzentrationen von **Kohlenmonoxidhämoglobin** (= COHb, z. B. durch eine Rauchvergiftung) vor, so messen bisher übliche Pulsoxymeter einen falsch hohen Sättigungswert. (Inzwischen gibt es erste Pulsoxymetermodelle, die auch die COHb-Konzentration messen können.) Liegt eine schwere Anämie vor, dann ist zu beachten, dass trotz einer normalen arteriellen Sauerstoffsättigung der Sauerstoffgehalt des Blutes deutlich erniedrigt ist (→ S. 344).

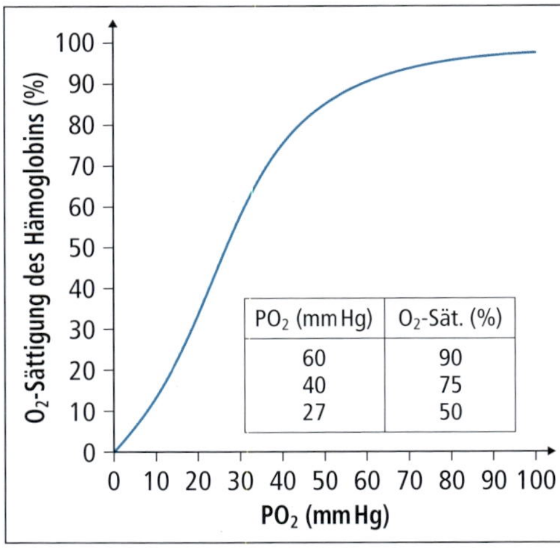

Abb. 7-9 Normale Sauerstoffdissoziationskurve

! Während eine Hypoxämie mit dem Pulsoxymeter sofort und zuverlässig erkannt werden kann, ist die Erkennung eines zu hohen Sauerstoffpartialdrucks nicht möglich.

Bei einer arteriellen Sättigung von 97–99 % kann (aufgrund der S-förmigen Sauerstoffdissoziationskurve) nicht erkannt werden, ob der p_aO_2 100 mm Hg (13,3 kPa) oder z. B. 500 mm Hg (66,6 kPa) beträgt (vgl. Abb. 7-9).

Bei Früh- und Neugeborenen wird empfohlen, eine Sättigung von ca. 95 % anzustreben. Damit können ein zu hoher p_aO_2 und die Gefahr einer retrolentalen Fibroplasie vermieden werden.

Transkutane Sauerstoffmessung

✓ Mithilfe der transkutanen Sauerstoffmessung kann kontinuierlich die Sauerstoffspannung in der Haut gemessen werden.

Liegen keine Kreislaufstörungen oder Hautabnormalitäten vor, so besteht eine enge Korrelation zwischen der Sauerstoffspannung in der Haut und dem p_aO_2. Wird der Sensor im Bereich der rechten Schulter platziert, so kann die präduktale Sauerstoffspannung (→ S. 397) erfasst werden.

! Die Messgenauigkeit der transkutanen Sauerstoffspannung ist jedoch sehr stark von der Hautdurchblutung abhängig.

Bei Hypothermie, bei Hypovolämie, bei einer Abnahme des HMV, auch schon bei Druck auf die Elektrode oder bei Veränderungen der Haut ist die Sauerstoffspannung in der Haut wesentlich niedriger als der arterielle p_aO_2. Die transkutane pO_2-Messung spiegelt in diesen Fällen die Güte der Hautdurchblutung wider.

Nachteile sind das zeitaufwendige Anbringen und Kalibrieren der Elektroden sowie die ca. 10-minütige Stabilisierungsdauer. Außerdem müssen die Elektroden spätestens alle 4 Stunden gewechselt und neu kalibriert werden, damit es durch die auf 43–44 °C beheizte Elektrode nicht zu Hautverbrennungen kommt.

Die transkutane pO_2-Messung hat sich auf neonatologischen Intensivstationen bewährt, nicht jedoch in der Erwachsenenmedizin.

Transkutane Kohlendioxidmessung

! Die Messgenauigkeit der transkutanen CO_2-Messung ist weit weniger von der Hautdurchblutung abhängig als die transkutane pO_2-Messung und liefert auch im Schock bei relativ schlechter Hautdurchblutung noch akzeptable Werte.

Nachteil der Methode ist das zeitaufwendige Anbringen und Kalibrieren des Sensors. Außerdem ist die Anschlagzeit relativ träge (bis 60 s), weshalb akute Ventilationsstörungen unter Umständen nicht rechtzeitig erkannt werden können. Die Methode ist der Kapnometrie (→ S. 405) unterlegen. Es sind auch kombinierte Sensoren zur transkutanen O_2- und CO_2-Messung verfügbar. Auch die transkutane CO_2-Messung kommt üblicherweise nur in der neonatologischen Intensivmedizin zum Einsatz.

7.7.4 Säure-Basen-Haushalt und Blutgase

Die Abnahme von Blutproben zur Bestimmung des Säure-Basen-Haushalts und der Blutgase sowie die Interpretation der entsprechenden Resultate sind auf den Seiten 390 ff. ausführlich dargestellt.
(→ auch: Spezielle Krankheitsbilder, Lungenerkrankungen; S. 445)

7.7.5 Hirnfunktion

Fast alle Intensivpatienten zeigen eine Störung des Bewusstseins. Die wichtigsten **Ursachen** sind:

- Sedativa, Opioidanalgetika und andere Medikamente
- Alkoholentzug, Drogenentzug
- Sepsis
- Schädel-Hirn-Verletzung

Die Überwachung der Hirnfunktion soll nachfolgend am Beispiel von Patienten mit einer Schädel-Hirn-Verletzung beschrieben werden.

> ! Charakteristisches Merkmal einer Gehirnverletzung ist die Bewusstseinstrübung.

Das Ausmaß der Bewusstseinstrübung ist ein Maß für die Schwere der Gehirnverletzung.
Die wiederholte Beurteilung und Dokumentation des Bewusstseinszustandes ist eine der wichtigsten Überwachungsmaßnahmen eines schädel- und hirnverletzten Patienten. Eine Veränderung der Bewusstseinslage ist der beste Indikator für eine Verbesserung bzw. Verschlechterung der Gehirnfunktion. Eine plötzliche klinische Verschlechterung legt den Verdacht auf eine Erhöhung des intrakraniellen Drucks, z. B. aufgrund einer Zunahme eines Hirnödems oder aufgrund eines epiduralen, subduralen oder intrazerebralen Hämatoms, nahe.

> ! Da der Bewusstseinsgrad mit apparativen Überwachungsmaßnahmen nicht sicher erkannt werden kann, kommt der engmaschigen klinischen Überwachung der Patienten besondere Bedeutung zu.

Vor allem dem Pflegepersonal fällt die entscheidende Aufgabe zu, Veränderungen sofort zu erkennen. Solche Änderungen müssen umgehend dem zuständigen Arzt mitgeteilt werden.
Zur Beurteilung der **Bewusstseinslage** hat sich die Glasgow-Koma-Skala (= **G**lasgow **C**oma **S**cale = **GCS**) bewährt. Hier werden 3 Kategorien beurteilt: Augen öffnen, verbale Antwort und motorische Reaktion. Diese 3 Kriterien werden nach einem definierten Punkteschlüssel bewertet (vgl. Tab. 7-7). Die erreichbare Punktezahl bewegt sich zwischen mindestens 3 und maximal 15 Punkten. Da schädel- und hirnverletzte Patienten oft intubiert und kontrolliert beatmet werden, kann in diesen Fällen die verbale Antwort nicht bewertet werden. Oft wird noch die Klassifizierung in wach/adäquat, somnolent, soporös oder komatös vorgenommen (→ S. 317, 321).
Neben der Beurteilung der Bewusstseinslage ist auch die regelmäßige **Überprüfung der Pupillomotorik** von entscheidender Bedeutung:

- Reagieren die Pupillen auf Licht?
- Sind sie beidseits gleich eng (isokor) oder unterschiedlich weit (anisokor)?
  Bezüglich der Pupillenweite ist zu beachten, dass eine Opioidgabe zu einer beidseitigen Pupillenverengung und eine höher dosierte Catecholamingabe zu einer beidseitigen Pupillenerweiterung führen kann.
- Sind die Pupillen entrundet?

Tab. 7-7 Glasgow-Koma-Skala (= Glasgow Coma Scale = GCS) zur Beurteilung des Bewusstseinsgrades

Glasgow-Koma-Skala	Punkte
Augen öffnen	
• spontan	4
• auf Ansprache	3
• auf Schmerz	2
• nicht	1
Beste motorische Reaktion	
• kommt Aufforderungen nach	6
• gezielte Abwehr auf Schmerz	5
• ungezielte Abwehr auf Schmerz	4
• beugt auf Schmerz	3
• streckt auf Schmerz	2
• keine	1
Verbale Antwort	
• orientiert	5
• verwirrt	4
• unangemessene Worte	3
• unverständliche Geräusche	2
• keine	1

Ganz wichtig ist auch hier die Verlaufsbeurteilung und deren Dokumentation. Plötzliches Weiterwerden einer Pupille legt immer den Verdacht auf eine intrakranielle Drucksteigerung aufgrund einer gleichseitigen intrakraniellen Blutung nahe und verlangt eine sofortige Drucksenkung sowie Abklärung der Ursache mittels kranieller Computertomographie (Senkung des intrakraniellen Drucks; → S. 268).

! Um die Pupillomotorik stets beurteilen zu können, dürfen diesen Patienten keine Augentropfen verabreicht werden, die die Pupillomotorik beeinflussen. Außerdem ist nur klare Augensalbe zu verwenden.

Des Weiteren ist die Überwachung von Atemmuster, Herzfrequenz und Blutdruckverhalten (Cushing-Reflex? → S. 269 – Glasgow Coma Scale; → oben) wichtig. Falls der Kornealreflex, das heißt der reflektorische Lidschluss beim Berühren der Kornea mit einem sterilen Tupfer, ausgefallen ist, so ist die Kornea durch Austrocknen, Ulzerationen und Infektionen gefährdet. In diesen Fällen muss eine sorgfältige Augenpflege durchgeführt werden (→ S. 421).

! Um schädel- und hirntraumatisierte Patienten optimal überwachen und therapieren zu können, ist eine engmaschige klinisch-neurologische Überwachung und ein ausgedehntes apparatives Monitoring notwendig.

Klinisch-neurologische Überwachung

Hierbei ist insbesondere die Beurteilung des Bewusstseinszustands (Unterscheidung zwischen wach und adäquat, somnolent, soporös, komatös; → S. 317) oder Einstufung nach der Glasgow Coma Scale (→ oben) wichtig.
Bei einem ansprechbaren Patienten ist auch zu klären, ob er orientiert ist:

- zur Person
  (Wie heißen Sie? Wann sind Sie geboren?)
- zum Ort
  (Wo befinden Sie sich? Wo wohnen Sie?)
- zur Zeit
  (Welchen Tag, welches Datum haben wie heute?)

Bei der Überprüfung der Sensibilität ist (beim wachen Patienten) zu überprüfen, ob und in welchem Bereich Empfindungsstörungen vorliegen (auf Druck, Berührung, Schmerz, Temperaturreiz). Wichtig sind hierbei stets evtl. Seitenunterschiede.
Wichtig ist auch die **motorische Reaktion auf Schmerzreiz**. Anhand der motorischen Reaktion auf einen künstlich gesetzten Schmerzreiz (z. B. starkes Kneifen) können Rückschlüsse auf eine evtl. zerebrale Schädigung geschlossen werden. Mögliche Antworten auf einen Schmerzreiz sind:

- gezielte Abwehrbewegung
  (z. B. Wegziehen der Extremität oder gezieltes Greifen nach dem schmerzauslösenden Reiz)
- ungezielte Abwehrbewegung mit Beuge- oder Streckmechanismen der Extremitäten
- fehlende, ausbleibende Reaktion

Ausbleibende motorische Reaktionen sprechen für schwere Hirnstammschädigung, schweres Koma oder schwere Intoxikation. Muskeleigenreflexe sind in diesem Fall nicht auslösbar, der Muskeltonus ist schlaff. Beugemechanismen (v.a. Beugung im Ellenbogengelenk) sprechen für eine Schädigung der Großhirnhemisphären. Streckmechanismen an Beinen und Armen mit Innenrotation weisen auf eine Schädigung des Mittelhirns hin. Bei gezielter Abwehr versucht der Patient, den Schmerzstimulus gezielt zu entfernen. Bewegt sich der Patient auf Aufforderung, so bedeutet dies, dass er bei Bewusstsein ist.

Durchgangssyndrome

Bei Intensivpatienten tritt relativ häufig vorübergehend ein Durchgangssyndrom auf. Unter einem Durchgangssyndrom wird eine unspezifische, körperlich begründbare Psychose verstanden. Es werden unterschieden:

- affektives Durchgangssyndrom (hierbei fallen deutliche Stimmungsschwankungen auf, vor allem eine depressive Verstimmung und übermäßige Reizbarkeit)
- amnestisches Durchgangssyndrom (hierbei fallen v.a. Merkfähigkeitsstörungen, Konfabulation, d.h. Ausfüllen von Erinnerungslücken mit frei erfundenen Inhalten, und Störungen des Kurzzeitgedächtnisses auf und eine erhöhte Suggestibilität, d.h. leichte Beeinflussbarkeit)
- paranoides Durchgangssyndrom (hierbei fallen v.a. Wahnvorstellungen auf)
- delirantes Durchgangssyndrom (hierbei fallen eine hochgradige Antriebssteigerung auf)
- apathisches Durchgangssyndrom (hierbei fällt eine hochgradige Antriebsminderung auf)

Diese verschiedenen Formen eines Durchgangssyndroms können fließend ineinander übergehen. Falls ein Patient nach Durchlaufen eines Dezerebrationssyndroms (z.B. eines apallischen Syndroms; → S. 414) wieder aufklart, dann durchläuft er zuerst noch Durchgangssyndrome, bevor er – falls es evtl. zu einer weiteren Besserung kommt – wieder adäquat reagiert.

Klinisch-neurologische Untersuchung

Eine Schädigung des zentralen Nervensystems kann durch direkte Schädigung (z.B. Verletzung, Hirnödem, Tumor, Hirnblutung, Hypoxie, Abszess) oder durch eine indirekte Schädigung (z.B. Intoxikation, Sepsis, Stoffwechselentgleisung, Leber- oder Nierenversagen) bedingt sein.

Bei Patienten mit Verdacht auf eine Schädigung des zentralen Nervensystems ist eine wiederholte ausführliche klinische Untersuchung und apparative Diagnostik sowie eine kontinuierliche klinische und apparative Überwachung notwendig. An apparativer Diagnostik sind vor allem **M**agnet**r**esonanz**t**omographie (= MRT), **c**erebrale **C**omputer**t**omographie (= cCT), **E**lektro**e**nzephalo**g**raphie (= EEG) sowie Röntgenuntersuchungen (einschließlich einer zerebralen Angiographie) wichtig. An apparativen Überwachungsmaßnahmen ist vor allem die kontinuierliche Messung des intrakraniellen Druckes wichtig (→ S. 267). Bei der klinischen Untersuchung sind vor allem folgende Parameter zu überprüfen:

- Reflexstatus
- Dezerebrationssyndrome
- Kloni
- Rigor
- Spastik
- Nackensteifigkeit

Reflexstatus

Reflexe sind unwillkürliche, stereotype Reaktionen des Körpers auf bestimmte Reize. Reflexe sind nicht ermüdbar und können wiederholt ausgelöst werden. Es können unterschieden werden:

- Eigenreflexe
  (bei denen Reizort und Erfolgsorgan identisch sind z. B. Muskeleigenreflexe)
- Fremdreflexe
  (bei denen meist über eine Reizung der Haut benachbarte Muskeln reflektorisch erregt werden)
- pathologische Reflexe
  (die zu den Fremdreflexen gehören): Sind pathologische Reflexe auslösbar, so spricht dies für eine Schädigung der Pyramidenbahn (d. h. die ersten motorischen Neurone, die von der Präzentralregion, d. h. vom Gyrus praecentralis zum motorischen Vorderhorn des Rückenmarks ziehen, sind beschädigt)

Reflexe können normal vorhanden sein, gesteigert sein oder übermäßig stark auslösbar (sehr lebhaft auslösbar) sein. Sie können auch nur schwach auslösbar sein oder nicht vorhanden (fehlend) sein. Stets ist zu klären, ob die Reflexantwort seitengleich ist oder ob eine Seitendifferenz besteht. Bei pathologisch gesteigerten Eigenreflexen sind auch die möglichen Auslöseorte (reflexogene Zonen) verbreitert.
Die Muskeleigenreflexe sind bei bewusstlosen Patienten, bei peripheren Nervenläsionen oder auch bei bestimmten Schädigungen der Pyramidenbahn (z. B. einer frischen Querschnittslähmung) abgeschwächt oder nicht auslösbar. Eine lebhaft gesteigerte Reflexaktivität ist bei einer Schädigung der Pyramidenbahn nachweisbar, da hierbei von zentral (neben der Pyramidenbahn) ins Rückenmark absteigende hemmende Fasern ausgefallen sind und damit eine normalerweise vorhandene zentral bedingte Dämpfung der Reflexaktivität fehlt.

Hirnnervenfunktionen und Hirnstammreflexe

Bei Verdacht auf eine Hirnverletzung ist insbesondere die Überprüfung der Hirnnerven und der Hirnstammreflexe wichtig.
Hirnnervenfunktionen:

- Pupillenbefund:
  Pupillengröße (eng, mittel, weit)? Pupillenform (rund, entrundet)? Sind beide Pupillen unterschiedlich weit (sog. Anisokorie)?
- Pupillomotorik:
  Pupillenreaktion auf Licht? Konsensuelle Lichtreaktion vorhanden?

Eine einseitig weite Pupille ist meist Folge einer einseitigen intrazerebralen Raumforderung (z. B. Blutung, Ödem mit Hirnverlagerung und/oder Hirnherniation) mit Druckschädigung des Nervus oculomotorius (→ S. 269). Zusammen mit dem Nervus oculomotorius verlaufen parasympathische Fasern, die eine Pupillenverengung vermitteln. Fallen diese Fasern z. B. durch Druckschädigung aus (→ S. 269), dann überwiegt nun die Sympathikuswirkung an der entsprechenden Pupille, wodurch eine einseitige Pupillenerweiterung vermittelt wird. Tritt eine einseitig weite Pupille auf, dann ist eine sofortige Therapie (z. B. Ausräumung einer epiduralen Blutung) zwingend (vgl. S. 268).
Beidseitig weite Pupillen sind meist Folge einer massiven Steigerung des intrakraniellen Drucks (mit schwerer Schädigung des Mittel- und Stammhirns), Folge einer allgemeinen zerebralen Hypoxie oder Folge einer hoch dosierten Adrenalin- oder Atropingabe bzw. einer Intoxikation. Sind auch ca. 6 Stunden nach einer Reanimation die Pupillen noch weit und reaktionslos auf Licht, dann stellt dies ein sehr ernster prognostischer Faktor dar. Liegt eine Großhirnschädigung vor, so liegt meist eine Abweichung der Augäpfel auf die Seite der Hirnverletzung und nach oben vor (der Patient schaut seine Hirnverletzung an).

Kornealreflex (Lidreflex)

Um den Kornealreflex auszulösen, wird mit einem Wattebausch die Hornhaut (Kornea) berührt. Dadurch kommt es normalerweise über den Nervus trigeminus (afferenter, sensibler Schenkel) und dem Nervus facialis (efferenter, motorischer Schenkel) zu einem reflektorischen Lidschluss. Fehlt der Kornealreflex beidseits, dann deutet dies auf ein Bulbärhirnsyndrom (oder einen Hirntod) hin. Ein einseitiges Fehlen des Reflexes deutet auf eine Schädigung im Bereich des Nervus trigeminus und/oder der Nervus facialis hin.

Hustenreflex, Würgereflex, Schluckreflex

Diese Reflexe sind maßgeblich an die Funktionstüchtigkeit der Hirnnerven IX (Nervus glossopharyngeus), X (Nervus vagus) und XII (Nervus hypoglossus) gebunden.

Okulozephaler Reflex (Abb. 7-10)

Um den okulozephalen Reflex auszulösen, wird der Kopf des Patienten von einer Seite zur anderen gedreht sowie zurückgedreht. Ist bei einem komatösen Patienten der untere Hirnstamm noch intakt, dann bewegen sich die Augäpfel entgegen der Kopfbewegung (sog. Puppenkopfphänomen). Auch beim wachen Neugeborenen ist dieses Puppenkopfphänomen normalerweise auslösbar. Im späteren Lebensalter ist dieser Reflex beim wachen (oder somnolenten) Patienten durch entsprechende Willkürbewegungen der Augen unterdrückt. Ist der Hirnstamm geschädigt (oder der Patient wach), dann folgt die Blickrichtung der Kopfbewegung. (Bei Patienten mit Verdacht auf eine Verletzung der Halswirbelsäule darf der okulozephale Reflex nicht untersucht werden.)

Okulovestibulärer Reflex (Abb. 7-11)

Um den okulovestibulären Reflex auszulösen, werden mit einer 50-ml-Spritze (an die ein kurzes Schlauchstück konnektiert wurde) ca. 30 ml kalte Kochsalzlösung in den äußeren Gehörgang injiziert. Ist der Hirnstamm intakt, dann kommt es zur Blickwendung beider Augen zum gespülten Ohr hin. Bleibt diese Blickwendung aus, dann liegt eine Schädigung des Hirnstammes vor. Der okulovestibuläre Reflex darf nur ausgelöst werden, wenn das Trommelfell des Patienten intakt ist.

Muskeleigenreflexe (Abb. 7-12)

- **B**izeps**s**ehnen**r**eflex (= BSR)
- **T**rizeps**s**ehnen**r**eflex (= TSR)
- Radiusperiostreflex
- Knipsreflex und Trömmner-Reflex (= Handreflexe):
  Dies sind Eigenreflexe der Fingerbeuger. Bei seitengleicher Auslösung zeigen sie lediglich eine lebhafte Reflexaktivität an. Bei einseitiger Betonung stellen sie ein Pyramidenbahnzeichen dar.
- **P**atellar**s**ehnen**r**eflex (= PSR)
- **A**chilles**s**ehnen**r**eflex (= ASR)

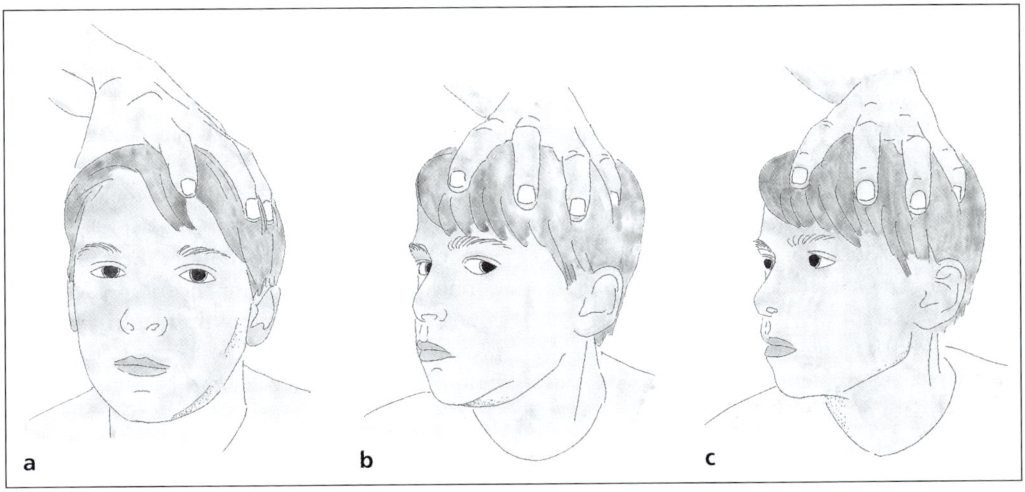

Abb. 7-10 Okulozephaler Reflex (Hirnstammreflex). **a** Geradeaus gerichtete Augäpfel. **b** Bei passiver Kopfdrehung durch den Untersucher bewegen sich die Augen entgegen der Drehrichtung des Kopfes falls der Hirnstamm noch intakt ist (sog. Puppenkopfphänomen). **c** Hirnstammschädigung, die Augen bewegen sich bei Kopfdrehung nicht.

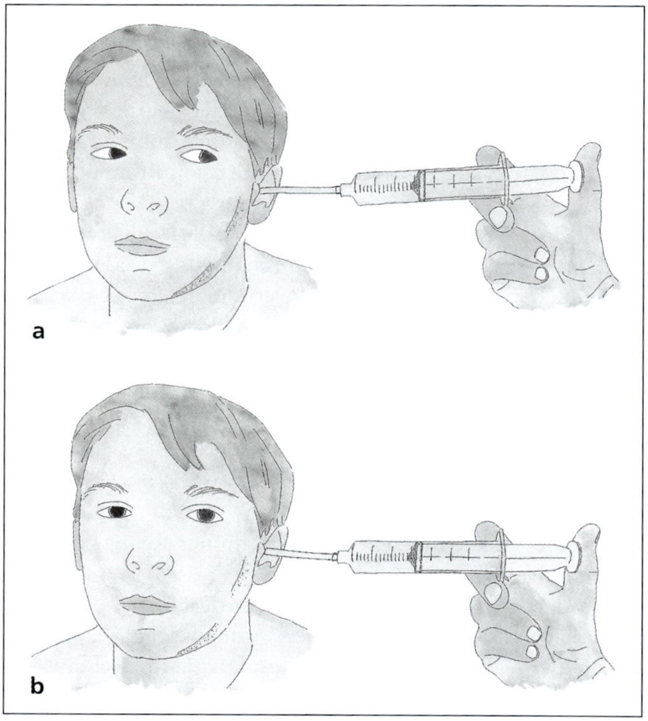

Abb. 7-11 Okulovestibulärer Reflex (Hirnstammreflex). a Bei intaktem Hirnstamm kommt es zur Blickwendung zum gespülten Ohr hin. b Bei einer Hirnstammschädigung kommt es zu keiner Abweichung der Augen durch die Spülung.

Fremdreflexe

Fremdreflexe können meist durch leichte Hautreizung ausgelöst werden. Oft muss jedoch wiederholt gereizt werden. Abgeschwächte, erloschene oder seitendifferente Fremdreflexe sind Hinweis auf eine Pyramidenbahnschädigung.

- Bauchhautreflex:
  Beim Bestreichen der Bauchhaut zum Nabel hin kommt es zur reflektorischen Anspannung der Bauchmuskeln mit Verziehung des Nabels zur Reizseite hin.
- Cremasterreflex:
  Beim Bestreichen der Haut im Bereich der Oberschenkelinnenseite kommt es zum gleichseitigen Hochziehen des Hodens.
- Analreflex:
  Reflektorische Kontraktion des Analsphinkters beim Einführen des Fingers in den After.

Pathologische Reflexe (Abb. 7-13)

- Babinski-Reflex
- Oppenheim-Reflex
- Gordon-Reflex

Typisch für ein positives Babinski-Zeichen ist eine Dorsalflexion der Großzehe. Die anderen Zehen verharren in der Ausgangsstellung oder können sich auch fächerförmig spreizen. Bei positivem Oppenheim-Reflex (kräftiges Bestreichen an der Tibiainnenkante) oder Gordon-Reflex (kräftiges Zusammendrücken der Wadenmuskulatur) tritt die gleiche Reizantwort auf. Eine positive Reizantwort ist Zeichen einer Pyramidenbahnschädigung.

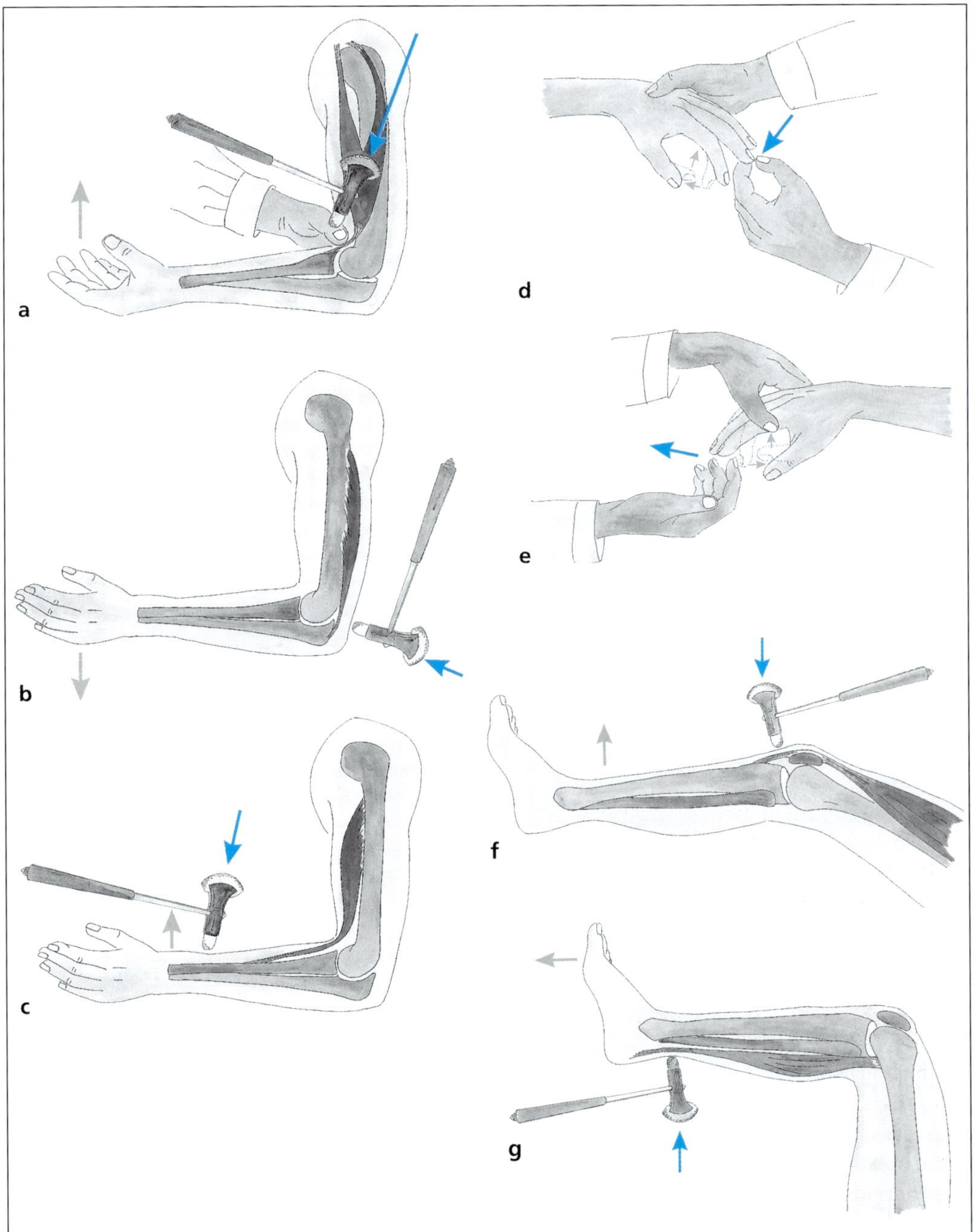

Abb. 7-12 Muskeleigenreflexe und deren Auslösung (bzw. Auslösungsorte). a Bizepssehnenreflex (BSR). b Trizepssehnenreflex (TSR). c Radiusperiostreflex. d Knipsreflex. e Trömmner-Reflex. f Patellarsehnenreflex (PSR). g Achillessehnenreflex (ASR).

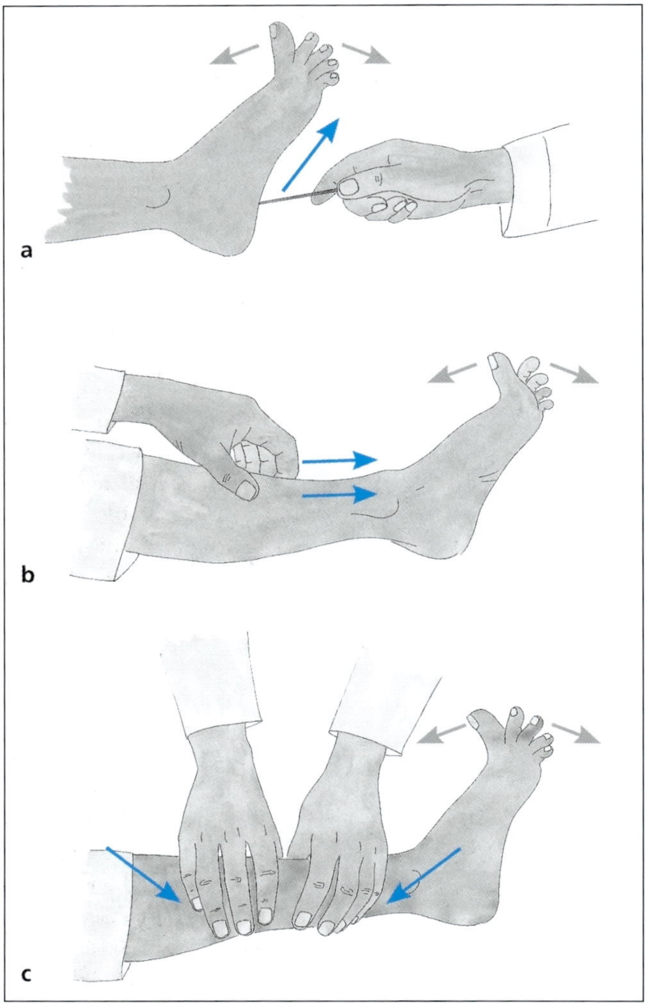

Abb. 7-13 Pathologische Reflexe und deren Auslösung (bzw. Auslösungsorte). **a** Babinski-Reflex. **b** Oppenheim-Reflex. **c** Gordon-Reflex.

Dezerebrationssyndrome

In Abhängigkeit vom Ausmaß der Hirnschädigung kommt es zuerst zu einer Schädigung des besonders empfindlichen Großhirns (Kortex), dann zu einer Schädigung des Mittelhirns und im schlimmsten Falle zu einer Schädigung (einem Ausfall) des entwicklungsgeschichtlich ältesten Teil des Gehirns, des Hirnstammes. Es wird von Dezerebrationssyndromen gesprochen (z. T. wird auch von sog. Trübungssyndromen gesprochen). Dezerebrationssyndrome entsprechen einem weitgehend kompletten Querschnittssyndrom auf der Ebene des Gehirns (vgl. Abb. 7-14). Sie sind immer mit neurologischen Ausfällen verbunden.

Apallisches Syndrom

Beim apallischen Syndrom ist der Hirnmantel (Pallidum) ausgefallen. Der Hirnstamm ist noch (weitgehend) intakt. Auch die Mittelhirnfunktionen sind erhalten. Typisch sind ein sog. Coma vigile, das heißt der Patient ist wach, öffnet die Augen, kann jedoch nicht fixieren und blickt ausdruckslos und teilnahmslos in die Ferne.

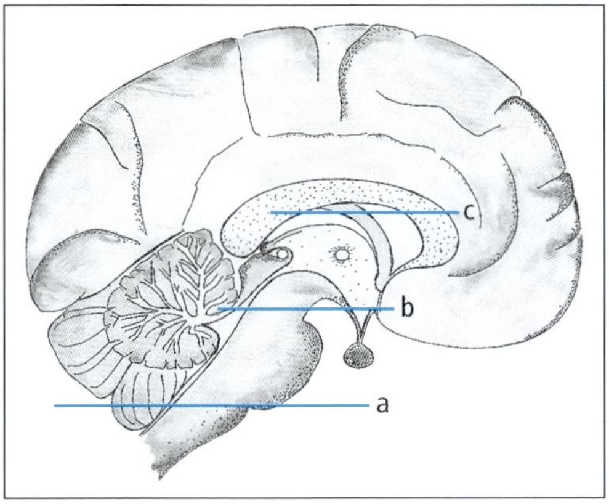

Abb. 7-14 Querschnittssyndrome auf Gehirnebene. a Bulbärhirnsyndrom (Querschnitt auf Höhe des Hirnstammes). b Mittelhirnsyndrom (Querschnitt in Höhe des Mittelhirns). c Apallisches Syndrom (Abkoppelung der Großhirnrinde).

Kau-, Saug- und Schmatzreflexe sind erhalten. Es besteht eine überschießende zentrale vegetative Reaktion mit Tachykardie, Blutdruckanstieg und verstärktem Speichelfluss. Durch Schmerzreize werden unkoordinierte Reflexsynergien ausgelöst. Die Muskulatur ist durch einen erhöhten Tonus mit Spastik in Beugestellung gekennzeichnet. Eine definitive Prognose kann erst nach ca. 2 Jahren gegeben werden. Es müssen vor allem Muskelkontrakturen, Muskelatrophien, Dekubitalulzera, Pneumonien sowie aufsteigende Harnwegsinfekte vermieden werden. Zur Therapie des erhöhten Sympathikotonus ist meist die Gabe eines β-Rezeptoren-Blockers, zur Therapie von Muskelspastiken ist oft ein zentral wirkendes Muskelrelaxans wie ein Benzodiazepin (Diazepam; Valium® – Tetrazepam; Musaril®) oder Baclofen (Lioresal®) notwendig.

Mittelhirnsyndrom

Beim Mittelhirnsyndrom ist auch das Mittelhirn weitgehend ausgefallen. Typisch sind Bewusstlosigkeit und Enthirnungsstarre, das heißt eine ausgeprägte Streckstellung der Beine und Arme und öfter auch ein Opisthotonus. Die Pupillenreaktion auf Licht ist noch (schwach) erhalten, die Bulbi sind leicht divergent, es treten keine Spontanbewegungen der Bulbi auf. Die Muskeleigenreflexe sind beidseits gesteigert, es sind pathologische Reflexe beidseits vorhanden. Es besteht eine überschießende zentrale vegetative Reaktion mit Tachykardie, Blutdruckanstieg, gesteigerter Schweißsekretion und maschineller Atmung.

Bulbärhirnsyndrom

Beim Bulbärhirnsyndrom sind auch die Pons (weitgehend) und die Medulla oblongata (z. T.) ausgefallen. Typisch sind eine tiefe Bewusstlosigkeit, reaktionslose, maximal weite Pupillen, die Augäpfel sind meist leicht divergent. Es besteht eine Areflexie, es treten auch keine pathologischen Reflexe und keine Enthirnungsstarre mehr auf. Es kommt zu einer zentralen vegetativen Lähmung mit Bradykardie, Blutdruckabfall und Atemstillstand. Die Prognose ist infaust, es besteht ein fließender Übergang zum Hirntod (→ S. 470).

Kloni

Im Rahmen einer gesteigerten Reflexaktivität können evtl. sog. Kloni (wiederholte Reflexaktivitäten) ausgelöst werden. Wird die Patella (zwischen Daumen und Zeigefinger) ruckartig nach kaudal geschoben und festgehalten, können evtl. wiederholte Reflexaktivitäten ausgelöst werden. Erschöpfliche Kloni (Patellarkloni) sind nur bei Seitendifferenz pathologisch. Unerschöpfliche Kloni sind stets Ausdruck einer Pyramidenbahnschädigung. Der sog. Fußklonus ist evtl. folgendermaßen auszulösen: Bei leicht gebeugtem Knie wird der Fuß ruckartig dorsalflektiert, wodurch evtl. wiederholte Kontraktionen der Wadenmuskulatur ausgelöst werden können.

Rigor

Rigor ist charakteristisch für eine Schädigung des extrapyramidalmotorischen Systems. Bei passiver Bewegung liegt ein gleichmäßiger, „wächserner“ Widerstand (oft mit Zahnradphänomen) vor. Ursache ist eine die Agonisten und

Antagonisten betreffende erhöhte Grundspannung der Skelettmuskulatur.

Spastik

Spastik ist durch einen federnden Dehnungswiderstand gekennzeichnet. Ursächlich kommt vor allem eine Schädigung der Pyramidenbahn infrage. Bei passiver Überdehnung kann dieser Widerstand evtl. plötzlich völlig zusammenbrechen. Zusätzlich liegen gesteigerte und pathologische Reflexmuster vor.

Nackensteifigkeit

Tritt bei einem Patienten Nackensteifigkeit (oft in Kombination mit Fieber) auf, muss an eine Meningitis oder eine subarachnoidale Blutung gedacht werden. Zur Prüfung auf Nackensteifigkeit wird versucht, den Kopf des Patienten anzuheben (bei Verdacht auf eine Halswirbelsäulenverletzung ist dies jedoch nicht erlaubt). Gegebenenfalls ist eine entsprechende Antibiotikatherapie (nach vorheriger Liquorpunktion zur Diagnosesicherung) durchzuführen.

Apparatives Monitoring

Arterielle Blutdruckmessung

Der arterielle Mitteldruck sollte im Normbereich, also bei etwa 90 mm Hg, liegen. Ein plötzlicher Blutdruckanstieg, evtl. in Kombination mit Herzrhythmusstörungen oder Bradykardie, kann Zeichen eines Cushing-Reflexes sein und erfordert eine sofortige Therapie (→ S. 269).

Überwachung der Herzfrequenz

Eine plötzliche Bradykardie mit Blutdruckanstieg lässt einen Cushing-Reflex vermuten (→ S. 269).

Messung des zentralen Venendrucks

→ Abschnitt „Legen eines zentralen Venenkatheters" auf Seite 185

Kontrolle der arteriellen Blutgaswerte

→ Abschnitt „Die blutige arterielle Druckmessung" auf Seite 191

Kontrolle der Beatmungsparameter

Häufig wird bei Verdacht auf einen erhöhten intrakraniellen Druck eine mäßige kontrollierte Hyperventilation durchgeführt (→ S. 272). Innerhalb von ca. 24 Stunden scheint es jedoch hierbei zu Adaptationsvorgängen zu kommen, sodass nach neueren Erkenntnissen eine längerfristige kontrollierte Hyperventilation die Prognose des Patienten vermutlich nicht verbessert.

Messung der Blutzuckerkonzentration

Durch regelmäßige Bestimmung der Blutzucker- und Urinzuckerkonzentration können Hyperglykämie und Glucosurie mit vermehrter Diurese (Zuckerdiurese) erkannt und durch Reduktion der Glucose-Infusionen oder durch Insulingaben therapiert werden (→ S. 378). Größere Schwankungen der Blutzuckerkonzentration sind vor allem bei Verdacht auf einen erhöhten intrakraniellen Druck unerwünscht.

Messung des intrakraniellen Drucks

Werte bis 15 mm Hg werden als normal, bis 30 mm Hg als erhöht und über 30 mm Hg als stark erhöht bezeichnet. Intrakranielle Drücke von mehr als 20 mm Hg sollten therapeutisch angegangen werden.

> ! Aus der Differenz des mittleren arteriellen Drucks (= MAP) und des intrakraniellen Drucks (= ICP) kann der zerebrale Perfusionsdruck errechnet werden: CPP = MAP – ICP (→ S. 269).

Kurzfristige ICP-Anstiege, z. B. während des Hustens, sind physiologisch. Entscheidend ist der rasche Rückgang auf den Ausgangswert. Bei bereits vorbestehendem hohem ICP kann jedoch durch den Hustenakt eine kritische ICP-Steigerung, evtl. mit Einklemmung (→ S. 269), provoziert werden. In kritischen Fällen ist deshalb vor dem endotrachealen Absaugen die intravenöse Gabe eines Barbiturates (z. B. Thiopental) gerechtfertigt.
Zur Messung des intrakraniellen Drucks eignen sich:

- Ventrikelkatheter:
  Nach Anlegen eines frontalen Bohrlochs wird ein Katheter in den ersten oder zweiten Hirnventrikel (Seitenventrikel) eingeführt. Über einen Ventrikelkatheter kann der Liquordruck im Seitenventrikel gemessen werden, ggf. kann Liquor abgelassen bzw. zu Untersuchungszwecken entnommen werden. Die Gefahr besteht vor allem darin, dass diese Katheter leicht verlegt oder infiziert werden können.
- epidurale Drucksonde:
  Nach Anlegen eines frontalen Bohrlochs wird ein Druckaufnehmer zwischen Knochen und harter Hirnhaut eingesetzt. Da die Dura intakt bleibt, ist das Infektionsrisiko relativ gering. Häufig kommt es jedoch bei diesem Messverfahren zu Fehlmessungen, die evtl. zu nicht indizierten therapeutischen Maßnahmen veranlassen.
- intraparenchymatöse Messung (Camino-Sonde):
  Hierbei wird eine optisch arbeitende Drucksonde ca. 4 cm tief in das Hirngewebe eingeführt. Diese Sonden messen sehr genau. Komplikationen scheinen relativ selten zu sein.

Kapnometrische Überwachung

→ kontrollierte Hyperventilation auf Seite 272

Messung der Sättigung im Bulbus venae jugularis

In den letzten Jahren wird vor allem bei Patienten mit schwerem SHT eine Messung der Sauerstoffsättigung im Bulbus venae jugularis empfohlen. Hierzu wird ein Spezialkatheter über die Vena jugularis interna eingeführt und nach kranial bis zur knöchernen Schädelbasis geschoben, wo sich eine Erweiterung der Vene (der Bulbus venae jugularis) befindet. Über einen fiberoptisch arbeitenden Katheter kann kontinuierlich die Sauerstoffsättigung gemessen werden. Fällt die Durchblutung des Gehirns ab (z. B. wegen Blutdruckabfalls oder zu starker Hyperventilation mit massiver zerebraler Vasokonstriktion), dann nimmt die jugularvenöse Sauerstoffsättigung ($S_{jv}O_2$) ab. Ein Abfall unter ca. 55 % ist pathologisch (Normalwert: ca. 65 %).
(→ auch: Spezielle Krankheitsbilder, ZNS-Erkrankungen; S. 466)

7.7.6 Urinausscheidung

Die übermäßige Ausscheidung eines wasserklaren Urins lässt einen Diabetes insipidus vermuten. Ursache ist meist eine verletzungsbedingte Verminderung der zerebralen Sekretion des **a**n**t**i**d**iuretischen **H**ormons (= ADH). Das spezifische Uringewicht liegt hierbei unter 1 004 g/l und die Urinosmolarität ist niedriger als die Plasmaosmolarität. Oftmals limitieren sich solche Phasen eines Diabetes insipidus von selbst. In diesen Fällen ist es wichtig, die Flüssigkeits- und Elektrolytverluste zu ersetzen. Dauert ein Diabetes insipidus längere Zeit an, dann sollte ein dem ADH (= **anti**d**i**uretisches **H**ormon) verwandtes Hormon (z. B. Desmopressin; Minirin®) appliziert werden.
(→ auch: Spezielle Krankheitsbilder, Nierenerkrankungen; S. 461)

7.7.7 Weitere Überwachungsmaßnahmen

Außerdem ist darauf zu achten, dass die Plasmanatrium- und Plasmakaliumkonzentrationen im Normbereich liegen. Die Körpertemperatur sollte nicht erhöht sein (regelmäßige Temperaturkontrolle wegen der Möglichkeit eines zerebralbedingten Fiebers), der Hämatokritwert sollte etwa bei 30–35 % liegen.
Auf möglichen Blut- oder Liquoraustritt aus Nase und Ohren ist zu achten, was auf eine Schädelfraktur hinweisen kann. Ob es sich um Liquor oder ein anderes Sekret handelt, kann mit einem Glucose-Stick erfasst werden (Zuckerkonzentration im Liquor ca. 30–50 % der Blutzuckerkonzentration).
Wichtig ist eine besonders schonende Pflege des Patienten. Bei **erhöhtem intrakraniellem Druck** sollte der Patient nur auf dem Rücken gelagert werden. Der Oberkörper ist zur Optimierung des venösen Blutabflusses aus dem Gehirn leicht (bis ca. 30 Grad) anzuheben. Der Kopf muss in Neutralstellung gelagert werden. Insbesondere beim Betten oder beim endotrachealen Absaugen des Patienten kann es zu erheblichen intrakraniellen Drucksteigerungen kommen. Häufig empfiehlt es sich, vor solchen Maßnahmen prophylaktisch z. B. Fentanyl oder ein Barbiturat zu injizieren, um eine Stressreaktion zu vermindern.
Bezüglich der Lagerung dieser Patienten ist zu beachten, dass keine Spitzfußprophylaxe durchgeführt werden soll, da durch das Anbringen eines Fußbrettes Streckmuster und die Gefahr eines ICP-Anstieges begünstigt werden.

Überwachung der gastrointestinalen Funktion

Es sind sorgfältig durchzuführen (→ auch Stressulkusprophylaxe; S. 427):

- Inspektion (Umfangsänderung?)
- Perkussion (luftgefüllte Darmschlingen, Meteorismus?)
- Palpation (Abwehrspannung?)
- Auskultation (Darmgeräusche?)
- Abgang von Stuhl, Winden?
- ggf. Sonographie des Abdomens (Aszites?

(→ auch: Spezielle Krankheitsbilder, Abdominalerkrankungen; S. 471)

Überwachung der Laborparameter

Je nach zugrunde liegender Erkrankung sind evtl. die in Tabelle 7-8 aufgeführten Parameter bzw. die Blutgase (→ S. 393) oder der Säure-Basen-Haushalt (→ S. 390) zu kontrollieren.

7.8 Pflege des Intensivpatienten

7.8.1 Allgemeine Bemerkungen

! Die Körperpflege stellt ein menschliches Grundbedürfnis dar, dem der Intensivpatient jedoch nicht selbst nachkommen kann. Die Durchführung einer angemessenen Körperpflege ist eine wichtige Aufgabe des Pflegepersonals. Ziel hierbei ist es nicht nur, die Haut zu reinigen, sondern auch ihre Schutzfunktion aufrechtzuerhalten und damit das Risiko von Infektionskrankheiten zu minimieren. Darüber hinaus wird über die Körperpflege (Berührung) das Wohlbefinden des Patienten gefördert.

Der pflegerische Aufwand muss an den individuellen Bedürfnissen des Patienten orientiert werden. Hierzu ist ein Pflegeplan zu erstellen, der wiederholt an den aktuellen Zustand des Patienten anzupassen ist. Ziel muss es sein, den Patienten in seiner Ganzheitlichkeit zu verstehen und zu betreuen.
Stets ist darauf zu achten, dass der Patient während der pflegerischen Maßnahmen nicht gefährdet wird, dass z. B. weder liegende Katheter noch Drainagen versehentlich dislozieren. Mögliche Lagerungseinschränkungen (z. B. wegen evtl. Frakturen) sind zu beachten. Bei einer Seitenlagerung des Patienten muss verhindert

Tab. 7-8 Häufig bestimmte Laborwerte (Normalwerte)

Parameter	Normalwerte	Veränderungen
Leukozyten	4 000–10 500/mm³	↑ bei Infektionen
Thrombozyten	130 000–400 000/mm³	↓ bei starker Blutung, Schock, Sepsis
Kalium	3,5–5 mmol/l	↑ bei Niereninsuffizienz, Acidose; ↓ bei Alkalose, Diuretikatherapie, Hypothermie
Quick-Wert; (INR)	70–100 %; (0,85–1,15)	↓ bei Marcumar®-Therapie, Leberinsuffizienz
PTT (= partielle Thromboplastinzeit)	26–42 s	verlängert bei Heparintherapie, bei Vollheparinisierung wird der 2- bis 3-fache Wert angestrebt
Fibrinspaltprodukte	< 10 mg/dl	↑ bei Verbrauchskoagulopathie
D-Dimere	< 192 µg/l	↑ z. B. bei Lungenembolie, Sepsis, Verbrauchskoagulopathie, Venenthrombose
AT III	75–125 %	↓ z. B. bei Sepsis, Verbrauchskoagulopathie, schwerer Leberschädigung
Cholinesterase	Männer: 4,3–11,3 kU/l Frauen: 5,3–12,9 kU/l	↓ bei schwerer Leberschädigung
Lactat	< 1,8 mmol/l	↑ bei Gewebshypoxie, Schock
Kreatinin	Männer: < 106 µmol/l bzw. < 1,2 mg/dl Frauen: < 80 µml/l bzw. < 0,9 mg/dl	↑ bei Niereninsuffizienz
Harnstoff	1,7–8,3 mmol/l bzw. 10–50 mg/dl	↑ bei Katabolie und Niereninsuffizienz
Lipase	< 60 U/l	↑ bei Pankreatitis
Alpha-Amylase	Serum: < 100 U/l Urin: < 460 U/l	↑ bei Pankreatitis
CK (Kreatinkinase)	Männer: < 190 U/l Frauen: < 170 U/l	↑ bei Herzinfarkt und Muskeltrauma
CK-MB (= herzspezifische Kreatinkinase)	< 24 U/l	↑ bei Herzinfarkt
HBDH ($SLDH_1$)	72–182 U/l	↑ bei akutem Myokardinfarkt
Troponin T	< 0,1 ng/ml	↑ bei Herzinfarkt
Myoglobin (im Serum)	Männer: < 76 ng/ml Frauen: < 64 ng/ml	↑ bei Herzinfarkt
Proteine (Gesamteiweiß)	6,0–8,0 g/l	↓ bei Katabolie, nephrotischem Syndrom
Bilirubin gesamt	< 1,2 mg/dl	↑ bei Hämolyse und Gallenwegsverschlüsse, Leberschädigung
Bilirubin indirekt	< 0,9 mg/dl	↑ bei Hämolyse
Bilirubin direkt	< 0,3 mg/dl	↑ bei Gallenwegsverschlüssen, schwerer Leberschädigung
Alkalische Phosphatase	Männer: 129 U/l Frauen: 104 U/l	↑ bei Gallenwegsverschlüssen

Tab. 7-8 (Fortsetzung)

Parameter	Normalwerte	Veränderungen
CRP (c-reaktives Protein)	< 0,5 mg/dl	↑ bei akuter oder chronischer entzündlicher Erkrankung
Plasmakonzentration von Medikamenten: z. B. Antibiotika, Bronchodilatatoren, Digitalis		therapeutischer oder toxischer Bereich?

↓ = vermindert; ↑ = erhöht

werden, dass der Patient aus dem Bett fällt. Werden während der Körperpflege irgendwelche Besonderheiten erkannt, so müssen diese dem betreuenden Arzt mitgeteilt und dokumentiert werden. Entsprechende hygienische Maßnahmen sind zu beachten (→ S. 424).

Vor der Durchführung pflegerischer Maßnahmen muss der Patient in leicht verständlichen Worten über die geplanten Maßnahmen informiert werden. Wichtig ist auch, dass vor Beginn einer Pflegemaßnahme eine sog. Initialberührung durchgeführt wird. Hierbei sollte z. B. der Thorax oder der Arm des Patienten vorberührt werden. Dadurch kann sich der Patient darauf einstellen, dass nun eine Pflegemaßnahme beginnt, er erschrickt nicht und bekommt Vertrauen. Wichtig ist, dass jede Pflegeperson die gleiche Stelle zur Initialberührung benutzt. Bei Beendigung einer Pflegemaßnahme sollte dem Patienten wiederum über eine solche Berührung vermittelt werden, dass die Pflegemaßnahme nun beendet ist. Wichtig ist, dass der Patient während pflegerischer Maßnahmen keine Schmerzen erleidet. Gegebenenfalls muss – z. B. vor der Durchführung einer notwendigen Lagerungsmaßnahme – ein Analgetikum verabreicht werden.

7.8.2 Hautpflege

! Ziel der Hautpflege muss neben der allgemeinen Reinigung vor allem auch die Infektionsprophylaxe, die Anregung der Hautdurchblutung und damit eine Dekubitusprophylaxe (→ S. 428) und eine Kreislaufaktivierung sein.

Normalerweise sollte einmal pro Tag eine Ganzkörperwäsche durchgeführt werden. Starke Verunreinigungen durch Kot, Urin, Blut oder Sekret müssen stets umgehend entfernt werden, um eine Schädigung der Haut oder z. B. eine Pilzbesiedelung zu vermeiden. Auch durchgenässte Verbände und Wäsche sind sofort zu wechseln. Anstatt Seife sollte hierzu eine hautfreundliche Waschlotion eingesetzt werden, die den natürlichen Säureschutzmantel und die Normalflora der Haut (natürliche Keime wirken als Platzhalter) erhält. Bei Patienten, die Fieber haben, kann für die Hautwaschung nur gering erwärmtes Wasser verwendet werden. Anschließend muss die Haut, im Rahmen der Intertrigoprophylaxe (→ S. 430) vor allem in den Hautfalten, gut getrocknet werden. Trockene Haut sollte mit einer Creme (Wasser in Öl) oder mit Öl (das auf einen nassen Handschuh gegeben wird) gepflegt werden. Vor operativen abdominalchirurgischen Eingriffen ist eine gründliche Nabelpflege besonders zu beachten. Bei der täglichen Hautpflege ist gleichzeitig eine detaillierte Hautinspektion durchzuführen.

Eine Waschung sollte auch immer einen Beziehungsaufbau zwischen Patient und Personal zulassen und sollte an das individuelle Befinden des Patienten angepasst werden. So kann ein unruhiger oder ängstlicher Patient eine „**beruhigende**" Waschung erhalten, bei der mit 37–40 °C warmem Wasser ohne weitere (ablenkende) Waschzusätze im Haarstrich vom Rumpf ausgehend bis zu den Extremitäten hin gewaschen und getrocknet wird. Dabei sollten eine ruhige Atmosphäre und großflächige, sichere

Berührungen durch das Personal die Wirkung unterstützen. Umgekehrt kann ein passiver oder somnolenter Patient dadurch aktiviert werden, dass er eine „**anregende**" Waschung mit Wasser, das 10 °C kühler als die Körpertemperatur ist, erhält und dass er entgegen dem Haarstrich von den Extremitäten zum Rumpf hin gewaschen und getrocknet wird. Durch Verwendung patienteneigener und damit vertrauter Waschzusätze und Materialien können diese Wirkungen verstärkt werden.

In allen Fällen kann das deutliche Nachfahren von Körperkonturen mit dem Waschlappen dem Patienten helfen, seinen Körper bewusst wahrzunehmen. Das Körpergefühl geht vor allem bei Langzeitpatienten, die stärker sediert werden, häufig verloren.

7.8.3 Haarpflege

! Ziel der Haarpflege muss neben der Entfernung von Fetten und evtl. Körpersekreten vor allem auch die Infektions- und Dekubitusprophylaxe sein.

Etwa einmal pro Woche sollten dem Patienten die Haare gewaschen werden (individuelle Handhabung, je nach Beschaffenheit der Kopfhaut und möglichen Verletzungen). Vor allem in langen Haaren sammeln sich Verunreinigungen und Keime. Für liegende Patienten können spezielle Haarwaschbehälter benutzt werden, um ein Nasswerden des Bettes zu vermeiden.

Bei jeder Ganzkörperpflege sollten die Haare gekämmt werden, um ein Verfilzen zu verhindern, die Durchblutung der Kopfhaut anzuregen und um die Kopfhaut auf Druckstellen oder andere Veränderungen hin zu untersuchen. Lange Haare sollten zusammengebunden werden. Um Druckschäden zu vermeiden, sollten solche Haarbündel aber so platziert werden, dass sie bei der Lagerung nicht unter, sondern neben dem Kopf zu liegen kommen.

7.8.4 Augenpflege

! Ziel der Augenpflege muss es sein, Sekrete und Salbenreste zu entfernen und vor allem eine Austrocknung und Ulzeration der Hornhaut (evtl. mit Sehverlust) zu verhindern. Ein weiteres Ziel der Augenpflege ist die Infektionsprophylaxe.

Vor allem bei sedierten Patienten kommt es aufgrund des fehlenden Lidschlags und aufgrund einer mangelnden Anfeuchtung der Hornhaut (die durch Osmose ernährt wird) zu einer geringeren Reinigungswirkung in Richtung der Augeninnenwinkel, zu einer verminderten antibakteriellen Wirkung der Tränenflüssigkeit und zu einer Aufhebung des schützenden, reflexartigen Lidschlags beim Berühren der Wimpern.

Zur Reinigung der Augen sind die Augenlider von außen zur Nasenwurzel hin mit einem feuchten (mit NaCl 0,9% getränkten) sterilen Tupfer vorsichtig abzuwischen.

! Bereits ein regelmäßiges stärkeres Aufdrücken auf das geschlossene Augenlid beim Entfernen von Verunreinigungen führt zu Hornhautschäden!

Unter Umständen kann auch eine Augenspülung vorgenommen werden. Hierbei kann das Auge mit steriler 0,9%iger NaCl-Lösung von außen zur Nasenwurzel hin ausgespült werden. Eventuelle Rückstände alter Augensalbe sind zu entfernen. Nach Durchführung der Augenpflege sollte in den unteren Bindehautsack neue Augensalbe (z. B. Bepanthen® oder Coliquifilm®) eingebracht werden. Hierzu ist das untere Augenlid mit dem Zeigefinger etwas nach unten zu ziehen. Bei nicht vollständig geschlossenen Augen müssen die Augenlider ggf. mit einem (hautfreundlichen, schwach klebenden) Pflasterstreifen verschlossen werden. Die Augenpflege sollte einmal pro Schicht unter sterilen Bedingungen erfolgen.

Es sollte geklärt werden, ob der Patient z. B. Kontaktlinsen oder eine Augenprothese trägt. Insbesondere bei verunfallten Patienten kann dies übersehen werden. Ein evtl. vorhandenes

Glasauge sollte einmal pro Tag entfernt und (genauso wie die Augenhöhle) mit physiologischer Kochsalzlösung gereinigt werden.

7.8.5 Mundpflege

! Ziele der Mundpflege sind neben der Entfernung von Zahnbelägen und Sekreten im Mund- und Rachenraum vor allem die Infektions- und Aspirationsprophylaxe. Beim oral intubierten Patienten ist auch die Dekubitusprophylaxe ein wichtiges Ziel der Mundpflege.

Beim Intensivpatienten ist mindestens einmal pro Schicht eine sorgfältige Mundpflege durchzuführen. Je nach Quick-Wert und INR sollte eine härtere oder besonders weiche Zahnbürste verwendet werden. Nach Verletzungen oder Operationen im Mund-Rachen-Bereich ist individuell zu klären, inwieweit mundpflegerische Maßnahmen ergriffen werden dürfen. Eventuelle Sekrete müssen aus dem Mund-Rachen-Bereich mit einem sterilen Katheter abgesaugt werden, um eine Aspiration im Falle eines nicht ausreichend geblockten Cuffs und um eine Schleimhautreizung und Kariesbildung durch aggressive Speichelbestandteile zu vermeiden. Danach kann bei intubierten Patienten die Mundhöhle durch gleichzeitiges Spülen und Absaugen oder durch Auswischen von Zungenober- und -unterfläche, Gaumen sowie Wangentaschen (mit einer um den Finger gewickelten feuchten Kompresse) gereinigt werden.
Die Mundhöhle muss täglich mithilfe eines Spatels und einer Lampe inspiziert werden. Sie muss auf evtl. Veränderungen, wie z. B. eine Pilzinfektion durch den Pilz *Candida albicans* (Soor) mit den typischen grauweißen fleckigen Schleimhautbelägen, auf schmerzhafte, bis linsengroße Schleimhautdefekte mit festhaftenden Belägen und zentralem Defekt (**Aphten**) und eine generalisierte Entzündung und Schwellung der Mundschleimhaut (**Stomatitis**) kontrolliert werden. Daneben ist auf Ulzerationen oder eine manchmal auftretende Entzündung der Ohrspeicheldrüse (**Parotitis**) zu achten. Eine Ohrspeicheldrüsenentzündung führt zu einer Schwellung vor dem Ohr, zu einer Einschränkung der Kieferbeweglichkeit und zu Schmerzen. Da tief sedierte oder komatöse Patienten nicht kauen und damit keine regelmäßige Speichelproduktion und -abgabe haben, ist die Gefahr einer Parotitis erhöht. Durch Einmassieren von z. B. Vitamin-C-haltiger Paste im Bereich der Speicheldrüsenausführungsgänge (Backenschleimhaut im Bereich der oberen seitlichen Zahnreihe) oder durch Massage der Ohrspeicheldrüsen vor den Ohren kann der Speichelfluss angeregt werden.
Zusätze zu Mundspüllösungen sind nur bei gereizter Schleimhaut anzuwenden. Es können z. B. desinfizierende oder anästhesierende Zusätze verwendet werden. Bei intakter Schleimhaut genügt das Reinigen mit Wasser oder Tee. Zur Steigerung des Wohlbefindens und zur Aktivierung kann der Mundraum des Patienten zwischendurch auch mit Zusätzen ausgewischt werden, die der Patient gerne mag (z. B. Orangensaft, Bier).
Bei oral intubierten Patienten ist einmal pro Schicht die Tubusfixierung zu lösen, Pflasterrückstände sind mit Wundbenzin zu entfernen und der Tubus ist im anderen Mundwinkel erneut sorgfältig zu fixieren, um Druckstellen zu verhindern (cave: Dislokation des Tubus). Trockene Lippen sind einzufetten.

7.8.6 Nasenpflege

! Ziele der Nasenpflege sind neben der Entfernung von Borken und Sekreten vor allem die Infektions- und Aspirationsprophylaxe. Bei nasal intubierten Patienten ist auch eine Dekubitusprophylaxe wichtig.

Die Nasenpflege sollte mindestens 3-mal pro Tag durchgeführt werden. Durch vorsichtiges Absaugen von Sekreten durch den unteren Nasengang mittels eines sterilen Katheters (je Nasenloch einen neuen Katheter, wegen der Gefahr der Keimverschleppung) wird einer Entzündung der Nebenhöhlen (**Sinusitis**) und einer

Aspiration von Sekreten (bei unzureichend geblocktem Tubus) vorgebeugt. Der Absaugkatheter ist hierbei bis in den Rachen vorzuschieben. Danach sind die Naseneingänge mit panthenolgetränkten Tupfern zu reinigen. Falls der Patient nasal intubiert ist oder über eine Magensonde verfügt, müssen die entsprechenden Pflaster bei Verunreinigung oder mangelnder Klebekraft vorsichtig entfernt werden. Zur Beseitigung evtl. Klebstoffrückstände kann Wundbenzin verwendet werden. Anschließend ist wieder eine sorgfältige Fixierung vorzunehmen. Dabei ist darauf zu achten, dass der Endotrachealtubus und eine evtl. vorhandene Magensonde nicht dislozieren und dass die Schläuche keinen Druck oder Zug auf die umliegende Haut und den Knorpel ausüben, um Ulzerationen zu verhindern. Gegebenenfalls sind Tubus oder Magensonde vor dem Fixieren mit einem Stück Schaumstoff abzupolstern. Es ist zu kontrollieren und dokumentieren, wie tief der Endotrachealtubus und die Magensonde eingeführt sind.

7.8.7 Ohrenpflege

! Ziel der Ohrenpflege ist es, Ohrmuscheln und äußeren Gehörgang zu reinigen und damit eine Verstopfung des Gehörgangs durch Ansammlung von Ohrenschmalz zu verhindern.

Werden zur Reinigung feuchte Watteträger verwendet, dann ist ein zu tiefes Eindringen in den äußeren Gehörgang unbedingt zu vermeiden, um eine Verletzung des Trommelfells auszuschließen. Bei Patienten mit einem Schädel-Hirn-Trauma ist nach evtl. Blut- oder Liquorspuren im Ohr zu suchen.

7.8.8 Nagelpflege

! Ziele der Nagelpflege sind die Reinigung, die Infektions- und Verletzungsprophylaxe.

Da sich besonders unter langen Finger- und Zehennägeln Verunreinigungen und Keime ansammeln, sollte unter den Nägeln eine regelmäßige Reinigung stattfinden. Aus ästhetischen Gründen und um eine Selbstverletzung des Patienten oder eine Verletzung des Personals zu vermeiden, sollten Nägel auch nach Bedarf geschnitten werden. Dabei ist das Entfernen überschüssiger Hornhaut zu unterlassen. Dadurch können Verletzungen und Eintrittspforten für Keime entstehen. Bei Patienten mit Diabetes mellitus oder arterieller Verschlusskrankheit ist vor allem bei der Fußpflege besondere Vorsicht geboten und ggf. ist eine fußpflegerische Behandlung hinzuzuziehen. Bereits bei kleinsten Verletzungen können schlecht heilende Wunden entstehen.

7.8.9 Wechsel der Bettwäsche

Zumindest einmal pro Tag sollte die Bettwäsche aus Gründen der Reinigung, der Dekubitusprophylaxe (Kontakt mit Sekreten) und Infektionsprophylaxe vollständig gewechselt werden. Es bietet sich an, dies im Zusammenhang mit der Ganzkörperpflege vorzunehmen. Zusätzlich ist bei jeder Verunreinigung mit Körpersekreten (also auch nach starkem Schwitzen, z. B. bei Fieber) ein Wechsel der Bettwäsche durchzuführen. Beim Wäschewechsel ist sorgfältig darauf zu achten, dass weder der Endotrachealtubus noch intravenöse oder arterielle Katheter, Thoraxdrainagen, der Blasenkatheter oder sonstige Schläuche dislozieren. Für den Wechsel der Bettwäsche und die dafür notwendigen Lagerungsmanöver sind meist 2 Personen notwendig.

7.9 Prophylaktische Maßnahmen

Der Intensivpatient ist durch eine Reihe von Komplikationsmöglichkeiten gefährdet. Daher sind z. B. folgende vorbeugende (prophylaktische) Maßnahmen wichtig:

- Infektionsprophylaxe

- Pneumonieprophylaxe und Prophylaxe lagebedingter pulmonaler Probleme
- Thromboseprophylaxe
- Stressulkusprophylaxe
- Dekubitusprophylaxe
- Intertrigoprophylaxe
- Kontraktur- und Spitzfußprophylaxe

7.9.1 Infektionsprophylaxe

Intensivpatienten sind normalerweise aufgrund ihrer schweren Erkrankungen geschwächt, weisen eine verminderte Immunabwehr sowie zahlreiche Wunden und künstlich geschaffene Eintrittspforten (z. B. Katheter) auf. Dadurch sind sie gefährdet, im Krankenhaus zusätzlich eine Infektion (nosokomiale Infektion) zu erwerben (Häufigkeit: ca. 27 %).

✓ **Nosokomiale Infektionen** äußern sich vor allem in Harnwegs-, Atemwegs- und Wundinfektionen oder einer Sepsis (→ S. 483).

! Nosokomiale Infektionen werden begünstigt durch Diabetes mellitus, Therapie mit Steroiden oder Zytostatika, Karzinomerkrankung, Mangelernährung, Verbrennung, eine ausgedehnte Operation oder schwere Verletzung, sehr junges oder sehr hohes Alter (Frühgeborene, Greise).

✓ Erleidet ein Patient aufgrund einer bestehenden Grunderkrankung oder einer das Immunsystem schwächenden Therapie eine Infektion, so wird auch von einer **Sekundärinfektion** gesprochen.

Um die Gefahr nosokomialer Infektionen zu minimieren, müssen von allen patientenbetreuenden Personen entsprechende hygienische Regeln beachtet werden.
Nosokomiale Infektionen sind in den letzten Jahren zu ca. 50 % durch **gramnegative Bakterien** (z. B. Escherichia coli, Klebsiella, Pseudomonas, Enterobakter) und zu ca. 50 % durch **grampositive Bakterien** bedingt. Ein besonderes Problem von nosokomialen Infektionen besteht darin, dass es sich hierbei häufiger um (grampositive) Bakterienstämme handelt, die gegen mehrere Antibiotika resistent sind. Ursache einer solchen (**Methicillin**-)**Resistenz** ist die häufige Anwendung von Antibiotika, wodurch es zur Selektion von antibiotikaresistenten Keimen kommt. (Öfter wird auch von multiresistenten Keimen gesprochen). Patienten, die mit einem solchen methicillinresistenten Keim (z. B. **m**ethicillin**r**esistenter ***S**taphylococcus **a**ureus* = MRSA) infiziert sind, müssen isoliert werden und sind unter strengsten hygienischen Maßnahmen zu pflegen, um eine Keimübertragung auf andere Patienten zu verhindern.
Die eine nosokomiale Infektion verursachenden Bakterien stammen meist (zu 40–50 %) aus dem Gastrointestinaltrakt des Patienten. Eine weitere wichtige **Infektionsquelle** für nosokomiale Infektionen ist die mit unphysiologischen Bakterien besiedelte Haut. Führen Bakterien, die vom Patienten selbst stammen, zu einer Infektion, dann wird von einer **Autoinfektion** gesprochen. Häufig kommt es zur Übertragung von Infektionskeimen von einem Patienten auf einen anderen. Ursache für eine solche **Kreuzinfektion** sind vor allem unsaubere Hände von Pflegepersonen und Ärzten, Stethoskope und z. B. Ultraschallgeräte. Die Besiedlung mit Keimen aufgrund eines Kontakts mit unsterilen Gegenständen (unsterilem Instrumentarium oder nicht desinfizierten Händen) wird als **Kontamination** bezeichnet.
Eine Übertragung von nosokomialen Infektionen über die Luft (**aerogene Infektion**) ist dagegen selten. Nosokomiale Krankheitserreger treten vor allem entlang von Blasenkathetern, Endotrachealtuben, zentralvenösen und arteriellen Kathetern in den Körper ein.

Hygienische Maßnahmen

Um Kreuzinfektionen und Kontaminationen zu verhindern, ist es von entscheidender Wichtigkeit, dass Pflegepersonal und Ärzte eine wiederholte hygienische **Händedesinfektion** durchführen. Sie sollte vor und nach jeder Maßnahme

vorgenommen werden, bei der die Gefahr einer Kontamination der Hände besteht. Eine wichtige Maßnahme zur Prävention von Kontaminationen besteht darin, Einmalhandschuhe zu tragen. Um eine Kontamination der Arbeitskleidung zu vermeiden, ist insbesondere bei pflegerischen Maßnahmen (z. B. Ganzkörperwäsche oder Säubern des Patienten nach Einkoten u. Ä.) eine Plastikeinmalschürze zu tragen.
Um das Risiko einer Kreuzinfektion zu minimieren, sollten auf Intensivstationen möglichst Artikel für den Einmalgebrauch verwendet werden. Jeder Patient benötigt eine eigene apparative Ausstattung (Absaugvorrichtung, Stethoskop, Blutdruckmanschette usw.).

7.9.2 Pneumonieprophylaxe und Prophylaxe lagebedingter pulmonaler Schäden

! Zu den wichtigsten **Ursachen** für die Entstehung einer Pneumonie zählen: Aspiration, mangelnde Belüftung einzelner Lungenareale mit Atelektasenbildung, Austrocknen der Schleimhäute und damit reduzierter Reinigungsmechanismus der Atemwege, Sekretstau durch mangelndes Abhusten bzw. Absaugen, Kontamination oder absteigende Infektion aus dem Mund-Nasen-Rachen-Raum.

Die Pneumonieprophylaxe beginnt bereits bei der gründlichen Mundpflege. Dadurch können absteigende Infektionen oft verhindert werden. Eine **Aspiration** kann z. B. durch regelmäßige Kontrolle und optimale Einstellung des Cuff-Drucks (v. a. vor der Mundpflege) und durch leichte Oberkörperhochlagerung (v. a. bei der Verabreichung von Nahrung) oft verhindert werden. Außerdem sollte kein Extubationsversuch unternommen werden, bevor nicht die Schutzreflexe wieder gut ausgebildet sind. Bedingt durch Schmerzen, geschwächten Allgemeinzustand und/oder verminderten Glottisverschluss nach einer Langzeitintubation sind die Patienten häufig nicht in der Lage, anfallendes **Bronchialsekret** sicher abzuhusten. Die Ansammlung von Schleim führt in vielen Fällen zur Atelektasenbildung und bei geschwächtem Immunsystem zu einer Superinfektion (Auto- oder Kreuzinfektion) mit anschließender Pneumonie.
Um der Entstehung einer Pneumonie vorzubeugen, sind verschiedene Maßnahmen erforderlich. In erster Linie ist ein aseptischer Umgang mit allen Gegenständen erforderlich, die mit dem Respirationstrakt des Patienten in Berührung kommen. Das gilt sowohl für die Einhaltung steriler Bedingungen bei der künstlichen Beatmung als auch für die hygienische Handhabung von Geräten, die zur Atemtherapie bei aktiv mitarbeitenden Patienten eingesetzt werden. Dem Austrocknen der Schleimhäute wird bei beatmeten Patienten durch die Anfeuchtung und Anwärmung der Atemluft vorgebeugt (→ S. 363). Mit kooperativen Patienten können vorbeugende atemtherapeutische Maßnahmen durchgeführt werden.

Atemtherapie

Mithilfe der Atemtherapie kann der kooperative Patient aktiv helfen, die Entstehung pulmonaler Schäden mit all ihren Folgen zu verhindern. Dem Patienten sollte grundsätzlich ein schmerzfreies Atmen ermöglicht werden. Ansonsten droht eine oberflächliche Atmung mit mangelnder Belüftung und Sekretstau. Vor aktiven Übungen sollte der Patient je nach Bedarf zusätzlich ein Analgetikum erhalten.
Eine sehr wichtige Maßnahme ist die **Inhalationstherapie**. Durch fein vernebeltes NaCl 0,9 % (mit oder ohne Medikamentenzusätze) kann das selbstreinigende Flimmerepithel im Bronchialsystem angefeuchtet und das zähe Bronchialsekret verflüssigt, Schleimbrücken können gesprengt, die Lunge und damit evtl. Atelektasen können aufgedehnt werden. Dünnflüssige Bronchialsekrete können besser abgehustet werden und durch Aufdehnung von Atelektasen kommt es zu einer Verbesserung der Oxygenierung. Bronchialsekrete können dadurch gelockert

werden, dass bei dem in Seitenlage befindlichen Patienten die jeweils oben liegende Lungenhälfte am Rücken von lateral nach medial abgeklopft wird. Beim anschließenden Aufsitzen kann der Patient das Sekret oft abhusten. Daneben gibt es eine Reihe weiterer Pneumonieprophylaxen, wie z. B. das Atemtraining (Richtungsatmen, Atmen gegen Widerstand u. Ä.) unter physiotherapeutischer Anleitung oder das tiefe Einatemtraining mit einem sog. Incentive-Spirometer. Bei der Incentive-Spirometrie atmet der Patient über ein kleines Gerät bewusst tief ein. Seine Atembemühungen werden von dem Gerät angezeigt. Er muss hierbei versuchen, ein vorgegebenes Inspirationsvolumen zu erreichen. Dieses Inhalationsvolumen soll dann für einige Sekunden gehalten werden, um ein Eröffnen kollabierter Alveolen zu ermöglichen.

Auch eine längerfristige gleichbleibende Körperhaltung begünstigt die Entstehung von Lungenschädigungen wie Atelektasen und Pneumonie. Bei fehlendem Lagerungswechsel werden die unten liegenden Lungenpartien gut perfundiert, aber schlecht ventiliert; in den oben liegenden Lungenpartien ist dieses sog. **Ventilations/Perfusions-Verhältnis** umgekehrt (→ S. 262). In den abhängigen Lungenpartien kann es zur Ansammlung von Bronchialsekret kommen. Durch wiederholte Lagerungswechsel wird aufgrund der Schwerkraftwirkung die Drainage von Bronchialsekret begünstigt. Wundliegen und Lungenschäden können durch entsprechende Lagerungsmanöver (Wechsel von Rückenlage, Linksseitenlage, Rückenlage, Rechtsseitenlage; evtl. Bauchlage) verhindert werden. Ideal wäre ein 1- bis 2-stündlicher Lagerungswechsel. Daneben dienen bei wachen und schlecht oxygenierten Patienten sog. atemerleichternde Lagerungen der Dehnung des Brustkorbes und damit einer großflächigen Lungenbelüftung. Zum Einsatz kommt die T-Lagerung mit einem schmalen Kissen längs unter der Wirbelsäule und einem weiteren Kissen quer unter dem Kopf. Dabei entsteht die Dehnung durch die beidseits des Kissens unter dem Rücken abfallenden Schultern und Brustkorbanteile. Bei der V-Lagerung liegt das Kreuzbein auf 2 schmalen Kissen auf, die sich zu den Schultern hin V-förmig öffnen und somit eine Dehnung im Flankenbereich verursachen. Die umgekehrte V-Lagerung mit der Spitze unter dem Oberkörper und der offenen Seite im Flankenbereich führt zur Dehnung des Schultergürtels. Sobald als möglich sollte der (evtl. sogar noch intubierte) Patient häufig an den Bettrand bzw. in einen Sessel gesetzt werden.

Bei übermäßiger Bronchialsekretion kann beim intensivpflichtigen Patienten neben der üblichen Bronchialtoilette (→ S. 349) auch eine wiederholte gezielte fiberbronchoskopische Absaugung notwendig werden.

7.9.3 Thromboseprophylaxe

! Die wichtigsten **Ursachen** für ein erhöhtes Thromboserisiko werden als sog. **„Virchow-Trias"** zusammengefasst. Hierzu zählen neben verlangsamtem venösem Rückfluss durch Immobilisation auch Veränderungen der Gefäßwände durch Entzündung oder Verletzung und eine beschleunigte Blutgerinnung.

Als **Risikofaktoren** für die Entstehung einer Thrombose gelten daher Herzinsuffizienz, venöse Insuffizienz, Übergewicht, kürzlich durchgemachte Operation oder Geburt, Schwangerschaft und Wochenbett. Routinemäßig wird bei Vorliegen solcher Risikofaktoren eine Low-Dose-Heparinisierung (z. B. 100–150 IE/kg KG/d = ca. 10 000 IE Heparin/d i. v. bzw. 3 × 5 000 IE bzw. 2 × 7 500 IE s. c./d oder aber 1 × niedermolekulares Heparin/d s. c., z. B. 2 850 Anti-Xa-Einheiten = 0,3 ml Nadroparin; Fraxiparin® oder 3 000 Anti-Xa-Einheiten = 0,3 ml Certoparin; Mono-Embolex®) durchgeführt. Soweit keine Kontraindikationen vorliegen, wie z. B. eine arterielle Verschlusskrankheit und starkes Schwitzen bei Fieber, sollten **A**nti**t**hrombose**s**trümpfe (= ATS) angelegt werden. Bei sedierten und beatmeten Patienten soll auf die Anlage von ATS verzichtet werden, weil sie keine Beschwerden bei Mangeldurchblutung (z. B. wegen Einschnürung) äußern können. Die Beine sollten leicht

hochgelagert werden, um den venösen Rückstrom zu verbessern, und ein dauerhaftes starkes Abknicken oder Einschnüren der Beine sollte verhindert werden. Sobald als möglich ist eine Mobilisierung der Patienten anzustreben.
Die **Symptome** einer bestehenden tiefen Beinvenenthrombose sind Schweregefühl, Schwellung, Rötung und Überwärmung. Eine Dorsalflexion des Fußes ist sehr schmerzhaft.
Bei einer vorliegenden tiefen Beinvenenthrombose besteht die größte Gefahr darin, dass sich Thromben lösen und eine Lungenembolie verursachen. Um dies zu verhindern, muss ein Patient mit tiefer Beinvenenthrombose unbedingt Bettruhe einhalten. Daneben werden die Beine bis zu den Leisten hin kompressiv gewickelt, um zum einen den venösen Rückstrom zu fördern und die Entstehung weiterer Thromben zu verhindern und um zum anderen den Thrombus am Fortbewegen im Gefäßsystem zu hindern. Dabei sind Einschnürungen unbedingt zu vermeiden, um weitere Begünstigungen der Thromboseentstehung auszuschließen. Die Beine sollten hochgelagert und entzündete Bereiche sollten gekühlt werden. Es wird eine therapeutische Antikoagulation durchgeführt (initial 5 000–1 000 IE Heparin i. v., dann Heparin per Spritzenpumpe; ca. 1 250 IE/h, sodass PTT ca. 60 Sekunden beträgt). In der Regel (nicht jedoch bei frisch operierten Patienten) wird zusätzlich eine Lysetherapie durchgeführt (→ S. 453).

7.9.4 Stressulkusprophylaxe

✓ Da Intensivpatienten einer oft langfristigen Stresssituation ausgesetzt sind, besteht die erhöhte Gefahr von gastrointestinalen Stressulzera.

! Ursache der gastrointestinalen Stressulzera ist eine stressbedingte Minderdurchblutung der oberflächlichen Schleimhaut. Bei ca. 20 % der Intensivpatienten kommt es zu oberflächlichen Schleimhautschäden mit okkulten Blutungen. Bei ca. 5 % der Intensivpatienten treten hierdurch starke Blutungen auf. Der Stressulkusprophylaxe kommt daher große Bedeutung zu.

Um Stressulzera vorzubeugen, stehen folgende Möglichkeiten zur Verfügung:
- enterale Ernährung
- Anhebung des pH-Wertes des Magensaftes
- Aufrechterhaltung der schleimhautschützenden Barriere
- Aufrechterhaltung der Schleimhautdurchblutung

Sinnvoll ist die intermittierende (z. B. 8-stündlich mit Lackmuspapier durchgeführte) Messung des Magen-pH-Wertes. Es sollte normalerweise ein pH-Wert von > 3,0 angestrebt werden. Es ist allerdings zu beachten, dass eine Anhebung des pH-Wertes auf > 4,0 zu einer unzureichenden Abtötung von Bakterien im Magen mit bakteriellem Wachstum führen kann. Hierdurch werden nach neueren Erkenntnissen Lungenentzündungen (aufgrund einer manchmal unbemerkt stattfindenden Regurgitation und Aspiration von bakterienhaltigem Magensaft) und eine Sepsis begünstigt.

Enterale Ernährung

Die enterale Nahrungszufuhr neutralisiert die Magensäure und verbessert die schützende Schleimschicht. Durch einen möglichst frühzeitigen enteralen Nahrungsaufbau (evtl. nur 8 × 30 ml Tee) lässt sich eine meist bessere Stressulkusprophylaxe als mit Medikamenten erzielen (→ S. 381).

Anhebung des pH-Wertes des Magensaftes

Durch die Gabe eines H_2-Rezeptoren-Blockers wie Cimetidin (Cimetidin-CT; z. B. 1–2 × 400 mg/d), Ranitidin (Sostril®, Zantic®; z. B. 1 × 150 mg/d) oder Famotidin (Pepdul®), der die Salzsäureproduktion hemmt, oder die Gabe eines Antacidums (z. B. Maaloxan® = Magnesiumhydroxid, Aluminiumoxid), das die vorhandene Magensäure neutralisiert, kann die Häufigkeit von Magen-Darm-Blutungen deutlich gesenkt

werden. Die Dosisfindung ist bei den Antacida relativ schwierig und ist an wiederholten Messungen des pH-Wertes zu orientieren.
Häufig wird auch Pirenzepin (Gastrozepin®) eingesetzt (Anticholinergikum, das die postganglionären parasympathischen [= muscarinergen] Rezeptoren blockiert = Muscarinrezeptorenblocker; → S. 66). In den letzten Jahren werden zunehmend häufiger sog. Protonenpumpenhemmer eingesetzt. Mit diesen Substanzen ist die stärkste Hemmung der Magensäureproduktion möglich. Zu den Protonenpumpenhemmern gehören Omeprazol (Antra®) und Pantoprazol (Pantozol®, z. B. 2-mal 20 mg/d). Entscheidend für eine Ulkusprophylaxe sind auch die Aufrechterhaltung einer ausreichenden Schleimhautdurchblutung (indem eine Hypotension und vasokonstringierende Medikamente, z. B. Catecholamine, möglichst vermieden werden) sowie eine gute Analgesie und Sedierung der Patienten.

Aufrechterhaltung der schleimhautschützenden Barriere

Die wichtigste Substanz hierfür ist Sucralfat (Ulcogant®). Sucralfat (3–4 × 1,0 g/d) ist billig und nebenwirkungsarm. Einzige relevante Nebenwirkungen sind eine Phosphatverarmung und selten eine Obstipation. Während einer Therapie mit Sucralfat braucht der pH-Wert des Magensaftes nicht kontrolliert werden.

7.9.5 Dekubitusprophylaxe

> ✓ Bei längerfristigem, stärkerem Druck auf bestimmte Hautpartien droht (evtl. schon innerhalb weniger Stunden) aufgrund einer Komprimierung der ernährenden Haut- und Unterhautgefäße eine Minderdurchblutung (**Ischämie**) mit Gewebsschädigung (Dekubitus oder „Wundliegen").

Ein Dekubitus droht insbesondere bei immobilisierten, stark sedierten oder komatösen Intensivpatienten. Auch Patienten mit schlechter Kreislaufsituation (v. a. Zentralisation) und/oder Catecholamintherapie (v. a. Noradrenalin) neigen aufgrund der geringen Hautdurchblutung bzw. der Vasokonstriktion (mit Mikrozirkulationsstörungen) zu Dekubitalulzera. Weitere **Risikofaktoren** für die Entstehung lagebedingter Ulzerationen sind Immobilisation, Sensibilitätsstörungen, reduzierter Allgemeinzustand, Durchblutungsstörungen, Fieber und Inkontinenz.
Besonders **gefährdete Körperregionen** sind:

- Körperbereiche, bei denen der Knochen bzw. Knorpel direkt unter der Haut liegt:
  - Trochanter major
  - Innenseiten der Knie
  - Fersen
  - Fußknöchel
  - Kreuzbein
  - Ellenbogen
  - Schulterblätter
  - Wirbelsäule
  - Hinterkopf
  - Ohrmuscheln
- Körperbereiche, die mit Drainagen bzw. Schläuchen in Kontakt kommen:
  - Nasenflügel (nasal eingeführte Magensonde oder nasotrachealer Tubus)
  - Mundwinkel (orotrachealer Tubus)
  - Hautpartien, die z. B. auf Plastik aufliegen und bei der Lagerung nicht ausreichend unterpolstert wurden

Wie stark ein Patient gefährdet ist, einen Dekubitus zu erleiden, kann anhand des Punktesystems der erweiterten Norton-Skala abgeleitet werden. In der sog. erweiterten Norton-Skala werden Motivation und Kooperation, Alter, Hautzustand, Zusatzerkrankungen, körperlicher Zustand, geistiger Zustand, Aktivität, Beweglichkeit und Inkontinenz punktemäßig (jeweils 1, 2, 3 oder 4 Punkte) eingestuft (vgl. Tab. 7-9). Besonders gefährdet sind dabei Patienten mit mangelnder Kooperationsbereitschaft, fortgeschrittenem Alter, geschädigtem Hautzustand, Zusatzerkrankungen, schlechtem körperlichem Zustand, reduziertem geistigem Zustand, Inaktivität, eingeschränkter Beweglichkeit und Inkontinenz.

Tab. 7-9 Erweiterte Norton-Skala zur Einstufung des Dekubitusrisikos

Punkte	4	3	2	1
Motivation und Kooperation	voll	wenig	teilweise	keine
Alter	< 10	< 30	< 60	> 60
Hautzustand	normal	schuppig, trocken	feucht	Allergie, Risse
Zusatzerkrankungen	keine	Fieber, Diabetes, Anämie	Adipositas, Malignom, Kachexie, multiple Sklerose	Koma, Lähmung
Körperlicher Zustand	gut	leidlich	schlecht	sehr schlecht
Geistiger Zustand	klar	apathisch, teilnahmslos	verwirrt	stuporös, (stumpfsinnig)
Aktivität	geht ohne Hilfe	geht mit Hilfe	rollstuhlbedürftig	bettlägerig
Beweglichkeit	voll	kaum eingeschränkt	sehr eingeschränkt	total eingeschränkt
Inkontinenz	keine	manchmal	meistens Urin	Urin und Stuhl

Zeichen eines **Dekubitus** sind:

- Hautrötung bei intakter Haut, die nach Druckentlastung nicht sofort verschwindet (Grad I)
- Hautdefekt und Blasenbildung (Grad II)
- tief reichender Defekt unter Beteiligung von Haut, Weichteilen, Muskeln, Sehnen, Bändern und Faszien (Grad III)
- Nekrose, evtl. mit Knochenbeteiligung und Bildung einer Osteomyelitis (Grad IV)

Zu den **vorbeugenden Maßnahmen** gehören neben der evtl. Ausschaltung der Risikofaktoren vor allem die Druckentlastung, die Durchblutungssteigerung sowie die Pflege und der Schutz der Haut.

Um stärkeren Druck auf bestimmte Körperteile und damit Druckschäden zu verhindern, müssen zur **Druckentlastung** neben dem konsequenten Lagewechsel evtl. Hilfsmittel zur Weichlagerung wie Felle, Kissen, Schaumstoffe, Wasser- oder Gelkissen, Luftringe, Antidekubitusmatratzen und ganze Spezialbetten eingesetzt werden. Für den Kopf sollten keine Wasserkissen oder Luftringe, sondern es sollten spezielle Kopfschalen (Headcare) zur Superweichlagerung verwendet werden. Liegt bereits ein Dekubitus vor, müssen die entsprechenden Hautpartien frei (!) gelagert werden.

Zur **Steigerung der Hautdurchblutung** eignen sich neben regelmäßigem Waschen und stärkerem Abfrottieren Maßnahmen wie regelmäßige Einreibungen, Abklopfen und Massieren gefährdeter Regionen oder gelegentliches Unterlegen eines faltenfreien Frotteehandtuchs.

Für **Pflege** und **Schutz der Haut** sind vor allem die Maßnahmen der Körperpflege und das Trockenhalten von Haut bzw. Wäsche sehr wichtig. Bleibt ein Patient trotz aller Maßnahmen inkontinent, so ist neben der Anlage eines Blasenkatheters evtl. der Einsatz eines sog. Fäkalkollektors indiziert, der um den Anus herum aufgeklebt wird, den Stuhlgang in einem Beutel auffängt und den Kontakt der Haut mit dem Sekret verhindert.

! **Grundsätze der Druckentlastung:**

- Mobilisation
- Weichlagern
- Hohllagern
- Umlagern
- Superweichlagern

Auf die **Dekubitusbehandlung** wird im Abschnitt über die Wundversorgung eingegangen (→ S. 444).

7.9.6 Intertrigoprophylaxe

✓ Der Begriff „Intertrigo" bezeichnet das Wundwerden in Körperfalten.

! Die Ursache von Intertrigo ist das Haut-auf-Haut-Liegen, was zu Reibung und Feuchtigkeitsansammlung führt. Als Folge kann es zur Aufquellung bzw. Erweichung (Mazeration) der Haut und zu sekundären Infektionen, bevorzugt mit Candida albicans, kommen.

Bevorzugte Stellen sind die Körperfalten unter den Brüsten, in der Leistenregion, die Bauchfalten und die Analfalte. Besonders betroffen sind adipöse Patienten.
Zur **Prophylaxe** zählt in erster Linie das peinliche Trockenhalten der gefährdeten Hautbezirke. Das bedeutet gründliches Abtrocknen nach dem Waschen sowie Einlegen und regelmäßiges Auswechseln von Kompressen, die den Körperschweiß aufsaugen.
Zur **Behandlung** bereits entzündeter Hautfalten bzw. Hautdefekte gehören (je nach Wundabstrich) desinfizierende Maßnahmen, evtl. die Pflege mit speziellen Heilsalben und das konsequente Trockenhalten. Alternativ können Hydrokolloidverbände (→ S. 443) zum Einsatz kommen, soweit keine Sekundärinfektion vorliegt.

7.9.7 Kontraktur- und Spitzfußprophylaxe

✓ Bei einer Kontraktur handelt es sich um eine Funktions- und Bewegungseinschränkung, die durch Verkürzung der Muskeln und Sehnen und Schrumpfung der Gelenkkapseln verursacht ist.

Um immobilisationsbedingten Gelenkkontrakturen, Muskelatrophien und einer Spitzfußbildung vorzubeugen, sollten die Gelenke mindestens 2-mal pro Tag funktionsgerecht durchbewegt werden (Physiotherapie). Regelmäßige passive Bewegungen vor allem der Fußgelenke sollten bei jeder Lagerung routinemäßig durchgeführt werden. Die Mobilisation kann je nach Mitarbeit des Patienten aktiv oder passiv erfolgen. (Bezüglich der Besonderheiten der Kontraktur- und Spitzfußprophylaxe bei Patienten mit Schädel-Hirn-Trauma wird auf S. 418 verwiesen.)
Ursachen der Kontrakturentstehung sind Lähmungen, Nervenschädigungen, Gelenkerkrankungen, Fehl- und Schonhaltungen, lange unphysiologische Ruhigstellung (z. B. im Gips) und Lagerungsfehler!
Bei der Lagerung von Patienten sollte daher auf eine sog. Funktionsstellung der Gelenke geachtet werden. Dabei werden die Gelenke in eine Haltung gebracht, in der für den Patienten im Falle einer Versteifung bzw. Kontrakturbildung noch die meisten Handlungsmöglichkeiten gegeben sind:

- Schultergelenk:
  Abduktion des Oberarms um 30 Grad
- Ellenbogengelenk:
  Abwinkeln des Unterarms zum Oberarm um 100 Grad, Unterarm leicht erhöht lagern
- Handgelenk:
  Pronation, Handgelenk leicht aufgestellt, zur Streckseite gebeugt, Fingergelenke leicht gebeugt, Oppositionsstellung zwischen Daumen und Zeigefinger
- Hüftgelenk:
  gestreckt, leichte Abduktion der Oberschenkel ohne Außenrotation der Beine
- Kniegelenk:
  gestreckt
- Fußgelenk:
  rechter Winkel zwischen Fuß und Unterschenkel, keine Außen- oder Innenrotation, die Fußspitzen müssen vor dem Aufliegen der Bettdecke geschützt sein

Bereits bestehende Kontrakturen sind für den Patienten bei der Mobilisation immer mit Schmerzen verbunden. Außerdem schränken Kontrakturen den Patienten in seiner Selbstständigkeit massiv ein.

7.10 Lagerung des Intensivpatienten

Auf Intensivstationen werden spezielle Betten verwendet. Ein **Intensivpflegebett** sollte nicht nur komfortabel für den Patienten sein, sondern auch pflegerische sowie diagnostische und therapeutische Maßnahmen am Patienten erleichtern. Wichtig sind vor allem vielfältige Verstellungsmöglichkeiten wie Kopftief- und Beinhochlagerung (Schocklagerung, Trendelenburg-Lagerung) oder getrennte Beweglichkeit des Kopf- und Beinteils (Möglichkeit der sog. Herzbettlagerung; ca. 45 Grad erhöhter Oberkörper und erniedrigte Beine, z. B. bei Patienten mit einem frischen Herzinfarkt). Wichtig ist auch eine Höhenverstellbarkeit des Bettes. Bei bestimmten Indikationen, z. B. im Falle eines querschnittsgelähmten Patienten oder eines Verbrennungspatienten, werden Spezialbetten zur adäquaten Lagerung benötigt.

Ziele einer fachgerechten und konsequenten 2-stündlichen Lagerung sind die Dekubitus-, Kontraktur- und Intertrigoprophylaxe sowie die Prophylaxe lagebedingter pulmonaler Schäden. Bestehen Atelektasen (mit Rechts-links-Shunt; → S. 263), dann sollte eine mehrstündige Seiten- oder Bauchlagerung durchgeführt werden, wobei die atelektatischen Lungenbezirke oben, die gut belüfteten Lungenbezirke unten zu liegen kommen sollten.

Generell ist bei der Lagerung eines Patienten darauf zu achten, dass alle Gelenke in der **Funktionsstellung** zu lagern sind. Knochenvorsprünge bzw. Gelenke sollten weich oder sogar frei gelagert werden. Dabei gilt der Grundsatz, dass so viele Lagerungsmittel wie nötig und so wenige wie möglich einzusetzen sind. Zu viele Lagerungsmittel können bei Patienten mit vorhandener Eigenbewegung zur völligen Immobilisation führen. Unbedingt ist auch auf die Fixierung und die Abpolsterung sämtlicher Drainagen zu achten, um Druckschäden, Abknicken oder eine Dislokation zu verhindern.

Auch der intensivpflichtige Patient sollte so früh wie möglich mobilisiert werden. Bei den allgemeinen Lagerungsmaßnahmen sollte der Patient aktiv mitwirken. Auch ein analgesierter und sedierter Patient sollte einige Male am Tag im Bett aufgesetzt werden. Dies stellt neben einem Kreislauftraining auch eine Form der Lagerungsdrainage für die Lunge dar. Die Mobilisation in den Lehnstuhl sollte je nach Zustand des Patienten ebenfalls bald angestrebt werden.

7.10.1 Rückenlagerung

Bei einem auf dem Rücken gelagerten Patienten sollte unter den Kopf ein Kopfkissen gelegt werden. Die Arme sind leicht abzuspreizen, eine direkte Anlagerung an den Körper ist zu vermeiden. Die Unterarme sollten auf ein Kissen gebettet werden. Der Arm ist im Ellenbogengelenk leicht zu beugen. Die Hände sollten nicht unter Herzniveau liegen, da sie sonst bald anschwellen. Die gering gespreizten Beine sind ähnlich zu lagern. Die Unterschenkel sollten auf einer zusammengefalteten Decke oder auf 2 Kopfkissen gebettet werden, und es ist darauf zu achten, dass die Knie leicht gebeugt sind. Knie und Fersen müssen druckfrei gelagert sein. Hat der Patient z. B. eine Pilzinfektion in der Leiste, dann können die Beine auch in einer sog. „Froschposition" gelagert werden. Zwischen Fußbrett und Fußsohle des Patienten sollte (mit Ausnahme bei neurochirurgischen Patienten) ein Kissen gelegt werden, sodass der Fuß etwa rechtwinkelig zum Unterschenkel steht, um die Ausbildung eines sog. Spitzfußes (Spitzfußprophylaxe) zu verhindern. Die angestrebte Mittelstellung der Gelenke ist dem Abschnitt über die Kontraktur- und Spitzfußprophylaxe zu entnehmen (→ S. 430).

7.10.2 Seitenlagerung

Soll beispielsweise eine Rechtsseitenlagerung durchgeführt werden, so muss der noch auf dem Rücken liegende Patient zuerst etwas zur linken Bettseite verlagert werden. Bei der anschließenden Durchführung der Seitenlagerung muss der Patient dann in der Mitte des Bettes zu liegen kommen. Nachdem das später oben liegende linke Bein über das rechte Bein nach vorn gelagert wurde, wird der Oberkörper in Rechtsseitenlagerung gebracht. Um ein Zurückrollen des Patienten zu verhindern, ist der Rücken mit einem Kissen abzustützen, das von den Schultern bis oberhalb (!) des Steißbeines reicht. Damit der Patient nicht auf dem unten liegenden rechten Arm ruht, ist die unten liegende Schulter nach vorn zu ziehen, und der rechte Oberarm ist etwas vom Körper abzuspreizen. Das Ellenbogengelenk sollte gebeugt und der Unterarm auf einem Kissen gelagert werden. Der oben liegende Arm ist im Ellenbogengelenk ebenfalls leicht zu beugen. Um einen Haut-auf-Haut-Kontakt zu vermeiden, muss zwischen Körper und oben liegendem Arm ein Kissen eingelegt werden.

Das unten liegende, nur leicht gebeugte Bein sollte etwas nach hinten verlagert werden. Dadurch kann ein Zurückrollen des Patienten verhindert werden. Das oben liegende Bein wird bei deutlich gebeugtem Kniegelenk etwas nach vorn gelagert. Dadurch kann der Patient nicht nach vorn rollen. Um einen Haut-auf-Haut-Kontakt zu vermeiden, muss zwischen Knie und Unterschenkel ein Kissen eingebracht werden. Die Füße sollten möglichst wiederum in eine etwa 90-Grad-Stellung gebracht werden (Spitzfußprophylaxe). Der Außenknöchel des unten liegenden Beines sollte frei gelagert sein. Hierzu kann ein kleines Lagerungskissen unter den distalen Unterschenkel geschoben werden.

7.10.3 Bauchlagerung

Die Bauchlagerung wird zum Teil im Rahmen der Dekubitusprophylaxe, vor allem aber in Verbindung mit pulmonalen Schädigungen angewandt. Der auf dem Rücken liegende Patient wird hierbei meist nicht um 180 Grad flach auf den Bauch gedreht sondern er wird normalerweise nur um 135 Grad gedreht, sodass er in seitlicher Bauchlage liegt. Die Bauchlage ist aufwendig in der Durchführung und kann bei unsachgemäßer Ausführung zu schweren Folgeschäden (Nerven-, Haut-, Gelenk- und andere Organschäden) führen, zumal sie nicht selten über mehrere Stunden beibehalten wird und dann nur noch stündlich sog. Mikrolagerungen zulässt. Dabei werden die Extremitäten bzw. der Kopf nur minimal verlagert bzw. gedreht, um die Gelenke leicht zu bewegen und die Auflagefläche (und damit die Durchblutung) zu verändern. Idealerweise wird die seitliche (135 Grad) Bauchlage (2- bis 4-stündlich) von rechts nach links gewechselt.

Zur Vorbereitung der Bauchlagerung gehört das gründliche Abpolstern zwischen Haut und sämtlichen Kunststoffdrainagen mit zugeschnittenem Schaumstoff und/oder Kompressen. Dann muss der Patient von der Rücken- in die Bauchlage gedreht werden. Er muss dazu an eine Seite des Bettes verlagert werden. Besondere Beachtung gilt der Sicherung sämtlicher Drainagen und Schläuche. Eine Person sollte sich ausschließlich um den Kopf, die Beatmungs- und Infusionsschläuche sowie die Kabel zum Monitor kümmern. Der Patient wird zuerst in Seitenlage gebracht. Der unten liegende Arm wird eng an den Rumpf geschoben, sodass der Patient nun über den Arm auf den Bauch gerollt werden kann. Unter den Brustkorb des Patienten wird auf der erhöht zu lagernden Seite ein Kissen geschoben. Eventuell wird auch unter Hüfte und Oberschenkel ein zweites Kissen geschoben. Der Bauch soll frei liegen, um die Zwerchfellbewegung beim Atmen nicht einzuschränken. Auf der erhöht gelagerten Körperseite wird der Arm nach oben neben den Kopf gelagert, auf der anderen Seite wird der Arm dem Körper angelagert. Der oben liegende Arm wird neben dem Kopf im Schulter- und im Ellenbogengelenk um jeweils etwa 100 Grad gebeugt gelagert, wobei auf eine frei (!) gelagerte Ellenbogenspitze zu achten ist, um eine Läsion des Nervus ulnaris zu verhindern. Das oben liegende Bein wird leicht in Hüfte und Knie angewinkelt und auf einem Kissen leicht erhöht gelagert. Der unten liegende Arm wird mit der Schulter vorsichtig nach unten außen gezogen und bleibt leicht angewinkelt neben dem Rumpf liegen. Das unten liegende Bein wird leicht angewinkelt und im Fußbereich unterpolstert, damit der Fuß nicht in Form eines Spitzfußes aufliegt. Der Kopf wird in Richtung der oberen Körperhälfte gedreht und mit einem individuell zugeschnittenen Schaumstoff zwischen Auge und Ohr so abgepolstert, dass beide frei liegen. Anschließend sind alle Drainagen, Schläuche und Kabel auf ausreichende Polsterung und knickfreie Fixierung zu kontrollieren.

7.10.4 Lagerung in Spezialbetten

Von verschiedenen Herstellern werden Spezialbetten angeboten, die gemietet werden können. Spezialbetten sind sehr teuer in der Anwendung und bedürfen einer gezielten Geräteeinweisung für das damit arbeitende Personal. Sie müssen vom behandelnden Arzt nach Indikationsstellung verordnet werden.
Die Spezialbetten werden nach folgenden Funktionsprinzipien und deren Indikationen unterschieden:

- Druckentlastung:
  Bei stark dekubitusgefährdeten Patienten oder bei Patienten, die bereits Ulzerationen entwickelt haben und vor weiteren Schäden bewahrt werden müssen, werden diese Betten eingesetzt. Es handelt sich dabei entweder um spezielle Betten oder nur um Matratzen, die aus Luftkammersystemen bestehen, in denen – je nach Statur des Patienten – ein individueller Druck eingestellt werden kann oder in denen sich nach bestimmten Zeitabständen der Druck selbstständig ändert (z. B. Kinair®-Bett, Pegasus-Matratze). Daneben gibt es Betten, bei denen ein Gebläse Quarzsand aufwirbelt, sodass die Patienten darauf „schweben" und ihr Auflagedruck im Bereich des Kapillardrucks gehalten wird (z. B. Clinitron®-Bett). Im sog. Packbett werden Patienten mithilfe von Schaumstoffquadern so gelagert, dass auch Knochenvorsprünge frei gelagert werden können.
- Kreislauftraining:
  In Drehbetten können schwer kranke Patienten mit orthostatischen Regulationsstörungen durch schrittweise Drehung der Ebene an die Bewegung im Raum gewöhnt werden.
- Lungenventilation:
  Bei Patienten mit schweren Thoraxtraumen oder anderen Lungenschäden können im Roto-Rest®-Bett Lagerungsdrainagen durchgeführt werden (→ S. 367).
- Wirbelsäulenstabilisierung:
  In Sandwich-Betten können Patienten mit instabilen Wirbelsäulenverletzungen sicher von der Rücken- in die Bauchlage und umgekehrt gebracht werden.

7.11 Sonde, Katheter und Drainage

7.11.1 Magensonde

> **!** Um bei Magen-Darm-Atonie, Ileus, Peritonitis, Pankreatitis oder einer Blutung im Gastrointestinalbereich Mageninhalt abzuleiten, um eine enterale Ernährung durchführen zu können oder um Magensaft zu diagnostischen Zwecken gewinnen zu können, wird bei allen beatmeten (und auch bei vielen nicht beatmeten) Intensivpatienten eine Sonde durch die Nase in den Magen eingeführt.

Hierzu empfiehlt es sich, den Oberkörper des Patienten hochzulagern sowie den Kopf leicht nach vorn zu beugen. Vor dem Einführen der Magensonde wird die notwendige Einführtiefe durch Auflegen der Sonde auf den Patienten ungefähr abgemessen (Nase – Ohr – Spitze des Sternums). Nachdem das Ende der Magensonde mit einem (ein Lokalanästhetikum enthaltenden) Gleitmittel versehen wurde, wird die Magensonde durch den unteren Nasengang (also nicht nach kranial, sondern nach dorsal) vorgeschoben. Der wache Patient sollte zum Schlucken aufgefordert werden. Beim sedierten oder komatösen Patienten muss die Magensonde blind vorgeschoben werden. Gegebenenfalls

kann mit Zeige- und Mittelfinger der linken Hand über den Zungengrund tief in den Rachen gefasst werden und die Magensonde zwischen diesen beiden Fingern stabilisiert bzw. dirigiert werden. In schwierigen Fällen kann eine direkte Laryngoskopie (→ S. 92) unter Zuhilfenahme einer Magill-Zange (→ S. 90) notwendig werden.
Bei einer richtig platzierten Magensonde kann nun mittels Magenspritze Luft (z. B. 30–50 ml) in den Magen geblasen und anschließend wieder abgesaugt werden. Ist die insufflierte Luft nicht mehr abzusaugen, so liegt die Spitze der Magensonde vermutlich noch im Ösophagus. Lässt sich (unendlich) viel Luft absaugen, so spricht dies für eine endotracheale Lage der Magensonde.

! Stets ist eine endotracheale Lage der Magensonde auszuschließen.

Zusätzlich sollte die richtige Lage der Magensonde auskultatorisch überprüft werden, indem über dem Magen abgehört wird, während mittels Magenspritze Luft insuffliert und wieder abgesaugt wird. Weist das abgeleitete Sekret einen pH-Wert von ca. 2 auf, so spricht dies für eine intragastrale Lage (bei einer Lage im Duodenum beträgt der pH-Wert des Sekretes ca. 8). Vor der Gabe enteraler Ernährungslösungen sollte die korrekte Lage der Magensonde auf einer Röntgenaufnahme des Thorax (die bei intubierten Patienten häufiger angefertigt wird) dargestellt werden.
Die richtig platzierte Magensonde wird mittels Pflasterstreifen am Nasenrücken fixiert (vgl. Abb. 7-6). Die Pflasterfixierung sollte täglich erneuert werden. PVC-Magensonden dürfen wegen der Verflüchtigung der enthaltenen Weichmacher nur 3 Tage, Silikonmagensonden dürfen dagegen unbegrenzt lange liegen bleiben.
Bezüglich der evtl. Anlage einer Duodenal-, Jejunal- oder PEG-Sonde wird auf Seite 381 verwiesen.

7.11.2 Blasenkatheter

Um bei Intensivpatienten eine genaue Flüssigkeitsbilanzierung durchführen zu können, muss die Urinausscheidung gemessen werden. Hierzu wird normalerweise ein Blasenkatheter durch die Harnröhre (transurethral) eingeführt. Zunehmend häufiger wird (insbesondere bei Männern) bei voraussichtlich längerfristiger Harnableitung eine suprapubische Blasenkatheterisierung durchgeführt.

Transurethrale Blasenkatheterisierung

Für die transurethrale Katheterisierung werden normalerweise steril verpackte, komplette Katheterisierungssets verwendet. Häufiger kommen inzwischen bei intensivpflichtigen Patienten auch Dauerkatheter mit integriertem Temperaturmessfühler zum Einsatz. Für eine Katheterisierung werden benötigt:

- entsprechende Katheter (Männer: 16–18 Charrière, Frauen: 14–16 Charrière)
- Desinfektionsmittel für Schleimhäute (z. B. Povidon-Iod; Braunol®)
- mit Aqua destillata gefüllte 10-ml-Spritze
- Gleitmittel (Instillagel®), das ein Lokalanästhetikum enthält
- geschlossenes Urinableitungssystem
- Urinauffangschale
- sterile Tupfer
- sterile Handschuhe
- steriles Schlitztuch
- sterile Pinzette

Bei dem auf dem Rücken liegenden Patienten wird unter das Gesäß ein Tuch (z. B. Moltex®) gelegt. Der Genitalbereich wird mit einem sterilen Schlitztuch abgedeckt.
Bei **Männern** wird nach Zurückstreifen der Vorhaut mit der linken Hand die Eichel (Glans penis) mindestens 3-mal mit vorher in Desinfektionslösung getauchten Tupfern sorgfältig gereinigt. Während mit der linken Hand der Penis festzuhalten und während des gesamten

Vorgangs nicht mehr loszulassen ist, wird dann mit der rechten Hand ein lokalanästhetikumhaltiges Gleitmittel in die Harnröhre instilliert. Nun wird mit der rechten Hand mittels Pinzette der angereichte sterile Katheter in die Harnröhre eingeführt. Hierbei ist der Penisschaft anzuheben. Der Katheter muss sich stets problemlos einführen lassen. Unzartes Vorschieben ist unbedingt zu vermeiden. Bei erfolgreicher Blasenkatheterisierung fließt normalerweise Urin ab. Der Katheterballon wird mit Aqua destillata geblockt (bei Verwendung von NaCl 0,9 % kann es bei lang liegendem Katheter zum Auskristallisieren des NaCl kommen, wodurch u. U. ein Entblocken des Katheters verhindert werden kann). Der Katheter wird nach dem Blocken vorsichtig so weit zurückgezogen, bis Widerstand auftritt, das heißt der aufgeblasene Katheterballon vor dem Blasenausgang liegt. Stets ist darauf zu achten, dass die Vorhaut wieder zurückgestreift wird, um das Auftreten einer Paraphimose (strangulierende Abschnürung der Glans penis) im Falle einer Vorhautverengung zu vermeiden.

Bei **Frauen** ist eine entsprechende mehrmalige Desinfektion von großen und kleinen Schamlippen sowie des Urethraeingangs vorzunehmen. Mit der linken Hand wird die ganze Zeit der Genitalbereich gespreizt, während mit der rechten Hand steril gearbeitet wird.

An den Blasenkatheter ist ein geschlossenes Urinableitungssystem anzuschließen. Es ist stets darauf zu achten, dass der Blasenkatheter zugfrei ist.

Entscheidendes Risiko bei der transurethralen Katheterisierung ist die **Infektionsgefahr**. Sie erfordert ein streng aseptisches Vorgehen. Auf Intensivstationen wird die transurethrale Blasenkatheterisierung daher häufig mit Mundschutz und Haube durchgeführt.

Um der großen Gefahr einer späteren, aufsteigenden Infektion vorzubeugen, sind Diskonnektionen des Blasenkatheters vom Urinableitungssystem zu vermeiden.

! Vor evtl. Lagerungsmanövern des Patienten ist das Urinableitungssystem abzuklemmen, falls es ausnahmsweise über kein Rückschlagventil verfügt; ein Zurückfließen von Urin aus dem Sammelbeutel in die Blase ist unbedingt zu vermeiden.

Nach den Umlagerungsmanövern muss der Urinableitungsschlauch wieder geöffnet werden! Falls es zu einer unbeabsichtigten Diskonnektion des **D**auer**k**atheters (= DK) von dem ableitenden System kommt, muss das Katheterende desinfiziert und ein neues Urinableitungssystem angeschlossen werden. Die Kathetereintrittsstelle ist mindestens 2-mal pro Tag zu reinigen. Bei evtl. Verunreinigungen der Kathetereintrittsstelle durch Kot oder sonstige Sekrete ist neben einer sorgfältigen Reinigung auch eine Desinfektion der Kathetereintrittsstelle vorzunehmen. Je nach Material dürfen Latexkatheter 7–10 Tage und Silikonkatheter ca. 30 Tage liegen bleiben. Danach ist im Rahmen der Infektionsprophylaxe ein Wechsel indiziert.

Suprapubische Blasenkatheterisierung

Für die suprapubische Blasenkatheterisierung stehen sterile Einmalsets (Cystofix, Fa. Braun Melsungen) zur Verfügung. Nach entsprechender Desinfektion und Lokalanästhesie der voraussichtlichen Punktionsstelle erfolgt unter sterilen Voraussetzungen (mit Haube, Mundschutz und sterilem Kittel) die transkutane Punktion der Blase (2 cm oberhalb der Symphysenmitte, 10–20 Grad zur Senkrechten nach kaudal). Die Punktion darf nur bei voller Blase durchgeführt werden. Gegebenenfalls muss die Blase über einen zuvor transurethral eingeführten Blasenkatheter mit steriler Kochsalzlösung gefüllt werden.

Nach erfolgreicher Punktion und Entfernung der Punktionskanüle muss der Katheter sicher an der Haut festgenäht und die Punktionsstelle muss steril verklebt werden. Da suprapubische Katheter ein relativ dünnes Lumen (Durchmesser) aufweisen, können sie leicht verlegt werden.

Die **Vorteile** der suprapubischen Punktion gegenüber der transurethralen Katheterisierung sind darin zu sehen, dass die Gefahr einer im Krankenhaus erworbenen (nosokomialen) Infektion sowie das Risiko einer Harnröhren-, Hoden-, Nebenhoden- oder Prostataentzündung oder die Gefahr einer Harnröhrenstriktur geringer ist. Außerdem kann nach Abklemmen des suprapubischen (!) Katheters die Spontanmiktion trainiert und die Restharnbildung überwacht werden.
Da bei einer suprapubischen Fehlpunktion Bauchorgane verletzt werden können, ist eine suprapubische Punktion stets vom erfahrenen Arzt durchzuführen. Außerdem ist bei der Punktion eine sonographische Kontrolle sinnvoll.

! Eine der häufigsten Ursachen für eine plötzliche Anurie ist ein verstopfter oder abgeknickter Urinkatheter! Der Katheter muss in diesem Falle unter sterilen Bedingungen mit physiologischer Kochsalzlösung durchgespült oder entknickt werden.

7.11.3 Zentraler Venenkatheter

(→ S. 185)

Bei Intensivpatienten wird häufig ein zentraler Venenkatheter platziert, um den zentralen Venendruck bestimmen, eine parenterale Ernährung durchführen und/oder um Medikamente (z. B. Catecholamine) langfristig verabreichen zu können. Eine parenterale Ernährung über eine periphervenöse Verweilkanüle ist nicht sinnvoll, falls höher osmolare Lösungen (> 800 mOsmol/l) verabreicht werden sollen. Sie würden zu einer Schädigung der dünnen peripheren Venen führen. Bei der Infusion über einen zentral liegenden Kavakatheter können Venenreizungen vermieden werden, da es in großen Venen zu einer guten Vermischung der Infusionslösung mit dem Blut kommt.
Um eine Infektion der Kathetereintrittsstelle eines Kavakatheters, Pulmonalarterienkatheters oder einer arteriellen Kanüle zu verhindern, ist diese täglich mit einer antiseptischen Lösung zu reinigen. Anschließend ist ein steriler und trockener Verband anzulegen. Um Katheterinfektionen vorzubeugen, müssen die angeschlossenen Infusionssysteme bzw. die zu den Messfühlern führenden Schläuche einmal pro Tag gewechselt werden, soweit kein Bakterienfilter mit längerer Anwendungszulassung zwischengeschaltet ist. Ein unnötiges Manipulieren an diesen Kathetern ist zu vermeiden. Nicht venenreizende Medikamente sollten nicht über zentrale Venenkatheter, sondern möglichst über einen periphervenösen Zugang verabreicht werden. Infusionslösungen für die künstliche intravenöse Ernährung sollten über einen Bakterienfilter verabreicht werden. Fettemulsionen, hochosmolare Infusionslösungen und Vitamine dürfen jedoch nicht über Bakterienfilter laufen, da sie zum Verschluss der Filter führen. Catecholamine sollten über speziell dafür zugelassene Filter verabreicht werden.

7.11.4 Blutige arterielle Druckmessung

(→ S. 191)

7.11.5 Pulmonalarterienkatheter

(→ S. 197)

7.11.6 Thoraxdrainage

Normalerweise muss eine Thoraxdrainage platziert werden, falls sich im Pleuraspalt

- Luft
  (Pneumothorax),
- Blut
  (Hämatothorax),
- Transsudat
  (zell- und proteinarmes Sekret, spezifisches Gewicht < 1 016; Proteingehalt < 30 g/l, z. B. Pleuraerguss),
- Exsudat

(entzündlich bedingtes, trübes Sekret, spezifisches Gewicht >1016; Proteingehalt >30 g/l, z. B. Pleuraempyem) und/oder
- versehentlich über einen fehlplatzierten zentralen Venenkatheter infundierte Flüssigkeit (Infusionsthorax)

befindet.

Ursachen für einen **Pneumothorax** sind z. B. Fehlpunktionen mit Pleuraverletzung bei Anlage eines zentralen Venenkatheters (→ S. 185) oder spontane bzw. traumatische Lungenverletzungen.

! Bildet sich im Bereich der Verletzungsstelle ein **Ventilmechanismus** aus, das heißt, Luft tritt zwar aus der Lunge in den Pleuraspalt über, kann aber nicht mehr aus dem Pleuraspalt in die Lunge zurückströmen, so entwickelt sich ein ständig größer werdender Pneumothorax (**Spannungspneumothorax**).

Die **Gefahr** eines Spannungspneumothorax ist insbesondere bei künstlich beatmeten Patienten mit einer Lungenverletzung sehr groß. Ein Spannungspneumothorax führt zur Kompression der verletzten Lunge und letztlich zur Verdrängung des Mediastinums zur Gegenseite mit Kompression großer venöser Gefäße und damit zur Drosselung des venösen Rückflusses mit Kreislaufproblemen. Ein **Spannungspneumothorax** kann klinisch festgestellt werden anhand von:
- hypersonorem Klopfschall
- einseitig fehlenden Atemgeräuschen
- einseitigen Thoraxexkursionen
- Oxygenierungsproblemen
- Kreislaufproblemen

Es ist eine sofortige Entlastung angezeigt. Hierzu wird unter sterilen Bedingungen eine großlumige Thoraxdrainage mit Trokar in den Pleuraspalt eingeführt (normalerweise bei Männern 32 Charrière, bei Frauen 28 Charrière; → unten). In Notsituationen kann initial auch eine großlumige periphervenöse Verweilkanüle eingeführt werden.

Im Falle eines Pneumothorax wird eine dünnere Thoraxdrainage oft im zweiten oder dritten Interkostalraum in der Medioklavikularlinie eingeführt (Monaldi-Drainage). Es wird in Richtung Schulter punktiert. Häufiger wird bei einem Pneumothorax auch (genauso wie bei einem Pleuraerguss; → unten) im vierten oder fünften Interkostalraum in der mittleren oder hinteren Axillarlinie punktiert und die Thoraxdrainage dann nach ventral vorgeschoben. Soll Flüssigkeit aus dem Interpleuralraum abgelassen werden, so wird normalerweise in der mittleren oder hinteren Axillarlinie im vierten oder fünften Interkostalraum punktiert (= Bülau-Drainage).

Hierzu sollte der Oberkörper des Patienten zur Punktion angehoben werden, sodass sich die Flüssigkeit unten (im Punktionsbereich) ansammelt und die Gefahr einer punktionsbedingten Lungenverletzung minimiert wird. Die Spitze der Thoraxdrainage sollte nach dorsal (wo sich die Flüssigkeit beim liegenden Patienten ansammelt) vorgeschoben werden.

Beim **Einführen** einer **Thoraxdrainage** ist zu beachten, dass am Unterrand jeder Rippe eine Arterie und eine Vene verlaufen. Zur Minimierung der Verletzungsgefahr der Lunge sollte im entsprechenden Interkostalraum der Zugangsweg möglichst stumpf mit Schere und Finger präpariert sowie gespreizt und erweitert werden (sog. Minithorakotomie). Die Thoraxdrainage kann nun – unter digitaler Führung – ohne Metallmandrin bis in die Pleurahöhle eingeführt werden. Soll Luft drainiert werden, genügt eine dünne Thoraxdrainage (z. B. 24–28 Charrière), soll Flüssigkeit drainiert werden, sollte eine dickere Drainage (28–32 Charrière) verwendet werden. Anschließend wird der Schlauch mit einer Tabaksbeutelnaht im Hautniveau angenäht. Die Tabaksbeutelnaht wird später beim Ziehen der Drainage schnell zusammengezogen, dadurch kann der Eintritt von Luft in den Pleuraspalt verhindert werden.

An eine Thoraxdrainage ist ein entsprechendes **Drainagesystem** anzuschließen. Dieses Drainagesystem besteht zumeist aus Sekretauffangbehälter, sog. Wasserschloss und Saugvorrichtung (Abb. 7-15a–e).

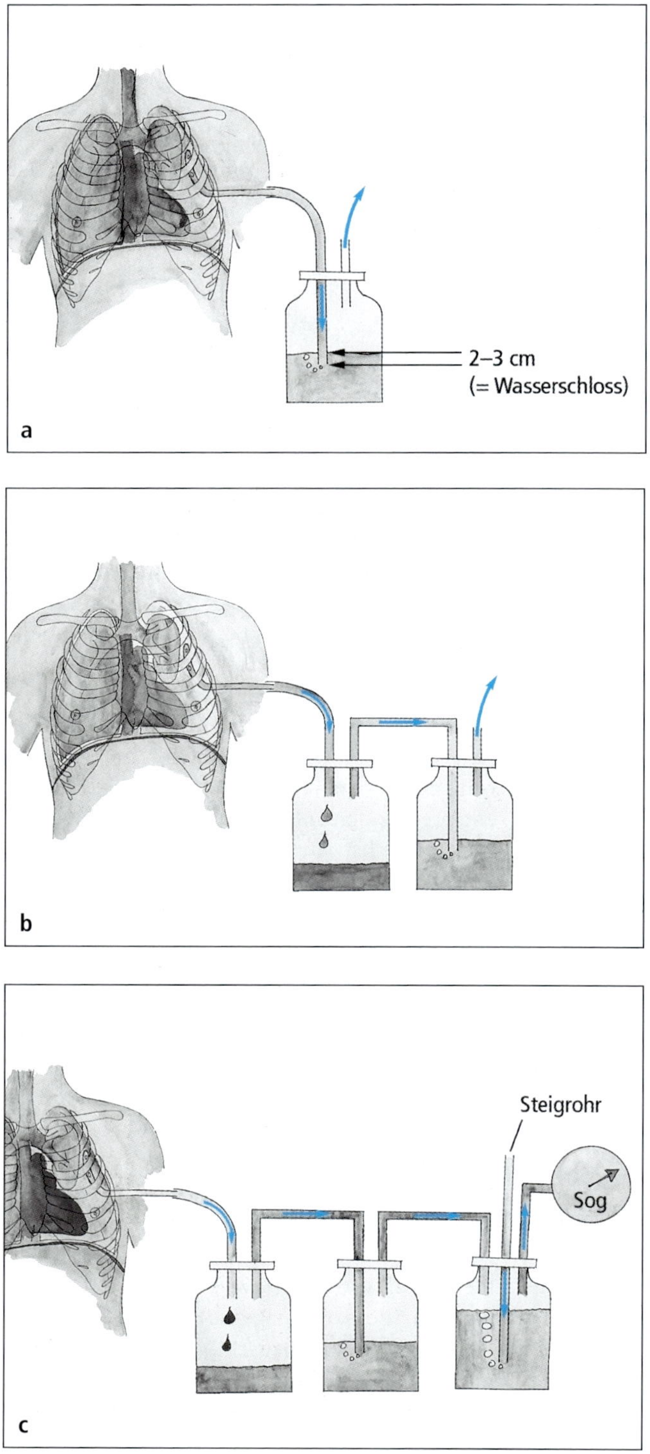

Abb. 7-15 Thoraxdrainage.
a Einflaschensystem, das als Sekretauffangkammer und als Wasserschloss fungiert (Eintauchtiefe des Wasserschlossstabes sollte stets ca. 2–3 cm betragen und muss bei Sekretnachfluss ggf. korrigiert werden). **b** Zweiflaschensystem; die erste Flasche dient als Sekretauffangkammer, die zweite Flasche als Wasserschloss. Bei Sekretnachfluss verändert sich die Eintauchtiefe des Wasserschlossstabes nicht.
c Dreiflaschensystem mit aktiver Saugung; die erste Flasche dient als Sekretauffangkammer, die zweite Flasche als Wasserschloss und die dritte Flasche dient dem Anschluss des Sogs und der Sogregulierung.

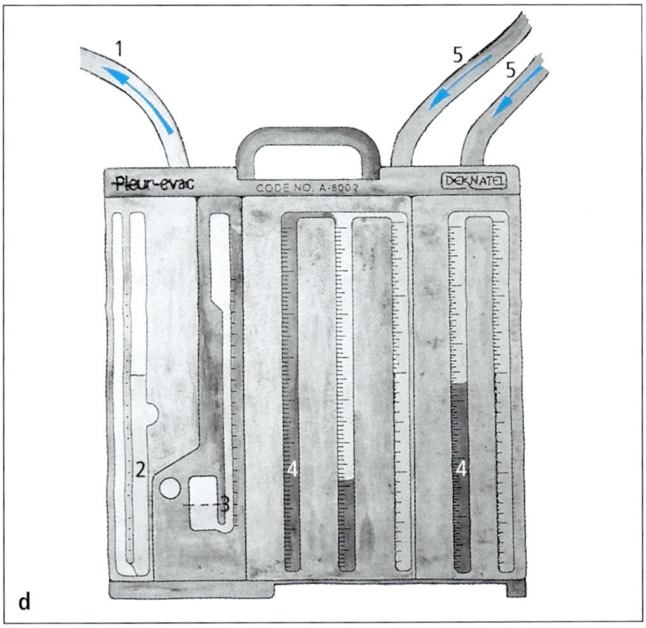

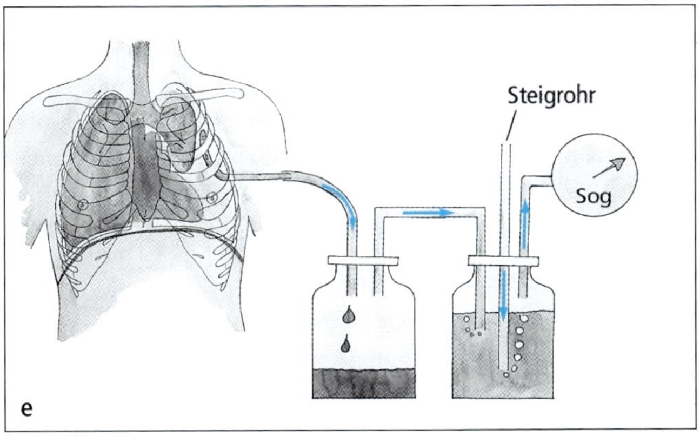

Abb. 7-15 Thoraxdrainage.
d Pleur-evac®-System zum Einmalgebrauch. 1 = Saugschlauch; 2 = Saugerkammer (wird die Saugerkammer z. B. 15 cm hoch mit Wasser gefüllt, dann ergibt sich ein Sog von –15 cm H_2O (die Füllhöhe des Wassers entspricht bei diesem System im Prinzip der Einführtiefe des Steigrohres bei anderen Systemen; vgl. Text); 3 = Wasserschloss; 4 = Auffangkammern 1 und 2; 5 = Thoraxdrainagen 1 und 2.
e Manchmal eingesetzte Konstruktion, bei der die Funktion der zweiten und dritten Flasche kombiniert werden (vgl. Abb. 7-15c).

Thoraxdrainagesysteme wurden von Einflaschensystemen über die Zweiflaschensysteme zu den Dreiflaschensystemen weiterentwickelt. Die heute üblichen Drainagesysteme beruhen zumeist auf dem Funktionsprinzip der Dreiflaschensysteme.

Bei den Einflaschensystemen (Abb. 7-15a) wird eine teilweise mit Flüssigkeit gefüllte Flasche verwendet, wobei der Drainageschlauch (Wasserschlossstab) stets ca. 2–3 cm in die Flüssigkeit eintauchen muss. Hierdurch können Luft und Flüssigkeit aus dem Pleuraspalt entweichen und es kann gleichzeitig verhindert werden, dass Luft wieder zurück in den Pleuraspalt gelangt (= sog. Wasserschloss). Das Drainagesystem muss stets unterhalb des Patiententhorax und in stehender Position gelagert werden, damit Flüssigkeit drainieren und das Wasserschloss funktionieren kann. Entweicht Luft aus der Lunge (besteht z. B. eine sog. Lungenfistel), dann blubbert es am Wasserschloss kontinuierlich (Abb. 7-15a). Fließt über die Thoraxdrainage Sekret in die Flasche und steigt daher der Flüssigkeitsspiegel an, dann muss wiederholt der Wasserschlossstab nachgestellt werden, sodass er stets ca. 2–3 cm unter den Wasserspiegel reicht. Je tiefer der Wasserschlossstab in die Flüssigkeit tauchen würde, desto schwerer könnte evtl. Luft nur entweichen. Damit nicht laufend der Wasserschlossstab nachkorrigiert werden muss, werden Sekretkammer und Wasserschloss zumeist getrennt. Dies ist im Zweiflaschensystem realisiert.

Das Zweiflaschensystem (Abb. 7-15b) besteht aus einer ersten Flasche für den Sekretauffang und einer zweiten Flasche für das Wasserschloss. Sekretsammelkammer und Wasserschloss sind getrennt. Läuft Flüssigkeit in die Sammelkammer nach, hat dies keinen Einfluss auf das Wasserschloss. Der Wasserschlossstab braucht also nicht nachjustiert werden.

Beim Dreiflaschensystem (Abb. 7-15c) dient die erste Flasche als Sekretauffangkammer, die zweite Flasche als Wasserschloss und die dritte, nachgeschaltete Flasche dem Anschluss eines Vakuums (Sogs) und der Regulierung der Sogstärke. Beim Anschluss eines Thoraxdrainagesystems an eine der in Krankenhäusern üblichen Vakuumanschlüsse ist zu beachten, dass dieser Anschluss nur einen konstanten Sog ermöglicht. Daher muss die dritte Flasche eine Sogregulierung ermöglichen. Über die Eintauchtiefe eines zur Atmosphäre hin offenen, hohlen Steigrohres kann der an der Flasche angelegte konstante Sog reguliert werden. Wird durch den angelegten Sog nun Luft über das zumeist 15–20 cm tief eingetauchte Steigrohr (Abb. 7-15c) angesaugt, dann blubbert es kontinuierlich am Steigrohr und der Sog beträgt –15 bis –20 cm H_2O. Würde das Steigrohr nur 10 cm tief unter Wasser geführt, dann würde der entstandene Sog nur –10 cm H_2O betragen.

Der Sog wird normalerweise auf ca. –5 bis –20 cm H_2O (= 5–20 cm Eintauchtiefe des Steigrohrs eingestellt; häufig ca. 15 cm H_2O). Bei der Einstellung des Sogs ist allerdings zu beachten, dass der tatsächlich im Pleuraraum wirksame Sog sich aus der Differenz zwischen eingestelltem Sog (z. B. –15 cm H_2O) minus Höhe des Wasserschlosses (z. B. 3 cm H_2O; → S. 339) ergibt (z. B. 15 cm H_2O – 3 cm H_2O = 12 cm H_2O). Taucht allerdings der Stab des Wasserschlosses versehentlich viel zu tief unter Wasser (z. B. 10 cm), dann beträgt der tatsächlich wirksame Sog nur noch 15 cm H_2O – 10 cm H_2O = 5 cm H_2O. In diesem Zusammenhang ist auch zu beachten, dass die Schläuche des Thoraxdrainagesystems nicht siphonartig durchhängen und Flüssigkeit enthalten dürfen. Ansonsten muss die Höhe dieser Wassersäule durch den Sog ebenfalls erst überwunden werden und der tatsächlich wirksame Sog wird noch um die Höhe dieser Wassersäule gemindert (wirksamer Sog = eingestellter Sog minus Tiefe des Wasserschlosses minus Höhe evtl. Flüssigkeitsspiegel in den Schläuchen).

Oft werden als Thoraxdrainagesysteme auch Einwegsysteme verwendet. Die in Deutschland häufig eingesetzten Einwegsysteme (v. a. Pleurevac® [Abb. 7-15d] und Sential Seal®) beruhen auf dem Prinzip des Dreiflaschensystems. Diese Einwegsysteme besitzen noch zusätzliche Sicherheitsventile (z. B. Positivitätsventil, Negativitätsventil).

Manchmal werden auch Konstruktionen eingesetzt (Abb. 7-15e), bei denen die Funktion der zweiten und dritten Flasche in einer Flasche kombiniert sind. Die erste Flasche entspricht der Sekretauffangflasche und die zweite Flasche erfüllt die Funktion des Wasserschlosses und der Saugregulierung (vgl. Abb. 7-15c).

Um ein **Verstopfen der Thoraxdrainage** durch Koagel zu verhindern, muss der ableitende Schlauch intermittierend „ausgemolken" werden. Die Punktionsstelle muss täglich gereinigt, inspiziert, desinfiziert und neu verbunden werden. Besteht eine Verbindung (Fistel) zwischen der Lunge und dem Unterhautzellgewebe, so kann sich die Luft bei ungenügender Drainagefunktion in diesem Gewebe ansammeln und es kommt zu einem knisternden Hautemphysem.

Die abgesaugte Flüssigkeitsmenge wird überprüft und dokumentiert. Falls der Patient Fieber unklarer Ursache hat, sollte 2-mal pro Woche eine Probe zur bakteriologischen Kontrolle aus der abgesaugten Flüssigkeit entnommen werden.

Soll ein beatmeter Patient mit Thoraxdrainage transportiert werden, so darf die Thoraxdrainage nicht abgeklemmt werden. Bei Abklemmung besteht die Gefahr eines Spannungspneumothorax (→ S. 295). Beim Patiententransport sollen (sowohl beim beatmeten als auch spontan atmenden Patienten) Thoraxdrainagesysteme mit Wasserschloss ohne Saugung angeschlossen bleiben und mitgenommen werden. Aufgrund des Wasserschlosses kann ggf. Luft über das Wasserschloss aus dem Pleuraspalt entweichen, aber es kann keine Luft über die Thoraxdrainage in den Pleuraspalt gelangen. Für den Patiententransport kann die Thoraxdrainage aber auch mit einem sog. Heimlich-Ventil versehen werden, das an das Schlauchende angesteckt wird. Es lässt Luft aus dem Pleuraspalt entweichen, aber umgekehrt keine Luft von außen in den Pleuraspalt hinein.

7.12 Wundversorgung

Mechanische, thermische, chemische und strahlenbedingte Einwirkungen können zu Gewebeschäden mit Ausbildung einer Wunde führen.

! **Ziel** einer geeigneten Wundversorgung ist es, eine Keimbesiedelung und Infektion der Wunde zu verhindern und eine möglichst komplikationslose Wundheilung zu ermöglichen.

Der anzulegende Wundverband hat dabei die **Aufgabe**, die Wunde vor mechanischer Belastung und dem Eindringen von Keimen zu schützen. Außerdem sollen überschüssige Sekrete aufgesaugt und ein die Heilung begünstigendes Wundmilieu geschaffen werden.

7.12.1 Wundheilung

Eine Wunde kann primär oder sekundär heilen. Handelt es sich um eine aseptische (Operations-)Wunde oder um eine traumatische Wunde, die sauber und jünger als 6–8 Stunden ist, so kann die Wunde in der Regel spontan oder aber nach Naht (und damit Adaption der Wundränder) innerhalb weniger Tage abheilen. Es wird von einer **primären** Wundheilung gesprochen. Dieser Heilungsverlauf kann in folgende 3 Stadien unterteilt werden:

- Latenz- oder Exsudationsphase:
  In der Latenz- oder Exsudationsphase füllen kleine, eröffnete Blut- und Lymphgefäße den entstandenen Defekt solange mit Wundsekret, bis die Gerinnung und die Vasokonstriktion den Vorgang stoppen und die Wunde verklebt (Schorfbildung). Daraufhin werden evtl. vorhandene Keime von den aus den Kapillaren einwandernden Granulozyten, Histiozyten und Fibroblasten phagozytiert. Dieses Stadium dauert etwa 4 Tage.
- Proliferationsphase:
  In der Proliferationsphase sprießen, von den Wundrändern ausgehend, Kapillaren in das Wundbett ein, Fibroblasten bilden Kollagenvorstufen, und innerhalb von 4–7 Tagen beginnt die Wunde zu schrumpfen und deren Festigkeit nimmt zu.
- Regenerations- oder Reparationsphase:
  In der Regenerations- oder Reparationsphase vernetzen und stabilisieren sich die Kollagenfasern weiter und es kommt etwa ab dem achten Tag zur Narbenbildung.

Langwieriger ist eine **sekundäre** Wundheilung. Wunden, die stark verschmutzt, infiziert oder älter als 8 Stunden sind (und damit als potenziell infiziert gelten), dürfen nicht durch Adaption der Wundränder versorgt werden. Sie müssen „offen" abheilen, weil ein operativer Verschluss der infizierten Wunde eine Heilungsverzögerung verursacht und eine Abszessbildung begünstigt. Der Heilungsverlauf ist durch das meist klaffende Wundbett erschwert, das keine Vernetzung der an den Wundrändern einsprießenden Kapillaren zulässt. Die Wunde granuliert langsam unter starker Blutungsneigung (selbst bei leichter Berührung) zu, bis sie letztlich unter dem Wundschorf epithelialisiert. Es entsteht eine breite Narbe mit möglicher Funktionseinschränkung.
Typische **Entzündungszeichen** einer infizierten Wunde sind Rötung (Rubor), Überwärmung (Calor), Schwellung (Tumor), Schmerz (Dolor) und eingeschränkte Funktion (Functio laesa).

Heilungsstörungen können verursacht sein durch Primärerkrankungen wie Diabetes mellitus, **p**eriphere **a**rterielle **V**erschluss**k**rankheit (= PAVK), chronisch venöse Insuffizienz, Polyneuropathie, immunsuppressive Behandlung oder Druckbelastung. Ursache der verzögerten oder unzureichenden Heilung ist dabei die mangelnde Durchblutung des geschädigten Gewebes. Auch Komplikationen wie Hämatombildung, Infektion und Wunddehiszenz stören den Heilungsverlauf.

7.12.2 Materialien zur Wundbehandlung

In erster Linie wird zwischen Materialien zur Wundauflage und Materialien zur Verbandsfixierung unterschieden:

- Materialien zur Wundauflage:
  Als Wundauflagen kommen sowohl trockene als auch feuchte Wundverbände zur Anwendung. Daneben können Salben zur enzymatischen Wundreinigung und Hautschutzfilme (zum Schutz der die Wunde umgebenden intakten Haut) zur Wundbehandlung mitverwendet werden.
- Materialien zur Verbandfixierung:
  Die Fixierung von Wundauflagen erfolgt, soweit sie nicht selbstklebend sind, mit (un-)elastischem Pflaster, (un-)elastischen Binden oder (un-)elastischem Klebemull.

Trockene Wundbehandlung

Indikationen für die trockene Wundbehandlung sind:

- trockene, aseptische, primär heilende Wunden
- stark sezernierende, aseptische oder septische Wunden
- oberflächliche Erosionen
- Einstichstellen

Bei einem trockenen Wundverband handelt es sich um trockene Wundauflagen, zum Teil mit medikamentösen Zusätzen. Je nach den Eigenschaften der Wunde (trocken oder sezernierend) muss der Verband einmal oder mehrmals täglich gewechselt werden. Unauffällige reizlose Wunden können bereits nach wenigen Tagen ohne Verband belassen werden.

Als **Auflagen** dienen bei der trockenen Wundversorgung:

- Kompressen:
  Die herkömmlichen Kompressen können im Prinzip auf alle Wunden aufgebracht werden, die mit trockenem Wundverband zu versorgen sind. Praktisch werden sie jedoch – je nach Beschaffenheit der Wunde – häufig durch andere trockene Auflagen mit spezifischen Eigenschaften ersetzt und werden nur zu deren Abdeckung verwendet.
- Schlitzkompressen:
  Sie kommen bei der Versorgung von Drainageneinstichstellen zum Einsatz. Sie werden mit Kompressen abgedeckt, wobei ein Abknicken oder eine Lumeneinengung der Drainage zu vermeiden ist.
- nicht haftende Kompressen:
  Sie sind von einer Vliesumhüllung umgeben und werden auf leicht sezernierende Wunden aufgelegt. Die herkömmlichen Kompressen würden mit solchen Wunden leicht verkleben und bei der Entfernung könnte leicht eine erneute Verletzung verursacht werden.
- Saugkompressen:
  Diese Kompressen gibt es mit oder ohne nicht haftende Eigenschaften. Saugkompressen sind im Inneren mit einem Saugkörper ausgestattet, der größere Sekretmengen aufnehmen kann als eine übliche Kompresse. Die Saugkompresse wird auf stark sezernierende Wunden aufgelegt oder zur Abdeckung bei der feuchten Wundbehandlung (→ S. 443) herangezogen.
- Salbenverbände:
  Sie sind mit Zusätzen wie z. B. Povidon-Iod oder mit paraffinhaltiger Salbe (ohne Wirkstoff) im Handel. Daneben können spezielle Salben zur Wundreinigung auf eine Wunde aufgebracht und mit einem trockenen Verband abgedeckt werden. Die Anwendungs-

gebiete entsprechen denen der nicht haftenden Kompressen (→ S. 442).

- Pflaster:
  Sie eignen sich zur Abdeckung trockener Einstichstellen oder Operationswunden.

Feuchte Wundbehandlung

Indikationen für die feuchte Wundbehandlung sind:

- septische, sekundär heilende Wunden
- offene Weichteilverletzungen
- offene chronische Wunden
- Verbrennungswunden (→ S. 481)
- oberflächliche Erosionen
- Einstichstellen

Zur feuchten Wundbehandlung stehen 2 grundsätzlich verschiedene Methoden zur Auswahl. Je nach Eigenschaften und Beschaffenheit der Wunde wird die Versorgung mit angefeuchteten herkömmlichen Kompressen oder mit speziellen Wundverbänden bevorzugt.

Als **Auflagen** dienen bei der feuchten Wundversorgung:

- angefeuchtete Kompressen:
  Die herkömmliche Methode besteht darin, dass angefeuchtete Kompressen auf die Wunde aufgebracht und diese dann trocken abgedeckt werden. Zur Anfeuchtung wird Ringer-Lösung empfohlen, die ein breiteres Angebot an Elektrolyten bietet als die physiologische Kochsalzlösung. Dies scheint für die Wundheilung von Vorteil zu sein. Häufig wird zur Anfeuchtung auch Lavasept® verwendet. Die feuchte Wundbehandlung hat zum Ziel, nicht epithelialisiertes Gewebe vor dem Austrocknen zu bewahren und ein feuchtes, körperwarmes Milieu zur Unterstützung der Wundheilung zu schaffen. Daneben kann die entstehende Verdunstungskälte bei entzündlich veränderten Wunden als angenehm empfunden werden. Bei Verwendung hyper- oder hypotoner Lösungen kann zudem eine osmotische Wirkung erzielt werden. Außerdem können dem Verband medikamentös wirksame Zusätze, meist zur Desinfektion, beigefügt werden. Wichtig ist, dass ein feuchter Kompressenverband stets feucht gehalten wird, damit seine Wirkung aufrechterhalten wird. Dazu sind häufige Verbandswechsel nötig, die allerdings eine mögliche Kontamination der Wunde begünstigen. Es ist daher auf ein sorgfältiges Arbeiten zu achten. Anwendungsgebiete für angefeuchtete Kompressen können septische, sekundär heilende, chronische offene Wunden und Weichteilverletzungen sein. In der Praxis wird allerdings die Arbeit mit den speziellen Wundverbänden bevorzugt, soweit keine Kontraindikationen vorliegen (→ unten). Diese führen zudem zu einem beschleunigten Heilungsverlauf.
- transparente Wundverbände:
  Sie bestehen aus selbstklebenden semipermeablen Folien. Damit können reizlose trockene Einstichstellen, wie z. B. Einstichstellen von intravasalen Kathetern oder suprapubischen Blasenkathetern, versorgt werden. Gegenüber der Versorgung mit Pflasterverbänden haben sie den Vorteil, dass sie wegen ihrer Transparenz eine kontinuierliche Wundinspektion zulassen und mehrere Tage belassen werden können.
- **H**ydro**k**olloid**v**erbände (= HKV):
  Sie schaffen ein feuchtes, körperwarmes Wundmilieu. Ihre semipermeable Folien lassen den Gasaustausch zu, ermöglichen die Abgabe überschüssiger Feuchtigkeit nach außen, sind aber von außen her wasserundurchlässig. Die Verbände enthalten hydrophile Partikel. Die hydrophilen Partikel nehmen unter Aufquellen Wundsekret auf, binden es und bilden eine Gelmasse, die sich beim Verbandswechsel leicht von der Wunde entfernen lässt. Flexible HKV können viel Wundsekret aufnehmen. Anwendungsgebiete sind offene chronische Wunden und Weichteilverletzungen, Verbrennungswunden vom Grad I und II sowie oberflächliche Erosionen. Bei Verbrennungswunden vom Grad I oder II bzw. oberflächlichen Erosionen mit geringer Sekretion kom-

men transparente HKV zur Anwendung. Die Verbände sollten je nach Sekretion der Wunde mehrere Tage belassen werden. Nicht angewendet werden sollte der HKV bei infizierten Wunden, bei Nekrosen oder auf Wunden, in denen Muskeln, Sehnen oder Knochen frei liegen.

- Alginate:
  Hierbei handelt es sich um Wundauflagen mit einem besonders hohen Quellvermögen. Sie eignen sich daher für sehr stark sezernierende Wunden. Meist handelt es sich um Calciumalginate, die Calcium an die Wunde abgeben und Natrium aus der Wunde aufnehmen. Dabei entsteht eine Gelmasse, die Wundsekrete, Gewebereste und Mikroorganismen einschließt und sich beim Verbandswechsel leicht entfernen lässt. Weil Alginate nicht selbstklebend sind, bietet sich die Abdeckung mit einem Hydrokolloidverband an.

Zur Wundversorgung stehen also eine Reihe von **Verbandsarten** zur Verfügung, die individuell, das heißt je nach Beschaffenheit und Besonderheiten einer Wunde, ausgesucht und angewandt werden müssen. Weil der Verbandswechsel primär eine ärztliche Tätigkeit darstellt, muss das Pflegepersonal das Vorgehen bei der Wundversorgung mit dem behandelnden Arzt absprechen. Die Art der Wundversorgung ist vom Arzt anzuordnen.

7.12.3 Spezielle Wundbehandlung

Im Folgenden werden einige Wundarten, die bei intensivpflichtigen Patienten häufiger vorkommen und die aufwendig versorgt werden müssen, näher beschrieben.

Septische oder infizierte Wunden

! Infizierte Wunden sind, obwohl sie bereits kontaminiert sind, immer unter sterilen Bedingungen zu versorgen, um eine weitere Kontamination zu vermeiden!

Infizierte Wunden sollten mit Ringer-Lösung gereinigt werden. Anschließend sind die Wunden – je nach Sekretion – mit feuchten oder trockenen Kompressen (mit oder ohne Medikamentenzusatz) steril zu bedecken und zu verkleben (→ S. 442). Dadurch soll eine von der Wunde ausgehende Verunreinigung der Umgebung ausgeschlossen werden.

Eine Besonderheit stellt dabei die Versorgung eines **septischen (offenen) Bauchs** dar. Manchmal wird ein Vicrylnetz mit Reißverschluss eingenäht damit ggf. wiederholt eine Peritoneal-Lavage durchgeführt werden kann (→ S. 472). Auf dieses Netz werden Kompressen, die mit Ringer-Lösung angefeuchtet sind, gelegt. Dabei soll der nicht epithelisierte Wundrand völlig bedeckt sein, um eine Austrocknung zu verhindern. Die umliegende intakte Haut muss aber unbedingt trocken gehalten werden, um sie vor Mazeration zu schützen. Es empfiehlt sich, diese mit einem Hautschutzfilm zu versehen. Die feuchten Kompressen sind mit trockenen Kompressen abzudecken und werden mit einer Bauchbinde fixiert, die eine Wunddehiszenz verhindern soll. Je nachdem, wie stark die Wunde sezerniert, ist ein 2- bis 6-stündlicher Verbandswechsel indiziert.

Dekubitus (→ S. 428)

Bei der Dekubitusbehandlung wird bei tiefen, nicht infizierten Dekubitalulzera unter sterilen Bedingungen eine Wundreinigung mit Pinzette und Schere (durch den Arzt) vorgenommen, um abgestorbenes Gewebe zu entfernen, falls eine enzymatische Wundreinigung nicht ausreichend ist. Die Dekubituswunde wird mit Ringer-Lösung gespült. Obwohl Dekubitalulzera keine aseptischen Wunden darstellen, werden sie bevorzugt mit Hydrokolloidverbänden versorgt. Unter dieser Therapie findet nachweislich eine Keimreduktion statt. Bei tiefen Wunden sollte vorher eine Alginatkompresse eingelegt werden.

Bei Verdacht auf eine Infektion des Dekubitalulkus ist vor der Spülung ein Wundabstrich zu entnehmen. Entsprechend dem Erregernachweis kann eine lokale oder systemische Behandlung mit Antibiotikum oder Antimykotikum indiziert sein. Aufgebrachte Salben sind dann mit nicht haftenden Kompressen abzudecken. Nach Abklingen der Lokalinfektion kann wie bei nicht infizierten Dekubitalulzera vorgegangen werden. Sorgfältig ist darauf zu achten, dass Dekubitalulzera vor der Einwirkung von Stuhl, Urin oder anderen Sekreten geschützt werden.

Chronische Wunden, große Weichteilverletzungen, Knochen- und Weichteilinfekte

Bei diesen schwer zu versorgenden Wunden hat sich als eine neue Methode der Wundbehandlung die sog. **Vakuumversiegelung** (= V. A. C. = **v**acuum **a**ssisted **c**losure) bewährt. Auf das Wundgewebe werden speziell gefertigte sterile Schaumstoffe aufgelegt, aus denen dünne Schläuche abgeleitet werden. Über das gesamte Wundgebiet und die eingebrachten Schaumstoffe wird eine transparente, selbstklebende und semipermeable Folie geklebt. Wichtig ist dabei, dass die Folie absolut dicht hält. An die austretenden Schläuche wird bei kleinen Wunden eine Redonflasche mit Sog, bei größeren eine Vakuumsaugung mit einem Sog von –70 bis –125 mm Hg angeschlossen. Damit wird die Luft unter der Folie entfernt und die Wundränder werden dadurch leicht adaptiert. Die Folie wirkt als Schutzbarriere gegen den Eintritt von Mikroorganismen. Durch kontinuierliche Drainage der Wundsekrete wird möglichen Keimen der Nährboden entzogen. Gleichzeitig führt die Sogwirkung zu einer Stimulation der Gewebeneubildung. Ein Verbandswechsel ist immer dann notwendig, wenn wegen Undichtigkeit kein ausreichender Sog mehr gewährleistet ist und der Verband von Sekret unterwandert ist, spätestens aber nach 4 Tagen. Auf offen liegende Darmschlingen darf kein Sog ausgeübt werden. Inzwischen liegen spezielle V. A. C.® Abdominal Dressing Systeme vor, die (durch eine spezielle, auf die Darmschlingen aufzulegende Schutzfolie) einen guten Schutz der Darmschlingen ermöglichen (Abdominal-V. A. C.).

7.13 Spezielle Krankheitsbilder

7.13.1 Lungenerkrankungen

Akutes Lungenversagen

Nach unterschiedlichsten Schädigungen der Lunge kann es zu einem akuten Lungenversagen kommen. Es wird zwischen ARDS (= **a**cute **r**espiratory **d**istress **s**yndrome) und ALI (= **a**cute **l**ung **i**njury) unterschieden.

Das ARDS (schwere Form des akuten Lungenversagens) ist gekennzeichnet durch:
- akuter Beginn
- Tachypnoe
- beidseitige Lungenverschattungen im Röntgenbild des Thorax (wobei ein kardiales Lungenödem ausgeschlossen werden kann)
- schwere Oxygenierungsstörung: Der sog. Oxygenierungsindex (p_aO_2/F_iO_2) beträgt < 200 mm Hg.

Für das ALI (leichtere Form des akuten Lungenversagen) gilt:

Definition wie ARDS (→ oben), der Oxygenierungsindex ist mit < 300 mm Hg jedoch um einiges besser.

Ätiologie

Ein ARDS oder ALI kann Folge sein von:
- Aspiration
- Polytrauma
- Sepsis
- Schock
- schwerer Pneumonie
- Ileus
- Fettembolie, Fruchtwasserembolie
- Pankreatitis
- Massentransfusion
- anderen Ursachen

Pathophysiologie

Die einem ARDS oder ALI zugrunde liegende Störung verursacht eine Aktivierung des körpereigenen Komplementsystems. Dies führt dazu, dass sich Granulozyten im Bereich der Lungenkapillaren anheften. Aus diesen Granulozyten werden toxische Substanzen freigesetzt, die zu einer Kapillarschädigung und einer Steigerung der Kapillarpermeabilität im Bereich der Lunge führen. Dadurch kommt es zu einem Übertritt von Plasma in das Lungeninterstitium, es entwickelt sich zuerst ein Ödem des Lungenparenchyms (**interstitielles Lungenödem**) und danach ein **intraalveoläres Lungenödem**.

Bei längerfristigem Bestehen dieser primär reversiblen Lungenveränderungen kommt es zu fibrotischen Veränderungen des Lungenparenchyms. Die Dehnbarkeit der Lunge (Compliance) und die funktionelle Residualkapazität nehmen ab, die Produktion des Surfactants ist gestört, es entwickeln sich Atelektasen. Das Ventilations/Perfusions-Verhältnis wird negativ beeinflusst, es kommt zur Ausbildung von Rechts-links-Shunts (→ S. 263, 344, 354). Der Pulmonalarteriendruck ist erhöht.

Klinik

Klinisch fallen neben Tachypnoe und Dyspnoe deutlich gesteigerte Atemarbeit, Tachykardie und Hypoxämie auf. In der späteren Krankheitsphase tritt eine zusätzliche Hyperkapnie auf.

Diagnostik

Bei einem akuten Lungenversagen (z. B. aufgrund einer schweren Aspiration) kann der Röntgenbefund in der Anfangsphase relativ unauffällig sein und in deutlichem Kontrast zu einer ausgeprägten klinischen Symptomatik stehen. Im Spätstadium der Erkrankung zeigt sich **röntgenologisch** oft eine milchig weiße Verschattung der Lunge.

Therapie

Therapeutisch ist beim ARDS eine maschinelle Beatmung mit PEEP durchzuführen. Die inspiratorische Sauerstoffkonzentration sollte so niedrig wie möglich gewählt werden, sodass gerade noch eine ausreichende arterielle Sauerstoffsättigung erzielt wird. Meist wird ein p_aO_2 von > 60 mm Hg bzw. eine arterielle Sauerstoffsättigung von > 90 % als ausreichend akzeptiert. Bei Erhöhung der inspiratorischen Sauerstoffkonzentration nimmt der p_aO_2 nur geringgradig zu (→ S. 344). Die optimale Einstellung des Beatmungsgerätes ist schwierig und muss anhand zahlreich durchgeführter Blutgasanalysen wiederholt korrigiert werden. Aufgrund der abnehmenden Compliance drohen relativ hohe Beatmungsdrücke (mit der erhöhten Gefahr eines Barotraumas).

Konventionelle Beatmungskonzepte mit hohen Atemhubvolumina, hohen Beatmungsdrücken und hoher inspiratorischer Sauerstoffkonzentration haben sich als nachteilig erwiesen. Inzwischen ist es nicht mehr oberstes Ziel, Normalwerte für p_aO_2, p_aCO_2 und pH-Wert anzustreben, sondern beatmungsinduzierte Lungenschädigungen sollen primär vermieden werden. Dies kann meist durch die folgenden Maßnahmen erreicht werden:

- spezielles Beatmungsmuster (lungenprotektive Beatmung; Open-Lung-Konzept; → S. 447)
- 4-Seiten-Lagerung
- Gabe von Diuretika
- Flüssigkeitsrestriktion
- ggf. Inhalation von Stickstoffmonoxid (NO führt zu einer selektiven Perfusionssteigerung in den ventilierten Lungenbezirken, verbessert dadurch die Oxygenierung und ermöglicht eine niedrigere F_iO_2 und niedrigere Beatmungsdrücke)
- ggf. extrakorporale Membranoxygenierung

Da bei hohen Beatmungsdrücken die Gefahr eines Barotraumas (z. B. Pneumothorax, Haut-, Mediastinalemphysem) und bei Überdehnung der Alveolen durch ein zu hohes Volumen ein sog. Volutrauma (Alveolarschaden, Lungenödem) droht, wird eine sog. **lungenprotektive Beatmung** empfohlen. Hierzu zählen:

- niedriges Atemhubvolumen (6 ml/kg KG)
- initial hoher PEEP (→ unten; danach schrittweise Reduktion um jeweils 2–3 cm H_2O, solange der p_aO_2 dadurch nicht abfällt)
- inspiratorische Druckbegrenzung (≤ 30 cm H_2O)
- ggf. umgekehrtes Atemzeitverhältnis (I : E-Verhältnis 1 : 1 bis 3 : 1)
- ggf. permissive Hyperkapnie (bewusste Tolerierung eines erhöhten p_aCO_2; hohe Hubvolumina scheinen schädigender zu sein als eine Hyperkapnie)
- druckkontrollierte Beatmung oder volumenkontrollierte Beatmung mit Autoflow oder druckunterstützte Spontanatmung (Hierdurch können, im Gegensatz zu einer volumenkontrollierten Beatmung mit konstantem Flow [Abb. 7-2a], übermäßig hohe Spitzendrücke vermieden werden.)

Beatmungsziel ist es, belüftete Alveolen offen zu halten (Keep-the-Lung-Open-Konzept) sowie atelektatische Bereiche wieder zu eröffnen (Open-up-the-Lung-Konzept). Es wird oft vom sog. **Open-Lung-Konzept** gesprochen. Das Open-up-the-Lung-Manöver kann z. B. dadurch erzielt werden, dass kurzzeitig ein hoher PEEP verabreicht wird. Das PEEP-Niveau wird hierbei ca. alle 3 Atemzüge um z. B. 5 cm H_2O erhöht, bis der kritische Öffnungsdruck für die kollabierten Alveolen überschritten wurde, was sich an einer plötzlichen Verbesserung der Oxygenierung („Oxygenierungssprung") äußert. Der PEEP kann hierbei bis maximal 40 cm H_2O gesteigert werden, dann bis ca. 1 Minute gehalten und dann wieder schrittweise reduziert werden. Das PEEP-Niveau sollte danach wiederholt um jeweils 2–3 cm H_2O so weit abgesenkt werden, dass der p_aO_2 gerade noch nicht wieder abfällt. Der Patient sollte dann auf dem so austitrierten und möglichst niedrigen PEEP-Niveau beatmet werden. Das PEEP-Niveau liegt dann knapp über dem Verschlussdruck.

Bei diesem Open-up-Manöver werden initial (je nach Lungenerkrankung) inspiratorische Spitzendrücke von 50–60 cm H_2O toleriert. Dieses Open-up-Manöver ist initial durchzuführen, aber auch später ggf. intermittierend zu wiederholen. Die Beatmung nach dem Open-Lung-Konzept ist auch z. B. bei polytraumatisierten Patienten mit Lungenschädigung sehr effektiv.

Auch durch intermittierende **Bauch**- oder **Seitenlagerung** des Patienten (→ S. 431) oder die Lagerung im Roto-Rest®-Bett (→ S. 367) kann evtl. die Oxygenierung verbessert werden.

Um die Beatmungsdrücke möglichst gering zu halten, werden Patienten mit ARDS oder Status asthmaticus häufig (leicht) hypoventiliert (p_aCO_2 meist etwas über 50 cm H_2O; z. T. bis ca. 80 mm Hg), da für die Verabreichung kleinerer Atemhubvolumina auch nur geringere Beatmungsdrücke erforderlich sind. Der p_aO_2 kann normalerweise hierbei dennoch im Normalbereich gehalten werden. Es wird von einer **permissiven Hyperkapnie** gesprochen (langsamer Anstieg des p_aCO_2 tolerierbar, solange der pH-Wert nicht unter 7,2 abfällt). Mögliche Nebenwirkungen der permissiven Hyperkapnie können respiratorische Acidose, Anstieg von zerebraler Perfusion und ICP sowie eine Zunahme des pulmonalvaskulären Widerstandes sein. Bei Patienten mit SHT und erhöhtem ICP ist eine permissive Hyperkapnie allerdings kontraindiziert.

Um das bestehende **Lungenödem** zu **vermindern**, ist eine sorgfältige und leicht negative Flüssigkeitsbilanz durchzuführen. Ob eine notwendige Volumensubstitution mit kolloidalen Flüssigkeiten günstiger ist als die Gabe kristalloider Infusionslösungen, ist nicht eindeutig geklärt. Der Hb-Wert sollte stets größer als 10 g/dl gehalten werden, um bei dem verminderten Sauerstoffpartialdruck einen ausreichenden arteriellen Sauerstoffgehalt des Blutes (→ S. 344) aufrecht zu erhalten.

Falls alle konservativen Beatmungsmethoden nicht den gewünschten Erfolg bringen, besteht die letzte Möglichkeit darin, ein extrakorporales Lungenersatzverfahren anzuwenden (z. B. ECMO = **e**xtra**c**orporal **m**embran **o**xygenation). Dabei wird mithilfe einer modifizierten

Herz-Lungen-Maschine extrakorporal CO_2 eliminiert und präpulmonal O_2 angereichert. Durch diese Ruhigstellung der Lunge soll eine weitere Traumatisierung verhindert und deren Selbstheilung gefördert werden. Die hohe Letalität des ARDS kann jedoch auch hierdurch nicht entscheidend verbessert werden.
Bei einer akuten weiteren pulmonalen Verschlechterung muss stets an ein Barotrauma (Pneumothorax) gedacht werden. In einigen Kliniken wird bei Patienten mit schwerem ARDS prophylaktisch eine Thoraxdrainage gelegt. Die Letalität des ARDS beträgt ca. 50 %.

Prognose

Das Krankheitsbild kann innerhalb von Tagen bis Wochen zum Tode führen!

Aspirationssyndrom (→ S. 211)

✓ Das Aspirationssydrom ist eine Lungenschädigung, die nach einer Aspiration von Magensekret/Mageninhalt auftritt.
Das Aspirationssyndrom wird nach dem Erstbeschreiber auch als **Mendelson-Syndrom** bezeichnet.

Patienten mit einem Aspirationssyndrom werden zumeist auf der Intensivstation vorübergehend beatmet.

Ätiologie

Wie stark die nach einer Aspiration von Magensekret/Mageninhalt auftretende Lungenschädigung ist, hängt sehr stark vom pH-Wert und vom Volumen des aspirierten Magensekrets ab. Als kritische Grenze werden oft ein pH-Wert unter 2,5 und ein Volumen von über 0,4 ml/kg KG (ca. 25 ml beim erwachsenen Patienten) angegeben. Die Volumenangabe von 0,4 ml/kg KG scheint jedoch wissenschaftlich nicht gut belegt zu sein.

Komplikationen

Folge des Aspirationssyndroms kann eine schwere Bronchopneumonie oder ein ARDS sein. Die Behandlungsprinzipien sind in den Kapiteln „Aspiration" (→ S. 211) und „Akutes Lungenversagen" (ARDS; → S. 445) beschrieben. Oft tritt bei diesen Patienten eine Kreislaufinsuffizienz auf und macht eine entsprechende Volumen- bzw. Catecholaminzufuhr notwendig.

Therapie

Ziel der symptomatischen Therapie ist die Normalisierung der arteriellen Blutgase.

Lungenödem

✓ Bei einem schweren Lungenödem kommt es zur Flüssigkeitsansammlung in Lungeninterstitium, Alveolen und kleinen Luftwegen.

Ätiologie

Die wichtigsten Ursachen eines Lungenödems sind:

- erhöhter Druck in den Lungenkapillaren (z. B. Linksherzinsuffizienz; → S. 203)
- Mitralstenose
- Flüssigkeitsüberladung
- gesteigerte Membranpermeabilität mit vermehrter Sequestration von Plasma ins Lungeninterstitium (z. B. wegen Bakterien, Viren, Toxinen, Aspirationssyndrom, ARDS)
- erniedrigter kolloidosmotscher Druck im Blut (→ S. 134)

Folge des Lungenödems ist eine Störung des Gasaustausches mit Abfall des arteriellen pO_2.

Klinik

Das klinische Bild ist gekennzeichnet durch:

- Tachypnoe:
  Anfangs tritt eine kompensatorische Hyperventilation mit Abfall des arteriellen CO_2-Partialdrucks auf (→ S. 343). Im Spätstadium droht die Erschöpfung des Patienten mit Anstieg des CO_2-Partialdrucks.
- Dyspnoe
- Tachykardie

- feuchte Rasselgeräusche
- schaumiger Auswurf
- Zyanose

Komplikationen

Folgen der Flüssigkeitsansammlung in interstitiellem Lungengewebe, Lungenparenchym und Alveolen sind:

- Abnahme der Lungen-Compliance
- Zunahme von Diffusionsstrecke und Rechts-links-Shunt (→ S. 344)

Diagnostik

Röntgenologisch lässt sich initial vor allem eine milchige („schmetterlingsförmige") Verschattung im Bereich der Lungenwurzeln (Lungenhili) nachweisen. Oft sind auch Pleuraergüsse nachweisbar.

Therapie

Therapeutisch stehen bei einer Linksherzinsuffizienz folgende Maßnahmen im Vordergrund:

- Verabreichung von Sauerstoff
- Steigerung der Diurese mittels Diuretika (z. B. 40 mg Furosemid)
- Hochlagerung des Oberkörpers und Gabe von Nitroglycerin (zur Verringerung des venösen Rückflusses)
- Sedierung mit einem Opioid (v. a. Morphin)

In schweren Fällen wird eine Masken-CPAP (→ S. 362) oder gar eine endotracheale Intubation und maschinelle Beatmung mit PEEP notwendig.

Pneumonie

Bei einer Pneumonie handelt sich um eine akute Entzündung des Lungengewebes (= Lugenentzündung).

Einteilung

Entzündungen des Lungengewebes können nach folgenden Kriterien eingeteilt werden:

- Art der Auslösung:
  primäre Pneumonie (initial v. a. durch Bakterien, Viren, Mykoplasmen, Pilze ausgelöst) und sekundäre Pneumonie (initial v. a. durch Aspiration, Zirkulationsstörungen, Toxine, Bronchusverlegung ausgelöst)
- Morphologie:
  Lobär-, Broncho- und interstitielle Pneumonie
- Verlauf:
  akute und chronische Pneumonie
- Ätiologie:
  ambulant oder nosokomial (im Krankenhaus) erworbene Pneumonie
- Art des Erregers:
  typische Pneumonien (durch Bakterien verursacht) und **primär atypische Pneumonien** (v. a. durch Viren, Pilze oder Mykoplasmen verursacht)

Ätiologie

Die **Lobärpneumonie** (die streng auf die Grenzen eines Lungenlappen begrenzt ist) und die **Broncho-(Herd-)Pneumonie** (die zu diffusen, fleckigen Infiltraten führt, die in allen Lungenbereichen auftreten können), führen vor allem zu einer alveolaren Infiltration, das heißt es kommt zur Sekretansammlung in den Alveolen. Lobär- und Bronchopneumonien sind zumeist bakteriell verursacht. Die **interstitielle Pneumonie** beschränkt sich meist auf das Lungeninterstitium und ist zumeist durch Viren oder Mykoplasmen bedingt.
Bei intensivmedizinisch betreuten Patienten ist die **nosokomiale Pneumonie** die häufigste im Krankenhaus erworbene Infektion. Etwa 30 % der maschinell beatmeten Intensivpatienten entwickeln eine Pneumonie (sog. **Beatmungspneumonie**). Das Risiko hierfür ist abhängig von der Beatmungsdauer.
Eine nosokomiale Pneumonie wird durch folgende Umstände begünstigt:

- Notwendigkeit der maschinellen Beatmung
- Alter > 65 Jahre bzw. < 1 Jahr
- vorbestehende Grunderkrankung, die zu einer Schwächung des Immunsystems

und/oder zu einer Beeinträchtigung des Bewusstseinsgrades führt
- Vorerkrankungen des Atmungstraktes
- Thorax- oder Bauchoperationen

Eine Lungenentzündung wird zumeist durch eine bakterielle Infektion verursacht (falls ambulant erworben: vor allem durch Pneumokokken oder Hämophilus; falls nosokomial erworben: vor allem durch gramnegative Enterobakterien oder *Staphylococcus aureus* bedingt). In der Intensivmedizin ist die nosokomiale Pneumonie durch gramnegative Bakterien (→ S. 385) von besonderer Bedeutung. Bei der häufig vorliegenden Bronchopneumonie breitet sich die Infektion über Bronchien und kleine Luftwege in das Lungengewebe aus.

Klinik

Das klinische Bild ist gekennzeichnet durch:
- Tachypnoe
- Dyspnoe
- Hypoxämie
- Fieber
- Schüttelfrost
- eitriger Auswurf
- Rasselgeräusche
- Bronchialatmen

Komplikationen

Folgen der Entzündung sind:
- Gewebsödem
- Abfall der Compliance
- erhöhter Rechts-links-Shunt

Diagnostik

Das **Röntgenbild** der Lunge zeigt bei der Bronchopneumonie zumeist fleckförmige Verschattungen und bei der interstitiellen Pneumonie eher relativ gleichmäßige, milchig weiße Verschattungen.
Beim intubierten Patienten ist wiederholt Tracheobronchialsekret unter sterilen Bedingungen abzusaugen. In dem Sekret soll der bakterielle Erreger nachgewiesen und dessen Empfindlichkeit auf Antibiotika ausgetestet werden.

Bei einer primär atypischen Pneumonie lassen sich mit den üblichen Methoden keine pathogenen Keime nachweisen.

Therapie

Je nach Ergebnis der arteriellen Blutgasanalyse werden eine Intubation und maschinelle Beatmung des Patienten notwendig. Die Kriterien für die endotracheale Intubation sind auf den Seiten 346 ff. beschrieben.

> ! Entscheidende Therapiemaßnahmen sind die Verabreichung von Antibiotika (→ unten) sowie die Zufuhr einer erhöhten inspiratorischen Sauerstoffkonzentration. In schweren Fällen ist eine maschinelle Beatmung mit PEEP notwendig.

Bei einer **ambulant erworbenen bakteriellen Pneumonie** bietet sich die Gabe eines Cefalosporins der Gruppe 2 plus die Gabe eines Makrolids, bei einer **nosokomialen Pneumonie** die Gabe eines Cefalosporins der Gruppe 2, 3a oder 3b, eines bestimmten Penicillins (Aminopenicillin oder Acylaminopenicillin jeweils in Kombination mit einem β-Lactamase-Inhibitor) oder eines Carbapenems an. In sehr **schweren Fällen** wird das obige Antibiotikum noch mit einem Fluorchinolon der Gruppe 2 oder 3 oder einem Aminoglykosid kombiniert (→ S. 385).
Bei einer **Aspirationspneumonie** bietet sich Imipenem, bei einer **Pneumonie mit MRSA** Vancomycin und bei einer **interstitiellen Pneumonie** (mit z. B. Mykoplasmen oder Chlamydien) Erythromycin an.
Bei einer **sekundären Pneumonie** unter **Antibiotikatherapie** kommen oft Imipenem plus ein Fluorchinolon z. B. der Gruppe 3 und bei einer **Pilzpneumonie** kommt z. B. Fluconazol (Diflucan®) zur Anwendung.

Prognose

Durch eine beatmungspflichtige Pneumonie nimmt die Letalität der Patienten um bis zu 30 % zu.

Vorbeugende Maßnahmen

Werden hygienische Basismaßnahmen konsequent eingehalten, dann kann die Rate nosokomialer Pneumonien um bis zu 30 % vermindert werden. Die **hygienische Händedesinfektion** vor und nach jedem Patientenkontakt ist die wichtigste Vorbeugemaßnahme. Beim endotrachealen Absaugen von beatmeten Patienten ist auf ein streng aseptisches Vorgehen zu achten.

Um bei frischoperierten Patienten einer Pneumonie vorzubeugen, ist es wichtig, die Patienten zum **Abhusten** und **tiefen Durchatmen** anzuleiten. Außerdem sind eine **adäquate Schmerztherapie** (um eine schmerzbedingte Atemschonhaltung zu vermeiden) sowie eine frühzeitige **postoperative Mobilisierung** wichtig. Da Ernährungssonden den Schluckvorgang stören und einen Reflux begünstigen, sollten sie möglichst bald wieder entfernt werden.

Bei Patienten, die eine Stressulkusprophylaxe erhalten, sollte der **pH-Wert des Magensekrets** nicht über 4,0 angehoben werden, da hierdurch eine bakterielle Besiedelung des Magensekrets begünstigt und im Fall einer (unbemerkten) Regurgitation von Magensekret die Gefahr einer Pneumonie erhöht wird.

Chronisch obstruktive Lungenerkrankung

✓ Typisch für die chronisch obstruktive Lungenerkrankung (= **c**hronic **o**bstructive **p**ulmonary **d**isease = **COPD**; zum Teil auch als **c**hronic **o**bstructive **l**ung **d**isease = **COLD** bezeichnet) sind ein langjähriger chronisch progredienter Verlauf, ein erhöhter Strömungswiderstand der Luft in den Atemwegen (Obstruktion), inhomogene Alveolarbelüftung und zunehmende Lungenüberblähung. Die Atemwegsobstruktion ist – im Gegensatz zu einem Asthma bronchiale – nicht mehr reversibel.

Ätiologie

Die für eine COPD typische Atemwegsobstruktion kann aufgrund folgender Ursachen entstehen:

- vermehrte Schleimbildung in den Atemwegen
- ödematöse Schwellung der Bronchialschleimhaut
- Bronchospasmus

Zumeist handelt es sich bei COPD-Patienten um Patienten mit chronischer Bronchitis, Asthma bronchiale, chronisch obstruktivem Lungenemphysem oder Bronchiektasen. Die häufigste Ursache ist eine chronische Bronchitis aufgrund eines jahrelangen Nicotinabusus.

Klinik

Klinisch imponieren:

- Dyspnoe
- Husten mit Auswurf
- überdehnter Thorax mit relativ horizontal stehenden Rippen
- Giemen und Brummen
- hypersonorer Klopfschall
- abgeschwächte Atemgeräusche

Komplikationen

Die Folge einer COPD ist eine respiratorische Globalinsuffizienz mit niedrigem p_aO_2 und erhöhtem p_aCO_2 (→ S. 346). In schweren Fällen liegt der p_aO_2 zwischen 50 und 60 mm Hg und der p_aCO_2 beträgt knapp über 50 mm Hg. Eine weitere Folge der chronisch obstruktiven Lungenerkrankung ist die erniedrigte FEV_1 (→ S. 341).

Um die chronische Hypoxie zu kompensieren, kommt es bei diesen Patienten zu einem Anstieg des Hb-Wertes (Polyglobulie). Typisch ist auch eine pulmonalvaskuläre Hypertension. Ursachen sind eine hypoxiebedingte Vasokonstriktion im Lungengefäßbett sowie eine krankheitsbedingte Abnahme der Lungenkapillaren. Es kommt zu einer Mehrbelastung des rechten Ventrikels mit Hypertrophie (chronisches Cor pulmonale), im Endstadium droht eine Rechtsherzinsuffizienz.

Therapie

Patienten mit einer COPD müssen häufig intensivmedizinisch behandelt werden. Da COPD-

Patienten nur noch geringe pulmonale Reserven besitzen, können sie bereits im Rahmen eines relativ geringen bronchopulmonalen Infektes, einer Operation oder einer stärkeren Sedierung dekompensieren. Die Therapie solcher Patienten gestaltet sich erfahrungsgemäß schwierig und langwierig.

! Da insbesondere das Abtrainieren von einem Beatmungsgerät sehr problematisch ist, sollte die maschinelle Beatmung, wenn irgend möglich, vermieden werden.

Therapeutisch ist eine antibiotische Therapie von bronchopulmonalen Infekten notwendig. Zusätzlich muss bei einer ausgeprägten Hypoxie Sauerstoff verabreicht werden. Es wird immer wieder darauf hingewiesen, dass im Falle einer Globalinsuffizienz der Atemantrieb über den niedrigen O_2-Partialdruck stimuliert würde (→ S. 325). Eine Sauerstoffgabe könne daher zu einer Atemdepression führen. Ob diese Annahme stimmt wird zum Teil bezweifelt (→ S. 325). Auch bei diesen Patienten muss soviel Sauerstoff verabreicht werden, dass ein für diese Patienten „normaler" p_aO_2 (von oft ca. 60–[70] mm Hg) erreicht wird. Es ist eine intensive Überwachung dieser Patienten notwendig.
Wichtig ist auch die Verabreichung von Sekretolytika (Acetylcystein), Expektoranzien, Broncholytika (Beta-2-Mimetika) und eine möglichst halbsitzende Lagerung. Eine gute psychische Führung dieser Patienten ist wichtig. Häufig können diese chronisch lungenkranken Patienten sehr gut beurteilen, was für sie Erfolg versprechend ist. Die Patienten sollten daher auch befragt werden, wie sie normalerweise akute Verschlechterungen behandeln, und es sollte ihren Wünschen diesbezüglich entsprochen werden. Einen besonders wichtigen Stellenwert hat bei diesen Patienten eine sachgerechte Physiotherapie.
Bei einer evtl. notwendig werdenden **maschinellen Beatmung** muss darauf geachtet werden, dass die Beatmungsdrücke möglichst niedrig sind (wegen der erhöhten Gefahr eines Barotraumas), dass eine langsame Atemfrequenz mit einer relativ langen Exspirationsphase (Atemzeitverhältnis 1:2; 1:3; 1:4) gewählt wird und dass die Sauerstoffkonzentration lediglich bis auf das notwendige Mindestmaß gesteigert wird.

Lungenkontusion

✓ Im Rahmen eines stumpfen Thoraxtraumas kann es zu einer Quetschung von Lungengewebe (= Lungenkontusion) kommen.

Komplikationen

Folge der Lungenkontusion können Einblutungen ins Lungengewebe, Atelektasen, Schädigung des Surfactants und ein Lungenödem sein.

Therapie

Je nach Schweregrad der Lungenkontusion genügt therapeutisch eventuell die Zufuhr von Sauerstoff über eine Nasensonde oder es wird eine endotracheale Intubation mit PEEP-Beatmung notwendig.

Prognose

Im schlimmsten Fall kann es trotz Therapie zu einem schwersten ARDS (→ S. 445) mit zumeist infauster Prognose kommen.

Lungenembolie

✓ Bei (Intensiv-)Patienten können sich (v.a. in den großen venösen Gefäßen der Leiste) Thromben entwickeln. Löst sich ein solcher Thrombus, dann wird er mit dem Blutstrom bis in die Lungenstrombahn geschwemmt, wo er zur Verlegung einer Lungenarterie führen kann. Es liegt dann eine Lungenembolie vor.

Ätiologie

Eine Thrombenbildung in tiefen Venen (die zur Loslösung eines Thrombus und dadurch zu einer Lungenembolie führen kann) wird vor allem begünstigt durch:

- Immobilisation
- operative oder traumatische Schädigung der Gefäßwand
- Herzinsuffizienz
- erhöhte Gerinnungsneigung (z. B. Mangel an AT III, Protein C, Protein S)
- Malignome
- höheres Alter

Klinik

Eine Lungenembolie äußert sich klinisch in Thoraxschmerzen, Luftnot, Tachypnoe und führt aufgrund der akuten Rechtsherzbelastung meist zu EKG-Veränderungen (akuter Rechtsschenkelblock) und Blutdruckabfall. Bei einer schweren Lungenembolie droht ein akutes Rechtsherzversagen (Anstieg von ZVD) mit ausgeprägtem Blutdruckabfall. (Zur Steigerung eines niedrigen p_aO_2 sollte kein höherer PEEP eingestellt werden, um keine weitere Druckbelastung des rechten Ventrikels zu provozieren; vgl. S. 369).

Diagnostik

Diagnostisch bietet sich vor allem ein Bolus-Spiral-CT an. Eine Röntgenaufnahme des Thorax wird vor allem zum Ausschluss anderer Ursachen durchgeführt. Lungenperfusionsszintigraphie und Pulmonalisangiographie werden seit einigen Jahren zunehmend seltener durchgeführt. Typisch sind ein hoher arterieller p_aCO_2-Wert bei niedrigem endexspiratorischem CO_2-Wert (Totraumventilation) und ein niedriger p_aO_2-Wert.

Therapie

Therapeutisch kommen bei **hämodynamisch stabilen Patienten** initial 5000–10000 IE Heparin intravenös (Verhinderung neuer Thromben und einer Thrombenvergrößerung) anschließend ggf. eine Heparindauerinfusion (ca. 400 IE/kg KG/d; ca. 1000–1250 IE/h; damit die PTT auf ca. 60–75, d. h. auf den ca. 2- bis 2,5-fachen Normalwert verlängert ist) zur Anwendung. Alternativ ist bei hämodynamisch stabilen Patienten (bei denen keine Thrombolyse durchgeführt wird) inzwischen auch Fondaparinux (Arixtra®; → S. 162) zugelassen (50–100 kg KG: 7,5 mg = 0,6 ml 1 ×/d über mindestens 5 Tage). Bei hämodynamisch instabilen Patienten sollte zusätzlich ein Catecholamin wie Dobutamin (Dobutamin Solvay® Infus) verabreicht werden und ggf. ist auch eine medikamentöse Auflösung des Embolus (sog. Thrombolyse; vgl. S. 460) durchzuführen. Inzwischen wird meist rt-PA (Alteplase; Actilyse®; 100 mg über 2 Stunden; davon 10 mg als Bolus oft auch 50 mg als Bolus) eingesetzt. Anschließend wird eine Heparininfusion mit ca. 400 IE/kg KG/d notwendig, da durch dieses spezifische Thrombolytikum nur geringe Mengen an Fibrinspaltprodukten entstehen, wodurch es zu keiner relevanten Gerinnungshemmung kommt (vgl. S. 459). Oft wird eine kardiopulmonale Reanimation, sehr selten eine operative Thrombektomie notwendig.

Vorbeugende Maßnahmen

Um eine erneute Thrombusloslösung zu verhindern, ist eine vorübergehende Immobilisierung und Heparinisierung notwendig. Oft schließt sich eine Langzeitbehandlung mit Marcumar® an.

7.13.2 Herzerkrankungen

Herzinsuffizienz

✓ Bei einer akuten oder chronischen Herzinsuffizienz ist das Herz nicht mehr in der Lage, bei Belastung (Belastungsinsuffizienz) oder bereits in Ruhe (Ruheinsuffizienz) ein ausreichendes **H**erz**m**inuten**v**olumen (HMV) auszuwerfen. Die Körperperipherie wird nicht mehr ausreichend mit Blut versorgt (→ auch S. 203; NYHA-Stadieneinteilung → S. 498, 501).

Ätiologie

Die häufigsten Ursachen einer Herzinsuffizienz sind Herzklappenfehler, schwere koronare Herzerkrankung oder Hypertonie. Je älter ein Patient ist, desto höher ist die Wahrscheinlichkeit, dass bei ihm eine Herzinsuffizienz vorliegt.

Pathophysiologie

Aufgrund des zu geringen HMV kommt es zu einer verstärkten Sauerstoffausschöpfung im peripheren Gewebe, die gemischtvenöse Sauerstoffsättigung fällt typischerweise ab. Während vom Ventrikel normalerweise in der Systole 55–75 % seines Blutvolumens ausgeworfen werden (die **E**jektions**f**raktion = EF also 0,55–0,75 beträgt), ist die EF bei einer Herzinsuffizienz vermindert (meist < 0,4).

Klinik

Typische klinische Zeichen für eine Herzinsuffizienz sind:

- erniedrigtes Herzzeitvolumen
- erhöhter enddiastolischer Druck im Ventrikel
- Tachykardie
- periphere Vasokonstriktion
- Flüssigkeitsretention mit Ödembildung
- metabolische Acidose

Linksherzinsuffizienz: Eine Insuffizienz des linken Ventrikels führt zu schneller körperlicher Ermüdbarkeit und erst zu einem interstitiellen und dann zu einem alveolären Lungenödem mit Dyspnoe und Hypoxie. Bei einem alveolären Lungenödem lassen sich feuchte Rasselgeräusche auskultieren, zuerst über den unteren Lungenbereichen, später über der ganzen Lunge. Der pulmonalkapilläre Verschlussdruck (= PCWP) ist bei Vorliegen einer schweren Linksherzinsuffizienz erhöht (meistens > 20 mm Hg).

Rechtsherzinsuffizienz: Bei einer Insuffizienz des rechten Ventrikels steigt der (zentrale) Venendruck an, es fallen auch beim sitzenden Patienten prominente Venae jugulares externae auf. Typisch sind stauungsbedingte Überdehnung der Leber (mit der Folge eines Aszites!) sowie eindrückbare Ödeme an abhängigen Körperteilen (beim stehenden Patienten an den Knöcheln und prätibial, beim liegenden Patienten am Os sacrum und an den Flanken).

Therapie der chronischen Herzinsuffizienz

Bei der Therapie einer chronischen Herzinsuffizienz sollten die auslösenden Ursachen beseitigt werden, z. B. ein Herzklappenfehler korrigiert oder ein arterieller Hypertonus therapiert werden. Die medikamentöse Therapie der chronischen Herzinsuffizienz besteht darin, die Nachlast durch Gabe eines ACE-Hemmers zu senken, ggf. zusätzlich eine vorsichtige β-Rezeptoren-Blockade durchzuführen, ggf. zusätzlich bei bestehenden Ödemen eine Diuretikagabe vorzunehmen (Thiaziddiuretikum, evtl. plus Schleifendiuretikum, evtl. plus Aldosteronantagonist) und bei Vorliegen eines Vorhofflimmerns mit Tachyarrhythmie ein Digitalispräparat zu verabreichen. Liegt eine kardiale Desynchronisation vor (Vorhof und Ventrikel kontrahieren sich nicht mehr in sinnvoller zeitlicher Reihenfolge), dann wird neuerdings die Implantation eines biventrikulären Herzschrittmachers (sog. kardiale Resynchronisationstherapie) empfohlen.

Als medikamentöse Standardtherapie bietet sich oft die Kombination aus ACE-Hemmer, β-Rezeptoren-Blocker und Diuretikum (ggf. zusätzlich eines Digitalispräparats) an. Inzwischen wird auch dosiertes Bewegungstraining empfohlen.

ACE-Hemmer blockieren dasjenige Enzym, das Angiotensin I in das stark blutdrucksteigernde Angiotensin II überführt (sog. **a**ngiotensin **c**onverting **e**nzyme). ACE-Hemmer führen also zu einem Abfall des peripheren Gefäßwiderstandes und vermindern dadurch die notwendige Herzarbeit. Häufig eingesetzte ACE-Hemmer sind z. B. Captopril (Lopirin®), Enalapril (Pres®, XANEF®), Ramipril (Delix®) oder Lisinopril (Acerbon®). Die Dosis ist langsam einzuschleichen (z. B. initial 3 × 6,25 mg/d Captopril, Zieldosis 3 × 50 mg/d Captopril). Bei Gabe eines ACE-Hemmers kann öfter ein hartnäckiger Reizhusten auftreten.

Bis vor etlichen Jahren galten **β-Rezeptoren-Blocker** als kontraindiziert bei Vorliegen einer Herzinsuffizienz. Inzwischen liegen zahlreiche Studien vor, die belegen, dass das vorsichtige Einschleichen eines β-Rezeptoren-Blockers (z. B. Metoprolol, Bisoprolol) bei der Therapie der chronischen Herzinsuffizienz meist günstige Effekte hat. β-Rezeptoren-Blocker sind – wie ACE-Hemmer – vorsichtig einzuschleichen (initial z. B. 1 × 10 mg/d Metoprolol; Zieldosis 2 × 100 mg/d Metoprolol).

Diuretika (z. B. Furosemid) sind zum Ausschwemmen evtl. Ödeme sinnvoll. Die meisten Diuretika können zu einer Hypokaliämie führen (und dadurch u. U. digitalisbedingte Herzrhythmusstörungen begünstigen). Außerdem können sie eine Hypovolämie und orthostatische Dysregulation verursachen.

Digitalispräparate wirken durch die Erhöhung der intrazellulären Calciumkonzentration positiv inotrop. Die therapeutische Plasmakonzentration von Digoxin wird mit 0,7–1,8 ng/ml, die von Digitoxin mit 8–25 ng/ml angegeben. Außerdem können sie bei Vorhofflimmern eine schnelle Reizüberleitung vom Vorhof zum Ventrikel verzögern und so eine Tachyarrhythmie vermeiden bzw. so die Ventrikelfrequenz senken. Digitalispräparate werden inzwischen zumeist mit dem Ziel der Frequenzkontrolle eingesetzt. Es wird dann eine relativ niedrige Plasmadigoxinkonzentration (0,5–0,8 ng/ml) angestrebt. Bei einem digitalisierten Patienten tritt als unspezifisches Zeichen eine muldenförmige ST-Strecken-Senkung auf.

> ! Bei einer Überdosierung von Digitalis (Digitalisintoxikation) treten Herzrhythmusstörungen unterschiedlichster Art auf (z. B. ventrikuläre Extrasystolen [insbesondere ein Bigeminus], AV-Blockierungen, Kammerflimmern). Hypokaliämie, Hyperkalzämie, Hypomagnesiämie und arterielle Hypoxie erhöhen die Digitalistoxizität und sind zu vermeiden. Auch eine stärkere Hyperventilation mit respiratorischer Alkalose ist zu vermeiden, da es hierdurch zu einem Abfall der Plasmakaliumkonzentration kommt.

Während früher noch eine körperliche Schonung empfohlen wurde, wird inzwischen – falls keine akute Dekompensation vorliegt – ein dosiertes **Bewegungstraining** empfohlen.

Bei Vorliegen einer Desynchronisation zwischen Vorhof und Ventrikel mit uneffektivem Arbeiten (z. B. aufgrund eines Linksschenkelblockes) kann durch die Implantation eines biventrikulären Herzschrittmachers (sog. **kardiale Resynchronisation**) eine Synchronisation und deutlich effektivere Kontraktion der Ventrikel mit Zunahme des HMVs erzielt werden.

Da Patienten mit einer Herzinsuffizienz oft an akuten Herzrhythmusstörungen versterben, wird öfter ein **ICD** (= implantierbarer Cardioverter/Defibrillator) implantiert. Dies ist ein spezieller Herzschrittmachertyp, der ein Kammerflimmern erkennen kann und dann automatisch eine interne Defibrillation durchführt.

Therapie der akuten Herzinsuffizienz

Bei der Therapie der akuten Herzinsuffizienz ist, wenn möglich, eine **kausale Therapie** durchzuführen. Zum Beispiel ist bei einem akuten Myokardinfarkt ggf. eine Thrombolyse der Koronararterien (→ S. 460, 497) oder bei einer hypertensiven Krise eine entsprechende Blutdrucksenkung durchzuführen. Eine kausale Therapie ist jedoch nur in einem geringen Prozentsatz der Fälle möglich.

Typisch für eine akut dekompensierte Herzinsuffizienz sind:

- systolischer Blutdruck < 80 mm Hg
- Herzindex < 2,0 l/min × m²
- PCWP > 20 mm Hg
- verminderte Organperfusion mit Oligurie (Urinmenge < 20 ml/h) und Vasokonstriktion

An Therapiemöglichkeiten kommen bei der akut dekompensierten Herzinsuffizienz vor allem infrage:

- Vasodilatatoren zur Verminderung der Vor- und Nachlast
  (Furosemid, Nitroglycerin und evtl. Nitroprussidnatrium, z. B. beim Low-Output-Syndrom; → S. 312)
- positiv inotrope Medikamente zur Steigerung der myokardialen Pumpleistung (v. a. Catecholamine; → S. 300)
- Vasopressoren zur Steigerung des Perfusionsdrucks
  (v. a. Catecholamine; → S. 300)

- adäquate Volumengabe:
  Es sollte ein PCWP im hochnormalen Bereich (ca. 18–20 mm Hg) angestrebt werden.

Zur Vorlastsenkung können z. B. 40–80 mg Furosemid intravenös verabreicht werden. Zur Vorlastsenkung bietet sich auch eine Nitroglyceringabe per Spritzenpumpe an, falls eine initiale sublinguale Gabe erfolglos blieb. Zur Nachlastsenkung kommen arterielle Vasodilatatoren (Nitroprussidnatrium, Calciumkanalblocker) infrage.
Als **Basistherapie** der akuten Herzinsuffizienz gilt seit Jahren die Gabe eines Catecholamins. Catecholamine (z. B. Dobutamin, Noradrenalin, Adrenalin) sind die Mittel der Wahl zur akuten Steigerung von myokardialer Kontraktilität, Blutdruck und Herzminutenvolumen. Soll eine positiv inotrope Substanz verabreicht werden, so wird meist Dobutamin als Mittel der Wahl genannt. Dobutamin führt allerdings zu einem Abfall des peripheren Gefäßwiderstandes. Da unter Dobutamin gleichzeitig das Herzminutenvolumen ansteigt, bleibt der Blutdruck normalerweise weitgehend konstant. Noradrenalin wird im Falle einer akuten Herzinsuffizienz vor allem dann zusätzlich zu Dobutamin verabreicht, wenn trotz Optimierung von Vor- und Nachlast und Gabe von Dobutamin der arterielle Druck kritisch erniedrigt bleibt.
Catecholamine haben allerdings folgende Nachteile:

- Sie steigern die Herzfrequenz.
- Sie erhöhen den peripheren Widerstand.
- Sie steigern den myokardialen Sauerstoffbedarf.
- Sie können Herzrhythmusstörungen verursachen.

In therapieresistenten Fällen werden manchmal Phosphodiesterasehemmer (PDE-Hemmer) zur Therapie der akuten Herzinsuffizienz eingesetzt (z. B. Enoximon oder Milrinon; → S. 304). Sie verursachen eine positiv inotrope Wirkung sowie eine Vasodilatation und werden daher oft als Inodilatoren bezeichnet. Sie verursachen:

- Steigerung des Herzminutenvolumens
- Erniedrigung des links- und rechtsventrikulären Füllungsdrucks
- Erniedrigung des peripheren und pulmonalvaskulären Widerstandes
- keine Begünstigung von Herzrhythmusstörungen
- keine Steigerung (evtl. sogar eine Verminderung) des myokardialen Sauerstoffverbrauches aufgrund der verminderten Vor- und Nachlast

Da PDE-Hemmer zu einer Vasodilatation führen, ist auf eine ausreichende Volumenzufuhr zu achten. Bei schwerer Herzinsuffizienz können PDE-Hemmer evtl. mit einem Catecholamin kombiniert werden.
Ist eine akute Herzinsuffizienz medikamentös nicht zu bessern, dann kann vorübergehend eine intraaortale Ballongegenpulsation (→ S. 312) sinnvoll sein.
Digitalispräparate sollten bei der Therapie der akuten Herzinsuffizienz nicht zur Steigerung der Kontraktilität verabreicht werden. Sie sollten höchstens als Antiarrhythmikum eingesetzt werden. Tritt z. B. im Rahmen der akuten Herzinsuffizienz ein Vorhofflimmern mit schneller Überleitung auf, so kann durch eine schnelle Aufdigitalisierung die Herzfrequenz meist erniedrigt und die hämodynamische Situation meist verbessert werden. Hierfür bietet sich beispielsweise die Gabe von Digoxin (3–4 × 0,25 mg) intravenös über 24 Stunden an (anschließend die tägliche Erhaltungsdosis). Gegebenenfalls kann zusätzlich die Gabe von Verapamil oder Diltiazem sinnvoll sein, um die Herzfrequenz zu senken.

Herzinfarkt

Von einem **akuten** Herzinfarkt (Myokardinfarkt; → auch S. 492) wird gesprochen, wenn ein größerer Teil der Herzmuskulatur aufgrund einer Mangelperfusion nekrotisch wird. Es wird zwischen einem Myokardinfarkt mit ST-Strecken-Hebung (= **ST**-elevation **m**yocardial **i**nfarction = STEMI) und einem Myokardinfarkt ohne ST-Strecken-Hebung (**n**on-**ST**-**e**levation **m**yocardial **i**nfarction = NSTEMI) unterschieden. STEMI, NSTEMI sowie instabile Angina pectoris (→ S. 492) werden inzwischen unter dem Oberbegriff des akuten Koronarsyndroms zusammengefasst (→ S. 492).

Bei Auftreten eines Herzinfarkts kommt es normalerweise zu:

- typischen klinischen Symptomen
- typischen EKG-Veränderungen (bei einem STEMI, nicht jedoch bei einem NSTEMI)
- charakteristischen Konzentrationsveränderungen herzspezifischer Enzyme

Ätiologie

Auslösende Ursache eines Myokardinfarkts ist zumeist ein gefäßverschließender Thrombus. Ein akuter Myokardinfarkt ist zumeist dadurch bedingt, dass atheromatöse Plaques in arteriosklerotischen Koronararterien aufbrechen und sich auf der beschädigten Endotheloberfläche Thromben ausbilden. Dadurch kommt es zu einer weiteren akuten Lumeneinengung oder einem Lumenverschluss der Koronararterie. Aus den aktivierten Thrombozyten werden gefäßaktive Substanzen freigesetzt, die zusätzlich eine Gefäßkonstriktion verursachen. Kommt es aufgrund des Thrombus zum kompletten Gefäßverschluss, entsteht ein transmuraler (die ganze Dicke der Herzwand betreffender) Myokardinfarkt mit ST-Strecken-Hebung (STEMI). Bei einem Myokardinfarkt ohne ST-Strecken-Hebung führt der Thrombus nur zu einer teilweisen Verlegung des Gefäßlumens und es reißen oft Mikrothromben ab, die dann zur Verlegung kleinster distaler Gefäße führen. Auch bestimmte hämodynamische Situationen wie Tachykardie, arterielle Hypertonie oder ein länger als 10 Minuten dauernder stärkerer Blutdruckabfall um mehr als 30 % des Ausgangswertes können bei prädisponierten Patienten einen Herzinfarkt verursachen. In ca. 95 % liegt bei diesen Patienten eine Koronarsklerose vor.

Klinik

Es treten meist schwere Schmerzen („Vernichtungsschmerzen") auf, die eine ähnliche Lokalisation und einen ähnlichen Charakter haben wie Angina-pectoris-Schmerzen (aber wesentlich stärker sind und länger [> 30 min] anhalten). Außerdem stellen sich meist Todesangst, Schweißausbruch und Übelkeit ein. Bezüglich der klinischen Symptome bei einem Myokardinfarkt → auch Seite 490.

Diagnostik

Die **12-Kanal-EKG-Ableitung** ist ein wichtiges diagnostisches Hilfsmittel, um einen akuten Herzinfarkt mit ST-Strecken-Hebung nachzuweisen. Die für einen ST-Strecken-Hebungs-Myokardinfarkt typischen EKG-Veränderungen sind in Abbildung 7-16 dargestellt (bei einem NSTEMI fehlt dagegen die charakteristische ST-Strecken-Hebung; → oben). Bezüglich der EKG-Veränderungen beim STEMI → auch Tabelle 8-1 (S. 495) und Abbildung 8-5 (S. 494). Im Rahmen eines akuten Infarkts treten oft therapiebedürftige Herzrhythmusstörungen auf.
Erste typische **Veränderungen herzspezifischer Enzyme** treten wenige Stunden nach einem ST-Strecken-Hebungs-Myokardinfarkt – sowie auch nach einem Nicht-ST-Strecken-Hebungs-Myokardinfarkt – auf (vgl. Tab. 7-8). Bei einer instabilen Angina pectoris (→ S. 492) treten typischerweise keine Konzentrationserhöhungen der Herzenzyme auf.

Troponin T und I: Troponin T ist inzwischen der wichtigste Infarktmarker, der (zusammen mit Myoglobin; → S. 459) als erster Parameter ansteigt. Während die Grenzwerte für Troponin mit meist 0,1 ng/ml angegeben werden, wird inzwischen öfter schon ein erniedrigter Grenzwert von ca. 0,03 ng/ml als richtungsweisend für einen Infarkt bezeichnet. Frühestens 3–4 Stunden nach Symptombeginn steigt Troponin im Rahmen eines Myokardinfarkts an. Es gibt inzwischen Schnelltests für die Bestimmung der Troponinkonzentration, die direkt am Bett des Patienten durchgeführt und bewertet werden können. Neben Troponin T kann auch Tro-

EKG-Stadium		Typisches Bild	Wichtige Merkmale	Beginn/Dauer
frischer Infarkt (akutes Stadium)	Stadium 1		deutliche ST-Strecken-Hebung T positiv R klein Q noch klein	sofort/1–2 h bis 1 Wo.
	Zwischen-stadium		leichte ST-Strecken-Hebung T spitz-negativ Q groß R klein	1.–10. d/kurz
akuter Infarkt (chronisches Stadium)	Stadium 2	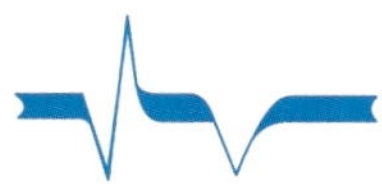	T spitz-negativ Q groß R noch klein keine ST-Strecken-Hebung	3.–7. d/6 Mo. bis mehrere J.
	Stadium 3	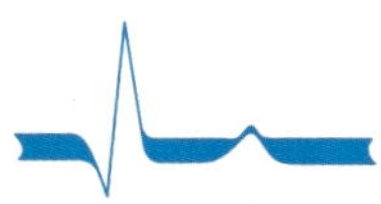	Q pathologisch T bereits positiv R normal oder reduziert keine ST-Strecken-Hebung	– /6 Mo. bis bleibend

Abb. 7-16 Typische EKG-Veränderungen bei einem ST-Strecken-Hebungs-Myokardinfarkt

ponin I bestimmt werden. Troponin I hat eine vergleichbare Aussagekraft wie Troponin T. Der Schwellenwert für Troponin I hängt jedoch entscheidend davon ab, was für ein Testsystem hierfür verwendet wird. Häufig wird ein Troponin-I-Testsystem verwendet, das einen Schwellenwert von 0,1 ng/ml verwendet. Bei einem negativen Troponintest sollte der Test nach 6–9 Stunden wiederholt werden. Ist in dem zweiten Test die Konzentration ebenfalls nicht pathologisch erhöht, dann kann ein Myokardinfarkt ausgeschlossen werden. Da die einzelnen herzspezifischen Enzyme einen charakteristischen zeitlichen Verlauf aufweisen, kann anhand des Enzymmusters auf das Alter des Infarkts geschlossen werden. Neben den Veränderungen herzspezifischer Enzyme kommt es noch zu unspezifischen Entzündungszeichen wie Leukozytose (10 000–15 000/mm^3), Beschleunigung der Blutsenkungsgeschwindigkeit und Anstieg des C-reaktiven Proteins (CRP). Der Normalwert des CRP beträgt < 0,5 mg/dl. Laborchemische Untersuchungen sind weniger für die Akutdiagnostik, sondern vor allem für die Verlaufsbeobachtung geeignet.

Kreatinkinase: Die Kreatinkinase (= CK = Kreatinphosphokinase = CPK; Normalwert: Männer < 190 U/l, Frauen < 170 U/l; vgl. Tab. 7-8; S. 419) beginnt 4–6 Stunden nach dem Infarkt anzusteigen, erreicht ihr Maximum nach 18–24 Stunden und normalisiert sich nach 3–4 Tagen. Bei einem CK-Maximum von < ca. dem 6-fachen Normalwert kann mit einem komplikationslosen Verlauf gerechnet werden, bei einem CK-Maximum von > ca. dem 14-fachen Normalwert muss von einem riesigen Infarkt ausgegangen werden. Die CK ist sehr empfindlich, sie kann allerdings auch nach z. B. einer intramuskulären Injektion, mechanischen Reanimation oder elektrischen Defibrillation oder sonstigen Muskelverletzungen ansteigen. Da die CK in Form von 3 Isomeren vorkommt (CK-MM [Muskel-Typ], CK-BB [Gehirn-Typ] und CK-MB [Herzmuskel-Typ]), bietet sich die Bestimmung der CK-MB wegen ihrer Spezifität für den Herzmuskel zur Diagnostik des Herzinfarkts an. Die CK-MB ist zwar herzspezifisch (CK-MB > 24 U/l spricht für einen Herzinfarkt), aber weniger empfindlich als die CK, sodass kleinere Infarkte evtl. nicht erfasst werden. Die

CK-MB beginnt 2–6 Stunden nach dem Infarkt anzusteigen, erreicht ihr Maximum nach 24–36 Stunden und normalisiert sich nach 1–1,5 Tagen wieder.

Myoglobin: Die Myoglobinkonzentration steigt (zusammen mit Troponin T) als erster Parameter an. Die Myoglobinkonzentration kann allerdings auch z. B. nach einer intramuskulären Injektion, elektrischen Defibrillation oder einer sonstigen Muskelverletzung ansteigen. Bei Männern ist eine Myoglobinkonzentration im Serum von >76 ng/ml und bei Frauen eine Konzentration von >64 ng/ml pathologisch.

Therapie (→ auch S. 490)

Ziel der Therapie ist es, den Sauerstoffverbrauch des Herzens zu vermindern sowie die Myokarddurchblutung zu verbessern bzw. wiederherzustellen.
Folgende Therapiemaßnahmen kommen infrage:

- Analgetika,
  vor allem Morphin; wiederholt 1–5 mg Morphin bis zum individuellen Dosisbedarf
- Sedativa/Anxiolytika,
  z. B. Diazepam; wiederholt ca. 5 mg bis zum individuellen Dosisbedarf
- Sauerstoffgabe,
  falls der p_aO_2 erniedrigt ist. Bei Auftreten einer Herzinsuffizienz mit Lungenödem kann eine endotracheale Intubation mit Beatmung notwendig werden.
- Bettruhe und Immobilisierung
  für 2–3 Tage beim unkomplizierten Infarkt. Für ca. 1–3 Wochen ist eine stationäre Behandlung notwendig.
- Nitropräparate,
  z. B. eine Kapsel Nitrolingual® bukkal (→ S. 491) zur Erweiterung der Kollateralgefäße und zum Ausschluss einer (nitrosensiblen) Angina pectoris. Der Infarktschmerz ist – im Gegensatz zum Angina-pectoris-Schmerz – allerdings nicht nitrosensibel. Bei Auftreten einer Herzinsuffizienz kann auch die Gabe von Nitroglycerin per Infusionspumpe notwendig werden. Es ist Vorsicht geboten, da Nitroglycerin evtl. zu einem deutlichen Blutdruckabfall führen kann.
- Dobutamin
  bei Linksherzinsuffizienz zur Steigerung der Inotropie
- β-Rezeptoren-Blocker
  können bei tachykarden und hypertensiven Patienten sinnvoll sein und evtl. die Infarktgröße vermindern. Es werden z. B. 2,5–5 mg Metoprolol intravenös empfohlen.
- Metoclopramid (z. B. Paspertin®)
  kann zur Therapie einer evtl. Übelkeit verabreicht werden.
- Atropin
  ist bei bradykarden Rhythmusstörungen indiziert.
- Amiodaron
  ist bei tachykarden ventrikulären Rhythmusstörungen (z. B. 5 mg/kg KG; meist 300 mg) das Antiarrhythmika der Wahl.
- temporärer Herzschrittmacher:
  muss ggf. platziert werden
- Defibrillation
  bei Kammerflimmern oder pulsloser Kammertachykardie (→ S. 537). Nach erfolgreicher Therapie empfiehlt sich die Gabe eines Antiarrhythmikums.
- Acetylsalicylsäure:
  initial ein Bolus von 250–500 mg intravenös (Aspirin® i. v.), danach in einer Dosierung von 100–250 mg/d per os zur Thrombozytenaggregationshemmung. Dadurch kann die Rate von Gefäßneuverschlüssen vermindert werden.
- Heparin:
  Bei einer Thrombolyse (→ S. 460) mit thrombusspezifischen Thrombolytika wie rt-PA (Alteplase; Actilyse®) oder entsprechenden Derivaten (z. B. Tenecteplase; Metalyse®) oder mit einer geplanten Katheterintervention muss zusätzlich Heparin gegeben werden, da sonst die Rate an Wiederverschlüssen relativ hoch ist. Nach Gabe eines Initialbolus (70 U/kg KG, maximal 5 000 U) werden dann ca. 1 000 IE/h empfohlen. Es ist eine Verlängerung der PTT auf den 2- bis 2,5-fachen

Normalwert (60–75 Sekunden) anzustreben. Nach ca. 2–3 Tagen kann auf subkutane Heparingaben (z. B. 2 × 7 500 IE unfraktioniertes Heparin) umgestellt werden. Inzwischen wird zumeist niedermolekulares (fraktioniertes) Heparin 1 × pro Tag subkutan bevorzugt.

- Clopidogrel
  (Plavix®; ein Thrombozytenfunktionshemmer) sollte möglichst frühzeitig (oral) verabreicht werden falls eine Katheterintervention durchgeführt wird.
- Glykoprotein-IIb/IIIa-Rezeptor-Antagonisten
  werden bei Hochrisikopatienten zusätzlich vor einer Katheterintervention empfohlen, um eine aggressive Thrombozytenaggregationshemmung zu erzielen.
- Revaskularisation:
  Sobald als möglich sollte bei Patienten mit einem Myokardinfarkt eine kausale Therapie durchgeführt werden, das heißt die entsprechende Koronararterie wieder durchgängig gemacht werden. Insbesondere beim ST-Strecken-Hebungs-Myokardinfarkt (STEMI) sollte dies so schnell als irgend möglich angestrebt werden. Beim NSTEMI sollte dies möglichst innerhalb von 24 Stunden erfolgen. Zur Revaskularisation kommen Thrombolyse und **p**rimäre **C**oronar**i**ntervention (= PCI = perkutane Koronarintervention/Katheterintervention) infrage.
- Thrombolyse:
  Da ein Myokardinfarkt zumeist durch einen Thrombus bedingt ist, kommt der frühzeitigen Thrombolyse oder einer primären Koronarintervention enorme Bedeutung zu. Die Thrombolyse hat – im Gegensatz zur primären Koronarintervention – den entscheidenden Vorteil, dass sie in jedem Krankenhaus (und ggf. auch schon prähospital vom Notarzt) durchgeführt werden kann. Bei Durchführung einer Thrombolyse innerhalb von 4 Stunden gelingt eine Wiedereröffnung des Gefäßes in bis zu 70–75 % der Fälle. Während eine Frühlyse (innerhalb von 6 Stunden) Erfolg versprechend ist, ist der Wert einer Spätlyse (> 12 Stunden) nicht belegt (→ S. 497).
  Als Thrombolytika haben sich bewährt:
  - rt-PA (= **r**ecombinant **t**issue **p**lasminogen **a**ctivator; recombinant = gentechnisch hergestellt; entspricht der körpereigenen t-PA, die vom Gefäßendothel freigesetzt wird und Fibrin [Thromben] auflösen kann). rt-PA (Alteplase; Actilyse®) muss in Kombination mit Heparin (→ S. 459) verabreicht werden. Beim ST-Strecken-Hebungs-Myokardinfarkt werden 15 mg Alteplase als Bolus (über 1–2 Minuten), anschließend 50 mg über 30 Minuten und danach noch 0,5 mg/kg KG über 60 Minuten empfohlen (sog. GUSTO-Schema). Die Maximaldosis beträgt 100 mg.
  - Tenecteplase (Metalyse®):
    Tenecteplase ist ein gentechnisch hergestellter Abkömmling von rt-PA mit längerer Halbwertszeit und höherer Fibrinspezifität. Systemische Nebenwirkungen (z. B. zerebrale Blutungen) sollen seltener sein als unter rt-PA. Tenecteplase kann als Bolus zügig über ca. 10 Sekunden intravenös injiziert werden. Dies wird als ein großer Vorteil z. B. im Rahmen der prähospitalen Lyse bezeichnet. Die Dosierung wird mit ca. 0,5 mg/kg KG angegeben. Es liegen Durchstechflaschen mit 8 000 U (40 mg) oder 1 000 U (50 mg) vor. Die Ergebnisse scheinen vergleichbar gut wie beim Einsatz von rt-PA zu sein. Zusätzlich ist eine Heparintherapie notwendig (→ S. 459).
  - (Streptokinase; 1,5 Millionen IE in 30–60 Minuten; Kontraindikation: Streptokokkeninfekt; Beginn einer Heparininfusion erst nach 12–24 Stunden)

  Kommt es nach einer Thrombolyse nicht innerhalb einer Stunde zu einer Besserung der Schmerzen und zu einem Rückgang der ST-Strecken-Hebung, dann sollte noch eine notfallmäßige PCI (perkutane Koronarintervention; → unten) durchgeführt werden.
- PCI (= perkutane Koronarintervention/ Katheterintervention):

Zur Behandlung eines akuten Myokardinfarkts können notfallmäßig eine Koronarangiographie, eine perkutane transluminale Koronarangioplastie (= PTCA) und eine Ballondilatation sowie ggf. eine Stent-Einlage durchgeführt werden. Vor allem bei einem ST-Strecken-Hebungs-Myokardinfarkt sollte so schnell als möglich eine Koronarintervention angestrebt werden. In bis zu über 90 % der Patienten gelingt mit dieser Methode eine Wiedereröffnung des entsprechenden Gefäßes. Durch den zunehmenden Einsatz der primären Koronarintervention konnte die Mortalität nach einem Herzinfarkt vermindert werden. Nach einer Katheterintervention sind – im Vergleich zu einer Thrombolyse – Wiederverschlüsse seltener und es können Blutungskomplikationen (wie sie bei einer Thrombolyse möglich sind) vermieden werden. Nachteil der Methodik ist, dass sie nur in spezialisierten Zentren und oft nur mit zeitlicher Verzögerung (Transportwege, aufwendige Vorbereitung) durchgeführt werden kann. Der Zeitraum zwischen möglichem Lysebeginn und Katheterintervention sollte jedoch nicht länger als 90 Minuten betragen. Es ist dann eine Thrombolyse durchzuführen.

Da Thrombolytika nicht nur Thromben in den Koronararterien auflösen, sondern eine generelle thrombolytische Wirkung haben und daher Blutungskomplikationen begünstigen, stellen z. B. kurz zurückliegende relevante Verletzungen oder große Operationen (< 3 Wochen), Magen-Darm-Blutung in den zurückliegenden 4 Wochen, Blutungsneigung, ein Apoplex in den letzten 6 Monaten, vorausgegangene Vena-subclavia- oder Vena-jugularis-interna-Punktionen, Tumorerkrankungen, Schwangerschaft oder eine vorausgegangene, längerfristige Herzdruckmassage (mit Rippen- und Sternumfrakturen) Kontraindikationen dar.
Nach Auftreten eines Herzinfarkts ist eine Intensivüberwachung von entscheidender Wichtigkeit, um akute Herzrhythmusstörungen sofort erkennen und therapieren zu können. Wichtig ist daher eine kontinuierliche EKG-Überwachung (möglichst mit automatischer Arrhythmieerkennung). Außerdem ist ein hämodynamisches Monitoring notwendig sowie die konsequente Therapie z. B. einer auftretenden Herzinsuffizienz.
Viele Patienten verlassen inzwischen nach einem unkomplizierten Herzinfarkt das Krankenhaus schon nach 1 Woche wieder.

Prognose

Etwa 5–10 % der Patienten mit einem Myokardinfarkt versterben innerhalb einer Stunde zumeist an Herzrhythmusstörungen (v. a. Kammerflimmern).

7.13.3 Nierenerkrankungen

Akutes Nierenversagen

Erwachsene scheiden pro Tag 1 000–2 000 ml Urin aus. Mit dem Urin werden Abfallprodukte des Stoffwechsels eliminiert. Um eine noch ausreichende Ausscheidung dieser harnpflichtigen Abfallprodukte zu ermöglichen, müssen pro Tag jedoch mindestens 400–500 ml Urin ausgeschieden werden. Über die Nieren werden auch z. B. der Flüssigkeitshaushalt, der Säure-Basen- und Elektrolythaushalt über eine mehr oder weniger starke renale Ausscheidung von Wasser, H^+-Ionen oder Elektrolyten reguliert. Typisch für das Nierenversagen ist die unzureichende Ausscheidung harnpflichtiger Substanzen. Beim niereninsuffizienten Patienten steigt die Konzentration des normalerweise renal eliminierten Kreatinins und des Harnstoffs an (ein isolierter Anstieg des Harnstoffs spricht dagegen für einen katabolen Stoffwechsel; → S. 374).
Bei ca. 4–20 % der Intensivpatienten tritt ein akutes Nierenversagen auf.

✓ Es kann zwischen **anurischem** (< 200 ml Urinausscheidung pro Tag), oligurischem (< 400 ml Urin pro Tag) und polyurischem Nierenversagen (übernormale Urinausscheidung) unterschieden werden. In ca. ⅔ der Fälle liegt bei Intensivpatienten ein oligurisches oder anurisches Nierenversagen vor.

Ätiologie

Ein akutes Nierenversagen mit Anurie oder Oligurie kann verschiedene Ursachen haben.

Beim **prärenalen** Nierenversagen liegt eine Mangeldurchblutung der Niere vor (zumeist aufgrund einer Hypovolämie; typischerweise fallen die Urinproduktion und die Natriumkonzentration im Urin stark ab und die Urinosmolarität steigt an).

Dem **postrenalen** Nierenversagen liegt eine Verlegung der harnableitenden Wege zugrunde. Bei entsprechender kausaler Therapie lassen sich prä- und postrenales Nierenversagen leicht beseitigen.

Dagegen gibt es für das organisch (**intrarenal**) bedingte akute Nierenversagen keine kausale Behandlungsmethode. Ursache eines organisch bedingten Nierenversagens ist normalerweise eine Schädigung der ableitenden Nierentubuli (akute Tubulusnekrose). Auslösend kann eine längerfristige Mangeldurchblutung im Rahmen eines Volumenmangelschocks sein (d.h. ein länger bestehendes prärenales Nierenversagen führt sekundär zu einem intrarenalen akuten Nierenversagen). Daneben kann ein **akutes** intrarenales Nierenversagen z. B. im Rahmen einer Pankreatitis, schweren Peritonitis, Verbrennung, Sepsis (durch Endotoxine) oder einer Fehltransfusion mit schwerer Hämolyse oder Muskelzerstörungen auftreten. Des Weiteren sind eine Reihe nierentoxischer Substanzen wie Blei, Arsen und andere bekannt. Auch von einer Anzahl von Medikamenten ist bekannt, dass sie nephrotoxisch wirken können (z. B. Antibiotika aus der Gruppe der Aminoglykoside, Röntgenkontrastmittel, Zytostatika, Antirheumatika). Typisch für ein akutes organisch (intrarenal) bedingtes Nierenversagen sind neben einem Abfall der Urinausscheidung und einem Anstieg der harnpflichtigen Substanzen auch eine Abnahme der Kreatinin-Clearance (normal 95–140 ml/min) und eine Verminderung der Urinosmolarität (verminderte Konzentrationsfähigkeit), ein Anstieg der Plasmakaliumkonzentration und eine metabolische Acidose.

In der operativen Intensivmedizin tritt ein akutes Nierenversagen vor allem im Rahmen einer Sepsis, eines schweren Traumas oder nach einem sehr großen operativen Eingriff auf.

Therapie

Die einzige „kausale“ Therapie des akuten Nierenversagens ist die Therapie der Grundkrankheit, das heißt die adäquate Antibiotikatherapie bzw. die operative Herdsanierung bei einer Sepsis bzw. die entsprechende Volumentherapie bei einem Volumenmangelschock. Die **konservative Therapie** des **eingetretenen Nierenversagens** ist symptomatisch. Bei bestehender Hyperkaliämie muss eine kaliumfreie enterale oder parenterale Ernährung durchgeführt werden. Es bietet sich auch ein Einlauf mit Kationenaustauschern (z. B. Resonium® A) an. Diese binden Kalium und geben dafür Natrium oder Calcium ab. Bei einer schweren Hyperkaliämie kann durch gleichzeitige Gabe von Glucose und Insulin (1 IE [= **i**nternationale **E**inheit] Altinsulin auf ca. 2–3 g Glucose; z. B. 500 ml Glucose 5 % mit 12 IE Insulin) eine Erniedrigung der Plasmakaliumkonzentration erzielt werden. Die aufgrund der Insulingabe nach intrazellulär wandernde Glucose bewirkt auch eine Aufnahme von Kalium in die Zelle. Auch durch Gabe von Natriumbicarbonat (= Natriumhydrogencarbonat; ca. 100–200 mmol) kann aufgrund des pH-Wert-Anstiegs eine Aufnahme von Kalium in die Zelle erreicht werden (Acidose führt zur Hyperkaliämie, Alkalose führt zur Hypokaliämie im Plasma). Eine bedrohliche Hyperkaliämie kann auch durch intravenöse Injektion von Calcium vorübergehend antagonisiert werden (10–30 ml Calciumgluconat 10 %).

> ! Bei (noch nicht dialysepflichtiger) Niereninsuffizienz ist zu beachten, dass bei renal ausgeschiedenen Medikamenten eine Dosisreduktion notwendig wird (z. B. Digoxinpräparate, zahlreiche Antibiotika). Es sollten ggf. Plasmakonzentrationsbestimmungen der entsprechenden Medikamente vorgenommen werden.

Wird bei therapieresistentem **anurischem** oder **oligurischem Nierenversagen** die Flüssigkeitszufuhr nicht entsprechend reduziert, so droht rasch eine **Überwässerung** des Patienten mit Wassereinlagerung und Ödemen, die sich häufig als periphere Ödeme, Lidödeme und Lungenödem äußern. Bei anurischem Nierenversagen dürfen beim normalgewichtigen Erwachsenen lediglich ca. 900 ml Flüssigkeit pro Tag verabreicht werden. Dies entspricht dem Verlust über Stuhl, Atmung und Verdunstung.

Im Falle eines **polyurischen Nierenversagens** drohen aufgrund der hohen Flüssigkeits- und Elektrolytverluste entsprechende Bilanzstörungen. Es ist eine sorgfältige Substitution notwendig.

Eine apparative Blutreinigung (z. B. Hämodialyse) wird bei Patienten, die nicht auf einer Intensivstation liegen und ein **konservativ behandeltes, isoliertes Nierenversagen** haben, meist erst bei folgenden Bedingungen durchgeführt:

- starke Überwässerung
- schwere Hyperkaliämie
- urämische Intoxikation (Harnstoff > ca. 200 mg/dl bzw. 30–40 mmol/l; BUN [= **b**lood **u**rea **n**itrogen; → S. 374] > 100 mg/dl; BUN × 2,14 = Harnstoff in mg/dl)
- Plasmakreatininkonzentration: ≥ 6–8 mg/dl
- ZNS-Symptome
- Perikarderguss

Bei **schwerkranken Intensivpatienten** wird zumeist ein wesentlich frühzeitigerer Beginn der Nierenersatztherapie empfohlen. Als Indikation wird bereits das sich ankündigende akute Nierenversagen genannt. Hinweise darauf sind:

- Abfall der Urinproduktion
- Abfall der Kreatinin-Clearance
- Anstieg der Retentionswerte (bereits eine Harnstoffkonzentration von ca. 100–120 mg/dl bzw. ein BUN-Wert von ca. 50–60 mg/dl)

Wird bei Intensivpatienten eine solch frühzeitig begonnene Nierenersatztherapie durchgeführt (bei Harnstoffkonzentration ca. 100–120 mg/dl, BUN ca. 50–60 mg/dl), dann kann eine signifikant bessere Überlebenswahrscheinlichkeit des akuten Nierenversagens erzielt werden, wie wenn erst relativ spät (Harnstoffkonzentration > 200 mg/dl, BUN > 100 mg/dl) mit dem Nierenersatzverfahren begonnen wird.

Zumeist genügt bei Patienten, die sich nicht auf einer Intensivstation befinden und ein isoliertes, **chronisches Nierenversagen** haben, eine in 2-tägigem Abstand durchgeführte **Hämodialyse** (= HD). Bei Intensivpatienten mit einem **akuten Nierenversagen** wird eine tägliche intermittierende Hämodialyse empfohlen. Eine Hämodialysebehandlung dauert üblicherweise ca. 4 Stunden. Normalerweise wird bei Intensivpatienten über einen großlumigen (in der Vena jugularis interna oder Vena subclavia platzierten) doppelläufigen, sog. Shaldon-Katheter dialysiert. Das Blut wird in eine „künstliche Niere" (Dialysemaschine) geleitet. In dieser Blutentgiftungsmaschine wird das Blut an einer semipermeablen Membran vorbeigeleitet, auf deren Gegenseite die Dialysierflüssigkeit vorbeiströmt. Durch Verwendung unterschiedlicher Dialysierflüssigkeiten kann beeinflusst werden, welche Substanzen in welchem Maße aus dem Blut über die semipermeable Membran (entlang eines Konzentrationsgradienten) in die Dialysierflüssigkeit diffundieren. Während und nach der Dialyse ist eine entsprechende Überwachung des Patienten notwendig, da es hierbei zu Hämolyse, Thrombozytenabfall, Herzrhythmusstörungen (dialysebedingte Elektrolytverschiebungen) oder Blutungen kommen kann. Vor und ca. 4 Stunden nach der Dialyse sollten Elektrolyte, Kreatinin, Harnstoff, Gerinnungsparameter und Blutbild kontrolliert werden. Eine Dialyse wird normalerweise unter Heparinisierung durchgeführt. Unter Dialyse kann ein stärkerer Blutdruckabfall auftreten, denn während der ca. 4-stündigen Hämodialysedauer muss oft ein großes Volumen an überschüssiger Flüssigkeit entzogen werden (bis zu 3–4 Liter sind möglich). Etwa 10 % der Intensivpatienten reagieren darauf mit einem so starken Blutdruckabfall, dass eine intermittierende Hämodialyse nicht durchführbar ist. Es ist dann ein kontinuierliches Nierenersatzverfahren durch-

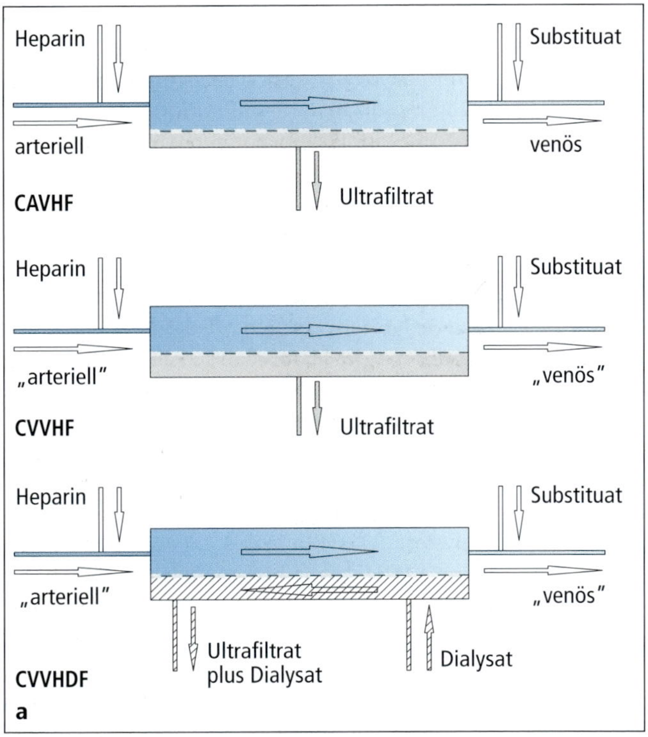

Abb. 7-17a Kontinuierliche Nierenersatzverfahren. **Oben:** kontinuierliche (spontane) arteriovenöse Hämofiltration (CAVHF). **Mitte:** kontinuierliche (pumpengetriebene) venovenöse Hämofiltration (CVVHF). **Unten:** kontinuierliche (pumpengetriebene) venovenöse Hämodiafiltration (CVVHDF).

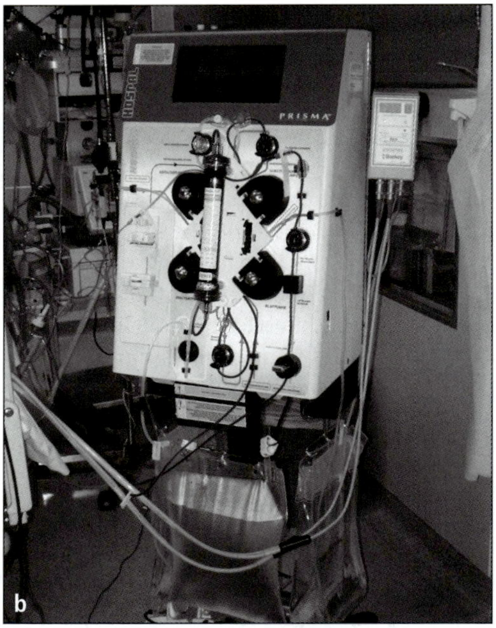

Abb. 7-17b Gerät zur kontinuierlichen venovenösen Hämo(-dia-)filtration mit Bilanzierungswaage.

zuführen (→ unten). Dies wird hämodynamisch wesentlich besser toleriert, da der Flüssigkeitsentzug kontinuierlich und langsam (über 24 Stunden pro Tag) erfolgen kann.

Früher wurde bei Intensivpatienten häufiger eine **kontinuierliche arteriovenöse Hämofiltration** (= **c**ontinuous **a**rterio-**v**enous **h**emo**f**iltration = **CAVHF**) durchgeführt (vgl. Abb. 7-17a). Hierfür wurden die Arteria und Vena femoralis punktiert. Die arteriovenöse Blutdruckdifferenz trieb das arterielle Blut durch einen Kapillarfilter und presste ein Ultrafiltrat (= Wasser und Substanzen mit einem Molekulargewicht unter 10 000) ab. Das Blut strömte über den venösen Schenkel wieder zum Patienten. Um eine ausreichende Entgiftung von nierengängigen Substanzen zu garantieren, mussten relativ hohe Volumina an Ultrafiltrat abgelassen werden. Das wie Plasma zusammengesetzte Ultrafiltrat wurde verworfen und durch entsprechende Infusionen (Substitutionslösungen) teilweise oder vollständig ersetzt, je nachdem, ob eine Entwässerung des Patienten er-

wünscht war oder nicht. Um ein Verstopfen der Hämofiltrationspatrone zu verhindern, musste in den arteriellen Schlauch kontinuierlich Heparin zugeführt und ein ausreichender systolischer Blutdruck garantiert werden.
Vorteile der apparativ einfachen CAVHF waren, dass nur geringe Heparinmengen benötigt wurden und relativ geringe Kreislaufbeeinträchtigungen zu erwarten waren.
Inzwischen wird anstatt einer CAVHF eine **kontinuierliche venovenöse Hämofiltration** (= **c**ontinuous **v**eno-**v**enous **h**emo**f**iltration = **CVVHF**) über eine Pumpe durchgeführt (vgl. Abb. 7-17a, b). Diese pumpengetriebenen venovenösen Verfahren sind effektiver als die spontane (vom arteriellen Blutdruck abhängige) CAVH. Außerdem stehen inzwischen auch kontinuierliche Verfahren mit Gegenstrom (z. B. **CVVHDF** = kontinuierliche [**c**ontinuous] **v**eno**v**enöse **H**ämo**d**ia**f**iltration) zur Verfügung (vgl. Abb. 7-17a, b). Sie stellen eine Kombination aus Hämodialyse und Hämofiltration dar. Hierbei wird eine Dialyseflüssigkeit entgegen der Blutflussrichtung an der Filtrationsmembran vorbeigeleitet. Bei diesem Verfahren wird ein hoher Konzentrationsgradient vom Blutplasma zur Dialyseflüssigkeit aufrechterhalten. Daher ist dieses Nierenersatzverfahren deutlich effektiver als eine spontane CAVHF, aber auch effektiver als die CVVHF. Kontinuierliche Verfahren (wie die CVVHF) weisen eine deutlich bessere hämodynamische und metabolische Stabilität auf als intermittierende Verfahren (wie die Hämodialyse). Bei der Hämofiltration können für niedermolekulare Stoffe keine so hohen Clearance-Raten erzielt werden wie bei der Hämodialyse. Beispielsweise ist die Kaliumelimination weniger effektiv. Bei den kontinuierlichen Verfahren wird ein Flüssigkeitsentzug von ca. 35 ml/kg KG/h (ca. 2–2,5 l/h) empfohlen. Das entzogene Ultrafiltrat muss großteils wieder durch eine lactat- oder bicarbonatgepufferte Substitutionslösung (Substituat) ersetzt werden. Falls eine negative Flüssigkeitsbilanz von z. B. minus 1,5 Liter angestrebt wird, dann sollte die Substitutionslösung pro Tag plus die Einfuhr (Ernährungslösungen, Medikamenten u. Ä.) um 1,5 Liter geringer sein als das pro Tag entzogene Ultrafiltrat.

Bei der kontinuierlichen Hämodiafiltration (CVVHDF) werden das Dialyseprinzip und das Filtrationsprinzip kombiniert. Hierbei werden ca. 50 % der Blutreinigung durch das Dialyseprinzip und ca. 50 % durch das Filtrationsprinzip erreicht. Während bei einer reinen Filtration (CVVHF) ca. 35 ml/kg KG/h (ca. 2–2,5 l/h) Ultrafiltrat empfohlen werden, genügt bei der CVVHDF für das Filtrationsprinzip ein halb so hohes Filtrationsvolumen (ca. 1,2 l/h). Für das Dialyseprinzip wird ein Dialysatfluss von ebenfalls ca. 1,2 l/h gefordert. Filtrationsvolumen plus Dialysatfluss sollten zusammen ebenfalls ca. 2–2,5 l/h ergeben. Am CVVHDF-Gerät sind ein Dialysatfluss (z. B. 1,2 l/h), ein Substitutionsfluss (z. B. 1,0 l/h), ein Entzug (z. B. 200 ml/h) und ein Blutfluss (z. B. 150 l/min) einzustellen. Das Filtrationsvolumen (z. B. 1,2 l/h) minus dem Substitutionsfluss (z. B. 1,0 l/h) ergibt den Entzug (z. B. 200 ml/h) (bzw. der am Gerät einstellbare Substitutionsfluss und der einstellbare Entzug entsprechen zusammen dem Filtrationsvolumen). Die Flüssigkeitsbilanz ergibt sich aus Einfuhr (Ernährungslösungen, Medikamente, Perfusoren; z. B. 3,5 l/d) minus Entzug (z. B. 200 ml/h × 24 h = 4,8 l/d) = – 1,3 l/d.
Bei allen kontinuierlichen Verfahren ist eine Antikoagulation notwendig, um eine Thrombenbildung im System zu verhindern. Initial wird das extrakorporale System mit z. B. 3 000 ml NaCl 0,9 %, das mit 10 000 IU Heparin versetzt wurde, durchgespült. Während der Dialyse wird Heparin vor dem Hämofilter ins extrakorporale System eingeleitet. Initial werden z. B. 250 IE/h verabreicht und dann erfolgt ggf. eine Dosissteigerung um jeweils z. B. 125 IE/h, bis ein ACT-Wert [→ S. 309] von ca. 180–210 Sekunden erreicht ist. Bei blutungsgefährdeten Patienten wird ein ACT-Wert von nur 140–180 Sekunden angestrebt und bei stark blutungsgefährdeten Patienten wird u. U. ganz auf eine Heparinisierung verzichtet [wodurch es allerdings zum baldigen Verstopfen des Hämofilters kommt, der dann übermäßig oft erneuert werden muss]). Vor allem in den USA wird oft auch eine Antikoagulation mit Citrat durchgeführt. Inzwischen wird auch in Deutschland zunehmend häufiger eine Citratantikoagulation durchgeführt.

Geräte zur Durchführung einer CVVHF bzw. CVVHDF verfügen über eine sog. Bilanzierungswaage. Die Menge des Substituats, des Dialysats sowie die Gesamtausfuhr werden gewogen. Zugeführtes Substitutionsvolumen minus entzogenes Flüssigkeitsvolumen ergibt den Entzug. Mit diesen Bilanzierungswaagen wird die Flüssigkeitsbilanzierung einfacher und genauer. Bei diesen Geräten braucht die gewünschte positive oder negative Flüssigkeitsbilanz (in ml) lediglich einprogrammiert werden.

Vorbeugende Maßnahmen

Um einem Nierenversagen vorzubeugen, muss ein intravasaler Volumenmangel umgehend beseitigt und eine erniedrigte Nierendurchblutung aufgrund einer Herzinsuffizienz muss durch positiv inotrope Substanzen verbessert werden. Dass das Risiko eines Nierenversagens durch eine Dopamininfusion in „Nierendosis" (ca. 2–3 µg/kg KG/min; → S. 303) vermindert werden kann, ist inzwischen eindeutig widerlegt. Bei beginnendem oligurischem oder anurischem Nierenversagen kann versucht werden, durch sehr hohe Furosemidgaben (max. 1 500 mg über einen Tag) die Urinausscheidung zu steigern. Voraussetzung für eine Furosemidgabe ist jedoch ein ausreichendes intravasales Volumen.

7.13.4 ZNS-Erkrankungen

Schädel-Hirn-Verletzungen

✓ Bei einem **S**chädel-**H**irn-**T**rauma (SHT) muss zwischen **primärer Hirnschädigung**, die direkt beim Unfall auftritt, und zwischen evtl. später noch auftretender, sekundärer Hirnschädigung unterschieden werden. An **sekundären Hirnschädigungen** sind vor allem das posttraumatische Hirnödem mit Gefahr des intrakraniellen Druckanstiegs (→ S. 268), eine Meningitis oder ein Abszess zu nennen.

Patienten mit traumatischer Schädel-Hirn-Verletzung sind relativ häufig auf Intensivstationen zu betreuen.

Einteilung

Schädel-Hirn-Traumen können je nach Schweregrad in verschiedene Stadien (Grad I–III) unterteilt werden.

- SHT I. Grades
  - Bewusstlosigkeit bis zu 1 Stunde
  - retrograde Amnesie (Erinnerungslosigkeit für den Zeitraum vor dem Unfallereignis)
  - vegetative Störungen
  - keine Substanzschäden des Gehirns
  - neurologische Störungen klingen innerhalb von 4 Tagen ab
  - keine Spätschäden
- SHT II. Grades
  - Bewusstlosigkeit 1–24 Stunden
  - Substanzschäden
  - neurologische Störungen klingen innerhalb von 3 Wochen ab
  - selten Spätschäden
- SHT III. Grades
  - Bewusstlosigkeit 1–7 Tage oder Hirnstammschädigung und Bewusstlosigkeit länger als 6 Stunden
  - neurologische Störungen länger als 3 Wochen
  - häufig Spätschäden

Ätiologie

Ein Schädel-Hirn-Trauma kann durch unterschiedlichste Ursachen (z. B. Stoß-, Schlag-, Sturz-, Stich-, Schussverletzungen) bedingt sein.

Klinik

An klinischen Zeichen imponieren bei einem SHT neben der Bewusstseinstrübung je nach Schweregrad:

- Zeichen eines erhöhten intrakraniellen Drucks:
  - Übelkeit, Erbrechen
  - Bradykardie, Hypertonie
  - Kopfschmerzen, Schwindel
  - Sehstörungen
  - Stauungspapille
  - zentral ausgelöstes Fieber

- Einklemmungszeichen bei zunehmender Steigerung des intrakraniellen Drucks:
  - ein- oder beidseitige Pupillenerweiterung, Beeinträchtigung der Pupillomotorik (→ S. 407)
  - Parästhesien, kontralaterale Hemiplegie
  - Streckkrämpfe, Nackensteifheit (→ S. 416)
  - Pyramidenbahnzeichen (→ S. 412)
  - fortschreitender Ausfall der Hirnstammreflexe mit Atemstörungen, Kreislaufstörungen (→ S. 415)
- sichtbare Kopfverletzungen

Hirnschädigungen sind meist im Bereich der Gewalteinwirkung auf den Schädel (Coup) und oft auch an der gegenüberliegenden Stelle (Contrecoup) nachweisbar. Eine operativ angehbare intrakranielle Raumforderung muss stets ausgeschlossen werden.

Diagnostik

An diagnostischen Maßnahmen sollte eine Röntgenaufnahme des Schädels zum Ausschluss von Schädelfrakturen sowie eine zerebrale Computertomographie (um eine zerebrale Blutung bzw. ein Ödem nachweisen zu können) durchgeführt werden.

Therapie

> ! **Primäre Hirnschädigungen** sind therapeutisch nicht beeinflussbar. Das gesamte therapeutische Bemühen gilt dem Versuch, sekundäre Hirnschädigungen zu minimieren (Überwachung der Hirnfunktion; → S. 407).

Ziel der therapeutischen Maßnahmen muss es sein, eine weitere Hirndrucksteigerung zu vermeiden (→ S. 268) und eine ausreichende Oxygenierung sicherzustellen. Die Indikation zur Intubation und kontrollierten Beatmung ist großzügig zu stellen. An intensivmedizinischen Möglichkeiten zur Bekämpfung eines pathologisch erhöhten intrakraniellen Drucks (ICP) stehen folgende Maßnahmen zur Diskussion:

- Lagerung des Patienten mit leicht erhöhtem Oberkörper (→ S. 268)
- kontrollierte (Hyper-)Ventilation (→ S. 272)
- medikamentöse ICP-Senkung (→ S. 49, 268)
- Barbituratgabe und Barbituratkoma: Barbiturate vermindern den zerebralen Stoffwechsel und die Hirndurchblutung. Dadurch kann der intrakranielle Druck akut erniedrigt werden, bis eine kausale Therapie (z. B. die operative Ausräumung eines intrakraniellen Hämatoms) durchgeführt ist. Zur akuten Senkung des intrakraniellen Drucks wird zumeist das schnell und kurz wirksame Thiopental (→ S. 49) verabreicht. Zur Durchführung eines länger dauernden Barbituratkomas kann Phenobarbital (Luminal® Injektionslösung) verabreicht werden (Initialdosis: ca. 20 mg/kg KG; danach: 3 × 10 mg/kg KG/d). Bei Durchführung eines Barbituratkomas sollte eine gleichzeitige kontinuierliche EEG-Überwachung vorgenommen werden. Die Barbituratdosierung sollte höchstens soweit gesteigert werden, bis die im EEG nachweisliche Hirnaktivität weitgehend zum Erliegen kommt (**burst suppression**). Eine weitere Erhöhung der Barbituratdosis ist dann sinnlos. Ob durch ein Barbituratkoma die Überlebensrate verbessert werden kann, ist umstritten. Diese Therapie wird bisher als „experimentell" bezeichnet.
- Kreislaufstabilisierung
- Osmodiuretika (→ S. 269)
- Liquordrainage (→ S. 268)
- Corticosteroide (Nach einem Schädel-Hirn-Trauma sind Corticosteroide sowohl in moderater als auch in hoher Dosierung wirkungslos auf den ICP oder die Überlebensrate; → S. 268.)
- Hypothermie: Durch eine künstliche Senkung der Körpertemperatur können Hirnstoffwechsel sowie intrakranieller Druck gesenkt werden. Der dadurch bedingte ICP-senkende Effekt wird jedoch zum Teil als relativ gering bezeichnet. Beginnt die Hypothermie bereits vor oder während des Eintritts der Hirnschädigung, kann ein sicherer hirnprotektiver Effekt er-

zielt werden. Bei Beginn der Hypothermie nach Eintritt der Hirnschädigung ist dieser Effekt eher umstritten. Zur Senkung der Körpertemperatur mittels Kühlmatte oder Eispackungen (z. B. auf 32 °C) müssen die körpereigenen Gegenregulationsmechanismen mittels tiefer Analgosedierung massiv „geblockt" werden. Es ist ein fortlaufendes, intensives Monitoring von

- Herz und Kreislauf,
- Beatmungsparametern,
- Blutgasen,
- Nierenfunktion,
- Stoffwechsel,
- Elektrolythaushalt,
- Blutgerinnung und
- zerebraler Funktion

zu fordern, um drohende Entgleisungen (z. B. stärkere Alkalose mit Hypokaliämie) vermeiden zu können. Bei Beendigung der Hypothermie muss die Wiedererwärmung sehr langsam erfolgen.

Betreuung nach Kraniotomie

Nach einer Kraniotomie (operative Schädeleröffnung) ist eine intensivmedizinische Nachbetreuung notwendig. Es ist insbesondere das **Risiko** einer **postoperativen Nachblutung** oder einer **Ödembildung** mit Anstieg des ICP zu beachten. Eine entsprechende engmaschige Überwachung von neurologischem Status (→ S. 407), Atmung und Herz/Kreislauf ist notwendig. Insbesondere der Blutdruck muss in engen – vom Neurochirurgen für den einzelnen Patienten vorgegebenen – Grenzen konstant gehalten werden, um einerseits eine ausreichende Durchblutung sicherzustellen und andererseits die Nachblutungsgefahr möglichst gering zu halten. Bei Verdacht auf eine Nachblutung ist eine sofortige zerebrale Computertomographie notwendig, um eine evtl. Operationsindikation zu klären. Es sollte routinemäßig ca. 6–8 Stunden postoperativ eine zerebrale Computertomographie durchgeführt werden.

Subarachnoidalblutung

Bei Patienten mit einer **Sub**a**r**achnoidal**b**lutung (= **SAB**; Blutung aus einem Aneurysma einer Zerebralarterie) besteht vor allem die Gefahr einer Rezidivblutung, solange das Aneurysma noch nicht geclippt oder gecoilt ist. Bei der Narkoseeinleitung ist ein Blutdruckanstieg zu vermeiden. In den letzten Jahren wird bei Vorliegen eines zerebralen Aneurysmas immer seltener ein operatives Aneurysma-Clipping und immer häufiger ein radiologisch-interventionelles Aneurysma-Coiling durchgeführt (→ S. 278). Nach dem operativen Clipping oder dem Coiling eines entsprechenden Aneurysmas (→ S. 278) besteht vor allem die Gefahr eines **Gefäßspasmus mit Hirninfarkt**. Blutdruckabfälle sind zu vermeiden, es wird normalerweise ein etwas über dem normalen Blutdruck liegender Wert angestrebt. Es wird eine sog. Triple-H-(HHH-)Therapie (leichte Hypertonie, Hypervolämie, Hämodilution) empfohlen, um die zerebrale Perfusion zu verbessern und um Gefäßspasmen vorzubeugen. Oftmals wird Nimodipin per Infusionspumpe verabreicht (erste Stunde 1 mg/h, dann 2 mg/h, falls kein Blutdruckabfall auftritt). Durch diesen selektiven Calciumkanalblocker soll evtl. ein zerebraler Vasospasmus positiv beeinflusst werden. Manche Patienten reagieren jedoch mit einem deutlichen Blutdruckabfall, was gegen dessen weitere Verabreichung spricht. Wird die Vasospasmusgefahr besonders hoch eingeschätzt, dann kann es bei einem Blutdruckabfall evtl. erforderlich sein, zusätzlich einen (vorwiegend peripher wirkenden) Vasokonstriktor wie Noradrenalin (Arterenol®) zu verabreichen, um einen ausreichenden zerebralen Perfusionsdruck (CPP = MAP – ICP; → S. 269) aufrechtzuerhalten.

Querschnittslähmung

✓ Eine Querschnittslähmung ist zumeist traumatisch durch direkte (Schlag) oder indirekte (Sturz) Gewalteinwirkung bedingt. Je nach Höhe der Querschnittslähmung sind die unteren Extremitäten (**Paraplegie**) oder alle 4 Extremitäten (**Tetraplegie**) gelähmt. Schädigungen im Bereich der Halswirbelsäule zwischen C3 und C5 (Ursprung des für die Zwerchfellatmung notwendigen Nervus phrenicus) oder oberhalb davon sind mit dem Leben nicht vereinbar.

Ätiologie

Ursache der Lähmung ist eine Durchtrennung oder Schädigung der Nervenbahnen durch dislozierte Knochenfragmente der verletzten Wirbelsäule oder eine Hämatombildung im Spinalkanal durch Stauchung oder Überbiegung der Wirbelsäule.

Klinik

Unmittelbar nach Auftreten einer Querschnittslähmung kommt es zur Ausbildung eines sog. **spinalen Schocks**. Es imponieren ein kompletter Ausfall von Sensibilität, Motorik und Muskeleigenreflexen unterhalb der Querschnittshöhe. Distal der Verletzungsstelle weisen die Patienten eine Vasodilatation, hervortretende Venen und eine warme Haut auf. Ursache ist ein Ausfall der sympathisch gesteuerten Vasokonstriktion. Diese distal der Querschnittshöhe auftretende Vasodilatation führt zu einem Blutdruckabfall. Kranial der Verletzungsstelle kommt es zur kompensatorischen Vasokonstriktion. Es tritt außerdem ein paralytischer Ileus auf. Während dieser etwa 2 Wochen dauernden Phase des spinalen Schocks drohen vor allem respiratorische Komplikationen, weshalb eine intensivmedizinische Überwachung notwendig ist.

! Zu beachten ist, dass während der Phase des spinalen Schocks beim Absaugen des Nasen-Rachen-Raumes starke vagale Reaktionen bis hin zur Asystolie ausgelöst werden können.

Mit **Übergang in das chronische Stadium** kehren die spinalen Reflexe wieder zurück. Der Patient ist nun vor allem durch aufsteigende Infektionen im Urogenitalbereich und – bei hohem Querschnitt mit grenzwertiger Atemfunktion – durch pulmonale Komplikationen gefährdet. Es imponieren gesteigerte Muskeleigenreflexe, Spastizität und Rigidität der entsprechenden Muskulatur. Es entwickeln sich spinale Automatismen (z. B. Blasen- und Darmentleerung ab einem bestimmten Füllungsgrad). Die Herz-Kreislauf-Situation ist labil und insbesondere in den ersten Wochen nach Abklingen des spinalen Schocks durch eine sog. **autonome Hyperreflexie** gefährdet. Durch unterschiedlichste Reize im Verletzungsgebiet (Schmerzreize, Überdehnung der Blase o. Ä.) kann eine autonome Hyperreflexie mit exzessiver Hypertonie und reflektorischer Bradykardie auftreten.

Diagnostik

Die Diagnose Querschnittslähmung kann normalerweise klinisch gestellt werden. Zusätzlich ist jedoch stets eine radiologische Diagnostik (dislozierte Knochenfragmente?) notwendig (Röntgen, CT, MRT). Stets ist zu klären, ob es sich um eine inkomplette Querschnittslähmung handelt, bei der durch eine sofortige Operation und Wirbelsäulenstabilisierung noch eine Ergebnisverbesserung möglich ist bzw. eine weitere Dislokation und Verschlechterung verhindert werden kann.

Therapie

In früheren Studien konnte gezeigt werden, dass therapeutisch durch die frühzeitige Gabe (innerhalb von 8 h) von 30 mg/kg KG Methylprednisolon (z. B. Urbason®) als Bolus und eine anschließende Gabe von ca. 5 mg/kg KG/h über ca. 24 Stunden das neurologische Ergebnis (outcome) nach Rückenmarksverletzungen möglicherweise verbessert werden kann. Es gibt allerdings auch zahlreiche negative Studienergebnisse zur Gabe von Glucocorticoiden. Laut Aussage des Arbeitskreises Neuroanästhesie der Deutschen Gesellschaft für Anästhesie und Intensivmedizin bleibt die Entscheidung, Glucocorticoide bei einer Rückenmarksverletzung zu geben (aufgrund der widersprüchlichen Datenlage), dem behandelnden Arzt überlassen.

Pflege des Patienten

Stets muss vorher geklärt werden, ob ein querschnittsgelähmter Patient gelagert werden darf (partielle Querschnittslähmung bei instabiler Fraktur?). Sind Lagerungsmanöver erlaubt,

sollten sie zur Dekubitusprophylaxe regelmäßig durchgeführt werden. Eine sorgfältige Hautpflege ist für diese Patienten besonders wichtig. Aufgrund der beeinträchtigten Regulationsfähigkeit des Gefäßsystems können bereits bei Lagerungsmanövern Blutdruckabfälle auftreten. Da während des spinalen Schocks ein akuter Harnverhalt auftritt, muss der Patient einen transurethralen oder besser einen suprapubischen Blasenkatheter erhalten. Die während des initialen Spinalschocks auftretende Magen-Darm-Atonie macht eine parenterale Ernährung, das Legen einer Magensonde, konsequente Abführmaßnahmen und eine Ulkusprophylaxe notwendig. Mit Wiederbeginn der Darmaktivität kann mit der oralen Nahrungszufuhr langsam begonnen werden.
Querschnittsgelähmte Patienten sollten möglichst bald in ein spezielles Therapiezentrum verlegt werden. Ein großes Problem bei der Betreuung dieser Patienten ist deren psychische Führung. Oft handelt es sich um junge Patienten, die ihre Behinderung nicht verstehen und akzeptieren wollen. Es kommen bald z. B. Fragen nach dem Berufsleben oder z. B. dem Sexualleben auf das ärztliche und pflegerische Personal zu.

Durchgangssyndrome

Während der Erholungsphase nach Hirnverletzungen tritt zumeist ein Durchgangssyndrom auf, das durch stark schwankende Bewusstseinslage, Orientierungslosigkeit, Aggressivität, Wahnvorstellungen, Antriebslosigkeit oder Überaktivität gekennzeichnet ist (→ S. 409). Der Patient muss in dieser Phase intensiv überwacht werden.

Dezerebrationssyndrome

Die Dezerebrationssyndrome (= Trübungssyndrome), das heißt apallisches Syndrom, Mittelhirnsyndrom und Bulbärhirnsyndrom werden auf Seite 414 beschrieben.

Zerebrale Krampfanfälle

Bei Schädel-Hirn-traumatisierten Patienten besteht die erhöhte Gefahr zerebraler Krampfanfälle. **Fokale Krampfanfälle** führen z. B. zu rhythmischen Zuckungen einer Gesichtshälfte oder eines Armes. Sie sind abzugrenzen von **generalisierten zerebralen Krampfanfällen**. Zum Durchbrechen zerebraler Krampfanfälle bietet sich ein Barbiturat oder Benzodiazepin an. Zur Langzeittherapie werden zumeist Phenytoin (Phenhydan®), Clonazepam (Rivotril®) oder Phenobarbital (Luminal®) eingesetzt.
Vergleiche auch Überwachung der „Hirnfunktion“ (S. 407).

Hirntod

✓ Nach einem schweren Schädel-Hirn-Trauma kann der isolierte Hirntod eintreten, obwohl aufgrund intensivmedizinischer Unterstützung Kreislauf- und Lungenfunktion noch weitgehend intakt sein können. Der **isolierte Hirntod** bedeutet den irreversiblen Ausfall aller Hirnfunktionen und damit den Tod des Patienten.

Klinik

Typisch sind:
- tiefe Bewusstlosigkeit
- weite, lichtstarre Pupillen
- keine Spontanatmung
- keine Schmerzreaktion
- Ausfall der Hirnstammreflexe
- Null-Linien-EEG

Diagnostik

Die Diagnose eines isolierten Hirntodes muss anhand einer ausführlichen klinischen Untersuchung von 2 Ärzten festgestellt werden, die weder an einer möglichen Organentnahme noch an der anschließenden Transplantation beteiligt sein dürfen. Die Diagnose Hirntod muss auf einem detaillierten Frage-Dokumentations-Bogen niedergeschrieben werden. Auszuschließen sind stets eine Intoxikation, ein Medikamentenüberhang (z. B. Muskelrelaxanzien) oder eine Hypothermie des Patienten. Nach einer ersten klinischen Hirntodfeststellung ist – nach einem vorgeschriebenen Beobachtungszeitraum – eine zweite klinische Hirntoddiagnostik durchzuführen. Anhand klinischer Symptome und unter Beachtung eines vorgeschriebenen Beobachtungszeitraums kann die Diagnose Hirntod zweifelsfrei (!) festgestellt werden. Zur Abkürzung des Beobachtungszeitraums können auch apparativ-technische Methoden angewandt werden (EEG, evozierte Potenziale, Perfusionsszintigraphie, Angiographie, Dopplersonographie). Ein sicheres Kriterium ist der Nachweis eines intrazerebralen Kreislaufstillstands in allen 4 das Gehirn versorgenden Arterien (Arteriae carotis internae und Arteriae vertebrales).

! Trotz isolierten Hirntods können evtl. noch auf Rückenmarksebene vermittelte spinale Reflexe auslösbar sein. Dies widerspricht nicht der Diagnose Hirntod!

Bei diesen Toten kann eine Organexplantation diskutiert werden (→ S. 266).

7.13.5 Abdominalerkrankungen

Peritonitis

✓ Unter Peritonitis wird eine (seröse, fibrinöse, eitrige, jauchige) Entzündung des Bauchfelles verstanden. Die lokal begrenzte oder die diffuse Peritonitis (Entzündung des Bauchfells) stellt ein häufiges intensivmedizinisches Problem dar.

Ätiologie

Eine Peritonitis kann durch physikalisch-chemische Noxen (aseptische Peritonitis, z.B. durch Galle, Harn, Verdauungsenzyme, Blut oder nach einer Operation) oder durch Mikroorganismen und deren Toxine bedingt sein. Eine Peritonitis kann lokal begrenzt oder diffus (generalisiert) sein. Besonders wichtig ist die **diffuse Peritonitis**, die oft durch eine Perforation im Bereich von Magen-Darm-Trakt oder Gallenblase bedingt ist. Es wird von sekundärer Peritonitis gesprochen. Eine weitere häufige Ursache stellt die Anastomoseninsuffizienz nach Operationen im Bereich des Gastrointestinaltraktes dar.

Bei einer länger bestehenden Entzündung oder Ischämie kann es auch zu einer (**Durchwanderungs-)Peritonitis** kommen. Mögliche Ursachen sind Appendizitis, Ileus, Gallenblasenempyem, inkarzerierte Hernie, Mesenterialinfarkt, Pankreatitis, Divertikulitis oder ein nekrotisierender Tumor. Aufgrund der zumeist vorliegenden bakteriellen Entzündung des Peritoneums kommt es zu einer ausgeprägten Flüssigkeitssequestration in das entzündlich veränderte Gewebe. **Folge** ist ein deutlicher Volumenmangel. Ein sekundär auftretender Ileus verstärkt den Volumenmangel weiter. Eine unbehandelte **generalisierte eitrige Peritonitis** führt zu Volumenmangelschock und septischem Schock. Sekundärkomplikationen sind vor allem respiratorische Schädigungen, Niereninsuffizienz, Leberinsuffizienz und Gerinnungsstörungen.

Klinik

Kennzeichen der **diffusen Peritonitis** sind:

- Bauchschmerzen
- „bretthartes“ Abdomen
- Druck- und Loslassschmerzen
- Erbrechen
- hochfrequente und flache Atmung
- fehlende Darmgeräusche
- evtl. Kreislaufinsuffizienz
- Fieber

Diagnostik

An diagnostischen Maßnahmen kommen bei einer diffusen Peritonitis Abdomenübersichtsaufnahme im Stehen oder in Linksseitenlage (freie Luft im Abdomen aufgrund einer Perforation?), Sonographie und Abdomen-CT (Erguss? Abszess?) infrage. Laborchemisch fallen Leukozytose, Linksverschiebungen und eine hohe CRP-Konzentration auf.

Therapie

Falls irgend möglich, ist bei einer **diffusen Peritonitis** eine kausale chirurgische Therapie durchzuführen (Übernähung der Anastomoseninsuffizienz, Spülung der Bauchhöhle mit NaCl 0,9 % und Taurolin®-Lösung). Bis vor einigen Jahren wurde in komplizierten Fällen das Abdomen zumeist nicht sofort wieder operativ verschlossen, sondern es wurde in die Bauchwand bis zum Abheilen der Entzündung ein Vicrylnetz mit Reißverschluss eingenäht. Dadurch wird die Durchführung wiederholter Peritoneal-Lavagen leicht möglich. Häufig wurde dann jeden Tag oder jeden zweiten Tag eine Peritoneal-Lavage durchgeführt. Inzwischen werden meist keine routinemäßigen Peritoneal-Lavagen mehr durchgeführt, sondern es wird nur noch bei entsprechender Notwendigkeit eine Relaparotomie vorgenommen. An intensivmedizinischen Maßnahmen sind Antibiotikatherapie, rein parenterale Ernährung, Ableiten des Magensekrets über eine Magensonde, suffiziente Schmerztherapie und adäquate Volumensubstitution durchzuführen. Bei schweren Verlaufsformen wird eine maschinelle Beatmung sowie die symptomatische Therapie evtl. auftretender Organinsuffizienzen notwendig. Als Antibiotika werden oft Mezlocillin (Baypen®) oder Piperacillin (Piperacillin-ratiopharm®) plus β-Lactamase-Inhibitor Sulbactam (Combactam®) oder z. B. Imipenem (Zienam®) eingesetzt (vgl. Tab. 7-5).

Ileus

✓ Ein Ileus (Darmverschluss) stellt eine Unterbrechung der Darmpassage dar. Ursächlich können eine Verlegung des Darmlumens (**mechanischer Ileus**) oder eine Darmlähmung (**paralytischer Ileus**) vorliegen. Bei unvollständiger Ausprägung der Symptomatik wird von **Subileus** gesprochen.

Ätiologie

Die häufigsten Ursachen eines **mechanischen Ileus** sind Verwachsungen (zumeist nach vorausgegangenen Abdominaloperationen), inkarzerierte Hernien und Tumoren. Vor der Stenose kommt es zur Dilatation des Darms und zum Rückstau von Darminhalt. Bei massiver Überdehnung des Darms drohen Durchblutungsstörungen, Nekrose und Perforation. Aufgrund der Darmwandschädigung können Bakterien und Toxine aus dem Darmlumen durch die Darmwand dringen (= Translokation) und zu Peritonitis und Sepsis führen.

Ein **paralytischer Ileus** kann unterschiedlichste **Ursachen** haben, wie z. B. diffuse Peritonitis, akute Pankreatitis, Mesenterialinfarkt, Mesenterialvenenthrombose, retroperitoneale Blutung, metabolische Entgleisungen oder Medikamente (z. B. Opioide, Catecholamine, Clonidin).

Klinik

Es imponieren Abdominalschmerzen, Erbrechen (im Extremfall miserere = kotiges Erbrechen, z. B. beim mechanischen Ileus), Meteorismus (luftgefüllte Darmschlingen), fehlender Stuhl- und Windabgang. Typisch sind bei der Abdomenleeraufnahme im Stehen oder in Linksseitenlage Luftspiegel in Dünn- und Dickdarm. Während beim paralytischen Ileus Darmgeräusche fehlen, sind sie beim mechanischen Ileus verstärkt. Bei dieser Hyperperistaltik wird von sog. „metallischen", „hochgestellten" und „klingenden" Darmgeräuschen gesprochen. Es droht eine rasch zunehmende Schocksymptomatik durch Flüssigkeits- und Elektrolytverluste aufgrund von rezidivierendem Erbrechen und großen Flüssigkeitsverlusten in das Darmlumen. Es drohen auch Elektrolytverluste, vor allem eine Hypokaliämie.

Therapie

Bei **mechanischem Ileus** sind therapeutisch primär eine Entlastung mittels Magensonde, ein entsprechender Ausgleich der Flüssigkeits-, Elektrolyt- und Proteinverluste und danach eine operative Intervention durchzuführen.

Je nach Ursache ist als Therapie des **paralytischen Ileus** neben einer Entlastungssonde z. B. eine operative Intervention oder eine Stimulation des Darms durch Einläufe oder Medikamente wie Parasympathikomimetika (z. B. Distigminbromid; Ubretid®) oder selten Ceruletid

(Takus®, Krötengift; bei Pankreatitis jedoch nicht anwenden!) indiziert (→ unten; postoperative Darmatonie).

Postoperative Magen-Darm-Atonie

Unter postoperativer Magen-Darm-Atonie wird eine vorübergehende Störung der koordinierten gastrointestinalen Funktion ohne Vorliegen eines mechanischen Hindernisses verstanden. Im Prinzip liegt ein postoperativer paralytischer Ileus vor. Die Ursachen sind multifaktoriell und noch nicht vollständig geklärt.

Die normale Stuhlentleerungsfrequenz liegt zwischen einmal pro Tag bis einmal pro 4–5 Tage. Für eine normale Magen-Darm-Peristaltik ist ein Gleichgewicht zwischen den normalerweise vorhandenen stimulierenden und hemmenden Mechanismen wichtig. Dieses Gleichgewicht kann durch verschiedenste Einflussfaktoren beeinträchtigt werden. Ob im Einzelfall eine zu geringe Stimulation oder ob eine zu starke Hemmung der Magen-Darm-Aktivität vorliegt, ist meist nicht abschätzbar. Stimulierend wirken z. B. die den Darm versorgenden parasympathischen Fasern, die als Neurotransmitter Acetylcholin freisetzen (→ S. 66).
Täglich resorbiert der gesunde Darm ca. 8–9 Liter Wasser (v. a. im Dünndarm). Lediglich ca. 1,5 Liter davon stammen aus der Nahrung, der Rest stammt aus Drüsensekreten. Beispielsweise werden pro Tag ca. 0,5–1,5 Liter Speichel und ca. 1,0–1,5 Liter Magensaft produziert.

Ätiologie

Mögliche Ursachen einer Darmatonie können sein:

- atypische Zusammensetzung der Nahrung
- Erkrankungen
  (z. B. Diabetes mellitus)
- Operationen oder Verletzungen
  (z. B. Bauchoperationen, Schädel-Hirn-Trauma)
- Medikamente
  (z. B. Opioide, Barbiturate, Catecholamine, Clonidin, Diuretika, Benzodiazepine). (Dagegen weisen Ketamin und Propofol nur eine geringe Mobilitätshemmung auf.)
- sonstige begünstigende Faktoren
  (z. B. Laxanzienabusus, chronischer Alkoholabusus, Nicotinabusus, Immobilisierung, Hypoxie, Beatmungstherapie, Acidose, erhöhter Sympathikotonus, Postaggressionsstoffwechsel, Peritonitis, Sepsis, Kolonisation des Darms mit pathogenen Keimen)

Bei einer Magen-Darm-Atonie sind der Vorwärtstransport des Speisebreies und die vor allem im Dünndarm stattfindenden Sekretions- und Resorptionsvorgänge beeinträchtigt.

Therapie

Zur pharmakologischen Stimulation der Darmmobilität kommen eine Reihe unterschiedlicher Medikamente infrage:

- Metoclopramid (Paspertin®)
  steigert (durch vermehrte Freisetzung von Acetylcholin) den Tonus des unteren Ösophagussphinkters, erhöht die Peristaltik des Ösophagus, beschleunigt die Magenentleerung und verkürzt die Magen-Darm-Passage. Mögliche Nebenwirkungen sind extrapyramidale Dyskinesien im Kopf- und Schulterbereich, vor allem bei Kindern (z. B. krampfartiges Herausstrecken der Zunge). Die Dosierung von Metoclopramid beträgt 10 mg intravenös.
- Domperidon (Motilium®)
  beschleunigt die Magenentleerung. Zentrale Nebenwirkungen sind selten, da es die Blut-Hirn-Schranke nur schwer durchdringt. Domperidon ist nicht intravenös verabreichbar.
  Dosierung: 3 × 4 ml Motilium® oral oder über die Magensonde.
- Distigmin (Ubretid®)
  hemmt das Enzym Cholinesterase und verhindert dadurch den Abbau des Neurotransmitters Acetylcholin (→ S. 72). Über die erhöhte Acetylcholinkonzentration im synaptischen Spalt wird eine Stimulation der Peristaltik erzeugt. Die Dosierung von Distigmin beträgt z. B. 0,5 mg (= 1 Ampulle) in 100 ml NaCl 0,9 % als Kurzinfusion oder in 50 ml NaCl 0,9 % langsam über Spritzenpumpe in-

travenös. Anstatt Distigmin wird öfter auch der Cholinesterasehemmer Neostigmin (z. B. 3 Ampullen = 1,5 mg in 50 ml NaCl 0,9 % über 2–3 Stunden) verabreicht, obwohl Neostigmin hierfür offiziell keine Zulassung hat.

- Erythromycin:
  Das Antibiotikum Erythromycin führt in niedriger, antibiotisch unwirksamer Dosierung zu einer Beschleunigung der Magenentleerung. Bei erhöhtem Magenrückfluss oder zur Platzierung einer durch den Magen einzuführenden jejunalen Ernährungssonde konnte eine gute Wirksamkeit gezeigt werden. Die Dosierung wird mit 3-mal 200 mg intravenös für maximal 3 Tage angegeben.
- Ceruletid (Takus®)
  stimuliert die intestinale Peristaltik sehr stark (u. a. durch eine Acetylcholinfreisetzung). Mögliche Nebenwirkungen sind abdominale Krämpfe (durch die starke Peristaltik) sowie ein erhöhter Magenrückfluss (durch eine verstärkte Kontraktion des Magenausganges). Die Dosierung beträgt 40 µg (z. B. in 100 ml NaCl 0,9 % als Infusion über ca. 4 Stunden).
- Laxanzien:
  Insbesondere Laxanzien, die die Resorption von Flüssigkeit und vor allem von Natrium hemmen (= antiabsorptive Wirkung) und einen Einstrom von Flüssigkeit und vor allem von Natrium ins Darmlumen fördern (sekretagoge Wirkung), scheinen sinnvoll. Dadurch kommt es zur Aufweichung der Fäzes und zur vermehrten Füllung des Darms. Dadurch wird die reflektorische Entleerung begünstigt.
  Häufig verwendete Laxanzien aus dieser Gruppe sind Bisacodyl (Dulcolax®) und Natriumpicosulfat (Laxoberal®). Die Dosierung beträgt je 20–30 Tropfen (z. B. in Tee) oral oder über die Magensonde. Bisacodyl kann auch als Suppositorium verabreicht werden.
- Klysmen:
  Durch die rektale Instillation einer hypertonen Lösung in Form eines Klysmas kann oft der Defäkationsreflex ausgelöst werden.
- Hebe-Senk-Einläufe:
  Durch hohe Hebe-Senk-Einläufe mit größeren Flüssigkeitsmengen kann evtl. der im Darm befindliche Stuhl aufgeweicht und durch die Volumendehnung der Ampulla recti kann zusätzlich die Defäkation stimuliert werden.
- rückenmarksnahe Sympathikusblockade:
  Durch eine rückenmarksnahe Sympathikusblockade (Periduralanästhesie mit z. B. 0,2%igem Ropivacain) kann eine Stimulation der intestinalen Mobilität erzielt werden (→ S. 181).
- frühzeitige enterale Nahrungszufuhr:
  Hierdurch ist eine Stimulation der Magen-Darm-Motilität möglich. Da nach einer größeren Operation oder Verletzung die Atonie des Dünndarms meist 4–12 Stunden, die des Magens aber 3–4 Tage dauert, wird oft postoperativ oder posttraumatisch eine frühzeitige enterale Ernährung über eine liegende Jejunalsonde (und nicht über eine Magensonde) empfohlen (→ S. 381).

Akute gastrointestinale Blutung

✓ Bei einer gastrointestinalen Blutung (= GI-Blutung) kann es zu einer venösen oder arteriellen Blutung in den Magen oder in das Darmlumen kommen.

Ätiologie

Die häufigsten Ursachen für eine **Blutung** in das **Darmlumen** sind – im Falle einer oberen GI-Blutung – Magen- oder Duodenalgeschwüre, Magenkarzinome und Ösophagusvarizen. Für die seltenere untere GI-Blutung sind besonders Hämorrhoiden, Dickdarmkarzinome und entzündliche Darmerkrankungen verantwortlich. Eine weitere häufigere Ursache für intraabdominale Blutungen sind postoperative Nachblutungen.

Klinik

Stärkere Blutungen in das Magen-Darm-Lumen sind klinisch durch Bluterbrechen, durch blutigen oder kaffeesatzartigem Rückfluss über eine Magensonde, durch Blutauflagerungen auf dem Stuhl oder durch Teerstuhl gekennzeichnet.

Komplikation

Gemeinsames Merkmal aller stärkeren gastrointestinalen Blutungen ist der sich entwickelnde hämorrhagische Schock. Aufgrund des oft akuten Blutverlusts ist der Hb-Wert meist falsch „hoch" (→ S. 319).

Diagnostik

Die Diagnostik (Lokalisation der Blutung) gelingt meist mittels Endoskopie. Für die Diagnose einer intraperitonealen Blutung sind entweder eine sonographische Untersuchung, eine Abdominal-Lavage oder eine sorgfältige klinische Untersuchung (Palpation, Zunahme des Bauchumfanges?) notwendig.

Therapie

Die Therapie (Stillung der Blutung) ist meist endoskopisch bzw. operativ und manchmal medikamentös möglich. Therapeutisch stehen die Platzierung mehrerer großlumiger peripherer Verweilkanülen sowie energische Volumen- und Blutsubstitution an erster Stelle. Bei schweren Blutungen muss die Operation noch vor der Stabilisierung des Kreislaufs begonnen werden.

Ulkusblutungen

Einteilung

Ulkusblutungen werden nach der sog. Forrest-Klassifikation eingeteilt:

Ia = spritzende arterielle Blutung
Ib = Sickerblutung
IIa = nicht blutender, sichtbarer Gefäßstumpf
IIb = anhaftendes Koagel
IIc = Hämatin am Ulkusgrund
III = keine sichtbare Blutungsquelle

Ätiologie

Bei einem **Ulcus pepticum** kann häufig eine Besiedelung der Magenschleimhaut mit dem Bakterium *Helicobacter pylori* nachgewiesen werden (bei einem Magen- oder Duodenalulkus in ca. 80 bzw. 90 % der Fälle).

Diagnostik

Helicobacter pylori kann z. B. mit dem Helicobacter-Urease-Test nachgewiesen werden.

Therapie

Zur Therapie wird eine sog. Eradikation empfohlen (Eradikation bedeutet: mit der Wurzel ausreisen). Hierzu wird eine sog. Dreifachtherapie (Triple-Therapie) über 7 Tage mit zumeist 2-mal 250 mg Clarithromycin (z. B. Klacid®) und 2-mal 400 mg Metronidazol (z. B. Clont®) und 2-mal einem Protonenpumpenhemmer (z. B. 2 × 40 mg Pantoprazol; Pantozol® – 2 × 20–40 mg Omeprazol; Antra® – 2 × 20–40 mg Esomeprazol; Nexium®) oral empfohlen.
Bei einer Ulkusblutung wird stets eine Gastroskopie und Duodenoskopie durchgeführt. Inzwischen wird bei einer Ulkusblutung oft eine endoskopische Unterspritzung (mit verdünnter Adrenalinlösung oder dem Gewebekleber Histoacryl) oder eine Laserung durchgeführt. Manchmal kann konservativ therapiert werden. Selten kann auch eine operative Blutstillung notwendig werden.

Vorbeugende Maßnahmen

Bei Intensivpatienten besteht die erhöhte Gefahr von stressbedingten Gastrointestinalblutungen. Daher hat die Ulkusprophylaxe einen hohen Stellenwert in der Intensivmedizin. Zusätzlich ist stets eine medikamentöse Stressulkusprophylaxe (→ S. 427) wichtig.

Ösophagusvarizenblutungen

✓ Bei Vorliegen einer Leberzirrhose ist der Gefäßwiderstand in der zirrhotischen Leber hoch und die Leberdurchblutung dadurch gedrosselt. Das Blut staut sich vor der Leber in der Pfortader, es wird von **portaler Hypertension** gesprochen. Das Blut aus der Pfortader fließt daher zum Teil über Umgehungskreisläufe (an der Leber vorbei) in die Vena cava.
Bei portaler Hypertension stellen die Ösophagusvenen einen wichtigen **Umgehungskreislauf** dar.

! Die bei der portalen Hypertension dilatierten Gefäße (Ösophagusvarizen) können einreißen und zu massiven Blutungen mit Volumenmangelschock führen. Bei dem oft massiven Bluterbrechen besteht die Gefahr einer Aspiration! Zumeist wird die Transfusion von Blut und FFP notwendig.

Therapie

Bei anhaltender Blutung kann versucht werden, die Varizenblutung endoskopisch (meist mittels Ligatur oder Injektionen eines Sklerosierungsmittels; bei Magenfundusvarizen wird dagegen meist ein Gewebekleber in die Varizen injiziert) zu behandeln. Es kann zusätzlich auch eine medikamentöse Senkung des Pfortaderdrucks durch Terlipressin (Glycylpressin®, Haemopressin®) oder Somatostatin (Somatostatin HEXAL®) oder Octreotid (Sandostatin®) versucht werden. Eventuell kann vom Gastroenterologen – nach Punktion der Vena jugularis interna – auch ein TIPS (= **t**ransjugulärer **i**ntrahepatischer **p**ortosystemischer **S**hunt = Shunt-Röhrchen zwischen prähepatischer Pfortadervene und posthepatischer Vene) angelegt werden. Langfristig kann die Anlage einer Anastomose zwischen Pfortader und Vena cava (eines portokavalen Shunts) indiziert sein. Die Leber wird dann weiterhin über die Arteria hepatica ausreichend mit arteriellem Blut versorgt. Das Pfortaderblut gelangt über den Shunt unter Umgehung der Leber direkt in die Vena cava.

Bei einer Ösophagusvarizenblutung ist eine umgehende Volumensubstitution notwendig. Relativ selten wird durch **Kompressionssonden**, wie die Sengstaken-Blakemore-Sonde (2-Ballon-Sonde) oder die Linton-Nachlas-Sonde (1-Ballon-Sonde), eine Blutstillung versucht. Die **Sengstaken-Blakemore-Sonde** wird über die Nase bis in den Magen vorgeschoben. Der untere, kleinere und runde Ballon dieser Sonde wird mit Luft gefüllt und an die untere Ösophagusöffnung herangezogen. Dieser Ballon dient der Sondenfixierung unterhalb der Kardia. Danach wird der längliche, im distalen Ösophagus liegende zweite Ballon aufgeblasen, wodurch die blutenden Ösophagusvarizen komprimiert werden (vgl. Abb. 7-18). Über die Sonde kann auch eine Magenspülung vorgenommen werden. Der Magen muss klargespült werden.

! Kompressionssonden dürfen wegen der Gefahr einer Ösophaguswandnekrose höchstens 48 Stunden in geblocktem Zustand belassen werden. Zwischenzeitlich sind sie wiederholt kurzfristig zu entblocken, um Drucknekrosen vorzubeugen.

Der Kompressionsdruck der Ösophagussonde sollte höchstens 35–40 mm Hg betragen. Kommt die Blutung nicht zum Stehen, so ist sel-

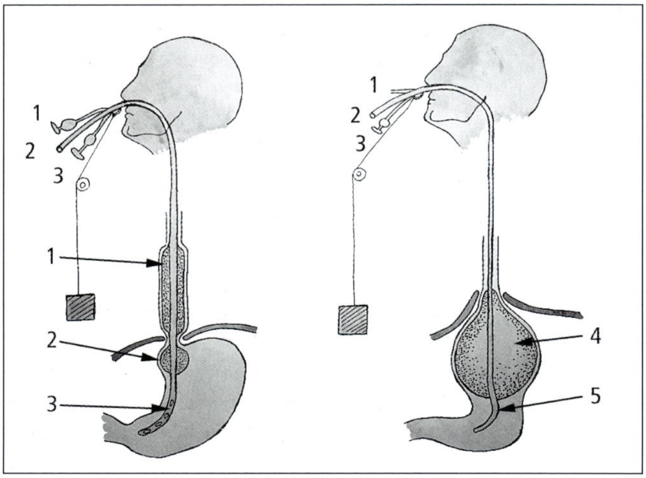

Abb. 7-18 Links: platzierte Sengstaken-Blakemore-Sonde (2-Ballon-Sonde; 3-lumig). 1 = Zuleitung für Ösophagusballon; 2 = Magensonde; 3 = Zuleitung für Magenballon. **Rechts:** platzierte Linton-Nachlas-Sonde (1-Ballon-Sonde; 3-lumig). 1 = im Ösophagus endende Sonde; 2 = Magensonde; 3 = Magenballon.

ten ein notfallmäßiges operatives Vorgehen notwendig. Ist die Blutung zum Stillstand gekommen, dann kann die Sonde entblockt werden. Sicherheitshalber sollte sie jedoch wegen der Gefahr einer Nachblutung noch ca. einen Tag ungeblockt in situ belassen werden. Zusätzlich kann versucht werden, den Druck in der Pfortader medikamentös mit Terlipressin, Somatostatin oder Octreotid (→ S. 476) zu senken.

Die bei einer Ösophagusvarizenblutung in den Gastrointestinaltrakt eingetretenen Blutmengen werden bakteriell abgebaut. Vor allem das hierbei anfallende Ammoniak kann normalerweise bei diesen Patienten nicht mehr hepatisch entgiftet werden, da eine Leberinsuffizienz vorliegt. Es droht eine **Ammoniakvergiftung**, die sich in zerebralen Symptomen (Stupor, Zittern, Bewegungsarmut, Parästhesien) äußert (**hepatische Enzephalopathie**, **Coma hepaticum**). Neben einer Magen- und Dickdarmentleerung mittels Sonde und Einläufen muss eine Reduktion der Darmflora mit einem oral verabreichten und nicht resorbierbaren (Aminoglykosid-)Antibiotikum (Paromomycin; Humatin®; 1–2 g/d oral bzw. über Kompressionssonde) durchgeführt werden. Zusätzlich wird ein Laxans (Lactulose; Bifiteral®; 20 ml alle 2 Stunden, bis Durchfall auftritt) verabreicht und eine Stressulkusprophylaxe (→ S. 427) durchgeführt.

Pankreatitis

✓ Werden die von der Bauchspeicheldrüse (dem Pankreas) normalerweise ins Duodenum sezernierten Enzyme (Trypsin zur Spaltung von Proteinen, Amylasen zur Spaltung von Kohlenhydraten und Lipasen zur Spaltung von Fetten) bereits im Pankreas aktiviert, dann kommt es zu einer Entzündung oder gar zu einer Selbstandauung des Pankreas, zu einer Pankreatitis. Durch diese Pankreassekrete können im Pankreas selbst oder in der Umgebung des Pankreas Gewebenekrosen entstehen.

Ätiologie

Die wichtigsten Ursachen einer akuten Pankreatitis (interstitiell-ödematös 80–90 %; hämorrhagisch-nekrotisch 10–20 %) sind Erkrankungen im Bereich der ableitenden Gallenwege (Gallengangssteine, Tumor) und chronischer Alkoholismus. Auch nach Abdominalverletzungen kann eine (traumatisch bedingte) Pankreatitis auftreten.

Klinik

Klinisch imponieren starke Oberbauchschmerzen mit evtl. gürtelförmiger Ausstrahlung in den Rücken, Erbrechen, Ileus, aufgeblähtes Abdomen, evtl. ein hypovolämischer Schock. Je nach Schwere der Erkrankung treten zusätzlich linksseitiger Pleuraerguss, respiratorische Beeinträchtigungen, akutes Nierenversagen, Gerinnungsstörungen (DIC und evtl. Verbrauchskoagulopathie; → S. 484), abdominale Blutungen, eitrige Peritonitis und intraabdominale Abszesse auf.

Bei der schweren Verlaufsform, der **nekrotisierenden Pankreatitis**, kommt es durch Pankreasenzyme zu einer Selbstverdauung des Organs. Die im Bereich des Pankreas sowie im umgebenden Gewebe meist entstehenden Nekrosen können sekundär bakteriell infiziert werden.

! Aufgrund schwerer Entzündungsreaktionen kommt es zur Sequestration großer Flüssigkeits- und Proteinmengen ins Gewebe und zur Ausbildung eines hypovolämischen Schocks. Wegen der initial auftretenden Hypovolämie und Hypotonie droht häufig ein prärenales akutes Nierenversagen.

Komplikationen

Bei schweren Verlaufsformen können sich erhebliche respiratorische Komplikationen, evtl. ein ARDS (→ S. 445), entwickeln.

Diagnostik

Typische **laborchemische Veränderungen** sind erhöhte Aktivität der Alpha-Amylase im Serum und im Urin (weniger aussagekräftig), erhöhte Aktivität der Serumlipase (aussagekräftig), Abfall der Plasmacalciumkonzentration, metabolische Acidose und Anstieg der Lactatkonzentra-

tion (vgl. Tab. 7-8; → S. 419). Die Bestimmung der Lipasekonzentration ist aussagekräftiger als die Amylasekonzentration. Liegt der Pankreatitis ein Gallenabflusshindernis zugrunde (Cholestase), dann sind die Aktivität der alkalischen Phosphatase, die direkte Bilirubinkonzentration und die Aktivität der Gamma-GT (vgl. Tab. 7-8; → S. 419) erhöht.
Bei der nekrotisierenden Pankreatitis sind die CRP-Konzentration (> 12–15 mg/dl) und die Leukozytenzahl (> 16 000/mm^3) deutlich erhöht.
Zur Beurteilung des Pankreas eignen sich vor allem die Sonographie und die Computertomographie.

Therapie

Um jegliche Stimulation der Pankreassekretion zu vermeiden, muss der Patient parenteral ernährt und der Magensaft abgeleitet werden. Außerdem kann eine Insulingabe erforderlich werden. Wird eine bakterielle Besiedelung der Nekrosen oder ein Abszess vermutet, dann sollte eine Antibiotikatherapie eingeleitet werden. Gut geeignet sind:

- Carbapeneme (v. a. Zienam®)
- Piperacillin oder Mezlocillin plus β-Lactamase-Inhibitor
- Fluorchinolon (Gruppe 2 oder 3) plus Metronidazol
- Cefalosporin (Gruppe 2) plus Metronidazol

Eine ausreichende Analgesie und Sedierung stellen oft ein Problem dar. Sinnvoll ist die Anlage einer kontinuierlichen Periduralanästhesie, sofern keine Gerinnungsstörung vorliegt. Bei der Gabe von Opioiden besteht die Gefahr, dass der Abfluss des Pankreassekrets aufgrund einer opioidbedingten Tonuserhöhung des Sphincter Oddi behindert wird.
Die Frage, ob in Einzelfällen evtl. eine chirurgische Intervention sinnvoll ist, muss von dem Abdominalchirurgen geklärt werden. Inzwischen wird zumeist eine radiologisch-interventionelle Therapie (CT-gesteuerte Punktion und Drainageeinlage) einer Operation vorgezogen.
Die Durchführung einer großzügigen Volumenzufuhr und der Einsatz von Catecholaminen sind bei der schweren Verlaufsform normalerweise notwendig.

Prognose

Bei der nekrotisierenden Pankreatitis handelt sich um ein schweres Krankheitsbild mit schlechter Prognose.

7.13.6 Alkoholkrankheit

1998 wurde nach offiziellen Statistiken davon ausgegangen, dass in Deutschland 2,5 Millionen alkoholkranke Menschen leben. Alkohol ist die häufigste Suchtdroge in Deutschland. Bei verunfallten Patienten handelt es sich in bis zu 15–20 % um alkoholkranke Patienten. Die jährlichen Folgekosten des Alkoholkonsums werden in Deutschland mit ca. 15 Milliarden Euro angegeben.
Bei Alkoholkranken ist das Risiko eines Karzinoms im Mund-Kehlkopf-Bereich ca. 10-fach erhöht. Bei gleichzeitigem Alkohol- und Nicotinmissbrauch ist dieses Risiko ca. 44-fach erhöht.

Einteilung

Das Alkoholentzugssyndrom wird oft folgendermaßen unterteilt:

- unvollständiges Delir
  (Prädelir; orale Therapie ausreichend)
- vollständiges Delir
  (Delirium tremens; orale Therapie ausreichend
- lebensbedrohliches Delir
  (i. v. Therapie notwendig)

Klinik

Die dämpfende Wirkung einer chronischen Alkoholzufuhr wird vom Körper dadurch kompensiert, dass es zur Stimulation erregender Neurotransmittersysteme kommt. Beim plötzlichen Wegfall der dämpfenden Alkoholwirkung kommt es zur Störung des neuen Gleichgewichts mit Überwiegen erregender Systeme, zur

Übererregbarkeit des ZNS. Wird bei einem alkoholkranken Patienten die Alkoholzufuhr unterbrochen, so droht ein **Alkoholentzugsdelir**. Es ist gekennzeichnet durch:

- motorische Unruhe
- Nesteln
- Halluzinationen
- Desorientiertheit

Es besteht eine sympathikotone Reaktionslage mit Tachykardie, Schwitzen, Hypertension und Hyperventilation. Die **Symptomatik** beginnt meist 6–48 Stunden nach Abfall der Blutalkoholkonzentration.
Im Rahmen eines schweren Alkoholentzugsdelirs kann ein lebensbedrohliches **Delirium tremens** auftreten. 2–3 Tage nach Alkoholabstinenz (manchmal auch im Rahmen eines Alkoholexzesses) treten Tachykardie, Hypertonie, Hyperthermie, Halluzinationen und evtl. zerebrale Krampfanfälle auf. Es ist eine aggressive Therapie (→ unten) notwendig.

Therapie

Zur Therapie des **Delirium tremens** wird oft Diazepam (z. B. 5–10 mg i. v. alle 5 Minuten, bis der Patient sediert ist; beim lebensbedrohlichen Delir bis 120–240 mg/d i. v.; bei oraler Therapie bis 60 mg/d) verabreicht. Im Falle einer schweren vegetativen Alkoholentzugssymptomatik kann zusätzlich Clonidin (Paracefan®) meist mit gutem Erfolg eingesetzt werden. Nach einer Initialdosierung (= loading dose) von bis 150–600 μg intravenös wird eine bedarfsadaptierte kontinuierliche Infusion (initial ca. 60 μg/h; danach bedarfsadaptierte Dosissteigerung) angeschlossen. Bei einer halluzinatorisch betonten Delirsymptomatik sollte Haloperidol (Haldol®) entweder kontinuierlich oder in mehrfachen täglichen Einzeldosen (z. B. 4–6 × 5–10 mg) zugeführt werden. Auch Clomethiazol (Distraneurin®) ist für die Therapie eines unvollständigen oder vollständigen Alkoholdelirs (nicht jedoch für ein lebensbedrohliches Delir) geeignet. Clomethiazol wird oral (4–8 × 2 Kapseln à 192 mg bzw. 4–8 × 12 ml verdünntem Saft = Distraneurin Mixtur) verabreicht. Zur Therapie einer Tachykardie kann auch die Gabe eines β-Rezeptoren-Blockers notwendig werden. Gegebenenfalls muss der Patient intubiert werden. Flüssigkeitshaushalt (meist Hypovolämie), Elektrolytstörungen (Hypomagnesiämie, Hypokaliämie) sowie ein Vitaminmangel (Thiamin-[Vitamin-B_1-]Mangel; eine Ampulle Betabion® = 100 mg i. v.; Pyridoxin-[Vitamin-B_6-]Mangel; z. B. Vitamin B_6-ratiopharm Injektionslösung oder Tabletten oder Neurotrat® S forte Filmtabletten; enthalten Thiamin plus Pyridoxin), ein Folsäuremangel und ein Spurenelementmangel (z. B. Zinkmangel) sind zu korrigieren.
Zur Therapie der **Hypomagnesiämie** werden initial z. B. 1 000 mg Magnesiumgluconat (Magnerot® 1 000 Injekt als Kurzinfusion) intravenös empfohlen.

Vorbeugende Maßnahmen

Wird bei einem alkoholabhängigen Patienten eine elektive Operation durchgeführt, dann sollte möglichst bis ca. 6 Stunden vor der Operation der übliche Alkoholkonsum erlaubt werden und postoperativ sollte sobald als möglich wieder oral (ggf. über Magensonde) Alkohol angeboten werden. Perioperativ sollte kein Alkoholentzug versucht werden. Eine prophylaxtische Delirtherapie wird nicht empfohlen. Es wird eine engmaschige Überwachung und eine sofortige Therapie evtl. auftretender Entzugssymptome empfohlen.
Eine Magnesiumsubstitution ist zur Prophylaxe **zerebraler Krampfanfälle** sehr wichtig. Das Vitamin Thiamin ist stets zu substituieren.
Zur Substitution von Spurenelementen bietet sich die Gabe von Addel® oder Inzolen® an.
Um **Selbstverletzungen des Patienten** oder **Verletzungen anderer Personen** zu vermeiden, sind diese Patienten ggf. an den Armen und den Beinen zu fixieren.

7.13.7 Verbrennungskrankheit

✓ Schwere Verbrennungen führen nicht nur zu lokalen, sondern auch zu generalisierten Veränderungen. Es wird von Verbrennungskrankheit gesprochen.

Patienten mit schweren Verbrennungen sollten in ein Schwerverbranntenzentrum verlegt werden.

Bei der Aufnahme eines Verbrennungspatienten müssen die Ausdehnung der Verbrennung (ausgedrückt in Prozent der Körperoberfläche) sowie der Grad der Verbrennung festgestellt werden. Beim Erwachsenen gilt die sog. **9er-Regel** (vgl. Abb. 7-19) zur Abschätzung der prozentual verbrannten Körperoberfläche. Die Handfläche des Patienten macht ca. 1 % der Körperoberfläche aus.

Beim Kind ist der prozentuale Anteil des Kopfes an der Körperoberfläche relativ hoch und derjenige der unteren Extremitäten relativ gering.

Bei Gesichts- und Halsverbrennungen muss stets auch an ein Inhalationstrauma sowie an ein toxisches Lungenödem gedacht werden. Bei Verdacht auf eine **Kohlenmonoxidvergiftung** muss mit einem CO-Oxymeter die Hb-CO-Konzentration und die exakte, die sog. fraktionelle Sättigung (HbO_2) bestimmt werden. Bei erhöhtem HbCO-Wert werden mittels üblichem Blutgasanalysengerät (z. B. ABL-Gerät) oder mittels üblicher Pulsoxymeter falsch hohe Sättigungswerte gemessen (→ S. 406)!

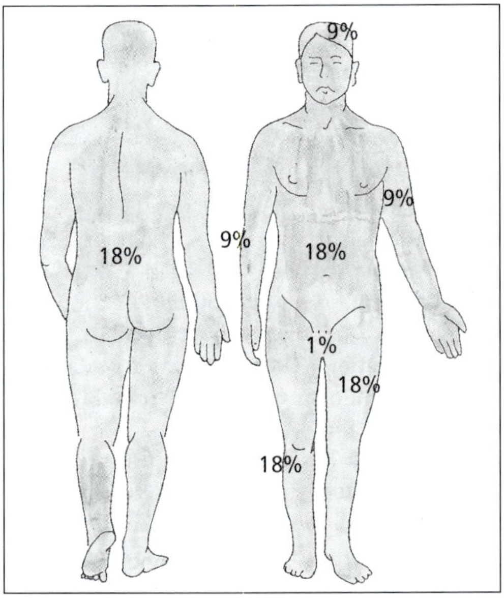

Abb. 7-19 9er-Regel zur Abschätzung der prozentual verbrannten Körperoberfläche beim Erwachsenen

Einteilung

Verbrennungen der Körperoberfläche können in **4 Schweregrade** unterteilt werden:

- **Verbrennung I. Grades:**
  gerötete und trockene Haut ohne Blasenbildung, schmerzhaft. Die Verbrennung betrifft nur die Epidermis.
- **Verbrennung II. Grades:**
  Grad IIa: Blasenbildung mit feuchtem Wundgrund, sehr schmerzhaft. Die Rötung ist gut „wegdrückbar". Die Verbrennung reicht bis in die oberflächliche Dermis.
  Grad IIb: Blasenbildung mit rotem Wundgrund, schmerzhaft. Die Rötung ist kaum oder nicht wegdrückbar. Zum Teil helle Areale als Zeichen tiefer Nekrosen. Weitgehende Schädigung der Epidermis und Dermis, die Hautanhangsgebilde (Haare, Drüsen, Nägel) sind noch erhalten.
- **Verbrennung III. Grades:**
  trockener, weißer oder fleischfarbener Wundgrund. Da diese Verbrennung die gesamte Dermis betrifft und die dort liegenden Nervenendigungen zerstört hat, ist sie nicht schmerzhaft (schmerzhaft sind aber die erst- und zweitgradig verbrannten Randbezirke). Die Hautanhangsgebilde sind zerstört.
- **Verbrennung IV. Grades:**
  Es sind Subkutis, Muskeln und zum Teil Sehnen betroffen (Verkohlung, nicht schmerzhaft).

Bei Verbrennungspatienten ist stets nach Begleitverletzungen (z. B. wegen aufgetretener Explosion oder wegen Sprung aus dem Fenster bei der Flucht vor den Flammen) zu suchen.

Ätiologie

Eine Verbrennung führt durch die **Freisetzung von Entzündungsmediatoren** zu:

- Kapillardilatation
- Sequestration von Flüssigkeit ins Gewebe
- Ausbildung eines interstitiellen Ödems (nicht nur im geschädigten Areal)

- verstärkter Verdunstung von Flüssigkeit über die geschädigten Hautpartien

In der sog. Schockphase kommt es zu massiven **Flüssigkeits-** und **Proteinverlusten** innerhalb der ersten 24–48 Stunden. Der entstehende intravasale Flüssigkeitsverlust ist proportional der Ausdehnung der verbrannten Körperoberfläche.

Diagnostik

Die Konzentration der Immunglobuline IgG und IgM sind erniedrigt, die Leukozytenfunktion ist gehemmt. Aufgrund der erhöhten Gefäßpermeabilität und Sequestration in der Anfangsphase der Verbrennungskrankheit sind die Serumalbumine typischerweise erniedrigt.
Nach 36–48 Stunden normalisiert sich die Kapillarpermeabilität wieder. Es beginnt die Rückresorption des sequestrierten Volumens. Bis zum Beginn des Heilungsprozesses besteht eine katabole Stoffwechsellage.

Komplikationen

! Ab ca. 15 % verbrannter Körperoberfläche droht eine Hypovolämie mit Hypotension und ein Volumenmangelschock.

Folge können eine Oligurie oder Anurie sein. Eine evtl. stärkergradige Hämolyse kann über eine Hämoglobinurie die Nierenfunktion noch zusätzlich beeinträchtigen. Durch die erhöhte Wasserverdunstung entsteht außerdem ein bedeutender Wärmeverlust (2426,72 J = 580 cal pro Gramm verdunstetes H_2O), der – zusammen mit dem auftretenden Postaggressionsstoffwechsel (→ S. 374) – zu einem deutlich erhöhten Energieverbrauch führt und eine gesteigerte Kalorienzufuhr erforderlich macht. Durch den enormen intravasalen Flüssigkeitsmangel kommt es zu einer Hämokonzentration. Aufgrund der Stresssituation kommt es zu einer länger dauernden Erhöhung der Corticoidkonzentration.

! Akute Ulzerationen im Magen und **Duodenum** (**Curling-Ulzera**) sind daher gefürchtete und unter Umständen lebensbedrohliche gastrointestinale Komplikationen (→ Stressulkusprophylaxe; S. 427).

Nach Überwindung der initialen Schockphase ist der Patient in der Regenerationsphase insbesondere durch Infektionen und einen Hypermetabolismus gefährdet.
Die **häufigsten** Komplikationen einer Verbrennungskrankheit sind:

- Sepsis
- Niereninsuffizienz
- Ateminsuffizienz
- Magen-Darm-Ulzera

! Die häufigste Todesursache bei Verbrennungspatienten ist die **Sepsis**.

Therapie

Es lassen sich vor allem gramnegative Bakterien (häufig Pseudomonas aeruginosa) auf den Wunden nachweisen. Bei bestätigter bakterieller Wundinfektion bzw. bei positiven Blutkulturen ist eine entsprechende Antibiotikatherapie durchzuführen. Eine prophylaktische Antibiotikatherapie ist dagegen umstritten.
Der **Hypermetabolismus** führt zum erhöhten Sauerstoff- und Kalorienbedarf und zur Steigerung des Herzminutenvolumens. Aufgrund des Hyperkatabolismus werden beim normalgewichtigen Erwachsenen zumeist 3 000–4 000 kcal/d notwendig.

Verbrennungswunden: Eine früher übliche Kaltwassertherapie sollte nur noch ausnahmsweise (und dann sofort und nur kurzfristig) und nur bei kleineren Verbrennungen (bei wachen Patienten) vorgenommen werden. Durch eine Kaltwassertherapie kann das so schon bestehende Risiko der Unterkühlung der Patienten deutlich gesteigert werden (insbesondere bei Kindern). Zur Abdeckung der Wunde und zur Wärmekonservierung ist der Patient vom Notarzt mit Alufolie zuzudecken.
Meist wird eine Bürstenreinigung (Bürsten-Debridement) in Narkose unter Verwendung von PVP-Iod Seifenlösung empfohlen. Brandblasen werden hierbei abgetragen. Danach wird der Patient antiseptisch mit PVP-Iod und Fettgaze verbunden. Es stehen auch andere antiseptische

Oberflächentherapeutika zur Verfügung, um einer bakteriellen Besiedelung der Wundfläche vorzubeugen (z. B. Salbenverbände mit Silbersulfadiazin). Durch Salbenverbände sollen die Verdunstung von Flüssigkeit und der Verlust von Wärme im Bereich der Wundflächen vermindert werden. Nachteil der verbundenen (okklusiven) Wundbehandlung ist, dass die dadurch geschaffene, feuchte Kammer eine Keimbesiedelung begünstigen kann. Es ist daher alle 6 Stunden ein Verbandswechsel notwendig. Die Behandlung der Wundfläche kann auch offen (ohne Verbände) durchgeführt werden. Die Behandlungsstrategie variiert von Klinik zu Klinik. Zumeist wird eine offene Wundbehandlung bevorzugt. Liegen zirkuläre drittgradige Verbrennungen z. B. an Hals, Thorax oder an den Extremitäten vor, dann müssen Entlastungsschnitte angelegt werden (Escharatomie), damit die Durchblutung und die Thoraxbewegungen nicht stark beeinträchtigt werden. Es scheint sinnvoll zu sein, **nekrotische Hautbezirke** möglichst bald (ca. am dritten Tag) abzutragen und diese Areale mit Kunsthaut (Epigard®) oder evtl. mit dünnem Spalthauttransplantat (sog. Mesh-Transplantat) abzudecken. Bei einer verzögert durchgeführten Nekrektomie (nach 8–10 Tagen) ist die Infektionsgefahr erhöht. Es ist zu beachten, dass bei einer Nekrotomie evtl. massive Blutverluste auftreten können.
Regelmäßige Abstriche vom Wundgebiet sind durchzuführen. Eine Tetanusprophylaxe ist notwendig.

> ! Häufige Händedesinfektion, aseptisches Vorgehen bei allen Maßnahmen, Verwendung von sterilen Handschuhen, Mundschutz und Überkittel sind die wichtigsten Voraussetzungen, um eine Wundinfektion zu vermeiden.

Um die hohe Infektionsgefahr zu verringern, werden Verbrennungspatienten in Einzelzimmern isoliert. Die Zimmertemperatur sollte auf 28–32 °C angehoben werden, um Wärmeverluste zu reduzieren.
Sowohl die inhalative Gabe (bei Verdacht auf Inhalationstrauma) als auch die systemische Gabe eines Glucocorticoids wird inzwischen bei Brandverletzten konsequent abgelehnt.

Volumentherapie: Für eine adäquate Volumentherapie ist eine ausreichende Anzahl großlumiger Kanülen notwendig. Die **Zugänge** sollten festgenäht werden. Tage oder Wochen später, wenn die Patienten evtl. mehrere Operationen hinter sich haben, kann es problematisch werden, einen venösen Zugang zu legen. Manchmal muss auf Venen von Kopfhaut, Stamm oder Schulter zurückgegriffen werden.
Zumeist wird empfohlen, in den ersten 24 Stunden nur kristalloide Lösungen zu infundieren und auf Kolloide zu verzichten, da zu befürchten ist, dass aufgrund der anfänglich erhöhten Kapillarpermeabilität die Kolloide ins Gewebe wandern und evtl. noch weiter Wasser mit ins Gewebe ziehen. Als **Infusionsmenge** werden beim Erwachsenen 4 ml/kg KG/% verbrannter Körperoberfläche in den ersten 24 Stunden zusätzlich zum Grundbedarf empfohlen (bei Kindern bis 8 ml/kg KG/% verbrannter Körperoberfläche). Die Hälfte davon sollte in den ersten 8 Stunden infundiert werden (**Baxter-Parkland-Schema**). Zusätzliche Flüssigkeitsverluste durch Erbrechen, Diarrhö oder Fieber müssen außerdem adäquat ersetzt werden. Eine Überinfusion ist möglichst ebenso zu vermeiden wie die Gabe von gefäßverengenden Medikamenten (z. B. Noradrenalin). Hierdurch kann es aufgrund einer übermäßigen Ödembildung bzw. einer Vasokonstriktion zu einer verminderten Durchblutung mit „Abtiefen“ (Zunahme des Ausmaßes) der Verbrennungswunden kommen.
Bereits am zweiten Tag normalisiert sich die Kapillarmembranpermeabilität wieder weitgehend, und die Infusionsmenge an Kristalloiden kann im Vergleich zum ersten Tag drastisch reduziert werden. Zusätzlich können Proteine – orientiert an den Serumproteinwerten – substituiert werden. Gegebenenfalls müssen auch Gerinnungsfaktoren in Form von FFP verabreicht werden. Mit Normalisierung der Kapillarpermeabilität setzt ein Flüssigkeitsrückstrom aus dem Gewebe ins Gefäßsystem ein. Dies

kann zur **intravasalen Volumenüberladung** führen.
Falls die Verbrennung mehr als 20 % der Körperoberfläche beträgt, tritt fast immer eine **Magen-Darm-Atonie** auf. Zur Ableitung des Magensekrets sollte eine Magensonde platziert werden. So bald als möglich sollte mit der enteralen Flüssigkeitszufuhr begonnen werden, wobei die Menge vorsichtig zu steigern ist. Zur Überwachung der **Nierenfunktion** ist bei Verbrennungen über 20 % der Körperoberfläche ein Blasenkatheter zu legen, wobei die Urinausscheidung nicht unter 1 ml/kg KG/h abfallen sollte. In der Regel sollten Patienten mit ausgedehnten Verbrennungen polyurisch gehalten werden. Außerdem ist ein zentraler Venenkatheter zu platzieren, da die ZVD-Messung einen wichtigen Parameter zur **Beurteilung der intravasalen Volumensubstitution** darstellt. Wichtig ist das tägliche Wiegen der Patienten. Bei adäquater Volumentherapie sollte das Körpergewicht am ersten Tag – je nach Ausdehnung der Verbrennung – um 10–20 % zunehmen.

7.13.8 SIRS

✓ Von einem SIRS (= **s**ystemic **i**nflammatory **r**esponse **s**yndrome) wird gesprochen, wenn ein primär lokal begrenzter Entzündungsprozess sich auf den gesamten Körper ausweitet. Es handelt sich also um eine komplexe systemische Entzündungsreaktion. Entsprechend der aktuell gültigen Leitlinien liegt eine SIRS vor, wenn mindestens 2 der nachfolgenden Kriterien nachweisbar sind:
- Hyperthermie > 38 °C oder Hypothermie < 36 °C
- Tachykardie (HF > 90/min)
- Tachypnoe (AF > 20/min, p_aCO_2 < 33 mm Hg)
- Leukozytenzahl > 12 000/mm³ oder < 4000/mm³; > 10 % unreife Leukozyten

Bei einem SIRS ist keine Infektion nachweisbar.

Ätiologie

Mögliche Ursachen sind Verletzungen, Verbrennungen, schwere Blutung, Ischämie, hämorrhagisch-nekrotisierende Pankreatitis oder eine anaphylaktoide Reaktion.

7.13.9 Sepsis

✓ Bei einer Sepsis müssen die für ein SIRS typischen Merkmale vorliegen (→ oben). Zusätzlich muss jedoch eine Infektion nachweisbar oder klinisch sehr wahrscheinlich sein. Als Sepsis wird also eine primär lokal begrenzte Infektion bezeichnet, die nicht lokal begrenzt bleibt, sondern sich auf den ganzen Körper ausbreitet.

Einteilung und Klinik

Je nach Schweregrad wird die Sepsis eingeteilt in:
- Sepsis:
  Bei einer Sepsis liegen die für eine SIRS (→ oben) definierten Kriterien vor. Zusätzlich liegt eine mikrobiologisch oder klinisch nachgewiesene Infektion vor.
- schwere Sepsis:
  Bei einer schweren Sepsis liegen zusätzlich zu den Kriterien einer Sepsis (→ oben) noch Zeichen einer Organfunktionsstörung und Organminderperfusion vor. Zeichen einer Organminderperfusion sind z. B. hohe Lactatkonzentrationen mit Acidose, Hypoxie, Oligurie (< 30 ml/h), Hypotension, Thrombozytopenie oder akute Verwirrung (sog. septische Enzephalopathie).
- septischer Schock:
  Von einem septischen Schock wird gesprochen, wenn es im Rahmen einer schweren Sepsis trotz entsprechender Volumengabe zu einer Hypotension (< 90 mm Hg systolisch) kommt oder wenn unter Gabe von vasoaktiven Substanzen (mit Anhebung des Blutdrucks > 90 mm Hg) immer noch Zeichen einer Minderperfusion vorliegen.

Pathophysiologie

Bei einer Sepsis kommt es durch Bakterien, andere Mikroorganismen oder bakterielle Produkte (Toxine) zu einer Aktivierung von vor allem Granulozyten und Monozyten/Makrophagen. Diese Blutzellen binden sich an Gefäßwände und setzten Entzündungsfaktoren (sog. proinflammatorische Mediatoren) frei (z. B. Tumor-Nekrose-Faktor-alpha [TNF-α], Interleukin-1β). Es kommt dadurch vor allem zu einer Schädigung der Kapillarwände. Die Kapillarmembranen werden „porös", es entsteht ein sog. **„capillary leak syndrome"**. Intravasale Flüssigkeit kann leicht ins Gewebe abwandern, es bilden sich Ödeme aus. In den geschädigten Kapillaren beginnen Gerinnungsprozesse, es droht eine disseminierte intravasale Gerinnung (= **d**isseminated **i**ntravascular **c**oagulation = DIC) die zum Verbrauch der Gerinnungsfaktoren (= Verbrauchskoagulopathie) mit diffuser Blutungsneigung führen kann. Da der Körper versucht, diese DIC-bedingten Gerinnsel wieder abzubauen, fallen vermehrt Fibrinspaltprodukte an. Typischerweise öffnen sich arteriovenöse Shunts in den verschiedenen Geweben. Es kommt zur Umverteilung in der Gewebsperfusion.

Komplikationen

Folge der entstehenden Mikrozirkulationsstörungen sind eine Mangelversorgung des Gewebes mit Hypoxie, Acidose und Anstieg der Lactatkonzentration. Aufgrund der zahlreichen peripheren Shunts kommt es zu unzureichender Sauerstoffausschöpfung des Blutes (hohe gemischtvenöse Sauerstoffsättigung). Manchmal ist die gemischtvenöse Sauerstoffsättigung aufgrund eines deutlich erniedrigten Herzminutenvolumens und einer dadurch vermehrten Sauerstoffausschöpfung erniedrigt. Der periphere Gesamtwiderstand ist deutlich erniedrigt, das Herzminutenvolumen kompensatorisch erhöht.

Therapie

Therapeutisch kommen als **kausale** Therapie bei der Sepsis – falls möglich – eine operative Sanierung des auslösenden Herdes (z. B. Abszess im Bauchraum) sowie eine entsprechende Antibiotikatherapie infrage (bei unbekannten Erregern z. B. Imipenem oder Piperacillin plus Sulbactam).

An **unterstützender** Therapie stehen vor allem Volumensubstitution, Catecholamingabe und maschinelle Beatmung im Vordergrund. Ob die Gabe von kristalloiden oder kolloidalen Lösungen vorzuziehen ist, bleibt noch ungeklärt. An Catecholaminen kommt zur Steigerung von peripherem Widerstand und systemischem Blutdruck vor allem Noradrenalin (Arterenol®) infrage. Zur Steigerung eines erniedrigten Herzminutenvolumens sollte vor allem Dobutamin eingesetzt werden. Adrenalin und Dopamin werden hierzu nicht mehr als Medikamente der ersten Wahl empfohlen. Bei der Beatmung sind die Kriterien der lungenprotektiven Beatmung (→ S. 446) zu beachten. Der erhöhte Energieumsatz führt zu einer katabolen Stoffwechsellage, denn exogen zugeführte Nährstoffe werden nur unzureichend metabolisiert. Häufig wird eine kontinuierliche Nierenersatztherapie notwendig.

An **spezieller** Therapie wurden eine Reihe von Antimediatorstrategien untersucht (z. B. Gabe von Anti-Tumor-Nekrose-Faktor-alpha). Diese Strategien haben jedoch enttäuscht. Empfohlen werden zurzeit nur die Gabe von aktiviertem Protein C (Drotrecogin alfa [aktiviert]; Xigris®) sowie ggf. die niedrig dosierte Gabe von Hydrocortison (ca. 300 mg/d).

Vorbeugende Maßnahmen

Septische Patienten benötigen einen sehr hohen pflegerischen und apparatetechnischen Aufwand. Aufgrund der instabilen Kreislaufverhältnisse und der Tatsache, dass diese Patienten oft nicht gelagert werden können, sind sie stark dekubitusgefährdet. Es sind eine Stressulkusprophylaxe (→ S. 427) und Thromboseprophylaxe (→ S. 426) und eine engmaschige Überwachung der Blutzuckerkonzentration (Zielwert ca. 80–110[–150] mg/dl; ggf. unter entsprechender Insulingabe) wichtig [sog. intensivierte Insulintherapie]).

8 Notfallmedizin

8.1 Allgemeine Bemerkungen

8.1.1 Rettungskette

Wenn ein Mensch akut schwer erkrankt ist (z. B. Herzinfarkt) oder akut schwer verletzt wird (z. B. Schädel-Hirn-Verletzung), dann ist eine optimale Versorgung nur dann zu erwarten, wenn

- anwesende Laienhelfer sofort den Rettungsdienst alarmieren, das heißt sofort medizinische Hilfe organisieren (**Notfallmeldung**; vielerorts Telefon-Nr. 112);
- anwesende Laienhelfer **Sofortmaßnahmen** (z. B. Schocklagerung, stabile Seitenlagerung oder ggf. Herz-Druck-Massage und Beatmung) ergreifen, bis der Rettungsdienst eingetroffen ist;
- der Rettungsdienst (**Notarzt**, Rettungsassistenten, Rettungssanitäter) frühzeitig eintrifft, eine vitale Bedrohung des Patienten sachkompetent behandelt (z. B. durch Defibrillation) und den stabilisierten Patienten zügig in eine entsprechende Klinik zur Weiterbehandlung transportiert und
- in der zentralen **Notaufnahme** eines Krankenhauses zügige (fachärztliche) Weiterversorgung erfolgt.

Das reibungslose Ineinandergreifen aller oben genannter Maßnahmen ist Voraussetzung für eine erfolgreiche Rettung des Patienten. Es wird von einer Rettungskette gesprochen (vgl. Abb. 8-1).

8.1.2 Leitsymptome

Im Idealfall wird von einem Laienhelfer, der die Notfallsituation des Patienten erkennt, direkt die zuständige Rettungsleitstelle angerufen. Diese wählt anhand der erfragten Informationen das geeignete Rettungsfahrzeug mit entsprechender Besatzung aus und schickt es unverzüglich zum Einsatzort. Der Besatzung des Rettungsfahrzeuges, z. B. des NEF (**N**otarzt**e**insatz**f**ahrzeug), werden die wichtigsten Informationen über den Patienten übermittelt. Wichtig sind z. B. die Anzahl der vermutlich zu versorgenden Patienten, die Umstände des Ereignisses (z. B. Sturz aus großer Höhe oder plötzliches Zusammenbrechen auf der Straße) sowie die Übermittelung des wichtigsten Krankheitscharakteristikums, des sog. Leitsymptoms (z. B. Leitsymptom „akuter Brustschmerz", „plötzliche Bewusstlosigkeit" oder „Vergiftung").

Im Folgenden wird zuerst auf einige allgemeine Dinge (i. v. Zugang, endotracheale Intubation, EKG-Diagnostik) und dann auf die wichtigsten und häufigsten Leitsymptome, die im Notarztdienst angetroffen werden, eingegangen. Außerdem werden Großschadensereignisse sowie (besonders ausführlich) die kardiopulmonalen Reanimationsmaßnahmen beschrieben.

8.1.3 Intravenöser Zugang

Bei jedem Notfallpatienten ist ein sicherer intravenöser Zugangsweg zu legen. Liegt eine Blutung vor, so sollten möglichst mehrere großlumige periphervenöse Venen punktiert werden. Insbesondere bei (poly-)traumatisierten Patienten stellt die möglichst sofortige Anlage mehrerer großlumiger periphervenöser Zugän-

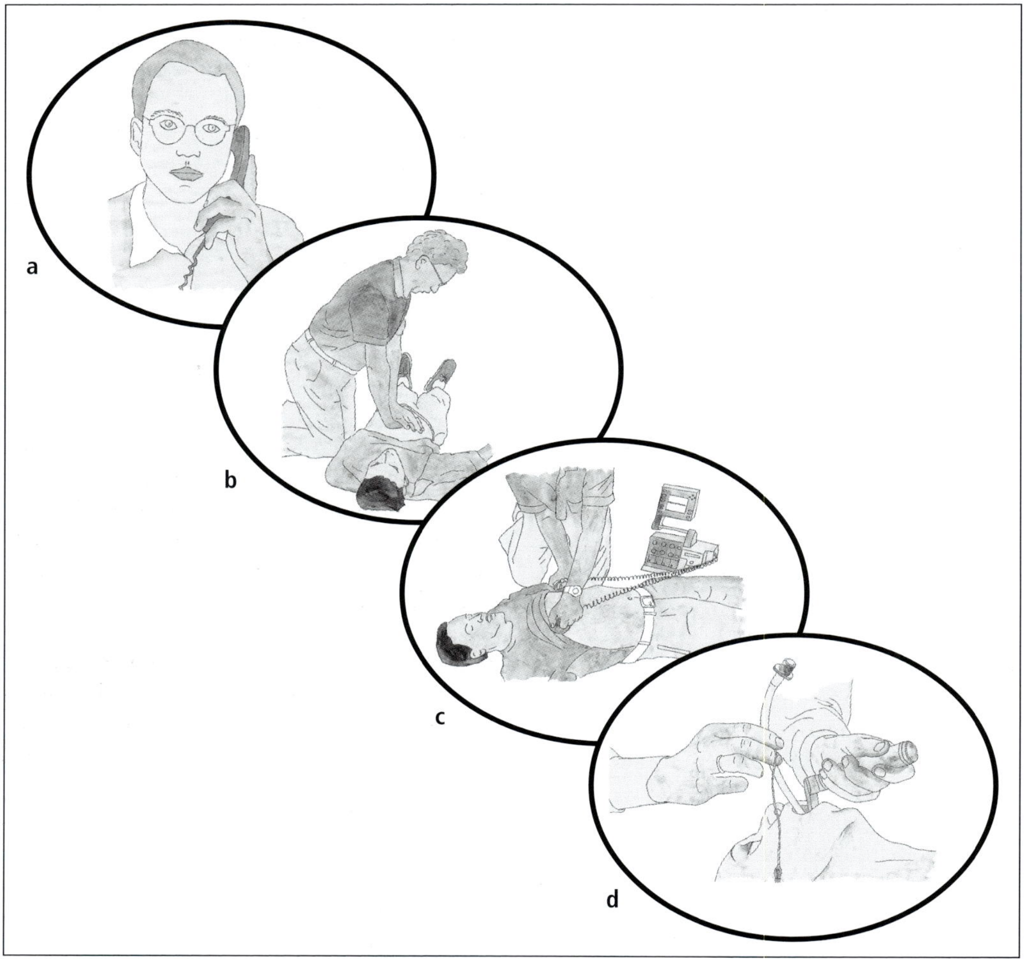

Abb. 8-1 Rettungskette. Sie besteht aus a Notfallmeldung und b Basismaßnahmen (durch Laienhelfer), c erweiterten Reanimationsmaßnahmen (durch professionelle Helfer) und d Versorgung in der Klinik. Diese Glieder müssen reibungslos ineinander greifen.

ge eine sehr wichtige Maßnahme dar, deren Versäumnis später u. U. nicht mehr nachzuholen ist (zunehmende Hypovolämie mit „Kollabieren" der Venen).

Lediglich in Notsituationen, in denen kein periphervenöses Gefäß mehr punktierbar ist, sollte vom Notarzt ein zentraler Venenkatheter (ZVK) gelegt werden (→ S. 185). Da die für eine zentralvenöse Punktion notwendige sterile Arbeitsweise am Notfallort oft kaum möglich ist, da das Risiko von Komplikationen (z. B. Gefahr eines Pneumothorax) unter Notfallsituationen deutlich erhöht ist und da die pro Zeiteinheit über einen zentralen Venenkatheter infundierbare Flüssigkeitsmenge geringer ist als bei einer üblichen periphervenösen Kanüle, sollte auf eine routinemäßige Anlage eines zentralen Venenkatheters bei Notfallpatienten verzichtet werden. Vor allem bei Säuglingen und Kleinkindern, evtl. auch bei Erwachsenen, bietet sich ggf. die Anlage einer intraossären Kanüle an (→ S. 544).

8.1.4 Endotracheale Intubation

Ist bei bewusstlosen oder schwer verletzten bzw. schwer kranken Notfallpatienten eine endotracheale Intubation notwendig, so genügt hierfür meist die intravenöse Gabe von Etomidat (→ S. 52) oder Thiopental (→ S. 49). Die zusätzliche Gabe eines Muskelrelaxans (→ S. 64) ist meist speziellen Ausnahmesituationen vorbehalten. Bei kreislaufinstabilen Patienten kann zur endotrachealen Intubation auch Ketamin (→ S. 55) verabreicht werden. Nach erfolgter endotrachealer Intubation wird meist eine Analgosedierung mit einem Benzodiazepin (z. B. Midazolam) und einem Opioid (z. B. Fentanyl [→ S. 57] oder Morphin) durchgeführt.
Durch den häufigen Verzicht auf Muskelrelaxanzien, durch ungewöhnliche Patientenlagerung (z. B. bei auf dem Boden liegenden Patienten), durch schlechte Lichtverhältnisse, durch evtl. Verletzungen im Gesichts- und Halsbereich oder durch Blutungen im Bereich der oberen Luftwege kann die endotracheale Intubation bei Notfallpatienten oft deutlich erschwert sein. Nach erfolgter endotrachealer Intubation ist eine sorgfältige Überprüfung auf richtige Tubuslage notwendig. Anschließend ist eine besonders gute Fixierung des endotrachealen Tubus wichtig, um im Rahmen von häufiger notwendig werdenden Umlagerungsmanövern eine versehentliche Extubation zu vermeiden. Durch Blut, Sekrete oder Schmutz kann die Pflasterfixierung des Tubus beeinträchtigt werden. Es empfiehlt sich daher, den Tubus ggf. mit einer Mullbinde, die um den Hals geschlungen wird, zusätzlich zu fixieren.
Gelingt eine Intubation unter laryngoskopischer Sicht nicht, z. B. wegen einer massiven Schwellung im Bereich des Kehlkopfes, eines Tumors oder einer schweren Verletzung im Gesichtsbereich, so kann u. U. eine Notkoniotomie notwendig werden (→ S. 229).
Nach erfolgter endotrachealer Intubation ist der Patient zu beatmen. Mit den inzwischen im Rettungswesen zur Verfügung stehenden Beatmungsgeräten (z. B. Oxylog 2000, Fa. Dräger) kann meist nicht nur eine kontrollierte Beatmung, sondern oft auch z. B. SIMV oder CPAP (→ S. 359) durchgeführt werden. Normalerweise wird eine Normoventilation oder nur eine mäßige Hyperventilation angestrebt. Die Atemfrequenz wird meist mit 12–15 Atemhüben/min, das Atemhubvolumen mit ca. 10 ml/kg KG eingestellt. Normalerweise werden mindestens 50 % Sauerstoff, oft auch 100 % Sauerstoff verabreicht. Gegebenenfalls ist ein PEEP von 3–5 cm H_2O einzuschalten.

8.1.5 EKG-Diagnostik

Falls bei einem Notfallpatient kardiale Probleme infrage kommen, sind die Muskelpotenziale des Herzens mithilfe von 12 Standardableitungen (bipolare sowie unipolare Extremitätenableitungen [Abb. 8-2] und unipolare Brust-[Thorax-] Wandableitungen [Abb. 8-3]) zu registrieren.

Bipolare Extremitätenableitungen nach Einthoven: Bei den Ableitungen I, II, III nach Einthoven werden die Elektroden oberhalb der Handgelenke bzw. des linken Fußgelenks platziert (Abb. 8-2 links):

- Ableitung I:
  rechter und linker Arm
- Ableitung II:
  rechter und linkes Bein
- Ableitung III:
  linker und linkes Bein

Unipolare Extremitätenableitungen nach Goldberger: Bei den unipolaren Extremitätenableitungen aVR, aVL, aVF werden die Elektroden oberhalb des rechten und linken Handgelenks sowie oberhalb des linken Fußgelenks angelegt (Abb. 8-2, rechts). Es wird die Potenzialdifferenz zwischen einer dieser Extremitätenelektroden (differente Elektrode) und den beiden anderen, zusammengeschalteten Extremitätenelektroden (indifferente Elektrode, Null-[0-] Elektrode), gemessen. Der Buchstabe „a“ bedeutet augmented (verstärkt). Der Buchstabe „V“ steht für Voltage. Die Buchstaben „R“, „L“ oder „F“ entsprechen der differenten Elektrode

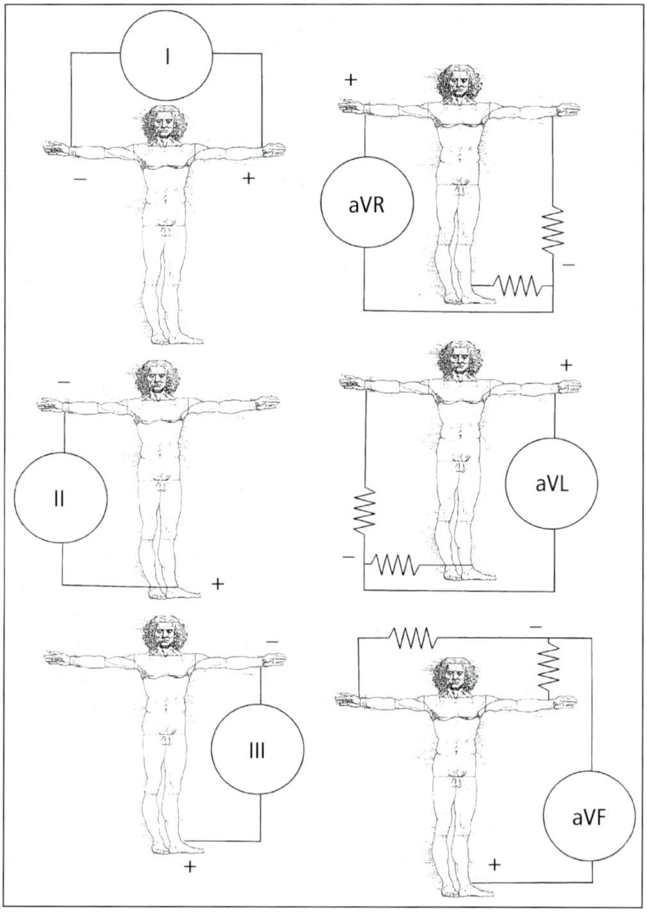

Abb. 8-2 EKG-Standardableitungen; bipolare Extremitätenableitungen nach Einthoven (I, II, III) und unipolare Extremitätenableitungen nach Goldberger (aVR, aVL, aVF)

am rechten (= right = R) Arm, linken (= left = L) Arm oder linken Fuß (= foot = F).

Unipolare Brustwandableitungen nach Wilson: Die unipolaren Brustwandableitungen werden an 6 definierten Thoraxpunkten abgeleitet und als V_{1-6} bezeichnet (Abb. 8-3). Der Buchstabe „V" steht für Voltage (→ S. 487).

- V_1: rechter Sternalrand im vierten Interkostalraum
- V_2: linker Sternalrand im vierten Interkostalraum
- V_3: Mitte zwischen V_2 und V_4
- V_4: Schnittpunkt der linken Medioklavikularlinie mit fünftem Interkostalraum (etwa Herzspitze)
- V_5: linke vordere Axillarlinie auf gleicher Höhe wie V_4
- V_6: linke mittlere Axillarlinie auf gleicher Höhe wie V_4 und V_5

Als indifferente Elektrode wird der Zusammenschluss der 3 Extremitätenableitungen verwendet (0-Elektrode).

Beim Aufzeichnen eines EKGs ist zuerst eine **Eichzacke** zu schreiben. Dabei sollte 1 mV einem Ausschlag von 1 cm entsprechen. Normalerweise wird im deutschsprachigen Raum für EKG-Ableitungen eine Papiergeschwindigkeit von 50 mm/s eingestellt. Eine horizontale Strecke von 5 mm entspricht dabei 0,1 Sekunden.

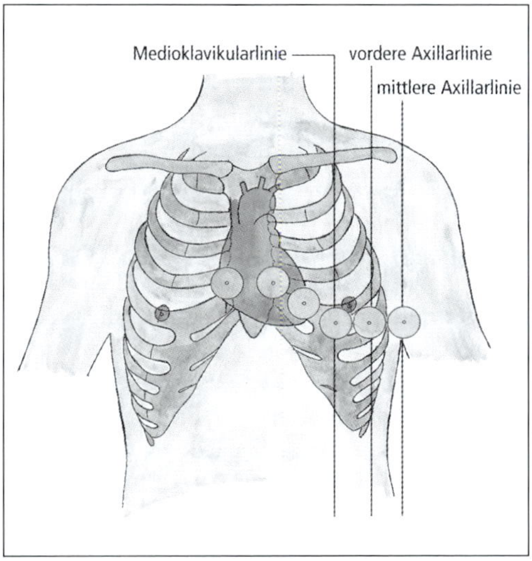

Abb. 8-3 Ableitungspunkte für unipolare Thoraxableitungen nach Wilson (V_{1-6})

8.2 Leitsymptom: akuter Brustschmerz

Das Leitsymptom „akuter Brustschmerz“ ist eines der am häufigsten genannten Stichworte bei der Alarmierung des Notarztwagens.

Ätiologie

Die **häufigste** Ursachen für akute Brustschmerzen sind

- stabile Angina pectoris und
- akutes Koronarsyndrom.

> ✓ Der Begriff „akutes Koronarsyndrom" umfasst:
> - instabile Angina pectoris
> - akuter Myokardinfarkt ohne ST-Strecken-Hebung
> - akuter Myokardinfarkt mit ST-Strecken-Hebung

Sonstige Ursachen für akute Brustschmerzen können eine Pleuritis, Perikarditis, Ösophagitis, Interkostalneuralgie oder ein dissezierendes Aortenaneurysma sein. Zum Teil liegen auch Verletzungen (z. B. Rippenfraktur), ein Herpes zoster bzw. eine postzosterische Neuralgie vor. Auch außerhalb des Brustkorbes entstehende Schmerzen (Gallenkolik, Magengeschwür) können in den Brustkorb projiziert werden.

Sowohl einer stabilen Angina pectoris als auch einem akuten Koronarsyndrom liegt normalerweise eine koronare Herzerkrankung zugrunde.

Koronare Herzkrankheit

Eine **k**oronare **H**erz**k**rankheit (= KHK) ist zumeist durch eine arteriosklerotische Verengung der Koronararterien bedingt. Folge einer arteriosklerotischen Stenose ist eine verminderte Durchblutung des Myokards. Bei einer gedrosselten Myokarddurchblutung droht im Falle einer stärkeren Tachykardie und/oder einer Hypertonie schnell ein Missverhältnis zwischen vermindertem myokardialem Sauerstoffangebot und erhöhtem myokardialem Sauerstoffbedarf. Auch eine Hypotonie kann zu einer koronaren Minderperfusion distal der Stenosen führen. Es droht dann eine Myokardischämie. Eine Myokardischämie führt zu Angina-pectoris-Schmerzen.

Stabile Angina pectoris

Bei Patienten mit einer koronaren Herzkrankheit kann bei körperlicher oder seelischer Belastung eine Myokardischämie mit Angina-pectoris-Schmerzen auftreten.

> ✓ Von einer sog. **stabilen Angina pectoris** wird gesprochen, wenn sich Häufigkeit und Dauer der Anfälle sowie auslösende Faktoren in den letzten 2 Monaten nicht verändert haben. Durch körperliche Ruhe und evtl. Gabe von Nitroglycerin bessert sich diese Symptomatik normalerweise innerhalb von ca. 15 Minuten.

Epidemiologie

Die KHK ist die häufigste Todesursache bei Männern über 40 Jahren und bei Frauen über 50 Jahren. Etwa 80 % der plötzlichen Herztode in der westlichen Welt sind durch eine KHK bedingt. Bei ca. 3,5 % der Patienten unter 44 Jahren, bei ca. 50 % der Patienten zwischen 45 und 65 Jahren und bei ca. 80 % der Patienten über 65 Jahren liegt eine KHK vor.

Klinik

Pektanginöse Schmerzen werden typischerweise hinter dem Brustbein (substernal) empfunden, sie können aber auch in linken Arm, Hals, Unterkiefer und/oder linke Schulter ausstrahlen. **Angina-pectoris-Beschwerden** treten normalerweise unter Belastung auf und bessern sich typischerweise unter körperlicher Ruhe und/oder nach Gabe von (sublingual verabreichtem) Nitroglycerin.

! Eine **KHK** kann sehr lange asymptomatisch bleiben. Oft tritt ein akuter Myokardinfarkt oder ein plötzlicher Herztod aufgrund einer KHK auf, ohne dass der Patient vorher an pektanginösen Beschwerden litt.

Häufiger liegen bei Angina-pectoris-Beschwerden auch extrakardiale Auslösemechanismen wie Anämie, hohes Fieber oder Absetzen der Basismedikation vor.
Bei Patienten mit Verdacht auf pektanginöse Schmerzen sind vor allem Anamneseerhebung und EKG-Ableitung wichtig. Zusätzlich können im Krankenhaus weiterführende diagnostische Maßnahmen durchgeführt werden.

Diagnostik

Bei der **Anamneseerhebung** ist zu beachten, dass eine KHK unter Ruhebedingungen asymptomatisch sein kann, selbst wenn eine 50- bis 70%ige Stenose einer großen Koronararterie vorliegt. Dies ist insbesondere bei solchen Patienten zu berücksichtigen, die sich körperlich nicht belasten (können). Der Patient muss daher nach Belastungssituationen befragt werden. Kann der Patient ohne größere Mühe 2–3 Stockwerke hochsteigen, dann ist die kardiale Belastbarkeit vermutlich noch ausreichend. Tritt im Rahmen von pektanginösen Beschwerden eine Dyspnoe auf, dann hat die myokardiale Ischämie vermutlich zu einer akuten Linksherzinsuffizienz geführt.
Bei Patienten mit Verdacht auf KHK muss stets nach evtl. erlebten Myokardinfarkten gefragt werden. Es ist jedoch zu beachten, dass ca. 15 % der Myokardinfarkte stumm, das heißt ohne Auftreten pektanginöser Beschwerden ablaufen und daher dem Patienten möglicherweise nicht bekannt sind.
Die für einen akuten Myokardinfarkt typischen EKG-Veränderungen (→ S. 494) sind auszuschließen.
Typische **EKG-Veränderungen** bei einer Angina pectoris sind:

- terminal oder präterminal negative T-Zacken (Abb. 8-4)
- horizontale oder deszendierende ST-Strecken-Senkungen von mehr als 0,1 mV (= 1 mm)

Therapie

Durch körperliche Ruhe und/oder Gabe von Nitroglycerin kann bei der **stabilen** Angina pectoris die Symptomatik relativ schnell verbessert werden.

Ziele

Vorrangige Ziele bei der akuten Therapie von Angina-pectoris-Schmerzen sind:

- Reduktion des Sauerstoffverbrauchs des Herzens
- Erhöhung des Sauerstoffangebotes an das Herz

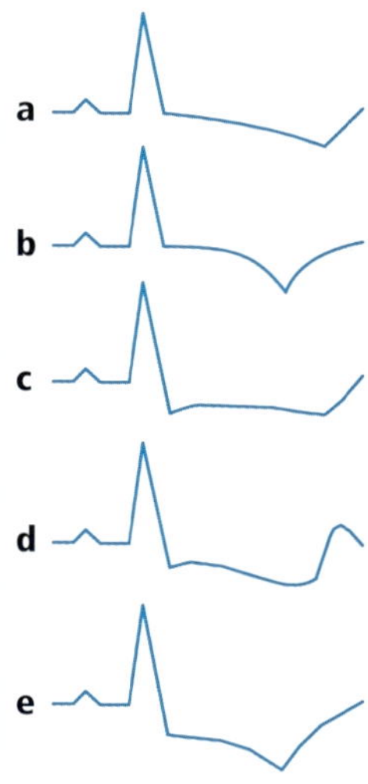

Abb. 8-4 Typische EKG-Veränderungen bei Angina pectoris. a Präterminal negative T-Zacken. b Terminal negative T-Zacken. c Horizontale ST-Strecken-Senkung und präterminal negatives T. d Deszendierende ST-Strecken-Senkung und präterminal negatives T. e Deszendierende ST-Strecken-Senkung und terminal negatives T.

Reduktion des Sauerstoffverbrauchs des Herzens

Die Reduktion des myokardialen Sauerstoffverbrauchs wird erreicht durch:

- körperliche Ruhe:
  Initial soll sich der Patient hinsetzen oder hinlegen.
- Nitropräparate:
  Der Angina-pectoris-Schmerz ist „nitrosensibel". Bei stabilen Kreislaufverhältnissen (RR_{sys} > 100 mm Hg) kann durch Gabe von Nitraten eine venöse (in höheren Dosen auch eine arterielle) Vasodilatation mit Erniedrigung der Vorlast (und evtl. der Nachlast) erzielt werden (→ S. 297). Dadurch nimmt der kardiale Sauerstoffverbrauch ab. Außerdem kommt es zu einer Dilatation der Koronararterien mit Verbesserung von Perfusion und Sauerstoffangebot. Es bieten sich folgende Präparate an:
  - Nitrolingual®-Pumpspray (0,4 mg/Hub): 1–3 Hübe sublingual/ggf. Wiederholung nach 5–10 Minuten
  - Nitrolingual®-Zerbeißkapseln (0,8 mg/Kps.): 1–2 Kapseln sublingual/ ggf. Wiederholung nach 10 Minuten

Es ist jedoch auf die blutdrucksenkende Nebenwirkung von Nitroglycerin zu achten. Der systolische Blutdruck sollte nicht unter 90 mm Hg abfallen.

Erhöhung des Sauerstoffangebotes an das Herz

Eine Sauerstoffgabe ist sinnvoll, falls der p_aO_2 erniedrigt ist. Es sind dann ca. 2–6 Liter O_2/min über Nasensonde oder Sauerstoffmaske zu verabreichen.
Bessern sich die Angina-pectoris-Schmerzen unter diesen Therapiemaßnahmen nicht bald, dann ist an ein akutes Koronarsyndrom zu denken (→ S. 492).

Weiterbehandlung

Auch wenn die Angina-pectoris-Schmerzen vom Notarzt erfolgreich therapiert werden konnten, sollte der Patient vom gerufenen Notarzt in die Klinik gebracht werden. Dort ist evtl. eine Dauermedikation anzusetzen bzw. zu optimieren oder es sind weiterführende Maßnahmen einzuleiten.
Bei Patienten mit einer **k**oronaren **H**erz**k**rankheit (= KHK) wird im Rahmen einer Dauertherapie meist medikamentös versucht, den myokardialen Sauerstoffverbrauch zu erniedrigen, indem

- die ventrikuläre Wandspannung (durch Nitrate, Calciumkanalblocker),
- die Herzfrequenz (durch β-Rezeptoren-Blocker, Calciumkanalblocker) und
- die Kontraktilität (durch β-Rezeptoren-Blocker, Calciumkanalblocker)

vermindert werden oder indem

- sonstige Maßnahmen (z. B. koronare Katheterinterventionen; → S. 497)

durchgeführt werden.

Durch Gabe eines β-Rezeptoren-Blockers soll vor allem die Herzfrequenz (möglichst unter 60 Schläge/min), aber auch der arterielle Blutdruck gesenkt werden. Durch Gabe eines Nitropräparates oder eines Calciumkanalblockers (z. B. Nifedipin) kann zusätzlich versucht werden, die Koronargefäße zu erweitern und den Blutdruck zu senken. Durch Gabe eines Calciumkanalblockers können pektanginöse Beschwerden evtl. gemildert werden. Bei Kombination eines Calciumkanalblockers mit einem β-Rezeptoren-Blocker wird meist der Calciumkanalblocker Nifedipin bevorzugt, da er die durch β-Rezeptoren-Blocker verursachte Dämpfung des Sinusknotens nicht verstärkt.

KHK-Patienten wird häufig ein niedrig dosiertes Acetylsalicylsäurederivat verabreicht, um eine Thrombozytenaggregation im Bereich koronarstenotischer Gefäßveränderungen zu verhindern, denn hierdurch könnte ein akutes Koronarsyndrom ausgelöst werden (→ unten).

Falls eine medikamentöse Therapie der KHK nicht zum Erfolg führt und eine über 70–75%ige Stenose vorliegt, kommen auch Verfahren der koronaren Katheterintervention (z. B. Koronarangioplastie = Aufweitung von Koronargefäßen) infrage. In den letzten Jahren hat sich die **p**erkutane **t**ransluminale **C**oronar**a**ngioplastie (= PTCA = Ballondilatation) zur Therapie der KHK bewährt. Die Erfolgsquote beträgt 90–95 %. Eine PTCA wird vor allem bei Patienten mit einer schweren Angina pectoris, zum Teil aber auch bei Patienten mit akutem Koronarsyndrom durchgeführt. Durch eine PTCA können Angina-pectoris-Symptome verbessert werden. Es ist jedoch nicht belegt, dass dadurch eine lebensverlängernde Wirkung erzielt werden kann.

An weiteren koronaren Katheterinterventionen kommt vor allem eine Stent-Implantation zur Anwendung (Stent = selbstentfaltendes, röhrenförmiges Drahtgeflecht). Durch Einbringen eines endoluminalen Stents im Bereich einer aufdilatierten Koronarstenose kann das Koronarlumen offen gehalten werden, die Rezidivrate (Restenosierungsrate) kann dadurch vermindert werden.

Bei schweren Angina-pectoris-Beschwerden kann die Indikation für eine aortocoronare Bypass-Operation (→ S. 313) gegeben sein. Durch eine Bypass-Operation kann die körperliche Belastbarkeit verbessert werden, die pektanginösen Beschwerden werden meist geringer und die medikamentöse Therapie kann vermindert werden. Es kann also die Lebensqualität verbessert werden. Eine Verlängerung der Lebenserwartung konnte bisher jedoch nicht belegt werden.

8.2.1 Akutes Koronarsyndrom

✓ Unter dem neueren Begriff „akutes Koronarsyndrom" werden die instabile Angina pectoris (= **u**nstable **a**ngina **p**ectoris = UAP) sowie ein akuter Myokardinfarkt mit ST-Strecken-Hebung (= **ST**-**e**levation **m**yocardial **i**nfarction = STEMI) sowie ein akuter Myokardinfarkt ohne ST-Strecken-Hebung (= **n**on-**ST**-**e**levation **m**yocardial **i**nfarction = NSTEMI) zusammengefasst.

Ätiologie

Die **instabile Angina pectoris** sowie der **NSTEMI** und der **STEMI** sind meist durch Aufbrechen atheromatöser Plaques in den Koronararterien mit Ausbildung von Thromben auf der beschädigten Endotheloberfläche bedingt. Dadurch kommt es zu einer weiteren akuten Lumeneinengung der Koronararterie. Ist der Blutstrom jedoch noch stark genug, um einen solchen Fibrinthrombus wegzuspülen, tritt eine instabile Angina pectoris auf. Kommt es durch die thrombotische Koronarverengung zur Nekrose der inneren (subendokardialen) Myokardbereiche, tritt ein nicht transmuraler Myokardinfarkt (Nicht-ST-Strecken-Hebungs-Myokardinfarkt) auf. Ist die ganze Myokarddicke betroffen, tritt ein transmuraler Myokardinfarkt (ST-Strecken-Hebungs-Myokardinfarkt) auf. Zusätzlich spielt bei einem akuten Koronarsyndrom auch eine Vasokonstriktion eine wichtige Rolle.

Epidemiologie

Pro Jahr erleiden in Deutschland fast 700 000 Menschen (d. h. ca. einer von 100 Einwohnern) ein akutes Koronarsyndrom. Etwa 5–10 % dieser Patienten versterben akut und ca. 30 % dieser Patienten versterben innerhalb eines Jahres trotz Therapie.

Klinik

Bei Verdacht auf ein akutes Koronarsyndrom sind folgende Symptome bzw. diagnostische Parameter zu beurteilen:

- klinische Symptome
- EKG-Veränderungen
- Konzentrationsverlauf herzspezifischer Enzyme (→ S. 457)

Typische klinische Symptome eines akuten Koronarsyndroms sind schwere Schmerzen („Vernichtungsschmerzen“) ähnlicher Lokalisation und ähnlichen Charakters wie Angina-pectoris-Schmerzen (→ S. 490), die aber wesentlich stärker sind und länger (> 20–30 Minuten) anhalten. Es stellen sich meist Todesangst, kalter Schweiß, Blässe und Übelkeit ein. Die Schmerzen werden retrosternal (ca. 70 %), im linken Arm (ca. 20–30 %) und/oder im Epigastrium (ca. 20–30 %) angegeben.
Bei einem akuten **Vorderwandinfarkt** wird oft (ca. 25 %) ein erhöhter Sympathikotonus mit Hypertonie und Tachykardie beobachtet. Dadurch kann initial evtl. Kammerflimmern ausgelöst werden. Bei einem **Hinterwandinfarkt** können auch Sinus- oder AV-Knoten mitgeschädigt werden, wodurch oft (ca. 50 %) eine deutliche Bradykardie und Hypotension sowie Reizleitungsstörungen ausgelöst werden können. Eine Hypotension kann aber auch Folge einer ausgeprägten Infarzierung des Herzmuskels mit akutem Linksherzversagen sein. Bei ca. 90 % der Patienten mit einem akuten Myokardinfarkt treten ventrikuläre Extrasystolen auf.
In ca. 15 % verläuft ein Herzinfarkt (vor allem bei älteren Patienten oder bei Patienten mit Diabetes mellitus) weitgehend symptomlos, das heißt „stumm“. Es treten dann typischerweise keine pektanginösen Beschwerden auf. Ein stattgehabter **stummer Infarkt** wird zumeist später zufällig an der für einen alten Infarkt typischen Q-Welle im EKG erkannt (vgl. Abb. 7-16). Die Mortalität im Rahmen eines stummen Myokardinfarkts ist genauso hoch wie bei einem Infarkt mit klassischem „Vernichtungsschmerz“. Die Therapie entspricht daher der eines Infarkts mit klassischen Angina-pectoris-Beschwerden.

Differenzialdiagnose

Bei Verdacht auf einen Myokardinfarkt müssen differenzialdiagnostisch z. B. Angina pectoris, Peri- oder Myokarditis, Lungenembolie, Pneumothorax, Pleuritis, Interkostalneuralgie, vertebragene Schmerzen, ein Aneurysma dissecans der thorakalen Aorta sowie Erkrankungen des Ösophagus und des Gastrointestinaltrakts ausgeschlossen werden.

Diagnostik

Bei Verdacht auf ein akutes Koronarsyndrom muss unbedingt eine 12-Kanal-EKG-Ableitung (→ S. 487) abgeleitet werden. Bei einem STEMI tritt typischerweise eine ST-Strecken-Hebung auf, bei einem NSTEMI und einer instabilen

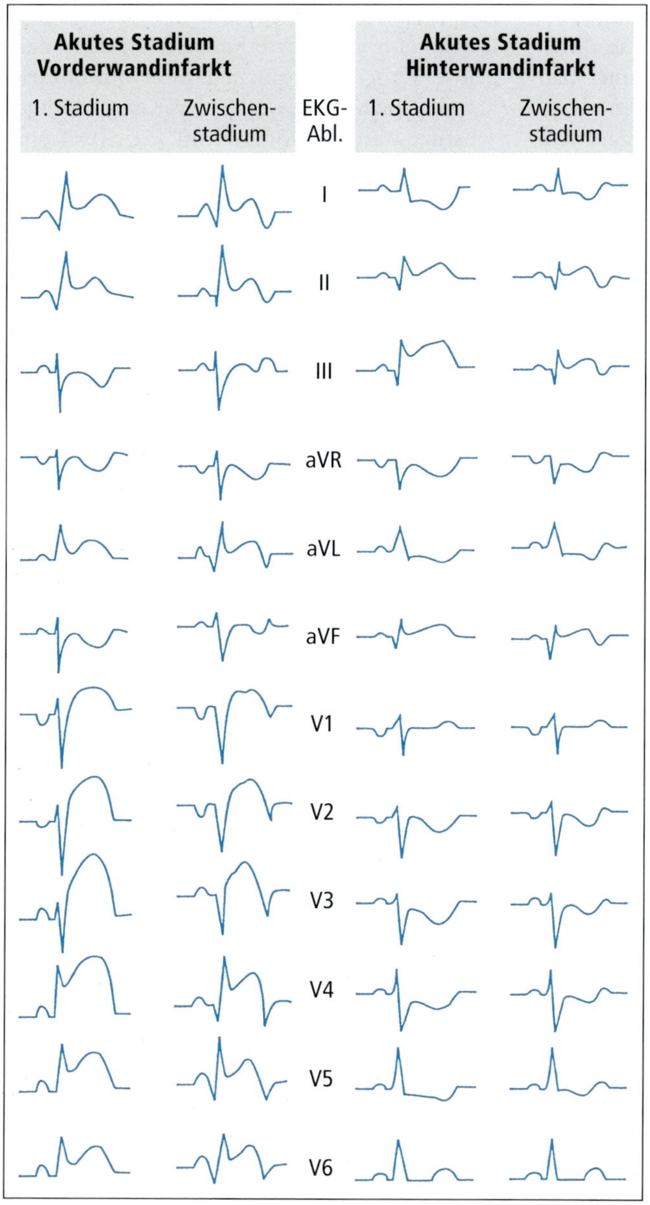

Abb. 8-5 Typische EKG-Veränderungen in den einzelnen EKG-Ableitungen im akuten Stadium eines Vorder- oder Hinterwandinfarkts. Die verschiedenen Stadien eines Myokardinfarkts sind in Abbildung 7-16 dargestellt.

Angina pectoris dagegen nicht. Im Rahmen eines akuten Infarkts treten oft auch (therapiebedürftige) Herzrhythmusstörungen auf. Die für einen ST-Strecken-Hebungs-Myokardinfarkt **typischen EKG-Veränderungen** werden in Abbildung 8-5 gezeigt. Die ST-Strecken-Hebung in mindestens 2 zusammenhängenden Brustwandableitungen muss hierbei ≥ 0,2 mV oder in mindestens einer Extremitätenableitung mindestens ≥ 0,1 mV betragen. In Tabelle 8-1 ist aufgeführt, in welchen Ableitungen normalerweise entsprechende EKG-Veränderungen bei einem frischen Vorder- oder Hinterwandinfarkt auftreten.

Tab. 8-1 Darstellung derjenigen EKG-Ableitungen, bei denen im Rahmen eines Vorder- oder Hinterwandinfarktes typische Veränderungen nachweisbar sind

EKG-Ableitungen	Infarkttyp	
	Vorderwandinfarkt	Hinterwandinfarkt
I	++/+	–
II	(+/++)	++/+
III	–	++
aVR	–	–
aVL	+/++	(+/–)
aVF	–	++
V_1	(+)	–
V_2	++/+	–
V_3	++/+	–
V_4	+/++	–
V_5	–/++	++/–
V_6	–/+/++	++/–

++ = deutliche Infarktveränderungen; + = leichte Infarktveränderungen; – = keine Veränderungen

Die **typischen Enzymveränderungen** bei einem akuten Myokardinfarkt werden ausführlich auf Seite 457 beschrieben. Während beim ST-Strecken-Hebungs-Myokardinfarkt sowie beim Nicht-ST-Strecken-Hebungs-Myokardinfarkt typische Erhöhungen der Enzymaktivität auftreten, kommt es bei der instabilen Angina pectoris typischerweise zu keinem Anstieg der Enzymaktivität. Die Troponinkonzentration kann inzwischen auch innerhalb weniger Minuten mithilfe eines Bedside-Tests bestimmt werden.

Therapie (→ auch S. 459)

Ziele

Vorrangige Ziele bei der Therapie eines akuten Koronarsyndroms sind:

- Reduktion des Sauerstoffverbrauches des Herzens
- Erhöhung des Sauerstoffangebotes an das Herz
- antithrombotische Therapie
- Wiederherstellung der Koronardurchblutung (Thrombolyse und PTCA)
- sonstige Maßnahmen

Reduktion des Sauerstoffverbrauches des Herzens

- Bettruhe bzw. Immobilisierung und Intensivüberwachung:
  Initial soll der Patient immobilisiert und mit leicht (ca. 30 Grad) angehobenem Oberkörper gelagert werden.
- Analgetika (insbesondere Morphin):
  Es empfiehlt sich die Titration von verdünntem Morphin (1:10) bis zum individuellen Dosisbedarf (2–5–10 mg i. v.). Morphin wirkt analgetisch, sedierend und euphorisierend. Außerdem wird der Sympathikotonus vermindert. Vor- und Nachlast sowie die Herzfrequenz fallen ab und damit auch der myokardiale Sauerstoffbedarf.
- Sedativa/Anxiolytika:
  Es sind z. B. wiederholte Gaben kleinerer Diazepamboli (Valium®; Titration bis 2–10 mg) oder Midazolamboli (Dormicum®; Titration bis 2–5 mg) bis zum individuellen Dosisbedarf zu verabreichen.
- Nitropräparate:
  Der Infarktschmerz ist – im Gegensatz zum Angina-pectoris-Schmerz – nicht „nitrosensibel". Bei stabilen Kreislaufverhältnissen (RR_{sys} >100 mmHg) kann jedoch durch Gabe von Nitroglycerin („Nitro") eine venöse (in höheren Dosen auch eine arterielle) Vasodilatation mit Erniedrigung der Vorlast (und evtl. der Nachlast) erzielt werden. Dadurch nimmt der kardiale Sauerstoffverbrauch ab. Außerdem kommt es zu einer Dilatation der Koronararterien mit Verbesserung von Perfusion und Sauerstoffangebot. Es bieten sich folgende Präparate an:
  - Nitrolingual®-Pumpspray (0,4 mg/Hub): 1–3 Hübe sublingual/ggf. Wiederholung nach 5–10 Minuten

- Nitrolingual®-Zerbeißkapseln (0,8 mg/Kps.):
  1–2 Kapseln sublingual/ggf. Wiederholung nach 10 Minuten
- Aquo-Trinitrosan® Ampullen:
  10–20 µg/Einzeldosis intravenös titrieren nach RR/HF bedarfsadaptiert 0,1–0,5–1,0–2,0 µg/kg KG/min intravenös; ca. 0,5–5 mg/h über Spritzenpumpe

Tritt im Rahmen des Myokardinfarkts eine Herzinsuffizienz auf, dann nimmt das Herzminutenvolumen unter Nitratgabe zu. Nitroglycerin sollte dann per Spritzenpumpe (ca. 5–9 mg/h) verabreicht werden. Es ist jedoch auf dessen blutdrucksenkende Nebenwirkung zu achten. Der systolische Blutdruck sollte nicht unter 90 mm Hg abfallen. Nach einem akuten Infarkt mit Linksherzinsuffizienz, Hypertonie oder persistierender Ischämie bzw. nach einem großen Vorderwandinfarkt wird Nitroglycerin über 1–2 Tage empfohlen, auch wenn nicht bewiesen ist, dass dadurch das Outcome verbessert werden kann.

- β-Rezeptoren-Blocker:
  Diese können bei tachykarden und hypertensiven Patienten sinnvoll sein und den O_2-Bedarf des Myokards vermindern. Ziel ist es, das Produkt aus Herzfrequenz und systolischem Blutdruck auf einen Wert von ca. 6000 zu senken. Wird bei einer Herzfrequenz >60/min eine intravenöse Therapie mit einem $beta_1$-spezifischen β-Rezeptoren-Blocker (z.B. Esmolol; → S. 327; oder 2,5–5[–15] mg Metoprolol; Beloc®) möglichst bald nach Beginn des Myokardinfarkts begonnen, dann kann durch Verminderung des myokardialen Sauerstoffbedarfes u.U. das Ausmaß der Infarzierung vermindert und die Letalität gesenkt werden.
  Außerdem kann dadurch die Gefahr von Herzrhythmusstörungen und Kammerflimmern vermindert werden. Durch anschließende langfristige orale Einnahme eines β-Rezeptoren-Blockers kann möglicherweise die Re-Infarkt-Rate günstig beeinflusst werden. β-Rezeptoren-Blocker stellen inzwischen die Medikation der Wahl in der Phase nach dem Herzinfarkt dar. Sie sollten nach einem Infarkt normalerweise lebenslang verabreicht werden. Hierdurch konnte die Langzeitmortalität um ca. 20% gesenkt werden. Kontraindikationen sind Bradykardie (<60 Schläge/min), AV-Block II. oder III. Grades, QRS-Komplex breiter als 0,11 Sekunden, systolischer Blutdruck unter 100 mm Hg sowie manifeste Herzinsuffizienz. Die Herzfrequenz sollte unter einer β-Rezeptoren-Blockade möglichst 60–70 Schläge/min und der Blutdruck sollte nicht unter 100 mm Hg betragen. Es ist eine entsprechende Dosistitration notwendig.

Erhöhung des Sauerstoffangebotes an das Herz

- Sauerstoffgabe:
  Eine Sauerstoffgabe ist sinnvoll, falls der p_aO_2 erniedrigt ist. Zumeist werden routinemäßig 2–6 Liter O_2/min über Nasensonde oder Sauerstoffmaske verabreicht. Bei Auftreten einer Herzinsuffizienz mit Lungenödem kann eine endotracheale Intubation mit Beatmung und erhöhter F_iO_2 notwendig werden.
- andere Maßnahmen:
  Auch durch eine Senkung der Vor- und Nachlast mittels Nitropräparat und Morphin (→ S. 495) und einer Sympathikolyse mittels Benzodiazepin, Morphin und β-Rezeptoren-Blocker (→ oben) kann die Koronarperfusion verbessert und damit das Sauerstoffangebot ans Myokard gesteigert werden.

Antithrombotische Therapie

- Acetylsalicylsäure:
  Zur Thrombozytenaggregationshemmung sollten initial 500 mg Acetylsalicylsäure intravenös verabreicht werden. Dadurch kann die 35-Tage-Mortalität um ca. 20% gesenkt werden. Danach ist eine (lebenslange) Dosierung von 100(–250) mg/d empfehlenswert. Dadurch kann die Rate von Gefäßneuverschlüssen vermindert werden. Kontraindikationen (Magen-Darm-Ulzera, schwere

Nierenfunktionsstörung, Blutungsneigung, bekannte Unverträglichkeit) sind zu beachten.

- Heparin:
  Es werden 60 U/kg KG, maximal 5000 U empfohlen.
- weitere Antithrombotika:
  Clopidogrel (Plavix®) oder Glykoprotein-IIb/IIIa-Rezeptor-Antagonisten brauchen vom Notarzt im Rahmen der prähospitalen Versorgung dieser Patienten nicht verabreicht werden.

Wiederherstellung der Koronardurchblutung

- Thrombolyse:
  Da ein Myokardinfarkt zumeist durch einen Thrombus bedingt ist, kommt der frühzeitigen Thrombolyse oder Katheterintervention (→ S. 460) eine enorme Bedeutung zu. Der beste Effekt wird bei einer Lyse innerhalb von 60–90 Minuten nach dem Gefäßverschluss erzielt. Wird in diesem Zeitfenster eine Lyse durchgeführt, dann ist oft eine Infarktvermeidung oder eine Infarktlimitierung möglich. Inzwischen wird eine sog. präklinische Lysetherapie durch den Notarzt propagiert, falls der Transport des Patienten ins Krankenhaus und die dortige Einleitung der Thrombolyse mehr als 60 Minuten in Anspruch nehmen werden. Wird die Lyse erst im Krankenhaus begonnen, dann bedeutet dies meist einen deutlichen Zeitverlust. Zwischen Aufnahme in die Klinik und Beginn der Lyse (door-to-needle time) vergehen meist mehr als 45 Minuten. Bis zu 6 Stunden nach dem akuten Verschluss profitieren die Patienten sicher von der Thrombolyse. Bei Durchführung einer Thrombolyse innerhalb von 4 Stunden gelingt eine Wiedereröffnung des Gefäßes in bis zu 70–75 % der Fälle. Im Gegensatz zur Frühlyse (innerhalb von 6 Stunden) ist der Wert einer Spätlyse (> 12 Stunden nach dem Infarkt) nicht sicher belegt. Durch eine thrombolytische Therapie kann eine verschlossene Koronararterie u. U. rekanalisiert, die Perfusion evtl. wiederhergestellt und das Ausmaß der Herzmuskelnekrose ggf. vermindert werden. Dadurch kann die Myokardfunktion evtl. erhalten und die Lebensqualität verbessert bzw. die Mortalität gesenkt werden.
- Katheterintervention:
  Sofern möglich (und dadurch im Vergleich zum möglichen Beginn einer Thrombolyse keine längere Verzögerung als ca. 90 Minuten entsteht) sollte ein Patient mit Myokardinfarkt (insbesondere STEMI) einer (sofortigen) primären Koronarintervention zugeführt werden (→ S. 460). Dem Notarzt muss daher bekannt sein, in welchen Kliniken die Möglichkeit zur Katheterintervention besteht. Alternativ ist eine Thrombolyse (→ S. 460) einzuleiten.

Sonstige Maßnahmen

Die routinemäßige Gabe von Antiarrhythmika, Calciumkanalblocker oder Magnesium im Rahmen eines Myokardinfarkts hat keinen positiven oder sogar einen ungünstigen Effekt auf die Langzeitprognose.
In der Frühphase eines Myokardinfarkts kommt es aufgrund eines oft erhöhten Vagotonus evtl. zu Bradykardie und/oder Übelkeit. Es kann dann die vorsichtige Gabe von Atropin (cave: Tachykardie) und/oder eines Antiemetikums (z. B. Metoclopramid) notwendig werden.

Komplikationen

Nach einem akuten Herzinfarkt müssen die Patienten auf einer Intensivstation überwacht werden, um z. B. stets drohende akute Herzrhythmusstörungen sofort erkennen und behandeln zu können. Es sind daher eine kontinuierliche EKG-Überwachung (möglichst mit automatischer Arrhythmieerkennung), ein engmaschiges hämodynamisches Monitoring sowie eine konsequente Therapie (z. B. von Herzrhythmusstörungen oder einer auftretenden Herzinsuffizienz) wichtig.

Im Rahmen eines akuten Myokardinfarkts treten sehr häufig **ventrikuläre Extrasystolen** (VES) auf. Handelt es sich um gehäufte polymorphe ventrikuläre Extrasystolen, sog. R-auf-T-Phänomen oder Salven von Extrasystolen, dann muss damit gerechnet werden, dass es bei ca. 50 % dieser Patienten zum Kammerflimmern kommt.

> ! Bei ungefähr 15 % aller Patienten mit einem akuten Myokardinfarkt kommt es zum Kammerflimmern.

Neuere Studien bei Postinfarktpatienten haben gezeigt, dass das Antiarrhythmikum **Amiodaron** (Cordarex®) die Anzahl arrhythmiebedingter Todesfälle signifikant senken kann. Es stellt inzwischen das Mittel der Wahl dar.
Es sollten nur symptomatische oder hämodynamisch relevante Herzrhythmusstörungen therapiert werden, die öfter einem drohenden Kammerflimmern vorausgehen (sog. Warnarrhythmien wie gehäufte polymorphe VES, sog. R-auf-T-Phänomen oder Salven von Extrasystolen).
Zur Therapie akuter VES kann Lidocain (→ S. 158) verabreicht werden. Initial wird ein Bolus von 1,5 mg/kg KG (maximal 2,5 mg/kg KG) langsam intravenös empfohlen. Anschließend wird evtl. eine kontinuierliche Infusion mit 1–4 mg/min durchgeführt. Bei unzureichender Wirkung kann z. B. Ajmalin (Gilurytmal®; 10 mg/min; bis max. 50 mg) verabreicht werden. Früher wurde Lidocain in der Frühphase eines Herzinfarkts routinemäßig zur Prophylaxe (!) maligner Herzrhythmusstörungen verabreicht. Dadurch konnte zwar die Inzidenz von Herzrhythmusstörungen vermindert werden, die Mortalität kann jedoch (genauso wie auch mit den meisten anderen Antiarrhythmika) nicht positiv beeinflusst werden. Inzwischen wird Lidocain (genauso wie andere Klasse-I-Antiarrhythmika = Natriumkanalblocker; → S. 401) zunehmend seltener eingesetzt.
Kommt es im Rahmen eines akuten Herzinfarkts zu einer **Sinusbradykardie**, dann weist dies meist auf einen erhöhten Parasympathikotonus oder eine Ischämie im Bereich von Sinus- bzw. AV-Knoten hin. Eine Mangeldurchblutung von Sinus- bzw. AV-Knoten ist insbesondere dann zu erwarten, wenn die rechte Koronararterie betroffen ist. Kommt es aufgrund der Bradykardie zu einer Hypotension, dann sollte initial Atropin intravenös verabreicht werden. Gegebenenfalls muss ein temporärer transkutaner bzw. transvenöser Schrittmacher platziert werden (vor allem bei AV-Block II. Grades Typ II und bei AV-Block III. Grades).
Bei Kammerflimmern oder pulsloser Kammertachykardie (→ S. 537) ist eine Defibrillation indiziert.
Als Folge eines akuten Myokardinfarkts kann – falls mehr als 20 % des linksventrikulären Myokards infarziert sind – eine **akute Linksherzinsuffizienz** auftreten (in ca. 20 %). Eine schwere akute Herzinsuffizienz kann zum kardiogenen Schock führen (bei ca. 8 % der Patienten). Aufgrund des stark erniedrigten Herzminutenvolumens werden dann z. B. Nieren und andere Organe unzureichend perfundiert. Der systolische Blutdruck fällt oft deutlich ab. Falls sich ein kardiogener Schock entwickelt, sind vermutlich mehr als 40 % des linken Ventrikels infarziert. Die Mortalität beträgt bei diesen Patienten über 70 %.
Beim kardiogenen Schock muss versucht werden, die linksventrikuläre Vor- und Nachlast zu senken. Hierzu werden vor allem eingesetzt:

- Nitroglycerin:
  0,4–0,8 mg sublingual, ggf. Wiederholung nach 10 Minuten; Titration von 10- bis 20-µg-Dosen intravenös oder bedarfsadaptierte Infusion mit ca. 0,1–0,5–1,0–2,0 µg/kg KG/min (ca. 0,5–5 mg/h) intravenös
- Furosemid (Lasix®; 20–80 mg)
- Morphin (2–10 mg i. v. titriert)
- unblutiger Aderlass durch „Herzbettlagerung" (erhobener Oberkörper, gesenkte Beine)

Zur Steigerung des Herzminutenvolumens kann die Gabe einer positiv inotropen Substanz notwendig werden. Eventuell kann auch die Kombination eines Vasodilatators mit einer inotropen Substanz sinnvoll sein. An positiv inotropen Substanzen kommen vor allem folgende Catecholamine zum Einsatz:

- Dobutamin:
  2–10 µg/kg KG/min (vor allem $beta_1$-Rezeptor-Stimulation); Dobutamin scheint das Catecholamin der ersten Wahl zu sein
- Noradrenalin:
  0,015–0,25 µg/kg KG/min ($alpha_1$- > $beta_1$-Rezeptor-Stimulation); zusätzlich als ultima ratio bei Hypotonie

Zur Kreislaufstabilisierung kann evtl. auch eine intraaortale Gegenpulsation (→ S. 312) durchgeführt werden. Durch eine Thrombolyse (→ S. 460), PTCA (→ S. 461) oder chirurgische Revaskularisation (→ S. 460) kann eine solche akute Herzinsuffizienz oft gebessert werden.

8.3 Leitsymptom: (akute) Atemnot

8.3.1 Asthma bronchiale

Unter Asthma bronchiale wird eine anfallsweise auftretende, aber reversible Atemwegsobstruktion verstanden. Es imponiert vor allem eine exspiratorische Atemwegsobstruktion mit verzögerter Ausatmung und exspiratorischem Pfeifen.
Unter einem **Status asthmaticus** werden unmittelbar hintereinander auftretende Asthmaanfälle oder eine kontinuierliche (Tage anhaltende) akute schwerste Atemwegsobstruktion verstanden, die auf die Standardtherapie nicht ansprechen und lebensbedrohlich sein können.

Epidemiologie

In Deutschland leiden ca. 5 % der Erwachsenen und bis ca. 10 % der Kinder an Asthma bronchiale.

Ätiologie

Die bronchiale Entzündung wird inzwischen als primäre Ursache des Asthma bronchiale angesehen. Diese chronische Entzündung verursacht die Hyperreagibilität. Aufgrund der hyperreaktiven Atemwege reagieren diese Patienten auf verschiedenste Reize mit einer Verengung der Atemwege. Bei Patienten mit Asthma bronchiale kann ein akuter Asthma-Anfall vor allem ausgelöst werden durch:

- pulmonale Infekte
- Allergene (Inhalationsallergene)
- stärkere körperliche oder seelische Belastung
- Verminderung des Sympathikotonus (z. B. im Schlaf, v. a. morgens zwischen 4 und 6 Uhr)
- Acetylsalicylsäure
- Infekte
- kalte Luft

Klinik

Typisch für ein Asthma bronchiale sind:

- chronische Entzündung der Bronchialschleimhaut
- erhöhter Tonus der Bronchialmuskulatur und bronchiale Hyperreagibilität
- Einengung der Atemwege durch hochviskösen Schleim

Während eines Asthmaanfalls kann die Luft aufgrund des typischerweise verzögerten Exspiriums nicht vollständig abgeatmet werden (akutes Emphysem), und es entwickelt sich ein sog. Air-Trapping (eingeschlossene Luft; trap = Falle). Es wird auch von einem Auto-PEEP oder Intrinsic-PEEP gesprochen. (Beim beatmeten Patienten kann ein Auto-PEEP daran erkannt werden, dass der exspiratorische Flow bei Beginn der anschließenden Einatmung noch nicht auf Null abgefallen ist). Es sind exspiratorisches Pfeifen, Giemen, Brummen, Husten, Dyspnoe und abgeschwächte, oft auch sehr leise Atemgeräusche nachweisbar.

Beim **Status asthmaticus** ist die Atemarbeit derart erhöht, dass Hypoxie, Hyperkapnie, Tachykardie, Hypertension und Somnolenz auftreten können.

! Beim Status asthmaticus droht die respiratorische Erschöpfung und schließlich das Koma.

Zwischen den Anfällen ist die Lungenfunktion von Asthma-bronchiale-Patienten weitgehend normal. Während eines schweren Asthmaanfalls ist die FEV_1 meist unter 35 % der Norm erniedrigt (→ S. 341). Der Absolutwert der FEV_1 ist bei einer schweren Obstruktion < 1 Liter. Während bei einem leichten Asthmaanfall der p_aO_2 und p_aCO_2 meist im Normbereich liegen, kommt es während eines schweren Asthmaanfalls zum Abfall des p_aO_2 und zum Anstieg des p_aCO_2.
Die Patienten sitzen meist mit vorn übergebeugtem Oberkörper und stützen sich mit den Armen auf der Stuhllehne bzw. den Oberschenkeln ab. In dieser Haltung kann die Atemhilfsmuskulatur gut eingesetzt werden.

Prophylaxe und Therapie

Zur Prophylaxe und zur Therapie eines akuten Asthmaanfalls werden entzündungshemmende Medikamente (vorzugsweise glucocorticoidhaltige Aerosole), Bronchodilatatoren und evtl. sonstige Maßnahmen eingesetzt. Der therapeutische Stufenplan bei einem Asthma-bronchiale-Anfall ist in Tabelle 8-2 dargestellt.

Entzündungshemmende Medikamente

Im akuten Anfall können 50–100 mg Prednisolonäquivalent intravenös verabreicht werden. Glucocorticoide verstärken außerdem die Wirkung der oft gleichzeitig verabreichten $Beta_2$-Mimetika.

Bronchodilatatoren

Als Bronchodilatatoren kommen vor allem $Beta_2$-Rezeptor-Agonisten und evtl. Theophyllin zur Anwendung.

- $Beta_2$-Sympathomimetika:
  Die Inhalation eines selektiven $Beta_2$-Sympathomimetikums stellt inzwischen die Medikation der Wahl bei einem akuten Asthmaanfall dar. Auch zur Prävention eines belastungsabhängigen Asthma bronchiale sind $Beta_2$-Sympathomimetika sinnvoll. An $Beta_2$-Sympathomimetika kommen z. B. Terbutalin (Bricanyl®), Salbutamol (Sultanol®) und Fenoterol (Berotec®) per inhalationem

Tab. 8-2 Therapie eines akuten Asthmaanfalls beim Erwachsenen

- Sauerstoffzufuhr (2–4 l/min)
  - β_2-Sympathikomimetikum per inhalationem
  - z. B. 2–4 Hübe/20 min (z. B. Fenoterol; Berotec®)
  - (evtl. Terbutalin; Bricanyl®; ½ Amp. = 0,5 ml = 0,25 mg s. c.
  - (evtl. Reproterol; Bronchospasmin®; 1 Amp. = 1 ml = 90 µg langsam über 30–60 s i. v.)
- Glucocorticoide
  - z. B. 100 mg Prednisolon intravenös (Wiederholung in 4- bis 6-stündigem Abstand)
  - Erhaltungsdosis: ca. 0,4 mg/kg KG/h
- Theophyllin
  - 4–5 mg/kg KG sehr langsam intravenös (bei Vorbehandlung mit Theophyllin nur 2–2,5 mg/kg KG)
  - Erhaltungsdosis: ca. 0,5–1,0 mg/kg KG/h
- evtl. Intubation und Beatmung bei schwerem respiratorischem Versagen oder bei Bewusstlosigkeit
  (cave: Bei Beatmungsbeginn ist normalerweise zusätzlich eine Flüssigkeitszufuhr notwendig,
  da nach der Intubation ein deutlicher Blutdruckabfall droht.)

zur Anwendung. Reproterol (Bronchospasmin®) kann intravenös verabreicht werden. Die intravenöse Gabe von $Beta_2$-Sympathomimetika scheint jedoch keine Vorteile gegenüber der Inhalation aufzuweisen. Zur Therapie eines akuten Asthmaanfalls sollte ggf. wiederholt ein kurz wirkendes $Beta_2$-Sympathomimetikum (z. B. 4 Hübe) verabreicht werden.

- Theophyllin:
  Das Methylxanthinderivat Theophyllin stellt inzwischen kein Mittel der ersten Wahl mehr dar. Die bronchodilatatorische Wirkung von Theophyllin ist geringer als die der $Beta_2$-Sympathomimetika. Theophyllin (Bronchoparat®) wird evtl. zusätzlich zu einem $Beta_2$-Sympathomimetikum verabreicht. Theophyllin kann zu Herzrhythmusstörungen führen. Die therapeutische Breite ist relativ gering. Bei längerfristiger Gabe sollte die Plasmakonzentration bestimmt werden. Die therapeutische Plasmakonzentration wird mit ca. 8–13 µg/ml angegeben (die toxische Grenze liegt bei ca. 20 µg/ml).

Sonstige Maßnahmen

Bei einem therapierefraktären **Status asthmaticus** kann eine endotracheale Intubation notwendig werden. Eventuell kann die Gabe eines volatilen Inhalationsanästhetikums sinnvoll sein. Die verschiedenen volatilen Inhalationsanästhetika scheinen hierfür vergleichbar gut geeignet zu sein. Bei der maschinellen Beatmung ist ggf. eine mäßige Hypoventilation zu akzeptieren (vgl. permissive Hyperkapnie; → S. 447). Die Beatmung sollte mit niedrigem Atemhubvolumen, niedriger Atemfrequenz und längerer Exspirationszeit (→ S. 352, 447) durchgeführt werden. Der inspiratorische Beatmungsdruck soll möglichst nicht über 35 cm H_2O betragen. In schweren Fällen kann ggf. auch die vorsichtige, fraktionierte intravenöse Gabe von Adrenalin (0,01–0,04 mg) versucht werden.

8.3.2 Lungenödem

Vor allem bei älteren Patienten liegt oft eine kompensierte Herzinsuffizienz vor. Diese kann u. U. akut dekompensieren und zum **Lungenödem** führen.

Einteilung

Zur Beurteilung der eingeschränkten kardialen Leistungsfähigkeit (Herzinsuffizienz) wird zumeist die Klassifikation der **N**ew **Y**ork **H**eart **A**ssociation (= NYHA-Klassifikation) verwendet (Tab. 8-3).

Klinik

Eine Herzinsuffizienz kann vor allem den linken Herzventrikel (Linksherzinsuffizienz) oder vor allem den rechten Herzventrikel (Rechtsherzinsuffizienz) oder evtl. beide Ventrikel (biventrikuläre Herzinsuffizienz) betreffen (→ auch S. 453).

Tab. 8-3 NYHA-Klassifizierung. Einstufung der kardialen Leistungsfähigkeit (Herzinsuffizienz) nach der New York Heart Association (= NYHA). Die Stadien I und II werden als kompensierte (latente) Herzinsuffizienz und die Stadien III und IV werden als dekompensierte (manifeste) Herzinsuffizienz bezeichnet.

Stadium	Symptome
I	Herzerkrankung ohne Einschränkung der körperlichen Leistungsfähigkeit bei alltäglicher Belastung
II	Herzerkrankung mit leichter Einschränkung der körperlichen Leistungsfähigkeit bei alltäglicher Belastung
III	Herzerkrankung mit deutlich eingeschränkter körperlicher Belastbarkeit, auch bei geringer Belastung
IV	Herzerkrankung, bei der jede körperliche Belastung eingeschränkt ist; Zeichen der Herzinsuffizienz bereits in Ruhe

Eine **Linksherzinsuffizienz** führt zu schneller körperlicher Ermüdbarkeit, zu Schlaflosigkeit sowie (aufgrund eines interstitiellen Lungenödems mit verminderter Lungen-Compliance) zu Dyspnoe. Die Dyspnoe tritt zunächst nur bei Belastung auf. Die Frage, wie viele Treppen der Patient z. B. noch steigen kann, bevor eine Dyspnoe auftritt, ist zur Beurteilung des Schweregrades der Herzinsuffizienz sehr wichtig.
Häufig tritt auch eine nächtliche Dyspnoe auf, durch die die Patienten erwachen. Bei einer schweren Linksherzinsuffizienz kommt es bereits zu einer Dyspnoe, wenn sich die Patienten auf den Rücken legen, weil dadurch der venöse Rückstrom verstärkt ist. Typisch ist auch ein trockener, nicht produktiver Husten im Liegen. Beim Aufrichten bessern sich die Symptome. Die sitzende Haltung ist oft die einzige Position, in der die Patienten noch genügend Luft bekommen (Orthopnoe). Diese Patienten schlafen deshalb meistens halbsitzend. Die Patienten weisen eine erhöhte Atemfrequenz, feuchte Rasselgeräusche und evtl. eine Zyanose auf. Die Abgrenzung zu einem Asthma bronchiale kann sehr schwierig sein. Tritt eine Luftnot bei einem älteren Patienten erstmals auf, so spricht dies eher gegen ein Asthma bronchiale und für ein Lungenödem.
Das zuletzt auftretende Zeichen einer Linksherzinsuffizienz ist ein Lungenödem. Bei einer Linksherzinsuffizienz kommt es zuerst zu einer Flüssigkeitseinlagerung in das Lungeninterstitium (interstitielles Lungenödem) und im späteren Stadium zum Flüssigkeitsübertritt in die Alveolen (alveoläres Lungenödem). Es lassen sich hierbei feuchte Rasselgeräusche auskultieren, zuerst über den unteren Lungenbereichen, später über der ganzen Lunge. Der Patient ist tachypnoeisch, zyanotisch und aufgrund eines erhöhten Sympathikotonus liegt meist eine kompensatorische Tachykardie vor. Besteht eine Ruhetachykardie, dann sollte bei älteren Patienten stets an eine Herzinsuffizienz gedacht werden.
Bei einer **Rechtsherzinsuffizienz** steigt der (zentrale) Venendruck an, es fallen auch beim sitzenden Patienten prominente Venae jugulares externae auf. Während sich beim Herzgesunden der venöse Rückfluss in der aktiven Inspiration verbessert und die Venenfüllung abnimmt, führt bei einer Rechtsherzinsuffizienz jede Steigerung des venösen Rückstroms zu einer weiteren Füllung der Jugularvenen. Bei Rechtherzinsuffizienz treten also während der Inspiration die Halsvenen deutlicher hervor (sog. Kussmaul-Zeichen).
Typisch für eine Rechtsherzinsuffizienz sind auch stauungsbedingte Überdehnung der Leber mit Druckempfindlichkeit im rechten Oberbauch sowie eindrückbare Ödeme an abhängigen Körperteilen (beim stehenden Patienten an den Knöcheln und prätibial, beim liegenden Patienten am Os sacrum und in den Flanken).

Therapie

Wenn immer möglich, ist eine **kausale** Therapie der akuten Herzinsuffizienz durchzuführen (Tab. 8-4). Dies ist jedoch nur in einem geringen Prozentsatz der Fälle möglich.
Bei der zumeist vorliegenden akuten Dekompensation einer chronischen Linksherzinsuffizienz muss eine **symptomatische** Therapie vorgenommen werden (vgl. Tab. 8-5; → auch S. 445, 498).
Die Therapie der Linksherzinsuffizienz hängt davon ab, ob ein Vorwärtsversagen (mit erniedrigtem Herzminutenvolumen und evtl. mit Hypotonie) oder ob ein Rückwärtsversagen (mit Lungenstauung und Dyspnoe) vorliegt. Häufig handelt es sich allerdings um eine Kombination aus Vor- und Rückwärtsversagen.
Liegt vor allem ein **Rückwärtsversagen** vor, so ist eine **Vorlastsenkung** durch Schleifendiuretika (Furosemid, Torasemid), venöse Vasodilatatoren (z. B. Nitroglycerin; sublinguale Gabe) und Volumenrestriktion wichtig. Zur Vorlastsenkung können 40–80 mg Furosemid (Lasix®) bzw. 10 mg Torasemid (Torem®) intravenös verabreicht werden. Bei unzureichender Wirkung kann die Dosierung weiter erhöht werden. Zur Vorlastsenkung bietet sich auch Nitroglycerin als Dauerinfusion an, falls eine initiale sub-

Tab. 8-4 Kausale Therapie bei akuter Herzinsuffizienz

Ursache	Therapie
Akuter Myokardinfarkt	Rekanalisation der Koronararterien
Hypertensive Krise	Blutdrucksenkung
Tachykarde Rhythmusstörungen	Frequenzverlangsamung
Bradykarde Rhythmusstörungen	Schrittmachertherapie oder z. B. Atropingabe
Akute Herzklappen-insuffizienz	akuter operativer Herzklappenersatz
Perikardtamponade	Perikardpunktion

Tab. 8-5 Erstmaßnahmen im Rahmen der Notfallmedizin bei einem akuten Lungenödem (nähere Erläuterungen → Text)

- Sauerstoffgabe
- halbsitzende oder sitzende Lagerung
- „Nitro"-Spray (Glyceroltrinitrat), ggf. als Dauerinfusion
- Furosemid
- bei Kreislaufinsuffizienz Infusion von Catecholaminen (z.B. Dobutamin)
- vorsichtige, bedarfsadaptierte Sedierung, z.B. mit Morphin
- Bei einem schweren Lungenödem kann eine endotracheale Intubation mit Beatmung und Anwendung eines PEEP notwendig werden.

linguale Gabe von ca. 0,8 mg erfolglos blieb (→ S. 491). Bei einem linksventrikulären Rückwärtsversagen mit Lungenstauung ist die Gabe von Sauerstoff und Morphin wichtig. Unter Umständen kann auch eine maschinelle Beatmung (mit PEEP) notwendig werden. Indikationen zur Intubation und Beatmung sind:

- $S_aO_2 < 90\,\%$
- spontane Hyperventilation (> 30 Atemzüge/min)
- drohende körperliche Erschöpfung
- zunehmende Verwirrung
- arterielle Hypotonie (< 70 mm Hg)
- zunehmende Tachykardie bzw. Übergang in Bradykardie, schwere Arrhythmien oder Hyperkapnie ($p_aCO_2 > 50$ mm Hg)

Liegt vor allem ein Vorwärtsversagen mit erniedrigtem Herzminutenvolumen und erniedrigtem arteriellem Blutdruck vor, dann sind **Sympathikomimetika** zur Steigerung des Herzminutenvolumens und des Blutdrucks (erste Wahl Dobutamin [1–20 µg/kg KG/min]; zweite Wahl ggf. zusätzlich Noradrenalin) indiziert. Phosphodiesterasehemmer eignen sich zur Steigerung des Herzminutenvolumens und zur gleichzeitigen Senkung der Nachlast (z. B. Amrinon oder Enoximon).

Digitalispräparate haben bei der Therapie der akuten Herzinsuffizienz zur Steigerung der Inotropie keine Bedeutung. Sie sollten ggf. ausschließlich als Antiarrhythmikum eingesetzt werden. Tritt z. B. im Rahmen der akuten Herzinsuffizienz ein Vorhofflimmern mit schneller Überleitung auf, so kann durch eine schnelle Aufdigitalisierung die Herzfrequenz erniedrigt und die hämodynamische Situation deutlich verbessert werden. Hierfür bietet sich z. B. die Gabe von Digoxin (3–4 × 0,25 mg i. v. über 24 Stunden) an. Gegebenenfalls kann zusätzlich die Gabe von Verapamil oder Diltiazem sinnvoll sein, um die Herzfrequenz zu senken.

Liegt insbesondere ein **Vorwärtsversagen** mit erniedrigtem Herzminutenvolumen und hohem (!) peripherem Widerstand vor, dann sind **arterielle Vasodilatatoren zur Nachlastsenkung** (Calciumkanalblocker, z. B. 5 mg Nitrendipin sublingual oder 5–10 mg Nifedipin sublingual; im Extremfall Nitroprussidnatrium) indiziert.

8.3.3 Pneumothorax

✓ Unter Pneumothorax wird die Ansammlung von Luft oder Gas im Pleuraspalt verstanden. Je nach Ausmaß des Pneumothorax kommt es zu einem mehr oder weniger ausgeprägten Lungenkollaps. Ein ausgeprägter Pneumothorax kann lebensbedrohlich sein.

Einteilung

Nach der Pathophysiologie und dem Entstehungsmechanismus kann ein offener, ein geschlossener oder ein sog. Spannungspneumothorax entstehen. Der Pneumothorax kann aber auch nach der Ätiologie in einen traumatischen Pneumothorax (unfallsbedingt, iatrogen) oder Spontanpneumothorax (idiopathisch) unterteilt werden. Je nachdem, ob sich ein Pneumothorax lediglich im Bereich der Lungenspitze, ob sich ein Randsaum oder ob sich ein totaler Zusammenfall der Lunge nachweisen lässt, wird von einem Spitzen-, Mantel- oder einem Totalpneumothorax gesprochen.

Ätiologie und Pathophysiologie

Ein Pneumothorax stellt eine relativ seltene Ursache einer akuten Ateminsuffizienz dar. Im Pleuraspalt herrscht normalerweise ein negativer Druck, der während der Exspiration und Inspiration zwischen ca. –4 und ca. –10 cm H_2O schwankt. Normalerweise wird die Lunge durch den Negativdruck im Pleuraspalt an der Brustwand gehalten. Tritt Luft in den Pleuraspalt ein, dann zieht sich die elastische Lunge von der Brustwand zurück. Es entsteht ein Pneumothorax.

Beim **offenen Pneumothorax** besteht eine offene, sich nicht spontan sofort wieder verschließende Verletzung der Thoraxwand. Es kann beliebig Luft in den Pleuraspalt ein- und austreten, die betroffene Lunge kollabiert. Bei der spontanen Inspiration wird das Mediastinum durch die elastischen Rückstellkräfte der gesunden, sich entfaltenden Lunge zur gesunden Lungenseite hin gezogen. Bei der Ausatmung verschiebt sich das Mediastinum wieder zur verletzten Seite, es kommt zum atemsynchronen „Mediastinalflattern“ (vgl. Abb. 8-6). Die dadurch verursachten hämodynamischen Probleme sind allerdings deutlich geringer als oft angenommen. Typisch ist auch eine Pendelluft, das heißt ein Teil des Exspirationsvolumens aus der gesunden Lunge strömt entsprechend des geringsten Widerstandes nicht über die Trachea in die Umgebung, sondern in die kollabierte andere Lungenhälfte. Bei der Inspiration wird dieses Luftvolumen wieder aus der kollabierten Lunge in die gesunde Lunge gesaugt.

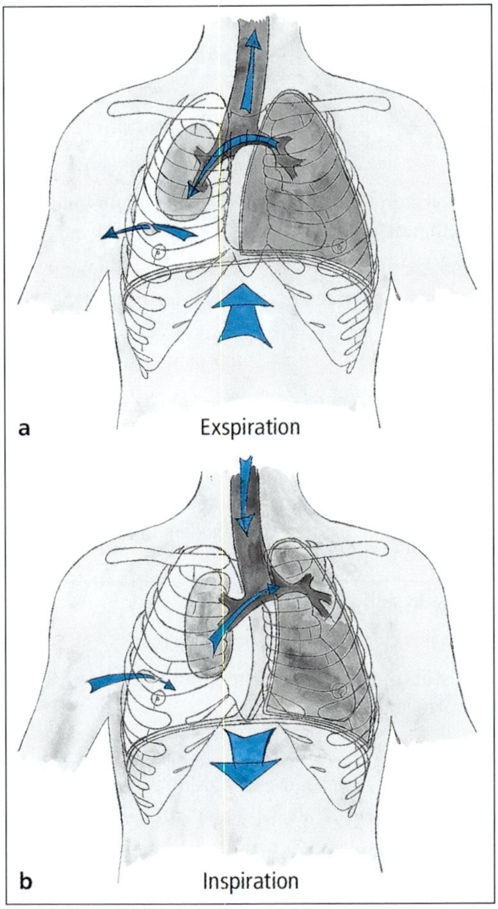

Abb. 8-6 Offener Pneumothorax. **a** Offener Pneumothorax bei Exspiration. **b** Offener Pneumothorax bei Inspiration. Es treten Mediastinalflattern und Pendelluft auf (nähere Erläuterungen → Text).

Ein **geschlossener Pneumothorax** kann dadurch entstehen, dass Luft durch eine Verletzung der Thoraxwand oder eine Verletzung der Lunge (z. B. bei einem Spontanpneumothorax) in den Pleuraspalt eintritt. Dadurch kollabiert die entsprechende Lunge. Nachdem die Lunge mehr oder weniger kollabiert ist, verschließt sich das Leck in der Thoraxwand bzw. der Lunge wieder spontan. Es tritt keine weitere Luft in den Pleuraspalt ein, der Pneumothorax nimmt nicht weiter zu. Ein solcher Pneumothorax kann traumatisch oder spontan auftreten. Häufiger ist ein solcher Pneumothorax auch iatrogen bedingt (z. B. durch Punktionsverletzungen bei der Anlage eines Kavakatheters).

Ein **Spannungspneumothorax (Ventilpneumothorax)** entsteht, wenn während jeder Inspiration etwas Luft in den Pleuraspalt eintritt, die Luft in der Exspiration aber nicht wieder entweichen kann, wenn also ein Ventilmechanismus vorliegt. Ein Spannungspneumothorax kann sowohl spontan, iatrogen (z. B. punktionsbedingt), als Barotrauma bei einer maschinellen Beatmung oder auch nach einer Verletzung auftreten. Aufgrund des Ventilmechanismus nehmen das eingeschlossene Luftvolumen und der intrapleurale Druck von Atemhub zu Atemhub zu.

Klinik

Typisch für einen **Totalpneumothorax** sind insuffiziente Atmung, erhöhte Atemarbeit, Schmerzen, hypersonorer Klopfschall und aufgehobenes oder zumindest abgeschwächtes Atemgeräusch auf der betroffenen Seite, fehlender Stimmfremitus und oft auch Atemnot.

Beim **Spannungspneumothorax** kommt es zum Totalkollaps der Lunge, zum Verdrängen des Mediastinums zur Gegenseite mit Kompression auch der gesunden Lunge, zu Hypoxämie, zum Tiefertreten des gleichseitigen Zwerchfelles, zur Kompression der Vena cava mit Einflussstauung, zur Verlagerung des Herzens, zu Rhythmusstörungen, zu Blutdruckabfall und Tachykardie. Häufig tritt auch ein Hautemphysem auf. Es entwickelt sich schnell eine lebensbedrohliche Situation.

Therapie

Ein **offener Pneumothorax** könnte beim spontan atmenden Patienten durch entsprechendes Abdichten des Thoraxlecks in einen geschlossenen Pneumothorax übergeführt werden, um Mediastinalflattern und Pendelluft zu verhindern. Falls jedoch zusätzlich eine Verletzung der Lunge vorliegen sollte, dann könnte sich nun ein Spannungspneumothorax (→ oben) mit zunehmender Kreislaufproblematik und zunehmendem Sättigungsabfall entwickeln. Es müsste dann sofort die Abdichtung der Wunde wieder entfernt werden. Besser als eine Abdichtung der klaffenden Thoraxwunde ist daher die sofortige Intubation und maschinelle Beatmung des Patienten. Hierbei ist die Thoraxwunde offen zu lassen, damit – wenn sich die Lunge unter Beatmung nun wieder entfaltet – die im Pleuraspalt befindliche Luft nach außen entweichen kann. Auch falls eine zusätzliche Lungenverletzung vorliegen sollte, kann nun die bei der Überdruckbeatmung aus der Lunge entweichende Luft durch die Thoraxverletzung nach außen entweichen und es besteht keine Gefahr eines Spannungspneumothorax (→ oben). Hat sich allerdings die Thoraxwunde wieder spontan verschlossen, dann ist zusätzlich die Anlage einer Thoraxdrainage (→ S. 436) notwendig, damit sich kein Spannungspneumothorax entwickeln kann.

Bei Verdacht auf einen **Spannungspneumothorax** ist eine notfallmäßige Entlastungspunktion notwendig. Hierzu wird im zweiten Interkostalraum (= ICR) in der Medioklavikularlinie mit einer intravenösen Verweilkanüle auf den Oberrand der entsprechenden Rippe punktiert. Nach Knochenkontakt wird das Ende der Kanüle kaudalwärts gesenkt und die Kanüle dann am Oberrand der Rippe leicht nach kranial vorgeschoben. Eine Punktion am Unterrand einer Rippe ist zu vermeiden, da hier die Arteria und die Vena sowie der Nervus intercostalis verlaufen. Nach erfolgreicher Punktion wird der Stahlmandrin der Kanüle entfernt. Beim spontan atmenden Patienten ist, falls nach der Entlastungspunktion nicht umgehend eine Thoraxdrainage (→ S. 506) angelegt wird, auf die Kanüle ein Fingerling oder ein abgeschnittener Finger eines Latexhandschuhs aufzubringen und festzubinden. Der Fingerling muss an der Spitze etwas eingeschnitten werden, damit Luft

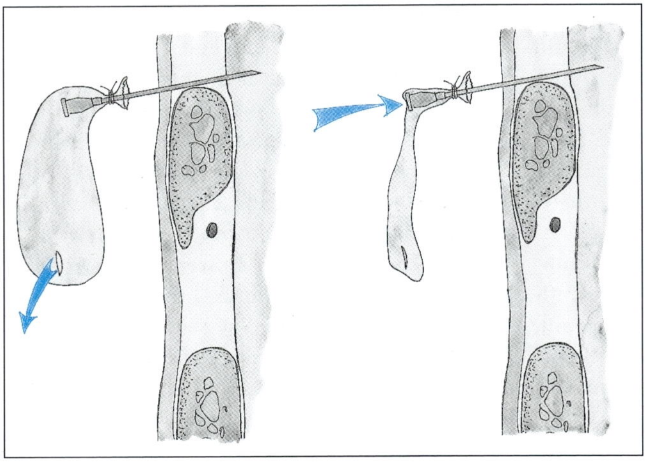

Abb. 8-7 Entlastungspunktion bei Spannungspneumothorax. Beim spontan atmenden Patienten kann z. B. mittels eines eingeschnittenen Fingerlings, der auf der Verweilkanüle festzubinden ist, ein Ventilmechanismus erzeugt werden, der den Eintritt von Luft verhindert, den Austritt von Luft aber ermöglicht.

wieder entweichen kann. Dass während der Inspiration Luft eindringt, wird dadurch verhindert, dass sich der nach unten fallende Fingerling vor die Kanülenöffnung legt (Abb. 8-7). Bei beatmeten Patienten braucht nicht sofort ein solcher Ventilmechanismus angeschlossen werden, da durch die Überdruckbeatmung ein Kollaps der Lunge verhindert wird. Die Kanüle kann (bis zum Anlegen einer Thoraxdrainage; → unten) vorübergehend offen bleiben.

Nach der notfallmäßigen Entlastungspunktion eines Spannungspneumothorax ist eine **Thoraxdrainage** anzulegen. In weniger dramatischen Fällen wird auf eine initiale Entlastungspunktion verzichtet und primär eine Thoraxdrainage angelegt. Eine Thoraxdrainage wird meist beim liegenden oder besser beim halbsitzenden Patienten im vierten oder fünften ICR in der mittleren oder hinteren Axillarlinie angelegt (= sog. Bülau-Drainage). Soll Luft abgelassen werden, dann sollte (beim liegenden Patienten) die Bülau-Drainage nach ventral vorgeschoben werden. Muss dagegen vor allem Flüssigkeit, z. B. ein Hämatothorax oder ein Erguss abgelassen werden, dann sollte die Drainage nach dorsal vorgeschoben werden. (Wird die Thoraxdrainage ausnahmsweise im zweiten oder dritten ICR in der Medioklavikularlinie gelegt, dann wird von Monaldi-Drainage gesprochen.)

Empfehlenswert ist es, zur Anlage einer Thoraxdrainage eine **Minithorakotomie** durchzuführen, das heißt eine ca. 3–4 cm lange Inzision am Oberrand der entsprechenden Rippe vorzunehmen, den Kanal mit der Schere zu spreizen und zu erweitern und mit dem Finger vollends den Kanal bis in den Pleuraspalt zu eröffnen. Die Thoraxdrainage kann nun unter digitaler Führung ohne Metallmandrin bis in die Pleurahöhle eingeführt werden. Anschließend muss die Minithorakotomie mit mehreren Hautnähten wieder verschlossen werden. (Wird dagegen die Thoraxdrainage mit dem Metallmandrin durch den Interkostalraum vorgestochen, dann kommt es oft zu einem plötzlichen Widerstandsverlust, wenn die Thoraxwand durchstochen ist und es droht dann ein unkontrolliert weites Vorstechen, evtl. mit Verletzung der Lunge, selten auch von Zwerchfell, Milz oder Leber).

An eine Thoraxdrainage ist idealerweise eine Saugvorrichtung mit Wasserschloss (vgl. Abb. 7-15c) oder ein Einwegsystem wie das Pleurevac®-System (Abb. 7-15d) anzuschließen. Ein Thoraxdrainagesystem besteht aus einem Auffanggefäß, einer Saugregulierung und einer Vakuumpumpe. Die Eintauchtiefe des Steigrohrs entspricht dem negativen Druck (Sog) in cm H_2O. Normalerweise wird ein Sog von –5 bis –20 cm H_2O (5–20 cm Eintauchtiefe des Steigrohrs) eingestellt.

Wird ein Patient mit liegender Thoraxdrainage maschinell beatmet, dann kann die Thoraxdrainage auch vorübergehend offen bleiben und nur steril abgedeckt werden. Auf keinen Fall darf die Thoraxdrainage beim beatmeten Patienten abgeklemmt werden. Während des Transports eines beatmeten Patienten mit Thoraxdrainage sollte diese möglichst über das Wasserschloss abgeleitet werden. Auf einen Sog kann verzichtet werden. Beim spontan atmenden Patienten sollte die Thoraxdrainage ebenfalls über ein Wasserschloss, idealerweise mit zusätzlicher Saugvorrichtung, abgeleitet werden. Behelfsweise kann die Thoraxdrainage auch über einen „Fingerling" (→ S. 505) verschlossen werden. Inzwischen stehen auch vergleichbar funktionierende Fertigventile (sog. Heimlich-Ventil) zur Verfügung, die auf die Thoraxdrainage aufgesetzt werden können. Auf keinen Fall darf die Thoraxdrainage beim spontan atmenden Patienten offen bleiben.

Ist ein spontan atmender Patient asymptomatisch und sind weniger als ca. 20 % der Lunge kollabiert, dann kann normalerweise eine spontane Resorption des Pneumothorax abgewartet werden. Sind dagegen größere Teile der Lunge kollabiert, dann muss eine Thoraxdrainage (→ S. 506) angelegt werden.

Ein Spontanpneumothorax tritt zumeist bei jüngeren Männern durch Ruptur einer meist subpleural gelegenen Emphysemblase (vor allem im Bereich der Lungenspitze) auf. Falls hierbei nur ein Mantelpneumothorax vorliegt, braucht normalerweise keine Thoraxdrainage gelegt werden.

8.4 Leitsymptom: plötzliche Bewusstseinstrübung

✓ Unter plötzlicher Bewusstlosigkeit wird ein plötzliches Ausschalten des Bewusstseins verstanden. Ist das Bewusstsein nicht komplett ausgeschaltet, dann wird von Bewusstseinstrübung gesprochen.

Einteilung

Bei einer Bewusstseinstrübung wird oft noch unterschieden zwischen wach, somnolent, soporös oder komatös (Definitionen; → S. 317). Der Bewusstseinsgrad sollte jedoch möglichst mit der Glasgow Coma Scale eingestuft werden (→ S. 407). Durch lautes Ansprechen, durch Rütteln des Patienten und ggf. durch Prüfung der Reaktion auf Schmerzreize (z. B. auf Kneifen oder kräftiges Reiben mit den Fingerknöcheln auf dem Brustbein) kann der Bewusstseinsgrad innerhalb kürzester Zeit grob abgeschätzt werden.

Ätiologie

Als Ursachen für eine Bewusstlosigkeit kommen insbesondere infrage:

- äußere Gewalteinwirkung auf den Schädel (vgl. Schädel-Hirn-Trauma; → S. 269, 466)
- Subarachnoidalblutung, hypertensive Hirnblutung, zerebrale Minderperfusion
- Infektionen
- Medikamente oder Toxine
- Wärme oder Kälte
- Hypoxie
- hypoglykämisches oder hyperglykämisches Koma
- zerebraler Krampfanfall
- Fieberkrampf

Klinik und Therapie

Äußere Gewalteinwirkung

Nach einer Gewalteinwirkung auf den Schädel müssen nicht unbedingt äußere Verletzungen erkennbar sein. Bei einem vermuteten Schädel-Hirn-Trauma ist von einem Hirnödem und einem intrakraniellen Hämatom sowie einem erhöhten intrakraniellen Druck auszugehen. Die Therapie einer Schädel-Hirn-Verletzung und insbesondere die Therapie eines erhöhten intrakraniellen Drucks werden auf den Seiten 467 und 269 ausführlich beschrieben.

Wichtig sind vor allem:

- Hochlagerung des Oberkörpers (→ S. 269)
- kontrollierte Hyperventilation (→ S. 272)
- medikamentöse Senkung eines erhöhten intrakraniellen Drucks (→ S. 268), z. B. mittels tiefer Analgosedierung, Gabe eines Osmodiuretikums
- Kreislaufstabilisierung
- Sicherstellung eines zerebralen Perfusionsdrucks von > 70 mm Hg

Bei einem Schädel-Hirn-Trauma sind meist eine endotracheale Intubation und kontrollierte Beatmung notwendig. Um einen erhöhten intrakraniellen Druck akut zu senken, kann – bevor eine evtl. notwendige operative Entlastung durchgeführt werden kann – z. B. die Gabe eines Osmodiuretikums (Mannit 20 %; 0,3–1,5 g/kg KG über 15 Minuten) verabreicht werden. Nach Einlieferung ins Krankenhaus ist eine notfallmäßige cCT-Untersuchung durchzuführen.
Zur Beurteilung der neurologischen Situation ist eine wiederholte Beurteilung der Pupillomotorik (→ S. 407) wichtig. Bei einer einseitig weiten Pupille ist von einer starken Erhöhung des ICP auszugehen und es sind sofortige ICP-senkende Maßnahmen notwendig (→ oben).

Subarachnoidalblutung, hypertensive Hirnblutung, zerebrale Minderdurchblutung

Bei nicht traumatischen Hirnschädigungen liegt häufig eine intrakranielle Blutung oder eine zerebrale Ischämie (apoplektischer Insult) vor. Die Folge sind kontralaterale Lähmungserscheinungen. Bei jungen Erwachsenen ist eine intrazerebrale Blutung meist Folge einer Blutung aus einem zerebralen Aneurysma mit Blutung in den Subarachnoidalraum (Subarachnoidalblutung; → S. 468). Bei älteren Patienten sind spontane Hirnblutungen dagegen meist Folge einer hypertensiven Blutdruckentgleisung (→ S. 519) bei vorbestehenden arteriosklerotischen Hirngefäßen. Hypertensive Hirnblutungen werden begünstigt durch die Einnahme der gerinnungshemmenden Substanz Marcumar®.
Kardiovaskuläre Ursache einer Bewusstseinstrübung kann auch eine hypotone Kreislaufregulationsstörung mit zerebraler Minderdurchblutung, z. B. beim plötzlichen Aufstehen (sog. orthostatische Synkope) sein. Initial treten hierbei meist Hypotonus, Schweißausbruch und Bradykardie auf. Der Patient sinkt meist langsam zu Boden. In liegender Position kommt es normalerweise bald wieder zur Spontanerholung. Selten ist eine intravasale Volumengabe notwendig. Häufig werden z. B. Effortil®-Tropfen verabreicht.
Eine weitere Ursache für eine kardiovaskulär bedingte zerebrale Minderdurchblutung mit Bewusstseinstrübung können schwerwiegende Herzrhythmusstörungen mit drastischem Abfall des Herzzeitvolumens und zerebraler Minderperfusion sein (z. B. bei plötzlicher extremer Bradykardie aufgrund eines neu auftretenden AV-Blockes). Es wird von einem Adams-Stokes-Anfall gesprochen. Bei Auftreten eines Adams-Stokes-Anfalls kann initial die Gabe von Atropin, Orciprenalin oder Adrenalin notwendig werden, um die extreme Bradykardie zu beheben.
Auch eine hypertensive Krise kann zu einer Bewusstseinstrübung führen (→ S. 519). Weitere Ursachen einer kardiovaskulär bedingten Bewusstseinstrübung können das plötzliche Auftreten von Kammerflimmern oder -flattern sein. Diese machen eine umgehende kardiopulmonale Wiederbelebung notwendig (→ S. 526).

Infektionen

Infektiöse Erkrankungen können bereits aufgrund eines evtl. auftretenden hohen Fiebers und eines dadurch bedingten intravasalen Volumenmangels zu einer Bewusstseinstrübung führen. Wichtige Ursachen einer infektiös bedingten Bewusstlosigkeit sind eine Meningitis und eine Enzephalitis. Die Meningitis äußert sich in Kopfschmerzen, Nackensteifigkeit sowie überstrecktem Hals und Rücken (Opisthotonus). Bei einer Enzephalitis imponieren Übelkeit, Erbrechen, neurologische Ausfälle oder evtl. ein Koma. Führt eine hochfieberhafte Infektionskrankheit zu einem intravasalen Volumenmangel mit Bewusstseinstrübung, so besteht die Initialtherapie vor allem in einem entsprechenden Volumenersatz. Bei deutlich bewusstseinsgetrübten Patienten kann eine endotracheale Intubation zur Sicherung der Atemwege notwendig werden. Eine evtl. notwendige Antibiotikatherapie kann normalerweise erst nach Transport des Patienten in die Klinik begonnen werden.

Medikamente oder Toxine

Eine Bewusstseinstrübung aufgrund einer Vergiftung kann durch verschiedenste Medikamente oder Toxine bedingt sein. Intoxikationen mit Bewusstseinstrübungen werden ausführlich im Kapitel über das Leitsymptom „Vergiftungen“ beschrieben.

Wärme oder Kälte

Von einem **Sonnenstich** wird gesprochen, wenn es durch intensive Sonneneinwirkung auf den ungeschützten Kopf zu Schwindel, Übelkeit und Erbrechen, Kopfschmerzen, Rötung des Kopfes und evtl. auch zu Bewusstlosigkeit und zerebralen Krämpfen kommt. Die Körpertemperatur kann normal sein. Im Extremfall kann der Patient an einem Hirnödem versterben. Bei Vorliegen eines Sonnenstichs soll insbesondere der Kopf des Patienten gekühlt werden.

Von einem **Hitzschlag** wird gesprochen, wenn es zu einer Überwärmung des gesamten Körpers kommt. Mögliche Ursachen sind Störungen der zentralen Temperaturregulation oder die Behinderung der Schweißproduktion. Durch Anstieg der zentralen Körpertemperatur auf ca. 42 °C können Bewusstseinstrübungen, zerebrale Krämpfe, Herzinsuffizienz oder Hirnödem auftreten. Ein Hitzschlag kann zum Tod führen. Therapeutisch kommt eine Kühlung des Patienten infrage. Gegebenenfalls ist der Patient in kaltes Wasser zu setzen. Eventuell ist eine Sedierung mit Benzodiazepinen notwendig.

Eine **Unterkühlung** tritt insbesondere bei Schiffbrüchigen sowie bei Unfallopfern auf, die längere Zeit bei kalter Umgebungstemperatur am Unfallort liegen. Besonders gefährdet für eine Unterkühlung sind Säuglinge, Kleinkinder und Greise. Auch im Rahmen von Vergiftungen oder auch bei einer Schilddrüsenunterfunktion tritt häufiger eine Unterkühlung auf. Bei unterkühlten Patienten liegt meist eine Bradykardie vor, ein niedriger Blutdruck, evtl. Lähmungserscheinungen und ein Nierenversagen. Eine Erniedrigung der zentralen Körpertemperatur bis auf 33 °C wird meist komplikationslos überstanden. Fällt die Körpertemperatur unter ca. 33 °C rektal ab, muss mit Bewusstseinstrübungen gerechnet werden. Ab einer Körpertemperatur von unter 30 °C rektal ist mit Herzrhythmusstörungen, Kammerflimmern und Bewusstlosigkeit zu rechnen. Eine rektale Temperatur unter 28 °C endet meist tödlich. Bei deutlich unterkühlten Patienten kann eine endotracheale Intubation und Beatmung bis zur Wiedererwärmung notwendig sein.

Hypoxie

Eine vorübergehende ausgeprägte Hypoxie (hypoxisches Beatmungsgemisch, ausgeprägte Hypoventilation) kann zu Bewusstlosigkeit führen.

Hypoglykämisches oder hyperglykämisches Koma

Ein **hypoglykämisches Koma** kann bei Patienten, die insulinpflichtig sind bzw. orale Antidiabetika einnehmen, relativ schnell auftreten. Die häufigste Ursache ist darin zu sehen, dass nach der üblichen Medikation (z. B. Insulininjektion oder Einnahme eines oralen Antidiabetikums) keine entsprechende Mahlzeit eingenommen wird. Anzeichen einer beginnenden Hypoglykämie sind häufig Kaltschweißigkeit, Heißhunger, Übelkeit. Relativ bald tritt eine Bewusstlosigkeit auf. Durch eine massive Hypoglykämie können beim Bewusstlosen zerebrale Schädigungen auftreten. Im Rahmen der Notfallmedizin muss bei jeder ungeklärten Bewusstlosigkeit eine Blutzuckerbestimmung durchgeführt werden. Bereits wenige Minuten nach intravenöser Gabe von Glucoselösungen (40–100 ml ca. 40%ige Glucose) werden die Patienten wieder wach. Falls der Patient noch nicht bewusstlos ist, sollten ca. 20–30 Gramm Zucker oral verabreicht werden. Da nach der erfolgreichen Initialtherapie evtl. eine erneute schwere Hypoglykämie auftreten kann, sind die Patienten vorübergehend stationär aufzunehmen.

Insulin führt vor allem zu einer Aufnahme von Glucose in die Zellen. Außerdem hemmt es die Lipolyse. Ein Mangel an Insulin führt zur ungenügenden Aufnahme von Glucose in die Zellen mit Hyperglykämie und zu einer vermehrten Lipolyse mit starkem Anfall von Ketonsäuren. Die Blutzuckerkonzentration steigt über die sog. Nierenschwelle (ca. 200 mg/dl) an. Es kommt zu einer Glucosurie mit gleichzeitiger osmotischer Diurese. Es kann ein **nicht ketoacidotisches**, **hyperosmolares**, **hyperglykämisches Koma** auftreten. Ursache ist ein Insulinmangel (z.B. mangelnde Insulinzufuhr bei insulinpflichtigem Diabetes mellitus, **i**nsulin **d**ependant **d**iabetes **m**ellitus = IDDM; Typ-1-Diabetes) z.B. aufgrund schlechter Therapiedisziplin oder einer akuten Insulinresistenz (z.B. bei akuter Infektion, Grippe). Die Symptomatik setzt relativ langsam ein. Es kommt zu starker Hyperglykämie (>600 mg/dl), Dehydratation, zu hoher Plasmaosmolarität (>350 mOsmol/l) und Wesensveränderungen. Die Atmung des Patienten ist unauffällig. Es liegt keine Ketoacidose (→ unten) vor, da noch genügend Insulin vorhanden ist, um eine stärkere Lipolyse mit vermehrter Bildung von Ketonkörpern zu vermeiden. Die Letalität beträgt bis zu 80 %.

Bei Patienten mit Typ-1-Diabetes kann durch einen Insulinmangel auch ein **ketoacidotisches Koma** auftreten. Dies ist dadurch bedingt, dass es aufgrund eines ausgeprägten Insulinmangels nicht nur zu einer Hyperglykämie (→ oben), sondern auch zu einer vermehrten Lipolyse und dadurch zum vermehrten Anfall von Ketonkörpern kommt. Die Ketonkörper verursachen eine metabolische Acidose (Ketoacidose). Ein ketoacidotisches Koma tritt deutlich schneller auf als ein hyperosmolares Koma. Die Patienten versuchen, die metabolische Acidose respiratorisch durch eine entsprechende Hyperventilation (Kussmaulatmung) zu kompensieren. Die Letalität eines ketoacidotischen Komas beträgt ca. 10 %.

> ! Im Rahmen der Notfallmedizin muss bei jeder ungeklärten Bewusstlosigkeit eine Blutzuckerbestimmung durchgeführt werden.

Die Initialtherapie des diabetischen Komas besteht in der großzügigen intravasalen Volumensubstitution. Die Gabe von Insulin und von Natriumbicarbonat (= Natriumhydrogencarbonat) zum evtl. Ausgleich einer metabolischen Acidose (falls der pH-Wert <7,1–7,2 beträgt) sollte normalerweise erst nach Transport des Patienten in die Klinik durchgeführt werden. Nach der Volumenzufuhr sind ca. 0,2 IE/kg KG Altinsulin zu verabreichen. Anschließend ist eine Insulinzufuhr (aktuelle Blutzuckerkonzentration : 100 = IE/h) notwendig, bis die Blutzuckerkonzentration auf ca. 250 mg % abgefallen ist. Die Blutzuckerkonzentration sollte maximal 50 mg %/h abfallen. Da mit Glucose auch Kalium in die Zellen aufgenommen wird, sollten zusätzlich ca. 40 mmol Kaliumchlorid pro Stunde per infusionem verabreicht werden. Fällt die Blutzuckerkonzentration unter 250 mg %, sollte Glucose 5 % verabreicht werden.

Zerebraler Krampfanfall

Bei einem generalisierten zerebralen Krampfanfall tritt zuerst eine tonische Phase von ca. 30 Sekunden Dauer auf. Der Patient stürzt. Die

Pupillen sind weit und lichtstarr, der Patient ist tachykard und es tritt ein Atemstillstand auf. Die Muskulatur ist zuerst fest angespannt (tonisch). Danach folgt eine meist 0,5–2 Minuten dauernde klonische Phase. Sie ist durch rhythmische Zuckungen der Muskulatur gekennzeichnet. Es schließt sich eine Muskelerschlaffung und Bewusstseinstrübung (sog. postiktale Bewusstseinstrübung) über 30 Minuten bis mehrere Stunden an. Kommt es vor Wiedererlangen des Bewusstseins zu erneuten generalisierten zerebralen Krämpfen, so wird von einem **Status epilepticus** gesprochen. Häufig wird bei diesen Patienten ein Zungenbiss beschrieben.
Ein zerebraler Krampfanfall kann im Rahmen einer genuinen (ohne erklärbare Ursache auftretenden) Epilepsie, im Rahmen eines zerebralen Tumors, einer Eklampsie (→ S. 257), einer Entzugssymptomatik (z. B. akuter Alkoholentzug) oder im Rahmen von Vergiftungen (→ unten) auftreten.
Ein zerebraler Krampfanfall kann durch Gabe eines Benzodiazepins (z. B. 10–20 mg Diazepam i. v.) oder eines Barbiturates (z. B. 100–200 mg Thiopental) durchbrochen werden. Bei Therapieresistenz kann zusätzlich Phenytoin verabreicht werden. Bei therapieresistentem Status epilepticus muss der Patient ggf. relaxiert, intubiert und beatmet werden.

Fieberkrampf

Bei Kindern können im Rahmen fieberhafter Infekte sog. Fieberkrämpfe auftreten. Bis der Notarzt eintrifft, ist der Fieberkrampf zumeist schon beendet. Durch Gabe von Diazepamrektiolen (Diazepam Desitin® rectal tube; Kinder mit 10–15 kg KG 5 mg; über 15 kg KG 10 mg) zur Erhöhung der Krampfschwelle, durch Applikation von Paracetamolsuppositorien zur Fiebersenkung und durch physikalische Kühlung können Fieberkrämpfe meist gut beherrscht bzw. es kann einem erneuten Fieberkrampf effektiv vorgebeugt werden.

Komplikationen

Bei einer plötzlichen Bewusstlosigkeit liegt meist eine akute Lebensbedrohung vor. Es besteht zusätzlich die Gefahr, dass es noch zu einer Verlegung der Atemwege durch die zurückfallende Zunge oder dass es aufgrund der eingeschränkten Schutzreflexe noch zu einer Aspiration (von evtl. erbrochenem Mageninhalt) kommt.
Bei längerfristiger Bewusstlosigkeit (z. B. Schlafmittelintoxikation) kann es bei ungünstiger Lage des Patienten beispielsweise auch zu schweren, druckbedingten Gewebenekrosen kommen.

8.5 Leitsymptom: Vergiftung

✓ Eine Vergiftung (Intoxikation) stellt einen pathophysiologischen Zustand dar, der durch Aufnahme oder Einbringung eines Giftes (Toxins) in den Körper bedingt ist. Eine Vergiftung mit mehreren Stoffen wird als Mischintoxikation bezeichnet.

Ätiologie

Die Aufnahme eines (den Organismus schädigenden) Giftes kann
- über den Gastrointestinaltrakt,
- durch Inhalation,
- durch Haut- oder Schleimhautkontakt oder
- durch Injektion, Biss oder Stich

erfolgen.
Eine Giftaufnahme kann
- versehentlich,
- in suizidaler Absicht,
- in krimineller Absicht oder
- iatrogen

erfolgen.

Eine Vergiftung durch orale Aufnahme der Substanz kommt bei Erwachsenen meist im Rahmen eines Selbstmordversuchs vor. Die Inhala-

tion von Giften ist meist versehentlich (akzidentell). Auch Vergiftungen bei Kindern (Trinken von Haushaltsreinigern, Geschirrspülmitteln) ist in der Regel akzidentell.
Eine Vergiftung ist durch zahlreiche Substanzen möglich:

- Medikamente:
  z. B. Schlaf- oder Beruhigungsmittel, Digitalis, Antidepressiva
- Gase:
  z. B. Kohlendioxid, Kohlenmonoxid, Lösungsmitteldämpfe
- Genussmittel:
  z. B. Alkohol, Rauschgifte
- gewerbliche Gifte:
  z. B. Säuren, Laugen, Lösungsmittel, Reinigungsmittel
- tierische Gifte:
  z. B. Schlangengift
- pflanzliche Gifte:
  z. B. Pilze, Herbstzeitlose, Fingerhut, Maiglöckchen
- Gifte, die in krimineller Absicht eingesetzt werden:
  z. B. Arsen, Quecksilber, Zyanide, Atemgase (militärische Kampfgase)

Klinik

Ein ansonsten unerklärliches Auftreten von Bewusstseinstrübung, Bewusstlosigkeit, Übelkeit, Erbrechen, Störungen von Atmung und Kreislauf können auf eine Vergiftung hindeuten. Hinweisend können z. B. leere Tablettenschachteln, Flaschen mit alkoholischen Getränken, Utensilien für die Injektion von Drogen sein, die bei dem Patienten gefunden werden. Auch der Aufenthalt in der Nähe eines Schwelbrandes oder in der Nähe von einem Feuer, in dem Kunststoffe verbrennen, können Hinweise auf eine Intoxikation sein.
Häufig liegen Mischvergiftungen vor (z. B. eine Überdosis an Tabletten plus Alkohol oder eine Rauch-Gas-Vergiftung plus Einnahme von Tabletten und/oder Alkohol).

Maßnahmen bei Verdacht

Bei Verdacht auf eine Vergiftung ist stets an den Selbstschutz der Retter zu denken. Bei Kontaktgiften (z. B. Organophosphaten) sind Handschuhe zu tragen und eine Mund-zu-Mund-Beatmung ist zu vermeiden. Bei Verdacht auf Giftgas sind entsprechende Gasmasken zu tragen und der Patient ist zügig aus dem Gefahrenbereich zu entfernen. Bei Verdacht auf eine Gasvergiftung ist stets auch an eine Explosionsgefahr zu denken.
Bei Verdacht auf eine Intoxikation sollte – sofern möglich – nicht nur der Patient, sondern es sollten auch evtl. Begleitpersonen genau befragt werden. Die vermutete Substanz bzw. die infrage kommenden Gifte müssen sichergestellt (asserviert) werden. Sind die Auswirkungen und auch die Therapiemöglichkeiten eines bestimmten Giftes nicht eindeutig bekannt, so ist umgehend eine der zahlreichen Informationszentralen für Vergiftungsunfälle anzurufen. In verschiedenen Krankenhäusern wurden offizielle Informationszentren für Vergiftungsfälle eingerichtet. In Tabelle 8-6 sind exemplarisch 2 Krankenhäuser angegeben (Listen der Adressen sind z. B. in der „Roten Liste" zu finden). Diese Zentren geben Tag und Nacht telefonisch Auskunft. Ihnen liegt eine offiziell zusammengestellte Informationskartei über toxische Stoffe vor, die in Haushalts-, Pflanzenschutz- und Schädlingsbekämpfungsmitteln enthalten sind.

Therapie

! Therapieziel bei einer Vergiftung ist es, die Resorption von weiterem Gift zu vermindern, die Ausscheidung des bereits aufgenommenen Giftes zu beschleunigen und ggf. das aufgenommene Gift zu antagonisieren.

Eine frühzeitige Giftentfernung ist normalerweise anzustreben, ggf. ist sie bereits am Einsatzort, aber spätestens kurz nach Eintreffen in der Klinik durchzuführen.

Tab. 8-6 Zwei exemplarische Adressen von Informationszentren für Vergiftungsfälle in Deutschland

14050 Berlin	81675 München
Beratungsstelle für Vergiftungserscheinungen	Giftnotruf München
und Embryonaltoxikologie	Toxikologische Abteilung
Haus 10B	II. Medizinische Klinik der Technischen Universität
Spandauer Damm 130	Ismaninger Straße 22
Tel.: 030/19240	Tel.: 089/19240
Telefax: 030/30686-721	Telefax: 089/4140-2467
E-Mail: berlintox@giftnotruf.de	E-Mail: tox@lrz.tum.de

Von **primärer Giftelimination** wird gesprochen, wenn das Gift entfernt wird, bevor es in die Blutbahn aufgenommen wird.

Möglichkeiten zur Entfernung oral aufgenommener Giftstoffe sind eine Magenspülung sowie das Auslösen von Erbrechen. Als weitere Möglichkeit der primären Giftelimination ist die orale Gabe von Aktivkohle (20–40 g) sinnvoll. Zahlreiche Gifte können durch Aktivkohle gebunden werden. Bei fettlöslichen Giften ist es sinnvoll, entsprechend Paraffin in einer Dosierung von 3–5 ml/kg KG zu verabreichen. Eine weitere Maßnahme der primären Giftelimination ist die Gabe eines stark wirksamen Abführmittels.

Bei wachen Erwachsenen kann z. B. nach der oralen Aufnahme von Säuren oder Laugen durch eine **orale Flüssigkeitsaufnahme** von ca. 5–10 ml/kg KG die Giftwirkung abgeschwächt werden. Nach der möglichst großzügigen oralen Flüssigkeitszufuhr sollte dann die sofortige Entleerung des Magens angestrebt werden.

Vor Durchführung einer **Magenspülung** empfiehlt es sich, dem Patienten Atropin (0,25–0,5 mg beim Erwachsenen) intravenös zu verabreichen, um so evtl. provozierbaren vagalen Reflexen vorzubeugen. Nach Einführen eines möglichst dicken Magenschlauches (und Bestätigung der richtigen Lage) wird eine großzügige Spülung mit physiologischer Kochsalzlösung durchgeführt. (Gegebenenfalls kann die physiologische Kochsalzlösung dadurch hergestellt werden, dass 9 g Kochsalz pro Liter Leitungswasser verwendet werden.) Es ist darauf zu achten, dass keine kalte Spülflüssigkeit verwendet wird.

Erbrechen kann durch Reizung der Rachenhinterwand (z. B. mit dem Finger) ausgelöst werden. Erbrechen darf nicht ausgelöst werden, falls es sich um bewusstseinsgetrübte Patienten oder um die orale Aufnahme von Waschmitteln, Säuren, Laugen oder organischen Lösungsmitteln handelt. Ein induziertes Erbrechen kann medikamentös provoziert werden durch:

- Ipecacuanha-Sirup. Dieser Sirup bietet sich nur bei Kindern an. Dosierung: Schulkinder 2 Esslöffel, Kleinkinder 2 Teelöffel
- Trinken von einem Glas warmem Wasser, dem 2 Esslöffel Kochsalz zugefügt wurden
- Apomorphin (0,1 mg/kg KG s. c.) bei Erwachsenen und größeren Kindern

Als **sekundäre Giftelimination** wird die (beschleunigte) Elimination aus der Blutbahn bezeichnet.

Als Maßnahme der sekundären Giftelimination kommen infrage:

- forcierte Diurese:
  Durch übermäßige Flüssigkeitszufuhr (ggf. oral beim wachen Patienten, intravenös bei vigilanzgetrübten Patienten) und gleichzeitige Gabe eines Diuretikums wird eine verstärke Harnausscheidung erzwungen. Die Ausscheidung renal eliminierbarer Substanzen kann hierdurch beschleunigt werden.
- Alkalisierung des Harns:
  Bei bestimmten (sauren) Giften wie z. B. Derivaten der Barbitursäure kann durch Gabe von Natriumbicarbonat eine Alkalisierung des Harns und damit eine beschleunigte renale Elimination erzielt werden.

- Ansäuerung des Harns:
  Bei bestimmten (alkalischen) Giften wie z. B. den Amphetaminen (→ S. 517) kann durch Gabe von Ammoniumchlorid eine Ansäuerung des Harns und damit eine schnellere renale Elimination erzielt werden.
- maschinelle Beatmung:
  Bei Giften, die über die Lungen abgeatmet werden (z. B. Kohlenmonoxid; → unten), kann durch eine maschinelle Beatmung und kontrollierte Ventilation die Giftelimination beschleunigt werden.
- Dialyse oder Hämoperfusion:
  Bei bestimmten Vergiftungen wie z. B. einer Überdosierung mit Antidepressiva kann durch eine modifizierte Hämodialyse (Hämoperfusion), bei der das Blut durch Filter gepumpt wird, die mit Adsorbenzien (z. B. Aktivkohle) gefüllt sind, eine beschleunigte Elimination erzielt werden.

Spezielle Vergiftungen

Vergiftung mit Kohlenmonoxid

Das wichtigste Inhalationsgift ist das Kohlenmonoxid (CO). Es entsteht vor allem bei Verbrennungsprozessen, die unter Sauerstoffmangel ablaufen. Kohlenmonoxid bindet sehr fest an Hämoglobin, es entsteht COHb. COHb ist längerfristig nicht mehr für den Sauerstofftransport verfügbar. Da COHb ein ähnliches Lichtabsorptionsverhalten aufweist wie oxygeniertes Hämoglobin, sehen Patienten mit einer Kohlenmonoxidvergiftung rosig aus, obwohl sie evtl. eine schwere Hypoxie aufweisen. Die Symptome unterschiedlicher Kohlenmonoxidkonzentrationen sind in Tabelle 8-7 aufgeführt. Bei einer Kohlenmonoxidvergiftung muss den Patienten eine möglichst hohe Konzentration an Sauerstoff zugeführt werden. Gegebenenfalls kann die endotracheale Intubation und Beatmung mit 100 % Sauerstoff notwendig werden. In Einzelfällen kann auch eine Therapie in der Druckkammer (= **h**yper**b**are **O**xygenierung = HBO) sinnvoll sein. Die Halbwertszeit von COHb ist abhängig von der inspiratorischen Sauerstoffkonzentration. Bei Atmung von Raumluft beträgt sie ca. 4 Stunden, bei Gabe von 100 % Sauerstoff ca. 40 Minuten und bei hyperbarer Oxygenierung mit 245 kPa (= 2,5 atü) ca. 20–30 Minuten.

Tab. 8-7 Symptome einer Kohlenmonoxid-(CO-)Vergiftung in Abhängigkeit von der CO-Konzentration im Blut

CO-Konzentration	Klinische Symptome
ca. 15 %	Kopfschmerzen, Sehstörungen, Atemnot, Brustschmerz
ca. 30 %	Müdigkeit, Schwäche, Halluzinationen, Krämpfe
> 50 %	Bewusstlosigkeit, Hyperthermie, Atemlähmung, Herzversagen
> 60 %	tödlicher Verlauf, Symptome wie bei einem Schlaganfall

Vergiftung mit Kohlendioxid

Bei Verbrennungsprozessen unter ausreichender Sauerstoffzufuhr entsteht Kohlendioxid. Außerdem sind höhere Konzentrationen an Kohlendioxid in Gärungskesseln sowie in Bodennähe von Brunnen nachweisbar. Die Symptome unterschiedlicher Kohlendioxidkonzentrationen sind in Tabelle 8-8 aufgeführt.

Vergiftung mit Alkohol

Eine Vergiftung mit Alkohol sollte nicht verharmlost werden. Häufig ist eine Alkoholvergiftung zusätzlich mit der Einnahme von Tabletten oder mit Verletzungen kombiniert. Bei stärker bewusstseinsgetrübten alkoholisierten Patienten muss stets auch an die Möglichkeit einer zusätzlichen Schädel-Hirn-Verletzung gedacht werden. Die Symptome einer Alkoholvergiftung sind weitgehend abhängig vom Alkoholgehalt im Blut (vgl. Tab. 8-9).

Tab. 8-8 Symptome einer Kohlendioxid-(CO_2)Vergiftung in Abhängigkeit von der CO_2-Konzentration im Blut

CO_2-Konzentration	Klinische Symptome
ca. 8 %	Kopfschmerzen, Sehstörungen, Atemnot, Brustschmerz
ca. 10 %	Müdigkeit, Schwäche, Halluzinationen, Krämpfe
> 10 %	Bewusstlosigkeit, Hyperthermie, Atemlähmung, Herzversagen
> 18 %	tödlicher Verlauf, Symptome wie bei einem Schlaganfall

Tab. 8-9 Symptome einer Alkoholvergiftung in Abhängigkeit von der Blutalkoholkonzentration. Die nach Alkoholaufnahme zu erwartende Blutalkoholkonzentration kann anhand folgender Formel errechnet werden: aufgenommene Alkoholmenge in Gramm : 0,7 × kg KG = Blutalkoholkonzentration in Promille.

Blutalkoholkonzentration	Klinische Symptome
bis 1 ‰	Euphorie: angeheitert, beschwipst
1–2 ‰	Rausch: Benommenheit, Gleichgewichtsstörungen, Aggressivität
2–3 ‰	Narkose: Bewusstseinstrübung, Lähmungen
3–5 ‰	Asphyxie: Bewusstlosigkeit, Unterkühlung, Atemlähmung, Zyanose

Vergiftung mit Medikamenten

Bei einem medikamentösen Selbstmordversuch werden zumeist Schlaftabletten in hoher Dosierung, häufig auch in Kombination mit Alkohol eingenommen. An Medikamenten werden häufiger auch Benzodiazepine (z.B. Diazepam) missbraucht. Aufgrund der großen therapeutischen Breite der Benzodiazepine können die Patienten zumeist noch gerettet werden. Gegebenenfalls kann der Benzodiazepinantagonist Flumazenil (Anexate®) verabreicht werden. Es ist jedoch zu beachten, dass die Flumazenilwirkung wesentlich kürzer ist als die Wirkdauer der meisten Benzodiazepine. Häufiger werden auch Antidepressiva in hohen Dosen eingenommen.

Verätzungen

✓ Durch Ätzgifte (konzentrierte Säuren und Laugen) werden Zellproteine zerstört und somit Nekrosen ausgelöst.

Nach Trinken einer Lauge oder Säure kann es zu Gewebsschädigungen, im Extremfall zu Perforationen im Bereich von Speiseröhre, Magen oder Darm kommen. Verätzungen und nachfolgende Entzündungsreaktionen im Bereich des Kehlkopfes können zu Luftnot und Ersticken des Patienten führen. Verätzungen im Bereich der Haut sind ausgiebig mit Wasser zu spülen. Durch Einwirkung einer Säure auf Gewebe kommt es zu einer sog. Koagulationsnekrose, d.h zur Ausfällung von Gewebeproteinen. Durch Einwirkung von Laugen kommt es zu einer sog. Kolliquationsnekrose, das heißt zu einer Gewebeeinschmelzung (Bildung weißlicher, breiiger Gewebsmassen). Bei Ingestion einer Säure oder Lauge sollten dem Patienten zusätzlich größere Mengen Wasser zu trinken gegeben werden (ca. 5–10 ml/kg KG). Aktivkohle sollte nicht verabreicht werden. Nach Aufnahme in die Klinik sollte dann eine Gastroskopie durchgeführt werden.
Kam es durch Inhalation von Säuredämpfen zu einem Inhalationstrauma, so ist die Gabe von Sauerstoff und Corticosteroiden indiziert. Falls die Gefahr eines toxischen Lungenödems besteht, sollte die Indikation zur endotrachealen Intubation großzügig gestellt werden. Bei inhalierten Giften mit Vorliegen eines Inhalationstraumas sollte ein Corticosteroidspray wiederholt inhaliert werden (z.B. 2 Hübe alle 15 Minuten).

Vergiftung mit einem Insektenvernichtungsmittel

Insektenvernichtungsmittel werden (verharmlosend) häufig auch als Pflanzenschutzmittel bezeichnet. Typische Insektenvernichtungsmittel sind Organophosphate wie z. B. das E 605. Organophosphate sind blau oder lila eingefärbt und können dadurch meist leicht identifiziert werden. Sie führen zu einer irreversiblen Hemmung der Cholinesterase (Cholinesterasehemmer; → S. 72). Dadurch kommt es zu einer massiven Konzentrationserhöhung des Acetylcholins mit den typischen cholinergen Nebenwirkungen:

- Speichelfluss (der Speichel tropft dem Patienten oft aus dem Mund)
- Tränenfluss
- massives Schwitzen
- Steigerung der bronchotrachealen Sekretion
- Bradykardie
- Muskelzuckungen, Krämpfe, Atemlähmung
- Spontanabgang von Urin und Stuhl

Bei der oralen Aufnahme von Pflanzenschutzmitteln ist die hoch dosierte Gabe von Atropin notwendig. Es sollte so schnell als möglich eine Magenspülung durchgeführt werden. Die Indikation zur endotrachealen Intubation und maschinellen Beatmung sollte großzügig gestellt werden. Nach einer Kontamination mit Organophosphaten wie z. B. E 605 sollten die verwendeten Atmungsschläuche und Beatmungsbeutel entsorgt werden. Ansonsten besteht die Gefahr einer iatrogenen Vergiftung der nachfolgend behandelten Patienten bzw. des Personals. Bei Hautkontakt mit Organophosphaten ist eine ausgiebige Hautspülung durchzuführen. Stets ist an einen Selbstschutz der Helfenden zu denken!

Vergiftung durch Drogen

Zu den Drogen gehören folgende Substanzen:

- Opioide
- Halluzinogene
- Amphetamine
- Cocain
- Schnüffelstoffe

Opioide

Opioide (z. B. Heroin) sind die häufigsten Ursachen für einen Drogentod. Durch Mischen von Opioiden mit beispielsweise Barbituraten oder auch Strychnin und insbesondere auch durch unterschiedliche Mischungsverhältnisse und dadurch unterschiedliche Reinheitsgrade kommt es immer wieder zu unbeabsichtigten Todesfällen. Manchmal wird auch von Drogenabhängigen bewusst eine Überdosierung in suizidaler Absicht verabreicht („Goldener Schuss"). Der alarmierte Notarzt findet meist einen bewusstlosen Patienten mit engen, stecknadelkopfgroßen Pupillen, sehr langsamer Atemfrequenz und evtl. einer Zyanose vor. Die Therapie besteht in der sofortigen bedarfsadaptierten, intravenösen Gabe von Naloxon. Bis zum Wirkungsbeginn des Naloxons ist der Patient ggf. zu beatmen. Stets ist an den Selbstschutz zu denken. Bei diesen Patienten handelt es sich häufig um HIV- und Hepatitisinfizierte. Da die Halbwertszeit von Naloxon deutlich kürzer als die der meisten Opioide ist, ist eine entsprechend längerfristige Überwachung notwendig. Stets besteht die Gefahr, dass die Opioidabhängigen nach der Antagonisierung des Opioids flüchtig werden. (Deshalb sollte Naloxon noch zusätzlich subkutan verabreicht werden, um eine längere Wirkdauer zu erzielen.)

Halluzinogene

Zu den Halluzinogenen gehören LSD, Mescalin, Marihuana, Haschisch und Cannabis. Typisch für diese Halluzinogene ist oft eine auffallende Rötung der Schleimhäute auch im Bereich der Augen („Kaninchenaugen") sowie Reizhusten. Charakteristisch für das auftretende psychotische Krankheitsbild sind Hör- und Sinnesstörungen. Aufgrund der Dissoziation von Körper und Geist tritt häufiger das Gefühl auf, fliegen zu können. Dies hat oft einen tödlichen Sturz aus dem Fenster zur Folge. Therapeutisch ist eine entsprechende Überwachung dieser Patienten notwendig. Gegebenenfalls können sie durch entsprechendes gutes Zureden oder die Gabe eines Benzodiazepins beruhigt werden.

Amphetamine

Amphetamine (Weckamine) sind dem Adrenalin verwandte Substanzen. Amphetamine sind oft in Aufputschmitteln oder Appetitzüglern enthalten. Diese werden öfter in Überdosis eingenommen. Auch „Speed" oder „wake ups" gehören zu den Weckaminen. Bei einer Intoxikation imponieren Halluzinationen, massives Schwitzen, Temperaturerhöhung, Enthemmung und Herz-Kreislauf-Störungen. Therapeutisch ist eine entsprechende Überwachung dieser Patienten notwendig. Durch Zureden und Verabreichung eines Benzodiazepins können die Patienten meist beruhigt werden.

Cocain

Cocain wird vor allem in den höheren Gesellschaftsschichten missbraucht. Die Symptomatik ist vergleichbar einer Intoxikation mit Amphetaminen. Zusätzlich imponieren meist weite Pupillen sowie Rededrang. Die Patienten glauben häufiger, Tierchen auf ihrer Haut krabbeln zu sehen. Therapeutisch ist eine entsprechende Überwachung notwendig. Durch gutes Zureden und die Gabe eines Benzodiazepins können diese Patienten meist ruhiggestellt werden.

Schnüffelstoffe

Schnüffelstoffe sind aromatische Stoffe wie Flüssigkleber. Es entwickeln sich psychotische Krankheitsbilder. Schnüffelstoffe werden meist von Jugendlichen der sozialen Unterschicht als billige Einstiegsdroge verwendet. Es können schwerste bleibende Schäden auftreten. Sehr leicht kann es zu einer Überdosierung mit ausgeprägten Herz-Kreislauf-Störungen, Koma und Tod kommen. Therapeutisch kommen eine Aufforderung zur Hyperventilation, ggf. eine endotracheale Intubation und maschinelle Beatmung infrage.

8.6 Sonstige häufigere Krankheitsbilder

8.6.1 Hypertonie und krisenhafter Blutdruckanstieg

✓ Eine Hypertonie liegt vor, wenn der systolische Blutdruck über 140 mm Hg und/oder der diastolische Blutdruck über 90 mm Hg beträgt (Tab. 8-10).
Eine **isolierte systolische** Hypertonie liegt vor, wenn der systolische Wert über 140 mm Hg und der diastolische Wert unter 90 mm Hg beträgt.
Ein **krisenhafter Blutdruckanstieg** ist durch einen systolischen Blutdruck von meist >210 mm Hg und einen diastolischen Blutdruck von meist >120 mm Hg gekennzeichnet.
Ein **krisenhafter Blutdruckanstieg** kann unterteilt werden in eine hypertensive Entgleisung und einen hypertensiven Notfall.

Epidemiologie

Die Hypertonie stellt die häufigste Kreislaufstörung dar. Mit zunehmendem Alter steigt das Risiko, eine Hypertonie zu entwickeln. Nahezu ⅔ der Menschen über 65 Jahre leiden an einer Hypertonie.

Ätiologie

In über 90 % handelt es sich um eine sog. **essenzielle (primäre)** Hypertonie, deren Ursache unbekannt ist. Bei einer sog. **sekundären** Hypertonie lässt sich dagegen eine erkennbare Ursache, z. B. eine Nierenerkrankung, nachweisen. Risikofaktoren für eine Hypertonie sind Rauchen, Diabetes mellitus, Übergewicht, Dyslipoproteinämie, körperliche Inaktivität, Alter, männliches Geschlecht und positive Familienanamnese.

Tab. 8-10 Klassifikation der Hypertonie

Einstufung	Systolischer Druck (mm Hg)	Diastolischer Druck (mm Hg)
Optimalbereich	< 120	< 80
Normalbereich	120–130	80–84
Hochnormaler Bereich	130–139	85–89
Hypertonie:		
• leichte Hypertonie (Schweregrad 1)	140–159	90–99
• mittelschwere Hypertonie (Schweregrad 2)	160–179	100–109
• schwere Hypertonie (Schweregrad 3)	≥ 180	≥ 110
Isolierte systolische Hypertonie	≥ 140	< 90
Hypertensiver Notfall[1]	meist > 210	meist > 120

[1] Es kommt zu akuten Organkomplikationen, Funktionseinschränkungen, Symptomen.

Therapie

Hypertonie

Liegt ein Hypertonus vor, dann werden zuerst Allgemeinmaßnahmen empfohlen (Gewichtsreduktion, Beschränkung des Kochsalzkonsums, Senkung des Alkoholkonsums, Abbau von Stressfaktoren, körperliche Aktivität, Aufgabe des Rauchens, Beseitigung von Fettstoffwechselstörungen und konsequente Behandlung eines Diabetes mellitus). Reichen diese Maßnahmen alleine nicht aus, dann ist stets eine medikamentöse Therapie indiziert. Durch eine suffiziente Therapie kann die Inzidenz von Herzinfarkt, Herzinsuffizienz, Schlaganfall und Niereninsuffizienz deutlich gesenkt werden. Der Blutdruck sollte langsam (ca. 10 mm Hg/Monat) gesenkt werden.

Ziel bei der Behandlung eines Hypertonus ist es, einen Blutdruck von ≤ 140/90 mm Hg anzustreben. Hierfür reicht nur selten eine medikamentöse Monotherapie aus (Tab. 8-11), meist wird eine Zweierkombination (Tab. 8-12 und 8-13) oder gar eine Dreierkombination (Tab. 8-14) notwendig. Zur Therapie einer Hypertonie stehen die in Tabelle 8-15 dargestellten Substanzgruppen zur Verfügung.

Tab. 8-11 Medikamentöse Therapie der Hypertonie (Monotherapie)

β-Rezeptoren-Blocker oder Diuretikum *oder* Calciumkanalblocker *oder* ACE-Hemmer (bzw. AT_1-Rezeptor-Antagonist)

Tab. 8-12 Medikamentöse Therapie der Hypertonie (Zweierkombination)

Diuretikum *plus* β-Rezeptoren-Blocker oder Calciumkanalblocker oder ACE-Hemmer (bzw. AT_1-Rezeptor-Antagonist)	*bzw.*	Calciumkanalblocker *plus* β-Rezeptoren-Blocker oder ACE-Hemmer oder Diuretikum

Besonders geeignet scheint eine Zweierkombination aus Diuretika *plus* ACE-Hemmer *oder* Diuretikum *plus* β-Rezeptoren-Blocker zu sein.

Tab. 8-13 Kombinationspräparate zur Langzeittherapie (Beispiele)

Wirkstoffgruppe und Handelsname	Wirkstoffzusammensetzung einer Tablette
Diuretikum und kaliumsparendes Diuretikum (Beispiele)	
Dytide® H	50 mg Triamteren 25 mg Hydrochlorothiazid
Moduretik®/Moduretik® mite	50/25 mg Hydrochlorothiazid 5/2,5 mg Amilorid-HCl
Diuretikum und β-Rezeptoren-Blocker (Beispiele)	
Beloc-Zok® comp	95 mg Metoprolol 12,5 mg Hydrochlorothiazid
Concor 5/10 plus®	5/10 mg Bisoprolol 12,5/25 mg Hydrochlorothiazid
Thiaziddiuretikum und ACE-Hemmer	
Capozide® mite	25 mg Captopril 12,5 mg Hydrochlorothiazid
Pres® plus	25 mg Hydrochlorothiazid 10 mg Enalapril
Thiaziddiuretika und AT_1-Rezeptor-Antagonist	
Atacand® Plus (8/16)	12,5 mg Hydrochlorothiazid 8/16 mg Candesartan
Blopress® Plus (8/16)	12,5 mg Hydrochlorothiazid 8/16 mg Candesartan
LORZAAR® plus	50 mg Losartan 12,5 mg Hydrochlorothiazid

Tab. 8-14 Medikamentöse Therapie der Hypertonie (Dreierkombination)

Diuretikum *plus* β-Rezeptoren-Blocker *plus* Vasodilatator[1]	*oder*	Diuretikum *plus* ACE-Hemmer (oder AT_1-Rezeptor-Antagonist) *plus* Calciumkanalblocker	*oder*	Diuretikum *plus* Antisympathikotonikum *plus* Vasodilatator[1]

[1] Unter Vasodilatatoren sind hierbei Calciumkanalblocker, ACE-Hemmer, AT_1-Rezeptor-Antagonisten, Alpha-1-Rezeptor-Blocker und Dihydralazin zu verstehen.

Krisenhafter Blutdruckanstieg

(vgl. Tab. 8-16)

Während bei der **hypertensiven Entgleisung** eine orale Medikation ausreicht (der Blutdruck muss innerhalb von 12–24 Stunden langsam gesenkt werden) muss bei einem **hypertensiven Notfall** eine sofortige intravenöse Medikation und intensivmedizinische Überwachung erfolgen. Der Blutdruck muss hierbei umgehend gesenkt werden, sodass der arterielle Mitteldruck innerhalb von 1–4 Stunden um bis 25 % abfällt. In den folgenden 24 Stunden sollte der diastolische Blutdruck bis auf ca. 100 mm Hg gesenkt

Tab. 8-15 Antihypertensiva zur Langzeittherapie (Einzelsubstanzen)

Wirkstoffgruppe und Wirkstoff	Handelsname (Beispiele)	Handelsname (Beispiele)
1. β-Rezeptoren-Blocker		
a. β_1-selektiv		
Acebutolol	Prent®	2 × 200–400
Atenolol	Tenormin®, Atenolol	1 × 50–1 × 100
Bisoprolol	Concor®	2,5–10
Metoprolol	Beloc-Zok® mite Beloc-Zok® forte Lopresor® mite	1 × 47,5/95 1 × 190 2 × 50–100
b. nicht β_1-selektiv		
Pindolol	Visken® Visken® mite	2–3 × 5 2–3 × 5
Propranolol	Dociton®	2 × 40–80
c. vasodilatierender α_1- und nicht β_1-selektive) β-Rezeptoren-Blocker		
Carvedilol	Dilatrend®	12,5–25
2. Diuretika		
a. Thiaziddiuretika		
Hydrochlorothiazid	Esidrix®	12,5–50
b. Schleifendiuretika (v.a. bei Niereninsuffizienz mit Serumkreatinkonzentrationen > 2 mg/dl)		
Furosemid	Lasix®	1–2 × 20–80
Torasemid	Torasemid® HEXAL	1–2 × 2,5
Piretanid	Arelix®/Arelix® mite	1–2 × 6/1–2 × 3–6
c. Aldosteronantagonisten (kaliumsparende Diuretika)		
Spironolacton	Aldactone®	*initial:* 2–4 × 50–100 *Erhaltungsdosis:* 1–2 × 50–100 *Langzeittherapie bei chronischer Herzinsuffizienz:* 25 bis max. 50 mg/d
Eplerenon	Inspra®	1 × 50
3. Calciumkanalblocker		
a. Nifedipintyp		
Nifedipin	Adalat Eins Adalat® retard	1 × 30–60 2–3 × 20–40
Nisoldipin	Baymycard®	2 × 5–10

Tab. 8-15 (Fortsetzung)

Wirkstoffgruppe und Wirkstoff	Handelsname (Beispiele)	Handelsname (Beispiele)
Nitrendipin	Bayotensin®/ Bayotensin® mite	1–2 × 20/1–2 × 10
Amlodipin	Norvasc®	1–2 × 5
b. Diltiazemtyp		
Diltiazem	Dilzem® retard	2 × 90–120–180
c. Verapamiltyp		
Verapamil	Isoptin® mite Isoptin® KHK retard	3 × 40–8 1–2 × 120–240
4. ACE-Hemmer		
Captopril	Lopirin® Cor	2–3 × 12,5–50
Enalapril	XANEF® Cor, XANEF®	1–2 × 2,5–20
Lisinopril	Acerbon®	1 × 2,5–40
Perindopril	Coversum®	1 × 2–8
Quinapril	Accupro®	1 × 10–2 × 20
Ramipril	Delix®, Delix® protect	1 × 2,5–10
5. AT_1-Rezeptor-Antagonisten		
Candesartan	Atacand®, Blopress®	1 × 4–16
Losartan	LORZAAR® 12,5 mg START LORZAAR®	1–4 × 12,5 1 × 50–100
Irbesartan	Karvea®	1 × 150–300
Valsartan	DIOVAN®, Provas®	1 × 80–160
6. α_1-Rezeptoren-Blocker		
a. selektiv		
Prazosin	Minipress®	1 × 1–2 × 6
b. nicht spezifisch		
Urapidil	Ebrantil®	2–3 × 30–60
7. Antisympathikotonika		
Clonidin	Catapresan®	2 × 0,075–0,3
Methyldopa	Presinol® mite	3 × 125–750
8. Arterioläre Vasodilatatoren		
Dihydralazin	Nepresol®	3 × 12,5–50
Minoxidil	Lonolox®	1–2 × 5–4 × 10

Tab. 8-16 Antihypertensiva zur Behandlung hypertensiver Notfälle

Wirkstoff	Handelsname (Beispiele)	Applikationsform	Dosierung
Clonidin	Catapresan®	Ampullen à 0,15 mg	0,075 mg langsam i.v.
Esmolol	Brevibloc®	Ampullen mit 10 ml à 100 mg; Durchstechampullen mit Injektionslösungskonzentrat 10 ml à 2,5 g; vor Gebrauch auf 1 ml = 10 mg verdünnen	0,5 mg/kg KG i.v. 50–200 µg/kg KG/min i.v.
Dihydralazin	Nepresol® Inject	Ampullen à 25 mg	5–10 mg i.v.; bei Präeklampsie initial ¼ Ampulle = 6,25 mg als Bolus, anschließend 0,5–4(–7,5) mg/h
Furosemid	Lasix®	Ampullen à 20, 40 und 250 mg	20–40 mg i.v.
Nitroglycerin	Nitrolingual® Nitrolingual®-Pumpspray Aquo-Trinitrosan®	Kapseln à 0,8 mg Spray à 0,4 mg pro Hub Ampullen à 10 mg	1 Kapsel sublingual 2–3 Hübe sublingual 3–5 mg/h i.v.
Nifedipin	Adalat®	Kapseln à 5 mg	5 mg sublingual oder bukkal (bei Patienten mit akutem Koronarsyndrom oder Herzinsuffizienz kontraindiziert!)
Nitrendipin	Bayotensin® akut	Phiolen à 5 mg	5 mg sublingual oder bukkal (bei Patienten mit akutem Koronarsyndrom oder Herzinsuffizienz kontraindiziert!)
Nitroprussidnatrium	nipruss®	Ampullen à 60 mg	Herstellung der Lösung und Dosierung → Seite 274
Urapidil	Ebrantil®	Ampullen à 25 und 50 mg	12,5–25 mg i.v.; ggf. 5–40 mg/h über Spritzenpumpe

werden. Eine sofortige übermäßige Blutdrucksenkung auf normotensive oder gar hypotensive Blutdruckwerte ist zu vermeiden.

Zur Blutdrucksenkung bieten sich die folgenden Medikamente an:

- Urapidil:
  intravenös 12,5–25 mg (z. B. Ebrantil®)
- Nitroglycerin:
  sublingual 1,2 mg (z. B. Nitrolingual®-Pumpspray; 1 Hub = 0,4 mg oder eine Kapsel à 0,8 mg sublingual)

> ! Nitroglycerin ist vor allem dann besonders geeignet, falls zusätzlich ein akutes Koronarsyndrom oder ein Lungenödem vorliegt.

- Nifedipin:
  oral (oder sublingual oder bukkal) 10 mg (z. B. Adalat®)
  oder
  Nitrendipin:
  5 mg in schnell resorbierbarer Form (z. B. Bayotensin® akut)

! Bei Patienten mit einem akuten Koronarsyndrom oder einer Herzinsuffizienz sind diese Medikamente in schnell resorbierbarer Form kontraindiziert!

- Clonidin:
  langsam intravenös 0,075 mg

Gegebenenfalls ist bei diesen Medikamenten auch eine Wiederholungsdosis möglich.
Bei unzureichender Wirkung oder schnellem Wiederanstieg des Blutdrucks kommt eine intravenöse Dauerinfusion mit Nitroglycerin bzw. alternativ mit Clonidin, Dihydralazin, Urapidil oder in therapieresistenten Fällen auch mit Nitroprussidnatrium (→ S. 273) infrage. Es ist eine Intensivüberwachung der Patienten notwendig.

! Da eindeutige Belege für die Überlegenheit eines bestimmten Medikamentes fehlen, kann sich die Medikamentenauswahl (Tab. 8-16) in erster Linie an den bekannten Indikationseinschränkungen, den Begleitumständen und der persönlichen Erfahrung orientieren. Die Infusionsgeschwindigkeit richtet sich nach der Wirkung.

Sofern keine Kontraindikation vorliegt (z. B. intravasaler Volumenmangel), empfiehlt sich stets zusätzlich die Gabe von 20–40 mg Furosemid intravenös. Insbesondere bei Niereninsuffizienz und Überwässerung sollte eine möglichst intensive Diurese, ggf. durch höhere Dosen von Furosemid, angestrebt werden. Kann ein Phäochromozytom nicht sicher ausgeschlossen werden, empfiehlt sich Urapidil (25 mg i. v.). Ist ein Phäochromozytom nachgewiesen, sollte die Therapie mit Phenoxybenzamin (Dibenzyran®) fortgesetzt werden.

Komplikationen

Bei Patienten mit **Hypertonie** ist das Risiko von **k**oronarer **H**erz**k**rankheit (= KHK), Herzinfarkt, Herzinsuffizienz, Niereninsuffizienz oder zerebralem Insult signifikant erhöht.

Bei einer **hypertensiven Entgleisung** treten keine (!) Organkomplikationen oder Funktionsstörungen auf.
Bei einem **hypertensiven Notfall** treten lebensbedrohliche Organkomplikationen oder Funktionsstörungen (z. B. Hirnblutung, Angina pectoris, Myokardinfarkt, Lungenödem, Herzinsuffizienz oder oft Hochdruckenzephalopathie mit Kopfschmerzen, Schwindel, Sehstörungen) auf.

8.6.2 Beinahe Ertrinken

✓ Bei ca. 90 % der beinahe Ertrunkenen kommt es zur Aspiration größerer Wassermengen. Lediglich in einem geringen Prozentsatz wird kein Wasser aspiriert (**trockenes Ertrinken**). Von beinahe Ertrinken oder von Ertrinken ist der beinahe Tod oder der Tod im Wasser (z. B. durch Herzinfarkt, Hypoglykämie, Verletzung, Unterkühlung) abzugrenzen.

Pathophysiologie

! Handelt es sich um **Aspiration von Süßwasser,** so ist zu beachten, dass Süßwasser im Vergleich zum Plasma **hypoton** ist.

Daher diffundiert das Süßwasser relativ schnell aus den Alveolen ins Blut und es droht eine intravasale Hypervolämie. Durch Diffusion des hypotonen Süßwassers in die Erythrozyten können diese platzen, wodurch eine schwere Hämolyse (evtl. mit Nierenversagen) auftreten kann. Durch eine Schädigung des Surfactants kommt es zur Ausbildung von Atelektasen und einer Zunahme des Rechts-links-Shunts mit Hypoxämie.

! Bei **Aspiration von Salzwasser** ist zu beachten, dass das salzhaltige Meerwasser im Vergleich zum Plasma **hyperton** ist.

Es kann daher nicht resorbiert werden und verbleibt in den Alveolen. Aufgrund der Hypertonie des aspirierten Meerwassers diffundiert Flüssigkeit aus dem Plasma und dem Interstitium entlang des Konzentrationsgradienten zum aspirierten Meerwasser in die Alveolen. Dadurch droht eine intravasale Hypovolämie. Die flüssigkeitsgefüllten Alveolen können nicht ventiliert werden. Da die Alveolen jedoch weiterhin durchblutet (perfundiert) werden, entsteht eine Ventilations-Perfusions-Störung mit erhöhtem Rechts-links-Shunt und Hypoxämie.
Das **trockene Ertrinken** (ca. 10 % der Fälle) ist durch einen reflektorischen Laryngospasmus begründet. Flüssigkeit dringt dabei nicht in die Lunge ein.

Therapie

! Beim beinahe Ertrinken ist zu beachten, dass es aufgrund einer meist sehr schnellen Auskühlung in dem relativ kalten (See-, Meer-)Wasser zu einer deutlichen Verlängerung der möglichen Wiederbelebungszeit kommt.

Die **Intensivbehandlung** muss nach beinahe Ertrinken symptomatisch sein und dient der Therapie pulmonaler Störungen.

Komplikationen

Hauptproblem des beinahe Ertrinkens ist die meist schwere Hypoxie mit evtl. bleibender hypoxischer Hirnschädigung.

8.6.3 Großschadensereignis

✓ Von einem Großschadensereignis wird gesprochen, wenn zahlreiche verletzte Personen vorliegen, z. B. bei einem Zugunglück oder einem Hotelbrand.

Großschadensereignisse erfordern eine spezielle Logistik. Nachdem die Patienten aus der Gefahrenzone heraus und in Sicherheit gebracht wurden, werden sie an eine Verletztensammelstelle gebracht. Diese wird normalerweise am Rande des Unfallgeländes eingerichtet. In dieser Verletztensammelstelle leitet, koordiniert und überwacht der **L**eitende **No**t**a**rzt (= LNA) eine sog. Triage, das heißt die Sichtung der Verletzten und die Festlegung einer entsprechenden Behandlungs- und Transportpriorität. Es werden folgende Triagegrade unterschieden:

- **Triagegrad I:**
  Patienten, bei denen lebensrettende Sofortmaßnahmen notwendig sind (z. B. Vorliegen eines schweren Volumenmangelschocks, Vorliegen eines Pneumo- oder Hämatothorax). Es besteht Behandlungs- und Transportpriorität.
- **Triagegrad II:**
  Verletzungen, die nicht vital bedrohlich sind (z. B. Fraktur, große Weichteilverletzungen)
- **Triagegrad III:**
  leichte Verletzungen (z. B. Prellungen, Schürfwunden)
- **Triagegrad 0:**
  Patienten mit hoffnungslosem Verletzungsmuster. Die Versorgung von hoffnungslos Verletzten darf nicht zur Vernachlässigung anderer Patienten mit noch reellen Überlebenschancen führen. Ihre Versorgung ist abhängig von der Anzahl des zur Verfügung stehenden Personals und von der Anzahl sonstiger Verletzter.

Nach Sichtung der Patienten bekommt jeder Patient eine Verletztenanhängekarte angeheftet (vgl. Abb. 8-8). Diese enthält Angaben zur Identifizierung des Verletzten, zur Triagestufe (I = rot; II = gelb; III = grün; 0 = schwarz), zur Diagnose, zu den verabreichten Medikamenten und zu den Vitalfunktionen. Beim Abtransport der Patienten ist darauf zu achten, dass die Patienten gleichmäßig auf verschiedene Krankenhäuser verteilt werden. Hierbei sind die Versorgungsmöglichkeiten der entsprechenden Krankenhäuser zu berücksichtigen.

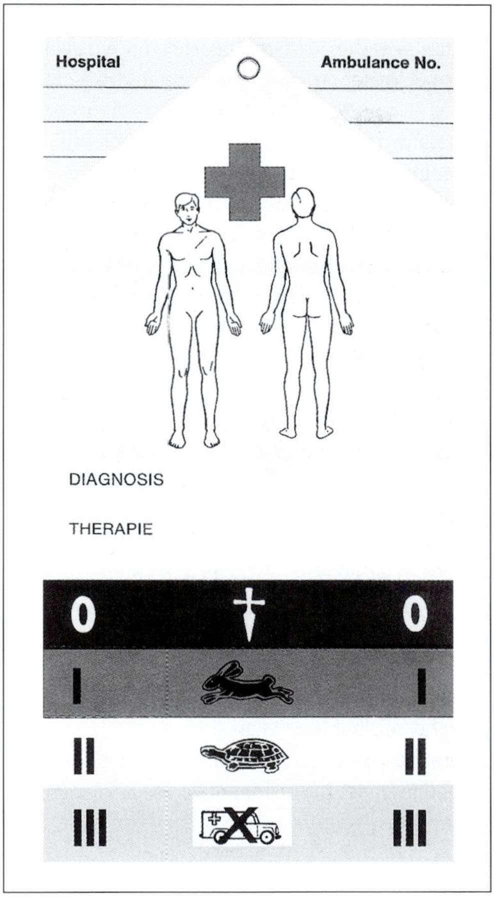

Abb. 8-8 Verletztenanhängekarte

8.6.4 Polytrauma

Unter Polytrauma wird eine Mehrfachverletzung verstanden, wobei mindestens eine der Verletzung oder die Kombination mehrerer Verletzungen lebensbedrohlich ist.

Die Primärversorgung eines polytraumatisierten Patienten ist auf Seite 316 beschrieben. Nach Sicherung der Vitalfunktionen und Durchführung lebensrettender Notoperationen wird der Polytraumatisierte für die Stabilisierungsphase auf die Intensivstation verlegt.

Klinik

Nachdem ein polytraumatisierter Patient auf der Intensivstation aufgenommen und an das entsprechende Monitoring angeschlossen wurde sowie hämodynamisch stabilisiert ist, sind eine Reihe von Dingen zu klären bzw. zu überprüfen:

- Die bisher erhobenen Befunde sind zu kontrollieren und zu dokumentieren.
- Es ist zu klären, ob noch bestimmte diagnostische (z. B. Röntgen der Halswirbelsäule), therapeutische (z. B. Thoraxdrainage) oder prophylaktische Maßnahmen (z. B. Tetanusschutzimpfung) durchgeführt werden müssen.
- Der Patient muss noch einmal untersucht und die Verletzungen müssen dokumentiert werden. Es ist stets auch an evtl. verspätet auftretende Komplikationen (z. B. 2-zeitige Milzruptur) zu denken.
- Es ist zu klären, ob der Patient gelagert werden darf oder ob einschränkende Verletzungen (z. B. Wirbelsäulenverletzungen) vorliegen.
- Bei Frauen muss z. B. geklärt werden, ob sie schwanger sind oder ob sie menstruationsbedingt einen Tampon tragen, der dann zu entfernen ist.

Prophylaxe und Therapie

Um eine Niereninsuffizienz und evtl. Blutgerinnungsstörungen wie eine **d**isseminierte **i**ntravasale **G**erinnung (= DIC) oder eine Verbrauchskoagulopathie zu verhindern, ist eine konsequente Therapie des **Volumenmangelschocks** notwendig. Zur Überwachung der kardiovaskulären Situation empfiehlt sich die Platzierung einer arteriellen Druckmessung, eines zentralen Venenkatheters, ggf. eines Pulmonalarterienkatheters und eines Blasenkatheters.

Komplikationen

Bei polytraumatisierten Patienten stehen im Vordergrund:

- Kreislaufproblematik
- respiratorische Probleme
- metabolische Veränderungen

Daneben drohen auch:

- Niereninsuffizienz
- Störungen der Blutgerinnung
- Magen-Darm-Ulzera
- katabole Stoffwechsellage
- erhöhte Infektanfälligkeit
- Gefahr einer Sepsis

8.7 Lebensrettende Sofortmaßnahmen

8.7.1 Allgemeine Bemerkungen

! Grundvoraussetzung für ein normales Funktionieren des Organismus ist die ausreichende Versorgung der Organe mit Sauerstoff. Die für die Sauerstoffversorgung absolut notwendigen Elementar- oder auch **Vitalfunktionen** sind Atmung und Herz-Kreislauf-System.

Kommt es zu einer plötzlichen Bedrohung dieser Vitalfunktionen, dann handelt es sich um einen Notfallpatienten. Bei allen Notfallpatienten müssen durch lebensrettende Sofortmaßnahmen die Vitalfunktionen wiederhergestellt und stabilisiert werden. Die Vitalfunktionen Atmung und Herz/Kreislauf sind eng miteinander verknüpft. Kommt es z. B. zu einem **Atemstillstand**, so bleibt aufgrund des eintretenden Sauerstoffmangels (= Hypoxie) das Herz spätestens nach 5–10 Minuten ebenfalls stehen. Tritt dagegen zuerst ein **Kreislaufstillstand** auf, so wird auch das Gehirn nicht mehr durchblutet. Der Patient wird bereits nach ca. 10 Sekunden bewusstlos, und innerhalb einer Minute fallen alle wesentlichen zerebralen Funktionen einschließlich der Spontanatmung aus.

✓ Bei Eintritt eines Atem- und Herz-Kreislauf-Stillstandes wird vom zunächst noch **reversiblen klinischen Tod** gesprochen. Nach kurzer Zeit kommt es zu irreversiblen Schädigungen der Organe und damit zum unwiderruflichen, zum **biologischen Tod**.
Die Zeitspanne zwischen Eintritt des klinischen Todes und Eintritt des biologischen Todes wird als **Wiederbelebungszeit** bezeichnet. Innerhalb dieser Zeitspanne können Herz/Kreislauf und Atmung wiederhergestellt werden, ohne dass bleibende Organschäden eintreten.

Diese Wiederbelebungszeit ist für die einzelnen Organe unterschiedlich lang. Am kürzesten ist sie für das Gehirn, hier beträgt sie 3–5 Minuten. Da ein Lebewesen als tot definiert wird, wenn das Gehirn tot ist, entspricht die Wiederbelebungszeit des Gehirns der Wiederbelebungszeit des Gesamtorganismus.

! Jeder Helfer kann durch Sehen, Hören und Tasten eine Störung der Vitalfunktionen Atmung und Herz/Kreislauf feststellen.
Die Therapie eines Atem- und Herz-Kreislauf-Stillstandes muss sofort (innerhalb von Sekunden) begonnen werden!

Für die anfänglichen Sofortmaßnahmen sind keinerlei (!) Hilfsmittel nötig. (Die im Folgenden beschriebenen Richtlinien entsprechen den neuen Empfehlungen des **E**uropean **R**esuscitation **C**ouncil von 2005 (ERC-Richtlinien.)

8.7.2 Kardiopulmonale Reanimation

Zu den Basismaßnahmen der kardiopulmonalen Reanimation (= **b**asic **l**ife **s**upport = BLS) gehören lediglich die Maßnahmen, die **ohne irgendwelche Hilfsmittel** durchgeführt werden können. Zuerst muss (ohne Hilfsmittel) eine Diagnose gestellt und dann ggf. (ohne Hilfsmittel) therapiert werden.

Bewusstlosigkeit?

Wird ein möglicherweise vital bedrohter Patient angetroffen, dann gilt es zuerst zu klären, ob der Patient bei Bewusstsein ist oder bewusstlos ist. Der Patient sollte vorsichtig gerüttelt und laut angerufen werden: „Hallo! Ist alles o. k.?" Falls der Patient nicht reagiert, ist von einer Bewusstlosigkeit auszugehen. Der Helfer soll nun um Hilfe rufen, um andere, in der Nähe befindliche Personen zu mobilisieren (vgl. Abb. 8-9). Nun ist sofort zu klären, ob bei dem Patienten eine Störung der Vitalfunktion Atmung vorliegt (→ unten).

Störungen der Vitalfunktion Atmung?

Diagnostik von Atemstörungen

Um festzustellen, ob der Patient noch atmet oder nicht, ist der Kopf des Patienten zu überstrecken (um eine beim Bewusstlosen nach hinten fallende und die Atemwege verlegende Zunge vom Rachen abzuheben und die Luftwege freizumachen) (vgl. Abb. 8-10). Außerdem muss das Ohr dem Mund und der Nase des Patienten genähert werden, gleichzeitig ist der Brustkorb zu beobachten (vgl. Abb. 8-14). Es

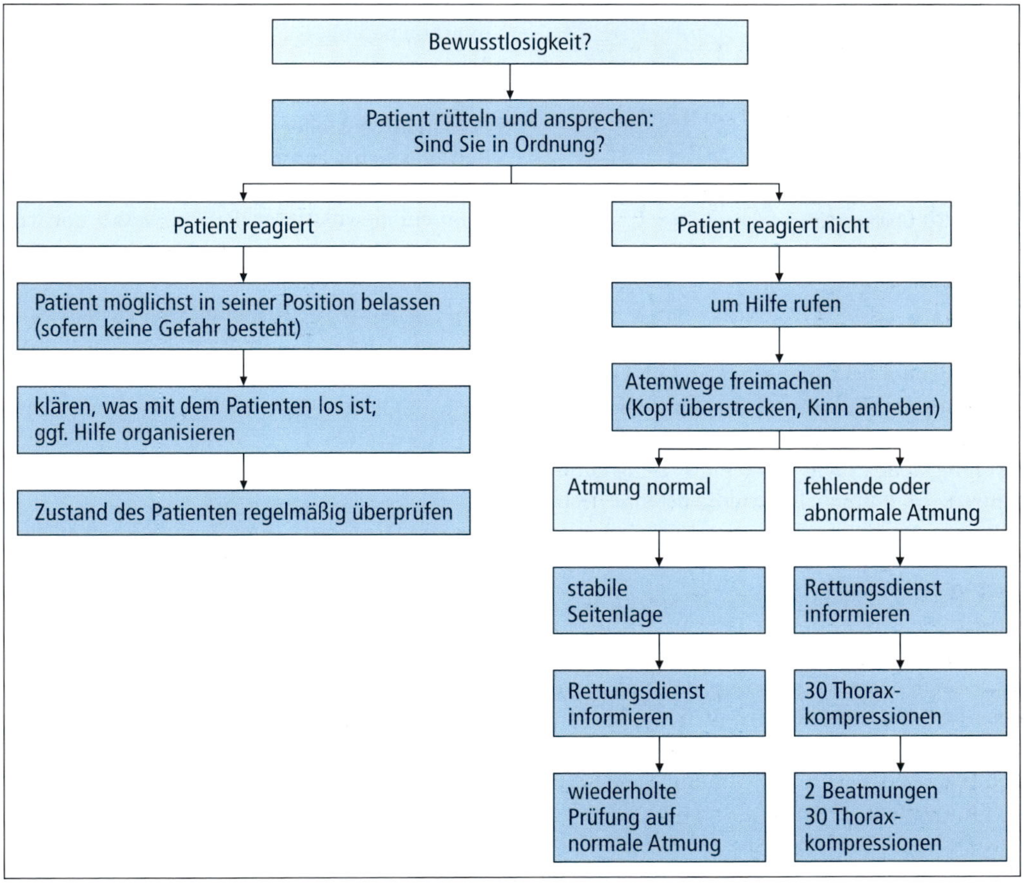

Abb. 8-9 Basismaßnahmen der kardiopulmonalen Reanimation bei Erwachsenen

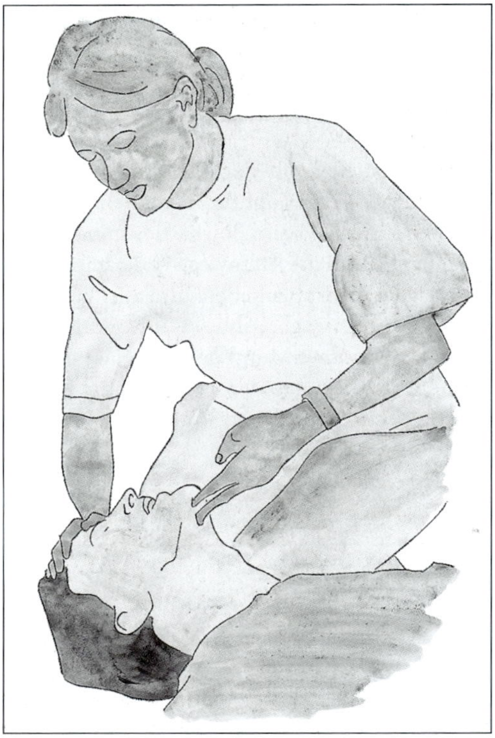

Abb. 8-10 Überstreckung des Kopfes

sollte überprüft werden, ob sich der Brustkorb des Patienten hebt und senkt und ob eine Luftströmung an Mund und Nase des Patienten gehört oder gefühlt wird. Diese Überprüfung der Atmung sollte nicht länger als 10 Sekunden dauern. Es können folgende Zustände festgestellt werden:

Normale Atmung

Atmet der Patient primär oder nach Überstreckung des Kopfes und Freimachen der Atemwege normal, dann ist es wichtig, dafür zu sorgen, dass die Atemwege offen gehalten werden. Hierzu ist der Patient in stabile Seitenlage zu bringen (vgl. Abb. 8-11). Die Atmung ist weiterhin zu überprüfen.

Keine normale Atmung bzw. Atemstillstand

Bei Vorliegen eines Atemstillstandes ist bei der Überprüfung der Atmung keine Bewegung des Thorax zu erkennen. Auch kann mit dem an den Mund und die Nase angenäherten Ohr keine Luftströmung gehört oder gefühlt werden. Eine vereinzelte präfinale Schnappatmung darf nicht als normale Atmung fehlgedeutet werden. Falls ein Atemstillstand festgestellt wird, soll ein einzelner Laienhelfer zuerst (vorzugsweise per Telefon) den Rettungsdienst alarmieren.
Dass normalerweise von einem Einzelhelfer zuerst, das heißt noch vor Beginn der Hilfsmaßnahmen, der Rettungsdienst alarmiert werden soll (phone first), ist dadurch zu erklären, dass bei Erwachsenen ein Atem- und Herz-Kreislauf-Stillstand zumeist durch plötzliches Kammerflimmern (z. B. im Rahmen eines Herzinfarkts) bedingt ist. Zur erfolgreichen Wiederbelebung dieser Patienten ist eine möglichst schnelle Defibrillation (→ S. 537) notwendig.
Falls mehrere Helfer vor Ort sind, soll einer den Rettungsdienst alarmieren und der andere sofort die Reanimationsmaßnahmen beginnen.
Falls ein bewusstloser Patient keine normale Atmung bzw. einen Atemstillstand aufweist, dann soll nun – ohne vorher nach Zeichen eines evtl. vorhandenen Kreislaufes zu suchen (z. B. durch Pulstasten) – sofort mit der kardiopulmonalen Reanimation begonnen werden.

Durchführung

Hat die Diagnostik eine Bewusstlosigkeit und einen Atemstillstand ergeben, so muss unverzüglich mit der Herzdruckmassage, der sog. kardiopulmonalen Wiederbelebung, begonnen werden. Außerdem muss eine Beatmung durchgeführt werden.

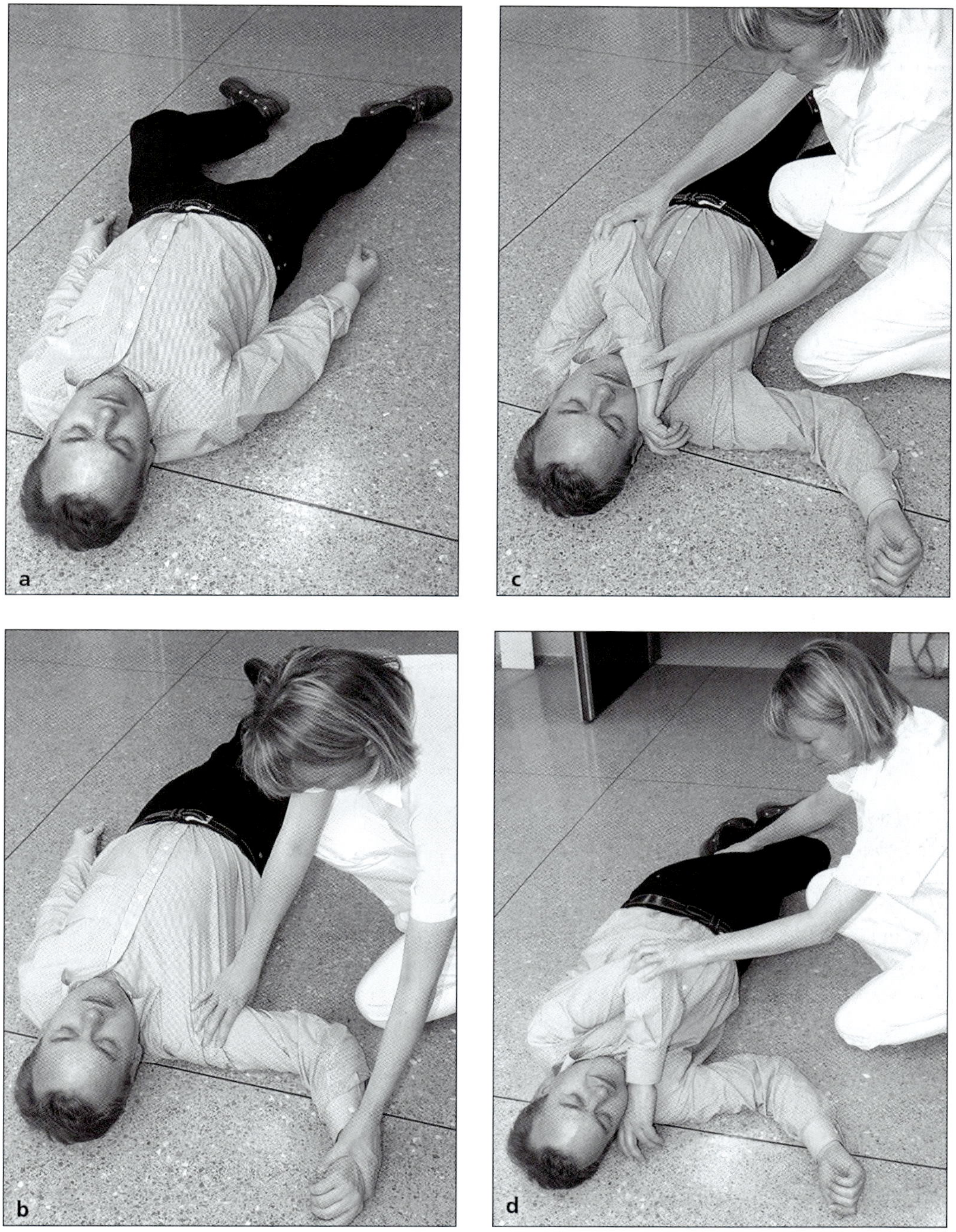

Abb. 8-11 Stabile Seitenlage

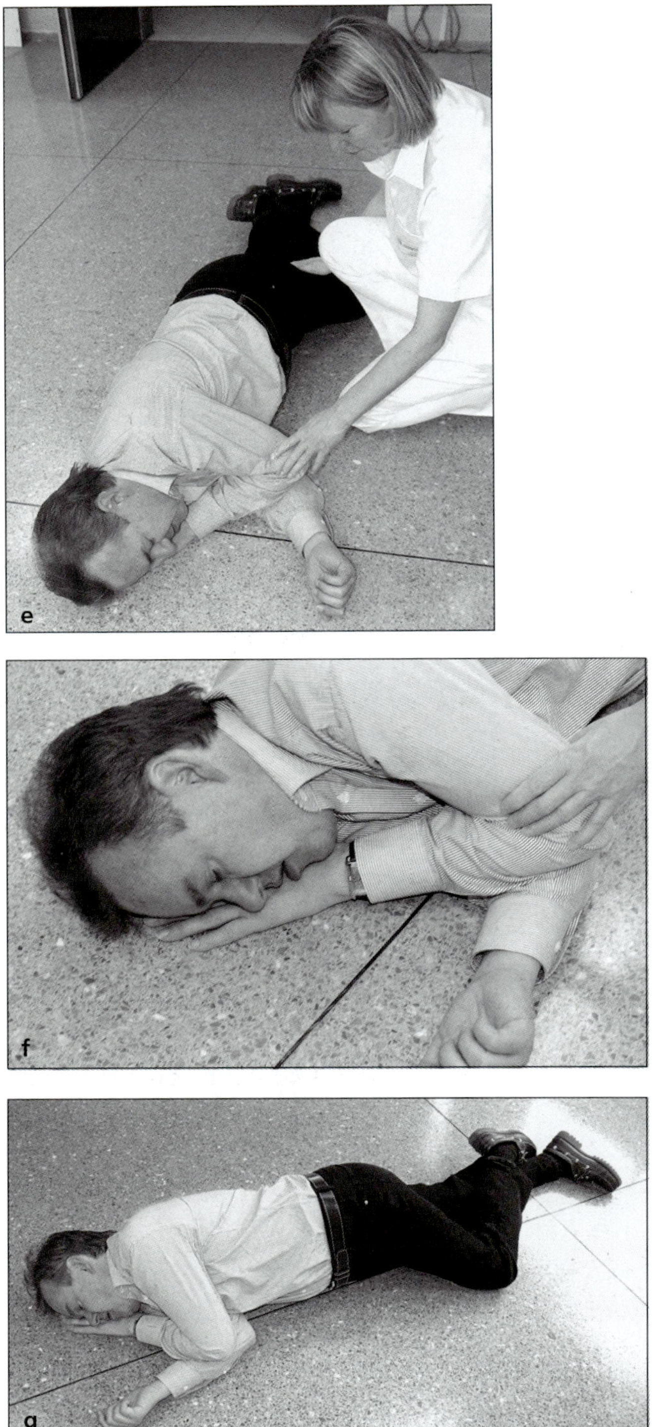

Abb. 8-11 (Fortsetzung)

Herzdruckmassage

Bei der **externen Herzdruckmassage** wird durch rhythmischen Druck auf das Sternum das Herz zwischen Sternum und Wirbelsäule komprimiert, wodurch ein Blutauswurf aus dem Herzen erzeugt wird und ein Minimalkreislauf aufrechterhalten werden kann. Für den Blutfluss unter der Herzdruckmassage ist auch ein sog. **Thoraxpumpmechanismus** verantwortlich. Aufgrund der kompressionsbedingten generalisierten Steigerung des intrathorakalen Drucks kommt es zu einer Kompression der intrathorakalen Gefäße. Aufgrund der Venenklappen kommt es zu einer Blutströmung ins arterielle System. Während beim Erwachsenen für den Blutfluss beide Mechanismen verantwortlich sind, kommt es bei Kindern aufgrund ihres elastischen Thorax vor allem zu einer direkten **Kompression des Herzens**. Neben der externen Herzdruckmassage muss eine Ventilation der Lunge durchgeführt werden.

Zur Durchführung der kardiopulmonalen Reanimation (= **c**ardio-**p**ulmonary **r**esuscitation = CPR) wird der Patient sofort flach auf den Rücken gelegt, wobei auf eine harte Unterlage zu achten ist. Im Bett muss eine Reanimationsplatte, z.B. das abnehmbare Fußbrett eines Krankenhausbettes, unter den Thorax geschoben werden. Notfalls ist der Patient immer auf den Fußboden zu legen. Der Helfer kniet oder steht seitlich neben dem Patienten. Druckpunkt für die Herzdruckmassage beim Erwachsenen ist die Mitte des Brustbeins (Sternum). Die übereinandergelegten Handballen werden – bei verhakten Fingern – auf den Druckpunkt aufgesetzt. Der Druck muss senkrecht von oben mit gestreckten Ellenbogen erfolgen und das Sternum ca. 4–5 cm der Wirbelsäule nähern. Der Druck sollte weitgehend durch Beugen des Oberkörpers bei gestreckten (!) Armen erzeugt werden (vgl. Abb. 8-12). Druck- und Entlastungsphase sollten von gleicher Dauer sein. Die Handballen müssen auch während der Entlastungsphase auf dem Druckpunkt verbleiben.

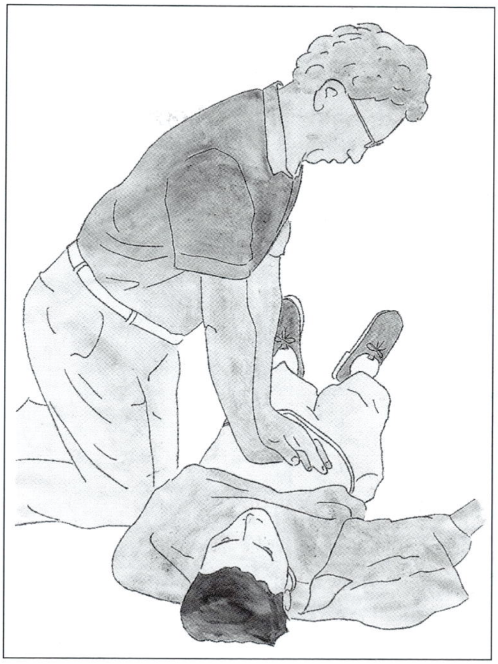

Abb. 8-12 Kardiopulmonale Wiederbelebung: Herzdruckmassage

Die Herzdruckmassage wird 30-mal durchgeführt. Anschließend wird 2-mal beatmet (30 : 2). 5 Reanimationszyklen à 30 : 2 sollten ca. 2 Minuten dauern.

Atemspende

Die Atemspende kann durchgeführt werden als
- Mund-zu-Mund-Beatmung oder als
- Mund-zu-Nase-Beatmung.

Bevorzugt wird die **Mund-zu-Mund-Beatmung**, die folgendermaßen durchgeführt wird:
- Rückenlage des Patienten
- Überstrecken des Kopfes:
  Eine Hand liegt an der Stirn-Haar-Grenze, mit den Fingerspitzen der anderen Hand wird das Kinn des Patienten angehoben. Der Kopf wird überstreckt (vgl. Abb. 8-13). Mit dem Daumen und Zeigefinger der an der

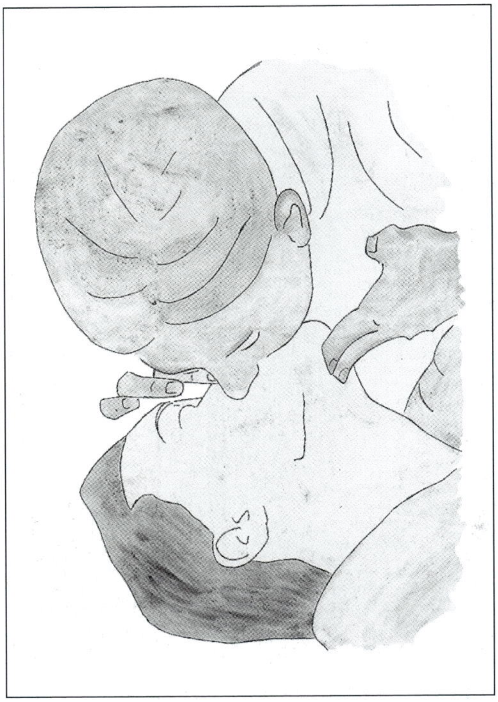

Abb. 8-13 Mund-zu-Mund-Beatmung

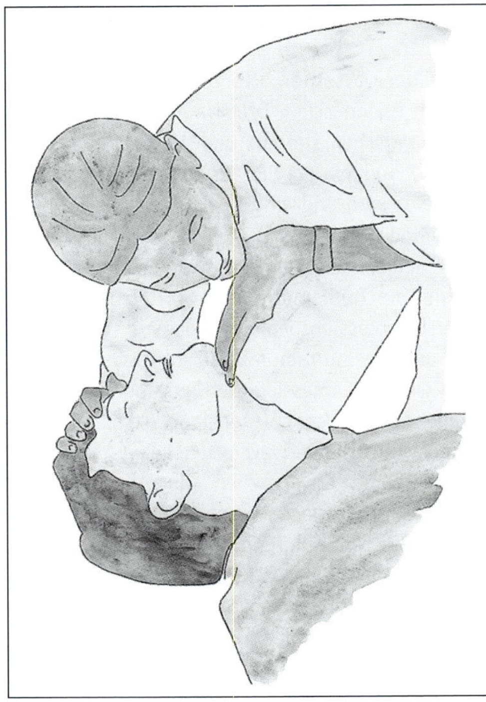

Abb. 8-14 Passive Ausatmung

Stirn-Haar-Grenze liegenden Hand wird die Nase zusammengedrückt (um zu verhindern, dass die in den Mund geblasene Luft durch die Nase entweicht). Gelingt eine Mund-zu-Mund-Beatmung nicht oder liegen z. B. schwere Verletzungen im Mundbereich vor, dann ist eine Mund-zu-Nase-Beatmung durchzuführen. Mit der am Kinn liegenden Hand wird hierbei der Unterkiefer angehoben, um den Mund zu verschließen.

- Insufflation:
  Der Helfer soll den Patienten 2-mal effektiv beatmen (Abb. 8-13). Nach normaler Einatmung sollte die Ausatemluft kontinuierlich und gleichmäßig in den Patienten geblasen werden. Beim Erwachsenen sollen bei der Beatmung 6–7 ml/kg KG Atemhubvolumen, das heißt 500–600 ml, über jeweils 1 Sekunde verabreicht werden. Falls bereits beim ersten Atemhub Probleme auftreten, sollte überprüft werden, ob im Mund des Patienten Gegenstände erkennbar sind (z. B. Zahnprothese), die entfernt werden können. Gegebenenfalls ist auch die Kopfposition zu verbessern. Falls die Beatmung nicht effektiv ist, sollten dennoch nicht mehr als 2 Beatmungsversuche unternommen werden.
- Kontrolle der Ausatmung:
  Ist die Insufflation beendet, so hebt der Helfer seinen Mund von dem Mund des Patienten ab, dreht seinen Kopf, um den Thorax des Patienten zu beobachten, und nähert sein Ohr dem Mund des Patienten (vgl. Abb. 8-14). Die passive Ausatmung des Patienten kann nun am Senken des Thorax gesehen und am Ausströmen der Luft aus dem Mund gehört und gefühlt werden.

Für die Atemspende sind inzwischen hygienisch unbedenkliche Einmaltücher mit Ventilfunktion erhältlich. Deren Anwendung erfor-

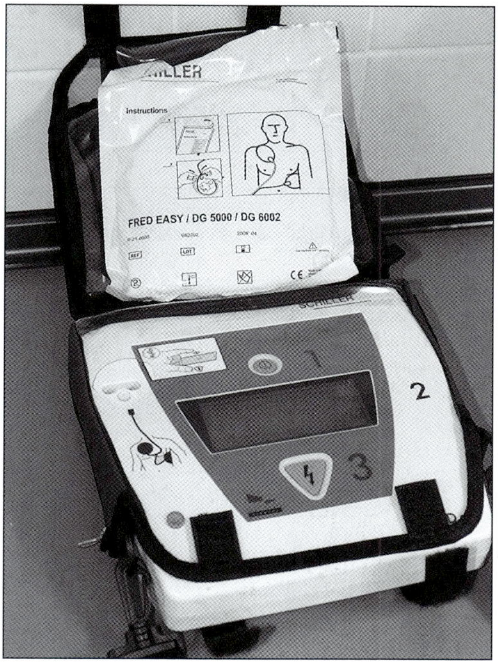

Abb. 8-15 Halbautomatischer Defibrillator

dert jedoch einige Übung, um eine komplette Abdichtung der Atemwege zwischen Helfer und Patient zu erreichen. (Falls verfügbar, sollte stets mithilfe eines Beatmungsbeutels [bzw. eines Narkosegerätes] eine Maskenbeatmung [→ S. 109] durchgeführt werden. Schnellstens sollte die endotracheale Intubation angestrebt werden. Nur hierdurch ist ein sicheres Freihalten der Atemwege und die Zufuhr von Sauerstoff in hoher Konzentration zu gewährleisten.)

Meist kann schon nach wenigen Insufflationen ein Rückgang einer vorher bestehenden Zyanose beobachtet werden.

Falls ein Helfer die Mund-zu-Mund-Beatmung nicht durchführen kann oder nicht durchführen will (z. B. Angst vor Ansteckung), dann kann auf die Beatmung verzichtet und eine alleinige Herzdruckmassage durchgeführt werden. Durch die Herzkompressionen wird zumeist auch eine minimale Ventilation verursacht.

Der Helfer muss normalerweise abwechselnd Beatmung (vgl. Abb. 8-13) und Herzdruckmassage (vgl. Abb. 8-12) durchführen. Er beginnt mit 30 Herzdruckmassagen, gefolgt von jeweils 2 Insufflationen von je 1 Sekunde (30 : 2). Die Kompressionen sollen mit einer Frequenz von ca. 100/min erfolgen.

Sind 2 oder mehrere Helfer anwesend, dann sollten sie sich gegenseitig alle ca. 2 Minuten (= 1 Reanimationszyklus à 5 × 30 : 2) ablösen, um eine körperliche Erschöpfung zu vermeiden.

In den neuen Reanimationsrichtlinien wird im Rahmen von Basismaßnahmen der Einsatz von halbautomatischen Defibrillatoren propagiert. An Plätzen, an denen mindestens 1-mal in 2 Jahren eine Defibrillation zu erwarten ist (z. B. Flughäfen, Bahnhöfen, Casinos) wird die Vorhaltung eines öffentlichen halbautomatischen Defibrillators (vgl. Abb. 8-15) empfohlen. Sobald ein solcher halbautomatischer Defibrillator verfügbar ist, sollte die sofort begonnene mechanische kardiopulmonale Reanimation unterbrochen und – falls indiziert – eine Defibrillation durchgeführt werden. Halbautomatische Defibrillatoren führen nach Aufkleben der beiden großflächigen Klebeelektroden über der Herzspitze und der Herzbasis eine automatische EKG-Diagnostik durch und geben dann zuverlässig an, ob ein Elektroschock ausgelöst werden soll oder nicht (vgl. Abb. 8-16). Nach Abgabe des Elektroschocks sollte sofort wieder die mechanische Reanimation aufgenommen werden und erst nach ca. 2 Minuten (= 1 Reanimationszyklus = 5 × 30 : 2) wird (automatisch) eine erneute Rhythmusdiagnostik empfohlen. Gegebenenfalls ist erneut ein Elektroschock auszulösen. In Abbildung 8-16 sind die Handlungsanweisungen für den Einsatz eines halbautomatischen Defibrillators aufgeführt.

Der Laienhelfer soll die Reanimation solange fortführen, bis

- qualifizierte Hilfe verfügbar ist,
- der Patient Lebenszeichen von sich gibt oder
- er selbst erschöpft ist.

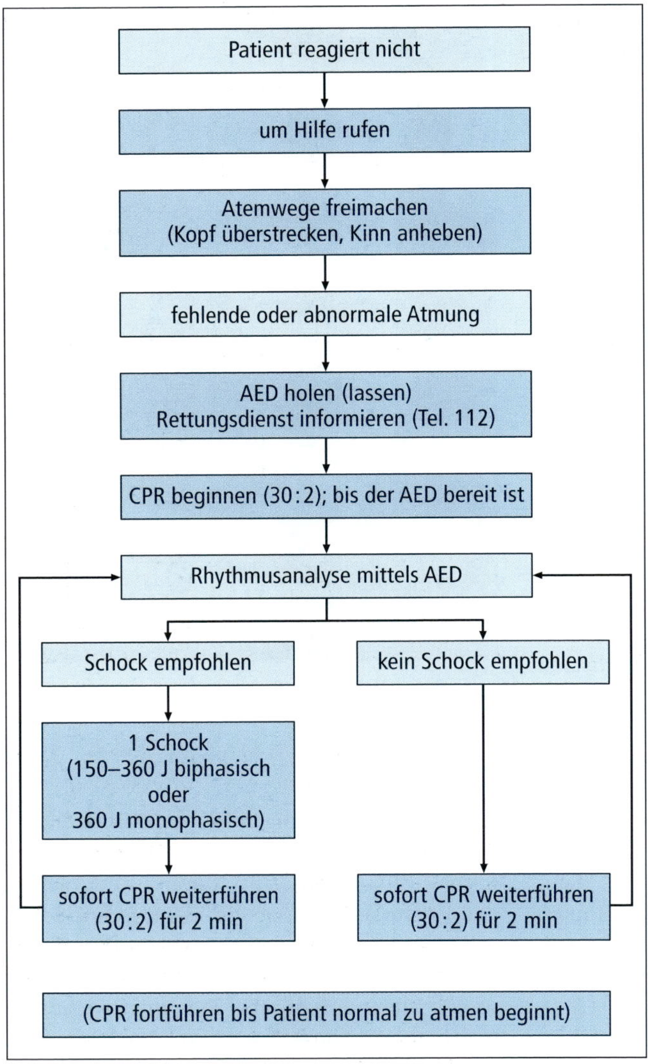

Abb. 8-16 Handlungsanweisungen für den Einsatz eines halbautomatischen Defibrillators. AED = automatischer externer Defibrillator; CPR = kardiopulmonale Reanimation.

Drohendes Ersticken durch akute Atemwegsverlegung

✓ Eine akute Atemwegsverlegung ist beim Erwachsenen meist durch Aspiration von Speiseresten (vor allem Fleisch) bedingt. Der Patient äußert plötzlich ein **Erstickungsgefühl**.

Es kann eine unvollständige oder eine komplette Verlegung der Atemwege vorliegen.

Unvollständige (partielle) Verlegung der Atemwege: Sind die Atemwege nur teilweise verlegt, kann der Patient meist noch mehr oder weniger gut atmen. Der Patient fängt an zu husten und zwischen den Hustenstößen kann oft ein inspiratorischer Stridor auftreten. Der Patient sollte sofort gefragt werden: „Bekommen Sie keine Luft mehr?“ Er wird dies bestätigen. Bei einer partiellen Atemwegsverlegung gelingt es dem Patienten meist, den Fremdkörper wieder abzuhusten.

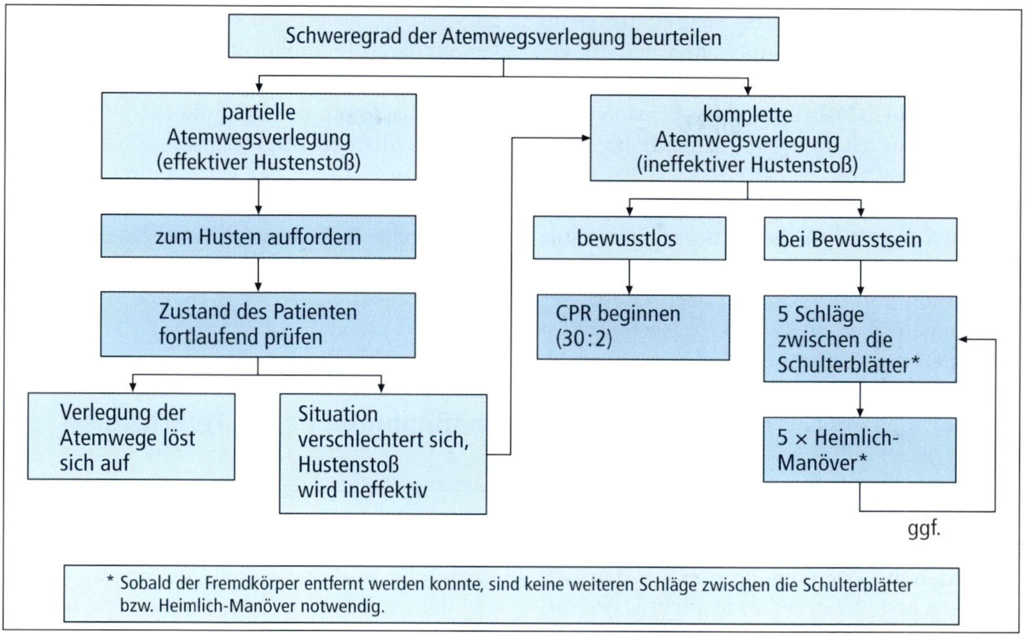

Abb. 8-17 Therapieempfehlungen bei akuter unvollständiger oder kompletter Atemwegsverlegung bei Erwachsenen. CPR = kardiopulmonale Reanimation.

Solange der Patient bei Bewusstsein ist, noch atmet und kräftig hustet, soll er lediglich zum kräftigen Husten aufgefordert werden (Abb. 8-17). Falls der Fremdkörper jedoch nicht abgehustet werden kann, soll medizinische Hilfe gerufen werden.
Tritt bei einer teilweisen Verlegung nur noch ein schwacher, ineffektiver Atemstoß mit geringer Luftströmung, mit nur noch hochfrequentem inspiratorischem Stridor und stärkeren inspiratorischen Problemen auf und wird der Patient evtl. auch zyanotisch, dann ist der Patient wie bei einer kompletten Atemwegsverlegung zu behandeln (→ unten).

Komplette Verlegung der Atemwege: Bei einer kompletten Verlegung der Atemwege kann der Patient weder atmen noch husten oder sprechen und verliert rasch das Bewusstsein (Abb. 8-17). Meist gelingt es dem Patienten in diesen Fällen nicht, den Fremdkörper abzuhusten. Bei einer drohenden Erstickung greift sich der Patient oft mit der Hand an den Hals.

Falls ein Patient mit Verdacht auf akute, komplette Verlegung der Atemwege noch bei Bewusstsein ist, sollte er gefragt werden, ob er keine Luft bekommt und zu ersticken droht. Eventuell nickt der Patient; sprechen ist bei einer kompletten Atemwegsverlegung nicht mehr möglich. Der Patient droht schnell bewusstlos zu werden und zu ersticken. Es sind folgende Maßnahmen durchzuführen:

- Schläge zwischen die Schulterblätter:
  Der neben oder seitlich vom Patienten stehende Helfer sollte die eine Hand unter den (meist nach vorne gebeugten oder nach vorne zu beugenden) Oberkörper als Widerlager halten und mit der anderen Hand sollten bis zu 5 scharfe Schläge mit der flachen Hand zwischen die Schulterblätter ausgeübt werden.
- Heimlich-Manöver:
  Falls 5 Schläge zwischen die Schulterblätter (→ oben) erfolglos blieben, sollte bis zu 5-mal das Heimlich-Manöver durchgeführt werden. Bei einem stehenden oder sitzenden

Erwachsenen stellt sich hierbei der Helfer hinter den Patienten und „umarmt" ihn von hinten. Eine zur Faust geballte Hand sollte zwischen Nabel und das Brustbeinende (Processus xiphoideus) zu liegen kommen, mit der anderen Hand wird diese Faust umfasst. Faust und umgreifende Hand werden kraftvoll und schnell nach dorsal und kranial gezogen. Aufgrund dieser Oberbauchkompression und des dadurch nach kranial verdrängten Zwerchfells wird ein Hustenstoß simuliert und Luft aus der Lunge gepresst. Mit diesem Heimlich-Manöver wird versucht, einen aspirierten Fremdkörper nach oben aus den Luftwegen herauszuschleudern. Solange der Patient bei Bewusstsein bleibt, sollten die Schläge auf den Rücken und die Heimlich-Manöver jeweils 5-mal wiederholt werden, bis der Fremdkörper aus den Luftwegen geschleudert wurde oder bis der Patient bewusstlos ist.

Falls ein Patient mit Verdacht auf akute Verlegung der Atemwege das Bewusstsein verliert, dann sollte er auf den Boden gelegt werden und es ist sofort der Rettungsdienst zu informieren und die kardiopulmonale Reanimation (mit 30 Herzdruckmassagen gefolgt von jeweils 2 Atemhüben) zu beginnen.

Es sollte nicht versucht werden, einen nicht (!) erkennbaren Fremdkörper blind mit dem Zeigefinger aus dem Rachen „herauszufischen". Dadurch könnte der Fremdkörper noch tiefer in die Luftwege vorgeschoben werden. Jedes Mal wenn während der kardiopulmonalen Reanimation der Mund des Patienten geöffnet wird, sollte kurz kontrolliert werden, ob ein Fremdkörper erkennbar ist. Falls ein Fremdkörper erkennbar ist, sollte er entfernt werden.

Erweiterte Reanimationsmaßnahmen beim Erwachsenen

Die erweiterten kardiopulmonalen Reanimationsmaßnahmen (= **a**dvanced **l**ife **s**upport = ALS) gelten für professionelle Helfer. Die mechanische kardiopulmonale Reanimation wird bei den ALS-Maßnahmen genauso wie bei den Basismaßnahmen (BLS; → S. 526) durchgeführt. Es wird hierbei jedoch zumeist die 2-Helfer-Methode praktiziert, das heißt ein professioneller Helfer übernimmt die Beatmung, während ein anderer professioneller Helfer die Herzdruckmassage übernimmt (vgl. Abb. 8-18).

Zur erweiterten kardiopulmonalen Reanimation gehören die **elektrische Defibrillation**,

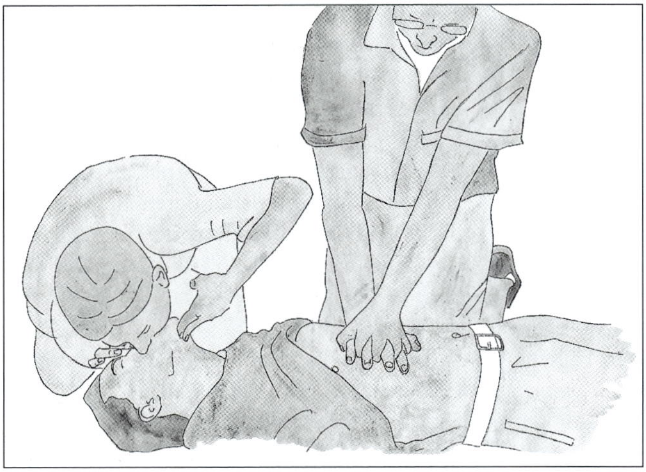

Abb. 8-18 Kardiopulmonale Reanimation: 2-Helfer-Methode

EKG-Diagnostik, die **endotracheale Intubation** (oder eine alternative Sicherung der Atemwege) sowie der **Einsatz von Medikamenten**.

Defibrillation und EKG

Möglichst bald sollte ein Defibrillator mit EKG-Monitor angeschlossen werden, um Kammerflimmern/Kammertachykardie bzw. Asystolie/elektromechanische Entkoppelung als Ursache des Herz-Kreislauf-Stillstandes differenzieren und um eine wieder einsetzende Herzaktion frühzeitig erkennen zu können.

Bei einer **elektrischen** Defibrillation wurde bis vor wenigen Jahren immer ein Gleichstrom wählbarer Intensität (**monophasische** Defibrillation) über 2 großflächige Spezialelektroden durch die Brustwand auf das Herz abgegeben. Inzwischen wird meist die sog. **biphasische** Defibrillation empfohlen (positiver Strom mit nachfolgendem negativem Strom = Wechselstrom). Der Erfolg einer biphasischen Defibrillation mit ≤ 200 J sei genauso gut oder besser als die bisherige monophasische Defibrillation. Da bei der biphasischen Defibrillation geringere Stromstärken ausreichen, sind geringere Herzmuskelschädigungen durch die Defibrillation zu erwarten.

Eine Defibrillation wird vor allem bei Kammerflimmern (oder pulsloser ventrikulärer Tachykardie) durchgeführt. Durch den abgegebenen Stromimpuls kommt es zu einer simultanen Entladung sämtlicher Herzmuskelzellen. Nach einer solchen Defibrillation (Synchronisation der Herzmuskelzellen) treten oft wieder ein normaler Herzrhythmus und eine normale Erregungsleitung entlang der typischen Bahnen ein.

! Während einer Defibrillation darf niemand Kontakt zum Patienten oder dessen Bett haben (auch nicht über eine Pfütze am Fußboden!!), weil sonst die Gefahr besteht, dass der ausgelöste Strom weitergeleitet wird. Auch ist unbedingt zu vermeiden, dass der Patient im Nassen liegt, weil in Verbindung mit der Defibrillation Verbrennungen an feuchten Körperstellen auftreten können.

Kammerflimmern oder pulslose Kammertachykardie

✓ Die häufigste Ursache eines Herzstillstandes ist ein Kammerflimmern. Das EKG zeigt hierbei schnelle, unregelmäßige Ausschläge.

! Die Therapie der Wahl bei einem Kammerflimmern ist die unverzügliche **elektrische Defibrillation** (vgl. Abb. 8-19).

Die mit Gel bestrichenen Defibrillatorelektroden werden an der Herzbasis (zweiter ICR rechts pa-

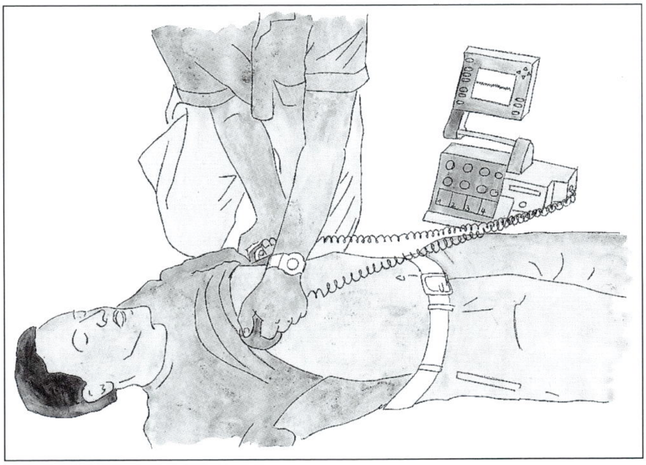

Abb. 8-19 Defibrillation

rasternal) und an der Herzspitze (unterhalb der linken Brustwarze) aufgesetzt. Zur Defibrillation werden bei Erwachsenen bei der (nur noch selten durchgeführten) monophasischen Defibrillation für den ersten Elektroschock 360 J und auch für den zweiten und für weitere monophasische Elektroschocks jeweils 360 J empfohlen. Bei der (modernen) biphasischen Defibrillation werden für den ersten Schock 150–200 J und für den zweiten und für weitere biphasische Schocks jeweils 150–360 J empfohlen (allerdings besitzen viele biphasischen Geräte überhaupt keine entsprechende Wahlmöglichkeit). Nach den neuen Empfehlungen soll immer nur ein Elektroschock durchgeführt und danach sofort wieder mit der mechanischen kardiopulmonalen Reanimation fortgefahren werden. Erst nach einem Reanimationszyklus von 2 Minuten (= 5 × 30 : 2) soll eine Rhythmusdiagnostik (über die Defibrillationselektroden) durchgeführt und ggf. erneut ein Elektroschock abgegeben werden.

! Eine Therapieschleife (Reanimationszyklus) umfasst bei Kammerflimmern oder pulsloser Kammertachykardie also Rhythmusdiagnostik, eine Defibrillation und eine 2-minütige mechanische Reanimation (= 5 CPR-Sequenzen à 30 : 2) (Abb. 8-20).

Falls bei der zweiten Rhythmusdiagnostik noch ein Kammerflimmern oder eine pulslose Kammertachykardie ableitbar ist, muss sofort ein zweites Mal defibrilliert werden. Falls bei der Rhythmusdiagnostik nach der zweiten Defibrillation das Kammerflimmern bzw. die pulslose Kammertachykardie weiterhin besteht, sollte sofort 1 mg Adrenalin intravenös (→ S. 541) verabreicht und unmittelbar danach die dritte Defibrillation durchgeführt werden. Solange das Kammerflimmern bzw. die pulslose Kammertachykardie fortbesteht, sollte nun die Gabe von 1 mg Adrenalin alle 3–5 Minuten (= nach jeweils 2 Reanimationszyklen bzw. nach 10 CPR-Sequenzen) wiederholt werden.
Nur falls bei einer Rhythmusdiagnostik ein geordneter Rhythmus nachweisbar ist, sollte eine Pulskontrolle (die maximal 10 Sekunden dauern darf) durchgeführt werden.
Falls ein Kammerflimmern bzw. die pulslose Kammertachykardie auch noch bei der Rhythmusdiagnostik nach dem dritten Defibrillationsschock weiter besteht, dann sollten 300 mg Amiodaron (→ S. 541) als Bolus verabreicht werden. Falls Kammerflimmern oder die pulslose Kammertachykardie wiederkehrt oder weiterhin bestehen bleibt, kann eine zweite Dosis von Amiodaron à 150 mg und anschließend eine Infusion à 900 mg pro 24 Stunden verabreicht werden (→ S. 541).

! Da normalerweise ein Defibrillator nicht sofort verfügbar ist, wird zuerst so lange mechanisch reanimiert, bis ein Defibrillator besorgt wurde. Wird auf der Intensivstation am angeschlossenen EKG-Monitor das plötzliche Auftreten von Kammerflimmern beobachtet, so kann – bei unmittelbar verfügbarem Defibrillator – die Reanimation primär mit einer elektrischen Defibrillation begonnen werden.

Asystolie und elektromechanische Entkoppelung

✓ Bei einer Asystolie zeigt die Rhythmusdiagnostik mittels Ableitung über den Defibrillator keine elektrische Aktivität. Die Grundlinie ist leicht wellenförmig. Bei einer vollkommen geraden Null-Linie handelt es sich um einen Ableitungsfehler! Die Elektroden müssen überprüft werden.

! Die Therapie der Wahl bei einer **Asystolie** ist die Gabe von Adrenalin (1 mg beim Erwachsenen). Adrenalin sollte nach jedem zweiten Reanimationszyklus (10 × 30 : 2), das heißt alle 3–5 Minuten nachinjiziert werden, falls sich bei der Rhythmusdiagnostik immer noch eine Asystolie zeigt. (Falls sich bei der Rhythmusdiagnostik nun ein Kammerflimmern zeigt, ist zu defibrillieren.)

Da eine Asystolie durch einen stark erhöhten Vagotonus (mit-)verursacht sein kann, wird die zusätzliche Gabe von 3 mg Atropin empfohlen (Abb. 8-20), auch wenn die Wirksamkeit nicht sicher belegt ist.

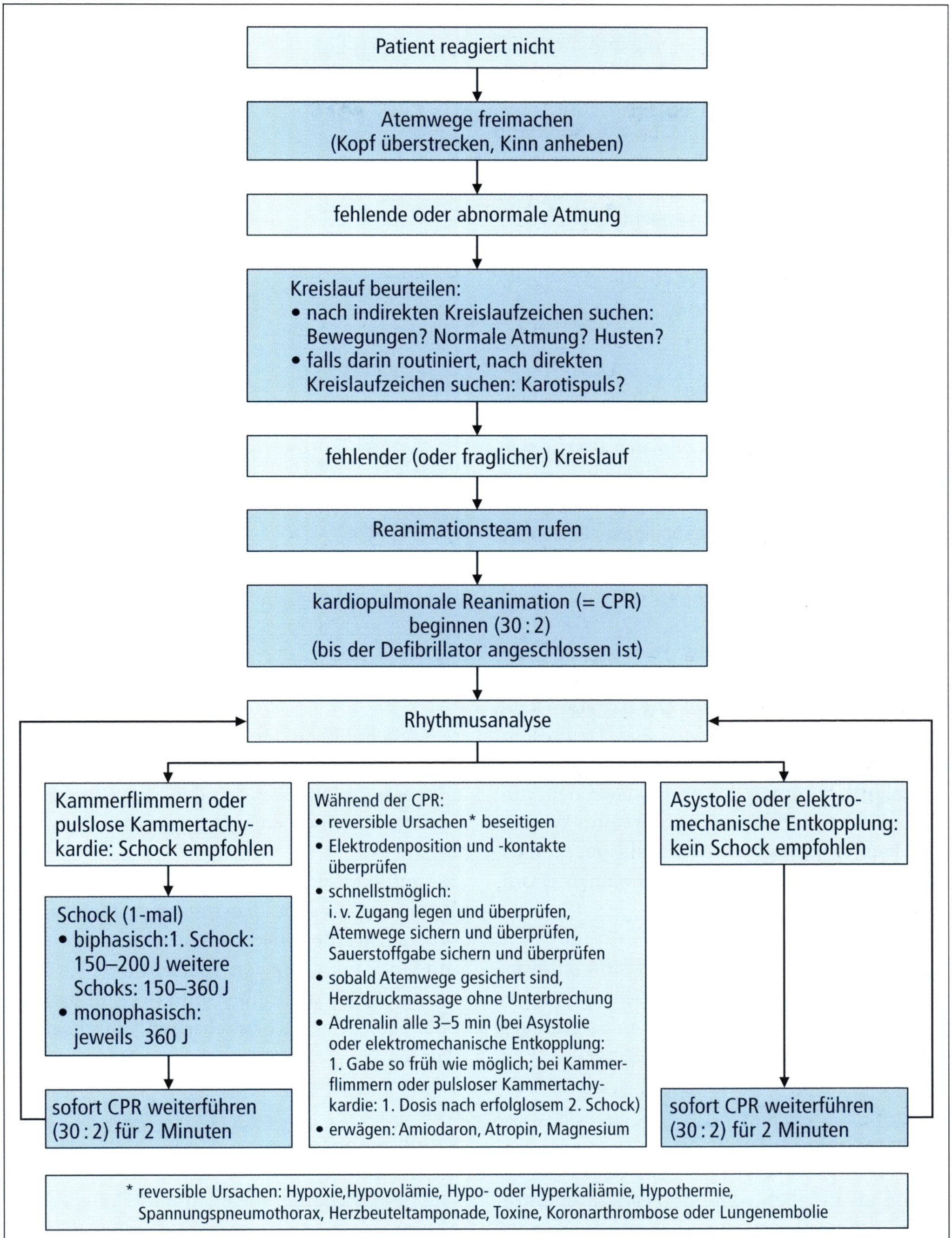

Abb. 8-20 Therapieempfehlungen für erweiterte Reanimationsmaßnahmen. ALS = advanced life support; CPR = kardiopulmonale Reanimation. PEA = pulslose elektrische Aktivität = elektromechanische Entkoppelung.

Bei der **elektromechanischen Entkoppelung** liegt eine Pulslosigkeit vor, obwohl im EKG elektrische Herzaktionen nachweisbar sind. Die Therapie besteht – wie bei einer Asystolie (→ S. 538) – in der wiederholten Gabe von Adrenalin (1 mg i. v., ggf. Wiederholung nach jeder zweiten Therapieschlaufe (= 10 × 30 : 2; d. h. alle 3–5 Minuten). Bei einer elektromechanischen Entkoppelung wird – falls die Frequenz < 60/min ist – wie bei einer Asystolie ebenfalls die Gabe von 3 mg Atropin empfohlen.

Präkordialer Faustschlag

! Wird das Eintreten eines primären Herzstillstandes, z. B. auf der Intensivstation, vom Helfer beobachtet und ist ein Defibrillator nicht unmittelbar verfügbar, so kann die kardiopulmonale Reanimation auch mit einem präkordialen Faustschlag begonnen werden (vgl. Abb. 8-21).

Aus ca. 30 cm Entfernung wird ein kräftiger Faustschlag auf die Mitte des Sternums durchgeführt. Durch die mechanische Irritation kann es, ähnlich wie bei der elektrischen Defibrillation, unter Umständen zum Wiedereinsetzen der Herzaktion kommen. Kommt es nach dem präkordialen Faustschlag nicht sofort zum Wiedereinsetzen einer normalen Herzaktion, so muss unmittelbar mit der kardiopulmonalen Reanimation begonnen werden.

! Der präkordiale Faustschlag darf nicht angewendet werden bei Kindern sowie bei einem primären Atemstillstand mit nachfolgendem Herzstillstand (also bei einem zyanotischen Patienten)!

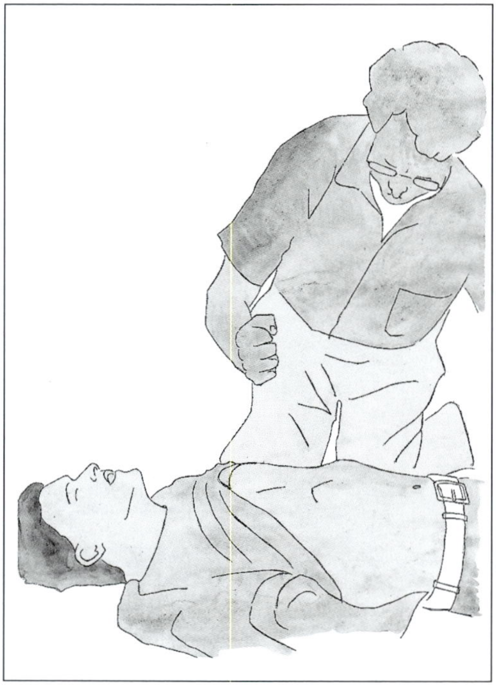

Abb. 8-21 Präkordialer Faustschlag

Endotracheale Intubation

Sobald als möglich sollte der Patient endotracheal intubiert werden. Alternativ kann ggf. auch eine Larynxmaske oder ein Kombitubus platziert werden. Ein Kombitubus ist ein spezieller Doppellumentubus, der blind eingeführt wird und mit seiner Spitze meist im Ösophagus, u. U. aber auch in der Trachea zu liegen kommt. Je nachdem, wo die Spitze des Tubus liegt, muss über das distal endende oder das weiter proximal endende Lumen beatmet werden (vgl. Abb. 8-22).

Bei intubierten Patienten braucht während der Beatmung die Herzdruckmassage nicht unterbrochen werden. Die Herzdruckmassage sollte mit einer Frequenz von 100/min und die Beatmung mit 10 Atemhüben/min (6–7 ml/kg KG = 500–600 ml beim Erwachsenen) durchgeführt werden.

Medikamente

Die beschriebenen mechanischen Wiederbelebungsversuche sollen so bald als möglich durch eine gezielte intravenöse medikamentöse Therapie ergänzt werden. Nach jeder Medikamentengabe sollten mindestens 20 ml NaCl 0,9 % nachinjiziert werden, damit das Medikament

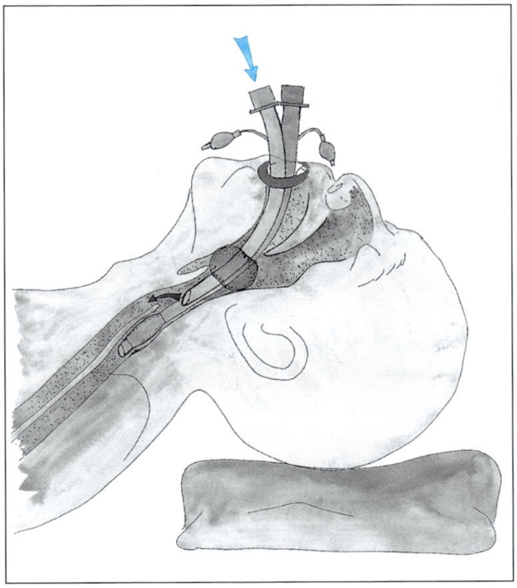

Abb. 8-22 Kombitubus. Dessen Spitze (distal endendes Lumen) kommt normalerweise im Ösophagus zu liegen, daher Beatmung über das proximal endende Lumen. Falls das distal endende Lumen in der Trachea liegen sollte, dann Beatmung über das distal endende Lumen.

möglichst schnell im zentralen Kreislauf ankommt und wirken kann. Die Medikamente der ersten Wahl sind:

- Adrenalin
- Amiodaron
- Atropin

Spätestens zu diesem Zeitpunkt muss ein (möglichst periphervenöser) Zugang gelegt werden. Zumeist lässt sich am Hals – aufgrund der Einflussstauung bei einem Herzstillstand – die dann meist prominente Vena jugularis externa gut punktieren. Ein zentraler Venenkatheter (→ S. 185) sollte während der Herzdruckmassage nur gelegt werden, wenn eine periphervenöse Punktion nicht möglich ist. (Während der zentralvenösen Punktion müsste die Herzdruckmassage unterbrochen werden und die für eine zentralvenöse Punktion wichtigen hygienischen Bedingungen sind kaum einzuhalten und aufgrund des großen Zeitdrucks müsste auch mit einer erhöhten Rate an punktionsbedingten Komplikationen gerechnet werden.) Ist eine zentralvenöse Punktion zwingend notwendig, dann bietet sich die Vena subclavia an (→ S. 188). Bei Neugeborenen kann notfalls in die Nabelvene injiziert werden. Falls ein intravenöser Zugang zu schwierig ist oder nicht gelingt, dann sollte auch bei Erwachsenen an die Möglichkeit gedacht werden, eine intraossäre Kanüle zu platzieren (wie sie insbesondere für Kinder häufiger zur Anwendung kommt; → S. 544).

Adrenalin (Suprarenin®)

Erwachsene erhalten sofort 1,0 mg Adrenalin intravenös, falls sich bei der Rhythmusdiagnostik eine Asystolie oder elektromechanische Entkoppelung ergibt. Gegebenenfalls Wiederholung alle 2 Reanimationszyklen (= 10 × 30 : 2), das heißt alle 3–5 Minuten. Bei Verabreichung über eine periphere Vene sollten jeweils mindestens 20 ml Flüssigkeit (z. B. NaCl 0,9 %) nachinjiziert werden, damit das Adrenalin schnell bis nach zentral gelangt.

Atropin

Im Falle einer Asystolie oder einer elektromechanischen Entkoppelung (mit einer Frequenz < 60/min) wird nach erfolgloser Gabe von Suprarenin® die zusätzliche Gabe von 3 mg Atropin empfohlen.

Amiodaron (oder Lidocain)

Falls ein Kammerflimmern oder eine pulslose Kammertachykardie auch noch bei der Rhythmusdiagnostik nach dem dritten Defibrillationsschock weiter besteht, dann sollten 300 mg Amiodaron als Bolus verabreicht werden. Falls ein Kammerflimmern oder eine pulslose Kammertachykardie wiederkehrt oder bestehen bleibt, kann eine zweite Dosis von Amiodaron à 150 mg und anschließend eine Infusion à 900 mg pro 24 Stunden verabreicht werden. Amiodaron ist auch bei kreislaufstabilen Patienten indiziert, bei denen eine ventrikuläre Tachykardie vorliegt. Da Amiodaron zu einer Thrombophlebitis führen kann, sollte es über eine möglichst großlumige Vene (oder falls vorhanden über einen zentralen Venenkatheter)

injiziert werden (1 Amp. Cordarex® à 3 ml = 150 mg Amiodaron).
Falls Amiodaron nicht verfügbar sein sollte, kann Lidocain (initial 1–1,5 mg/kg KG) als Alternative verabreicht werden. Falls ein zweiter Bolus notwendig ist, werden 50-mg-Boli empfohlen. Die Dosierung von Lidocain während der ersten Stunde darf 3 mg/kg KG nicht überschreiten. Die empfohlenen Zeitpunkte für eine Applikation von Lidocain sind identisch zu denen bei einer Amiodarongabe. Lidocain soll jedoch nicht zusätzlich zu Amiodaron verabreicht werden. Es gibt bisher allerdings keine Studien, die belegen, dass durch Gabe irgendeines Antiarrhythmikums das Outcome reanimationspflichtiger Patienten verbessert würde.

Natriumbicarbonat

Während eines Kreislaufstillstandes entwickelt sich eine **metabolische Acidose**. Dennoch wird die routinemäßige Gabe von Natriumbicarbonat zum Ausgleich einer solchen, hypoxisch bedingten metabolischen Acidose während der Reanimationssituation (oder auch nach Wiedereinsetzen eines Spontankreislaufs) nicht empfohlen. In den meisten Studien wurde gezeigt, dass durch Bicarbonat weder die Erfolgsrate bei der Defibrillation noch die Überlebensrate verbessert werden kann. Es ist jedoch möglich, dass durch Bicarbonatgabe die Koronardurchblutung verschlechtert, die Sauerstoffkurve nach links verschoben und dadurch die Sauerstoffabgabe ans Gewebe erschwert wird, dass eine Hyperosmolarität und eine Hypernatriämie entstehen, mehr CO_2 produziert wird (mit Diffusion von CO_2 nach intrazellulär und dadurch Verstärkung der intrazellulären Acidose) und dass schließlich die Wirkung gleichzeitig verabreichter Catecholamine abgeschwächt wird, da Natriumbicarbonat negativ inotrop wirkt.
Eine Bicarbonatgabe kann erwogen werden, falls während oder nach einer Reanimation der pH-Wert unter 7,1 liegt bzw. der BE negativer ist als –10. Es wird dann ggf. eine Dosierung von 50 ml 8,4%ige Natriumbicarbonatlösung empfohlen, die u. U. wiederholt werden kann. Eine Acidose sollte jedoch nie ganz ausgeglichen werden. Eine Überkorrektur mit Alkalose sollte auf jeden Fall vermieden werden. Es sind entsprechende laborchemische Kontrollen des Säure-Basen-Haushalts durchzuführen.

> ! Eine Bicarbonatgabe (50 mmol einer 8,4%igen Lösung) ist indiziert, falls eine gesicherte Hyperkaliämie (oder eine Intoxikation mit einem trizyklischen Antidepressivum) vorliegt.

Die wichtigsten Maßnahmen, um eine metabolische Acidose im Rahmen einer Reanimation zu therapieren, sind eine adäquate alveoläre Ventilation und Wiederherstellung einer ausreichenden Gewebeperfusion.

Reanimationsmaßnahmen bei Säuglingen und Kindern bis zur Adoleszenz

Die für **Laienhelfer** konzipierten Basismaßnahmen der Reanimation gelten nicht nur für Erwachsene, sondern auch für Kinder > 1 Jahr. Bei der Reanimation eines Kindes kann also ein Laienhelfer den für die Erwachsenenreanimation geltenden BLS-Maßnahmen folgen (→ S. 526). Einzige Ausnahmen sind: Initial sollten bei Kindern 5 Beatmungen durchgeführt werden und ein Einzelhelfer sollte erst nach einer ca. 1-minütigen Reanimation Hilfe holen bzw. organisieren.
Bei den für **professionelle Helfer** konzipierten Maßnahmen wird dagegen zwischen Erwachsenen, Kindern (> 1 Jahr bis zum Beginn der Pubertät), Säuglingen und frisch Geborenen unterschieden.
Bei der kardiopulmonalen Reanimation von Säuglingen und Kindern gelten auch für professionelle Helfer im Prinzip vergleichbare Richtlinien für die kardiopulmonale Reanimation, wie sie für Erwachsene vorstehend beschrieben wurden. Es sind jedoch folgende Besonderheiten zu beachten:

- Reanimation:
  Bei **Kindern** sollten professionelle Helfer die Reanimation mit 5 Atemhüben beginnen.

Treten Beatmungsprobleme auf, dann muss der Mund des Kindes geöffnet und sichtbare Fremdkörper müssen entfernt werden. Es sollte allerdings nicht blind der Mund ausgewischt werden, da hierbei ein tief sitzender, nicht erkennbarer Fremdkörper noch tiefer in die Atemwege vorgeschoben werden könnte. Gegebenenfalls muss auch die Kopfposition optimiert werden. Anschließend sollten – falls mindestens 2 professionelle Helfer anwesend sind – Herzdruckmassage und Beatmung im Verhältnis 15:2 erfolgen (Abb. 8-23).
(Ist lediglich ein professioneller Helfer anwesend, so kann dieser ggf. auch ein Verhältnis von 30:2 anwenden, insbesondere dann, falls die häufigeren Wechsel zwischen Beatmung und Herzdruckmassage zu einer Verminderung der Herzkompressionen pro Zeit führen würden.) Die Kompressionsfrequenz sollte ca. 100/min betragen. Dass bei Kindern primär beatmet wird, während bei Erwachsenen sofort mit der Herzdruckmassage begonnen wird, ist dadurch zu erklären, dass bei Kindern ein Herzstillstand meist Folge eines primären Atemstillstandes ist, während bei Erwachsenen meist primär ein Herzkreislaufstillstand vorliegt.
Bei **Kindern < 1 Jahr** erfolgt die Beatmung mit dem weit geöffneten Mund gleichzeitig über Mund und Nase des kleinen Patienten.
Bei **Kindern > 1 Jahr** wird eine Mund-zu-Mund-Beatmung empfohlen. Sobald die Atemwege durch einen Tubus gesichert sind, sollte mit einer Frequenz von 12–20 Atemhüben pro Minute beatmet werden – ohne Unterbrechung während der Herzdruckmassage.

- Kreislauf:
  Die Beurteilung, ob ein Kreislauf vorhanden ist oder nicht, sollte nicht länger als 10 Sekunden dauern. Als indirekte Kreislaufzeichen sind Bewegungen, Husten, normales Atmen (nicht jedoch eine Schnappatmung) zu werten. Nur der professionelle Helfer sollte auch nach direkten Kreislaufzeichen, das heißt nach einem tastbaren Puls suchen.

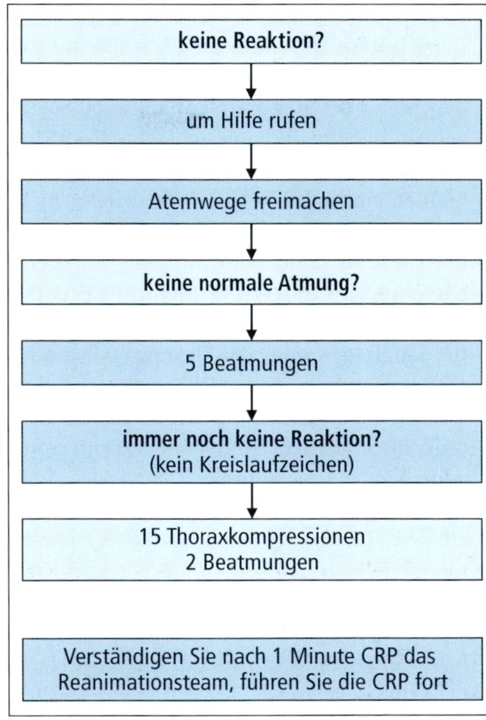

Abb. 8-23 Lebensrettende Basismaßnahmen bei Kindern für professionelle Helfer

  Bei **Säuglingen** ist auch vom professionellen Helfer die Arteria carotis (wegen des kurzen Halses) schwierig zu tasten. Es wird empfohlen, den Puls im Bereich der Arteria brachialis (etwas proximal der Ellenbeuge in der Oberarminnenseite) zu tasten.
  Bei **Kindern** wird nach dem Karotispuls getastet.
- Insufflation:
  Die Insufflation eines Beatmungshubes sollte bei **Säuglingen** und **Kindern** ca. 1–1,5 Sekunden dauern. Ein Beatmungshub ist dann effektiv, wenn sich der Thorax des Kindes ähnlich stark hebt und senkt wie bei der Spontanatmung. Zum Freimachen und Freihalten der Atemwege sollte beim Kind der Kopf überstreckt und das Kinn angehoben werden. Beim Säugling sollte der Kopf in Neutralposition gehalten und nur das Kinn angehoben werden.

- Herzdruckmassage:
  Bei **Kindern** und **Säuglingen** sollte mit der Herzdruckmassage bereits begonnen werden, wenn die Herzfrequenz unter 60 Schläge/min beträgt und eine schlechte Perfusion vorliegt oder falls keine Kreislaufzeichen vorhanden sind oder falls sich der Helfer nicht sicher ist, ob Kreislaufzeichen vorliegen.
  Das Sternum sollte beim Säugling und beim Kleinkind im unteren Drittel um ca. ⅓ der Thoraxtiefe eingedrückt werden.
  Bei Säuglingen sollte der Thorax – falls 2 oder mehrere professionelle Helfer anwesend sind – mit beiden Händen jeweils von einer Seite umgriffen werden, wobei die Daumen nebeneinander im unteren Drittel des Sternums, die restlichen 4 Finger als Widerlager auf dem Rücken des Säuglings zu liegen kommen. Die Daumen sollten hierbei zum Kopf des Säuglings zeigen. Die Herzdruckmassage erfolgt dann mit den Daumen. Ist nur 1 professioneller Helfer anwesend, wird eine Herzdruckmassage mit 2 Fingern (dem zweiten und dritten Finger oder vierten und fünften Finger) empfohlen. Hierbei wird im unteren Drittel des Sternums gedrückt.
  Bei Kindern wird meist mit einem Handballen im Bereich des unteren Sternumdrittels die Herzdruckmassage durchgeführt. Bei größeren Kindern oder bei kleinen Helfern kann die Herzdruckmassage auch beidhändig (wie bei Erwachsenen; → S. 531) durchgeführt werden.
- Anzahl Helfer:
  Sind 2 Helfer anwesend, dann beginnt einer mit der Reanimation und der andere organisiert zuerst Hilfe. Falls nur 1 Helfer anwesend ist, muss zuerst ca. 1 Minute reanimiert werden, bevor Hilfe organisiert werden soll. Ein Säugling oder Kleinkind kann ggf. auf dem Arm mitgenommen werden, solange Hilfe organisiert wird. Nur falls beobachtet wird, wie ein Kind plötzlich kollabiert und falls ausnahmsweise von einem primären Herz-Kreislauf-Stillstand aufgrund von Herzrhythmusstörungen ausgegangen werden muss, dann ist (wie bei Erwachsenen auch; → S. 528) sofort Hilfe zu organisieren (damit möglichst frühzeitig ein Defibrillator verfügbar ist) und erst danach ist mit den Reanimationsmaßnahmen zu beginnen.
- Medikamentengabe:
  Falls die Anlage eines intravenösen Zugangs nicht gelingt (es sollten zuvor maximal 3 Versuche einer Venenpunktion vorgenommen werden), kann auch eine (spezielle) Stahlkanüle bis in die Spongiosa des medialen Schienbeinkopfes (der Tibia) eingestochen werden. Über eine solche Kanüle kann eine intraossäre Infusion oder Transfusion oder die Gabe von Medikamenten vorgenommen werden. Für die intraossäre Gabe von Medikamenten werden die gleichen Dosen wie für die intravenöse Gabe empfohlen. Die Wirkung tritt ähnlich schnell auf wie nach intravenöser Gabe. Nach jeder intravenösen Medikamentengabe sollte ein Bolus isotonischer Kochsalzlösung nachinjiziert werden, damit das Medikament schneller in die zentrale Zirkulation ausgeschwemmt wird.
- Adrenalin:
  Bei **Säuglingen** und **Kindern** wird Adrenalin in einer Dosierung von 0,01 mg/kg KG (= 0,1 ml/kg KG einer 1 : 10 verdünnten Lösung) intravenös oder intraossär empfohlen. Gegebenenfalls Dosiswiederholung alle 3–5 Minuten. Für die endotracheale Gabe (die nur durchgeführt werden sollte, falls im Moment noch keine intravenöse oder intraossäre Injektion möglich ist) werden 0,1 mg/kg KG (0,1 ml/kg KG der unverdünnten Lösung) empfohlen. Intratracheal applizierte Medikamente sollten mit NaCl 0,9 % auf 5 ml verdünnt werden.
- Atropin:
  Bei einer Bradykardie wird Atropin in einer Dosierung von 0,02 mg/kg KG empfohlen (Minimaldosis 0,1 mg; Maximaldosis 0,5 mg beim Säugling bzw. Kind), falls Suprarenin® erfolglos ist. Die Dosis kann ggf. einmal wiederholt werden.
- Amiodaron oder Lidocain:
  Bei Kammerflimmern oder pulsloser Kammertachykardie wird Amiodaron (alternativ

als Medikament der zweiten Wahl auch Lidocain) beim **Säugling** und **Kind** in einer Dosierung von 5 mg/kg KG (bzw. 1 mg/kg KG) intravenös oder intraossär empfohlen. Gegebenenfalls kann diese Dosis wiederholt werden.

- Natriumbicarbonat:
  Die routinemäßige Gabe von Natriumbicarbonat während der Reanimation oder nach Wiedereinsetzen eines spontanen Kreislaufs wird nicht empfohlen. Lediglich, wenn das Kind intubiert und ausreichend ventiliert ist sowie eine effektive Herzdruckmassage durchgeführt wird, kann bei einem längeren Kreislaufstillstand die langsame intravenöse oder intraossäre Gabe von Natriumbicarbonat erwogen werden (ca. 1 mmol/kg KG Natriumbicarbonat). Falls möglich, sollte die Dosierung anhand einer Blutgasanalyse orientiert werden.
- Defibrillation:
  Die Empfehlungen für den Einsatz eines automatischen externen Defibrillators (AED; → S. 533) gelten für Erwachsene sowie für Kinder (> 1 Jahr). Eine Defibrillation (wegen Kammerflimmern oder pulsloser Kammertachykardie) ist bei Kindern extrem selten notwendig. Für viele AED-Geräte gibt es inzwischen spezielle Kinderelektroden oder ein Programm, über das die Energieabgabe auf 50–75 J begrenzt werden kann. Falls kein solches Gerät und kein manueller Defibrillator verfügbar ist, kann bei **Kindern** auch ein herkömmliches AED-Gerät verwendet werden. Bei **Säuglingen** und **Kindern < 10 kg KG** werden Elektroden bzw. Paddels mit 4,5 cm Durchmesser und bei **Kindern > 10 kg KG** Elektroden bzw. Paddels mit einem Durchmesser von 8–12 cm empfohlen. Bei der Defibrillation mit einem manuellen Defibrillator werden (sowohl bei der monophasischen als auch bei der biphasischen Defibrillation) für sämtliche Defibrillationen 4 J/kg KG empfohlen. Stets ist darauf zu achten, dass die beiden Defibrillationspaddel keinen direkten Kontakt miteinander haben. Sind wiederholte Defibrillationen notwendig, dann ist im Prinzip wie bei Erwachsenen in folgender Reihenfolge vorzugehen: Ergibt sich bei der Rhythmusdiagnostik ein defibrillierbarer Rhythmus (Kammerflimmern oder pulslose Kammertachykardie), dann sind sofort die erste Defibrillation und danach unverzüglich für 2 Minuten eine kardiopulmonale Reanimation (CPR) durchzuführen. Im Anschluss ist wiederum eine Rhythmusdiagnostik und ggf. sofort danach die zweite Defibrillation gefolgt von einer 2-minütigen CPR durchzuführen. Ergibt die erneute Rhythmusdiagnostik wiederum einen defibrillationswürdigen Rhythmus, dann ist Adrenalin zu injizieren und danach die dritte Defibrillation gefolgt von einer 2-minütigen CPR durchzuführen. Danach ist die Adrenalingabe ggf. alle 3–5 Minuten zu wiederholen. Ergibt sich bei der nächsten Rhythmusdiagnostik wiederum ein defibrillationswürdiger Rhythmus, dann ist Amiodaron zu verabreichen und sofort danach die vierte Defibrillation durchzuführen (vgl. Abb. 8-24).
- Volumengabe:
  Bei unzureichender Perfusion sollte **Säuglingen** und **Kindern** ein Bolus an isotoner kristalloider Lösung von 20 ml/kg KG verabreicht werden. Glucosehaltige Lösungen sollten hierbei vermieden werden, um eine schädliche Hyperglykämie zu vermeiden (Ausnahme nur, falls eine Hypoglykämie vorliegt). Nach jeder Reanimation sollte engmaschig die Blutzuckerkonzentration kontrolliert werden.
- Asystolie, Bradykardie und elektromechanische Entkoppelung:
  Nicht defibrillierbare Rhythmen wie Asystolie, Bradykardie (< 60 Schläge/min ohne Kreislaufzeichen) und pulslose elektrische Aktivität werden mit Adrenalin (Dosierung → S. 544) behandelt.

Bei einer **Verlegung der Atemwege** ist bei Kindern so vorzugehen, wie in Abbildung 8-25 dargestellt. Dieses Vorgehen ist sehr ähnlich demjenigen, das für Erwachsene empfohlen wird (vgl. Abb. 8-17).

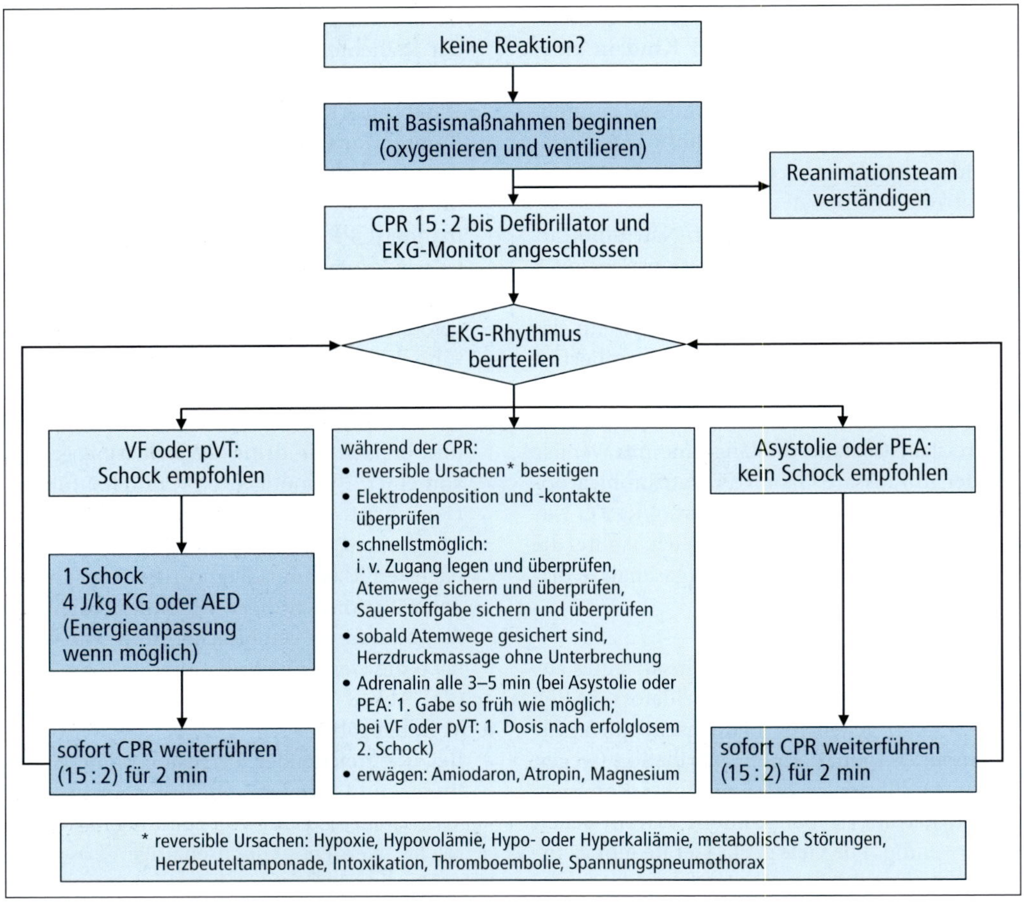

Abb. 8-24 Handlungsanweisungen für erweiterte lebensrettende Maßnahmen bei Säuglingen und Kindern. AED = automatischer externer Defibrillator; CPR = kardiopulmonale Reanimation; PEA = pulslose elektrische Aktivität = elektromechanische Entkoppelung.

Die Empfehlungen für Säuglinge und Kinder unterscheiden sich von den Empfehlungen für Erwachsene (→ S. 535) vor allem darin, dass bei Säuglingen keine (!) abdominalen Kompressionen (Heimlich-Manöver) durchgeführt werden sollen (wegen erhöhter Verletzungsgefahr von Abdominalorganen). Anstatt der abdominalen Kompressionen sollten bei Säuglingen Thoraxkompressionen durchgeführt werden. Diese sollten den Thoraxkompressionen während der Herzdruckmassage ähneln. Sie sollten aber kräftiger und mit langsamerer Frequenz durchgeführt werden. Während der Thoraxkompressionen sollte ein Säugling in Rückenlage (mit dem Kopf nach unten) im Schoß gehalten werden. Bei den Rückenschlägen sollte mit dem Handballen zwischen die Schulterblätter geschlagen werden. Ein Säugling sollte hierzu in Bauchlage (mit dem Kopf nach unten) im Schoß gehalten werden. Das kleine Kind kann ggf. für die Rückenschläge wie ein Säugling gelagert werden, das größere Kind sollte – wie eine Erwachsener – hierzu in eine vornübergebeugte Haltung gebracht werden.

Gegebenenfalls sind 5 Rückenschläge und 5 abdominale Kompressionen bei **Kindern** bzw. 5

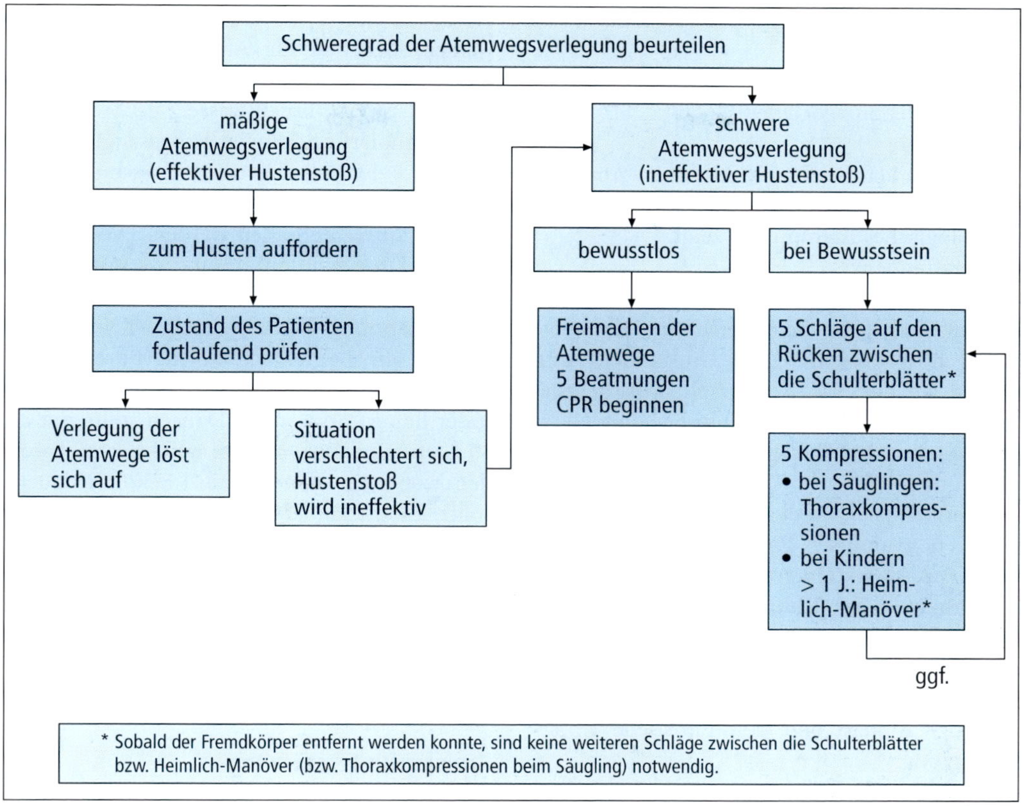

Abb. 8-25 Empfehlungen zur Beseitigung einer Atemwegsverlegung durch Fremdkörper bei Säuglingen und Kindern

Rückenschläge und 5 Thoraxkompressionen bei **Säuglingen** wiederholt zu verabreichen, bis die Atemwege frei sind oder das Kind bzw. der Säugling bewusstlos wird. Das Kind bzw. der Säugling soll in dieser Phase nicht allein gelassen werden, um Hilfe zu organisieren. Falls sich Bewusstlosigkeit einstellt, sollte der Mund kontrolliert und ein sichtbarer Fremdkörper entfernt werden. Ist kein Fremdkörper erkennbar, dann sollte der Mund nicht blind ausgestreift werden, da hierdurch ein evtl. vorhandener Fremdkörper noch tiefer in die Atemwege geschoben werden könnte. Nun sollte wie bei einer kardiopulmonalen Reanimation vorgegangen werden, das heißt nach 5 initialen Atemhüben ist eine altersentsprechende Herzdruckmassage und Beatmung durchzuführen. Erst nach einer ca. 1-minütigen Reanimation darf der Säugling oder das Kind ggf. kurz verlassen werden, um Hilfe zu organisieren.

Reanimationsmaßnahmen bei Neugeborenen

Falls bei einem Neugeborenen eine Intervention notwendig wird, reicht zumeist eine alleinige assistierte Lungenbelüftung aus. Nur selten wird eine zusätzliche Herzdruckmassage notwendig. Falls Reanimationsmaßnahmen notwendig werden, so sollte das Neugeborene hierzu unter einen Wärmestrahler platziert werden.

Beurteilung des Neugeborenen

Bei einem Neugeborenen sind vor allem folgende Parameter zu beurteilen:

- Atmung?
  Es ist zu klären, ob eine Atmung vorhanden ist, ob sie seitengleich ist oder ob sich ein pathologisches Atemmuster zeigt.
- Herzfrequenz?
  Zur Beurteilung der Herzfrequenz sollte mit dem Stethoskop im Bereich der Herzspitze abgehört werden. Unter Umständen kann auch an der Nabelschnur ein Puls getastet werden (meist allerdings nur bei einer Herzfrequenz > 100 Schläge/min).
- Hautkolorit?
  Unmittelbar nach der Geburt ist das Neugeborene zyanotisch. Es sollte jedoch innerhalb von ca. 30 Sekunden rosig werden. Es ist zu klären, ob das Kind zentral (z.B. Lippen, Zunge) rosig, zyanotisch oder blass ist.
- Muskeltonus?
  Ein schlaffes (hypotones) Neugeborenes benötigt zumeist eine respiratorische Unterstützung.
- Reaktion auf taktile Reize?
  Ein Abtrocknen des Neugeborenen reicht normalerweise als Stimulus für eine effektive Spontanatmung aus. Bleibt die Spontanatmung trotz dieser taktilen Stimulation unzureichend, sind weitere unterstützende Maßnahmen notwendig.

Falls das Neugeborene unmittelbar nach der Geburt keine ausreichende Spontanatmung entwickelt oder die Herzfrequenz < 100 Schläge/min beträgt, dann sollte mit Reanimationsmaßnahmen, das heißt mit der Beatmung begonnen werden (vgl. Abb. 8-26).

Atemwege, Atmung, Beatmung

Das Neugeborene sollte in Rückenlage mit dem Kopf in Neutralposition gelagert werden. Zur korrekten Kopflagerung kann ein ca. 2 cm dickes Betttuch unter die Schulter gelegt werden. Ein Absaugen ist nur notwendig, wenn Fruchtwasser oder Blut die Atemwege verlegt. Ein schlaffes, avitales Neugeborenes, das aus mekoniumgefärbtem Fruchtwasser geboren wird, sollte intubiert und tracheal abgesaugt werden. Während der initialen Beatmungshübe sollte ein inspiratorisches Plateau über jeweils 2–3 Sekunden aufrechterhalten werden. Dies erleichtert die Lungenentfaltung und die Ausbildung einer funktionellen Residualkapazität. Als initialer Beatmungsdruck reichen meist 20–25 cm H_2O aus. Bei manchen Neugeborenen sind jedoch initiale Spitzendrücke von 30–40 cm H_2O (oder höher) notwendig. Danach sollte mit ca. 30 Atemhüben pro Minute weiterbeatmet werden, wobei ein Atemhub ca. 1 Sekunde dauern sollte. Eine adäquate Beatmung führt zumeist zu einem schnellen Anstieg der Herzfrequenz auf > 100 Schläge/min. Der Thorax sollte sich bei der Beatmung adäquat heben und senken. Vor Beginn einer Herzdruckmassage müssen die Lungen stets ausreichend entfaltet werden.

Kreislaufunterstützung

Falls trotz adäquater Entfaltung und Belüftung der Lungen die Herzfrequenz < 60 Schläge/min beträgt, ist mit der Herzdruckmassage zu beginnen. Hierbei wird idealerweise – wie bei der Säuglingsreanimation beschrieben – der Thorax des Neugeborenen mit beiden Händen umgriffen und mit den beiden, nebeneinander liegenden Daumen das untere Drittel des Sternums um ca. ⅓ des anterior-dorsalen Thoraxdurchmessers komprimiert. Es sollte ein Kompressions/Ventilations-Verhältnis von 3 : 1 angestrebt werden, wobei ca. 120 Maßnahmen pro Minute (ca. 90 Kompressionen und 30 Beatmungen) durchgeführt werden sollten. Nach ca. 30 Sekunden CPR sowie regelmäßig danach sollte die Herzfrequenz kontrolliert werden und falls sie > 60 Schläge/min beträgt, kann die Herzdruckmassage beendet werden.

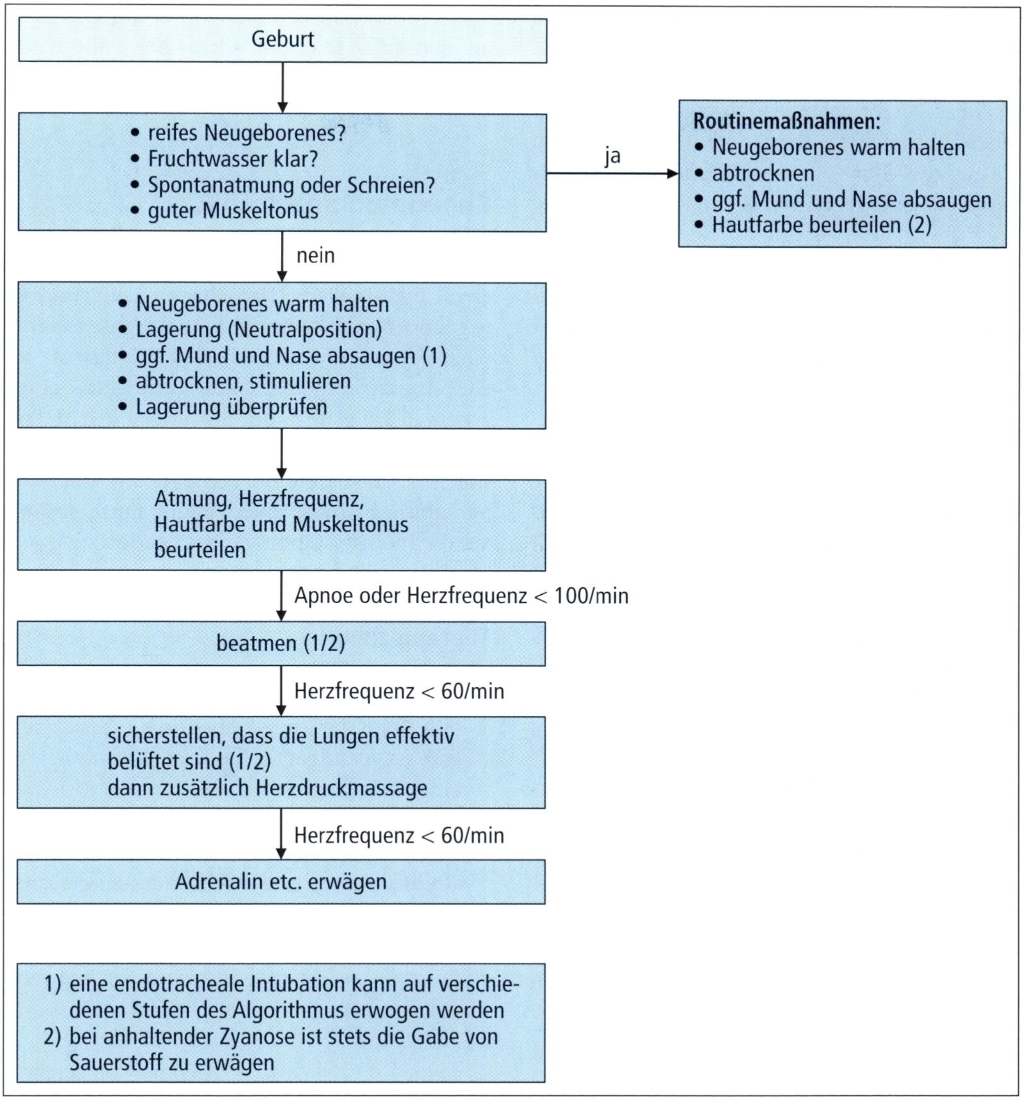

Abb. 8-26 Handlungsanweisung für lebensrettende Maßnahmen bei Neugeborenen

Medikamente

Medikamente werden bei einer Neugeborenenreanimation nur selten benötigt. Zumeist ist eine Bradykardie bei Neugeborenen Folge einer Hypoxie und kann daher auch durch eine adäquate Ventilation schnell behoben werden. Falls Medikamente verabreicht werden sollen, ist eine möglichst herznahe Gabe wichtig. Idealerweise ist rasch ein Nabelvenenkatheter zu legen.

Adrenalin

Steigt die Herzfrequenz trotz adäquater Beatmung und Herzdruckmassage nicht > 60 Schläge/min an, sollte Adrenalin in einer Dosis von

10–30 µg/kg KG (= 0,1–0,3 ml/kg KG der 1 : 10 verdünnten Lösung) intravenös verabreicht werden. Falls ausnahmsweise Adrenalin endotracheal verabreicht wird (obwohl dies nicht offiziell empfohlen wird), dann sollten bis zu 100 µg/kg KG (= 0,1 ml/kg KG der unverdünnten Lösung) gegeben werden.

Natriumbicarbonat

Falls unter eine suffizienten CPR kein Spontankreislauf auftritt, kann zur Korrektur der myokardialen Acidose ggf. Natriumbicarbonat (1–2 mmol/kg KG i. v.) verabreicht werden.

Flüssigkeit

Besteht der Verdacht auf eine Hypovolämie bzw. einen Blutverlust (Blässe, schlechte Durchblutung, schwache Pulse), dann sollte eine isotone kristalloide Lösung (ca. 10–20 ml/kg KG) verabreicht werden. Eine isotone kristalloide Lösung ist einer Proteinlösung vorzuziehen. Falls verfügbar, kann bei einem Blutverlust auch bestrahltes, leukozytendepletiertes Rhesusfaktor-negatives Blut der Blutgruppe 0 gegeben werden.

Erfolgskontrolle während CPR

- Der Thorax hebt und senkt sich während der Atemspende. Bei der passiven Ausatmung ist mit dem angenäherten Ohr die Luft zu hören und zu fühlen, die aus der Nase entweicht.
- Die Hautfarbe wird wieder rosiger.
- Der Karotispuls ist tastbar.
- Der Patient bewegt sich.
- Vorher weite Pupillen werden wieder enger.
- Eine spontane Herzaktion setzt wieder ein.
- Eine Spontanatmung setzt wieder ein.

Komplikationen

- Sternum- und Rippenfrakturen
- Pneumothorax, Hämatothorax
- Leber- und Milzverletzungen
- Herzkontusion

Verletzungen durch eine kardiopulmonale Reanimation treten vor allem bei fehlerhafter Technik oder bei alten Patienten mit brüchigen Knochen auf.

Behandlung nach CPR

Nach einer Reanimation ist der Patient oft durch einen hypoxischen Hirnschaden (aufgrund einer Störung der zerebralen Autoregulation und einer Abnahme des zerebralen Blutflusses) sowie durch Herzrhythmusstörungen, einen erneuten Herzstillstand, Störungen des Blutzuckerhaushalts und der Elektrolytkonzentrationen, eine Hypotonie, Hypoxie und/oder Hyperkapnie bedroht. Der Patient muss deshalb auf die Intensivstation verlegt werden.

Therapieziele

- Stabilisierung des Kreislaufs:
  Wie hoch der anzustrebende Blutdruck sein soll, ist nicht genau bekannt. Vermutlich ist ein Wert anzustreben, der für den Patienten normal ist. Es muss ein ausreichender zerebraler und koronarer Perfusionsdruck angestrebt werden. Außerdem muss eine ausreichende Diurese erzielt werden.
- kontrollierte Beatmung:
  Für p_aO_2, p_aCO_2 und S_aO_2 sind Normalwerte anzustreben.
- Sedierung
  sowie Prophylaxe bzw. Therapie von zerebralen Krämpfen, z. B. mit einem Benzodiazepin, Propofol, Phenytoin oder Barbituraten (z. B. Phenobarbital)
- Verhinderung eines Fieberanstiegs:
  Ein Fieberanstieg ist unbedingt zu vermeiden (ggf. durch Antipyretika, physikalische Kühlung), denn durch Erhöhung der Körpertemperatur um 1 °C nimmt der Stoffwechsel und damit der Sauerstoffbedarf auch des Gehirns um ca. 7 % zu.
  Bei Patienten, die außerhalb des Krankenhauses erfolgreich reanimiert wurden und

die noch bewusstlos sind, sollte für die nächsten 12–24 Stunden eine mäßige Kühlung auf 32–34 °C erreicht werden. Dadurch kann das neurologische Outcome verbessert werden. Durch Gabe von 30 ml/kg KG eiskalter 0,9%iger NaCl-Lösung kann die Körperkerntemperatur ggf. um 1,5 °C gesenkt werden.

- Blutzuckerkonzentration zwischen 80 und 110 mg/dl:
  Da eine Hyperglykämie bzw. starke Schwankungen der Blutzuckerkonzentration das neurologische Outcome verschlechtern, ist ggf. eine sog. intensivierte Insulintherapie durchzuführen, um eine Blutzuckerkonzentration von 80–110 mg/dl anzustreben.
- Kontrolle der Laborwerte und Anstreben von Normalwerten für:
  - pH-Wert
  - Hämatokrit
  - Serumalbumin
  - Serumelektrolyte:
    Insbesondere eine meist drohende Hypokaliämie ist zu vermeiden, da hierdurch Herzrhythmusstörungen begünstigt werden. Es sollte eine Kaliumkonzentration von 4–4,5 mmol/l angestrebt werden.
- Optimierung der neurologischen Erholung:
  Da die zerebralen Autoregulationsmechanismen (→ S. 267) nach einer Reanimation stark gestört sind, wird die Hirndurchblutung direkt abhängig vom arteriellen Blutdruck. Ein Abfall des arteriellen Blutdrucks bedeutet nun einen Abfall der Hirndurchblutung. Es ist daher ein Blutdruck anzustreben, der für den Patienten normal ist.

Beendigung

Etwa 75 % der Reanimationen sind erfolglos. Solange ein Kammerflimmern nachweisbar ist, sollte eine (korrekterweise) begonnene Reanimation fortgeführt werden. Besteht für > 20 Minuten eine Asystolie, obwohl alle erweiterten Reanimationsmaßnahmen versucht wurden, und liegen keine beseitigbaren Ursachen für den Herzkreislaufstillstand vor, dann kann die Reanimation eingestellt werden. Wann eine Reanimation beendet werden kann, hängt auch davon ab, wie viel Zeit zwischen Eintritt des Herzstillstandes und Beginn der Reanimation bzw. Durchführung der Defibrillation vergangen ist und was für Begleiterkrankungen der Patient hat.

Falls ein **Neugeborenes** länger als 10 Minuten reanimiert wird, ohne dass sich Lebenszeichen einstellen, dann muss entweder mit einer hohen Mortalität oder mit schweren entwicklungsneurologischen Behinderungen gerechnet werden. Daher kann es statthaft sein, eine Neugeborenenreanimation abzubrechen, wenn nach 10-minütiger adäquater Reanimation keine Lebenszeichen erkennbar sind.

9 Anhang

9.1 Normalwerte

9.1.1 Blutgasanalyse

Eine **B**lut**g**as**a**nalyse (= BGA) kann arteriell, kapillär, zentralvenös oder gemischtvenös (→ S. 399) abgenommen werden. Die Abnahme aus einer peripheren Vene zur Beurteilung der Blutgase ist nicht vertretbar!

- alte Nomenklatur: mm Hg
- neue Nomenklatur: kPa (Kilopascal)
- Umrechnungsfaktor: 7,5 (kPa × 7,5 = mm Hg)

p_aO_2	20 Jahre	97 ± 3 mm Hg	12,9 ± 0,4 kPa
	40 Jahre	92 ± 5 mm Hg	12,2 ± 0,7 kPa
	60 Jahre	83 ± 5 mm Hg	11,3 ± 0,7 kPa
	80 Jahre	75 ± 5 mm Hg	10,0 ± 0,7 kPa

$p_{zv}O_2$	40 ± 5 mm Hg	5,3 ± 0,7 kPa
p_aCO_2	40 ± 5 mm Hg	5,3 ± 0,7 kPa
$p_{zv}CO_2$	46 ± 5 mm Hg	6,1 ± 0,7 kPa

Sättigung arteriell	97 %
Sättigung gemischt- oder zentralvenös	75 %
Standardbicarbonatkonzentration (= StB)	21–25 mmol/l
Base excess (= BE)	± 3 mmol/l
pH-Wert	7,4 ± 0,04

9.1.2 Elektrolyte

Natrium	135–145 mmol/l
Kalium	3,5–5 mmol/l
Calcium gesamt	2,15–2,58 mmol/l
Calcium ionisiert	1,16–1,32 mmol/l
Chlorid	98–109 mmol/l

9.1.3 Gerinnung

Quick-Wert	70–100 %
INR	0,85–1,15
PTT	26–37 s

9.1.4 Leberwerte

ASAT (**As**partat-**A**mino**t**ransferase): (früher SGOT = **S**erum-**G**lutamat-**O**xalacetat-**T**ransferase) Männer: < 50 U/l; Frauen: < 35 U/l
ALAT (**Al**anin-**A**mino**t**ransferase): (früher SGPT = **S**erum-**G**lutamat-**P**yruvat-**T**ransferase) Männer: < 50 U/l; Frauen: < 35 U/l
SLDH (**S**erum-**L**actat**d**e**h**ydrogenase): 80–240 U/l

9.1.5 Sonstige Laborwerte

Parameter	Normalwerte
Leukozyten	4 000–15 000/mm^3
Thrombozyten	130 000–400 000/mm^3
Fibrinspaltprodukte	< 10 mg/dl
Lactat (arterielles Blut)	< 1,8 mmol/l
Kreatinin	Männer: < 106 µmol/l bzw. < 1,2 mg/dl Frauen: < 80 µmol/l bzw. < 0,9 mg/dl
Harnstoff	1,7–8,3 mmol/l bzw. 10–50 mg/dl
Lipase	< 60 U/l
Alpha-Amylase	Serum: < 100 U/l Urin: < 460 U/l
CK (Kreatinkinase)	Männer: < 190 U/l Frauen: < 170 U/l
CK-MB (herzspezifische Kreatinkinase)	< 24 U/l (Verdacht auf Herzinfarkt bei CK-MB > 6–10 % der CK)
HBDH (Hydroxybutyrat-Dehydrogenase)	72–182 U/l
Proteine (Gesamteiweiß)	6–8 g/l
Bilirubin gesamt	< 1,1 mg/dl
Bilirubin indirekt	< 0,9 µmol/l
Bilirubin direkt	< 0,3 µmol/l
AT (Antithrombin)	75–125 %
Cholinesterase	Männer: 4,3–11,3 kU/l Frauen: 5,3–12,9 kU/l
Alkalische Phosphatase	Männer: < 129 U/l Frauen: < 104 U/l
γ-GT	Männer: < 66 U/l Frauen: < 39 U/l

9.1.6 Blutzucker

Der Blutzucker (= BZ) wird oft auch aus Kapillarblut bestimmt.

- alte Einheit: mg %, mg/dl
- neue Einheit: mmol/l
- Umrechnungsfaktor: 18 (mg % : 18 = mmol)

70–100 mg %	3,9–5,5 mmol/l

9.1.7 Blutbild

Hämoglobin (= Hb)	Männer Frauen	14–18 g % 12–16 g %
Hämatokrit (= Hkt)	Männer Frauen	43–49 % 36–45 %
Thrombozyten	130 000–400 000/mm^3	

9.1.8 Hämodynamische Parameter

Parameter	Normalbereich	Durchschnittswert
Herzfrequenz (= HF)	60–100/min	
Arterieller Blutdruck • systolisch • diastolisch • Mitteldruck	 90–140 mm Hg 60– 90 mm Hg 70–105 mm Hg	 130 mm Hg 70 mm Hg 85 mm Hg
Zentraler Venendruck	1–10 mm Hg	5 mm Hg
Rechter Vorhof	1–10 mm Hg	5 mm Hg
Rechter Ventrikel • systolisch • enddiastolisch	 17–32 mm Hg 1– 7 mm Hg	 25 mm Hg 4 mm Hg
Pulmonalarterie • systolisch • enddiastolisch • Mitteldruck	 17–32 mm Hg 4–13 mm Hg 9–19 mm Hg	 25 mm Hg 9 mm Hg 15 mm Hg
Pulmonalkapillärer Verschlussdruck (= **p**ulmo-**c**apillary **w**edge-**p**ressure = PCWP = Wedge-Druck)	4–13 mm Hg	9 mm Hg
Linker Vorhof	2–12 mm Hg	8 mm Hg
Herzminutenvolumen (= HMV = cardiac output)	4–8 l/min	

9.2 Medikamentenverzeichnis

Wirkstoff	Handelsname	Wirkstoff	Handelname
Adrenalin	Suprarenin®	Lidocain	Xylocain®
Ajmalin	Gilurytmal®	Linezolid	ZYVOXID®
Alfentanil	Rapifen®	Mepivacain	Meaverin®, Scandicain®
Amiodaron	Cordarex®	Meropenem	Meronem®
Atracurium	Tracrium®	Methohexital	Brevimytal®
Bupivacain	Bupivacain, Carbostesin®	Metoprolol	Beloc®
Buprenorphin	TEMGESIG®	Metronidazol	Clont®
Cefotaxim	Claforan®	Mezlocillin	Baypen®
Ceftazidim	Fortum®	Midazolam	Dormicum®
Ceftriaxon	Rocephin®	Moxifloxacin	Avalox®
Cefuroxim	Zinacef®	Naloxon	Naloxon DeltaSelect
Cimetidin	Tagamet	Neostigmin	Neostigmin
Ciprofloxacin	Ciprobay®	Nifedipin	Adalat®
cis-Atracurium	Nimbex®	Nitrendipin	Bayotensin® akut
Clarithromycin	Klacid®	Nitroglycerin	Trinitrosan®
Clemastin	Tavegil	Nitroprussidnatrium	nipruss®
Clindamycin	Sobelin®	Noradrenalin	Arterenol®
Clonidin	Catapresan®, Clonidin®, Paracefan®	Pancuronium	Pancuronium®
		Pethidin	Dolantin®
Desfluran	Suprane®	Phenobarbital	Luminal®
Diazepam	Valium®	Physostigmin	Anticholium®
Diclofenac	Voltaren®	Piperacillin	Pipril®
Dikaliumclorazepat	Tranxilium®	Piritramid	Dipidolor®
Dimetinden	Fenistil®	Prilocain	Xylonest®
Dobutamin	Dobutamin Solvay® Infus	Promethazin	Atosil®
Dopamin	Dopamin-ratiopharm®	Propofol	Disoprivan®
Dopexamin	Dopacard®	Pyridostigmin	Mestinon®
Drotrecogin alfa (aktiviert)	Xigris®	Ranitidin	Sostril®
Enoximon	Perfan®	Remifentanil	Ultiva®
Esketamin	Ketanest® S	Rocuronium	Esmeron®
Esmolol	Brevibloc®	Sevofluran	Sevorane®
Etomidat	Hypnomidate®	Succinyldicholin	Pantolax®, Lysthenon®
Famotidin	PEPDUL®	Sucralfat	Ulcogant®
Fentanyl	Fentanyl Janssen	Sufentanil	Sufenta®, Sufenta® mite
Flunitrazepam	Rohypnol®		
Fosfomycin	Infectofos®	Theophyllin	Bronchoparat®
Furosemid	Lasix®	Thiopental	Trapanal®
Gentamicin	Refobacin®	Torasemid	Torem®, Unat®
Imipenem	ZIENAM®	Urapidil	Ebrantil®
Isofluran	Forene®	Vancomycin	Vancomycin CP Lilly®
Ketamin	Ketamin DeltaSelect	Vecuronium	Norcuron®

9.3 Medizinproduktegesetz

Das seit dem 01.01.1995 geltende Medizinproduktegesetz (MPG) schreibt genau vor, welche Voraussetzungen erfüllt sein müssen, damit ein Medizinprodukt (Gerät) eingesetzt werden darf (z. B. gültiger Eichstempel). Das MPG schreibt auch ein Anwendungsverbot bei Mängeln vor. Außerdem schreibt es vor, dass eine sachgerechte Handhabung sichergestellt werden muss. Typische Mängel bei Medizinprodukten sind:

- defekte Netzstecker und Netzkabel
- nicht funktionierende Alarm- und Sicherheitseinrichtungen
- sichtbare und unsichtbare Sturzschäden
- fehlende Zubehörteile
- nicht zugelassene Zubehörteile
- fehlende Zusatzgeräte
- nicht zugelassene Zusatzgeräte
- Fehlfunktion
- defekte Wandanschlüsse

Voraussetzungen für eine sachgerechte Handhabung sind:

- Kenntnis der theoretischen Grundlagen
- Kenntnis der Bedienungselemente und der dazu gehörenden Funktionen
- Kenntnis des ordnungsgemäßen Zustandes
- Kenntnis der vorgeschriebenen Funktionsprüfung vor der Anwendung
- Kenntnis der Anwendungsregeln
- Kenntnis der Bedienung und der patientengerechten Einstellung

Da die Gewähr einer sachgerechten Handhabung in evtl. gerichtlichen Auseinandersetzungen eine wichtige Rolle spielt und bei Missachtung des MPG Bußgelder, Geld- und Freiheitsstrafen angedroht werden, muss der Anwendende von Medizinprodukten den eigenen Kenntnisstand kritisch prüfen und ggf. an entsprechenden Schulungen und Wiederholungseinweisungen (MPG-Einweisungen) teilnehmen bzw. diese einfordern.

Auszug

Gesetz über Medizinprodukte (Medizinproduktegesetz – MPG)

Vom 02.08.1994
(BGBl [Bundesgesetzblatt] I 1994 S. 1963; 1998 S. 2005). (Letzte Änderung vom 07.08.2002)
Der Bundestag hat mit Zustimmung des Bundesrates folgende Gesetze beschlossen: ...

Erster Abschnitt Zweck, Anwendungsbereich des Gesetzes, Begriffsbestimmungen

§ 1 Zweck des Gesetzes

Zweck des Gesetzes ist es, den Verkehr mit Medizinprodukten zu regeln und dadurch für die Sicherheit, Eignung und Leistung der Medizinprodukte sowie die Gesundheit und den erforderlichen Schutz der Patienten, Anwender und Dritter zu sorgen.

§ 3 Begriffsbestimmungen

1. Medizinprodukte sind alle einzeln oder miteinander verbunden verwendeten Instrumente, Apparate, Vorrichtungen, Stoffe und Zubereitungen aus Stoffen oder andere Gegenstände einschließlich der für ein einwandfreies Funktionieren des Medizinproduktes eingesetzten Software, die vom Hersteller zur Anwendung für Menschen mittels ihrer Funktionen zum Zwecke

a) der Erkennung, Verhütung, Behandlung oder Linderung von Krankheiten,
b) ... von Verletzungen oder Behinderungen ... zu dienen bestimmt sind ...

Zweiter Abschnitt Anforderungen an Medizinprodukte

§ 4 Verbote zum Schutz von Patienten, Anwendern und Dritten

(1) Es ist verboten, Medizinprodukte in den Verkehr zu bringen, zu errichten, in Betrieb zu nehmen, zu betreiben oder anzuwenden, wenn
1. der begründete Verdacht besteht, dass sie die Sicherheit und die Gesundheit der Patienten, der Anwender oder Dritter bei sachgemäßer Anwendung, Instandhaltung und ihrer Zweckbestimmung entsprechender Verwendung über ein nach den Erkenntnissen der medizinischen Wissenschaften vertretbares Maß hinausgehend gefährden oder
2. ihr Verfallsdatum abgelaufen ist.

§ 8 Voraussetzungen für das Inverkehrbringen und die Inbetriebnahme

(1) Medizinprodukte ... gemäß § 11 Abs. 1 sowie Medizinprodukte, die zur klinischen Prüfung bestimmt sind, dürfen im Geltungsbereich dieses Gesetzes nur in den Verkehr gebracht und in Betrieb genommen werden, wenn sie mit der CE-Kennzeichnung ... versehen sind. Über die Beschaffenheitsanforderungen hinausgehende Bestimmungen, die das Betreiben von Medizinprodukten betreffen, bleiben unberührt.

§ 13 Klassifizierung

(1) Medizinprodukte werden Klassen zugeordnet (vgl. Tabelle auf dieser Seite; vom Autor angefügt).

Fünfter Abschnitt Vorschriften für das Errichten, Betreiben und Anwenden von Medizinprodukten

§ 22 Vorschriften für das Errichten, Betreiben und Anwenden aktiver Medizinprodukte

(1) Aktive Medizinprodukte dürfen nur ihrer Zweckbestimmung entsprechend, nach den Vorschriften dieses Gesetzes und hierzu erlassener Rechtsverordnungen, den allgemein anerkannten Regeln der Technik sowie den Arbeitsschutz- und Unfallverhütungsvorschriften errichtet, betrieben und angewendet werden. Sie dürfen nicht betrieben und angewendet werden, wenn sie Mängel aufweisen, durch die Patienten, Beschäftigte oder Dritte gefährdet werden können. Aktive Medizinprodukte dürfen nur von Personen angewendet werden, die auf Grund ihrer Ausbildung oder ihrer Kenntnisse und praktischen Erfahrungen die Gewähr für eine sachgerechte Handhabung bieten.

Beispiele für die 4 Risikoklassen nach dem Medizinproduktegesetz

4 Risikoklassen für Medizinprodukte nach 18 komplizierten Regeln			
Klasse I niedrigste Klasse	**Klasse IIa**	**Klasse IIb**	**Klasse III höchste Klasse**
Brillenglas Brillengestell	Kontaktlinsen	Kontaktlinsenpflegemittel	Herzklappe
Stethoskop	Atemsystem Atemschlauch	Beatmungsgeräte	Schrittmacher
Operationstisch	Bakterienfilter	Röntgengerät	Defibrillator am Herzen

Neunter Abschnitt
Straf- und Bußgeldvorschriften

§ 43 Strafvorschriften

(1) Mit Freiheitsstrafe bis zu 3 Jahren oder mit Geldstrafe wird bestraft, wer

1. entgegen § 4 Abs. 1 Nr. 1 ein Medizinprodukt in den Verkehr bringt, errichtet, in Betrieb nimmt, betreibt oder anwendet,
2. entgegen § 8 Abs. 1 Satz 1 ein Medizinprodukt, das den Vorschriften der Strahlenschutzverordnung oder der Röntgenverordnung unterliegt oder bei dessen Herstellung ionisierende Strahlen verwendet wurden, in den Verkehr bringt oder in Betrieb nimmt.

Zehnter Abschnitt
Übergangsbestimmungen

§ 47 Inverkehrbringen, Errichten und Betreiben von medizinisch-technischen Geräten

(1) Medizinisch-technische Geräte gemäß § 2 Nr. 1, 3 und 4 der Medizingeräteverordnung vom 14.01.1985 (BGBl. I S. 93), zuletzt geändert durch Artikel 9 Nr. 8 des Gesetzes vom 26.08.1992 (BGBl. I S. 1564), dürfen, soweit sie nicht nach den Vorschriften der §§ 8 bis 11 dieses Gesetzes in den Verkehr gebracht werden, nur in den Verkehr gebracht werden, wenn sie den geltenden Vorschriften der Medizingeräteverordnung in der jeweils geltenden Fassung und den sonstigen Voraussetzungen für ihr Inverkehrbringen entsprechen und Leben oder Gesundheit oder sonstige in den für medizinisch-technische Geräte geltenden Rechtsverordnungen aufgeführte Rechtsgüter der Patienten, Anwender oder Dritter bei bestimmungsgemäßer Verwendung nicht gefährden.

9.4 Abkürzungen

A

A.	Arteria
$AaDO_2$	alveoloarterielle Sauerstoffpartialdruckdifferenz
A/C	assistierte/kontrollierte Beatmung
ACB	aortokoronarer Bypass
ACE	angiotensin converting enzyme
ACh	Acetylcholin
ACT	activated clotting time, aktivierte Gerinnungszeit
ADH	antidiuretisches Hormon
AF	Atemfrequenz
AIDS	acquired immunodeficiency syndrome
ALAT	Alanin-Aminotransferase (früher als SGPT bezeichnet)
ALI	acute lung injury
ALS	advanced life support
AMV	Atemminutenvolumen
APRV	airway pressure release ventilation
ARDS	acute respiratory distress syndrome, akutes Lungenversagen
ASAT	Aspartat-Aminotransferase (früher als SGOT bezeichnet)
ASB	assisted spontaneous breathing, unterstützte Spontanatmung
ATS	Antithrombosestrümpfe

B

BGA	Blutgasanalyse
BIPAP	biphasic positive airway pressure
BLS	basic life support
BSV	Bandscheibenvorfall
BUN	blood urea nitrogen, im Blutharnstoff enthaltene Stickstoffmenge

C

CAVHDF	kontinuierliche arteriovenöse Hämodiafiltration
CAVHF	kontinuierliche arteriovenöse Hämofiltration
cCT	kranielles Computertomogramm
CK	Kreatinkinase

CMV continuous mandatory ventilation, kontrollierte maschinelle Beatmung
CO_2 Kohlendioxid
COLD chronic obstructive lung disease, chronisch obstruktive Lungenerkrankung
COX Cyclooxygenase
CPAP continuous positive airway pressure, kontinuierlicher positiver Atemwegsdruck
CPP cerebral perfusion pressure, zerebraler Perfusionsdruck
CPPV continuous positive pressure ventilation, kontinuierliche Überdruckbeatmung
CPR kardiopulmonale Reanimation
CRP C-reaktives Protein
CVVH(D)F kontinuierliche venovenöse Hämofiltration

D

d Tag(e)
DIC disseminated intravascular coagulation, disseminierte intravasale Gerinnung

E

EKZ extrakorporale Zirkulation
EU Extrauteringravidität

F

FEV_1 1-Sekunden-Kapazität (forciertes exspiratorisches Volumen in 1 Sekunde)
FFP fresh frozen plasma, gefrorenes Frischplasma
F_iO_2 fraction of inspired oxygen, inspiratorische Sauerstoffkonzentration

G

GOT → ASAT bzw. SGOT
GPT → ALAT bzw. SGPT

H

h Stunde(n)
Hb Hämoglobin
HCO_3^- Bicarbonat
HD Hämodialyse
HES Hydroxyethylstärke
HIV human immunodeficiency virus
Hkt, HK Hämatokrit
HKV Hydrokolloidverband
HLM Herz-Lungen-Maschine
HMV Herzminutenvolumen
HNO Hals-Nasen-Ohren

I

ICP intracranial pressure, intrakranieller Druck
I : E Inspirations- zu Exspirationszeit
IMV intermittent mandatory ventilation, intermittierende maschinelle Ventilation
IPPB intermittent positive pressure breathing, intermittierende Überdruckatmung
IPPV intermittent positive pressure ventilation, intermittierende Überdruckbeatmung
IRV inversed ratio ventilation, Beatmung mit umgekehrtem Atemzeitverhältnis
i. v. intravenös

K

KHK koronare Herzkrankheit

L

LDH → SLDH
LMA laryngeal mask airway, Larynxmaske
Lt. Lebenstag

M

MAP mean arterial pressure, mittlerer arterieller Druck
min Minute(n)
Mo. Monat(e)

N

N. Nervus
NIV non-invasive ventilation, nicht invasive Beatmung
NLA Neuroleptanästhesie
N_2O Lachgas (= Distickstoffmonoxid)

O

O_2 Sauerstoff

P

p_aCO_2 arterieller Kohlendioxidpartialdruck
p_aO_2 arterieller Sauerstoffpartialdruck
PC pressure controlled, druckkontrolliert
pCO_2 Kohlendioxidpartialdruck
PCV pressure controlled ventilation, druckkontrollierte Beatmung
PCWP pulmonary capillary wedge pressure, pulmonalkapillärer Verschlussdruck
PDA Periduralanästhesie
PDK Periduralkatheter
PEEP positive endexspiratory pressure, positiver endexspiratorischer Druck
p. o. per os
pO_2 Sauerstoffpartialdruck
PSV pressure support ventilation, druckunterstützte Spontanatmung
PTT partial thromboplastin time, Thromboplastinzeit

S

s Sekunde(n)
SAB Subarachnoidalblutung
s. c. subkutan
SEK Serumeiweißkonserve
SGOT Serum-Glutamat-Oxalacetat-Transaminase, inzwischen als ASAT bezeichnet; → dort
SGPT Serum-Glutamat-Pyruvat-Transaminase, inzwischen als ALAT bezeichnet; → dort
SHT Schädel-Hirn-Trauma
SIMV synchronized intermittent mandatory ventilation, synchronisierte intermittierende maschinelle Beatmung
SIRS systemic inflammatory response syndrome
s. l. sublingual
SLDH Serum-Lactatdehydrogenase
SV spontaneous ventilation, Spontanatmung

T

TE Tonsillektomie
TEE transoesophageale Echokardiographie
TEP Totalendoprothese
TIVA totale intravenöse Anästhesie
TOF train of four, 4-fach-Reizung
TPR total peripheral resistance, totaler peripherer Widerstand
TTE transthorakale Echokardiographie
TUR transurethrale Resektion

V

V. Vena
V. A. C. vacuum assisted closure; Vakuumversiegelung
VC volume controlled, volumenkontrolliert
VCV volume controlled ventilation, volumenkontrollierte Beatmung

W

Wo. Woche

Z

ZVD zentraler Venendruck
ZVK zentraler Venenkatheter

Sachverzeichnis

A

B

D

F

I

J

K

L

M

O

P

Q

R

S

T

U

V